水力学与水利信息学进展
(2022)

彭　静　刘之平　赵顺安　李火坤　主编

黄河水利出版社
·郑州·

图书在版编目(CIP)数据

水力学与水利信息学进展. 2022/彭静等主编. —
郑州:黄河水利出版社,2022. 9
ISBN 978-7-5509-3407-8

Ⅰ. ①水… Ⅱ. ①彭… Ⅲ. ①水力学-文集②水利工程-管理信息系统-文集 Ⅳ. ①TV-53

中国版本图书馆 CIP 数据核字(2022)第 182096 号

组稿编辑:王建平 电话:0371-66024993 E-mail:1360300540@qq.com

出 版 社:黄河水利出版社 网址:www.yrcp.com
地址:河南省郑州市顺河路黄委会综合楼 14 层 邮政编码:450003
发行单位:黄河水利出版社
发行部电话:0371-66026940、66020550、66028024、66022620(传真)
E-mail:hhslcbs@126.com
承印单位:河南博雅彩印有限公司
开本:889 mm×1 194 mm 1/16
印张:43
字数:1 302 千字
版次:2022 年 9 月第 1 版 印次:2022 年 9 月第 1 次印刷

定价:260.00 元

前言 Preface

“全国水力学与水利信息学大会”由中国水利学会水力学专业委员会、中国水力发电工程学会水工水力学专业委员会和国际水利与环境工程学会(IAHR)中国分会共同发起,每两年举办一次,至今已成功举办了九届。经三个专委会协商,第十届全国水力学与水利信息学大会将于2022年11月14~16日在江西省南昌市召开,由南昌大学承办,中国水利水电科学研究院、流域水循环模拟与调控国家重点实验室、水利部泥沙科学与北方河流治理技术重点实验室、江西省水利学会、中国水利学会期刊工作委员会、鄱阳湖环境与资源利用教育部重点实验室、广东省源天工程有限公司、江西省水利科学院等协办。

大会收到论文和摘要投稿共158篇,作者分布在我国水利水电领域科研设计单位、大专院校、咨询管理部门等43个单位。经专家评审,共有86篇论文和35篇摘要收录到本论文集,另有25篇论文被推荐到《水利学报》《水科学进展》《水利水电技术》《水生态学杂志》《中国水利水电科学研究院学报》《南水北调与水利科技》等杂志。这些成果展示了近年来我国在水力学与水利信息学领域的最新进展,从多方面、多角度体现了我国水力学与水利信息学学科的发展水平。

本次会议将是全国水力学与水利信息学工程技术人员和学者们交流成果、切磋体会、共商发展的好机会,将进一步推动我国水力学与水利信息学的研究向纵深发展。在本次会议论文集的组稿、审定、编辑和出版过程中,得到了专委会专家的鼎力帮助与支持;大会秘书处做了大量工作,付出了辛勤劳动,在此一并表示感谢!

全国水力学与水利信息学大会组委会

2022年9月

目录 Contents

第二篇　环境水力学

第三篇 生态水力学

第四篇 水利信息学

第五篇 摘 要

第一篇

工程水力学

长距离有压输水管道动态摩阻模型浅析

邢　伟　张宏伟　任炜辰　张家升　丁　升

(中国水利水电科学研究院,北京　100038)

【摘　要】 针对长距离有压管道的水击计算,经典水击方程在求解计算上存在一定的缺陷,原因在于,水力瞬变过程中,速度剖面的形状和近壁面的速度梯度是不断变化的,导致达西-维斯巴赫系数在整个过程中不是一个定值。将达西-维斯巴赫系数做定值处理,放大了摩阻损失的误差,导致在长管计算中精度降低。本文主要介绍了三类不同的动态摩阻模型,即加权函数类模型、经验修正模型以及能量耗散模型,阐述了动态摩阻模型存在的问题和适用范围,并结合近几年这三类模型在国内的发展情况,期望寻求新的研究方向,能够提高长距离有压输水管道水击计算的精度。

【关键词】 水击;准稳态摩阻;动态摩阻;水力瞬变

1　引　言

在压力管道中,水流流速、压力等发生急剧且往复变化的现象,我们称之为水击。水击发生后水力瞬变产生的压力大到足以导致管道坍塌或者破裂。因此,为了防止爆管事件的发生,就需要通过计算来预测水力瞬变过程中的压力变化,以便于做好安全防护措施。传统的水击理论能够对水力瞬变初始压力波做出极好的预测,但是不能准确计算压力幅值的衰减以及压力波周期的相位变化。传统水击理论之所以出现这种问题,是因为水击方程对摩阻项做了准稳态近似处理,将损失归结为单一的壁面摩擦。

然而在水力瞬变过程中,速度剖面形状和近壁面速度梯度都是随时间变化的,历史流速和加速度以及时变加速度和位变加速度的变化是导致摩阻损失的直接原因;水击发生后,流体微团之间的相互碰撞以及液体拉伸会产生能量损失,这是导致摩阻损失的根本原因。因此,寻求更为精确的摩阻项的表示方法以及求解格式来预测水击波的幅值和周期具有极其重要的工程意义和理论价值。

2　传统水击理论

2.1　传统水击理论的发展过程

对于水击理论的研究,已经有了上百年的历史。1858 年,Menabres[1] 首次提出了水击弹性理论。1878 年,Michaud 发表论文表示,水击波的性质和管壁的弹性对水击有一定的影响。同一年,Kortweg 也首次推导出了水击波速的计算公式。1898 年,Joukowsky[2] 通过实验提出了考虑液体弹性和管壁弹性的水击波速公式。1902 年,意大利学者 Allievi[3] 用数学方法建立了非稳定流动的基本微分方程,为后世水击理论奠定了基础。1926 年,Wood 提出了水击分析的图解法。1962 年以后,随着计算机功能的日益强大,电算法逐步取代图解法,特征线法开始走进人们的视野。20 世纪 70 年代末,Chaudhry 发表论文

基金项目:中国水科院基本科研业务费专项项目(HY110145B0022021);国家自然科学基金项目(51909278)

Applied Hydraulic Transients,深入探讨了水击的数学模型和水力过渡过程的基本原理。同期,Streeter[4]出版《瞬变流》一书,是目前阐述水击问题最完整且较为权威的著作。至此,经典水击理论已经较为成熟。

2.2 基本控制方程

经典水击方程由连续性方程(1)和运动方程(2)组成。

$$\frac{\partial H}{\partial t}+V\frac{\partial H}{\partial x}+V\sin\theta+\frac{a^2}{g}\frac{\partial V}{\partial x}=0 \tag{1}$$

$$\frac{\partial V}{\partial t}+V\frac{\partial V}{\partial x}+g\frac{\partial H}{\partial x}+\frac{fV|V|}{2gD}=0 \tag{2}$$

式中,H 为水头,m;V 为流速,m/s;a 为波速,m/s ;f 为达西-维斯巴赫系数;D 为管径,m;g 为重力加速度,m/s^2;θ 为管道倾斜角度。

2.3 传统水击方程存在的问题

经典水击方程中,达西-维斯巴赫系数 f 是一个与流体黏度和雷诺数有关的无量纲数,其计算和取值方式在吴持恭先生编著的《水力学上册》[5]教材中已经给出。传统水击方程的拟恒定摩阻项取初始状态下的 f 值作为计算过程中的恒定值,存在不合理性。事实上,在水力瞬变过程中流态不断发生变化,速度梯度以及速度剖面不是恒定不变的,因此阻力系数也是一个随时间变化的量。所以,水击方程将 f 假设为定值存在不合理性。在长距离输水管道中,沿程水头损失较大,水击发生后,管道断面的速度剖面形状和近壁面速度梯度不断发生变化,如果继续用经典水击方程进行求解,会放大因阻力系数按恒定流取值引起的误差,导致计算过程压力幅值衰减缓慢,摩阻损失与实际差别过大,模拟结果不准确。

3 动态摩阻

3.1 动态摩阻模型研究

针对传统水击方程阻尼存在缺陷这一问题,业内专家学者陆续对水力瞬变中的动态摩阻展开研究。1956 年,Daily[6]提出,动态摩阻取决于瞬时平均流速和瞬时局部加速度,并通过在稳态摩擦方程中加入与流体加速度成正比的一项,建立了一种非定常管道流动水头损失模型。1968 年,Zielke[7]发现非定常剪切应力是瞬时加速度的卷积积分,在它的卷积积分中,用权重函数来作为过去加速度的载体,根据非定常管道流动中的 N-S 方程的解析解,建立了水头损失模型。1974 年,Funk 和 Wood[8]对水力瞬变和摩阻频率的依赖效应做了相应的研究。1975 年,Trikha[9]通过一系列指数关系逼近加权函数,提高了 Zielke 模型的计算效率。1989 年,Jelve 建立水头损失模型,并提出水头损失方程中的能量耗散与液体和管壁的内应力成正比,但是二者有着 1/4 的相位差。1992 年,Brunone 等[10]认为动态摩阻与时变加速度和位变加速度有关,真实地模拟了水力瞬变的摩阻。1993 年,Vardy 将 Zielke 模型扩展到湍流,后来与 Brown 进一步将 Zielke 模型扩展到高雷诺数下的湍流(1995 年)。1995 年,Shuy 对流体经历恒定加速或减速的非定常层流模型发展了一个简单的近似 Zielke 模型。

近年来,国内学者和专家也未曾停下对加权函数模型研究的脚步。刘静等[11]为了提高 Zielke 模型和 Vardy-Brown 模型的精度,推导并求解了两种模型的二阶精度近似解,结果表明二阶精度要优于一阶精度;周领等[12]通过对 Zielke 加权函数对 $\tau=10^{-9}\sim0.02$ 范围内的函数进行新函数的近似替换,$\tau>0.02$ 仍采用 Zielke 模型原函数,利用 Matlab 中的 Lsqnonlin 函数模块对 $W-\tau$ 样本点曲线进行指定函数型式的拟合,改进了 Trikha 的三项近似加权函数模型,也取得了比较好的结果;范晓丹等基于 IAB 模型

(Brunone 模型)给出的动态摩阻形式,结合 Sweby 的 TVD 求解格式,给出了一种新的水击方程求解方式,并将其与传统求解方式做了对比[13],结果表明新的求解方式结果要优于传统求解方式。王泽良以 N-S 方程为基础,推导出一维瞬变流动量方程中与流体压缩膨胀效应有关的能量耗散项,将该耗散项与已有的两系数 MIAB 模型耦合,提出综合考虑惯性力、摩擦力和流体压缩膨胀效应对水击压力波影响的改进模型[14],结果表明:改进后的 MIAB 模型可以更加准确地预测波形畸变,也说明在瞬变流的模拟计算中考虑流体压缩膨胀效应可获得更准确的能量耗散结果。

3.2 动态摩阻模型简述

为提高水击方程的计算精度,可以将动态摩阻引入水击方程的摩阻项,在众多动态摩阻模型中应用最为广泛的有两类:一类是以 Zielke 模型为代表的加权函数模型;另一类则是以 Brunone 模型为代表的经验修正模型。除此之外,还有一类由能量耗散角度出发的能量耗散模型。加权函数模型和经验修正模型的求解是将水力瞬变中的摩阻项分为拟恒定摩阻和动态摩阻两项之和,如式(3)。不同之处在于,经验修正模型的拟恒定摩阻项采用的是经典水击理论的摩阻项表达方式,即$\frac{fV|V|}{2D}$,而加权函数类模型则是提出一个全新的计算方法。能量耗散模型则是从能量角度出发,将能耗因子引入经典水击方程的沿程损失项。本文着重对这三类模型展开论述。

$$J = J_s + J_u \tag{3}$$

式中,J_s 为拟恒定摩阻;J_u 为动态摩阻。

3.3 加权函数模型

3.3.1 Zielke 模型[7,15-16]

Zielke 假定横截面压力 P 和密度 ρ 为定值,并且假设速度 V 只和时间 t 以及距轴心距离 r 有关,然后通过拉普拉斯变换求解贝塞尔方程得出层流瞬变时,考虑瞬时平均速度和历史加速度的壁面切应力表达式,具体形式及参数如下:

$$\tau_w = \frac{4\rho\nu}{12}V(t) + \frac{2\rho\nu}{R}\int_0^t \frac{\partial V(u)}{\partial t}W(t-u)\,dt = \tau_{ws} + \tau_{wu} \tag{4}$$

式中,τ_{ws} 为准稳态摩阻项;τ_{wu} 为动态摩阻项;$W(t-u)$ 为历史流速的权重函数;u 为在 $0 \sim t$ 之间积分的时间变量;ν 为流体运动黏度;R 为管道半径。

Zielke 模型从形式来看,证实了摩阻项可以被分解为稳态摩阻和动态摩阻两项之和的表达形式,但模型在推导过程中对于横截面压力和密度假设为定值过于理想化,在推导过程中也未考虑对流效应是否对模型存在影响,而且计算时需要将所有时步的流速值进行存储,导致其计算效率低,计算时间较长。

3.3.2 Vardy-Brown 模型[15,17-19]

Vardy 和 Brown 将管内流体分为黏度线性变化的边界层区和黏度无穷大的核心区两区,将雷诺数引入权函数 $W(\tau)$,在 Zielke 模型的基础上引入近似湍流的黏度分布,进一步改进权函数模型得出:

$$\tau_w = \frac{\rho f V|V|}{8} + \frac{4\rho\nu}{D}\int_0^t \frac{\partial V(t)}{\partial t}W(t-t')\,dt' = \tau_{ws} + \tau_{wu} \tag{5}$$

$$W(\tau) = \frac{\alpha e^{-\beta t}}{\sqrt{\pi\tau}},\quad \alpha = \frac{1}{2}\sqrt{\frac{1}{\pi}},\quad \beta = \frac{Re^k}{12 \cdot 86},\quad k = \lg\frac{15.21}{Re^{0.0567}} \tag{6}$$

Vardy-Brown 模型黏度分区假设较为符合实际,而且权函数中雷诺数的引进打破了 Zielke 模型仅适用于层流瞬变的屏障,使得层流、紊流瞬变非恒定摩阻研究的统一成为可能。

3.3.3 Trikha 三项加权近似模型[9]

针对 Zielke 模型存在计算时间长，占用内存大的问题，Trikha 通过一系列的指数关系逼近加权函数，对 Zielke 模型做了近似简化，提出一种新的权重函数 $W_{app}(\tau)$[9]，具体形式如下：

$$W_{app}(\tau) = \sum_{i=1}^{3} m_i e^{-n_i \tau} \tag{7}$$

为使近似加权函数 $W_{app}(\tau)$ 的值能够足够逼近 Zielke 加权函数 $W(\tau)$ 的实际值，令近似加权函数满足以下三个条件[12]：

(1) $\int_0^{\infty} W_{app}(\tau)\mathrm{d}\tau > \int_0^{\infty} W(\tau)\mathrm{d}\tau$。

(2) 当 $\tau = 0.000\,1, 0.001, 0.01$ 时，

$$W_{app}(\tau) = W(\tau) \tag{8}$$

(3) 当 $\tau > 0.1$ 时，

$$\left|\frac{W_{app}(\tau) - W(\tau)}{W(\tau)}\right| < 0.02 \tag{9}$$

求得 $m_i = \{40.0;8.1;1\}$；$n_i = \{8\,000;200;26.4\}$。

Trikha 的三项近似加权函数模型是最早用来计算湍流摩阻项的模型，较大程度上简化了 Zielke 模型，提高了计算效率，但是计算效率提升的同时，Zielke 模型原有的精度优势并未得到继承。

Zielke 加权函数模型，考虑了流体的历史流速和加速度对流态的影响，并引入一个与之相关的权重函数，从而使得层流瞬变的摩阻项更加精确。在水力瞬变过程中，水的流态是时刻变化的，历史流速和加速度的引入使得 Zielke 模型对流场的描述更为准确。然而，在计算过程中，要考虑每一步计算所产生的流速值，导致模型在长管计算中会存在弊端：迭代步数越多，产生的历史流速值越多，存储量越大，计算效率就越低下。因此，该模型仅适合对较短的管路的层流和低雷诺数(Re<5 000)的湍流进行准确计算；为提高 Zielke 模型计算效率，Trikha 对 Zielke 模型进行了简化。他通过一系列的指数关系逼近加权函数，对 Zielke 模型做了相应的近似。新函数虽然消除了原函数在计算中对大量历史流速的需求，减小了模型计算所需存储空间，提高了计算效率，但是 Zielke 模型原有的精度却大幅降低。Vardy-Brown 模型和是在 Zielke 模型的基础上，基于轴对称流动进一步分析得到的。由于 Vardy-Brown 模型在权函数中引入了雷诺数，因此 Vardy-Brown 模型弥补了 Zielke 模型在湍流中计算的不足。

从形式上来说，加权函数类模型证实了摩阻项可以由拟恒定摩阻和动态摩阻之和表示的表达形式。虽然提出了区别于传统水击方程拟恒定摩阻项的 τ_{ws}，但是由于水力瞬变过程中的速度剖面形状和近壁面速度梯度的变化，运动黏度 ν 应该也是一个随时间变化的量，因此在长距离有压管道计算过程中，将初始状态下的运动黏度作为计算过程中的定值是否合理，尚不明确。

3.4 经验修正模型

Brunone 等认为非恒定摩阻与当地瞬时加速度 $\frac{\partial V}{\partial t}$ 和位变加速度 $\frac{\partial V}{\partial x}$ 有关，将有压波速 a 引入动态摩阻中，并在此基础上提出了计算非恒定摩阻的经验公式[10](IAB 模型，k_3 为 Brunone 摩阻系数)：

$$J_u = \frac{k_3}{g}\left(\frac{\partial V}{\partial t} - a\frac{\partial V}{\partial x}\right) \tag{10}$$

由于 IAB 模型未考虑对流项的符号影响，不能反映流速和位变加速度异向的情况，因此 Vitkovsky 对 IAB 模型进行了修正，提出了 MIAB 模型[15]：

$$J_u = \frac{k_3}{g}\left(\frac{\partial V}{\partial t} - a\text{sing}V\frac{\partial V}{\partial x}\right) \tag{11}$$

$$\text{sing}V = \begin{cases} 1, & V\dfrac{\partial V}{\partial x} > 0 \\ -1, & V\dfrac{\partial V}{\partial x} \leqslant 0 \end{cases} \tag{12}$$

在 Vardy-Brown 模型之前，k_3 往往是由试错法计算得到的。后来 Vardy 在模型中引入“整体加速度”的概念，并将之与 Brunone 模型联系起来，得到了 k_3 与雷诺数之间的关系即式(13)，其中 k 的值由式(6)求得。

$$k_3 \doteq \frac{\sqrt{7.41\ /\ Re^k}}{2} \tag{13}$$

Brunone 认为摩阻项是与断面平均流速的时变导数和位变一阶导数成比例的，但有现象表明摩阻项与二阶或更高阶导数有关[15]。此外，模型中的经验系数 k 在目前看来也是一个随时间和空间变化的数值，现有的认知也只是基于 Vardy 提出的 k 与雷诺数 Re 之间的一个计算公式，因此流动过程雷诺数初始值的确定也是制约模型继续发展的一个重要因素；从计算结果上来说，虽然在 Re<1 000 情况下，加权函数模型精度更高，但是二者相差不大；当 Re>1 000 时，加权函数模型的精度就远远不如 Brunone 模型。

经验修正模型首先从形式上，跟加权函数类模型相同，都实现了将摩阻分为拟恒定摩阻和动态摩阻两项和的形式。不同的是经验修正模型的拟恒定摩阻项仍然保留了传统水击方程中的摩阻项，再者较其加权函数类模型来说，经验修正类模型的动态摩阻项表达式简单，更容易实现计算，而且有压波速的引入，将水力瞬变的动态摩阻与流体特性结合起来也是经验修正类模型的先进之处。

3.5　能量耗散模型[20]

Silva-Araya 和 Chaudhry 从能量耗散的角度出发，假定摩阻损失与能量的耗散成比例，基于混合长度理论求解能量耗散因子，提出了能量耗散模型。

$$\frac{\partial Q}{\partial t} + gA\frac{\partial H}{\partial x} + e_f\frac{fV|V|}{2A} = 0 \tag{14}$$

$$E_s = \frac{f\beta A}{2D}\int_{t_1}^{t_2} V^3 \mathrm{d}t \tag{15}$$

$$E_t = 2\pi\int_{t_1}^{t_2}\int_0^R \frac{\partial u}{\partial r}\left(\mu\frac{\partial u}{\partial r} - \rho\overline{u'V'}\right) r\mathrm{d}r\mathrm{d}t \tag{16}$$

式中，E_s 为稳态近似耗散的能量；E_t 为瞬态流动中耗散的能量；e_f 为能耗因子，是一个无量纲的、随时间变化的参数，它解释了摩擦损失在空间和时间上的变化，该参数定义为任意时间间隔内耗散的能量与假设稳态条件下计算的能量耗散的比值。但是混合长度理论仅适用于水力光滑管，应用于粗糙管道应予以修正。

Silva-Araya 和 Chaudhry 的能量耗散模型用一个随时间变化的参数 e_f 对准稳态假设条件下的摩阻项进行了修正，解释了水力瞬变过程中水头损失在时空上的变化。对于推导过程，有些学者认为能量耗散模型忽略了对流加速度的二阶空间导数项、瞬时相关的空间变化和径向速度分量。但是，在一维瞬态流动的方程中，对流加速项的影响很小，且二阶空间导数在边界层流动中通常被忽略，在瞬态流动中没有明显的意义。1985 年，Miltra 和 Roleau 求解了中陡压力锋下完整的二维 N-S 方程，并得出结论：除非初始流速“非常高”,否则轴向动量方程中的对流项非常小[21]。Vardy 和 Hwang 的研究表明:径向速度比轴向速度至少小三个数量级[22]。由此可见,Silva-Araya 和 Chaudhry 的能量耗散模型的这些简化对于水力瞬态的工程应用存在理论依据。

从形式上来说,能量耗散模型与前两类模型有所不同。该模型的处理方式是在传统水击方程的摩阻项引入随时间不断变化的能耗因子,能耗因子与沿程阻力系数的结合,弥补了传统水击方程摩阻项的不足,虽然存在一定的合理性,但是目前还未被证实。

4 结 论

Zielke 模型在推导过程中,假设各截面流速是均匀的,压力是定值等。采用这些类似恒定流的假设,在层流中得到了很好的结果,但是在湍流计算中的结果并不可观。Trikha 通过指数关系对 Zielke 模型做近似,优化了 Zielke 模型的计算效率,但在精度上有所下降。Vardy 和 Brown 将雷诺数引进权重函数,将加权函数模型发展到湍流当中,但是对于高雷诺数的湍流,依然受到限制。所以,如何将加权函数模型扩展至完整的湍流区域,提高计算效率和精度,仍然是接下来要研究和思考的问题。

经验修正类模型将有压波速引入动态摩阻,将流体特性与动态摩阻联系了起来,且表达式简洁,易用 MOC 进行求解,k_3 是一个经验系数。经验修正模型在高雷诺数的流动中有着高于其他模型的计算精度,但是模型推导时的许多前提假设未得到证实,且 k_3 是一个随时间变化的非定值,所以如何确定 k_3 取值是经验修正模型的难点所在。

能量耗散模型是从能量角度出发,引入能耗因子。这一处理方式弥补了经典水击方程中沿程阻力系数设为定值的不足。但是能耗因子与沿程阻力系数的耦合是否正确,暂时未被证实,而且推导过程中对粗糙管使用混合长度理论未进行修正。所以,能耗因子与阻力系数耦合的方式以及假设条件的优化都是能耗模型下一步要研究的主要问题。

综上所述,经过大量的实验数据表明,Zielke 加权函数模型和 Trikha 近似权函数模型能够对层流的瞬变做出较为精确的计算,Vardy-Brown 模型通过引入雷诺数 Re,将加权函数模型的计算范围拓展至湍流区。但是由于加权函数模型在推导过程中未考虑对流项的影响,因此在 $Re<1\,000$ 时计算结果较好,但是当 $Re>1\,000$ 时,计算精度明显不如 Brunone 模型。能量耗散模型目前仅存有可行的理论依据,对其做出验证的人比较少,计算精度及范围还有待考量。由于加权函数类模型和经验修正类模型对水力瞬变过程计算的精度较高,因此对于这两类模型特别是这两类模型的动态摩阻项的研究较多,也都取得了一些不错的成果。在长距离大直径的有压输水管道中,壁面摩擦是摩阻产生的重要原因。然而由于水击发生后,水力瞬变过程中的速度剖面形状和近壁面的速度梯度也随着时间和空间发生变化。在这种情况下,无论加权函数类模型还是经验修正类模型的拟恒定摩阻项都不能准确地对其描述。因此,在对动态摩阻项研究的同时,拟恒定摩阻项的合理性也应该值得关注。

参考文献

[1] [加]M. H. 乔德里. 实用水力过渡过程[M]. 陈家远,孙诗杰,张治滨,译. 成都:四川省水利发电工程协会,1985.

[2] Joukowsky N. On the hydraulic hammer in water supply pipe[C]// 1898, English translation by OSimin: Water Hammer Proceedings of the American Water Works Association. 1904. 24: 341-424.

[3] Malekpour A , Mcpherson D. Water Hamer Pressure Intensity in House Service Pipelines[J]. Pipelines, 2016,1139-1151.

[4] Wylie B E,索丽生,Fluid Transients in systens[M]. Prentice Hall, Inc. New Jersey. U. S. A,1993.

[5] 四川大学水力学与山区河流开发保护国家重点实验室. 水力学上册[M]. 北京:高等教育出版社,2016.

[6] Daily J W, Hankey W L, Olive R W, et al. Resistance coeffificients for accelerated and decelerated flows through smooth tubes and orififices [J]. Basic Engrg, Series D, 1956, 70,1071-1077.

[7] Zielke W. Frequency-dependent friction in transient pipe flow [J]. Journal of basic engineering. 1968,90:109-115.

[8] Funk J E , Wood D J. Frequency response of fluid lines with turbu-lent flow [J]. Journal of Fluids Engineering,1974,96:365-369.

[9] Trikha A K. An effificient method for simulating frequency dependent friction in transient liquid flow [J]. Fluids Engrg. , 1975,97(1), 97-105.

[10] Brunone B , Golia U M , Greco M. Effects of two-dimensionality of pipe transients modeling [J]. Journal of Hydraulic Engineering, 1995,121(12):778-785.

[11] 刘静,周领,曹波,等. 瞬变流中加权类动态摩阻模型的二阶近似求解[J]. 水力发电学报,2020,39(4):55-61.

[12] 周领,刘静,欧传奇,等. 水力瞬变中动态摩阻的改进加权类模型[J]. 灌排机械工程学报,2022,40(2):164-167.

[13] 范晓丹,刘韩生. 非恒定摩阻的 TVD 格式数值模拟水击衰减研究[J]. 水力发电学报,2017,36(3):55-62.

[14] 王泽良,邓建强,杨兵. 基于流体压缩膨胀效应的管道瞬变流摩阻模型[J]. 化工机械,2019,46(2):158-163.

[15] 江春波,焦云乔,李丹. 有压管道的非恒定摩阻模型[J]. 清华大学学报,2009,49(3):347-351.

[16] 郭新蕾,郭永鑫. 管道泄漏检测中瞬变流非恒定摩阻模型的研究[J]. 水力发电学报,2008,27(1):42-47.

[17] Vardy A E , Brown J M. On turbulent unsteady smooth-pipe-friction [C]. Proc of the 7th International Confon Pressure Surges. BHR Group, Harrogate, United Kingdom, 1996: 289-311.

[18] Vardy A E , Brown J M B A. Transient turbulent friction in smooth pipe flow [J]. Journal of Sound & Vibration, 2003, 259(5): 1011-1036.

[19] Vardy A E , Brown J M B A. Transient turbulent friction in fully rough pipe flows [J]. Journal of Sound & Vibration, 2004, 270(1-2): 233-257.

[20] Silva-Araya W F , Chaudhry M H. Computation of energy dissipation in transient flow [J]. Journal of Hydraulic Engineering, ASCE, 1997, 123:108-115.

[21] Mitra A Q , Roleau W T. Radial and axial variations in transient pressure waves transmitted through liquid transmission line [J]. Fluids Engrg,1985,107, 105-111.

[22] Vardy A E , Hwang K L , Brown J M B A. weighting function model of transient turbulent pipe friction[J]. Journal of Hydraulic Research, 1993, 31(4): 533-548.

抽水蓄能电站拦污栅栅条不同攻角下流场与破坏分析

郭子君　刘亚坤　张　帝　吴　剑　傅学敏

(大连理工大学,辽宁大连　116024)

【摘　要】 抽水蓄能电站作为稳定环保的储能技术,对推进"碳达峰、碳中和"目标的实现具有重要意义。本文以某抽水蓄能电站横截面长宽比为7.27:1的矩形拦污栅栅条为研究对象,采用 k-ω SST 湍流模型进行二维数值模拟,对0°~45°水流攻角下栅条的流场特征、气动力参数与破坏原因进行了分析研究。结果表明,随着水流攻角的增大,水流流态愈加复杂,栅条对来流的阻碍作用逐渐增强;在0°~12°和12°~45°水流攻角下,过栅水流展现出两种不同的流动特征。此外,栅条不会发生共振破坏,但在水流攻角大于12°时栅条疲劳寿命急速减少,且焊接部位的疲劳寿命低于非焊接部位,易发生疲劳破坏。为保证工程安全运行,建议控制过栅水流攻角小于12°。该研究成果可为类似工程的设计和运行管理提供参考和借鉴。

【关键词】 抽水蓄能电站;栅条破坏;数值模拟;水流攻角;流激振动

1　引　言

抽水蓄能电站作为安全稳定且经济环保的储能技术,具有调峰填谷、调频调相等作用,对推进"碳达峰、碳中和"目标[1]的实现,加速以新能源为主体的新型电力系统的构建,具有重要意义[2]。拦污栅一般布置在水电站进水口处,用以截留水流中所挟带的漂浮物和悬浮物,使有害污物不易进入引水道内,以保护发电机组等不受损害,使机组等相关设备或结构物顺利运行。早期国内外抽水蓄能电站建设过程中因缺乏拦污栅设计经验,普遍出现了栅条破坏问题[3-4]。

相较于常规水电站,抽水蓄能电站的进/出水口具有更为复杂多变的水力特性,这使得其在入流与出流时,更易产生偏流、高速水流、吸气漩涡、流速分布不均等问题[5],并引起拦污栅的局部振动及整栅振动,产生共振破坏和疲劳破坏,威胁机组运行安全。当抽水蓄能电站拦污栅的栅前存在障碍物或来流不均时,过栅水流将具有攻角,此时栅条的振幅将随着攻角的增加而增大[6],流动的空间、流速与压力分布非对称性不断增加[7],导致振动破坏或疲劳破坏[8]。

本文以某抽水蓄能电站拦污栅为研究背景,通过 OpenFOAM 流体计算软件进行二维数值模拟,分析长宽比为7.27:1的拦污栅栅条在0°~45°水流攻角下的流场特性,并进行共振分析和疲劳计算,提出过栅水流攻角的建议范围。

2　数值方法与模型

2.1　控制方程

数值计算应用 RANS 模型中的 k-ω SST 模型[9]进行数值求解。k-ω SST 模型将 k-ε 模型[10]与 k-ω

基金项目:国家自然科学基金青年项目(51909024,52179060)

模型[11]以混合函数的方式结合在一起，当计算近壁的低雷诺数区域时，混合函数中的 k-ω 模型起主要作用；而当计算湍流发展较为充分的远端时，混合函数中的 k-ε 模型起主要作用。该方法具有更广泛的应用场景和更高的计算精度，对于处理拦污栅栅条在湍流条件下的流激振动问题具有较好的适用性和较高的计算效率。该模型的控制方程如下：

$$\frac{\partial(\rho k)}{\partial t}+\frac{\partial(\rho k u_i)}{\partial x_i}=P-\beta^*\rho k\omega+\frac{\partial}{\partial x_i}\left[(\mu+\sigma_k\mu_t)\frac{\partial k}{\partial x_i}\right] \tag{1}$$

$$\frac{\partial(\rho\omega)}{\partial t}+\frac{\partial(\rho\omega u_i)}{\partial x_i}=\frac{\alpha}{\nu_t}P-\beta\rho\omega^2+\frac{\partial}{\partial x_i}\left[(\mu+\sigma_\omega\mu_t)\frac{\partial\omega}{\partial x_i}\right]+2(1-F_1)\frac{\rho\sigma_{\omega2}}{\omega}\frac{\partial k}{\partial x_i}\frac{\partial\omega}{\partial x_i} \tag{2}$$

式中，k 为湍动能；ω 为湍流比耗散率；ρ 为密度；β^*、β、α、σ_k、σ_ω、$\sigma_{\omega2}$ 为封闭常数；μ 为水流的动力黏性系数[12]；P 为紊动生成项；F_1 为混合函数；μ_t 为湍流动力黏度；ν_t 为湍流运动黏度。

2.2　计算域与网格拓扑

某大(1)型抽水蓄能电站在上水库和下水库分别设置两扇和四扇直立活动式拦污栅，拦污栅尺寸相同。拦污栅孔口宽度为 8 m，高度为 16 m，单根栅条长为 160 mm，宽为 22 mm，长宽比为 7.27∶1，栅条间间距为 160 mm，材料密度为 7 800 kg/m^3，弹性模量为 21×10^{10} Pa。本文根据工程实际，结合前人对于矩形柱体绕流问题的数值模拟经验[13-14]确定计算域。根据雷诺数相似，设置矩形栅条宽为特征长度 D，长为 7.27D。入口边界与矩形栅条前缘壁面之间的距离设置为 10D，出口边界与栅条后缘壁面间距设置为 22D，两侧边界与栅条两侧壁面距离为 10D，计算域整体长 39.27D，宽 21D，如图 1 所示。

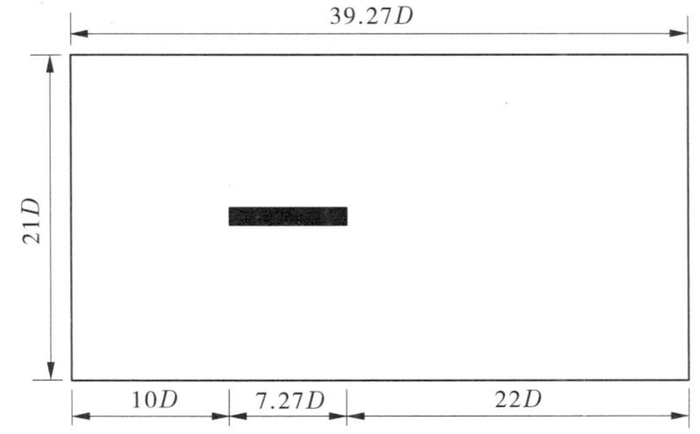

图 1　计算域的几何示意图

计算域内采用结构化网格，分成 3 个区域进行网格划分，网格拓扑如图 2 所示。栅条近壁处的 1 区为漩涡脱落与发展的主要区域，布置加密的结构化非正交网格。栅条附近的 2 区采用“O”形结构化网格，由矩形栅条至计算域边界网格尺寸逐渐增加，保持稳定的网格长度比。进出口远域处的 3 区为结构化正交网格。在不同水流攻角情况时，1 区网格以栅条中心为圆心进行旋转，计算域保持不变。为了准确描述湍流情形下矩形栅条近壁处的水力特性，捕捉极薄黏性底层内的流态情况，对壁面处第一层网格高度进行限制。进行网格无关性验证，确定最小网格高度为 2/1 000D，网格量约为 110 万的网格拓扑。

2.3　边界条件和初始条件

计算域的边界条件包括入口、出口、上下边界、矩形栅条。为保证所提出的水流攻角安全范围具有足够的适用性，选取水流流速最大工况进行数值模拟，即雷诺数 Re 设置为 40 000，场内初始流速为 1 m/s，湍流强度为 0.1%；入口为速度入口，出口为对流条件，矩形栅条表面设置为无滑移，上下边界为对称边界条件，场内初始湍动能 k 为 1.5×10^{-6} m^2/s^2，湍流比耗散率 ω 为 5 s^{-1}。

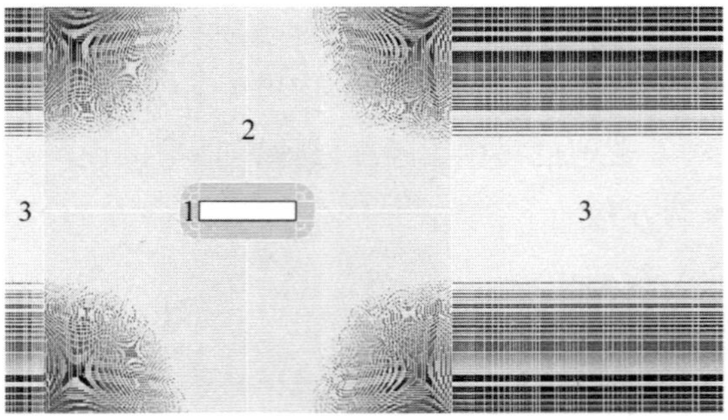

图 2 网格拓扑图

3 计算结果与分析

3.1 流场分析

图 3 为不同水流攻角工况下,矩形栅条及其附近区域的时均流速云图和时均流线分布情况。当水流攻角为 0°~20°时,栅条前侧短边为迎流面,水流流至迎流面与矩形栅条侧壁交角处时将会产生分离;当水流攻角为 20°~45°时,迎流面变为栅条右侧长边。在 0°~12°时,矩形栅条左侧分离区随水流攻角增大而增长;在 12°~45°时,栅条左侧壁上的分离区域随着水流攻角的增大而缩短扩宽,且在分离区域前侧产生逆时针二次涡;右侧壁上无分离区。

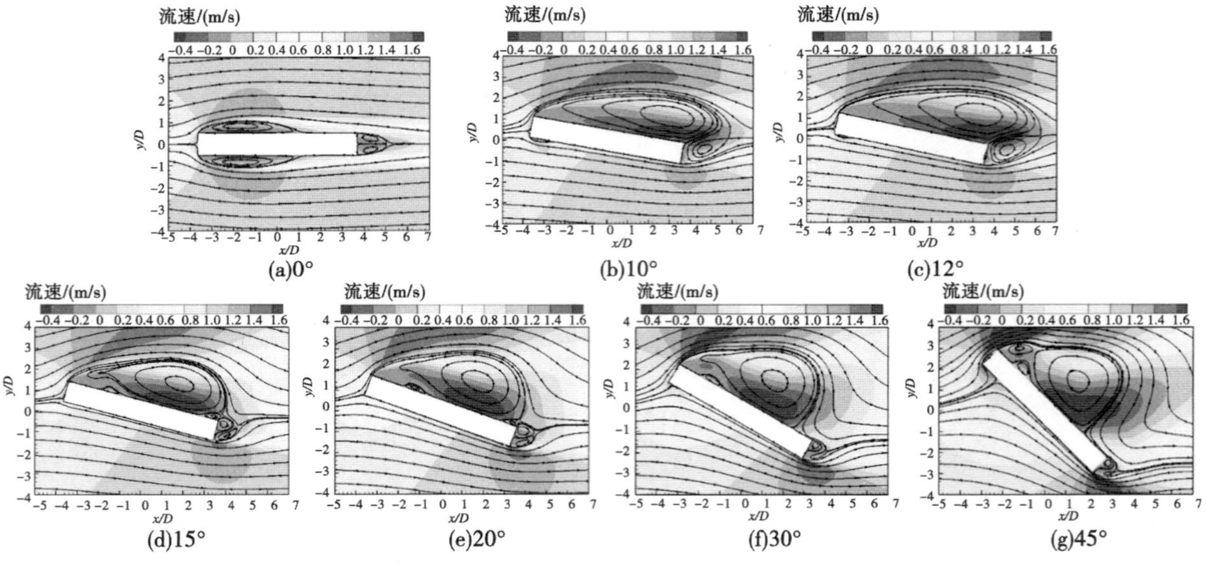

图 3 不同水流攻角下时均流速云图与时均流线分布

同时,随着水流攻角的增加,栅条两侧时均流速分布的对称性逐渐减弱,且流速变化范围显著增大;栅条附近时均流速的不均匀程度也逐渐增大,水流流态愈加复杂,对两侧及下游水流的影响范围也随之扩大;栅条对于来流的阻碍作用逐渐增强,流线弯曲程度逐渐增大,导致水流过栅具有更大的无序范围。

3.2 气动力参数分析

对瞬时升、阻力系数进行时均计算,并通过傅立叶变换求得斯特罗哈数 St,不同水流攻角情况下时均升力系数的时均阻力系数与斯特罗哈数计算结果如图 4 所示。

分析可知,时均阻力系数随水流攻角增大呈线性增长,0°~12°时的斜率小于 12°~45°的斜率;时均升力系数在 0°~12°和 12°~45°分别近似呈对数增长;斯特罗哈数在 0°~15°时快速减小,并在 15°~45°

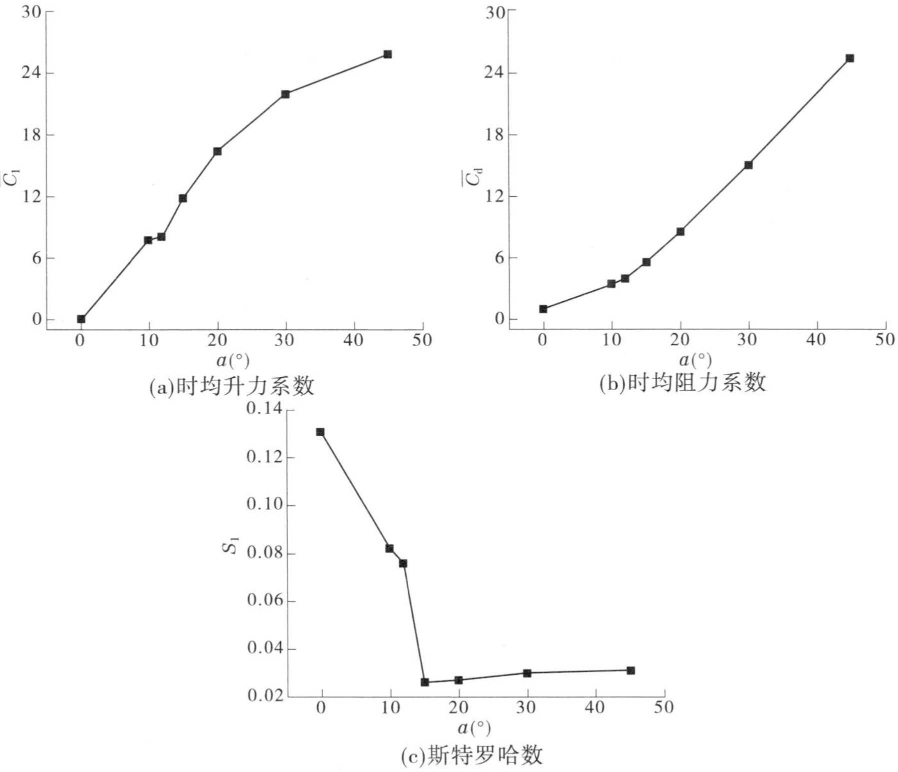

图 4　不同水流攻角情况下时均升力系数、时均阻力系数和斯特罗哈数变化图

时斯特罗哈数保持在 0.03。

0°~12°和 12°~45°水流攻角条件出现不同的力系数和斯特罗哈数变化规律,这可能与矩形栅条左侧分离区在不同水流攻角时的变化有关。在 0°~12°水流攻角条件下时,栅条左侧分离区逐渐延长,减缓了漩涡的生成与发展速度,漩涡脱落速度逐渐降低,斯特罗哈数也随之减小;矩形栅条在 12°~45°水流攻角条件下时,栅条左侧分离区长度收缩,但厚度增大,分离区逐渐脱离左侧壁面,此时漩涡在分离区充分发展,在相似条件下缓慢脱落,产生稳定的脱涡频率。该原因亦可解释升力和阻力系数在 12°时的特殊变化:较为简单的漩涡发展模式削弱了瞬时升力和阻力的提升,而较为缓慢的漩涡脱落周期为瞬时升力和阻力的回落提供了时间,使得时均升力系数和阻力系数值低于增长预期。

3.3　共振分析

对于拦污栅来说,栅条长时间放置在流体中,由于液体密度较大,需考虑液体介质对栅条模态产生影响。因此,对栅条在液体中的模态进行计算,更有利于分析在液体中的共振特性,即"湿模态"[15]。应用 ANSYS workbench 软件中的 Modal Acoustic 模块即可进行栅条的湿模态计算。选取 0.55 m 长的整根栅条,将栅条划分为 3.3 万结构化网格,栅条附近的水域划分为 123 万非结构化四面体网格,如图 5 所示。

表 1 为栅条前六阶湿模态的频率,表 2 为原型栅条的脱涡频率,其为升力系数进行快速傅立叶变换(FFT)得到漩涡脱落频率,经换算至原型上得到。由表 1 可知:在 $Re=4\times10^4$ 时,栅条自振频率随着阶数的增大而增加;栅条脱涡频率随着水流攻角的增大而逐渐减小,且远小于栅条的自振频率,不会因共振而发生破坏。

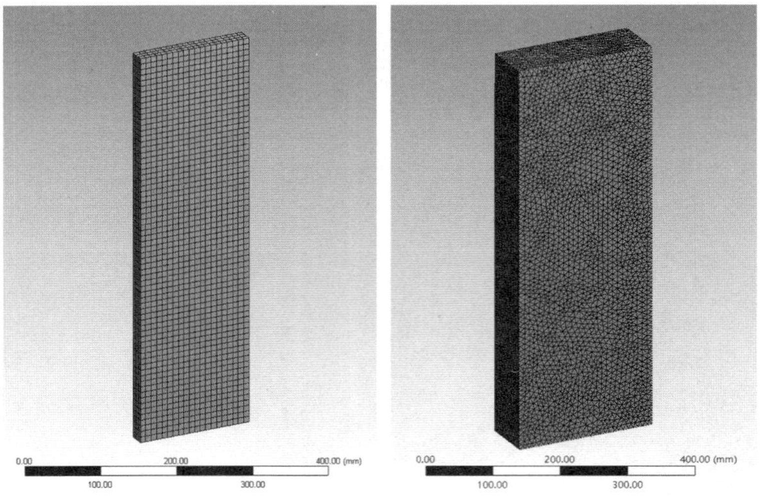

(a)栅条　　　　(b)水域

图 5　计算域网格划分

表 1　栅条自振频率

	主频	二阶频率	三阶频率	四阶频率	五阶频率	六阶频率
频率/Hz	400. 58	876. 63	1 086. 5	1 121. 1	1 861. 1	1 928. 5

表 2　栅条脱涡频率

攻角/(°)	0	10	12	15	20	30	45
主频/Hz	10. 83	6. 78	6. 28	2. 15	2. 23	2. 48	2. 56

3.4　疲劳分析

当结构长期受到重复载荷的作用时,由于结构振动将导致疲劳破坏[16],一般以出现裂纹或突然断裂的形式表现[17],这将对抽水蓄能电站拦污栅的安全运行产生极大影响。根据《钢结构设计标准》规定,当钢结构及其连接件重复性承受动力荷载,且应力变化的循环次数 $n \geqslant 5\times10^4$ 次时,应进行疲劳计算。本文所研究抽水蓄能电站拦污栅栅条为钢结构,若以一天工作 10 h 进行计算,根据不同攻角的脱涡频率计算每日工作时间的受力循环次数 n,可知 0°水流攻角时的循环次数约为 39×10^4 次,10°~45°水流攻角时的循环次数约为 7×10^4~9×10^4 次,已超过规范所规定的 5×10^4 次,需进行疲劳计算。

在同一周期不同时刻,提取栅条四周壁面 22 个监测点处的瞬时压强值,得到每一周期内各点的最大拉应力和压应力。计算 0°~45°水流攻角时,栅条焊接部位和非焊接部位的正应力幅 $\Delta\sigma$、应力变化最大循环次数 n 和疲劳寿命,如表 3 所示。

表 3　栅条疲劳计算结果

攻角/(°)	焊接部位			非焊接部位		
	$\Delta\sigma$ /(N/mm^2)	n/次	疲劳寿命/d	$\Delta\sigma$ /(N/mm^2)	n/次	疲劳寿命/d
0	16. 51	3.2×10^8	832	10. 71	6.5×10^{10}	167 847
10	29. 26	5.8×10^7	238	13. 63	2.5×10^{10}	102 208
12	28. 93	6.0×10^7	266	15. 04	1.7×10^{10}	74 430
15	113. 5	1.0×10^6	12	75. 01	2.7×10^7	351
20	137. 64	5.6×10^5	6	94. 04	1.1×10^7	137
30	179. 54	2.5×10^5	2	125. 89	3.4×10^6	38
45	246. 44	9.8×10^4	1	180. 98	8.0×10^5	8

可见,在水流攻角为0°~12°时,拦污栅栅条疲劳寿命较长;在水流攻角大于12°时栅条在焊接部位和非焊接部位的疲劳寿命均急速减少,且在焊接部位的疲劳寿命更短。因此,在工程应用中,对于长宽比为7.27∶1的拦污栅栅条,建议控制水流攻角小于12°,可有效避免疲劳破坏。

4 结　论

(1)随着水流攻角的增大,水流流态愈加复杂,栅条对于平顺来流的阻碍作用逐渐增强,对两侧及下游水流的影响范围也随之扩大,导致水流过栅具有更大的无序范围。在0°~12°时,矩形栅条左侧分离区随水流攻角增大而增长;在12°~45°时,栅条左侧壁上的分离区域随着水流攻角的增大而缩短扩宽,且在分离区域前侧产生逆时针二次涡;右侧壁上无分离区。

(2)时均阻力系数随着水流攻角的增大呈线性增长,0°~12°时的斜率小于12°~45°的斜率;时均升力系数在0°~12°和12°~45°分别呈对数增长;斯特罗哈数在0°~15°时快速减小,并在15°~45°时斯特罗哈数保持在0.03。

(3)栅条脱涡频率随着水流攻角的增大而减小,不会因共振而发生破坏。但当水流攻角大于12°时栅条在焊接部位和非焊接部位的疲劳寿命均急速减少,且在焊接部位的疲劳寿命更短。因此,在工程应用中为了避免疲劳破坏,对于类似长宽比为7.27∶1的拦污栅栅条,建议控制水流攻角小于12°。

参考文献

[1] 马冰, 贾凌霄, 于洋. 地球科学与碳中和:现状与发展方向[J]. 中国地质, 2021, 48(2):347-358.

[2] 刘微, 郑颖平, 郝乐友. 发展抽水蓄能电站的意义及前景[J]. 黑龙江水利科技, 2004(4):34-35.

[3] 皮仙槎. 日本、美国设计抽水蓄能电站拦污栅中的几个问题[J]. 水力发电, 1982(11):62-29.

[4] 王海峰, 孙丹霞. 积石峡水电站蓄水初期拦污栅破坏问题分析[J]. 西北水电, 2014(1):78-81.

[5] 严根华. 水电站拦污栅振动特性和抗振设计研究[J]. 水力发电,2006(10):77-79,88.

[6] 吴一红. 抽水蓄能电站拦污栅流激振动试验研究 泄水工程与高速水流[J]. 2004,(1):35-61.

[7] 程克明, 范召林, 尹贵鲁. 大攻角流动非对称性成因与对策[J]. 南京航空航天大学学报,2002,(1):17-21.

[8] 严根华. 水电站拦污栅振动特性和抗振设计研究[J]. 水力发电, 2006(10): 77-79,88.

[9] Menter F R. Two-equation eddy-viscosity turbulence models for engineering applications[J]. AIAA journal, 1994, 32(8): 1598-1605.

[10] Wilcox D C. Turbulence modeling for CFD[M]. La Canada,CA: DCW industries, 1998.

[11] Layton W J, Rebholz L G. Approximate deconvolution models of turbulence: analysis, phenomenology and numerical analysis[M]. Berlin: Springer Science & Business Media, 2012.

[12] 刘亚坤. 水力学[M]. 2版. 北京: 中国水利水电出版社, 2016.

[13] 时忠民, 刘名名, 郭晓玲. 计算域对圆柱绕流数值模拟结果的影响[J]. 中国水运(下半月), 2013, 13(7):83-86, 88.

[14] 雷娟棉, 谭朝明. 基于Transition SST模型的高雷诺数圆柱绕流数值研究[J]. 北京航空航天大学学报, 2017,43(2):207-217.

[15] 姜峰, 郑运虎 ,梁瑞,等. 海洋立管湿模态振动分析[J]. 西南石油大学学报(自然科学版), 2015, 37(5):159-166.

[16] 姚起杭, 姚军. 工程结构的振动疲劳问题[J]. 应用力学学报, 2006,(1):12-15,167-168.

[17] 刘文光, 陈国平, 贺红林,等. 结构振动疲劳研究综述[J]. 工程设计学报, 2012, 19(1):1-8,24.

尾水河道疏浚增加发电效益研究

郑海圣[1]　徐　达[1]　孙洪亮[1]　杨　飞[1]　王　威[2]

(1. 华东勘测设计研究院有限公司,浙江杭州　310014;
2. 南京水利科学研究院,江苏南京　210029)

【摘　要】 受梯级电站规划、施工落渣、围堰拆除或河道淤积等因素影响,上下游梯级电站之间可能存在水位不衔接,河道水能资源利用不充分的情况。文章以沙坪一级水电站为例,提出了利用尾水河道疏浚降低尾水位以增加发电效率的思路,并通过多方案比选、敏感性分析、投资效益对比等确定了合理的疏浚方案。水力计算和物理模型试验结果表明,河道疏浚后可稳定增加电站装机 90 MW(总装机 360 MW),增加多年平均发电量 4.14 亿 kW·h,增加水能利用效果明显,经济效益显著,可为其他工程实践提供借鉴。

【关键词】 梯级衔接;深泓线;水能利用;河道疏浚;发电效益

0　引　言

为充分利用河流的水能资源,梯级水电站规划时原则上应保证上下游电站水位衔接[1-2],即上游水电站尾水位应与下游水电站的正常蓄水位相衔接。在实际开发中,部分电站在设计过程中可能会因为地形地质、枢纽布置、淹没拆迁等因素而无法做到水位衔接,或者即使设计之初已考虑了水位衔接,但施工过程中的弃渣壅高、运行过程中的泄洪冲淤等因素均可能导致上下游电站水位不衔接。特别是当水位不衔接河段较长、落差较大时将导致大量的水能浪费,小则减少电站发电量,大则决定电站的工程可行性。20 世纪 90 年代初,我国曾对已建装机容量 2.5 万 kW 以上的大中型水电站尾水堆渣、尾水壅高问题进行过专项排查和整改[3-4],虽然整改后水电站增加出力、效益提高明显,但也暴露出已建电站尾水清渣和疏浚难度普遍较大[5-7],且显著影响电站运行、河道通航等的痛点。因此,在水电站设计时就对水位衔接问题进行充分研究,拟定可靠的工程措施,并纳入电站枢纽建设,将起到事半功倍的效果[8]。

鉴此,本文以沙坪一级水电站利用下游河道疏浚降低尾水位[9-10],增加电站装机为例,研究利用尾水疏浚增加机组出力,改善电站指标的可行性和可持续性。

1　工程概况

沙坪一级水电站位于四川省乐山市金口河区境内,是规划的沙坪梯级两级开发的第一级,上接枕头坝二级水电站,下邻沙坪二级水电站。沙坪一级水电站采用河床式开发,为Ⅱ等大(2)型工程,电站总装机容量 360 MW,多年平均发电量为 16.35 亿 kW·h。枢纽主要由泄洪闸、河床式厂房、左岸鱼道坝段、右岸挡水坝段等建筑物组成;坝顶高程 581.00 m,坝顶全长 327 m,挡水建筑物最大坝高 63 m。电站坝址多年平均流量 1 370 m^3/s,满发流量 2 750 m^3/s。

根据水文资料,沙坪一、二级水电站的水位衔接处位于岩板溪坝址附近,但岩板溪上游分布有成昆铁路、金河镇工业区、野牛河支流等淹没控制对象,不得已将沙坪一级坝址移至上游 4.3 km 的金口河坝址处。坝址调整后,金口河坝址与盐溪板坝址之间尚有约 7 m 的水头未利用。为充分利用水能资源增发电量,拟通过下游河道疏浚的方式进行水能回补。

作者简介:郑海圣(1988—),男,硕士,高级工程师,研究方向为水工结构工程。

2 治理方案研究

2.1 河道疏浚范围

选取沙坪一、二级电站河段建立一维河床水位演进计算模型,采用恒定非均匀渐变流的努伯利方程对河床水面线进行回水计算。结合实测水位和流量数据率定后的水面线计算成果(见图1),分析沙坪一级下游河段的河道特性如下。

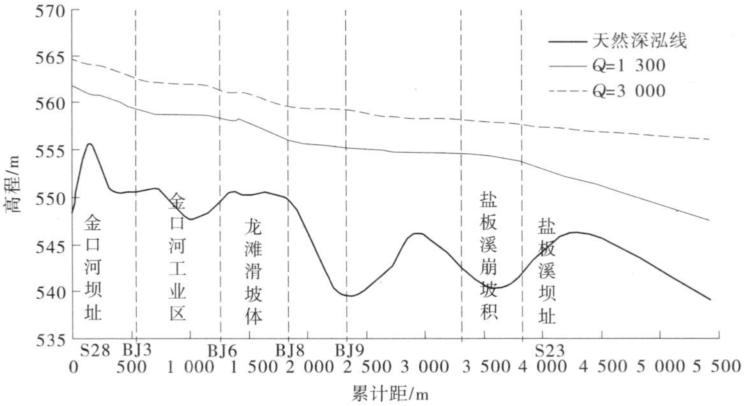

图1 坝址下游河段深泓线及河道水面线图

(1)根据河道深泓线及河道水面线的走势,可将金口河坝址(S28)至岩板溪坝址(S23)河段分为3段:①上游段(金口河坝址S28至龙滩滑坡体下游边界BJ8约1.86 km),平均坡比0.7‰,为缓坡;②中游段(龙滩滑坡体下游边界BJ8~BJ9断面约0.41 km),平均坡比2.3%,为陡坡;③下游段(BJ9断面至岩板溪坝址S23断面约2.0 km),平均坡比0.18‰,为缓坡。根据明渠水力学原理,金口河坝址下游水位控制断面应位于上游缓坡和中游陡坡交界处(BJ8附近)。

(2)分析金口河坝址(S28)至岩板溪坝址(S23)的水头组成可知:当 $Q=1\ 380\ m^3/s$ 时,该段总水头为7.65 m,其中S28~BJ8段水头为6.02 m,BJ8~S24段水头为1.63 m,S28~BJ8段水头占78.7%;当 $Q=3\ 000\ m^3/s$ 时,该段总水头为6.94 m,其中S28~BJ8段水头为5.18 m,BJ8~S24段水头为1.72 m,S28~BJ8段水头占75.2%。以上数据也说明S28~BJ8段为河道疏浚的重点河段。

2.2 疏浚方案研究

在保证电站满发流量2 750 m^3/s 时,控制断面(S28)水面线与天然回水一致的前提下(控制断面下游河道水位不变),将疏浚河段河床概化成明渠,对河道疏浚断面的底宽、河床纵坡进行敏感性分析,并选定最优疏浚方案。

2.2.1 底宽分析

控制渠道纵坡、综合糙率不变,对疏浚河段底宽50~120 m范围进行敏感性分析,结果见图2、图3。分析可知:①渠道开挖宽度减小,开挖深度增加,河道断面形式由宽浅型趋向于窄深型;②低于满发流量2 750 m^3/s 时,随着渠化底宽的增加,可利用水头值减小,即从增加效益的角度出发,窄深型断面较有利;③当渠道底宽大于100 m时,开挖规模显著上升,但当渠道过窄时,开挖深度增加,边坡治理和水下施工难度显著增加;④综合开挖规模和水能利用因素,底宽80 m方案具备较好的代表性。

2.2.2 纵坡分析

以底宽80 m、纵坡0.05%为基准,对渠道纵坡进行了敏感性分析,纵坡变化分析范围为0.03%~0.12%,结果见图4~图6。分析可知:①深泓线显示龙滩滑坡体上游河床崎岖起伏,特别是河床上段存在明显的壅高,削峰能有效减少河床阻水,降低尾水位;②渠道纵坡越小河床开挖深度增大,河段利用水头值相应增加,但开挖规模也显著增大;③发电流量越大,同一纵坡方案下河段增加利用水头越少,不同纵坡方案河段增加利用水头差距越小;④纵坡0.03%~0.05%方案,增加利用水头总量多,但需拓挖深

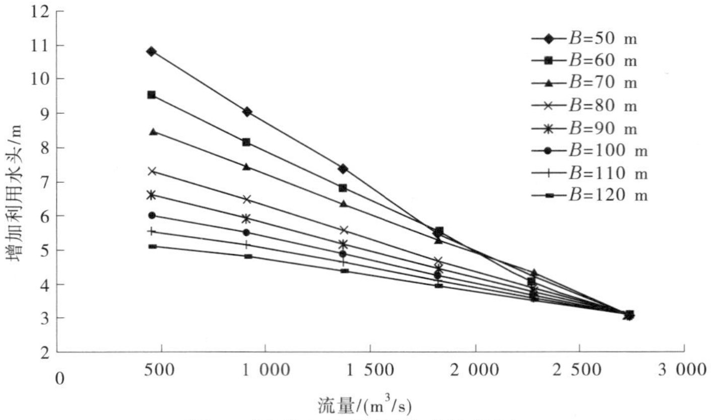

图 2　渠道底宽效益敏感性分析

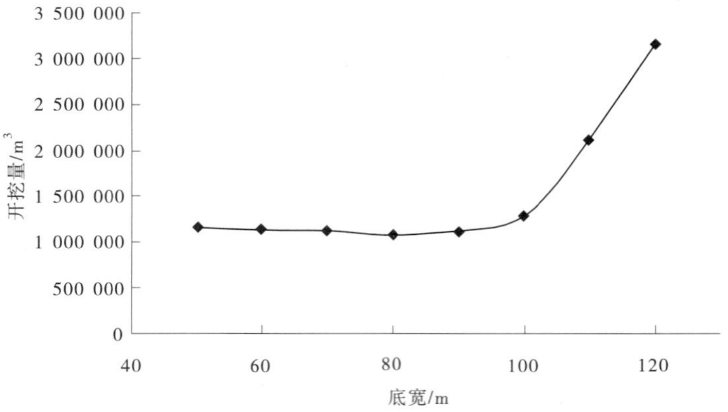

图 3　渠道底宽开挖规模敏感性分析

泓线以下河床,最大挖深达 12 m,水下施工难度大、投资高;⑤纵坡 0.09%~0.12%方案,仅对深泓线河床凸起部削峰,虽然效益明显,但增加利用水头总量不高,水资源利用率低;⑥纵坡 0.07%方案河道平均挖深度 3~4 m,能够清除大部分河床底板突起部位,水下开挖方量适中,增加利用水头总量较高,具备较好的代表性。

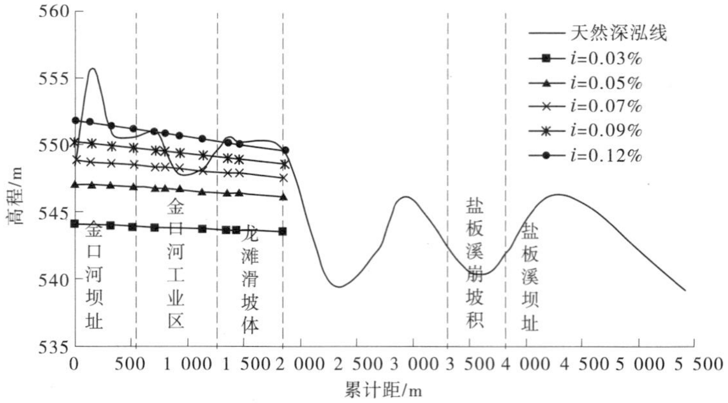

图 4　河道深泓线及各疏浚纵坡方案示意图

2.3　疏浚方案初拟

确定治理范围 1 860 m,渠化底宽 80 m、纵坡 0.07%方案后,进一步将疏浚范围内河道划分为 3 段(见图 4),并组合成 4 种方案(见表 1)开展水能、效益比选分析(见表 2):①从水能利用角度来看,方案 1~4 装机容量为 306~360 MW,多年平均发电量为 14.21 亿~16.30 亿 kW·h,方案 4 最高;从工程投资

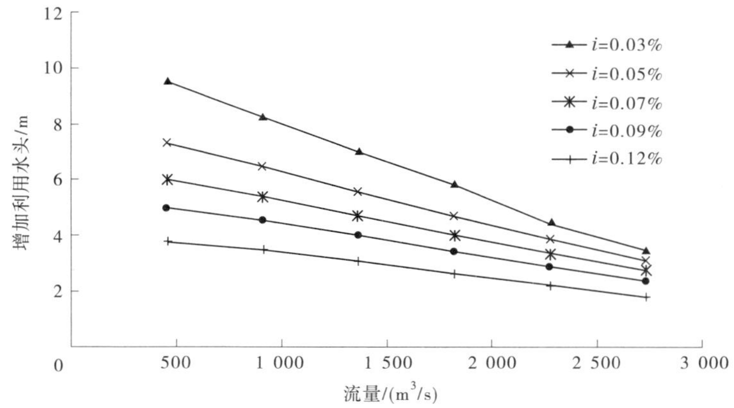

图 5　渠道底坡效益敏感性分析

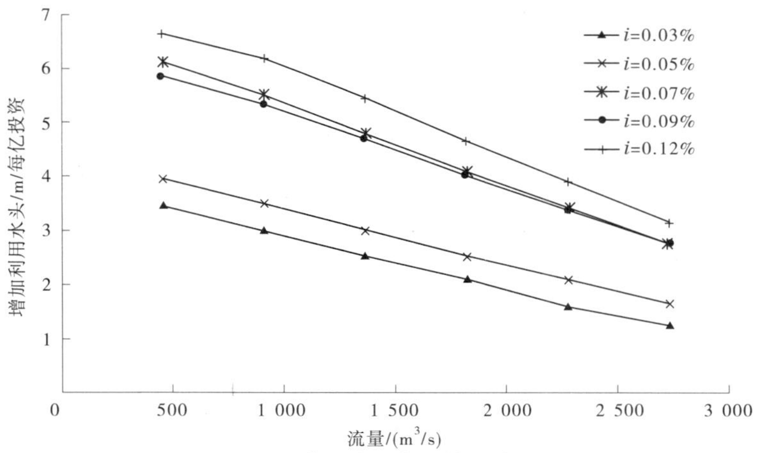

图 6　渠道底坡投资比敏感性分析

和经济指标角度来看,方案 4 单位千瓦时投资最低,为 2.56 元/kW·h,方案 4 最优。综上方案 4 对长度 1 860 m 河段进行全段疏浚效益最高。

表 1　河道分段及疏浚方案

方案	第 1 段（工业区上游段）	第 2 段（工业区段）	第 3 段（龙滩滑坡体段）
天然(不疏浚,对比方案)	不疏浚	不疏浚	不疏浚
方案 1(第一段疏浚)	疏浚	不疏浚	不疏浚
方案 2(第一、二段疏浚)	疏浚	疏浚	不疏浚
方案 3(第一、三段疏浚)	疏浚	不疏浚	疏浚
方案 4(三段全部疏浚)	疏浚	疏浚	疏浚

注:第一段为金口河坝址至金口河工业区上(BJ3);第二段为金口河工业区上(BJ3)至龙滩滑坡体上(BJ6);第三段为龙滩滑坡体上(BJ6)至龙滩滑坡体下(BJ8)。

表 2　各疏浚方案表水能指标与效益分析

指标	单位	方案 1	方案 2	方案 3	方案 4
满发流量	m^3/s	2 766.9	2 732.9	2 732.9	2 749.2
装机容量	MW	306	324	324	360
多年平均发电量	亿 kW·h	14.21	14.81	14.78	16.30
水量利用率	%	96.7	96.9	96.9	97.1
单位千瓦时投资	元/kW·h	2.79	2.73	2.76	2.56

3 方案适应性调整

考虑河段实际地形地质条件、岸坡防护、滑坡体避让、移民和工业区分布等因素,实际疏浚方案应在尽可能趋近“治理河长 1 860 m、底宽 80 m、纵坡 0.07%”的前提下进行适应性调整[5](见图 7),调整后河床疏浚平均拓挖深度为 3~4 m,河道疏浚底宽在 65.0~108.58 m,疏浚断面采用复式梯形断面,每 10 m 高设置一级 3 m 宽马道,边坡坡比为 1∶0.5~1∶2。对适应性调整后的疏浚方案进行能量指标测算(见表 3)可知:从能量指标来看,金口河坝址疏浚代表性方案较天然尾水方案装机容量增加 90 MW,多年平均发电量增加 4.14 亿 kW·h,水量利用率达 97.2%。推荐方案拓挖适应性面调整之后,能量指标基本无变化。

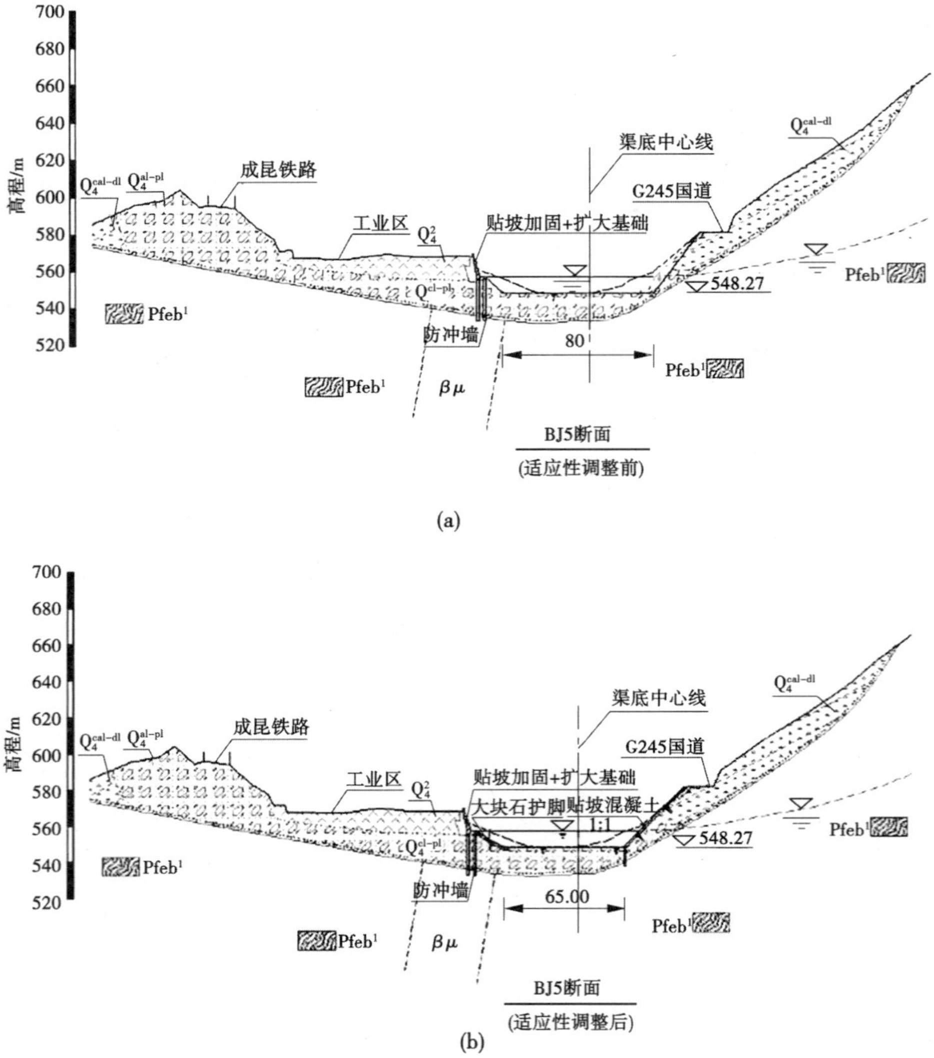

图 7 河段疏浚典型断面适应性调整前后对比图

表 3 适应性调整方案水能指标与效益分析

指标	单位	天然河道	方案 4 (适应性调整前)	推荐方案 (适应性调整后)
满发流量	m^3/s	2 724.8	2 749.2	2 749.2
装机容量	MW	270	360	360
多年平均发电量	亿 kW·h	12.21	16.30	16.35
水量利用率	%	95.59	97.1	97.2

4　物理模型试验

为分析推荐疏浚方案下，电站可增加发电水头是否能否达到预期，预测河床演变对疏浚效果的影响[11]，对沙坪一级下游河道疏浚内容进行物理模型试验验证。

4.1　定床水能试验

对推荐疏浚方案的河道水流特性进行了试验研究，包括流态、水面线和流速分布，本文仅对水面线进行分析（见表4、图8）。结果显示：①疏浚后河道沿程水位明显下降，流量越小尾水位下降的幅度越大。各特征流量（$q=460\sim11\ 900\ m^3/s$）下，电站坝址断面水位下降分别为4.88～1.74 m；②各特征流量下，电站坝址断面水位计算值与试验值基本相同，流量越大试验值相对计算值越低，即计算值更保守，判断主要受河道糙率率定影响。③试验表明河道疏浚方案合理，疏浚后可以达到预期增加发电水头的效果。

表4　疏浚前后电站坝址断面水位变幅对比

方案	流量 $Q/(m^3/s)$							备注
	460	1 370	1 840	2 750	4 125	6 000	11 900	
原河道水位/m	559.20	561.70	562.63	564.15	566.25	569.01	575.84	原始
试验水位 H_s/m	554.32	557.61	558.66	560.66	562.63	566.08	574.00	试验
试验水位降幅/m	4.88	4.09	3.97	3.49	3.62	2.93	1.74	
计算水位 H_J/m	554.58	557.24	558.52	560.67	563.40	566.66	576.46	计算
计算水位降幅/m	4.68	4.63	4.26	3.67	3.60	2.51	0.39	
H_s-H_J/m	-0.26	0.37	0.14	-0.01	-0.77	-0.58	-2.46	对比

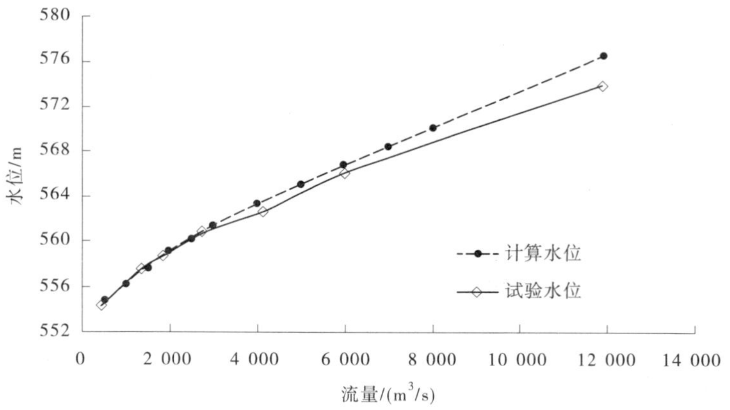

图8　疏浚后电站尾水位试验值与计算值对比

4.2　动床演变试验

针对河道开挖方案疏浚后，进行了枯沙年、平沙年及丰沙年三年水沙条件下的连续冲淤试验，判断河道疏浚效果的可持续性，试验结果显示：

（1）通过枯沙年、平沙年及丰沙年三年的水沙条件冲淤试验及下游河床水流条件可知，动床河段的泥沙冲淤可以分为三个区域。第一个区域在泄洪闸出口附近，受局部冲刷的影响，在不同的流量条件及不同的调度方案下形成相应的冲刷坑；第二个区域在冲刷坑下游到开挖段末端，这部分河段较为顺直，河道的底坡一致，水流平顺，水库下泄的悬移质泥沙在该段难以持续淤积，仅存少量淤积；第三个区域为开挖末端（桩号渠1+800 m）以后部分，水流经约90°弯道下泄（桩号渠1+800 m），河道束窄转弯，主流偏向左岸，在渠2+000 m河道左岸形成局部冲刷，右岸部分发生淤积。总体而言，疏浚河段相对顺直、水流平顺,水库下泄的悬移质泥沙在该段难以持续淤积,仅少量推移质或细颗粒泥沙可能淤积,总量不大。

(2)三个典型年连续试验后开挖河道主河槽未发生明显冲刷及淤积,河道平均淤积厚度约0.2 m,局部最大淤积厚度0.25~0.3 m,下游开挖段主河道泥沙淤积厚度约为0.15 m,野牛河出口段淤积厚度约0.10 m,对河道水位变化影响较小。

(3)三个典型年连续试验后,河道虽有少量淤积。但当经历超6 000 m^3/s 流量时,堆积体泥沙随水流做推移质运动,河床趋于稳定后,各特征流量下,电站尾水渠水位相较均匀开挖河床基本相同。

综上疏浚河段泥沙淤积问题不严重,后续可辅以泄流控制及定期疏浚进行控制,河道疏浚增加发电量可持续性较好。

图9 坝址附近泥沙冲淤试验情况

图10 疏浚河段中部附近泥沙冲淤试验情况

5 小 结

(1)以沙坪一级水电站为例,对充分利用金口河坝址下游富余水头的下游河道疏浚方案进行了研究,通过多种疏浚方案的效益、投资对比,确定了河道疏浚的治理范围、断面形式及河道纵坡。计算表明,合理的下游河道疏浚方案可有效降低下游尾水位,提高不衔接河段水能利用率。

(2)利用物理模型试验对疏浚方案进行验证,试验表明疏浚后河道沿程水位下降明显,增加发电水头的效果略优于计算值,符合预期;河床演变动床试验表明,经过枯沙年、平沙年及丰沙年的三年连续冲淤,疏浚河段整体淤积不明显,平均淤积厚度约0.2 m;少量淤积在大流量控泄或定期河道疏浚措施下,疏浚河段河床可保持基本稳定,疏浚增加发电量可持续性较好。

(3)推荐下游河道疏浚方案较天然尾水方案装机容量增加90 MW,多年平均发电量增加4.14亿kW·h,相当于新建了一座中型电站,增加水能利用效果明显,经济效益显著。

(4)目前,水下施工技术和设备工艺已相对成熟[7],利用尾水河道疏浚增加河道水能利用率、提高发电量具有投资小、效率高的特点。文章提供的研究思路对同类型上下游梯级水位不衔接的水电站设计,或已建水电站中的尾水雍高疏浚具有一定的借鉴意义。

参考文献

[1] 黄木顺. 水位衔接问题与水电开发水位的选定[J]. 小水电, 2006(4):40-41.
[2] 黄木顺. 水电站梯级开发水位衔接若干问题探讨[J]. 水利科技, 2004(2):13-14.
[3] 张天存. 开展水电站尾水清渣工作提高电站出力[J]. 水力发电学报, 1993(4):59-67.
[4] 杨金栋, 陈昌林. 认真开展尾水清渣工作挖掘电站潜力[J]. 水力发电, 1992(10):3-4.
[5] 林劲松, 巨江, 张宽地,等. 考虑龙羊峡水库回水影响的羊曲水电站尾水疏挖研究[J]. 西北农林科技大学学报:自然科学版, 2010,38(10):221-228.
[6] 张毅驰, 俞灵光, 秦晓亮. 浅谈水电工程清淤及河道疏浚[C]//第六届水库大坝新技术推广研讨会. 中国水利学会;中国大坝工程学会, 2017:425-427.
[7] 巩富, 刘迎. 浅谈河道清淤疏浚技术[J]. 珠江水运, 2012,309(8):27-28.
[8] 王卫国, 陈念水, 周恒. 水电站尾水河道疏浚开挖的研究[J]. 西北水电, 2012,130(1):26-28.
[9] 梁福林, 杨中华, 槐文信,等. 梯级水电站降低尾水位增加发电效益研究[J]. 水电能源科学, 2010,28(5):123-126.
[10] 秦守田, 臧永顺, 崇春莹,等. 长滩河水能梯级开发方案研究[J]. 水力发电, 2011, 37(2):43-45.
[11] 贺翠玲,黄细彬. 电站尾水河道开挖前后的水力特性研究[J]. 人民黄河,2010,32(12):207-208.

乐清湾进港航道北延段水动力与船舶航行数值模拟研究

董志勇　钟铮闻　余俊鹏

(浙江工业大学港口与近海工程研究所,杭州　310023)

【摘　要】 航道通航安全评估有多种方法,但利用计算流体力学方法进行通航评估则较少。本文基于乐清湾进港航道北延段水下地形资料,对进港航道北延工程建设前、后的潮流特征进行了数值模拟,并以同期实测资料做了验证。建立了船舶航行数学模型,数值模拟了 5 种风、浪、流组合工况下,设计到港 10 万 t 级散货船、5 万 t 级油船满载航行情况。同时,模拟了两船对遇在航道狭窄段的安全性。数值模拟结果表明,航道内风、浪、流共同作用的工况对航行稳定性影响最大,船舶偏航最为严重,恶劣天气中需要谨慎驾驶;满载进港与压载出港 10 万 t 级船舶在狭窄航道内相遇时,能够稳定地通过并留有富裕宽度。乐清湾进港航道北延段航线选线合理,设计宽度能够满足不同船型在非极端天气下的安全到港需求。

【关键词】 水动力学;通航安全;数值模拟;进港航道北延段;10 万 t 级船舶

1　引　言

港口航道工程是发展海洋经济的重要基础设施,在港口航道工程的建设过程中,需要对进港航道通航安全进行评估。目前,航道通航安全评估主要有三种方法:一是利用数学理论综合分析各项通航指标的综合安全评估(FSA),如刘振东等[1]利用模糊层次分析法对天津港复式航道进行了通航安全综合评价,王新辉等[2]应用未确知测度理论建立水域通航安全评估模型并以此对珠江口水域多条航道进行了评估验证,Hu 等[3]基于 FSA 建立模糊函数风险评估方法并用于评估上海港引航安全。二是利用建立在船舶运动数学模型基础上的船舶操纵模拟器对航道通航安全进行计算机仿真模拟,如张秀凤等[4]应用大连海事大学研制的船舶操纵模拟器对厦门港航道增深工程进行了通航安全论证;喻国良[5]利用 DynaSIM 船舶操纵模拟器对漳州港古雷港区南 2 号液体化工码头工程进港航道进行了通航安全评估。三是通过船舶水动力物理模型试验方法。前两种方法具有安全性、经济性、可重复性等优点,但弱化或忽略了船舶的水动力特性,对于未建成的港口航道缺乏相应分析数据。方法三可直接观测船模在复杂地形和水力条件下的运动情况,但成本大且存在比尺效应等问题。

近年来,计算技术的不断提高为计算流体力学(CFD)的发展提供了必要条件。在船舶航行研究中,CFD 能够准确地对水动力问题进行数值计算。Choi 等[6]采用 CFD 方法对 8 艘商船的速度性能、阻力和自推力进行了预测研究;Tampier[7]基于 OpenFOAM 软件分析船舶在平静水面和波浪中的水动力性能以确定最佳的船舶设计方案;Guo 等[8]利用 STAR-CCM+软件,结合 PIV 分析了集装箱船的尾流场,研究了不同工况下船舶的水动力性能;Wang 等[9]使用 STAR-CCM+研究了水下航行器在固定深度航行时,船体和螺旋桨在平衡状态下的水动力性能;刘晨飞等[10]用 CFD 软件模拟了 KVLCC2 船模斜航、纯横荡和纯艏摇运动,利用相关水动力方程对船舶操纵性进行仿真。苏巍[11]、Lo 等[12]应用 FLOW-3D 研究了对遇两船间的水动力作用及船舶的偏航变化;周领[13]利用该软件模拟了升船机的船舶出船厢过程,研究了船舶下沉量及厢内水面波动特性。FLOW-3D 具有直观的模拟过程和高效的水动力计算能力,软件的

基金项目:温州港乐清湾港区科研项目(KYY-HX-20190019)

GMO 模型能够描述船舶 6 个自由度的运动状态，k-ε、k-ω 等紊流模型为不同类型的船舶模拟提供了数学基础，若将其应用于大尺度的港口航道模拟，则能够得到可靠的评估结果。因此，本文结合工程实例，利用 FLOW-3D 先对工程水域潮流进行模拟，得到航道内潮流数据；然后结合实测水文数据建立船舶通航数学模型，数值模拟设计到港船型在乐清湾进港航道北延段的航行状况，为航道通航安全评估提供依据。

2　工程概况

乐清湾位于我国东部沿海，建港条件良好。目前，已建成的 10 万 t 级航道仅至南港区，通往北港区的水域目前为自然状态。随着北港区 10 万 t 级通用作业区（以下称 C 区）以及 5 万 t 级石化作业区（以下称 D 区）的建设，迫切需要将进港航道北延。C、D 区码头设计到港船型见表 1。工程整体规划布置如图 1 所示，延伸段航道总长 5.6 km。记 IP5～IP6 为Ⅰ段，长 2.35 km，航向 N 7°～187°，其中前 1.5 km 设计 10 万 t 级双向航道，后 0.85 km 设计 10 万 t 级单向航道；IP6～CZ 记为Ⅱ段，长 2.2 km，航向 N 27°～207°，设计 10 万 t 级单向航道；CZ～YZ 段为Ⅲ段，长 1.05 km，航向 N 27°～207°，设计 5 万 t 级单向航道。

表 1　设计到港船型

船型	船舶吨级（DWT）	船型主要尺度/m			双向航道宽度/m		单向航道宽度/m	
		总长	型宽	满载吃水	计算宽度	设计宽度	计算宽度	设计宽度
散货船	100 000	250	43.0	14.5	356	420	199	220
油船	50 000	229	32.2	12.8	311	420	188	190

2019 年春季，本文作者在工程海域布设 3 个水文测验断面，每个断面布设 2 条垂线，对流速、流向、水深等数据进行大、小潮汛同步综合测验[14]。以 26 h 为一个潮汛观测周期，完整覆盖两次涨落潮。同时，抄录工程海域附近两个长期潮位站包括观测期在内一个月的潮位资料。得到大潮涨落急的垂线平均流速为 1.2～1.4 m/s，小潮涨落急的垂线平均流速为 0.3～0.6 m/s。乐清湾内主要以风浪为主，常浪向为 ENE 向，强浪向为 NNE 向，$H_{14\%}$ 的最大值为 2.9 m，波浪周期 5.6 s。乐清湾内该区域的强风向与常风向同为 NE 向，全年风力基本小于 7 级。

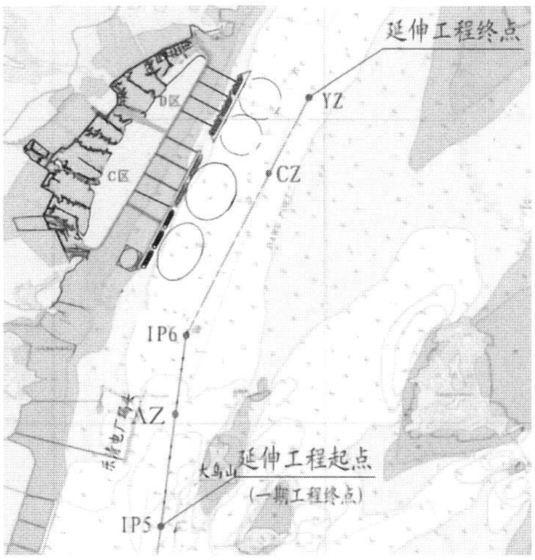

图 1　工程规划布置图

3　工程海域水动力模拟

3.1　水动力模型构建

水动力数值模拟的控制方程为

$$V_{\mathrm{F}}\frac{\partial\rho}{\partial t}+\frac{\partial}{\partial x}(\rho UA_x)+R\frac{\partial}{\partial y}(\rho VA_y)=R_{\mathrm{DIF}}+R_{\mathrm{SOR}} \tag{1}$$

$$\frac{\partial U}{\partial t}+\frac{1}{V_{\mathrm{F}}}\left(UA_x\frac{\partial U}{\partial x}+VA_y\frac{\partial U}{\partial y}\right)=-\frac{1}{\rho}\frac{\partial p}{\partial x}+\frac{\tau_{\mathrm{s},x}+\tau_{\mathrm{b},x}}{\rho d}+2\Omega v \tag{2}$$

$$\frac{\partial V}{\partial t}+\frac{1}{V_{\mathrm{F}}}\left(UA_x\frac{\partial V}{\partial x}+VA_y\frac{\partial V}{\partial y}\right)=-\frac{1}{\rho}\frac{\partial p}{\partial y}+\frac{\tau_{\mathrm{s},y}+\tau_{\mathrm{b},y}}{\rho d}+2\Omega u \tag{3}$$

式中，U、V 分别为 x、y 方向流速的水深平均值；V_F 为网格中流体体积比；A_x、A_y 为流体在 x、y 方向的投影面积；d 为该点水深；$\tau_{s,x}$、$\tau_{s,y}$ 分别为风在 x、y 方向产生的自由表面切应力；$\tau_{b,x}$、$\tau_{b,y}$ 对应 x、y 方向海底摩擦阻力；Ω 为地球自转的惯性力；p 为流体压力；t 为时间；ρ 为海水密度。R_{DIF}、R_{SOR} 分别为紊动扩散项和质量源项，在直角坐标系中其表达式为

$$R_{DIF} = \frac{\partial}{\partial x}\left(\upsilon_\rho A_x \frac{\partial \rho}{\partial x}\right) + \frac{\partial}{\partial y}\left(\upsilon_\rho A_y \frac{\partial \rho}{\partial y}\right) \tag{4}$$

$$\frac{R_{SOR}}{\rho} = \frac{\partial}{\partial x}(UA_x) + \frac{\partial}{\partial y}(VA_y) \tag{5}$$

式中，υ_ρ 为系数，$\upsilon_\rho = S_c \mu_t / \rho$，$\mu_t$ 为动量扩散系数；S_c 为常数项。

计算域总面积为 228.13 km^2，总网格数 5.796×10^5 个，模拟范围如图 2 中框线内所示。模拟时长 26 h，数据输出间隔 0.5 h，与水文检测测验读数时间对应。

3.2 水动力数值模拟结果

潮流数值模拟结果如图 3、图 4 所示，图中 A、V、Z 分别为测点平均流向、流速和水位变化趋势。根据《海岸与河口潮流泥沙模拟技术规程》(JTS/T 231—2—2010)[15]，与实测数据对比得出，每个潮汛的平均流向差小于 10°，平均流速差小于 10%，潮位偏差小于 10 cm，相位差小于 0.5 h。因此，认为水动力模型设置合理，结果可信，能够用于预测工程建设后航道内的流场。

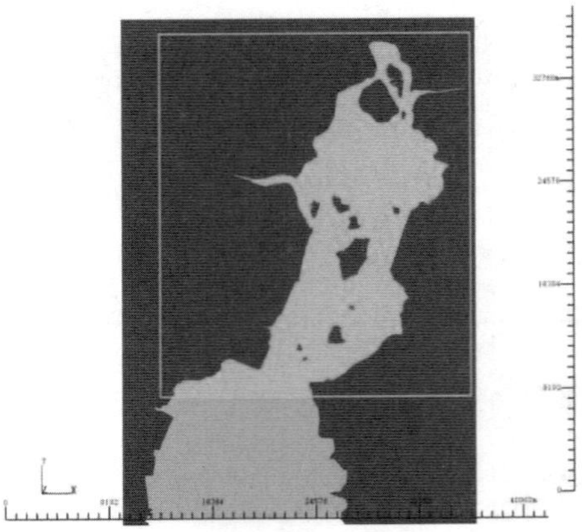

图 2　水动力模型计算域

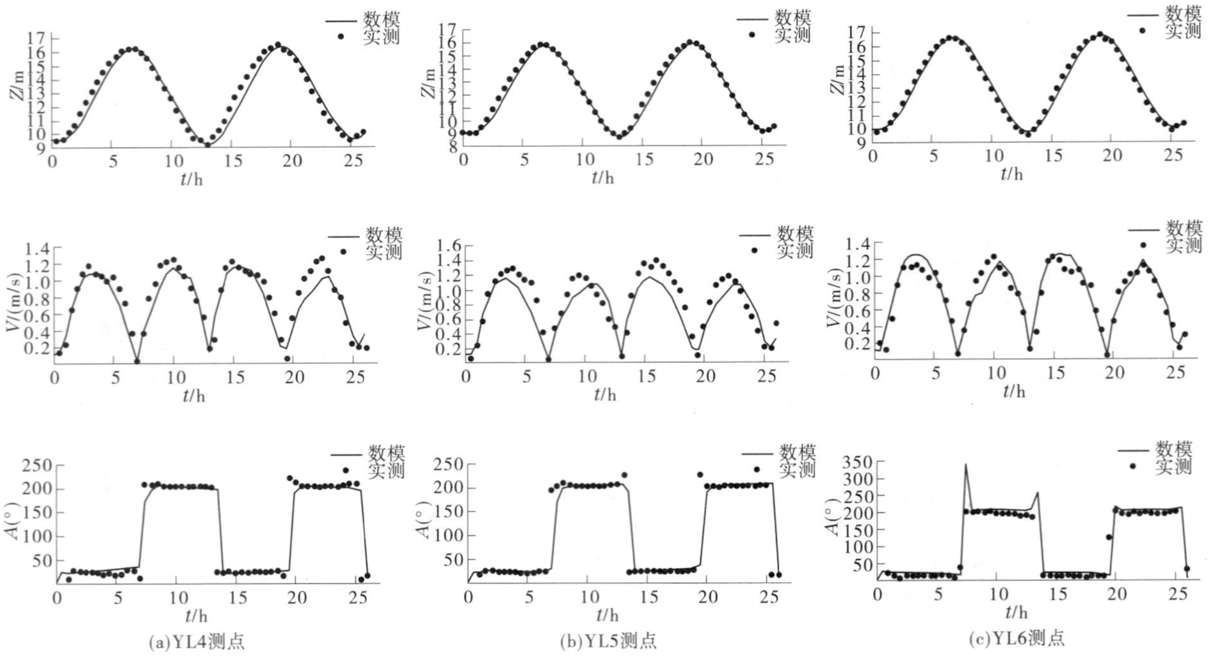

图 3　大潮潮位及流速流向验证

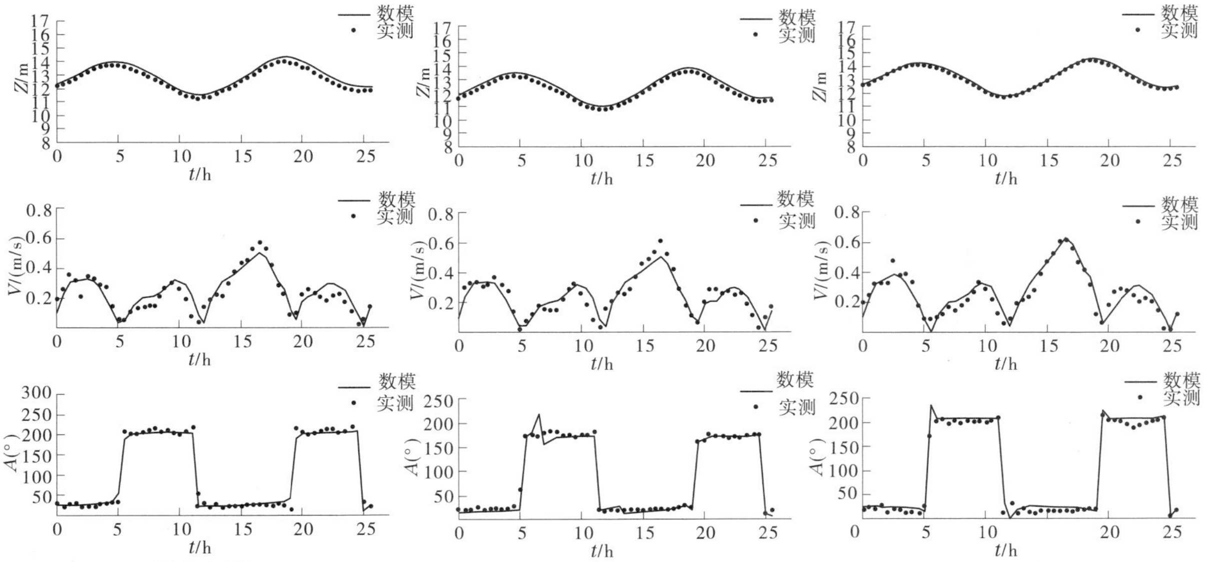

(a)YL4测点 (b)YL5测点 (c)YL6测点

图4 小潮潮位及流速流向验证

3.3 模拟工况

建立疏浚后海域的水动力模型,模拟预测航道内的流场情况。船舶运动模型中主要评估风、浪、流及其组合工况对船舶航行安全的影响。风、浪采用实测数据,流速、流向采用航道疏浚后的模拟结果。拟建码头主要为货物进口,因此模拟船舶满载、乘潮进港,航速保持在6节左右[16]。相应工况如表2所示。

表2 设计船型数值模拟工况

船型	航段	工况	航道走向	风速(级)	风向	波高/m	波向	流速/(m/s)	流向/(°)
10万t级散货船	A	1	N7°	7	NE	0	—	0	—
		2	N7°	0	—	0	—	1.12	19
		3	N7°	7	NE	0	—	1.12	19
		4	N7°	7	NE	2.9	NNE	0	—
		5	N7°	7	NE	2.9	NNE	1.12	19
	B	1	N27°	7	NE	0	—	0	—
		2	N27°	0	—	0	—	1.37	24
		3	N27°	7	NE	0	—	1.37	24
		4	N27°	7	NE	2.9	NNE	0	—
		5	N27°	7	NE	2.9	NNE	1.37	24
5万t级油船	C	1	N27°	7	NE	0	—	0	—
		2	N27°	0	—	0	—	1.21	27
		3	N27°	7	NE	0	—	1.21	27
		4	N27°	7	NE	2.9	NNE	0	—
		5	N27°	7	NE	2.9	NNE	1.21	27

4 航道通航安全模拟

4.1 船舶运动模型构建

GMO模型是模拟船舶航行的关键,模型提供了6个自由度,并动态耦合了船舶与流体。模拟基于笛卡儿空间坐标系(x, y, z)与船体坐标系(x', y', z'),如图5所示,船体坐标系原点G为船舶质心,同船舶一起在空间坐标系内运动。

船体坐标与空间坐标的转换方程为

$$\boldsymbol{x}_a = [\boldsymbol{R}] \cdot \boldsymbol{x}_b + \boldsymbol{x}_G \tag{6}$$

式中，$\boldsymbol{x}_a$、$\boldsymbol{x}_b$、$\boldsymbol{x}_G$ 为位置矢量，分别对应空间坐标系中的点 a、b 和运动物体质心点 G；$[\boldsymbol{R}]$ 为变换张量。

某一时刻船体上任一点 P 的运动状态可表示成

$$\boldsymbol{V}_P = \boldsymbol{V}_G + \omega \times \boldsymbol{r}_{P/G} \tag{7}$$

式中，$\boldsymbol{r}_{P/G}$ 为 P 点与质心 G 的距离矢量；$\boldsymbol{V}_P$、$\boldsymbol{V}_G$ 分别为 P 点与质心的速度矢量；ω 为船舶艏摇角速度。

等式(7)右边表示船舶质心的平移和旋转，对应的控制方程为：

$$\boldsymbol{F} = m \frac{\mathrm{d}\boldsymbol{V}_G}{\mathrm{d}t} \tag{8}$$

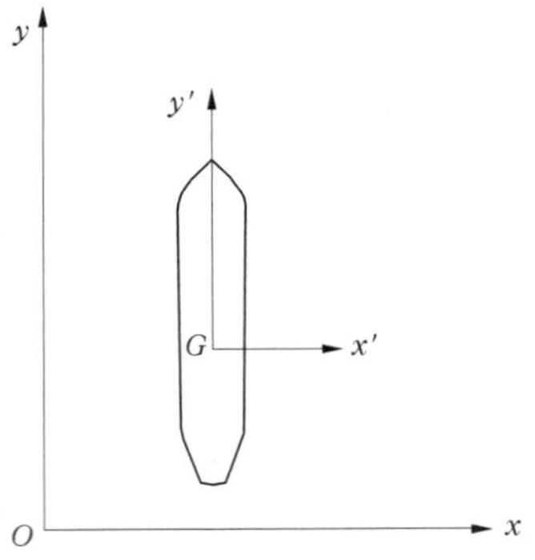

图 5　GMO 模型坐标系

$$\boldsymbol{T}_G = [\boldsymbol{J}] \cdot \frac{\mathrm{d}\omega}{\mathrm{d}t} + \omega \times ([\boldsymbol{J}] \cdot \omega) \tag{9}$$

式中，$\boldsymbol{F}$ 为船舶受到的合力；m 为船舶总质量；$\boldsymbol{T}_G$ 为关于质心 G 的力矩和；$[\boldsymbol{J}]$ 为船体坐标系中的惯性矩张量。

对模型求解时选用能够更好地处理船体流线流动的重正化群 k-ε 模型，其控制方程为：

$$\frac{\partial(\rho k)}{\partial t} + \frac{\partial(\rho k u_i)}{\partial x_i} = \frac{\partial}{\partial x_j}\left[a_k \mu_{\mathrm{eff}} \frac{\partial k}{\partial x_j}\right] + G_k - \rho\varepsilon \tag{10}$$

$$\frac{\partial(\rho\varepsilon)}{\partial t} + \frac{\partial(\rho\varepsilon u_i)}{\partial x_i} = \frac{\partial}{\partial x_j}\left[a_\varepsilon \mu_{\mathrm{eff}} \frac{\partial \varepsilon}{\partial x_j}\right] + \frac{C_{1\varepsilon}^* \varepsilon}{k} G_k - C_{2\varepsilon}\rho \frac{\varepsilon^2}{k} \tag{11}$$

式中，$\mu_{\mathrm{eff}} = \mu + \mu_t$，$\mu_t = \rho C_\mu \dfrac{k^2}{\varepsilon}$，$C_\mu = 0.09$，$a_k = a_\varepsilon = 1.39$，$C_{1\varepsilon} = 1.42$，$C_{1\varepsilon}^* = C_{1\varepsilon} - \dfrac{\eta(1-\eta/\eta_0)}{1+\beta\eta^3}$，$C_{2\varepsilon} = 1.68$，$\eta = (2E_{ij} \cdot E_{ij})^{1/2} \dfrac{k}{\varepsilon}$，$\eta_0 = 4.377$，$\beta = 0.012$。

为了验证紊流模型及网格的可靠性，以图 6 所示的流程进行 KVLCC2 船舶斜航试验，并比较 NMRI 试验值[17]进行选择，最终采用 RNG k-ε 紊流模型。在模拟所用的网格密度下，利用 FLOW-3D 软件特有的 FAVOR 技术，重构散货船模型，如图 7 所示。通过 20°/5°Z 形操舵试验，验证船舶模型的推进力 $F_{y'}$ 和舵力 $F_{x'}$，其运动趋势与 KVLCC2 试验值基本一致，如图 8 所示，认为模型参数设置合理。

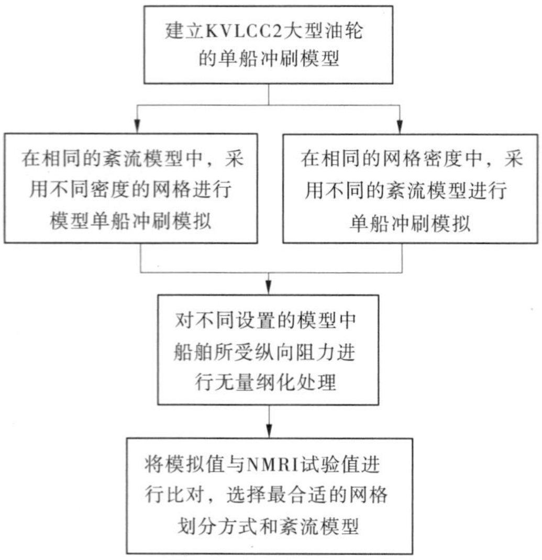

图 6　网格验证与紊流模型选择流程

图 7　FAVOR 生成的船舶模型

根据《海港总体设计规范》(JTS 165—2013)[18],可确定航道宽度和航迹带宽度,其中航迹带模拟宽度以图 9 方式确定。

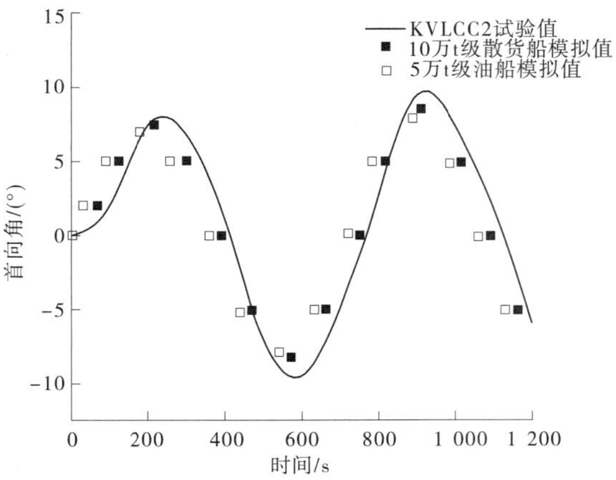

图 8 20°/5° Z 形操舵试验

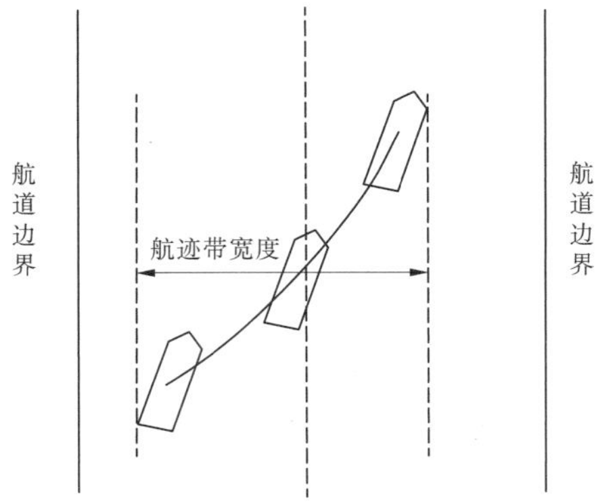

图 9 航迹带宽度确定方法

船舶进港模型分Ⅰ~Ⅲ段,模拟范围分别对应航道长、宽、深的设计值,网格总数分别为 3.94×10^6 个、3.78×10^6 个、1.98×10^6 个。模拟船舶以 6 节航速进入航道,通过改变参数 $F_{x'}$、$F_{y'}$ 实现对船舶的控制,并根据《港口工程荷载规范》(JTS 144-11—2010)[19]确定风对船舶的作用力。模拟完成后导出空间坐标、船体坐标数据,得到每一时刻船舶位置及船身姿态。乐清电厂码头是已建成并可能对乐清湾进港航道通航产生影响的构筑物,为验证此段航道选线的合理性,在长、宽分别为 1 500 m 和 1 000 m 的模拟区域内导入既有码头模型,以壁面作为构筑物侧的边界条件,建立同时包括风、浪、流(工况 5)的 10 万 t 级船舶在电厂码头前沿航道内对遇模型,共 5.7×10^6 个网格单元。

4.2 通航安全模拟结果与分析

各工况下船舶满载进港所需航道宽度模拟值如表 3 所示,图 10、图 11 为模拟船舶进港航迹,图 12 为模拟中船舶发生的最大偏航与当次偏航时间的关系曲线。在 10 万 t 级航道Ⅰ、Ⅱ中,前者的航向与风、浪、流的交角更大,导致模拟船舶的偏航多发生在Ⅰ航段;对比 5 种工况下的模拟结果,有浪条件的工况船舶发生偏航的次数更多,航迹带宽度与偏航速率也更大。在 5 万 t 级航道Ⅲ中,模拟船舶的状态相对Ⅰ、Ⅱ航段更稳定,各工况下同样是浪的影响最为显著。图 13 为航道设计、计算及模拟的宽度,结合模拟轨迹,可以得出进港航道设计满足通航要求。

表 3 进港航道宽度模拟值

航段	工况	最大航迹带宽度/m	航道宽度模拟值/m
Ⅰ(双向航道)	1	70.3	268.7
	2	86.6	301.3
	3	82.0	292.1
	4	91.0	310.1
	5	85.0	298.1
Ⅰ(单向航道)	1	84.1	170.1
	2	83.5	169.5
	3	81.7	167.7
	4	90.3	176.3
	5	94.2	180.2

续表 3

航段	工况	最大航迹带宽度/m	航道宽度模拟值/m
Ⅱ	1	76.5	162.5
	2	80.8	166.8
	3	80.4	166.4
	4	82.8	168.8
	5	92.5	178.5
Ⅲ	1	50.2	115.5
	2	40.5	104.9
	3	41.9	106.3
	4	51.8	116.2
	5	63.6	128.0

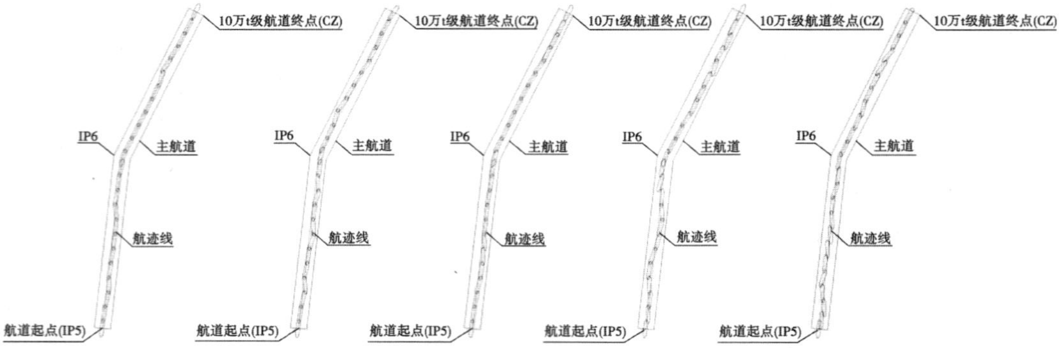

(a)工况1 (b)工况2 (c)工况3 (d)工况4 (e)工况5

图 10　10 万 t 级散货船进港轨迹

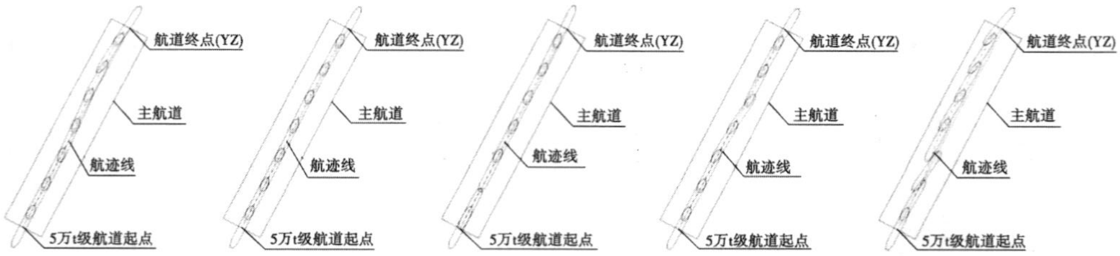

(a)工况1 (b)工况2 (c)工况3 (d)工况4 (e)工况5

图 11　5 万 t 级油船进港轨迹

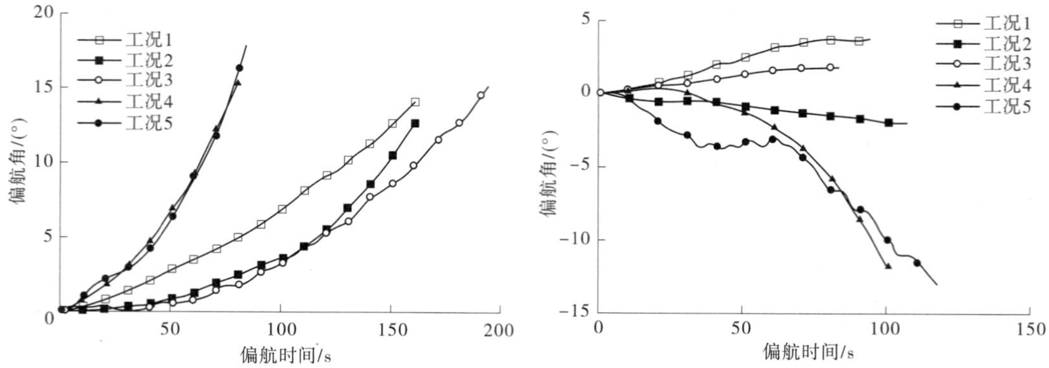

(a)10万t级散货船 (b)5万t级油船

图 12　船舶最大偏航角与偏航时间的关系曲线

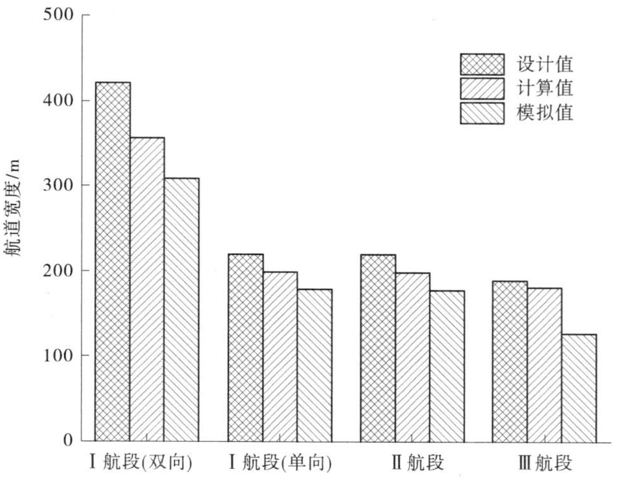

图 13　航道宽度的设计值、计算值、模拟值对比

乐清电厂码头前沿限制水域内,模拟船只在风、浪、流共同作用下对遇的航迹,如图 14 所示。两船均在航道内发生一定偏航,但航迹最近处依然有 2 倍以上设计船宽的富裕间距。因此,在做好航行管制的前提下,电厂码头不会对进港航道产生通航安全的影响。

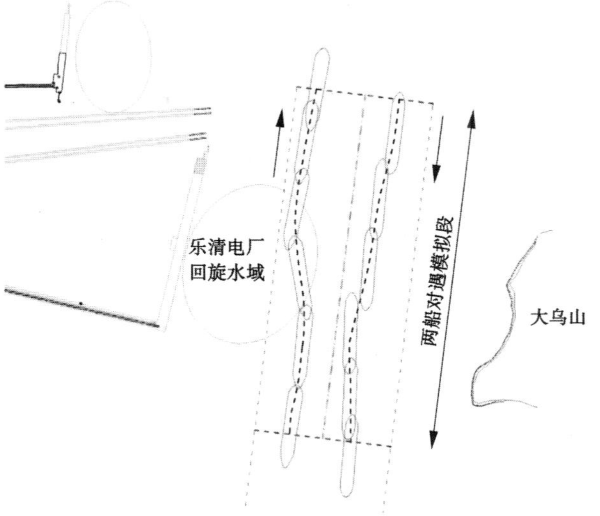

图 14　两船对遇轨迹

5　结　论

通过对乐清湾进港航道北延段工程海域的水动力模拟与船舶航行模拟,可得出以下几点结论:

(1)工程海域水动力模拟中,得到的航道内模拟值与实测值吻合良好,可认为模型合理、结果准确。以此模型模拟工程疏浚后的航道水动力特性,可作为后续模型的参数条件。

(2)船舶航行模拟中,船舶稳定性随着航线与航道内风、浪、流方向夹角的增大而减小,其中波浪对船舶的影响最为明显。不同工况模拟中,船舶进港航道宽度值均小于设计值。航道内限制水域两船对遇模拟中,船舶发生偏航,但仍能够留有富裕宽度地安全通过。

(3)乐清湾进港航道Ⅰ航段中船舶航行存在的风险较Ⅱ、Ⅲ段更大,且此处前 1.5 km 为双向航道,涉及其他港区船只通航,如有不慎可能发生船吸现象。因此,船舶航行至此段时,应提高警惕,保持航行距离,加强观察和瞭望。相关部门应加强航道监控巡查,合理调度船舶进出港。

参考文献

[1] 刘振东, 刘敬贤, 晏林. 基于模糊层次分析法的天津港复式航道通航安全综合评价[J]. 船海工程, 2012(2):133-136.

[2] 王新辉, 李顺亮, 钟碧良. 水域通航安全评估未确知测度模型[J]. 中国航海, 2009(2):39-44.

[3] Hu S, Fang Q, Xia H, et al. Formal safety assessment based on relative risks model in ship navigation[J]. Rellability Engineering and System Safety, 2007, 92(3):369-377.

[4] 张秀凤, 洪碧光, 金一丞. 船舶操纵模拟器在船舶通航安全评估中的应用[J]. 中国航海, 2003(3):24-31.

[5] 喻国良. 漳州港古雷港区古雷作业区南 2 号液体化工码头工程通航安全技术论证研究报告[R]. 上海:上海交通大学,2011.

[6] Choi J E, Min K S, Kim J H, et al. Resistance and propulsion characteristics of various commercial ships based on CFD results[J]. Ocean Engineering, 2010, 37(7):549-566.

[7] Tampier B G, Salas I M. Hydrodynamic ship design for service conditions[J]. Ocean Engineering, 2014, 75:23-29.

[8] Guo C Y, Wu T C, Zhang Q, et al. Numerical simulation and experimental research on wake field of ships under off-design conditions[J]. China Ocean Engineering, 2016, 30(5):821-834.

[9] Wang Y X, Liu J F, Liu T J, et al. A numerical and experimental study on the hull-propeller interaction of a long range autonomous underwater vehicle[J]. China Ocean Engineering, 2019, 33(5):573-582.

[10] 刘晨飞, 刘亚东. 基于 CFD 船舶操纵性预报方法研究[J]. 海洋工程, 2018, 36(6):113-119.

[11] 苏巍. 基于 FLOW-3D 的对遇两船间水动力作用数值模拟研究[D]. 武汉: 武汉理工大学, 2017.

[12] Lo D C. Numerical simulation of hydrodynamic interaction produced during the overtaking and the head-on encounter process of two ships[J]. Engineering Computations, 2012, 29(1):83-101.

[13] 周领. 升船机船厢对接过程波动特性三维数值模拟研究[D]. 重庆: 重庆交通大学, 2017.

[14] 浙江工业大学, 浙江省河海测绘院. 乐清湾进港航道一期延伸工程水文测验和环境监测技术报告[R]. 杭州: 2019.

[15] 交通运输部天津水运工程科学研究所. 海岸与河口潮流泥沙模拟技术规程:JTS/T 231—2—2010[S]. 北京:人民交通出版社, 2010.

[16] 郭子坚. 港口规划与布置[M]. 3 版. 北京:人民交通出版社, 2011.

[17] Kume K, Hasegawa J, Tsukada Y, et al. Measurements of hydrodynamic forces, surface pressure, and wake for obliquely towed tanker model and uncertainty analysis for CFD validation[J]. Journal of Marine Science and Technology, 2006, 11(2): 65-75.

[18] 中交水运规划设计院有限公司, 中交第一航务工程勘察设计院有限公司. 海港总体设计规范:JTS165—2013[S]. 北京:人民交通出版社, 2014.

[19] 中交第一航务工程勘察设计院有限公司, 中交第二航务工程勘察设计院有限公司. 港口工程荷载规范:JTS 144—1—2010[S]. 北京:人民交通出版社, 2010.

“水口坝下”工程两坝间通航水力条件研究

熊立刚　于　青　邵　卿　王晓鹏

（1. 华东勘测设计研究院有限公司，浙江杭州　311122）

【摘　要】本文通过模型试验对“水口坝下”工程两坝间通航水力学条件进行了研究。恒定流研究表明，“水口坝下”工程建成后，各级流量下的通航水深均满足要求，各部位通航水流条件显著改善，最大通航流量可达10 000 m^3/s。非恒定流研究表明，当水口水电站下泄流量增加时，当 $Q=7\ 900\ m^3/s \to 10\ 000\ m^3/s$ 变化过程中船舶航行阻力已大于航行推力；水口水电站下泄流量减小时，当 $Q=16\ 900\ m^3/s \to 10\ 000\ m^3/s$ 变化过程中船舶阻力大于船舶推力，船舶不能正常航行，其余工况下船舶均可正常通航。非恒定流对水口升船机运行影响的初步分析表明，水口水电站仅增或减 2 台机组负荷时 30 min 的水位变率已大于或接近升船机承船箱停靠下闸首对接时的水深允许差±0.4 m 的要求，水电站负荷变化引起的非恒定流对升船机的安全运行影响较大。

【关键词】通航水力学；水面比降；流速及流态；恒定流；非恒定流

1　工程概况

水口水电站位于福建省闽江干流，总装机容量 1 400 MW，是一座以发电为主、兼有航运等综合利用的Ⅰ等大(1)型水电枢纽工程，由混凝土重力坝、坝后式厂房及一线三级船闸和一线垂直升船机等主要建筑物组成。

“水口坝下”工程全称为福建闽江水口水电站枢纽坝下水位治理与通航改善工程，位于福建省闽清县境内闽江干流上，上距水口水电站约 9.0 km，下距福州 71 km。是为解决水口水电站下游河道下切引起的通航水深不足、改善通航条件及保证机组稳定运行修建的反调节水库。

“水口坝下”工程枢纽建筑物由泄洪消能建筑物、通航船闸、右岸挡水重力坝等组成。泄洪建筑物布置在主河床，采用无闸门控制的 WES 型自由溢流堰，船闸工程整体规划 2 线Ⅳ级船闸，首期建设一线，预留二线位置，船闸有效尺度 193 m×23.0 m×4.0 m，能通航 2×500 t 级标准船队，兼顾 1 000 t 级标准船型[1]。

2　主要试验内容

为研究各级流量及电站日调节、泄洪运行非恒定流情况下两坝间及通航建筑物引航道口门区的通航水力条件，华东勘测设计研究院有限公司与重庆交通大学联合开展了通航水力学模型试验研究。

根据两坝间河势条件结合模型试验要求，模型模拟范围为水口水电站坝址上游 0.5 km 至“水口坝下”工程下游 1.6 km，全长约 11.2 km 的河道范围。模型比尺为 1∶100 的正态模型。

恒定流通航水力学试验研究内容：

(1)研究“水口坝下”工程建成后，各级通航流量下水口船闸下游引航道口门区、连接段通航水流条件，包括水位及水面比降、流速及流态等水力要素，根据试验成果，提出优化船闸下游引航道口门区及连接段通航水流条件的工程措施。

(2)研究“水口坝下”工程建成后，对两坝间航道水位及水面比降、流速及流态等通航水力要素的影响，对航行困难航段提出整治措施，保证航运的畅通。

(3)研究各级通航流量下“水口坝下”工程船闸上游引航道口门区、连接段通航水流条件，包括水位及水面比降、流速及流态等水力要素，根据试验成果，提出优化船闸上游引航道口门区及连接段通航水流条件的工程措施。

非恒定流通航水力学试验研究内容:

(1)研究水电站日调节、大坝泄洪引起的坝下游河道非恒定流特性及其变化规律,包括涨落波、水位变幅、水位涨率、水面比降、纵横向流速、流态等水力要素随时间的变化过程、传播规律及其特征。

(2)研究水电站日调节、大坝泄洪非恒定流对坝下游近坝河段、水口船闸下游引航道及口门区等通航水流条件的影响。

(3)研究水电站日调节、大坝泄洪非恒定流情况下船舶安全航行的水流参数。

(4)研究水电站日调节、大坝泄洪非恒定流对水口升船机运行的影响。

3 恒定流通航水力学试验研究成果

3.1 水口水电站船闸下游引航道及口门区

3.1.1 航深

根据模型水位资料,"水口坝下"工程建成后,水口水电站船闸下游引航道及口门区水位最低为7.73 m(Q=308 m^3/s),水口水电站船闸下游引航道底板高程为3.8 m,即船闸下游引航道内最小航深为3.93 m,即各级通航流量下航深均能满足最小航深2.5 m的要求[2]。

3.1.2 流态及流速

受"水口坝下"工程壅水影响,水口水电站船闸下游引航道及口门区工程前存在的大范围回流和斜流等不良流态基本消除,通航水流条件得到显著改善。各级流量下游口门区最大纵向流速、最大横向流速、最大回流流速见表1。

表1 下游口门区流速指标

流量/(m^3/s)	最大纵向流速/(m/s)	最大横向流速/(m/s)	最大回流流速/(m/s)
308	0.50	0.11	0
1 530	1.57	0.21	0
2 550	1.87	0.28	0.27
3 570	2.40	0.30	0.21
7 000	3.13	0.24	0.43
10 000	3.33	0.3	0.45
16 900	3.79	0.78	1.29

结合水口水电站船闸下游口门区航深和流速指标看,当上游来流量$Q \leqslant 2\ 550\ m^3/s$时,其航深、流速指标均能满足规范关于口门区航深和流速指标的要求(航深大于2.5 m,纵向流速小于2.0 m/s,横向流速小于0.30 m/s,回流流速小于0.4 m/s)。

当$3\ 570\ m^3/s \leqslant Q \leqslant 7\ 000\ m^3/s$的各级通航流量下,口门区出现了较小范围纵向流速指标超标现象,但由于口门区流态仍较好,其超标仅局限在较小的范围内,其通航水流条件能够满足船舶安全通航的要求。

当$Q=10\ 000\ m^3/s$时,虽然口门区流速出现了超标,但只要船舶谨慎驾驶,避开急流段即可安全进出船闸。

当$Q=16\ 900\ m^3/s$时,由于上游来流量大,口门区局部纵向流速接近4.0 m/s,部分断面横向流速和回流流速超标量较大,船舶已不能安全进出口门区。

3.2　两坝间

3.2.1　航深

“水口坝下”工程建成后，根据两坝间沿程水位可知，受溢流坝壅水影响，两坝间沿程水位较工程前有较大的抬高，小流量时壅高幅度更显著，实测 $Q=308\ m^3/s$ 时两坝间沿程水位为 7.62～7.74 m，而两坝间航道内河床底高程最高为 3.8 m，航深满足船舶通航最小航深 1.9 m 的要求，且有较大的富余。

3.2.2　水面比降、流速及流态

受壅水影响，两坝间航道上水面比降较工程前进一步减小，比降明显减小。实测当 Q 为 $308\ m^3/s$（水口水电站基荷流量）至 $16\ 900\ m^3/s$ 的各级通航流量下，两坝间河道局部最大水面比降分别为 0.09‰～0.50‰，最大值出现在 $Q=16\ 900\ m^3/s$ 时，说明各级通航流量下两坝间航道上水面比降均可满足船舶安全通航的要求。

试验表明，两坝间河道水流主流线仍沿河道深泓线，受壅水影响，当 $Q\leqslant 2\ 550\ m^3/s$ 时，整个两坝间河段水流平缓，无不良流态；随着流量的增大，两坝间流速也逐渐增大，但流态仍较好。实测各级通航流量两坝间河道航线上最大流速见表 2。

表 2　两坝间河道航线上最大流速统计　　单位：m/s

	流量 $Q/(m^3/s)$			
	3 570	7 000	10 000	16 900
CS23	1.86	2.48	2.96	4.08
CS27	1.94	2.66	2.99	3.91
CS31	1.41	2.25	2.7	3.93
CS35	1.39	2.34	2.86	4.03
CS40	1.26	2.02	2.63	3.64
CS45	1.35	2.14	2.8	3.6
CS50	1.56	2.55	2.91	3.91
CS54	1.61	1.99	2.99	4.15
CS59	1.56	2.53	2.99	3.87
CS65	1.37	2.39	3.02	3.94
CS70	1.44	2.41	3.04	4.19
CS75	1.3	2.19	2.98	3.99
CS81	1.35	1.38	2.97	3.97
CS88	1.36	1.64	2.75	3.86
CS93	1.32	2.2	2.73	3.95
CS105	1.68	2.37	2.99	3.91
CS113	1.39	2.14	2.58	3.48
CS120	1.59	2.47	3.02	3.75
CS125	1.68	1.71	3.09	3.86
CS130	1.45	2.25	2.81	3.67
CS135	1.46	2.01	2.74	3.08
CS140	1.27	1.5	2.69	3.35
CS145	1.2	1.9	2.48	3.25
最大值	1.94	2.66	3.09	4.19

由表 2 可以看出：当 Q=3 570 m^3/s、7 000 m^3/s、10 000 m^3/s 和 16 900 m^3/s 时，两坝间河道航线上的最大流速分别为 1.94 m/s、2.66 m/s、3.09 m/s 和 4.19 m/s，表明当 Q≤7 000 m^3/s 时，两坝间河道通航水流条件能够满足船舶安全通航的要求（航深 H>1.9 m，允许比降 J_{max}≤3.0‰，V_{max}≤3.0 m/s）；当 Q=10 000 m^3/s 时，局部断面流速略有超标，但其超标范围仅限于局部点，只要船舶航行时避开流速较大区域，船舶仍可安全航行于两坝间河段；当 Q=16 900 m^3/s 时，两坝间河道航深、水面比降满足要求，但其流速全面超标，不能满足安全通航要求。

3.3 "水口坝下"工程船闸上游引航道及口门区

3.3.1 航深

根据模型水位资料，"水口坝下"工程建成后，当上游来流量 Q=308~16 900 m^3/s 的各级通航流量下，上游引航道及口门区水位分别为 7.62~16.38 m，其上游引航道底高程最高为 3.0 m 左右，因此其上航深为 4.62~13.38 m，各级通航流量下水位治理工程上引航道航深满足最小航深 2.5 m 的要求，且有较大富余。

3.3.2 流速及流态

由于上游引航道采取了隔流墙（板）将引航道与河道主流隔开等工程措施，大大减小了引航道内最大纵、横向表面流速，有效地消除了靠船墩附近的不良流态，口门区水流条件也能基本满足规范要求。经试验观测，当上游来流量 Q≤2 550 m^3/s 时，上游引航道内及口门区水流平静，流速小，通航条件好。随着流量的加大，上游引航道内及口门区流速随之增大，但口门区及引航道内流态仍较好。

各级流量上游口门区最大纵向流速、最大横向流速、最大回流流速见表 3。

表 3　上游口门区流速指标

流量/(m^3/s)	最大纵向流速/(m/s)	最大横向流速/(m/s)	最大回流流速/(m/s)
1 530	0.63	0.09	0
2 550	0.9	0.14	0
3 570	1.1	0.15	0
7 000	1.91	0.26	0
10 000	2.53	0.30	0
16 900	3.12	0.35	0

通过采取隔流墙和隔流板等一系列工程措施后，当 Q≤7 000 m^3/s 时，口门区各项水流指标均满足规范要求（V_{ymax}≤2.0 m/s，V_{xmax}≤0.3 m/s，最大回流流速 V_{rmax}≤0.4 m/s）。当 Q=10 000 m^3/s 时，口门区横向流速和回流流速均未超过规范最大允许值，但纵向流速最大值超过了 2.0 m/s，但其超标区域主要集中在口门区靠外侧区域，且其超标幅度并不大，只要船舶进闸时沿右岸边滩上行，避开口门外侧流速较大区域，则可安全进闸。当 Q=16 900 m^3/s 时，其纵向流速、横向流速指标均超过了规范允许值且超标的幅度和范围较大，不能满足船舶安全通航的要求。

4　非恒定流通航水力学试验研究成果及分析

4.1　试验方案

非恒定流试验主要研究水口水电站日调节和枢纽泄洪时坝址下游近坝河段及两坝间产生的非恒定流特性及其对通航的影响。根据水口水电站运行方式，试验采用以下几种工况进行试验：

(1)水口水电站增负荷：试验包括水口水电站 1 台机组发电→3 台机组发电；3 台机组发电→5 台机组发电；5 台机组发电→7 台机组发电。

(2)水口水电站甩负荷：试验包括水口水电站 7 台机组发电→5 台机组发电；5 台机组发电→3 台机组发电；3 台机组发电→1 台机组发电。

(3)大坝泄洪：水口水电站满发，溢流坝开启泄流，试验包括 7 台机组发电→$Q=7\ 900\ m^3/s$；$Q=7\ 900\ m^3/s$→$10\ 000\ m^3/s$；$Q=10\ 000\ m^3/s$→$16\ 900\ m^3/s$；$Q=16\ 900\ m^3/s$→$10\ 000\ m^3/s$；$Q=10\ 000\ m^3/s$→$7\ 900\ m^3/s$；$Q=7\ 900\ m^3/s$→7 台机组发电。

4.2　主要试验成果及分析

4.2.1　水口水电站增负荷工况

4.2.1.1　1 台机组发电→3 台机组发电

该工况下沿程流速均较小，口门区附近几乎为静水。非恒定流作用下，最大流速为 1.42 m/s，相应水面比降为 0.106‰；非恒定流引起的最大水面比降为 0.884‰，相应流速为 0.91 m/s。

4.2.1.2　3 台机组发电→5 台机组发电

该工况下沿程流速较小，口门区附近几乎为静水，其余航段流态较好。非恒定流作用下，最大流速为 1.96 m/s，相应水面比降为 0.036‰；非恒定流引起的最大水面比降为 0.609‰，相应流速为 1.30 m/s。

4.2.1.3　5 台机组发电→7 台机组发电

该工况下口门区及航道上流态较好，无不良流态出现。非恒定流作用下，最大流速为 2.09 m/s，相应比降为 0.321‰；非恒定流引起的最大水面比降为 0.702‰，相应流速为 1.25 m/s。

4.2.2　水口水电站甩负荷工况

4.2.2.1　7 台机组发电→5 台机组发电

该工况除个别测点流速波动幅度较大外，两坝间航道上无明显不良流态出现。非恒定流作用下，最大流速为 2.29 m/s，相应位置水面比降为 0.332‰；非恒定流引起的最大水面比降为 0.522‰，相应位置流速为 1.46 m/s。

4.2.2.2　5 台机组发电→3 台机组发电

该工况两坝间航道上无明显不良流态出现，沿程流速均较小。非恒定流作用下，最大流速为 1.53 m/s，相应位置水面比降为 0.195‰；非恒定流引起的最大水面比降为 0.722‰，相应位置流速为 1.01 m/s。

4.2.2.3　3 台机组发电→1 台机组发电

该工况两坝间航道上流速很小，流态好。非恒定流作用下，最大流速为 1.00 m/s，相应位置水面比降为 0.759‰；非恒定流引起的最大水面比降为 0.971‰，相应位置的流速为 0.10 m/s。

4.2.3　水口大坝泄洪工况

4.2.3.1　7 台机组发电→$Q=7\ 900\ m^3/s$

该工况下引航道口门区及航道上流态较好，无不良流态出现。非恒定流作用下，最大流速为 3.27 m/s，相应位置水面比降为 1.177‰；非恒定流引起的最大水面比降为 2.606‰，相应位置的流速为 2.43 m/s。

4.2.3.2　$Q=7\ 900\ m^3/s$→$10\ 000\ m^3/s$

该工况下引航道口门区及航道上流态较好，无不良流态出现。非恒定流作用下，最大流速为 3.48 m/s，相应位置水面比降为 1.836‰；非恒定流引起的最大水面比降为 6.722‰，相应位置流速为 3.21 m/s。

4.2.3.3　$Q=10\ 000\ m^3/s$→$16\ 900\ m^3/s$

该工况下两坝间航道上除流速相对较急外，无其他不良流态出现。非恒定流作用下，最大流速为 5.12 m/s，相应位置水面比降为 1.211‰；非恒定流引起的最大水面比降为 5.002‰，相应位置的流速为 3.63 m/s。

4.2.3.4　$Q=16\ 900m^3/s$→$10\ 000\ m^3/s$

该工况下除两坝间航道上流速较急外，无其他明显不良流态出现。非恒定流作用下，最大流速为 4.81 m/s，相应位置水面比降为 1.387‰；非恒定流引起的最大水面比降为 8.044‰，相应位置的流速为

3.43 m/s。

4.2.3.5 $Q=10\ 000\ m^3/s \to 7\ 900\ m^3/s$

该工况下两坝间航道上无明显不良流态出现。非恒定流作用下,最大流速为 3.15 m/s,相应位置水面比降为 0.192‰;非恒定流引起的最大水面比降为 1.878‰,相应位置的流速为 1.91 m/s。

4.2.3.6 $Q=7\ 900\ m^3/s \to 7$ 台机组发电

该工况下个别点附近处出现较大范围的回流现象,同时受大坝泄流—不泄流的过程的影响,个别点附近流速波动幅度较大。在非恒定流作用下,最大流速为 2.78 m/s,相应位置水面比降为 0.616‰;非恒定流引起的最大水面比降为 1.543‰,相应位置的流速为 1.49 m/s。

4.2.4 非恒定流对水口升船机运行影响初步分析

水口升船机双向运行时,从承船箱开始对接下闸首→船泊出闸→下游船泊进入承船箱→承船箱及下闸首通航门关闭约需 35 min。承船箱停靠下闸首对接时,承船箱内水位与下游引航道水位允许差值为±0.4 m。

水口水电站增负荷、甩负荷及大坝泄洪非恒定流工况下,水口升船机下游引航道出口处各时间段水位变幅见表 4。

表 4 非恒定流各工况各时间段船闸下游引航道出口处水位变幅 单位:m

工况	10 min	15 min	20 min	30 min	60 min
1 台机组发电→3 台机组发电	0.40	0.40	0.42	0.42	0.75
3 台机组发电→5 台机组发电	0.35	0.37	0.37	0.42	0.69
5 台机组发电→7 台机组发电	0.33	0.34	0.35	0.39	0.61
7 台机组发电→$Q=7\ 900\ m^3/s$	0.95	1.11	1.15	1.54	2.38
$Q=7\ 900\ m^3/s\to$7 台机组发电	0.82	1.06	1.25	1.37	1.98
7 台机组发电→5 台机组发电	0.29	0.3	0.31	0.31	0.51
5 台机组发电→3 台机组发电	0.4	0.41	0.41	0.44	0.71
3 台机组发电→1 台机组发电	0.35	0.37	0.37	0.37	0.63

从表 4 可见,水口水电站仅增、甩负荷 2 台机时,30 min 水位变幅已大于或接近承船箱停靠下闸首对接时允许差±0.4 m 要求;可以预测当水口水电站调峰运行负荷变化幅度加大时,水位变幅将全面超过承船箱水深变幅允许差要求。泄洪运行时各时段的水位变幅远大于承船箱停靠闸首对接时的水深变幅允许差值±0.4 m 要求,说明水电站负荷变化及泄洪运行产生的非恒定流对升船机的安全运行影响较大。

4.2.5 船舶有效推力及航行阻力对比分析

受水口水电站发电和大坝泄洪非恒定流影响,船队能否顺利上行通过坝址下游近坝河段,取决于推轮的有效推力能否克服水流对船队的航行阻力。根据闽江水口电站船舶船队情况,结合《内河通航标准》(GB 50139)的规定,工程所在闽江河道代表船队为 500 t 级驳船组成的船队,船队基本情况如下[3]:

标准船型:500 t 驳船;

标准船队:一顶二驳 2×500 t +512(256×2)kW;

512 kW 顶拖轮:主尺度为 21.0 m×8.0 m×1.6 m(长×宽×吃水);

驳船尺度:45.0 m×10.8 m×1.6 m(长×宽×吃水);

标准船队尺度:111.0 m×10.8 m×1.6 m(长×宽×吃水)。

船舶的有效推力和航行阻力计算主要考虑了两种特征状态:一种是最大流速及相应比降状态;另一

种是最大比降及相应流速状态。推轮有效推力及船舶航行阻力估算成果见表5、表6。

表5　电站增负荷及泄洪涨水过程船队上行阻力及船舶推力

试验方案		1台机发电→3台机发电	3台机发电→5台机发电	5台机发电→7台机发电	7台机发电→Q=7 900 m^3/s	Q=7 900→10 000 m^3/s	Q=10 000→16 900 m^3/s
最大流速及相应比降	V_{max}/(m/s)	1.42	1.96	2.09	3.27	3.48	5.12
	相应比降/‰	0.106	0.036	0.321	1.177	1.836	1.211
	航行阻力 R/(N)	11 740.4	18 032	23 490.6	59 976	74 627	45 325
	船舶推力 T_0/(N)	142 825.2	108 701.6	102 792.2	68 815.6	64 993.6	177 762.2
	比较	$R<T_0$	$R<T_0$	$R<T_0$	$R<T_0$	$R>T_0$	$R>T_0$
最大比降及相应流速	B_{Jmax}/‰	0.884	0.609	0.702	2.606	6.722	5.002
	相应流速/(m/s)	0.91	1.30	1.25	2.43	3.21	3.63
	航行阻力 R/(N)	16 081.8	16 464	17 052	56 947.8	80 791.2	118 050.8
	船舶推力 T_0/(N)	203 026.6	153 536.6	158 495.4	89 983.6	69 991.6	62 514.2
	比较	$R<T_0$	$R<T_0$	$R<T_0$	$R<T_0$	$R>T_0$	$R>T_0$

表6　泄洪落水及电站减负荷过程船队上行阻力及船舶推力

试验方案		Q=16 900→10 000 m^3/s	Q=10 000→7 900 m^3/s	Q=7 900 m^3/s→7台机发电	7台机发电→5台机发电	5台机发电→3台机发电	3台机发电→1台机发电
最大流速及相应比降	V_{max}/(m/s)	4.81	3.15	2.78	2.29	1.53	1.00
	相应比降/‰	1.387	0.192	0.616	0.332	0.195	0.759
	航行阻力 R/(N)	145 755.4	44 648.8	40 366.2	27 028.4	14 102.2	15 346.8
	船舶推力 T_0/(N)	48 078.8	71 206.8	79 762.2	94 854.2	134 240.4	188 973.4
	比较	$R>T_0$	$R<T_0$	$R<T_0$	$R<T_0$	$R<T_0$	$R<T_0$
最大比降及相应流速	B_{Jmax}/‰	8.044	1.878	1.543	0.552	0.722	0.971
	相应流速/(m/s)	3.43	1.91	1.49	1.46	1.01	0.10
	航行阻力 R/(N)	147 558.6	39 425.4	29 821.4	17 561.6	14 994	12 416.6
	船舶推力 T_0/(N)	65 865.8	111 161.4	137 239.2	139 581.4	187 532.8	614 156.2
	比较	$R>T_0$	$R<T_0$	$R<T_0$	$R<T_0$	$R<T_0$	$R<T_0$

从表5、表6可见：

(1)水口下泄流量逐渐增加时，水口水电站从1台机组发电→3台机组发电、3台机组发电→5台机组发电、5台机组发电→7台机组发电，7台机组发电→Q=7 900 m^3/s的各工况下，根据最大流速及相应比降、最大比降及相应流速计算出的船舶推力均大于航行阻力，上述工况下水口下泄非恒定流对船舶正常航行影响不大。

当水口下泄流量Q=7 900 m^3/s→10 000 m^3/s和Q=10 000 m^3/s→169 000 m^3/s时，根据最大流速及相应比降、最大比降及相应流速计算出的船舶推力均小于航行阻力，说明上述两工况受非恒定流的影响船舶不能正常航行。

(2)水口下泄流量逐渐减小时，当Q=16 900 m^3/s→10 000 m^3/s时，根据最大流速及相应比降、最大比降及相应流速计算出的船舶推力均小于航行阻力,说明该工况下受非恒定流的影响船舶不能正常航行。除该工况外,其余工况下航行阻力均小于船舶推力,船舶可以正常航行。

5 结论及建议

(1)"水口坝下"工程实施后,水口水电站船闸下游引航道口门区及两坝间航道各级流量下的通航水深均满足要求,通航水流条件显著改善。

当 $Q \leqslant 2\ 550\ m^3/s$ 时,流速指标基本能满足规范要求,船舶可安全航行;

当 $3\ 570\ m^3/s \leqslant Q \leqslant 7\ 000\ m^3/s$ 时,仅水口水电站船闸下游口门区个别点流速超标;

当 $Q = 10\ 000\ m^3/s$ 时,流速均出现了一定程度的小范围超标,只要航行时避开流速较大区域,谨慎驾驶,仍可安全航行;

当 $Q = 16\ 900\ m^3/s$ 时,各部位流速全面超标,不能满足船舶安全通航的要求。

(2)非恒定流研究表明,当水口水电站下泄流量增加时,$Q = 7\ 900\ m^3/s \rightarrow 10\ 000\ m^3/s$ 和 $Q = 10\ 000\ m^3/s \rightarrow 16\ 900\ m^3/s$ 变化过程中船舶航行阻力大于航行推力,其余工况下航行阻力均小于船舶推力,船舶可以安全航行。当水口水电站下泄流量减小时,除 $Q = 16\ 900\ m^3/s \rightarrow 10\ 000\ m^3/s$ 工况船舶阻力大于船舶推力,船舶不能正常航行外,其余工况下船舶均可正常通航。

(3)水电站负荷变化的非恒定流对水口升船机运行影响的初步分析表明,当水口水电站仅增或甩 2 台机组负荷时,30 min 的水位变率已大于或接近升船机承船箱停靠闸首对接时的水深允许差±0.4 m 要求。水电站负荷变化引起的非恒定流对升船机的安全运行影响较大,有必要作进一步深入研究。

(4)建议"水口坝下"工程投入运行后,开展大流量情况下的原型观测和船模试验,进一步落实最大通航流量。

(5)建议"水口坝下"工程投入运行后,开展非恒定流对升船机、航道、码头的影响分析,进行原型观测,积累实践经验,为进一步优化电站、升船机运行提供依据。

参考文献

[1] 中交水运规划设计院. 船闸总体设计规范: JTJ 305—2001[S]. 北京: 人民交通出版社, 2002.

[2] 姚实, 扈晓雯. 福建闽江水口坝下枢纽通航技术模型试验研究[J]. 重庆交通大学学报(自然科学版),2018, 12: 61-68.

[3] 长江航道局. 内河通航标准: GB 50139—2014[S]. 北京: 中国计划出版社, 2014.

中央空调成本效益和节水潜力研究

杨　岑　赵顺安　宋小军　李陆军

（中国水利水电科学研究院，北京　100038）

【摘　要】 为落实节水优先方针，推进中央空调用水节水工作，本文研究了水冷式中央空调和风冷式中央空调的成本效益和节水潜力，并分析了推广使用风冷式中央空调的可行性，相关研究成果可为后续推进中央空调节水措施提供决策依据。首先，采用北京地区制冷季的气象参数（5~9月），分析了不同公共建筑面积条件下水冷式中央空调和风冷式中央空调的初投资、电耗、水耗及年费用，研究结果表明当建筑面积不大于10 000 m^2时，风冷式中央空调的年费用略低于水冷式中央空调，反之选择水冷式中央空调更经济。其次，通过对比分析水冷式中央空调和风冷式中央空调的用水耗水，并研究了水冷式中央空调的节水措施及节水潜力，研究结果表明对于存量公共建筑水冷式中央空调的节水改造，建议采用提高循环水浓缩倍率的方法，且当浓缩倍数由2分别提升至5和7时，可分别减少水耗约36%和42%；为有效降低中央空调耗水量，对于建筑面积小于20 000 m^2，或高度低于50 m的新建公共建筑，建议采用风冷式中央空调。

【关键词】 水冷式中央空调；风冷式中央空调；成本效益；节水

1　引　言

中央空调是一种保障机场、车站、商场、娱乐场所、酒店、学校及办公楼等公共建筑室内场所空气质量的重要设施，主要由空气末端处理系统、冷热源、输运分配和自动控制等部分组成。依据制冷工艺原理，中央空调分为电动压缩式制冷和热驱吸收式制冷2类[1-3]，且由于热驱吸收式制冷比电动压缩式制冷的运行费用高出60%以上，目前公共建筑中央空调系统的制冷主体是电动压缩式制冷。电动压缩式制冷空调的冷凝器冷却方式包含水冷式和风冷式2类[4-6]：水冷式中央空调是将冷凝器的热量经过换热器传给循环冷却水，并通过冷却塔内接触和蒸发换热将循环冷却水的热量散向大气，其冷却极限是大气湿球温度，故制冷效率高，耗电量小但需耗水；风冷式中央空调是将冷凝器的热量直接通过风机强制对流，利用空气散热器传给大气，其冷却极限是大气的干球温度，所以制冷效率低，耗电量大但不耗水[7-10]。

水冷式中央空调循环冷却水系统用水是公共建筑用水的重要组成部分，在办公、商场类公共建筑中冷却塔耗水量可达到建筑总用水量的30%~50%和48%~60%[11]，节水潜力巨大。我国是世界上21个贫水国家之一，人均水量仅为世界平均水平的1/4，随着日益加剧的水污染和水浪费，目前水危机已成为制约我国经济和社会发展的瓶颈。习近平总书记提出了新时代水利工作的“十六字”治水思路，强调要把节水放在优先位置。为落实节水优先方针，推进中央空调用水节水工作，本文通过研究公共建筑领域中央空调的使用情况，分析论证水冷式中央空调和风冷式中央空调的成本效益和节水潜力，并研究推广使用风冷模式中央空调的可行性，为提出推进中央空调节水措施提供决策依据。

2　中央空调成本效益分析

2.1　制冷原理及系统构成

风冷式中央空调和水冷式中央空调系统均包括制冷主机、冷冻水循环水泵及其管路。对于同一建

基金项目： 中国水利水电科学研究院基础科研专项（HY0145C252018，HY0145C222019，HY0145B012021）

筑来说，由于其制冷负荷相同，因此风冷式中央空调和水冷式中央空调的冷冻水泵与管路差异不大。与风冷式中央空调相比，水冷式中央空调新增了循环冷却水系统，主要包括循环冷却水泵、冷却塔、管路及附属的补充水排水部件。

如图1所示，风冷式中央空调主要包括压缩机、冷凝器、蒸发器、膨胀阀、水泵以及高低压控制器等，其制冷过程为：蒸发制冷的低压冷媒气体由压缩机吸入并压缩为高温高压气体，然后经过冷凝器冷却后变为常温高压液体，通过蒸发器内间壁式换热带走冷冻水的热量，液体吸热蒸发为气体再回到压缩机中，如此重复循环实现不断制冷。风冷式中央空调通过风机的强制对流换热，将冷凝器中冷媒热量传给大气，机组调试简单但其冷凝温度受外界气温影响大。由于风冷式中央空调的冷凝器也是空气散热器，其制冷主机在体积上较大，且不能布置在室内或通风不好的区域。

(a)制冷主机外形结构

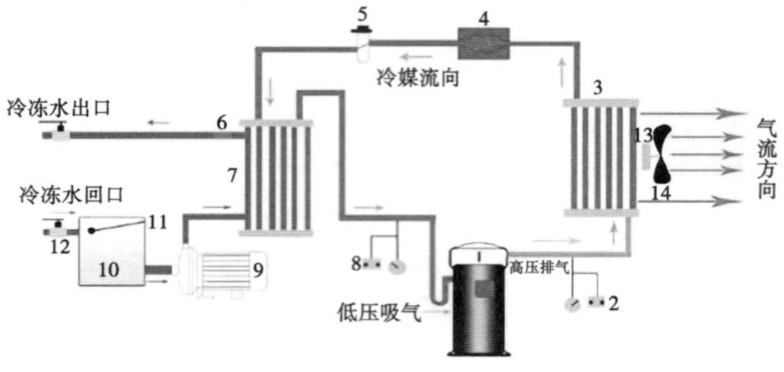

(b)系统构成及工作原理

1—压缩机；2—高压控制器；3—冷凝器；4—干燥过滤器；5—膨胀阀；6—防冻开关；7—蒸发器；8—低压控制器；9—水泵；10—水箱；11—浮球开关；12—球阀；13—电机；14—风扇。

图1　风冷式中央空调的制冷原理及系统构成

如图2所示，水冷式中央空调主要由制冷主机、冷冻水循环水泵及管路、循环冷却水泵及管路和冷却塔组成。水冷式中央空调的制冷原理与风冷式中央空调相同，但其冷凝器的热量是通过换热器传给循环冷却水，然后再依靠冷却塔内对流和蒸发换热将循环冷却水的热量传给大气。水冷式中央空调依靠蒸发换热的效率高且节能性好，不易受环境气温影响故系统运行更稳定；由于新增了冷却塔填料、风机电机轴承、水泵轴瓦轴套，以及加药和冲洗等设备的运行维护，因此水冷式中央空调的运行维护费用相对较高。相比于风冷式中央空调，水冷式中央空调的单机制冷量大，占地面积小。

2.2　综合成本效益评价

采用北京地区制冷季的气象参数，分析公共建筑面积为5 700 m^2、10 000 m^2 及22 000 m^2 条件下水冷式中央空调和风冷式中央空调的初投资、电耗、水耗及年费用指标。北京地区按小时统计气温变化，且5~9月制冷季共3 600 h，其中要求启动制冷系统的时间约3 233 h，不同气温段对应的时长见表1，由

(a)制冷主机外形结构

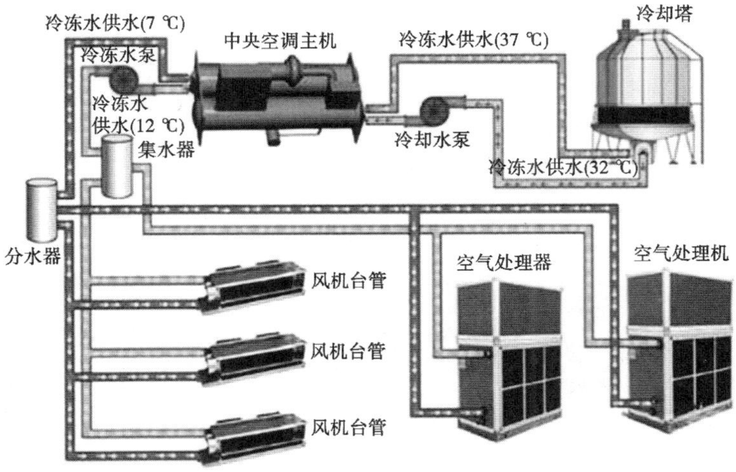

(b)系统构成及工作原理

图 2　水冷式中央空调的制冷原理及系统构成

此可计算中央空调的系统负荷率以及实际运行的冷负荷(按 100 m^2 建筑面积考虑)。

表 1　北京地区制冷季气温与中央空调负荷统计

序号	1	2	3	4	5	6	7	8	9	10	11
气温范围/℃	15~17	17~19	19~21	21~23	23~25	25~27	27~29	29~31	31~33	33~35	>35
负荷率/%	5	15	25	35	45	55	65	75	85	95	100
冷负荷/kW	0.4	1.2	2.0	2.8	3.6	4.4	5.2	6.0	6.8	7.6	8.0
时长/h	222	308	412	469	495	472	402	229	151	67	6

当建筑面积为 5 700 m^2 时,分别配套采用 1 台 645 kW 水冷螺杆机组和 1 台 623 kW 风冷螺杆机组,且 1 台水冷螺杆机组的年维护费为 15 000 元;当建筑面积为 10 000 m^2 时,分别配套采用 2 台 645 kW 水冷螺杆机组和 2 台 623 kW 风冷螺杆机组,且 2 台水冷螺杆机组的年维护费为 20 000 元;当建筑面积为 22 000 m^2 时,分别配套采用 2 台 1 100 kW 水冷螺杆机组和 2 台 1 050 kW 风冷螺杆机组,且 2 台水冷螺杆机组的年维护费为 20 000 元。

依据表 1 中不同时段的室外气温和中央空调冷负荷需求,分别计算了不同建筑面积条件下水冷式中央空调和风冷式中央空调的电耗指标,分别见图 3~图 5。由图 3~图 5 可以看出,水冷式中央空调的电耗主要包括制冷主机、冷冻水泵、循环水泵和冷却塔风机,且制冷主机电耗占空调整体耗电的 67%~

71%;风冷式中央空调的电耗主要包括制冷主机和冷冻水泵,且制冷主机电耗占空调整体耗电的89%~94%。

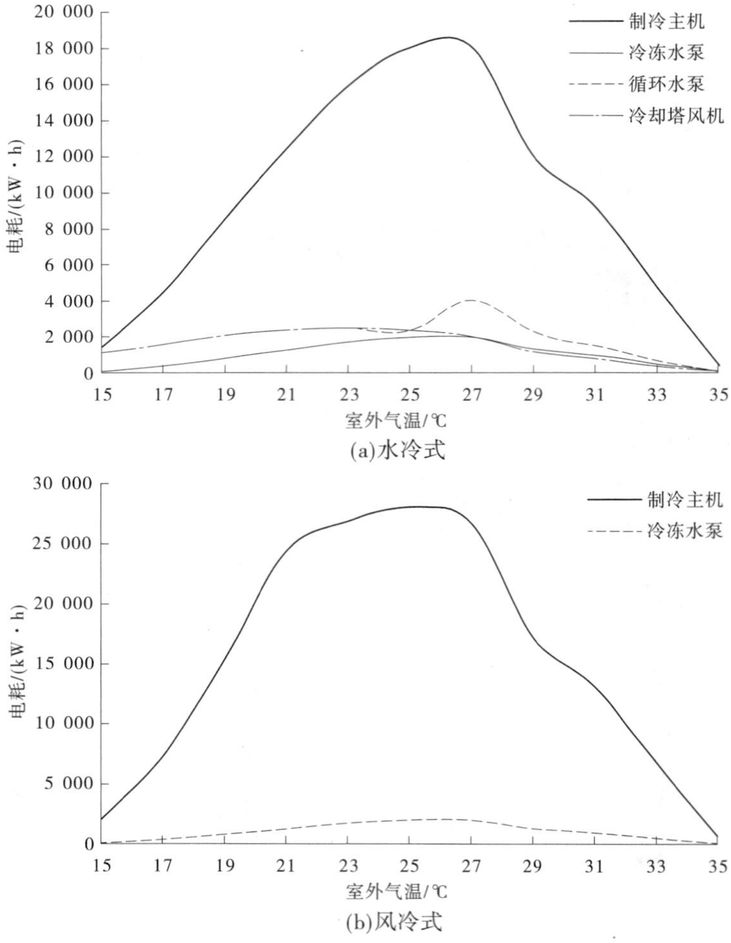

图3　水冷式中央空调和风冷式中央空调的电耗指标(建筑面积5 700 m^2)

水冷式中央空调和风冷式中央空调的初投资均按20年计算折旧费。水冷式中央空调的水耗均按循环水浓缩倍数2计算,其水耗约为0.28 t/m^2。运行电费平均每千瓦时1元,耗水价格按9元/t计算。不同建筑面积条件下,风冷式中央空调和水冷式中央空调的综合成本效益的对比分析结果见表2所示。由表2数据可以看出,随着建筑面积增大,风冷式中央空调和水冷式中央空调的年费用均减少,且单位面积电耗均有所减小。当建筑面积为5 700 m^2 时,风冷式中央空调的初投资和年费用均低于水冷式中央空调,且减少比例分别为14.6%和2.8%,但风冷式中央空调耗电比水冷式中央空调增大17.5%。当建筑面积为10 000 m^2 时,水冷式中央空调和风冷式中央空调的年费用差异不大,计算参数条件下水冷式中央空调比风冷式中央空调仅高0.1元/m^2/制冷季,增加约0.3%;风冷式中央空调的初投资比水冷式中央空调减少4.7%,但耗电比水冷式中央空调增大18.1%。当建筑面积为22 000 m^2 时,风冷式中央空调年费用比水冷式中央空调略高,计算参数条件下风冷式中央空调比水冷式中央空调高0.5元/m^2/制冷季,增加约1.6%;风冷式中央空调的初投资和耗电分别比水冷式中央空调增大了3.0%和15.3%。上述研究结果表明,当建筑面积不大于10 000 m^2 时,风冷式中央空调的年费用略低于水冷式中央空调,反之选择水冷式中央空调更经济。

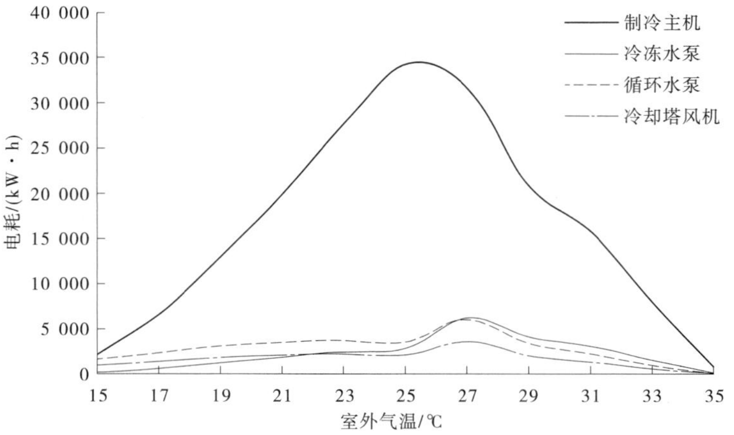

(a)水冷式

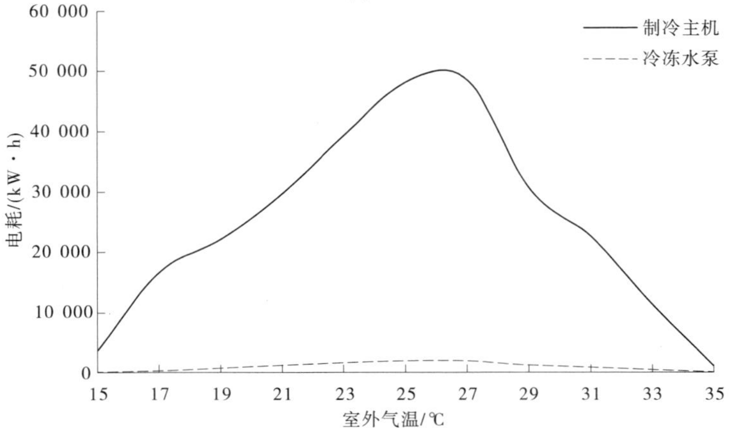

(b)风冷式

图 4　水冷式中央空调和风冷式中央空调的电耗指标(建筑面积 10 000 m^2)

表 2　综合成本效益的对比分析

关键参数		水冷式	风冷式	水冷式	风冷式	水冷式	风冷式
机组性能	建筑面积/m^2	5 700		10 000		22 000	
	机组配制/台	1	1	2	2	2	2
	机组额定制冷量/kW	645	623	645	623	1 100	1 050
	主机占地面积/m^2	20	26	50	80	30	75
	冷却塔占地/m^2	10	0	20	0	30	0
	综合能效 COP	4.29	3.66	4.4	3.8	4.61	4.02
初投资	主机初投资/万元	33.2	35.6	66.3	71.2	113.1	132.0
	冷冻水设备/万元	5	5	7	7	18	18
	冷却水系统初投资/万元	8	0	12	0	15	0
	初投资总额/万元	46.2	40.6	85.3	82.8	146.1	150

续表 2

关键参数		水冷式	风冷式	水冷式	风冷式	水冷式	风冷式
运维费	维护费/万元	1.5	0	2.0	0	2.0	0
	电耗(kW·h/制冷季)	152 840	179 342	254 286	299 566	545 370	629 194
	电费/(万元/制冷季)	15.3	17.9	25.4	30.0	54.5	62.9
	水耗/(t/制冷季)	1 596.0	0	2 800.0	0	6 160.0	0
	水费/万元	1.4	0	2.5	0	5.5	0
经济指标	初投资/(元/m²/制冷季)	4.1	3.5	4.3	4.1	3.3	3.4
	电耗(kW·h/m²/制冷季)	26.8	31.5	25.4	30.0	24.8	28.6
	电费(元/m²/制冷季)	26.8	31.5	25.4	30.0	24.8	28.6
	水耗(t/m²/制冷季)	0.28	0	0.28	0	0.28	0
	水费(元/m²/制冷季)	2.5	0	2.5	0	2.5	0
	维护费(元/m²/制冷季)	2.6	0	2.0	0	0.9	0
	年费用(元/m²/制冷季)	36.0	35.0	34.2	34.1	31.5	32.0

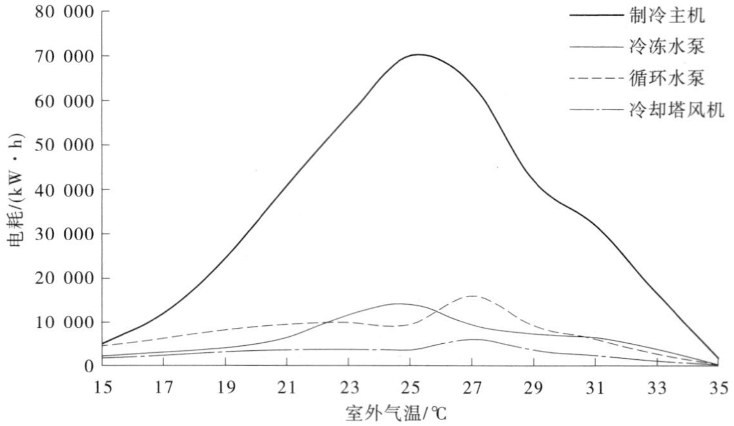

(a)水冷式

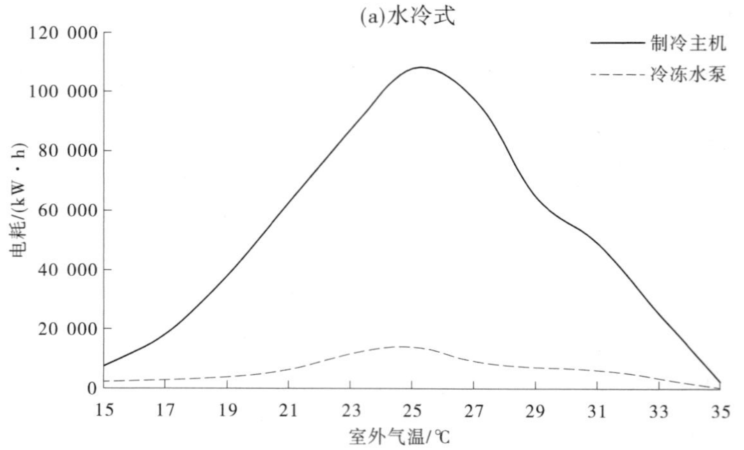

(b)风冷式

图 5 水冷式中央空调和风冷式中央空调的电耗指标(建筑面积 22 000 m²)

3　中央空调的节水潜力分析

3.1　中央空调的用水

风冷式中央空调是将冷凝器的热量直接通过风机强制对流，利用空气散热器传给大气，其冷却极限是大气的干球温度，故制冷效率低，耗电量大，但不耗水，具有节约水资源的优点，适合应用于我国水资源短缺地区。水冷式中央空调是将冷凝器的热量经过换热器传给循环冷却水，并将循环冷却水输送至冷却塔，在冷却塔中与大气之间通过接触和蒸发将循环冷却水的热量散向大气，其冷却极限是大气湿球温度，故制冷效率高，耗电量小但耗水量大。

水冷式中央空调的用水集中在循环冷却水系统，水量损失主要包括循环水泵及管路系统的泄漏损失，以及冷却塔系统的蒸发、风吹和排污损失。加强运维管理且经常巡检设备时，循环冷却水系统的泄漏损失量非常小，可忽略不计，水冷式中央空调的水耗主要体现在冷却塔系统的蒸发、风吹和排污损失。蒸发损失是指循环冷却水在冷却塔内与空气发生热质交换过程中散发到空气中的水量，这部分水损失为循环水总量的1.0%~1.5%，是冷却塔系统的主要耗水量。风吹损失是指循环冷却水在冷却塔内的淋配水过程中，被空气流吹出塔外的小水滴（又称飘滴损失），其与淋水填料形式、除水器形式、通风方式和塔内风速等因素有关，当安装有机械收水器时冷却塔的风吹损失仅占循环冷却水量的0.05%。循环冷却水在运行过程中不断被蒸发，而水中离子不会随水蒸发而逸出，因此随着蒸发过程的进行，水中的溶解盐不断被浓缩，导致水中的盐分浓度不断加大，为了降低循环水中的盐含量，必须排放一部分冷却水，即为冷却塔的排污损失；排污损失量与循环水水质即循环水的浓缩倍数有关，当浓缩倍率为2时排污水损失等于蒸发损失量；当循环水浓缩倍数为3时，排水损失为蒸发损失的50%；当循环水浓缩倍数为10时，排污损失为蒸发损失的0.1倍。水冷式中央空调用水量为循环水量的3%~5%，主要包括冷却塔系统的蒸发与排污损失。建筑面积为10 000 m^2 的办公楼需配备1 700 kW水冷式中央空调，相应需要循环水量约280 m^3/h，则水冷式中央空调冷却塔每小时耗水量为8.4~14.0 m^3，其节水潜力巨大。

3.2　存量建筑水冷式中央空调的节水措施

由前述表2数据可以看出，水冷式中央空调的水耗与电耗相比，费用相对较低，目前对水冷式中央空调的节水重视不够，用水管理粗放，水资源浪费严重，具有很大的节水潜力。为了挖掘存量建筑水冷式中央空调系统的节水潜力，促进水冷式中央空调节水，可采用如下节水措施：

（1）定期更换除水器及淋水填料等塔内相关设备，减小风吹损失。

（2）加强运维管理，经常巡检设备，杜绝滴漏跑冒。

（3）对中央空调使用过程中产生的冷凝水进行回收和再利用。

（4）倡导绿色生活，降低冷却负荷从而减少蒸发用水。

（5）研究采用经济合理的方法对出口饱和水蒸气中的水进行回收和再利用。

（6）采用干湿式冷却方式，在循环水进入蒸发冷却前在空冷散热器中先行冷却，这部分冷却的热量不产生蒸发损失，从而减少用水量。

（7）提高循环水浓缩倍数，从而减少排污损失。循环水浓缩倍数控制涉及水质和系统的经济运行，目前对中央空调循环水系统的水质稳定和对排污量没有统一要求，多数水冷式中央空调循环水浓缩倍数均维持在2~3。当循环水浓缩倍数由2增至5时，水冷式中央空调水耗会减少36%；当循环水浓缩倍数由2增至7时，水冷式中央空调水耗会减少42%。

因此，对于存量公共建筑水冷式中央空调的节水改造，建议采用提高循环水浓缩倍率的方法。依据相关调研，目前北京地区公共建筑面积约5亿 m^2 且水冷式中央空调占比约80%以上，则采用水冷式中央空调的公共建筑面积约4亿 m^2，当浓缩倍数由2分别提升至5和7时，可分别节约用水4 000万t和4 700万t。

3.3 新竣工建筑中央空调的选择

2020 年 12 月,全国节约用水办公室组织水利部节约用水中心、中国水利水电科学研究院、水利部海河水利委员会等单位,会同有关地方水行政主管部门开展了京津冀地区公共建筑领域中央空调类型和用水用电等情况调研,收集了 304 个调研样本,分析给出了不同公共建筑面积和高度对中央空调选择的影响,并把相关调研成果作为新竣工建筑中央空调的选择依据。

按照民用建筑工程设计等级分类,公共建筑按照建筑面积分为 4 类:5 000 m^2 以下、5 000~20 000 m^2、20 000~80 000 m^2 和 80 000 m^2 以上。依据京津冀地区的 304 个调研样本可获得建筑面积对选择中央空调类型的影响:建筑面积为 5 000 m^2 以下时,采用风冷式中央空调和水冷式中央空调的占比分别为 60.6%和 38.4%;建筑面积为 5 000~20 000 m^2 时,采用风冷式中央空调和水冷式中央空调的占比分别为 37.6%和 62.4%;建筑面积为 20 000~80 000 m^2 时,采用风冷式中央空调和水冷式中央空调的占比分别为 16.0%和 84.0%;建筑面积为 80 000 m^2 以上时,采用风冷式中央空调和水冷式中央空调的占比分别为 7.7%和 92.3%。由前述分析可看出,随着建筑面积增大,风冷式中央空调的使用比例逐渐降低,综合考虑能耗和经济指标等因素,风冷式中央空调适用于建筑面积小于 20 000 m^2 的公共建筑。

依据建筑高度公共建筑分为 4 类:高度 30 m 以下、30~50 m、50~100 m、100 m 以上。依据京津冀地区的 304 个调研样本可获得建筑高度对选择中央空调类型的影响:当建筑高度为 30 m 以下时,采用风冷式中央空调和水冷式中央空调的占比分别为 37.0%和 63.0%;当建筑高度为 30~50 m 时,采用风冷式中央空调和水冷式中央空调的占比分别为 18.6%和 81.4%;当建筑高度为 50~100 m 时,采用风冷式中央空调和水冷式中央空调的占比分别为 15.9%和 84.1%;当建筑高度为 100 m 以上时,全部采用水冷式中央空调。由前述分析可以看出,建筑高度越高,使用风冷式中央空调的比例越低,综合考虑制冷效率、能耗和技术经济指标等因素,风冷式中央空调适用于建筑高度低于 50 m 的公共建筑。

因此,对于新建公共建筑,当建筑面积小于 20 000 m^2,或高度低于 50 m 时建议采用风冷式中央空调,可有效降低公共建筑中央空调耗水量。

4 结 论

本文对比分析了水冷式中央空调和风冷式中央空调的成本效益和节水潜力,主要得到以下结论:

(1)采用北京地区制冷季的气象参数(5~9 月),分析了不同公共建筑面积条件下水冷式中央空调和风冷式中央空调的设备初投资、电耗、水耗及年费用指标,研究结果表明当建筑面积不大于 10 000 m^2 时,风冷式中央空调的年费用略低于水冷式中央空调,反之选择水冷式中央空调更经济。

(2)风冷式中央空调制冷效率低,耗电量大但不耗水,而水冷式中央空调制冷效率高,耗电少但需持续补充水。水冷式中央空调耗水量主要包括冷却塔系统的蒸发与排污损失,为循环水量的 3%~5%,节水潜力巨大。

(3)对于存量公共建筑水冷式中央空调的节水改造,建议采用提高循环水浓缩倍率的方法,且当浓缩倍数由 2 分别提升至 5 和 7 时,可分别减少水耗约 36%和 42%。

(4)对于新建公共建筑,当建筑面积小于 20 000 m^2,或高度低于 50 m 时建议采用风冷式中央空调,可有效降低公共建筑中央空调耗水量。

参考文献

[1] 彦启森, 石文星, 田长青. 空气调节用制冷技术[M]. 4 版. 北京:中国建筑工业出版社, 2010.
[2] 李增足, 刘存芳. 中央空调制冷系统能耗效率综合分析[J]. 节能, 2006, 25(2):2.
[3] 高新华, 高云. 蒸气压缩式空调与吸收式空调的比较 [C]// 2007 年山东省制冷空调学术年会论文集. 2007.
[4] 中华人民共和国国家质量监督检验检疫总局,中国国家标准化委员会. 蒸气压缩循环冷水(热泵)机组 第 2 部分:户用及类似用途的冷水(热泵)机组:GB/T 18430.2—2016[S]. 北京:中国标准出版社,2017.

[5] 赵丽. 风冷式与水冷式单元空调机组的对比[J]. 暖通空调, 2012, 42(1):3.
[6] 杨广禹, 谭健. 水冷与风冷制冷机组的应用分析[J]. 科技创新与应用, 2012(7):1.
[7] 胡桂全, 何兰超, 张继群, 等. 公共建筑领域中央空调用水现状及节水潜力分析[J]. 中国水利, 2022(01):25-27.
[8] 中华人民共和国国家质量监督检验检疫总局,中国国家标准化委员会. 机械通风冷却塔 第1部分:中小型开式冷却塔:GB/T 7190.1—2018[S]. 北京:中国标准出版社,2019.
[9] 中华人民共和国国家质量监督检验检疫总局,中国国家标准化委员会. 机械通风冷却塔 第2部分:大型开式冷却塔:GB/T 7190.2—2018[S]. 北京:中国标准出版社,2019.
[10] 赵顺安. 冷却塔工艺原理[M]. 北京:中国建筑工业出版社, 2015.
[11] 唐毅, 吴晓瑜, 曹敏,等. 空调系统冷却塔补水量的估算[J]. 制冷, 2014, 33(1):5.

基于水温调控的南水北调中线冰期输水思路研究

郝泽嘉[1] 杨金波[2] 黄明海[2] 刘孟凯[3]

(1. 中国南水北调集团中线有限公司,北京 100038;
2. 长江水利委员会长江科学院,湖北武汉 430010;
3. 武汉科技大学,湖北武汉 430065)

【摘 要】 南水北调中线工程总干渠安阳以北渠段每年冬季发生不同程度冰情,冰塞、冰坝等冰害的威胁限制了工程输水效益的发生。本文基于总干渠冰情观测现状和水库温分层理论,在沿线千公里水温降为5.9 ℃前提下,探讨基于水温调控的南水北调中线冰期输水思路,认为在安阳以北渠段沿线新建大库深库群进行总干渠水温调节对缩短冰期、弱化冰情,甚至可实现中线无流冰输水,实现工程冬季运行安全与效益全面提升,最后总结出水温调控需要满足的基本条件及需要展开研究的相关事项。

【关键词】 调水工程;冰期输水;调蓄水库

0 引 言

南水北调中线工程是解决京津冀豫水资源困境的重要手段,自工程运行以来,安阳以北渠段,每年均面临不同程度的冰情,甚至冰害,如冰塞、冰坝等,对工程冰期输水安全造成一定威胁。冰情相关研究表明,冰塞、冰坝形成的水力条件为流速或弗劳德数小于一定的临界值[1],如果工程冬季输水流量增大,流速和弗劳德数增加,渠道发生冰塞、冰坝的可能性将增大。因此,近年来,工程冬季输水流量较设计流量偏小,又因为南水北调中线工程无调节水库,限制了工程效益的发挥,形成了冬季输水效益和工程安全的矛盾。

相关学者对南水北调中线工程冰期输水问题十分关注,目前主要通过合理制订冰期输水计划,建立总干渠冰期输水自动化管理模型[2-4],提出拦冰索等工程措施[5],来促进冬季输水的安全性。在相关水温研究方面,郭生练等通过数值模拟提出丹江口水库在每年的4~10月存在明显的水温垂向分层现象,而11月至次年3月水温垂向基本一致,其中2月水温最低,约8 ℃[6]。刘孟凯等提出出库水温对下游冰情有一定的控制范围[7],吴素杰等研究了通过抽水融冰改善引水渠道冰情[8]。

因此,本文通过分析京石段两水源供水案例,剖析多水源供水的总干渠水温影响趋势,提出基于水温调蓄的总干渠冰期输水策略,探讨其在提高总干渠冰期输水效益和安全性的可能性及相关要点。

1 南水北调中线工程冰期输水现状

1.1 输水运行现状

南水北调中线工程输水包括应急通水阶段和全线通水阶段。应急通水阶段的输水流量较小,为10~20 m^3/s;全线通水后的入京流量提升至30~45 m^3/s[10],截至2022年3月18日,中线工程已平稳输水461亿m^3。

工程运行调控在每年的年、季、月、旬供水方案的指导下,实现中央集中远程自动化控制,中线工程运行管理决策系统已经建成投用,系统包含闸站监控、水量调度、工程防洪、水质监测、信息管理等功能[9]。工程管理部门每年针对冰期输水还将进行冰期输水方案编制,目前冰期输水运行方式以控制闸前常水位为基础,提高控制点水位为设计水位,在较小的流量下,促使渠道尽快封冻,实现浮动冰盖下输水。

1.2　冰情现状

南水北调中线工程总干渠自京石段临时通水以来，每年均发生会不同的冰情。安阳以北渠段为流冰起始位置，越靠近北京，冰情越严重，涉及的冰情现象包括流冰、岸冰、冰盖、冰塞和冰坝等，其中北拒马河位置每年冰盖厚度最大，2012 年冬季达到最大值 32 cm[10]。应急通水阶段输水流量较小，渠道平封形成表面光滑冰盖，在全线通水后，因输水流量较大，渠道封冻以立封为主，冰盖表面有明显冰堆体，甚至会出现冰塞冰坝等冰害现象，如 2015~2016 年冬季，单渠池最大冰塞体长达 7.1 km，造成了渠内水位壅高，威胁渠系运行安全[11]。

(a)立封　　(b)平封

图 1　输水渠道冰盖封冻形式

2　水库温分层理论与分析

2.1　温分层理论

水库水温受气象条件、来流水量与水温、泄流水量与水温影响。库区水深大，水体体积较大，水体更新速度慢，其水库表层水体与大气间热量交换，表层水体温度对气温变化比较敏感，容易造成表层水体与深层水体温度不一致，因为水体密度随着水温降低至 4 ℃而达到最大，而又随水温进一步降低而减小，因此当表层水温高于深层水温时，不产生因密度差异导致的垂向流动；当表层水温低于深层水温时，在垂向水体密度差作用下，低温水下沉，相对高温水上浮，若水库水深足够，则 4 ℃水体沉积在库底，否则会在垂向水温全部达到 4 ℃后，随气温降低进一步降低。

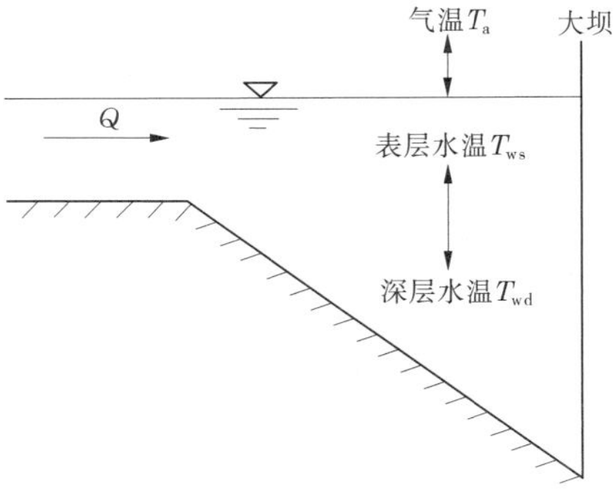

图 2　水库垂向热交换示意图

2.2　水库冬季水温特性

京津冀地区冬季日均气温经常低于 0 ℃，水库表层会结冰，甚至会封冻。

对于 2012~2013 年冬季，南水北调中线京石段冬季冰期采取冰盖下有压输水方式，沿线 7 个节制闸控制，控制闸前高水运行，整个冬季为小流量、小流速、低弗氏数输水。供水水源为黄壁庄水库和安格庄水库，其中黄壁庄水库出库流量为 6.4~7.0 m^3/s，安格庄水库出库流量为 5.3~5.6 m^3/s，进入北京的调水流量为 11～13 m³/s。该冬季的京石段冰盖形成方式为平封,融冰方式为文开河,岸冰最厚达 46 cm,渠道中间冰盖最厚达 32 cm。

黄壁庄水库和安格庄水库冬季水温垂向变化特性如图 3 所示。结果显示,同时期两个水库的冰盖厚度相近,且最大冰厚均与总干渠相近;观测时段内的水库深层水温均随冰盖厚度增加而上升,在来流较小的情况下,体现出冰盖对水体具有较为明显的保温作用;冰盖下 3~5 m 后,水库水温垂向分布较为均匀。水库垂向水温实测数据受观测设备、位置等影响具有一定的误差,但水库深层水温明显高于附近总干渠同期水温。

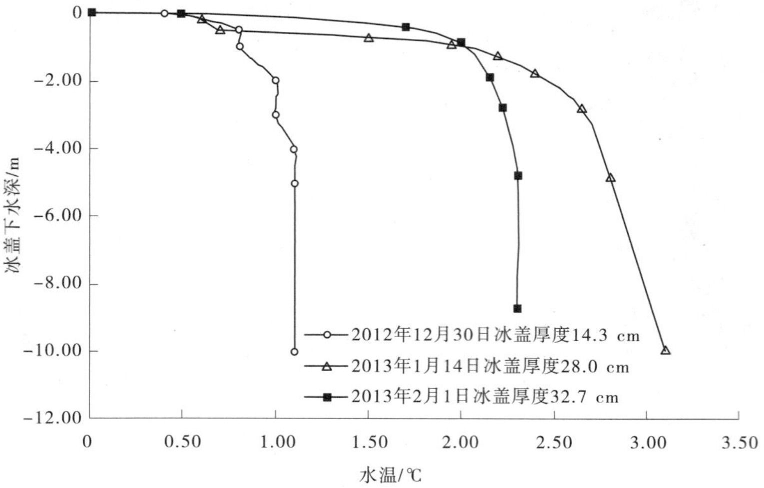

(a)黄壁庄水库

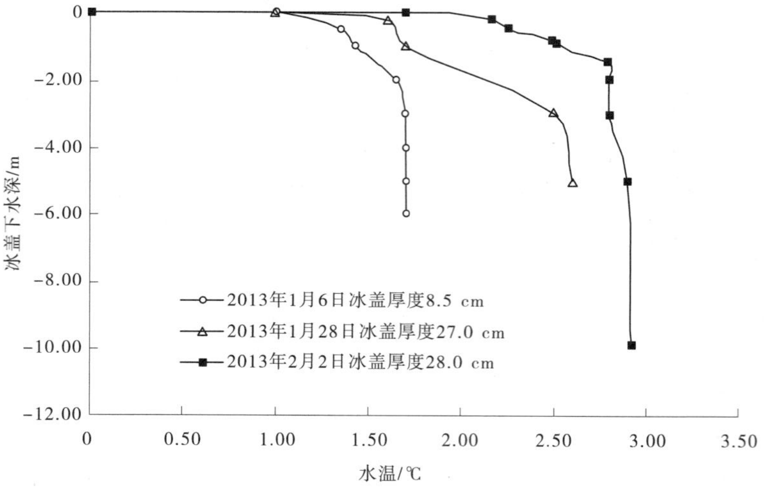

(b)安格庄水库

图 3　水库冬季水温垂向变化特征(2012~2013 年)

2.3　多水源供水的干渠水温变化规律

2012~2013 年冬季京石段水温沿程分布观测结果如图 4 所示。可见,整个京石段水温在 12 月 29 日已全部降低至 0.5 ℃以下,但在安格庄水库水流入干渠后,干渠水温有水温升高突变,造成京石段水温不连续,且这种水温升高会影响一段渠道不能封冻,本次观测因水库与总干渠连接段影响,造成入总干渠水温较低,仅造成总干渠内约 3 km 范围不能封冻;因安格庄水库较高水温注入总干渠,在入渠水温回暖的时候,加速了京石段下半段水温回升速度,促使下游提前开河,减小了封冻期,如 3 月 1 日,安格庄水库入渠位置下游水温均达到了 3 ℃,而岗头至安格庄水库入渠位置间的水温还低于 1 ℃,如 2.1 节所述,安格庄水库水源入总干渠后的渠道封冻期小于其上游的渠段封冻期。

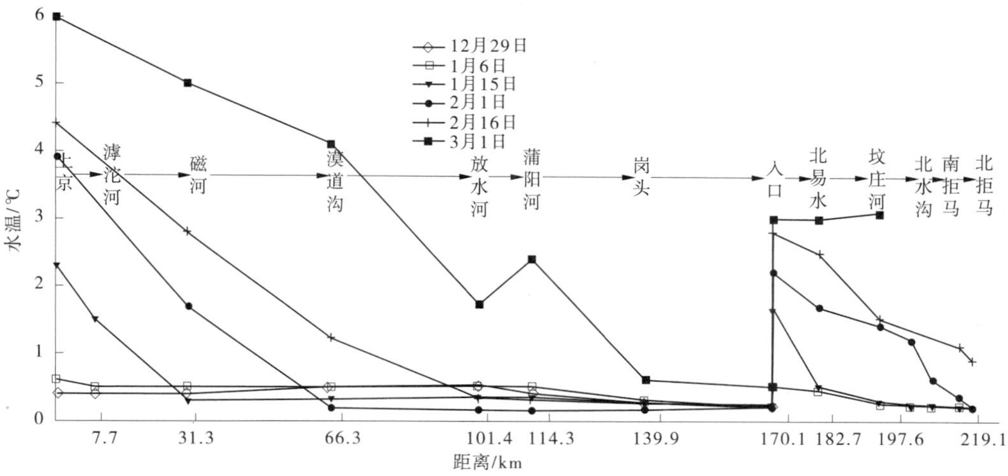

图4 京石段水温沿程时空分布

经过上述分析,认为南水北调中线工程总干渠冰情渠段附近水库具有冬季提供温水的可能性,且在两个供水水源供水流量相近的情况下,水库提供的温水注入总干渠后,将推迟渠道进入冰期的时间,造成温水入渠后的一段范围内的冰情弱化,加速融冰过程,实现冰期输水时段和范围的缩小,对实现输水效益最大化和工程安全运行具有重要意义。

3 南水北调中线工程总干渠水温传递特性

南水北调中线工程总干渠沿线各节制闸设有水温自动记录设备,统计2017~2019年3个冬季记录数据,得到南水北调中线总干渠水温沿程分布情况如图5所示。结果显示,南水北调中线总干渠水温基本呈现由渠首至渠末逐渐线性减小的趋势,线性拟合度较高,以拟合直线公式确定千公里降为5.9 ℃,同时据图6所示的统计时段气温降显示,首末气温差约5.6 ℃,气温衰减与水温较为相近。同理,统计千公里水温降如表1所示,2月千公里水温降最小,12月和1月的千公里水温降相近,3年平均为5.9 ℃。根据总干渠2017~2019年冬季冰情显示,近3年冰情较弱,气象条件为暖冬年,因此还需对总干渠进行现地水温及气象的持续观测,通过长系列的现地观测数据,精细化水温变化规律及与气象条件的对应关系。

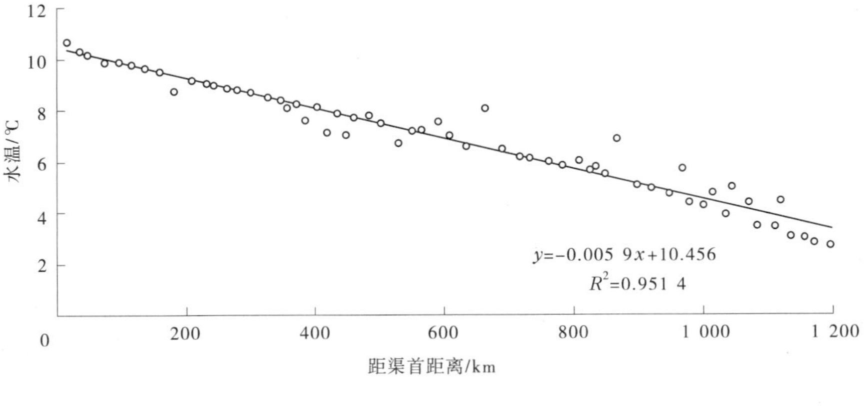

图5 南水北调中线总干渠2017~2019冬季平均水温空间分布

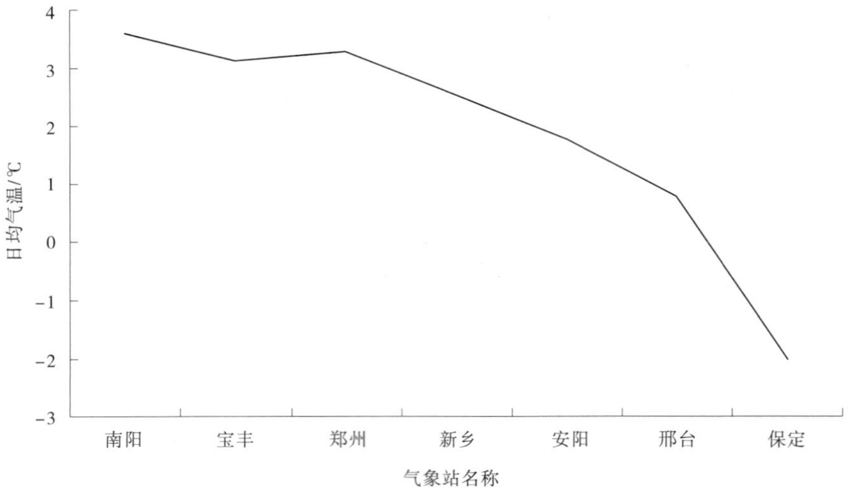

图6 南水北调中线总干渠沿线国家气象站2017~2019冬季日均气温沿程分布

表1 南水北调中线工程总干渠千公里水温降 单位:℃

统计时段	12月平均	1月平均	2月平均	冬季平均	平均值
2016~2017冬季	5.9	6.5	4.7	5.7	5.7
2017~2018冬季	7.2	6.9	5.2	6.4	6.4
2018~2019冬季	6.2	6.5	4.2	5.6	5.6
平均值	6.4	6.6	4.7	5.9	5.9

4 基于水库群水温调控的冰期输水设想

4.1 水温调控设想

相关研究和工程运行经验表明,南水北调中线工程总干渠安阳以北渠段每年冬季有不同程度冰情,安阳河节制闸至北拒马河节制闸渠道长度约500 km,可推算此渠段平均水温差约3.0 ℃。当渠道水温低于1 ℃后,在冬季寒潮作用下,渠道随时会产生冰情;若在安阳河节制闸后为渠道注入冬季4 ℃水温,可控制总干渠末端北拒马河位置水温大于1 ℃,实现南水北调中线工程总干渠冬季无流冰输水,提高冬季输水安全性和输水效益。

因此,本文提出基于水库群水温调控的冰期输水设想:在南水北调中线工程总干渠沿线新建多个调节水库,要求在每年冬季前,通过丹江口水库向调节水库补水,而在进入冬季后,通过这些调节水库的深层取水进行总干渠分段水温调控,进而可以预期实现总干渠冰情范围和冰期输水时间缩短,甚至达到全线无冰的效果,这种水温调控的影响效果受供水水库个数、特性和气象条件综合影响。

4.2 水温调控保障条件

4.2.1 调蓄水库条件约束

南水北调中线工程总干渠水温调控应优先考虑建设调蓄水库群。水库群沿总干渠分段布设,提高总干渠应对全线大跨度区域内极端寒潮气象条件的保障程度。

新建调蓄水库应为深库大库。一方面可提供有效的水量调节库容;另一方面可促使冬季深层水温达到4 ℃。

4.2.2 保障措施方面

尽量根据各调控水库冬季运行调度方案和水温垂向分布特性,设置取水口位置,保障总干渠取水温度的最大化。

尽量减小入总干渠前连接工程的温度耗散。水库选址要尽量接近总干渠，且入渠前的连接工程可通过暗渠、管道等形式和增加设计水深和埋深等方式，减小水体在连接段传输造成过大热量损失，以保障温水入总干渠，实现总干渠水温调控效果最佳化。

4.3 后续研究重点

水温调蓄是一项综合任务，需要多个水库与总干渠的联合调度计划与实时调节，需将总干渠与水温调控水库群作为一个系统，进行合理水资源调配，在水量的保障下，实现水温的有效调节。

水温调蓄以水量调蓄为基础，因此首先要进行系统的水资源调配论证，论证可进行水温调节的水库群选择方案、水库群可调蓄水量、水源补水与供水的可行性、可调水量对总干渠水温影响效果等，同时也要研究这一复杂系统实时水量水温调控系统、管理办法与方法。

5 结 论

本文总结南水北调中线工程总干渠近年来冰期输水经验，认为安阳以北渠段每年发生不同程度冰情，冰盖厚度最大可达 32 cm；总干渠沿线千公里水温降约 5.9 ℃；结合水库温分层理论，提出通过在总干渠沿线新建深库大库进行水温调控，可实现总干渠冬季无流冰输水，加大冬季运行安全和效益；最后提出水库群建设相关建议。在后续研究中，需进一步将水库群与总干渠作为冬季水温调控系统，从选库、配套设施建设、调度方案和实时调度等方面进行全面系统论证。

参考文献

[1] Shen H T. Mathematical modeling of river ice processes[J]. Cold Regions Science and Technology, 2010, 62(1): 3-13.

[2] 郭新蕾，杨开林，付辉，等. 南水北调中线工程冬季输水冰情的数值模拟[J]. 水利学报，2011，42(11)：1268-1276.

[3] 穆祥鹏，陈文学，崔巍，等. 长距离输水渠道冰期运行控制研究[J]. 南水北调与水利科技, 2010，8(1)：8-13.

[4] 刘孟凯，冯晓波，王长德，等. 基于平封冰盖生消模拟的长距离渠系冰期自动化控制模型[J]. 水力发电学报，2013，32(3)：93-100.

[5] 赵新，练继建，黄焱. 双缆网式拦冰索模型试验研究[J]. 天津大学学报，2012，45(11)：953-957.

[6] 郭生练，彭虹，刘心愿. 丹江口水库大坝加高对水温的影响[C]//环境变化与水安全——第五届中国水论坛，2007，857-863.

[7] 刘孟凯，王长德，冯晓波. 长距离控制渠系冬季运行策略研究[J]. 水电能源科学，2011，29(6)：127-130.

[8] 宗全利，郑铁刚，吴素杰，等. 高寒区引水渠道抽水融冰不冻长度计算模型及应用[J]. 农业工程学报，2018，34(10)：99-106.

[9] 王浩，雷晓辉，尚毅梓. 南水北调中线工程智能调控与应急调度关键技术[J]. 南水北调与水利科技，2017，15(2)：1-8.

[10] 段文刚，黄国兵，杨金波，等. 长距离调水明渠冬季输水冰情分析与安全调度[J]. 南水北调与水利科技，2016，14(6)：96-104.

[11] 黄国兵，杨金波，段文刚. 典型长距离调水工程冬季冰凌危害调查及分析[J]. 南水北调与水利科技，2019，17(1)：144-149.

不同阻力系数模型在沉水植被流计算中的准确度探讨

张维乐[1,2] 王芳芳[2] 高 昂[2] 吴修锋[2] 吴时强[2]

(1. 天津大学,天津 300072;2. 南京水利科学研究院,南京 210029)

【摘 要】 准确评估植被阻力对预测植被影响下的流速分布具有重要意义。基于现有试验数据,验证了 6 种挺水植被阻力系数公式在沉水植被水流计算中的准确度。结果表明,各公式平均计算精度接近,计算流速与实测流速相对误差均在 12.50%~18.00%。对于沉水植被斑块,应针对不同固体体积分数 φ,综合考虑淹没度 H/h_v 对堵塞效应和尾迹效应的影响,对沉水植被阻力系数进行修正。

【关键词】 植被水力学;沉水植被;紊动特性;流速分布;平均流速

1 引 言

近年来,河流水环境污染与水生态损伤日益凸显,严重威胁河流健康与可持续发展,备受各级政府及社会各界的广泛关注,而水生植被作为河流生态系统的重要组成部分,对水环境、水生态具有举足轻重的影响[1],是水环境保护与水生态修复工作中必须关注的对象之一。水生植被的存在会改变河流动力条件,产生额外阻力,导致出现低流速区,不仅可以促使泥沙颗粒与营养物沉积,为水生动物提供栖息地,还可以减缓河床的侵蚀与冲刷[2-3];但是,水生植被的存在也会降低河道流速,抬高水位,影响河道行洪能力,从而增加洪涝灾害风险。因此,准确量化植被阻力对河道防护及生态治理有着重要的应用意义[4]。

对于植被阻力表达方法,一种方法是采用传统的河床应力公式来表述植被阻力,如 Darcy-Weisbach 公式或曼宁公式[5],该方法使用摩擦系数将植被阻力概化到床层阻力中,虽然这些方法简单易行,但忽略了植被阻力的作用机制;另一种更准确的方法是通过建立体积植被阻力系数 C_D 与其他物理量的关系式来量化植被阻力[6]。近几十年来,国内外学者对于植被阻力系数做了大量研究。例如,Cheng [7]定义植被相关的水力半径,通过试验得到挺水植被条件下阻力系数的经验表达式。Kothyari 等[8]根据多参数回归,提出了挺水植被阻力系数的经验表达式。Tanino 等[9]与 Tinoco 等[10]给出了阻力系数与雷诺数之间的类似表达式,仅仅在描述黏性和惯性阻力效应的系数上有所不同。Sonnenwald 等[11]通过最小二乘法拟合得到阻力系数的经验公式。Etminan 等[6]定量分析了刚性圆柱群的堵塞效应、遮挡效应与延迟分离效应对植被体积阻力系数的影响,并指出收缩截面速度是求解阻力系数最具代表性的参考速度。

目前,植被阻力系数研究多针对挺水植被(不受淹没度影响),发现挺水植被阻力系数随着植被排列方式、固体体积分数及雷诺数变化而变化,但对于受淹没度影响的沉水植被,其水流动力过程相比挺水植被更加复杂。Tang 等[12]对沉水植被下的阻力系数进行了研究,提出修正的体积植被阻力系数,并指出垂向上阻力系数沿植被高度先增大后减小,并在植被高度 80%的位置达到最大值,认为应将淹没度作为沉水植被阻力系数的影响因素。此外,在沉水植被流动求解过程中,很多研究将挺水植被阻力系

基金项目:江苏省基础研究计划(自然科学基金)项目(BK20190142);国家自然科学基金(51909169,52179073);国家重点研发计划项目(YFC20180407200)

作者简介:张维乐(1995—),男,博士研究生。

通信作者:吴时强(1964—),男,教授级高工。

数公式直接应用到沉水植被条件下。例如,Cheng[7]在之前研究基础上直接将挺水植被条件下的阻力系数应用到沉水植被流动中,认为植被层流速近似均匀分布,Li 等[13]、Shi 等[14]和 Yang 等[15]在 Cheng[7]的基础上,将其阻力系数应用到基底层或植被层中得到双层流速公式,其精度虽然较高,但仍需进一步提高低淹没度情况下侵入深度估算公式的精度。

为了验证挺水植被阻力系数公式在沉水植被流速计算中的准确度,本文利用相关文献数据,对比不同挺水植被阻力系数公式在沉水植被流动求解计算中的准确度,并提出未来沉水植被条件下植被阻力系数的研究思路。

2　理论方法

2.1　特征物理量描述

尽管自然植物的大小、形状和灵活性各不相同,但在研究过程中,学者们通常将植被群概化成刚性圆柱体阵列进行室内试验和理论分析,植被的几何尺度可以由冠层密度 λ 或者固体体积分数 φ 来表示[4]。

记单株植被特征直径或宽度为 d,株间平均间隔为 Δs(m),植被高度为 h_v(m),水深为 H(m),总流量为 Q(m^3/s),断面宽度为 b(m),侵入深度 δ_e(m),N 为单位面积上茎的个数(m^2),则有以下定义:

单位体积迎流面积 a[16]

$$a = \frac{d}{\Delta s^2} = dN \tag{1}$$

冠层密度 λ[17]

$$\lambda = ah_v = dNh_v \tag{2}$$

固体体积分数 φ[17]

$$\varphi = \frac{\pi ad}{4} = \frac{N\pi d^2}{4} \tag{3}$$

侵入深度 δ_e[1]:垂向上,从冠层顶部湍流应力最大值点衰减到10%时,两点间垂直距离。

沉水植被流动中,当冠层密度 $\lambda>0.1$ 时,冠层-水交界面处的强剪切作用会产生 KH 涡,KH 涡会持续将冠层外高动量流体向冠层内低动量区输送,使流速剖面在冠层附近产生明显的拐点形式[1],并侵入冠层一定深度,Yang 等[15]和 Li 等[13]利用冠层湍流尺度来计算 KH 涡侵入深度,验证了利用侵入深度估算速度的合理性,而淹没度 H/h_v 则通过自由水面来限制 KH 涡的强度,进一步影响冠层内的湍流尺度,当 $H/h_v>2$ 时,KH 涡强度不受自由表面影响,当 $H/h_v\leq 2$ 时,自由表面限制了 KH 涡的强度,冠层中湍流尺度随着淹没度变化而变化[15],因此沉水植被阻力系数计算还应在冠层密度的基础上,考虑淹没度 H/h_v 的影响。

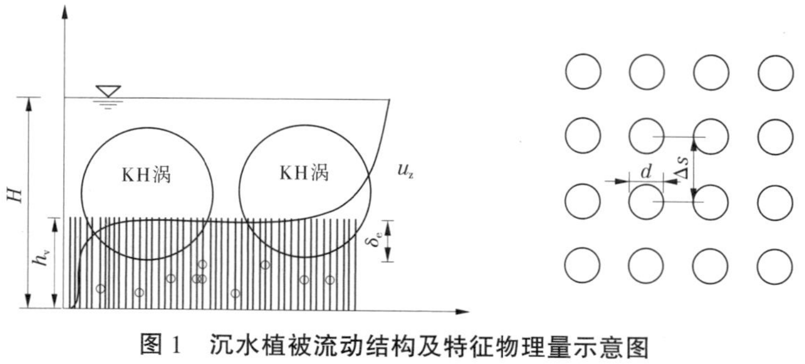

图1　沉水植被流动结构及特征物理量示意图

2.2　现有挺水植被阻力系数研究

植被阻力可以由阻力系数 C_D 来量化[6],其中特征速度的选取对植被阻力计算至关重要。

$$C_D = \frac{F_v}{\frac{1}{2}\rho a h_v u_{ref}^2} \tag{4}$$

式中,F_v 为植被阻力;C_D 为植被体积阻力系数;ρ 为水体密度;u_{ref} 为特征速度。

当植被层平均速度 u_p 作为特征速度[18]时,其对应雷诺数 $Re_p = u_p d/\nu$;当采用植被层收缩速度 u_c 作为特征速度时[6],其对应收缩截面雷诺数 $Re_c = u_c d/\nu$。大多数研究将植被层平均速度 u_p(孔隙速度)作为特征流速[13-14],建立对应雷诺数与阻力系数之间的关系。

(1)Cheng [7]定义植被阻力半径,得到阻力系数的经验表达式:

$$C_{D1} = \frac{130}{r_{v*}^{0.85}} + 0.8 \times \left[1 - \exp\left(-\frac{r_{v*}}{400}\right)\right] \tag{5}$$

$$r_v = \frac{(1-\varphi)h_v}{4\varphi h_v/(\pi d)} = \frac{\pi}{4}\frac{1-\varphi}{\varphi}d \tag{6}$$

$$r_* = r(gS/\nu^2)^{1/3} \tag{7}$$

式中,r 为植被概念下的水力半径;r_* 为无量纲水力半径;S 为能坡;ν 为动力黏滞系数,N·s/m^2。

(2)Tinoco 等 [9]提出了阻力系数与植被层速度雷诺数之间的一般关系式(8),并指出,当 $Re_p>100$ 后,阻力系数与雷诺数无关,进一步得出了式(9)。

$$C_D = 2\left(\frac{\alpha_0}{Re_p} + \alpha_1\right) \tag{8}$$

式中,α_0、α_1 分别为圆柱表面黏性应力系数、惯性阻力系数。

$$C_{D2} = 2(0.46 + 3.8\varphi) \tag{9}$$

(3)Tinoco 等[10]在之前的基础上[9]提出下式:

$$C_{D3} = 2 \times (0.58 + 6.49\varphi) \tag{10}$$

(4)Sonnenwald 等[11]在式(8)的基础上,定义新的 α_0、α_1,得到新的阻力系数经验关系式:

$$C_{D4} = 2 \times \left(\frac{6\,475d + 32}{Re_p} + 17d + 3.2\varphi + 0.5\right) \tag{11}$$

(5)Kothyari 等[8]采用多元线性回归得到了阻力系数的经验关系式:

$$C_{D5} = 1.53 \times [1 + 0.45\ln(1 + 100\varphi)]Re_p^{-\frac{3}{50}} \tag{12}$$

(6)Liu 等[18]应用机器学习中的遗传规划算法,得到阻力系数式:

$$C_{D6} = \frac{189}{Re_p} + 0.82 + \psi^2 + 6.02\varphi \tag{13}$$

式中,$\psi = d/L_y$,L_y 为横向相邻圆柱间距值;φ 为固体体积分数。

2.3 阻力系数公式准确度验证

本文利用实测流速资料来验证上述阻力系数公式的准确度,对于植被层中的定常流动,水体在床层摩擦力 F_b、重力 F_g 和植被阻力 F_v 作用下达到平衡,对单位控制体内水体,则有[14]:

$$F_g = F_v + F_b \tag{14}$$

其中:

$$F_g = \rho g h_v S(1-\varphi) + \rho g h_s S \tag{15}$$

$$F_v = \frac{1}{2}\rho C_D a h_v u_p^2 \tag{16}$$

$$F_b = \frac{1}{8}\rho f_b u_p^2 \tag{17}$$

$$h_s = H - h_v \tag{18}$$

当不考虑床面摩擦时，则有：

$$\rho g h_v S(1-\varphi)+\rho g h_s S=\frac{1}{2}\rho C_D a h_v u_p^2 \tag{19}$$

流速计算值 u_p[14] 为

$$u_p=\sqrt{\frac{2gS\left[(1-\varphi)+\frac{h_s}{h_v}\right]}{aC_D}} \tag{20}$$

首先根据 u_p 实测值，计算 Re_p 得到每个阻力公式计算的阻力系数 C_D，然后将阻力系数 C_D 代入式(20)反复迭代，当前后两次迭代值相等时(3~5 次，绝对误差小于 10^{-4}m/s)，将实测值与迭代值进行对比，选择平均相对误差 MRE 和均方误差 RMSE 来评价阻力系数公式的准确度。本文采用 36 组文献中刚性植被试验数据[7, 12, 19, 20]（见表 1），以 H/h_v 及固体体积分数 φ 进行划分。$1<H/h_v<2$ 且 $0<\varphi<0.01$，5 组；$2\leqslant H/h_v<5$，11 组；$1<H/h_v<2$ 且 $0.01<\varphi<0.12$，20 组。

$$\text{MRE}=\frac{\sum_{i=1}^{n}\left|\frac{U_{pmi}-U_{ppi}}{U_{pmi}}\right|}{n} \tag{21}$$

$$\text{RMSE}=\sqrt{\frac{1}{n}\sum_{i=1}^{n}(U_{pmi}-U_{ppi})^2} \tag{22}$$

表 1 刚性植被试验数据

研究作者	植被种类	淹没度 H/h_v	固体体积分数 φ	冠层密度 λ	雷诺数 Re_p	植被半径 d/(mm)	h_v/d	$S(\times10^{-4})$
Tang 等[12]	刚性	2.5~3	0.011 3~0.028 3	0.144~0.360	280~840	6.0	10.00	6.0~36.8
Huai 等[20]	刚性	1.53~2.02	0.005 67	0.228	522~630	6.0	31.7	40.0
Nguyen[5]	刚性	1.3~2	0.004 3~0.119	0.178~1.84	378~1 178	3.2~8.3	12.05~31.25	40.0
Lopez 等[19]	刚性	1.78~2.79	0.005 5~0.012 3	0.131~0.299	1 158~2 341	6.4	18.75	36.0

3 结果与分析

3.1 不同阻力系数公式验证结果

图 2 为在沉水植被条件下，不同阻力系数公式计算流速与实测流速的对比结果，试验条件见表 1。由图 2 可知，每个公式在流速小于 0.15 m/s 时计算精度相差不大，而在流速大于 0.15 m/s 时计算误差明显变大，其中 Tanino 等[9]提出的公式和 Liu 等[18]计算流速普遍大于实测流速，而 Tinoco 等[10]提出的公式和 Kothyari 等[8]提出的公式计算流速普遍小于实测流速。表 2 为不同公式 MSE 与 MRE 计算结果。各公式平均计算相对误差接近，其中 Tinoco 等[10]公式计算精度最高，平均相对误差为 12.86%，其误差不同可能来源于不同数据集和推导方法。综上所述，沉水植被流动计算中，植被层的计算相对误差较大，普遍大于 12%。现有研究多根据植被层流速反推表面层流速，并建立双层流速模型，而植被层阻力系数计算影响着流速模型的精度，因此十分有必要对沉水植被影响下的阻力系数做进一步研究。

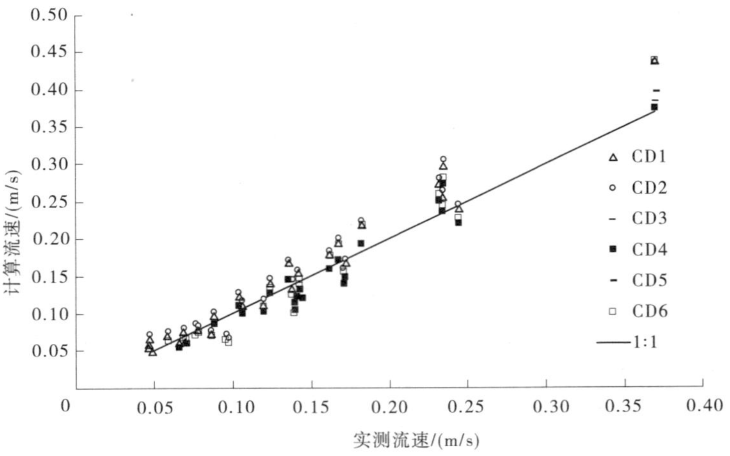

图 2　不同阻力公式计算流速值与实测值对比

表 2　不同阻力公式下植被层速度计算值与实测值对比

阻力系数公式	平均相对误差 MRE/%	均方根误差 RMSE/(m/s)
Cheng[7]	13.13	0.030
Tanino 等[9]	14.56	0.032
Tinoco 等[10]	12.86	0.025
Sonnenwald 等[11]	13.48	0.037
Kothyari 等[8]	13.09	0.027
Liu 等[18]	17.28	0.036

3.2　沉水植被阻力系数随淹没度及固体体积分数的变化

图 3 为沉水植被阻力系数与淹没度及固体体积分数变化的关系(文献[5])。从结果中可以看出,有些情况下,阻力系数随着固体体积分数 φ 增大而减小,一些研究也给出了类似的结论[21-23],但这似乎与常理相反,更多研究结果为阻力系数随着固体体积分数 φ 增加而增加[9,24]。

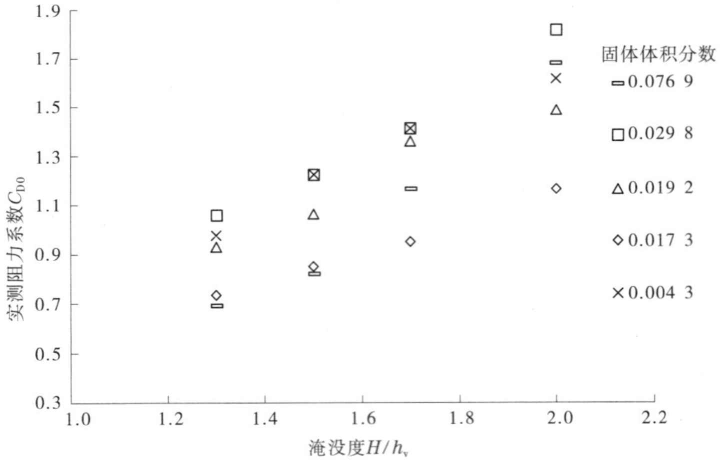

图 3　沉水植被阻力系数与淹没度及固体体积分数变化的关系

挺水圆柱群流动中,遮蔽效应、延迟分离效应及阻塞效应影响着圆柱群阻力[25]。遮蔽效应[25]指当一个圆柱体处于另一个圆柱体下游尾迹区内时,由于尾迹区流速较小,会造成下游圆柱迎流流速降低,使下游圆柱阻力减小的现象。对于中高雷诺数(Re>100)圆柱绕流,水流阻力由形状阻力主导,边界层延迟分离会显著减小形状阻力[24]。水流流经受边壁限制的钝体周围时,会受到所谓的阻塞效应,阻塞效应会限制圆柱间尾迹区的扩张并增大尾迹外速度,使尾迹区压力降低并增大圆柱前后压差,进而增大圆柱阻力[25]。Etminan 等[6]对不同固体体积分数的挺水圆柱群阻力特性进行研究,结果表明,当 $\varphi<0.02$ 时,植被区较稀疏,堵塞效应并不显著,此时遮蔽效应与延迟分离效应作用会减小圆柱群阻力,阻力系数会随着固体体积分数 φ 增大而略微减小;当 $\varphi\geqslant0.02$ 时,阻塞效应在流动中占据主导地位,随着 φ 增大,阻力系数显著增大。Liu 等[26]对沉水圆柱斑块群阻力进行研究,结果表明,当 $\varphi>0.05$ 时阻塞效应才开始显现,虽然斑块整体阻力随着密度增大而增大,但作用于单圆柱的阻力却随着密度增大而减小。

因此,相比挺水植被,应针对不同固体体积分数下淹没度 H/h_v 对堵塞效应和尾迹效应的影响,对沉水植被阻力系数进行修正。

4 结　论

植被阻力估算对河道行洪能力与生态工程建设具有重要的理论意义。本文利用文献中数据,对比不同阻力系数模型的准确度,得到以下结论:

(1)针对沉水植被条件下对 6 个挺水植被阻力系数公式的准确度进行了验证,结果表明,各公式计算精度接近,在 12.50%~18.00%,其中 Tinoco 等[10]提出的公式计算精度最高,平均相对误差为 12.86%。

(2)对于沉水植被,应针对不同固体体积分数 φ,综合考虑淹没度 H/h_v 对堵塞效应和尾迹效应的影响,对沉水植被阻力系数进行修正。

参考文献

[1] Nepf H M. Hydrodynamics of vegetated channels[J]. Journal of Hydraulic Research,2012, 50(3): 262-279.

[2] 李兆松,王兵,汪建芳,等. 铁杆蒿与白羊草枯落物覆盖量对黄土坡面流水动力特性的影响[J]. 农业工程学报,2018(17):151-157.

[3] 杨坪坪,李瑞,盘礼东,等. 地表粗糙度及植被盖度对坡面流曼宁阻力系数的影响[J]. 农业工程学报,2020,36(6):106-114.

[4] 刘西乐, 张宽地, 杨婕,等. 斑块状植被覆盖下坡面流水动力学特性[J]. 农业工程学报, 2020, 36(6):122-131.

[5] Nguyen H T. Characteristics of hydraulic resistance and velocity profile in vegetated open-channel flows [D]. Nanyang Technological University, Singapore,2012.

[6] Etminan V, Lowe R J, Ghisalberti M. A new model for predicting the drag exerted by vegetation canopies[J]. Water Resources Research,2017, 53(4): 3179-3196.

[7] Cheng N S. Representative roughness height of submerged vegetation[J]. Water Resources Research, 2011, 47(8):1-18.

[8] Kothyari U C, Hashimoto H, Hayashi K. Effect of tall vegetation on sediment transport by channel flows[J]. Journal of hydraulic research,2009, 47(6): 700-710.

[9] Tanino Y, Nepf H M. Laboratory investigation of mean drag in a random array of rigid, emergent cylinders[J]. Journal of hydraulic engineering (New York, N. Y.),2008, 134(1): 34-41.

[10] Tinoco R O, Cowen E A. The direct and indirect measurement of boundary stress and drag on individual and complex arrays of elements[J]. Experiments in Fluids,2013, 54(4): 1509.

[11] Sonnenwald F, Guymer, Ian V S. Estimating drag coefficient for arrays of rigid cylinders representing emergent vegetation [J]. Journal of hydraulic research,2019, 57(4): 591-597.

[12] Tang H, Tian Z, Yan J, et al. Determining drag coefficients and their application in modelling of turbulent flow with submerged vegetation[J]. Advances in Water Resources,2014, 69: 134-145.

[13] Li S, Shi H, Xiong Z, et al. New formulation for the effective relative roughness height of open channel flows with submerged vegetation[J]. Advances in Water Resources,2015, 86: 46-57.

[14] Shi H, Liang X, Huai W, et al. Predicting the bulk average velocity of open-channel flow with submerged rigid vegetation [J]. Journal of Hydrology,2019, 572: 213-225.

[15] Yang F, Huai W, Zeng Y. New dynamic two-layer model for predicting depth-averaged velocity in open channel flows with rigid submerged canopies of different densities[J]. Advances in Water Resources,2020, 138: 103553.

[16] Nepf H M. Flow and transport in regions with aquatic vegetation[J]. Annual review of fluid mechanics,2012, 44(1): 123-142.

[17] Tinoco R O, Goldstein E B, Coco G. A data-driven approach to develop physically sound predictors: Application to depth-averaged velocities on flows through submerged arrays of rigid cylinders[J]. Water Resources Research,2015, 51(2): 1247-1263.

[18] Liu M, Huai W, Yang Z, et al. A genetic programming-based model for drag coefficient of emergent vegetation in open channel flows[J]. Advances in Water Resources,2020, 140: 103582.

[19] Lopez. Mean flow and turbulence structure of open-channel flow through non-emergent vegetation[J]. By Fabia'N Lo'Pez1 And Marcelo H. Garc'A2.

[20] Huai W, Chen Z, Han J, et al. Mathematical model for the flow with submerged and emerged rigid vegetation[J]. Journal of Hydrodynamics,2009, 21(5): 722-729.

[21] Hoai T N. Characteristics of hydraulic resistance and velocity profile in vegetated open-channel flows[Z]. 2012.

[22] Lee J K , Roig L C , Jenter H L , et al. Drag coefficients for modeling flow through emergent vegetation in the Florida Everglades[J]. Ecological Engineering, 2004, 22(4-5):237-248.

[23] Nepf H M. Drag, turbulence, and diffusion in flow through emergent vegetation[J]. Water Resources Research,1999, 35(2):479-489.

[24] Stoesser T, S Kim,P Diplas. Turbulent flow through idealized emergent vegetation[J]. Journal of Hydraulic Engineering, 2010,136(12):1003-1017.

[25] Mancheo A G , Jansen W , Winterwerp J C , et al. Predictive model of bulk drag coefficient for a nature-based structure exposed to currents[J]. Scientific Reports.

[26] Liu M, Huai W, Ji B,et al. Numerical study on the drag characteristics of rigid submerged vegetation patches[J]. Physics of Fluids,2021,33:085123.

导流堤长度对福建诏安赤石湾中心渔港工程水动力影响研究

龚丽飞[1,2]　韩　信[1]　肖立敏[1]

(1. 南京水利科学研究院,江苏南京　210029;
2. 南京瑞迪建设科技有限公司,江苏南京　210029)

【摘　要】 采用平面二维潮流数学模型,对福建诏安赤石湾中心渔港工程不同导流堤长度的潮流场进行计算分析。研究分析结果表明,拟建导流堤位于浅滩上,阻水相对较小。在上游不泄洪期间,大潮条件下,导流堤长度在 800~1 200 m 变化时,各工况之间流速变化较小。当上游泄洪时,导流堤对泄洪期间避风锚地能形成较好的掩护作用。因此,导流堤建设是有必要的,且长度不宜过短。

【关键词】 赤石湾中心渔港;导流堤长度;潮流数学模型;水动力影响

1　引　言

我国是世界渔业大国。渔港既是渔业安全生产最重要的基础设施,也是开发海洋生物资源的重要基地和枢纽,是沿海众多中小城镇的重要依托[1]。赤石湾渔港地处福建省东南沿海,位于诏安梅岭镇赤石湾附近,是诏安县重要的渔业生产基地和渔业集散地。为完善该渔港的避风等功能,需要在原有一级渔港的基础上,建设中心渔港[2]。

该渔港位于潮汐通道内,上游东西溪河道有洪水下泄,港区水流条件较为复杂。从改善水流条件、泊稳以及减淤等角度综合考虑,拟建设导流堤。为配合该渔港的建设,建立平面二维潮流数学模型,对工程区附近潮流流场分布进行计算,为渔港总平面布置方案提供科学依据。

2　工程概况

工程海域潮汐类型属不正规半日潮。潮流以往复流为主,涨潮流主流方向为东北—西南方向,落潮主流向为西南—东北方向。现场水文测验实测资料显示,工程海域 V1、V2、V3 和 V4 处涨潮最大流速依次为 0.40 m/s、0.48 m/s、0.61 m/s 和 0.21 m/s;落潮最大流速依次为 0.22 m/s、0.62 m/s、0.81 m/s 和 0.17 m/s,测点位置见图 1。

赤石湾中心渔港拟在口门处修建"一"字形南防波堤,防波堤共计长 380 m,其中堤头位于-4.0 m 等深线处,避风锚地口门宽度为 175 m。同时,在浅滩处修建导流堤,导流堤长度分别考虑 800 m、1 000 m 和 1 200 m。方案平面布置图见图 2。

3　潮流数学模型的建立与验证

3.1　模型建立

3.1.1　控制方程

模型采用正交曲线坐标系(ζ,η)。

沿水深积分的连续方程如下:

$$\frac{\partial \zeta}{\partial t}+\frac{1}{\sqrt{G_{\xi\xi}}\sqrt{G_{\eta\eta}}}\frac{\partial}{\partial \xi}[(d+\zeta)u\sqrt{G_{\eta\eta}}]+\frac{1}{\sqrt{G_{\xi\xi}}\sqrt{G_{\eta\eta}}}\frac{\partial}{\partial \eta}[(d+\zeta)v\sqrt{G_{\eta\eta}}]=Q$$

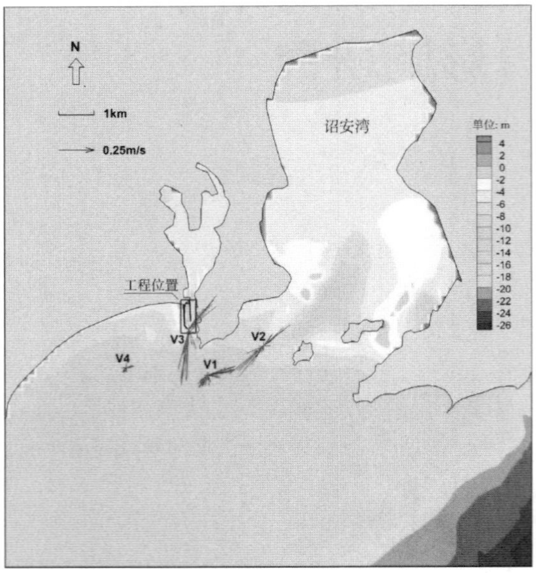

图 1　实测流速矢量图及工程海域地形等值线图

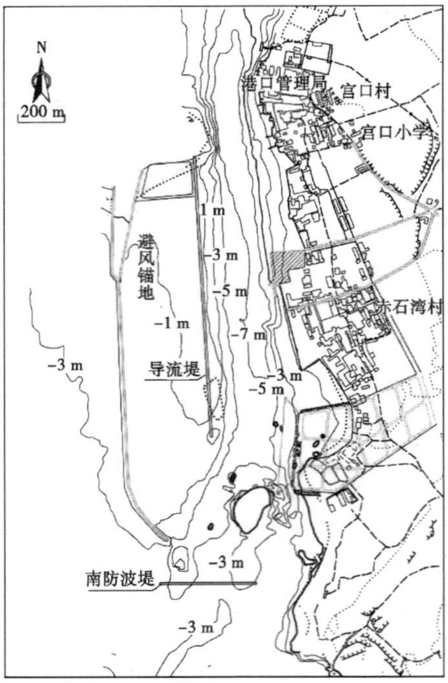

图 2　方案平面布置图

ζ 和 η 方向上的动量方程如下：

$$\frac{\partial u}{\partial t}+\frac{u}{\sqrt{G_{\xi\xi}}}\frac{\partial u}{\partial \xi}+\frac{v}{\sqrt{G_{\eta\eta}}}\frac{\partial u}{\partial \eta}+\frac{uv}{\sqrt{G_{\xi\xi}}\sqrt{G_{\eta\eta}}}\frac{\partial \sqrt{G_{\xi\xi}}}{\partial \eta}-\frac{v^2}{\sqrt{G_{\xi\xi}}\sqrt{G_{\eta\eta}}}\frac{\partial \sqrt{G_{\eta\eta}}}{\partial \xi}-fv=-\frac{1}{\rho_0\sqrt{G_{\xi\xi}}}P_\xi+F_\xi+M_\xi$$

$$\frac{\partial v}{\partial t}+\frac{u}{\sqrt{G_{\xi\xi}}}\frac{\partial v}{\partial \xi}+\frac{v}{\sqrt{G_{\eta\eta}}}\frac{\partial v}{\partial \eta}+\frac{uv}{\sqrt{G_{\xi\xi}}\sqrt{G_{\eta\eta}}}\frac{\partial \sqrt{G_{\eta\eta}}}{\partial \xi}-\frac{u^2}{\sqrt{G_{\xi\xi}}\sqrt{G_{\eta\eta}}}\frac{\partial \sqrt{G_{\xi\xi}}}{\partial \eta}+fu=-\frac{1}{\rho_0\sqrt{G_{\eta\eta}}}P_\eta+F_\eta+M_\eta$$

式中,ξ、η 为正交曲线坐标系的水平坐标轴;$\sqrt{G_{\xi\xi}}$、$\sqrt{G_{\eta\eta}}$ 为正交曲线坐标系与笛卡儿坐标系的转换系数;u、v 分别为 ξ、η 方向上的垂线平均速度分量;d 为水深;ζ 表示水位;t 为时间;P_ξ、P_η 分别为 ξ、η 方向上的压强梯度;F_ξ、F_η 分别为 ξ、η 方向上的雷诺应力;M_ξ、M_η 分别为 ξ、η 方向上源或汇的动量分量;f 为柯氏力。

3.1.2　边界条件

满足二维水流运动,一般需要设定两类边界条件:一类是开边界即水边界,控制计算区域内的水流运动;另一类为闭边界,即定义计算水域与陆地相连的边界。为了使以上基本方程闭合、适定,闭边界上取法向流速为 0;开边界上取潮位为控制条件。

3.1.3　初始条件

初始条件给出初始时刻已知的流速和潮位。

3.1.4　网格划分

潮流数学模型计算域北起东山岛澳角,南至南澳岛,外海方向至等深线-25 m 处。南北方向长约 30 km,东西方向长约 15 km。网格步长 300 m,工程区附近局部加密至 10 m。模型范围见图 1,数学模型网格见图 3。潮流数学模型中主要参数为糙率系数,模型中 $n=0.022$。

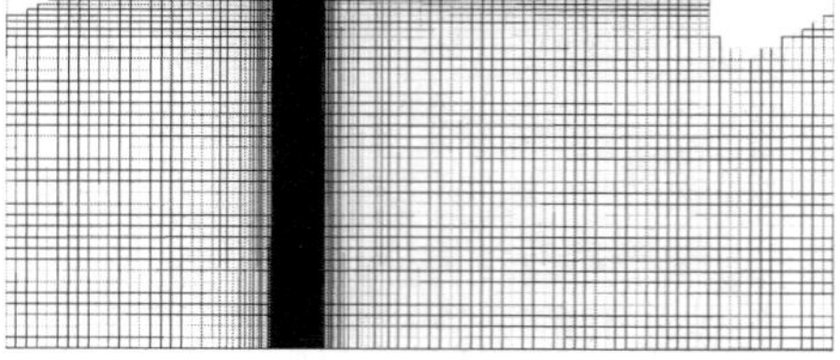

图 3　数学模型网格

3.2　模型验证

数学模型能否复演出与天然相似的潮流场,关键在于模型验证结果与实测资料的吻合程度。2012年6月22~23日对工程区附近海域进行了现场大潮专项水文测验,测验内容包括1个临时潮位站的潮位以及4条垂线的流速、流向,各测站位置见图1。本次计算通过调试模型对该实测资料进行了验证[3]。

图4给出了模型计算潮位与实测潮位过程的对比情况,由图可见,计算的高、低潮潮位以及相位与实测均比较吻合,表明模型模拟的潮位过程与实际情况比较一致。图5给出了实测大潮部分测点垂线平均流速、流向计算值与实测值的比较结果。从图5可以看出,计算的流速、流向与实测值比较吻合。上述验证结果表明模型能较好地反映工程区海域潮流动力特性,可用于工程方案的计算。

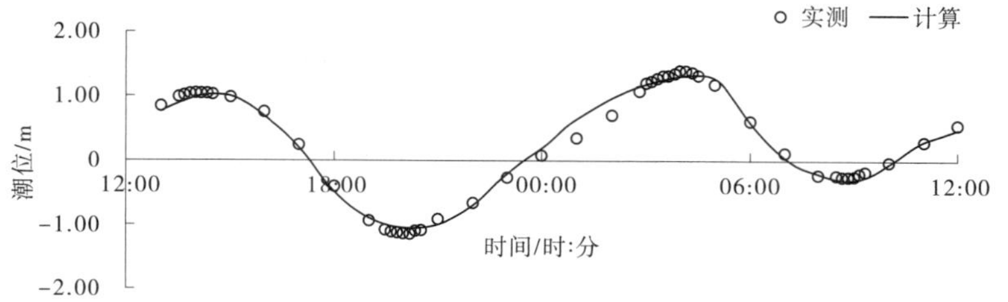

图4　大潮潮位过程验证曲线图

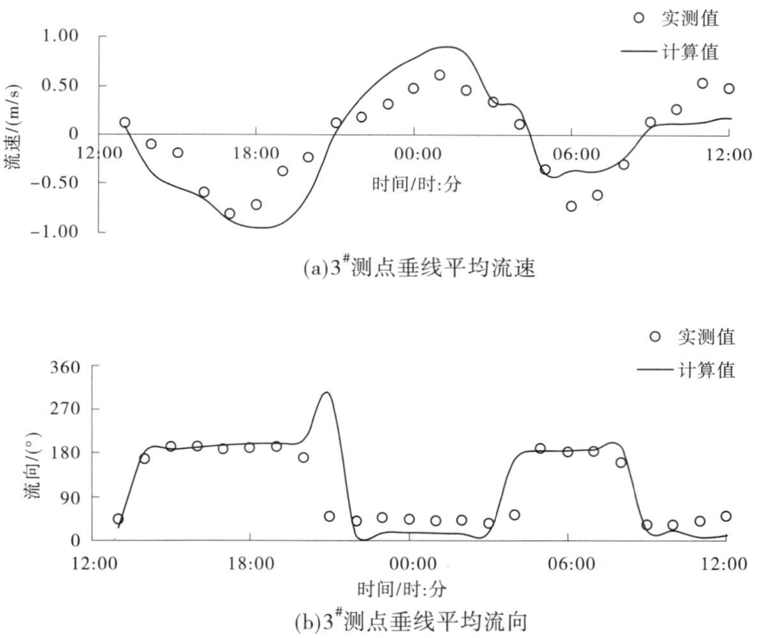

(a)3#测点垂线平均流速

(b)3#测点垂线平均流向

图5　大潮流速、流向验证曲线

图6、图7分别给出了模型计算的工程区海域涨、落急时刻流场分布,涨潮期间,涨潮流由西向东,水流部分进入工程区所在通道进入官口港,拟建避风锚地处由于水深较浅,流速较小,而位于其东侧的主流东道内流速相对较大。落潮期间,由于受口门处礁石影响,落潮流分为两股流入外海,落潮流方向大致与涨潮流相反。

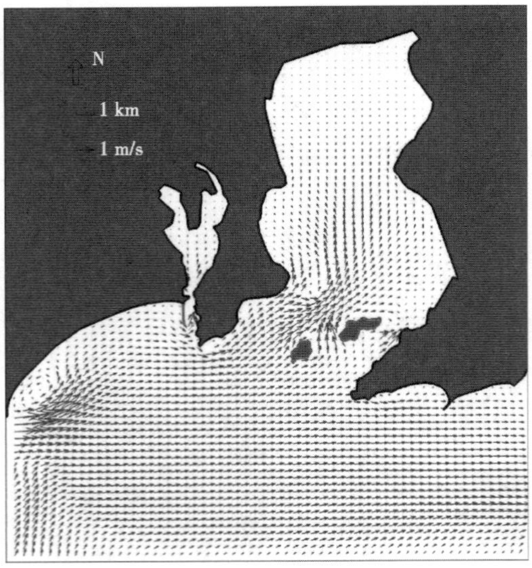

图6　模拟的工程海域涨急流场

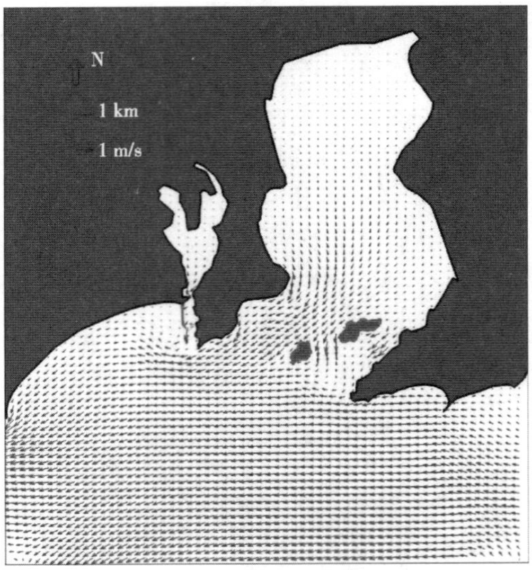

图7　模拟的工程海域落急流场

4　计算成果分析

潮流数学模型在取得验证相似的基础上，分别对上游是否泄洪两种情况下，港区导流堤长度为 800 m、1 000 m 和 1200 m 三个布置方案的潮流场进行了计算分析。为了便于分析，在港区附近布置了取样点，进行特征流速分析，取样点布置见图 8，对应的流速统计值见表 1。

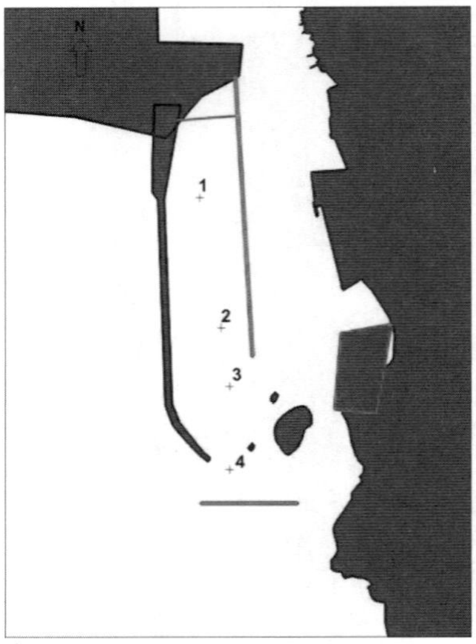

图8　流速取样点布置图

4.1　上游不泄洪条件下流场分析

图 9、图 10 分别给出了大潮条件下，导流堤长度为 800 m 和 1 200 m 涨、落急时刻流场分布图，表 1 则给出了不同流速取样点的特征流速。由此可以看到，大潮条件下，导流堤长度在 800～1 200 m 变化时，各统计点流速变化甚微，变化范围基本在 0.02 m 以内，表明导流堤长度变化对工程区附近流速影响不大，这主要是由于拟建导流堤位于浅滩上，阻水相对较小。

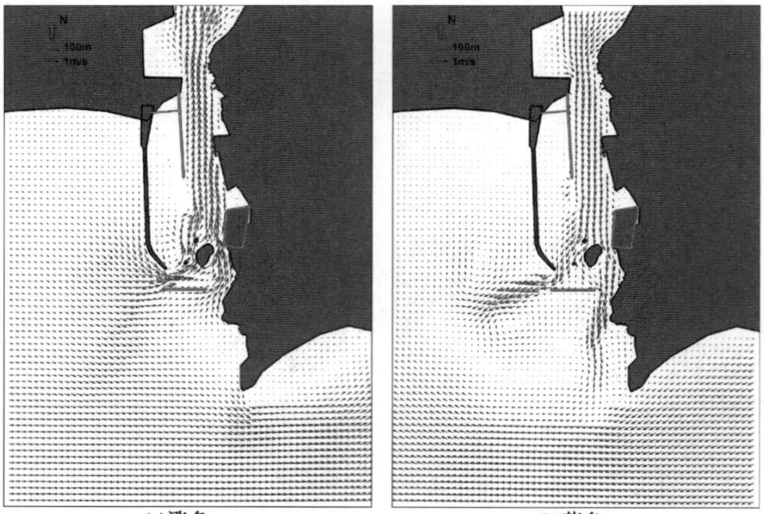

(a)涨急　　(b)落急

图9　上游不泄洪，大潮不同时刻工程区附近流场分布图（导流堤长度 800 m）

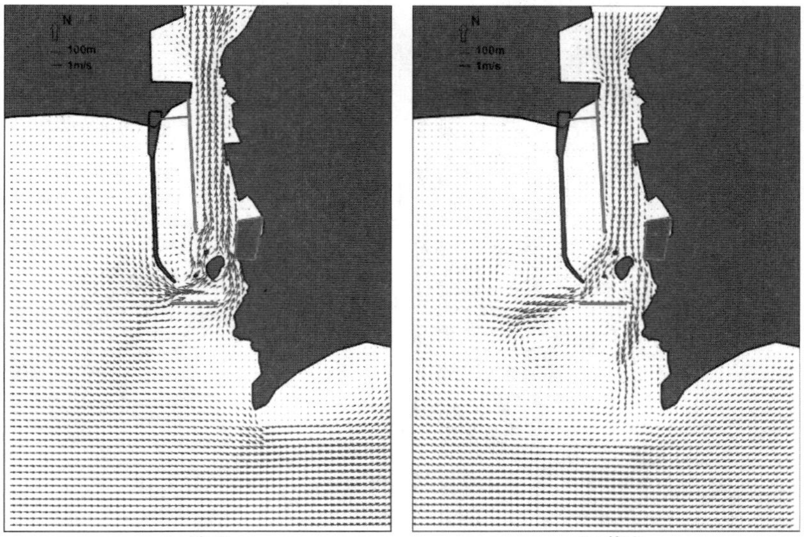

(a)涨急　　(b)落急

图 10　上游不泄洪，大潮不同时刻工程区附近流场分布图（导流堤长度 1 200 m）

表 1　上游不泄洪，大潮流速取样点特征流速统计　　单位：m/s

点位	工况	涨潮		落潮	
		最大流速	平均流速	最大流速	平均流速
1#	现状	0. 18	0. 07	0. 28	0. 10
	导流堤 800 m	0. 08	0. 02	0. 03	0. 01
	导流堤 1 000 m	0. 07	0. 02	0. 02	0. 01
	导流堤 1 200 m	0. 08	0. 02	0. 02	0. 01
2#	现状	0. 31	0. 11	0. 49	0. 14
	导流堤 800 m	0. 20	0. 08	0. 26	0. 09
	导流堤 1 000 m	0. 20	0. 07	0. 16	0. 06
	导流堤 1 200 m	0. 22	0. 05	0. 18	0. 05
3#	现状	1. 24	0. 59	1. 01	0. 57
	导流堤 800 m	0. 99	0. 50	0. 92	0. 55
	导流堤 1 000 m	0. 99	0. 50	0. 92	0. 56
	导流堤 1 200 m	1. 02	0. 51	0. 92	0. 59
4#	现状	0. 94	0. 51	0. 97	0. 53
	导流堤 800 m	1. 65	0. 70	1. 35	0. 56
	导流堤 1 000 m	1. 65	0. 70	1. 35	0. 55
	导流堤 1 200 m	1. 65	0. 70	1. 36	0. 54

4. 2　上游泄洪条件下流场分析

图 11、图 12 分别给出了上游泄洪流量为 1 050 m^3/s、外海为大潮条件下，导流堤长度为 800 m 和 1 200 m 涨、落急时刻流场分布图。表 2 则给出了不同流速取样点的特征流速。由此可以看到，上游泄洪期间，导流堤长度在 800~1 200 m 变化时，主要在受导流堤掩护的避风港区内流速变化较为明显，其余区域各点流速变化甚微。具体而言，当导流堤长度为 800 m 时，2# 点最大流速在 0. 78 m/s 左右，会对

停泊在避风锚地的船只造成一定影响。随着导流堤长度的增加,由于受导流堤的掩护,该处流速明显减小。上述研究表明,导流堤对泄洪期间避风锚地能形成较好的掩护作用。因此,导流堤长度不宜过短。

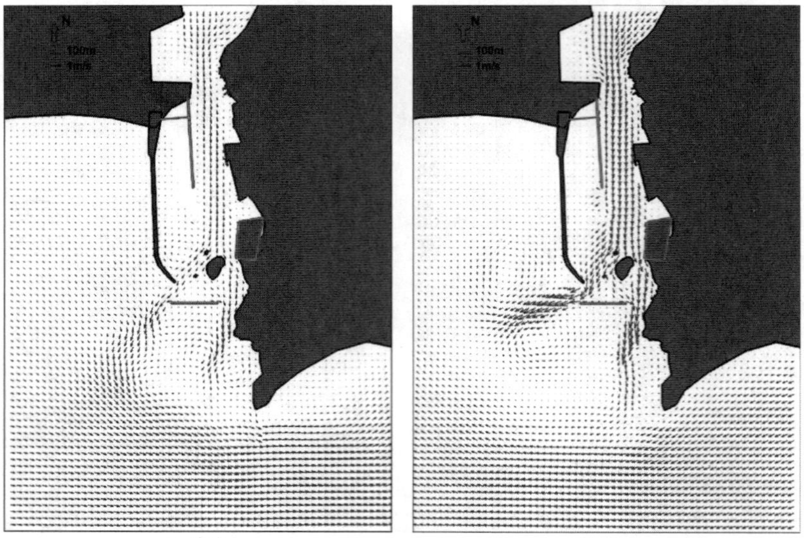

(a)涨急　　(b)落急

图 11　上游泄洪,不同时刻工程区附近流场分布图(导流堤长度 800 m)

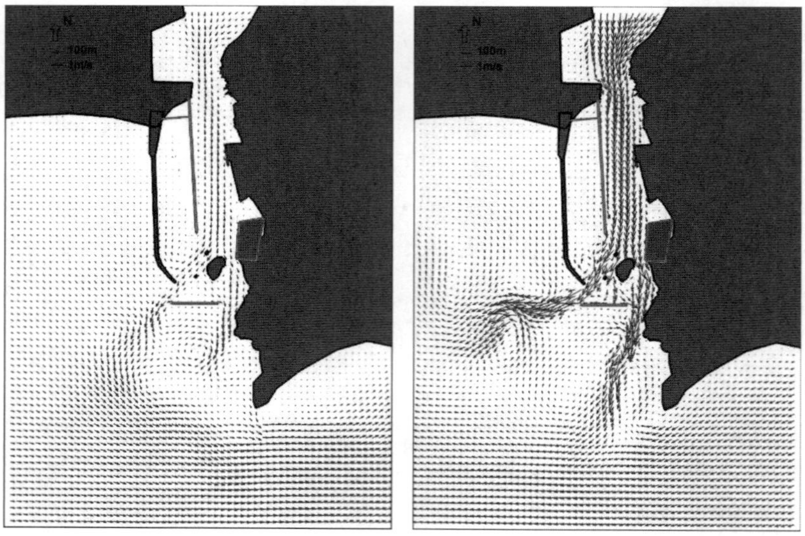

(a)涨急　　(b)落急

图 12　上游泄洪,不同时刻工程区附近流场分布图(导流堤长度 1 200 m)

表 2　上游泄洪,大潮流速取样点特征流速统计

单位:m/s

点位	工况	涨潮		落潮	
		最大流速	平均流速	最大流速	平均流速
1#	现状	0. 13	0. 07	0. 23	0. 10
	导流堤 800 m	0. 13	0. 02	0. 06	0. 01
	导流堤 1 000 m	0. 16	0. 02	0. 12	0. 01
	导流堤 1 200 m	0. 21	0. 02	0. 11	0. 01

续表 2

点位	工况	涨潮		落潮	
		最大流速	平均流速	最大流速	平均流速
2#	现状	0.47	0.21	0.75	0.35
	导流堤 800 m	0.68	0.35	0.78	0.40
	导流堤 1 000 m	0.38	0.25	0.46	0.26
	导流堤 1 200 m	0.14	0.07	0.31	0.11
3#	现状	1.45	0.57	1.64	0.91
	导流堤 800 m	1.32	0.61	1.46	0.85
	导流堤 1 000 m	1.34	0.62	1.43	0.88
	导流堤 1 200 m	1.35	0.62	1.65	0.90
4#	现状	1.36	0.55	1.63	0.96
	导流堤 800 m	1.01	0.52	1.16	0.74
	导流堤 1 000 m	0.99	0.51	1.16	0.71
	导流堤 1 200 m	0.99	0.49	1.18	0.66

5 结 语

通过建立平面二维潮流数学模型,对赤石湾中心渔港不同导流堤长度方案进行了计算分析。研究结果表明,拟建赤石湾中心渔港所在水域位于潮汐通道附近,附近有岛礁,水流条件较为复杂。现状条件下,拟建避风锚地口门附近流速较大,最大流速在 1.0 m/s 左右,避风锚地区域属于浅滩,流速较小,最大流速在 0.30 m/s 以内。

拟建导流堤位于浅滩上,阻水相对较小。在上游不泄洪期间,大潮条件下,导流堤长度在 800~1 200 m 变化时,各工况之间流速变化甚微,变化范围基本在 0.02 m 以内。

当上游泄洪时,导流堤对泄洪期间避风锚地能形成较好的掩护作用。因此,导流堤长度不宜过短,建议可以结合实际地形条件,因地制宜,合理布置。由于拟建导流堤位于沙脊上,可以考虑导流堤末端可建至沙脊尾端,即导流堤长度为 1 000 m 方案。一方面,可以较大范围地起到在泄洪期间对避风锚地的掩护作用;另一方面,可以节省投资。

参考文献

[1] 于龙梅,栾曙光. 我国渔港发展现状及等级划分[J]. 资源开发与市场,2004,20(5).
[2] 刘守国. 福建省诏安县赤石湾中心渔港工程防波堤及导流堤布置[J]. 福建交通科技,2018(4):152-154.
[3] 南京水利科学研究院. 福建赤石湾中心渔港潮流数学模型计算与泥沙回淤分析研究报告[R]. 南京:南京水利科学研究院,2018.

分洪工程双级跌水体形比选试验研究

罗立群[1]　吴朝晖[2]　武彩萍[1]

(1. 黄河水利科学研究院,河南郑州　450003
2. 黄委会水文局天水勘测局,甘肃天水　741020)

【摘　要】 针对新疆乌鲁木齐河分洪工程渠系建筑物跌水数量多,且分为单级、双级跌水,消力池消能情况复杂,对分洪条件有一定要求等特点,采用1∶20比尺建立了正态单体水工模型。通过模型试验,观测和分析了最大分洪流量下多种体形的单级和双级跌水上下游渐变段和消力池内的水位、流态及流速分布,并计算跌水消力池的消能率。限于篇幅,本文仅对双级跌水原方案和修改方案的试验资料分别对比分析,给出跌水体形的消能率和流态及水面线,为工程设计和施工提供技术支撑。

【关键词】 分洪工程;水工模型;双级跌水;流态;流速;消能率

1　多级跌水消能情况概述

为预防洪水灾害、开发水电资源、进一步提高水资源利用率,在大江大河上新建了许多大中型水利枢纽。为分流超标洪水,就需要建设相应配套的分洪工程。如果分洪工程的进出口落差较大时,若不采取适当的消能防冲措施,势必冲刷下游河(渠)道,进而威胁水利枢纽的安全。常用的消能方式主要有底流消能、跌水消能、面流消能和消力戽消能等。对于上下游落差较大的分洪工程来说,消能方式的选择显得尤为重要。韩冬梅等[1]经计算分析对比,得到结论:如果进出口落差较大,多级跌水消能方式可有效节省工程量,降低出口流速,避免下游产生严重冲刷。王久晟等[2]认为对于设计方提供的多级跌水消能体形,在各种工况下消能效果是否最优,须通过水工模型试验来验证并进行局部修改,以达到各工况消能效果最佳。各级跌水消力池尾槛高程的变化不仅影响上一级消能工消能效果,对下一级消能工也有一定的影响。所以,通过水工模型试验,可选定较合适的尾槛高程,使得各级消力池内水跃淹没度控制在合理区间。高徐军等[3]通过模型试验得出结论:连续跌坎进口形式的消力池具有流态稳定、消能率高、出池水流平稳等优点,是解决低弗劳德数泄水建筑物下游消能防冲技术难题的有效方式;同时提出了二级消力池的消能方式,认为在采用二级消力池消能时应特别对一级消力池尾坎高度进行模型试验验证,既要求下泄水流在一级消力池内发生淹没水跃,又不能影响泄流能力。潘辉[4]以某水库为例,通过计算论证了分洪工程采用多级跌水消能方案可以降低水流速度,减少对水工建筑物冲刷、气蚀,使水流平稳流入下游河道,保证行洪安全,同时认为多级跌水消能方案一般较多应用在中小型水利工程中,且需要通过水工模型试验验证其消能效果。王庆等[5]针对山区大多数河沟的底坡较陡,流速较大,极易受到坡面洪水的冲刷影响的情况,结合实例,对设置的多级跌水消能措施的消能效果进行计算,分析了多级跌水在河道消能中起到的重要作用。根据水流落差大小,因地制宜地将跌水做成单级或多级,能明显降低坡面洪水的流速,从而减小河流坡面洪水对底坡及沿线岸坡的冲刷和危害,保护河道岸坡稳定。

本文结合新疆某河分洪工程双级跌水消能水工模型试验的研究成果,参考近几年国内多级跌水消能方式研究新进展,对新疆某河分洪工程双级跌水消能技术的消能原理、不同方案的消能效果对比以及

基金项目:中央级公益性科研院所基本科研业务费专项项目(HKY-JBYW-2020-18)
作者简介:罗立群(1965—),男,正高级工程师,主要从事水力学及河流动力学研究工作。

适用条件等进行论述,可供设计部门设计同类分洪工程的消能方案中参考。

2　工程概况

新疆乌鲁木齐河分洪工程由分洪渠首、分洪渠道及渠系建筑物等组成。渠首布置形式采用拦河闸布置,渠首主河道布置泄洪及挡水建筑物,右岸布置分洪闸。分洪渠首总体布置:从右岸至左岸分别布置 3 孔 7.0 m 净宽分洪闸,1 孔 5.0 m 净宽冲沙闸、4 孔 7.5 m 净宽泄洪闸、320 m 长左岸连接段。

分洪闸下游依次布置分洪渠道、渠系建筑物及末端消力池,分洪工程渠道总长为 34.987 km,渠系建筑物有箱涵(10 座)、跌水(23 座)、消力池(2 座)及排洪防洪建筑物。渠道断面型式为弧形底,底宽为 5 m,半径为 5.078 m,渠深为 4.3~5.4 m,内边坡 $m=1.75$。跌水上下游渠道坡度 $i=0.004$。分洪渠首设计洪水标准重现期 200 年一遇,洪峰流量 $Q=147.2\ m^3/s$;校核洪水标准重现期 1 000 年一遇,洪峰流量 $Q=641.2\ m^3/s$。

分洪渠首运行工况:①分洪口断面流量小于 30 m^3/s 时,不分洪,分洪渠首来多少水下泄多少水;②分洪口断面流量大于 30 m^3/s 时,在保证乌鲁木齐河下游供水的前提下,相机对超出部分进行分洪,最大分洪流量 100 m^3/s。

3　模型试验研究内容

按照设计给出的双级跌水体形,量测设计分洪流量 100 m^3/s 时,双级跌水上下游渐变段之间的水面线、流态和消力池内的水位、流态及流速分布,并通过能量方程计算双级跌水消力池的消能率,据此对体形进行改进和比选,验证双级跌水体形设计的合理性,根据模型试验结果,给出建议体形,提出优化修改意见,为工程规划和设计部门提供技术支撑。

4　模型设计与试验工况

4.1　模型设计

根据试验具体要求及重力相似和阻力相似等水工模型设计准则设计模型[6],模型为正态单体模型,模型各项比尺如表 1 所示。

表 1　模型主要比尺汇总

比尺名称	几何比尺	流量比尺	流速比尺	糙率比尺	时间比尺
数值	20	1 789	4.47	1.65	4.47

模型范围包括闸前河道、分洪闸、渠道、双级跌水和单级跌水、下游渠道,模型总长 40 m。为了满足糙率相似要求,分洪闸和跌水均采用有机玻璃制作,闸前河道采用水泥砂浆粉制,渠道底部弧形部分也采用水泥砂浆粉制,并进行粗化处理以求与原型浆砌卵石糙率相似,渠道两侧边坡采用有机玻璃制作模拟衬砌混凝土板。模型布置如图 1 所示。

图 1　新疆某河分洪工程水工模型布置

4.2 模型试验工况与测试方法

根据模型试验要求,制订了试验方案、观测内容等。模型进口流量用电磁流量计控制,上游水位采用水位测针测量;流速采用 LS-401 型螺旋流速仪测读,水深测量选用钢尺,水流流态、流场等水力学要素观测采用数码相机和摄像机录制。试验设备和量测技术条件均满足《水工(常规)模型试验规程》(SL 155—2012)[7]要求。双级跌水消力池各方案体形尺寸见表 2。

表 2 双级跌水消力池各方案体形尺寸 单位:m

试验工况	跌水宽	跌水深 P_1	一级消力池深 S_1	一级消力池长 L_1	跌水深 P_2	二级消力池深 S_2	二级消力池长 L_2	一级池尾坎顶宽
初始设计体形	10.00	3.60	1.10	30.00	3.60	1.10	30.00	0.50
方案 A 原设计体形	7.00	3.60	1.24	30.00	3.74	1.10	30.00	4.20
方案 A 修改体形	7.00	3.60	1.50	30.00	3.74	1.10	30.00	0.50
方案 B 原设计体形	7.00	5.50	1.50	23.00	5.40	1.10	32.00	4.20
方案 B 修改体形	7.00	5.50	1.50	30.00	5.40	1.10	32.00	4.20

5 原设计模型试验结果

5.1 初始设计体形模型试验结果

双级跌水体形剖面图和跌水消力池内水面线与流速分布见图 2。试验观测到分洪流量 100 m^3/s 时,在一级跌水消力池内为急流,不能形成水跃,一级池内流速在 10.00 m/s 左右,二级池内形成淹没水跃。

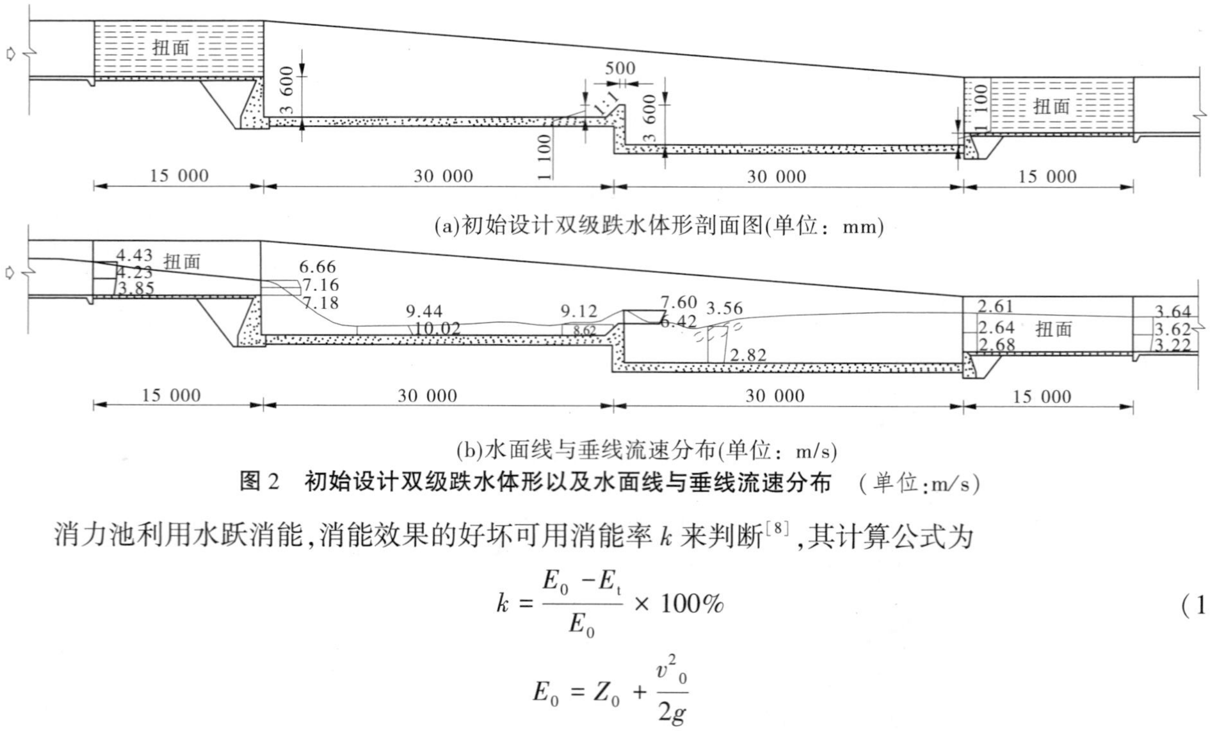

(a)初始设计双级跌水体形剖面图(单位：mm)

(b)水面线与垂线流速分布(单位：m/s)

图 2 初始设计双级跌水体形以及水面线与垂线流速分布 (单位:m/s)

消力池利用水跃消能,消能效果的好坏可用消能率 k 来判断[8],其计算公式为

$$k = \frac{E_0 - E_t}{E_0} \times 100\% \tag{1}$$

$$E_0 = Z_0 + \frac{v^2{}_0}{2g}$$

$$E_t = Z_t + \frac{v^2{}_t}{2g}$$

式中,k 为消能率(%);E_0 为以下游渐变段底板起算的上游总水头,m;E_t 为二级消力池后剩余总水头,m;Z_0、Z_t 为水头,m;v_0、v_t 为断面平均流速,m/s。

根据模型试验数据计算的双级跌水消能率约为 51.80%。水流由渠道经过扭曲渐变段进入跌水池内，在跌坎上游形成降水曲线，渠道内水深 2.84 m，跌坎断面上水深减小至 1.40 m，跌坎断面中心垂线平均流速为 7.00 m/s。一级池内水深在 1.00 m 左右，池内底部最大流速达到 10.02 m/s。一级池尾坎断面水深为 1.20 m 左右，尾坎顶部断面中心垂线平均流速为 7.01 m/s。二级池内水深为 3.20~4.70 m，池内流速明显小于一级池。

5.2　方案 A 原设计体形模型试验结果

双级跌水体形平面图和跌水消力池内水面线与流速分布见图 3。试验观测了设计分洪流量 100 m^3/s 下的流态与流速分布。试验观测到，跌坎断面水深为 2.20 m，跌水入池后向两侧扩散，池内两侧水流向池中间翻滚，一级池内可以形成完整水跃，池内水深为 2.10~4.10 m。二级池内为淹没水跃，池内水深为 3.40~4.70 m，经过试验数据计算分析两级跌水消能率约为 53.3%。

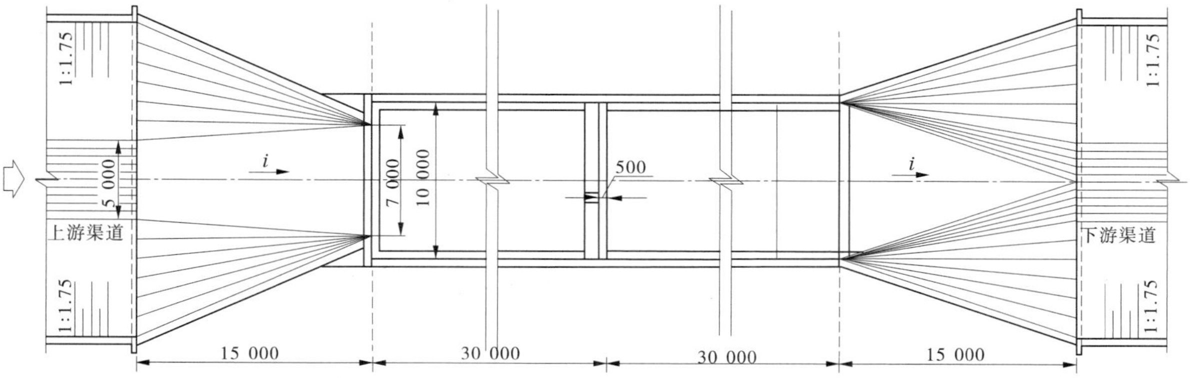

(a)方案A原设计双级跌水体形平面图 (单位:mm)

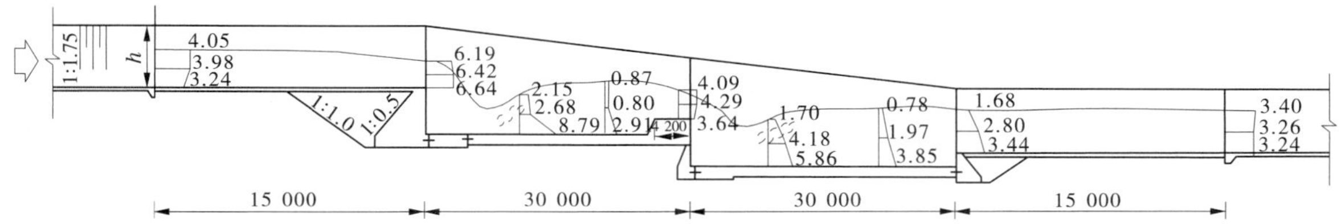

(b)方案A原设计双级跌水水面线与垂线流速分布 (单位:mm)

图 3　方案 A 原设计双级跌水体形、水面线与垂线流速分布

5.3　方案 B 原设计体形模型试验结果

双级跌水体形平面图和设计分洪流量 100 m^3/s 下的水面线与流速分布见图 4。试验结果表明，设计分洪流量下，该体形在一级消力池内不能形成完整水跃，一级池内最大流速达到 12.13 m/s，二级消力池内可形成完整淹没水跃，故综合消能效果还有待提高。所以，不推荐该方案。

6　修改方案模型试验结果

6.1　方案 A 修改体形模型试验结果

根据设计体形 A 原设计试验成果，将一级消力池尾坎体形做了局部调整，尾坎高度增加至 1.50 m，尾坎顶部宽度由 4.20 m 调整为 0.50 m，一级池有效长度增加，其他尺寸未变。

双级跌水体形剖面图和设计分洪流量 100 m^3/s 时的水面线与流速见图 5。试验结果表明，该体形下在一级池内形成水跃为远驱水跃。与双级跌水形式 A 原设计相比，一级池内水深略有减小，应用能量方程，把实测流速和水深数据代入算得该体形下消能率为 53.10%，与原设计体形消能率变化不大。

6.2　方案 B 修改体形模型试验结果

双级跌水形式 B 修改方案将原设计体形的一级池池长由 23.00 m 加长至 30.00 m，其他部位尺寸

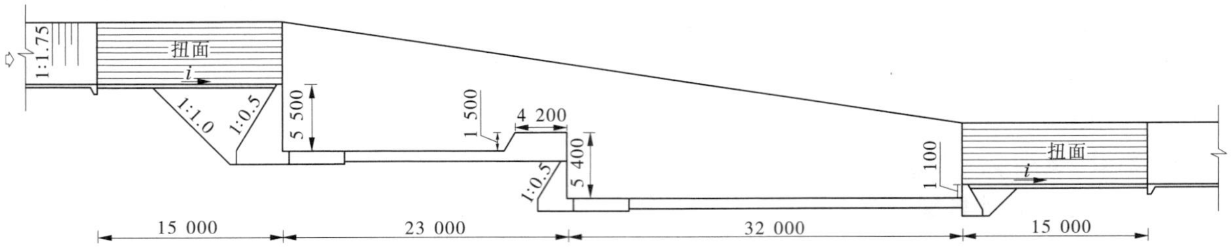

(a)方案B原设计双级跌水体形平面图（单位:mm）

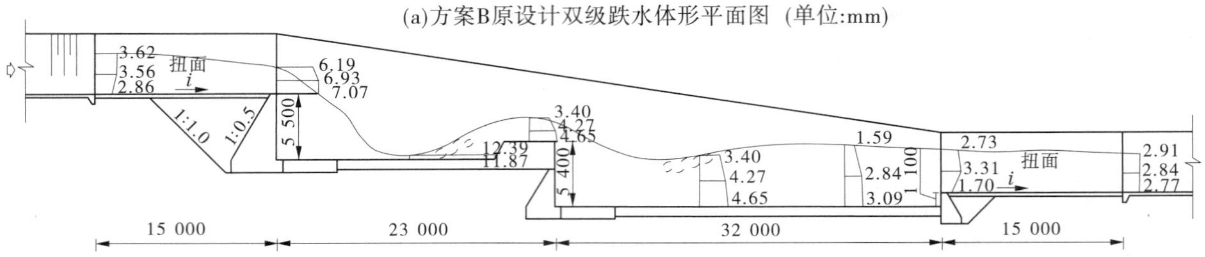

(b)方案B原设计双级跌水水面线与垂线流速分布（单位:m/s）

图 4　方案 B 原设计双级跌水体形、水面线与垂线流速分布

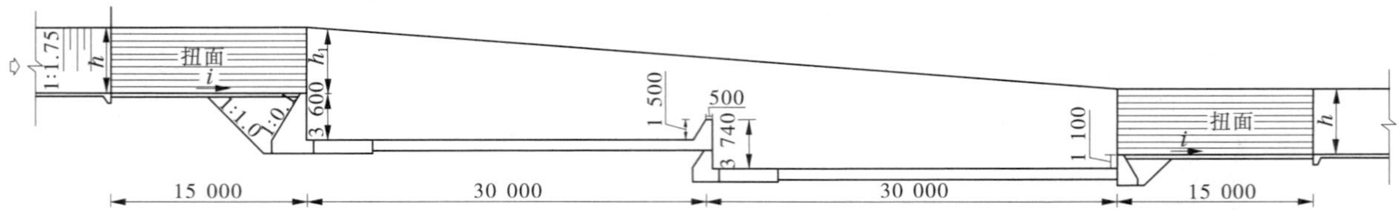

(a)方案A修改体型双级跌水体形剖面图（单位:mm）

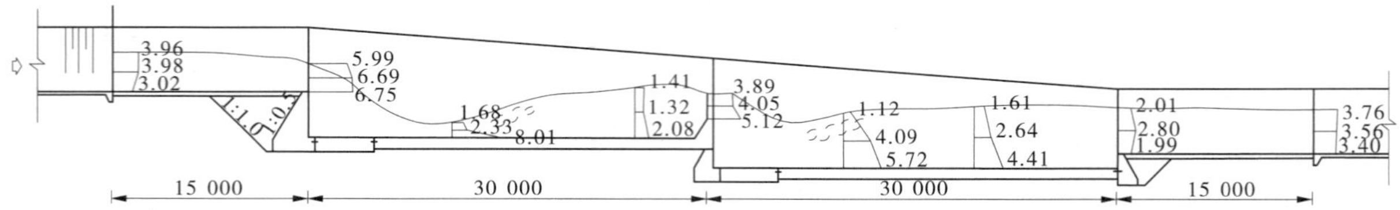

(b)方案A修改体型双级跌水水面线与垂线流速分布（单位:m/s）

图 5　方案 A 修改体形双级跌水体形、水面线与垂线流速分布

不变。剖面图和设计流量 100 m^3/s 时跌水下游消力池内水面线与流速分布见图 6。试验结果表明，将一级池加长后，设计流量一级池内可以形成完整水跃，但水跃淹没度较小。应用能量方程，把实测流速和水深数据代入算得该体形下消能率为 63.80%，试验量测在消力池与下游渠道连接渐变段内水面波动值在 0.08～0.20 m。

所以，根据模型试验数据计算的消能率角度看，双级跌水形式方案 B 比双级跌水形式方案 A 的消能率要高，说明双级跌水形式方案 B 的消能效果较好，推荐设计采用双级跌水形式方案 B 修改体形。

7　结　论

通过新疆乌鲁木齐河分洪工程单体水工模型试验，分别模拟了原设计方案和修改设计方案的双级跌水消力池体形，在设计分洪流量 100 m^3/s 下观测了水面线、流速、流态等水力学要素，通过能量方程，计算了各方案双级跌水消力池的消能率，经过分析，得出以下结论：

（1）原设计双级跌水形式，仅在第二级消力池内形成完整水跃，而一级跌水消力池内形不成水跃，影响消能效果，建议增加一级消力池的池深。

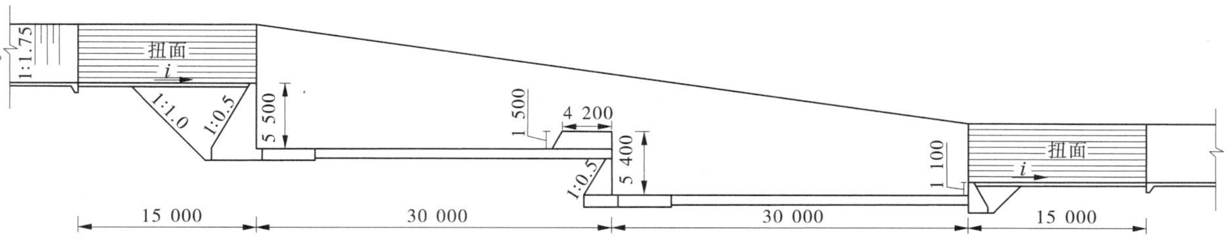

(a)方案B修改体型双级跌水体型剖面图 (单位:mm)

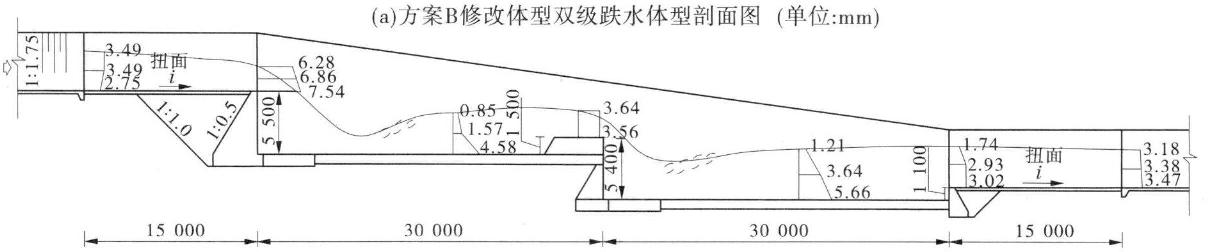

(b)方案B修改体型双级跌水水面线与垂线流速分布 (单位:m/s)

图 6　方案 B 修改体形双级跌水体形剖面图、水面线与垂线流速分布

(2)在双级跌水形式中,第一级消力池的池深是影响双级跌水流态和消能效果的重要因素,双级跌水形式方案 A 修改体形(一级跌坎入水宽度 7.00 m,第一级跌水深度 3.60 m),一级跌水消力池池长 L 在 22~30 m,池深 $S \geqslant 1.24$ m 时,在设计流量下,双级消力池内均可以形成淹没水跃,消能率达到 53.10%。

(3)双级跌水形式方案 B 修改体形(一级跌坎入水宽度 7.00 m,第一级跌水深度 5.50 m),池长 $L=23.00$ m 时,池深 $S \geqslant 2.50$ m,在设计流量下,双级消力池均可形成水跃;或者池深 $S=1.50$ m 时,池长 $L \geqslant 30.00$ m,在设计流量下,双级消力池内均可以形成水跃,双级跌水消能率可以达到 63.80%。所以,根据模型试验数据计算的消能率角度看,双级跌水形式方案 B 修改体形比双级跌水形式方案 A 修改体形的消能率要高,说明双级跌水形式方案 B 修改体形的消能效果较好,推荐设计采用双级跌水形式方案 B 修改体形。

参考文献

[1] 韩冬梅,宗志聪,王学超. 跌水消能在补水闸工程中的应用[J]. 东北水利水电,2016(2):5-11.

[2] 王久晟,程观富. 多级跌水消能的消能工计算与试验研究[J]. 科技论坛,2002(6):29-31.

[3] 高徐军,李权,王瑞科. 多级跌水消能在拦河筑湖工程中的应用[J]. 水利科技与经济,2016,22(6):29-32.

[4] 潘辉. 溢洪道多级跌水消能探析[J]. 水利技术监督,2010(4):27-29.

[5] 王庆,何锦峰. 浅析山区河沟多级跌水消能措施的设计[J]. 安徽农学通报,2016,22(6):154-155.

[6] 中国水利水电科学研究院. 水工模型试验[M]. 北京:水利电力出版社,1985:13-16.

[7] 南京水利科学研究院. 水工(常规)模型试验规程:SL 155—2012[S]. 北京: 中国水利水电出版社,2012.

[8] 吴持恭. 水力学[M]. 4 版. 北京:高等教育出版社,2008.

长距离无压输水隧洞水力特性数值模拟研究

郑佳兴 刘亚坤 佟 新 张 帝 邓杨玉

(大连理工大学,辽宁大连 116024)

【摘 要】 为研究断面频繁变化对长距离无压输水隧洞水流流态的影响,建立了无压输水隧洞的三维水汽两相流模型。以实际工程为例,采用 OpenFOAM 软件对无压输水隧洞进行三维数值模拟研究,运用基于 VOF 法的 k-ω SST 湍流模型模拟了两种方案的无压输水隧洞水气两相流流场,得到隧洞内的水面线、净空率、流速场等信息。结果表明,初始方案存在较多的渐扩段、渐缩段,导致能量损失较大,出现满洞的情况,影响隧洞输水能力和安全运行。经方案优化后,水面线、净空率等水力要素能够满足设计要求,保证了隧洞输水能力和供水安全,研究成果可供类似工程借鉴和参考。

【关键词】 长距离输水隧洞;频繁变化;水力特性;方案优化;数值模拟

1 引 言

输水隧洞在调水工程中被广泛应用,长距离无压输水隧洞断面形式多为圆形断面、马蹄形断面和城门洞形断面,洞身长度甚至达到几十千米,并且沿程断面形式多种多样。长距离无压输水隧洞沿程围岩随机、频繁变化,隧洞支护衬砌结构也相应变化,断面尺寸也随之改变,从而无法避免地产生过水断面渐扩和渐缩的情况。当长距离无压输水隧洞存在过多断面渐扩和渐缩的情况时,水头损失将会大大增加,经过此处的水流形态也非常复杂[1],从而造成水面出现抬高,甚至出现水流满洞或者明满流交替的情况。明满交替水流在长距离输水隧洞中极其不稳定,水流流态杂乱无章,流速与压强剧烈变化,影响输水隧洞的过流能力和净空余幅,破坏建筑结构,危及工程安全[2]。

国内外学者主要针对输水隧洞和泄洪洞进行了数值模拟研究。沙海飞等[3]采用 k-ε 紊流模型,结合 VOF 方法对泄洪洞有压段和明流段水流联立求解得出流场中的水流特性;张建民等[4]采用轴对称 k-ε 紊流模型对突扩突缩式消能工进行数值模拟研究;于跃等[5]结合实际工程建立了两相流耦合 VOF 方法的 k-ε 紊流模型,对长距离无压引水隧洞进行数值模拟;武英豪等[6]利用 FLOW-3D 软件针对高速无压隧洞设置束缩式消能工进行数值模拟。在传统的数值计算中,往往针对断面均一的输水隧洞或者隧洞内的消能工,因此对断面频繁变化的长距离输水隧洞水汽两相流的三维数值模拟研究对于工程的安全运行具有重要的意义。

2 数学模型

2.1 湍流模型

本文采用 k-ω SST(shear stress transport)湍流模型,此湍流模型应用广泛,在很多研究领域内的表现都优于其他湍流模型。k-ω SST 湍流模型能够获得更高的精度,该模型的 k 方程和 ω 方程如下:

k 方程:

$$\frac{\partial(\rho k)}{\partial t}+\frac{\partial(\rho k u_i)}{\partial x_i}=P-\beta^{*}\rho k\omega+\frac{\partial}{\partial x_i}\left[(\mu+\sigma_k\mu_t)\frac{\partial k}{\partial x_i}\right] \tag{1}$$

基金项目:国家自然科学基金项目(52179060,51909024)

ω 方程：

$$\frac{\partial(\rho\omega)}{\partial t}+\frac{\partial(\rho\omega u_i)}{\partial x_i}=\frac{\alpha}{\upsilon_t}P-\beta\rho\omega^2+\frac{\partial}{\partial x_i}\left[(\mu+\sigma_\omega\mu_t)\frac{\partial\omega}{\partial x_i}\right]+2(1-F_1)\frac{\rho\sigma_{\omega2}}{\omega}\frac{\partial k}{\partial x_i}\frac{\partial\omega}{\partial x_i} \tag{2}$$

式中，k、ρ、μ、ω、F_1 分别为湍动能、流体密度、流体的动力黏性系数和湍流比耗散率和混合函数；β^*、σ_k、$\sigma_{\omega2}$、$\sigma_{\omega2}$ 为模型系数，取0.09、0.85、0.5、0.856。

2.2 VOF方法

本文采用VOF方法对自由界面进行捕捉。VOF方法是一种处理复杂自由表面的有效方法。该方法认为在每个单元中，水相和气相的体积分数之和为1。当体积分数 $\alpha=1$ 时，表示该单元全部为水相；当体积分数 $\alpha=0$ 时，表示该单元全部为气相；当体积分数 α 介于0~1时，表示该单元部分为水相，部分为气相，存在交界面。体积分数 α 的控制方程如下：

$$\frac{\partial\alpha}{\partial t}+\boldsymbol{U}\cdot\nabla\alpha=0 \tag{3}$$

式中，α 为计算域中水相所占的体积分数。

2.3 边界条件

进口边界条件分为水相边界条件和气相边界条件，进口水相边界给定平均流速，利用公式 $u=Q/A$ 计算，进口气相边界与大气相通，边界给定压力边界条件，设为大气压的值。支洞边界条件与进口气相边界条件相同，也是与大气相通，设为大气压的值。

3 模型验证结果

3.1 验证结果

本文采用张菊[7]高水头无压隧洞自由水面数值模拟研究作为模型验证实例。该隧洞为无压隧洞，隧洞进口流量为50 m^3/s，图1为验证数值模拟结果与原文试验数据和数值模拟结果对比，可以看出采用断面尺寸为0.3 m的网格进行数值模拟所得出的水深值与原文献的试验数据吻合较好，误差较小，满足精度要求。

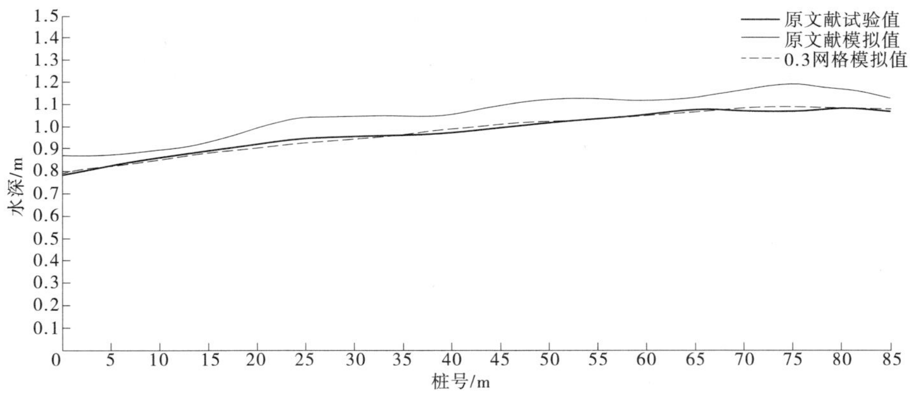

图1 水深模拟值与原文数据对比图

3.2 网格无关性验证

本文针对模型验证实例绘制了三种不同数量的网格，断面网格尺寸分别设置为0.15 m、0.3 m、0.6 m。水面线对比情况如图2所示，可见当网格尺寸为0.3 m和0.15 m时，计算结果较为接近，当网格尺寸为0.6 m时，水深的计算结果偏高，误差较大。考虑到节约计算资源和满足计算精度要求，本文采取的网格断面尺寸为0.3 m。

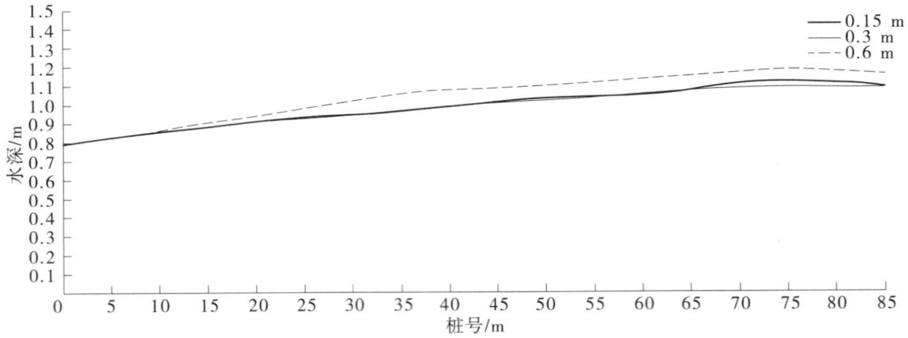

图 2　不同尺寸网格下的水面线

4　数值模拟结果

4.1　初始方案

新疆某输水隧洞典型研究区段共计 12. 788 km,隧洞设计流量 40 m^3/s,隧洞纵坡为 1/2 583,隧洞整体洞身较长,围岩类别变化多样,存在 151 个渐变断面,因此需研究典型洞段在断面尺寸、糙率频繁变化的情况下,对水流流态和过流能力的影响,准确分析隧洞内水面线变化,研究输水隧洞断面频繁变化前后水流流速、净空率及净空余幅的沿程分布规律。

典型研究区段的首断面远离通气支洞,为了获取准确的首断面边界条件,需将首断面向前延伸 2 750 m,该处离通气支洞较近,故可将首断面气相边界设定为大气压。研究区段尾断面向后延长 1 121 m 至均匀流区段作为出口,故实际计算区段共 16 659 m。本文横截面上的网格尺度为 0. 3 m,输水隧洞轴线方向的网格尺度为 5 m。当遇到输水隧洞断面出现渐扩或渐缩的情况时,水流流场内的各物理量沿轴线方向的梯度增大,因此需要对网格进行加密,采用的加密方式是将轴向方向的尺度由 5 m 逐渐过渡到 0. 3 m,网格总量为 2 290 664 个。

当计算时间达到 61 000 s 时,输水隧洞进出口通量相近并保持稳定,如图 3 所示。图 4 为初始方案研究区段模拟得出的沿程水面线图,从水面线图中可以看出,隧洞研究区段存在严重的水流满洞现象,且该现象从隧洞的研究区段的进口处开始出现,一直向后延伸 12 218 m,在隧洞的研究区段的末尾段水面线呈下降趋势,主要是由于隧洞尾断面衔接的支洞等扩大洞室,造成水面线的下降。《水工隧洞设计规范》(SL 279—2002)[8]规定低流速无压隧洞在恒定流的情况下,隧洞内水面线以上净空面积不宜小于断面面积的 15%,高度不小于 0. 4 m。而初始方案的研究区段存在严重的壅水现象,在满洞时显然不满足设计规范,并且严重影响了隧洞的输水能力。

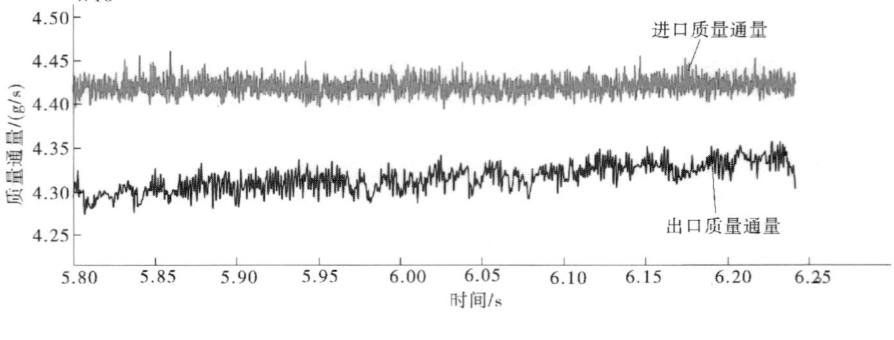

图 3　初始方案进出口质量通量图

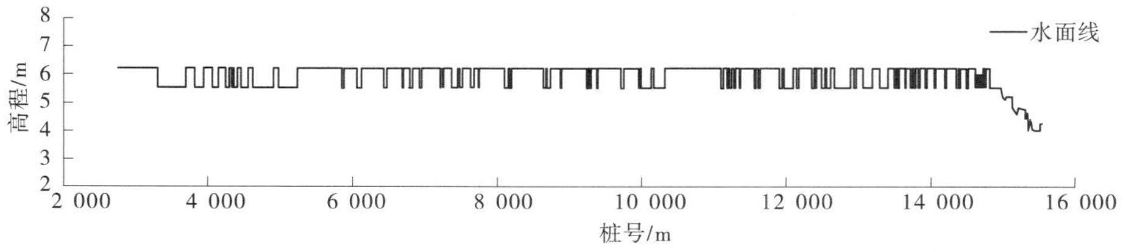

图4　初始方案研究区段水面线

4.2　优化方案

针对初始方案隧洞内水流满洞的情况，主要由以下原因造成：断面的频繁变化经过累加后造成较大的局部水头损失；在初始方案中，隧洞断面变化多达151处，且由断面形式为喷护过渡到断面形式为混凝土衬砌时其底板均会抬高0.2 m，又因为存在很多这样的渐扩渐缩段，造成了隧洞出现局部逆坡的现象，使水流不能获得足够的势能来抵消沿程水头损失和局部水头损失所消耗的能量，最终导致隧洞输水能力的大大降低。为了使输水隧洞研究区段的净空面积、净空余幅等满足设计要求，现对初始方案进行优化设计。优化原则为将较大断面优化为较小断面，减少研究区段内的渐扩渐缩段，减少由于断面变化导致的局部水头损失增加。

4.2.1　水面线

图5为优化方案研究区段的水面线，水深值在3.52~4.48 m，水深均值为4.23 m，整体水深波动范围在0.9 m左右。由图5可知，隧洞的研究区段沿程水深变化频繁，一方面是由于优化方案仍存在渐扩渐缩段，水流经过渐扩渐缩段时会造成能量损失，造成水面波动；另一方面是因为较大断面与较小断面的支护方式不一样，导致壁面粗糙度相差较大，也会影响水深值。

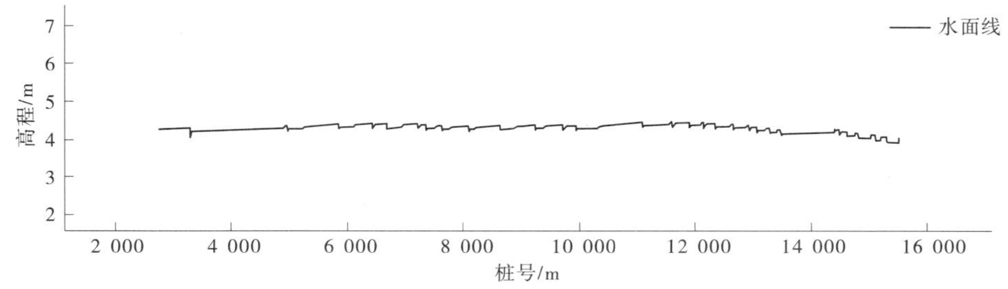

图5　优化方案研究区段水面线

4.2.2　净空余幅

无压输水隧洞的净空率和净空余幅是评价输水隧洞能力的重要指标之一。图6为优化方案研究区段沿程净空率。由图6可知，在初始方案的基础上减少了部分渐扩渐缩段后，优化方案研究区段的沿程净空率均大于15%，最小净空率为19.58%，沿程净空率在19.58%~40.47%之间波动。图7为优化方案研究区段沿程净空余幅，最小净空余幅为1.136 m，沿程净空余幅在1.136~2.213 m之间波动，优化方案研究区段沿程净空余幅均不小于0.4 m。净空率和净空余幅均符合《水工隧洞设计规范》(SL 279—2002)要求。其中，净空率和净空余幅较低的地方主要发生在研究区段洞径较小的位置，主要是由于研究区段断面变化造成能量损失，从而导致水面线升高，又因为洞径较小最终导致这些断面处的净空率和净空余幅要低于研究区段其他位置。

4.2.3　流速

图8为优化方案研究区段沿程流速分布，研究区段水流平均流速在1.41~2.07 m/s，沿程波动起伏较大，主要是由于断面的频繁变化以及渐变段处的底板局部抬高所造成的能量损失，断面变化前后的壁面糙率不同，水流更加紊乱，导致研究区段内的水流流速发生剧烈变化。

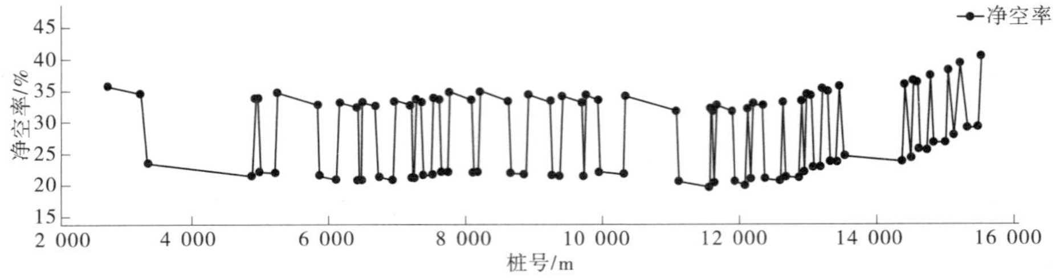

图 6　优化方案研究区段沿程净空率

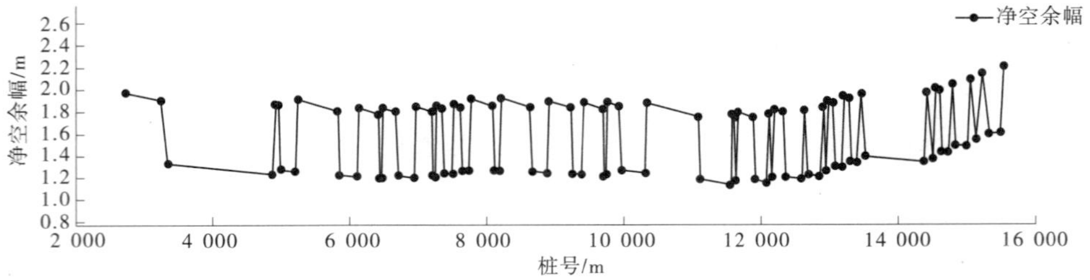

图 7　优化方案研究区段沿程净空余幅

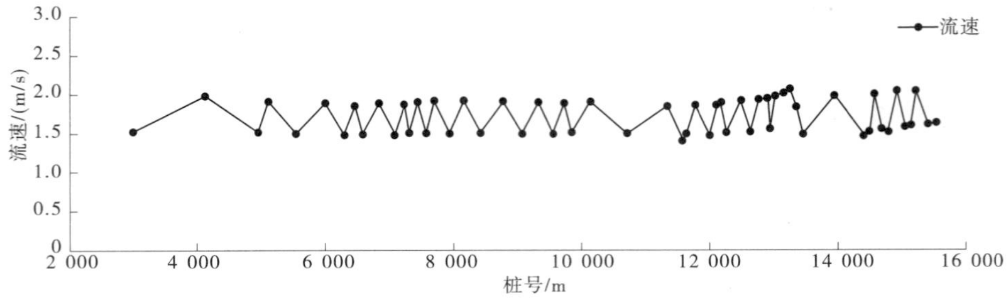

图 8　优化方案研究区段沿程流速分布

4.2.4　水头损失

表 1 为优化方案研究区段的沿程水头损失。由于隧洞洞身较长，存在多个渐扩渐缩段，在渐扩渐缩段较为集中的位置水面线波动较为严重，需选择水流平稳的位置计算能量损失，本文选取桩号为 2 680 m 处作为上游断面，桩号为 15 538 m 处作为下游断面。根据恒定流能量方程和达西-维斯巴赫公式计算沿程水头损失和局部水头损失[9-10]。由表 1 可知，水流经过多个渐扩渐缩段后，沿程水头损失累计达到 5.064 m，根据上下游水深、流速等水力要素和能量方程可以计算出总水头损失为 5.280 m，所以局部水头损失为 0.216 m。长距离无压输水隧洞以沿程水头损失为主，局部水头损失与沿程水头损失相比较小，经过方案优化后，大大降低了局部水头损失，提高了隧洞的输水能力，避免隧洞出现满洞的情况。

表1　优化方案研究区段沿程水头损失

区段	沿程长度/m	沿程水头损失/m	区段	沿程长度/m	沿程水头损失/m
1	2 232	0.564	29	32	0.006
2	68	0.033	30	265	0.170
3	257	0.089	31	193	0.040
4	621	0.295	32	48	0.031
5	274	0.092	33	29	0.009
6	311	0.144	34	172	0.082
7	32	0.010	35	266	0.092
8	221	0.103	36	41	0.019
9	261	0.087	37	232	0.082
10	265	0.123	38	46	0.032
11	40	0.013	39	29	0.006
12	107	0.050	40	102	0.085
13	148	0.050	41	132	0.050
14	119	0.057	42	102	0.061
15	124	0.043	43	112	0.035
16	348	0.168	44	80	0.038
17	94	0.032	45	915	0.344
18	446	0.214	46	83	0.038
19	248	0.085	47	29	0.006
20	354	0.168	48	104	0.090
21	147	0.050	49	139	0.032
22	322	0.152	50	49	0.024
23	29	0.009	51	222	0.090
24	208	0.099	52	81	0.045
25	368	0.126	53	86	0.021
26	780	0.362	54	106	0.098
27	475	0.137	55	197	0.050
28	34	0.014	56	33	0.019

5　结　论

采用OpenFOAM软件对某实际工程无压输水隧洞两种方案的三维水气两相流流场进行了数值模拟研究，得到输水隧洞内的水面线、净空率、净空余幅、流速场等参数信息，研究了断面频繁变化对长距离无压输水隧洞水流流态的影响，得出结论如下：

(1)初始方案断面频繁变化，能量损失较大，造成输水隧洞研究区段内水流满洞，导致隧洞输水能力严重不足,水面线、净空率等水力要素不能满足设计要求。

(2)针对渐扩渐缩段进行优化后,在设计流量下,输水隧洞研究区段内水面线过渡平稳,最小流速为 1.41 m/s,最小净空率为 19.58%,能够保证隧洞的输水能力,满足设计规范。

(3)优化方案的沿程水头损失累计为 5.064 m,局部水头损失为 0.216 m,大大降低了初始方案的局部水头损失,避免了隧洞内水流出现满洞情况,可为类似工程提供参考。

参考文献

[1] 刘亚坤. 水力学[M]. 北京:中国水利水电出版社,2008.

[2] 史晓阳,杨玉锋,赵子杰,等. 基于 VOF 方法的尾水隧洞过渡过程明满流水力特性研究[J]. 水利水电技术(中英文),2021,52(1):78-88.

[3] 沙海飞,吴时强,陈振文. 泄洪洞整体三维紊流数值模拟[J]. 水科学进展,2006(4):507-511.

[4] 张建民,许唯临,刘善均,等. 突扩突缩式内流消能工的数值模拟研究[J]. 水利学报,2004(12):27-33.

[5] 于跃,王晨晨,安娟,等. 基于 VOF 法的长距离无压引水隧洞充水过程模拟[J]. 水利水电技术,2009,40(4):36-40.

[6] 武英豪,王均星. 沿程不连续束缩式内消能工在高流速无压隧洞中的应用[J]. 中国农村水利水电,2021(6):174-180,186.

[7] 张菊. 高水头无压隧洞自由水面数值模拟研究[D]. 乌鲁木齐:新疆农业大学,2006.

[8] 中华人民共和国水利部. 水工隧洞设计规范:SL 279—2016[S]. 北京:中国水利水电出版社,2016.

[9] 张沁. 圆管突然扩大与突然缩小的局部水头损失系数的研究[J]. 科学技术与工程,2014,14(28):159-162.

[10] 崔润,焦景辉. TBM 隧洞衬砌渐变段局部水头损失研究[J]. 水利规划与设计,2018(9):95-98.

[11] Greenshields C J. OpenFOAM user guide. Version 3.0.1[M]. OpenFOAM Foundation Ltd,2015.

某水库设计洪水复核计算

刘巍巍[1,2]　何鲜峰[1,2]

（1. 黄河水利科学研究院，河南郑州　450003；
2. 水利部堤防安全与病害防治工程技术研究中心，河南郑州　450003）

【摘　要】 水库大坝的安全运行关系着人民群众生命财产安全，水库大坝的安全鉴定工作是保证水库大坝建设及后期安全运行的重要措施。防洪能力复核是水库大坝安全鉴定中的重要环节，是水库大坝安全鉴定的重要组成部分。为了解某水库目前的安全性态，采用对临近水文站不同时期洪峰流量观测资料，并考虑特大洪水因素，采用适线法对其设计洪水进行复核计算。设计洪水复核成果可为大坝安全鉴定提供依据，从而为水库的防洪调度和安全运行提供必要可靠的理论支持和技术支撑，也对类似的水库大坝的安全鉴定工作起到一定的借鉴作用。

【关键词】 大坝；设计洪水；复核计算；适线法

水库是具有调节水流和拦洪蓄水的水工建筑物，可起防洪、蓄水灌溉、供水、发电、养殖等作用。科学运用水库可有效地发挥其兴利作用，保障人民群众生命财产财产安全。水库大坝需定期进行安全鉴定，以评价大坝工程的抗洪能力是否满足现行有关规范的要求，大坝安全评价包括工程质量评价、大坝运行管理评价、防洪标准复核、大坝结构安全、稳定评价、渗流安全评价、抗震安全复核、金属结构安全评价和大坝安全综合评价等。其中，防洪标准复核作为水库大坝安全评价的重要组成部分，可为大坝安全鉴定提供重要依据[1-4]。本文依据某水库多年洪水系列的变化，开展了设计洪水复核分析工作。

1　概　况

某水库为大型水利枢纽工程，主坝、副坝、泄洪排沙洞、发电厂房以及室外开关站等建筑物组成。主坝为混凝土重力坝，承担着防洪、防凌、供水、发电、减淤等综合任务，控制流域面积占流域面积的 90%以上，控制全河水量的 80%以上，同时控制流域内两个主要洪水来源区。洪水发生的时间与暴雨出现的时间比较一致，主要集中在 6~10 月。

2　洪水基本资料收集与分析

2.1　洪水基本资料的收集

该枢纽工程初步设计洪水计算采用水文 A 站 1919~1954 年的洪峰流量资料，因 20 世纪 50 年代末水文 A 站被撤销，故 1960 年及以后采用水文 B 站实测的洪峰流量资料。水文 A 站 1919~1959 年的洪峰流量资料见图 1，水文 B 站 1960 年及以后的洪峰流量资料见图 2。

2.2　洪水资料一致性分析

水文 B 站于 1929 年设立，观测至今，具有 1934~1937 年、1949~1955 年、1959 年、1960~2013 年共 66 年断续实测流量资料，其中 1938~1948 年、1956~1958 等 13 年缺测；水位观测资料较长，共有 1929~1930 年、1933~1942 年、1947~2013 年共 79 年断续不完整观测资料，但同样由于河道断面冲淤变化较

基金项目：国家自然科学基金-黄河流域地质地表过程与重大灾害效应（42041006）；国家基金委黄河联合基金-黄河下游堤防险情驱动机制及安全监控与预警理论和方法研究（U2243223）；黄河水利科学研究院基本科研业务费专项项目-基于 LEC 法的堤防险工险段安全风险评估方法研究（HKY-JBYW-2021-10）

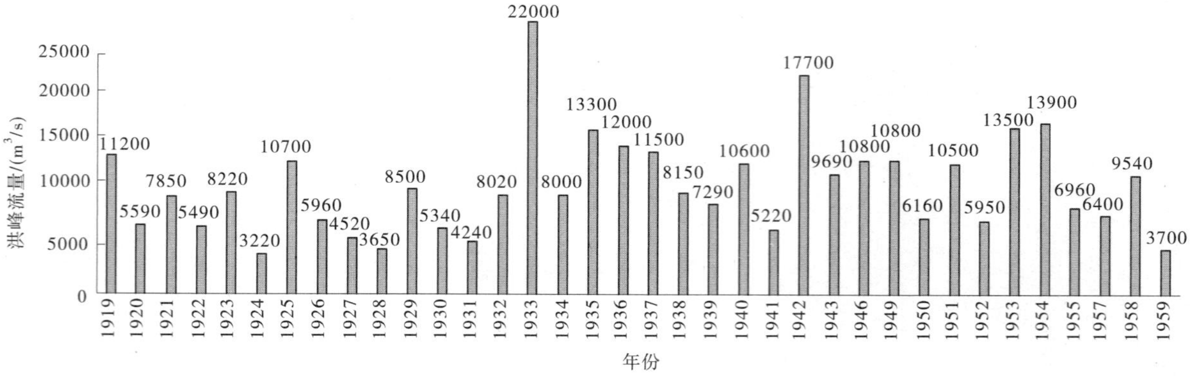

图 1　水文 A 站 1919~1959 年的洪峰流量

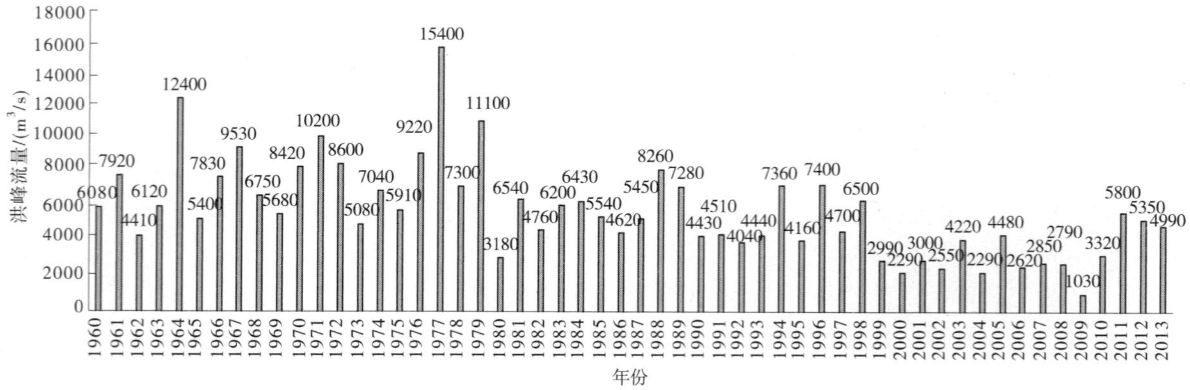

图 2　水文 B 站 1960~2013 年的洪峰流量

大,插补水位-流量关系困难,因而不能由水位转化为流量以弥补实测流量资料之不足。水文 A 站位于水文 B 站下游,其实测资料年限最长,是水文 B 站插补延长最理想的参证站。从水文 B 站至水文 A 站区间流域面积较小,且区间无大支流加入,经进一步分析,1959 年以前水文 B 站与水文 A 站洪峰流量相关,结果表明其点群均比较密集于通过零点的 45°线两旁(见图 3),点群偏离度最大为 3%左右,基本在水文测验资料误差范围以内,两站资料基本可以合并使用。因此,本次设计洪水复核对水文 B 站 1959 年以前洪水资料直接采用水文 A 站实测资料代替,1959 年及以后采用水文 B 站实测资料,设计洪水复核的洪水系列见表 1。

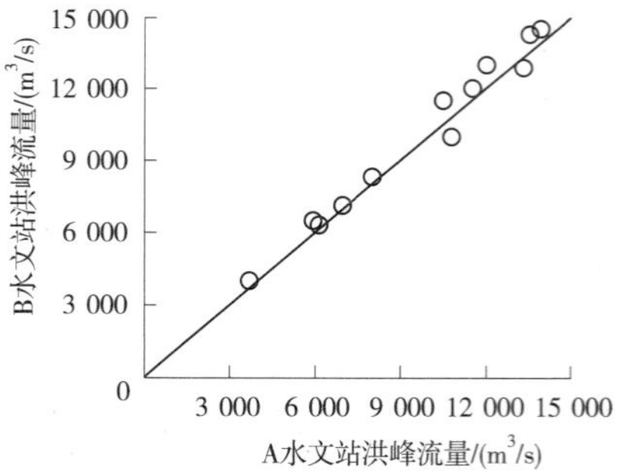

图 3　水文 A 站、B 站洪峰流量相关关系图

表 1　设计洪水复核的洪水系列

项目	洪水系列	洪水系列年数
洪峰流量	1919~1943 年	89 年洪水系列
	1946 年	
	1949~1955 年	
	1957~2013 年	

2.3　历史调查洪水

早在 1952 年,水文 A 站至水文 B 站间河段的历史洪水调查工作就已开始,在该河段调查到 1843 年发生过一次罕见的特大洪水,并发现有多处洪水痕迹。从水文考古及地貌途径进一步考证了该年洪水重现期,确定该年洪峰流量至少是 1 000 年以来的最大值,故确定此次洪水重现期为 1 000 年。

3　洪水频率计算

根据相关水文站实测洪峰洪量系列,结合历史洪水组成的不连续系列,按照相关文献提供的方法计算设计洪水经验频率[5-7],并采用适线法确定理论频率曲线。理论频率曲线线型为 P-Ⅲ型。P-Ⅲ型频率曲线的形状取决于其密度函数中的三个统计参数 Q、C_v、C_s,统计参数根据有关实测数据由矩法计算,并考虑 C_v、C_s 的相关性以简化计算。计算方法及公式如下:

3.1　经验频率公式

经验频率的计算采用文献[5]中推荐的公式计算,统计参数用矩法公式。

3.1.1　连续系列

$$P_m = \frac{m}{n+1} \quad (m = 1,2,\cdots,n) \tag{1}$$

$$\overline{Q} = \frac{1}{n}\sum_{i=1}^{n} Q_i \tag{2}$$

$$C_v = \frac{1}{\overline{Q}}\sqrt{\frac{\sum Q_i^2 - n\overline{Q}^2}{n-1}} \tag{3}$$

$$C_s = \frac{\sum Q_i^3 - 3\overline{Q}\sum Q_i^2 + 2n\overline{Q}^3}{(n-3)\overline{Q}^3 C_v^3} \tag{4}$$

3.1.2　不连续系列

特大洪水

$$P_m = \frac{M}{N+1} \quad (m = 1,2,\cdots,a) \tag{5}$$

实测洪水

$$P_m = \frac{a}{N+1} + \left(1 - \frac{a}{N+1}\right)\frac{m-1}{n-1+1} \quad (m = 1,2,\cdots,n) \tag{6}$$

$$\overline{Q} = \frac{1}{N}\left[\sum_{i=1}^{a} Q_i + \frac{N-a}{n-1}\sum_{i=1+1}^{n} Q_i\right] \tag{7}$$

$$C_v = \frac{1}{Q}\sqrt{\frac{\sum Q_i^2 + \frac{N-a}{n-1}\sum Q_i^2 - N\overline{Q}^2}{N-1}} \tag{8}$$

式中, N 为重现期; n 为实测值个数; a 为特大值项数; L 为从实测值中抽出的特大值项数; M 为特大值排序 1~$(a-L)$；m 为实测值排序 1~n。

3.2 优选参数的数学模型及优选方法

P-Ⅲ型频率曲线的形状取决于其密度函数中的三个参数 Q、C_v、C_s。以上由矩法计算的统计参数，其中 Q 的抽样误差较小，故在适线时直接采用，不做修正。主要通过优选参数 C_v、C_s 来达到配线目的。优选参数的准则采用经验点据与理论频率曲线离差平方和最小，即目标函数为

$$S=f(C_v,C_s)=\sum_{i=1}^{n}(Q_i-\hat{Q}_i)^2=\min \tag{9}$$

式中，S 为离差平方和；n 为水文要素实测值(包括调查)个数；Q 为水文要素实测值；$\hat{Q}$ 为对应于实测值的理论值。

求解此函数的最小值属多元函数寻优问题。多元函数寻优问题求解方法很多，根据此函数特点，这里采用模式搜索法中的单纯形加速法优选 C_v、C_s。经实际应用证明，此法收敛速度较快，并且有足够的精度。

本次复核计算 1843 年大洪水按历史洪水处理，洪水系列延长至 2013 年，计算成果见表 2，洪峰频率曲线见图 4。表 3 是本次复核计算成果与该水库现采用的防洪标准对比表。从表 3 可以看出：本次洪峰流量计算均值比该水库现采用的洪水成果小，设计值(0.01%~1.0%)也比现采用洪水成果小。减小的原因：一是对历史洪水重现期的修正；二是增加资料系列多属于中小洪水，从而使均值、设计值变小。

表 2 复核设计洪水成果

项目	系列			统计参数			频率 P/%		
	N	n	a	均值	C_v	C_s/C_v	0.01	0.1	1
洪峰流量/(m^3/s)	1 000	89	1	7 098	0.53	4.0	38 981	29 914	20 888

表 3 洪水频率计算成果对照

项目	系列			均值	频率 P/%			备注
	N	n	a		0.01	0.1	1.0	
洪峰流量/(m^3/s)	210	47	1	8 880	52 300	40 000	27 500	现采用的防洪标准
	1 000	89	1	7 098	38 981	29 914	20 888	本次复核成果

4 结 语

为了解某水库目前的安全性态，采用对临近水文站不同时期洪峰流量观测资料，并考虑特大洪水因素，对其设计洪水进行复核计算。对比了复核计算成果与现采用的防洪标准差异，并分析了产生差异的原因。计算成果能够为大坝安全鉴定提供依据，也为水库的防洪调度和安全运行提供必要的理论支持和技术支撑，对类似的水库大坝的安全鉴定工作起到一定的借鉴作用。

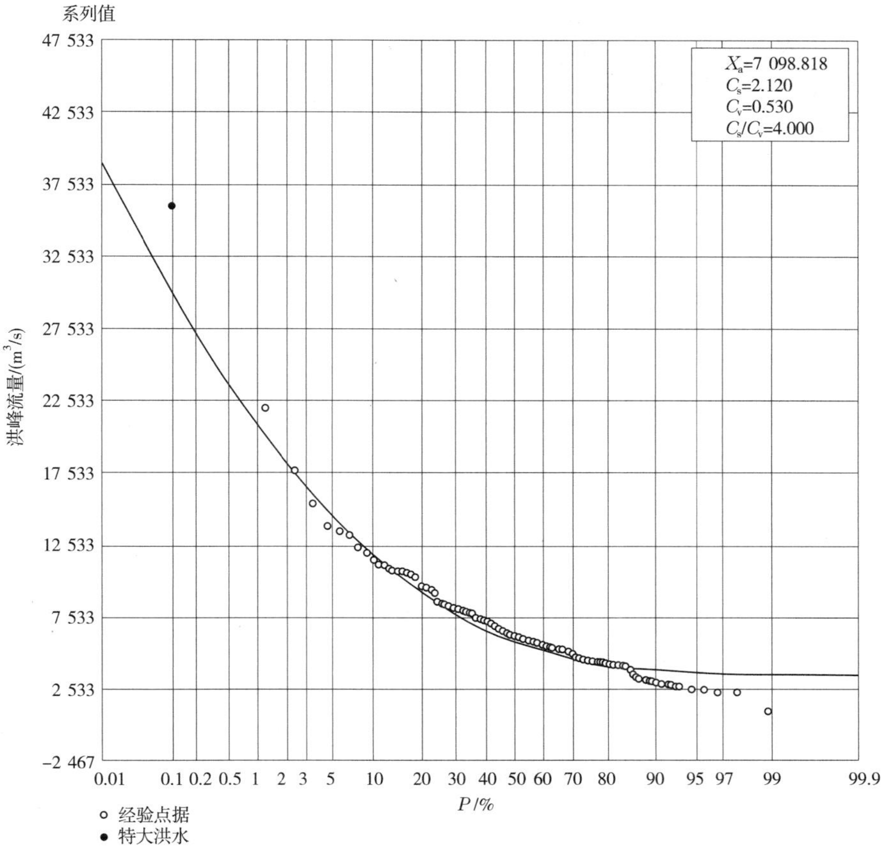

图 4　洪峰流量频率曲线(P-Ⅲ型)

参考文献

[1] 夏明海. 某水库大坝安全鉴定防洪能力复核分析[J]. 四川建筑, 2021, 41(6): 264-265.

[2] 屠水云, 殷诗茜, 曾营. 云南东风水库设计洪水复核分析[J]. 海河水利, 2021(5):39-41.

[3] 赵俊卿. 普兰店区红旗水库设计洪水复核[J]. 水利建设与管理,2019, 39(5):26-29.

[4] 中华人民共和国水利部. 水库大坝安全评价导则:SL 258—2017[S]. 北京:中国水利水电出版社, 2017.

[5] 中华人民共和国水利部. 水利水电工程设计洪水计算规范:SL 44—2006[S]. 北京:中国水利水电出版社, 2006.

[6] 熊继斌,刘莎莎,任高珊,等 . 六六溪水库除险加固工程设计洪水复核计算[J]. 小水电,2018(6):32-34.

[7] 叶镇国, 彭文波. 水力学与桥涵水文[M]. 北京:人民交通出版社, 1998.

竖井旋流式溢洪道壁面压力分布特性及消能机理研究

张金明[1] 杨双超[2]

(1. 珠江水利委员会珠江水利科学研究院,广东广州 510611;
2. 中水珠江规划勘测设计有限公司,广东广州 510611)

【摘 要】 基于某工程竖井旋流式溢洪道水工模型试验,对旋流竖井的壁面压力分布特征及其消能机理开展研究,研究表明,旋流竖井壁面压力最大值出现在水流顶冲的涡室气旋点和消力井底板位置,涡室段、涡井段壁面的时均压力值随高程降低逐渐减小,脉动压力值逐渐增加,至消力井达到极值,且压力最大值均位于主流区内。从旋流竖井沿程消能分布来看,竖井壁面主要起衔接上下游水流的作用,大部分能量通过消力井内水气混掺、翻滚消杀,消能率达 93.9%。

【关键词】 竖井旋流式溢洪道;消力井;脉动压力;消能

1 引 言

与传统的底流与挑流消能相比,竖井旋流式溢洪道不仅能够起到泄洪消能和保护泄水建筑物的目的,而且具有消能率高、雾化小等优点。近年来相关学者通过模型试验和数值模拟,对竖井旋流式溢洪道的进出口布置、消能机制、涡井壁面压力分布等开展研究,提高了竖井旋流式溢洪道的设计水平,对推动了该消能设施的广泛应用起到了积极作用。

高志芹[1]从水力计算、模型试验、数值模拟、结构设计等方面,论述了云南省甲岩水电站旋流竖井消能方式的相关研究成果,该工程已安全运行数年。张文传[2]等通过模型试验及数值计算对旋流式溢洪道壁面消能及空化特性开展研究,提出一种无通气孔的新型竖井旋流式溢洪道。王超等[3]利用水工模型试验优化了竖井布置,创造性地提出进口平面转弯段布设弯道消力井及加高溢流堰并在消力井下游设置多级跌水的结构。吕鸣聪等[4]通过模型试验与理论分析的技术手段,研究了不同深度下底部消能区侧壁及底部的压力特性,并针对环状水跃位置不易确定的问题,提出一种新的思路确定底板的冲击压力,给出了底板最大冲击压力的计算公式。本文基于云南某工程竖井旋流式溢洪道水工模型试验,对竖井旋流式溢洪道的壁面压力分布特征及消能机制进行研究,为相关工程设计提供借鉴。

2 工程布置

云南省某工程竖井旋流式溢洪道由进水渠段、引水洞(明流偏心隧洞)、涡室、涡井、退水洞段等组成,全长 312.90 m。进水渠采用开敞式无底坎宽顶堰形式,底板高程 2 142.5 m,轴线长度 35 m,底坡为 11.11%。引水洞采用城门洞形,断面为 3.0 m×4.5 m(宽×高),洞线全长 20.06 m,底坡为 11.11%。引水洞末端与涡室相切,涡室直径 $D_w=4$ m,涡室高度 $H=6.5$ m,顶部采用直径 4 m 的半球体结构,设 1 条直径 0.64 m 的圆形洞通风洞进行补气。涡井直径 $D=3.2$ m,底部设消力井,消力井深 3.87 m,直径 3.2 m。退水洞采用城门洞形,断面为 3.5 m×4.5 m(宽×高),底坡为 4.99%,洞线全长 237.84 m。涡井底部与退水洞连接,水流经退水洞后以明流方式汇入明渠。工程布置见图 1。

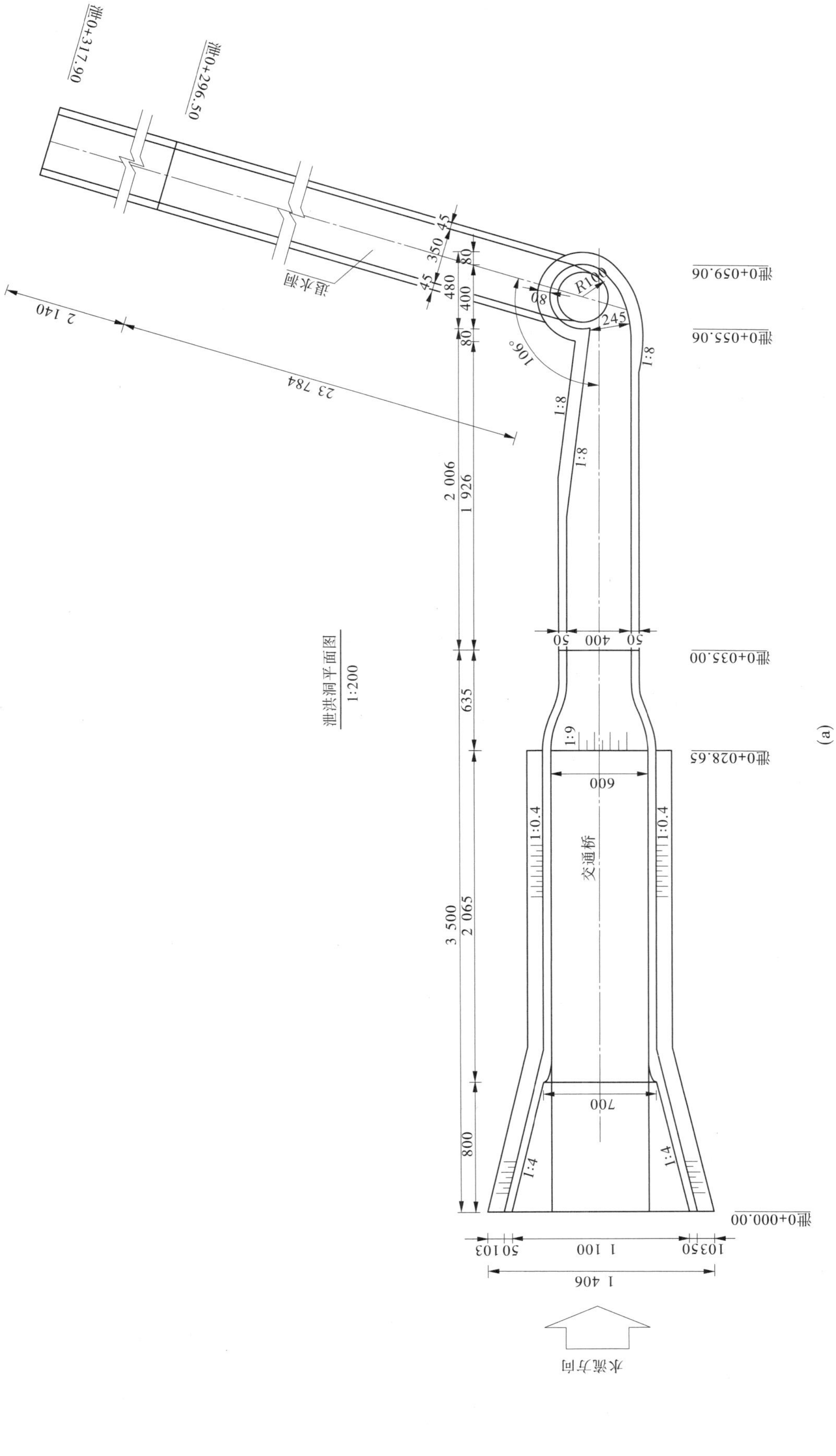

图 1 竖井旋流式溢洪道平面、剖面布置图 （尺寸单位:mm;高程单位:m）

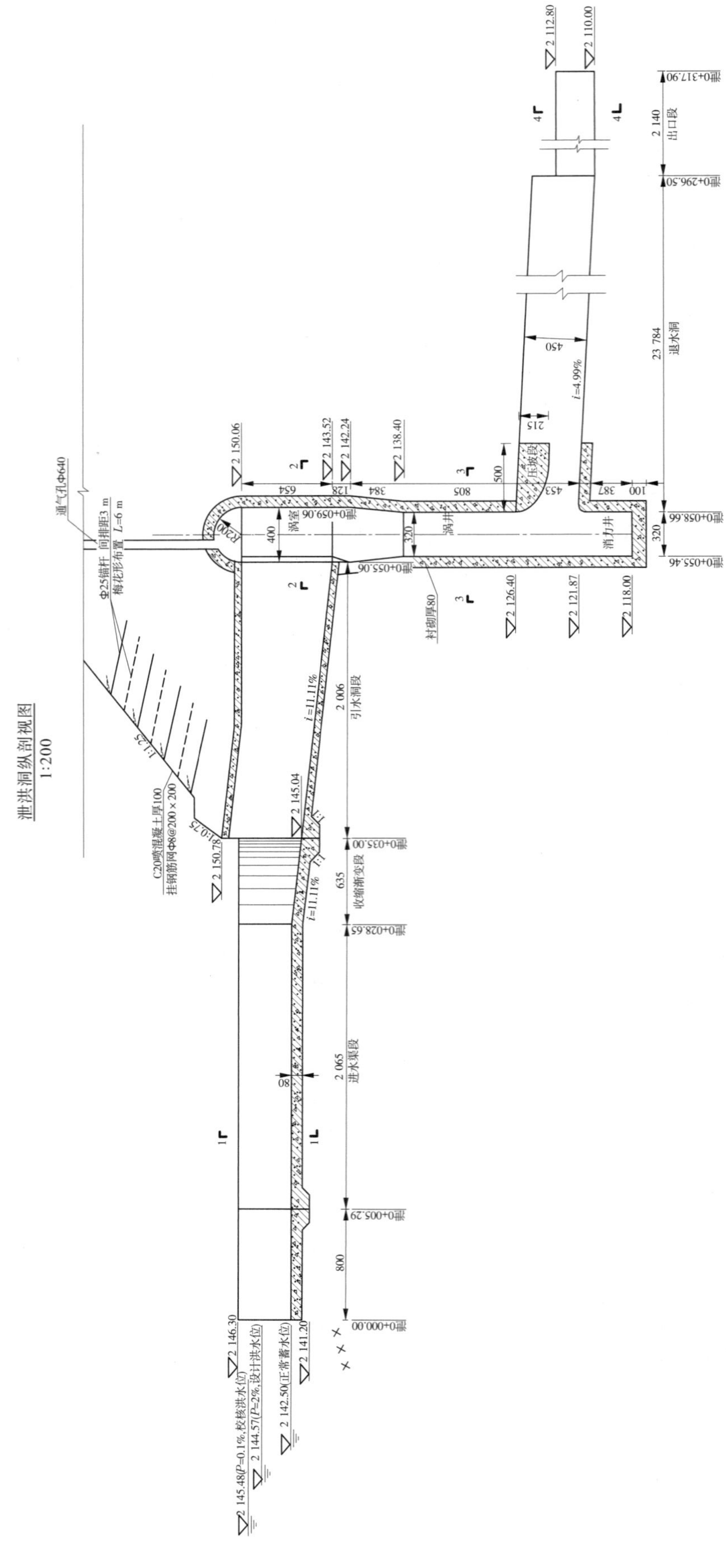
泄洪洞纵剖视图
1:200
通气孔Φ640
Φ25锚杆 间排距3 m
梅花形布置 L=6 m
C20喷混凝土厚100
挂钢筋网Φ8@200×200
衬砌厚80
涡室
涡井
消力井
压坡段
进水渠段
收缩渐变段
引水洞段
退水洞
出口段
i=11.11%
i=4.99%
∇2 145.48(P=0.1%,校核洪水位)
∇2 144.57(P=2%,设计洪水位)
∇2 142.50(正常蓄水位)
∇2 146.30
∇2 141.20
∇2 150.78
∇2 145.04
∇2 150.06
∇2 143.52
∇2 142.24
∇2 138.40
∇2 126.40
∇2 121.87
∇2 118.00
∇2 112.80
∇2 110.00
泄0+000.00
泄0+005.29
泄0+028.65
泄0+035.00
泄0+055.06
泄0+059.06
泄0+055.46
泄0+058.66
泄0+296.50
泄0+317.90
800
2 065
635
2 006
23 784
2 140
R200

(b)

续图 1

3　研究成果分析

3.1　模型设计

模型按重力相似准则设计[5]，根据工程结构尺寸及试验测量精度，取模型几何比尺为1:16。

采用设计洪水开展竖井旋流式溢洪道沿程壁面压力分布特性及消能效果研究及分析，试验工况参数见表1，压力测点布置见图2。

表1　模型试验工况

序号	频率/%	水库水位/m	下泄流量/(m^3/s)	运行工况
1	2	2 144.57	27.6	设计洪水位

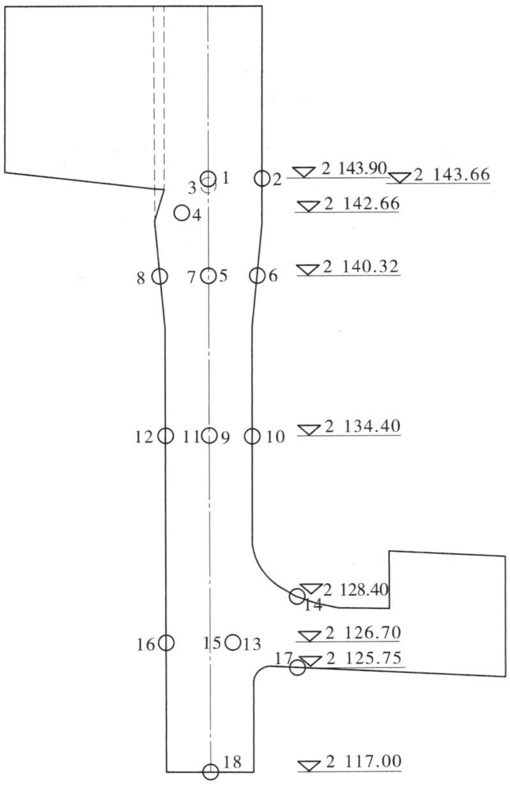

图2　涡井与消力井压力测点布置图(3、7、11、15测点位于背面侧)

3.2　竖井流态

上游来流在椭圆边壁的引导下，在涡室内形成稳定的贴壁起旋水流，起旋段边壁水面上扬；连接段及涡井内贴壁旋流较稳定，旋流下移过程中，重力作用加强，竖向分流明显；涡室及涡井段中部有明显的进气通道，保证了消力井内掺气水流的气体补充；消力井内贴壁旋流与井底部水垫水流发生剧烈碰撞、掺气，形成白色的掺气层，经充分消能后，通过退水渠泄向下游。涡井底部水垫层在涡井旋流带动下，呈逆时针流动，水垫层底部保持2.0 m以上的无掺气区，表明消力井设计深度满足消能要求。竖井旋流式溢洪道泄流流态见图3。

3.3　竖井压力特征

竖井壁面沿程压力分布与竖井结构及主流分布相关，即在同一横断面上主流区壁面时均压力值和脉动压力值相对较大，其他位置相对较小。各段压力分布特性如下：

涡室起旋段壁面压力值最大值位于起旋点处，起旋后壁面压力逐渐减小，壁面压力均方根为0.34~0.50，壁面水流的脉动强度较小，水流结构较为完整。

图 3　竖井旋流式溢洪道泄流流态($Q_{2\%}=27.6\ m^3/s$)

受过流尺寸改变及流速增加的作用,连接段后壁面时均压力减小不明显,壁面压力均方根为 0.32~0.62,主流沿程掺气量增加使得紊动强度逐渐增强,水流结构仍相对完整。

涡井段的旋流竖向作用逐渐增强,横向作用逐渐减小,壁面时均压力最大值仅为涡室起旋段的 1/4;随着水流掺气量增加,脉动压力逐渐增大,壁面压力均方根为起旋段的 3~5 倍,主流结构逐渐破碎。

消力井段时均压力值介于 6.72~29.8 kPa,最大值约为竖井段的 5 倍;压力均方根为 10.9~13.9,为竖井段的 6~10 倍,消力井段水气混掺充分,水流紊动强度大,竖井消能也主要集中在消力井段内。消力井底部压力值达到最大,而脉动强度与消力井边壁相差不多,该区域需要设计人员重点关注。

退水渠进口压坡段顶部,水流与避免间歇性脱离,出现数值较小的负压区。壁面测点压力特征值见表 2,压力特征对比见图 4、图 5。

表 2　各测点压力特征值($Q_{2\%}=27.6\ m^3/s$)

测点号	P_{max}(kPa)	P_{min}(kPa)	$\overline{P}$(kPa)	σ	F(Hz)	位置
1#	25.60	21.10	23.90	0.50	4.40	涡室段
2#	13.60	10.60	12.20	0.35	3.76	
3#	8.33	5.64	7.02	0.34	4.11	
4#	1.40	−2.02	−0.61	0.34	4.49	
5#	9.87	4.57	6.40	0.58	4.43	过渡段
6#	8.61	6.01	7.21	0.32	4.38	
7#	14.60	10.70	12.70	0.49	4.62	
8#	15.40	8.38	11.10	0.62	4.51	

续表 2

测点号	P_{max}(kPa)	P_{min}(kPa)	$\overline{P}$(kPa)	σ	F(Hz)	位置
9#	7.62	3.30	5.49	0.58	5.26	涡井段
10#	10.90	1.44	6.23	1.15	4.75	
11#	11.70	1.10	4.80	1.85	5.38	
12#	2.68	-0.02	1.25	0.37	4.88	
13#	80.90	-21.10	20.60	13.90	3.44	退水渠进口段
14#	57.50	-12.50	-2.10	3.64	2.30	
15#	97.70	-8.38	29.80	12.90	3.57	
16#	76.80	-18.40	6.72	10.90	3.29	涡井段
17#	69.80	-27.20	23.50	12.00	4.09	出口段
18#	144.00	31.10	80.40	13.20	4.75	消力井底

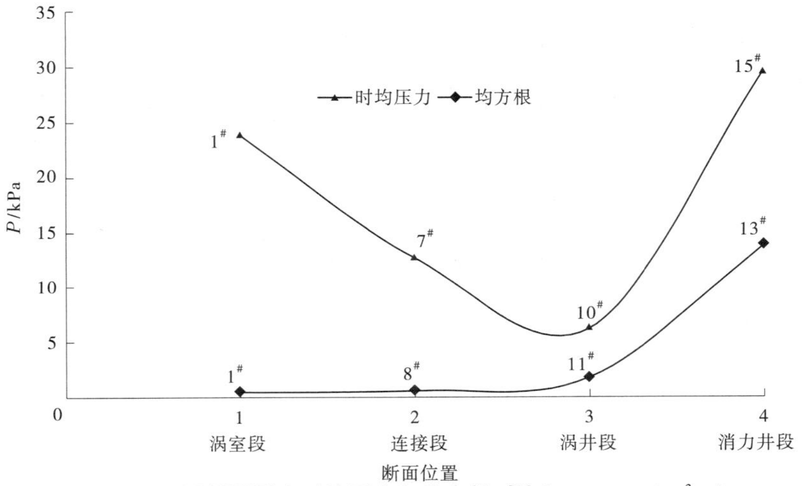

图 4　不同断面最大时均压力和均方根对比($Q_{2\%}=27.6\ m^3/s$)

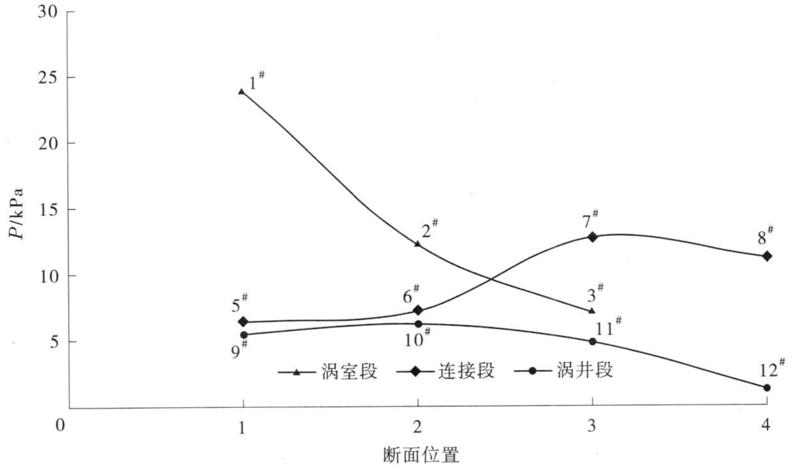

图 5　典型横断面时均压力对比($Q_{2\%}=27.6\ m^3/s$)

3.4　竖井消能率

各横断面壁面压力分布特征表明，竖井旋流式溢洪道消能主战区位于消力井内，壁面仅起到上下游水流的衔接作用,选取竖井进出口断面,利用能量连续方程,计算得设计洪水竖井旋流式溢洪道消能率约为93.9%,竖井旋流式溢洪道的消能效果较好。

4 结 论

本文基于水工模型试验对云南某工程竖井旋流式溢洪道壁面压力分布特性开展研究,研究表明,竖井涡室段、过渡段及涡井段壁面时均压力沿程减小,脉动压力逐渐增大,主流结构相对完整;消力井段水流剧烈碰撞、掺气,壁面及井底时均压力与脉动压力均较大,其均方根均在起旋点的20倍以上。综上说明,竖井旋流式溢洪道消能主战区位于消力井内,壁面仅起到衔接上下游水流的作用,试验计算的设计洪水消能率约为93.9%,竖井旋流式溢洪道的消能效果较好,值得在宣泄小流量洪水的工程中推广应用。

参考文献

[1] 高志芹.甲岩水电站竖井旋流泄洪洞设计研究[J].云南水力发电,2019(87):87-89.
[2] 张文传,王均星,董宗师,等.竖井旋流式溢洪道消能及空化特性[J].中南大学学报(自然科学版),2018(12):3011-3019.
[3] 王超,陈立秋,陈俊杰.竖井旋流内消能技术在双沟水电站的应用[J].东北水利水电,2015(8):1-4.
[4] 吕鸣聪,朱利,陈瑞华,等.旋流式竖井底部消能区压力特性研究[J].人民黄河,2015(5):99-102.
[5] 水工模型试验.南京水利科学研究院,1985年12月.

连续急弯河段清水冲刷床沙分选特征试验研究

孙　一　伊晓燕　马　静　顾志刚

（黄河水利科学研究院，河南郑州　450003）

【摘　要】 连续急弯在天然河道中广泛存在，研究其水沙运动规律，对急弯河段河道整治及灾害防治具有重要的指导意义。本文基于S形弯道概化水槽清水冲刷试验，在获得了详细的床面地形以及床沙粒径资料的基础上，对床沙分选特征进行了分析研究。结果表明，床沙分选系数与河床地形、切应力及水流强度均存在一定相关性。具体表现为，地形变化突变的位置基本位于分选系数变化较小的区域；在下游弯道出弯之前，分选系数总体呈下降趋势，切应力总体呈增大趋势，并且在弯顶和出弯处，分选系数和切应力都存在相对应的极小值；弯道前半段希尔兹数随着分选系数的减小，先增大后减小，后半段则为逆时针绳套形状，凹岸处希尔兹数基本为一定值。

【关键词】 连续急弯；清水冲刷；床沙分选；河床地形

1　引　言

天然河道存在大量的连续急弯。由于急弯对水流的强约束性，其泥沙运动及河床冲淤具有独特性。研究连续急弯河段水沙运动规律，对急弯河段河道整治及灾害防治具有重要的指导意义。受二次流的影响，连续弯道纵向流速在横向方向发生重分布[1]，弯道复杂的水沙特性与床面形态之间的反馈作用也更为显著[2]。受弯道环流与纵向流速分布的影响，加之急弯河床地形的约束，直接影响了泥沙的起动[3-5]。不同断面的输沙强度、床面切应力各不相同，导致了泥沙在沿程上的沉积和淘刷并发生横向分选，从而在控制床面形态上扮演了重要角色。有学者通过对天然河流的床面特征及泥沙分选进行观测[6]，发现中弯和急弯（$r_c/B \leq 7$）r_c 为弯道段的曲率半径，B 为河段的泥沙分选较微弯（$r_c/B>7$）河段更为明显[7]。白玉川等[8]研究了弯道环流运动引起弯道泥沙的横向输移并指出床面形态的变化也使水流结构发生改变。孙一等[9-10]认为含沙量降低了环流强度，弯道凸岸细化最为突出，凹岸粗化沿程递增。Abad 等[11-12]研究了不同弯曲类型的床面形态、最大冲刷坑位置及输沙率之间的差异。邓春艳等[13]认为二次流对水沙输移的影响效果在急弯河段十分突出。贺莉等[14]研究了正弦派生曲线弯道的推移质运动，认为弯道内存在两个冲刷区，分别位于凸岸边滩上游及凹岸，并认为凸岸泥沙以同岸输移为主，凹岸泥沙则以异岸输移为主。谢思泉等[15]研究了清水冲刷状态下的连续急弯河道冲淤调整规律。

床沙分选是反映河道不同区域泥沙运动的因素之一，同时它也能从某种意义上反映河道的水流结构。因此，分选系数作为描述泥沙级配分散度的一个参数，具有实际应用价值。本文基于概化连续急弯水槽清水冲刷试验，探讨连续急弯河段的泥沙分选特性。

2　试验设置

连续急弯概化水槽由2个180°弯道和3段顺直段组合而成，如图1所示。水槽横断面为矩形，宽

基金项目：国家自然科学基金青年科学基金项目（51809107）；中央级公益性科研院所基本科研业务费专项（HKY-JBYW-2020-10）；国家重点研发计划资助项目（2018YFC0407801）

作者简介：孙一（1983—），男，河南新乡，博士，高级工程师，主要从事流域泥沙及河流管理研究。

0. 8 m；弯道段的内圆半径为 1 m，外圆半径为 1. 8 m，弯道段的曲率半径 $r_c = 1.4$ m；上游进口顺直段长 8 m，过渡顺直段长 5 m，下游出口顺直段长 8 m，坡度为 0. 005。水槽总长度为 29. 8 m，其中试验段总长度为 23. 8 m。在试验段预铺 30 cm 厚的天然沙，$d_{50} = 0.7$ mm，级配见表 1。冲刷试验流量为 $Q = 0.0425$ m^3/s，至冲刷稳定后，将水排干，并使用 Nikon DTM 全站仪测量床面地形。顺直段每隔 0. 5 m 测量一个横断面，横断面上每 2 cm 测量一个点；弯道段内每隔 7. 5°测量一个横断面；在地形变化较为突出的地方适当加密。表层粒径采用拍照的方法进行测量：将标尺平行于断面放置并从正上方垂直拍照，之后根据照片上泥沙颗粒的分布，沿断面依次读出表层粒径的值。每个横断面上，每 0. 1 m 取样一份长 0. 1 m、宽 0. 1 m、厚 0. 05 m 的表层床沙进行级配测量。

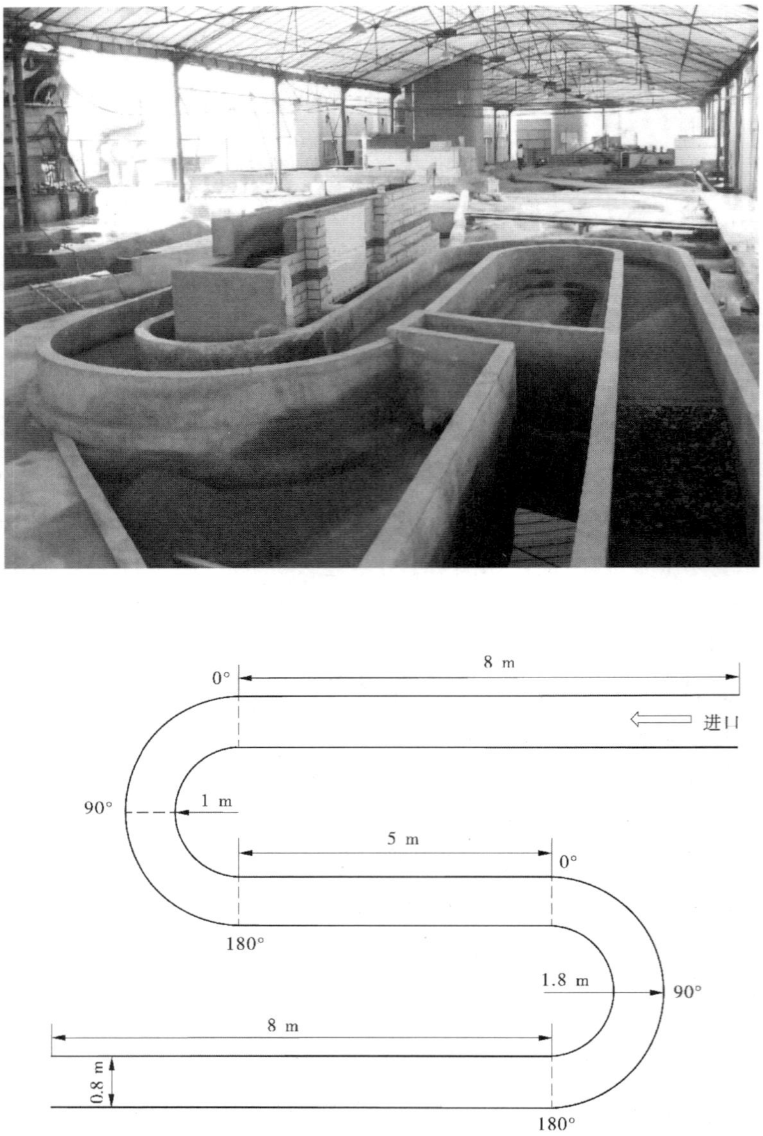

图 1　S 形弯道水槽

表 1　初始床沙级配

粒径/mm	0. 5	0. 7	2. 0	3. 0	4. 0	7. 0	10. 0
累计百分比/%	12. 0	50. 0	75. 6	79. 1	89. 9	96. 9	100. 0

3　试验结果与分析

3.1　冲刷地形

图 2 为清水冲刷稳定后的地形(采用 Tecplot 软件处理),整个试验段总冲刷沙量 1.143 m^3,平均冲深 0.06 m。淤积位置主要集中在两个弯道凸岸一侧,冲刷剧烈的位置主要集中在两个弯道凹岸一侧。上游弯道的淤积程度较下游弯道大,上游弯道的冲刷程度较下游弯道小。冲淤最剧烈的横断面分别为上游弯道 82.5°断面、105°断面、180°断面和下游弯道 82.5°断面、97.5°断面、180°断面。

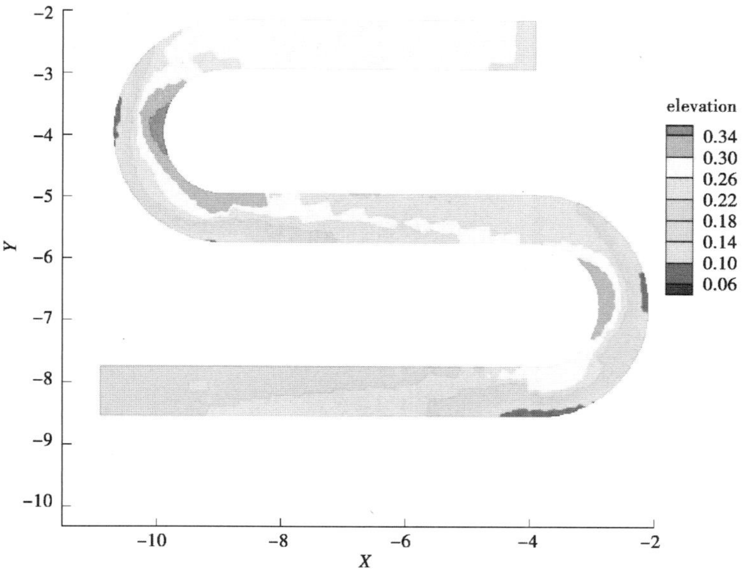

图 2　清水冲刷稳定后的地形　(单位:m)

3.2　床沙分选特征

典型横断面的表层粒径分布如图 3 所示。r/r_c 越小,表示越靠近凸岸;r/r_c 越大,表示越靠近凹岸。由图 3 可知,越靠近凸岸,表层泥沙粒径越细;越靠近凹岸,表层泥沙粒径越粗。在上游弯道内,当 r/r_c 为 0.8~1.07 时,表层泥沙存在粗细交替的现象;该情况在下游弯道内,r/r_c 范围扩大至 0.8~1.17。可见,急弯河段横断面上凸岸与凹岸的泥沙粒径分选强烈,凸岸粒径极细、凹岸粒径极粗,需要用较大和较小的代表粒径来表征分选程度。因此,本文采用下式来计算分选系数:

$$I = \frac{d_{90}}{d_{10}} \tag{1}$$

式中,I 为分选系数;d_{90} 为小于该粒径的泥沙累计百分比为 90%;d_{10} 为小于该粒径的泥沙累计百分比为 10%。

床沙分选后,级配重组,根据取样测量各采样点的冲刷后的级配。在细化较为严重的区域(尤其凸岸),最小粒径 0.5 mm 的累计比例将大于 10%,此时,d_{10} 直接取为最小粒径 0.5 mm。由图 4、图 5 可知,分选系数的分布与地形变化存在一定相关性,主要表现为地形突变位置基本位于分选系数变化较小的区域。地形突变位置为横断面地形斜率发生显著变化的点。上游弯道 82.5°断面地形变化的突变点位于 $r/r_c=0.94$ 处,而 r/r_c 为 0.85~1.0 的泥沙分选的变化正是该断面上泥沙分选相对变化较小的区间;105°断面地形变化的突变点位于 $r/r_c=1.08$ 处,而分选系数在 r/r_c 为 0.92~1.08 时几乎不变;180°断面地形变化的突变点位于 $r/r_c=1.08$ 处,而分选系数在 r/r_c 为 1.08~1.25 的变化幅度相对较小。下游弯道 97.5°断面地形变化的突变点位于 $r/r_c=0.85$ 处,分选系数在 r/r_c 为 0.82~0.92 时几乎不变;180°断面地形变化的突变点位于 $r/r_c=0.92$ 处,而分选系数在 $r/r_c=0.82$~1.0 变化较小。

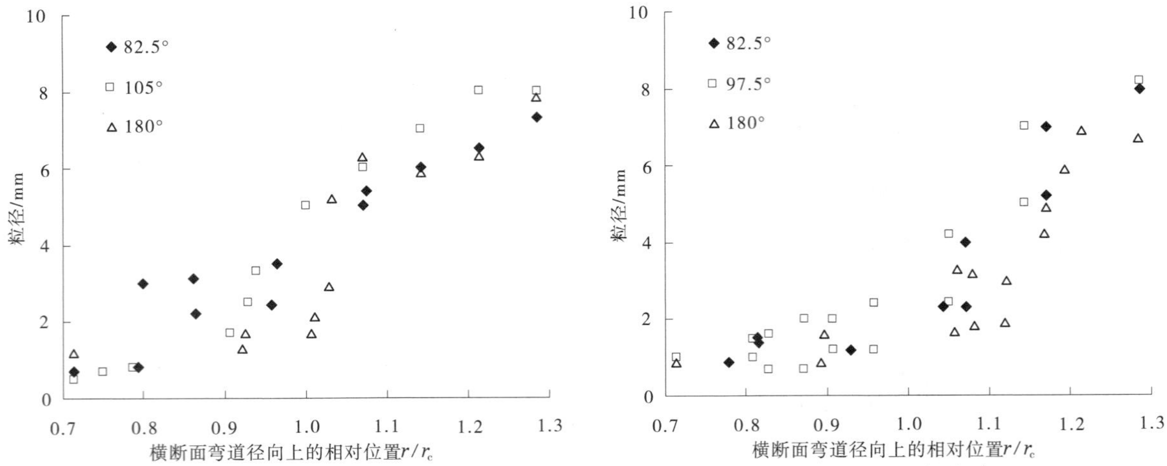

(a)上游弯道 (b)下游弯道

图 3 典型横断面的表层粒径分布

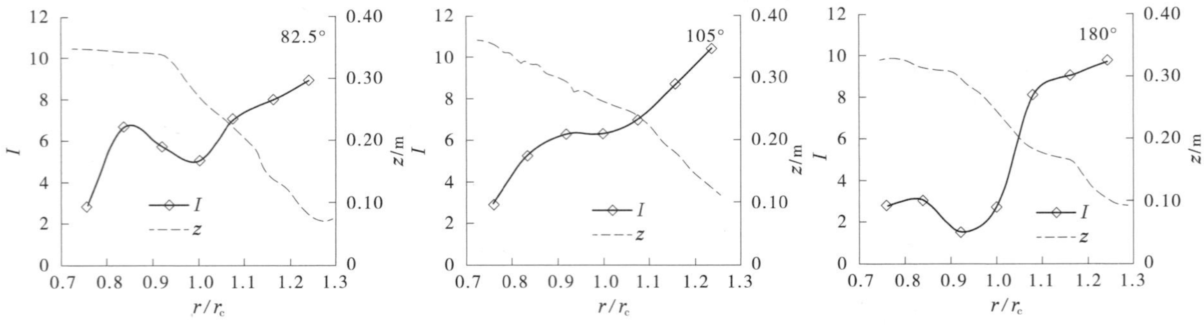

图 4 上游弯道典型横断面分选系数分布

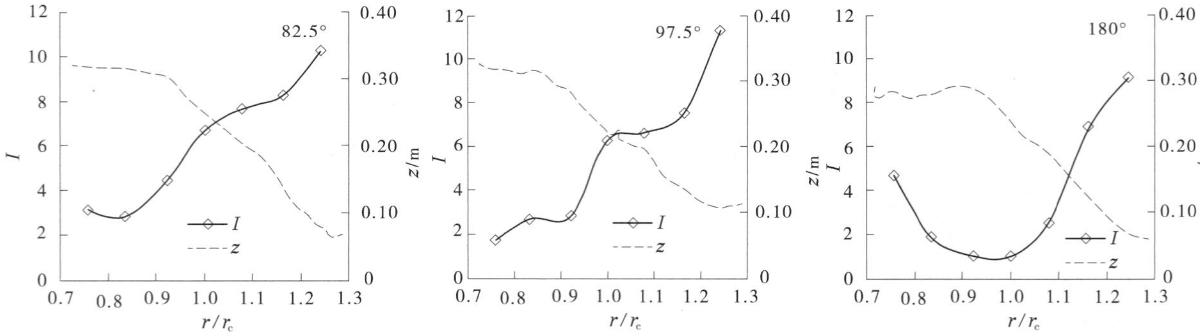

图 5 下游弯道典型横断面分选系数分布

3.3 切应力与分选系数特征

床面切应力分布直接影响到泥沙的起动与输移,因此弯道床面切应力分布是研究其河床演变的重要基础。采用下式计算床面切应力:

$$\tau = \gamma h S \tag{2}$$

式中,τ 为切应力;γ 为水的容重;h 为水深;S 为比降。

针对弯道水流既有纵比降又有横比降,且纵、横比降在不同位置均有所不同的问题,本文的处理方法为,根据实测地形数据插值出实测点附近的地形数据并以此计算出实测点的局部比降,从而计算出该点对应的切应力。对非均匀沙而言,不同粒径沙对相同切应力的敏感度存在差异,因此在具有特殊水流特性的弯道中,将出现显著的泥沙分选现象。图 6 为切应力分布。可见切应力较大的区域出现在进口至接近 90°的凸岸一边，90°~180°过渡至凹岸一边，在过渡段逐渐向另一岸发展。切应力较小的区域主要分布在进口至 90°的凹岸一边，90°~180°的凸岸一边，在过渡段宽度逐渐减小。输沙带可以从切应力的分布上体现出来。在弯道水流的影响下，输沙带从进口凸岸过渡到凹岸，并经过过渡段的调整扩展到另一侧进入下一弯道。

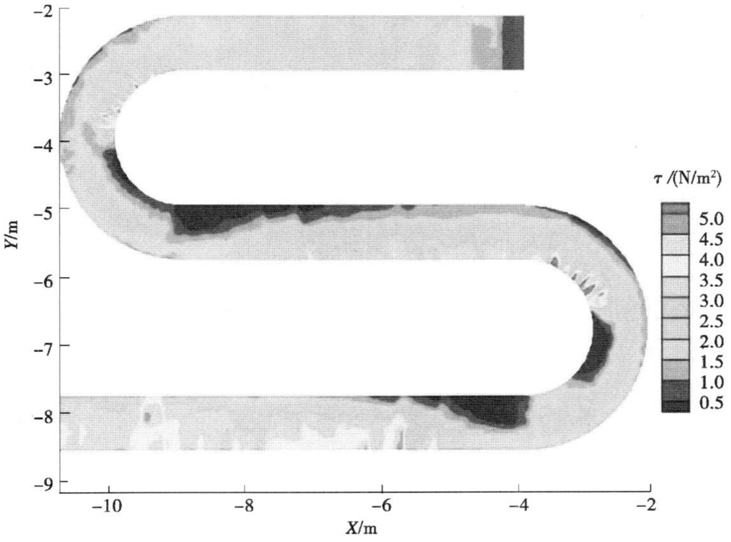

图 6　切应力分布

图 7 为水槽中线（$r/r_c=1.0$）的切应力与分选系数沿程分布。可见，切应力和分选系数具有特殊的变化趋势。在下游弯道出弯之前，分选系数总体呈下降趋势，切应力总体呈增大趋势；在弯顶（90°）和出弯（180°）处，分选系数和切应力都存在极小值。

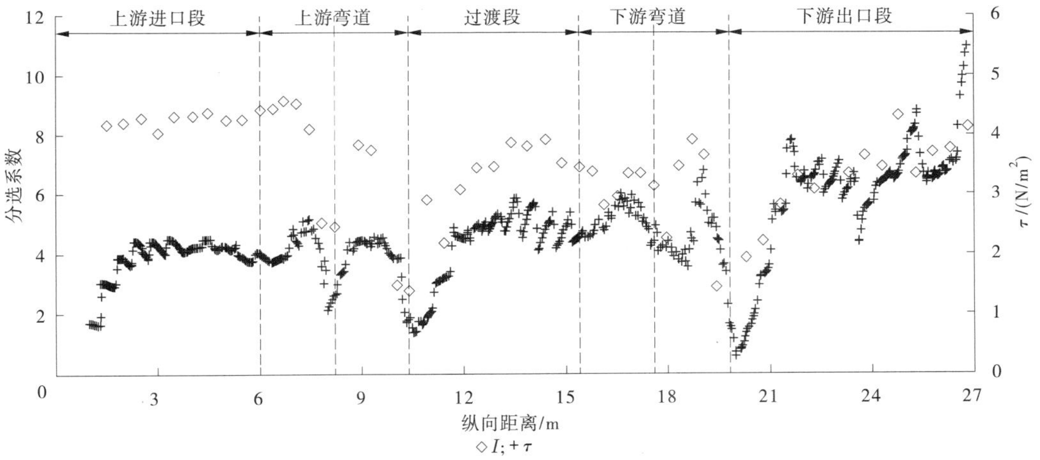

图 7　水槽中线（$r/r_c=1.0$）的切应力与分选系数沿程分布

3.4　希尔兹数与分选系数特征

希尔兹数 Θ 可用式（3）计算，其决定了推移质运动的强度，因此又被称为水流强度。式中含有颗粒粒径这一变量，对于相同的切应力 τ 而言，不同的粒径也就对应不同的希尔兹数 Θ，因此在计算中，代表粒径的选取非常重要。本文所采取的代表粒径为床面表层粒径。

$$\Theta=\frac{\tau}{(\gamma_s-\gamma)D} \tag{3}$$

式中，τ 为切应力；γ_s、γ 分别为泥沙、水的容重；D 为粒径。

将 S 形弯道视为两段 U 形弯道，而这两个 U 形弯各自有其进口顺直段。不同的是，上游弯道的进口水流条件可以视为均匀流,而下游弯道的进口水流条件则是出第一个弯道之后逐渐衰减的二次流经过渡段调整之后有一定的折冲效果的水流。由于进口条件的不同,两段弯道内的水流强度也必定各不相同。泥沙分选是床面经水流作用后的一个结果,希尔兹数则表征水流强度。可见分选系数与希尔兹数之间应存在某种关系。

图 8 和图 9 点绘了希尔兹数和分选系数关系曲线。在 0°~90°范围内,两个弯道凸岸($r/r_c=0.75$)的希尔兹数与分选系数的关系图形具有相似性,整体呈现一种随着分选系数的减小,希尔兹数先增大后减小的趋势。在 90°~180°范围内,两个弯道凸岸($r/r_c=0.75$)的 Θ-I 曲线则是一种逆时针的绳套曲线。就同一弯道而言,上半段和下半段的图形截然不同,其原因在于水流条件以及床面形态的差异。90°之前,由于切应力普遍较大,泥沙颗粒相对较粗且变化的幅度相对较小,因此在希尔兹数的计算中占主导地位,故希尔兹数随分选系数的变化主要表现为单一的函数关系;90°之后,受床面形态以及螺旋流的影响,床面泥沙粒径变得极细,并且切应力相对 90°之前要小很多,这使得希尔兹数的大小由切应力与床面泥沙粒径共同支配,然而希尔兹数的变化与分选系数的变化并不同步,导致 Θ-I 曲线表现为绳套形状。

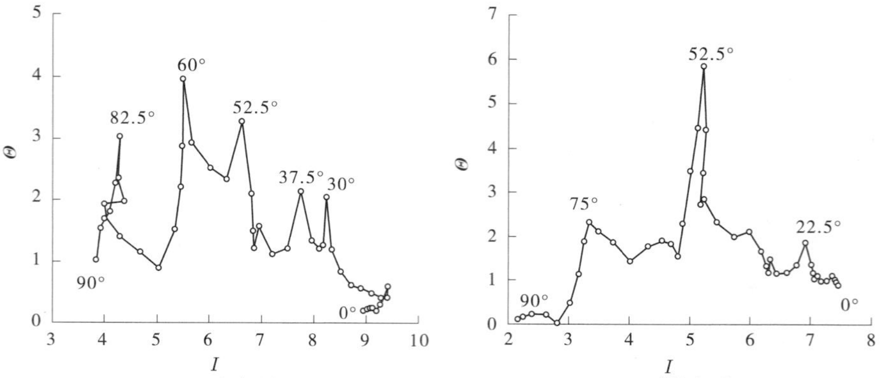

(a)上游弯道　　(b)下游弯道

图 8　凸岸($r/r_c=0.75$)0°~90°希尔兹数与分选系数关系

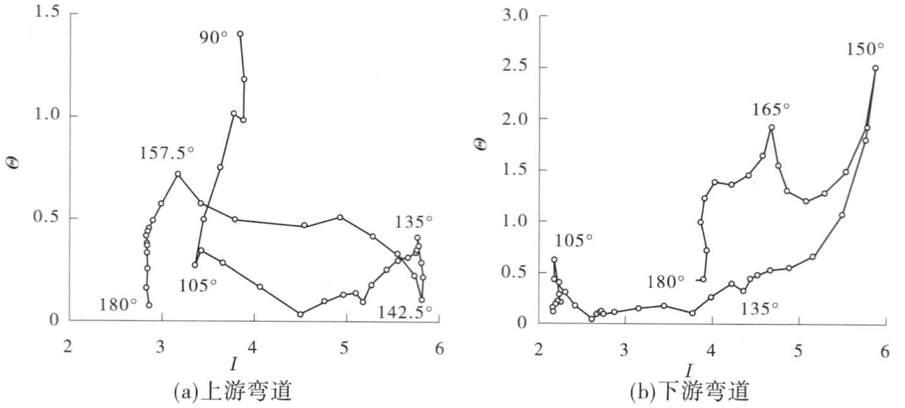

(a)上游弯道　　(b)下游弯道

图 9　凸岸($r/r_c=0.75$)90°~180°希尔兹数与分选系数关系曲线

反观凹岸($r/r_c=1.25$)纵剖面的 Θ-I 关系曲线(见图 10),Θ 的量级很小,I 的变化范围也只在 8~10 这段很窄的区间,且 Θ 几乎为一定值。不同的是,在上游弯段内,前半段(0°~90°)分选系数范围为 8~9.3,后半段(90°~180°)分选系数范围为 8.3~10,存在较为明显的差别;而下游弯道内,前半段与后半段的分选系数则交错在一起。这说明两个弯道段的床沙分选程度有一定的差别,而导致这种差别的正是水流条件的差异。

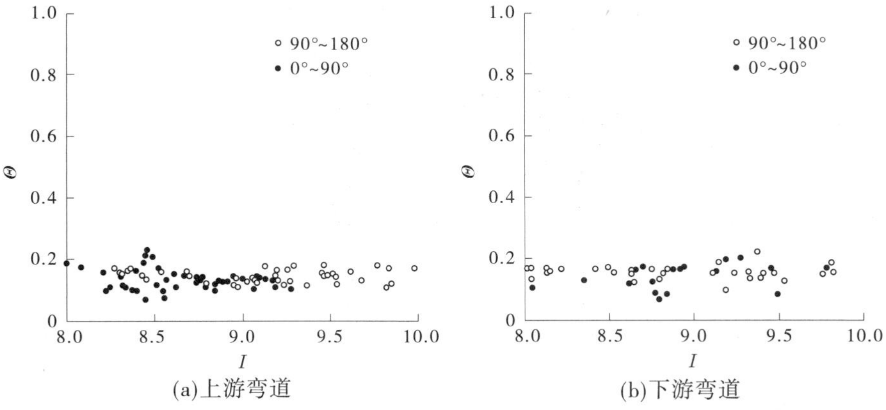

图 10　凹岸($r/r_c=1.25$)希尔兹数与分选系数关系曲线

4　结　论

受连续急弯水流影响,弯道内河床泥沙分选严重。本文通过 S 形弯道清水冲刷试验,在获得了详细的床面地形以及床沙粒径资料的基础上,对床沙分选特征进行了分析研究。分析结果主要有以下几点:

(1)床沙分选系数的分布与地形变化存在一定相关性,地形变化突变的位置基本位于分选系数变化较小的区域。

(2)切应力和分选系数具有特殊的变化趋势,在下游弯道出弯之前,分选系数总体呈下降趋势,切应力总体呈增大趋势;在弯顶和出弯处,分选系数和切应力都存在极小值。

(3)希尔兹数与分选系数之间存在一种较为显著的特征,具体表现在凸岸处,弯道前半段希尔兹数随着分选系数的减小,先增大后减小,而后半段则为逆时针绳套形状;凹岸处希尔兹数基本为一定值。

(4)由于连续急弯的平面几何形态受曲率半径、过渡段长度等参数的影响极为复杂,鉴于试验条件有限,后续将在此基础上基于数值试验开展相关研究。

参考文献

[1] 刘玉娇, 余明辉, 田浩永. 带滩槽地形的连续弯道中纵向流速横向分布解析[J]. 力学学报, 2021, 53(2): 580-588.

[2] Blanckaert K. Topographic steering, flow recirculation, velocity redistribution, and bed topography in sharp meander bends [J]. Water Resources Research, 2010, 46, W09506.

[3] Parker G, Andrews E D. Sorting of bed load sediment by flow in meander bends[J]. Water Resources Research, 1985, 21 (9): 1361-1373.

[4] Sukhodolov A N. Structure of turbulent flow in a meander bend of a lowland river[J]. Water Resources Research, 2012, 48: W01516.

[5] 李林林, 张根广. 弯道岸坡上粗细泥沙统一起动流速公式[J] 水动力学研究与进展 A 辑, 2017, 32(3): 380-388.

[6] Clayton J A. Local sorting, bend curvature, and particle mobility in meadering gravel bed rivers[J]. Water Resources Research, 2010, 46: W02601.

[7] Franč išković-Bilinski S, Bhattacharya A K, Bilinski H. Fluvial geomorphology of the Kupa River drainage basin, Croatia: a perspective of its application in river management and pollution studies[J]. Zeitschrift fur Geomorphologie, 2012, 56 (1): 93-119.

[8] 白玉川, 高术仙, 徐国强. 常曲率 U 型弯道水流结构与泥沙冲淤试验研究[J]. 水利水电技术, 2016, 47(9): 75-79.

[9] 孙一, 顾志刚, 马静, 等. 弯道低含沙水流二次流特性试验研究[C]//中国水利学会. 中国水利学会 2016 学术年会论文集. 南京:河海大学出版社,2016: 544-548.

[10] 孙一, 赵小娥, 黄尔, 等. 滑坡堵江弯道床沙分选及河床变形试验研究[J]. 四川大学学报(工程科学版), 2010, 42(5): 204-208.

[11] Abad J D, Garcia M H. Experiments in a high-amplitude Kinoshita meandering channel: 1. implications of bend orientation on mean and turbulent flow structure[J]. Water Resources Research, 2009, 45(2): W02401.

[12] Abad J D, Garcia M H. Experiments in a high-amplitude Kinoshita meandering channel: 2. implications of bend orientation on bed morphodynamics[J]. Water Resources Research, 2009, 45(2): W02402.

[13] 邓春艳, 夏军强, 宗全利, 等. 二次流对急弯河段水沙输移影响的数值模拟[J]. 武汉大学学报(工学版), 2015, 48(6): 764-777.

[14] 贺莉, 陈东, 贾亚非, 等. 弯道推移质同异岸输移的时空演变模拟[J]. 水力发电学报, 2016, 35(2): 54-60.

[15] 谢思泉, 刘亚, 卢金友. 三峡水库运用后连续急弯河道冲淤特性分析[J]. 长江科学院院报, 2021, 38(1):8-13, 26.

象山水利枢纽泄水闸闸墩型式优化试验研究

陈　斌[1]　肖继德[2]　邬年华[1]　黄志文[1]

(1. 江西省水利科学院,江西南昌　330029;
2. 江西省赣抚尾闾整治有限公司,江西南昌　330025)

【摘　要】 象山水利枢纽水流方向与闸轴线存在40°左右交角,受二区闸室边墩影响,部分泄水闸进水口出现不良水流流态。通过模型试验对泄水闸二区闸室边墩墩头形式进行优化,对比了四种墩头形式的的优化效果。研究结果表明:墩头形式采用短轴为2倍闸墩宽度的黄金分割比(短轴/长轴=0.618)的1/4椭圆曲面,基本消除了间歇性涡流和回流现象,改善了进闸水流流态,但对于堰流处于高淹没度(h_s/H_0>0.99)时的综合流量系数μ_0的改变幅度不大,基本在0.5%以内,相应的泄流能力的提升幅度也并不显著。

【关键词】 闸墩墩头;水流流态;泄流能力;综合流量系数

1 引　言

低水头河床式闸坝枢纽是常见的水利枢纽,其堰型在工程中应用较多,较常见的主要有WES型、折线型、驼峰型等实用堰及有坎(或无坎)宽顶堰,一般认为,同等条件下宽顶堰的泄流能力最小,WES型实用堰泄流能力最大。在此类枢纽堰型选择和设计过程中,应尽可能从提高低堰的泄流能力着手,其泄流能力直接决定了低水头枢纽工程的建筑物布置形式和工程效益的大小[1]。

对于低闸枢纽,影响其泄流能力的主要因素除堰型结构形式、水流侧收缩影响等外,枢纽及枢纽中泄洪建筑物与非泄洪建筑物布置的相对位置也是重要因素,它直接影响了闸坝轴线与河势走向或水流方向的垂直情况[2]。从工程现场及水工模型试验观测中发现,水闸枢纽若布置不当,则闸轴线与河势走向不能完全正交,使闸室纵轴线与水流方向形成交角,容易引起枢纽上游来流出现较大的横向流速和局部回流等不良流态,将导致有效过水断面的减小从而降低过流能力,严重的将可能影响建筑物安全[3]。

因此,从水流流态角度考虑,保证枢纽进出水流平顺,流线匀滑、无折冲、无回流、无漩涡可以降低水流侧收缩的影响,提高枢纽泄流能力。对于如何改善枢纽建筑物进口水流流态已有大量研究,例如,郭观明等[4]通过采用直线圆弧组合型导墙可有效改善直线导墙形成的不利流态;周苏芬等[5]通过对溢洪道进水口临坝一侧增设导墙,并对导墙形式和长度进行优化,显著改善了水流流态和泄流能力;司徒小玲[6]通过在闸室前增设合适的导墙,改善了闸室水流流态;信瑞亮等[7]通过降低进水口导墙长度和高度,降低拦沙坎高度,闸墩前端迎水面采用流线型的圆弧面,可以有效减小流体阻力,显著改善水流流态;刘晓平等[8]研究了枢纽导墙布置对电站进水口水流流态影响,并通过适当调整导墙长度改善了进水口水流流态,提高了过流能力;黄勇等[9]通过调整厂闸间上游导墙长度,改善了进水口水流流态,减小了对泄流能力造成的不利影响。

以上学者通过对枢纽建筑物进水口的导墙结构形式进行优化来改善水流流态,均突出了导墙调顺水流的重要性,而对于不宜增设导墙而只通过对枢纽建筑物本身结构进行优化从而达到改善水流流态的研究却不多见。本文以赣江主支象山枢纽闸室进水口存在的不良水流流态为对象,通过水工模型试验[10],探究只通过调整枢纽闸墩形式达到改善闸室进水口水流条件的目的。

基金项目:江西省水利厅科技项目——全湿周与底板加糙在水力学模型中的差异及关联性研究(202022YBKT09)

2 工程概况

赣江主支象山枢纽位于新建区象山镇，主体建筑物由泄水闸、船闸、鱼道和连接挡水建筑物组成。泄水闸均为开敞式平底闸，堰型采用宽顶堰，沿河床布置共设 17 孔，由一区①~⑧号 8 孔 30.0 m 净宽常规泄水闸、二区⑨~⑩2 孔 75.0 m 净宽大孔闸和三区⑪~⑰号 7 孔 30.0 m 净宽常规泄水闸组成，其中二区闸室中墩厚 12.0 m，边墩厚 17.0 m，两边墩坝轴线上游长度为 94.8 m。枢纽校核洪水标准为 200 年一遇，校核洪水位 19.54 m，相应的洪峰流量为 8 780 m^3/s。枢纽平面布置图见图 1。

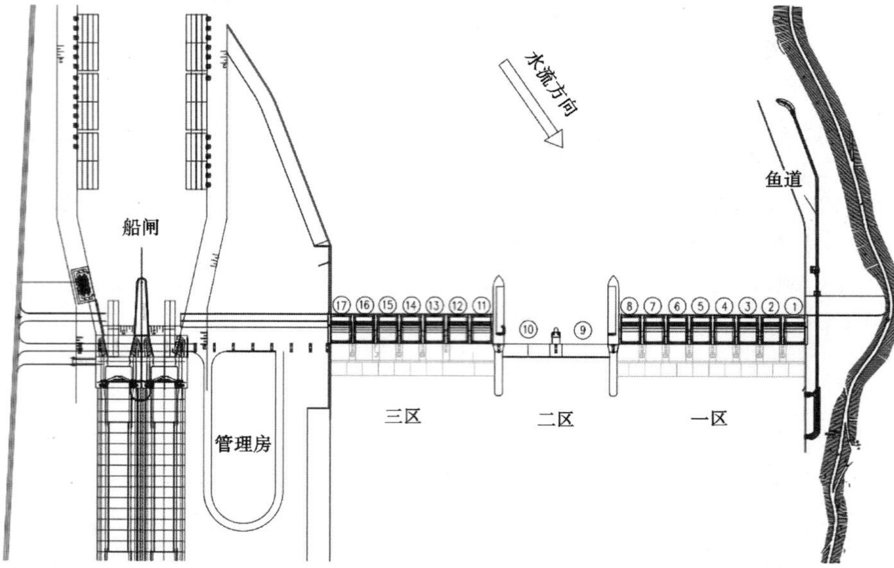

图 1　枢纽平面布置图

3 模型设计

依据《水工(常规)模型试验规程》(SL 155—2012)，采用正态模型，按弗劳德数相似准则设计[10]，根据试验要求、原型枢纽水流特性，综合考虑试验场地、供水条件、量水设备及精度要求，选定模型几何比尺为 $\lambda_l=100$，其他水力要素相应比尺如下：

流量比尺寸　　$\lambda_Q=\lambda_l^{2.5}=100\ 000$

流速比尺　　$\lambda_u=\lambda_l^{\frac{1}{2}}=10$

阻力重力比尺　　$\lambda_n=\lambda_l^{\frac{1}{6}}=2.15$

水流运动时间比尺　　$\lambda_t=\lambda_l^{\frac{1}{2}}=10$

模型制作范围包括坝轴线上游约 2 500 m，下游约 3 500 m 地形及泄水闸、船闸、连接挡水建筑物等。

4 闸墩墩头型式优化试验

4.1 原设计墩头型式及试验

原设计方案二区闸室边墩宽 17.0 m，墩头由两半径为 25.0 m、圆心角为 45°的圆弧组成，如图 2 所示。试验发现，受河道形态及枢纽布置等影响，闸轴线与河势走向不正交，从而使闸室纵轴线与水流方向存在约 40°的交角，同时受二区闸室边墩上游长度较长影响，水流流经闸墩后在闸墩左侧存在涡流现象，在⑦、⑧号闸室上游出现一定范围的滞水区，滞水区内水流流速较小或接近无流速，水流无法顺畅进入⑦、⑧号闸室，同时⑦、⑧号闸室出现间歇性的回流现象，水流间歇性从闸室下游流向闸室上游。涡流和回流的存在不仅一定程度影响闸坝安全,同时降低了闸坝泄流能力。水流流态见图3。

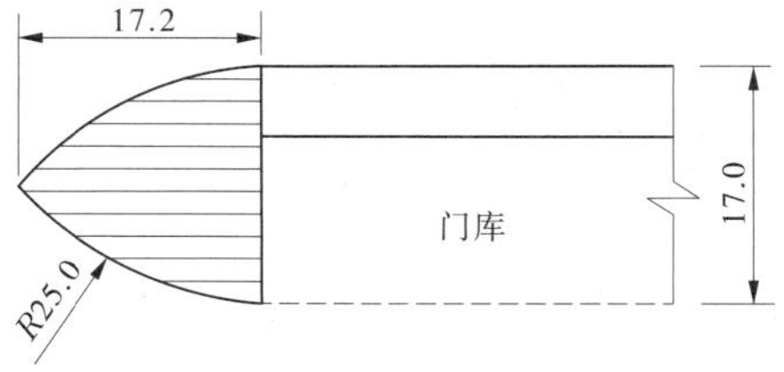

图2　原设计方案二区闸室边墩形式(平面图)　(单位:m)

(a)　　(b)

图3　原设计方案水流流态

4.2　**墩头型式优化试验**

初步分析,二区闸室两边墩左侧涡流的形成是由于上游水流方向与坝轴线方向存在交角,而上游部分的边墩长度又过长,边墩墩头形式与枢纽上游横向水流衔接不畅,使得水流不能平顺进入闸室。借鉴以前学者的研究结果[7-9],适当的缩短边墩上游长度可达到改善流态,提高泄流能力的目的,而受到二区闸室边墩门库存在的影响,边墩长度无法进一步缩短。基于此,本研究将对边墩墩头形式进行优化,寻求合适的闸墩墩头形式,尽可能消除或减弱墩头左侧涡流现象,使得水流通过墩头作用平顺进入闸室,同时消除闸室间歇性回流现象,提高闸坝泄流能力。

4.2.1　优化方案1

将原设计方案的墩头改为斜坡,降低墩头的阻水影响,外侧圆弧线不变,方案如图4所示。

从流态来看,优化后墩头左侧涡流现象更加明显,水流流经闸墩后,滞水区范围增大,一区⑦、⑧号闸室过流能力减弱,且依然存在回流现象。该方案中,闸墩墩头的阻水影响从底部往上逐渐降低,虽然较原方案一定程度缩短了闸墩长度,但显然该形式的墩头斜面与圆弧之间所形成的棱角是加剧涡流现象的直接原因。

4.2.2　优化方案2

将原方案墩头形式改为以闸墩宽度17.0 m为直径的半圆弧,墩头长度由原方案17.2 m缩短至8.5 m,优化方案见图5。

该方案墩头左侧的涡流现象较原方案有所加剧,墩头形式与上游来水衔接不畅,滞水区范围明显增大,水流主要经过⑦号及左侧闸室流向下游,⑧号闸室过流能力较低;同时试验还发现,水流经过⑦号闸室后,部分水流流向下游,部分水流在⑧号闸室后形成明显回流,并流经⑧号闸室通向上游,该方案优化效果较原方案差。

4.2.3　优化方案3

将原方案的右侧圆弧取消,左侧圆弧延伸至闸墩右侧直线位置,圆弧的圆心角由45°增大到71°,圆

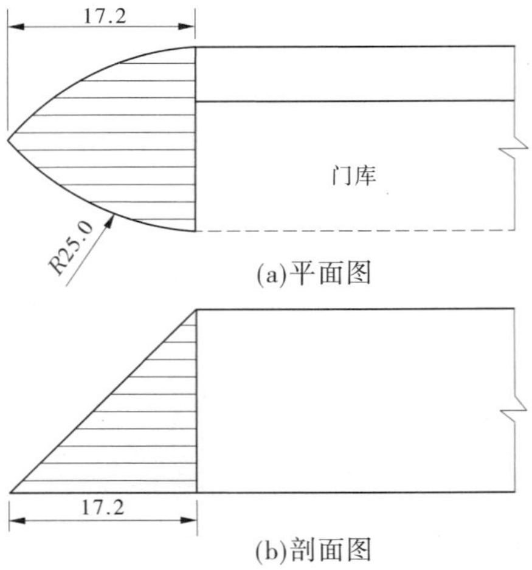

图 4　优化方案 1　(单位:m)

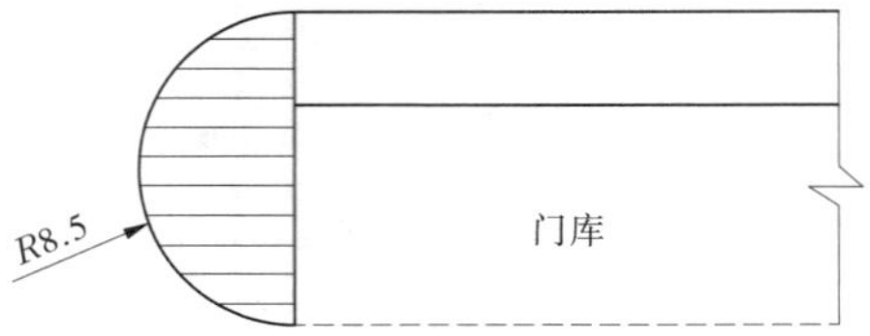

图 5　优化方案 2(**平面图**)　(单位:m)

弧半径不变,该方案墩头长度由原方案的 17.2 m,增长至 22.1 m,优化方案见图 6。

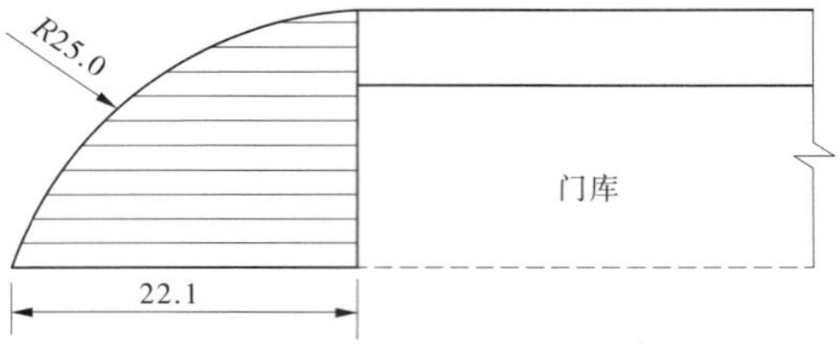

图 6　优化方案 3(**平面图**)　(单位:m)

该方案闸墩及墩头左侧虽然还存在涡流现象,但较原方案明显减弱,滞水区范围有所减小,水流不能平顺流向⑧号闸室,同时⑧号闸室及闸室下游局部存在间歇性的回流。

4.2.4　优化方案 4

优化方案 3 的效果明显改善,但还存在局部涡流现象,且⑧号闸室还存在回流现象,本方案将方案 3 的墩头圆弧曲面作进一步优化,将墩头圆弧面改为黄金分割比(短轴/长轴=0.618)的 1/4 椭圆曲面,其中短轴为 2 倍闸墩宽度 34.0 m,长轴为 55.02 m,墩头长度由方案 3 的 22.1 m 增长至 27.2 m,优化方案见图 7。

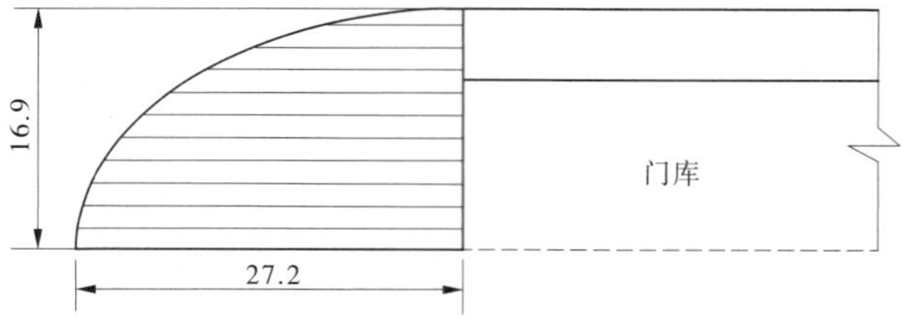

图 7　优化方案 4(**平面图**)　(单位:m)

优化后的墩头墩头左侧涡流现象基本消失,闸墩左侧只存在小范围的轻微涡流现象,整体水流流态良好，水流经过闸墩能较平顺进入闸室，且试验中发现，⑦、⑧号闸室及附近区域基本不存在回流现象，优化效果较好。

4.3　试验结果及分析

4.3.1　水流流态

从试验可知，优化方案1的斜坡形式的墩头和优化方案2的半圆弧形式的墩头左侧涡流现象均较原方案有所加剧，同时⑦、⑧号闸室依然存在回流现象，优化方案3的闸墩及墩头左侧虽然还存在涡流现象，但较原方案明显减弱，⑦号闸室回流现象基本消失，⑧号闸室及闸室下游局部存在间歇性的回流现象，但程度有所减弱，优化方案4的墩头左侧涡流现象基本消失，闸墩左侧只存在小范围的轻微涡流现象，整体水流流态良好，且⑦、⑧号闸室的回流现象基本消失。

各优化方案水流流态图见图8，可以看出优化方案1和优化方案2在⑦、⑧号闸室前的滞水区范围较原方案明显增大，水流主要从⑦号及左侧闸室流向下游，⑧号闸室过流较少或基本不过流，优化方案3的滞水区范围有所减小，部分水流可通过⑧号闸室流向下游，优化方案4的滞水区基本消失，水流可顺畅进入⑧号闸室流向下游。

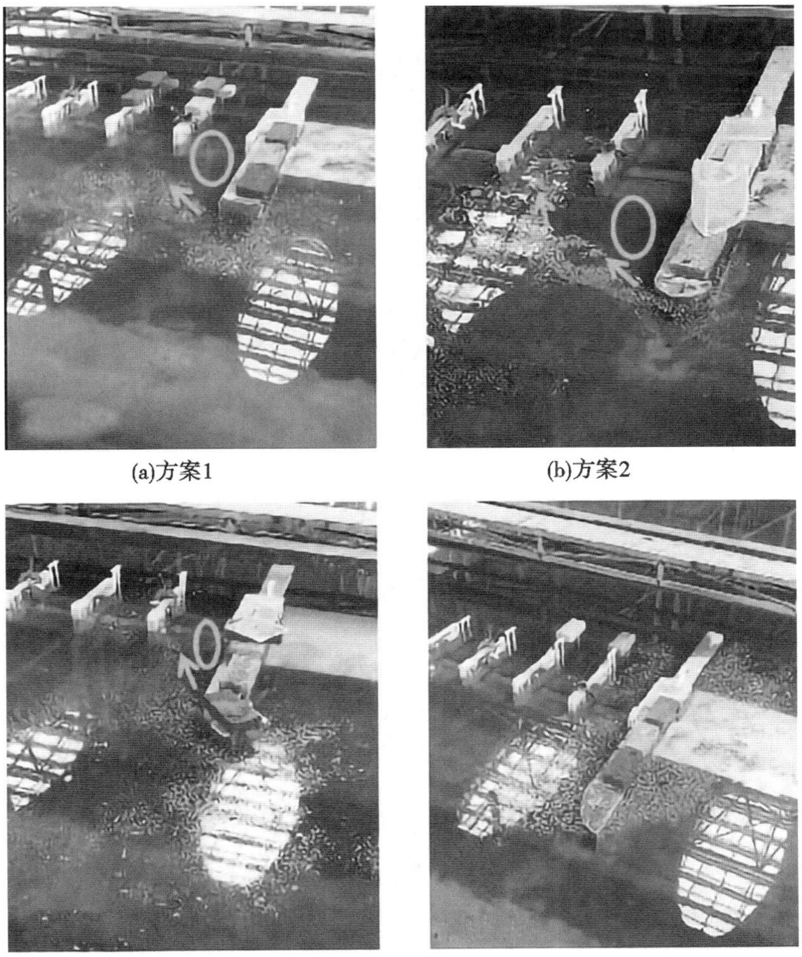

(a)方案1　(b)方案2

(c)方案3　(d)方案4

图8　各优化方案下的水流流态

4.3.2　泄流能力

对比了原设计方案和各优化方案下的校核洪水对应的坝前水位，试验结果见表1。由试验结果可知，方案1和方案2坝前水位较原方案分别增大0.03 m和0.01 m，泄流能力有所减小，方案3和方案4坝前水位较原方案分别降低0.02 m和0.03 m，泄流能力有所增大，但这与前述流态改善结果相吻合，

但增减幅度不大,基本在0.03 m以内。由于枢纽泄洪时上下游水头差较小,属于高淹没度堰流,其综合流量系数可用下式计算

$$\mu_0 = 0.877 + (h_s/H_0 - 0.65)^2$$

表1 各方案坝前水位和综合流量系数

方案	坝前水位/m	h_s/H_0	综合流量系数μ_0
原方案	19.51	0.994	0.995
方案1	19.54	0.992	0.994
方案2	19.52	0.993	0.995
方案3	19.49	0.996	0.997
方案4	19.48	0.997	0.998

从计算结果来看,各方案的综合流量系数在0.994~0.998,变幅基本在0.5%以内,这与上述泄流能力增减幅度不大相对应。因此,对于淹没度h_s/H_0>0.99的堰流,闸墩优化对于泄流能力的改善并不显著,对枢纽综合流量系数的影响也基本在0.5%以内。

5 结 论

赣江主支象山枢纽闸轴线与河势走向不完全正交,闸室轴线与水流方向存在交角,水流在闸墩影响下无法平顺进入闸室,通过物理模型试验对枢纽二区泄水闸边墩墩头型式进行优化研究,从优化试验结果可知:

(1)将墩头曲面型式改成黄金分割比(短轴/长轴=0.618)的1/4椭圆曲面(其中短轴为2倍闸墩宽度),基本解决了间歇性涡流、回流等不良水力现象;

(2)对于淹没度h_s/H_0>0.99的堰流,局部闸墩的优化对于枢纽综合流量系数μ_0的改变幅度基本在0.5%以内,对应的泄流能力改善也并不显著。

参考文献

[1] 吴英卓,姜伯乐,何勇.大淹没度低堰泄流能力研究[J].长江科学院院报,2013,30(8):21-24.
[2] 张绪进,樊卫平,张厚强.低闸枢纽泄流能力研究[J].水利学报,2005(10):1246-1251.
[3] 汪勇.平原水闸枢纽设计中几个问题的研究[J].治淮,2006(10):19-20.
[4] 郭观明,王均星,董宗师.溢流坝进水口导墙体形优化试验与数值模拟研究[J].水电能源科学,2017,35(8):90-93.
[5] 周苏芬,邹年华,黄志文,等.寒山水库岸边式溢洪道进水渠导墙体形优化试验研究[J].中国农村水利水电,2019(8):150-152,157.
[6] 司徒小玲.导墙对弯形河道中闸室水流条件变化的研究[J].水利科技与经济,2020,26(8):48-50.
[7] 信瑞亮,张贵金,胡春林,等.低水头水电厂进水口水流条件优化水工模型试验研究[J].水利水电技术,2018,49(7):109-114.
[8] 刘晓平,周千凯,周俊,等.低水头电站导墙布置对进水口流态的影响[J].长江科学院院报,2012,29(5):21-25,39.
[9] 黄勇,李君涛.汉江雅口枢纽厂坝间上游导墙布置试验研究[J].水道港口,2018,39(4):470-473.
[10] 中国水利水电科学研究院.水工模型试验[M].北京:中国水利水电出版社,1985.

湿热环境建筑围护结构的防结露数值研究

杨　岑　李陆军　宋小军

（中国水利水电科学研究院，北京　100038）

【摘　要】 建筑围护结构热工设计中首先需要考虑围护结构的防结露通风系统设计。本文以某湿热工业厂房的围护结构作为研究对象，采用三维数值模拟方法分析了通风系统的送风温度、送风流量，以及气流组织形式等因素对围护结构结露特性影响。研究结果表明，影响建筑围护结构结露特性的主要因素是室内空气露点温度和围护结构内壁面温度，当空气露点温度越高而结构内壁面温度越低时，围护结构内壁表面越容易产生结露；送风流量和气流组织形式是室内空气露点温度的主要影响因素，且随着送风流量和送风口高度的增大，近壁面空气的露点温度显著降低；送风温度是影响围护结构内壁面温度的主要因素，且壁面温度随着送风温度的增大而增大。

【关键词】 通风系统；气流组织形式；墙体结露；数值模拟

1　引　言

由于高温高湿的特殊热工环境，室内游泳馆和造纸工业厂房等建筑的围护结构内壁表面易产生结露现象[1-2]。围护结构的表面结露不仅会对建筑物内部重要设备的正常运行产生不利影响，而且潮湿壁面上滋生的霉菌及其他有害微生物会破坏围护结构的美观性和工程耐久性。所以，建筑围护结构热工设计中需首先考虑围护结构表面的防结露问题。

为了研究建筑围护结构的结露特性，学者们通过理论分析和数值模拟等方法展开研究：白莉等[3]基于一维传热理论给出了建筑围护结构的最大允许传热系数；魏文宇等[4]通过理论方法对比了笼罩式和分层式两种空调气流组织方式对游泳馆围护结构外墙结露特性的影响，研究结果表明分层式气流组织形式可以有效缓解结露问题；曾剑龙等[5]通过建立一维传热模型分析了游泳池的房顶的结露问题，并建议采用限制室内相对湿度作为防结露措施；王美燕[6]通过理论计算分析了某游泳池屋顶和外墙结构的结露问题，并探讨了不同保温结构的防结露效果；支军等[7]分别通过传热理论计算和 CFD 数值模拟方法研究了游泳池围护结构内壁面的表面结露问题，并探讨了限制室内环境相对湿度解决结露问题的可行性；赵金辉[8]通过 CFD 数值模拟分析了室内游泳馆在不同运行条件下围护结构的结露特性，并建议采用贴附射流的通风方式可以有效减小结露危害。上述研究成果对于室内外环境与建筑围护结构内外表面的对流换热系数均选取定值，并没有考虑结构内表面与室内环境的耦合传热计算。

本文以某湿热工业厂房的围护结构作为研究对象，采用三维数值模拟方法对其通风系统展开研究，分析了通风系统的送风温度、送风流量，以及气流组织形式等因素对围护结构结露特性和室内空气的速度、温度和湿度分布的影响。

2　研究方法

2.1　控制方程

三维数值计算过程中忽略由于凝结相变造成的影响，同时假定室内环境的温度场、速度场、相对湿度分布处于稳定状态，则室内空气流动应满足连续性方程、动量守恒方程、能量守恒方程、气体状态方程

基金项目：中国水利水电科学研究院基础科研专项（HY0145C252018，HY0145C222019，HY0145B012021）

和组分输运方程。

2.1.1 连续性方程

$$\nabla\cdot(\rho \boldsymbol{V}) = S_m \tag{1}$$

式中,ρ 为空气密度,kg/m^3;$\boldsymbol{V}$ 为空气的速度矢量,m/s;S_m 为质量源项,kg/(m^3·s)。

2.1.2 动量守恒方程

$$\nabla\cdot(\rho \boldsymbol{V}\boldsymbol{V}) = -\nabla\cdot p + \nabla\cdot(\bar{\bar{\tau}}) + \rho g + \boldsymbol{F} \tag{2}$$

式中,$\bar{\bar{\tau}}$ 为应力,Pa;p 为压强,Pa;g 为重力加速度,m/s^2;$\boldsymbol{F}$ 为体积力,N/m^3;其他符号含义同前。

求解动量守恒方程时,采用标准 k-ε 模型进行封闭,k 方程和 ε 方程分别为式(3)和式(4)。

$$\nabla\cdot(\rho k\boldsymbol{V}) = \nabla\left[\left(\mu + \frac{\mu_t}{\sigma_k}\right)\nabla\cdot k\right] + G_k + G_b - \rho\varepsilon \tag{3}$$

式中,k 为湍流动能,m^2/s^2;μ 为气体动力黏性系数,kg/(m·s);μ_t 为湍流黏性系数,kg/(m·s);σ_k 为 k 方程的湍流普朗特数;G_k 为平均速度梯度产生的湍流动能,kg/(m·s^3);G_b 为由浮力引起的湍流动能,kg/(m·s^3);ε 为湍流动能耗散率,m^2/s^3;其他符号含义同前。

$$\nabla\cdot(\rho\varepsilon\boldsymbol{V}) = \nabla\left[\left(\mu + \frac{\mu_t}{\sigma_\varepsilon}\right)\nabla\cdot \varepsilon\right] + C_1\frac{\varepsilon}{K}(G_k + C_3G_b) - C_2\rho\frac{\varepsilon^2}{K} \tag{4}$$

式中,σ_ε 为 ε 的湍流普朗特数;C_1、C_2 和 C_3 均为模型常数;其他符号含义同前。

2.1.3 能量守恒方程

$$\nabla\cdot(\rho h\boldsymbol{V}) = \nabla\cdot\left(\frac{\mu_t}{\sigma}\nabla T - \sum h_j\boldsymbol{J}_j\right) + S_h \tag{5}$$

式中,h 为焓,J/kg;σ_t 为湍流普朗特数;$\boldsymbol{J}_j$ 为 j 组分的扩散通量,kg/(m^2·s);S_h 为能量源项,J/(m^3·s);h_j 为组分 j 的焓,J/kg;其他符号含义同前。

2.1.4 气体状态方程

$$\rho = \frac{p}{RT\sum_j \frac{Y_j}{M_{w,j}}} \tag{6}$$

式中,R 为气体常数,8.314 J/(mol·K);T 为空气温度,K;$M_{w,j}$ 为 j 组分的分子量,g/mol;Y_j 为 j 组分的质量分数;其他符号含义同前。

2.1.5 组分输运方程

$$\nabla\cdot(\rho\boldsymbol{V}Y_j) = -\nabla\cdot\boldsymbol{J}_j + S_j \tag{7}$$

式中,S_j 为 j 组分的产生率,kg/(m^3·s);其他符号含义同前。

2.2 数值模型

2.2.1 几何物理模型

图1(a)和(b)给出了工业厂房的整体结构及关键尺寸:室内空间净尺寸为长38.64 m×宽15.60 m×高15.10 m;水池和水道的总面积为370 m^2,运行水温为50 ℃,水表面高程比室内地面低0.50 m;厂房围护结构包括4个内墙结构(内墙1~3和房顶)和1个直接与室外环境接触的外墙结构,其中内墙1、内墙3和外墙厚度均为1.0 m,而内墙2和房顶厚度均为2.0 m,所有围护结构均采用混凝土材质,其在0~100 ℃的导热系数均为2.944 W/(m·℃)。为了防止围护结构冬季结露情况发生,设置如下通风系统:送风管和排风管分别贴着外墙和内墙2的内壁面安装,且与壁面间距200 mm,送排风管道长度均为33.14 m,且沿长度方向分别均匀设置15个600 mm×600 mm的矩形送风口和排风口。依据厂房结构及其通风系统布置,建立如图1(c)所示的几何物理模型,所有气体均为理想不可压缩气体,空气和水蒸气的比热分别取为1 006 J/(kg·K)和2014 J/(kg·K),导热系数均为0.045 4 W/(m·℃)。

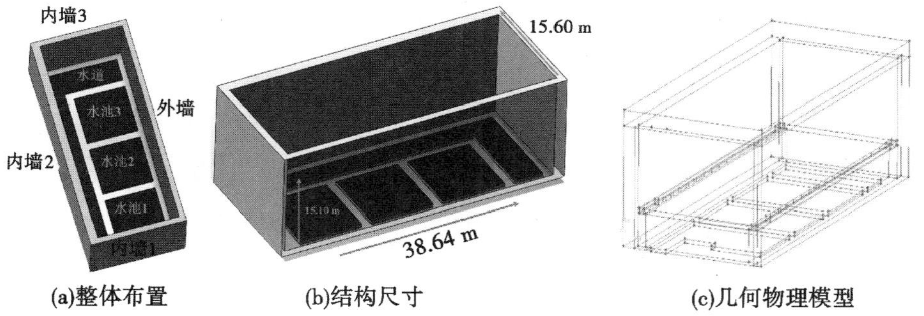

(a)整体布置　(b)结构尺寸　(c)几何物理模型

图 1　厂房整体布置及几何物理模型

2.2.2　边界设置

室外环境的大气压为 102 230 Pa,干球温度为 2.1 ℃,湿球温度为-0.1 ℃,相对湿度为 64%;外墙结构外壁面设为对流换热边界,4 个内墙结构外壁面均设为恒壁温条件;所有围护结构内壁面均为耦合换热边界;水池表面均为恒壁温条件;送风口为速度边界,排风口为压力出口边界;水池区域增加考虑水分蒸发的质量源和考虑辐射换热的能量源,并通过 FLUENT 程序的用户自定义函数调入。

2.2.3　网格划分和离散方法

本研究采用 GAMBiT 网格划分软件建立厂房结构的三维计算模型,采用结构化的六面体网格,并对通风系统的进风口和排风口,以及水池水面附近的网格进行加密,数值模型的网格单元共计 380 万。离散方程的求解采用分离变量法,速度与压力的解耦采用 SIMPLE 算法,压力离散差分格式采用标准离散差分格式,其他变量均采用一阶迎风格式。

3　结果分析与讨论

本研究通过三维数值模拟研究通风系统的送风温度、送风流量以及气流组织(见图 2)等因素对围护结构墙体结露特性的影响。为了研究室内环境空气的速度场、温度场和湿度场的变化规律,设置水平纵向(x 向)、水平横向(y 向)和垂向(z 向)典型断面。设置参数为 x=2.2 m 和 16.3 m,y=9.0 m 和 36.3 m,以及 z=2.2 m 和 8.8 m。后续研究主要分析外墙结构和内墙 1~2 共计 3 个围护结构的结露特性,并选取距离围护结构墙体内壁面 0.15 m 设置近壁面典型断面,用于分析近壁面空气的露点温度,作为判断相应墙体结构表面是否结露的依据,其中空气露点温度采用文献[9]中所阐述的方法。

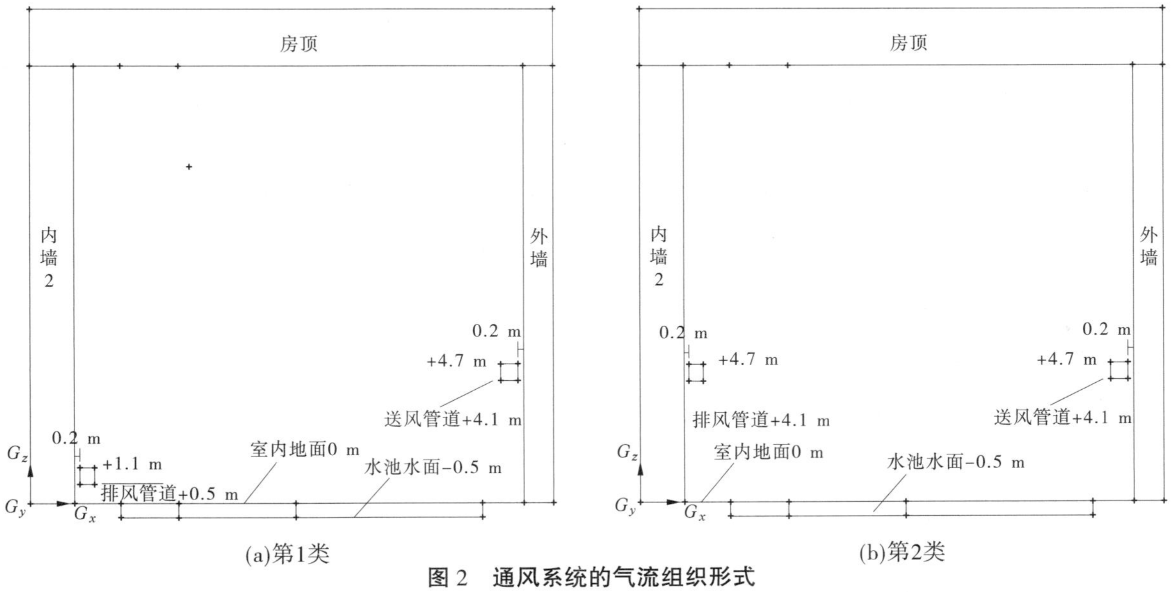

(a)第1类　(b)第2类

图 2　通风系统的气流组织形式

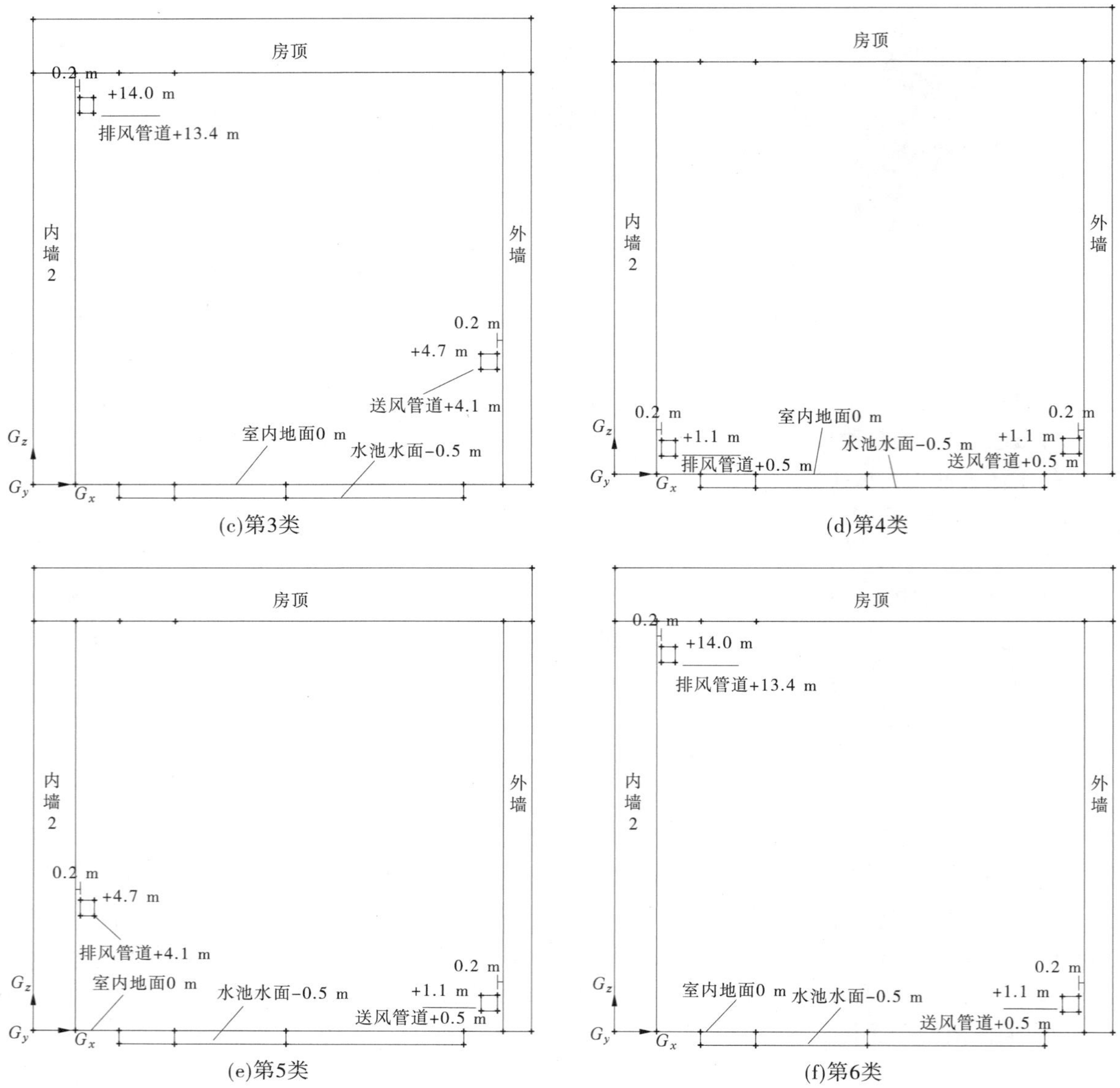

(c)第3类　(d)第4类　(e)第5类　(f)第6类

续图 2

3.1 不同送风温度条件下的结果分析

为了研究不同送风温度条件下，室内空气的速度场、温度场和湿度场分布，以及围护结构内壁表面的结露情况，设置如下计算工况：送排风口中心高度为 4.4 m（第 2 类气流组织）；送风流量 38 880 m^3/h 时，每个送风口的空气流速为 2 m/s；送风温度分别为 25 ℃、28 ℃、31 ℃、33 ℃和 35 ℃；外墙外壁面为绝热边界，内墙外壁面均为 10 ℃。

3.1.1 围护结构结露特性

图 3 给出了不同送风温度条件下，所有围护结构墙体内壁面温度及近壁面空气露点温度的变化。从图中可以看出，随着送风温度的增大，墙体内壁面温度增大，但近壁面空气的露点温度变化不显著；当送风温度低于 28 ℃时，外墙内壁面最低温度低于其近壁面空气露点温度，墙体内壁面会发生结露现象，反之则不会发生结露；计算工况条件下，由于内墙外壁温度较低（10 ℃），内墙 1 和内墙 2 的内壁面最低温度均低于其近壁面空气露点温度，墙体内壁面会发生结露现象。

3.1.2 速度场、温度场和湿度场的分布

表 1 给出了不同送风温度条件下，x 向、y 向和 z 向典型剖面的速度、温度和湿度的变化规律。对比

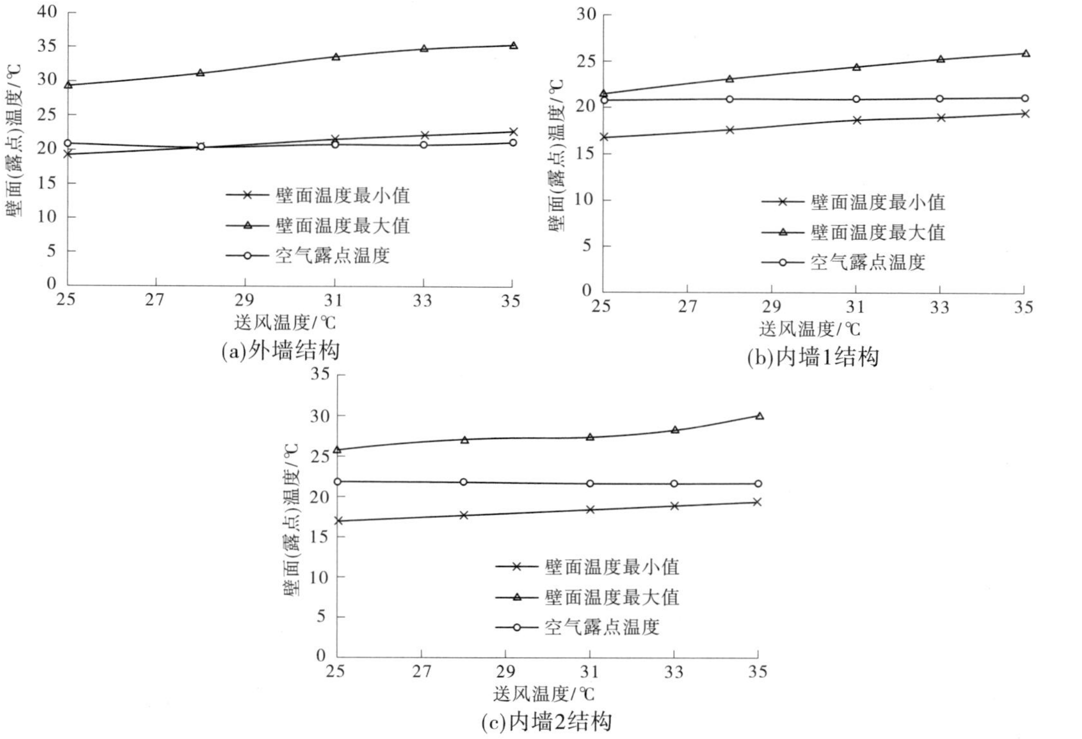

图 3　不同送风温度条件下围护结构的结露特性

不同送风温度条件下的计算结果可以看出,随着送风温度的增大,空气的速度变化不显著,温度显著增大,而相对湿度显著减小。

表 1　不同送风温度条件下典型剖面的空气特征

典型剖面位置/m	送风温度/℃	空气特征参数的断面平均值		
		速度/(m/s)	温度/(K / ℃)	相对湿度/%
$x=2.2$	25	0.33	301.61/28.46	66.89
	28	0.32	303.43/30.28	60.29
	31	0.32	305.28/32.13	53.88
	33	0.35	306.57/33.42	50.14
$x=16.3$	25	0.33	301.81/28.66	61.21
	28	0.36	303.77/30.62	52.23
	31	0.36	305.82/32.67	48.72
	33	0.36	307.04/33.89	45.60
$y=9.0$	25	0.30	301.56/28.41	61.34
	28	0.32	303.53/30.38	55.10
	31	0.32	305.57/32.42	49.64
	33	0.34	306.81/33.66	46.63
$y=36.3$	25	0.27	301.68/28.53	64.74
	28	0.27	303.70/30.55	55.77
	31	0.28	305.64/32.49	49.58
	33	0.29	306.96/33.81	46.36

续表 1

典型剖面位置/m	送风温度/℃	空气特征参数的断面平均值		
		速度/(m/s)	温度/(K / ℃)	相对湿度/%
$z=2.2$	25	0.36	301.67/28.52	61.98
	28	0.36	303.65/30.50	54.93
	31	0.35	305.60/32.45	49.91
	33	0.35	306.86/33.71	47.46
$z=8.8$	25	0.24	301.81/28.66	62.19
	28	0.24	303.78/30.63	55.14
	31	0.24	305.74/32.59	50.00
	33	0.25	307.01/33.86	46.70

3.2 不同送风流量条件下的结果分析

为了研究不同送风流量条件下，室内环境不同典型剖面条件下的速度场、温度场和湿度场分布，以及围护结构内壁表面的结露情况，设置如下计算工况：送排风口中心高度为 4.4 m（第 2 类气流组织）；送风温度为 31 ℃；送风流量分别为 19 440 m^3/h、38 880 m^3/h 和 58 320 m^3/h，每个送风口的送风流速分别为 1 m/s、2 m/s 和 3 m/s；外墙外壁面为绝热边界，内墙外壁面均为 10 ℃。

3.2.1 围护结构结露特性

图 4 给出了不同送风流量条件下，所有围护结构墙体内壁面温度以及近壁面空气露点温度的变化。从图 4 中可以看出，随着送风流量的增大，墙体内壁面温度变化不显著，但近壁面空气的露点温度变化显著降低；当送风流量不小于 58 320 m^3/h 时才可以有效防止内墙 2 内壁面发生结露；当送风流量不小于 38 880 m^3/h 时才可以有效防止外墙内壁面发生结露；当送风流量不小于 52 000 m^3/h 时才可以有效防止内墙内壁面发生结露。

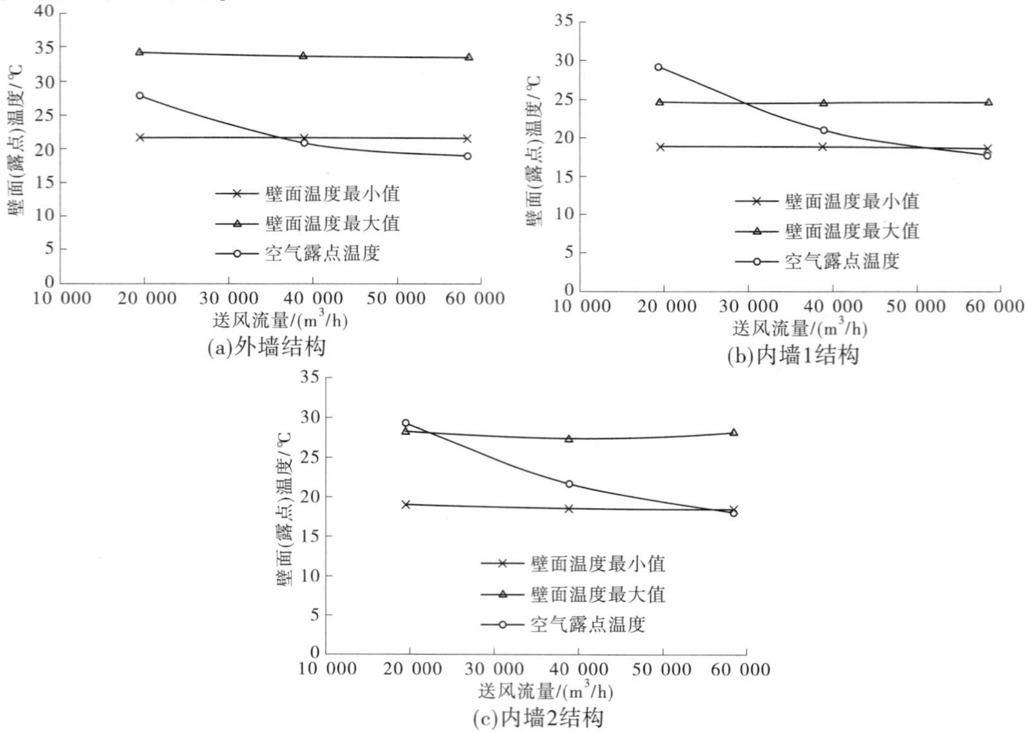

图 4 不同送风流量条件下围护结构的结露特性

3.2.2　速度场、温度场和湿度场的分布

表 2 给出了不同送风流量条件下，x 向、y 向和 z 向典型剖面的速度、温度和湿度的变化规律。对比不同送风流速条件下的计算结果可以看出，随着送风流速的增大，空气的速度增大，温度略微降低，相对湿度显著减小。

表 2　不同送风流量条件下典型剖面的空气特征

典型剖面位置/m	送风流速/(m/s)	空气特征参数的断面平均值		
		速度/(m/s)	温度/(K/℃)	相对湿度/%
x=2.2	1	0.29	305.96/32.81	81.43
	2	0.32	305.28/32.13	53.88
	3	0.39	305.19/32.04	43.26
x=16.3	1	0.34	306.46/33.31	71.75
	2	0.36	305.82/32.67	48.72
	3	0.37	305.47/32.32	43.87
y=9.0	1	0.24	306.31/33.16	77.19
	2	0.32	305.57/32.42	49.64
	3	0.42	305.24/32.09	41.20
y=36.3	1	0.24	306.14/32.99	75.01
	2	0.28	305.64/32.49	49.58
	3	0.34	305.40/32.25	42.47
z=2.2	1	0.33	306.21/33.06	75.04
	2	0.35	305.60/32.45	49.91
	3	0.38	305.36/32.21	42.87
z=8.8	1	0.22	306.46/33.31	74.89
	2	0.24	305.74/32.59	50.00
	3	0.30	305.47/32.32	41.68

3.3　不同气流组织条件下的结果分析

为了研究不同气流组织条件下围护结构内壁表面的结露情况，设置如下计算工况：送风温度为 31 ℃；送风流量为 38 880 m^3/h，即每个送风口的送风流速均为 2 m/s；外墙外壁增设保温层热阻值为 3 m^2 · ℃/W；内墙外壁面的温度分别设定为 15 ℃；第 1~3 类气流组织形式的送风管底高均为 4.1 m，排风管底高分别为 0.5 m、4.1 m 和 13.4 m；第 4~6 类气流组织形式的送风管底高均为 0.5 m，排风管底高分别为 0.5 m、4.1 m 和 13.4 m。

图 5~图 7 给出了不同气流组织条件下，所有围护结构墙体内壁面温度以及近壁面空气露点温度的变化。从图中可以看出，第 1~3 类气流组织条件下，所有围护结构墙体内壁面温度均高于近壁面空气的露点温度，故内壁面均不会发生结露现象；第 4~6 类气流组织条件下，仅有外墙结构的内壁面温度高于其近壁面空气露点温度，故在所有内墙结构内壁面均会发生结露；相同排风口高度条件下，随着送风口高度的降低，墙体内壁面温度变化不显著，而近壁面空气露点温度会增大，故会增加墙体内壁面结露的可能性；相同送风口高度条件下，不同排风口高度对墙壁内壁面温度和近壁面空气露点温度的影响均

不显著。

表 3 给出了不同气流组织条件下,所有围护结构墙体内壁面温度和室内环境参数的计算结果。从表 3 中数据可以看出,不同气流组织形式对壁面温度和室内环境空气温度的影响不显著;但送风口高度较低时,室内环境空气的相对湿度较高。

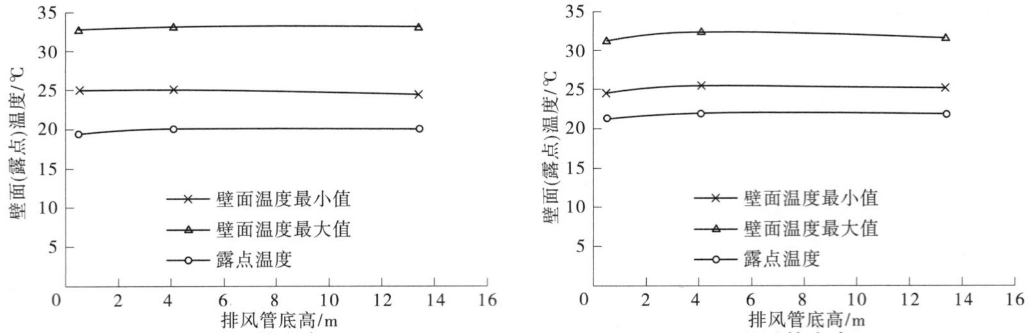

(a)送风管底高4.1 m　　(b)送风管底高0.5 m

图 5　外墙的壁面温度及露点温度的变化

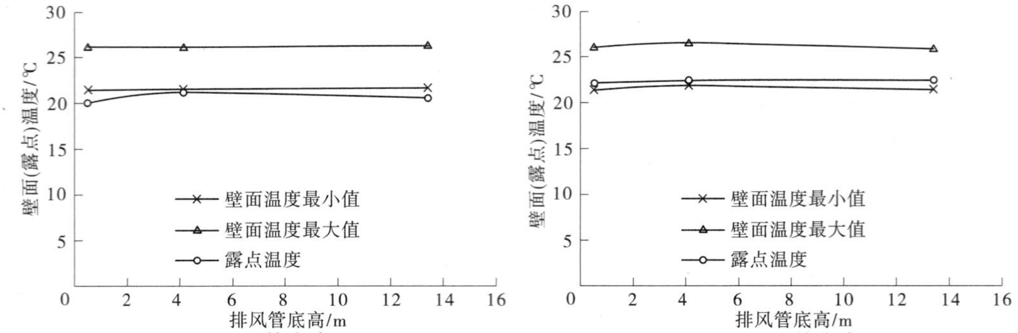

(a)送风管底高4.1 m　　(b)送风管底高0.5 m

图 6　内墙 1 的壁面温度及露点温度的变化

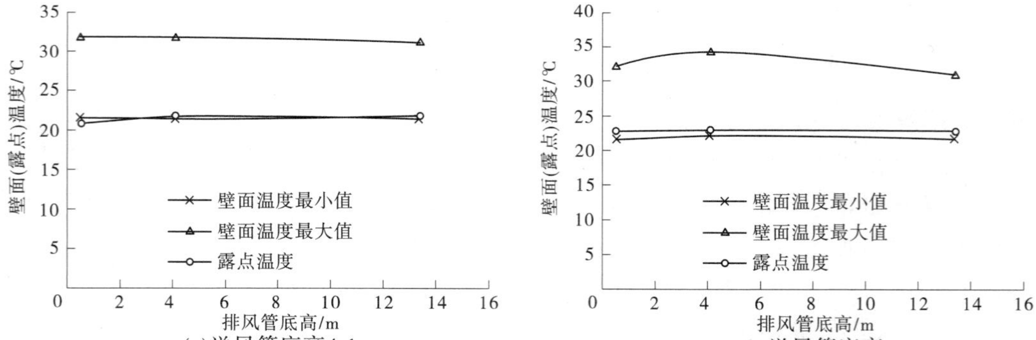

(a)送风管底高4.1 m　　(b)送风管底高0.5 m

图 7　内墙 2 的壁面温度及露点温度的变化

表3　不同气流组织条件的计算结果

气流组织	墙体内壁面温度/℃			室内环境空气特性	
	外墙	内墙1	内墙2	温度/℃	相对湿度/%
1类	30.51	25.36	27.27	32.84	46.06
2类	30.87	25.39	27.26	33.03	47.82
3类	30.83	25.54	27.28	32.93	47.78
4类	30.35	25.07	27.43	32.34	53.49
5类	31.50	25.95	28.28	33.68	51.31
6类	30.73	25.26	27.53	32.73	53.26

4　结　论

本文采用三维数值模拟方法对某湿热工业厂房的通风系统展开研究，分析了通风系统的送风温度、送风流量及气流组织形式等因素对围护结构结露特性和室内空气的速度、温度和湿度分布的影响，获得如下主要研究结论：

（1）室内空气露点温度越高，且围护结构内壁面温度越低，结构内壁表面越容易产生结露。

（2）影响室内空气露点温度的主要因素为送风流量和气流组织形式，且随着送风流量增大，近壁面空气的露点温度显著降低。当通风系统排风口高度相同时，随着送风口高度的降低，近壁面空气露点温度增大。

（3）影响围护结构内壁面温度的主要因素为送风温度，且随着送风温度的增大而增大。

参考文献

[1] 裴念强，胡松涛，王刚. 某宾馆游泳馆结露问题的综合治理[C]//全国暖通空调制冷2004年学术年会资料摘要集(1). 2004.
[2] 焦俊军. 高温高湿高大厂房围护结构结露研究[D]. 长沙：湖南大学，2009.
[3] 白莉，刘晔，姜志刚. 不结露条件下建筑外墙传热系数的确定及结露问题的探讨[J]. 吉林建筑大学学报，1997(2)：19-22.
[4] 魏文宇，刘筱屏. 游泳馆空调气流组织方式分析[J]. 暖通空调，2004，34(9)：65-67.
[5] 曾剑龙，林坤平，江亿. ETFE膜结构在游泳馆工程应用中的防结露分析[C]//全国建筑物理学术会议. 2004.
[6] 王美燕. 浙江省公共建筑围护结构节能设计评价[D]. 杭州：浙江大学，2007.
[7] 支军，杨国忠，余俊祥，等. 室内游泳馆冬季防结露设计分析[J]. 暖通空调，2006，36(1)：80-84.
[8] 赵金辉. 贴附射流方法解决寒区游泳馆结露问题的模拟研究[D]. 哈尔滨：哈尔滨工业大学，2006.
[9] 杨岑，赵顺安，李陆军，等. 湿热环境建筑围护结构的结露特性研究[J]. 中国水利水电科学研究院学报，2018，16(4)：7.

外部爆炸对鼓风式机械通风冷却塔内组件影响数值研究

朱　晴[1]　辛文军[2]　宋小军[1]　罗丽娟[2]　岳信一[2]　李陆军[1]

(1. 中国水利水电科学研究院,北京　100038;
2. 深圳中广核工程设计有限公司,广东深圳　518172)

【摘　要】 为确保鼓风式机械通风冷却塔受到外部爆炸冲击后仍保持正常运行,本文建立了外部爆炸冲击波随时间变化的条件下鼓风式机械通风冷却塔及其内部组件的三维数值模型,研究了不同时刻的冷却塔内部流场分布,分析了压力和温度变化对填料、风机的影响。结果表明,爆炸 100 ms 后冲击波覆盖整个冷却塔区域,在 60 ms 时冷却塔内压力达到峰值(约为 3.1×10^4 Pa),填料存在被顶翻的危险,应采取加固措施。爆炸后风机壳体主要受到由外向内的挤压力,峰值约为 28 000 Pa;风机叶片断面平均流速峰值约为 140 m/s。爆炸后空气温度最高至 42 ℃,对运行没有影响。研究结果可为后续设立抗爆防护措施提供依据。

【关键词】 爆炸冲击波;流场;机械通风冷却塔;数值模拟

1　引　言

随着近年全球范围的恐怖爆炸袭击陆续发生,军事建筑及有重要经济作用的公共建筑极易成为恐怖爆炸袭击的目标[1-2]。美国的“911”事件使人们意识到包括核电站在内的重要建筑物都有可能成为恐怖分子的袭击对象[3]。如果恐怖袭击造成核电站内放射性物质释放,对人员和环境造成的危害可能与切尔诺贝利核事故相当,甚至更严重[4]。

核电厂冷却系统的正常运行对反应堆的安全至关重要。内陆或临海核电厂,受制于厂址条件,重要厂用水系统一般采用鼓风式机械通风冷却塔。因此,厂区内爆炸发生后鼓风式机械通风冷却塔安全问题是设计研究所面临的新课题。

爆炸载荷作为一种偶然载荷,一旦发生,危害不容小觑。爆炸冲击波会对冷却塔的结构造成破坏。对结构的影响因素较复杂,与结构自身特点和入射冲击波的特性(超压、动压、衰减和持续时间)密切相关[5]。刘立威等[6]比较了外部局部爆炸载荷和导弹打击等工况下形成的超压冲击波对冷却塔支撑柱的破坏数量。大当量炸药的爆炸冲击波对塔筒的破坏较弱而对支柱破坏力很强[7]。

爆炸冲击波同时也会对内流场产生影响,威胁电厂冷源安全。众多学者对爆炸冲击波的传播特性[8-9]和分布规律[10-11]进行了研究。爆炸产生的压力波在有限空间内大部分时间以平面波形式往复运动[12]。程浩力等[13]通过实验研究,发现在有限空间内冲击波出现反射、反冲及叠加现象,压力震荡导致空间内长时间保持超高压状态。

郑丹等[14]对比了甲烷爆炸时,实验和 fluent 数值模拟得到的压力和速度分布特征,二者可以较好地吻合。通过数值模拟的方法,夏微等[15]证实了首次流速峰值与首次超压峰值呈现正比关系。Jiang 等[16]对半封闭空间爆炸进行模拟,随点火源距离的增加,冲击波形成的峰值超压和最大气体速度逐渐

基金项目:水基本科研(01882102)
作者简介:朱晴(1995—),女,硕士,工程师,主要从事冷却塔工艺研究工作。
通信作者:李陆军(1981—),男,博士,正高级工程师,主要从事冷却塔工艺研究工作。

增加。

当爆点周围有隔墙时或其他障碍物时，冲击波绕射和超压分布规律更为复杂[17]。因此，外部爆炸发生时，对正在运行的冷却塔内部组件（填料、风机叶片和风机外壳）产生的破坏难以预测。

目前，外部爆炸对冷却塔内组件影响的研究少见报道。为此，本文以鼓风式机械通风冷却塔为研究对象，开展外部爆炸冲击波对塔内组件影响的研究，分析了爆炸后填料区、风机叶片和风机外壳的压力场和温度场，评估其可能的破坏效果，为后续设立抗爆防护措施提供依据。

2 研究对象

本文研究对象为鼓风式机械通风逆流冷却塔，见图1。冷却塔单元格尺寸6 m×6 m，冷却塔的顶部标高为18.5 m，出口为长方形。冷却塔的进风口设有风机机房（机房墙壁厚度为1.0 m），进风口高度为2.8 m，由入口至平面网的流道宽度为2.0 m，风机入口距离防飞射物网面距离为3.86 m。风机外壳尺寸直径为3.45 m，风机叶片长度为1.4 m，风机出口直径为3.74 m。

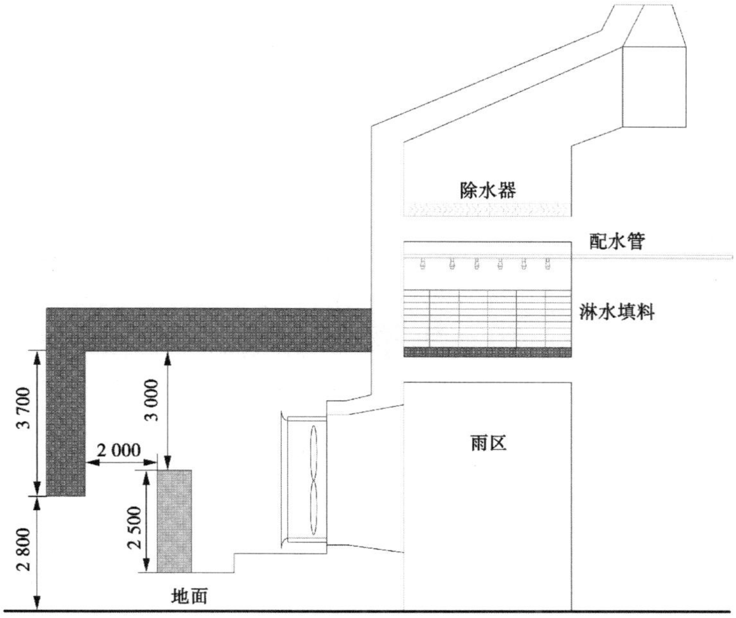

图1 冷却塔布置图及尺寸 （单位：mm）

3 数学模型

3.1 控制方程

爆炸模型的控制方程如下。

连续方程：

$$\frac{\partial\rho}{\partial t}+\nabla\cdot(\rho\boldsymbol{V})=S_m \tag{1}$$

动量方程：

$$\frac{\partial(\rho\boldsymbol{V})}{\partial t}+\nabla\cdot(\rho\boldsymbol{VV})=-\nabla\cdot p+\nabla\cdot(\bar{\bar{\tau}})+\rho g+\boldsymbol{F} \tag{2}$$

能量方程：

$$\frac{\partial(\rho E)}{\partial t}+\nabla\cdot(\boldsymbol{V}(\rho E+p))=\nabla\cdot\left(\frac{\mu_t}{\sigma}\nabla T-\sum h_j\boldsymbol{J}_j+(\overline{\overline{\tau_{eff}}})\right)+S_h \tag{3}$$

气体状态方程：

$$\frac{p_0}{p} = \exp\left(\frac{\int_T^{T_0} \frac{C_P}{T} \mathrm{d}T}{R}\right) \tag{4}$$

当 C_P 为常数时

$$\frac{p_0}{p} = \left(1 + \frac{\gamma - 1}{2} M^2\right)^{\gamma/(\gamma-1)} \tag{5}$$

$$\frac{T_0}{T} = 1 + \frac{\gamma - 1}{2} M^2 \tag{6}$$

对于可压缩流动，理想气体定律：

$$\rho = \frac{p_{op} + p}{\frac{R}{M_W} T} \tag{7}$$

湍流方程：

$$\frac{\partial}{\partial t}(\rho K) + \frac{\partial}{\partial x_i}(\rho K \boldsymbol{V}_i) = \frac{\partial}{\partial x_j}\left[\left(\mu + \frac{\mu_t}{\sigma_K}\right)\frac{\partial K}{\partial x_j}\right] + G_K + G_b - \rho\varepsilon - Y_M + S_k \tag{8}$$

$$\frac{\partial}{\partial t}(\rho\varepsilon) + \frac{\partial}{\partial x_i}(\rho\varepsilon \boldsymbol{V}_i) = \frac{\partial}{\partial x_j}\left[\left(\mu + \frac{\mu_t}{\sigma_\varepsilon}\right)\frac{\partial \varepsilon}{\partial x_j}\right] + C_{1\varepsilon}\frac{\varepsilon}{k}(G_K + C_{3\varepsilon}G_b) - C_{2\varepsilon}\rho\frac{\varepsilon^2}{k} + S_\varepsilon \tag{9}$$

式中，ρ 为密度，kg/m^3；$\boldsymbol{V}$ 为速度矢量，m/s；$\bar{\bar{\tau}}$ 为应力，Pa；p 为压强，Pa；g 为重力加速度，m/s^2；$\boldsymbol{F}$ 为侧体力，N/m^3；t 为时间，s；M 为马赫数；γ 为定压比热与定容比热之比；p_{op} 为操作压力；M_w 为分子量；K 为湍流动能；ε 为湍流动能耗散率；湍流常数取值见表 1；μ_t 为湍流黏性系数，表达式如下：

$$\mu_t = \rho C_\mu \frac{K^2}{\varepsilon}, \quad C_\mu = 0.09 \tag{10}$$

表 1　湍流模型常数

C_1	C_2	C_μ	σ_k	σ_ε	σ_t
1.44	1.92	0.09	1.0	1.3	0.9~1.0

3.2　网格划分

本文采用 GAMBiT 网格划分软件建立三维模型，模型采用非结构性网格。计算域为冷却塔内部，填料、风机处网格较细。模型网格见图 2，其中包括风机的外壳、填料区域、风机房、冷却塔出口，网格数量约为 300 万。

3.3　边界条件

本文采用 FLUENT 对鼓风式机械通风冷却塔外部爆炸载荷对流场的影响进行数值模拟研究。冷却塔进口为压力入口边界，压力随时间变化过程如图 3 所示，通过 UDF 模型将其嵌入到计算模型中。冷却塔出口为压力出口边界，风机入口、出口为内部边界，冷却塔壳体和地面都为绝热墙体。填料区域为多孔介质区域。由于爆炸冲击波在冷却塔内部产生的压力为 1 000 Pa 级别，远大于雨区雨滴产生的阻力，以及风机的全压，所以计算模型忽略了风机叶片转动、雨区雨滴的作用。

气象条件为夏季工况（大气压为 1 002 hPa，干球温度 27 ℃，湿球温度 25 ℃），空气为理想可压缩气体，其密度按照空气状态方程进行计算。求解器为三维、非定常、基于密度的隐式求解器，流动方程采用二阶迎风格式进行离散，湍流方程采用一阶迎风格式进行离散。时间步长为 0.1 ms，计算周期为 1 000 ms。

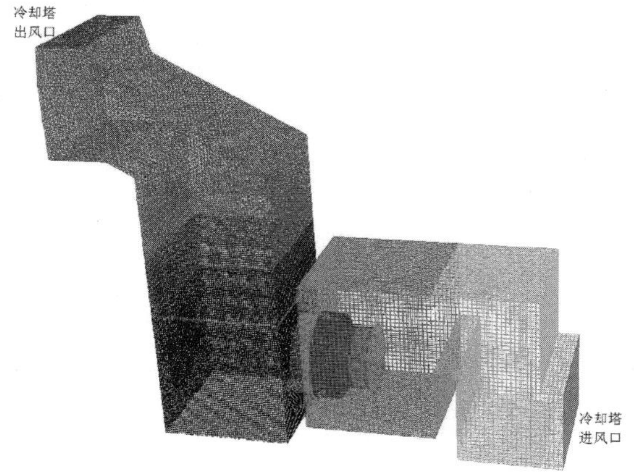

图 2 分析模型中冷却塔的网格

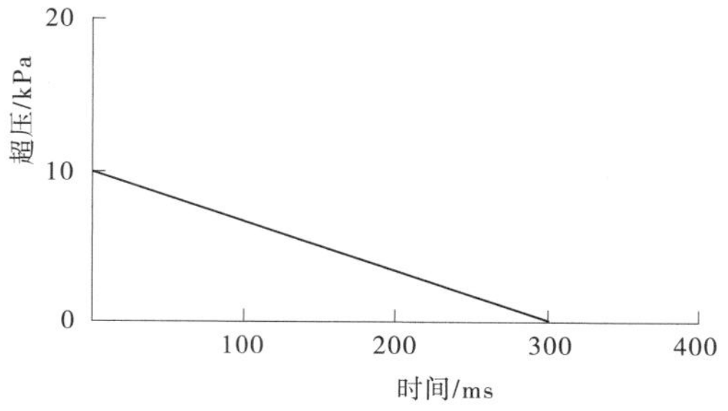

图 3 冷却塔进风口压力随时间变化过程

4 结果分析

4.1 塔内流场分析

爆炸开始后 1 ms 仅对进风口的流场产生影响,瞬间形成的压力高达 1.8×10^4 Pa,空气温度局部升高 10 ℃,速度达到 46.4 m/s,密度升高至 1.28 kg/m^3。爆炸开始后 1~100 ms 的流场见图 4,爆炸影响范围由进风口逐渐扩大至整个冷却塔区域。由于爆炸的冲击形成的高压先增大,后逐渐降低,在 60 ms 时压力最大(约为 3.1×10^4 Pa);空气温度在风机室内的局部高达 40 ℃(升高 13 ℃),风机内风速高达 109 m/s。此时,冲击波刚进入到填料区域。

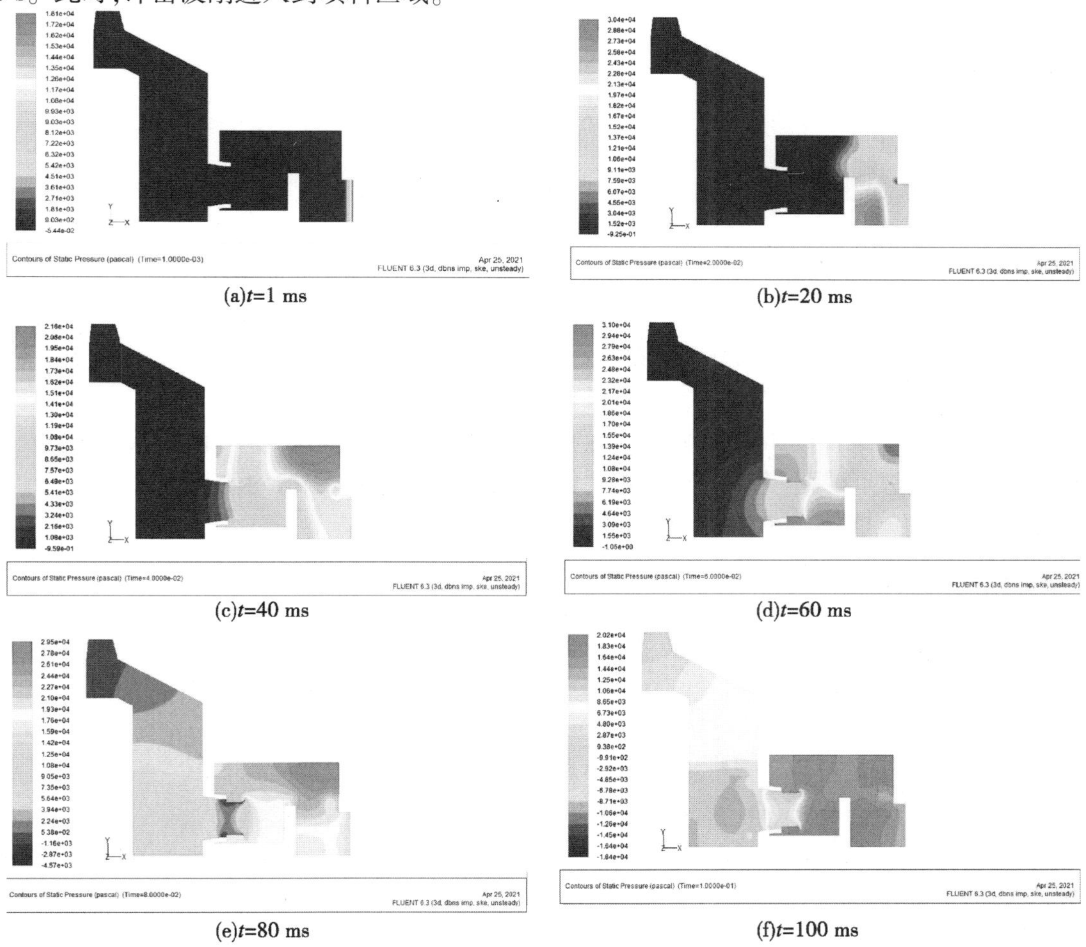

(a)t=1 ms (b)t=20 ms

(c)t=40 ms (d)t=60 ms

(e)t=80 ms (f)t=100 ms

图 4 爆炸后 100 ms 塔内压力场 (单位:Pa)

图 5 给出了爆炸 120~400 ms 的压力场。在爆炸后 120~200 ms 时,爆炸波形成的高压呈波浪式逐渐下降,同时塔内压力剧烈波动,形成的负压最低至-8 000 Pa。200 ms 后压力波动逐渐减弱。

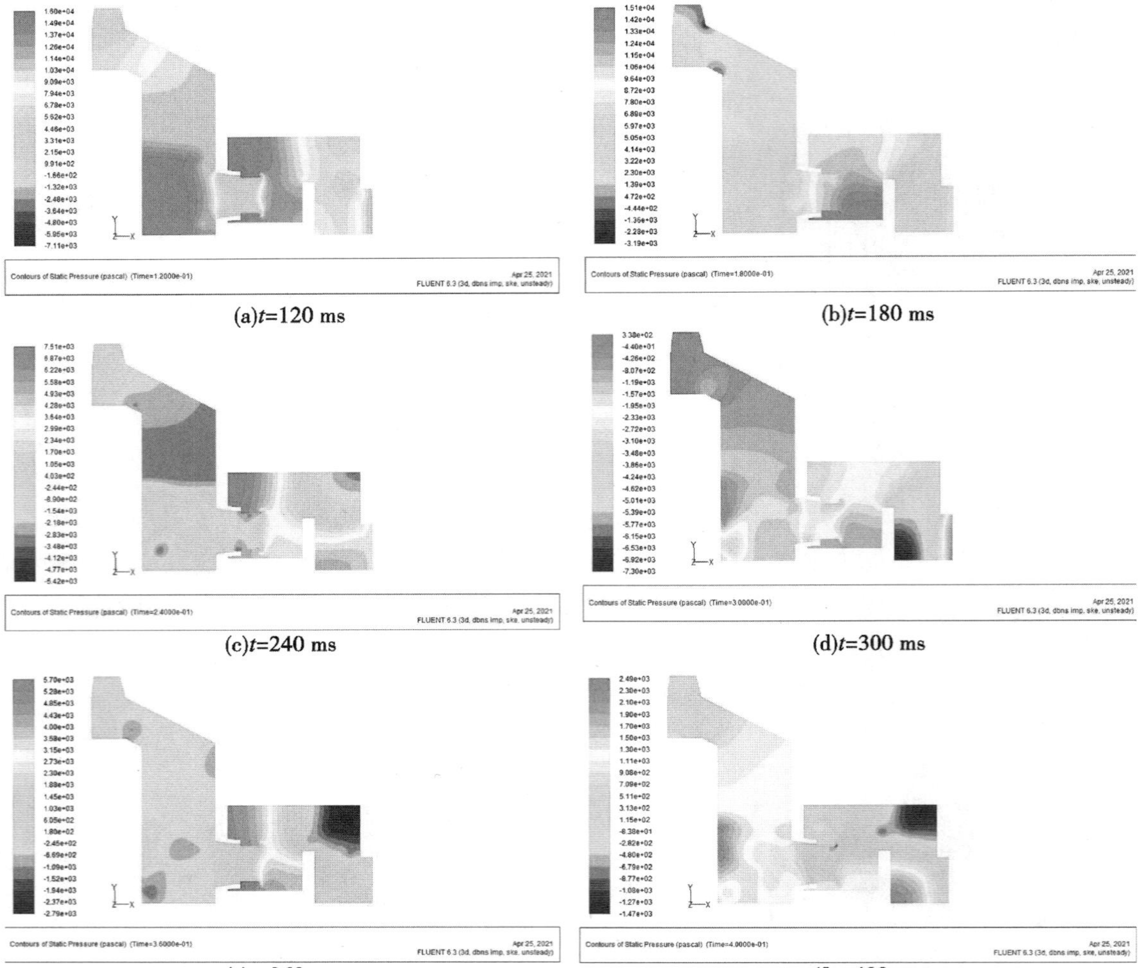

(a)t=120 ms　(b)t=180 ms　(c)t=240 ms　(d)t=300 ms　(e)t=360 ms　(f)t=400 ms

图 5　爆炸后 120~400 ms 塔内压力场　(单位:Pa)

4.2　爆炸对组件影响分析

此处冷却塔组件仅为填料、风机,是冷却塔的核心部件。下述研究爆炸在填料区域、风机叶片和风机外壳产生的压力和温度变化,分析其可能的破坏效果,为后续防护措施提供依据。

4.2.1　填料区域压力和温度变化

图 6 给出了爆炸后填料底部和顶部断面压力变化过程。爆炸冲击波在 t=50~60 ms 时达到填料区域,填料区域的压力快速上升,填料底部的压力大于填料顶部的压力,产生一个向上的推力;在 t=125 ms 时,填料顶部和底部的压力均达到最大值,分别为 11 500 Pa 和 14 800 Pa;t>125 ms 后,压力快速降低,在 t=200 ms 时压力约为 0 Pa;在 200~370 ms 时间段,填料区域形成负压,并在 t=225 ms 时,填料顶部的压力达到最小值,约为-3 500 Pa,由于此时填料底部压力仍较大(约-500 Pa),所以此时冲击对填料的作用力仍为向上推力。

在 t=125 ms 时,填料受到向上推力最大,约为 3 500 Pa,即每平方米受到约 350 kg 的力。以高 1.5 m 的 S 波填料为例, 1 m^2 填料淋水后总质量仅 235 kg,因此爆炸后填料存在被推动的危险,应采取加固措施,例如铁丝网、横杆等进行加固。

爆炸后填料、配水管和收水器等组件附近空气最高温度为 40 ℃(升高 13 ℃),最低温度为 24 ℃(降低 3 ℃)。爆炸导致空气温度变化,对组件的影响较小,可忽略。

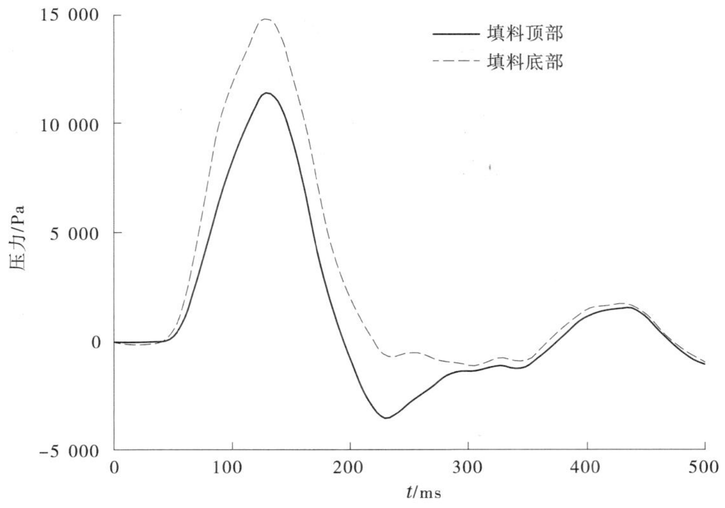

图 6 填料底部和顶部平均压力的变化过程

4.2.2 风机区域压力和温度变化

图 7 给出了爆炸后风机壳体内外的平均压力变化过程。风机壳体外壁面的压力高于壳体内壁面。在 t=60 ms 时,风机壳体外壁面和内壁面压力达到最大值,分别为 27 000 Pa 和 12 500 Pa;之后压力逐渐下降,并小幅波动。

大部分时间内,壳体外壁面压力都大于壳体内壁面压力,仅在 t=140~160 ms 的较短时间段壳体内壁面压力较大(峰值约为-5 000 Pa),因此风机壳体主要是受到由外向内的挤压力。在 t=90 ms 时挤压力达到最大,约为 28 000 Pa。这表明,为了保证风机壳体不被爆炸产生的挤压力损坏,应使得壳体的抗压力大于 28 000 Pa。

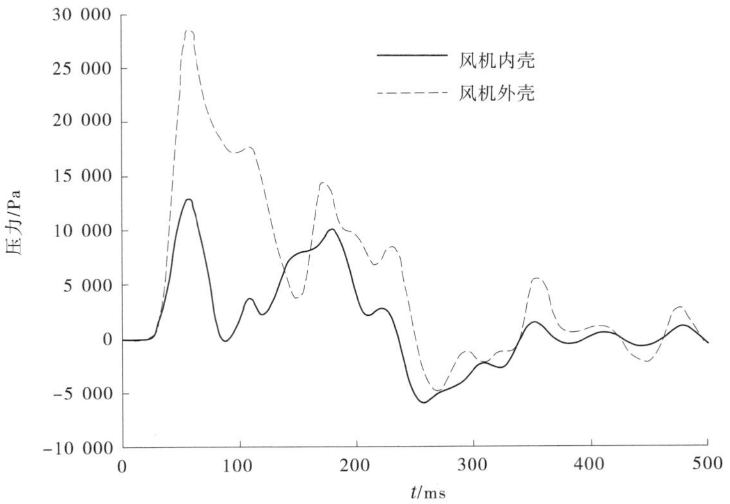

图 7 爆炸后风机壳体内外的平均压力变化过程

为了清晰描述爆炸后风机叶片附近的压力变化,在风机附近设置了 6 个断面,如图 8 所示,其中 fanface-3 为风机叶片位置。图 9 给出了风机叶片及附近断面压力变化过程。风机叶片与其附近断面的压力变化过程基本相同,峰值都是出现在 t=60 ms,且沿气流方向逐渐减小。在风机入口处断面(fanface-1),最大压力达到 19 000 Pa,在风机接近出口断面(fanface-6)的最大压力达到 9 500 Pa。爆炸在风机叶片前后断面产生的压降峰值为 3 500 Pa。

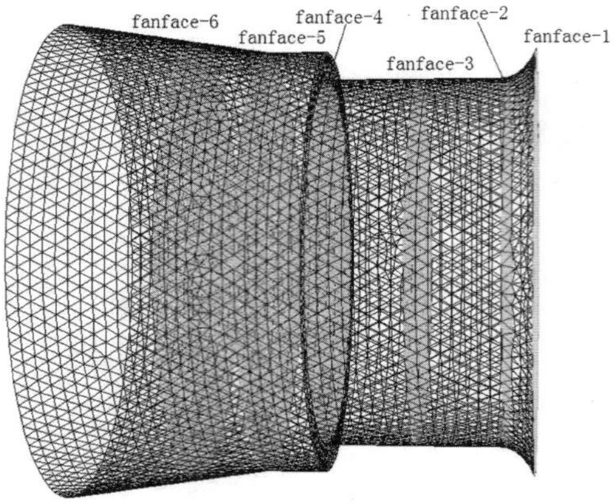

图 8 风机叶片及附近断面位置示意图

图 10 给出了风机叶片及其附近断面流速变化,断面风速峰值达到 140 m/s,爆炸后风机叶片处温度最高至 42 ℃(温升幅度为 15 ℃),对风机叶片没有明显作用。

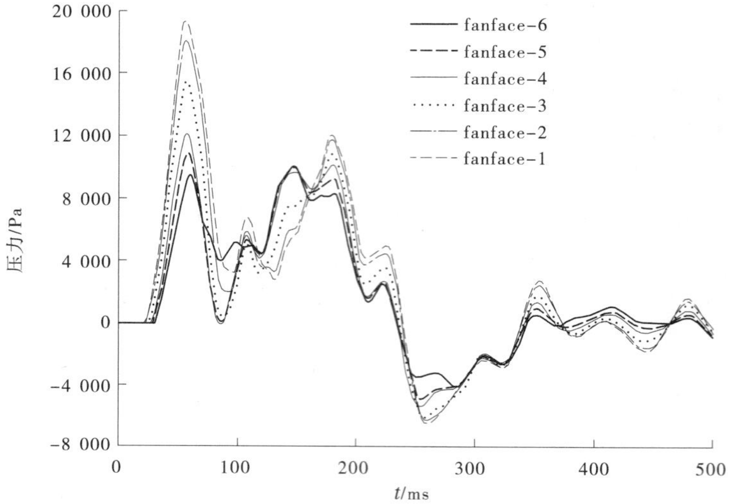

图 9 风机叶片及附近断面压力变化过程

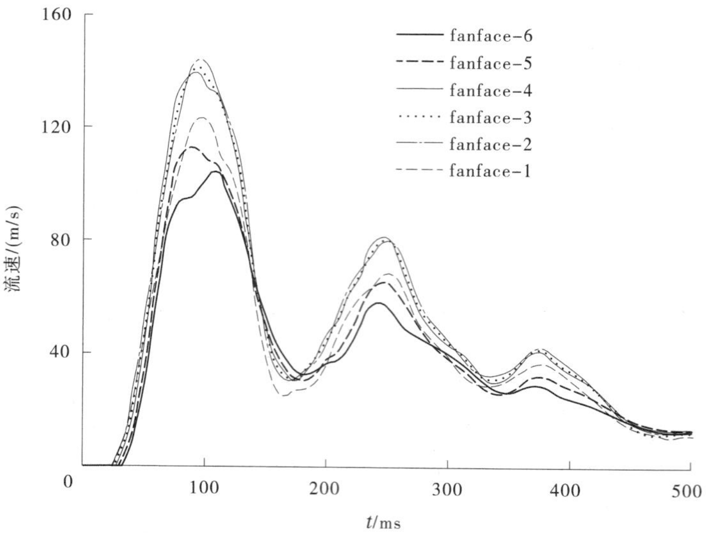

图 10 风机叶片断面流速变化

5 结　论

本文针对鼓风式机械通风冷却塔建立了三维流场非定常数值模型,研究了爆炸发生后塔内流场的变化,并定量的分析了爆炸对塔内填料、风机等组件安全性的影响。主要研究结论如下:

(1)爆炸 100 ms 后冲击波覆盖整个冷却塔区域,在 60 ms 时冷却塔内最高压力值最大(约为 3.1×10^4 Pa),在风机室内的局部高达 42 ℃,在风机内形成的风速高达 109 m/s。

(2)爆炸后填料受到向上推力,峰值约为 3 500 Pa,即每平方米受到 350 kg 的力;填料在爆炸后存在被顶翻危险,应采取加固措施。

(3)爆炸后风机壳体主要是受到由外向内的挤压力,峰值约为 28 000 Pa,设计时应考虑。

(4)爆炸后空气温度变化量在-3~15 ℃,影响较小。

参考文献

[1] 钱七虎,徐更光,周丰峻. 反爆炸恐怖安全对策[M]. 北京:科学出版社,2005.

[2] 田志敏,张想柏,杜修力. 防恐怖爆炸重要建筑物的概念设计[J]. 土木工程学报, 2007, 40(1): 34-41. DOi:10.3321/j. issn:1000-131X. 2007. 01. 006.

[3] 郑启燕,施中齐,王醒宇. 核电站遭受恐怖袭击后可能的环境影响[J]. 环境保护,2004(5):51-54. DOi:10. 3969/j. issn. 0253-9705. 2004. 05. 012.

[4] Helmut Hirsch. Danger to German Nuclear Power Plants from Crashes by Passenger Aircraft. Greenpeace international, Hamburg, 2001. http://www. antenna. nl/wise/terrorism/112001gre. html.

[5] 朱正洋. 爆炸荷载作用下大型双曲线型壳体结构动力响应分析[D]. 西安:西安建筑科技大学. DOi:10. 7666/d. d191504.

[6] 刘立威,汤东升. 偶然荷载作用下核电站超大型冷却塔倒塌的数值仿真分析[J]. 武汉大学学报(工学版),2012(S1):198-201.

[7] 李毅,林峰,顾祥林,等. 爆炸荷载作用下核电厂超大型冷却塔的倒塌模拟分析[C]//第二届建筑结构抗倒塌学术交流会论文集. 2012:264-271.

[8] 江丙友,林柏泉,朱传杰,等. 瓦斯爆炸冲击波在采煤工作面巷网中传播特性的数值模拟[J]. 煤炭学报,2011,36(6):968-972.

[9] 高佳丽. 不同类型管道内瓦斯爆炸冲击波传播特性数值模拟研究[D]. 阜新:辽宁工程技术大学,2017.

[10] 高建丰,杜扬,蒋新生,等. 油气爆炸冲击载荷对金属油罐断裂损伤的模拟实验研究[J]. 中国储运, 2016(3):129-134.

[11] 陈超,周利坤. 汽车油罐车爆炸燃烧特性的数值模拟分析[J]. 安全与环境工程, 2016,23(6):148-159.

[12] 王勇,周利坤,张颖,等. 运油罐车尾部遭撞击爆炸燃烧传播机理分析研究[J]. 西安理工大学学报, 2021,37(1):78-82,121. DOi:10. 19322/j. cnki. issn. 1006-4710. 2021. 01. 011.

[13] 程浩力,李睿,刘德俊. 管道燃气爆炸特性实验研究[J]. 中国安全生产科学技术,2010,6(4):23-27. DOi:10. 3969/j. issn. 1673-193X. 2010. 04. 005.

[14] 郑丹,李孝斌,郭子东,等. 甲烷爆炸火焰传播机理实验及数值模拟[J]. 消防科学与技术,2014, 33(7):725-728.

[15] 夏微,高魁,乔国栋. 综合管廊燃气舱燃气爆炸冲击波传播特征研究[J]. 中国安全生产科学技术,2021,17(2):84-90. DOi:10. 11731/j. issn. 1673-193x. 2021. 02. 013

[16] Bingyou Jiang, Mingyun Tang, Shulei Shi. Multiparameter acceleration characteristics of premixed methane/air explosion in a semi-confined pipe[J]. Journal of Loss Prevention in the Process industries, 2017, Volume 49, Part B, 139-144.

[17] 张晓伟,张浩,杨茂林,等. 隔爆墙后爆炸冲击波绕射与超压分布规律[J]. 北京理工大学学报, 2021,41(4):372-379.

模块式节水消雾型冷却塔性能测试及分析

宋志勇　黄春花

(中国水利水电科学研究院,北京　100038)

【摘　要】 模块式节水消雾型冷却塔是近些年出现的一种新型节能环保型冷却塔,该塔与原有湿式冷却塔相比,一方面降低出塔空气在塔出口凝结形成白雾的发生程度,起到消白效果;另一方面冷凝模块中出塔湿热空气遇到干冷空气发生冷凝形成液滴落回塔内,具有节水作用。本文以某一模块式节水消雾型冷却塔性能实测案例,说明其测试计算方法及运行效果。

【关键词】 模块式;节水消雾;消雾指数;节水率

1　引　言

火核电厂及石化企业会配套使用大量冷却装置用于系统的循环水冷却。湿式冷却塔因其冷却效率高成为一种常用冷却设备。其中,逆流式机力通风冷却塔又得到广泛应用。近年来,由于国家在节能及环保要求方面日益提高,出现了一种新型模块式节水消雾型冷却塔,其应用越来越多。了解其相关性能及技术特点,对该类型塔在我国的推广应用具有重要意义。

2　项目介绍

某化工厂配套建设了多台 5 000 m^3/h 消雾冷却塔,为考核冷却塔消雾节水性能是否达到设计要求,2022 年冬季对其中一台塔进行了消雾节水性能测试。冷却塔主要设计参数见表 1。

表 1　冷却塔主要设计参数

基本参数	单塔处理水量(m^3/h)	5 000
	设计进出水温差/℃	10
	塔尺寸(m×m)	20×20
	风量(m^3/h)	3 100 000
	配套电机/kW	250
设计消雾点	大气压 /kPa	100.4
	进塔空气干球温度/℃	5.0
	相对湿度/%	60
	消雾效果	少雾型

2.1　测试依据及测试参数

测试依据和参考《消雾节水型冷却塔验收测试规程》(T/CECS 517—2018)[1]、《冷凝式消雾节水冷却塔验收测试规程》(T/HGJ 11800—2022)[2]及《工业冷却塔测试规程》(DL/T 1027—2006)[3]等相关标准进行。测试参数包括:环境气象参数(风速、风向、大气压),进塔空气干球、湿球温度,进塔水量,进塔、出塔水温,塔出口空气干球、湿球温度,塔出口空气速度,塔筒出口总通风量,冷凝模块区进风量。其中,环境气象、进出塔空气干湿球温度、进塔水量、进出塔水温、塔出口空气速度参数是用于计算消雾性能的必测参数。

2.2 **测点布置及仪器设备**

冷却塔各参数测点布置图见图1。

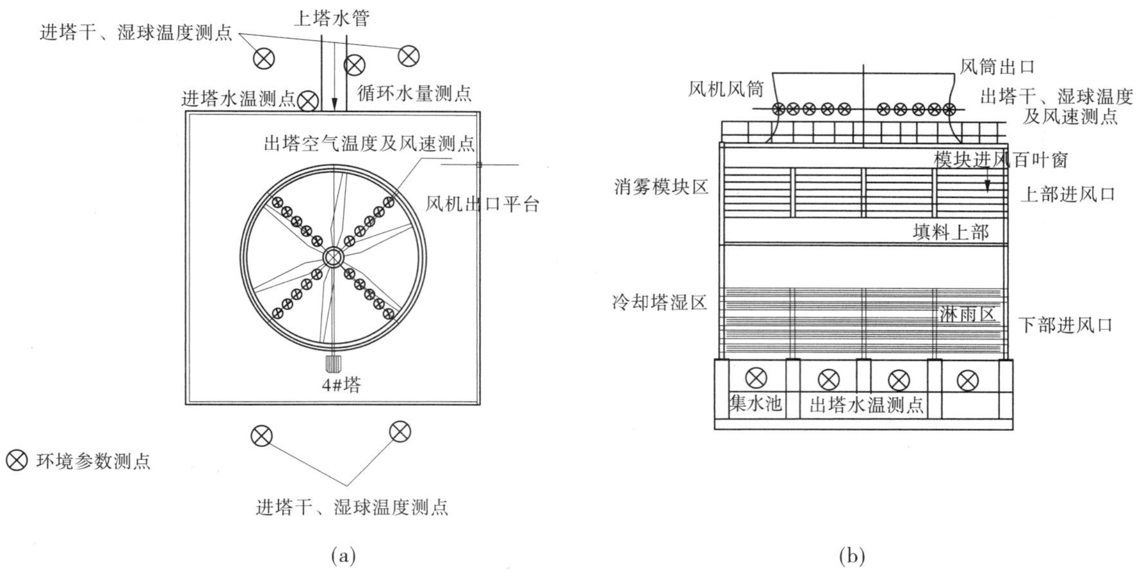

图1 冷却塔测点布置平面及立面示意图

测试所用仪器正常,且在检定有效期内。测试仪器设备包括多功能气象站(气压、风速)、超声波流量计、机械通风干湿表、数字温度计、毕托管及数字微压计等。

2.3 **评价方法**

2.3.1 *消雾指数的计算方法*

根据测试规范,冷却塔消雾效果采用测试数据与冷却塔制造商所提供的一簇消雾运行曲线进行对比的方法进行,即以消雾指数作为消雾性能的评价依据。消雾指数为实测条件下设计出塔空气相对湿度与实测出塔空气相对湿度的比值,以百分比(%)表示,即

$$\mathrm{TPI} = 100 \times \mathrm{Rhgc/Rhm} \tag{1}$$

式中,Rhgc为实测条件下设计出塔空气相对湿度(考虑气压和等焓修正);Rhm为实测出塔空气相对湿度。

当消雾指数大于100%时认为冷却塔消雾性能满足设计要求。

2.3.2 *节水率计算方法*

模块化节水消雾冷却塔的节水率可通过测试从冷却塔湿区排出的出塔湿空气含水量及模块区进塔含水量之和,再与塔出口总的出塔空气含水量进行比较,二者差值即可反映通过模块冷凝所产生的水量,该水量与进出冷却塔湿区含水量的比值即为节水率。其计算表达式如下:

$$\eta_w = \frac{G_{uin}\chi_{uin} + G_{din}\chi_{fout} - G_{out}\chi_{out}}{G_{din}(\chi_{fout} - \chi_{din})} \times 100 \tag{2}$$

式中,η_w为节水率(%);G_{uin}为上部进塔空气质量,kg/h;G_{din}为下部进塔空气质量,kg/h;G_{out}为消雾塔出口空气质量,kg/h;χ_{uin}为上部进口空气含湿量,kg/kg(DA);χ_{din}为下部进口空气含湿量,kg/kg(DA);χ_{fout}为出填料空气含湿量,kg/kg(DA);χ_{out}为消雾塔出口空气含湿量,kg/kg(DA)。

3 测试结果

测试期间,冷却塔在设计水量下运行,环境气象及各主要参数数值及波动幅度也符合规范要求,测试数据可作为计算与评价其性能的依据。主要参数测试结果见表2。

表 2 主要参数测试结果

环境风速/(m/s)	大气压力/hPa	环境干球/℃	环境湿球/℃	进塔干球/℃	进塔湿球/℃	进塔水温/℃	出塔水温/℃	水温差/℃	循环流量/(m^3/h)
2.5	1 023.9	7.6	0.9	7.8	1.0	31.0	23.2	7.8	5 016

3.1 消雾指数计算结果

根据消雾指数的计算方法,绘制出塔空气扩散实测与设计特性曲线对比图,见图 2。图中出塔空气扩散设计特征曲线在实测特征曲线之上,说明消雾性能符合设计要求,其消雾指数计算结果见表 3。

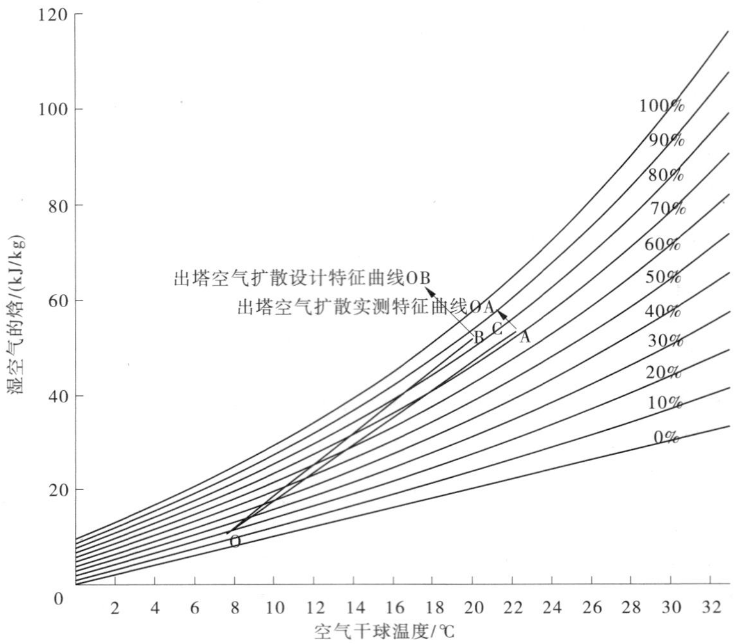

图 2 实测与设计消雾特性曲线计算对比图

表 3 消雾指数计算结果

大气压力/hPa	循环流量/(m^3/h)	进水温度/℃	出水温度/℃	水温差/℃	环境干球温度/℃	环境湿球温度/℃	环境空气湿度
1 023.9	5 016	31.0	23.2	7.8	7.6	0.9	0.189
实测出塔干球平均/℃	实测出塔湿球平均/℃	实测出塔空气湿度	设计出塔干球/℃	设计出塔湿球/℃	设计出塔空气湿度	等焓修正设计出塔空气湿度	消雾指数/%
22.2	18.9	0.720	20.0	18.4	0.858	0.840	116.7

被测塔实测工况下的消雾指数为 116.7%,满足规范大于 100%的考核标准。

3.2 节水率计算结果

根据规范中的节水率计算方法,分别计算塔各区域的通风量,再根据各空气温湿度条件计算各空气状态参数,汇总如表 4 所示。其中,冷却塔下部填料区出口的含湿量根据冷却塔湿区热平衡进行计算获得。据此,计算节水率 $\eta_w = 20.3\%$。

表4　进出塔空气状态参数汇总

序号	名称	体积流量/(m^3/h)	干空气质量/(kg/h)	干球温度/℃	湿球温度/℃	干空气密度/(kg/m^3)	含湿量/[g/kg(DA)]
1	下部进风口	—	1 418 219	7.8	1.1	1.266	1.26
2	上部进风口	1 811 520	2 293 384	7.8	1.1	1.266	1.26
3	风筒出口空气	3 134 800	3 711 603	22.2	18.9	1.184	12.12
4	填料区出口	—	1 418 219	—	—	—	36.94

4　结　论

依据《消雾节水型冷却塔验收测试规程》(T/CECS 517—2018)及《冷凝式消雾节水冷却塔验收测试规程》(T/HGJ 11800—2022),对某模块化消雾节水型冷却塔性能进行测试。测试结果表明,在设计合理及运行正常条件下冷却塔的消雾性能满足设计要求,节水效果也较好,说明该类型冷却塔在我国适宜地区有广阔的应用发展前景。

参考文献

[1] 中国工程建设标准化协会. 消雾节水型冷却塔验收测试规程:T/CECS 517—2018[S]. 北京:中国计划出版社,2018.
[2] 中国石油和化工勘察设计协会. 冷凝式消雾节水冷却塔验收测试规程:T/HGJ 11800—2022[S]. 北京:科学技术出版社,2022.
[3] 国家发展和改革委员会. 工业冷却塔测试规程:DL/T 1027—2006[S]. 北京:中国电力出版社,2006.

抽水蓄能电站侧式进水口上部工作桥对漩涡流态的影响及其改进措施研究

柳海涛[1] 李广宁[1] 刘伯承[2] 孙双科[1] 郑铁刚[1] 王丽娟[2]

(1. 中国水利水电科学研究院,北京 100038;
2. 济南大学,山东济南 250022)

【摘 要】 本文根据易县抽水蓄能电站下水库侧式进水口体形,建立1:34的物理模型,采用水下摄像方法系统分析进水口漩涡特性的变化规律。研究表明:在低水位运行时,防涡梁上部工作桥墩之间易形成方腔流动,漩涡进入此区域强度明显增加,形成有害漩涡,因此在工作桥墩外缘增加横向结构梁,阻断漩涡进入路径,是消减漩涡的重要手段。当横向结构梁在水面以下时,表面漩涡依然可以跨过结构梁,进入工作桥墩区域,故横向结构梁应位于水面附近,并且高度上涵盖一定的敏感水位范围,当水位上升超出此范围时,由于淹没深度增大,进水口上部已无有害漩涡生成。进水口淹没 *Fr* 是判断漩涡流态的重要指标,*Fr* 越大漩涡强度越高,但由于进水口体形多样,不出现有害漩涡的临界 *Fr* 缺乏适用性,同时抽水蓄能电站需要频繁地在低水位附近运行,故必须采取消涡措施,保证进水口在高 *Fr* 下安全运行。

【关键词】 抽水蓄能电站;侧式进水口;漩涡流态;消涡梁;物理模型

抽水蓄能电站作为最广泛的储能技术,在承担电网调峰、调相、事故备用,以及与其他可再生能源匹配中起着重要作用。目前,我国抽水蓄能电站多采用侧式进/出水口,如文登、敦化、响水涧、惠州、张河湾、呼和浩特等。由于运行过程中库水位变幅较大,当进水口淹没水深较小时,入流时极易产生有害漩涡[1-2]。进水口前立轴漩涡可分为6大类:1~2类表面凹陷涡,对引水系统危害较小,无须特别防护;3~4类贯通性非挟气涡,属于有害漩涡,对于泵站进水口应避免出现;5~6类贯通性吸气漩涡,这种漩涡危害较大,如减少进流量、引起机组或结构物的振动,降低机组效率,卷吸漂浮物、堵塞或损坏拦污栅等,必须防止该类流态出现[3]。漩涡形成的因素较多,主要包含2个方面:一是淹没深度和入流流速;二是进口流态和边界条件。戈登在总结加拿大29个常规水电站侧式进水口资料的基础上,提出不出现漩涡的最小淹没水深公式,并被广泛采用。在实际工程中发现,即使采用临界淹没水深,甚至增加一定豁余量,仍然不能完全避免进水口前漩涡的产生[4-5]。由于立轴漩涡的产生与惯性力、重力相关,彭尼诺提出了抽水蓄能电站进水口入流 *Fr* 应限制在0.23以下;夏毓常研究发现当进水口 *Fr* 小于0.26时无论淹没水深如何,都不会产生吸气漩涡;实际工程中不同进水口形式,其不出现吸气漩涡的最小 *Fr* 又有所不同[6-7]。在抽水蓄能电站中,为充分发挥水库经济效益,需要保证进水口在死水位时仍不发生有害漩涡,此时进口 *Fr* 明显大于上述临界值,故需要采取专门的消涡措施,其基本的方法包括回流防止法[8]、浮体防止法[9]、进口上部倾斜法[10]、防涡梁栅法[11]等,这些措施从减小环流强度,占据漩涡发生区域,截断涡心流线等途径,达到防涡消涡的目的。对于漩涡问题的研究方法,数值模型通常适用于捕捉大尺度涡,对于进水口漩涡垂向涡管的分辨率不足,且无法模拟漩涡的初生、运动与消亡过程[12-13];物模模型则需要克服水流黏滞性的影响,且多关注漩涡平面特性,以及垂向分布特性[8,14]。因此,本项研究结合易县抽水蓄能电站下水库侧式进水口防涡问题,采用大比尺水工模型,进行进口漩涡类型判别及其消除方法的试验研究,为今后类似工程问题提供参考。

1　模型设计与研究方法

1.1　工程背景

易县抽水蓄能电站位于河北省保定市易县境内，电站额定水头 354 m，总装机容量 1 200 MW。电站下水库正常蓄水位 271 m，死水位 245 m，设计引水流量 164.2 m^3/s。下水库采用侧式进水口，2 孔并列布置，中心线间距 50 m，每个进/出水口设 3 个分流墩，墩宽 1.40 m，将进/出水口分成 4 个流道，流道尺寸为 6.2 m×12 m（宽×高），分流墩墩头为圆弧曲线，进/出水口顶板高程 239.5 m，底板高程 226 m。进水口沿抽水水流方向依次为前池段、防涡梁段、调整段、扩散段、渐变段，全长为 66.22 m。

防涡梁段长 10.22 m，为防止吸气漩涡，顶部共设 4 道断面尺寸为 1.2 m×1.5 m 的防涡梁，梁间距 1.20 m；调整段长 16 m，水平布置，与防涡梁段结合为一体，在二者结合处设置 4 扇一字排列的拦污栅，平均过栅流速 0.82 m/s；扩散段长 40 m，平面为双向对称扩散，总水平扩散角 29.64°，立面为单向扩散，顶板扩散角 5.99°，末端净空为 7.8 m×7.8 m（宽×高）；渐变段长 13 m，为方变圆结构，圆端直径为 7.80 m，采用钢筋混凝土衬砌。在防涡梁段与调整段上部，设有工作桥，桥墩间距与分流墩一致。

1.2　模型试验系统设计

模型试验比尺为 1:34，进水口模型安装在钢水箱内，水箱长宽高尺寸为 12 m×8 m×2 m，距离地面 2.5 m。模型进水口采用双管对称布置，有机玻璃材料制作，模型糙率约为 0.008，相当于原型 0.014 4，量值与钢筋混凝土的糙率较为接近。进水口周围库区地形采用混凝土模拟，底部用多孔砖填充，保证模型泄放水时上下水压力平衡。需要指出的是，进水口上部工作桥墩对于进口流态有一定影响，需要一并模拟。水箱内安装平水栅与放空阀调控库区水位，水箱外置一套正反向供水管路，并配以电磁流量计与调节阀，可模拟发电、抽水、抽发等工况。试验设计示意图见图 1，试验结构与模型安装情况见图 2、图 3。

1.3　漩涡流态研究方法

进水口漩涡流态模型试验结果，受到水流黏滞性与表面张力的影响，分别采用雷诺数与韦伯数进行判别。根据模型比尺，计算得到各工况下模型的 *Re* 与 *We*，见表 1。由表 1 可知，对于漩涡流态试验而言，在库区死水位 245 m 条件下，进水口模型流量需要达到 1.67 倍设计流量以上，此时模型韦伯数大于 120，模型雷诺数大于 3×10^4，模型漩涡流态与原型基本相似[2]。根据设计要求，在死水位 245 m 条件下，进水口 2.5~3.0 倍流量条件下无有害漩涡出现，为此本文针对 1.67~3.0 倍设计流量下，进出水口漩涡流态进行判别，具体工况见表 2。表 2 中引入了进水口淹没 *Fr*，其表达式为

$$Fr = Q/(A\sqrt{gD})$$

式中，Q 为进水口流量；A 为进水口断面面积；D 为进水口淹没深度。

为克服以往水面观测方法容易产生较大偏差的不足，本次试验采用水下摄像头进行了跟踪拍摄，准确记录进水口水流流态与漩涡特性，试验设备见图 4。

表 1　模型 *Re* 与 *We* 的计算结果

死水位/m	流道高度/m	流道宽度/m	防涡梁高程/m	淹没深度/m	设计流量/(m^3/s)	临界流量/(m^3/s)	模型 *Re*/10^4	模型 *We*
245	12	6.2	239.5	5.5	164.2	274.2	25	120

表 2　抽水工况漩涡流态观察试验参考工况

水位/m	淹没深度/m	流道高度/m	流道宽度/m	设计流量/(m^3/s)	单洞流量/(m^3/s)	流量倍数	进口流速/(m/s)	$Re/10^7$	$We/10^5$	Fr
245	5.5	12	6.2	164.2	274.2	1.67	0.92	4.9	1.4	0.50
					410.5	2.5	1.38	7.4	3.13	0.75
					492.6	3	1.66	8.9	4.5	0.90

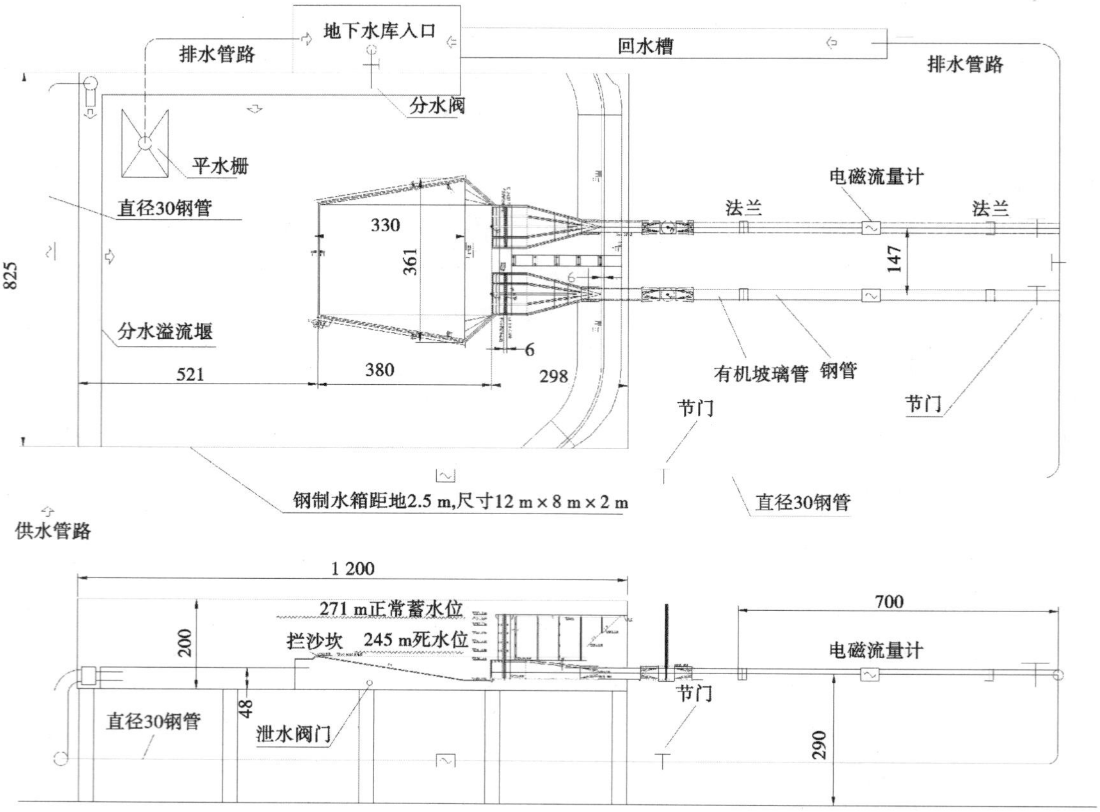

图 1　下水库进/出水口模型安装示意图　(单位:cm)

图 2　下水库进/出水口模型上游视图

图 3　下水库进/出水口顶部工作桥墩

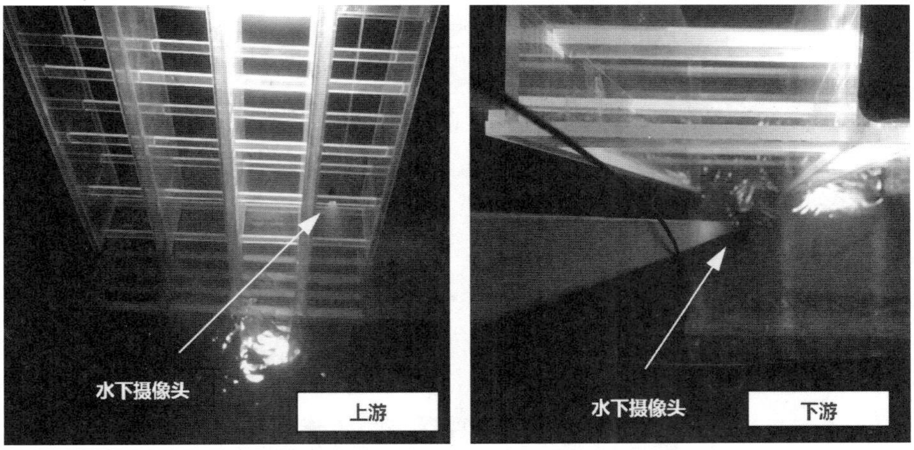

(a)　　　　(b)

图 4　漩涡类型观察试验位置

2　进水口设计方案漩涡流态观察结果

2.1　引水流量对漩涡流态的影响

图 5 为进水口漩涡生成与演变过程示意图,图中阴影部分为工作桥墩截面。试验观察表明,本工程进水口漩涡主要发生于进水口两侧Ⅰ、Ⅳ流道处。其中,在第 1~2 道防涡梁上部,存在初生于桥墩墩头

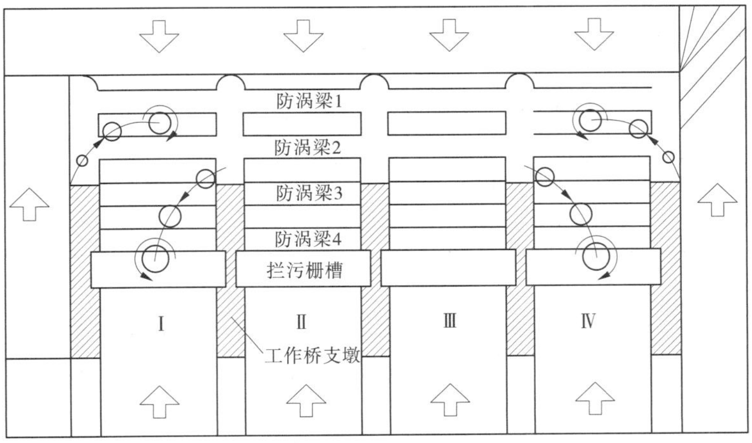

图 5　进水口漩涡生成与演变过程示意图

附近的漩涡，强度相对较弱；在第 3~4 道防涡梁上部，受两侧工作桥墩的影响，在上下游来流的作用下形成方腔流动，当漩涡进入后，强度与规模增加，最后稳定在拦污栅门槽附近。表 3 列出了不同流量条件下漩涡类型划分结果，对应的各类漩涡形态见图 6。试验结果表明：漩涡最终形成位置、强度与进水口流量条件有关。当进水口 $Fr=0.50$ 时，在防涡梁上部工作桥墩之间出现 1~2 类涡，仅水面出现凹陷，漂浮物不会被吸入进水口；当进水口 $Fr=0.75$ 时，在防涡梁上部开始出现 4~5 类涡，摄像仪记录发现有漂浮物及部分气泡被吸入进水口；当进水口 $Fr=0.90$ 时，摄像仪记录发现在防涡梁上部出现 5~6 类涡，气泡吸入的持续时间较长，判定属于贯通性吸气漩涡。

表 3　进水口死水位条件下漩涡类型观察试验结果

流量倍数	Fr	漩涡流态
1.67	0.50	1~2 类涡，表面略有凹陷，漂浮物不会吸入，位于第 3、4 道防涡梁附近
2.5	0.75	4~5 类涡，表面凹陷，部分气泡吸入，位于第 4 道防涡梁附近
3.0	0.90	5~6 类涡，表面凹陷，有气泡吸入，持续时间长，位于拦污栅门槽附近

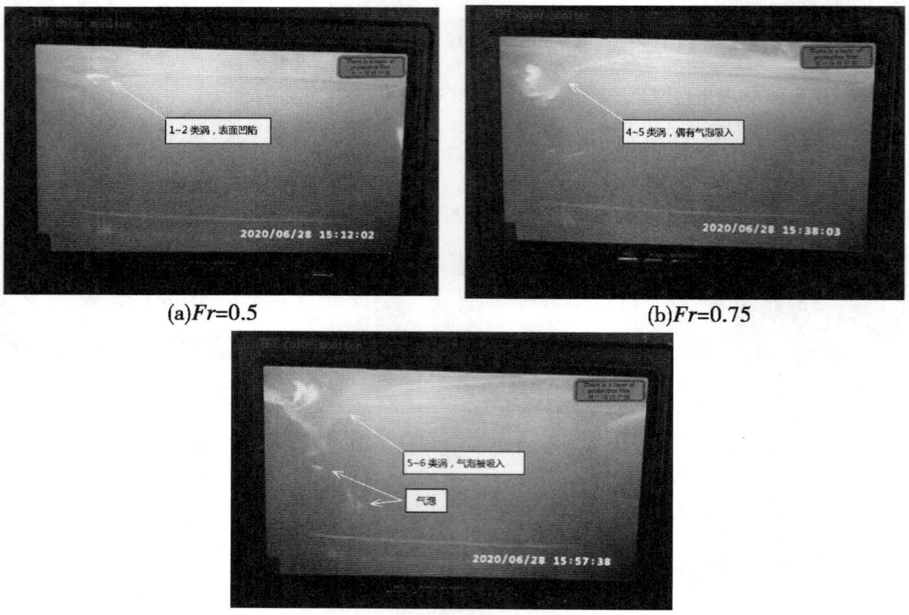

(a)Fr=0.5　(b)Fr=0.75　(c)Fr=0.90

图 6　进水口设计方案，不同流量条件下，防涡梁上部漩涡流态

2.2　旋涡流态控制临界水位

为获知进水口设计方案下，不出现有害漩涡的临界水深，针对 3.0 倍设计流量条件下，库水位升高后的漩涡类型变化进行试验研究。表 4 列出了不同水位下防涡梁上部漩涡类型变化情况，对应漩涡形态见图 7。试验结果表明，在 3.0 倍设计流量下，当库水位上升至 249.5 m 时，进水口淹没水深 10 m，$Fr=0.67$，防涡梁上部漩涡类型可降至 1 类。

表 4　进水口 3.0 倍设计流量条件下漩涡类型观察结果

库水位/m	Fr	漩涡流态
247.0	0.77	5~6 类涡，出现频率高，持续时间长，涡管较粗，气泡被连续吸入
248.0	0.73	4~5 类涡，出现频率低，持续时间短，涡管较细，偶有气泡被吸入
249.0	0.69	3~4 类涡，出现频率低，持续时间短，表面凹陷，垂向拉伸明显
249.5	0.67	1 类涡，出现频率低，持续时间短，未观测到漩涡垂向发展

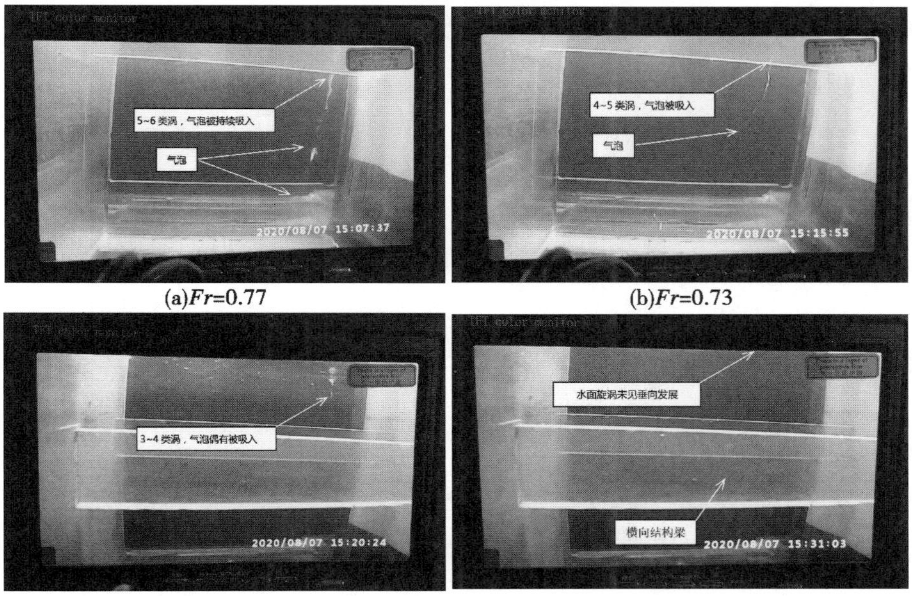

(a)Fr=0.77 (b)Fr=0.73

(c)Fr=0.69 (d)Fr=0.67

图 7 进水口设计方案不同水位条件下，防涡梁上部漩涡流态

3 进水口优化方案漩涡流态观察结果

3.1 消涡布置方案设计

进水口设计方案在抽水运行时，在防涡梁上部工作桥墩之间易形成方腔流动，漩涡一旦进入该区域，强度会持续增加。为进一步降低漩涡控制临界水位，满足死水位 245 m 条件下，无有害漩涡出现，开展了 3 个消涡布置方案的对比试验研究。其中，方案Ⅰ在工作桥墩 242.25 m 高程处增设 2 道横向结构梁，分别位于拦污栅门槽上下游；方案Ⅱ将方案Ⅰ中增设的 2 道结构梁分别外移至工作桥墩两端；方案Ⅲ将工作桥墩上原 246 m 高程处的 4 道横向结构梁，下移至 244.5 m 高程，上述方案布置见图 8。

3.2 不同消涡方案漩涡流态对比

表 5 列出了消涡方案Ⅰ在不同流量条件下漩涡类型划分结果。试验表明：与设计方案相比，增设方案Ⅰ的结构梁后，各级流量条件下，漩涡强度均较原布置方案有所减小；但在 2.5~3 倍设计流量条件下，漩涡依然能够跨过横向结构梁，直至拦污栅门槽进口，形成 3~5 类涡。原因在于，工作桥墩以外区域，水面开阔，漩涡强度较低，进入工作桥墩区域后，漩涡强度明显增加，甚至越过横向结构梁，进入拦污栅门槽。为此，尝试将横向结构梁前移至工作桥墩外缘，形成方案Ⅱ，以观察能否将漩涡阻挡在桥墩区以外，降低漩涡强度。

表 6 列出了消涡方案Ⅱ在不同流量条件下漩涡类型划分结果。试验表明，消涡方案Ⅱ试验结果与方案Ⅰ相比，两个方案的漩涡范围与强度大体相当，漩涡情况未得到明显改善。分析表明，在自由水面以下增加横向结构梁，虽有助于消减漩涡出现的频次与强度，但表面漩涡仍可越过水下横梁进入工作桥墩之间区域，持续增强，导致有害漩涡出现。因此，需进一步采取水面消涡方式，提出了消涡方案Ⅲ。

表 7 列出了消涡方案Ⅲ在不同流量条件下漩涡类型划分结果。试验表明：采用方案Ⅲ消涡措施，在死水位 245±0.5 m 范围内，可有效阻止漩涡进入工作桥墩之间区域，各级流量条件下，漩涡强度较之水下消涡方案Ⅰ与Ⅱ明显减小；在 2.5~3 倍设计流量条件下，仅第 1、2 道防涡梁上部出现 1~2 类漩涡，工作桥墩之间水面较为平稳，未出现漩涡。

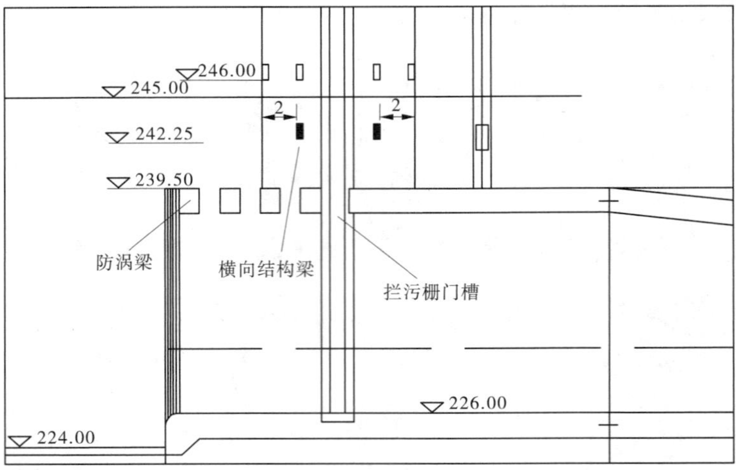

(a)方案Ⅰ

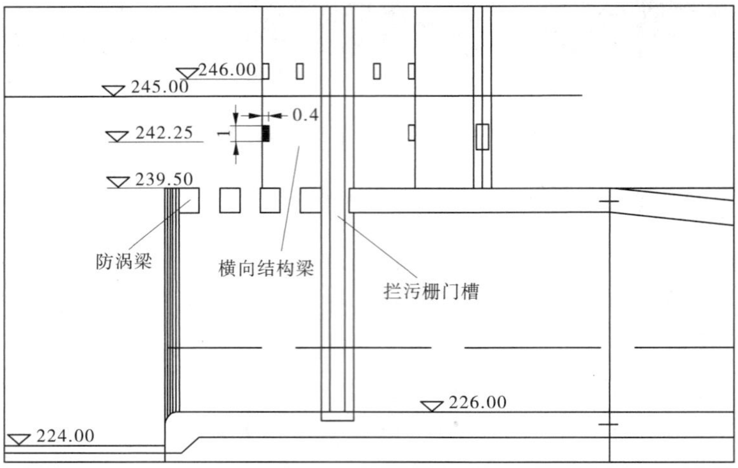

(b)方案Ⅱ

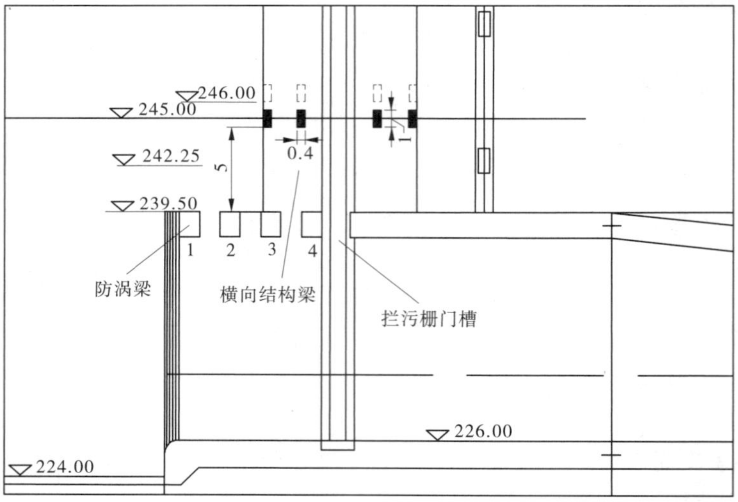

(c)方案Ⅲ

图 8　消涡方案工作桥墩间横向结构梁布置

表 5　进水口消涡方案Ⅰ死水位下漩涡类型观察试验结果

流量倍数	*Fr*	漩涡流态
1.67	0.50	1~2 类涡,表面凹陷,漂浮物不会吸入,位于第 3 道防涡梁附近
2.5	0.75	3~4 类涡,表面凹陷,漩涡越过横向结构梁,到达拦污栅门槽
3	0.90	4~5 类涡,有气泡吸入,漩涡越过横向结构梁,到达拦污栅门槽

表 6　进水口消涡方案Ⅱ死水位下漩涡类型观察试验结果

流量倍数	*Fr*	漩涡流态
1.67	0.50	1~2 类涡,表面凹陷,漂浮物不会吸入,漩涡位于拦污栅门槽附近
2.5	0.75	3~4 类涡,表面凹陷,有漂浮物吸入,漩涡位于拦污栅门槽附近
3	0.90	4~5 类涡,表面凹陷,偶有气泡吸入,漩涡位于拦污栅门槽附近

表 7　进水口消涡方案Ⅲ死水位下漩涡类型观察试验结果

流量倍数	*Fr*	漩涡流态
1.67	0.50	1 类涡,仅分布于第 1、2 道防涡梁上部,工作桥墩之间水面平稳无涡
2.5	0.75	1~2 类涡,水面凹陷,分布于第 1、2 道防涡梁上部,工作桥墩之间水面平稳,无漩涡
3	0.90	1~2 类涡,水面凹陷,分布于第 1、2 道防涡梁上部,工作桥墩之间水面波动,但无漩涡

3.3　水位动态变化条件下消涡效果复核

推荐方案Ⅲ中,横向结构梁高程范围 244.5~245.5 m,在此范围内可有效阻止表面漩涡进入工作桥墩之间区域,消涡效果良好。但随着水位上升,横向结构梁位于水下,此时表面漩涡仍有可能会越过横梁,进入工作桥墩区,因此需要对死水位 245 m 以上运行水位下的进水口的水流流态与漩涡特性进行进一步的复核试验研究。试验中,选择在 3.0 倍设计流量条件下,库水位分别为 246 m、246.5 m、247.5 m、248.5 m 四种情况,进行漩涡流态观察。

表 8 列出了消涡方案Ⅲ在不同水位条件下漩涡类型划分结果,典型水深漩涡类型见图 9、图 10。试验结果表明:当水位在 245.5~246.5 m 时,$1^{\#}$、$2^{\#}$防涡梁上部,水面附近虽然形成 1~2 类涡,但仍无法越过横向结构梁,进入工作桥墩之间区域;当水位在 247.5 m 以上时,水面附近出现 1~2 类涡,并且进入工作桥墩之间区域,但漩涡深度有限,未及下方横向结构梁高程。由此可见,随着淹没度的增加,漩涡强度迅速减弱,消涡措施Ⅲ是可靠的。

表 8　消涡方案Ⅲ在 3.0 倍设计流量,不同水位条件下漩涡类型观察试验结果

库水位/m	*Fr*	漩涡流态
246.0	0.83	2 类漩涡,水面凹陷,分布于第 1、2 道防涡梁上部, 工作桥墩之间水面波动明显,但无漩涡出现
246.5	0.80	1~2 类涡,水面凹陷,分布于第 1、2 道防涡梁上部,工作桥墩之间水面平稳无涡
247.5	0.75	1~2 类涡,表面凹陷,位于工作桥墩之间,漩涡深度未及横向结构梁顶部
248.5	0.70	1~2 类涡,表面凹陷,位于工作桥墩之间,漩涡深度未及横向结构梁顶部

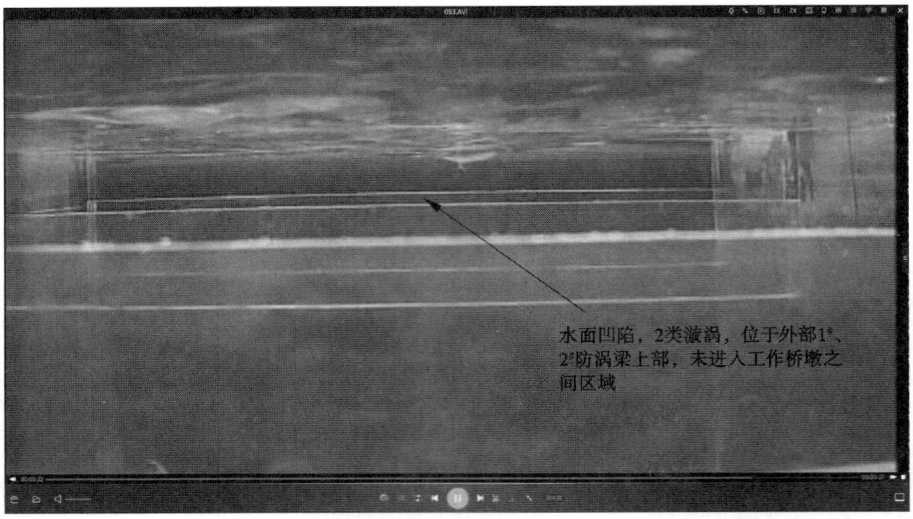

图 9　库水位 246 m 条件下，3.0 倍设计流量，防涡梁上部漩涡流态

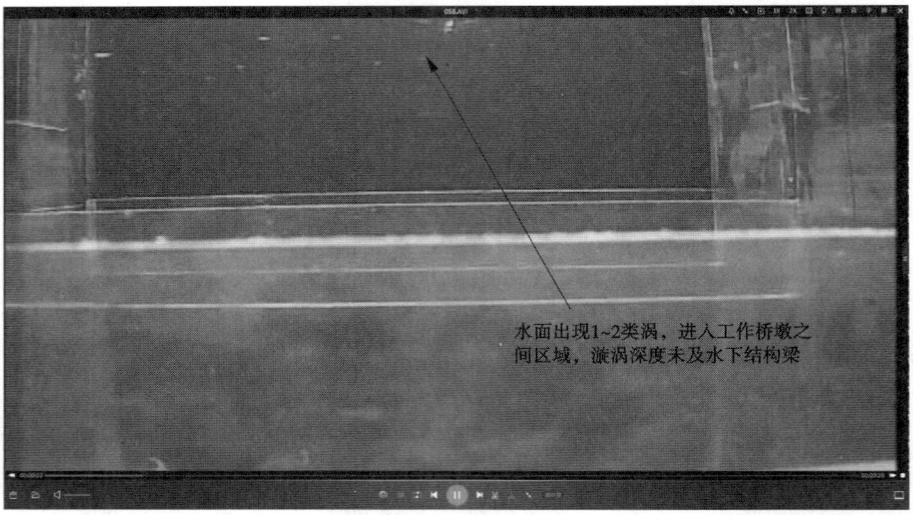

图 10　库水位 248.5 m 条件下，3.0 倍设计流量，防涡梁上部漩涡流态

4　结　论

本文通过建立 1:34 的水工物理模型，结合河北易县抽水蓄能电站下水库侧式进水口体形，采用水下摄像方法，系统分析了进水口漩涡特性变化规律，并提出了新的优化思路。

(1)侧式进水口在低水位运行时，防涡梁上部设置工作桥墩易形成方腔流动，当漩涡进入此区域强度会持续增加，形成有害漩涡，因此在工作桥墩外缘增加横向结构梁，阻断漩涡进入路径，是消减漩涡的重要措施。

(2)当横向结构梁在水面以下时，部分表面漩涡依然可以跨过结构梁，一旦进入工作桥墩区域，强度得以恢复，因此横向结构梁应位于水面附近，并且高度上涵盖一定的敏感水位范围，当水位继续上升超出此范围时，由于淹没深度增大，进水口上部已无有害漩涡出现。

(3)进水口淹没 Fr 是判断漩涡流态的重要指标，Fr 越大漩涡强度越高，但由于进水口体形多样，所谓不出现有害漩涡的临界 Fr 缺乏适用性，同时抽水蓄能电站需要频繁在低水位运行，此时 Fr 明显较大，故仍需采取具体的消涡措施，保证进水口安全运行。

参考文献

[1] 曾宪揆, 黄智敏, 宗秀芬. 抽水蓄能电站进出水口的水力学问题[J]. 广东水电科技,1988(1):15-23.

[2] 党媛媛, 韩昌海. 进水口漩涡问题研究综述[J]. 水利水电科技进展,2009,29(1):90-94.

[3] 夏毓常, 张黎明. 水工水力学原型观测与模型试验[M]. 北京:中国电力出版社, 1999.

[4] 彭诚, 王均星, 谭哲武. U 型堰进水口防涡墩试验研究[J]. 长江科学院院报,2016,33(7):55-59.

[5] 谌诚, 赵建钧, 安建峰. 抽水蓄能电站同发同抽工况下漩涡特性的研究[J]. 水电能源科学,2019,37(5):145-148,155.

[6] 郑双凌, 马吉明, 陈浩波,等. 进水口漩涡特性及临界淹没水深的研究进展[J]. 南水北调与水利科技,2010,8(5):129-132.

[7] 初长虹, 刘超, 孙玉民,等. 泵站进水口淹没深度对漩涡的影响[J]. 南水北调与水利科技, 2019,17(6):178-186.

[8] 夏在森, 王海. 抽水蓄能电站上库侧式进水口漩涡问题实验研究[J]. 陕西水利,2019(7):21-24,27.

[9] 段文刚, 黄国兵, 张晖,等. 几种典型水工建筑物进水口消涡措施试验研究[J]. 长江科学院院报,2011,28(2):21-27.

[10] 杨小亭, 张强, 邓朝晖. 抽水蓄能电站进出水口模型试验[J]. 武汉大学学报(工学版), 2007(1):66-68,119.

[11] 张兰丁. 侧式进/出水口工程布置进流工况新进展[J]. 水电与抽水蓄能, 2016, 2(4):83-89.

[12] 常玉红, 万正喜, 叶林,等. 抽水蓄能电站同发同抽水力特性 VOF 数值模拟[J]. 水电能源科学, 2019, 37(2):151-154.

[13] 陆遥, 宿晓辉, 李俊杰. 进水口立轴漩涡问题综述[J]. 水电能源科学, 2019, 37(9):78-82.

[14] 姜成海, 曹玺, 何少云. 抽水蓄能电站下库进/出水口水力特性[J]. 水利水运工程学报, 2013(3):52-59.

阳江抽水蓄能电站上库进出水口水力特性研究

杨 帆 张文远 张宏伟 章晋雄

(中国水利水电科学研究院,北京 100038)

【摘 要】 本文通过1:40的水工模型对阳江抽水蓄能电站上库布置方案调整后进出水口的水力特性进行了研究。主要研究内容包括上库进出水口入流/出流流态、流速分布、流量分配以及水头损失和库区流场等。试验成果表明:不同组合试验工况下近期和远期进水口均没有出现不利的吸气漩涡;进出水口附近环流强度较小,库盆流态总体较好,拦污栅附近最大流速小于1.2 m/s;进出水口四个通道的流量分配比例为0.22:0.23:0.27:0.28,流量分配总体较均匀;发电工况进水口水头损失系数为0.17~0.19;抽水工况出水口的水头损失系数为0.34~0.38,进口放置拦污栅时,水头损失系数增大0.02~0.03。阳江抽水蓄能电站上库进出水口位置调整后,进出水口的水力特性较好,其形式和体形尺寸设计合理,能够满足设计运行要求。

【关键词】 阳江抽水蓄能电站;进出水口;水头损失;流速分布;水力特性

1 引 言

随着我国经济的高速发展,利用抽水蓄能电站是解决电网调峰问题的有效途径。抽水蓄能电站的发展已有100多年的历史,最早的抽水蓄能电站是1879年建成的瑞士Letten电站。20世纪50年代以后,随着可逆式机组制造水平的提高,抽水蓄能电站建设规模和单机容量迅速增长。美国、苏联、日本、意大利等也相继建成大量抽水蓄能电站。到20世纪80年代,全世界已建成约160座抽水蓄能电站。我国的第一台抽水蓄能机组是在1968年从日本引进的。到20世纪90年代,我国抽水蓄能电站建设进入高潮。到2007年年底,我国抽水蓄能电站总装机容量占全国总发电装机容量的1.25%左右[1]。抽水蓄能电站中的水力学问题主要包含枢纽布置、进出水口形式及体形、水力系统瞬态过渡过程、调压井体形、拦污栅水道和机组诱发振动[2]等。针对抽水蓄能电站进出水口形式及体形已有不少进行专门的模型试验和数值计算方面的研究。模型试验方面孙双科等[3]、蔡付林等[4]、黄智敏等[5]针对不同抽水蓄能电站进/出水口体形进行模型优化试验研究;数值模拟研究中,高学平等[6]、沙海飞等[7]、叶飞等[8]采用不同紊流模型对抽水蓄能电站进/出水口水流特征进行了三维数值模拟研究。

本文以阳江抽水蓄能电站为研究背景,对其进出水口水力特性进行模型试验研究。阳江抽水蓄能电站装机容量2 400 MW。枢纽建筑物由上水库、下水库、输水系统、厂房系统等部分组成。阳江抽水蓄能电站按近、远期分期建设。上水库、下水库近远期的进出水口均采用四通道的渐缩式进水口布置,上水库近远期进出水口相邻布置,位于上水库大坝左坝肩西南侧约500 m处的河尾山林场附近,较原设计发生了较大的变化,进出水口的库区地形边界条件变化较大,需要重新通过水工模型试验论证进出水口的水力特性。

2 模型设计及测量设备

2.1 模型设计

阳江抽水蓄能电站近、远期进出水口水工模型比尺为1:40,按重力相似准则设计。进出水口、隔

基金项目:国家自然科学基金(51909278);中国水科院基本科研业务费专项项目(HY110145B0022021)
通信作者:张文远(1980—),男,正高级工程师,主要从事水工水力学相关工作。

墩、引水隧洞、渐变段等部分的模型全部采用有机玻璃精细加工制作，渐变段后引水洞采用钢管制作。Jain 等[9]认为，模型的韦伯数满足：$120<We<34\ 000$ 时，表面张力对漩涡的影响可以忽略不计；当弗劳德数满足：$1.0<Fr<20.0$，雷诺数 $Re\geqslant5\times10^4$ 时，可以忽略黏滞力的影响。根据试验工况和模型比尺可计算不同试验工况下模型水流的最小雷诺数为 4.12×10^4，模型进水口雷诺数满足相似要求。2 倍流量工况时韦伯数为 174.9，满足漩涡相似条件的要求。模型试验中采用 2 倍流量工况对进水口附近的漩涡形态进行观测。试验中观测了典型组合试验工况（见表 1）下，进水口的水流流态、流速分布以及水头损失等内容，本文限于篇幅重点对近、远期进出水口联合运行工况的试验成果进行分析说明。

表 1　不同组合试验工况

<table>
<tr><th>试验工况</th><th>试验水位</th><th>运行方式</th><th>运行工况</th></tr>
<tr><td rowspan="3">工况组合 1</td><td rowspan="3">773.7 m
（正常蓄水位）</td><td>近期进出水口单独运行</td><td rowspan="3">1. 发电工况，3 台机，单机流量 70.64 m³/s
2. 抽水工况，3 台机，单机流量 59.34 m³/s
3. 加大 2 倍设计流量</td></tr>
<tr><td>远期进出水口单独运行</td></tr>
<tr><td>近远期进出水口联合运行</td></tr>
<tr><td rowspan="3">工况组合 2</td><td rowspan="3">745.0 m
（死水位）</td><td>近期进出水口单独运行</td><td rowspan="3">1. 发电工况，3 台机，单机流量 70.64 m³/s
2. 抽水工况，3 台机，单机流量 59.34 m³/s
3. 加大 2 倍设计流量</td></tr>
<tr><td>远期进出水口单独运行</td></tr>
<tr><td>近远期进出水口联合运行</td></tr>
</table>

2.2　测量设备

上水库进出水口段流道沿程压力分布采用测压排测量；进水口段及拦污栅槽流速分布采用荷兰生产的 P-EMS 型电磁流速仪测量，量程为 0~2.5 m/s，测量精度±0.001 m/s；发电和抽水出流的流量采用电磁流量计量测，量程 0~250 L/s，测量精度为±0.5%。库盆流场采用 VDMS 流场实时测量系统，该系统是基于粒子图像测速技术（PiV）中的粒子跟踪测速技术（PTV）研制开发的大范围同步测速系统，可实现对大范围的恒定流或非恒定流试验表面流场的实时测量，快速、精确地得到模型试验研究区域内的流场、断面流速分布以及单个或多个测点的流速矢量变化过程。

3　进出水口及库盆流态

3.1　发电工况

上水库死水位 745.0 m，近期和远期进水口联合发电运行时，受两个进水口整体进流影响，近期进水口表面环流强度明显减弱，而远期进水口表面环流增强，但两个进水口上方也仅出现表面漩涡；引水流量加大 2 倍后，近期和远期进水口上方顺时针和逆时针的表面环流强度增强，两进水口靠山体侧防涡梁上方偶尔出现小型漏斗漩涡，但没有出现漩涡吸气现象（见图 1）。

图 1　死水位 2 倍设计流量进水口流态照片

上水库正常蓄水位773.7 m,近期和远期进水口联合发电运行时,设计流量工况下近期和远期进水口表面顺时针方向的环流强度较弱,在两个进出水口水面没有发现明显漩涡现象;模型中加大2倍发电流量后,在近期和远期进水口表面形成整体的顺时针环流,并在近期进水口上方偶尔形成小型漩涡(见图2)。死水位及设计水位工况电站进水口水流流态满足电站设计运行要求。

图2 设计水位2倍设计流量进水口流态照片

3.2 抽水工况

上水库死水位745.0 m,近期和远期进出水口联合抽水运行时,在远期进出口上方有小范围的逆时针环流,两个出水口水流共同沿引渠扩散进入上游库盆;上水库正常蓄水位773.7 m,近期和远期进出水口联合抽水运行时,两个进出水口出流水面较为平稳,水流沿引渠缓慢扩散进入库盆,库盆区域整体呈现顺时针方向的微弱环流。抽水工况进出水口水流流态较平顺稳定。

4 进出水口流速分布及流量分配

上水库死水位745.0 m,两进水口联合发电运行工况下,从四个通道水平横向流速分布来看,近期和远期进水口的两个边孔的流速均较大,中间孔的流速相对较小;从各通道流速垂向分布来看,基本呈表层流速小、中间及底部流速大的分布特征。实测近期和远期进出水口测点最大流速分别为0.98 m/s和1.01 m/s,各测点最大流速小于1.2 m/s,最大流速不均匀系数为1.34,各通道的流速分布也较为均匀,详见表2。由流速分布测量结果可计算近期和远期进水口均为两个边孔的流量分配比例较大、两个中孔的流量分配比例较小的规律,其中近期和远期进水口四个通道的流量分配比例均约为0.27∶0.23∶0.23∶0.27;近期和远期进出水口四个通道的流量分配左右基本对称,即边孔与中孔的流量分配比例在0.27∶0.23附近,四个通道的流量分配较为均匀。

上水库死水位745.0 m,两进水口联合抽水运行工况下,近期出水口左侧两个通道(A3#和A4#)的流速较大,右侧两个通道(A1#和A2#)的流速相对较小;远期出水口左、右侧通道流速分布规律与之相反。抽水工况下近期、远期出水口各测点的最大流速分别为1.10 m/s(A4#通道)和1.12 m/s(B2#通道),相应最大流速不均匀系数为1.46和1.53,详见表3。近期进水口四个通道的流量分配比例约为0.22∶0.23∶0.27∶0.28;远期进水口四个通道的流量分配比例约为0.27∶0.28∶0.23∶0.22;即近期出水口四个通道的流量分配略有偏向左侧,而远期出水口四个通道的流量分配略有偏向右侧,但四个通道流量分配比例差别不大于6%。

根据《抽水蓄能电站设计导则》(NB/T 10072—2018)[10]条文说明相关内容,抽水蓄能电站进出水口过拦污栅流速宜在1.2 m/s以下,过栅流速分布不均匀系数不宜大于1.5。阳江抽水蓄能电站进出水口流速分布及不均匀系数基本满足相关的建议要求。

表 2　死水位 745.0 m 近期和远期联合发电工况进出水口各通道流速测量值　（单位:m/s）

距底板高度/m	近期进出水口				远期进出水口			
	通道号				通道号			
	A1#	A2#	A3#	A4#	B1#	B2#	B3#	B4#
0.4	0.98	0.71	0.65	0.84	0.91	0.69	0.75	1.01
2.0	0.90	0.73	0.61	0.82	0.93	0.74	0.88	0.86
3.6	0.92	0.72	0.72	0.93	0.83	0.70	0.79	0.82
5.2	0.87	0.68	0.64	0.88	0.79	0.69	0.70	0.70
6.8	0.81	0.77	0.62	0.76	0.83	0.65	0.52	0.79
8.4	0.56	0.61	0.75	0.69	0.64	0.70	0.62	0.56
10.0	0.30	0.41	0.46	0.25	0.24	0.32	0.35	0.53
平均流速	0.76	0.66	0.64	0.74	0.74	0.64	0.66	0.75
不均匀系数 λ	1.28	1.16	1.18	1.26	1.26	1.15	1.34	1.34

表 3　死水位 745.0 m 近期和远期联合抽水工况进出水口各通道流速测量值　（单位:m/s）

距底板高度/m	近期进出水口				远期进出水口			
	通道号				通道号			
	A1#	A2#	A3#	A4#	B1#	B2#	B3#	B4#
0.4	0.25	0.40	0.77	0.79	0.54	0.74	0.65	0.71
2.0	0.50	0.58	1.02	0.75	0.49	0.89	0.76	0.53
3.6	0.85	0.72	0.91	0.75	1.09	1.12	0.75	0.65
5.2	0.58	0.88	0.78	0.77	0.96	0.69	0.79	0.53
6.8	0.72	0.95	0.80	1.10	0.95	0.59	0.45	0.86
8.4	0.58	0.61	0.46	0.69	0.43	0.66	0.36	0.45
10.0	0.70	0.33	0.31	0.42	0.54	0.57	0.59	0.32
平均流速	0.60	0.64	0.72	0.75	0.71	0.75	0.62	0.58
不均匀系数 λ	1.42	1.49	1.41	1.46	1.53	1.49	1.27	1.49

5　进出水口段的水头损失

抽水蓄能电站进出水口的水头损失是反映其体形及水力特性优劣的指标之一。模型中以进出水口后 3 倍管道直径处为参考断面，测量了发电和抽水两种工况下进/出水口段的总水头损失。进出水口的水头损失（h_j）按下式计算：

$$h_{j} = \pm \left[\left(H_0 + \frac{V_0^2}{2g}\right) - \left(H_i + \frac{V_i^2}{2g}\right) \right] \tag{1}$$

式中，H_0、H_i 分别为进出水口上游库区（0—0 断面）和距进口方变圆后约 3.3 倍管径位置引水管道参考断面（1—1 断面）的测压管水位，m；V_0、V_i 分别为两个断面的平均流速，m/s，其中进口前 0—0 断面的行进流速可以忽略；取“+”号时表示发电入流，取“-”号时表示抽水出流。

根据式（1），取 1—1 断面为参考断面，进出水口段的水头损失系数可按下式计算：

$$\delta = h_j/(\frac{V_i^2}{2g}) = \pm\left[(H_0 + \frac{V_0^2}{2g}) - (H_i + \frac{V_i^2}{2g})\right]/(\frac{V_i^2}{2g}) \tag{2}$$

试验采用逐渐加大模型流量的试验方法,测量分析进出水口的水头损失系数。试验过程中水体温度20 ℃,水体运动黏滞系数为1.01×10^{-6} m^2/s,以1—1断面为参考断面,以引水管道直径作为特征长度,发电及抽水工况下模型水流的雷诺数 Re 的范围为7.1×10^4~4.1×10^5,模型水流满足阻力平方区的要求。

由测量结果(见表4)可知:

(1)进出水口未放置拦污栅时,在发电工况下,近期和远期进出水口的水头损失系数分别为0.17和0.19,在抽水出流工况下,近期和远期进出水口的水头损失系数分别为0.34和0.38。

(2)远期进出水口放置拦污栅后,在发电和抽水工况下进出水口的水头损失系数分别为0.21和0.41,拦污栅的局部水头损失系数在0.02~0.03。

(3)在发电工况下进出水口的水头损失明显小于抽水工况下的水头损失,表明抽水工况下各通道流量分配的对称性及均匀度相对发电工况变差,进口抽水分流时产生的水头损失比发电汇流时显著增大。

表4 进出水口段的水头损失系数 ζ

位置	发电状态		抽水状态		备注
	无拦污栅	设置拦污栅	无拦污栅	设置拦污栅	
近期进出水口	0.17	—	0.34	—	
远期进出水口	0.19	0.21	0.38	0.41	

惠州、广州等典型抽水蓄能电站进出水口损失系数[11-12]试验成果见表5,从表中可以看出,在发电入流条件下抽蓄电站进出口的水头损失一般小于抽水出流条件下的水头损失,阳蓄电站进出水口水头损失系数测试结果也符合这一规律。另外,与表中列出的抽水蓄能电站相比,阳蓄电站进出水口在发电和抽水工况下的水头损失系数相对较小,说明进出水口的水流比较顺畅,水力特性良好。

表5 国内典型抽水蓄能电站上库进出水口水头损失系数

电站名称		惠州	广州	天荒坪	荒沟	琅琊山	阳蓄
水头损失系数	发电工况	0.34	0.19	0.25	0.27	0.33	0.17~0.19
	抽水工况	0.39	0.39	0.33	0.54	0.58	0.34~0.38

6 库盆区表面流场测量分析

上水库死水位745.0 m,近期和远期进水口在设计流量下单独发电运行时,库盆来流沿进水口上游进入进水口区域,分别在近期和远期进水口表面形成顺时针和逆时针方向的环流。上游库盆区的表面流速在0.40 m/s以下,进口附近表面流速相对较大,在0.60~0.85 m/s。当近期和远期进水口联合发电运行时,受两个进水口整体进流和来流方向影响,近期和远期进水口表面环流强度明显增强,环向流速值主要集中在0.2~0.8 m/s,最大表面流速偶尔增大至约1.0 m/s(见图3)。

在上游正常蓄水位773.7 m工况,进水口淹没深度大,与死水位发电工况相比,上游库盆区及进水口的环流强度及表面流速值均有明显降低。近期和远期进水口在设计流量下单独发电运行时,进水口附近表面流速最大值在0.3 m/s附近,较死水位工况减小了约62.0%。当近期和远期进水口联合发电运行时,进口附近表面流速最大值在0.35 m/s附近,较死水位工况减小了约65.0%,进出水口附近区域环向流速值主要集中在0.1~0.35 m/s(见图4)。

表6　机组发电工况库盆最大表面流速值统计　　单位：m/s

上游库水位	机组运行工况		
	近期单独运行	远期单独运行	近期和远期联合运行
正常蓄水位 773.7 m	0.30	0.26	0.37
死水位 745.0 m	0.85	0.80	1.08

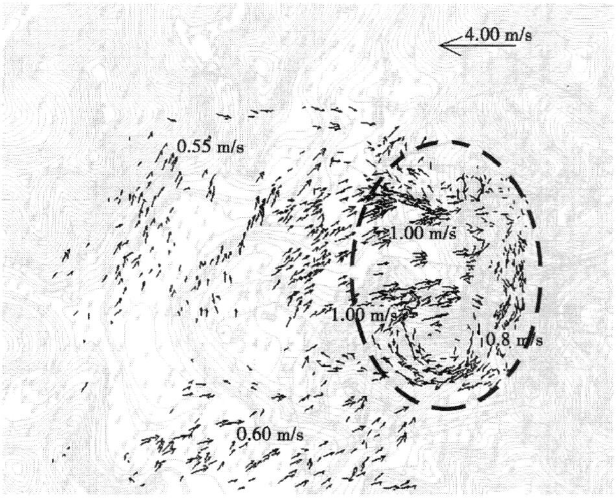

图3　水位 745.0 m 联合发电工况库盆表面流速分布图

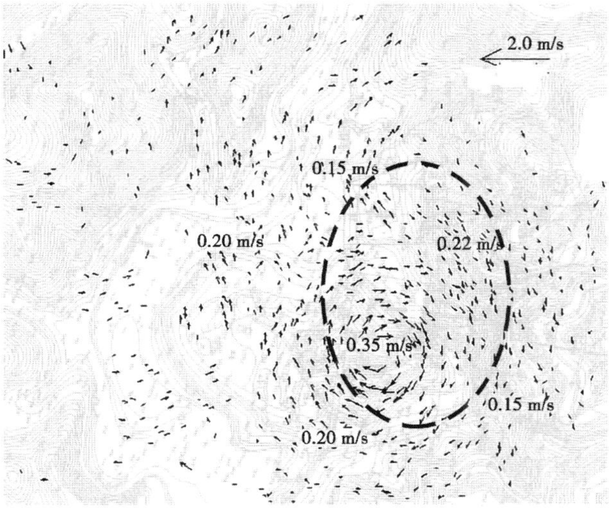

图4　水位 773.7 m 联合发电工况库盆表面流速分布图

7　结　论

(1)上水库死水位 745.0 m 及正常蓄水位 773.7 m 的单独和联合发电入流工况下，近期和远期进水口没有出现不利的吸气漩涡；抽水工况下进出口水流沿引渠平稳出流，进出水口附近环流强度较小，库盆流态总体较为良好。

(2)近期和远期进出水口设计体形四孔通道的流速分布合理，进口各通道(拦污栅附近)最大流速小于 1.2 m/s，拦污栅过流断面的流速不均匀系数基本小于 1.5，满足《抽水蓄能电站设计导则》(NB/T 10072—2018)建议值的要求。近期和远期进出水口四孔通道的流量分配较为均匀。

(3)在未放置拦污栅情况下，近期和远期进出水口在发电入流下的水头损失系数为 0.17~0.19；抽水出流工况下进出水口的水头损失系数在 0.34~0.38,接近发电进流工况水头损失系数的 2 倍。进口放置拦污栅时,实测远期进出水口的水头损失系数增大 0.02~0.03。

总体而言,阳江抽水蓄能电站进出水口水头损失系数符合一般抽水蓄能电站规律,且水头损失系数小于惠蓄、广蓄等类似抽水蓄能电站,说明其进出水口的水流比较顺畅,水力特性较好。

参考文献

[1] 邱彬如,刘连希.抽水蓄能电站工程技术[M].北京:中国电力出版社,2008.
[2] 高季章.抽水蓄能电站发展近况及其水力学问题[J].水力发电,1989(6):47-52.
[3] 孙双科,柳海涛,李振中,等.抽水蓄能电站侧式进/出水口拦污栅断面的流速分布研究[J].水利学报,2008,38(11):1329-1335.
[4] 蔡付林,张志明.双向水流侧式进出水口分流墩研究[J].河海大学学报(自然科学版),2000,28(2):74-77.
[5] 黄智敏,何小惠,朱红华,等.广州抽水蓄能电站下库进出水口试验研究[J].水电能源科学,2005,23(1):4-7.
[6] 高学平,叶飞,宋慧芳.侧式进/出水口水流运动三维数值模拟[J].天津大学学报.2006,39(5):518-522.
[7] 沙海飞,周辉,黄东军.抽水蓄能电站侧式进/出水口数值模拟[J].水力发电学报,2009,28(1):84-88.
[8] Ye F, Gao X P. Numerical simulations of the hydraulic characteristics of side inlet/outlets[J]. Journal of Hydrodynamics, Ser. B, 2011, 23(1): 48-54.
[9] Jain A K, Vortex Formation at Vertical Pipe Intake, thesis presented to the University of Roorkee, at Roorkee, India, in 1977, in partial fulfillment of the requirements for the degree of Doctor of Philosophy.
[10] 国家能源局.蓄能电站设计导则:NB/T 10072—2018[S].北京:中国水利水电出版社,2018.
[11] 韩立.抽水蓄能电站进/出水口水力设计[C]//抽水蓄能电站工程建设文集——纪念抽水蓄能专业委员会成立十周年》,2005:97-112.
[12] 张从联,朱红华,等.抽水蓄能电站进出水口水力学试验研究[J].水力发电学报,2005(2):60-63.

垂向布置双浮子式波浪能转换器的数值研究

杨　岑[1]　张永良[2]

（1. 中国水利水电科学研究院，北京　100038；
2. 清华大学，北京　100084）

【摘　要】 本文基于线性势流和三维绕射-辐射理论建立了垂向布置双浮子式波浪能转换器的数学模型，并通过数值计算分析了外负载、两浮子垂向间距及其直径比对波浪能转换器运行特性的影响。研究结果表明，两浮子垂向间距及其直径比对波浪能转换器运行特性均有显著影响：当支撑浮子垂荡不俘能时，两浮子垂向间距对浮子垂荡响应振幅和装置俘获宽度比影响不显著；当支撑浮子固定时，随着垂向间距增大，采集浮子的垂荡响应振幅减小，而俘获宽度比呈先增后减的变化规律，并在最优垂向间距时获得俘获宽度比的极大值；随着两浮子直径比增加，波频-浮子垂荡响应振幅和波频-俘获宽度比的变化曲线波动性均显著增强，且浮子垂荡响应振幅和俘获宽度比转换极值均增大。

【关键词】 波浪能转换器；双浮子；水动力特性；俘获宽度比

1　引　言

利用波浪能进行发电或驱动海水淡化可有效缓解沿海和海岛地区淡水资源和能源短缺的问题。振荡浮子式波浪能转换器具有尺寸小、建造维护成本低、施工简单、系泊费用少、方便应用于离岸式装置，且易于大规模集成利用而成为利用波浪能发电和海水淡化的主要形式。垂向布置双浮子式波浪能转换器[1]采用一种浸没式支撑浮子作为采集浮子的运动参照，并利用两者的相对线性运动俘获波浪能，从而减小波浪能转换器在较大水深中的锚固成本，更适合于蕴藏更多波浪能的较大水深区域。

目前，国内外研究成果主要涉及两个均做垂荡运动的垂直圆柱形浮子的水动力特性（波浪激励力、附加质量和辐射阻尼）、浮子动力响应和装置俘获宽度比。Berggren 等[2]、吴必军等[3]和 Zheng 等[4]采用特征函数法和分离变量法，给出了具有相同直径的垂向双浮子结构水动力特性的解析解，并分析了两浮子直径和垂向间距对其水动力特性的影响。Wu 等[5]和吴必军等[6]分析了浸没式浮子直径大于或等于半浸没式浮子时双浮子结构的水动力特性，并研究探讨了两浮子间垂向间距和浸没浮子直径对其波浪激励力和垂荡响应振幅的影响。Weinstein 等[7]、Engström 等[8]、褚柳宁[9]和 Vicente 等[10]分析了具有相同直径的垂向布置双浮子式波浪能转换器在线性负载阻尼条件下的运行特性，研究结果表明波浪频率是影响其俘获宽度比的主要因素。吴必军等[11]和林礼群等[12]研究了浸没式浮子直径大于或等于半浸没式浮子的双浮子结构在线性负载作用下的俘获宽度比特性，研究结果表明波浪能俘获宽度比最大值对应的波频值，随着两浮子间垂向间距和浸没浮子直径的增大而减小。

本文提出一种补偿型浸没式支撑浮子，其仅作为半浸没采集浮子的运动补偿器而不参与俘获波浪能，可用于提高垂向双浮子式波浪能转换器的俘获宽度比。文中首先基于线性势流和三维绕射-辐射理论，建立垂向布置双浮子式波浪能转换器的数学模型，并通过数值计算分析外负载、两浮子垂向间距及其直径比对波浪能转换器运行特性的影响。

2　数学模型和数值方法

本文基于线性势流和三维绕射-辐射理论，建立垂向布置双浮子波浪能转换器的数学模型，并采用

基金项目：中国水利水电科学研究院基础科研专项（HY0145C252018，HY0145C222019，HY0145B012021）

基于格林函数的三维源分布法进行求解。研究垂向布置双浮子式波浪能转换器的运行特性,设置以下2种俘能形式:

(1)采集浮子和支撑浮子均做垂荡运动,但仅利用采集浮子的垂荡运动俘获波浪能(下文称为垂荡不俘能)。

(2)采集浮子做垂荡运动但支撑浮子固定不动,并利用采集浮子的垂荡运动俘获波浪能(下文称为固定)。

2.1 流体控制方程及边界条件

假定波浪作用下的流体为无黏、无旋、不可压缩的理想流体,则可以采用势流理论分析流体的运动,此时流体的连续方程满足三维拉普拉斯(Laplace)方程,见式(1)。流体分析中采用笛卡儿直角坐标系 $Oxyz$ 作为全局坐标,z 轴通过静水面条件下的浮体重心垂直向上,xOy 平面位于无入射波浪条件的静水面上且 x、y 轴满足右手坐标法则。

$$\nabla^2\Phi = \frac{\partial^2\Phi}{\partial x^2} + \frac{\partial^2\Phi}{\partial y^2} + \frac{\partial^2\Phi}{\partial z^2} = 0 \tag{1}$$

式中,$\Phi(x,y,z,t)$ 为与空间和时间有关的流体复速度势,可分解为入射势 $\Phi_i(x,y,z,t)$、绕射势 $\Phi_d(x,y,z,t)$ 和浮体运动引起的辐射势 $\Phi_r(x,y,z,t)$;前述三项速度势是均满足自由表面边界和海底边界条件,分别见式(2)和式(3);绕射势 $\Phi_d(x,y,z,t)$ 和辐射势 $\Phi_r(x,y,z,t)$ 还需满足 Sommerfeld 无穷远辐射条件[见式(4)]和物面条件[分别见式(5)和式(6)]。

自由表面边界条件

$$\frac{\partial\Phi}{\partial z} = \frac{\omega^2}{g}\Phi, z = 0 \tag{2}$$

海底边界条件

$$\frac{\partial\Phi}{\partial z} = 0, z = -H_w \tag{3}$$

式中,ω 为入射规则波的波频;H_w 为水深。

Sommerfeld 无穷远辐射条件

$$\lim_{r\to\infty}\sqrt{r}\left(\frac{\partial\varphi}{\partial r} - ik\varphi\right) = 0, \quad r = (x^2 + y^2)^{1/2} \tag{4}$$

式中,k 为入射波的波数;$\varphi(x,y)$ 是空间速度势 $\phi(x,y,z)$ 通过分离变量离散出的与 z 无关的二维速度势,即 $\phi(x,y,z) = \varphi(x,y)Z(z)$。

绕射物面条件

$$\begin{cases}\partial(\Phi_{\mathrm{d}} + \Phi_{\mathrm{i}})/\partial n = 0, (x,y,z,t) \in S_{\mathrm{wf}}(t)\\ \partial(\Phi_{\mathrm{d}} + \Phi_{\mathrm{i}})/\partial n = 0, (x,y,z,t) \in S_{\mathrm{wc}}(t)\end{cases} \tag{5}$$

辐射物面条件-固定

$$\begin{cases}\partial\Phi_{\mathrm{r}}/\partial n = v_{\mathrm{f}n}, (x,y,z,t) \in S_{\mathrm{wf}}(t)\\ \partial\Phi_{\mathrm{r}}/\partial n = 0, (x,y,z,t) \in S_{\mathrm{wc}}(t)\end{cases} \tag{6a}$$

辐射物面条件-垂荡不俘能

$$\begin{cases}\partial\Phi_{\mathrm{r}}/\partial n = v_{\mathrm{f}n}, (x,y,z,t) \in S_{\mathrm{wf}}(t)\\ \partial\Phi_{\mathrm{r}}/\partial n = v_{\mathrm{c}n}, (x,y,z,t) \in S_{\mathrm{wc}}(t)\end{cases} \tag{6b}$$

式中,$S_{\mathrm{wf}}(t)$ 和 $S_{\mathrm{wc}}(t)$ 分别为任意时刻 t 时,采集浮子和支撑浮子的结构湿表面;n 为流体与结构接触面的法向方向;$v_{\mathrm{f}n}$ 和 $v_{\mathrm{c}n}$ 分别为采集浮子和支撑浮子的包含相位角在内的复速度在物面外法线方向上的分量。

基于式(1)~式(6)所述的控制方程和边界条件可获得流体空间复速度势,再依据线性伯努利方程可以求得作用于浮子上的垂荡波浪激励力[波浪入射力和绕射力的合力,见式(7)]和辐射力[用附加质量和辐射阻尼表示,见式(8)]:

$$\begin{cases} f_{e1}(t) = f_{i1}(t) + f_{d1}(t) = \rho \iint\limits_{S_{wf}(t)} \dfrac{\partial \Phi_i}{\partial t} n_z \mathrm{d}S + \rho \iint\limits_{S_{wf}(t)} \dfrac{\partial \Phi_d}{\partial t} n_z \mathrm{d}S \\ f_{e2}(t) = f_{i2}(t) + f_{d2}(t) = \rho \iint\limits_{S_{wc}(t)} \dfrac{\partial \Phi_i}{\partial t} n_z \mathrm{d}S + \rho \iint\limits_{S_{wc}(t)} \dfrac{\partial \Phi_d}{\partial t} n_z \mathrm{d}S \end{cases} \tag{7}$$

$$\begin{cases} f_{r11}(t) = - M_{a11}\ddot{z}' - C_{a11}\dot{z}' \\ f_{r12}(t) = - M_{a12}\ddot{z}'' - C_{a12}\dot{z}'' \\ f_{r22}(t) = - M_{a22}\ddot{z}'' - C_{a22}\dot{z}'' \\ f_{r21}(t) = - M_{a21}\ddot{z}' - C_{a21}\dot{z}' \end{cases} \tag{8}$$

式中,$f_{i1}(t)$、$f_{d1}(t)$和$f_{r1}(t)$分别为任意时刻t时,作用于采集浮子上的垂荡入射波浪力、绕射波浪力和辐射波浪力;$f_{i2}(t)$、$f_{d2}(t)$和$f_{r2}(t)$分别为任意时刻t时,作用于支撑浮子上的垂荡入射波浪力、绕射波浪力和辐射波浪力;n_z为全局坐标系$Oxyz$中沿z轴的方向向量;M_{a11}和C_{a11}分别为采集浮子自身垂荡运动引起的附加质量和辐射阻尼;M_{a22}和C_{a22}分别为支撑浮子自身垂荡运动引起的附加质量和辐射阻尼;M_{a12}和C_{a12}分别为采集浮子的垂荡运动引起的作用于支撑浮子的垂荡附加质量和辐射阻尼;M_{a21}和C_{a21}分别为支撑浮子的垂荡运动在采集浮子上引起的垂荡附加质量和辐射阻尼,两者的垂荡耦合水动力附加质量和附加质量具有对称性,即$M_{a12}=M_{a21}$和$C_{a12}=C_{a21}$;$\dot{z}'$和$\ddot{z}'$分别为采集浮子在局部坐标系$O'x'y'z'$中的垂荡速度和加速度,其中局部坐标系$O'x'y'z'$也采用笛卡儿直角坐标系,原点O'位于采集浮子的重心[其全局坐标系中的坐标为(x_G,y_G,z_G)]位置,x'轴、y'轴和z'轴坐标分别与全局坐标系中的x轴、y轴和z轴平行;$\dot{z}''$和$\ddot{z}''$分别为支撑浮子在局部坐标系$O''x''y''z''$中的垂荡速度和加速度,其中局部坐标系$O''x''y''z''$的坐标原点O''位于支撑浮子的重心位置,坐标轴x''、y''、z''均分别与全局坐标系x、y、z轴平行。

2.2　浮子结构的运动控制方程

依据牛顿第二定律建立垂向布置双浮子结构的运动方程。对于垂荡不俘能条件,采用包含全局坐标系$Oxyz$和两个局部坐标系$O'x'y'z'$和$O''x''y''z''$。对于固定条件,采用局部坐标系$O'x'y'z'$和全局坐标系$Oxyz$。

垂荡不俘能

$$\begin{cases} (M_f + M_{a11})\ddot{z}' + C_{a11}\dot{z}' + M_{a12}\ddot{z}'' + C_{a12}\dot{z}'' = f_{e1} + f_{s1} + f_{load} \\ (M_c + M_{a22})\ddot{z}'' + C_{a22}\dot{z}'' + M_{a21}\ddot{z}' + C_{a12}\dot{z}' = f_{e2} \end{cases} \tag{9}$$

固定

$$(M_f + M_{a11})\ddot{z}' + C_{a11}\dot{z}' = f_{e1} + f_{s1} + f_{load} \tag{10}$$

式中,M_f和M_c分别为采集浮子和支撑浮子的质量;f_{s1}为作用于采集浮子上的水静力回复力;f_{load}为外负载作用力;其他符号含义同前。

2.3　流体-结构耦合条件

流体与浮子结构的耦合条件是理想流体满足物面可滑移条件,即任意时刻t时,两者接触面上的压强和法向速度均应保持连续性,即流体与结构接触面上的压强和法向速度保持一致:

$$\begin{cases} P_{fluid}(x,y,z,t) = P_{float}(x,y,z,t), \quad (x,y,z,t) \in S_{wf}(t) \\ P_{fluid}(x,y,z,t) = P_{float}(x,y,z,t), \quad (x,y,z,t) \in S_{wc}(t) \\ \partial\Phi(x,y,z,t)/\partial n = v_{fn}(x,y,z,t), \quad (x,y,z,t) \in S_{wf}(t) \\ \partial\Phi(x,y,z,t)/\partial n = v_{cn}(x,y,z,t), \quad (x,y,z,t) \in S_{wc}(t) \end{cases} \tag{11}$$

式中,固定条件下 $v_{cn}=0$;垂荡不俘能时 v_{cn} 等于支撑浮子的垂荡运动速度。

3 结果分析与讨论

3.1 无量纲变量

采用规则波的波频 ω,波长 λ,波数 k,波周期 T,波幅 A,水深 H_w。垂向布置双浮子波浪能转换器采用两个垂直圆柱形浮子,其几何特征为:采集浮子直径 D_f,厚度 H_f,吃水深度 D_{df};支撑浮子直径 D_c,厚度 H_c,支撑深度 D_{dc},则两浮子的垂向间距 $E=D_{dc}-D_{df}$。支撑浮子垂荡不俘能和固定时采集浮子的垂荡响应幅值分别为 A_{1c} 和 A_{1f}。假定通过线性外负载提取波浪能转换器俘获的能量,支撑浮子固定和垂荡不俘能时的外负载分别为 $f_{df}=-C_d\dot{z}'_f-K_d z'_f$ 和 $f_{dc}=-C_d\dot{z}'_c-K_d z'_c$,其中 C_d 和 K_d 分别为线性外负载的阻尼和刚度系数。

后续分析中采用如下无量纲变量:波频 $\Omega=kD_f$;水深 $h_w=H_w/D_f$;采集浮子的厚度和吃水深度分别为 $h_f=H_f/D_f$ 和 $d_f=D_{df}/D_f$;支撑浮子与采集浮子的直径比为 $\alpha=D_c/D_f$;支撑浮子与采集浮子的垂向间距为 $e=E/D_f$;支撑浮子厚度 $h_c=H_c/D_f$;作用于采集浮子上的垂荡波浪激励力的幅值为 $\overline{F}_{e1}=F_{e1}/(\rho g\pi D_f^2A/4)$;两浮子的垂荡附加质量和辐射阻尼分别为 $m_{a11}=M_{a11}/(\rho\pi D_f^3/12)$,和 $c_{a11}=C_{a11}/(\rho\pi D_f^3\omega/12)$,$m_{a22}=M_{a22}/(\rho\pi D_f^3/12)$,$c_{a22}=C_{a22}/(\rho\pi D_f^3\omega/12)$,$m_{a12}=M_{a12}/(\rho\pi D_f^3/12)$ 和 $c_{a12}=C_{a12}/(\rho\pi D_f^3\omega/12)$;垂荡不俘能和固定条件下采集浮子的垂荡响应振幅分别为 $a_{1c}=A_{1c}/A$ 和 $a_{1f}=A_{1f}/A$;线性外负载的阻尼系数和刚度系数分别为 $c_d=C_d/C_{a,s\text{-}max}$ 和 $k_d=K_d/K_{hys}$,其中 $C_{a,s\text{-}max}$ 和 K_{hys} 为单一采集浮子垂荡辐射阻尼系数的最大值和静力回复力刚度系数。

3.2 垂向间距的影响

通过数值方法研究垂向布置双浮子式波浪能转换器在不同垂向间距布置条件下的水动力特性和运行特性,分析中固定以下变量不变 $h_f=0.2$,$d_f=0.1$,$\alpha=1.0$,$h_c=0.1$,$h_w=5.0$;支撑浮子与采集浮子的垂向间距变化范围为 $e=0.05\sim0.50$。

3.2.1 水动力特性

通过数值分析研究了两浮子垂向间距对作用于采集浮子的垂荡波浪激励力和辐射力(附加质量和附加阻尼)的影响,计算结果见图1~图2。

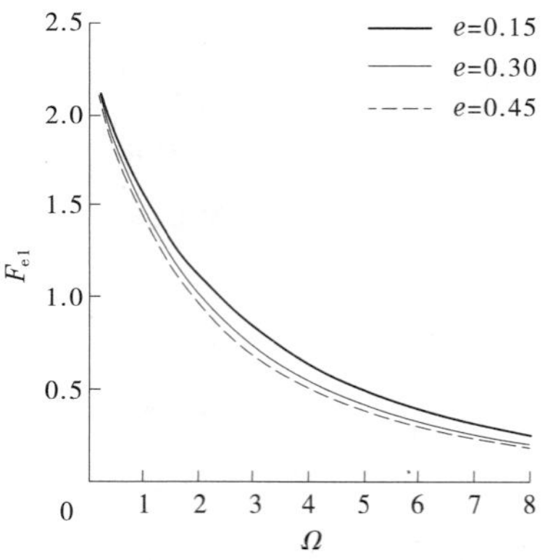

图1 不同垂向间距的采集浮子垂荡波浪激励力幅值对比

图1给出了不同垂向间距条件下,作用于采集浮子上的波浪激励力幅值随波频的变化。由图1看出,随着两浮子间距的增大,波浪激励力减小,这是由于垂向间距的增大有助于波浪的绕射,从而减小波浪作用于采集浮子结构湿表面上的水动压强。

图2给出了不同垂向间距条件下,两浮子的垂荡附加质量和辐射阻尼随波频的变化。由图2可以看出,随着垂向距离的增大,两浮子的垂荡附加质量和辐射阻尼系数,以及耦合垂荡附加质量和辐射阻尼的绝对值均减小,这是由于随着支撑浮子与采集浮子间的垂向距离增大,支撑浮子的支撑深度增大,其向外辐射波浪的能力减弱。由图2还可以看出,两浮子间距对于低频范围($\Omega<1$)内的垂荡辐射阻尼没有影响。

3.2.2 运行特性

通过数值分析研究了两浮子垂向间距对采集浮子的动力响应和俘获宽度比的影响,计算结果见图3、图4。

图3给出了支撑浮子固定时,两浮子的垂向间距对采集浮子垂荡响应幅值和装置俘获宽度比的影响。由图4(a)可以看出,两浮子垂向间距对垂荡响应幅值的影响主要体现在 $\Omega\leqslant3.0$ 范围,且随着两浮

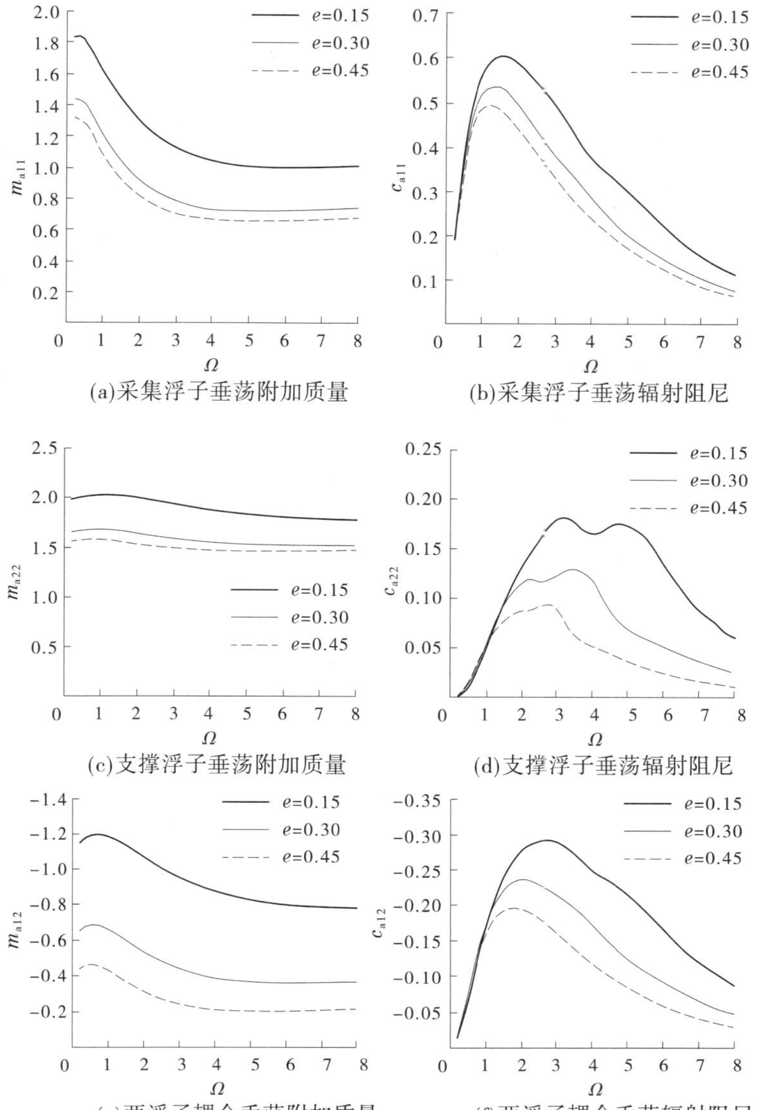

(a)采集浮子垂荡附加质量　(b)采集浮子垂荡辐射阻尼

(c)支撑浮子垂荡附加质量　(d)支撑浮子垂荡辐射阻尼

(e)两浮子耦合垂荡附加质量　(f)两浮子耦合垂荡辐射阻尼

图 2　不同垂向间距的两浮子垂荡附加质量和辐射阻尼对比

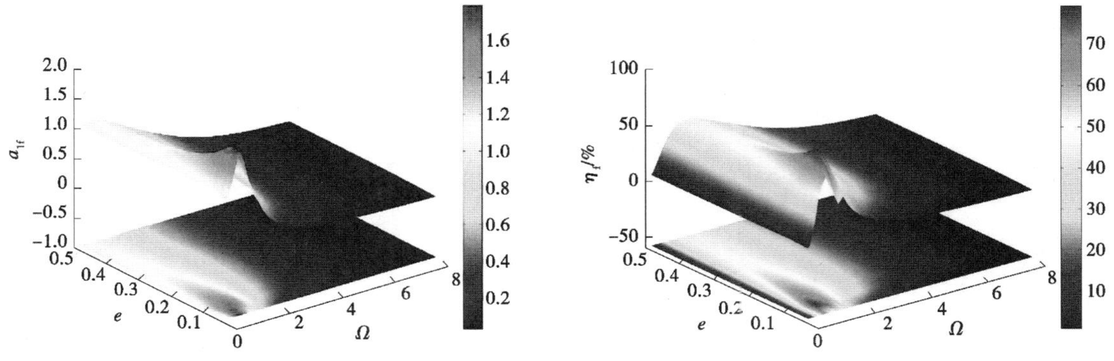

(a)垂荡响应振幅(c_d=0.79)　(b)俘获宽度比(c_d=1.97)

图 3　固定条件下浮子间距对垂荡响应振幅和俘获宽度比的影响

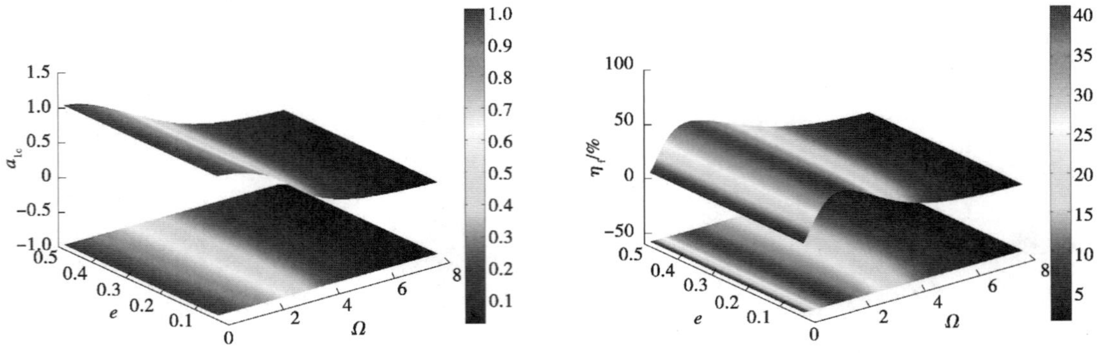

(a)垂荡响应振幅(c_d=0.79)　　(b)俘获宽度比(c_d=1.97)

图 4　垂荡不俘能条件下浮子间距对垂荡响应振幅和俘获宽度比的影响

子间距的增大,采集浮子的垂荡响应幅值减小,计算条件下在 $e=0.05$ 时取得垂荡响应幅值的极大值。由图 4(b)可以看出,$\Omega \leqslant 0.4$ 和 $\Omega \geqslant 4.0$ 的波频范围内,装置俘获宽度比不受两浮子垂向间距的影响;其他波频范围内,随着两浮子间距的增大,俘获宽度比呈现先增后减的变化规律,在 $e=0.10$ 附近取得俘获宽度比的极大值。

图 4 给出了支撑浮子垂荡不俘能时,两浮子垂向间距对采集浮子垂荡响应幅值和装置俘获宽度比的影响。由图 4 可以看出,两浮子垂向间距对此种形式的采集浮子垂荡幅值和俘获宽度比均没有显著影响。

3.3　直径比的影响

通过数值研究分析具有不同支撑浮子直径的垂向布置双浮子式波浪能转换器的水动力特性和运行特性,分析中采用如下固定参量:$h_f=0.2$,$d_f=0.1$,$h_c=0.1$,$e=0.15$,$h_w=5.0$;支撑浮子与采集浮子的直径比变化范围为 $\alpha=0.5\sim6.0$。

3.3.1　水动力特性

通过数值分析研究了两浮子直径比对采集浮子的垂荡波浪激励力和垂荡辐射力(附加质量和附加阻尼)的影响,计算结果见图 5、图 6。

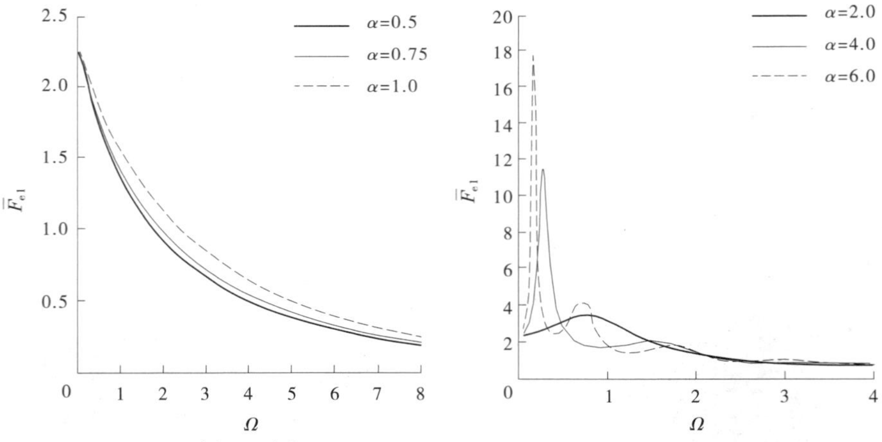

(a) $\alpha \leqslant 1.0$　　(d) $\alpha > 1.0$

图 5　不同直径比的采集浮子垂荡波浪激励力幅值对比

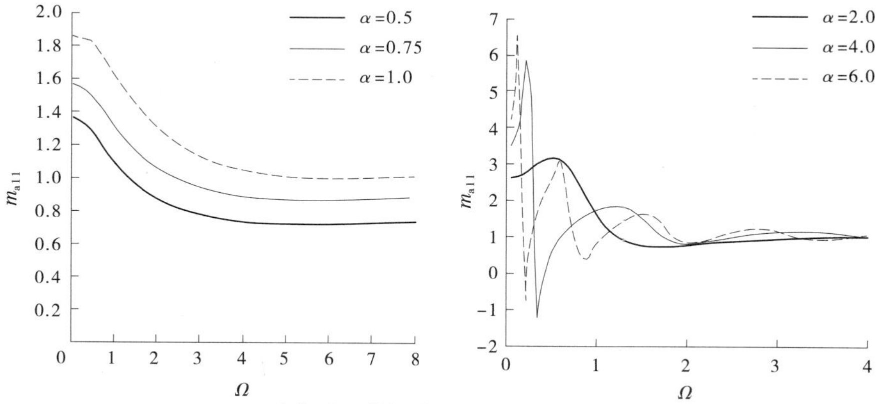

(a)采集浮子附加质量(左 α≤1.0,右 α>1.0)

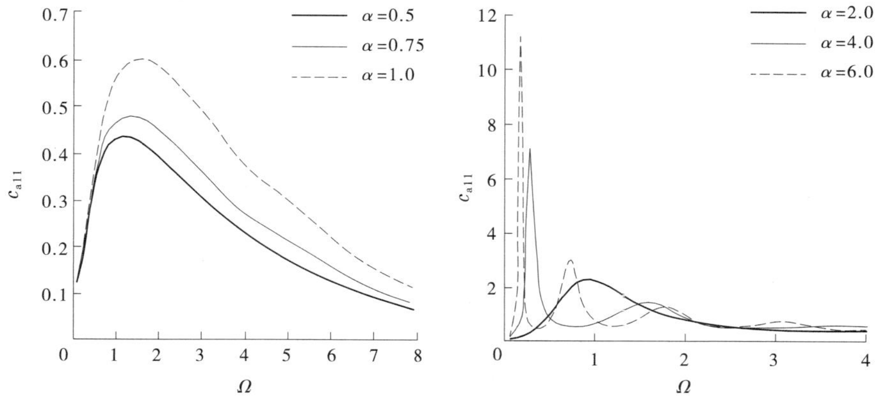

(b)采集浮子辐射阻尼(左 α≤1.0,右 α>1.0)

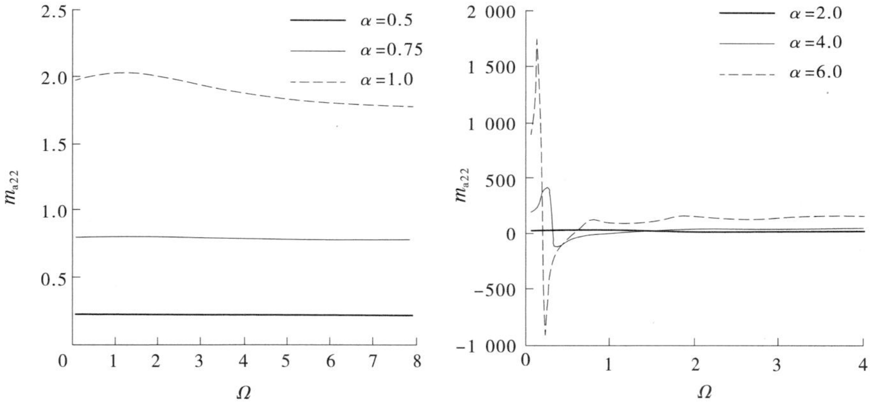

(c)支撑浮子附加质量(左 α≤1.0,右 α>1.0)

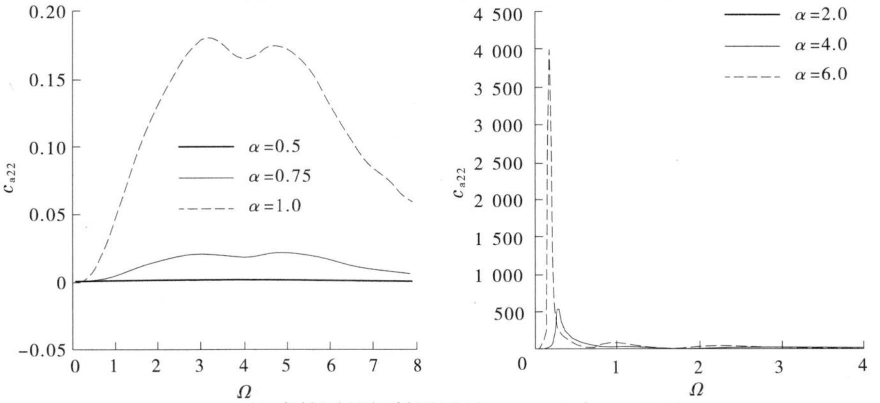

(d)支撑浮子辐射阻尼(左 α≤1.0,右 α>1.0)

图 6　不同直径比的两浮子垂荡附加质量和辐射阻尼对比

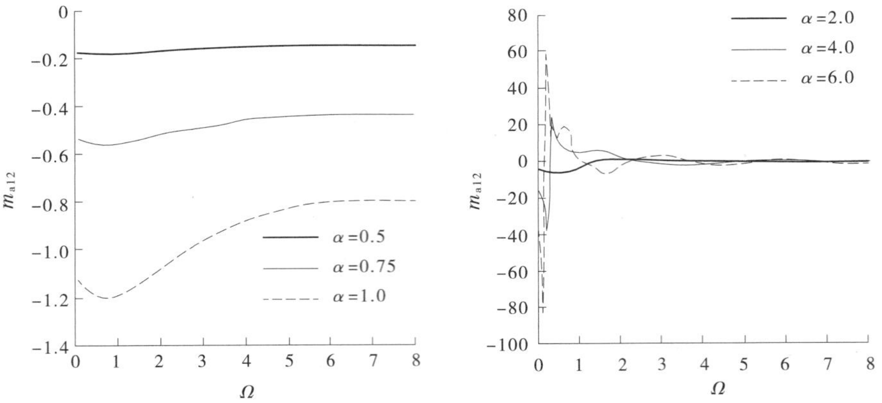

(e)耦合附加质量(左$\alpha\leqslant1.0$,右$\alpha>1.0$)

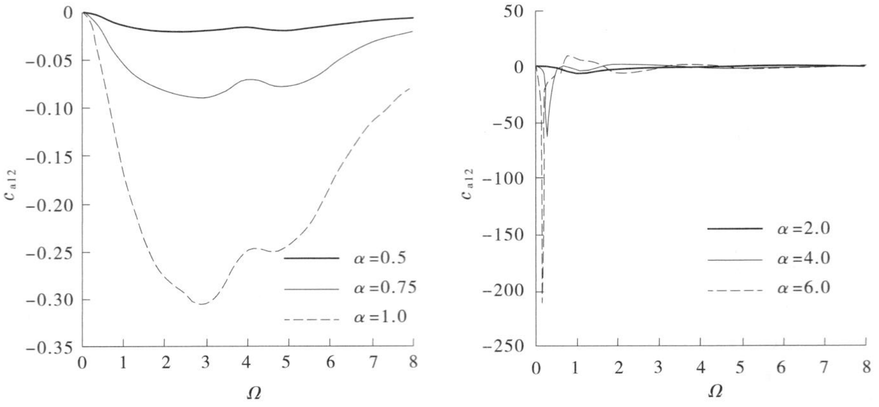

(f)耦合辐射阻尼(左$\alpha\leqslant1.0$,右$\alpha>1.0$)

续图 6

图 5 给出了不同浮子直径比条件下,作用于采集浮子上的垂荡波浪激励力幅值随波频的变化。由图 5 看出:当 $\alpha\leqslant1.0$ 时,$\overline{F}_{e1}\sim\Omega$ 是单调递减曲线,且垂荡波浪激励力幅值随着浮子直径比的增大而增大;当 $\alpha>1.0$ 时,$\overline{F}_{e1}\sim\Omega$ 呈现具有多个极值的变化,且随着浮子直径比的增大,垂荡波浪激励力极值增大,且波浪力极值对应的波频减小,$\overline{F}_{e1}\sim\Omega$ 曲线的带宽也减小。

图 6 给出了不同浮子直径比条件下两浮子的垂荡附加质量和辐射阻尼随波频的变化。由图 6 可以看出:耦合垂荡附加质量和辐射阻尼均为负值;当 $\alpha\leqslant1.0$ 时,$m_{a11}\sim\Omega$ 是单调递减曲线,$c_{a11}\sim\Omega$ 是具有极值的单峰曲线;$m_{a12}\sim\Omega$ 是具有极小值的单峰曲线,$c_{a12}\sim\Omega$ 是具有两个极小值的双峰曲线;当 $\alpha=0.50$ 时,m_{a22} 和 c_{a22} 随无量纲波频 Ω 变化不显著,而当 $\alpha=1.0$ 时,$m_{a22}\sim\Omega$ 是单峰曲线,$c_{a22}\sim\Omega$ 是双峰曲线;当 $\alpha\leqslant1.0$ 时,两浮子的垂荡附加质量和辐射阻尼,以及耦合垂荡附加质量和辐射阻尼的绝对值均随着浮子直径比的增大而增大。当 $\alpha>1.0$ 时,$m_{a11}\sim\Omega$,$c_{a11}\sim\Omega$,$m_{a22}\sim\Omega$,$c_{a22}\sim\Omega$,$m_{a12}\sim\Omega$ 和 $c_{a12}\sim\Omega$ 曲线均具有多个极值,且曲线的波动性随着浮子直径比的增大而增强;当 $\alpha>1.0$ 时,随着浮子直径比的增大,两浮子自身的垂荡附加质量和辐射阻尼的极大值增大,而附加质量的极小值减小且会出现负值;耦合垂荡附加质量和辐射阻尼的极小值均减小,而耦合垂荡附加质量的极大值增大且出现正值。

3.3.2 运行特性

通过数值分析研究了两浮子直径比对采集浮子的动力响应和俘获宽度比的影响,计算结果见图 7、图 8。

图 7 给出了支撑浮子固定时,两浮子直径比对采集浮子垂荡响应幅值和装置俘获宽度比的影响。由图 7 可以看出,两浮子直径比主要影响低频范围内采集浮子的垂荡响应幅值和装置的俘获宽度比;随着直径比的增大,$a_{1f}\sim\Omega$ 和 $\eta_f\sim\Omega$ 曲线的波动性增强,垂荡响应振幅和俘获宽度比的极大值均增大。

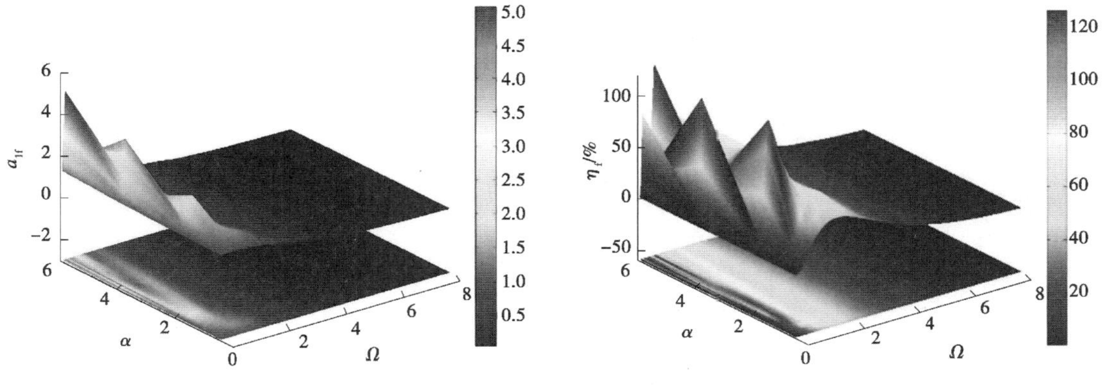

(a)垂荡响应振幅(c_d=0.79)　　(b)俘获宽度比(c_d=1.97)

图 7　固定条件下浮子直径对垂荡响应振幅和俘获宽度比的影响

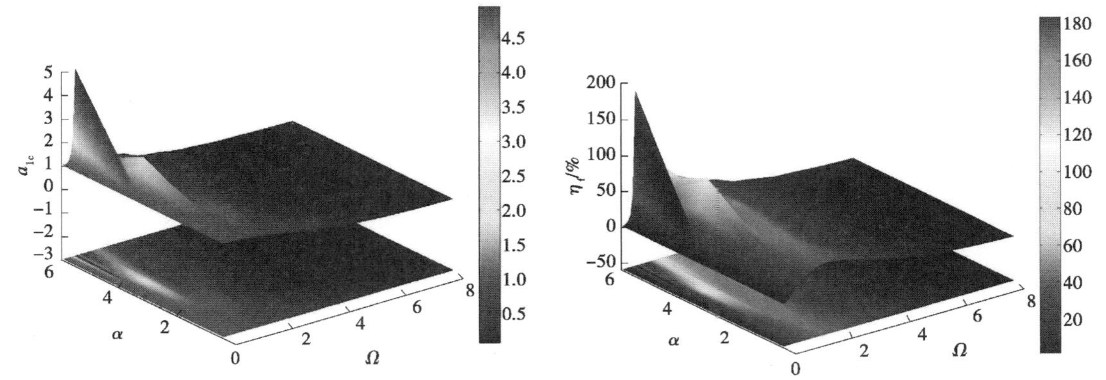

(a)垂荡响应振幅(c_d=0.79)　　(b)俘获宽度比(c_d=1.97)

图 8　垂荡不俘能条件下浮子直径对垂荡响应振幅和俘获宽度比的影响

图 8 给出了支撑浮子垂荡不俘能时，两浮子直径比对采集浮子垂荡响应幅值和装置俘获宽度比的影响。由图 8 可以看出，两浮子直径比主要对低频范围内采集浮子的的垂荡响应幅值和装置的俘获宽度比有影响；随着直径比的增大，$a_{1c}\sim\Omega$ 和 $\eta_c\sim\Omega$ 曲线的波动性增强，垂荡响应振幅和俘获宽度比的极大值均增大。

4　结　论

本文通过对两种形式垂向布置双浮子式波浪能转换器的运行特性展开数值研究，分析了外负载、两浮子垂向间距和其水动力特性、浮子动力响应和装置俘获宽度比的影响。研究结果表明：

(1)两浮子垂向间距对垂向布置双浮子式波浪能转换装置的水动力和运行特性均有显著影响。随着垂向间距的增大，采集浮子所受垂荡波浪激励力、两浮子自身垂荡的附加质量和辐射阻尼，以及两者耦合垂荡附加质量和辐射阻尼系数的绝对值均减小。线性负载作用时，垂向间距对支撑浮子垂荡不俘能条件的浮子垂荡响应振幅和装置俘获宽度比没有显著影响；支撑浮子固定时，随着垂向间距增大，采集浮子的垂荡响应振幅减小，而俘获宽度比呈先增后减的变化规律，并在 $e=0.10$ 时取得俘获宽度比的极大值。

(2)两浮子的直径比对装置的水动力和运行特性也有显著影响。当 $\alpha\leq1.0$ 时，随着直径比的增大，采集浮子所受波浪激励力、采集浮子自身垂荡的附加质量和辐射阻尼、支撑浮子自身垂荡的附加质量，以及两者耦合垂荡附加质量和辐射阻尼系数的绝对值均增大，而支撑浮子自身垂荡的辐射阻尼减小。当 $\alpha>1.0$ 时,随着直径比的增大,浮子水动力参数的波动性增强;采集浮子所受波浪激励力、两浮子自身垂荡的附加质量和辐射阻尼,以及两者耦合附加质量和辐射阻尼绝对值的极值均增大。线性负载作用时,随着两浮子直径比增加,$a_{1f}\sim\Omega$、$\eta_f\sim\Omega$、$a_{1c}\sim\Omega$ 和 $\eta_c\sim\Omega$ 曲线的波动性增强,两种形式的浮子垂荡响应振幅和俘获宽度比转换极值均增大。

参考文献

[1] Fredrikson G. IPS wave power buoy mark IV[C]//Wave Energy R&D—Workshop, Cork, Ireland. 1993.

[2] Berggren L, Johansson M. Hydrodynamic coefficients of a wave energy device consisting of a buoy and a submerged plate [J]. Applied Ocean Research, 1992, 14(1): 51-58.

[3] 吴必军, 郑永红, 游亚戈, 等. 柱对称双浮子波能装置散射问题的解析方法[J]. 海洋学报, 2004, 26(3): 115-125.

[4] Zheng Y H, Shen Y M, You Y G, et al. Hydrodynamic properties of two vertical truncated cylinders in waves[J]. Ocean Engineering, 2005, 32(3): 241-271.

[5] Wu B J, Zheng Y H, You Y G, et al. On diffraction and radiation problem for two cylinders in water of finite depth[J]. Ocean engineering, 2006, 33(5): 679-704.

[6] 吴必军, 胡城, 郑永红, 等. 双浮体自由垂向振荡响应特性[J]. 水动力学研究与进展, 2006, 21(4): 458-464.

[7] Weinstein A, Fredrikson G, Parks M J, et al. AquaBuOY-the offshore wave energy converter numerical modeling and optimization[C]//OCEANS'04. MTTS/iEEE TECHNO-OCEAN'04. IEEE, 2004, 4: 1854-1859.

[8] Engström J, Eriksson M, Isberg J, et al. Wave energy converter with enhanced amplitude response at frequencies coinciding with Swedish west coast sea states by use of a supplementary submerged body[J]. Journal of Applied Physics, 2009, 106 (6): 064512.

[9] 褚柳宁. 基于 AquaBuOY 波能转换器的技术特性研究[J]. 海洋技术, 2009, 28(2): 119-121.

[10] Vicente P C, Falcão A O, Justino P A. Non-linear slack-mooring modelling of a floating two-body wave energy converter [J]. EWTEC, Southampton, 2011.

[11] 吴必军, 王幸, 刁向红, 等. 双圆柱形浮体波能装置双自由度响应及俘获宽度比分析[J]. 中国科学 物理学 力学 天文学(中文版), 2013, 43(8): 978-986.

[12] 林礼群, 吴春旭, 吴必军. 双浮体波能装置的功率转换特性研究[J]. 上海海洋大学学报, 2014, 23(3): 475-480.

扩散角对TBM隧洞过渡段水力特性影响的数值模拟

刘　强　刘亚坤　张　帝　邓杨玉　郑佳兴

（大连理工大学，辽宁大连　116024）

【摘　要】为研究不同扩散角TBM隧洞过渡段内的水力特性，通过OpenFOAM开源软件对过渡段内水流流态进行数值模拟，从纵向时均流速、湍动能以及壁面切应力等方面进行分析，结果表明：随着扩散角的增加，过渡段壁面附近出现较大的回流区和较强的速度梯度，紊动强度也随之增大，其结果导致湍动能峰值和分布范围的增加；对于沿程壁面切应力，其最大值均出现在过渡段的进口壁面处，随着流体进入过渡段，切应力值开始逐渐减小，当扩散角超过12°时，其值减小至0并反向增大，切应力方向由逆流线方向急速向顺流线方向转变，水流流态较紊乱，扩散角在不超过12°情况下可以获得较优的水力特性。

【关键词】TBM隧洞；扩散角；回流区；水力特性；数值模拟

1　引　言

长距离输水隧洞复杂断面的水气两相流研究一直是工程的难点，输水隧洞距离长、工程沿线地质以及地形条件的不同，从而造成TBM隧洞沿线衬砌厚度不同，断面形式变化多样，其结果导致隧洞被不同的水力断面分割，水力衔接情况极为复杂，当扩散角增大时，其衔接段内会出现较大的回流区，导致能量损失的增加[1]，对隧洞的过流能力会产生不同程度的影响。因此，研究TBM输水隧洞不同洞径之间过渡段的水力特性，具有重要工程意义。

目前，国内外对长距离输水隧洞的数值模拟主要集中在单一形式断面上，且对于输水隧洞过渡段缓流的流动特性和水头损失的研究很少。王晓玲等[2]、盛代林等[3]利用k-ε紊流模型结合VOF方法模拟了无压引水隧洞水气两相流的流动特性，并分析沿程水深、气压以及流速等水力参数，为工程比选方案提供依据。而在研究明渠过渡段水力特性方面，李蕾[4]通过MIKE软件对天然河道渐扩段的水面线和流场进行研究，探究不同流量下渐扩段局部水头损失规律。吴永妍等[5]通过实验对梯形明渠到无压隧洞的收缩段水力特性进行模拟，得出最大流速的位置随二次流作用的增强而降低。高学平等[6]对不同坡角下的抽水蓄能电站侧式进/出水口段进行数值研究，得出当隧洞坡角等于扩散段垂向扩散角时，其内部水流流态较好，回流区面积最小。Thapa[7]通过实验和数值模拟在矩形向梯形明渠过渡段间增设不同数量的导流板来改善过渡段内水流流态。在其他工程领域扩散段内的流体特性同样也是研究的重点，Zhixiong Li等[8]运用k-ε湍流模型对不同扩散角下的正方形三维扩压器进行数值模拟，得出当扩散角为5°时扩压器出口气体速度可以降低至进口速度的0.45倍。Sparrow等[9]采用k-ω SST湍流模型对在不同雷诺数下的不同扩散角的扩散管进行数值模拟分析，得出扩散角与管中分离区之间的关系。长距离输水隧洞作为调水工程中最常见的水工建筑物之一，其洞内水力特性一直是研究的重点，随着TBM隧道掘进机的广泛应用，隧洞洞型大多为平底圆形，但因沿程围岩类别不同，洞内衬砌厚度也不尽相同，不可避免地产生过渡段。本文基于OpenFOAM开源软件采用k-ω SST（shear stress transport）紊动模型求解过渡段流体的水力要素，并结合VOF方法捕捉过渡段的自由水面。研究TBM过渡段在不同扩散角下的水力特征，为TBM输水隧洞过渡段的优化设计提供工程建议。

基金项目：国家自然科学基金项目（52179060，51909024）

2 数学模型的建立及求解

2.1 水气两相流模型

利用 OpenFOAM 开源软件求解三维 Navier-Stokes 方程,采用 VOF 方法捕捉自由水面,得到 TBM 隧洞内的三维流场,三维 Navier-Stokes 方程公式如下:

$$\nabla U = 0 \tag{1}$$

$$\frac{\partial U}{\partial t} + (U \cdot \nabla) U = \boldsymbol{F} - \frac{1}{\rho_a} \nabla p + (\nu_\alpha + \nu_t) \nabla^2 U \tag{2}$$

式中, U 为基于雷诺平均的速度场;P 为基于雷诺平均的压强场;$\boldsymbol{F}$ 为作用在单位体积流体上的质量力;ρ_a 为流体的密度;p 为流体的压强场; v_a 为流体的运动黏性系数; v_t 为紊动黏性系数。

利用 VOF 方法进行自由界面捕捉,其中 α 表示控制体中水流所占的体积分数(当 $\alpha=1$ 时,该控制单元为水体;当 $\alpha=0$ 时,该控制单元为气体;自由水面定义在 $\alpha=0.5$ 的位置),则各控制单元的密度和黏性计算公式为

$$\rho_\alpha = \rho_{水}\alpha + \rho_{汽}(1-\alpha) \tag{3}$$

$$v_\alpha = v_{水}\alpha + v_{汽}(1-\alpha) \tag{4}$$

体积分数 α 的输运方程为

$$\frac{\partial \alpha}{\partial t} + \boldsymbol{U} \cdot \nabla \alpha = 0 \tag{5}$$

2.2 紊流模型

本文采用 k-ω SST 模型求解流体的紊动特征,该紊流模型结合了 k-ε 与 k-ω 两种模型的优势,在远离壁面处采用标准 k-ε 模型模拟充分发展的湍流流动,而在近壁面处应用 k-ω 模型描述不同压力梯度下的边界层问题。

3 模型验证

3.1 模型建立与网格划分

本文采用 Adel Asnaashari 等[10]作为标准算例进行紊流模型和边界条件的验证;Adel Asnaashari 根据 Swamee 等[11]提出的过渡曲线进行模型实验验证,其过渡曲线如图 1 所示,曲线方程如下:

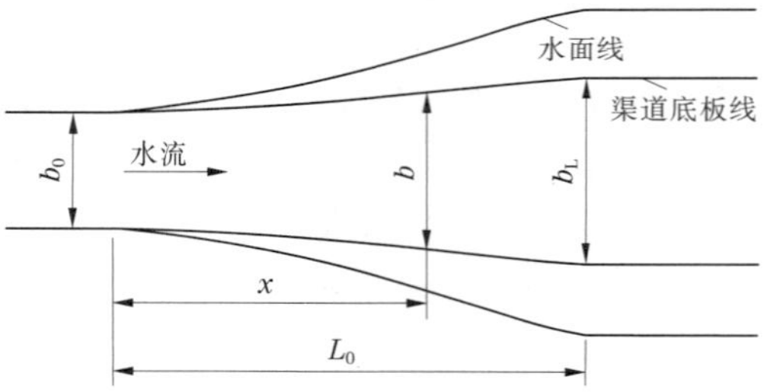

图 1 过渡段剖面图

$$b = \left[a\left(\frac{1-\xi}{\xi}\right)^p + 1\right]^{-q} \tag{6}$$

$$b = b_0 + (b_L - b_0)\left[2.52\left(\frac{L_0}{x} - 1\right)^{1.35} + 1\right]^{-0.775} \tag{7}$$

$$\xi = x/L_0$$

式中, L_0 为过渡段长度;x 为距离过渡段进口的长度; b_0 为矩形截面宽度; b_L 为梯形截面宽度; b 为过渡段的宽度; a 、p 和 q 为经验系数,其值为 2.52、1.35 以及 0.775,见式(7)。

根据上述曲线进行建模和网格剖分,同时为了保证水流在过渡段进口处能够形成均匀流将过渡段前后断面均延伸 7 m(超过 50R,R 为水力直径),整个计算域全长 15 m。过渡段前后的均匀流段网格尺寸其横截面采用网格尺度为 3 mm,轴线方向的网格尺度为 50 mm。当经过断面变化时,水流各物理量沿轴线方向的梯度均增大,需要对网格进行加密,采用的加密方式是将轴向尺度由 50 mm 逐渐过渡到 3 mm;过渡段网格尺寸均采用为 3 mm 总网格量为 297.4 万,网格划分如图 2 所示。将计算域分为隧洞进口水相、进口气相以及隧洞出口三部分,其中水相部分给定平均速度,气相部分给定压力边界条件,值

为大气压;对于出口边界条件:因出口部分的气相和水相边界条件未知,因此出口边界条件均给定零梯度;壁面均采用无滑移条件。

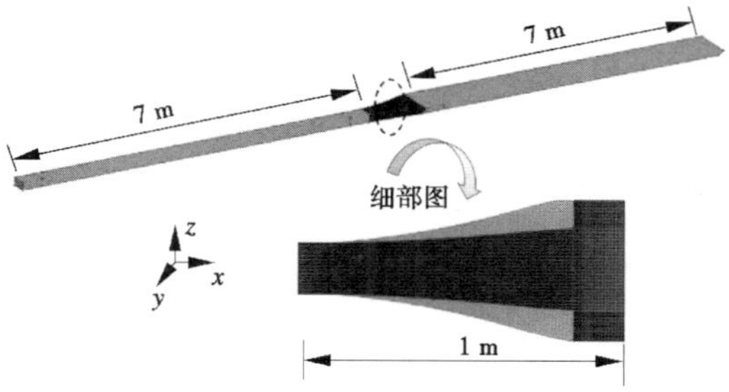

图 2 过渡段网格示意图

3.2 结果对比

数值模拟结果如下:过渡段的进口、中间以及出口横断面处的速度场可以较好地与实验数据相吻合,如图 3~图 5 所示;另外,沿程水面线和实验数据对比,最大相对误差值为 1.528%,最小相对误差值为 0.007 6%,基本吻合实验值如图 6 所示;证明了 k-ω SST 湍流模型和对应的边界条件能够精确地模拟这种分离流段的水流流态和水力特性。

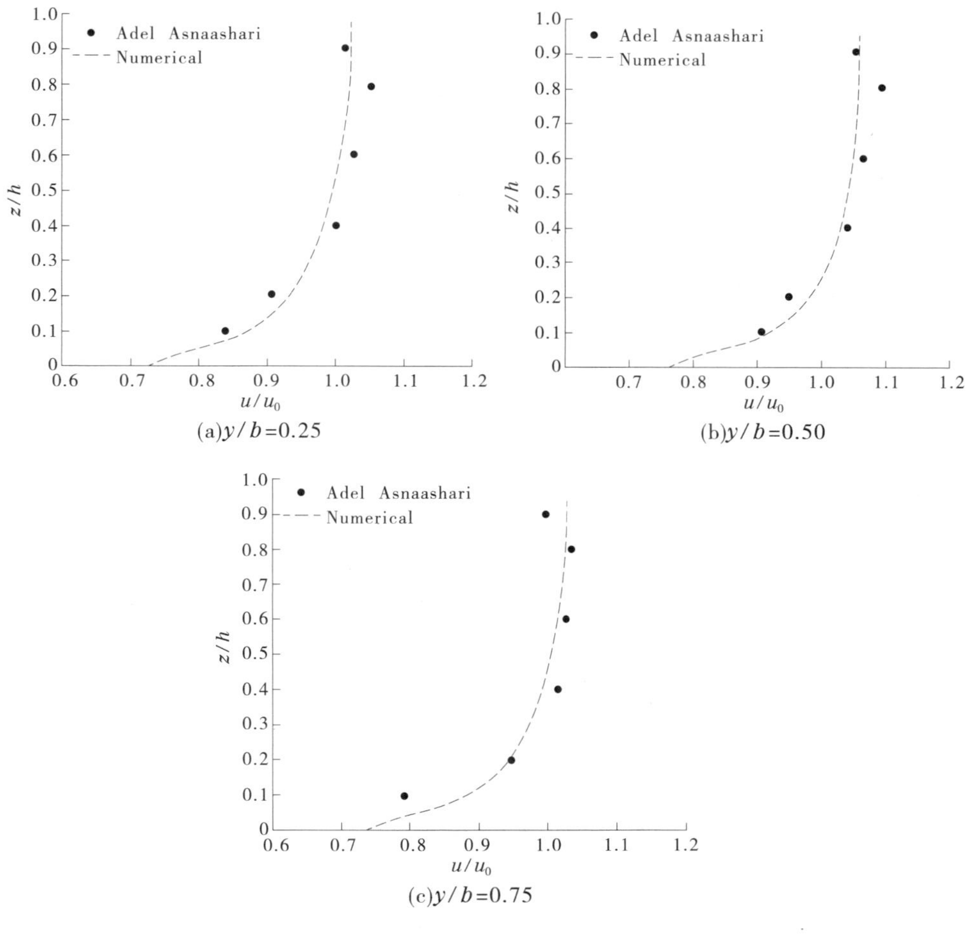

图 3 过渡段进口横断面速度分布

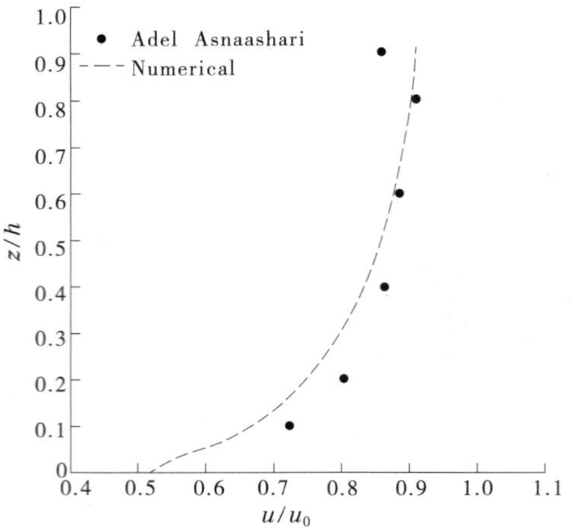

(a)y/b=0.25

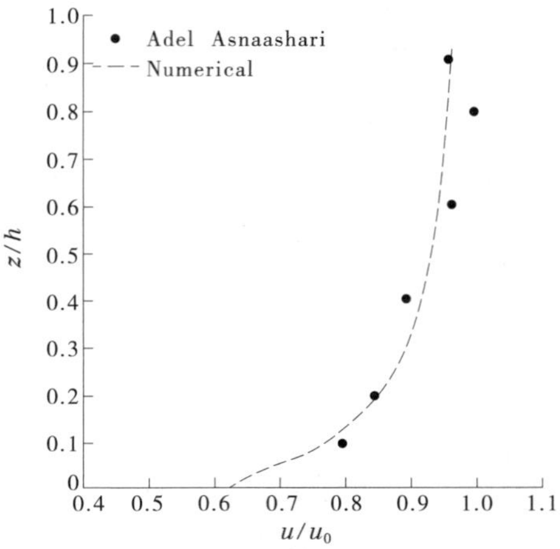

(b)y/b=0.50

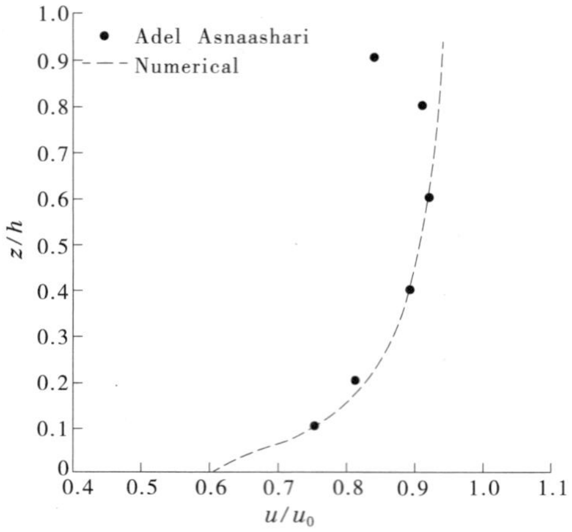

(c)y/b=0.75

图 4　过渡段中间横断面速度分布

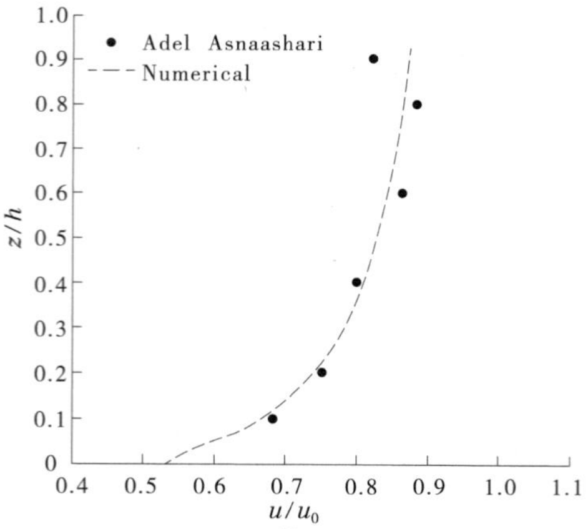

(a)y/b=0.25

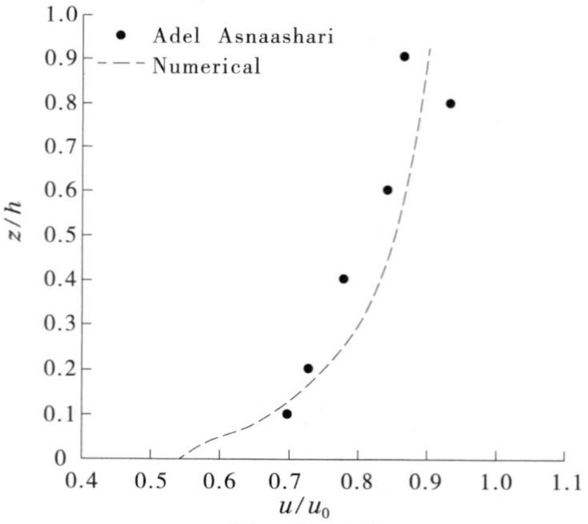

(b)y/b=0.50

图 5　过渡段出口横断面速度分布

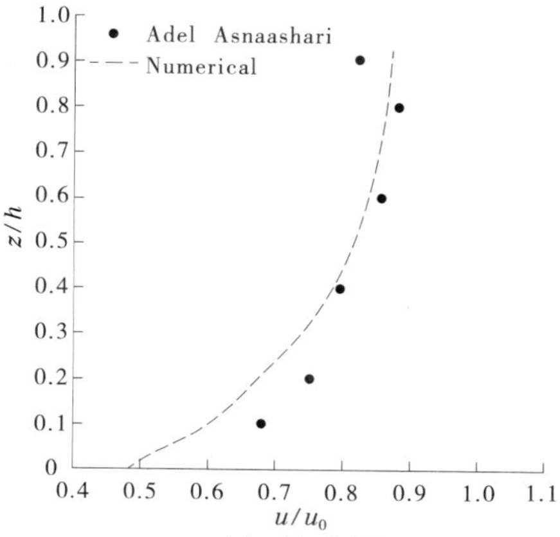

(c)y/b=0.75

续图 5

4 不同扩散角对 TBM 过渡段水力特性的影响

4.1 工程概况

新疆某输水隧洞全长为 92.35 km，设计工况流量为 13 m^3/s，建筑物级别为 2 级，纵坡 1/5 000。其中，桩号为 SD3+800.000~SD5+200.000 段为 TBM 施工段中的地质复杂围岩类别和糙率变化频繁区段，存在较多的渐变段。主要包括断面形式有Ⅱ类、Ⅲa 类、Ⅲb 类、Ⅳ类以及Ⅴ类，其中衬砌段为Ⅲb~Ⅴ类，锚喷段为Ⅱ~Ⅲa 类。Ⅱ类围岩直径为 6.0 m，Ⅲb、Ⅳ以及Ⅴ类围岩直径均为 4.4 m。TBM 隧洞过渡段示意图如图 7 所示，算例设置如表 1 所示。

图 5 中过渡前 TBM 断面直径为 D_1，过渡后 TBM 断面半径为 D_2，扩散角为 $\theta°$，过渡段长度为 L_x，详细参数设置如表 1 所示，坡度均为 1/5 000。

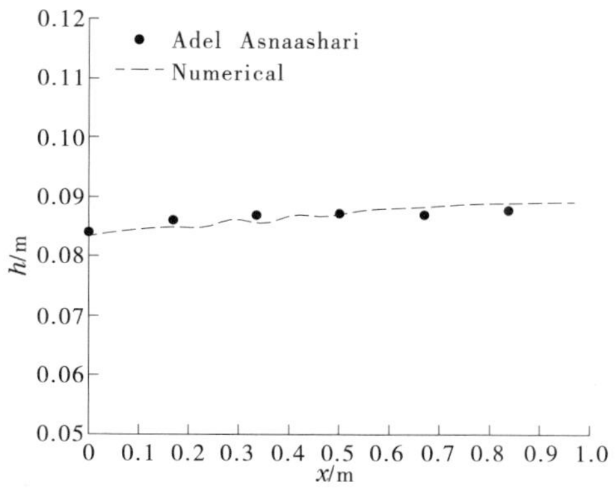

图 6 过渡段计算和实验水面线对照图

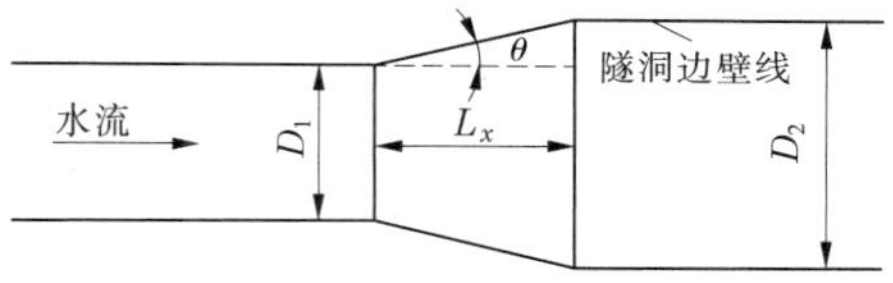

图 7 TBM 隧洞过渡段剖面图

表 1 TBM 隧洞过渡段几何参数

过渡前后断面直径	流量/(m^3/s)	扩散角度/(°)	过渡长度/m	粗糙度/mm
D_1=4.4 m D_2=6.0 m	13	10	4.537	1.00
	13	12	3.763	1.00
	13	20	2.198	1.00
	13	30	1.385	1.00

4.2 网格无关性验证

本文将扩散角为12°的TBM过渡段作为研究对象,分别对过渡段的网格尺寸以9 cm、7 cm、6 cm、5 cm进行加密,所得到的网格总量分别为66.6万、143.6万、198.7万以及234.7万。为了验证网格尺寸对计算结果的无关性,根据恒定流能量方程计算不同网格尺寸下的过渡段局部水头损失,其中沿程水头损失运用达西－魏斯巴赫公式计算,如下:

$$z_1+\frac{p_1}{\gamma}+\frac{u_1^2}{2g}=z_2+\frac{p_2}{\gamma}+\frac{u_2^2}{2g}+h_f+h_j \tag{8}$$

$$h_f=\lambda\frac{l}{4R}\frac{v^2}{2g} \tag{9}$$

式中,z_1、z_2分别为过渡段上、下游的水面高程;$\frac{p_1}{\gamma}$、$\frac{p_2}{\gamma}$分别为上、下游的压强水头;u_1和u_2分别为上、下游断面的平均流速;h_f为沿程水头损失;h_j为局部水头损失;λ为沿程损失系数;R为水力半径;l为总长度,对不同网格尺寸下数值模拟得到的局部水头损失结果如表2和图8所示。

表2 网格无关性验证结果

网格尺寸/m	流量/(m^3/s)	扩散角度/(°)	网格总量/个	局部水头损失/mm
0.09	13	12	666 057	0.246
0.07	13	12	1 436 148	0.408
0.06	13	12	1 987 000	0.513
0.05	13	12	2 347 000	0.542

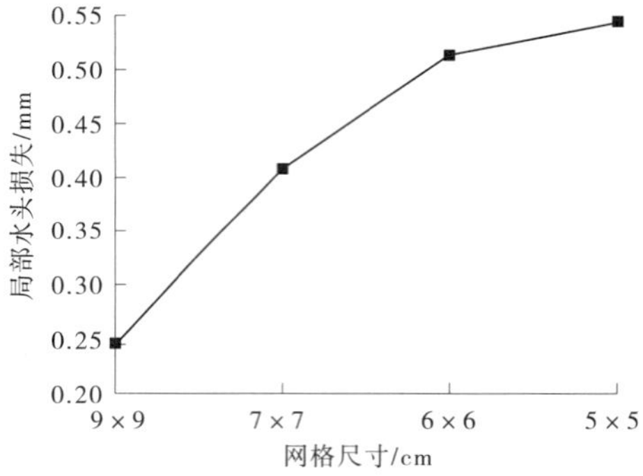

图8 不同网格尺寸下的局部水头损失

从表2和图8可以看出:当网格加密到0.06 m×0.06 m和0.05 m×0.05 m时,水头损失值趋向稳定,表明网格无关性良好,为了节省计算时间,本文算例网格尺寸均取0.06 m。

4.3 水动力分析

4.3.1 纵向流速分布

图9为平均水深处5条特征线分布图,其中line1～line5的位置分别为$x=1/5L$、$x=2/5L$、$x=3/5L$、$x=4/5L$以及$x=L$(过渡段长度为L)。图10是5条特征线对应的纵向统计平均流速分布图,本文在数值计算达到稳定解后再继续计算3个周期,然后对流场速度进行统计平均,将横纵坐标均无量纲化$u^*=\frac{\bar{u}}{u_0}$,$y^*=\frac{y}{Y}$(Y为洞径宽度)。可以看出当扩散角小于12°时,过渡段内均无逆流向速度出现,无回流区产生,水流流态较为稳定。当扩散角等于12°时,过渡段出口壁面处的流速大小接近为0,处于产生回流区的临界状态。随着扩散角的增大,在过渡段出口边壁处存在较大的逆流向速度,出现回流区,水

流流态紊动较大，且随着扩散角的增大，局部水头损失逐渐增大，当扩散角在10°~12°时，其局部水头损失为0.3~0.5 mm，当扩散角增大至30°时，局部水头损失达到2.62 mm。

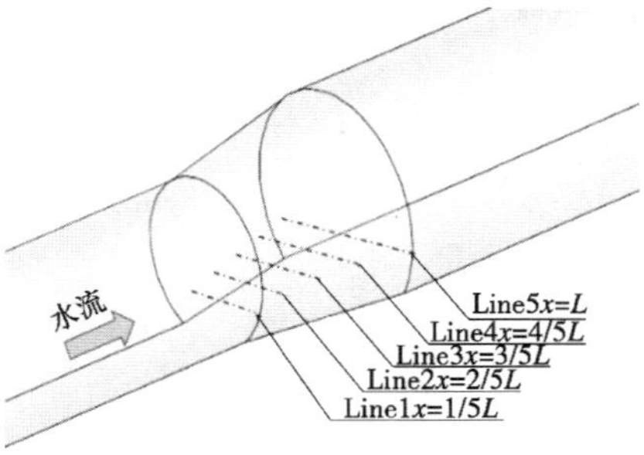

图9 平均水深处5条特征线的位置

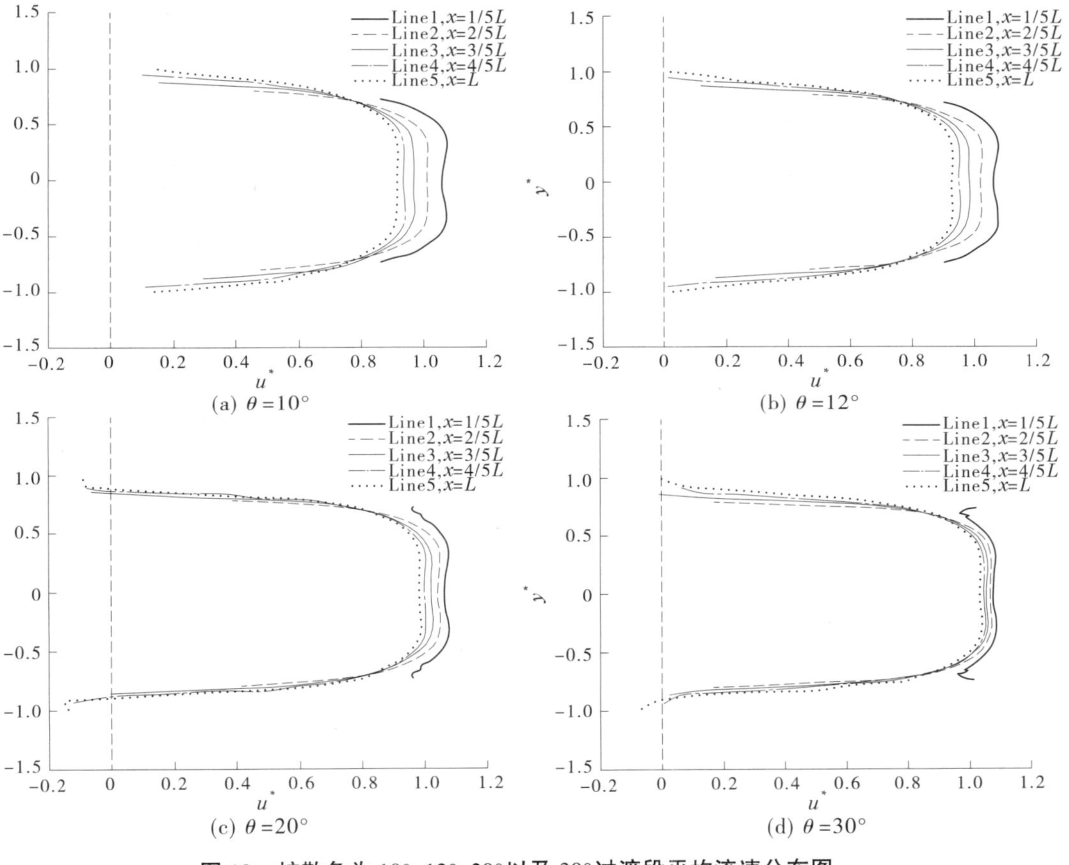

图10 扩散角为10°、12°、20°以及30°过渡段平均流速分布图

4.3.2 湍动能

通过分析过渡段湍动能大小和分布特征，探究不同扩散角对隧洞内流场能量交换和紊动特征的影响，本文取平均水深（$h=1.5$ m）处的横剖面作为分析对象，湍动能计算式如下：

$$k=(\overline{u'^2}+\overline{v'^2}+\overline{w'^2}) \tag{10}$$

式中，$\overline{u'^2}$、$\overline{u'^2}$ 和 $\overline{w'^2}$ 分别为轴向、横向和垂向的雷诺应力。

图11为不同扩散角下的湍动能分布图，随着扩散角的增加，湍动能峰值也随之增加，沿着流向和横向方向高能区的分布范围也越来越大，且呈现出沿流线方向对称的双峰分布。其主要原因是扩散角的增大导致过渡段壁面处的速度梯度也随之增大，结果进一步加大了边壁处的流体紊动特性，增强了壁面

处能量的交换和传递能力[12],从而导致高湍动能区的峰值和范围的增大(见图 12)。图 12 中右纵坐标表示过渡段内湍动能峰值,左纵坐标表示过渡段内平均湍动能。当扩散角为 30°时,边壁处最大湍动能值为 0.028 8 J/kg,平均湍动能值为 0.005 6 J/kg;当扩散角减小至 10°时,最大湍动能下降至 0.010 2 J/kg,平均湍动能下降至 0.003 3 J/kg。

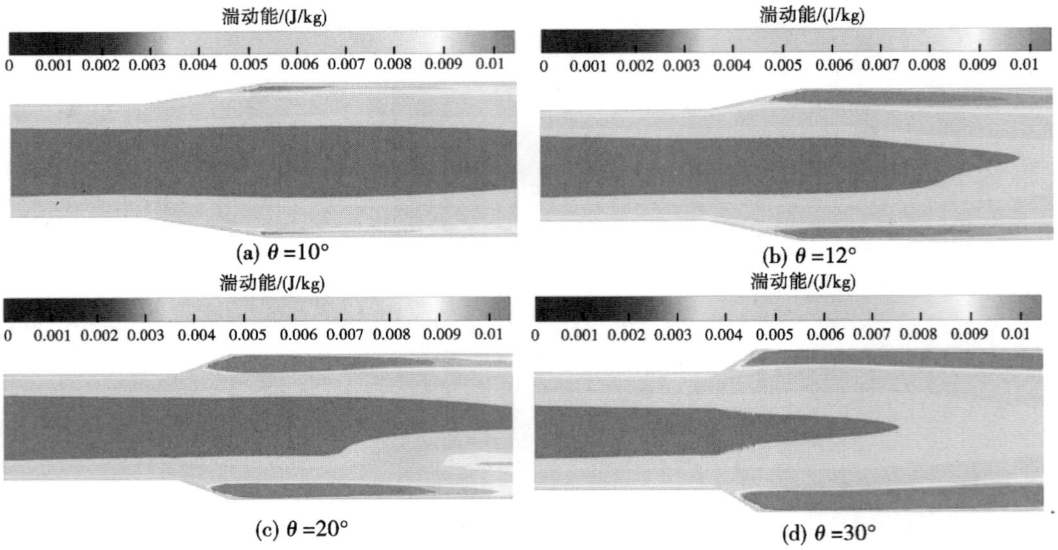

图 11 扩散角为 10°、12°、20°和 30°过渡段湍动能分布

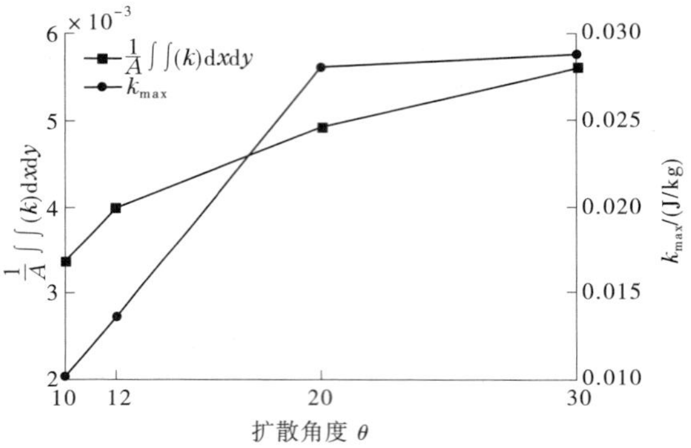

图 12 不同扩散角下过渡段最大湍动能和平均湍动能

4.3.3 壁面切应力

图 13 表示不同扩散角下平均水深处沿程壁面切应力的变化。图 13 中纵坐标表示的是剪力系数,将壁面切应力值除以进口流体动能,具体如下:

$$\tau^{*}=\frac{\tau}{\frac{1}{2}\rho u_{0}^{2}} \tag{11}$$

图 13 中剪力系数在扩散段前均为负数(规定切应力正方向为流线方向),由于流体与边界并未发生分离,因此壁面切应力方向一直是逆流线方向,且其最大值均在扩散段进口处($x/L=0.333$ 处)。当扩散角在 12°以内时,壁面切应力值随着扩散角的增大开始减小,但方向一直是逆流线方向;当扩散角超过 12°时,壁面切应力值逐渐减小至 0,然后反向逐渐增加,其方向开始由逆流线方向转变为顺流线方向。这是因为扩散角的增大,流体与边界发生分离,产生回流,因此造成壁面切应力方向的改变。随着角度增大,扩散段进口处的壁面切应力值和沿流线方向的变化梯度也随之增加,当 $\theta=30°$时切应力最大

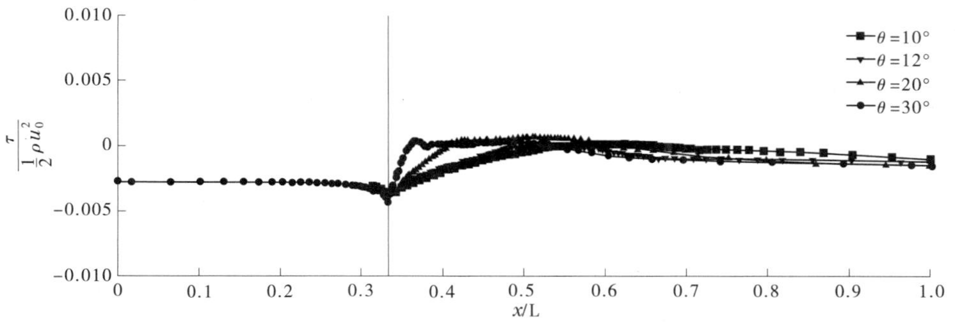

图 13 不同扩散角下壁面切应力沿程分布（虚线位置 $x/L=0.33$ 为过渡段进口处）

值可达到 2.946 N/m^2。

5 结 论

本文以新疆某输水隧洞作为工程背景，通过数值模拟，分析了不同扩散角下过渡段内水力特性的变化规律，得出如下结论：

（1）当扩散角在 10°~12°时，TBM 隧洞过渡段内的水流流态稳定，无回流区现象产生，其中 12°为产生回流区的临界角度；当扩散角增大至 30°时，水流流态趋于紊乱，局部水头损失可达到 2.62 mm，是扩散角 10°下的 5 倍左右。

（2）随着扩散角增大，扩散段边壁处的湍动能峰值和范围也逐渐增大，扩散角为 30°下的湍动能峰值是扩散角为 10°下的 2.8 倍左右，平均湍动能是 10°下的 1.7 倍，总体呈现沿流线方向对称的双峰分布。

（3）壁面切应力的最大值均出现在过渡段进口处，然后沿程开始逐渐减小，12°扩散角为临界角度。当扩散角在 12°以内时，壁面切应力一直保持逆流线方向；当扩散角大于 12°时，因回流区的产生，造成壁面切应力的方向由逆流线方向急速向顺流线方向转变。

参考文献

[1] 刘亚坤.水力学[M].北京：中国水利水电出版社，2008.

[2] 王晓玲，段琦琦，佟大威，等.长距离无压引水隧洞水气两相流数值模拟[J].水利学报，2009，40(5)：596-62.

[3] 盛代林，孙月峰，安娟，等，复杂无压隧洞输水过程三维数值模拟与方案优选[J].天津大学学报，2009，42(12)：1048-1054.

[4] 李蕾.不同流量下渐扩段局部水头损失数值模拟[J].长江科学院院报，2018，35(4)：84-87.

[5] 吴永妍，陈永灿，刘昭伟.明渠收缩过渡段流速分布及紊动特性试验[J].水科学进展，2017，28(3)：346-355.

[6] 高学平，毛长贵，孙博闻，等.输水隧洞坡角对侧式进/出水口水力特性影响研究[J].南水北调与水利科技，2019，17(2)：189-195.

[7] Thapa D R. Characteristics of Flow past Warped and Wedge Transitions[D]. Mnotreal：Concordia University, 2017.

[8] Li Z, Moradi i, Nguyen Q, et al. Three-dimensional simulation of wind tunnel diffuser to study the effects of different divergence angles on speed uniform distribution, pressure in outlet, and eddy flows formation in the corners[J]. Physics of Fluids, 2020, 32(5): 052006.

[9] Sparrow E M, Abraham J P, Minkowycz W J. Flow separation in a diverging conical duct: Effect of Reynolds number and divergence angle[J]. international Journal of Heat and Mass Transfer, 2009, 52(13-14): 3079-3083.

[10] Adel Asnaashari, Amir Ahmad Dehghani, Ali Akbar Akhtari, et al. Experimental and Numerical Investigation of the Flow Hydraulic in Gradual Transition Open Channels[J]. Water Resources, 2018, 45(4).

[11] Swamee P K, Basak B C. Design of trapezoidal expansive transitions[J]. Journal of irrigation and drainage engineering, 1992, 118(1): 61-73.

[12] Talstra H. Large-scale turbulence structures in shallow separating flows[J]. 2011.

有压隧洞的水流空化特性及控制技术

王志刚　张　东　张宏伟　任炜辰

(中国水利水电科学研究院,北京　100038)

【摘　要】 本文以某底孔泄洪洞为例,在减压物理模型试验的基础上对有压隧洞的水流空化特性及控制技术进行了系统的研究,结果显示:结构突变和水流急变是有压隧洞进口附近发生空化水流的关键诱因,避免结构突变设计,采用椭圆型导弧可使水流平顺,水流空化强度大幅降低甚至不发生空化水流;有压洞出口采用收缩出口设计,减小底孔泄洪洞的泄流量亦有利于进口附近水流空化特性的改善。有压洞出口段采用平顶设计易诱发空化水流的发生,采用压坡型收缩出口设计有利于改善出口段的压力分布,提高结构的抗空化能力;在有压隧洞运行过程中,工作弧门局部开启运行亦有利于提高有压洞出口附近的抗空化能力。

【关键词】 有压隧洞;空化特性;空化噪声;进口段;出口段;控制技术

1　引　言

有压隧洞中水流条件相对稳定,压力以正压为主,结构受力性能优良,因此成为了水利水电工程泄洪系统中常用的结构形式之一。但由于不同工程特点各异,因此有压隧洞的布置亦各不相同,很多学者也针对性地开展了大量的研究。为克服转弯段对有压隧洞安全运行的影响,姜攀等[1]利用 k-ε 模型对石门水库有压泄洪洞进行了研究分析,结果表明,通过闸门开度的调整不但可改善有压洞中的压力分布,还可提高泄洪洞运行的灵活性。文雯[2]更是在伯努利方程和能量原理的基础上建立了有压洞弯曲段水流与洞壁间的相互作用模型,并推导出了该相互作用力与洞径、轴线曲率半径等的定量关系。张其军[3]则对有压洞中各部位建筑物引起的局部水头损失进行了对比分析,并给出了各类结构物引起的水头损失权重,刘峰等[4]进一步地对中小型有压洞泄流能力的计算方法进行了系统的总结归纳,童海鸿等[5]提出了流量系数的经验计算式。冯梅兰[6]在汾河水库泄洪隧洞的基础上也对有压洞出口段收缩率与泄流能力的博弈关系进行了分析。此外,还有一些学者对有压隧洞的空化特性进行了一些探索。傅宗甫等[7]对黄金坪水电站1号泄洪洞的空化特性进行了研究,结果显示增加有压渐变段长度,改变工作闸门底板的连接形式,可显著提升闸室底板的水流空化数。丁则裕[8]通过研究发现采用宽扁形或正方形出口有利于防止出口渐变段洞顶发生负压。前人的研究极大地深化了人们对有压隧洞水力特性及空化特性的认识,有力地支撑了有压隧洞的规划设计与应用。但前人的研究多集中于对单一结构物或有压洞局部结构物水力特性的研究,而对于结构物水流空化特性的针对性研究相对较少,特别是从空化泡形态及空化噪声方面的研究成果。为此,本文以某底孔泄洪洞为例,系统测试典型位置处的空化泡形态及空化噪声特征,在此基础上开展有压洞体形优化和水流空化特性改善研究,进而为有压隧洞的设计优化提供参考。

2　工程概况

某底孔泄洪洞布置于坝身内,总长为114.7 m,如图1所示。进口采用8.4 m×8.4 m的矩形进口形式,其上游面呈倾斜状,与水平面夹角为84.29°,下游侧嵌入一喇叭形渐变段并与内径为6.4 m的有压管道相连,连接点高程为833.0 m。喇叭形渐变段的上游侧为内径为8.4 m的圆,四周收缩曲线为长半

基金项目:国家自然科学基金项目(51909278);中国水科院基本科研专项项目(HY110145B0022021)

轴 a 为 3.2 m，短半轴 b 为 1.0 m 的 1/4 椭圆曲线。进口顶部长度为 0.5 m，底部长度为 1.3 m。有压管道全长 68.2 m，轴线底坡为 0.5%。有压管道后通过 11.8 m 长的圆变方渐变段衔接 5.1 m×6.4 m（宽×高）的矩形泄槽。矩形泄槽长度为 2.2 m，呈水平状布置，底部高程为 832.6 m，其下游经事故门槽及事故门井后续接 5.1 m×6.4 m（宽×高）的矩形泄槽直至工作弧门出口。事故门槽下游矩形泄槽段的顶板长度为 5.64 m，底板长度为 9.4 m。根据该底孔泄洪洞的设计运行条件，本文以库水位为 925.0 m 和 875.0 m 为例对有压洞段的水流空化特性进行测试分析。

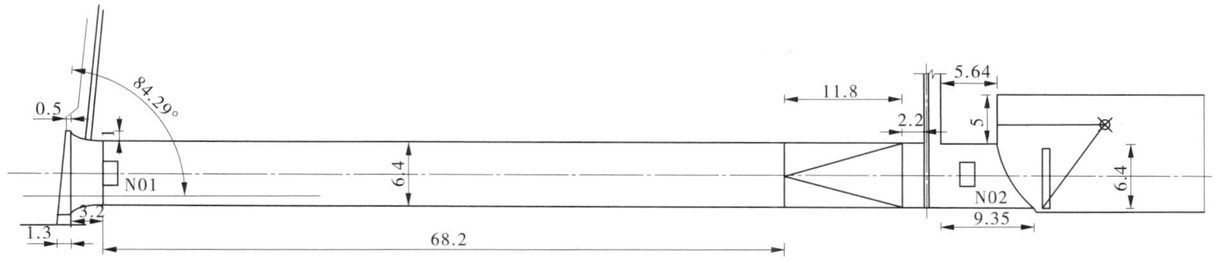

图 1　某底孔泄洪洞设计体形布置图　（单位：m）

3　物理模型及测试方法

3.1　物理模型

为了测试分析有压隧洞的水流空化特性，将底孔泄洪洞的物理模型安装在中国水利水电科学研究院大兴试验基地的大型减压箱中开展试验。物理模型的几何比尺为 1∶30，其他比尺可根据重力相似准则计算得到。模型的制作材料为有机玻璃，以便于在试验过程中对水流现象进行更好地观测。此外，为了使物理模型试验的成果能良好地反映原型的水流空化特征，在试验过程中，需调节减压箱内的真空度 η，使得物理模型试验的水流空化数与原型的水流空化数相等，此时减压箱内的真空度即为相似真空度 η_m。其中，水流空化数的定义如下：

$$\sigma = \frac{\left(\dfrac{p_n}{\gamma} + \dfrac{p_a}{\gamma} - \dfrac{p_v}{\gamma}\right)}{V^2/2g} \tag{1}$$

式中，σ 为底孔泄洪洞的水流空化数；p_n/γ 为有压管道洞底的时均压强水头，m；p_a/γ 为当地大气压强水头，m；p_v/γ 为水体的饱和蒸汽压强水头，m；V 为有压管道断面的平均流速，m/s。

3.2　测试参数及方法

在试验过程中观测的主要参数包括水流流态（含空化泡形态）、空化噪声等。流态的观测主要通过目测实现。空化噪声则主要通过 B&K 公司生产的 8103 型水听器和 PULSE 系统采集分析。因水流空化现象主要发生在结构突变处或流场急变处。因此，在本次试验过程中，相关参数的观测及测量亦集中于结构及流态有变化的进口附近及压力隧洞的出口段，其中水听器安装于进口段与压力洞出口段的边墙上，且分别编号为 N01 和 N02，如图 1 所示。

3.3　水流空化噪声辅助判别方法

众所周知，水流流动时会发出噪声，但均为低频噪声，且主频多低于 5 Hz。当发生空化水流时，除可观测到空化泡或空化云形态外，伴随着空化泡的溃灭会同时产生高频噪声，其频率分布范围多在 12.5 kHz 以上，与水流流动过程中产生的噪声频段显著不同。为此，实践中可通过测定分析水流噪声信息的方式来辅助判断是否发生空化水流。具体操作方法如下：

（1）在较低真空度水流未发生空化时测定水流噪声的 1/3 倍频曲线，并将其作为背景噪声基准。

（2）将减压箱内真空度提升至目标真空度时再次测定水流噪声的 1/3 倍频曲线，并计算其基于背景噪声的声压级增量 ΔSPL。

(3)对于没有设置掺气设施的泄洪建筑物,当水流噪声在高频段的声压级增量最大值 ΔSPL_{max} 达到 5.0~7.0 dB 以上时,初步可判断水听器附近发生了空化水流;对于设置了掺气设施的泄洪建筑物,由于掺气现象亦受减压箱内真空度的影响,因此此时应结合流态及高频段噪声声压级与真空度的关系判断水流的空化状态。

4 结果与讨论

不失一般性,选取库水位为 925.0 m 和 875.0 m 作为典型工况对底孔泄洪洞的空化特性和空化控制措施进行研究分析。

4.1 设计体形的水流空化状态

4.1.1 空化泡型态

当库水位为 925.0 m,工作弧门全开时,底孔泄洪洞的空化泡形态会随着减压箱内真空度的变化而改变。当减压箱内的真空度达到 1.005η_m 时,底孔泄洪洞进口附近方变圆突变段的顶部及左右两侧均可观测到典型的剪切分离型空化泡云团,如图 2(a)所示,并伴随有高频噪声的产生。靠近进水口下部同时形成"蚯蚓"状的空化涡带,该空化涡带一直延伸进入泄洪洞内。事故门井中水流翻滚剧烈,其下游顶板附近可观察到典型的附着分离性空化云,其最大拉伸长度可近似达到工作弧门附近,如图 2(b)所示。当减压箱内真空度减小至相似真空度 η_m 时,进口附近的空化泡形态并未有太明显的变弱,进口顶部与两侧下部角隅处仍可观测到空化泡的形成,如图 2(c)所示。但事故门井下游顶部拉伸状的空化云附着范围明显减小,最大拉伸长度亦明显缩短,仅形成于事故门井下游附近较小范围内,如图 2(d)所示。当减压箱内真空度降至 0.85η_m 时,底孔泄洪洞进口附近则仅形成阵发性的剪切性空化泡,形成范围亦收缩至左上角隅和右上角隅附近。事故门井下游顶板附近未观测到明显的空化泡形成。随着减压箱内真空度的继续下降,底孔泄洪洞进口附近空化泡的形成频率逐渐降低,当减压箱内的真空度降低至 0.421η_m 时,底孔泄洪洞附近的水流空化现象消失。

需要说明的是,虽然按照相似理论,减压模型试验在相似真空度时观测到的水流空化状态才是对应原型空化状态的反映,但其他真空度条件下减压试验测得的水流空化状态可以辅助进行结构抗空化能力的判断。一般而言,若结构在高于相似真空度条件下仍未发生水流空化,表明结构体形的抗空化能力较强;反之,若结构不只在相似真空度条件下可观测到空化水流,而且在低于相似真空度条件下仍可观测到空化水流的发生,表明结构的抗空化能力较弱,在实践中需进行结构体形的优化以改善结构的抗空化能力。在本底孔泄洪洞中,减压箱内的真空度降至约 0.421η_m 时,库水位为 925 m 时进口附近的空化水流才完全消失,表明进口附近体形的抗空化能力较弱,需通过优化结构体形来改善结构的抗空化能力;相比较而言,有压洞出口附近结构的抗空化能力略优,但亦需进行体形优化。

当库水位为 875.0 m,工作弧门全开时,底孔泄洪洞的空化状态亦与减压箱内真空度密切相关。当减压箱内的真空度达到 1.005η_m 时,进口附近方变圆突变段的顶部和左右两侧均可观测到阵发性的剪切型空化泡,如图 3(a)所示,并伴随有高频噪声产生;事故门井下游泄槽顶板附近形成了阵发性的分离型空化云且仅限于局部发生,如图 3(b)所示。当减压箱内真空度降为相似真空度 η_m 时,底孔泄洪洞进口附近方变圆突变段的剪切型空化泡的形成频次降低,形成范围也收缩至了进口两侧的局部,如图 3(c)所示,事故门井下游泄槽顶板偶有闪现分离型的空化泡,如图 3(d)所示。当减压箱内真空度降为 0.850η_m 时,底孔泄洪洞和闸门井下游顶板附近未观测到空化泡的形成。

比较库水位为 925.0 m 和 875.0 m 时的水流空化测试结果可知:底孔泄洪洞进口和有压段出口处的水流空化强度与运行库水位密切相关,随着运行库水位的降低,水流空化强度呈减弱趋势,空蚀风险降低;反之,随着运行库水位的抬升,水流空化强度会增强,诱发空蚀的风险也会随之升高。

进一步地分析认为:在底孔泄洪洞进口附近发生水流空化,一方面是因为水流在此处加速较快,流线曲率较大,体形不佳易产生低压区进而诱发空化水流;另一方面是进口附近存在方变圆的突变段,形成的角隅区会产生旋流,易诱发空化水流。对于有压洞出口处,因其上游接续事故门井,且顶板自身为

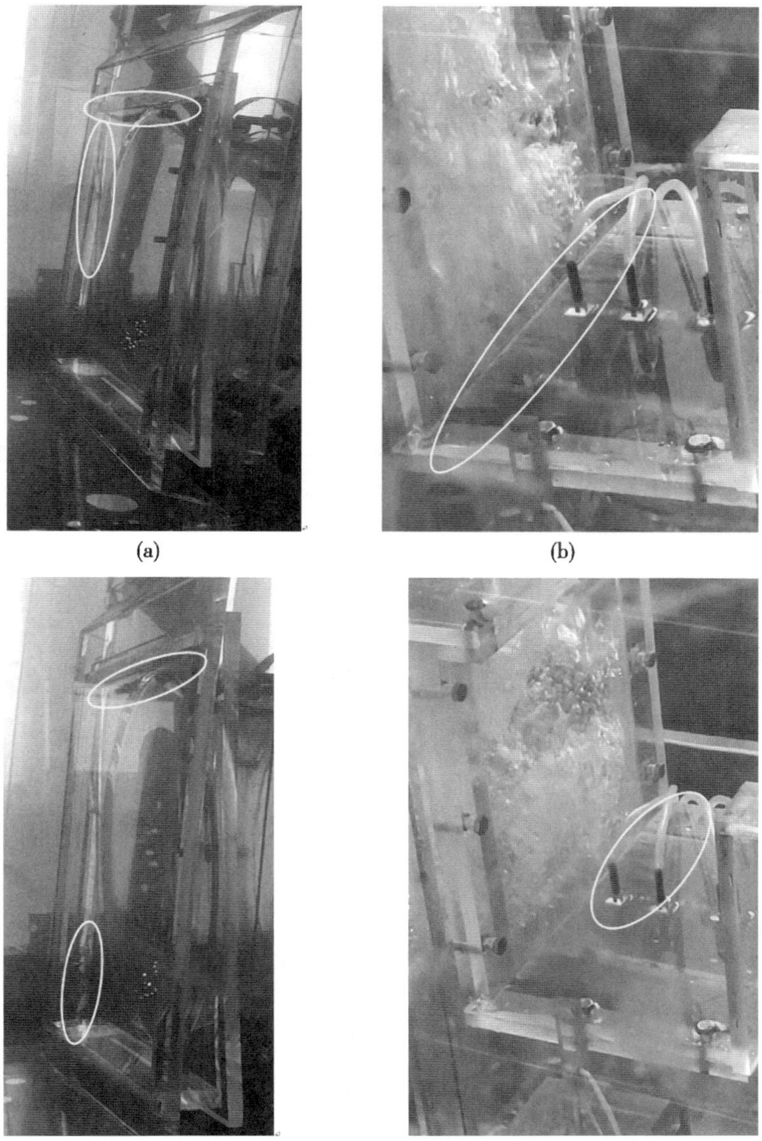

(a) (b) (c) (d)

图 2　库水位为 925.0 m 时底孔泄洪洞进口和出口段的空化泡

水平布置，上游来流经事故门井扩散后会冲击有压洞出口顶板上游端并在附近形成低压区，进而诱发了空化水流的发生。

4.1.2　空化噪声

库水位为 925.0 m 和 875.0 m 时，底孔泄洪洞进口和出口附近的水流空化噪声测试结果如图 4 和图 5 所示。

结合流态测试结果，当库水位为 925.0 m 时，选择真空度为 0.421η_m 时的水流噪声作为背景噪声，此时可以看到在 0.850η_m、η_m、1.005η_m 时的水流噪声高频段（≥20 kHz）的声压级 SPL 曲线多位于背景噪声的 SPL 曲线上方，且不同典型频率处的 SPL 增量的最大值 ΔSPL_{max} 均大于 5.0~7.0 dB，表明发生了空化水流，且真空度越高，ΔSPL_{max} 亦越大，表明水流空化强度越大。当库水位为 875.0 m 时，选择真空度为 0.850η_m 时的水流噪声作为背景噪声，可以计算得到在真空度为 η_m、1.005η_m 时的水流噪声高频段声压级增量最大值 ΔSPL_{max} 亦均大于 5.0~7.0 dB，表明发生了空化水流，且水流空化强度亦随着真空度的增高而增强。此外，比较空化泡形态观测结果与空化噪声测量结果可以看到，两者对于水流空化状态和相对强度的判断结论是一致的。

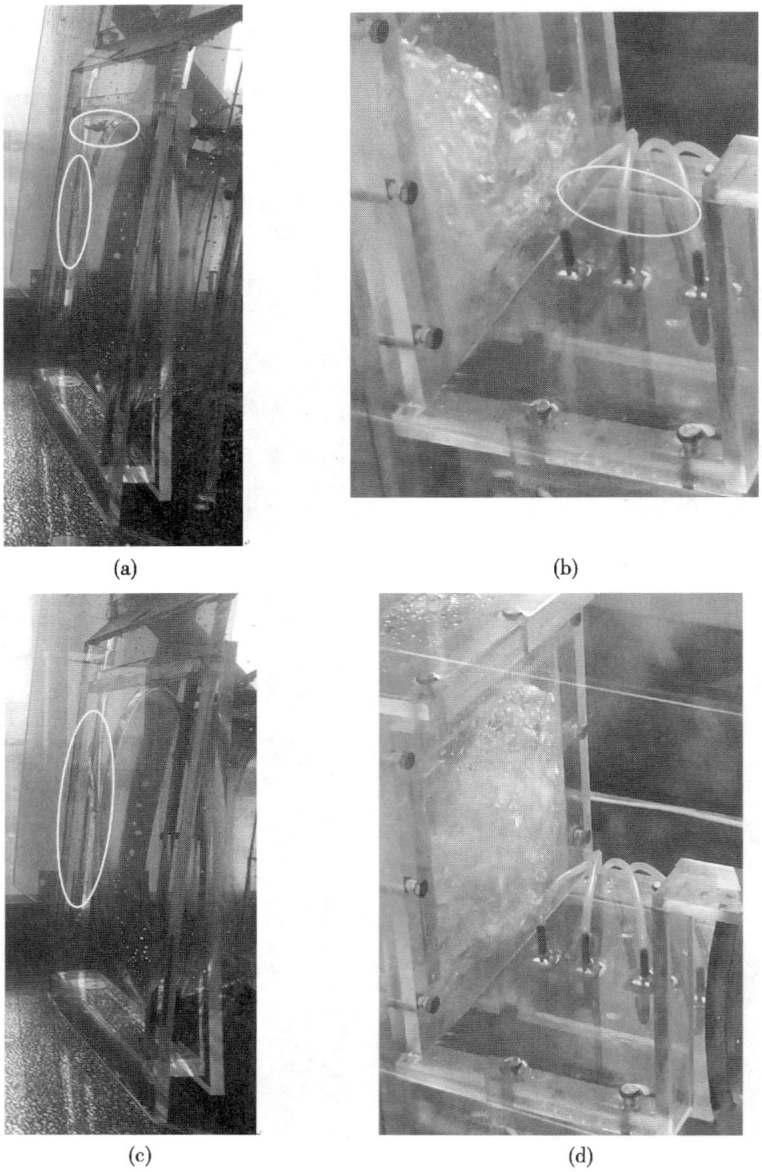

图 3　库水位为 875.0 m 时底孔泄洪洞进口和出口段的空化泡

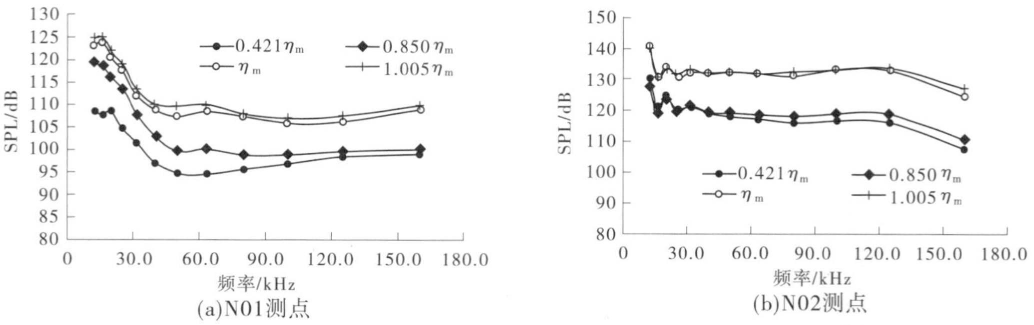

图 4　库水位为 925.0 m 时底孔泄洪洞进口和出口段的空化噪声声压级

4.2　进口空化控制研究

如前所述,初步分析认为流场急变与结构体形突变的叠加是此处发生空化水流的主要诱因。基于此,下文将针对性地对进口处的空化控制进行研究。

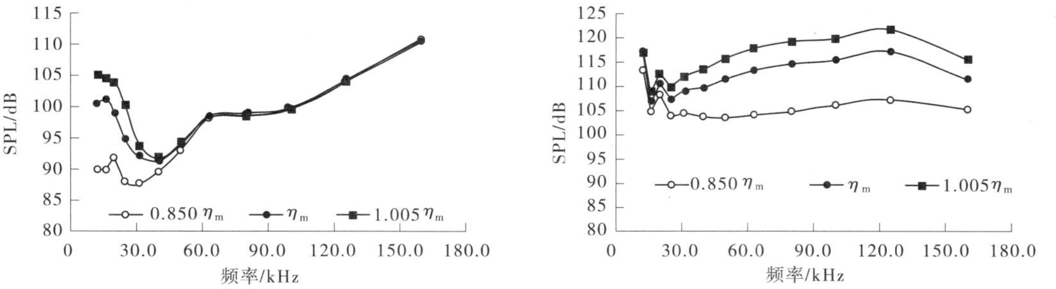

(a)N01测点 (b)N02测点

图 5 库水位为 875.0 m 时底孔泄洪洞进口和出口段的空化噪声声压级

4.2.1 进口体形优化

借鉴《水力计算手册》(第 2 版)[9]提出了将喇叭口前移的优化方案,如图 6(a)所示,如是可消除方变圆时的结构突变体形,使流道更为平顺。经测试,在库水位为 875.0 m 水位时进口处未发生空化水流,而在库水位为 925.0 m 且工作弧门全开时,虽水流空化强度较设计体形有明显减轻,但在喇叭口弧面上依然可观测到小范围的空化泡区,噪声测试结果显示,在 12.5~20 kHz 频段范围内对应的 SPL 增量最大值在 6.0~9.0 dB 内,如图 7(a)所示,亦表明存在一定程度的水流空化现象。

4.2.2 进口体形优化+出口收缩

在前述进口体形优化的基础上,将有压洞出口处同步进行了修改:保持底板不变,将孔口高度由 6.4 m 减小至 6.2 m,即顶板由水平状优化为了 1∶13 的压坡体形,如图 6(b)所示。经测试,此时库水位 925.0 m 且弧门全开时进口附近未发生空化水流,空化噪声测试结果如图 7(b)所示。

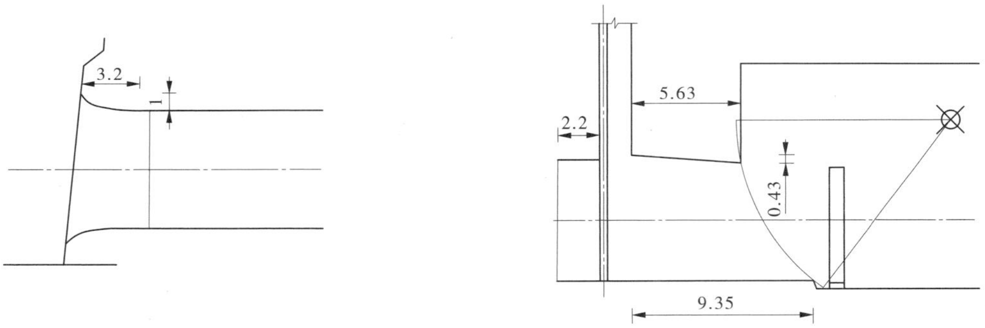

(a)进口优化体形 (b)有压段出口优化体形

图 6 底孔泄洪洞进口与有压段出口的优化体形 (单位:m)

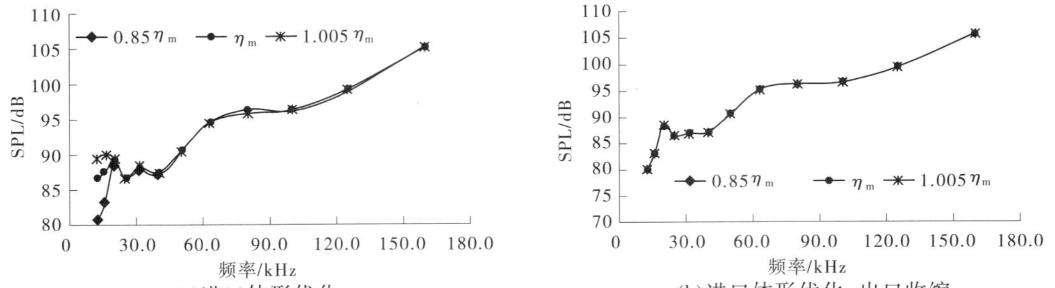

(a)进口体形优化 (b)进口体形优化+出口收缩

图 7 体形优化后库水位为 925.0 m 时底孔泄洪洞进口处的空化噪声声压级

研究结果显示,修改进口体形使水流流动更平顺可以明显改善喇叭形进口的抗空化效果;有压洞出口收缩,减小有压隧洞的过流量亦可在一定程度上减小进口附近的流场变化梯度,提升进口附近的压力,进而改善进口的抗空化效果。但因收缩有压洞出口的方式会导致有压隧洞泄流能力的下降,因此该方式适用于泄水设施泄流能力尚有充足裕度的情景。

4.3 出口体形空化控制研究

试验研究发现,在采用了如图7所示的出口收缩体形后,有压段出口处的水流空化强度也呈现出了减弱的趋势,不过仍未完全消除,在真空度为 η_m 时,试验中仍可观测到零星空化泡的形成,空化噪声测试结果亦表明,水流高频段噪声声压级增量最大值仍大于5.0~7.0 dB,如图8(a)所示,即仍然发生了水流空化。在将工作弧门开度由全开转变为相对开度为0.98的局部开启时,有压洞出口附近的水流空化泡消失,水流高频段噪声声压级增量最大值局限于5.0~7.0 dB以内,如图8(b)所示,表明水流空化得到了良好抑制。

进一步地分析认为:有压段出口顶板压坡的设置不但使得来流更加顺畅,而且有效地避免了负压区的形成,减轻了空化水流的强度。工作弧门的大开度局部开启,也在一定程度上改变了有压段出口处顶板附近的流场结构,有效地增大了顶板的压力,限制了空化水流的发生。

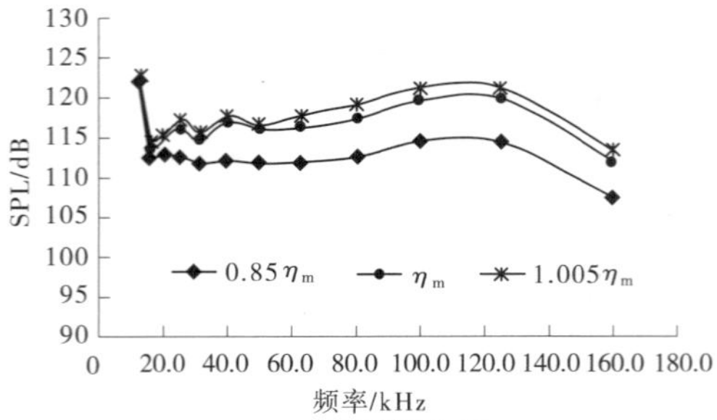

(a)工作弧门全开

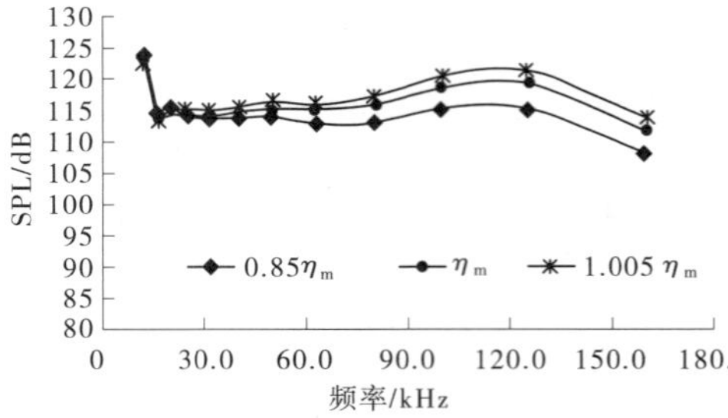

(b)工作弧门局开0.98

图8 库水位为925.0 m时底孔泄洪洞有压段出口处的空化噪声声压级

5 结 论

有压隧洞是水电工程泄水建筑物设计中常见的一种结构形式。本文以某底孔泄洪洞为例对有压隧洞中的水流空化特性进行了试验研究,在此基础上分析了空化水流的成因并根据结构体形特点针对性地提出了控制措施,结果表明:结构体形的突变及流场的急变是导致有压隧洞发生空化的主要诱因,而空化水流的强度则与运行库水位、隧洞泄量等因素密切相关,因此减轻或消除空化水流的主要方法即为优化结构体形或改变运行方式。对于有压洞进口,避免结构突变设计,采用椭圆形导弧可使水流平顺,水流空化强度大幅降低甚至不发生空化水流。对于有压洞段出口,采用顶板压坡型收缩孔口设计,一方面可以改善出口洞段的动水压力分布状态,减轻有压洞出口顶板附近的水流空化强度;另一方面通过适当限制泄量可改善有压洞进口体形的抗空化性能。此外,在有压洞运行过程中,采用工作弧门局部开启的运行方式也在一定程度上有利于有压洞进出口段水流空化状态的改善。

参考文献

[1] 姜攀,尹进步,何武全,等.有压泄洪洞弯道压力特性数值模拟与试验研究[J].水力发电,2016,42(2):49-53.
[2] 文雯.有压隧洞弯曲段洞壁水流作用力分析[J].中国水利水电科学研究院学报,2015,13(2):124-127.
[3] 张其军.有压隧洞中各类建筑物水头损失分析研究[J].山西水利,2014(8):27-29.
[4] 刘峰,张英峰.中小型水库有压涵洞泄量的计算[J].吉林水利,2006(12):42-43.

[5] 童海鸿,沈小雄,丁新求. 出口段收缩式有压泄水洞流量系数的试验分析[J]. 长江科学院院报,2008(4):97-99.
[6] 冯梅兰. 有压泄洪隧洞出口渐变段设计与研究[J]. 吉林水利,2009(7):15-18.
[7] 傅宗甫,陈青生,严忠民. 泄洪洞有压出口渐变段及工作闸门室体形优化[J]. 水利水电科技进展,2007(6):77-79,98.
[8] 丁则裕. 有压泄水孔洞出口段负压的防止措施[J]. 水利学报,1988(12):51-54,59.
[9] 李炜. 水力计算手册[M]. 2 版. 北京:中国水利水电出版社, 2006.

面向平原城市河网水动力水质调控的案例研究及其应用

廖铁鹏　李　云　苏　琨　贾本有　万智勇

(南京水利科学研究院水文水资源与水利工程科学国家重点实验室,江苏南京　210029)

【摘　要】 为了更好地解决城市河网水环境问题,协调好城市水资源与水环境之间的复杂关系。本文以苏州平原古城区河网水质提升为目标,在对古城区水质现状的原型观测基础上,采用一维水动力-水质耦合模型研究了3种引水条件、4种调控方式下的古城河网水质改善效果。结果表明,现状条件下苏州古城河网的主干河段DO、NH_3-N、COD浓度仍在Ⅳ类水标准徘徊;随着水动力调控时间的增加,河网中河道水质改善幅度逐渐趋于设计阈值;若结合水动力调控和河道整治相结合技术,河网内大部分河道的水质基本满足要求,达标率可达到90%左右。本研究可为苏州古城区水质提升提供技术参考。

【关键词】 古城河网;水质;水动力;调控方案

1　引　言

我国平原河网地区水系分割、水动力条件差,伴随着河网地区城镇化与工业化快速发展,点源及面源等外部污染问题日益凸显,对河网城市水环境和水生态产生巨大危害[1-4]。近年来,长三角地区的平原河网城市水质逐渐受到业界广泛关注。然而,受水动力提升改善平原河网地区水环境科学机制认识所限,影响了人们对平原城市河网水动力调控的精准把控,水资源的调度效益也没有被很好地评估。纵观世界范围内已有的水动力调控工程,大致可分为两类:一类是以解决水资源分布不均等问题为目的的大型跨流域水动力调控;另一类是以提升流域范围水动力,改善水质并提高水环境容量为目标的流域内水动力调控。而水动力调控涉及水质的物理、化学和生物的过程[5],系列研究了水体污染物输移理论形式[6]、水动力改变水质的试验[7]及水质数学模型[8]。然而,随着流体测量和水质监测技术的不断进步,水动力对水质影响作用研究方法逐渐向经验型或预测模型靠拢[9-10]。

国内外重视水环境问题,学者发现水动力调控工程不仅能解决水资源分布不均的问题,还能提高水系连通,加速水体流动,修复河网生态及改善水环境。因此,国内外陆续出现了以改善水环境为目标的水动力调控工程。例如,国外的日本东京隅田川水动力调控工程、美国的Moses湖引水工程、新西兰的Rotoiti湖调水工程和国内的“引江济太”工程和武汉的东湖调水工程等[11-12]。自2001年开始,“引江济太”工程相关的水利设施开始实施建设,并陆续经望虞河将长江水引调入太湖及周边水体,提高太湖流域河网水动力,加速水体流通,从而提高太湖流域水环境容量和水体自净能力。“引江济太”工程实施至今,流域内水质有明显改善[13-14],彰显水动力调控成效。随着我国城市水生态文明建设和水环境改善需求的提高,水动力调控已成为我国平原河网地区常用的改善河网水质的手段,且已经陆续在我国上海、南京、福州、中山、桂林等地[15]得到了应用,在结合当地河网特性和水利工程设施的基础上,制订了相关水动力调控方案,使当地的河网水质得到一定程度的改善。

然而,苏州平原古城区河网水质问题较为复杂,近年来逐渐受到业界关注。该古城河网依据行政区划和城市防洪规划,将整个古城河网区划分为干将河、干将河北、干将河南、北园、南园、石门6个水系,河网片区割裂;河网范围内共有114台泵站,各片区各自为政,实行独立定期定时换水,缺乏统筹,无法形成河网整体常态有序流动。如何实现改善河网水动力驱条件,实现城市河网水体持续自流、体现自然回归,是苏州古城河网水质提升计划的首要问题。因此,本文以苏州古城区河网水动力提升水质为研究目标，结合原型观测和数值模拟对河网水动力提升效果进行研究。

2 研究区域及方法

2.1 工程概况

苏州地处长江三角洲中心地带，为经济发达区域，且毗邻太湖，淡水资源丰富，加之平坦的地势，造就了苏州市河网纵横交错的布局。自古以来苏州因水而兴、因水而美，素有“东方威尼斯”之称，“小桥流水”的景观风貌令人心向往之。苏州古城区河网整体呈方正棋盘状，经过长年的河网水系演化，城区大量河道已人工渠化。古城区河网范围总面积约 14.6 km^2，现有河道总长约为 34.72 km，其中有支撑起棋盘布局的“三横三直”骨干河道及若干支河道（见图 1）。

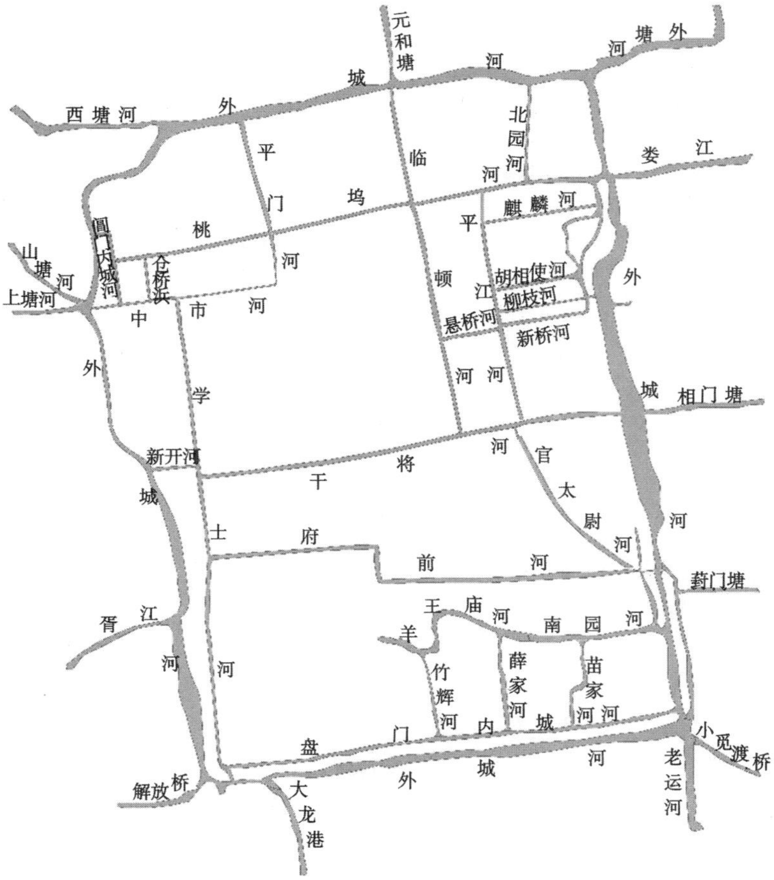

图 1 苏州古城区河网水系现状

三横为包括桃坞河、干将河、府前-道前河在内的东西向河流，三河皆西起阊门内河，东至相门外成河，因而长度相差不大，其中桃坞河跨桥 18 座，宽 5~8 m，长 3.2 km；干将河跨桥 18 座，宽 5~10 m，长 3.1 km；府前-道前河跨桥 22 座，宽 5~6 m，长 3.33 km；三直为南北向的学士河、临顿河和平江河，三河连通古城区南北环城河，其中学士河跨桥 18 座，宽 5~8 m，长 3.2 km；齐门-临顿河跨桥 19 座，宽约 8 m，长 2.4 km；平江河跨桥 20 座，宽 8~10 m，长 2.85 km。

2.2 水质监测点布置

依托古城区河网闸泵调度工程体系，分别于冬季（2016 年 11~12 月）和夏季（2017 年 6~7 月）进行水动力调控试验。试验过程中，水力学参数（如流量、流速、水位等）严格控制，最大程度地防止其他外界因素干扰对水动力和水质数据进行即时采集，水动力调控方案及监测点布置见图 2。在水动力调控试验各方案下，均通过古城区北面齐门河与平门河闸门由北环城河进水，向南经干将河流向学士河及官太尉河，在古城河网东南角流出。在古城河网进水口闸门和河网各段节点闸门处通过控制，使得各河段具有低流量、中流量、高流量的 3 级水动力条件,并保证各河段流量变化趋势与进口处流量变化趋势一致。在水动力调控试验方案下,顺水流方向布置 5 个主监测河段(齐门河、临顿河、干将河、学士河与平门河),并在主监测河段的首端与尾端分别布置有水质监测点,以观测水动力调控下的各河段进出口处的水质变化。

(a)水动力调控方案示意

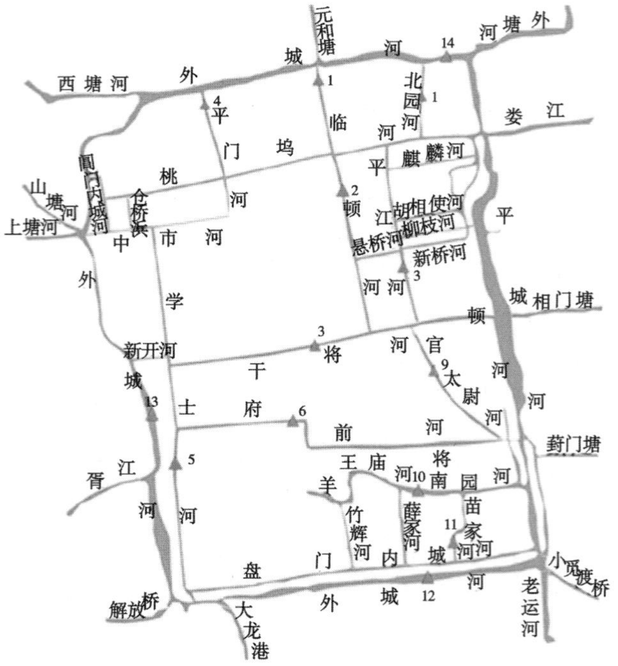

序号	断面名称	所在河道
1	堵带桥	齐门河
2	醋坊桥	临顿河
3	市鹤桥	干将河
4	平四桥	平门河
5	百花桥	学士河
6	饮马桥	道前河
7	军民桥	北园河
8	积庆桥	平江河
9	官太尉桥	官太尉河
10	银杏桥	南园河
11	桂花新村	苗家河
12	南园桥	环城河
13	齐门桥	环城河
14	姑胥桥	环城河

(b)河网水质监测点布置

图 2　古城区河网水动力调控方案及监测点布置

受汛期影响，夏季北面平门河与齐门河引水口最大引水量需控制在 5 m^3/s 左右，在此条件下主要河道流量变化范围分别为：平门河为 3.98~5.24 m^3/s，齐门河为 3.11~5.27 m^3/s，干将河为 2.11~4.67 m^3/s，学士河为 2.11~3.28 m^3/s。

2.3　水动力–水质耦合模型

平原城市河网地区地势平坦，河道数量众多且坡降平缓，流量较小。本文将平原城市河网的水域划分为骨干河道和相似成片水域两类；对骨干河道采用节点–河道模型；对相似成片水域采用将其划分为单元，经概化后将其纳入节点–河道模型计算。同时，考虑河网水动力作用、弥散、污染物负荷、大气沉降、污染物降解、藻类作用、底泥作用的河网水质基本控制方程可表达如下：

$$B\frac{\partial Z}{\partial t}+\frac{\partial Q}{\partial x}=q \tag{1}$$

$$gA\frac{\partial H}{\partial x}+\frac{\partial(Q^2/A)}{\partial x}+\frac{\partial Q}{\partial t}+gAS_{\mathrm{f}}=0 \tag{2}$$

$$\frac{\partial CA}{\partial x}\mathrm{d}x+\frac{\partial}{\partial x}\left(D_xA\frac{\partial C}{\partial x}\right)dx+\sum_{i=1}^{n}q_{点}\Delta x+r_{\mathrm{s}}B\Delta x+q_{面}\Delta x+f_{沉}=$$
$$[(Q_0A)_{t2}-(Q_sA)_{t1}]L/\Delta x+S_wB\Delta X\gamma(C)Ax \tag{3}$$

式中，Q 为流量，m^3/s；A 为断面面积，m^2；Z 为水位，m；B 为河面总宽度，m；H 为水深，m；g 为重力加速度；S_{f} 为摩阻坡度；C 为水体质量浓度；Q_0 和 Q_{s} 分别为单位控制体的流进流量和流出流量；D_{x} 为纵向扩散系数；A 为过流断面面积；$q_{面}$ 为面源单位入汇强度；$q_{点}$ 为点源入汇强度；$r_{\mathrm{s}}B\Delta x$ 为单位底泥污染物补给量；$f_{沉}$ 为大气干湿沉降物所含污染物的质量系数；$\gamma(C)$ 为单位水体净化率，是关于降解系数 k 的函数，反映河网水环境系统中的生物化学规律。

2.4　模型率定与验证

采用苏州古城河网现场大型同步原型监测的实测数据对模型进行率定。通过对试验条件下的引水情景进行反演计算，将模型结果与原型监测成果进行对比，并按照模型率定验证相关规范要求，率定中采用 Nash-Sutcliffe 系数 NSE 和可决系数 R^2 对模型有效性进行评定。Nash–Sutcliffe 系数用于表示模拟计算值系列与实测系列数量级近似程度，可决系数 R^2 用来表示模拟计算值系列与实测系列形状吻合程度，计算公式如下：

$$\mathrm{NSE}=1-\left[\frac{\sum_{i=1}^{n}(Y^{\mathrm{obs}}{}_i-Y_i^{\mathrm{sim}})^2}{\sum_{i=1}^{n}(Y_i^{\mathrm{obs}}-Y_i^{\mathrm{mean}})}\right] \tag{4}$$

$$R^2=\frac{\left(\sum(Y^{\mathrm{obs}}-\overline{Y^{\mathrm{obs}}})\right)(Y^{\mathrm{sim}}-\overline{Y^{\mathrm{sim}}})^2}{\sum(Y^{\mathrm{obs}}\overline{Y^{\mathrm{obs}}})^2\sum(Y^{\mathrm{sim}}-\overline{Y^{\mathrm{sim}}})^2} \tag{5}$$

式中，NSE 为模拟场次水量过程 Nash–Sutcliffe 系数；Y_i^{obs} 为实测序列第 i 列数据；Y_i^{sim} 为计算序列第 i 位数据；Y_i^{mean} 为实测序列均值；R^2 为模拟场次河网水量过程可决系数；Y^{obs} 为实测序列数据；Y^{sim} 为计算序列数据；$\overline{Y^{\mathrm{obs}}}$ 为实测序列均值；$\overline{Y^{\mathrm{sim}}}$ 为计算序列均值。

苏州古城河网各主要河道率定结果如表 1 所示。

模型率定结果表明，全古城河网区的计算值与实测值大小平均误差能控制在 5 cm 内，NSE 系数超过 0.7 的断面占比 85%以上，可决系数 R^2 均在 0.9 左右，表明本文建立的河网模型具有较高的精度，可以比较准确地模拟苏州古城河网的水力特性。

表 1 模型率定结果

序号	河道名称	NSE	R^2	序号	河道名称	NSE	R^2
1	齐门河	0.98	0.98	6	北园河	0.83	0.93
2	平门河	0.95	0.96	7	中士河	0.86	0.96
3	临顿河	0.28	0.89	8	平江河	0.12	0.84
4	干将河	0.93	0.95	9	南园河	0.92	0.96
5	学士河	0.81	0.87	10	盘门内城河	0.91	0.93

2.4.1 水动力条件对比验证

结合原型观测期间对应的调度方式进行数值模拟计算,并将计算结果与原型观测资料进行对比,以最大引流方案为例,齐门闸进口流量 $Q=5\ m^3/s$ 和平门闸 $Q=5\ m^3/s$。其中,齐门河—临顿河—干将河—学士河骨干河道计算结果如图 3 所示。

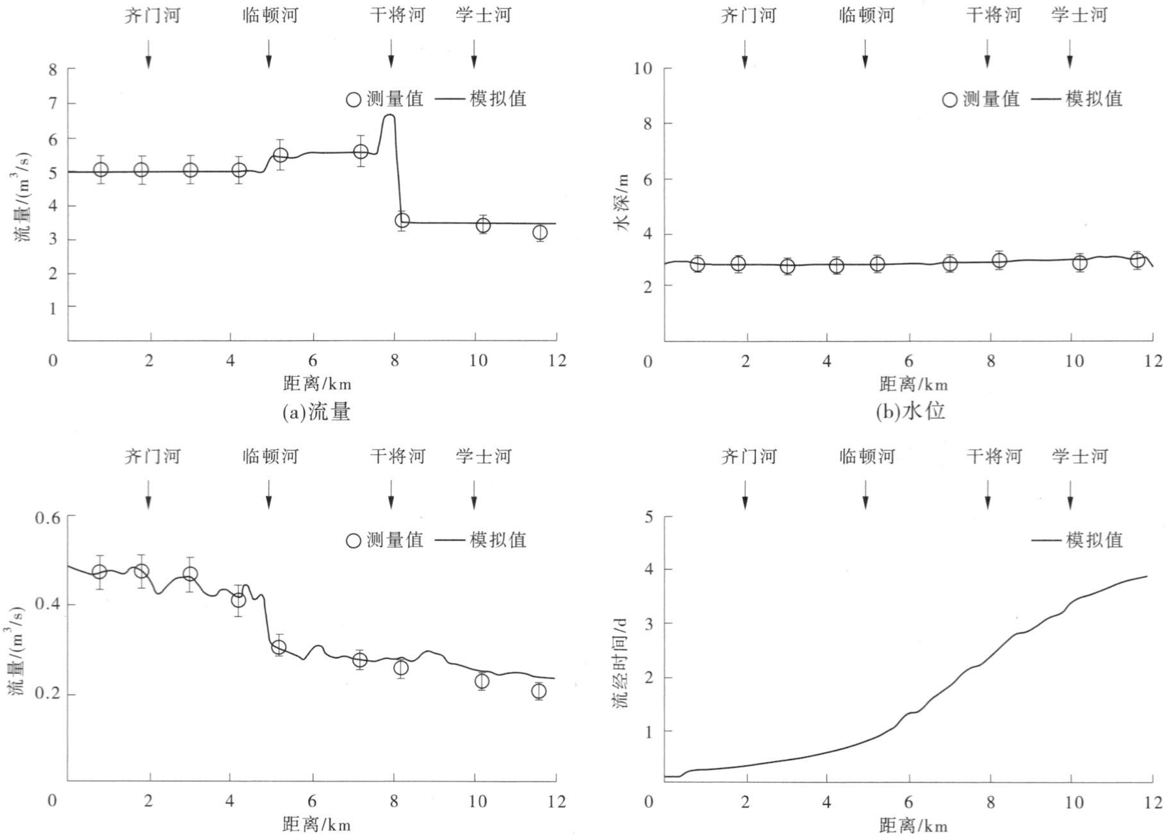

图 3 古城河网骨干河道水动力条件的测量值与模拟值

由图 3 中可知,模型结果很好地再现了原观的水动力条件,齐门河—临顿河—干将河—学士河的骨干河道长度约为 11.8 km,在现场水动力调控试验的最大引流方案下,累计流经时间约为 3.8 d,意味着 3~4 d 的时间内,在此流量方案下,苏州古城河网系统可以完成一次换水,且换水时间会随着引流减小而增加。图 3(b)显示了骨干河道上的三个监测点的水位,均为 3 m 左右且变化不大,临顿河至干将河处有弯曲,因而水位存在波动,且临顿河至干将河段位于古城市中心,这一河段被完全混凝土人工渠化,此段在骨干河道上有两个污染点源,浊度也是骨干河道中最高。骨干河道流速在离齐门闸 2 km 处

[(见图 3(c)]出现一个峰值,因为此处有一个较大的断面束窄,其余上游各段流速稳定在 0.3~0.4 m/s。

基于原型观测和数值模拟出的流量、水位和流速拟合良好,因此我们可以预测该模型能够为模拟水质成分在河网中的输移变化过程提供保障。

2.4.2 水质验证

在水动力条件下,河网水体中的 DO 平衡涉及数个非线性的物理与生物化学过程,同时水体中 DO 指标水平也受其他污染物成分的影响,并会对其含量产生直接或间接的变化。因而,在此河网水质模型当中,DO 是最重要的水质指标,可靠的 DO 模拟结果为本研究模型的重中之重,并通过模型的统计学参数来评估模型性能,以此对模型参数进行校核与检验。

图 4~图 6 为模型中所选取的三个水质指标模拟结果与现场原观数据的对比,展示了顺水流方向主河道中 DO、NH_3-N 和 COD 浓度沿程的变化趋势。经过校核和验证后的模型各项水质参数如表 2 所示。

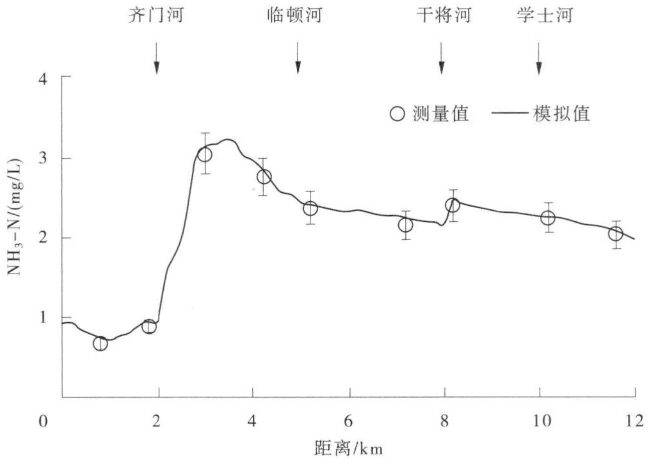

图 4 NH_3-N 的原观和模拟浓度对比

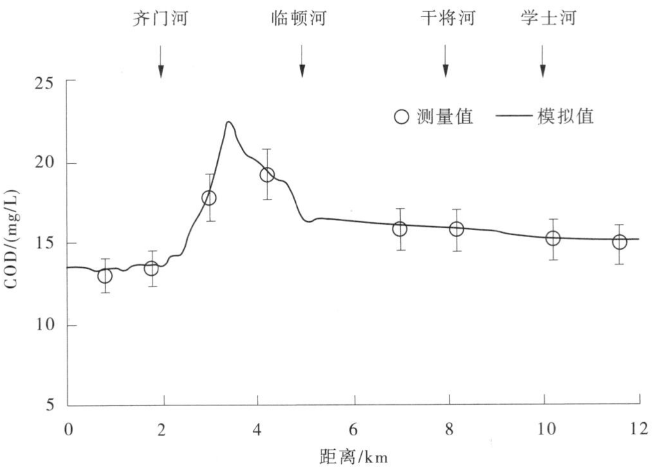

图 5 COD 的原观和模拟浓度对比

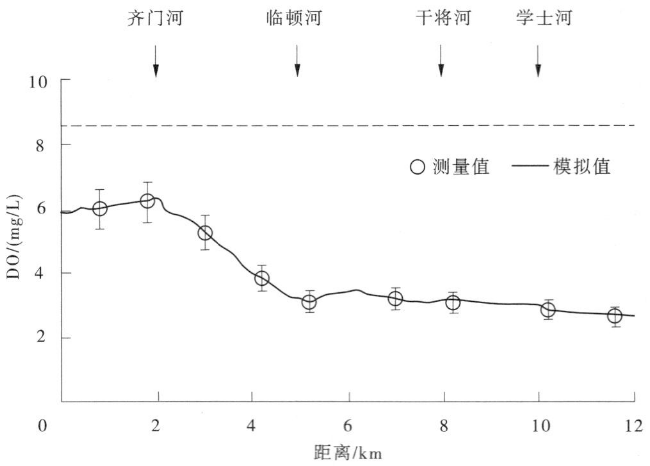

图 6　DO 的原观和模拟浓度对比

表 2　模型中校核的动力学参数和降解系数

参数名称	单位	校核值
25 ℃下的恒定硝化速率	d^{-1}	0.16
硝化温度系数	—	1.045
硝化氧极限的半饱和常数	$mgOL^{-1}$	1.5
25 ℃下的浮游植物增长最大速率	d^{-1}	3.1
浮游植物生长温度系数	—	1.07
25 ℃下的浮游植物内源性呼吸速率	d^{-1}	0.125
浮游植物呼吸温度系数	—	1.045
浮游植物吸收氮半饱和常数	$mgNL^{-1}$	0.015
水跌曝气水质系数	—	1
闸泵型水跌复氧系数	—	0.8
水动力复氧系数	—	—
25 ℃下的 COD 降解速率	d^{-1}	
25 ℃下的 NH_3-N 降解速率	d^{-1}	
25 ℃下的 BOD 衰减速率	d^{-1}	0.09
BOD 衰减温度系数	—	1.045

由图 6 可知溶解氧(DO)指标最高处距齐门闸进水口约 2 km 处,此处的 DO 结果有较大的波动,这可能是进口处水流突然增大带来的紊动复氧作用的结果。且此处在水流进入临顿河前,仍属于齐门河段,水流条件佳且拥有较好的浮游植物光合作用,COD 和 NH_3-N 在此段浓度较低但呈现出升高趋势。高浓度的废水排放对下游临顿河段的水质有重大影响,通过模型的内在方程解释,由于废水中的不稳定 BOD 在氧化和硝化过程中产生 NH_3-N,DO 在此河段中迅速下降而 NH_3-N 和 COD 在此河段中迅速上升。进入下游干将河乃至更远的学士河,DO 浓度逐渐回落到稳定状态,且 NH_3-N 和 COD 浓度经过长距离的纵向扩散,使得水质指标在河网系统中降解循环和输移平衡中逐渐达到新的状态,因而水质在上下午甚至昼夜中会有波动。在此期间,上中游累计的氮营养盐因水动力逐渐减弱而在学士河段逐渐聚集,一定程度上促进了学士河段浮游植物的生长,这可能是骨干河道的学士河段 Chl-a(叶绿素 a)最高的原因之一。但也因为河网下游水动力不断衰退,污染物浓度在此聚集,DO 浓度无法再上升,此外 NH_3-N 硝化和污染物的累积进一步消耗了溶解氧。

3　结果分析

3.1　古城区河网水质现状分析

3.1.1　溶解氧

2013~2016 年,苏州古城河网不同监测点位水体溶解氧(DO)浓度变化如 7(a)所示。2013 年后古城河网以干将河为界,干将河以北的河网区域的齐门河(1#)、临顿河(2#)、平门河(4#)及北园河(7#)临顿河 DO 浓度均有不同程度的提高,而干将河以南的河网区域提升效果较弱。并且整体河网 DO 浓度季节性差异明显。冬季浓度较高,大部分监测点位可达Ⅲ类以上水平,而夏季 DO 浓度普遍偏低。由此可知,除清淤活水的影响外,城市河网水体 DO 浓度与温度有较强的相关性,温度越高,溶氧系数越低。而冬季时,一方面溶氧系数随温度降低而增大;另一方面水体中耗氧生物活动作用的减弱,使 DO 浓度升高。总体来看,古城河网的主干河段包括临顿河、干将河和学士河等在内的河段 DO 情况仍不理想,在夏季存在低于Ⅳ类水标准的状态。

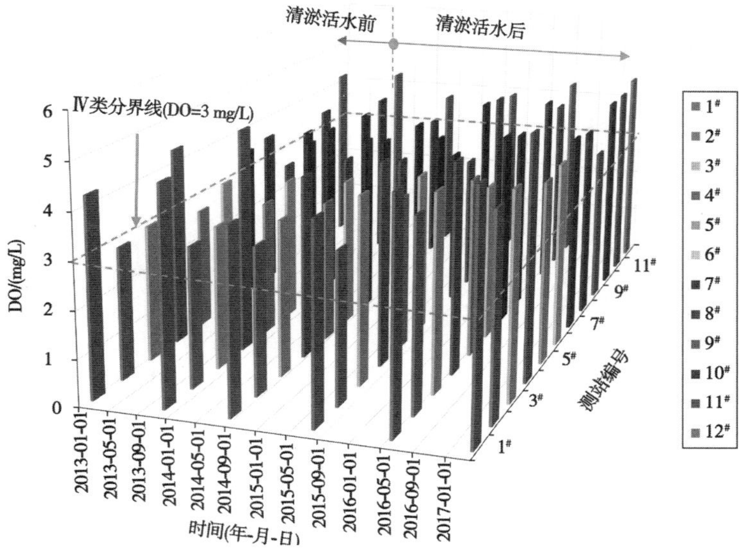

(a)溶解氧浓度

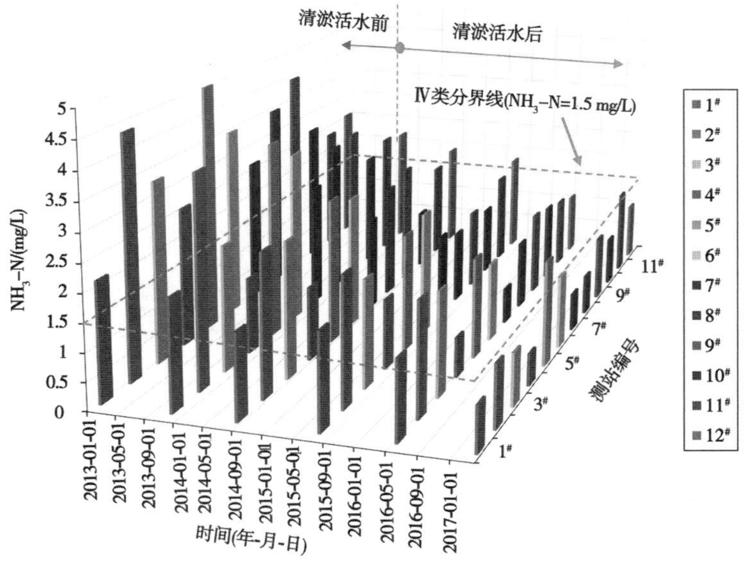

(b)氨氮浓度

图 7　苏州古城河网不同监测点位水质浓度变化

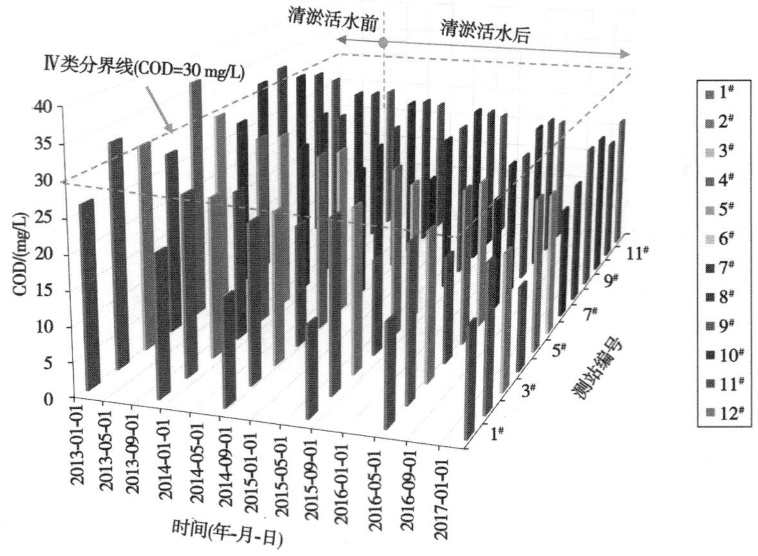

(c)COD

续图 7

3.1.2 氨氮

2013~2016 年,苏州古城河网 NH_3-N 监测成果如图 7(b)所示。2013 年之后大部分点位的 NH_3-N 浓度呈下降趋势,其中生活区聚集的学士河点位(5#)、北园河点位(7#)和官太尉河(9#)等降幅较大,学士河点位(5#)的 NH_3-N 浓度降幅最大,从 2013 年 1 月的 4.52 mg/L 降至 1.5 mg/L。而其他断面在此期间也有不同程度的降低,且在 2 mg/L 上下浮动。空间分布上,2014 年之前,环城河的 NH_3-N 指标明显优于河网内部河道,河网内部河道的 NH_3-N 浓度也差异较大,而在清淤活水工程实施后,古城河网各区域的 NH_3-N 浓度较为均匀,并且在夏季改善效果更为显著,环城河可以稳定达到Ⅳ类,但河网内部河道平均浓度依旧徘徊至Ⅳ~Ⅴ类。

3.1.3 COD

古城河网 1#~12#监测断面的 COD 浓度时空变化如图 7(c)所示,与前两个水质指标相比,苏州古城河网 2013~2016 年期间 COD 浓度变化较为不明显,临顿河断面(2#)和干将河断面(3#)等少数几个断面随时间略有下降。而其他断面即使在清淤活水实施后,也基本维持在接近和低于Ⅳ类水平。总体而言,清淤活水工作对河网 COD 指标的改善效果有限。

综上水质特征分析,历经清淤活水措施,苏州古城河网水质有较为明显的改善,但离Ⅳ类水的长期治理目标尚有一些差距,其中溶解氧(DO)、氨氮(NH_3-N)、化学需氧量(COD)仍是苏州城市河网水环境治理的主要目标,亟需更为科学的水动力调控方法。

3.2 水动力调控情景设计

由于古城河网冬季水质较高于夏季水质,本文以 2017 年古城河网夏季水质为基准,设置了水动力系列水动力调控方案和四种情景,分别见表 3 和表 4。其中,四种调控情景具体情况为:①无任何调控措施,河网内闸门开启,泵站关闭,即自然状态下的流动性模拟;②采用活动溢流堰调控方法和苏州现状常规调控方案,即在外围河道环城河两侧增加两座活动溢流堰,抬高上游水位,人工营造古城区南北水位差,形成古城水体自流的格局;③翻板门和水利工程综合调控,模型流速尽可能满足古城河网水质改善的最佳流速区间下限 0.18 m/s,避免对底泥造成扰动,保证下游河道水环境;④翻板门、水利工程和河道整治工程的联合调控,即采用河道拓宽、清淤、束窄、增加糙率等河道整治工程联合调控,模型流速满足最佳流速区间下限 0.18 m/s。为实现河网水动力调控和水质提升,主要利用闸门泵站、翻板门以及三座子母闸门等进行调控,详细闸门开启方式见表 5。

表 3 引水方案设计

编号	引水流量/(m^3/s)		
	总流量	西塘河	外塘河
方案 1	20	10	10
方案 2	30	20	10
方案 3	40	25	15

表 4 调控方案

编号	调控方式描述
情景方式一	无调控,闸门开,泵站关
情景方式二	翻板门+水利工程调控(苏州现状常规调控方案)
情景方式三	翻板门+水利工程调控计算方案
情景方式四	翻板门+水利工程调控计算方案+河道整治调控

表 5 不同调控方案下的闸门开启信息

序号	引水方案	工程名称	上下游水位差/cm	过流流量/(m^3/s)	闸门开度/(°)
1	方案 1	娄门堰	9	4.03	45
2	方案 2		12	6.89	45
3	方案 3		11	13.04	35
4	方案 1	阊门堰	8	11.79	35
5	方案 2		11	17.70	30
6	方案 3		11	20.87	27
7	方案 1	平四闸	7	1.98	宽 6 m,开 35%
8	方案 2		10	2.42	宽 6 m,开 40%
9	方案 3		9	4.29	宽 6 m,开 40%
10	方案 1	齐门闸	7	5.66	宽 6 m,开 80%
11	方案 2		10	5.69	宽 6 m,开 100%
12	方案 3		8	2.62	宽 6 m,开 100%
13	方案 1	北园闸	8	4.00	宽 6 m,开 50%
14	方案 2		11	4.95	宽 6 m,开 70%
15	方案 3		10		宽 6 m,开 90%

3.3 水动力调控结果分析

采用数学模型对不同情景下的水动力条件进行计算,可获取三种不同引水方式对应的四种调控方案下古城河网内部流速分布。受篇幅限制,本文仅列出调控情景 1 和调控情景 2 下的河网流速分布图,见图 8 和图 9。

在无任何工程调控条件下,西塘河和外塘河水流大部分从环城河流引入,在引水总流量为 20 m^3/s 条件下,进入古城水量仅为 2.49 m^3/s。引水方案 2 和引水方案 3 虽增大了引水流量,但入古城区的流量也只有 3.57 m^3/s 和 4.76 m^3/s,且三种引水方案条件下,古城区除外围环城河外,内部大部分河道的流速均在 0.14 m/s 以下,东南部南园片区的羊竹辉河、薛家河和苗家河等河道几乎滞流。

现状工程调度条件下(翻板门调控技术及水利工程联合调控方式),20~40 m^3/s 引水进入古城区总流量分别为 7.46 m^3/s、9.23 m^3/s 和 11.21 m^3/s,且古城区内东北街河、西北街河、平江河、临顿河等部分河段的流速提升至调控目标范围内。但平门小河、中市河、平江河、临顿河、学士河等多条河道的流速过高,易致底泥悬浮带入下游,影响河道水质,且古城区南部道前河、十全河、羊竹河、南园河、薛家河和苗家河仍几乎滞流,不能起到水质提升的效果。由此可见,现状工程调度下,古城区的河网水动力仍需要进一步优化调控。

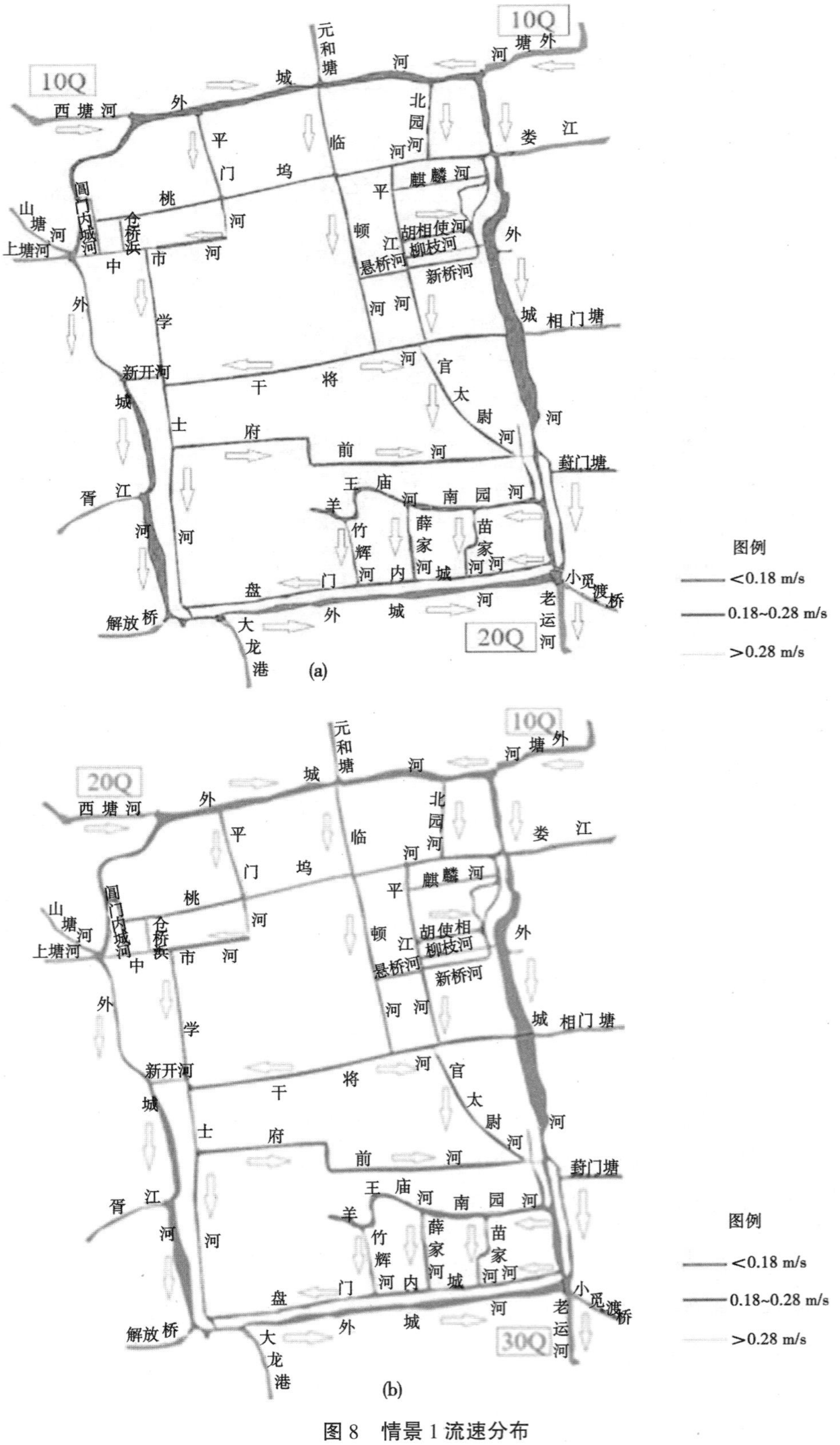

图 8 情景 1 流速分布

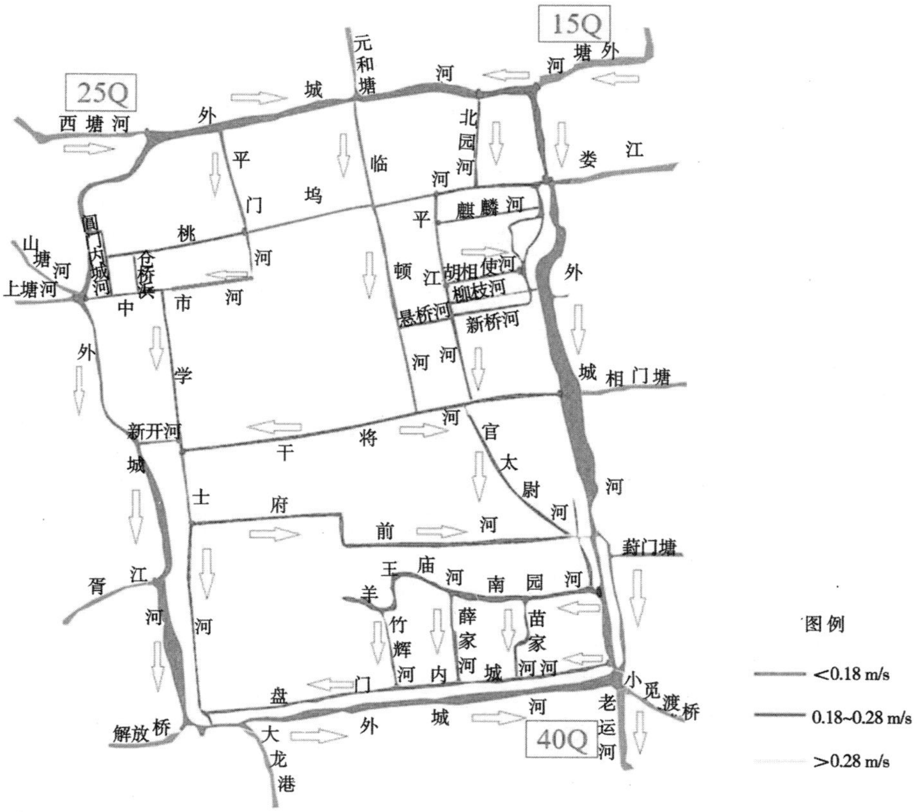

(c)

续图 8

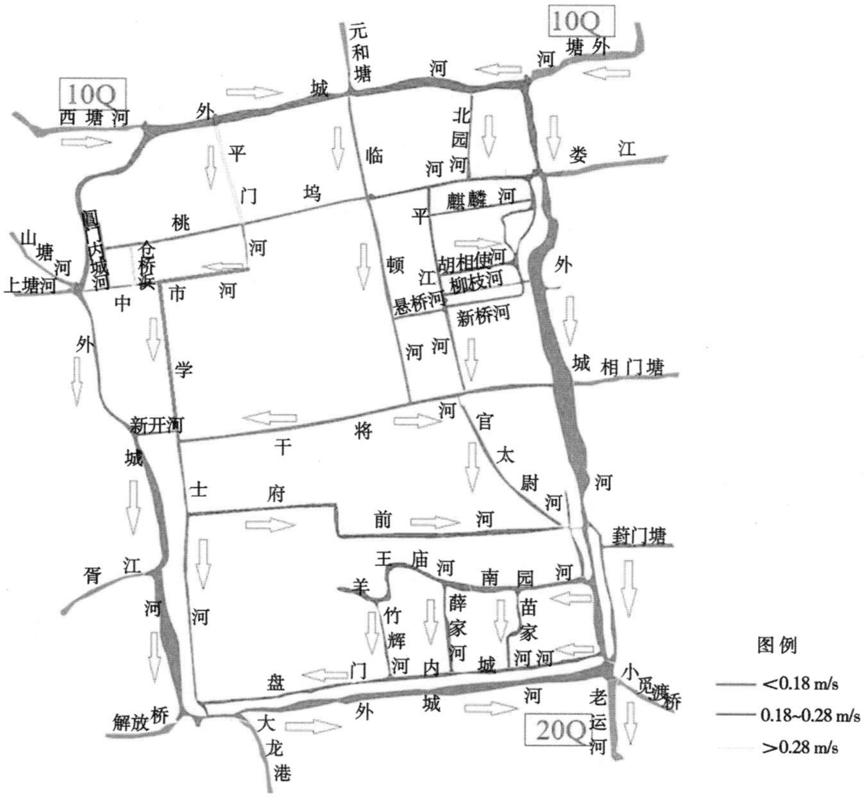

(a)

图 9　情景 2 流速分布

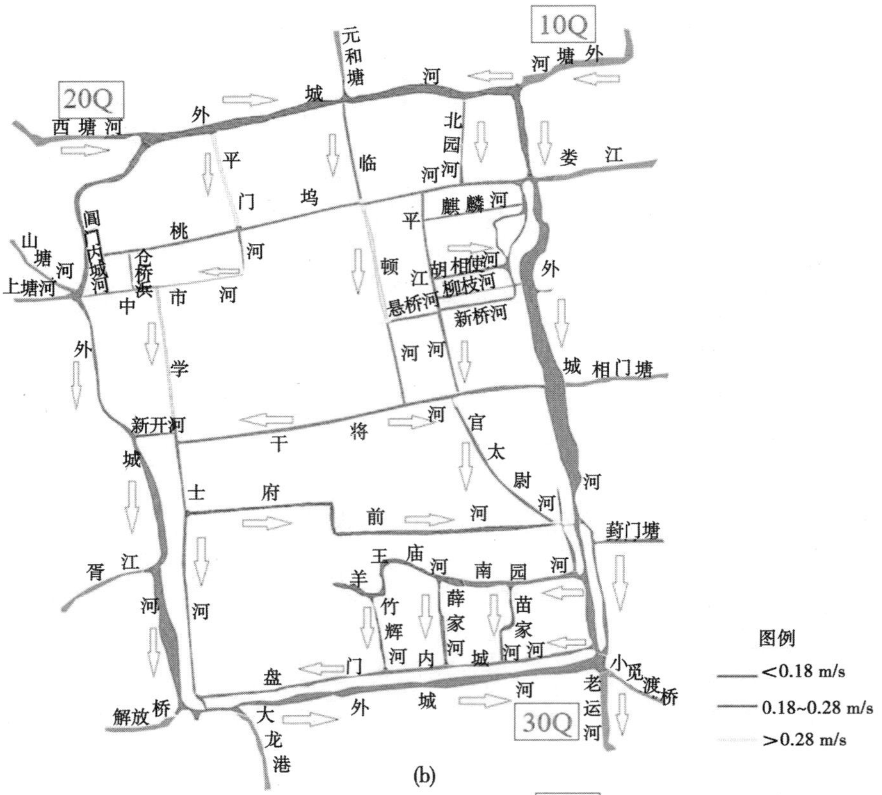

(b)

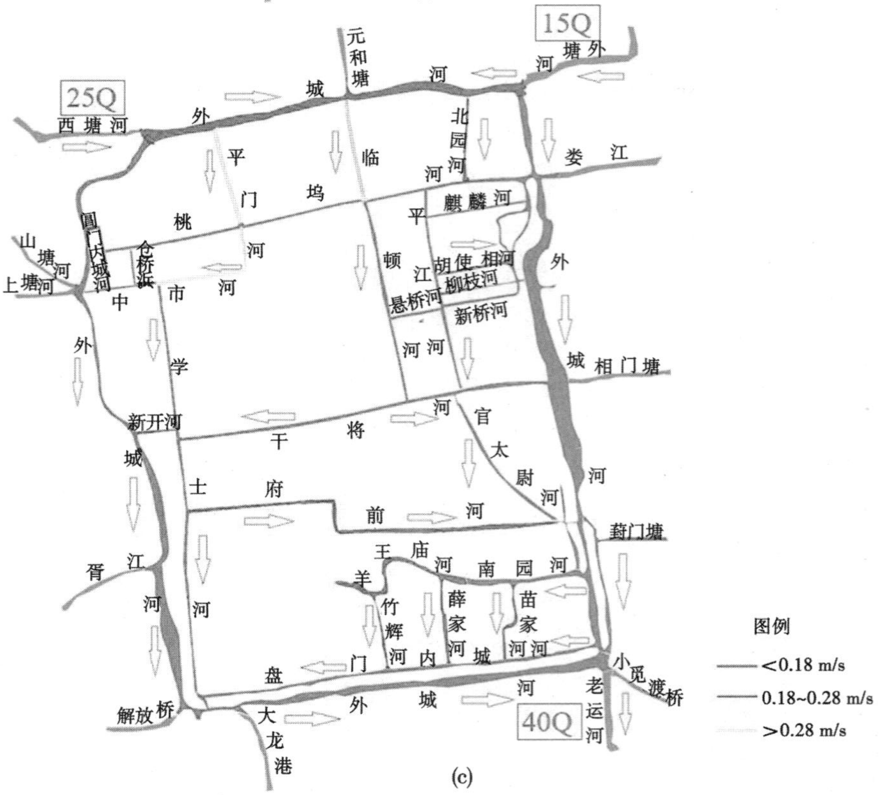

(c)

续图 9

在西塘河、外塘河引水 20 m^3/s、30 m^3/s、40 m^3/s 三种方案下，可控制苏州古城区内部所有河道的流速均在 0.18~0.28 m/s。为了尽可能保持较好的水体透明度，河道流速也不宜过高。因此，选用河底种植人工水草的措施增大河床糙率，河底种植人工水草的措施既可以减小河道流速，又能够稳固河床，减小底泥悬浮的风险,有利于下游河道水质改善。

3.4 水动力调控效果评估

为评价上述四种水动力调控下的河网水质提升效果,选择河段平均水质达标率和河道达标所需的时间两个参数作为评价指标。其中,河段平均水质达标率是指苏州古城区内部河道平均流速达到水质目标Ⅳ类的河段占比,计算公式如下:

$$\eta = L_i / L_s \times 100\% \tag{6}$$

式中,η 为古城河网内河段目标水质达标率;L_i 为古城河网内河段水质达到Ⅳ类水的河段总长;L_s 表示古城河网内所有河段的总长,m。

选取苏州古城河网污染较为严重的临顿河、干将河、学士河和道前河4个断面分析各设计水动力调控方案下的水质改善效果,各方案下的DO变化规律见图10。

水动力调控5 d时间内,DO浓度均有显著改善并且在5 d后四条重点治理河道均达到目标水质需求,在水动力调控初期增长迅速,而增长速率拐点基本出现在第3天、第4天左右。由此表明,随着调控时间增加,河网中各河道逐渐受到上游来水的水质影响,改善幅度逐渐趋于河网水质的改善阈值。在方案1和2中,学士河和道前河水质长期难以达到苏州河网目标要求,相比之下道前河的水质响应时间最晚,在满足方案4基础上配套一些水质综合改善方法加以辅助,并对水量水质调控方案即时反馈,可达到更好的水质改善和保障效果。

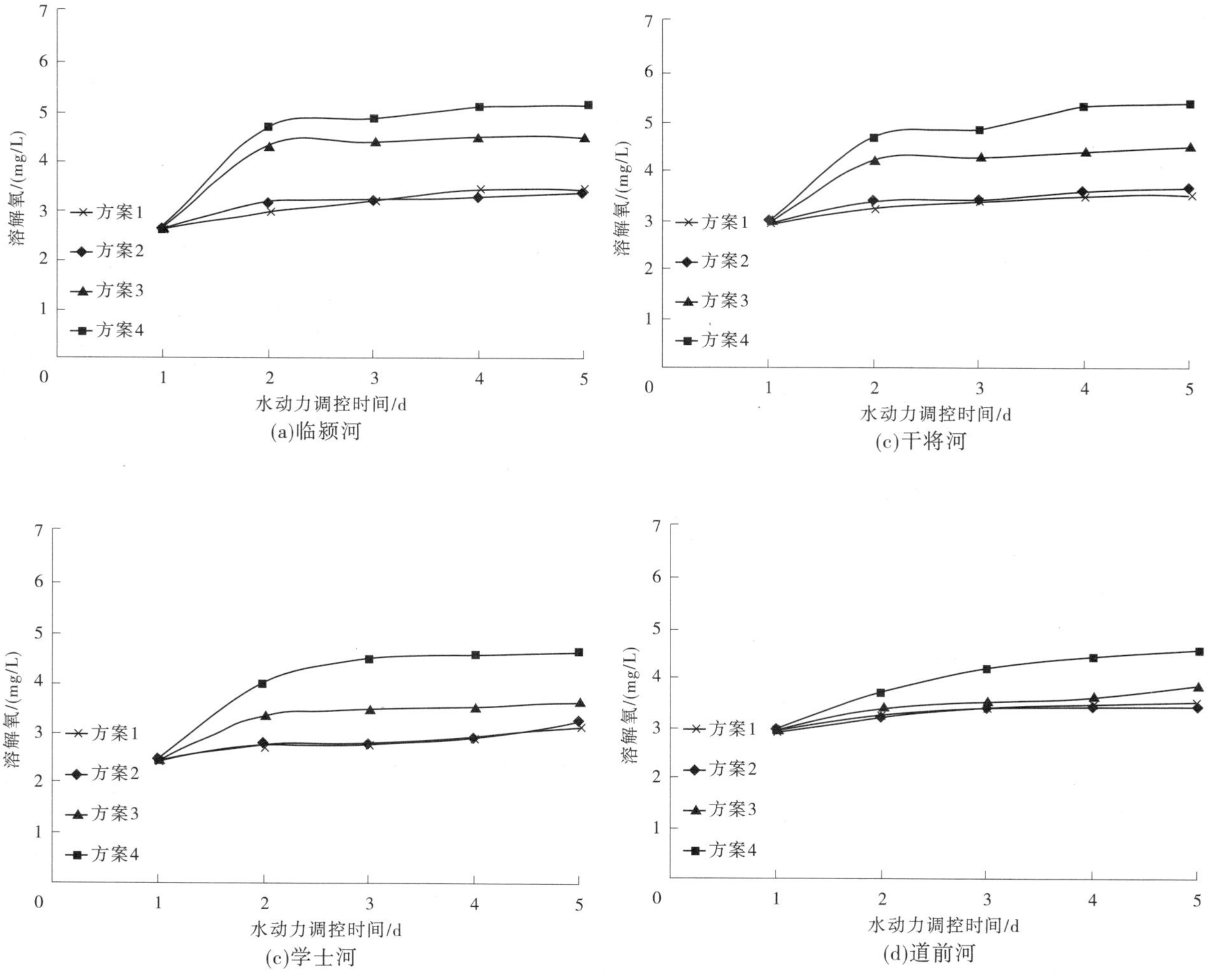

(a)临颖河 (c)干将河 (c)学士河 (d)道前河

图10 水动力调控方案下的河网DO变化

按现有的苏州古城河网水质状况，在 3 种引水情景、四种调控方式条件下，调控方案 1 下的 3 种情景的水质达标率仅为 39.76%~49.61%，而方案 2 水质达标率稍有提升，方案 3 苏州古城区内河段流速达标率提升至 57.91%~70.88%，但方案 4 大部分河道的水质满足要求，达标率 η 分别达到 87.58%、90.33%和 98.82%。且河网透明度达到 58 cm，该调控方案可满足当前苏州市政府对河网水质的指标要求。

4 结 论

本文以苏州古城区河网水动力-水质提升为例，在分析古城河网水质现状的基础上，通过建立平原河网-水质一维耦合模型，研究了三种引水方案、四种不同调控方案下的水质提升效果，结论如下：

(1) 原型观测表明，古城河网的主干河段包括临顿河、干将河和学士河等在内的河段 DO 浓度在夏季存在低于Ⅳ类水标准；NH_3-N 浓度较为均匀，环城河浓度可达到Ⅳ类，但河网内部河道平均浓度依旧徘徊至Ⅳ~Ⅴ类；清淤活水后，河道内 COD 浓度改善效果仍不明显。

(2) 现状工程调度条件下（翻板门调控技术及水利工程联合调控方式），平门小河、中市河等多条河道的流速过高，易致底泥悬浮带入下游，影响河道水质，且古城区南部道前河、十全河等河道几乎滞流，不能起到水质提升的效果。

(3) 随着调控时间增加，河网中各河道逐渐受到上游来水的水质影响，改善幅度逐渐趋于河网水质的改善阈值。调控方案 1 下的 3 种情景的水质达标率仅为 39.76%~49.61%，而方案 2 水质达标率稍有提升，方案 3 苏州古城区内河段流速达标率提升至 57.91%~70.88%，但方案 4 大部分河道的水质满足要求，达标率 η 分别达到 87.58%、90.33%和 98.82%。在满足方案 4 基础上，配套一些水质综合改善方法加以辅助并对水量水质调控方案即时反馈，可达到更好的水质改善和保障效果。

参考文献

[1] 马超，唐志波，徐奎，等. 平原地区城市河网水环境改善的补水调度策略研究——以天津市中心城区河网为例[J]. 南水北调与水利科技，2017，15(6)：81-87.
[2] 骆东玲，陆培东，喻国华. 东部平原城市水污染现状及河网结构对水污染影响[J]. 环境工程，2011，29(S1)：59-62.
[3] 严以新，蒋小欣，阮晓红，等. 平原河网区城市水污染特征及控制对策研究[J]. 水资源保护，2008(5)：1-3，29.
[4] 陈婷. 平原河网地区城市河流生境评价研究[D]. 上海：华东师范大学，2007.
[5] Velz C J. Factors influencing self purification and their relation to pollution abatement[J]. Sew. Works. 1947，19，629-644.
[6] Chen CH，Lung WS，Yang CH，et al. Spatially variable deoxygenation in the danshui river：Improvement in model calibration[J]. Water Environ. Res. 2013，85，2243-2253.
[7] Hyfield E C G，Day J W，Cable J E，et al. The Impacts of Re-Introducing Mississippi River Water on the Hydrologic Budget and Nutrient Inputs of a Deltaic Estuary[J]. Ecological Engineering，2007，32(4)：347-359.
[8] 张婷，徐彬鑫，康爱卿，等. 流域水文、水动力、水质模型联合应用研究进展[J]. 水利水电科技进展，2021，41(3)：11-19.
[9] Wang Y，Politano M，Weber L. Spillway jet regime and total dissolved gas prediction with a multiphase flow model[J]. Journal of Hydraulic Research，2019，57(1)：26-38.
[10] Zeng C J，Chen Q W. Improvement on numerical modeling of total dissolved gas dissipation after dam[J]. Ecological Engineering，156(2020)：105965.
[11] 许益新，李一平，罗育池，等. 引水改善平原感潮河网水质效果评估[J]. 水资源保护，2019，35(6)：124-130.
[12] Null S E，Escriva-Bou A，et al. Optimizing the dammed：Water supply losses and fish habitat gains from dam removal in California[J]. Journal of Environmental Management，2014，136：121-131.
[13] 方春明，何少苓，刘树坤. 太湖周围水利设施的优化调度对太湖水质的影响[J]. 水利学报，1992，144(12)：1-8.
[14] 李一平. 引江济太调水工程对太湖水动力调控效果研究[C]//全国水资源合理配置与优化调度及水环境污染防治技术专刊. 2011.
[15] 孙娟，阮晓红. 引调清水改善南京城市内河水环境效应研究[J]. 中国农村水利水电，2008(3)：29-31.

纵向压力弯管的水力特性研究

丁　升　任炜辰　张宏伟　章晋雄　邢　伟

（中国水利水电科学研究院，北京　100038）

【摘　要】 本文基于某水电站生态孔整体布局和运行条件，采用数值模拟方法，并结合雷诺应力湍流模型对纵向压力弯管的水力特性进行了研究。结果表明：在不同水头和管径条件下，弯管内各个水力特性沿程变化规律均保持着良好的一致性；弯管横断面二次流呈左右两侧对称分布，漩涡近似为椭圆形，并且沿程涡核位置由弯管外侧逐渐向内侧偏移；弯管内流速分布不均匀程度的变化趋势为先增大再减弱最后又增大，在入口处水流的不均匀性增大最为剧烈；受离心力影响，纵向压力弯管外侧压强高，内侧压强低，并且弯管特征压强的沿程变化具有明显的规律性。

【关键词】 弯管；数值模拟；水力特性；二次流；流速分布不均匀程度；压强分布

1　引　言

在水利水电工程的输泄水建筑物中，受地形、地质、工程总体布置等因素的限制，常需设置弯管。相较于压力直管而言，压力弯管由于水流离心力的作用，水流流态复杂，水力学问题突出：弯管内流速及压强分布变化剧烈，且伴随有二次流现象，弯管内侧易出现较大负压，影响运行安全[1-3]。

针对弯管的水力特性，国内外学者开展了大量研究。研究手段在早期以物理模型试验为主，随着CFD应用的不断深入，近期发展到物理模型试验与数值模拟相结合的方法[4-11]。研究内容涉及弯管内水流流态（二次流、流速分布等）、流动分离、压强分布、能量损失、阻力系数等[12-14]水力特性，影响因素主要考虑入流角、雷诺数、转弯角度、曲率半径等方面[15-21]。

尽管针对压力弯管水力特性的研究成果已相当丰硕，然而对于纵向压力弯管而言，二次流、流速分布不均匀程度、压强分布等水力特性的沿程变化规律如何？以及在不同工况下，以上水力学特征是否具有普适性的变化规律？针对这些问题的研究还相对较少。此外，对于弯管内流速分布的不均匀程度，国内外学者主要以定性分析为主，针对纵向压力弯管流速分布不均匀程度的定量分析，目前未见到相关研究报道。

本文针对纵向压力弯管的水力特性问题，基于数值模拟方法，采用雷诺应力湍流模型进行求解，具体对比分析了在不同无量纲水头和无量纲管径条件下，弯管内二次流、流速分布不均匀程度、压强分布等水力学特征的沿程变化规律，以期为弯管设计提供参考。

2　研究方法

2.1　数值模拟

本文基于某水电站生态孔弯管段原型进行数值模拟研究。其结构布置示意图如图1所示，点 O 为弯管轴线圆心，M 为弯管进口断面，N 为弯管中任一断面，φ（°）为 OM 与 ON 夹角，用以表示弯管任一断面的位置。弯管为圆形断面，其管径为 d，转弯半径 $R = 10.0$ m，转弯角度 $\varphi_T = 85.0°$，生态孔全段为有压流动。生态孔水流采用三维不可压雷诺时均 N-S 方程描述，湍流模型采用雷诺应力湍流模型，连续方程、动量方程分别如下：

$$\frac{\partial u_i}{\partial x_i} = 0 \qquad (1)$$

基金项目：中国水科院基本科研业务费专项项目（HY110145B0022021）；国家自然科学基金项目（51909278）

$$\frac{\partial u_i}{\partial t} + \frac{\partial}{\partial x_j}(u_i u_j) = -\frac{1}{\rho}\frac{\partial p}{\partial x_i} + \frac{1}{\rho}\frac{\partial}{\partial x_j}\left[(\mu + \mu_t)\left(\frac{\partial u_i}{\partial x_j} + \frac{\partial u_j}{\partial x_i}\right)\right] - g_i \tag{2}$$

式中,t 为时间;u_i 为速度分量;x_i 为坐标分量;ρ 为流体密度;p 为压强;μ 为分子黏性系数;μ_t 为紊流黏性系数。

进口及出口均为自由水面,采用 VOF 方法进行处理,其相体积分数 α 方程如下:

$$\frac{\partial \alpha}{\partial t} + u_i \frac{\partial \alpha}{\partial x_i} = 0 \tag{3}$$

式中,α 为水相体积分数,也可以是气相体积分数,但只有一个自由变量,且满足以下关系式:$\alpha_a + \alpha_w = 1$。

模型求解采用有限体积法,离散方程求解采用分离式变量解法,压力与速度的耦合采用 SIMPLE 算法,速度离散采用二阶迎风格式。进口根据库水位给定压力边界条件;出口为自由出流,给定大气压强边界;库区顶部和出口明渠顶部给定大气边界条件;固壁为非穿透无滑移条件;湍流模型近壁采用标准壁函数处理。

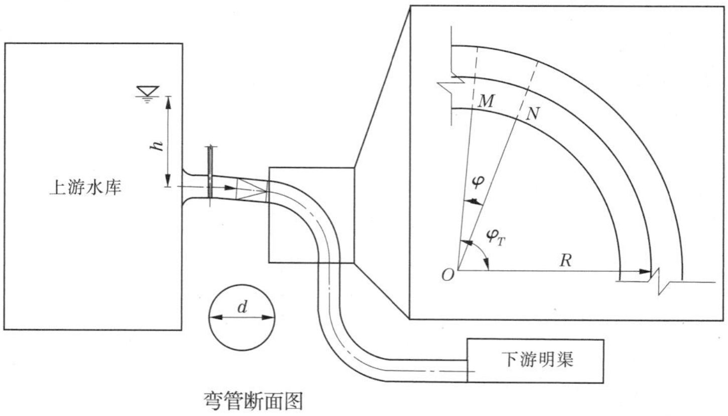

图 1 弯管结构示意图

2.2 试验设计及计算参数

为探究上游水头和弯管管径对弯管水力特性的影响,本文共设计 9 种试验方案:保持转弯半径 R=10.0 m,转弯角度 φ_T= 85.0°不变,5 组不同无量纲水头 h/R(以进水口底板高程为基准面),4 组不同无量纲管径 d/R。在生态孔整体结构布置不变的情况下,不同上游水头可反映弯管流量的变化。试验方案如表 1 所示,M13~M53 分别对应于 d/R= 0.37,h/R=2.00、2.35、2.70、3.05、3.40;M51~M55 分别对应于 h/R=3.40,d/R=0.35、0.36、0.37、0.38、4.00。

表 1 不同试验方案对比

试验方案	h/R	d/R	试验方案	h/R	d/R
M13	2.00	0.37	M51	3.40	0.35
M23	2.35	0.37	M52	3.40	0.36
M33	2.70	0.37	M54	3.40	0.38
M43	3.05	0.37	M55	3.40	0.40
M53	3.40	0.37			

2.3 模型验证

为了保证数值模拟的可靠性,采用物理模型试验结果进行验证。物理模型照片如图 2 所示,模型按重力相似准则设计,几何比尺为 1:20,采用有机玻璃精细加工制作。边壁时均压强测点布置图如图 3 所示,测点编号中字母 A 表示弯管外侧测点,字母 B 表示中部测点,字母 C 表示弯管内侧测点。

表 2、表 3 分别为边壁时均压强、流量的试验值与模拟值的对比表。可以看到,边壁时均压强的模拟值

与试验值分布规律一致。其中,边壁时均压强的数值模拟结果最大误差为 5.9%,流量模拟值的误差为 4.2%,参考前人类似研究[17-18],认为数值计算与物理模型试验吻合较好,因此数值模拟的结果是可靠的。

图 2 物理模型照片

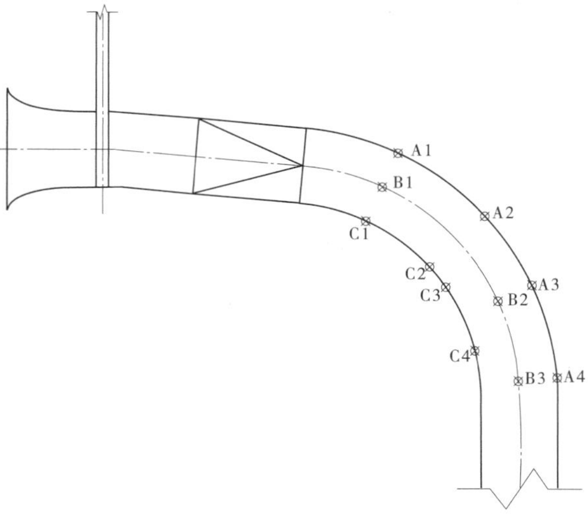

图 3 边壁时均压强测点布置图

表 2 边壁时均压强的测点试验值与模拟值对比表

测点	试验值/kPa	模拟值/kPa	误差/%	测点	试验值/kPa	模拟值/kPa	误差/%
A1	104.0	106.7	2.6	B3	131.7	132.1	0.3
A2	122.0	128.5	5.4	C1	9.5	10.1	5.9
A3	156.9	155.4	1.0	C2	26.4	26.9	2.0
A4	178.4	179.7	0.7	C3	36.5	34.8	4.6
B1	64.7	66.3	2.4	C4	64.7	61.9	4.4
B2	105.90	109.01	2.9				

表 3 流量的试验值与模拟值对比表

试验值/(m^3/s)	模拟值/(m^3/s)	误差/%
195.8	204.0	4.2

3 结果分析

3.1 二次流

压力弯管二次流是管道中离心力和黏性力的共同作用下形成的一种特殊的横向环流,为一对反向对称涡旋,二次流的存在对流速分布和切应力分布有着重要的影响[1],该现象最初是由 W. R. Dean 在研究弯管内流体流动时所发现[22-24]。

图 4 是 M33 方案下各典型断面的流线图(上、下、左、右分别为弯管外侧、内侧、左侧、右侧),其他各方案均与之类似。从流线图中可以看到弯管内二次流的变化和发展过程,比较目前国内外的类似研究成果,该过程吻合较好[25-27],具体表现为:在弯管进口断面处的中心位置,二次流方向从弯管外侧指向内侧,流线相对顺直,未形成环流;在弯管段快速形成了一对反向漩涡,即为二次流,二次流基本上呈左右两侧对称分布,漩涡近似为椭圆形;从弯管上游到下游,二次流的涡核位置发生着明显的变化,主要体

现在从弯管外侧逐渐向内侧偏移。在弯管进口处附近,涡核主要集中在弯管外侧,在 10°~15°断面,涡核均位于断面中间位置;在 15°~60°断面,可以看到涡核位置逐渐向弯管内侧偏移;在 60°~85°断面,涡核分布在弯管内侧附近。

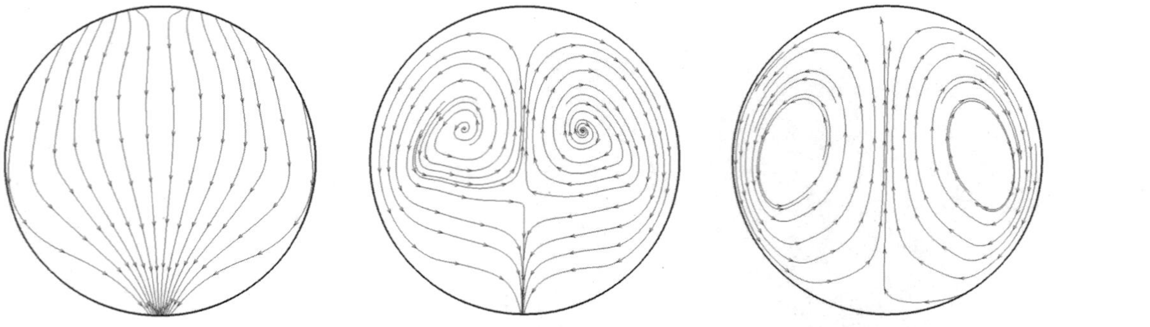

(a)0° 断面　(b)5° 断面　(c)10° 断面

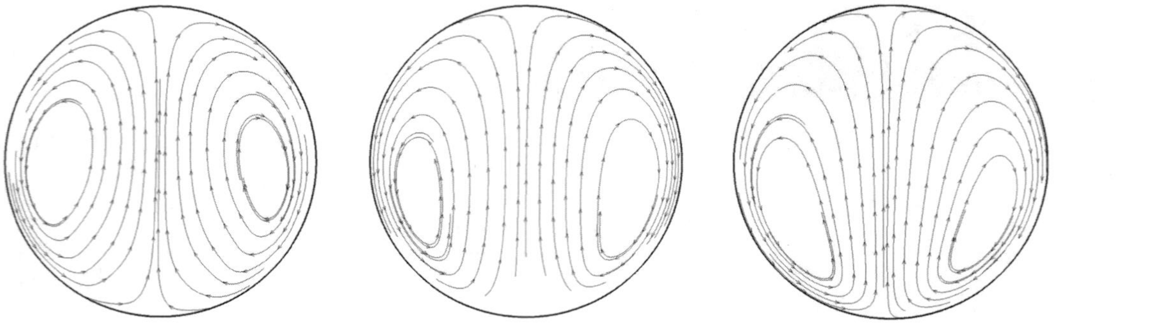

(a)15° 断面　(b)30° 断面　(c)45° 断面

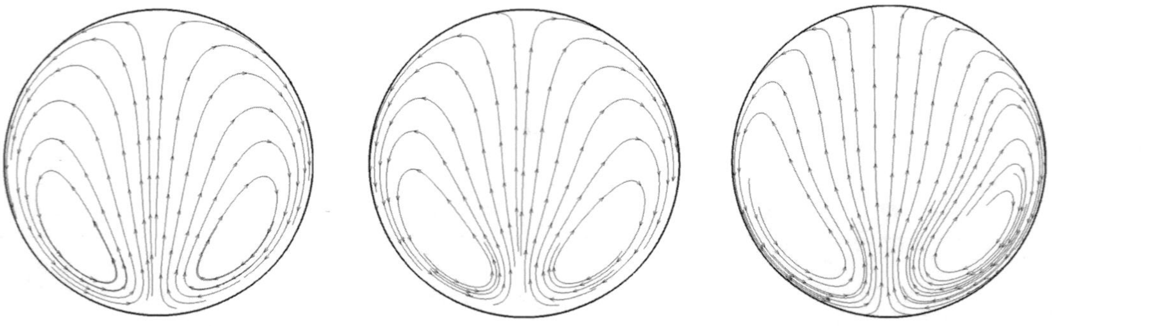

(a)60° 断面　(b)75° 断面　(c)85° 断面

图 4　M33 方案下各典型断面的流线图

3.2　流速分布不均匀程度

纵向压力弯管由于离心力作用使得流速分布发生剧烈变化,为探究弯管内流速分布不均匀程度的变化规律,本文采用动能修正系数定量地描述流速分布不均匀程度。动能修正系数 α 是反映弯管过水断面流速分布不均匀程度的重要参数,动能修正系数越大,表示流速分布越不均匀,当 α 越接近于 1,则表示流速分布越均匀[28],α 的表达式如下:

$$\alpha = \frac{\int_A u^3 \mathrm{d}A}{v^3 A} \tag{4}$$

式中,u 为断面元流流速;v 为断面平均流速;A 为断面面积。

图 5、图 6 分别为不同 h/R 及不同 d/R 下的动能修正系数随断面位置变化曲线。可以看到,各方案下弯管内动能修正系数总体变化趋势均为先增大再减小最后又增大,即流速分布不均匀程度先增大再减弱最后又增大。具体而言:①在 0°~15°附近断面处,动能修正系数由最小值快速增大至最大值,这说

明在弯管起始段水流不均匀性急剧增大，在15°断面附近处流速分布最不均匀；②在15°～70°断面处，动能修正系数呈逐渐减小的趋势，表明在该区域水流分布逐渐趋于均匀；③在70°～85°断面处，动能修正系数又开始逐渐增大，即水流的不均匀性逐渐增强。

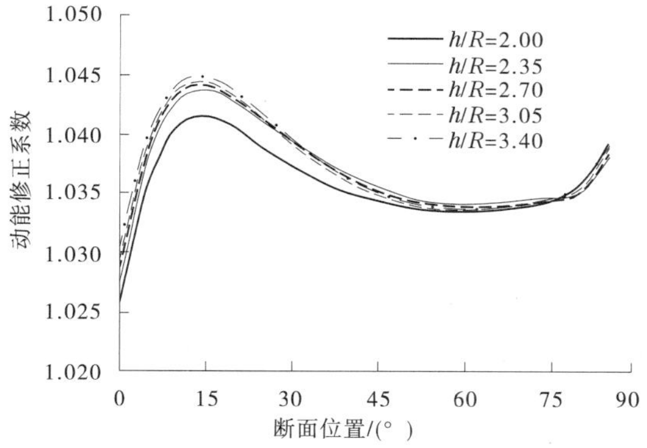

图5　不同 h/R 时动能修正系数随断面位置变化

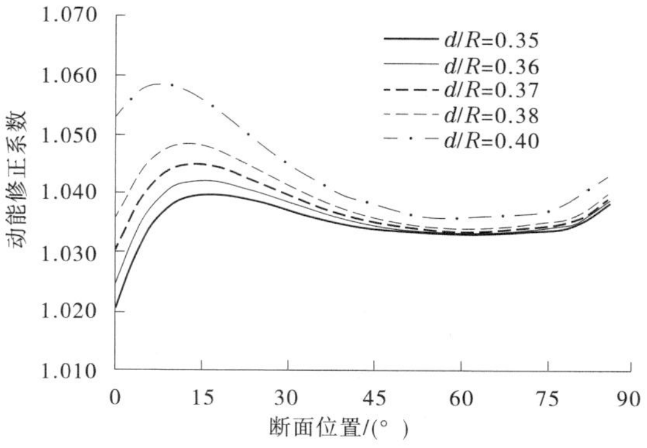

图6　不同 d/R 时动能修正系数随断面位置变化

3.3　压强分布

图7为各方案下弯管轴线层压强分布图。可以看到，在不同无量纲水头、无量纲管径情况下，各弯管的压强分布均比较接近。具体表现为由于水流离心力的作用，弯管外侧压强高，内侧压强低，在弯管上游内侧存在最小压强区域。

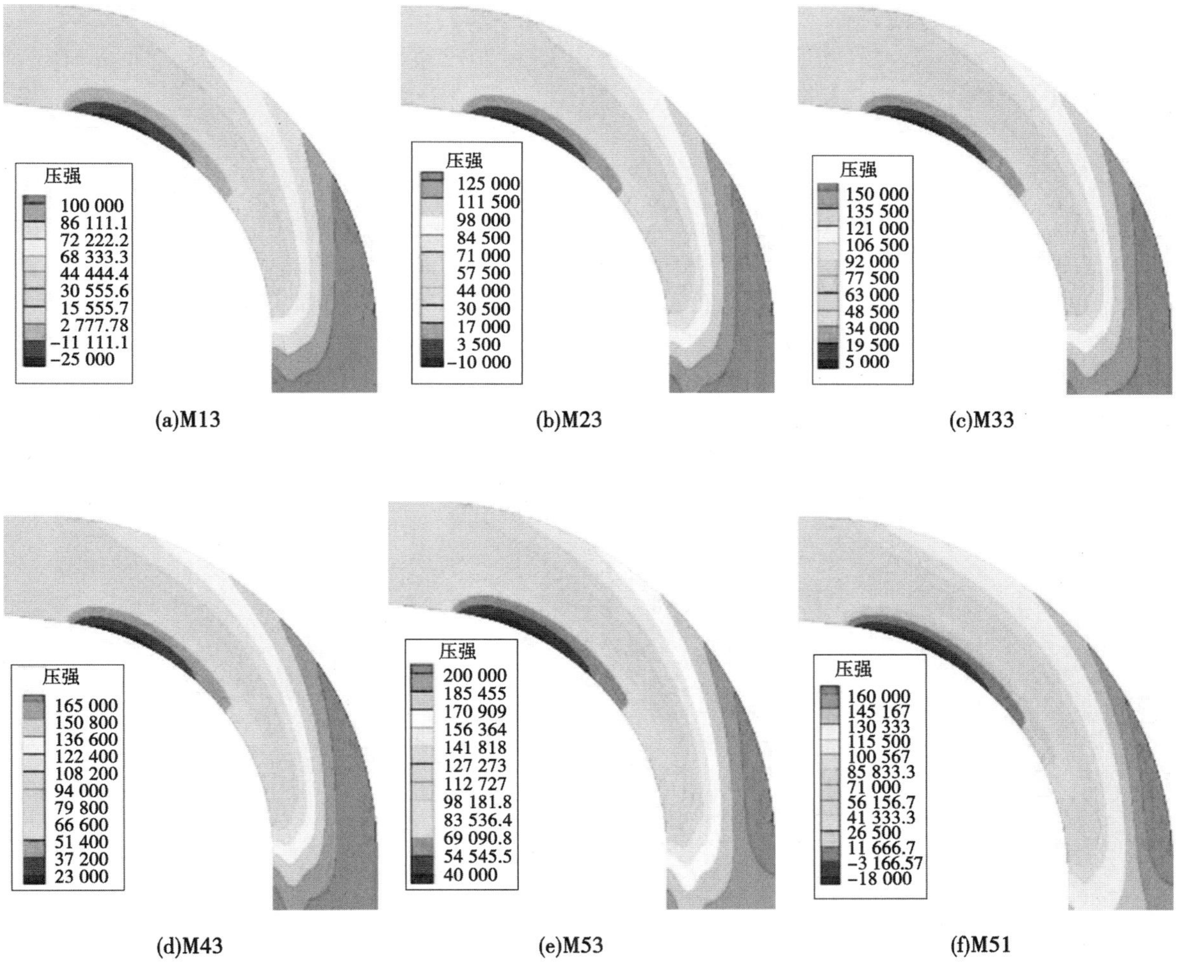

图7　各方案下弯管轴线层压强分布图（单位：Pa）

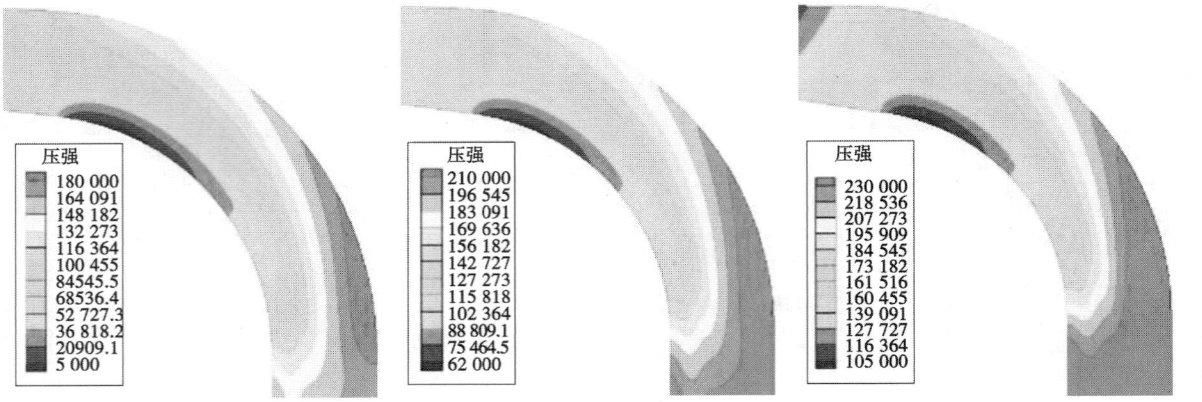

(g)M52　　(h)M54　　(i)M55

续图 7

从图 7 可以看到,在不同试验方案下,弯管内压强分布均保持着良好的一致性,为探究弯管内特征压强的沿程变化规律,本文选取 M33 方案进行定量地研究。图 8 为 M33 方案下沿程各断面的弯管外侧壁面无量纲压强 $P_{外}/\rho gR$、弯管内侧壁面无量纲压强 $P_{内}/\rho gR$、无量纲压差$(P_{外}-P_{内})/\rho gR$ 变化曲线。从图 8 可以看到,弯管外侧壁面无量纲压强沿程变化规律为先增大后稍有减小,在 0°~80°断面之间,$P_{外}/\rho gR$ 由最小值逐渐增大,在 80°~85°断面之间其数值略有减小;弯管内侧壁面无量纲压强为先减小后增大的变化趋势,在 0°~15°断面之间,$P_{内}/\rho gR$ 逐渐减小,在 15°断面达到最小值后不断增大,在 85°断面弯管内侧壁面无量纲压强达到最大值;对于无量纲压差而言,整体上呈先增大再保持稳定最后减小的趋势,无量纲压差在 0°~15°断面之间快速增大,在 15°~70°断面之间其数值变化范围不大,在 70°~85°断面之间无量纲压差不断减小。

4　结　论

本文采用数值模拟方法对某电站生态孔纵向压力弯管的水力特性进行了研究,数值模拟结果与模型试验结果吻合较好,证实了采用 CFD 方法模拟弯管流场的可行性和合理性。

模拟结果表明,在不同水头和管径条件下,弯管内各个水力学特征均保持着良好的规律性,得到以下结论:①二次流在弯管横断面呈左右两侧对称分布,漩涡近似为椭圆形,并且沿程涡核位置由弯管外侧逐渐向内侧偏移;②弯管内流速分布不均匀程度的变化趋势为先增大再减弱最后又增大,在入口处水流的不均匀性增大最为剧烈;③受离心力影响,纵向压力弯管外侧压强高,内侧压强低,并且弯管特征压

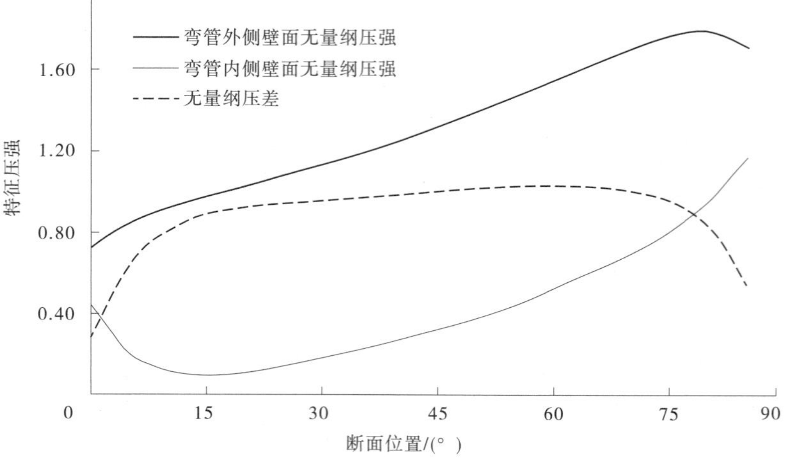

图 8　M33 方案下沿程各断面特征压强变化曲线

强的沿程变化具有明显的规律性。

参考文献

[1] 湛含辉，成浩，刘建文，等. 二次流原理[M]. 长沙：中南大学出版社，2006:8-9.

[2] 郭军，张东，刘之平，等. 大型泄洪洞高速水流的研究进展及风险分析[J]. 水利学报，2006(10)：1193-1198.

[3] 邓军，许唯临，雷军，等. 高水头岸边泄洪洞水力特性的数值模拟[J]. 水利学报，2005(10)：1209-1212,1218.

[4] 丁珏，翁培奋. 90°弯管内流动的理论模型及流动特性的数值研究[J]. 计算力学学报，2004(3)：314-321,329.

[5] 樊洪明，何钟怡，王小华. 弯曲管段内流动的大涡模拟[J]. 水动力学研究与进展(A辑),2001(1)：78-83.

[6] So R M C, Mellor G L. Experiment on convex curvature effects in turbulent boundary layers[J]. Journal of Fluid Mechanics,1973,60(1):43-62.

[7] Rütten F,Schröder W, Meinke M. Large-Eddy Simulation of Low Frequency Oscillations of the Dean Vortices in Turbulent Pipe Bend Flows[J]. Physics of Fluids(1994),2005,17(3):035107-035107-11.

[8] Sudo K, Sumida M, Hibara H. Experimental Investigation on Turbulent Flow through a Circular-Sectioned 180° Bend[J]. Experiments in Fluids,2000,28(1)：51-57.

[9] Taylor A M K P,Whitelaw J H,Yianneskis M. Curved Ducts With Strong Secondary Motion：Velocity Measurements of Developing Laminar and Turbulent Flow[J]. Journal of Fluids Engineering, 1982,104(3)：350-359.

[10] Sudo K, Sumida M, Hibara H. Experimental Investigation on Turbulent Flow in a Circular-Sectioned 90-Degree Bend[J]. Experiments in Fluids, 1998, 25(1)：42-49.

[11] 许承，郭荣伟. 三维弯管内分离流场的试验研究[J]. 航空学报，1994(9):1095-1099.

[12] Nithiarasu P, Codina R, Zienkiewicz O C. The Characteristic-Based Split (CBS) Scheme-a Unified Approach to Fluid Dynamics[J]. International Journal for Numerical Methods in Engineering,2006,66(10):1514-1546.

[13] 唐博，李进平，罗文. 2个U型组合的90° 4片弯管的局部水头损失及相互影响[J]. 武汉大学学报(工学版)，2013，46(5)：557-561,571.

[14] 曹彪，吕宏兴，石喜，等. 承插式90°弯头水力特性的试验与数值模拟[J]. 节水灌溉,2013(5)：1-4,14.

[15] 梁开洪，曹树良，陈炎，等. 入流角对圆截面90°弯管内高雷诺数流动的影响[J]. 清华大学学报(自然科学版)，2009，49(12):1971-1975.

[16] 李静，杨俊红，黄涛，等. 雷诺数和半径比对90°圆弧弯管流动特性的数值研究[J]. 机械科学与技术，2017，36(10):1491-1497.

[17] 戴熙武，孙洪亮，杨飞，等. 弯管内三维流场水力特性数值模拟[J/OL]. 中国农村水利水电：1-8[2021-08-04].

[18] 史润泽，田忠，范强. 出口面积对有压弯管壁面压强及空化特性影响研究[J]. 四川大学学报(工程科学版)，2016,48(S2)：13-19.

[19] 赵懿珺，贺益英. 直角Z形组合双弯管流动特性的研究[J]. 水利学报，2006(7):778-783.

[20] 胡明，张青青. 普通城门洞形隧洞弯段二次流对动能修正系数的影响[J]. 水电能源科学，2015,33(1):91-95.

[21] 刘荆辉，胡明. 不同雷诺数下90°城门洞形弯道内二次流及动能修正系数的研究[J]. 水电能源科学，2016，34(5):102-106,101.

[22] 湛含辉，成浩，刘建文，等. 二次流原理(第一版)[M]. 长沙：中南大学出版社，2006:8-9.

[23] 湛含辉，朱辉，陈津端，等. 90°弯管内二次流(迪恩涡)的数值模拟[J]. 锅炉技术,2010,41(4):1-5.

[24] Dean W R. Fluid Motion in a Curved Channel. Proceedings of the Royal Society of London[J]. Series A, Containing Papers of a Mathematical and Physical Character,1928,121(787)：402-420.

[25] 吴持恭. 水力学[M]. 北京：高等教育出版社，2007.

[26] 弋鹏飞，马爽文，张建鹏，等. 节水承插式折角弯管水流流动特性研究[J]. 节水灌溉，2021(4)：35-40.

[27] Azzola J, Humphrey J A C, Iacovides H, et al. Developing Turbulent Flow in a U-Bend of Circular Cross-Section：Measurement and Computation[J]. Journal of Fluids Engineering,1986,108(2):214-221.

[28] Deardorff J W. The use of subgrid transport equation in a three-dimensional model of atmospheric turbulent [J]. Journal of Fluids Engineering, 1973, 95(2)：429-438.

侧向进水渠前池整流措施的数值模拟研究

白　钰　刘亚坤　卢洋亮　张　栋　贺伟超

(大连理工大学 建设工程学部,辽宁大连　116024)

【摘　要】 在布置侧向引渠的泵站设计中,水流的流态较为复杂,前池内易出现主流偏移、漩涡回流、流速分布不均等不良流态,影响泵站的运行稳定。本文以某防洪工程排水泵站为研究对象,采用 Flow-3D 软件进行数值模拟研究,针对原方案存在的不良流态,提出了多组整流方案,以漩涡面积、流速分布均匀度及回流规模作为评价依据对各方案进行评价比选,研究了不同形式导流墩改善扩散前池水流流态的效果。结果表明:对于前池底部存在的不良流态,16°扩散角的"川"字形导流墩可有效改善进水流态和流速分布均匀度,对提高水泵性能、减少泥沙淤积具有重要意义。该研究可为类似防洪工程泵站设计提供一定的参考。

【关键词】 泵站;前池;导流墩;整流;数值模拟

1　引　言

排水泵站作为社会经济发展的重要基础设施,在防洪排涝、保障人民生活、发展国民经济等方面发挥了重要作用[1]。其中,引水渠是泵站的重要引水建筑物,其主要功能是防止泵站直接接触水源、缩短输水长度、引导水流顺利进入泵站前池等,来确保水泵的良好进水条件;泵站前池作为连接引水渠和进水池的重要建筑物,其流态直接影响泵站的水力性能、运行效率和使用寿命,甚至影响泵站的正常运行[2-3]。因此,采取有效的整流措施改善泵站的进水流态对工程运行的经济性和安全性具有重要意义。

随着全球变暖,极端天气事件发生的频率越来越高,洪涝灾害也呈现出越发频繁的趋势,这使得泵站的运行压力进一步加大,而针对高水位下前池的水流流态也成为讨论的重点[4]。本文以某防洪工程排水站为研究背景,验证侧向弯道进水渠对泵站运行的影响,在分析前池存在的不良流态的基础上,制定了 4 种不同的整流方案,并采用数值模拟的方法对不同的方案进行对比研究。

2　工程概况

某排水站以排涝为主,总流量 28 m^3/s,装机功率 2 000 kW,根据《泵站设计规范》(GB 50265—2010)确定排水站为中型Ⅲ等工程。泵站部分防洪标准为 30 年一遇洪水设计,100 年一遇洪水校核,主要建筑物级别为 3 级,次要建筑物级别为 4 级。

泵站采用堤后式湿室型泵站,由引渠、进水口、进水闸、取水前池、泵房组成。引渠为 91. 75 m 长梯形土渠,底宽 19 m,两岸边坡为 1∶2. 5,进口段长 8. 0 m,弯段转角 61. 13°。进水闸共 5 孔,单孔净宽 3. 0 m,总净宽为 15. 0 m,闸室底板顶高程-0. 41 m,墩顶高程 3. 17 m。闸墩顺水流方向长度为 5. 2 m,进水闸总宽度为 21. 0 m。进水闸后衔接取水前池,前池平面为梯形设计,与中轴线呈 8°倾角,进口宽 19. 0 m,前池泵房处宽 25. 4 m,池长为 21. 5 m,纵向坡度为 1∶5,前池池顶高程为 3. 17 m。前池后接湿室型泵站,内设 5 台机组,泵房顺水流纵向长度为 9. 9 m。排水站的平面和剖面布置图如图 1-1 所示。

基金项目:国家自然科学基金项目(52179060,51909024)

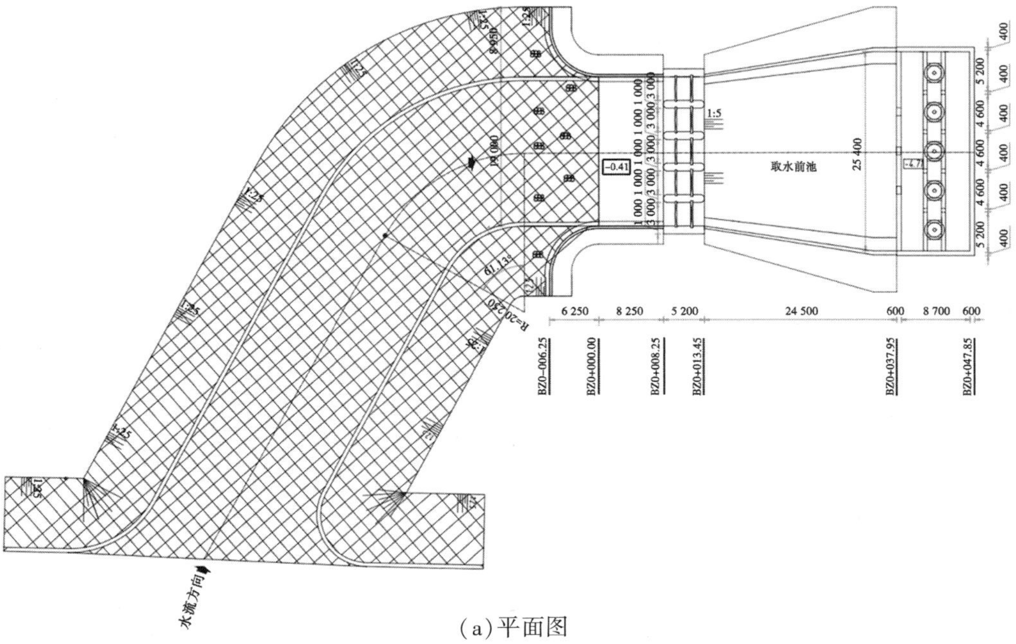

(a)平面图

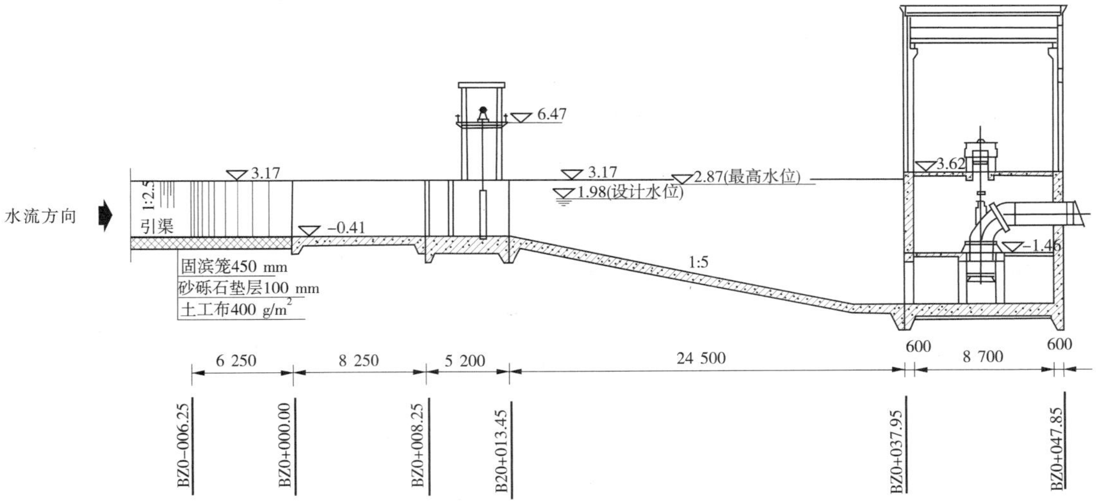

(b)剖视图

图1　排水泵站结构图

3　数值计算模型

3.1　控制方程和湍流模型

该排水泵站模拟开启重力模型和湍流模型，其中湍流模型采用 RNG k-ε 湍流模型，对自由液面的捕捉采用 Tru-VOF 法[5]，压力求解器选用广义极小残差算法（GMRES）。相关原理说明如下。

3.1.1　质量守恒方程

质量守恒方程又叫作连续性方程，流体的连续性方程为

$$\frac{\partial \rho}{\partial t}+\frac{\partial(\rho u)}{\partial x}+\frac{\partial(\rho v)}{\partial y}+\frac{\partial(\rho w)}{\partial z}=0 \tag{1}$$

式中，ρ 为液体密度；t 为时间；u、v、w 分别为速度矢量各方向的分量。

3.1.2　动量守恒方程

动量守恒方程即 Navier-Stokes 方程：

$$\frac{\partial(\rho u)}{\partial t} + \mathrm{div}(\rho u \boldsymbol{u}) = -\frac{\partial p}{\partial x} + \frac{\partial \tau_{xx}}{\partial x} + \frac{\partial \tau_{yx}}{\partial y} + \frac{\partial \tau_{zx}}{\partial z} + F_x \tag{2a}$$

$$\frac{\partial(\rho v)}{\partial t} + \mathrm{div}(\rho v \boldsymbol{u}) = -\frac{\partial p}{\partial y} + \frac{\partial \tau_{xy}}{\partial x} + \frac{\partial \tau_{yy}}{\partial y} + \frac{\partial \tau_{zz}}{\partial z} + F_y \tag{2b}$$

$$\frac{\partial(\rho w)}{\partial t} + \mathrm{div}(\rho w \boldsymbol{u}) = -\frac{\partial p}{\partial z} + \frac{\partial \tau_{xz}}{\partial x} + \frac{\partial \tau_{yz}}{\partial y} + \frac{\partial \tau_{zz}}{\partial z} + F_z \tag{2c}$$

式中,p 为微元体上的压力;$\boldsymbol{u}$ 为速度矢量;τ_{xx}、τ_{yy}、τ_{zz} 为三个方向的法向应力;τ_{xy} 为 x、y 方向切应力;τ_{xz} 为 x、z 方向切应力;τ_{yz} 为 y、z 方向切应力;F_x、F_y、F_z 分别为 x、y、z 轴向上的体积力分量。

3.1.3 RNG k-ε 紊流数值模拟方法

考虑到引渠内流线曲率较大,流态较为复杂,因此本文采用适用于有一定曲率变化的 RNG k-ε 模型。RNG k-ε 的紊动能 k 方程及耗散率 ε 方程的表达式为:

$$\frac{\partial(\rho k)}{\partial t} + \frac{\partial}{\partial x_i}(\rho k u_i) = \frac{\partial}{\partial x_i}\left(\alpha_k \mu_{\mathrm{eff}} \frac{\partial k}{\partial x_j}\right) + G_k + \rho\varepsilon \tag{3}$$

$$\frac{\partial(\rho \varepsilon)}{\partial t} + \frac{\partial}{\partial x_i}(\rho \varepsilon u_i) = \frac{\partial}{\partial x_i}\left(\alpha_\varepsilon \mu_{\mathrm{eff}} \frac{\partial \varepsilon}{\partial x_j}\right) + \frac{C_{1\varepsilon}^{*}\varepsilon}{k} G_k - C_{2\varepsilon}\rho \frac{\varepsilon^2}{k} \tag{4}$$

式中,k 为湍动能;ε 为耗散率;u_i 为流体在 i 方向的速度分量;x_i、x_j 为空间坐标分量;有效紊动黏度系数 $\mu_{\mathrm{eff}}=\mu+\mu_t$,$\mu$ 和μ_t 分别为动力黏度系数和湍动黏度系数;μ_t 可由湍动能 k 和湍动能耗散率 ε 求出,$\mu_t=\rho C_\mu k^2/\varepsilon$,其中$C_\mu$ 为经验系数,取 0.084 5;k 为湍动能;ε 为耗散率;G_k 为湍动能产生项;α_k、α_ε 分别为与湍动能 k 和耗散率 ε 对应的 Prandtl 数,均为 1.39;$C_{1\varepsilon}^{*}$、$C_{2\varepsilon}$ 为经验常数,分别取 1.42 和 1.68。

3.1.4 自由液面追踪的 VOF 法

本文采用 TruVOF 方法追踪自由液面,直角坐标系下不可压缩流体的 VOF 方程为:

$$\frac{\partial F}{\partial t} + \frac{1}{V_F}\left[\frac{\partial(FA_x u)}{\partial x} + \frac{\partial(FA_y v)}{\partial y} + \frac{\partial(FA_z w)}{\partial z}\right] = 0 \tag{5}$$

式中,$F(x,y,z,t)$ 表示计算区域内流体的体积占据计算区域的相对比例;A_x、A_y、A_z 分别为 x、y、z 三个方向可流动的面积分数;u、v、w 为流速;V_F 为可流动的体积分数。

3.2 边界条件和网格划分

模型实体建模采用 AutoCAD 软件,对进水渠至泵站出口段进行模拟,模型实体范围见图 2。通过 Flow-3D 软件设置计算,上游引渠水流进口采用流量边界条件 $Q=28\ \mathrm{m^3/s}$,设置初始水位为 2.87 m;在下游泵房出口处采用质量源模块,在各叶轮中心处共添加 5 个汇流(sink)来模拟水泵向上抽水,单台机组流量为 5.6 $\mathrm{m^3/s}$,故下游主泵房出口总计 28 $\mathrm{m^3/s}$;顶部自由液面采用对称平面,底部及左右两侧均为壁面边界。

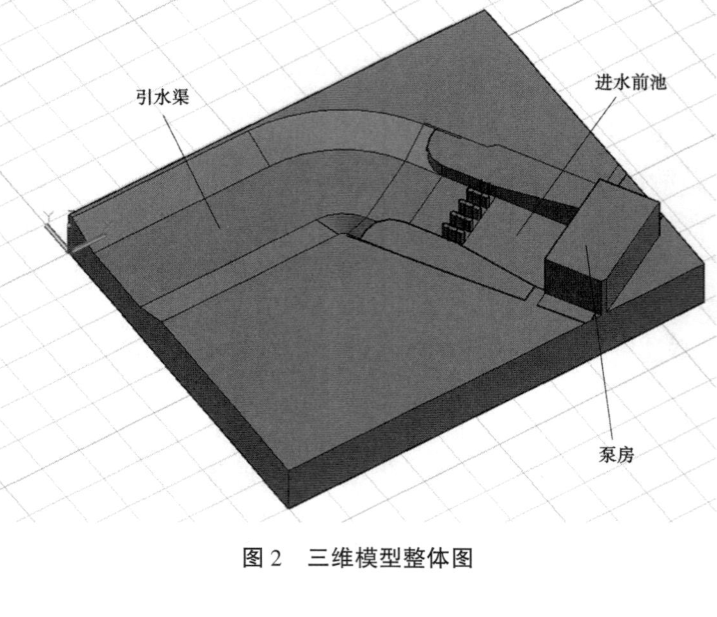

图 2 三维模型整体图

整个计算域共设置两个网格块，采用相连网格进行连接，可有效减小无效网格数量，提高计算效率；每个网格块均采用结构化均匀网格，为验证网格数量对数值计算结果的影响，采用了五组网格数量分别为 605908、1451140、2204200、4527370、6236602 进行网格无关性分析，通过对比发现，当网格数超过 4527370 时，水头损失基本不变，可以满足网格无关性要求。最终确定在 x、y 和 z 方向单元网格尺寸为 0.25 m×0.25 m×0.25 m，网格总数约为 453 万。具体网格划分见图 3。

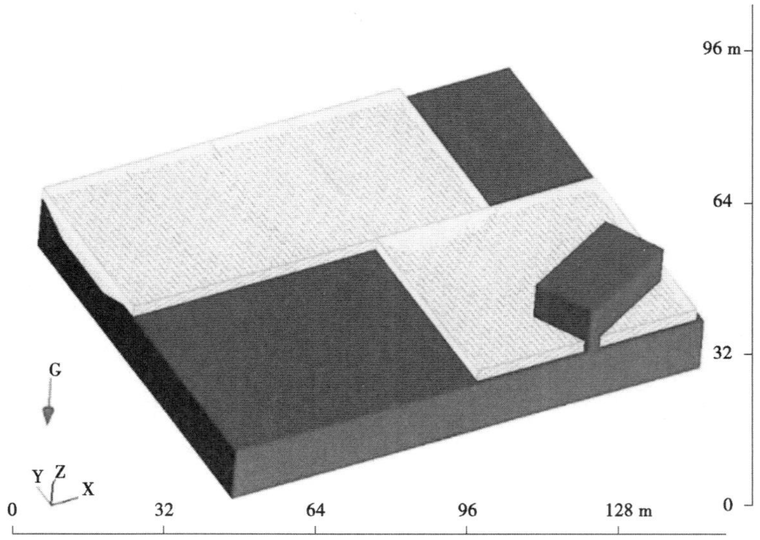

图 3　计算域内网格划分

4　原方案不良流态分析

泵站引水渠设计时，根据规范要求，渠线宜顺直，当需设弯道时，土渠弯道半径不宜小于渠道水面宽的 5 倍；弯道终点与前池之间宜有直线段，长度不宜小于渠道水面宽的 8 倍。当设计不当时，流线弯曲过大，造成前池或进水池流速分布不均，影响泵站的抽水性能。

良好的进水条件可以提高泵站运行效率，前池内不良流态将波及进水道内的流态，恶化水泵的进水条件。前池中易产生的漩涡是影响泵站机组安全运行的重要原因，因此重点分析泵站前池水流流态，旨在提高泵站的运行效率[6]。

该泵站设计为大曲率弯道引水渠且连接前池的顺直段过短，设计情况不符合规范要求，通过分析计算域内的水流流态情况，进一步研究侧向来流对前池的影响，论证是否需设工程措施，以保证水泵运行期前池水流流态的稳定。图 4 为该排水站内原方案的整体流线图。

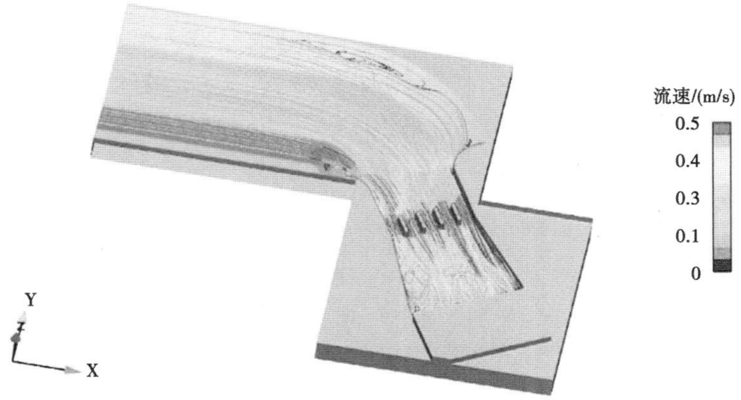

图 4　原方案整体流态图

从图 4 可以看出,引渠中后段流线弯曲程度较大,造成流速分布左岸小右岸大,速度大小相差 0.4 m/s,主流开始出现偏移;受引水渠流速分布的影响,闸后高流速区主要聚集于左岸,同时表层和底层水流流线分布不一致,表面水流流线基本平顺,而底部受引渠侧向来流的影响,主流存在明显偏移,并且前池底部流线较为紊乱,因此对进水前池需重点分析。为进一步研究底部存在的不良流态,截取了原方案中下层区域的水平切面,图 5(a)、(b)分别为高程-0.6m 以及-3.5m 所在切面。

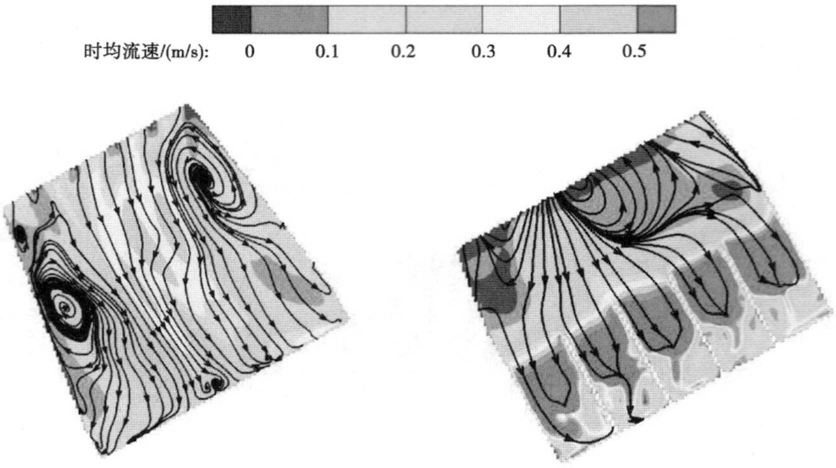

(a)前池底部($z=-0.6$ m)　　(b)进水池前($z=-3.5$ m)

图 5　原方案中下层水平切面流线云图

通过图 5(a)可得,进水前池中下层区域流速分布不均匀,中间流道流速明显大于两侧,二者流速差为 0.3 m/s;弯段后主流存在偏移,进水前池左右两侧边墙附近存在一定范围的回流区漩涡,且漩涡涡核位置随着高程降低不断靠近泵站方向。由图 5(b)可知,在进水池前左岸存在明显的回流,导致左右两侧入流不对称,同时两侧进水流道侧向入流,尤其是左岸的进水流线偏转角度过大,影响泵站的进水条件。根据《泵站设计规范》(GB 50265—2010):"泵站前池布置应满足水流流畅、流速均匀、池内不得产生涡流的要求",可以看出该设计方案仍然有继续优化的空间[7]。

5　方案设计与分析

5.1　整流方案设计

针对原方案存在的不良流态,在距闸墩尾部 5.27 m 的位置布置有长 4 m、宽 1 m 的导流墩,墩顶高程为 1 m。为较全面地研究导流墩的布置对整流效果的影响,以前池 8°扩散角的设计背景作为参考依据,提出 4 种不同形式的优化方案,对原方案和 4 种优化方案进行数值对比分析,整流方案的具体设计见表 1。

表 1　整流方案设计

方案	整流措施
1	原方案
2	"八"字形导流墩,与中轴线各呈 8°倾角
3	"Y"字形导流墩,顶部长 2 m,尾部与中轴线各呈 16°倾角
4	"川"字形导流墩,与中轴线各呈 8°倾角
5	"川"字形导流墩,与中轴线各呈 16°倾角

5.2　前池整流效果分析

为进一步研究优化后对底部不良流态的改善效果,截取了中下层区域的水平切面,与原方案特征切面位置一致，图 6(a)~(d)分别为方案 2 到方案 5 在高程-0.6 m 以及-3.5 m 下的流场情况。

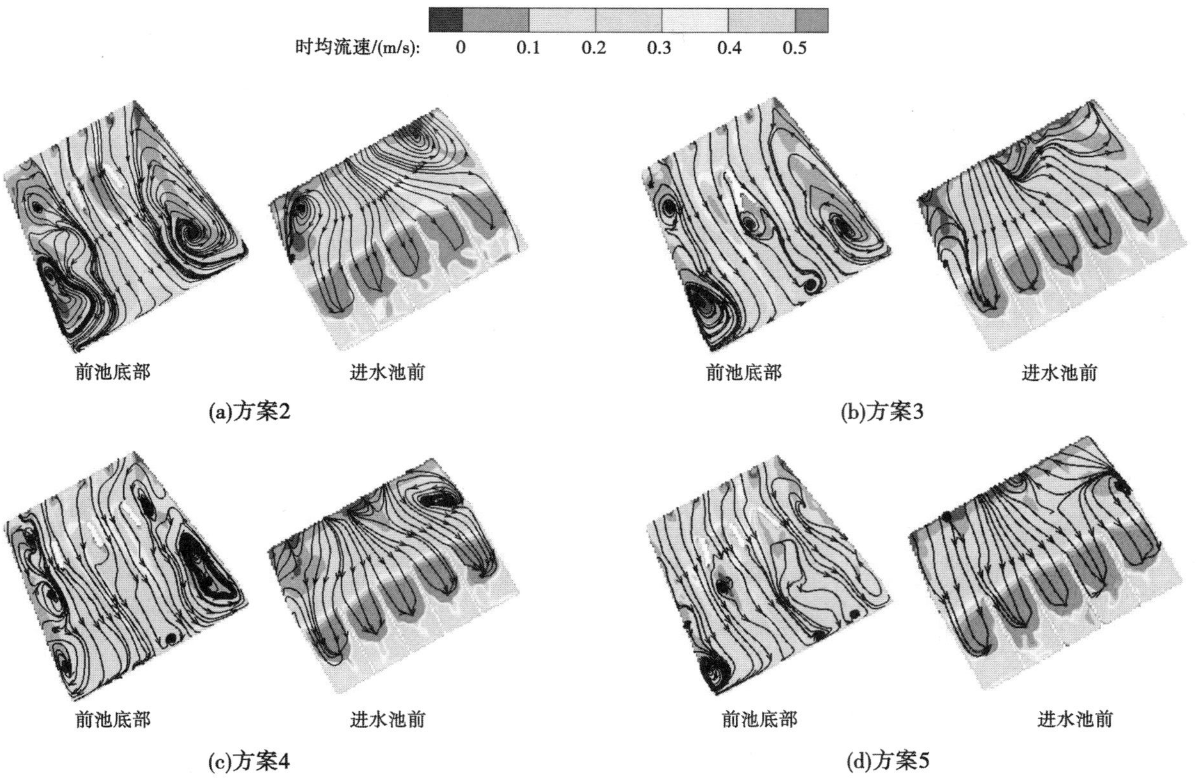

图 6　各整流方案流线图及速度云图

由图 6 可知，方案 2 中，水流遇到导流墩后发生一定偏转，进水池前流线基本呈对称分布，由于前池中部未设置分流措施，高流速区未能得到分散，中部最大流速约 0.5 m/s，该处流线发生聚集，流速分布依然呈中间大两边小的趋势，前池两侧的大面积漩涡没有得到有效改善，进水流道前的左岸回流区消减时，右岸较原方案更为显著。方案 3 中，"Y"字形导流墩设置在前池中部[8]，将中部水流分向两侧，但由于左右两侧流速分布不均，流线存在偏移，加设导流墩后右岸流速略大于左岸，使右岸漩涡范围减小，左岸稍有增大，同时导流墩偏转角度较大，墩后出现小范围的低速回流区，进水池前水流条件较原方案基本不变。

为了使流速分布更均匀，综合前两种方案设置了"川"字形导流墩，其两侧倾角与前池扩散角一致，即方案 4，由图 4 可以看出前池两侧回流区范围明显减小，进水口处流线分布更平顺，回流区减小。在方案 4 的基础上，加大了导流墩两侧倾角[9]，使高速水流流向两侧，来进一步减少回流，从方案 5 的流线图可以看出，水流进入前池后，由三个导流墩分流，在流入进水池前，通过导流墩的整流作用，水流流态得到进一步改善，流速大部分都位于 0.1~0.4 m/s，相较于原方案，前池流速分布更均匀，水流顺畅，底部漩涡基本消失，进水池前水流平顺，无明显的偏移现象，大大改善了水泵的进水条件。

5.3　流速分布均匀度分析

在前池内按照桩号顺序均匀截取 5 个纵向特征断面，通过计算流速分布的均匀程度以及变化特性，来定量分析各个断面的水流流态。选取的各特征断面对应桩号如图 7 所示。

为衡量前池和进水池设计质量，引入流速分布均匀度 V_u 的概念，对泵站整流效果进行评价。流速分布均匀度表征了所求断面的流动均匀程度，该值越接近 100%，断面流速分布越均匀，其表达式为

$$V_u = \left[1 - \frac{1}{\bar{u}_a}\sqrt{\frac{\sum (u_{ai} - \bar{u}_a)^2}{m}} \times 100\%\right] \tag{6}$$

式中,$\bar{u}_a$ 为断面平均流速,m/s;u_{ai} 为第 i 测点的流速,m/s;m 为断面测点总数[10]。

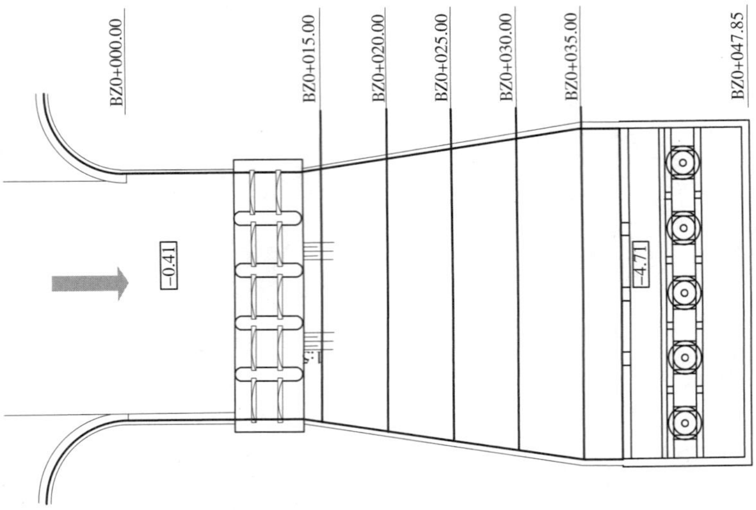

图 7　泵站前池测速断面布置图

经计算,优化前后前池各特征断面的流速分布均匀度如表 2 所示。

表 2　断面流速分布均匀度

方案	流速分布均匀度 V_u/%				
	BZ+015.00	BZ+020.00	BZ+025.00	BZ+030.00	BZ+035.00
1	68.45	58.96	51.70	48.20	67.92
2	68.90	56.03	51.87	47.98	68.27
3	70.20	61.34	51.52	47.30	70.12
4	70.60	62.77	55.29	51.05	72.68
5	71.87	64.65	53.06	57.33	74.17

从表 2 方案 1 可以看出,水流在刚进入前池时由于闸墩的存在造成主流分割与束窄,使闸后断面均匀度稍高;之后,由于底部漩涡的存在,在一定程度上影响了流速分布,使均匀度不断降低。采取适当的整流措施,流速均匀度亦能有所提高,其中以大扩散角的“川”字形导流墩(方案 5)改善效果最佳,相比之下,虽然“八”字形、“Y”字形导流墩在原理上对来流进行了流量上的重新分配,但分配方式并不均匀,未对水流做出有效调整,改善效果并不明显,均匀度相较于原方案持平或略微提升。而方案 5 的流速分布均匀度提升最大,对比原方案各断面最高提升了 9.13%,靠近泵站进水口前断面改善效果最明显。综合考虑,方案 5 为最优方案。

6　结　论

在侧向引渠的布置结构下,水流在弯道中受重力作用、离心力作用及水流惯性作用的影响,水流的流态较为复杂,通过 Flow-3D 软件对某排水泵站进行数值模拟研究,得出如下结论:

(1)引水渠流线弯曲过大,流速左岸小右岸大,造成前池来流不对称,表层与底层流线偏转不一致,底部流线较为紊乱。

(2)原方案进水前池内中间流速大两侧流速小,流速差为 0.3 m/s,中下层区域流速分布不均匀,两侧存在较大范围的底部漩涡,影响水泵的安全高效运行。

(3)针对原方案的不良流态,提出了 4 种整流方案,当在前池内设置 16°扩散角的“川”字形导流墩时,可有效改善进水流态和流速分布均匀度,从而提高水泵性能、减少泥沙淤积。

参考文献

[1] F Yang , Zhang Y , Liu C , et al. Numerical and Experimental Investigations of Flow Pattern and Anti-Vortex Measures of Forebay in a Multi-Unit Pumping Station[J]. Water, 2021, 13(7):935.

[2] Zhou J ,Zhao M ,Wang C , et al. Influence of Different Lateral Bending Angles on the Flow Pattern of Pumping Station Lateral Inflow[J]. Shock and Vibration, 2021(3):1-9.

[3] Zhou J ,Zhao M ,Wang C , et al. Optimal Design of Diversion Piers of Lateral Intake Pumping Station Based on Orthogonal Test[J]. Shock and Vibration,2021(5):1-9.

[4] 王月华,王斌,王自明,等.泵站出水池整流措施数值分析[J]. 排灌机械工程学报,2021,39(3):257-263.

[5] 韩晓维,刘云,孟金波,等. 基于流道进流指标分析的大型泵站进水池优化调度研究[J]. 中国农村水利水电,2019(2):6.

[6] 资丹, 王福军, 姚志峰,等. 大型泵站进水流场组合式导流墩整流效果分析[J]. 农业工程学报, 2015, 31(16):7.

[7] 周珊珊, 金燕, 王彬宇,等. 弯道入流进水池流态分析与整流措施研究[J]. 水电能源科学, 2021, 39(5):5.

[8] 张雪, 周济人, 梁金栋,等. 侧向进水泵站前池流态试验研究[J]. 南水北调与水利科技, 2016, 14(3):5.

[9] 冯倜倜, 梁金栋, 孙晨光,等. 导流墩偏斜角度对侧向进水泵站前池整流效果的影响[J]. 水电能源科学, 2021, 39(7):5.

[10] 罗灿, 刘超. 多机组泵站侧向进水特性模拟和改进研究[J]. 水力发电学报,2015,34(1):207-214.

筒装料管道水力输送尾迹涡频域特征的 POD 分析

赵一名　李永业

(太原理工大学水利科学与工程学院，山西太原　030024)

【摘　要】 为研究筒装料管道水力输送尾迹流场中不同空间尺度涡旋的频域特征，使用粒子图像测速仪对三种直径(60 mm、70 mm、80 mm)的料筒在 $Q=50\ m^3/h$ 流量时 0~2 倍料筒流向特征长度的尾迹流场进行了快照样本采集；并通过本征正交分解方法与快速傅立叶变换对流场进行了尺度分离，得到了该流场不同尺度涡旋的频率特征与功率谱。结果表明：随着料筒直径的增加，尾迹流场的湍动能在各模态之间分布的更为均匀；各工况时各阶模态都有较为突出的特征峰，前 20 阶能量模态的特征峰振幅(部分在 0.02 W/Hz 以上)总体大于其余模态；高谱功率部分($2e^{-3}$ W/Hz 以上)主要位于 0~50 Hz，贡献了流场的绝大部分湍动能，其余频率段谱功率较低。

【关键词】 功率谱；POD；管道车水力输送；尾迹涡

1　引　言

筒装料管道水力输送作为一种水力输送方式，是在管道中制造有压条件、用水流推动带有支撑体的圆柱体料筒使其与管道同心运动进行物料的绿色输运[1-2]。它是一种有界管道区域内的钝体绕流问题，其绕流下游由于边界层分离而往往形成具有不同空间尺度的涡旋，这些涡旋兼具不同的空间尺度与速度尺度，从而呈现出多种频率。姜楠等[3]对平板湍流边界层中的流向速度脉动进行了尺度分离，得到了近壁相干涡的湍动能在不同尺度下的分布；李万平等[4]对平板湍流边界层的壁面压强脉动与近壁相干涡的速度脉动分别进行了分析；张春晋等[5]对管道车运动时的管道壁面压强脉动进行了研究，在 $Q=50\ m^3/h$ 流量下管壁压强脉动频率主要集中在 20~100 hz。以上都是对近壁的湍流脉动所进行的研究，而对于距离壁面较远处：刘雯等[6]对高速列车尾迹区域流场进行了本征正交分解得到了尾迹中主涡的脱落频率；刘哲[7]对造成桥梁振动的风场进行了本征正交分解得到了不同能量模态下风场脉动主频率。由此可知，对于流场中较大尺度涡结构所导致的湍流脉动，可以使用本征正交分解对流场进行尺度分离得到不同尺度涡旋结构频域特征。

2　试验系统与 POD 方法

2.1　试验系统

(1)物理试验系统如图 1(a)所示，共分为 5 部分：A. 首部装置。包括动力装置、调流阀、投放装置、电磁流量计。B. 输送管段。连接系统各部分。C. 测试管段。包括高速摄像机、粒子图像测速仪、矩形水套(减少激光反射)。D. 尾部装置。为接收装置。E. 循环水箱。用于水流循环利用。其中粒子图像测速仪(DANTEC 公司)如图 1(b)所示，采用 2D-3C 布置方式。

(2)料筒形状如图 1(c)所示，由一个圆柱囊体与两端共 6 个支脚构成。料筒侧线长度 $L_C=150$ mm、端面直径 $D_C=70$ mm；支脚在同一平面内，两两之间夹角为 120°，其柱体部分直径 $d=8$ mm，其末端为表面光滑的半球体以减小与管壁之间的摩擦；管道内壁直径 $D=100$ mm，料筒运行时其支脚顶点与管道内壁以滑动摩擦方式接触，且管道与料筒之间始终同轴运动。当料筒在管道中运行时，其几何边界具

基金项目：国家自然科学基金管道列车水力输送能耗研究（51179116）

有旋转对称性，如图 1(d) 所示，设置两个特征断面分别设置在与支脚夹角为 0°、60°的位置，即可以较少代价把握流场主要特征并使所分析断面信息无重复。

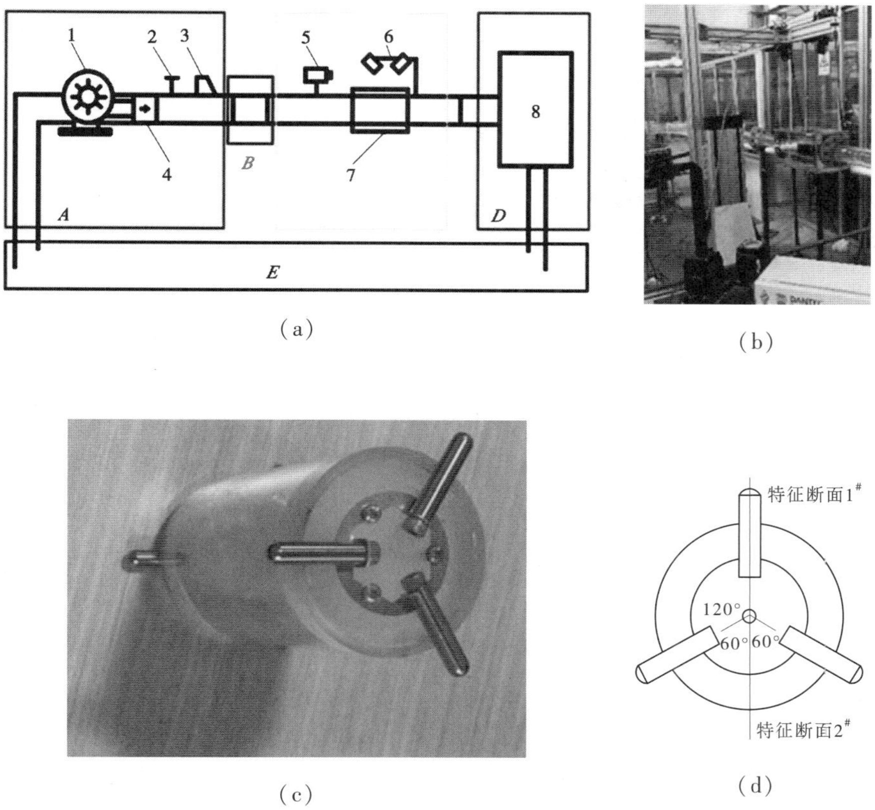

1—动力装置；2—调流阀；3—投放装置；4—电磁流量计；5—高速摄像机；6—粒子图像测速仪；7—矩形水套（减少激光反射）；8—接收装置。

图 1　试验系统与特征断面

2.2　本征正交分解方法

求解特征值方程：$\frac{1}{I}\sum \widetilde{V}^{(i)}(x,y,t)\widetilde{V}^{(i)}(x,y,t)]^{\mathrm{T}}\varphi_l(x,y)=\lambda_m\varphi_1(x,y)$，并将脉动速度分解为 l 个正交函数 $\varphi(x,y)$ 和 m 个投影系数 $c(t)$（POD 模态系数）的级数形式[2]：

$$\widetilde{V}^{(i)}(x,y,t)=\sum_{1}^{l} c_m^{(i)}(t)\cdot\varphi_l(x,y) \tag{1}$$

其中，$\{\widetilde{V}^{(i)}(x,y,t)\}_{i=1}^{I}=[\widetilde{V}_1^{(i)}(x,y,t),\widetilde{V}_2^{(i)}(x,y,t),\widetilde{V}_3^{(i)}(x,y,t)]_{i=1}^{I}$ 是湍流脉动速度矩阵；x,y,t 分别为特征断面的横、纵坐标与时刻；i 为快照序号 $i=1,2\cdots I$；V 为特征断面某坐标上的速度。

3　结果与分析

3.1　POD 模态结果

图 2 为特征断面 1#与特征断面 2#的能量模态曲线，在不同料筒直径 D_C 时的前 20 阶能量模态已涵盖 99%以上的流场湍动能。任一工况全部能量模态总湍动能之和为 100%，在曲线中从左至右按湍动能大小排列逐渐收敛到 0，当前数阶模态占比相对较大时，其余模态占比会相对减小，体现在能量模态曲线上即为曲线的收敛速度或曲线点的离散程度。该研究使用标准差来代表湍动能分布在各个模态之间的离散程度，其中对于特征断面 1#各直径 D_C 时前 20 阶模态标准差（直径由小到大排列）分别为 0.065、0.061、0.055，对于特征断面 2#标准差变为 0.064、0.049、0.042，说明料筒直径对于料筒下游的尾迹流场影响在于：随着料筒直径的增加，尾迹流场的湍动能在各模态之间分布得更为均匀、流场前 20 阶模态的涡旋尺度差距相对较小。

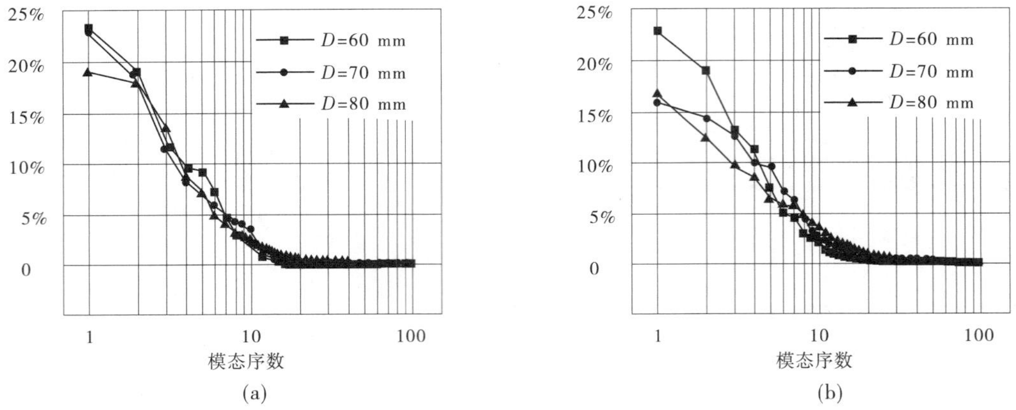

图 2　能量模态曲线

3.2　尾迹流场模态的频域分布

图 3 为不同直径 D_C 时特征断面的各阶能量模态在频域的分布，模态的振幅以该模态的功率谱密度表示。各工况时各阶模态都有较为突出的特征峰，前 20 阶能量模态的特征峰振幅(部分在 0.02 W/Hz 以上)总体大于其余模态(小于 0.02 W/Hz)，且前 20 阶模态的特征峰频率集中于 0~50 Hz 的频率较低；相比之下，越高阶的模态其特征峰振幅越小且频率越高。各阶模态的特征峰代表着该流场中不同尺度流场湍流脉动所具有的湍动能大小，前 20 阶模态时特征断面 1# 的湍动能大于同一直径 D_C 时特征断面 2# 的湍动能，说明尾迹流场受到上游支脚存在的影响使得位于支脚处的特征断面 1# 捕捉到了含有较高湍动能的涡结构；随着直径 D_C 增大，各阶模态特征峰振幅减小，由于料筒直径增大尾迹流场上游环隙宽度相对减小但管道来流流量不变，水流由环隙进入尾迹区域的初始速度相对变大雷诺数 Re 增加，由湍流强度公式 $I=0.16(Re)^{-0.125}$ 可知流场的湍动程度减小，含有较高湍动能的涡结构变少。

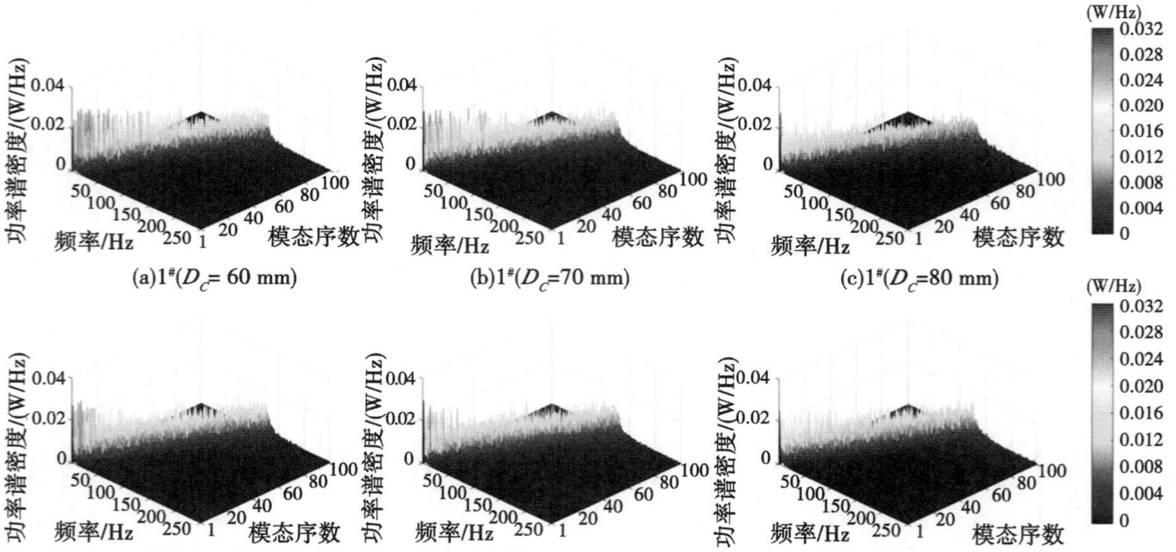

(a)1#(D_C= 60 mm)　(b)1#(D_C=70 mm)　(c)1#(D_C=80 mm)

(d)2#(D_C= 60 mm)　(e)2#(D_C=70 mm)　(f)2#(D_C=80 mm)

图 3　特征断面各阶模态频率分布

3.3　尾迹流场的功率谱密度

图 4 为两特征断面内不同直径情况下的功率谱密度曲线。高谱功率部分($2e^{-3}$W/Hz 以上)主要位于 0~50 Hz，贡献了流场的绝大部分湍动能，其余频率段谱功率较低，谱功率小于 $2e^{-4}$W/Hz 时流场几乎处于 100 Hz 以上的较高脉动频率。料筒直径增大时带来流场雷诺数的增高，谱功率曲线中低频部分整体有着频率升高的趋势，但低频区域的最大谱功率有所下降，说明随着流场雷诺数的升高，较大尺度湍

流脉动的脉动幅度有所减小但脉动频率有所增大，其结果就是涡旋结构尺度的减小。

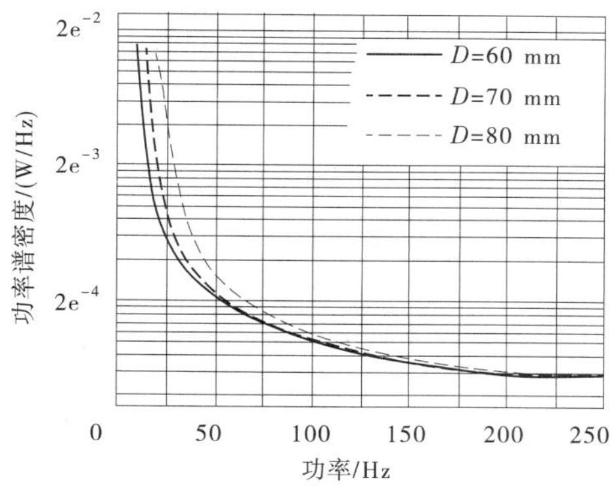

(a)

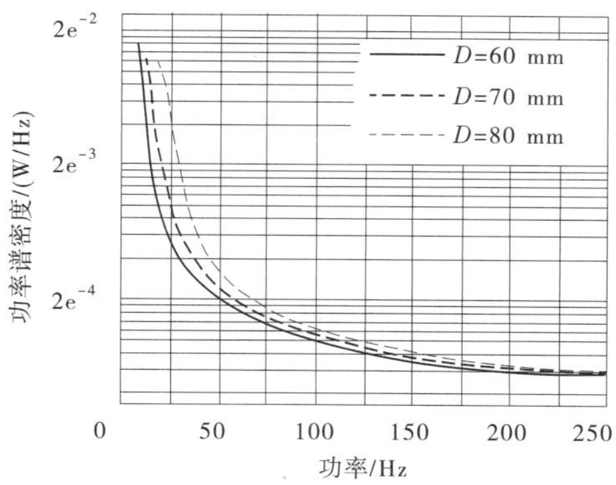

(b)

图 4 特征断面功率谱密度

4 结 论

(1)通过本征正交分解得到的流场各阶能量模态，随着料筒直径的增加，尾迹流场的湍动能在各模态之间分布得更为均匀；对于特征断面 1#各直径 D_C 时前 20 阶模态标准差(直径由小到大排列)分别为 0.065、0.061、0.055，对于特征断面 2#标准差变为 0.064、0.049、0.042，流场前 20 阶模态的涡旋尺度差距相对较小。

(2)各工况时各阶模态都有较为突出的特征峰，前 20 阶模态的特征峰振幅(部分在 0.02 W/Hz 以上)总体大于其余模态(小于 0.02 W/Hz)，且这些模态的特征峰频率集中于 0~50 Hz 的频率较低。随着直径 D_C 增大，各阶模态特征峰振幅减小；前 20 阶模态时特征断面 1#的特征峰振幅大于同一直径 D_C 时特征断面 2#的振幅。

(3)由特征断面的功率谱密度曲线可知，高谱功率部分($2e^{-3}$W/Hz 以上)主要位于 0~50 Hz，贡献了流场的绝大部分湍动能；其余频率段谱功率较低，谱功率小于 $2e^{-4}$W/Hz 时流场几乎处于 100 Hz 以上的较高脉动频率。

参考文献

[1] Li Y, Sun X. Mathematical Model of the Piped Vehicle Motion in Piped Hydraulic Transportation of Tube-Contained Raw Material[J]. Mathematical Problems in Engineering, 2019(3): 1-10.

[2] Zhao Y, Li Y, Song X. PIV Measurement and Proper Orthogonal Decomposition Analysis of Annular Gap Flow of a Hydraulic Machine[J]. Machines 2022, 10(8): 645.

[3] 姜楠, 田砚. 子波分析检测壁湍流多尺度相干结构及间歇性[J]. 哈尔滨工程大学学报, 2005, 26(1): 7-12.

[4] 李万平, 谢华. 湍流相干结构与壁压强脉动关联的小波分析[J]. 华中科技大学学报: 自然科学版, 2005, 33(7): 94-96.

[5] 张春晋, 孙西欢, 李永业, 等. 基于流固耦合的管道车振动运移水力特性数值模拟与试验[J]. 振动与冲击, 2019, 38(5): 251-258.

[6] 刘雯, 郭迪龙, 张子健, 等. 基于 POD 分解的高速列车尾流动力学特性研究[J]. 铁道学报, 2020, 42(9): 49-57.

[7] 刘哲. 湍流风速谱有效模态的 POD 分析法[J]. 土木建筑与环境工程, 2014, 36(6): 14-21.

可透水防波堤的工程应用

刘赞强　刘　彦

(中国水利水电科学研究院,北京　100038)

【摘　要】 本文结合国内外学者的相关研究及实际工程应用,介绍了几种透水式防波堤,消浪的同时又具有透水的功能,如斜坡堤、桩基透空堤、梳式防波堤、浮式防波堤、双层圆筒防波堤和倒 π 形防波堤等,可为工程设计及未来研究提供参考。

【关键词】 波浪;透水;防波堤;工程应用

1　引　言

防波堤一般修建在开敞海岸、海湾,是常见的港工、海工构筑物,通常用来围护水域。其主要功能是防御波浪对围护水域的侵袭,维持水体静稳,保护水域内及陆上结构免于波浪的冲击,同时还兼顾有拦沙、防冰、导流以及兼用码头等功能。由于自身特性或者工程需要,如防止港内水体污染、提升港内外水体交换能力或者环境、景观等要求,防波堤需满足一定的透水性。本文结合国内外学者的相关研究及实际工程应用,对可透水式防波堤进行介绍,为工程设计及未来研究提供参考。

2　透水式防波堤

2.1　透水式斜坡堤

透水式斜坡堤一般由堤心石和护面块体等材料构成,是一种既透流又透浪的多孔介质结构,在港口、海岸工程中应用广泛。该结构形式在防波的同时可通过块体之间孔隙透水。扩大堤心石尺寸可增大斜坡堤孔隙,是提升水体交换能力、增大过流量的一种比较可行的方法,但扩大堤心石势必导致波浪能量容易透过堤身将部分能量传递到堤的另一侧,这部分能量将产生一个新的波浪,影响围护水域静稳,使防波堤防浪效果减弱,堤后渗透波高也是工程上所关注的一个问题。

近年来,国内外对该领域的研究大多是在渗流理论的基础上,采用数值模拟和物理模型试验的方法,通过分析试验数据总结出一些用于计算堤后波高的经验公式,以便于工程应用。沼田淳[1]、斯蒂芬森[2]、John P. Ahrens[3]、刁和忠等[4]、王登婷等[5]、葛晓丹等[6]、冯卫兵等[7]、曹如意等[8]、孙天霆等[9]考虑不同堤心石大小和级配、堤身结构以及波浪要素等因素,通过模型试验或理论研究给出了不越浪情况下斜坡堤堤后波高的计算公式,可供相关设计参考。

2.2　桩基透空堤(垂直挡板式透空堤)

桩基透空堤[10]是港口水域防浪建筑物中具有发展前景的一种防波堤结构形式。它根据波能分布主要集中于水体表层的特点,设计成上部挡水、下部透水的结构形式,以达到堤后水域稳定及水质改善的功效。与传统的实体防波堤相比,桩基透空堤结构简单,适用于软基,造价相对较低;堤身下部透空,不仅减轻了结构自重,而且节省了材料,又有利于港区水域内外水体交换,减少港区泥沙淤积。其结构形式如图 1 所示。

国内已有较多桩基透空堤工程建设实例,在一些渔港工程中得以成功实施,如上海吴淞口外炮台湾船舶基地、浙江省舟山市西码头渔港、江苏省洪泽湖 16 号标船舶避风港、浙江省台州市大陈渔港、广东省徐闻县海安新港、广东省博贺中心渔港等。国外如日本长崎县的阿翁浦渔港、鹿儿岛县的葛轮渔港、

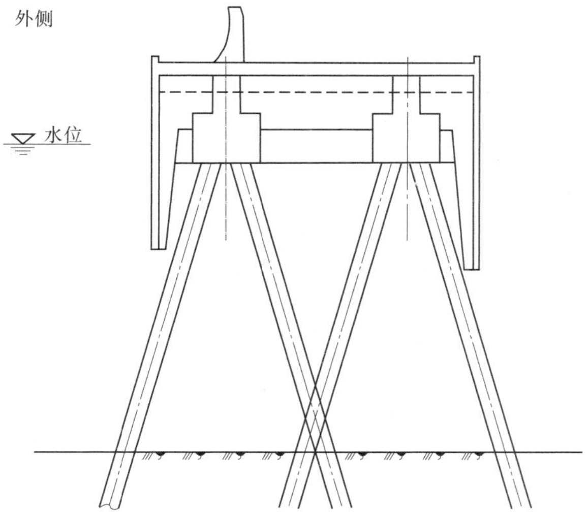

图 1　桩基透空堤结构形式

爱媛县的本浦渔港、长崎县的南风泊渔港，英国普利茅斯，马来西亚兰卡威，新西兰半月湾等也均有透空堤工程实例。

透空堤在材料使用和经济上是较合理的一种结构形式。因防波堤透空后，有一部分波能进入港内，使堤前波能减少，进而减少防波堤波浪力和断面尺寸。同时，堤体透空，合理使用材料，减少材料用量，故透空堤造价较低。但是，防波堤透空后波浪进入港内，使港内波浪增大。如进浪太多，则不能满足港内泊稳条件。外海波浪越大，进入港内波浪也随之增强，越难满足港内泊稳条件。同时波浪大，波浪力也大，则要求防波堤有较大的承载能力。但防波堤透空后，堤体不连续，承载力降低，对承受波浪力不利。

2.3　梳式防波堤

梳式防波堤是将传统的沉箱直立式防波堤的沉箱按一定比例抽出代之的沉箱翼板，在平面上形成梳齿状的直立式防波堤[11]。其沉箱翼板高度可从胸墙直到海底，形成全封闭不透流，也可从胸墙到达海水一定深度，上部挡浪，下部透流，大窑湾岛堤属于后者。梳式防波堤不但满足港内泊稳和码头设计条件，而且造价低（和实体提比较），同时施工简便。大连港大窑湾港首次采用梳式沉箱作为岛堤工程的主体结构，见图 2。

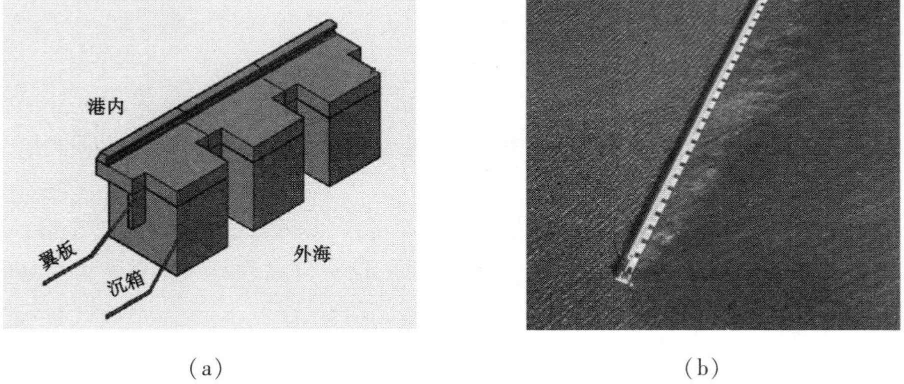

（a）　　（b）

图 2　大窑湾梳式防波堤立体结构示意图及工程实例

梳式防波堤属新型防波堤，是针对大连港大窑湾岛堤的特殊工程条件提出来的（针对性研究）。此岛堤是集消浪、透流、轻型为一体的新型防波结构，国内外均无可借鉴的先例。这种新型结构可以有效地削减波浪力（达 27%～38%）和降低反射波系数（0.4 以下），可以有效地降低地基应力，同时大幅度地减少工程投资，具有非常广阔的应用前景。

2.4 浮式防波堤

浮式防波堤是由消波浮体及锚系设备组成的防波堤,如图 3 所示。消波浮体由有一定吃水深度的箱体或浮排组成。箱体和浮排与一端固定在海底的锚链相连而漂浮在水面上。其消波原理是利用浮体阻止波浪传播或使波浪破碎,并在波浪作用下的上下浮动和前后摆动,干扰波浪的水质点运动,破坏波浪内部的水流结构,以达到消减波能的目的。

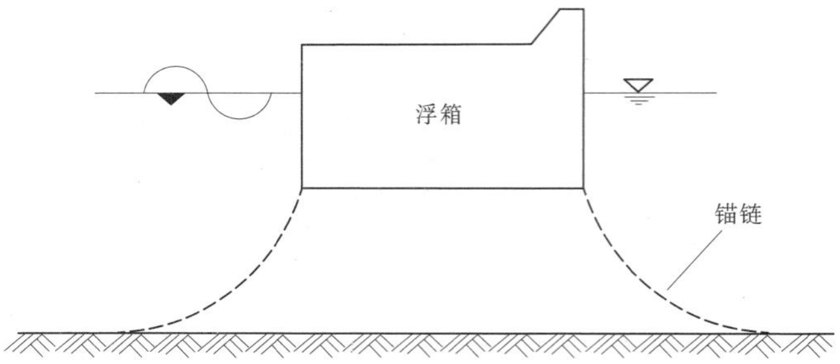

图 3 浮式防波堤示意图

世界上第一个浮式防波堤当属 1811 年在英国 Plymouth 港安放的木质浮式防波堤。1944 年二战期间英国军队在著名的法国诺曼底登陆就是借助于由沉船和沉箱构成的名为 Bombardon 的浮式防波堤,这个浮式防波堤从设计、试验到建成只用了很短的时间。日本的第一个浮式防波堤于 1930 年安放在 Aomori 港,用于试验其抵御波浪及消波性能。1976 年日本在福山建成一道矩型箱式浮堤,由 4 节浮箱组成,每个浮箱设置 6 个锚。荷兰的 FDN Engineering 公司设计了名为 Mega 的浮式防波堤,该防波堤建造在希腊的 Messolonghi 港,主要用作游艇码头;在苏格兰海上某采油平台施工工程中,为了防护架设输送混凝土管道的浮桥不受波浪破坏,用 28 d 时间建造了一座浮式防波堤,安装后经使用,发现这种防波堤能抵御 2 m 波高的波浪,通过防波堤的波高减少了约 75%。

我国南京水利水电科学研究院于 1962 年研制并用于丹江口水库的浮式导航防波堤,分为两段,使用钢筋混凝土浮箱;2002 年在连云港港口棋台山海域经过 40 d 的施工建成了沿海第一条浮式防波堤,虽然只有 1 km 长,但为我国建设同类防波堤、多方式开发海洋资源提供了宝贵的科研设计、施工经验[12]。

浮式防波堤的优点是可以使掩护区域的水体与外界交换,对海洋生物和环境的影响降低到最小;修建不受地基和水深的影响;修建迅速,拆迁容易。其缺点是,锚系设备复杂,可靠性差,在波浪作用一段时间后容易走锚,有时锚链被拉断,消波浮体相互易碰撞容易损坏,这些都可能导致整个防波堤的崩溃。由于上述原因,浮式防波堤没有得到广泛应用,目前,仅用于局部水域的短期防护。

2.5 双层圆筒混合堤

日本的柴山港根据景观和消浪的要求,提出了混合式防波堤的上部主体采用双层圆筒开孔消浪沉箱结构[13],见图 4。自海底面至−18.0 m 为抛石基床,其上为总高 26.5 m 的钢筋混凝土双层圆筒,圆筒顶高程 8.5 m。

双层圆筒外筒的外径为 29.4 m,内筒的外径为 14.7 m,内、外筒的壁厚均为 0.5 m。外筒海侧开有 4 排 9 列横孔,孔的宽高比为 2:1;外筒港侧开有 1 排 9 个方孔,其高程与海侧最下面的 1 排孔相同。

双层圆筒防波堤与传统的重力式防波堤相比,具有以下的优点:

(1)反射率低。双层圆筒的外层开孔,在内、外层间形成环形消浪室,堤前的波浪反射率较低。

(2)消浪性能好。进入环形消浪室的波浪水流,在后侧发生对冲,消耗波能。

(3)有利于港内外的海水交换。如上所述,外层圆筒在港内外两侧均开有孔洞,因此海水可通过堤身进行交换。

(4)防波堤由连续的圆筒体组成,有利于堤轴线的拐折。

(5)双层圆筒防波堤具有优美的景观效果。

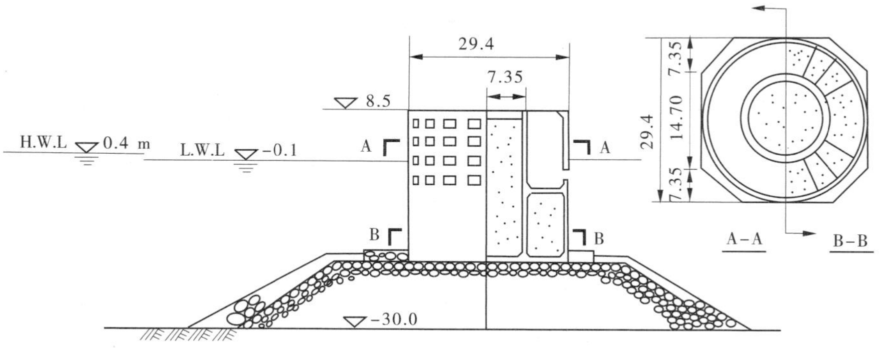

图 4　柴山港双层圆筒混合堤

2.6　倒 π 形防波堤

熊本港位于日本九州西海岸的熊本县，面临有明海，当地波浪较小。港周围为淤泥质海岸，软基厚度达 40 m。熊本港为在海中填筑起来的人工岛港，计划建造南北 2 座防波堤，北堤长 1 200 m，南堤长 2 800 m。

当地高水位+4.50 m，低水位 0；设计波高和周期分别为 3.40 m 和 5.4 s。针对波浪小和地基软弱的特点，熊本港开发采用了一种新型的双层钢筋混凝土扶壁式防波堤结构（倒 π 形堤），如图 5 所示。防波堤的结构主体有 2 道开孔墙，两侧各有几道扶壁，底板下是打入软基中的 H 型钢桩，桩头与底板采用连接销连接，只传递力，不传递力矩[13]。

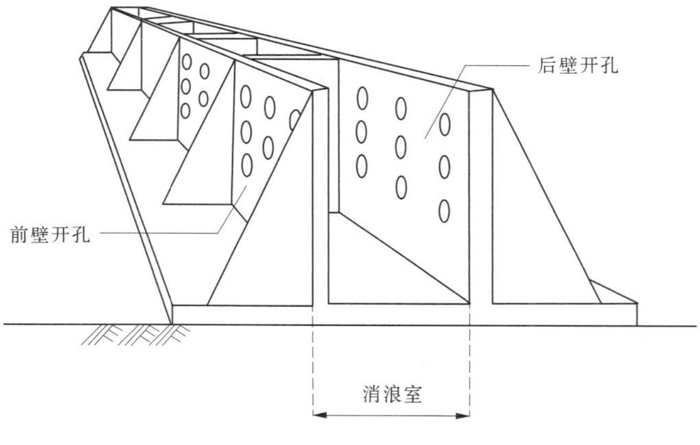

图 5　倒 π 形防波堤

这种倒 π 形防波堤具有以下特点：

(1)波浪的水平力主要由下部直桩的土抗力平衡。

(2)堤身质量小，倒 π 形结构的前后墙均开孔消浪，中间不填填料。

(3)地基上只承受较小的上部荷重，无抛石基床也无须进行地基处理。

(4)工期可缩短（约比普通重力式结构缩短 1/4）。

(5)工程造价可降低（约比通常处理地基的重力式结构节省 1/5～1/7）。

3　结　语

本文介绍了工程上用到的几种透水防波堤，均具有消浪和透水的功能，满足工程需求，其结构形式可为相关工程设计、应用及未来研究提供参考。斜坡堤技术成熟，施工简便，损坏后易于修复，但是斜坡堤块体间缝隙易被海生物或漂浮物堵塞，降低透水性和水体交换能力；梳式防波堤、浮式防波堤、双层圆筒混合堤、桩基透空式防波堤和倒 π 形防波堤透水性较好，但需注意消浪特性与透水性之间的协调。

参考文献

[1] 沼田 淳. ブロック堤の消波効果に関する実験的研究[C]//第 22 回海岸工学讲演会论文集, 1975, 501-505.
[2] 斯蒂芬森. 堆石工程水力计算[M]. 李开远, 周家苞,译. 1979.
[3] Ahrens J P. Characteristics of reef breakwaters[R]. Coastal Engineering Research Center TR87-17:US Army Corps of Engineers 1987.
[4] 习和忠, 潘建楠. 防波堤透浪特性的研究[J]. 水动力学研究与进展, 1988, 3(4):57-66.
[5] 王登婷, 左其华. 斜坡堤堤心石尺寸对波浪传播影响的试验研究[J]. 水动力学研究与进展 A 辑,2008,23(5):532-537.
[6] 葛晓丹, 柳淑学, 李金宣. 斜坡堤透浪系数计算公式的对比分析[J]. 中国水运(下半月), 2014, 14(5):100-104.
[7] 冯卫兵, 汤志生, 虞丹君. 不同质量级配堤心石对波浪传播影响的试验研究[J]. 水运工程, 2015, 509(11):42-46.
[8] 曹如意, 冯卫兵, 虞丹君. 堤心石级配变化对不规则波传播影响的试验研究[J]. 水运工程, 2017, 527(4):89-93.
[9] 孙天霆, 刘清君, 王登婷,等. 抛石堤相对块体尺寸对透浪效果的影响[J]. 水运工程, 2018, 547(10):56-61,66.
[10] 中华人民共和国交通运输部. 防波堤与护岸设计规范:JTS 154—2018[S]. 北京: 人民交通出版社,2018.
[11] 牛恩宗,王玥葳,马德堂. 防波堤结构的创新[J]. 水运工程,2009(1):16-22.
[12] 孔繁. 双排浮式防波堤消浪特性研究[D]. 重庆:重庆交通大学,2016.
[13] 徐光, 谢善文, 李元音. 防波堤的新结构型式[J]. 水运工程,2001(11):20-25.

某泄水建筑物进水口防涡模型试验研究

关卫国[1]　朱　超[2]　赵　荥[2]

（1. 黄河机械有限责任公司，河南郑州　450000；
2. 黄河水利委员会黄河水利科学研究院，河南郑州　450003）

【摘　要】 立轴漩涡是水利工程进水口前一种常见的水力现象，它的存在，将恶化进口流态，降低过流能力，加剧水流脉动，给水工建筑物和水电设备带来严重的危害，造成巨大的经济损失。长期以来，模型试验作为研究水工建筑物进水口前立轴漩涡问题的主要而且有效的方法之一，对于检验理论分析和数值模拟结果以及指导工程设计都具有重要的意义。本文以某水库工程水工模型试验为例，比选了多种泄水底孔进水口减涡消涡方案，最终选择在进水口处设置防涡梁。加设底孔进水口防涡梁后，不再出现有害的吸气漩涡，不仅保障了工程的运行安全，同时由于贯通漩涡现象的消除，流量也较原工程建设方案略有增大。
【关键词】 泄洪底孔；模型试验；立轴漩涡；防涡梁

0　引　言

立轴漩涡是一种常见的水力现象，经常出现在水利工程中的电站引水口、泄洪洞、泄洪闸门等引水、泄水建筑物前，影响水利工程的正常运行[1]。美国 Alden 实验室依据试验现象，将漩涡分为六种，主要表现为三类，第一类近于无漩涡，自由水面无凹陷，没有或仅有少量环流；第二类为弱漩涡，自由水面出现轻微凹陷，表层形成环流，初步形成气核；第三类为强漩涡：自由水面下陷明显并形成或趋于形成稳定气核，裹挟空气进入进水口[2]。其中，对进水口前危害性较大的为第三大类中的吸气漩涡，也是通常所说的有害性漩涡。进水口前出现吸气漩涡后，会使水流紊动加强，还会增大水头损失，减少进水流量，甚至对闸门的泄洪能力、机组运行效率产生负面影响[3]。除此之外，立轴漩涡出现后中心压强较低，具有强烈的下曳力，还可能卷吸漂浮物；在水库低水位水电站发生大波动过渡过程中，调压室发生最低涌浪时，此时若调压室底板没有足够的安全水深，有可能形成立轴漩涡并吸入空气至压力管道，大大增加了水击作用的破坏力；对于过鱼建筑物来说，进水口形成立轴漩涡后，改变了设计要求的符合鱼类习性的流场，会使过坝鱼类无法顺利游入库区。

自 20 世纪 30 年代以来，国内外学者对进水口漩涡的研究从未停止，G S Constantinescu 等[4]对近壁漩涡的形成和发展进行了数值模拟研究，指出复杂几何条件和不同流量下泵进水口处的漩涡位置和强度利用数值模拟效果良好。Sarkardeh 等[5]通过模型试验与数值模拟相结合的方式验证了流速场数值模拟结果的准确性，给漩涡的研究增添新的途径。Yang J S[6]通过数值模拟的方法研究一对涡流之间的相互作用，计算结果与同类试验研究十分相似。Travis 等[7]将大量侧式进水口漩涡试验和原型数据建立数据库，通过临近算法建立预测水平进流的侧式进水口漩涡的模型，并利用机器学习提高该模型预测精度，调整后模型所得结果与实际值仅有 0.1 %的误差。这些研究对减小进水口漩涡问题提供了理论基础，为进一步采取消涡措施提供了参考。周殊凡等[8]采用物理模型试验的方式研究了倒虹吸侧向进水池的水流流态及漩涡特性参数提出一种解决侧向进水口的不良水流流态的组合消涡措施。张忠

基金项目：内蒙古自治区水利科技专项（NSK202001）；中央级公益性科研院所基本科研业务费专项项目（HKY-JBYW-2021-09）；黄河水利科学研究院科技发展基金专项项目（黄科发 202106）

孝[9]采用数值模拟的方法,模拟了泵站进水口涡旋,发现随着淹没深度的增加,最大涡量值呈先增大后减小的变化特征。杨超林等[10]通过水工模型试验,研究了进口水流流速以及淹没深度对漩涡的影响,提出消涡墩和消涡盖板联合应用的消涡方案。

本文以某水库工程为例,建立了泄洪闸进水口的物理模型,观测并分析了水流流态和产生漩涡影响因素,确定了消涡梁体型,为后续其他水库工程消涡方案提供参考。

1 工程概况

某水库及供水工程由水库、配套输水工程及水厂工程等组成。水库总库容 4 732 万 m^3,根据《水利水电工程等级划分及洪水标准》(SL 252—2017),规模属于中型水库,主要由左岸混凝土重力坝、河床混凝土泄洪排沙引水建筑物及右岸均质土坝等组成。

枢纽建筑物从左岸到右岸依次由混凝土重力坝、底孔泄洪排沙闸、表孔泄洪闸、引水管坝段、右岸均质土坝段等建筑物组成,坝顶总长度 268.0 m,设计洪水位 982 m,校核洪水位 986.85 m。底孔泄洪排沙闸紧邻表孔泄洪闸,共 5 孔,单孔净宽 9.0 m,进口底坎高程 960.00 m,具体体型参见图 1。

2 防涡模型试验

在模型试验中发现工程泄洪建筑物进口边墩墩头部位出现一定程度的绕流,底孔单独运用和联合运用时,在设计水位和校核水位工况下闸墩进口处立轴漩涡明显,且为贯通式吸气漩涡。为了减少或消除底孔排沙泄洪闸进口前漩涡现象,专门进行了防涡试验研究。

泄水建筑物进水口防涡设计中一般遵循以下原则:

(1)合理设计进水口,增加淹没水深或降低(减小)进流流速,即可削弱漩涡强度或避免形成漩涡,这是目前最常用的避免漩涡形成的设计经验。

(2)由于受某种条件限制,无法加大淹没水深或减小进流流速,在条件允许情况下,尽可能地加长正向引水渠的长度经水力学试验研究表明,在行近水流方向不改变时,引水渠的长宽比愈大,进水口附近的环量愈弱,避免吸气漩涡所要求的界限水深愈小。

(3)在设计布置进水口的位置时,应尽可能降低进水角 T,T 愈大,行近水流所具有的初始环量愈大,愈可能形成强度较大的漩涡。

(4)在进水口附近出现回流时,则很容易产生漩涡,而且漩涡随着回流强度的加大而加大。这时可根据地形特点,设置防止回流的导墙或隔墙来截断回流。

(5)在平面布置上,应尽可能使进水口附近水流边界对称,这是减小行近水流环量的有效途径。

(6)根据日本“电力土木[11]”的研究表明,漩涡区一般发生在进口上方 30°的范围内。

水库工程受水文条件影响,增加淹没水深和降低进水角来改善漩涡的方法很难实现。原模型试验也在进流处增加了直导墙和弯导墙来改善回流现象,但对漩涡的消除作用不明显,因此研究决定增加水平布置防涡梁的专门结构物来消除漩涡。

2.1 模型设计

模型设计为正态模型,几何比尺取 60。模型主体由有机玻璃制成,主要模拟了底孔排沙泄洪闸闸室及消力池部分,见图 2。有机玻璃的糙率系数 $n_m = 0.007 \sim 0.008$,由模型比尺计算出原型的糙率系数 $n_p = 0.013\,9 \sim 0.015\,8$,基本满足混凝土表面糙率 0.014 的要求。模型下游河床基岩采用抗冲流速相似法进行模拟,模拟材料采用散粒料,散粒料选择是根据岩石抗冲流速 $V_k = 2.98$ m/s,再根据基岩抗冲系数和经验公式计算得模型散粒料的粒径为 3~8 mm。

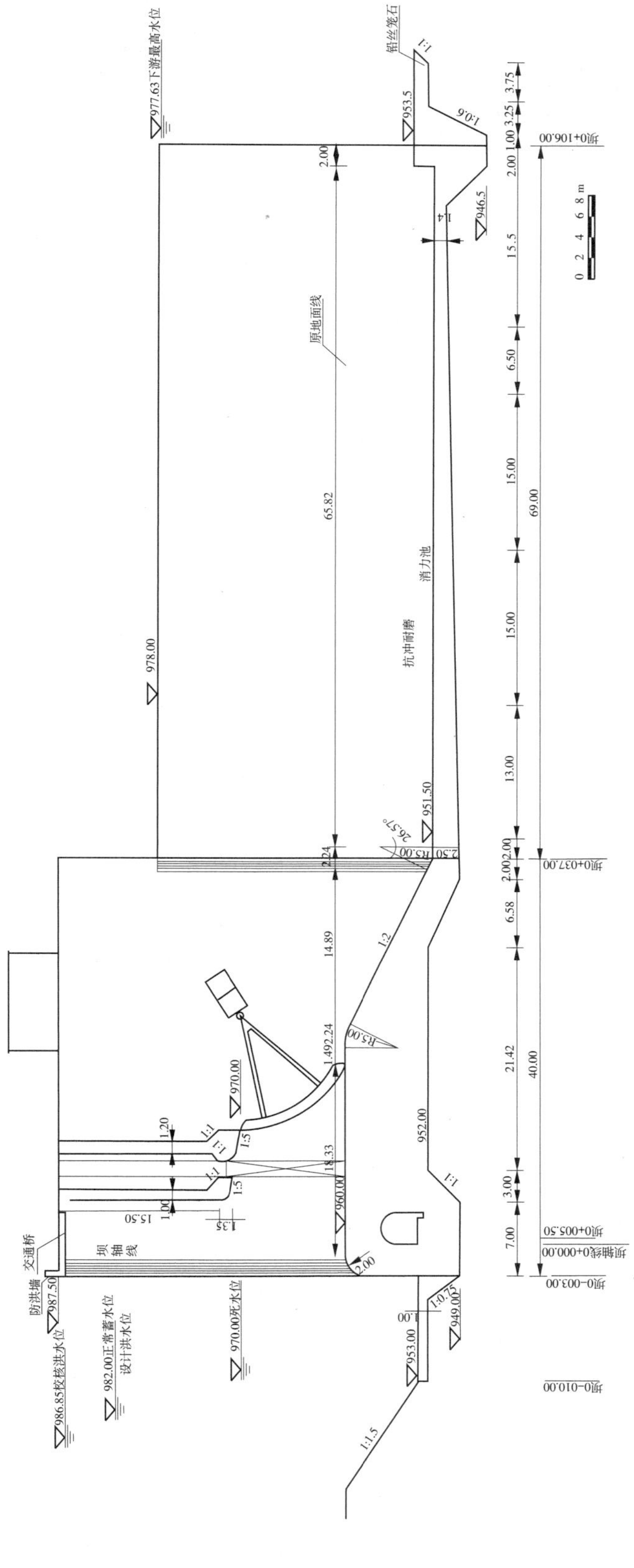

图 1　底孔泄洪闸剖面图　（单位：mm）

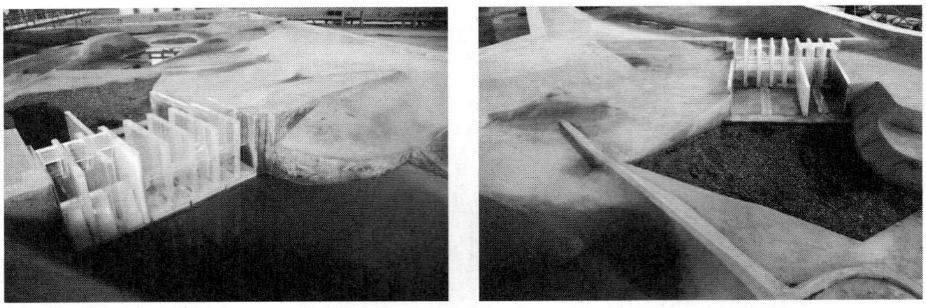

(a)　　　　(b)

图 2　底孔泄洪闸模型

2.2　防涡方案比选

受水文条件影响,试验采用增加水平布置防涡梁的专门结构物来消除漩涡,依据漩涡发生范围并参照已有工程进行了 4 种防涡梁布置方案设计。

布置方案 1(见图 3)具体参数为:①各底孔进口前缘桩号 0-001.00 处上方设置 3 道防涡横梁,防涡横梁高 2.0 m,宽 1.2 m,各防涡横梁高度间隔为 2 m;②在底孔闸门前桩号 0+001.35 处位置设置 1 道防涡梁,防涡横梁高 2 m,宽 1.2 m;③防涡横梁底布置的高程范围为 975.0~983.0 m。

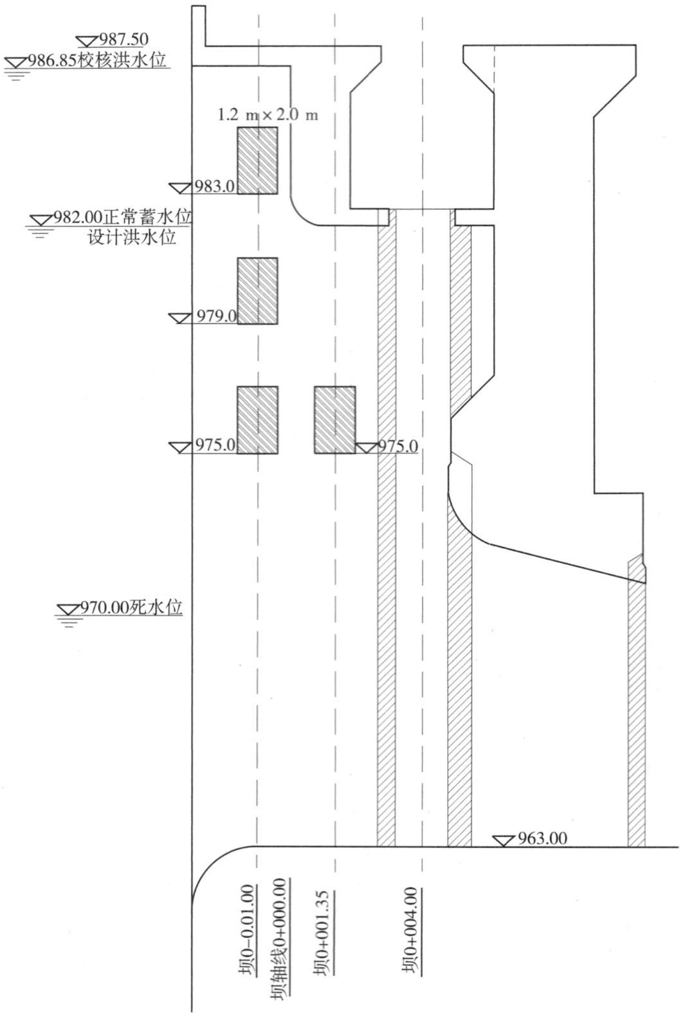

图 3　底孔进水口防涡梁布置方案 1　(单位:m)

布置方案2(见图4)具体参数为:①各底孔进口前缘桩号0-001.00处上方设置3道防涡横梁,防涡横梁高1.5 m,宽0.8 m,各防涡横梁高度间隔为1.5 m;②在底孔闸门前桩号0+001.35处位置设置1道防涡梁,防涡横梁高1.5 m,宽0.8 m;③防涡横梁底布置的高程范围为975.0~981.0 m。

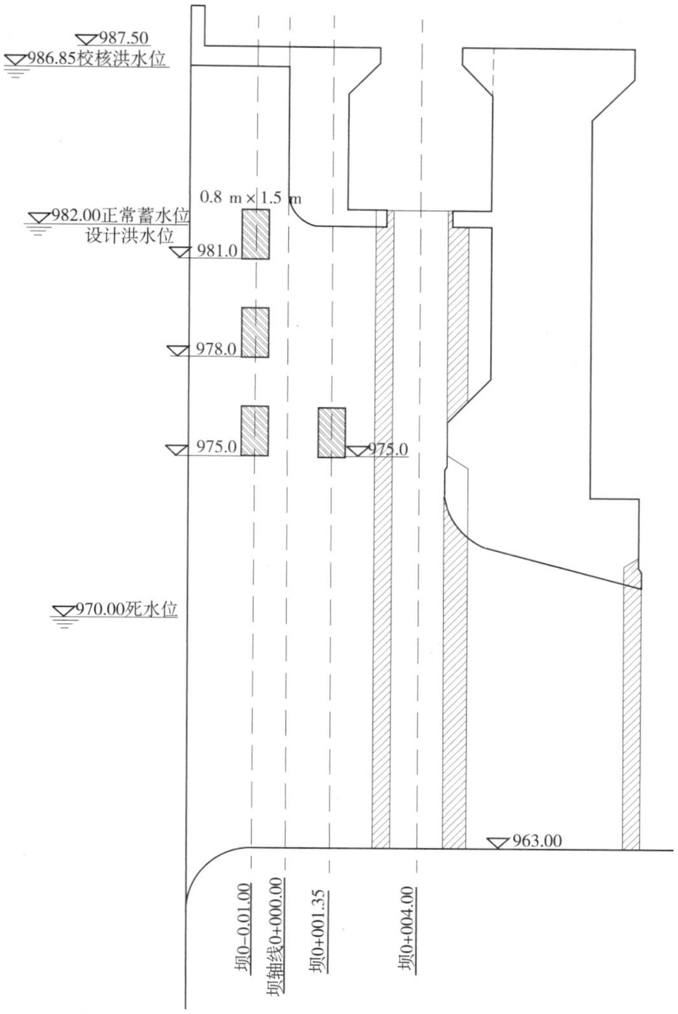

图4　底孔进水口防涡梁布置方案2　(单位:m)

试验将布置方案1安装在靠右岸5#底孔位置,布置方案2安装在靠左岸2#底孔位置,初步观察不同来流条件下两种布置形式的防涡效果。具体布置参见图5。

(a)方案1　　(b)方案2

图5　防涡梁布置方案1和布置方案2的位置

试验观察两种布置方案在设计水位982 m和校核水位986.85 m下均能消除闸前立轴漩涡影响,校核水位流态见图6。

(a)　　　　(b)

图 6　防涡梁布置方案 1 和布置方案 2 的流态(校核水位)

为节省工程量,初步确定采用布置方案 2 较小防涡横梁尺寸,并将桩号 0-001.00 处减少 1 根,将 0+001.35 处防涡梁水平放置,定为方案 3。具体参数为:①各底孔进口前缘桩号 0-001.00 处上方设置 2 道防涡横梁,防涡横梁高 1.5 m,宽 0.8 m,各防涡横梁高度间隔为 1.5 m;②在底孔闸门前桩号 0+001.35 处位置设置一道防涡梁,防涡横梁高 0.8 m,宽 1.5 m;③进口处 2 道防涡横梁底布置的高程范围为 980.5~983.5 m。布置形式参见图 7。

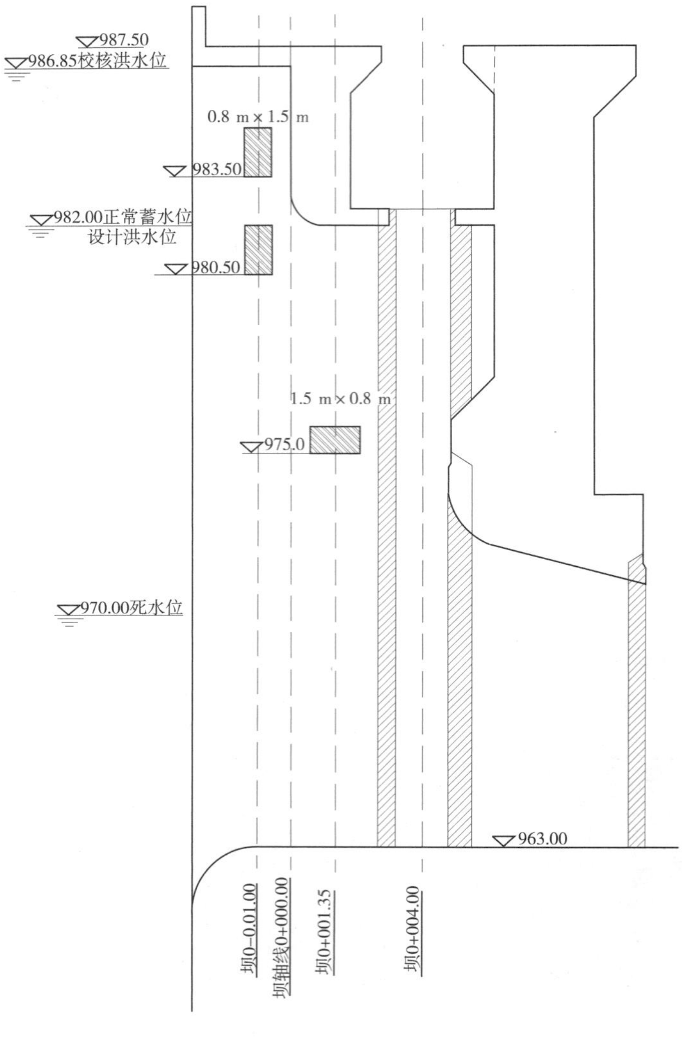

图 7　底孔进水口防涡梁布置方案 3　(单位:m)

实验过程中,我们观察到布置方案 3 在设计水位和校核水位防涡梁抗涡效果较好,未出现漩涡现象,但在低水位 970~980 m 运用时,进水口水面出现以顺时针方向旋转为主的环流,时有明显漩涡现象出现,并发现漩涡比较靠向闸室内方向。水位流态见图 8 和 9。

(a)

(b)

图 8 防涡梁布置方案 3 流态(设计水位)

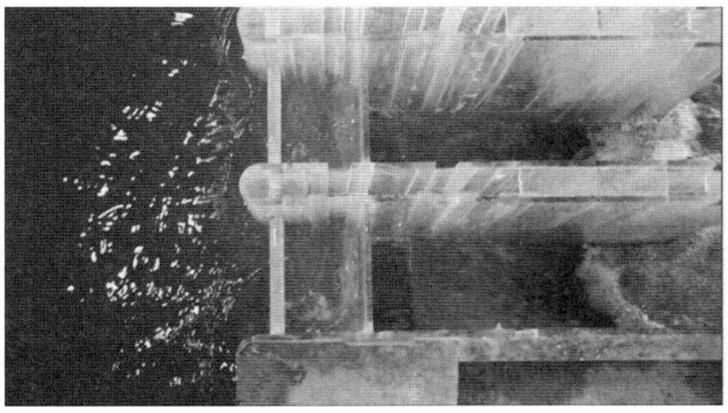

(a)

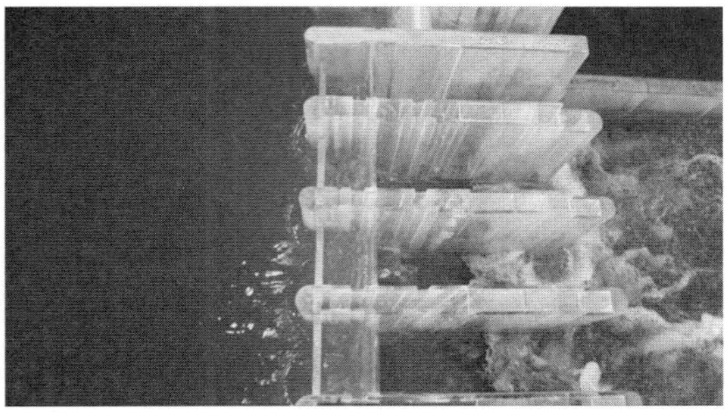

(b)

图 9 防涡梁布置方案 3 流态(水位 980 m)

试验分析后认为闸室进口 3 道防涡横梁不应减小至 2 道,并将位置由桩号 0-001.00 后移至 0-000.75 定为布置方案 4。布置方案 4 具体参数为:①各底孔进口前缘桩号 0-000.75 处上方设置 3 道防涡横梁,防涡横梁高 1.5 m,宽 0.8 m,各防涡横梁高度间隔为 1.5 m;②在底孔闸门前桩号 0+001.35 处位置设置 1 道防涡梁,防涡横梁高 0.8 m,宽 1.5 m;③进口处 3 道防涡横梁底布置的高程范围为 977.5~983.5 m。布置形式参见图 10。

试验将所有底孔均以布置方案 4 形式布置,观测最终推荐方案体型下,上游库水位由死水位 970 m 至校核水位 986.85 m 各进水口水面较平静和平稳,均无较明显的凹陷漩涡出现,采用进水口设置了防涡梁之后,不会出现有害的吸气漩涡,可保障工程运行安全,图 11 为校核水位下流态。

3 泄流能力复核

最终体型确定后,试验对增加防涡梁后底孔的泄流能力进行了复核,图 12 为实测水位流量关系图,表 1 为增加防涡梁后泄流能力与未加前最终方案的比较,增加防涡梁后由于消除了贯通漩涡现象,流量都略有增大,设计水位和校核水位下分别增大 1.67%和 2.88%。

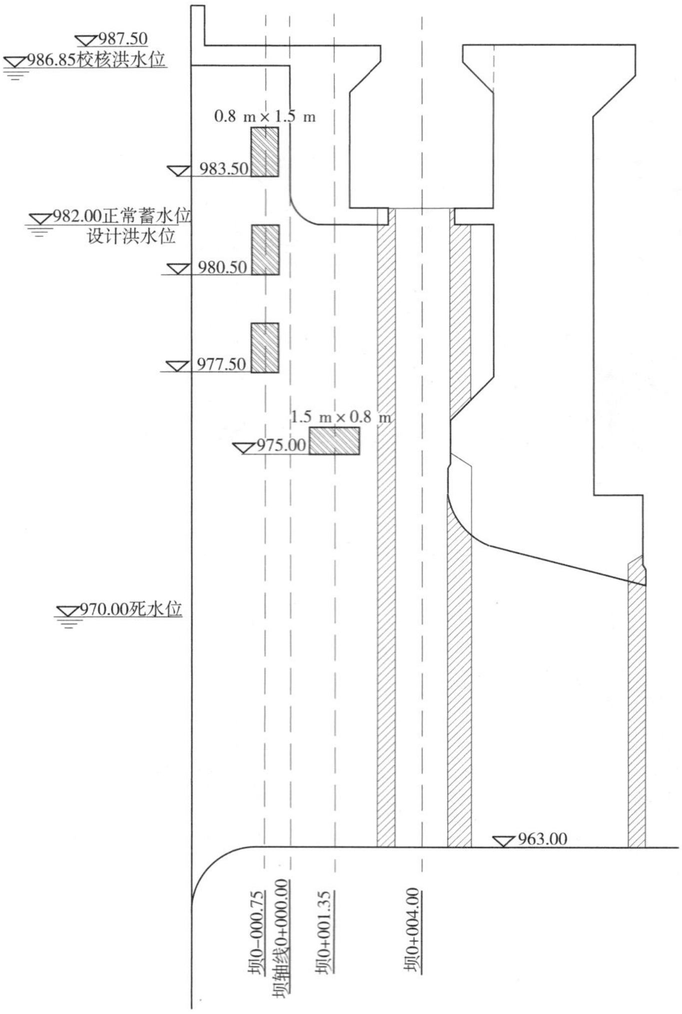

图 10　底孔进水口防涡梁布置方案 4

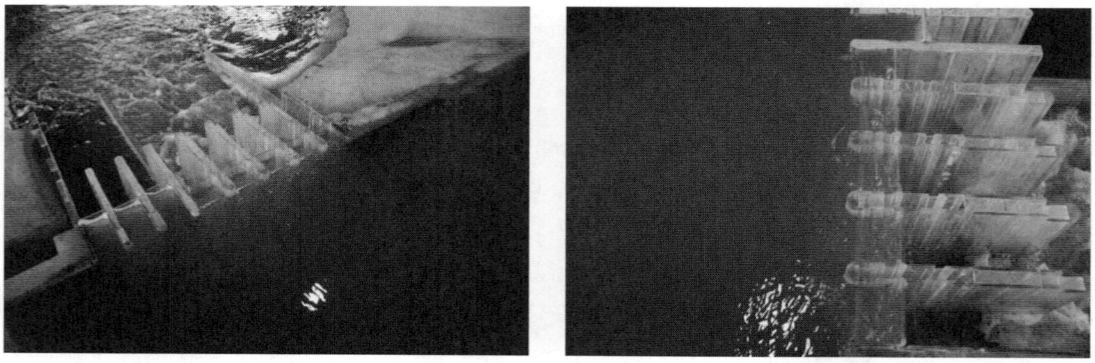

(a)　　(b)

图 11　防涡梁布置方案 4 流态(校核水位)

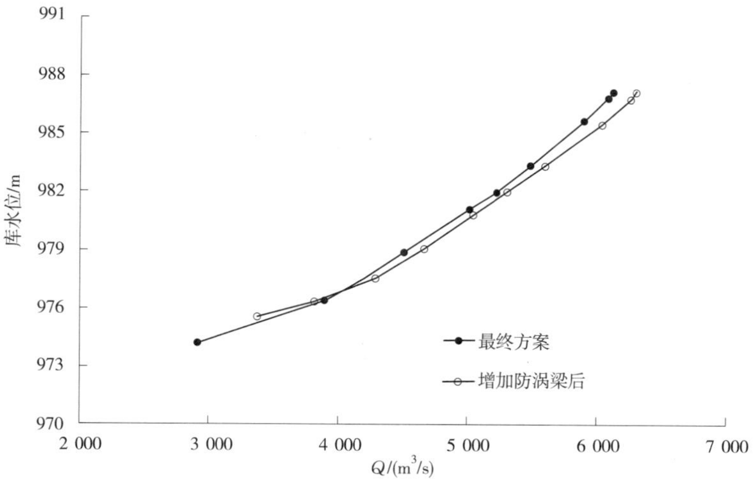

图 12　增加防涡梁后底孔水位流量关系

表 1　增加防涡梁后底孔泄流能力与原方案比较

库水位/m	最终方案流量/(m^3/s)	增加防涡梁后流量/(m^3/s)	流量偏差(±%)
982	5 223	5 310	1.67
986.85	6 085	6 260	2.88

注:流量偏差=(试验值-设计值)÷设计值×100%。

4　结　论

试验运用增加防涡梁的方式进行消除工程立轴漩涡试验研究,经过多次试验比选,提出了最优防涡梁体型。在进水口增设防涡梁之后,进水口处水流不会再出现有害的吸气漩涡,保障工程运行安全。由于增加防涡梁后消除了贯通漩涡现象,经试验实测对比流量相较原工程建设方案略有增大,设计水位和校核水位下分别增大 1.67%和 2.88%。

参考文献

[1] 田甜, 郭悦, 徐国宾. 进水口前漩涡研究现状和发展趋势[J]. 水资源与水工程学报, 2021,32(5):151-157,165.

[2] Knauss J. Swirling Flow Problems at Intakes[M]. CRC Press: 2017.

[3] CHANG YC, HU CN, TU JC, et al. Experimental investigation and numerical prediction of cavitation incurred on propeller surfaces[J]. Journal of Hydrodynamics, Series B,2010,22(5):764-769.

[4] Constantinescu G S. Numerical Model for Simulation of Pump-Intake Flow and Vortices[J]. Journal of Hydraulic Engineering, 1998,124(2).

[5] Sarkardeh, Reza Zarrati, Jabbari,et al. Numerical Simulation and Analysis of Flow In A Reservoir In The Presence of Vortex[J]. Engineering Applications of Computational Fluid Mechanics, 2014, 8(4):598-608.

[6] Jang Sik Yang. Numerical Study of Flow Characteristics due to Interaction Between a Pair of Vortices in a Turbulent Boundary Layer[J]. Journal of Mechanical Science and Technology,2003,20(1).

[7] Travis Quentin B, Larry W. Mays. Prediction of Intake Vortex Risk by Nearest Neighbors Modeling[J]. Journal of Hydraulic Engineering, 2011, 137(6).

[8] 周殊凡，傅宗甫，张茹玉，等. 侧向进水倒虹吸进水池消涡措施试验研究[J/OL]. 中国农村水利水电：1-11[2022-05-23].
[9] 张忠孝. 复杂工况下泵站进水口水力特性研究[J]. 水利科技与经济，2022，28(04)：41-44，49.
[10] 杨超林，王均星，罗志鹏，等. 竖式进水口消涡措施试验研究[J]. 中国农村水利水电，2017(8)：152-155.
[11] 福原华一. 抽水蓄能电站进水口、泄水口的水力设计[J]. 日本“电力土木”，1999(7).

基于误差分析的圆形断面临界水深最优公式选择与 Python 编程

戎贵文[1]　司文康[1,2]　刘　波[1]　贺成山[1]　张书赞[1]

（1. 安徽理工大学地球与环境学院，安徽淮南　232001；
2. 河海大学水文水资源学院，江苏南京　210098）

【摘　要】 圆形渠道断面的临界水深计算通常需要求解高次方程，但高次方程难以直接求解。现有的圆形渠道断面临界水深公式，在简洁性、计算精度、适用范围等方面各有优缺点。为了确定公式的最佳适用范围，将断面临界水深无量纲化，以工程最大允许误差1%为上限，基于 Python 语言对部分现有公式进行误差分析，并总结出不同适用范围内的最优公式。同时，利用 Python 语言将最优公式编译为可调用的模块，在无量纲水深 $\eta_c \in [0.01, 0.999]$ 的情况下开展实例验证。研究结果表明：在模块适用范围内，所选最优公式临界水深的最大相对误差绝对值小于 0.176%，完全符合工程要求，具有重要的理论意义和推广价值。

【关键词】 圆形断面；临界水深；Python；最优选择

1　引　言

圆形渠道断面理论上是最佳水力断面，且具有结构简单、水力条件好等优点。因此，圆形断面是输水隧洞、涵洞、城市给水排水工程中最为常见的渠道断面形式之一[1-2]。临界水深是明渠水力学中的关键水力要素，在水工设计及水力计算中应用非常广泛[3]。在计算圆形渠道断面临界水深时，需要求解对应的高次方程，但高次方程无法直接求得解析解。传统的图解法、试算法等方法求解临界水深时，效率较低、精度不高[4-5]。从 20 世纪末以来，国内外学者对此进行了大量的研究，如采用曲线优化拟合、设立反函数模型等方法，提出各种函数类型的近似计算公式[6-8]。但现有的绝大多数公式在简洁性、计算精度、适用范围等方面各有优劣。本文基于 Python 语言，以工程最大允许误差 1%为上限，探讨现有公式的适用范围，并对各公式进行误差分析、校验，确定各适用范围内的最优公式，从而减小计算误差、拓宽适用范围。同时，为了提高计算精度和效率，将各适用范围内的最优公式编译成可任意调用的 Python 模块，在很大程度上实现了临界水深的自动化最优计算。

2　圆形断面临界水深基本方程

图形断面如图 1 所示。

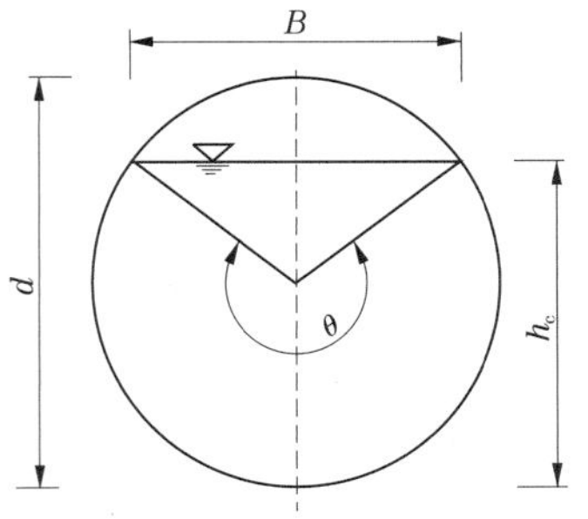

图 1　圆形断面

临界流基本方程：

$$\frac{\alpha Q^2}{g} = \frac{A_c^3}{B_c} \tag{1}$$

式中，α 为动能校正系数，一般取 1；Q 为流量，m^3/s；A_c 为 $h=h_c$ 时的过水断面面积，m^2；B_c 为 $h=h_c$ 时的水面宽，m。

圆形断面基本水力要素：

$$A = \frac{d^2}{8}(\theta - \sin\theta) \tag{2}$$

$$B = d\sin\frac{\theta}{2} \tag{3}$$

$$h_c = \frac{d}{2}\left(1 - \cos\frac{\theta}{2}\right) \tag{4}$$

式中,θ 为过水断面湿周对应的圆心角,rad;d 为圆形渠道断面直径,m;h_c 为临界水深,m。

设圆形渠道断面无量纲临界水深为

$$\eta_c = \frac{h_c}{d} \tag{5}$$

联立式(1)~式(5),并进行数学变换后得

$$\frac{\alpha Q^2}{gd^5} = \frac{\{2\arccos(1 - 2\eta_c) - \sin[2\arccos(1 - 2\eta_c)]\}^3}{8^3\sin[\arccos(1 - 2\eta_c)]} \tag{6}$$

设圆形渠道断面临界水深特征参数为

$$\varepsilon = \frac{\alpha Q^2}{gd^5} \tag{7}$$

3 临界水深误差分析与公式推荐

3.1 圆形渠道断面无量纲临界水深公式

(1)Ali[1]公式:

$$\eta_c = \frac{0.958\,4\varepsilon^{0.25}}{(1 + 0.010\,6\varepsilon^{0.26} - 0.013\,2\varepsilon^{1.863})^{-10.022}} \tag{8}$$

(2)李凤玲[2]公式:

$$\eta_c = 0.419\,8\varepsilon_1^{0.263\,65} - 0.001\,48\varepsilon_1 + 0.004 \tag{9}$$

其中:$\varepsilon_1 = 32\varepsilon$。

(3)Swamee[3]公式:

$$\eta_c = (1 + 0.77\varepsilon^{-3})^{-0.085} \tag{10}$$

(4)王正中[4]公式:

$$\eta_c = \left(\frac{\varepsilon_1}{29}\right)^{1/3.9} \tag{11}$$

其中:$\varepsilon_1 = 32\varepsilon$。

(5)徐松[5]公式:

$$\eta_c = (1 + 3.83\varepsilon^{-2.145\,4} - 3.2\varepsilon^{-2.1})^{-0.115} \tag{12}$$

(6)赵延风[6]公式:

$$\eta_c = 0.194\varepsilon_2^{0.79} - 0.001\,35\varepsilon_2^{0.395} - 0.001 \tag{13}$$

其中:$\varepsilon_2 = 8\varepsilon^{1/3}$。

3.2 临界水深误差分析

为了评价上述各式的精度,并得到各式的适用范围,首先选取包含较大范围的一系列圆形渠道断面无量纲临界水深值 η_c,将这一系列值代入式(7)中,得出圆形渠道断面临界水深特征参数 ε,然后分别代入式(8)~式(13)中,计算得到各式 η_c 的近似值,即 η_{c1}。误差分析采用相对误差绝对值,即 $|\delta| = \frac{|\eta_{c1} - \eta_c|}{\eta_c} \times 100\%$。

以工程最大允许误差 1%为上限,基于 Python 语言对式(8)~式(13)进行误差分析,并总结出最佳

适用范围,见表 1。

表 1　圆形渠道断面临界水深各公式适用范围

公式名称	适用范围 η_c	适用范围 $\ln\varepsilon$	最大误差/%
Ali	0.010～0.940	−18.255～−0.055	0.900
李凤玲	0.045～0.860	−12.253～−0.626	0.875
Swamee	0.030～0.100, 0.320～0.999	−13.868～−9.079, −4.519～2.036	0.940
王正中	0.060～0.840	−11.107～−0.741	0.954
徐松	0.010～0.999	−18.255～−2.036	0.184
赵延风	0.010～0.820	−18.255～−0.853	0.922

为直观表达各式在不同圆形渠道断面临界水深特征参数时的误差规律,本文以圆形渠道断面临界水深特征参数的对数形式为横坐标,以相对误差 δ 的绝对值为纵坐标,绘制了近似计算式(8)～式(13)的相对误差分布曲线图,如图 2 所示。

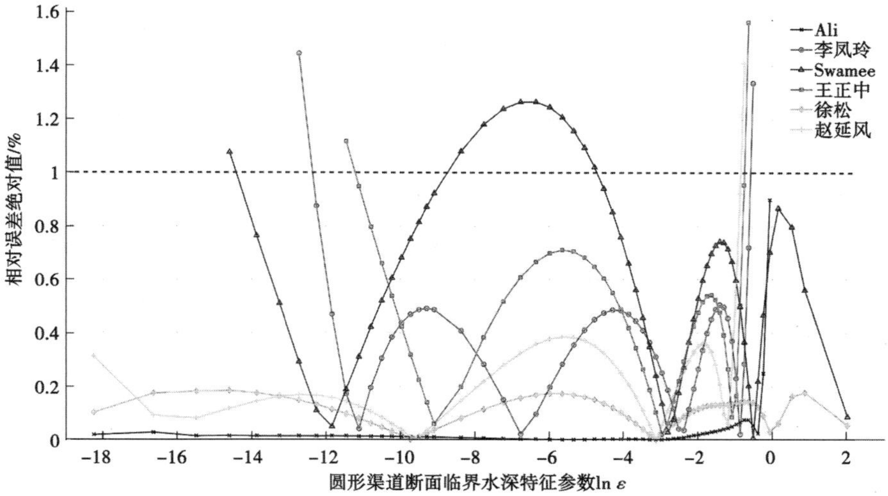

图 2　圆形渠道断面临界水深各公式误差分布曲线图

3.3　临界水深公式评价与推荐

由表 1 和图 2 可知:从适用范围分析,Ali 公式、徐松公式、赵延风公式的适用范围较广,基本能够满足水工设计要求;从公式精度分析,除 Ali 公式外,其他公式误差分布曲线均有不同程度的波动,其中 Swamee 公式误差分布曲线波动最为明显,公式稳定性相对较差。以工程最大允许误差 1%为上限,虽然 Ali 公式的适用范围是圆形渠道断面临界水深特征参数的对数形式 $\ln\varepsilon\in(-18.255,-0.055)$,从 Ali 公式误差分布曲线看,当 $\ln\varepsilon\in(-18.255,-0.374)$,即 $\varepsilon\in(1.180\times10^{-8},0.688)$时,明显优于其他公式,但当 $\ln\varepsilon\in(-0.374,-0.055)$,即 $\varepsilon\in(0.688,0.947)$时,Ali 公式误差分布曲线迅速上升,误差大小很快不再能够满足实际工程要求。此时,徐松公式的相对误差较小,且误差分布曲线较为稳定,因此,当 $\ln\varepsilon\in(-0.374,2.036)$,即 $\varepsilon\in(0.688,7.663)$时,宜选择使用徐松公式。圆形渠道断面临界水深最优公式推荐见表 2。

表 2　圆形渠道断面临界水深最优公式推荐

推荐范围 ε	公式名称	最大误差/%	最大误差对应的 ε 值
1.180×10^{-8}～0.688	Ali	0.074	0.476/0.535
0.688～7.663	徐松	0.176	2.422

4 临界水深择优计算的编程与实现

临界水深 Python 模块中的变量和符号见表 3。

表 3 临界水深 Python 模块中的变量和符号

变量或符号名称	说明
h_c	临界水深 h_c(m)
ε	圆形断面临界水深特征参数
η_{c1}	圆形断面无量纲临界水深
lin_cri(ε,d)	圆形断面临界水深择优函数

根据上述圆形渠道断面临界水深最优推荐公式,将式(8)中的 Ali 公式和式(12)中的徐松公式编译为 Python 模块。

核心代码如下:

```
#新建 Python 模块,并命名为“lin”
deflin_cri(ε,d):                                        # 在新建 Python 模块中定义函数名
    if 1.18E-8<ε<=0.688:
    ηc1 =0.9584*ε**0.25/(1+0.0106*ε**0.26-0.0132*ε**1.863)**(-10.022)     # Ali 公式
elif 0.688<ε<=7.663:
    ηc1 =(1+3.83*ε**(-2.1454)-3.2*ε**(-2.1))**(-0.115)                    # 徐松公式
else:
    ηc1 ='输入数据有误!(超出无压管流工程实际范围,请重新输入数据!)'
    #无量纲临界水深取值范围为 0.010~0.999,工程上超出该范围无意义
hc =ηc1 * d
returnhc
```

5 应用实例

工程实例:某水利工程电站输水管道断面为圆形,已知洞径 $d=10$ m,试确定设计流量 $Q=200$ m^3/s 的临界水深。Python 程序变量和符号见表 4。

表 4 临界水深实例应用的 Python 程序变量和符号

变量或符号名称	说明
Q	渠道流量 Q(m^3/s)
α	动能修正系数 α,一般取 1
g	重力加速度 g(m/s^2),一般取 9.81
m	边坡系数 m
d	圆形断面渠道直径 d(m)
ε	圆形断面临界水深特征参数
h_c	临界水深 h_c(m)

实例代码计算如下：

```
importl in                                          #调用自编译临界水深模块 lin
g=9.81
Q=float(input('请输入渠道流量:Q='))
α=float(input('请输入动能修正系数:α='))
d=float(input('请输入渠道直径:d='))
ε=α*Q**2/(g*d**5)
hc=lin.lin_cri(ε,d)                           #用自编译 lin 模块中的函数计算临界水深 hc 的最优
解
print('该圆形渠道临界水深为:hc=',hc)
```

计算结果如下：

该圆形渠道临界水深：h_c= 4.508 48。

本例临界水深的精确解 h_c=4.509 70，相对误差绝对值为 0.0271%，计算精度高，完全符合工程实际要求。

6 结　论

（1）本文选取现有的 6 套圆形断面临界水深数值计算公式，基于 Python 语言对各公式重新确定符合工程实际要求的适用范围。以工程最大允许误差 1%为上限，并结合误差分析图对各式进行误差校验与分析，进而得到不同适用范围下的最优公式。

（2）利用 Python 语言将临界水深最优公式编译为可任意调用的模块，通过调用该模块能够实现对临界水深的简便计算。

（3）将断面临界水深无量纲化，模块将圆形断面临界水深计算的适用范围扩大，即无量纲水深 $\eta_c \in [0.01, 0.999]$，且在此范围内相对误差绝对值小于 0.176%，能够符合工程设计要求，具有重要的理论意义和工程推广应用价值。

参考文献

[1] 李风玲，文辉，彭波. 圆形过水断面临界流的近似水力计算[J]. 人民长江，2008，39(11)：77-78.

[2] Vatankhah A R, Easa S M. Explicit solutions for critical and normal depths in channels with different shapes[J]. Flow Measurement and Instrumentation, 2011, 22(1): 43-49.

[3] 王正中，陈涛，万斌，等. 圆形断面临界水深的新近似计算公式[J]. 长江科学院院报，2004(2)：1-2，9.

[4] Swamee P K. Critical Depth Equations for Irrigation Canals[J]. Journal of Irrigation & Drainage Engineering, 1994, 120(2): 942-948.

[5] 徐松. 明渠特征水深计算方法研究 [D]. 杨凌：西北农林科技大学，2019.

[6] 赵延风，何晓军，祝晗英，等. 无压流圆形断面临界水深的新近似计算公式 [J]. 人民长江，2009，40(11)：76-79.

[7] 赵延风，宋松柏，李宇. 圆形断面临界水深的近似计算公式 [J]. 水利水电科技进展，2008(2)：62-64.

[8] 张宽地，吕宏兴，赵延风. 明流条件下圆形隧洞正常水深与临界水深的直接计算 [J]. 农业工程学报，2009，25(3)：1-5.

[9] 李蕊，王正中，王志刚. 圆形断面临界水深新近似计算式 [J]. 干旱地区农业研究，2013，31(4)：54-6，103.

榕江河口沿程潮差特征数值模拟研究

胡礼涵[1,2]　王玲玲[1,2]　陈咏诗[1,2]　陈　瀚[1,2]

(1. 水文水资源与水利工程科学国家重点实验室,江苏南京　210098;
2. 河海大学水利水电学院,江苏南京　210098)

【摘　要】 本文借助调和分析工具和一维河网水动力数值模型,研究了榕江河口的潮汐特征,并重点分析了榕江的潮差特征及潮差对上游径流和海平面上升的响应。对潮位历史数据的分析结果表明,榕江河口主要受 M_2 分潮的影响,入海口平均潮差没有显著的年际变化。基于榕江水动力模型,设置情境模拟上游有无径流及海平面上升情况下的潮波运动,计算结果表明:在无上游径流时,平均潮差从入海口向上游呈增长趋势,且潮差的沿程变化趋势与 M_2 分潮振幅的沿程变化趋势相一致。径流作用使得上游河道潮差减小,并显著改变沿程潮差的变化趋势;而对于海平面上升,只有上升幅度到达一定程度时,沿程潮差的变化趋势才会发生明显改变。

【关键词】 榕江河口;潮差;水动力模型;调和分析

1　引　言

河口是河流与海洋相互作用的集中地带。由于受到潮汐影响,因此河口的水流往复,水动力情况复杂多变;而表征潮汐动力强弱的最重要指标是潮差。从整体上看,河口的动力系统主要由正压驱动,故潮差的空间特征直接关联了河口能量传输及消能的过程。潮差与河口水体混合[1-2]、环流[1]、沉积物输运[3]、水质和生态环境[4-5]有着密切的关系,所以在研究河口水动力过程中,潮差是最为关键的研究指标之一。对潮差特征的正确认识与精准预测能为河口地区的工程建设及生态管理提供支持。

影响河口潮波运动的外动力因素主要有潮汐、上游径流等,它们也是影响潮差特征的重要因素。外海潮汐是河口系统的主要驱动力,潮波经入海口进入河口并向上游传播;上游径流也是河口系统中一个重要的能量来源。对潮波运动而言,径流作用可被视作一种阻力;有研究表明,强径流作用会减弱潮差,甚至改变涨落潮的方向与强度[6];而在更为复杂的潮汐河网中,潮波运动对径流作用的响应也更为复杂。此外,越来越多的证据表明近年来全球海平面加速上升、河口强潮活动频发,这些都将影响河口的潮波运动。然而,许多观测结果及实验研究表明,河口水动力过程对外部条件变化的响应都具有高度的地域特异性[7]。由于河口自身水动力条件的复杂性,因此大多数情况下潮差特征只能采用数值模拟方法进行研究[8]。

本文以粤东的榕江河口为例,通过一维河网水动力模型与调和分析等方法,研究其潮差的沿程变化特征,分别模拟并分析了沿程潮差在上游径流和入海口海平面上升条件下的响应。

2　数值模型与分析方法

2.1　一维河网水动力模型

一维河网水动力模型基于圣维南方程组,它由连续性方程和动量方程组成。其表达式[9]如下:

基金项目:中国长江三峡集团有限公司科研项目(202003251);中央高校基本科研业务费专项资金项目(B200204044);江苏省水利科技项目(2021001)

$$\frac{\partial Q}{\partial x}+B_{\mathrm{T}}\frac{\partial Z}{\partial t}=q \tag{1}$$

$$\frac{\partial Q}{\partial t}+\frac{\partial}{\partial x}\left(\alpha\frac{Q^2}{A}\right)+gA\frac{\partial Z}{\partial x}+g\frac{|Q|Q}{C^2AR}=0 \tag{2}$$

式中,x、t 分别为河道纵向坐标及时间;Q 为断面流量;Z 为断面水位;B_{T} 为当量河宽,等于河宽与附加滩地宽度;q 为单位河长的旁侧入流量;α 为动力校正系数;A 为断面面积;g 为重力加速度;C 为谢才系数;R 为水力半径。

上述方程组通常采用 Preissmann 四点隐格式进行数值离散,该方法具有较强的稳定性和收敛性;控制方程的求解采用三级联解法[9]。基于圣维南方程组的模型及上述求解方法已被广泛地用于感潮河流的水动力模拟[8,10];该类模型能较好地反映河口的潮波运动特征。

2.2 潮汐分析方法

对于河口的潮波变化,本文将采用平均潮差(TR)来表征潮差的大小,其定义式如下:

$$\mathrm{TR}=\sum_{i=1}^{N_{\mathrm{T}}}(\xi_{\max,i}-\xi_{\min,i})/N_{\mathrm{T}} \tag{3}$$

式中,N_{T} 表示被统计的潮周期个数,$\xi_{\max,i}$ 和 $\xi_{\min,i}$ 分别表示一个潮周期内的高潮位与低潮位。

为了更进一步地分析河口潮波,本文还采用经典调和分析的方法来解析潮位过程 $\xi(t)$。假设河口的潮波是由 M 个分潮线性叠加而成,则某处的潮位 ξ 可表达为

$$\xi(t)=H_0+\sum_{i=1}^{M}H_i\cos[\omega_i t-g_i] \tag{4}$$

式中,H_0 为平均水位;H_i、ω_i 和 g_i 分别为相应各分潮的频率、振幅和相位角。

根据某一处潮位的时间序列,可根据式(4)建立方程组,再利用最小二乘回归,拟合求得式中的 H_0、H_i 和 g_i。对于上述最小二乘回归计算,本文采用了 T_tide 工具包[11],该工具包包含了所有常见分潮及浅水分潮的参数,现已被广泛地应用于潮位时间序列的分析。

3 研究区域

3.1 概况

本文的研究区域为粤东的榕江河口。榕江系南海水系河流,上游河段主要分为南河和北河两支;其中,南河为榕江主流(如图 1 所示)。南河和北河在双溪嘴汇合为榕江,后独流至汕头港入海。榕江上游设有控制性工程,分别是南河上的三洲拦河闸与北河上的北河桥闸;而榕江入海口未设闸。水文记录表明,三洲拦河闸和北河桥闸下游河段均属于感潮区。每年 4~9 月为榕江流域的丰水期(汛期),10 月~次年 3 月为枯水期。

3.2 水文测站及数据

榕江的干支流上有多个水文站,但在其下游感潮河段,仅有入海口附近的妈屿潮位站(潮位站位置见图 1)。该河段的上游下泄流量由三洲拦河闸、北河桥闸控制,它们的逐日平均流量均有记录。

为掌握榕江最新的水文特性,并为模型参数的率定与验证提供依据,分别于 2019 年洪季的 7 月 4 日 11 时至 7 月 5 日 12 时和枯季的 10 月 12 日 11 时~10 月 13 日 11 时对榕江进行了现场水文测验。测验段面 CS1~CS6 的布置详见图 1。

3.3 榕江入海口处潮汐特征

榕江入海口处的潮汐属于不规则半日潮,日潮不等的现象显著;其中,落潮时间相对较短,且有着较大的落潮速度。对妈屿站 1954~2017 年的逐年潮位数据进行调和分析,得到平均水位、潮差及主要分潮的振幅与相位角,结果如图 2 所示。总体来看,榕江河口的平均水位呈逐年上升趋势,且上升速率也有增加趋势;平均潮差维持在 1.0 m 左右,且没有显著的年际变化。妈屿的潮汐主要以半日潮 M_2 为主导,其振幅约为 0.45 m;而且潮汐有着较大的全日潮成分(K_1 与 O_1)。此外,较为显著的还有 S_2 分潮,

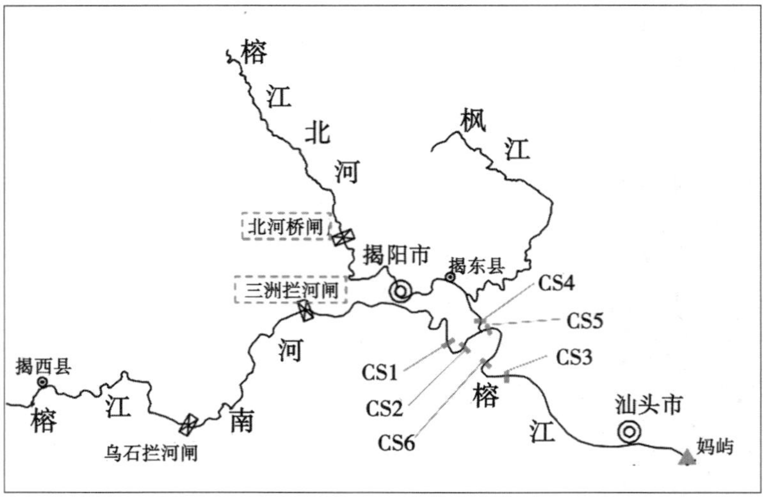

图 1　榕江水系及测验断面(CS1～CS6)布置图

其振幅为 0.10 m 左右。

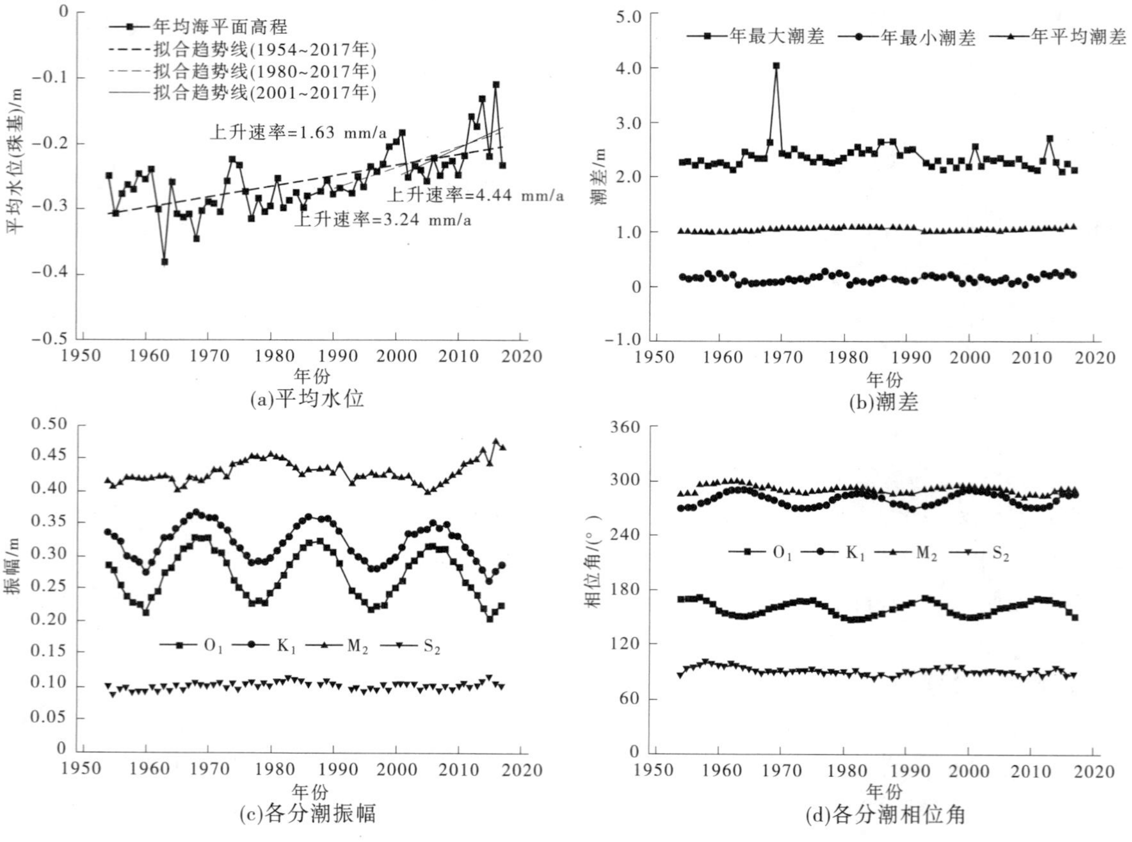

图 2　妈屿站逐年潮位数据分析结果

4　模型的建立与验证

本文以三洲拦河闸与月城电排(北河桥闸下游约 8 km 处)为模型上边界、以榕江入海口为下边界建立一维榕江河网模型;模型范围如图 3 所示。其中,上边界为流量边界,下边界为潮位边界。此外,模型还考虑了北河的主要支流——枫江,并将其作为点源设置在河网上。整个模型分为两部分:第一部分为榕江主流,即从三洲拦河闸至妈屿的河道,全长 82.1 km,共包含 196 个断面,断面平均间距约 500 m;

第二部分为榕江北河,全长 30.72 km,共包含 50 个断面,断面平均间距约 600 m。

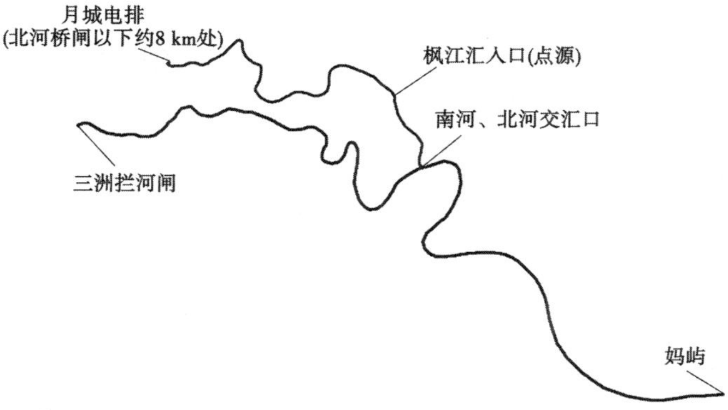

图 3　水动力模型范围示意图

参考《揭阳榕江水面线推算专题报告(2004 年 4 月)》,河道糙率取值为:三洲拦河坝—汇合口段河道糙率为 0.020~0.035,汇合口—妈屿及榕江北河河道糙率为 0.020~0.030。为验证模型的精度,我们分别模拟得到了 2019 年 7 月 4~5 日(洪季)和 10 月 12~13 日(枯季)水位结果,并将这些结果于现场水文测验结果比较。在模型验证阶段,下游水位边界采用妈屿站实测潮位过程,南河、北河上游边界采用对应控制闸的日均下泄流量过程,枫江入流量过程通过实测水文数据推算得出。对比验证结果如图 4~5 所示。

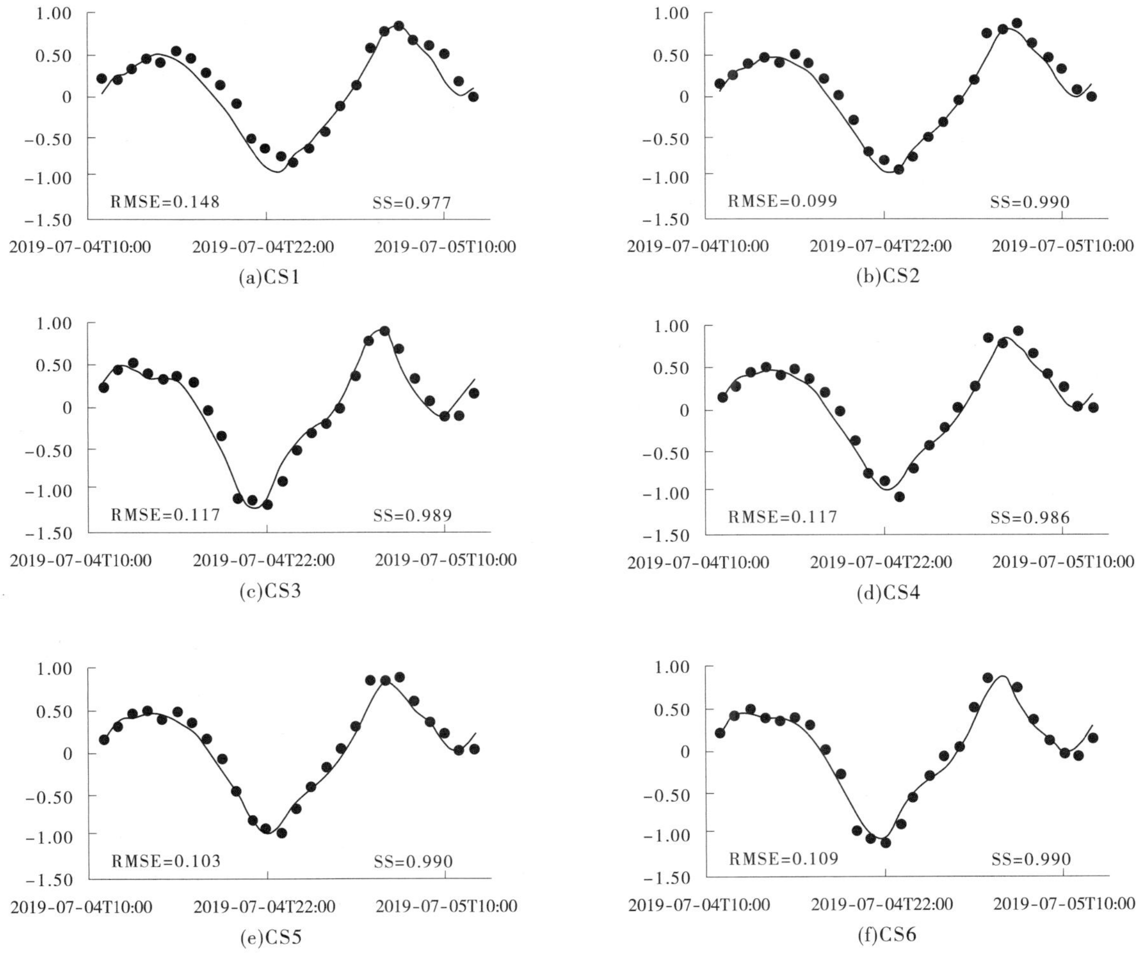

图 4　洪季水位模拟结果与现场实测结果对比图(圆点:实测数据;实线:模拟结果)

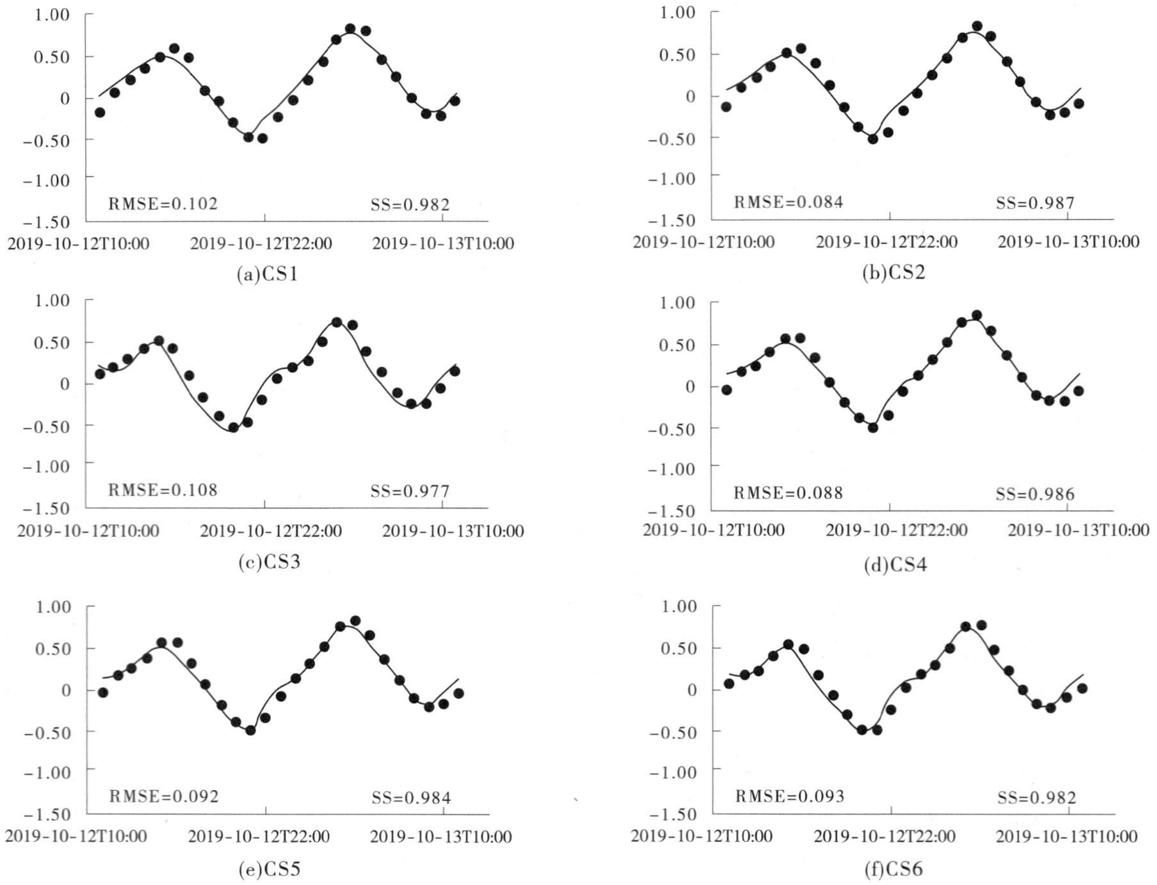

图 5　枯季水位模拟结果与现场实测结果对比图(圆点:实测数据;实线:模拟结果)

本文采用了均方根误差(RMSE)和模型 Skill Score(SS)[12]来评估模拟效果。结果表明:模拟所得水位变化过程与实测水位变化过程基本一致,且各断面对应的均方根误差均较小,SS 均大于 0.97;这表明模型精度较高,可用于对榕江河口水位变化的计算分析。

5　榕江河口潮差模拟研究

5.1　研究工况设置

本文考虑了上游是否来流及海平面上升条件下,榕江的沿程潮差特征。根据 3.3 节的分析结果,选择 M_2、S_2、O_1 和 K_1 分潮构成下游潮汐边界,平均水位取-0.20 m;其中,各分潮的参数如表 1 所示。对于上游流量边界,分别选择 500 m^3/s 和 200 m^3/s 作为三洲拦河闸(南河)和北河桥闸(北河)的下泄流量;这两个流量值与南河、北河的汛期的泄洪流量相近。水文统计资料显示,榕江主要受潮动力控制,一般情况下,上游径流对河道水动力的影响较小;为凸显潮差对径流作用的响应,此处上游流量的选取参考了汛期时泄洪流量。此外,本文还考虑了海平面上升的因素,分别研究海平面上升 0.2 m 和 1.0 m 时的榕江潮波特征。前者 0.2 m 通过图 2 的结果推测得出,对应了榕江入海口海平面在 50 年后上升高度;后者则对应了海平面上升的极端情况。

表 1　下游边界各分潮参数设置

分潮名	振幅/m	相位角/(°)
M_2	0.45	300
S_2	0.10	90

续表 1

分潮名	振幅/m	相位角/(°)
K_1	0.30	270
O_1	0.25	160

综合上述因素,本研究设置了如表 2 所示的工况。其中,A0 为对照工况;A1 ~ A3 考虑了上游的径流作用;B1 ~ B2 工况对应了海平面上升条件。在模拟过程中,计算至榕江河网的水动力至准平衡态;后对各空间位置平衡态时的潮位序列进行分析,以得到沿程潮汐特征。

表 2　研究工况汇总

编号	三洲拦河闸(南河)下泄流量/(m^3/s)	北河桥闸(北河)下泄流量/(m^3/s)	海平面上升高度/m
A0	0	0	0
A1	500	0	0
A2	0	200	0
A3	500	200	0
B1	0	0	+ 0.2
B2	0	0	+ 1.0

5.2　模拟结果

5.2.1　径流作用下沿程潮差特征

图 6 表示了榕江平均水位和平均潮差的沿程分布;图 7 表示了各主要分潮振幅的沿程分布。此外,图中的灰色虚线指示了南河、北河的汇合口位置,其左侧黑色曲线表示了汇合口下游的沿程分布,右侧的红色、蓝色曲线则分别表示了北河、南河的沿程分布。

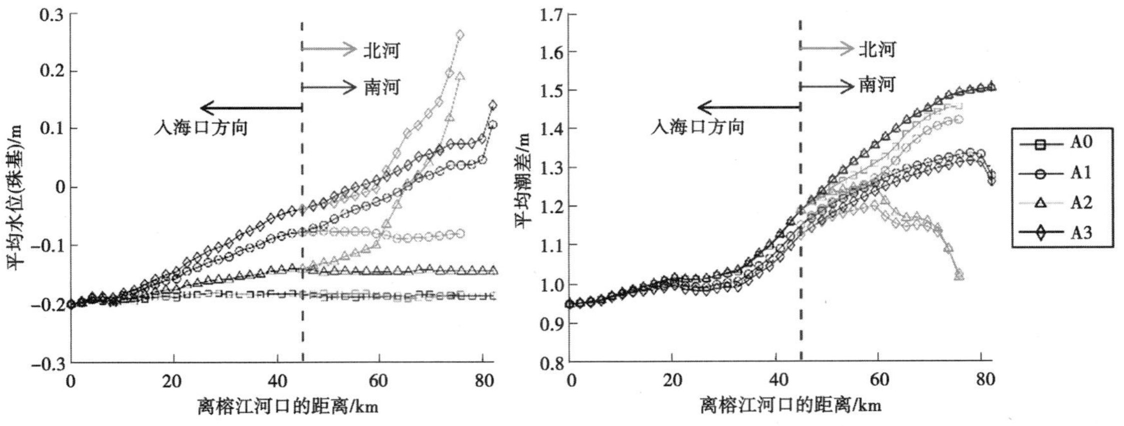

(a) 平均水位　　　(b) 平均潮差

图 6　榕江平均水位和平均潮差的沿程分布(工况 A0 ~ A3)

结果表明,在没有上游入流的情况下(工况 A0),榕江河道平均水位的沿程变化不大,而平均潮差从入海口至上游总体上呈增加趋势。平均潮差沿程的增加速率从距入海口约 35 km 处开始突增,之后以一个较稳定的增长速率向着上游方向不断增长。比起南河,北河的平均潮差略低于南河。榕江平均潮差的变化趋势与 M_2 分潮振幅的沿程变化类似,这也表明了榕江河网的潮波主要由 M_2 分潮贡献。而对于 S_2、K_1 和 O_1 分潮,振幅从入海口至上游呈先减小后增加的变化趋势,最小振幅均出现在离入海口 35 km 处附近;这也对应了在离入海口 35 km 处附近,平均潮差增长速率的突增。

有上游来流时,榕江河道沿程的平均水位均会有所上升。对于河道的平均潮差,来流显著改变了南

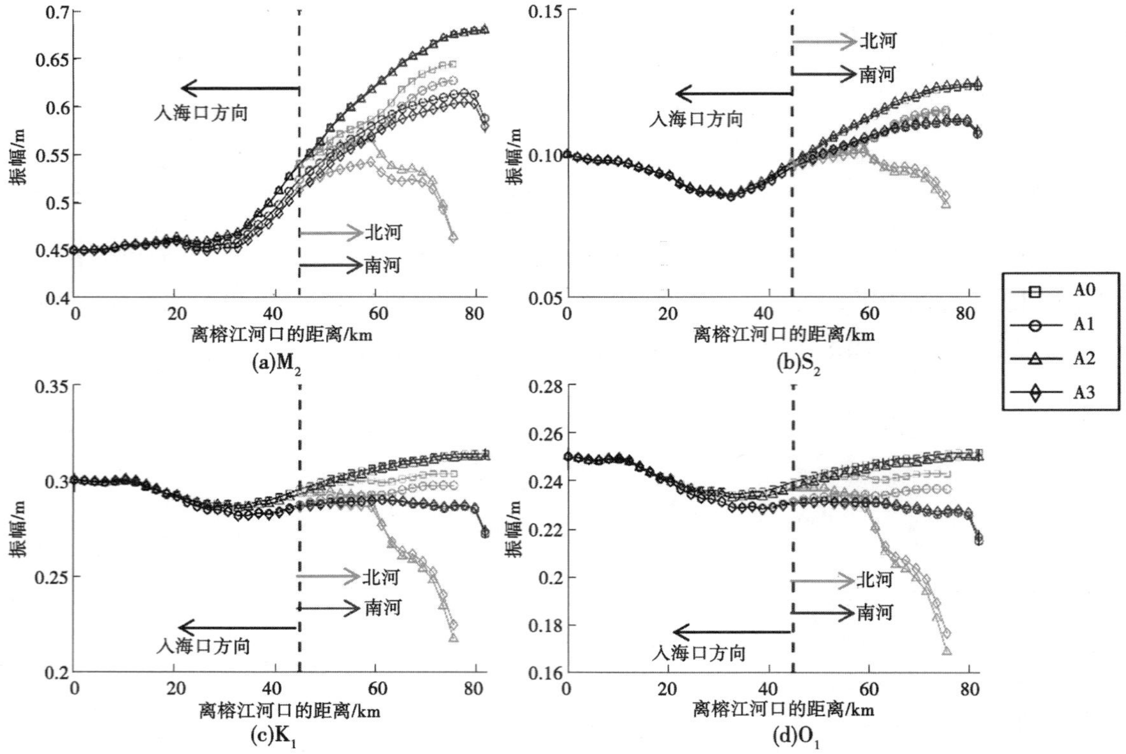

图 7　各主要分潮振幅的沿程分布(工况 A0~A3)

河和北河沿程潮差的变化趋势;当上游有来流时,从汇合口往上,南河或北河的沿程潮差先增长后减小。各分潮振幅对上游来流的响应与沿程潮差相类似,即上游流量能显著减小对应支流的潮波振幅。本文中设定的北河(或南河)流量都仅对北河(或南河)有较大影响,而对另一支流的影响不大。对比 A1 和 A2 的结果,可见相比于南河,北河的水位、潮差及各分潮振幅对上游流量的响应更为敏感。

5.2.2　海平面上升情况下沿程潮差特征

图 8 表示了在海平面上升情况下榕江平均水位和平均潮差的沿程分布;图 9 为各主要分潮振幅的沿程分布。当入海口海平面上升了 0.2 m(工况 B1),榕江沿程的平均潮差略微增大;但整体来看,沿程潮差及各主要分潮的振幅增长趋势并未显著改变。而当入海口海平面上升 1.0 m(工况 B2),平均潮差及各主要分潮的沿程增长速率显著增大;尤其在汇合口下游河段,潮差沿程增长速率变化显著。可见,海平面上升 0.2 m 并未对潮波的空间分布产生显著影响;而在极端的海平面上升条件下,潮波的沿程变化趋势会发生改变。

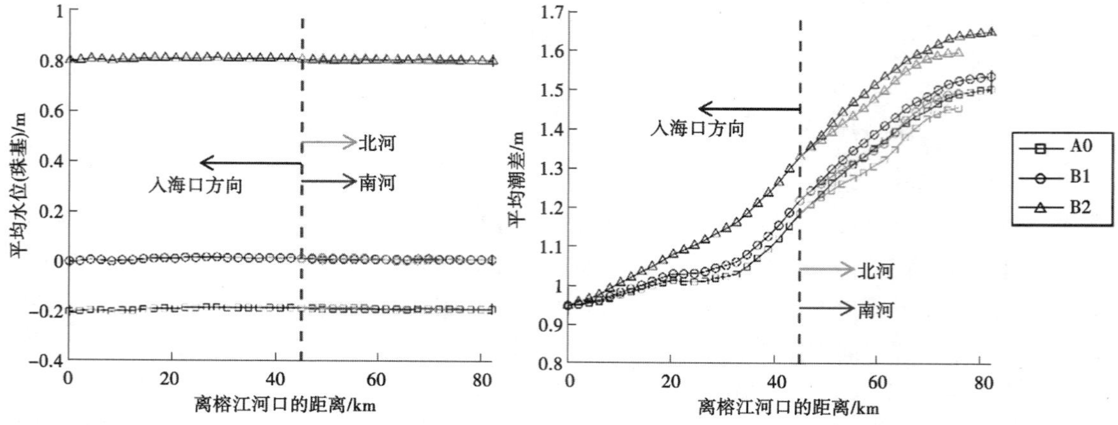

(a)平均水位　　(b)平均潮差

图 8　榕江平均水位和平均潮差的沿程分布(工况 A0、B1 和 B2)

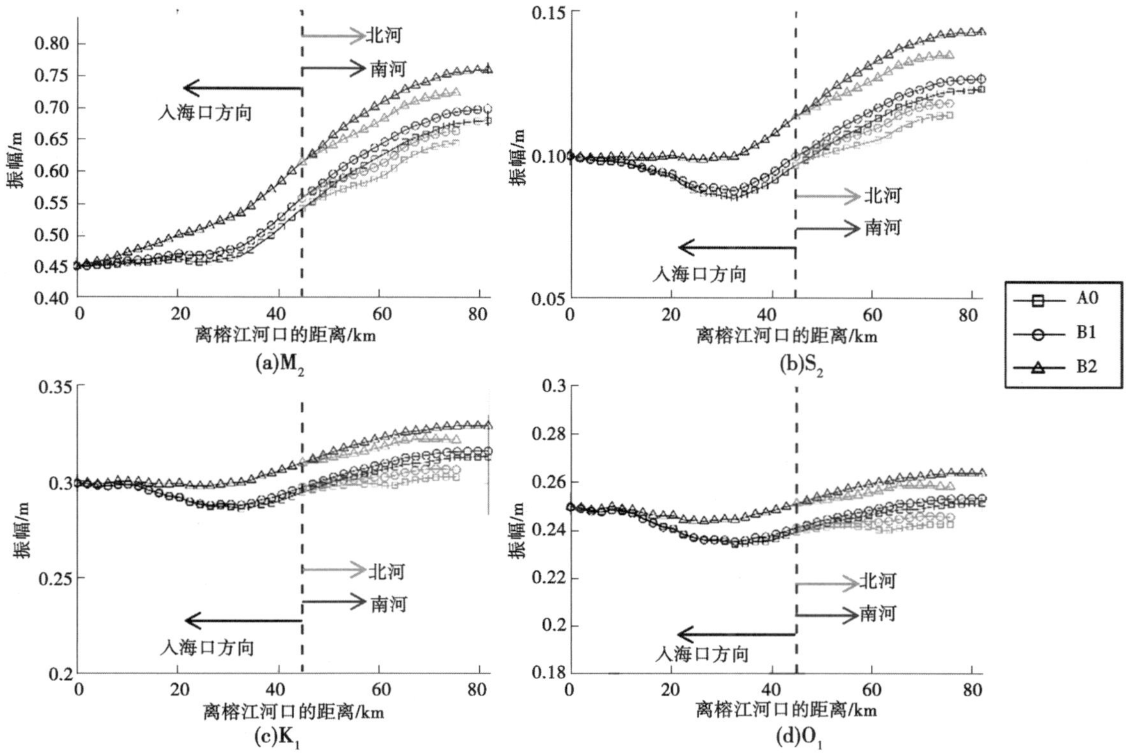

图 9 各主要分潮振幅的沿程分布(工况 A0、B1 和 B2)

5.3 结果分析与讨论

Khojasteh 等[2]通过对几个理想河口的计算分析,得出河口潮差沿程变化的典型模式;其中,潮差从下游往上游方向增长的模式有三种,如图 10 所示。模式Ⅰ表现出潮差从入海口到上游的持续性增长;模式Ⅱ则是潮差在从入海口至上游呈现先略微减小后不断增长的变化趋势,图中虚线对应了潮差最小处;模式Ⅲ表现了在上游河段,不断增长的潮差开始沿程减小。这些模式通常出现在河长相对较短(小于潮汐波波长)、平面形态呈喇叭状的汇聚河口;此外,喇叭状的平面形态和上游的闸、坝、堰等水工结构会反射潮汐波,从而进一步增加上游段的潮差。榕江河道也有着上述特征,即主流河道长度小于潮汐波波长,上游有节制闸工程,且其平面形态呈现沿程收缩的喇叭状。因此,榕江沿程潮差呈现出类似的增长模式。

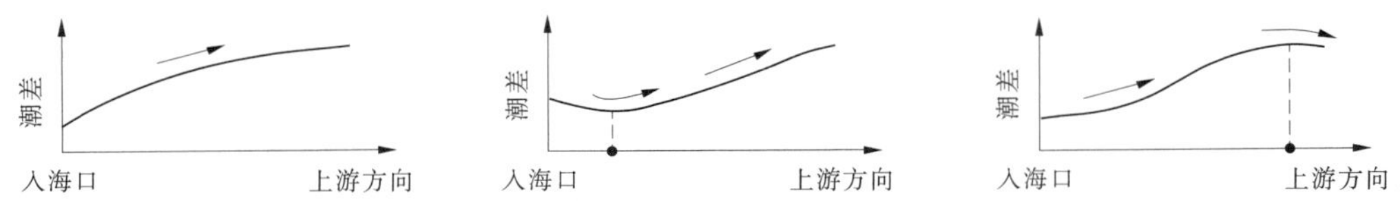

(a)模式Ⅰ (b)模式Ⅱ (c)模式Ⅲ

图 10 河口潮差沿程增长的几种典型模式

5.2 节的模拟结果表明:在无上游径流(工况 A0)的条件下,榕江河口潮汐驱动所致的平均潮差即 M_2 分潮振幅特征与模式Ⅰ相近,而其余主要分潮(S_2、K_1 和 O_1)振幅的沿程变化呈现模式Ⅱ的特征。上游径流和海平面上升能够改变潮差沿程变化的模式。以平均潮差为例,上游的径流能驱使榕江的潮波运动向着模式Ⅲ转变,这表明在汛期的上游径流能增强河道的摩阻力,从而减小上游河段的潮差[13]。对于入海口海平面的上升,当升高幅度较小时(工况 B1),海平面升高并未影响潮波的运动模式;但当出现极端情况时(如工况 B2),榕江的潮波运动则越来越往模式Ⅰ的方向靠近。海平面的上升使得水深变大,从而减小了河道的摩阻效应,导致河口上游河段的潮汐大幅上升。此外,海平面上升可能会增加潮差沿程增长的速率[2]。虽然海平面上升 1 m 的极端情况不会在短期内发生,但大量存在的航道疏浚等工程也会增大河口的水深,致使河口潮差出现类似于海平面上升的响应[14]。

本文还考察了河口上游两个支流的潮差特征。在无径流的情况下,主流南河的潮差大于北河,即南河得到了更多的潮汐能;南河或北河的径流都能改变对应支流的潮波运动模式,但在本文所设置的情境下,任一支流的上游径流并未显著影响另一支流的潮差变化。不过,本文并未深入讨论两个支流的相互作用;而要研究感潮河网的潮波动力过程,对各支流相互作用的认识是不可或缺的。所以,上游各支流在潮波运动中的相互作用机制有待进一步研究。

6 结 论

借助调和分析工具和一维河网水动力数值模型,本文研究了榕江河口的潮汐特征,重点分析了榕江的潮差特征及潮差对上游径流和海平面上升的响应。本文得到了以下结论:

(1)调和分析表明,榕江河口潮汐主要受分潮 M_2 的控制,而且榕江河口平均潮差的沿程变化与 M_2 分潮振幅的沿程变化趋势基本一致;此外,在多数情况下,其余主要分潮的沿程变化趋势与 M_2 分潮振幅(或平均潮差)的沿程变化趋势略有不同。

(2)在无上游径流作用(或径流作用较弱)时,榕江河口平均水位的沿程变化不大,平均潮差从入海口至上游整体上呈增长趋势。

(3)上游径流加强了潮波运动过程中的摩阻效应,使得榕江上游河段的潮差减小,从而显著改变潮差沿程变化的趋势。

(4)海平面上升增加了水深,减小了河道中的摩阻效应,从而在整体上增加了榕江河口的平均潮差;此外,当海平面上升高度较大时,平均潮差(及各分潮振幅)的沿程变化趋势发生了显著改变。

参考文献

[1] Geyer W R, MacCready P. The Estuarine Circulation[J]. Annual Review of Fluid Mechanics, 2014, 46(1): 175-197.

[2] Khojasteh D, Chen S, Felder S, Heimhuber V, Glamore W. Estuarine tidal range dynamics under rising sea levels[J]. PLoS ONE, 2021, 16(9): e0257538.

[3] Burchard H, Schuttelaars H M, Ralston D K. Sediment Trapping in Estuaries[J]. Annual Review of Marine Science, 2018, 10(1): 371-395.

[4] Woodroffe C D, Rogers K, McKee K L, et al. Mangrove Sedimentation and Response to Relative Sea-Level Rise[J]. Annual Review of Marine Science, 2016, 8(1): 243-266.

[5] Rosario D J, Walton T J, Kennish S J. In-bore Multiparametric Magnetic Resonance Imaging Targeted Biopsy: As Good as it Gets? [J]. European Urology, 2019, 75(4): 579-581.

[6] Godin G. The Propagation of Tides up Rivers With Special Considerations on the Upper Saint Lawrence River[J]. Estuarine, Coastal and Shelf Science, 1999, 48(3): 307-324.

[7] Du J, Shen J, Zhang Y J, et al. Tidal Response to Sea-Level Rise in Different Types of Estuaries: The Importance of Length, Bathymetry, and Geometry[J]. Geophysical Research Letters, 2018, 45(1): 227-235.

[8] 伍成成. Mike11 在盘锦双台子河口感潮段的应用研究[D]. 青岛:中国海洋大学, 2011.

[9] 吴广昊. 河网—水闸耦合水动力数值模拟及其糙率反演研究与应用[D]. 南京:河海大学,2018.

[10] 赵雪华. 钱塘江涌潮的一维数学模型[J]. 水利学报, 1985(01): 52-56.

[11] Pawlowicz R, Beardsley B, Lentz S. Classical tidal harmonic analysis including error estimates in MATLAB using T_TIDE [J]. Computers & Geosciences, 2002, 28(8):929-937.

[12] Warner J C, Geyer W R, Lerczak J A. Numerical modeling of an estuary: A comprehensive skill assessment[J]. Journal of Geophysical Research: Oceans, 2005, 110(C5):C05001.

[13] Horrevoets A C, Savenije H H G, Schuurman J N, et al. The influence of river discharge on tidal damping in alluvial estuaries[J]. Journal of Hydrology, 2004, 294(4): 213-228.

[14] Ensing E, Swart H D, Schuttelaars H M. Sensitivity of tidal motion in well-mixed estuaries to cross-sectional shape, deepening, and sea level rise[J]. Ocean Dynamics, 2015, 65(7): 933-950.

基于 VMD 分解的水电站甩负荷过渡过程反演分析

黄　伟[1]　万子豪[1]　李火坤[1]　郭新蕾[2]　安学利[2]　林弘康[1]

(1. 南昌大学工程建设学院,江西南昌　330031;
2. 中国水利水电科学研究院,北京　100038)

【摘　要】 甩负荷过渡过程是水电站安全运行最主要的威胁之一,基于原型甩负荷试验的水力过渡过程反演分析对于校核工程设计、确定仿真模拟的计算误差至关重要。本文利用变分模态分解(VMD)方法对甩负荷过程的实测蜗壳和尾水管进口压力开展了时频分析,提取了实测的断面均值压力和脉动压力;同时,在相同边界条件下开展了一维甩负荷过渡过程反演分析,确定了数值仿真的计算误差。结果表明:VMD 分解方法在进行甩负荷过渡过程实测压力信号时频特性分析时具备良好的模态识别和去噪能力,模拟仿真得到的调保参数时域过程与 VMD 分解得到的实测均值结果吻合良好,反演模拟得到的计算误差可为其他极端控制性工况的模拟预测提供修正依据。研究方法可为其他水电站或抽水蓄能电站水力过渡过程的反演与预测提供参考。

【关键词】 变分模态分解;经验模态分解;傅立叶变换;甩负荷;水力过渡过程;数值模拟

1　引　言

水电站在进行功率、频率调节或事故甩负荷时,会产生水力过渡过程现象,在管道内引发水锤,同时伴随压力脉动,严重时可造成压力管道破裂、机组受损等重大事故[1]。因此,需要在设计时充分预测各种不利工况下的水力过渡过程,为电站管道的压力等级设计和输水系统布置提供依据。

水电站在投产运行以前,需开展原型甩负荷试验,以检验调保参数指标是否符合设计要求。然而,试验时只能针对固定水位条件下的某一类甩负荷过渡过程,无法完整试验所有极端控制性工况,因此往往需要结合数值模拟的手段预测分析各种不利工况下的水力过渡过程。受管道糙率、水击波速以及真机全特性不确定度的影响,预测模拟存在一定的计算误差;同时,一维的数值模拟得到的是断面平均水锤压力,无法反映实际的压力脉动结果。因此,需要根据同一边界条件下的反演模拟与原型甩负荷试验结果对比,确定模拟计算误差和压力脉动修正值,以此预测出控制性工况修正后的总压力。杨桀彬等[5]利用经验模态分解方法(EMD)对甩负荷过程实测压力信号进行分解,获得水击压力和脉动压力,同时通过三角网格内插绘制了脉动压力等值线。杨建东等[6]通过 Savitzky-Golay 方法提取水力过渡过程中的压力脉动,并利用 STFT 变换进行脉动信号的处理,揭示了实际抽水蓄能电站甩负荷过渡过程中压力脉动的来源和频率范围。Zuo 等[7]指出高水头水泵水轮机中无叶区的压力脉动是由转子与定子之间的相互作用(RSI)引起的,并对 RSI 的产生机制、RSI 特性的实验和数值模拟、影响无叶区压力脉动的机组几何参数和运行参数以及减少压力脉动的措施进行了详细论述。2014 年,Dragomiretskiy[8]提出了一种变分模态分解算法(VMD),该算法能够有效抑制 EMD 算法分解过程中存在的模态混叠、端点效应等问题,具有收敛速度快和鲁棒性高的优点,有利于信号的模态识别和特征提取。An[9]、于晓东等[10]、曹林宁等[11]利用 VMD 分解方法对尾水管内的压力脉动进行分解,根据时频谱筛选并重构尾水管压力信号,重构的压力信号能够有效去除噪声,更真实地反映实际的压力脉动情况。

基金项目:国家自然科学基金(51909115);江西省水利厅科技课题(202123YBKT04);中国水科院流域水循环模拟与调控国家重点实验室开放基金(IWHR-SKL-KF201904);中国水科院基本科研业务费项目(TJ0145B022021)

鉴于此,本文首先通过数字仿真信号将 VMD 与 EMD 分解方法去噪效果进行对比,继而结合某水电站原型甩负荷试验实测数据,利用 VMD 分解方法对实测蜗壳和尾水管进口压力开展时频分析,并对相同边界条件下的甩负荷过渡过程开展反演分析,为其他极端控制性工况的模拟预测提供修正依据。研究方法可为其他水电站或抽水蓄能电站水力过渡过程的反演与预测提供参考。

2 研究方法

2.1 水轮机边界条件模型

在甩负荷过渡过程模拟中,水轮发电机组的边界条件包括以下方程[12]:

$$y = y(t) \tag{1}$$

$$H_u = C_p - B_p Q_u \tag{2}$$

$$H_d = C_m + B_m Q_d \tag{3}$$

$$Q_u = Q_d \tag{4}$$

$$Q_{11} = f(y, n_{11}) \tag{5}$$

$$M_{11} = f(y, n_{11}) \tag{6}$$

$$Q_u = Q_{11} D_1^2 \sqrt{H_u - H_d + \Delta H} \tag{7}$$

$$n = n_{11} \sqrt{H_u - H_d + \Delta H} / D_1 \tag{8}$$

$$M = M_{11} D_1^3 (H_u - H_d + \Delta H) \tag{9}$$

$$n = n_0 + 0.1875(M + M_0)\Delta t / GD^2 \tag{10}$$

式中,y 为导叶相对开度;t 为时间;下标 u 和 d 分别为代表管道入口和出口的计算边界点;H 为水头;Q 为流量;n_{11},Q_{11} 和 M_{11} 分别为单位转速、单位流量和单位扭矩;ΔH 为水轮机进出口之间的水头损失;D_1 为水轮机转轮直径;n 为转速;M 为扭矩;GD^2 为机组转动惯量;Δt 为时间步长。

2.2 变分模态分解(VMD)

2.2.1 基本理论

变分模态分解(VMD)方法将信号处理问题转化为变分模型求解问题,以每个模态的中心频率附近的窄带信号为准则构造变分模型,通过交替方向乘子算法在信号频域进行迭代求解,进而将输入信号分解成一组本征模态函数(IMF)的线性组合,其 IMF 的变分约束模型为[13]:

$$\begin{cases} \min\limits_{\{u_k\},\{\omega_k\}} \left\{ \sum_k \left\| \partial_t \left\{ \left[\delta(t) + \frac{\mathrm{j}}{\pi t} \right] \times u_k(t) \right\} e^{-\mathrm{j}\omega_k t} \right\|_2^2 \right\} \\ s.t.\ \sum_k u_k = f \end{cases} \tag{11}$$

式中,$\delta(t)$ 为狄拉克分布;$u_k(t)$ 为第 k 个本征模态函数;j 为复数单位;ω_k 为第 k 个 IMF 的中心频率;f 为初始信号。

引入二次惩罚因子和 Langrange 乘法算子使得变分约束模型转换成无约束问题,则有:

$$L(\{u_k\},\{\omega_k\},\lambda) = \alpha \sum_{k=1}^{K} \left\| \partial_t \left\{ \left[\delta(t) + \frac{\mathrm{j}}{\pi t} \right] \times u_k(t) \right\} e^{-\mathrm{j}\omega_k t} \right\|_2^2 + \left\| f - \sum_{k=1}^{K} u_k(t) \right\|_2^2 + \left\langle \lambda(t), f(t) - \sum_{k=1}^{K} u_k(t) \right\rangle \tag{12}$$

式中,α 为二次惩罚因子;$\lambda(t)$ 为 Langrange 乘法算子。

最后通过交替方向乘子算法在频域内求解上式,并通过傅立叶逆变换可获得各模态分量 IMF。

2.2.2 性能指标

为了评估 VMD 方法在信号处理方面的性能,选取信噪比(SNR)和均方根误差(RMSE)两个指标。其中信噪比为原始信号中信号平均功率与噪声平均功率的比值,如下:

$$\mathrm{SNR} = 10\log\left[\frac{\sum_{t=1}^{N} X_0^2(t)}{\sum_{t=1}^{N}[X(t) - X_0(t)]^2}\right] \tag{13}$$

式中，$X(t)$ 和 $X_0(t)$ 分别为含噪原始信号和纯净信号序列；N 为信号长度。

原始信号与去噪后的信号间的均方根误差(RMSE)为

$$\mathrm{RMSE} = \sqrt{\frac{1}{N}\sum_{i=1}^{N}[X(t) - X_0(t)]^2} \tag{14}$$

引入皮尔逊相关系数 R，该系数可以直观地表现出信号分解后的各 IMF 分量与原始信号间的相关程度，进而判断该 IMF 分量是否需要被滤除，其值越接近于 0，表明二者间的相关性越弱。

$$R(\mathrm{imf}_i(t), X(t)) = \frac{\mathrm{cov}(\mathrm{imf}_i(t), X(t))}{\sigma_{\mathrm{imf}_i(t)}\sigma_{X(t)}} \tag{15}$$

式中，$\mathrm{cov}(\mathrm{imf}_i(t), X(t))$ 为 IMF 分量与原始信号间的协方差；σ 为标准差。

3　数字仿真信号分析

为验证 VMD 算法在水轮机压力脉动信号降噪方面的可靠性，构造包含了不同频率成分和高斯白噪声的数值模拟信号如下：

$$f(t) = \cos(2\pi f_1 t) + 0.5\cos(2\pi f_2 t) + 0.2\cos(2\pi f_3 t) + \mathrm{noise} \tag{16}$$

式中，f_1、f_2、f_3 分别为 2 Hz、10 Hz 和 50 Hz；noise 为高斯白噪声。

信号采样频率 1 000 Hz，当采用信噪比 20 dB 的白噪声进行加噪，纯净信号和加噪信号时程曲线对比和对应频谱对比如图 1 所示：

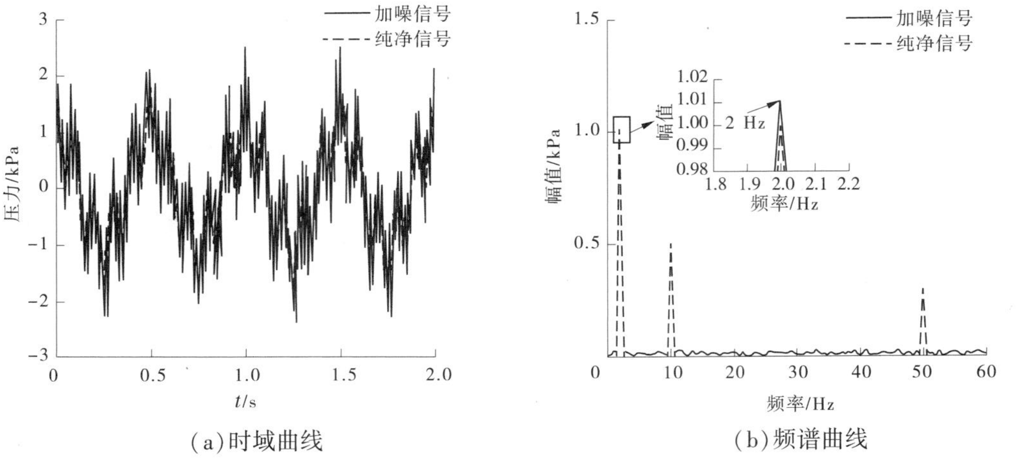

图 1　纯净信号和加噪信号时域曲线与对应频谱对比

有别于经验模态算法——EMD 算法可以自适应地确定分解模态数 K，VMD 算法则需提前给定模态分解个数 K。本文利用 VMD 算法对不同 K 值下分解信号后得到的 IMF 模态分量进行 Hilbert 变换，求得瞬时频率分量后求均值，通过观察不同 K 值下信号的平均瞬时频率和各模态的中心频率变化选取优化的 K 值为 8，二次惩罚因子 α 设为 2 000，判别精度 ε 设为 1×10^{-6}。经 VMD 分解后得到 IMF 分量按频率从高到低排列如图 2 所示，其中：IMF1～IMF5 的互相关系数均小于 0.1，表明这些 IMF1～IMF5 分量包含的有效信息少，认定为噪声分量，将其剔除；而 IMF6～IMF8 的互相关系数均超过 0.3，所含有效信息较多，因此将 IMF6～IMF8 分量信号进行重构，得到 VMD 降噪后的时域信号；同时，采用 EMD 分解方法对相同信号进行分解，剔除互相关系数小于 0.1 的 IMF 分量后进行重构，两种方法降噪后的时域信号曲线对比如图 3 所示。通过在纯净信号中加入不同信噪比(10 dB、20 dB 和 30 dB)的白噪声水平,两种方法去噪后的信噪比及均方根误差如表 1 所示。由图 3 和表 1 可知,VMD 方法在剔除了噪声的同时,较好地保留了信号中的有效信息,重构所获得的时域信号结果较 EMD 方法更趋近于纯净信号。经过 VMD 分解并重构的信号具有更高的信噪比 SNR 和更低的均方根误差 RMSE;而 EMD 分解并重构的信号仅在白噪声水平较低时能在一定程度上提高信噪比,降低均方根误差,但当噪声水平较高时易出现模态混叠现象。因此,本文选用 VMD 分解方法进行实测压力脉动信号的降噪。

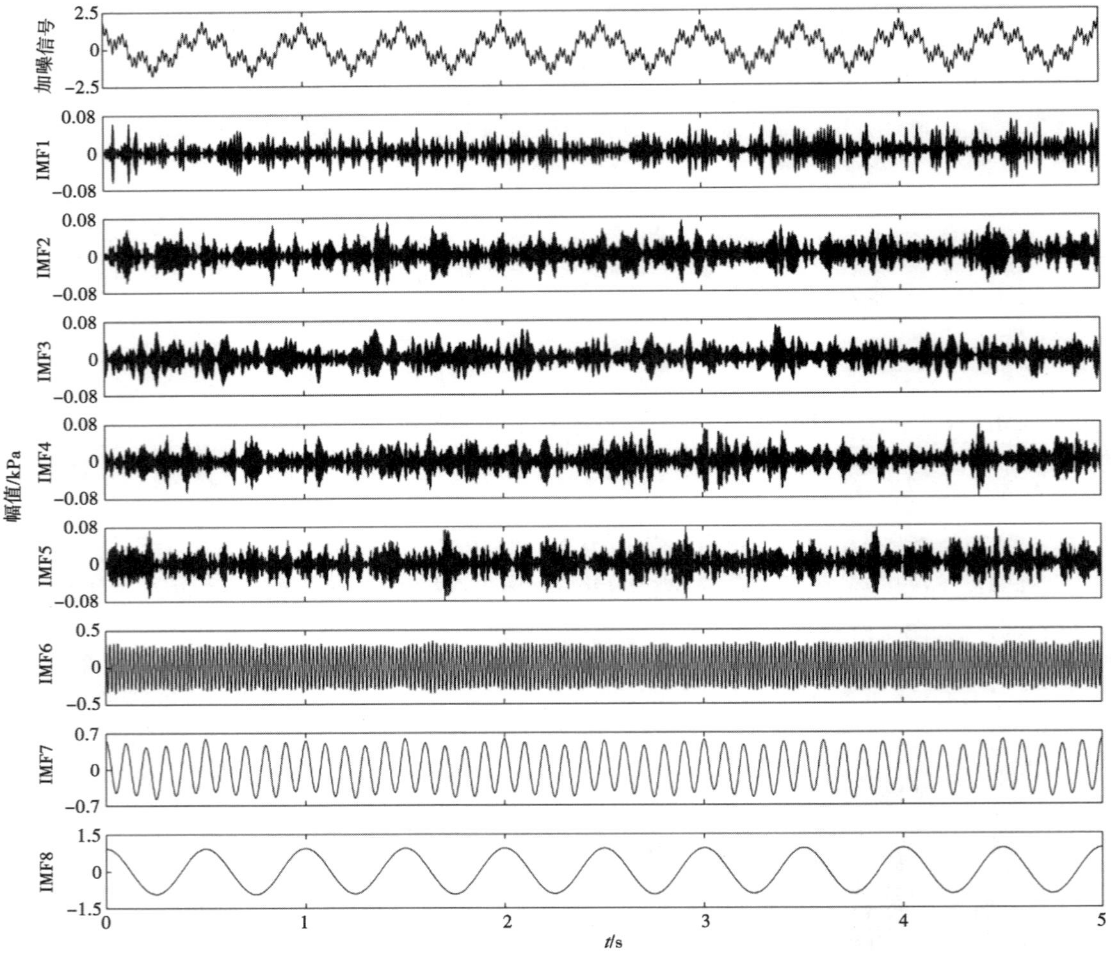

图 2　VMD 分解的 IMF 分量

表 1　不同噪声信号下 VMD 和 EMD 算法的降噪评价指标对比

降噪方法	10 dB 白噪声		20 dB 白噪声		30 dB 白噪声	
	SNR	RMSE	SNR	RMSE	SNR	RMSE
未降噪	10.00	0.26	20.00	0.08	30.00	0.03
VMD 方法	18.02	0.10	29.19	0.03	37.58	0.01
EMD 方法	10.49	0.24	18.51	0.09	21.00	0.07

4　实例分析

4.1　工程概况

某大型水电站安装有 16 台单机容量 100 万 kW 的巨型混流式水轮发电机组,共分为 8 个水力单元,每

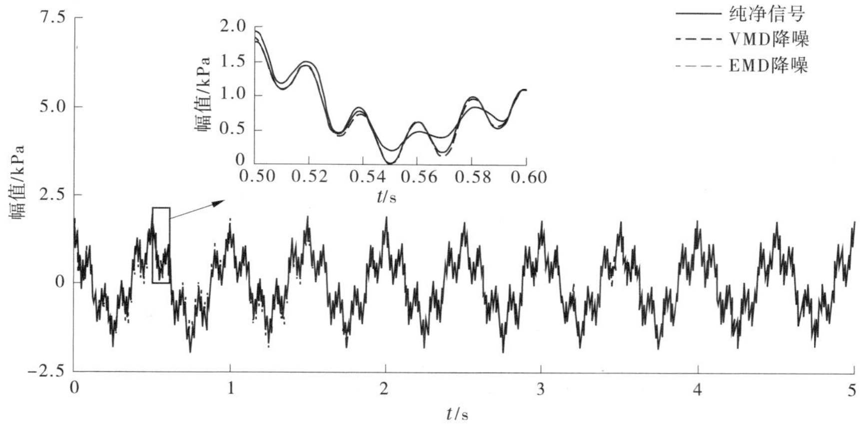

图 3　VMD 和 EMD 滤波降噪效果

个水力单元设有 2 台机组。引水系统采用一洞一机的布置形式，尾水系统为一洞两机布置。以 8#水力单元为例，设置有 2 台 A1181a 混流式水轮机机组，单机额定参数为：额定转速 107.1 r/min，额定出力 101.5 万 kW，额定水头 202.0 m，额定流量 538.8 m^3/s。压力管道总长约 472 m，采用圆形断面，主洞洞径为 10.2 m；尾水隧洞总长约 2 005 m，采用城门洞形断面，主洞当量直径为 16.64 m。输水系统中还设有尾水管检修闸门井、尾水调压室、尾水隧洞闸门井等。其中，尾水调压室采用阻抗+上室式，阻抗孔设有 2 个，直径 7.6 m，大井直径 45 m，大井底板高程 561.00 m，上室尺寸为 9.0 m×15.0 m（宽×高），上室底板高程 630.44 m。输水系统布置示意如图 4 所示。

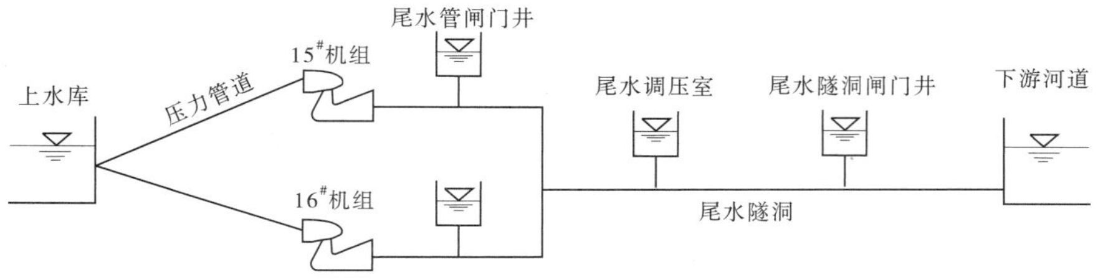

图 4　某水电站 8#水力单元布置示意图

2021 年，该电站 15#机组进行单机甩 90%满负荷（甩 870 MW 负荷）试验，测得上、下游水位分别为 771.45 m 和 593.50 m，采样频率 250 Hz，数据长度 24 576，实测甩负荷试验结果如图 5 所示。

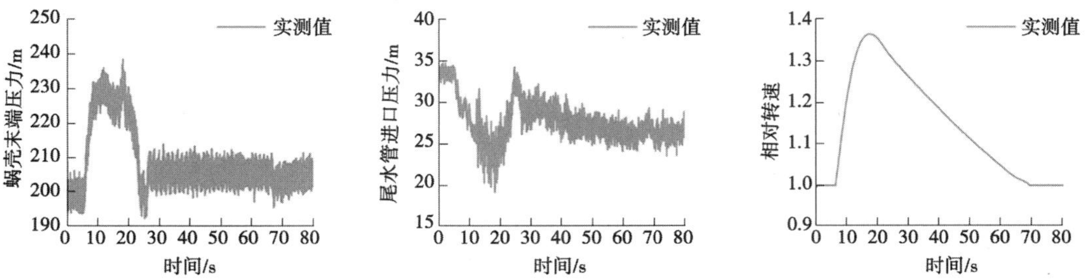

（a）蜗壳压力　　（b）尾水管进口压力　　（c）机组相对转速

图 5　15#机组甩 90%满负荷试验结果

4.2　VMD 分解及反演分析

采用 VMD 方法对图 5 中甩负荷试验实测的蜗壳压力和尾水管进口压力信号进行分解处理，得到的 IMF 分量及通过快速傅立叶变换 FFT 获得的相应频谱如图 6 所示。蜗壳压力分解得到的各 IMF 分量的中心频率分别为：15.65 Hz、32.96 Hz、48.86 Hz、65.86 Hz、81.76 Hz、99.36 Hz、116.37 Hz 和 0 Hz。

由于甩负荷过程中,蜗壳内的压力脉动主要由较高频段的动静干涉(与瞬时转频的倍数相关)和低频段(一般不超过 20 Hz)的旋转失速共同组成,将中心频率 50 Hz 以上且互相关系数低于 0.1 的 IMF 分量视为高频噪声分量,则 IMF1~IMF3 之和作为蜗壳脉动压力,IMF8 作为蜗壳断面的实测均值压力。尾水管进口压力分解得到的各 IMF 分量的中心频率分别为:2.46 Hz、8.31 Hz、18.78 Hz、31.67 Hz、49.57 Hz、75.41 Hz、104.01 Hz 和 0 Hz。而由于甩负荷过程中,尾水管内的压力脉动以低频的涡带频率为主,故将频率较低且互相关系数较高的 IMF1 与 IMF2 分量之和作为尾水管进口脉动压力,将 IMF8 作为尾水管进口断面的实测均值压力。

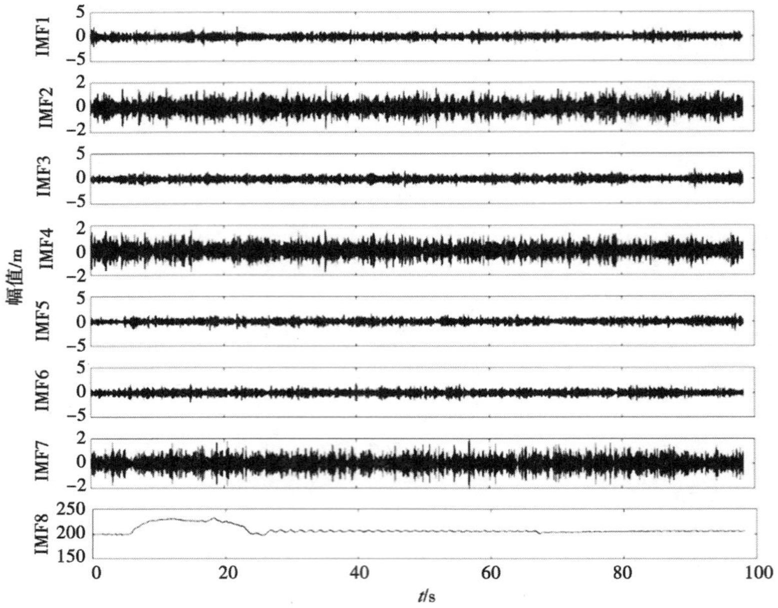

(a) VMD 分解蜗壳压力

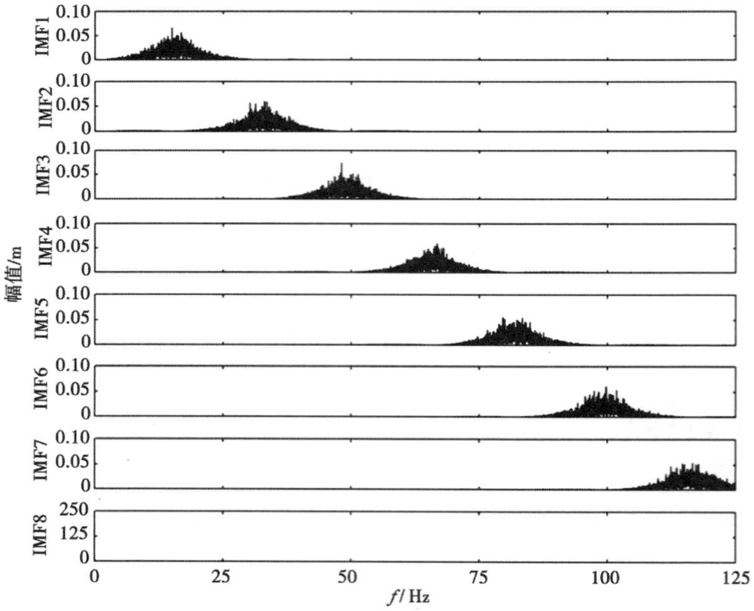

(b) 蜗壳压力频谱

图 6　VMD 分解甩负荷试验实测信号与相应频谱

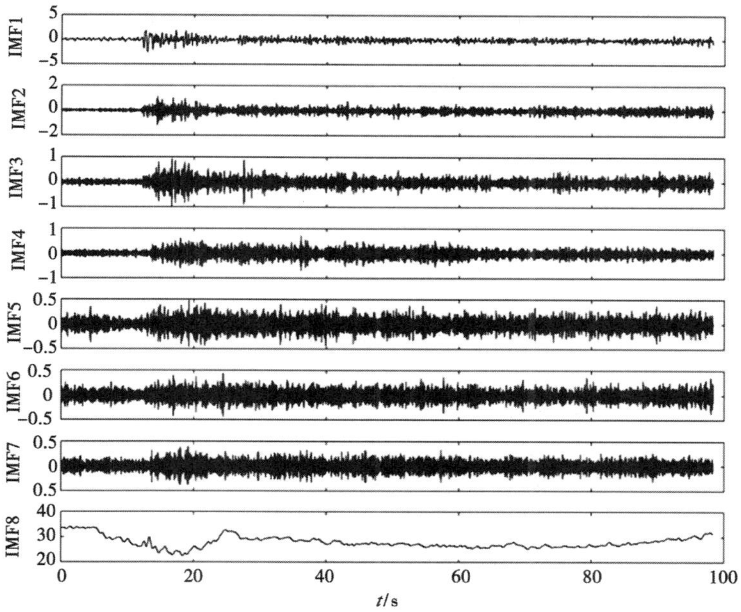

(c) VMD 分解尾水管进口压力

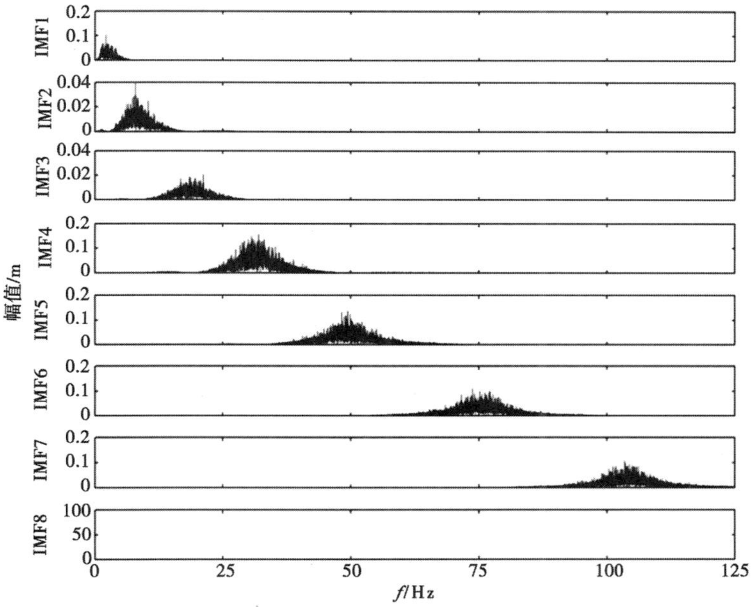

(d) 尾水管进口压力频谱

续图 6

由于管道水击波速和摩阻系数在设计阶段存在很大的不确定性。因此，首先利用前 5 s 时刻稳态工况下的实测数据校准各管段水击波速值和摩阻系数；继而，利用第 2 节中的水轮发电系统数学模型以及实测导叶关闭规律，在相同的边界条件和设计参数下对 15# 机组进行单机甩负荷过渡过程模拟仿真，各调保参数的实测均值极值和计算极值对比见表 2，各调保参数的实测和模拟均值曲线对比如图 7 所示。可以看出，模拟仿真得到的机组转速变化过程、蜗壳及尾水管进口的压力变化过程与 VMD 分解得到的实测甩负荷试验均值结果在 30 s 以内的变化趋势基本一致，吻合良好；但在 40 s 以后误差逐渐加大，这是因为模拟采用的是水轮机的静态特性，与实际的动态特性之间存在差异，此外，一维模拟将蜗壳末端、尾水管进口概化为一个计算点，与环向布置的压力传感器实测压力算术平均得到的实测均值间存在偏差。其中：机组转速最大上升率的计算误差仅为 0.89%，蜗壳最大压力计算误差为甩前净水头

(173.5 m)的2.40%,尾水管进口最小压力计算误差仅为甩前净水头的0.47%,由此可见,数值模拟的精度较高,可以满足电站水力过渡过程分析的精度要求。根据《水电站调节保证设计导则》,当预测模拟极端控制性工况时,可按表2中的计算误差修正模拟得到的均值水击压力和机组转速上升率,并按照极端控制性工况的甩前净水头与表2工况的甩前净水头之比同比例放大获得控制性工况的脉动压力,由此可以预测出控制性工况修正后的总压力。篇幅原因,本文不再赘述。

表2 各调保参数的实测均值极值和模拟极值对比

项目	转速最大上升率/%	蜗壳最大压力/m	尾水管进口最小压力/m
实测值	36.57	232.94	22.39
模拟值	37.46	237.11	23.20
计算误差/%	0.89	2.40	0.47

注:计算误差作为预测模拟修正值,转速采用"模拟值-实测值"确定;压力采用"(模拟值-实测值)/甩前净水头"确定。

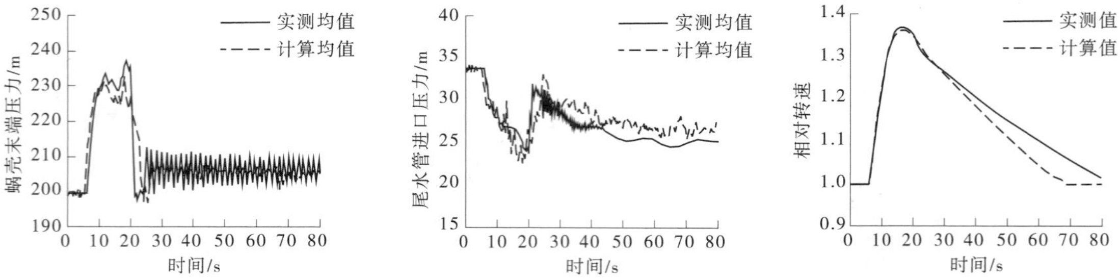

(a)蜗壳压力　　(b)尾水管进口压力　　(c)机组相对转速

图7 甩负荷试验与模拟仿真时程线对比

5 结　语

基于某水电站原型甩负荷试验实测数据,本文利用VMD变分模态分解方法对实测蜗壳和尾水管进口压力开展了时频分析,并模拟仿真了相同边界条件下的甩负荷过渡过程,得到以下结论:

(1)VMD变分模态分解方法在进行甩负荷过渡过程实测压力信号时频特性分析时具备良好的模态识别和去噪能力,经过VMD分解并重构的信号较EMD分解方法具有更高的信噪比和更低的均方根误差,改善EMD方法易出现模态混叠的现象;但是VMD分解方法无法自适应地确定分解模态数和惩罚因子等参数,需结合智能优化算法进行参数寻优,才能达到最佳的分解效果。

(2)模拟仿真得到的机组转速变化过程、蜗壳及尾水管进口的压力变化过程与VMD分解得到的实测均值结果吻合良好,反演模拟的精度较高,可以满足电站极端控制性过渡过程预测的精度要求,为电站的安全稳定运行提供依据。

参考文献

[1] 黄伟. 水电站尾水调压室设置判据及水泵水轮机全特性理论构建[D]. 北京: 清华大学, 2018.

[2] 张飞, 王宪平. 抽水蓄能机组甩负荷试验时尾水锥管压力[J]. 农业工程学报, 2020,36(20): 93-101.

[3] 李立, 陈源, 伍志军, 等. 基于小波分解的抽水蓄能机组甩负荷反演预测[J]. 人民黄河, 2021,43(9): 144-149, 155.

[4] 章梦捷, 吴都, 李高会, 等. 洪屏抽水蓄能电站现场甩负荷试验及数值反演分析[J]. 人民长江, 2021,52(6): 183-187.

[5] 杨桀彬,杨建东,王超,等. 水泵水轮机甩负荷过渡过程中脉动压力的模拟[J]. 水力发电学报,2014,33(4):286-294.

[6] 杨建东，胡金弘，曾威，等. 原型混流式水泵水轮机过渡过程中的压力脉动[J]. 水利学报，2016，47(7)：858-864.
[7] Zuo Z, Liu S, Sun Y, et al. Pressure fluctuations in the vaneless space of High-head pump-turbines—A review[J]. Renewable & Sustainable Energy Reviews, 2015, 41: 965-974.
[8] Dragomiretskiy K, Zosso D. Variational mode decomposition[J]. IEEE transactions on signal processing, 2014, 62(3): 531-544.
[9] An X, Zeng H. Pressure fluctuation signal analysis of a hydraulic turbine based on variational mode decomposition[J]. Proceedings of the Institution of Mechanical Engineers, Part A: Journal of Power and Energy, 2015, 229(8): 978-991.
[10] 于晓东，潘罗平，安学利. 基于 VMD 和排列熵的水轮机压力脉动信号去噪算法[J]. 水力发电学报，2017，36(8)：78-85.
[11] 曹林宁，蒋磊，陈忠宾，等. 基于 VMD 的甩负荷试验尾水管压力分析及预测[J]. 中国农村水利水电，2020(2)：148-152.
[12] Huang W, Ma J, Guo X, et al. Stability Criterion for Mass Oscillation in the Surge Tank of a Hydropower Station Considering Velocity Head and Throttle Loss[J]. Energies, 2021, 14(17): 5247.
[13] Li H, Wang G, Wei B, et al. Improved variational mode decomposition method for vibration signal processing of flood discharge structure[J]. Journal of Vibration and Control, 2021, 0(0): 1-14.

空气阀和空气阀调压室联合的泵站水锤防护

李甲振[1]　刘团结[2]　郭新蕾[1]　杨开林[1]

(1. 中国水利水电科学研究院 流域水循环模拟与调控国家重点实验室,北京　100038;
2. 河南省水利勘测设计研究有限公司,河南郑州　450008)

【摘　要】 针对泵站事故断电、正常停泵等水力瞬变过程进行防护,使管道压力、水泵转速的变化满足相关规范、管道承压等要求,确保工程安全过渡,是水利设计过程中需要研究的关键问题之一。本文以典型泵站作为研究对象,建立了水力仿真计算的数值模型,分析了原方案的水力瞬变特性;通过多方案对比,给出了空气阀和空气阀调压室联合的水锤防护措施。针对事故断电、正常停泵等泵站常见的水力过渡过程,给出了相应的控制策略。结果表明,减小空气阀口径、配置空气阀调压室是一种有效可行的泵站水锤防护方案,能够有效降低水锤强度。本文通过优化空气阀口径和配置空气阀调压室,解决了典型低扬程、大流量引调水工程的水锤防护问题,确保了事故断电、正常启停等水力过渡过程的工程安全,研究成果也可供类似有压输水系统参考借鉴。

【关键词】 泵站;水锤;空气阀调压室;液控蝶阀

0　引　言

人多水少、水资源时空分布不均是我国的基本国情水情,修建泵站输水系统是进行水资源配置、缓解局部地区水资源短缺的重要手段之一[1]。在泵站运行过程中,不可避免地会出现事故断电、运维检修、流量调节等水力过渡过程,致使管道流量、压力产生波动。如何控制水力瞬变过程中管道流量、压力的变化幅度,使其满足相关规范和设备的技术要求,是水利设计需要解决的关键问题之一。

由于提水泵站、输水管道和进出水池在水泵特性、扬程流量、管道线路、口径材料等方面差别较大,水锤防护措施的选择和设置并没有通用性的技术规范或导则,每个输水工程需要开展专题性、针对性的技术研究。刘光临等[2]针对九江市第三水厂水源泵站供水系统多次发生水锤爆管现象,提出了管道高点设置单向调压塔的技术方案,并通过停泵水锤试验进行了校验。吴建华等[3]对回龙高扬程供水工程采用了缓闭式蝶阀消除水锤,消除了水锤消除器与逆止阀方案拒动和高能耗的影响。杨开林[4]提出了空气阀调压室的技术方案,并将其应用在引嫩入白城市供水工程的水锤防护中。张健等[5]构建了空气阀布置的理论分析和数值优化框架,提出了应满足的通用准则与公式。刘志勇等[6]研究了V形输水管道爆管面积、位置、历时等因素的影响,建立了隔断阀关闭规律的优化模型。邓安利等[7]、张毅鹏等[8]、刘金昊和吴建华[9]针对典型工程分别给出了设置空气罐、布置空气阀与调压塔以及安装液控蝶阀、进排气阀和真空破坏阀的技术方案。可见,合理设置调压塔、缓闭阀门、空气阀调压室、空气罐、真空破坏阀等,均可对典型工程起到有效防护作用。

空气阀调压室是设置在输水线路上一个充满水体的短管,顶部安装空气阀。当空气阀调压室局部位置的管路出现负压时,空气阀打开,下侧水体补充输水系统;当管道压力大于大气压时,调压室内的气体被排出。相较于传统的空气阀和调压塔,空气阀调压室能通过补水和进气削减负压,防护效果优于空

基金项目:国家自然科学基金重点项目(51609265)
作者简介:李甲振(1989—),男,高级工程师,博士,从事水力学方面的研究。

气阀,劣于调压塔,但土木工程量远小于调压塔,是一种可考虑推广使用的水锤防护措施。

本文的目的是,针对典型泵站进行数值计算,给出水锤防护方案,并给出事故停泵、正常停泵工况的控制策略。

1 数学模型

管道非恒定流的控制方程包括动量方程和连续方程[10-12]

$$\frac{\partial H}{\partial x}+\frac{V}{g}\frac{\partial V}{\partial x}+\frac{1}{g}\frac{\partial V}{\partial t}+\frac{fV|V|}{2gD}=0 \tag{1}$$

$$V\frac{\partial H}{\partial x}+\frac{\partial H}{\partial t}+\frac{a^2}{g}\frac{\partial V}{\partial x}+V\sin\alpha=0 \tag{2}$$

式中,H 为测压管水头,m;x 为沿管道中心线方向的距离,m;V 为水流流速,m/s;g 为重力加速度,m/s^2;t 为时间,s;f 为 Darcy-Weisbach 摩阻系数;D 为管道直径,m;a 为水锤波速,m/s;α 为管道倾角。

式(1)和式(2)通常采用特征线方法进行求解,文献[10-12]等进行了详细介绍,此处不再赘述。

空气流经空气阀时,其边界条件分为以下四种情况。

(1)空气以亚声速流入($0.53p_a<p<p_a$)

$$M_a=C_{in}A_{in}\sqrt{7p_a\rho_a\left[\left(\frac{p}{p_a}\right)^{1.4286}-\left(\frac{p}{p_a}\right)^{1.714}\right]} \tag{3}$$

式中,M_a 为空气质量流量,kg/s;C_{in} 为进气流量系数;A_{in} 为进气面积,m^2;p_a 为大气压力,Pa;ρ_a 为大气密度,kg/m^3;p 为空气阀对应位置处的管道压力,Pa。

(2)空气以临界速度流入($p\leqslant 0.53p_a$):

$$M_a=C_{in}A_{in}\frac{0.686}{\sqrt{RT_0}}p_a \tag{4}$$

式中,R 为气体常数,8.31 J/(mol · K);T_0 为气体的绝对温度,(°)。

(3)空气以亚音速流出($p_a<p<\dfrac{p_a}{0.53}$):

$$M_a=-C_{out}A_{out}p\sqrt{\frac{7}{RT}\left[\left(\frac{p_a}{p}\right)^{1.4286}-\left(\frac{p_a}{p}\right)^{1.714}\right]} \tag{5}$$

式中,C_{out} 为排气流量系数;A_{out} 为排气面积,m^2。

(4)空气以临界速度流出($\dfrac{p_a}{0.53}<p$):

$$M_a=-C_{out}A_{out}\frac{0.686p}{\sqrt{RT}} \tag{6}$$

2 工程概况

某泵站输水系统由水源地取水,通过 *DN*2200 的 PCCP 管道向 33 km 处的受水地输水,设计流量为 6.6 m^3/s,管轴线布置如图 1 所示。2 台水泵并联布置,单机容量 2 000 kW,设计静扬程 2.5 m,额定转速 495 rpm,出口采用 *DN*1200 液控缓闭止回蝶阀断流,水泵全特性曲线如图 2 所示。工程初步设计的防护方案为:输水管线沿线布置 88 个空气阀井,每个空气阀井内设 1 个 *DN*300 的空气阀。

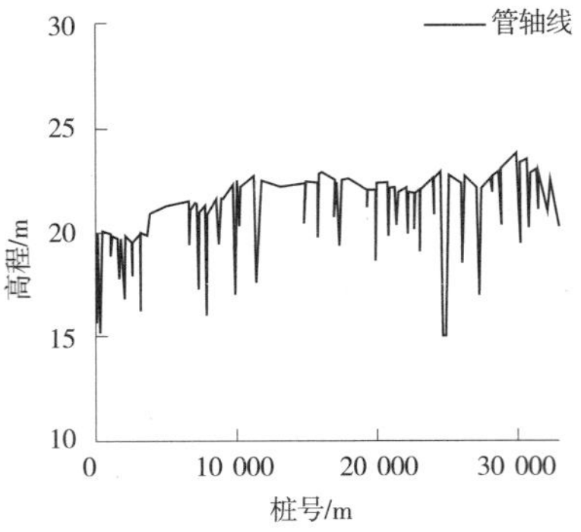

图 1　管轴线

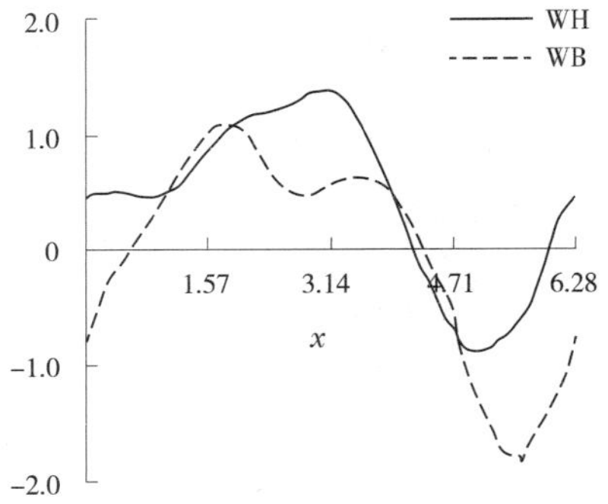

图 2　水泵全特性曲线

3　结果与讨论

3.1　原方案的水力瞬变特性

2 台水泵事故断电、蝶阀拒动情况下，系统的水力瞬变特性如图 3 所示。水泵最大反转速度是额定转速的 0. 27 倍，最大反向流量是额定流量的 0. 27 倍，满足规范要求。管道沿线的最大压力均小于承压值，但最小压力达到−10 m，出现汽化。这是由于空气阀排气过快，产生较高强度的弥合水锤造成的。原方案不能满足水锤防护要求，需要进行优化。

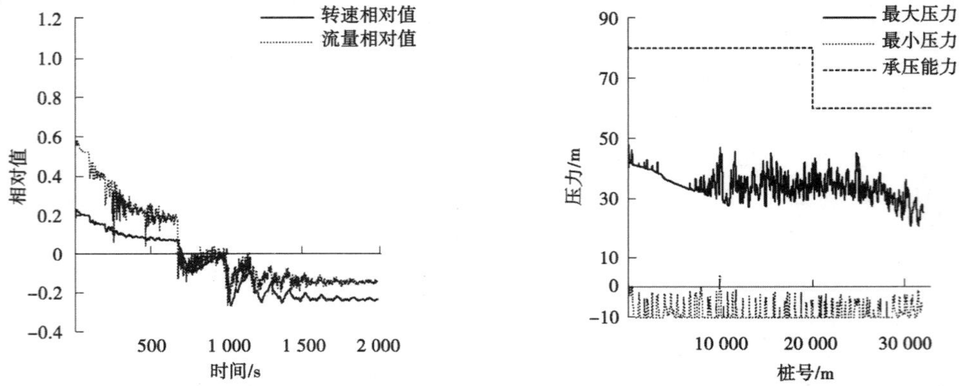

(a)机组转速、流量相对瞬变特性　　(b)压力包络线

图 3　原方案的水力瞬变特性

3.2　优化方案的水力瞬变特性

在不增加调压塔或空气罐这种大量增加土木工程或机电设备的情况下，通过多方案比选提出的优化方案为：沿线空气阀井位置与原设计方案相同，每个空气阀井内设 *DN*150 空气阀和 *DN*5 微量排气阀；在 12 个位置设置空气阀调压室，直径 2. 2 m，高度 2. 0 m，顶部设置 1 个 *DN*50 空气阀和 *DN*5 微量排气阀。

3.2.1　事故断电，阀门拒动

水泵事故断电、蝶阀拒动情况下，系统的水力瞬变特性如图 4 所示。水泵转速和流量缓慢下降，水泵最大反转速度是额定转速的 0. 25 倍，最大反向流量是额定流量的 0. 16 倍。管道沿线最大压力为 46. 18 m，均小于管线承压值，最小压力为−2. 42 m。

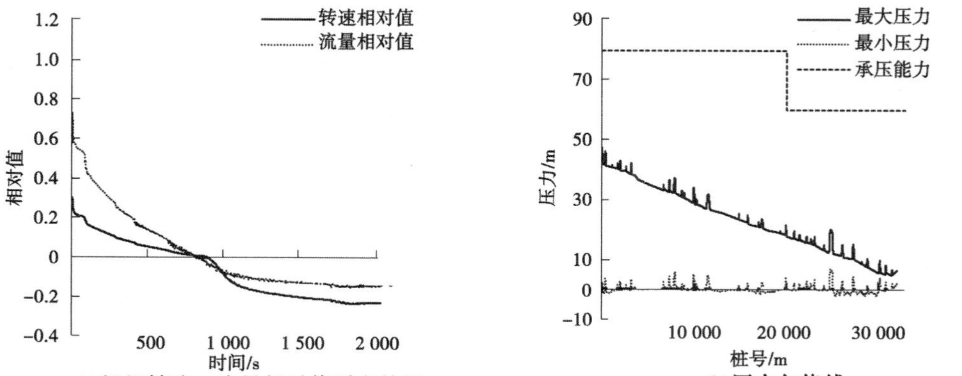

(a)机组转速、流量相对值瞬变特性　(b)压力包络线

图 4　事故断电，阀门拒动的水力瞬变特性

3.2.2　事故断电，阀门关闭

水泵事故断电、阀门可以动作的情况下，优化后的蝶阀控制策略是在 400~700 s 内线性关闭，系统的水力瞬变特性如图 4 所示。水泵转速和流量缓慢下降，水泵未出现反转。管道沿线最大压力为 46. 18 m，均小于管线承压值，最小压力为-2. 41 m。

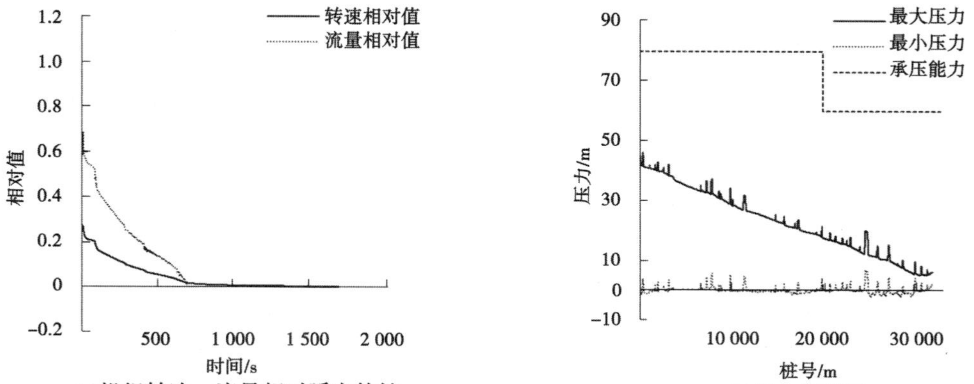

(a)机组转速、流量相对瞬变特性　(b)压力包络线

图 5　事故断电，阀门关闭的水力瞬变特性

3.2.3　正常停泵

由于输水系统的静扬程低、流量大，采用降频关泵的方式进行停泵。多方案比选后的控制策略为：水泵转速在 0~180 s 内线性减小至额定转速的 50%；1#水泵出口阀门在 900~1 200 s 内线性关闭，2#水泵出口阀门在 1 500~1 800 s 内线性关闭；之后可按照厂家给定的流程停泵。输水系统的水力瞬变特性如图 6 所示。水泵转速下降后，流量缓慢下降；1#水泵关闭后，2#水泵的流量由 0. 46 倍设计工况流量增加为 0. 78 倍。管道沿线最大压力为 46. 18 m，均小于管线承压值，最小压力为-0. 57 m。

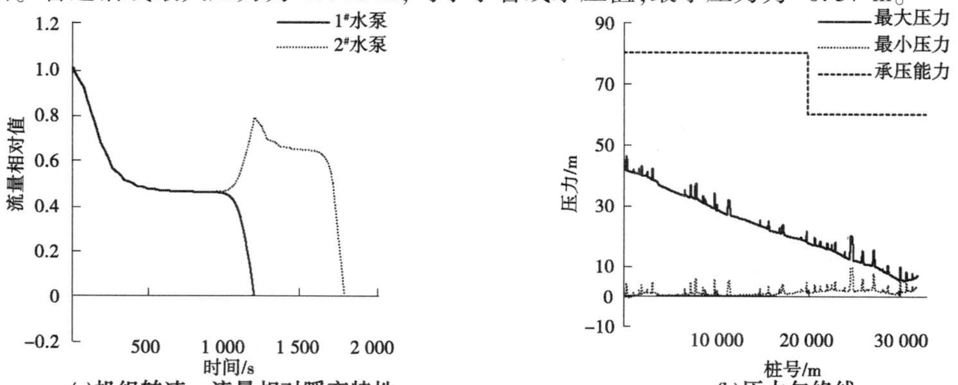

(a)机组转速、流量相对瞬变特性　(b)压力包络线

图 6　正常停泵的水力瞬变特性

4 结 论

针对典型泵站输水系统的水锤防护问题进行了研究,给出了满足规范和设备技术要求的水锤防护措施和典型工况的控制策略。原防护措施为沿输水管线设置 *DN*300 空气阀,空气阀快速排气产生较强的弥合水锤,负压较大。通过多方案比选给出了空气阀和空气阀调压室联合的水锤防护措施,结果表明,该方案可满足事故断电、阀门拒动情况下的防护要求。针对事故断电、阀门关闭和正常停泵工况,给出了阀门控制策略和降频关泵的技术方案。

空气阀是一种传统的、较为常规的水锤防护措施,空气阀调压室是一种较新颖的技术,其关键要点包括:①影响空气阀调压室调压性能的主要因素是空气阀调压室的高度、体积,以及空气阀的配置。②每个空气阀调压室顶部配置空气阀的进气、排气孔径可以不同,目的是实现“快进慢出”。③为了减少调压室的体积,调压井底部也可以设置阻抗孔。空气阀和空气阀调压室联合的水锤防护措施,也可考虑在其他输水系统中进行推广应用。

在研究中,笔者使用的空气阀进排气流量系数是业内较常用的 0.7,但该数值源自国外一些厂家的说明书。实际上,空气阀的进排气流量系数并不是一个恒定值,与运行条件、结构体型有很大关系。上述问题也是作者后续开展研究的内容。

参考文献

[1] 杨开林. 长距离输水水力控制的研究进展与前沿科学问题[J]. 水利学报, 2016,47(3):424-435.

[2] 刘光临, 刘梅清, 冯卫民, 等. 采用单向调压塔防止长输水管道水柱分离的研究[J]. 水利学报, 2002(9):44-48.

[3] 吴建华, 魏茹生, 赵海生, 等. 缓闭式蝶阀消除水锤效果仿真及试验研究[J]. 系统仿真学报, 2008(3):586-589.

[4] 杨开林. 控制输水管道瞬态液柱分离的空气阀调压室[J]. 水利学报, 2011,42(7):805-811.

[5] 张健, 朱雪强, 曲兴辉, 等. 长距离供水工程空气阀设置理论分析[J]. 水利学报, 2011,42(9):1025-1033.

[6] 刘志勇, 刘富峰, 柳卓, 等. “V”形输水管道爆管过渡过程分析与事故控制策略优化[J]. 武汉大学学报(工学版), 2019,52(8):659-665.

[7] 邓安利, 蒋劲, 兰刚, 等. 长距离输水工程停泵水锤的空气罐防护特性[J]. 武汉大学学报(工学版), 2015,48(3):402-406.

[8] 张毅鹏, 刘梅清, 刘志勇, 等. 长距离输水管线事故停泵水锤防护方法分析[J]. 中国农村水利水电, 2018(8):198-203.

[9] 刘金昊, 吴建华. 西山供水工程事故停泵水力过渡过程计算及水锤防护[J]. 水电能源科学, 2021,39(7):113-116.

[10] 杨建东. 实用流体瞬变流[M]. 北京:科学出版社, 2018.

[11] 杨开林. 电站与泵站中的水力瞬变及调节[M]. 北京:中国水利水电出版社, 2000.

[12] 郑源, 张健. 水力机组过渡过程[M]. 北京:北京大学出版社, 2008.

卜形岔管倒角体形的水力特性比较研究

任炜辰[1]　姜宏军[2]　鲍世虎[2]　张宏伟[1]　王志刚[1]　张文远[1]

(1. 中国水利水电科学研究院,北京　100038;
2. 中国电建集团华东勘测设计研究院有限公司,浙江杭州 311122)

【摘　要】 针对倒角体形对岔管水力特性的影响问题,在工程常用的 3 种湍流模型比较研究的基础上,选取 Reynolds 应力模型(RSM)开展数值模拟,对比研究主管汇流条件下,具有圆弧形和直线倒角的岔管水力特性,包括水流流态、泄流能力和压强分布。结果表明,无倒角和直线倒角体形岔管的流场顺畅,圆弧倒角体形主流在倒角部位发生明显偏转,流场顺畅性相对较差。倒角的设置会略微削弱岔管的泄流能力,直线倒角体形的泄流能力略强于圆弧形倒角。支管外侧边墙有冲击高压区,无倒角体形冲击压强最小,圆弧形倒角体形冲击压强最大。就岔管水力特性而言,无论是支管汇流还是主管汇流,直线倒角体型优于圆弧形倒角体型,但均劣于无倒角体形。

【关键词】 卜形岔管;倒角体形;主管汇流;数值模拟;紊流模型

1　引　言

岔管是水利水电工程输水建筑物中的常见结构。当一条压力管道需要连接多个进出水口时,便需要在管道中设置岔管。由于对水流流向和流态有着明显的改变作用,岔管的水力特性较为复杂,因此其设计一直是工程关心的重点问题[1]。

在多年的工程实践中,出现了多种不同的岔管结构形式。根据布置形态的不同,可分为对称 Y 形[2]、卜形[3]、三叉形[4]等;根据加强构件布置的不同,可分为贴边型、三梁型、月牙肋型、球型、无梁型等[5-7]。针对这些常见的岔管结构,根据工程应用需求,其水力特性得到了较为广泛的研究。一批学者研究了分岔角、肋宽比及分流比等参数对水流流态、水头损失、压强分布等水力特性的影响规律,并在此基础上对岔管结构进行了优化[8-11]。早期研究以物理模型试验方法为主[12],近年来数值模拟手段得到了越来越多的青睐。研究分别采用了 k-ε[4,8]、k-ω[13]和 Reynolds 应力(RSM)[14]等不同的紊流模型。

现有成果表明,岔管设计中存在着水力学与结构力学的矛盾。就水力学而言,分岔角较小时岔管处水流更为平顺,水力特性更优。而结构上,由于钢材料焊接残余应力等原因,岔管分岔角处会出现应力集中现象。分岔角越小,局部应力集中越显著,结构上越不利[15-16]。针对这一问题,工程实践中出现了对分岔角修圆,形成圆弧倒角的方案[17]。该方案可以有效缓解应力集中现象,但易恶化水流流态[18]。在此基础上,为了更好地平衡水力学与结构受力的矛盾,近期研究提出了在分岔角设置直线倒角的方案。对比研究发现,在支管汇流条件下,直线倒角岔管水力特性较圆弧倒角更优[19]。然而,实际工程中岔管的运行条件多变,包括了岔管分流与汇流,而汇流中又包括了主管或支管单独汇流、同时汇流等情况。针对上述倒角方案,现有研究开展了支管汇流条件下的水力特性研究。然而在其他流动条件下(例如主管汇流),倒角体形对岔管水力特性的影响尚未见有研究报道,限制了对上述倒角方案的评估和应用。

因此,本文在湍流模型比选的基础上,采用数值模拟方法,对比研究主管汇流条件下,具有圆弧形和直线倒角的岔管水力特性,包括水流流态、泄流能力和压强分布等,以期为岔管设计提供参考。

基金项目:中国水科院基本科研业务费专项项目(HY110145B0022021);国家自然科学基金项目(51909278)

2 研究方法

2.1 模型设计

本研究以某水电站排沙廊道岔管原型为基础,设计并进行数值模拟。岔管全段为正方形断面,尺寸 $b\times b=3.2\ \text{m}\times 3.2\ \text{m}$。支管进流方向与主管轴线呈 85.5°角,支管转弯半径为 15.0 m。为对比研究倒角体形对岔管交汇区水力特性的影响,数值模拟共设计 3 个体形。如图 1 所示,体形 1 对应主支管间无倒角,体形 2 对应主支管间设置圆弧形倒角,体形 3 对应主支管间设置圆弧切点连线形成的直线倒角,体形 2 与 3 的倒角半径均为 $R=1.0$ m($R/b=0.312\ 5$)。参照工程原型的典型工况,选定上游水头(以岔管底板高程为基准面)$H=62.0$ m($H/b=19.375$)的主管进流工况进行模拟,研究倒角体形对主管进流时岔管水力特性的影响。

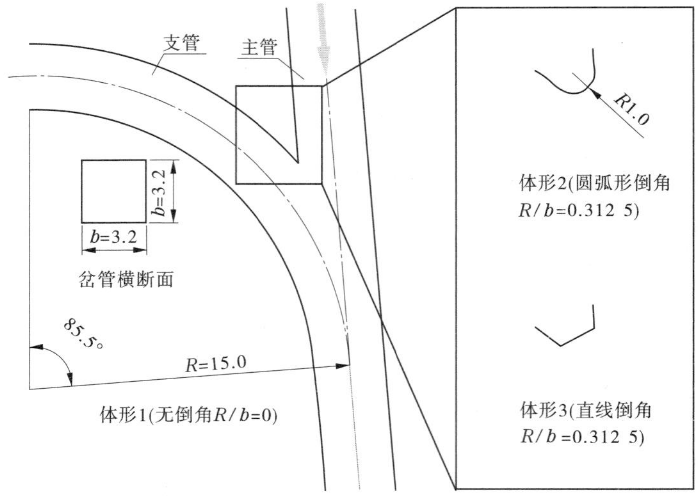

图 1 岔管体形结构示意图 (单位:m)

参照工程原型,数值模型计算区域包括了含有岔管的排沙廊道全段及有一定范围的上游库区和出口明渠段。进口根据库水位给定压力边界条件;出口为自由出流,给定大气压强边界;库区顶部和出口明渠顶部给定大气边界条件;固壁为非穿透无滑移条件;湍流模型近壁采用标准壁函数处理。网格划分全部采用块结构化网格。断面网格特征尺寸 0.1 m(近壁网格);轴线网格渐变,其中岔管段轴向网格尺度小于 0.2 m。

2.2 数学模型

针对不可压缩流动,连续方程和动量方程可分别表示为

$$\frac{\partial \rho}{\partial t}+\frac{\partial \rho u_i}{\partial x_i}=0 \tag{1}$$

$$\frac{\partial \rho u_i}{\partial t}+\frac{\partial}{\partial x_j}(\rho u_i u_j)=-\frac{\partial p}{\partial x_i}+\frac{\partial}{\partial x_j}\left[(\mu+\mu_t)\left(\frac{\partial u_i}{\partial x_j}+\frac{\partial u_j}{\partial x_i}\right)\right]-g_i \tag{2}$$

式中:t 为时间;u_i 和 x_i 分别为速度分量和坐标分量;ρ 和 μ 分别为流体密度和分子黏性系数;p 为压强;μ_t 为紊流黏性系数。

2.2.1 紊流模型

目前,工程中常用的湍流模型主要有 $k-\varepsilon$ 模型(包括标准 $k-\varepsilon$ 模型和各种改进模型)、$k-\omega$ 模型(包括标准模型和 SST 改进模型)和 Reynolds 应力模型(RSM)。RNG $k-\varepsilon$ 模型由标准 $k-\varepsilon$ 改进而来,比标准 $k-\varepsilon$ 模型在强流线弯曲、旋涡和旋转流中有更高的可信度和精度。SST $k-\omega$ 模型使用混合函数从壁面附近的标准 $k-\omega$ 模型逐渐过渡到边界层外的高雷诺数 $k-\varepsilon$ 模型,在更广泛的流动领域比标准 $k-\omega$ 模型有更高的精度和可信度。Reynolds 应力(RSM)模型直接使用输运方程来求解雷诺应力,避免了其他

模型的黏性假设，不要求水流为各向同性湍流，更加严格地考虑了流线弯曲、漩涡、旋转和应力快速变化，因而对不均匀的、各向异性的湍流运动尤其能显示其优越。

针对岔管流动特点并参考类似工程问题的研究文献，研究拟对 RNG $k-\varepsilon$、SST $k-\omega$ 和 RSM 模型进行对比分析，以选择合适的湍流模型开展计算。在计算中，模型求解采用有限体积法，离散方程求解采用分离式变量解法，压力与速度的耦合采用 SIMPLE 算法，速度离散采用二阶迎风格式。

2.2.2　模型比选与验证

参考前期研究[19]，分别采用 RNG $k-\varepsilon$、SST $k-\omega$ 和 RSM 模型对支管汇流岔管进行模拟，并与试验结果进行对比。图 2 为不同湍流模型计算的支管泄流时岔管段流场分布图与试验结果对比。可以看出，各湍流模型计算的主流流场基本一致，即岔管上游弯段流线与管道轴线基本平行，主流平顺，岔管及下游主管段流线沿弯管轴线发生偏转，中间层剖面弯道内侧流线均向中心聚集。受交汇部位主流剪切和外壁压力梯度的作用，岔管上游主管段存在漩涡。不同湍流模型模拟的漩涡形态和大小有明显差异。与模型试验结果，RSM 模型模拟的漩涡形态、大小和范围与试验结果更为接近，就流态相似程度而言，RSM 模型更优。这一结论与文献[13]中的对比结果相符。为保证结果准确性，以下模拟均按 RSM 湍流模型开展。

为了验证 RSM 湍流模型模拟结果的可靠性，前期研究中采用无倒角岔管（体形 1）支管进流时的物理模型试验结果进行了对比，详见已发表成果[19]。结果表明，模拟值与试验值的边壁时均压强及流速分布规律相同，数值模拟得到的边壁时均压强与流速最大误差分别为 8.9%、6.6%，流量误差为 0.3%，数值计算与物理模型试验吻合较好。

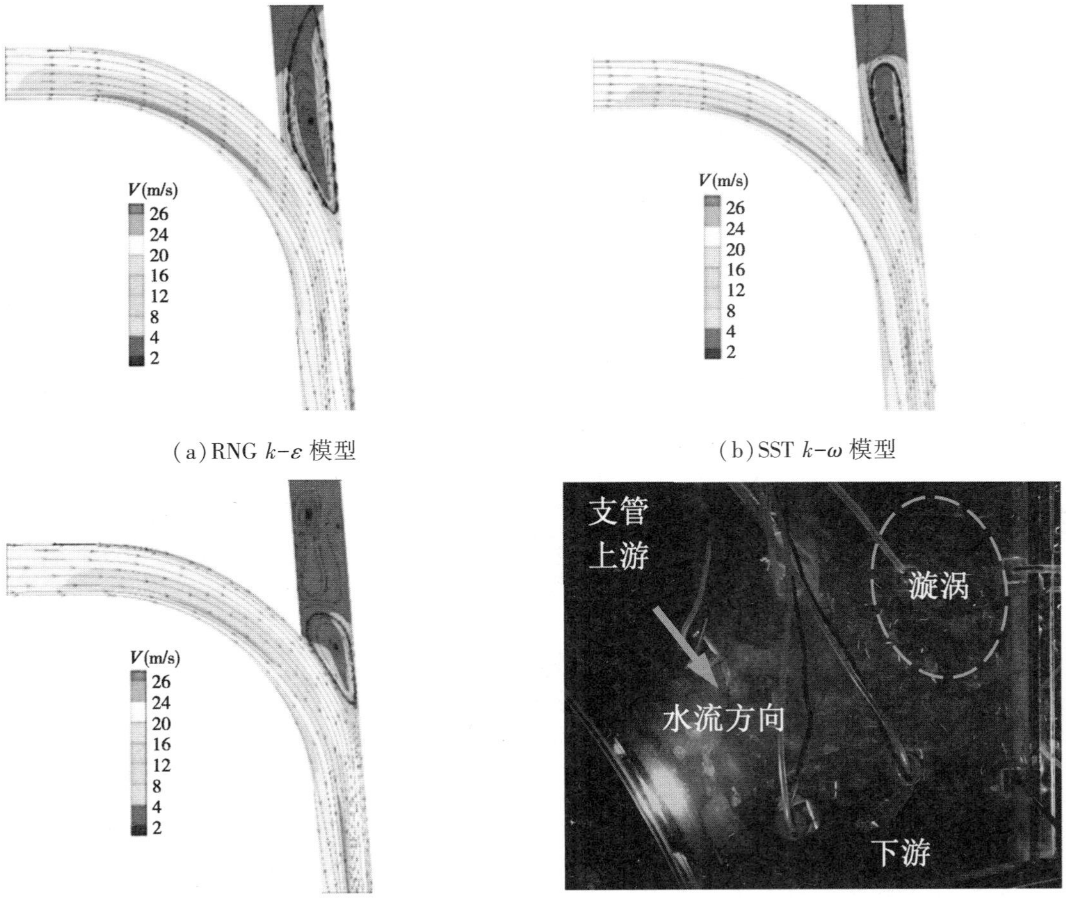

（a）RNG $k-\varepsilon$ 模型　　（b）SST $k-\omega$ 模型

（c）RSM 模型　　（d）模型试验照片

图 2　湍流模型计算结果比较

3 结果与讨论

3.1 水流流态

图3为各倒角体形岔管段水平剖面速度分布和流线示意图。从中可以看出,各方案岔管整体流态有相似之处,即上游主管段流线顺直,靠近支管侧流线在交汇段向支管侧有一定偏斜,流动存在一定扩散,在交汇区下游逐步回归顺直,继续沿主管轴线流动。然而,各方案岔管交汇区的局部流态也存在显著区别,主要体现在两点,首先,各方案在分岔角处流线偏斜程度不同,其中无倒角体形偏斜最轻微,直线倒角体形偏斜稍有增加,圆弧倒角体形偏斜最为严重。其次,在交汇区下游,无倒角体形和直线倒角体形流线迅速重回顺直,圆形倒角体形支管侧流线弯曲明显,在一定范围内存在轻微摆动现象。

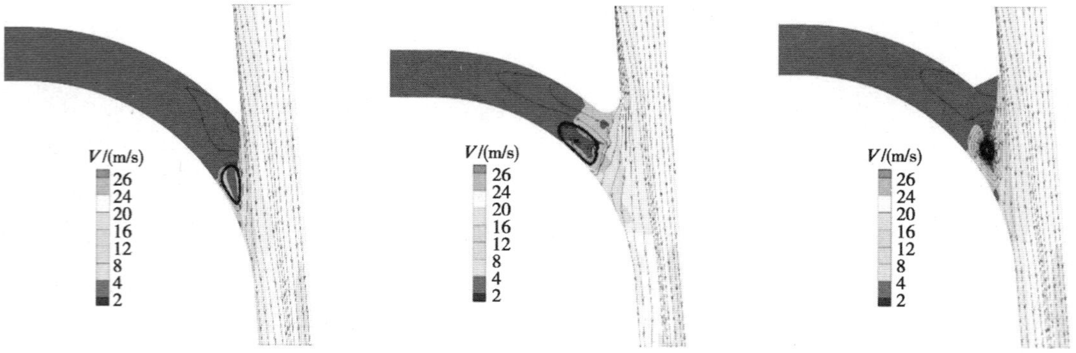

(a)体形1(无倒角) (b)体形2(圆弧形倒角) (c)体形3(直线倒角)

图3 各倒角体形岔管段水平剖面流速分布及流线图

图4为不同倒角体形岔管段矢量图。同样可以看出,无倒角和直线倒角体形流场更为顺畅,倒角处主流偏转轻微,岔管下游主流流向与主管轴向的一致性较好,未见明显偏转和摆动。圆弧倒角体形主流在倒角部位发生明显偏转,交汇处下游主流向支管侧扩散范围较大,支管侧流向与主管轴线偏离明显,岔管下游流向有摆动现象。

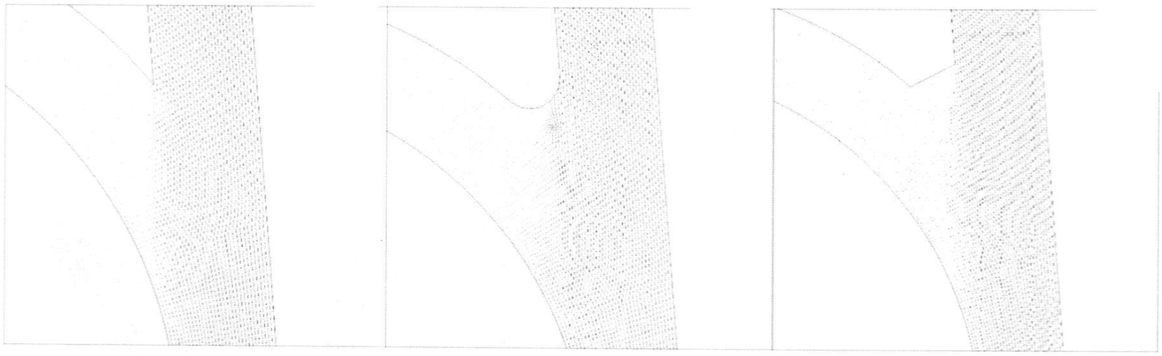

(a)体形1(无倒角) (b)体形2(圆弧形倒角) (c)体形3(直线倒角)

图4 各倒角体形岔管段水平剖面速度矢量分布

关于圆弧形倒角流线偏斜程度比无倒角和直线倒角体形明显严重的原因,应与支管汇流时相似[19]。出现区别的根本原因在于倒角处的流动分离现象,即在分岔角处由于边壁约束的消失,流动分离会促使回流的发生。而直接原因是不同倒角体形对回流的影响不同。具体而言,圆弧形倒角体形凸起的圆弧会阻碍回流的发展,导致在交汇处主流得不到有效顶托,因而主流流动的偏斜会相对更严重。而直线倒角由于倒角处空间相对更开阔,回流发展充分,对主流的顶托作用也就更好,流线偏转也就更弱。

基于以上分析，同时结合前期研究[19]中支管汇流成果可知，无论主管汇流还是支管汇流，就岔管段流线向非过流管侧的偏斜程度而言，无倒角体形最轻微，直线倒角体形略有加重，圆弧倒角体形最为严重。流线偏斜程度的增加，意味着岔管段流场变差，水流局部水头损失增加，对过流不利。因此，就岔管水流流态而言，无论是支管汇流还是主管汇流，无倒角体形最优，直线倒角体形次之，圆弧形倒角体形相对最差。

3.2 泄流能力

图 5 为不同倒角体形岔管的无量纲流量 Q^* 对比图，其中，$Q^*=Q/(gb^5)^{0.5}$，式中，Q 为泄流量，m^3/s；g 为重力加速度，取 9.81 m/s^2。从图 5 中可以看出，同条件下主管汇流时，无倒角体形的流量最大，圆弧形倒角体形和直线倒角体形对应泄流量分别降低了 0.8%和 0.4%。这说明倒角的设置会削弱岔管在主管汇流时的泄流能力，但这种削弱作用较为有限。就倒角体形而言，直线倒角体形的泄流能力略强于圆弧形倒角。这一结果与上文中流态观察结果相符，即流场顺畅性越差，对应泄流能力越弱。

作为对比，图 5 中列出了前期研究[19]中相同条件下支管汇流的泄流量。支管汇流时，相较于无倒角体形，圆弧形倒角体形和直线倒角体形对应泄流量分别降低了 6.8%和 0.5%。对比不难发现，倒角的设置对岔管在支管汇流时的影响要大于主管汇流时，尤其是圆弧形倒角体形。但整体上，就泄流能力而言，均是无倒角时最优，直线倒角次之，圆弧倒角最弱。

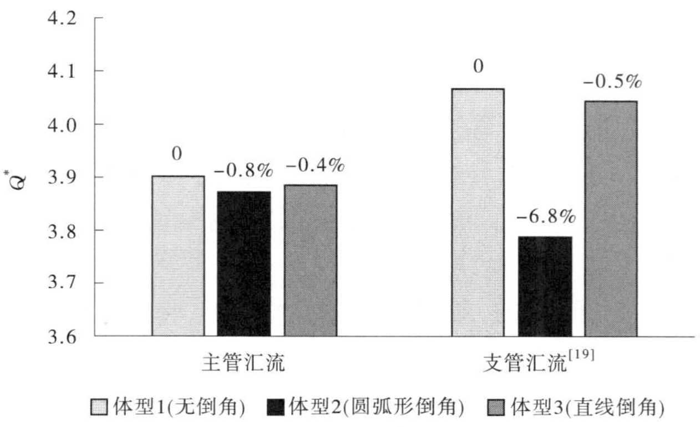

图 5 各倒角体形岔管段无量纲流量 Q^* 对比图

3.3 压强分布

图 6 是各倒角体形岔管段中间层压强分布图。从图 6 中可以看出，首先，主管水流在岔管段向支管侧扩散，对支管外侧边墙有一定冲击作用，在靠近主支管边墙交汇点的上游部位（即支管外侧边墙末端）形成压力冲击区。受其影响，岔管末端略上游断面压强整体升高，离冲击区越远则断面压强升高幅值越小。其次，不同岔管倒角体形冲击压强的大小和影响范围不同。无倒角体形冲击压强最小，略大于 295 kPa，影响范围主要限于冲击区所在断面；直线倒角体形冲击压强略有增大，冲击区所在断面的整体压强有一定升高，同时影响范围扩大至整个岔管段左侧区域；圆弧形倒角冲击压强最大，超过 310 kPa，冲击区范围明显变大，同时其影响范围不仅限于冲击区断面，岔管段及整个支管段压强均有明显升高。不同岔管倒角体形压强分布特征的变化与岔管段流场特性密切相关，岔管段水流向支管侧扩散越强烈，冲击压强越大，对压强分布的影响范围也越大。此外，在图 6(b) 的圆弧形倒角岔管中，主管上游靠近倒角起点处存在明显的低压区，这印证了在上文流态分析中指出的，由于圆弧倒角的隆起，阻碍了回流的发展，在此区域形成低压。也正是在此处局部压强梯度作用下，主流在该部位发生偏转，偏向支管侧。

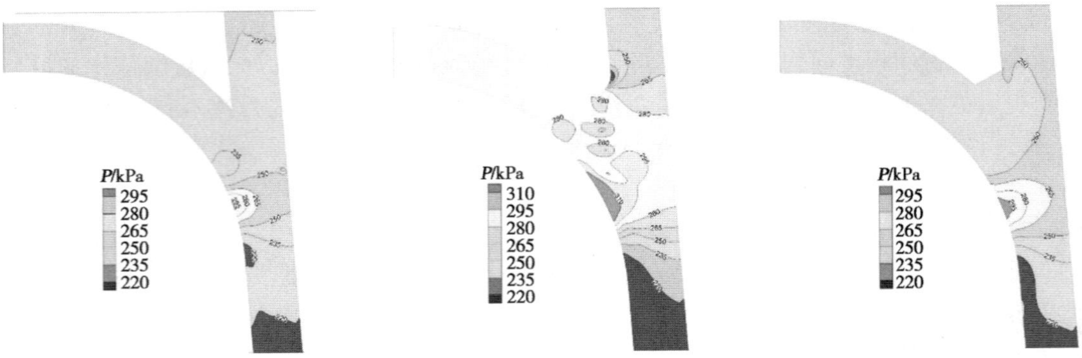

(a)体形 1(无倒角)　　(b)体形 2(圆弧形倒角)　　(c)体形 3(直线倒角)

图 6　各倒角体形岔管段中间层压强分布

3　结　论

本文基于数值模拟方法,首先分别采用 RNG $k-\varepsilon$、SST $k-\omega$ 和 RSM 模型共 3 种湍流模型对岔管的水力特性进行模拟,结果显示,RSM 模型的模拟结果与物理模型试验结果吻合相对较优。在此基础上,对比研究主管汇流条件下,具有圆弧形和直线倒角的岔管水力特性,得出以下结论:

(1)主管汇流条件下,无倒角和直线倒角体形岔管的流场顺畅,主流流向与主管轴向的一致性较好,圆弧倒角体形主流在倒角部位发生明显偏转,流场顺畅性相对较差。出现这一区别的根本原因是分岔角附近的流动分离现象,直接原因是倒角体形对回流的影响不同。

(2)倒角的设置会削弱岔管在主管汇流时的泄流能力,但这种削弱作用较为有限。就倒角体形而言,直线倒角体形的泄流能力略强于圆弧形倒角。此外,倒角的设置对支管汇流时的影响要大于主管汇流时,尤其是圆弧形倒角体形。

(3)主管水流在岔管段向支管侧扩散,对支管外侧边墙有一定冲击作用,形成高压区。其次,不同岔管倒角体形冲击压强的大小和影响范围不同。无倒角体形冲击压强最小,圆弧形倒角体形冲击压强最大。

(4)就岔管的流态、泄流能力和压强分布特性而言,无论是支管汇流还是主管汇流,均是无倒角体形最优,直线倒角体形次之,圆弧形倒角体形相对最差。

参考文献

[1] 苏凯, 李聪安, 伍鹤皋, 等. 水电站月牙肋钢岔管研究进展综述[J]. 水利学报, 2017, 48(8): 968-976.

[2] 李玉梁, 李玲, 陈嘉范, 等. 抽水蓄能电站对称岔管的流动阻力特性[J]. 清华大学学报(自然科学版), 2003, 43(2): 270-272.

[3] 陈文兵, 孙宏健, 齐央. 非对称三岔管水力特性数值计算与流态分析[J]. 水电能源科学, 2008, 26(5): 71-74.

[4] 李玲, 李玉梁, 黄继汤, 等. 三岔管内水流流动的数值模拟与实验研究[J]. 水利学报, 2001, 32(3): 49-53.

[5] American Society of Civil Engineers. ASCE manuals and reports on Engineering Practice No. 79: Steel Penstocks [S]. American, 2012.

[6] 华东水利学院. 水工设计手册(第七卷):水电站建筑物[M]. 北京: 水利电力出版社, 1989.

[7] 国家能源局. 水电站压力钢管设计规范:NB/T 35056—2015 [S]. 北京: 中国电力出版社, 2016.

[8] GAN G, RIFFAT S. Numerical determination of energy losses at duct junctions [J]. Applied Energy, 2000, 67(3): 331-340.

[9] BASSETT M D, WINTERBONE D E, PEARSON R J. Calculation of steady flow pressure loss coefficients for pipe junctions [J]. Journal of Mechanical Engineering Science-IME, 2001, 215(8): 861-881.

[10] 刘沛清, 屈秋林, 王志国, 等. 内加强月牙肋三岔管水力特性数值模拟[J]. 水利学报, 2004, 35(3): 42-46.

[11] 顾欣欣，万五一，张博然. 大变径卜型岔管的水力特性及优化研究[J]. 水力发电学报，2018，37(1)：62-69.
[12] EUGEN R. Head losses in wyes and manifolds [J]. Journal of Hydraulic Engineering-ASCE, 1970, 96(3): 0002367.
[13] 陈文创，张蕊，张文远，等. 复杂非对称岔管数值模拟中湍流模型的影响[J]. 清华大学学报(自然科学版)，2018，58(8)：752-760.
[14] 毛根海，章军军，程伟平，等. 卜型岔管水力模型试验及三维数值计算研究[J]. 水力发电学报，2005，24(2)：16-20.
[15] 关磊，余鹏翔，邱丛威. 水电站钢岔管残余应力测试与分析[J]. 水利技术监督，2021(5)：6-9.
[16] 由敬舜，赵锡饯，蔡文豪. 厚壁岔管的应力分析[J]. 工程力学，1987，4(2)：107-111.
[17] 肖明. 大型地下钢筋混凝土岔管结构优化分析[J]. 水利学报，2001，21(12)：8-13.
[18] 汪洋，苏凯，伍鹤皋，等. 钢筋混凝土岔管锐角区修圆优化的压强分布不均匀性研究[J]. 四川大学学报(工程科学版)，2015，47(3)：6-13.
[19] 任炜辰，戴熙武，鲍世虎，等. 卜形岔管水力特性研究[J]. 水力发电学报，2022，41(4)：28-36.

消能箱布置下重力流输水系统爆管水锤防护

倪尉翔　胡亚安　李中华

(水利部交通运输部国家能源局南京水利科学研究院,江苏南京　210029)

【摘　要】 消能箱布置下长距离重力流输水系统的水锤防护涉及工程安全,尤其是事故爆管。爆管引起的快速降压过程通常仅有几秒,压力下降梯度很大,具有直接负水锤的特点。本文以爆管水力特性为基础,建立了明管爆管一维水锤模型,在满足管道最大允许负压设计标准的前提下,推导了考虑爆管工况下的含消能箱输水系统空气阀布置理论公式。结合某工程实例,验证了空气阀理论位置、布置数量的合理性,并探讨了爆管点孔口面积、管中心线高程与压力水头、流量之间的关系。结果表明:明管爆管数学模型计算结果与水力特性理论分析一致;空气阀理论位置公式下含消能箱管道沿线压力均未超过-10 m最大允许负压,箱内水位未出现溢流、漏空;爆管口面积与爆管点瞬时压降幅值和泄流流量成正比;管中心线高程越低,发生爆管时低点产生的破坏越严重。以上研究对设计阶段的管线和空气阀布置提供一定指导。

【关键词】 重力流输水工程;消能箱;爆管;空气阀;水力过渡过程

1　引　言

作为一种新型消能设施,消能箱正广泛应用在兴建的长距离、高落差重力流输水系统之中,不当的阀门操作导致箱内水位剧烈波动,危及管道安全。特别是事故爆管,不仅造成系统瘫痪,而且调度不当易导致消能箱漫顶、压力管道进气等,扩大事故影响范围。

针对多个输水系统爆管事故,Morris[1]、郑大琼等[2]总结出爆管事故的工程布置形式,分析了爆管主要成因。Pelletier[3]认为爆管是一种物理作用,是由于管道工作压力或水力瞬变应力超过管道承压标准,从而造成结构性破坏。在爆管原理的基础上,丁峰等[4]指出滞留气体是导致管道爆管的主要原因,Lescovich[5]对空气阀的布置位置进行了探讨。按管道敷设方式,长距离输水管道可分为埋管和明管,相较于埋管,明管的爆管过程发生时间更短,压力波动更为剧烈[6]。通过建立爆管数学模型,Sinske[7-8]和Snow[9]提出了爆管事故的解决方案和运行管理建议,张迪[10]提出了调压室布置下爆管防护措施。由于爆管事故具有随机性、不可预知性[11],实际工程中无法准确确定爆管点的所在位置,也难以通过实验直接测量爆管点的压力和流量变化过程。吴远为等[12]引入爆管边界,建立爆管的一维数学模型并进行计算求解。通过假设不同的爆管位置,研究了管线压力变化和爆管点漏损量。

在爆管研究方面,目前对消能箱布置下管道沿线负压防护措施(通常为空气阀)的设置位置、设置数量缺乏理论研究,且明管敷设下的爆管事故影响因素及其程度尚未理清。因此,有必要开展相关研究。

2　数学模型和理论推导

2.1　明管爆管的数学模型

明管爆管孔口外为大气压力,爆管处的压力由正常运行时测压管水头骤降。由于历时很短,理论上爆管点的水锤压力变化可按直接负水锤考虑。然而,由于爆管孔口直径、局部水头损失等影响因素,实际上爆管处压降是一个相对很快的瞬变过程。明管爆管过程中管道内水压力水头随时间变化过程示意

基金项目:南京水利科学研究院中央级公益性科研院所基本科研业务费专项资金(Y122008)

图如图 1(a)所示。其中,H_0 为正常运行时内水压力水头,m;H_1 为压力管道爆破阶段末时刻(t_1)压力水头,m;H_2 为水流涌出爆管孔口阶段末时刻(t_2)压力水头,m;Z_P 为爆管点中心线高程,m。

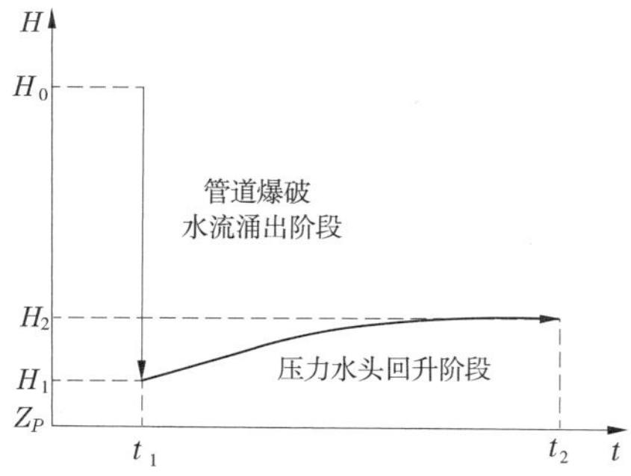

(a)管道内压头变化过程

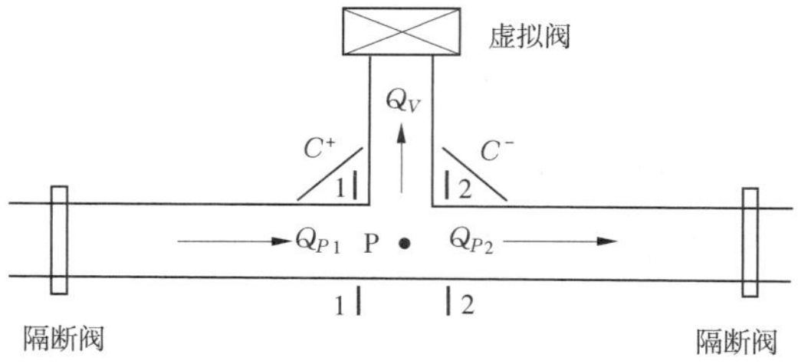

(b)虚拟阀数学模型

图 1　明管爆管过程中爆管点数学模型

由图 1(a)可知,$t=t_1$ 时刻,爆管点压力水头骤降($H_0 \rightarrow H_1$),管道内水流从爆管孔口处涌出,在大气中形成喷射水流。由于孔口处局部水头损失,随着涌出水流流量的增大,在 $t_1 \sim t_2$ 的时间段内,该点的压力水头有所回升($H_1 \rightarrow H_2$),最终趋于稳定水头 H_2。爆管点的压力水头变化过程较为复杂,其压降和泄流流量与爆管孔口面积、爆管点中心线高程等影响因素有关。根据爆管水力特性分析,爆管孔口出流近似于快速开启下的阀门过流,可等效为虚拟阀门的一维水锤数学模型。当正常运行时,虚拟阀门一直处于完全关闭的状态;当节点 P 发生爆管时,虚拟阀门瞬时完全开启。虚拟阀门的爆管模型如图 1(b)所示。

一维相容性方程为

$$C^+: H_P = C_P - B_P Q_{P1} \tag{1}$$

$$C^-: H_P = C_M + B_M Q_{P2} \tag{2}$$

爆管点连续方程为

$$Q_{P1} = Q_{P2} + Q_V \tag{3}$$

对于明管,压力水头满足

$$H_P = Z_P + \Delta h_V = Z_P + \alpha_V Q_V^2 \tag{4}$$

式中,Δh_V 为爆管孔口的局部水头损失,m;α_V 为爆管孔口的局部损失摩阻系数,s^2/m^5;Q_V 为爆管孔口处的泄流流量,m^3/s。

虚拟阀门的过流方程为:

$$Q_V = C_d A_V \sqrt{2g(H_P - H_a)} \tag{5}$$

式中,C_d 为爆管孔口的等效阀门流量系数;A_V 为爆管孔口的当量过流面积,m^2;H_P 为爆管处压力管道内部压力水头,m;H_a 为当地大气压液柱高度,m;g 为重力加速度,m/s^2。

令 $R_k = 1/2gC_d^2A_V^2$,联立式(1)~式(5),可得

$$Q_V = \frac{-1 + \sqrt{1 - 4\left(\frac{1}{B_P} + \frac{1}{B_M}\right) R_k \left[\left(\frac{1}{B_P} + \frac{1}{B_M}\right)(H_P - H_a) - \left(\frac{C_P}{B_P} + \frac{C_M}{B_M}\right)\right]}}{2\left(\frac{1}{B_P} + \frac{1}{B_M}\right) R_k} \tag{6}$$

式(6)为泄流流量一维特征线法求解方程。由式(6)可知,发生爆管时管线的水力参数与爆管点附近管材、初始水头以及爆管口面积等因素相关。通常情况下,P 点处孔口直径不会超过压力管道直径,考虑安全余量,计算时当量直径近似取管道直径。在求解出 Q_V 之后,其他未知量可由相应的方程直接计算得出。

2.2　消能箱输水系统爆管下空气阀设置理论推导

上述爆管水力特性表明:爆管发生后事故隔断阀响应时间均滞后于爆管处降压波传播时间。如果

没有合适的负压防护措施,高点及其附近管道水体汽化,造成二次破坏。空气阀作为输水管道常见补气措施,与消能箱联合运用到负压防护之中。若爆管点距离消能箱较远,消能箱来不及反应,正常情况下布置的空气阀的位置、数量无法满足负压控制要求。为方便计,最大允许负压水头统一定义为 H_{cr},空气阀布置位置选取规定如下:

(1)在消能箱箱后防护范围之内,管道沿线不出现负压;

(2)为避免输水工程中水流出现液柱分离,最大允许负压水头取-10 m。

以简单重力流输水系统为例,对箱后爆管点下游侧空气阀位置进行理论分析,如图 2 所示。其中,爆管点 A 位于箱后低点,A 点测压管水头为 H_A,布置消能箱后为 H_A,降压水头 $\Delta H_A''$;降压波波峰面与下游中心线交点 B 的测压管水头为 H_B,布置消能箱后为 H_B',降压水头 $\Delta H_B''$;末端阀前测压管水头为 H_C,设置消能箱后为 H_C';下游水库水位为 H_D。

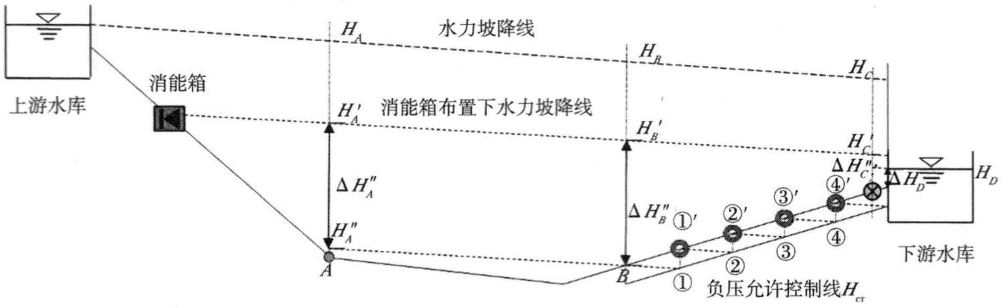

图 2　箱后爆管点下游空气阀设置理论分析示意图

如图 2 所示,A 点发生爆管事故,爆管引起的瞬时降压为 $\Delta H_A''$,爆管点测压管水头由 H_A'降至 H_A''(极端情况下 $H_A''= 0$),波锋面沿管线向下游传播,与管线交于 B 点,H_A''—B 平行于水力坡降线。在 B 点之后的管道沿线出现负压,由于在 B 点处未设置防护措施,降压波的波峰面继续向下游传播,与负压水头允许控制线相交于①点,其中 H_B''与①点的连接线与水力坡降线平行,从①点向上引垂直线与管道中心线相交于①′点。当降压波传至管道①′点处,若不布置空气阀,之后的管线压力降至 H_{cr} 以下。由于①′处空气阀的负压缓解作用,压力降至大气压后不再继续下降,降压波被空气阀部分隔断,剩余降压波的波峰面从该阀大气压力水头继续向下游管道传播。依次类推,在满足负压水头允许标准的前提下,可得到 n 个空气阀的理论布置位置。图 2 中设置 4 个空气阀后,波峰面到达管道末端。

爆管点水锤降压、空气阀个数与最大允许负压水头之间的关系为

$$\Delta H_A'' = \Delta H_B'' \leqslant \Delta H_D + (n+1)H_{cr} + \Delta h_{valve} \tag{7}$$

即

$$n \geqslant \frac{\Delta H_B'' - \Delta H_D - \Delta h_{valve}}{H_{cr}} - 1 \tag{8}$$

式中,Δh_{valve} 为末端阀门水头损失,m。

对于实际重力流输水系统,$\Delta H_B''$、ΔH_D、Δh_{valve} 和 H_{cr} 为已知量,在确定了前一个空气阀的布置位置,就可以得到后一个空气阀的具体位置。

考虑水锤降压波在传播过程中的衰减 Δh_i,式(8)可推至更普遍的情况,即

$$n \geqslant \frac{\Delta H_B'' - \Delta H_D - \Delta h_{valve} - \sum_{i=1}^{n+1} \Delta h_i}{H_{cr}} - 1 \tag{9}$$

式(9)为单个消能箱布置下爆管点下游空气阀布置数量判别式。考虑多级消能,为保证爆管点至下游消能箱之间管线不出现负压,下游消能箱处压力水头满足:

$$H_P \geqslant \Delta H_A'' - \Delta h_{A \to P} - H_{cr}' \tag{10}$$

式中,H_P 为下游消能箱底部压力水头,m;$\Delta h_{A \to P}$ 为爆管点至下游消能箱之间的沿程水头损失,m,H_{cr}'为

爆管点至下游消能箱之间的允许负压水头,m。

此时,式(9)改写为

$$n \geqslant \frac{\Delta H''_P - \Delta H_D - \Delta h_{valve} - \sum_{i=1}^{n+1} \Delta h_i}{H_{cr}} - 1 \tag{11}$$

式中,$\Delta H''_P$ 为下游消能箱测压管水头与箱内水位之差,m。

式(10)~式(11)为多级消能箱布置下空气阀布置原则。上述理论推导针对爆管点后空气阀布置,实际上爆管事故发生后降压波不仅向下游传播,同时也向上游管道传播。爆管点上游侧空气阀的理论设置方法和图2中所示的方法一致,波峰面与水力坡降线平齐,方向相反。

由爆管水力特性可知,爆管点处压力并未完全降至大气压力,且爆管过程也不是完全瞬间发生;由于水力损失,水锤波在传递过程中也会发生衰减;降压波传播过程中消能箱反射的增压波能够迅速地消除附近管线负压,因此上述理论分析结果与实际情况存在一定差异。

3　实例分析

3.1　计算条件

某输水工程由隧洞出口至水处理厂,输水总干管全长20.116 km,设计流量2.1 m^3/s,总落差203.704 m,管径1.4 m。供水工程正常运行过程中可能出现意外导致爆管事故,发生事故时若不及时切断水源,很可能造成次生灾害。消能箱初始水位1 467 m,截面面积200 m^2。管道沿线布置5个阀门:消能阀、1#调流阀、1#~3#隔断阀,均为DN1000。其中,隔断阀布置在桩号157+130.00、桩号161+150.00和桩号165+750.00。图3为重力流供水系统剖面图。

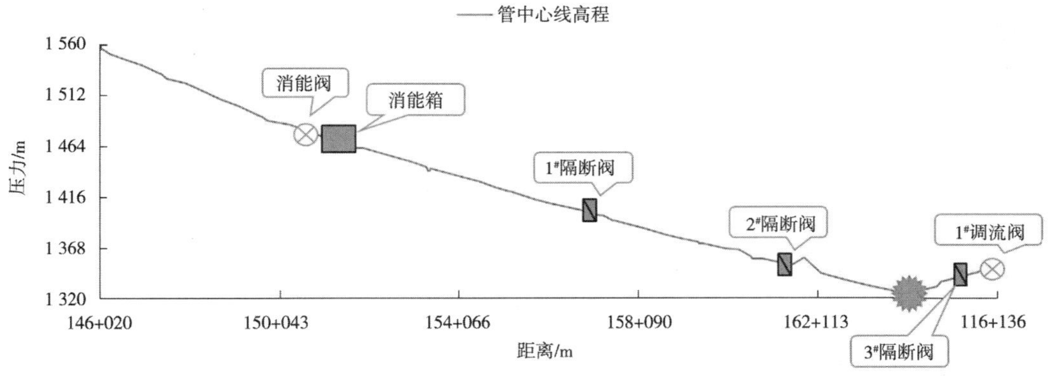

图3　某重力流供水系统剖面示意图

3.2　最危险爆管点理论分析

由图3可知,输水系统最危险爆管点位于桩号164+094.80处高程最低点,中心线高程为1 323.650 m,正常工作压力为125.95 m。事故发生后,爆管点压力水头快速大幅度下降,压力与流量变化幅值取决于其正常工作压力,正常工作压力越大,危害越大。此外,该点位于下陂段和上坡段的交汇处,管道两侧水流从爆管口涌出。

在不考虑水锤波衰减的前提下,以爆管点至水处理厂段为例,进行爆管降压理论分析。图4为瞬时降压假设下空气阀理论布置位置示意图。图中,爆管点测压管水头为 H'_A,爆管引起的瞬时压降为 $\Delta H''_A$,压力水头大幅度下降至 H''_A。最危险情况下 A 点压力水头降至管中心线高程,即 $H''_A=0$。以最危险情况为例,对空气阀布置位置进行理论分析。

在图4中,由于瞬时压降接近126 m,不设置空气阀下爆管点后部分管道水体汽化。波峰面向下游传播过程中,与管道负压控制线 H_{cr} 相交与①,①向上引出的垂线与管中心线高程相交于点①′,为第一个空气阀布置位置。以此类推,布置3个空气阀后,爆管点至水处理厂之间管道沿线瞬时降压均未超过

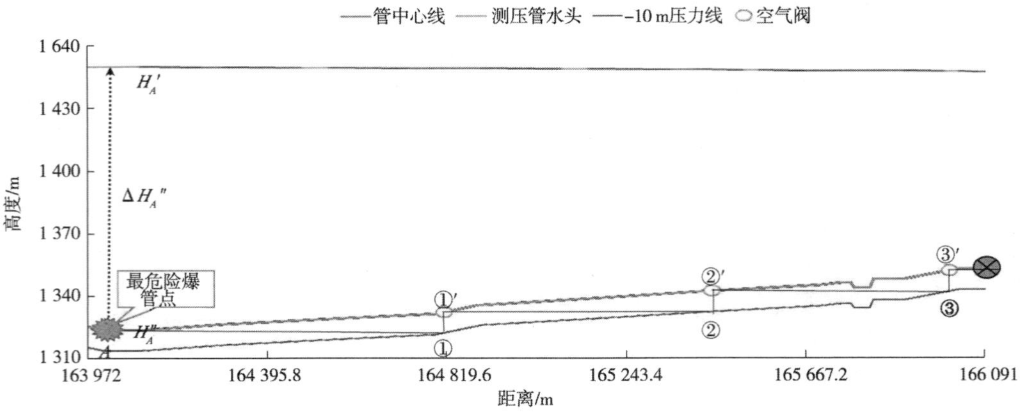

图 4　瞬时降压假设下的最危险爆管点至水处理厂空气阀理论布置示意图

-10 m 压力水头线,满足工程安全。在忽略水锤降压波的衰减等影响因素下,对爆管点上游管道是否需要设置空气阀进行理论分析:由初始条件可得,$\Delta H''_A$= 125. 95 m,$\Delta h_{A\to P}\approx$12. 51 km,H_{cr}=-10 m,H_P=3. 132 m。将上述参数代入判别式(10),A 点爆管将导致爆管点前上游管道沿线出现负压,甚至达到-10 m 汽化压力,因此有必要在 A 点前布置空气阀。囿于篇幅,爆管点上游空气阀理论布置方法不再赘叙。依照上述理论布置方法,爆管事故发生后,管道沿线压力水头不超过 H_{cr},输水系统不会发生连续爆管事故,造成次生灾害。此外,为避免爆管点处过大的水流浪费以及消能箱漏空,需尽可能及时将爆管点隔离,同时消能箱的截面面积要足够大。

3.3　最危险爆管点过渡过程计算

发生爆管事故时,需避免阀门关闭速度过快引起管道压力水锤过高,从而造成管道破坏。各阀门关闭方案见表 1。

表 1　各阀门关闭方案

阀号	关阀		
	动作时间/s	关闭规律/s	初始开度
消能阀	180	1/480	0. 836 5
1#隔断阀	静水关闭	—	1
2#隔断阀	0	1/210	1
3#隔断阀	静水关闭	—	1
1#调流阀	0	1/210	0. 832 6

通过式(1)~式(6),对上述输水工程进行爆管过渡过程数值模拟计算,爆管点处的压力水头和流量,消能箱水深和流量,以及管道沿线压力水头如表 2 和图 5、图 6 所示。

如图 5 所示,过渡过程中爆管点的水头和流量发生剧烈变化。爆管点最小压力水头 0. 78 m,稳定后压力水头 7. 48 m,最高涌出水头 2. 86 m;最大泄流流量 11. 45 m^3/s,爆管点上游侧最大流量为 6. 26 m^3/s,下游侧最小流量为-5. 24 m^3/s。图 5(a)中,2 s 内爆管点瞬时降压水头高达 125. 17 m。最终稳定在 7. 48 m,压力水头有所回升。小幅度回升的原因是,初始泄流流量为 0 m^3/s,相对应的爆管孔口局部损失为 0 m。随着泄流流量增大(最大至 11. 45 m^3/s),孔口局部水头损失增大,引起压力水头回升。如图 5(b)所示,由于爆管点压力水头大幅度下降,上游侧流量开始上升,下游侧流量下降,最终均趋于稳定。产生上述现象的原因是:最危险爆管点位于管道下陂段和上坡段的交点处,即该点处管段呈 V 字

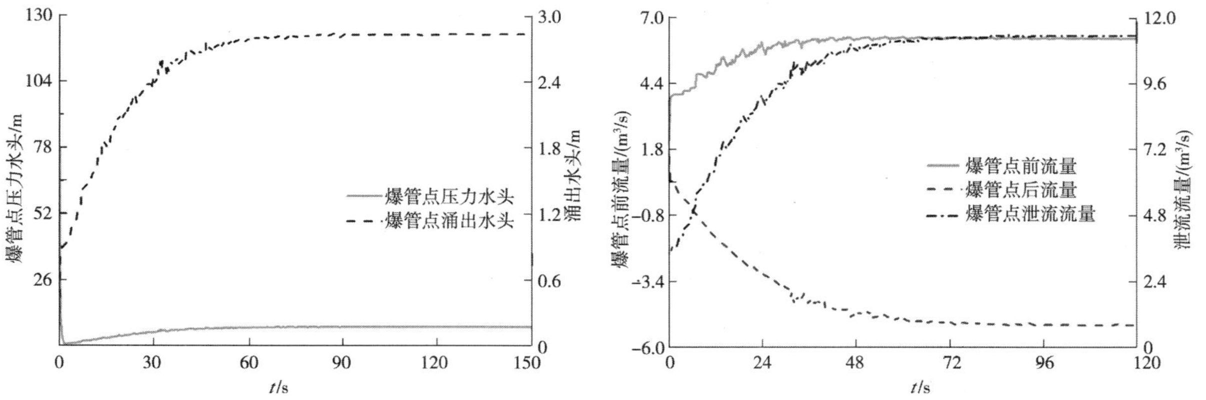

(a)压力水头和涌出水头　　　　(b)上下游侧流量和泄流流量

图 5　爆管点处压力和流量变化过程线

形布置。由于自流,上游侧水体正向涌出爆管口,而下游大量水体在重力作用下水体反向涌出爆管口。

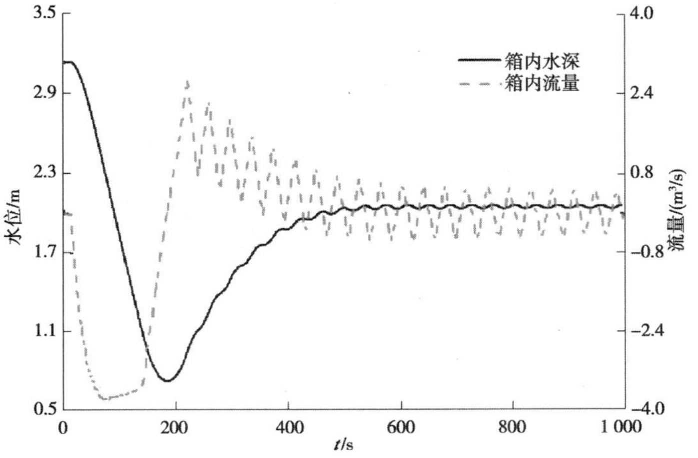

图 6　消能箱内水深和流量变化过程线

如图 6 所示,消能箱初始水深 3.13 m,最低水深 0.72 m,最大流量 2.69 m^3/s,最小流量-3.81 m^3/s。由于消能箱位于爆管点的上游,高程差达到 140.218 m。爆管事故后消能箱向管道中补水,水深下降幅值达到 2.41 m,箱内水位(流量)发生剧烈的变化。由于采用合理的阀门关闭方案,有效地降低倒流流量,避免消能箱漏空;180 s 左右箱内水位上升,箱前消能阀关闭,箱内水深上升并最终稳定在 2.06 m,消能箱未发生溢流。

表 2　关阀下的管道沿线最大压力水头

输水流量	第Ⅰ段管道		第Ⅱ段管道	
	最大压力水头/m	所在位置(桩号)	最大压力水头/m	所在位置(桩号)
2.1 m^3/s	96.76	151+530.00	173.3	161+150.00
水锤压力标准	120	151+530.00	200	164+094.80
输水流量	第Ⅰ段管道		第Ⅱ段管道	
	最小压力水头/m	所在位置(桩号)	最小压力水头/m	所在位置(桩号)
2.1 m^3/s	2.35	146+044.02	-9.7	164+893.00

由表 2 可见,第Ⅰ、Ⅱ段管道沿线最大正压水头均未超过管道承压标准,且沿线最低负压水头均未超过负压控制标准。其中,由于消能箱的隔断作用,第Ⅰ段管道沿线均未出现负压。由于爆管事故发生在第Ⅱ段管道,该管道沿线出现负压,但根据最危险爆管点理论分析方法设置空气阀后,沿线负压均控制在 H_{cr} 范围之内。因此,爆管点过渡过程计算结果验证了瞬时降压假设下空气阀布置理论分析方法的合理性与可行性,管道安全得到满足。

3.4 非恒定流过程中的爆管影响因素

爆管的非恒定流计算主要受到以下两个因素的影响:①爆管孔口面积;②爆管处中心线高程。以图 3 所示的实际工程为例,对以上影响因素进行计算和分析。

3.4.1 爆管孔口面积的影响

根据式(5),爆管孔口面积大小与爆管点泄流流量大小有关,面积越大,泄流流量越大;同时,爆管孔口面积与爆管点压力水头成反比。结合数值计算,对上述理论进行对比分析。设计流量 2.1 m^3/s,方案一:爆管孔口面积 $A_1=0.9\ m^2$,为管道面积的 60%;方案二:爆管孔口面积 $A_2=1.2\ m^2$,为管道面积的 80%;方案三:爆管孔口面积 $A_3=1.5\ m^2$,与管道面积相等。

如图 7 所示,三种方案下爆管点最小压力水头分别为 2.10 m、1.20 m 和 0.78 m,最高涌出水头分别为 2.34 m、2.68 m 和 2.86 m;爆管点最大泄流流量分别为 9.34 m^3/s、10.71 m^3/s 和 11.45 m^3/s,爆管点下游侧最小流量分别为 −3.98 m^3/s、−4.77 m^3/s 和 −5.24 m^3/s。随着爆管口面积增大,爆管点瞬时压降越大,相应的爆管点下游侧流量越小,最终稳定压力水头也越低。孔口面积大小与爆管点泄流流量大小、涌出水位大小成正比,数值模拟计算结果与理论分析结果一致。其中,60%孔口面积下的爆管点最大泄流量仅为 100%下的 81.5%;100%孔口面积下的最低压力较 60%低了 1.32 m 水头。因此,爆管口面积大小不可忽视。

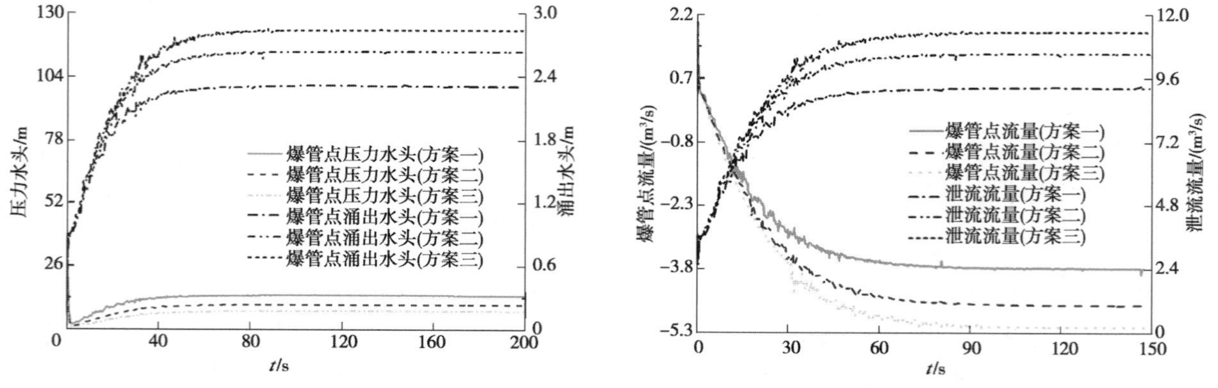

(a)压力水头和涌出水头　　(b)下游侧流量和泄流流量

图 7　不同爆管口面积下爆管点压力水头和流量变化过程线

3.4.2 爆管处管中心线高程的影响

根据式(5),爆管处的地面高程 Z_P 与爆管点压力水头 H_P 成正比,结合数值计算进行对比分析。爆管面积 1.5 m^2,方案一:管中心线高程 $Z_P=1\ 323.65$ m;方案二:管中心线高程 $Z_P=1\ 327.65$ m;方案三:管中心线高程 $Z_P=1\ 331.65$ m。

由图 8 可以发现,三种方案下爆管点最小压力水头分别为 0.78 m、4.78 m 和 8.78 m,最高涌出水头分别为 2.86 m、2.66 m 和 2.42 m,最大泄流流量分别为 11.45 m^3/s、10.61 m^3/s 和 9.67 m^3/s;爆管点上游侧最大流量分别为 6.26 m^3/s、5.99 m^3/s 和 5.69 m^3/s,下游侧最小流量分别为 −5.24 m^3/s、−4.72 m^3/s 和 −4.11 m^3/s。随着管中心线高程增大,爆管点瞬时压降幅值减小,泄流流量上升幅值减缓,稳定涌出水头变小。由于末端管中心线高程均高于三种方案下的高程,爆管点下游侧管道均发生倒流,根据上述结果可知,设计阶段高程低点发生爆管事故后产生的破坏后果严重,需尽快隔断,避免下游侧管道

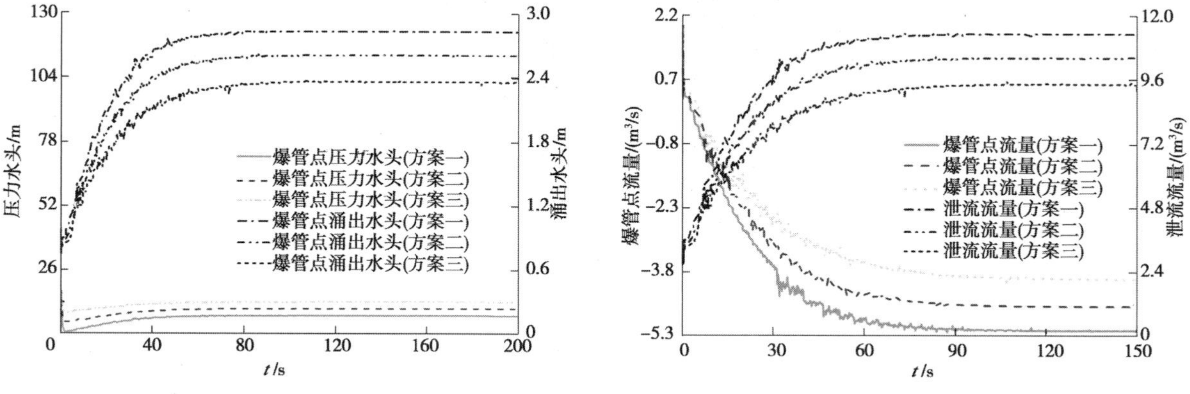

(a)压力水头和涌出水头　　　　(b)下游侧流量和泄流流量

图 8　不同管中心线高程下爆管点压力水头和流量变化过程线

内水体倒流,造成更大的危害。

4　结　论

结合明管爆管水力特性,本文对事故爆管下空气阀布置原则与布置位置进行理论推导,提出了消能箱布置下重力流输水系统爆管事故影响预测分析方法。结合数值模拟计算,对爆管影响因素进行对比分析。具体结论如下:

(1)空气阀布置预测分析结果偏于保守,对实际工程的爆管影响起到一定的指导作用。通过对管道最危险爆管点进行计算,结果表明,实际上明管爆管点处压力并未完全降至大气压,爆管过程也不是完全瞬间发生的,合理的空气阀布置与关阀方案能够防止事故扩大,箱内水位均未出现溢流和漏空,避免两次爆管。

(2)爆管口面积的影响不可忽视,随着面积的增大,爆管点瞬时压降水头差越大;管中心线高程越低,爆管事故后产生的破坏后果越严重,设计阶段需加强高程低点的管线安全防护。

参考文献

[1] Morris R E. Principal causes and remedies of water main breaks[J]. J. AWWA, 1967,54(7):782-798.

[2] 郑大琼, 王念慎. 长距离低扬程输水系统爆管原因分析及预防措施[J]. 电力建设, 1999(10):33-35.

[3] Pelletier G, Mailhot A, Villeneuve J P. Modeling water pipe break three case studies[J]. Water Resoures Planning and Management 2003,(4): 115-123.

[4] 丁峰, 娄性义. 城市输配水管道爆破机理与防护技术分析[J]. 青岛建筑工程学院学报,1994,15(4):30-35.

[5] Lescovich J E. Locating and sizing air release valves[J]. J. AWWA, 1972,64(7):457-461.

[6] 胡建永, 张健, 陈胜. 大型多支线供水工程的爆管水力过渡过程分析[J]. 水电能源科学, 2014, 32(1):73-76.

[7] Sinske S A. A spatial decision support system for pipe break susceptibility analysis and impact assessment of municipal water distribution systems[D]. Univ. of Stellenbosch,2002.

[8] Sinske S A, Zietsman H L. A spatial decision support system for pipe-break susceptibility analysis of municipal water distribution systems[J]. Water SA,2004,30(1):71-80.

[9] Snow D E. Water main breaks: causes, solutions and management[J]. Journal of the New England Water Forks Association, 2004, 118(2): 88-91.

[10] 张迪. 大伙房水库净水厂支线爆管水锤分析及对策[J]. 陕西水利, 2016(2):69-70.

[11] 王伟. 严桥支线输水管道爆裂事故的应急处理与原因分析[J]. 水利建设与管理,2017,32(1).

[12] 吴远为, 刘梅清, 刘志勇, 等. 长距离重力流输水系统的爆管过渡过程和阀门关闭规律的研究[J]. 中国农村水利水电,2019(7):119-123.

第二篇

环境水力学

河湖水系连通与防洪安全保障能力适配性评价指标体系构建

王嘉仪　武彩萍　潘　丽　宋莉萱

（黄河水利委员会黄河水利科学研究院，河南郑州　450003）

【摘　要】 洪水灾害是我国危害最为严重的自然灾害之一，河湖水系连通不仅为洪水提供畅通出路，维护洪水蓄滞空间，有效降低洪涝灾害风险，而且能够为干旱地区调配水源，维持水资源供给，保障供水安全。由于河湖水系连通涉及面广，不确定因素多，河湖水系连通会产生一些负面影响和风险。本文在分析河湖水系连通对防洪安全影响的基础上，揭示河湖水系连通对防洪安全的影响机制，建立水系连通与防洪安全适配的指标数据库，以防洪安全保障能力为目标层，建立了评价指标体系，确定了指标权重并对权重合理性进行验证，为准确衡量河湖水系连通与防洪安全保障能力适配性提供基础支撑。

【关键词】 水系连通；防洪安全；适配性；评价指标；权重确定

受气候变化与人类活动等因素影响，当今水安全问题呈现出全球性、复杂性、关联性和不确定性，其中水旱灾害、水资源短缺、水环境恶化是全球水安全面临的三大挑战[1]。河湖水系连通作为提高水资源配置能力、增强抵御旱涝灾害能力和改善生态环境的重要战略举措，在水安全保障中起到了举足轻重的作用。

1　区域防洪能力与河湖水系连通的响应关系

新中国成立以来，我国开展了大规模的江河治理，河湖水系连通工程建设是江河湖泊防洪治理的重要手段之一[2]。以武汉市青菱湖地区为例，工程修建前，该区域水系功能单一，多为封闭水体，河渠排涝标准不足，洪涝灾害频发，是内涝灾害研究的典型区域之一。在现有的水网体系基础上，通过疏浚红旗渠，新建渔场连通渠及青菱湖溢流堰，将汤逊湖泵站、陈家山闸、十里长渠、野湖、青菱湖、青菱河相勾连，形成了江湖相通、湖湖相连的水系网络。在汛期，通过红旗渠连通野湖与青菱湖，实现野湖、青菱湖联合调蓄，并通过渔场连通渠将野湖渔场涝水纳入青菱湖排涝区，减轻十里长渠排涝压力。连通工程实施后，洪水通过湖泊联合调蓄，错峰削峰，涝水实现分区排泄，最终切实保障了区域防洪排涝安全[3]。

防洪是通过调蓄汛期洪水可调蓄水量有效缓解防洪压力，减轻洪涝灾害，以减免洪灾所造成的损失。河湖水系连通是以江河、湖泊、水库等为基础，采取合理的疏导、沟通、引排、调度等工程或非工程措施，建立或改善江河湖库水体之间的水力联系，目的在于提高区域的水安全保障能力，增强水资源安全保障能力、防洪安全保障能力以及水生态安全保障能力[4]。河湖水系连通一方面可以为洪水提供畅通出路，维护洪水蓄滞空间，有效降低洪涝灾害风险，另一面也有可能加大防洪风险（如调水有可能与当地洪水遭遇，加大防洪风险）。区域河湖水系特征（数量、结构和连通性）变化可影响区域内河道分洪及过流能力和湖库有效蓄滞容积，从而影响区域的防洪安全，即区域河湖水系特征与区域防洪安全息息相关。

基金项目：十三五国家重点研发计划项目资助（2018YFC040720203）；中央级公益性科研院所基本科研业务费专项项目（HKY-JBYW-2020-18、HKY-JBYW-2020-05、HKY-JBYW-2021-1）；河南省2021年科技发展计划（212300410200）

作者简介：王嘉仪（198—），女，硕士研究生，高级工程师，主要从事水力学及河流泥沙动力学等工作。

通信作者：武彩萍（1964—），女，本科，教授级高工，主要从事工程水力学、水力学及河流泥沙动力学等工作。

本次对国内水系连通相关文献进行了调研，搜索关键词为：水系连通；检索时间：2010～2020 年；限定范围：期刊、中文；检索篇数：413 篇；剔除与水系连通无关篇数：118 篇；纳入文献篇数：295 篇；将筛选过的文献由 Citespace 软件制作风暴图。将风暴图中的相似标签进行合并，无关标签进行删除操作，得到聚类图（见图 1），可以从图中直观地了解到与水系连通研究紧密的方面。

由图 1 可以看出，近年来水系连通的研究重点为水系连通性、水资源的规划配置、水生态的保护修复等，可以得出水系连通与水安全保障是密切相关的，在此基础上进一步研究水系连通条件下与防洪安全能力是十分有意义的。

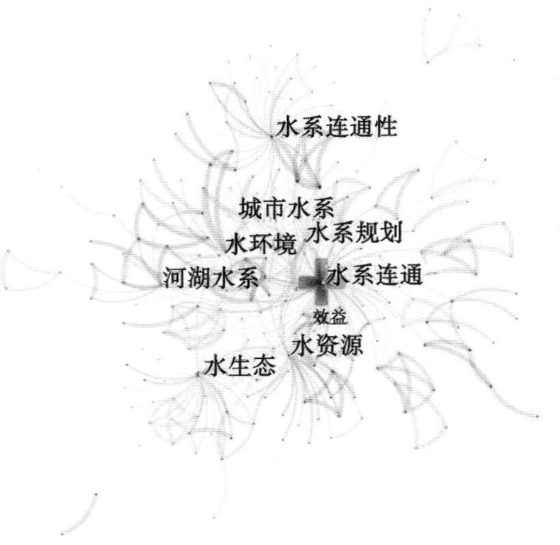

图 1　水系连通聚类图

2　河湖水系连通与防洪安全保障适配指标体系构建

本文基于文献调研、词频统计、专家综合评判及流域实例等方法构建河湖连通与防洪安全适配性评价模型，建立水系连通与防洪安全适配的指标数据库，对指标进行科学筛选，拟定指标权重，定量化分析指标权重合理性。

2.1　指标库建立

在分析河湖连通与防洪排涝关系的基础上，确定评价指标体系构建的基本原则，包括：目标性原则、点面结合原则、层次性原则、代表性原则、可操作性原则、科学性原则。

通过对国内水系连通相关文献进行调研，按照研究起始年份做出关键词突现图（见图 2），可以发现关于水系连通的研究最初集中方向为水质改善及水资源的优化配置与生态修复方面，近年来水系连通研究重点逐渐转向综合整治方面。

关键词	年份	Strength	初始年份	截止年份	2010~2020年
水质污染度	2010	1.68	2010	2020	
景观脆弱度	2010	2.05	2010	2020	
水系连通工程	2010	1.38	2010	2020	
资料缺乏地区	2010	1.25	2010	2020	
综合效益指数	2010	1.25	2010	2020	
水资源	2010	1.51	2011	2020	
汾河	2010	1.25	2012	2020	
适应性	2010	1.25	2012	2020	
平原地区	2010	1.25	2013	2020	
中小河流	2010	2.13	2014	2020	
河湖水系连通	2010	3.29	2015	2020	
水生态文明	2010	1.45	2015	2020	
水资源配置	2010	1.78	2016	2020	
综合整治	2010	1.75	2016	2020	
河湖连通	2010	1.68	2017	2020	
连通性	2010	1.4	2017	2020	
河湖水系	2010	1.56	2017	2020	
水系连通	2010	1.46	2018	2020	
综合治理	2010	2.28	2018	2020	
水系连通性	2010	1.29	2018	2020	

图 2　水系连通关键词突现图

通过筛选河湖连通与防洪排涝的研究案例，总结了国内各部门已发布的河湖相关的评价导则，为了使初步构建的指标库更加全面，以便后期筛选，对防洪排涝安全评价的论文进行调研，从影响因子较高的核心期刊中收集其中被学者使用较多的且能够真实反映防洪排涝能力的指标。指标收集完成之后，对文献调研中的指标进行高频率指标筛选，根据指标出现频率反映的防洪排涝指标对水系连通响应关系结合专家建议综合确定最终的指标体系（见图3）。结合与前述导则中出现的指标及防洪排涝安全文章中指标出现情况，初步筛选得到的指标库如表1所示。

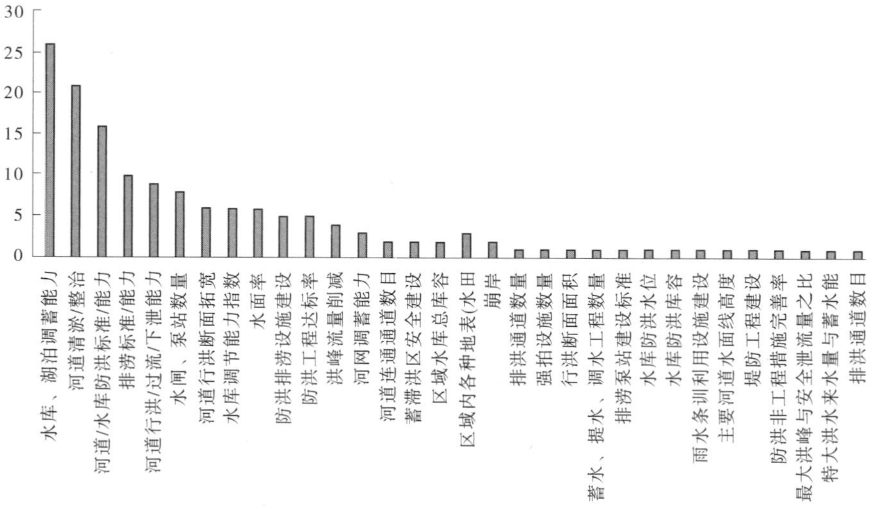

图3　文献中指标出现频率

表1　初次筛选指标库

指标库	指标	指标库	指标
	防洪标准		
	水库防洪能力		排涝标准
	河道行洪能力		
	水面率		排涝体系达标率
	防洪工程达标率		
	河网调蓄能力		城市除水除涝泵站比例
	水库防洪库容		
防洪指标库	特大洪水来水量与蓄水能力之比	排涝指标库	水库除涝面积
	堤防达标情况		
	洪水受灾面积率		单位面积淹没损失
	防洪设施达标率		
	河道洪水削峰率		水库、湖泊调蓄能力
	工程体系平均保证率		
	堤防保护人口率		排涝泵站建设标准
	冲淤岸线比例		

经过初次筛选得到可以用于构建指标库的指标有22个，其中防洪指标库包含指标15个、排涝指标库包含指标7个。

通过专家综合评判及流域实例验证对初步筛选指标进行二次筛选，最终从三个维度确定6项指标，如表 2 所示。

表 2　用于评价导则的防洪安全目标层指标体系

<table>
<tr><th colspan="2">评价指标</th><th>调查数据</th></tr>
<tr><td rowspan="6">推荐指标</td><td rowspan="2">防洪体系达标率</td><td>防洪工程达标个数</td></tr>
<tr><td>防洪工程总数</td></tr>
<tr><td rowspan="2">区域滞洪能力</td><td>历史特大洪水来水总量</td></tr>
<tr><td>区域防洪工程蓄水总量</td></tr>
<tr><td rowspan="2">排涝体系达标率</td><td>排涝达标面积</td></tr>
<tr><td>明确排涝任务与目标的区域总面积</td></tr>
<tr><td rowspan="6">备选指标</td><td rowspan="2">堤防达标率</td><td>堤防总长度</td></tr>
<tr><td>达到标准的堤防总长度</td></tr>
<tr><td rowspan="2">代表水库库容淤积损失率</td><td>总计淤积损失库容</td></tr>
<tr><td>建库总库容</td></tr>
<tr><td rowspan="2">水库除涝能力</td><td>水库除涝面积</td></tr>
<tr><td>明确排涝任务与目标的区域总面积</td></tr>
</table>

2.2　指标权重确定

使用层次分析法结合专家打分法及熵权法从主客观两方面综合确定各项指标权重,以便对研究区的防洪安全情况进行科学合理的打分。

2.2.1　层次分析权重结果

通过收集专家的综合打分情况得到专家打分表,如表 3 所示。

由 matlab 计算得到权重为 $\omega_1=(0.371\ 2,0.433\ 1,0.195\ 7)$,且一致性指标 CI=0.027 3,一致性比率 CR=0.052 5<0.1,通过异质性检验。

表 3　专家打分表

指标	专家打分		
湖库蓄水能力	1	6/7	6/3
堤防达标率	7/6	1	7/3
排涝能力	3/6	3/6	1

2.2.2　熵权法权重结果

根据本课题收集历年指标数据情况和区域代表性情况选择太湖区 2011 年、2016 年、2018 年指标值计算熵权权重,如表 4 所示。

表 4　熵权法权重计算结果

年份	指标标准化处理			信息熵	差异度	权重
	湖库蓄水能力	堤防达标率	排涝能力			
2011	1.054 4	0.813 5	0.354 8	0.702 3	0.297 7	0.254 8
2016	1.135 4	0.873 6	0.399 2	0.760 8	0.239 2	0.249 6
2018	1.213 5	0.877 9	0.551 1	0.525 0	0.475 0	0.495 7

2.2.3　组合权重结果

利用层次分析与熵权法的组合权重以降低主观影响和避免单纯客观计算方法造成的权重与实际偏差太大的情况，结果如表 5 所示。

表 5　组合权重计算结果

指标	ω_1	ω_2	$\omega_1\omega_2$	求和	ω
湖库蓄水能力	0.371 2	0.294 2	0.109 2		0.347 5
堤防达标率	0.433 1	0.249 6	0.108 1	0.314 3	0.343 9
排涝能力	0.195 7	0.495 7	0.097 0		0.308 6

由表 5 可知，最后的权重计算结果 ω=(0.347 5、0.343 9、0.308 6)。

2.3　指标权重合理性验证

将集对分析法引入本次研究中，可以将集对分析法指标等级计算结果与直接按照推荐赋分表计算的指标等级计算结果进行对比（相互验证），根据两种方法计算结果之间的差异情况来判断本文拟定的指标赋分表是否合理。

2.3.1　联系度计算

由专家拟定的推荐赋分表中的各项指标等级门限值作为依据，由太湖流域 2011 年、2016 年、2018 年的各指标实际值计算各指标在各年的单指标联系度，各年的单指标联系度与对应权重相乘得到各年的综合联系度，最后根据系统数学的“均分原则”将区间[-1,1]作五等分得到集对分析等级划分结果(见表 6)。由表 6 可知，2011 年、2016 年、2018 年的防洪安全等级均为Ⅱ级。

表 6　各年的单指标联系度及各年的综合联系度

年份	堤防达标率	湖库蓄水能力	排涝能力	各年联系度	防洪安全等级
2011	0.32	1.00	-1	0.23	Ⅱ
2016	0.50	1.00	-1	0.30	Ⅱ
2018	0.52	1.00	-0.37	0.50	Ⅱ

2.3.2　赋分表赋分

依据本课题提出的推荐赋分表对各年指标值进行打分，将指标分值与对应权重相乘得到各年的打分结果(见表 7)。由表 7 可知，2011 年的防洪安全等级为Ⅲ级、2016 年为Ⅲ级、2018 年为Ⅱ级。

表 7　各指标推荐赋分表得分结果

年份	堤防达标率	湖库蓄水能力	排涝能力	得分	适配等级
2011	63.13	100	17.38	70.82	Ⅲ
2016	69.13	100	17.20	72.83	Ⅲ
2018	70.39	100	27.56	76.46	Ⅱ

2.3.3　结果对比

由表 6 及表 7 的评价结果可以看出，两种方法的评价等级结果相差不大，2011 年、2016 年防洪安全等级相差一级，误差在可接受范围之内，且表 7 的结果表明推荐赋分表的指标得分情况更加严格，因此本文推荐赋分具有合理性，可以应用于实际。

3　结　论

(1)本文系统分析了区域防洪能力与河湖水系连通的响应关系，揭示了水系连通对防洪安全的影响机制。通过对大量文献数据和现有河湖健康评价体系的分析,建立水系连通与防洪安全适配的指标数据库,以防洪安全保障能力为目标层,从防洪体系达标率、区域防洪能力、排涝体系达标率三个准则层出发,确定了三项推荐指标及三项备选指标,建立了评价指标体系。

(2)使用层次分析法结合专家打分法及熵权法从主客观两方面综合确定各项指标权重,采用集对分析法等级计算结果与直接按照推荐赋分表计算的指标等级计算结果进行对比,对指标权重赋分合理性进行验证,确定本次选用的指标权重赋分合理、可靠,可直接应用于实践。

参考文献

[1] 陈雷. 关于几个重大水利问题的思考——在全国水利规划计划工作会议上的讲话 [J]. 中国水利, 2010 (4):1-7.

[2] 崔国韬, 左其亭, 李宗礼,等. 河湖水系连通功能及适应性分析 [J]. 水电能源科学,2012,30(2):1-5.

[3] 王学雷, A. GOUGH W, 吴宜进. 江汉平原典型区域洪涝调蓄能力估算研究 [J]. 武汉大学学报(理学版),2002(4):461-465.

[4] 符传君, 陈成豪, 李龙兵,等. 河湖水系连通内涵及评价指标体系研究 [J]. 水力发电,2016,42(7):2-7.

河湖水系连通对区域防洪安全保障影响分析

武彩萍　王嘉仪　宋莉萱　杨祎祎

（黄河水利委员会黄河水利科学研究院，河南郑州　450003）

【摘　要】 目前我国各流域（区域）主要通过水库（湖泊）、堤防、水闸、蓄滞洪区、分洪河道等水利工程组成的防洪减灾工程体系来防御洪水。而河湖水系连通则是以自然演变或人工修建的江河、湖泊、水库及其湿地等为基础，采取合理的疏导、沟通、引排、调度等工程或非工程措施，建立或改善江河湖库水体之间的水力联系。区域河湖水系特征（数量、结构和连通性）变化可能会影响区域内河道分洪及过流能力和湖库有效蓄滞容积，从而影响区域的防洪安全。修建河湖水系连通工程一方面可以为洪水提供畅通出路，维护洪水蓄滞空间，有效降低洪涝灾害风险，保障防洪供水安全；另一面也会产生一些负面影响和风险，在进行连通工程规划设计时，建议对区域河湖水系连通水安全保障能力进行综合评价。

【关键词】 河湖水系连通；区域防洪安全；洪涝灾害风险

1　我国防洪安全保障能力与评价现状

洪水灾害是我国各种自然灾害中危害最为严重的自然灾害之一，防洪是通过防洪工程调蓄汛期洪水可调蓄水量有效缓解防洪压力，减轻洪涝灾害，以减免洪灾所造成的损失。新中国成立后，国家投入大量的人力、物力和财力对七大流域各主要江河进行大规模治理，经过多年的防洪工程建设，逐步形成水库、堤防、水闸、蓄滞洪区、分洪河道等组成的防洪减灾工程体系，通过综合运用“拦、分、蓄、滞、排”等措施，科学实施水工程调度，加强水库群和梯级水库联合调度，采取河湖联调、湖库联调、库闸联调等措施，有力防范应对了多次特大洪涝灾害，保障了人民群众生命安全和城乡供水安全，最大程度减轻了灾害损失，为经济社会发展提供了重要支撑。

防洪安全是国家经济安全的重要组成部分，也是国家经济安全的基础。徐波等认为[1]，防洪安全是指通过防洪减灭体系的建设与有效运作，使洪水灭害的损失和影响得到控制，人民生命财产、国家财产及经济社会发展基本免除了洪水重大威胁的状态。洪水灾害的发生取决于防洪标准设置情况和防洪措施实际的落实情况两个方面，并采用防洪安全指数（防洪标准完备率与防洪措施保障率）指标来客观评价和反映防洪安全状况。谷树忠等[2]，在构建中国水安全评价指标体系中用防洪安全保证性来衡量区域洪涝灾害发生情况以及防洪能力与措施。通过研究认为，防洪安全是水安全的重要组成之一，我国防洪安全保证性的评分较低，防洪排涝减灾体系仍存在薄弱环节，需要着力补齐中小河流治理、小型病险水库除险加固、城市雨洪排涝能力建设等短板。

河湖水系连通工程是实现防洪安全的重要工程措施之一，近年来，关于河湖水系连通的评价研究相对较多，对河湖水系连通的评价一般根据连通的类型来选取指标，对于水旱灾害防御型河湖连通，崔国韬等[3]通过研究提出采用最大洪峰流量与安全泄洪流量之比、特大洪水来水量与蓄水能力之比、本地

基金项目：十三五国家重点研发计划项目资助（2018YFC040720203）；中央级公益性科研院所基本科研业务费专项项目（HKY-JBYW-2020-18、HKY-JBYW-2020-05、HKY-JBYW-2021-1）；河南省 2021 年科技发展计划（212300410200）

作者简介：武彩萍（1964—），女，本科，教授级高工，主要从事工程水力学、水力学及河流泥沙动力学等工作。

通信作者：王嘉仪（198—），女，硕士研究生，高级工程师，主要从事水力学及河流泥沙动力学等工作。

水资源供需比、战略水源应急保障率、应急抗旱水源通道完善率、防洪设施达标率、外地可调水量与本地缺水量之比及丰枯遭遇频率等指标来对其适应性进行评价。符传君等[4]结合河湖水系连通案例实践,总结了不同学者的观点,构建了河湖水系连通的评价指标体系,其中洪灾防御功能准则层包含水库的调节能力和防洪安全工程的达标率两个评价指标。冯顺新等[5]提出采用防洪标准、抗旱标准的等级变化来评价河湖水系连通对防洪风险、干旱风险的影响。

2 河湖水系连通对防洪安全的影响分析

目前,我国各流域(区域)的防洪体系是由防洪工程和防洪非工程措施组成的,防洪所采取的工程措施主要包括防洪水库(湖泊)、堤防、蓄滞洪区等,大体可分为泄洪工程、蓄洪工程和分洪工程三大类别。泄洪工程主要指行洪河道(宣泄洪水的通道)、沿河堤防、拦河闸和穿堤涵闸,是防洪工程体系中的基础和骨干。在防洪过程中,堤防对宣泄洪水起着重要作用,但堤防具有两面性:一方面扩大了耕地保护面积,保障了人们生命、财产的安全和生活的正常进行;另一方面,提高了堤防发生危险时的灾害风险。蓄洪工程主要指水库,水库防洪效果主要表现为拦蓄洪水、削减洪峰,避免干、支流洪峰在水库下游遭遇,减轻下游洪涝灾害。但是水库也存在其他负面影响,如水库削峰坦化洪水过程,却拉长了下游持续高水位的历时,从而增加了堤防防守的时间;蓄洪必拦沙,库尾常因泥沙淤积而影响通航,或因淤积"翘尾巴"而抬高上游河道洪水位,从而对防洪不利;下游则因水库蓄水拦沙和下泄水沙条件的改变,而引起河床冲刷带来的河势变化问题。蓄洪工程还包括在河道周边辟为临时贮存洪水或扩大行洪泄洪的区域的蓄滞洪工程。分洪工程主要包括分洪入海、分洪入其他河流、分洪回归原河道、分洪入湖、分洪入分蓄洪区。

河湖水系连通则是以自然演变或人工修建的江河、湖泊、水库及其湿地等为基础,采取合理的疏导、沟通、引排、调度等工程或非工程措施,建立或改善江河湖库水体之间的水力联系[6]。多年来,河湖水系连通工程建设一直是江河湖泊防洪治理的重要手段之一,如淮河流域采取加强河湖连通、江河连通和河海连通等措施,整治淮河入江水道,建设导沭整沂(1949 年)、茨淮新河(1991 年)、沂沭泗东调南下(1991 年)、怀洪新河(1998 年)、淮河入海水道(2003 年),并开辟了 27 处蓄滞洪区等连通工程,以确保淮河防洪安全[7]。目前,无论是修建防洪工程还是河湖连通工程,有关防洪安全评价指标主要由三大类组成:一是与防洪工程标准相关的,如防洪工程标准完备率、防洪工程达标率、防洪标准等级变化等。二是与洪水要素相关的,如最大洪峰流量、安全泄洪流量、特大洪水来水量、湖库的蓄水量等。三是采用防洪工程体系对社会和经济等方面的直接影响,如洪涝损失、洪涝人口死亡率等。本次选取防洪堤防达标率、防洪能力、水库除涝能力三个指标对沂沭泗流域河湖连通前后防洪能力进行评价,现状条件下沂沭泗流域防洪能力如表 1 所示。

表 1 现状沂沭泗流域防洪安全评价

指标名称	指标值	推荐赋分	权重	综合得分
防洪堤防达标率	78.81	75	0.350	76.78
防洪能力	76.28	80	0.341	
水库除涝能力	79.06	75	0.310	

防洪堤防达标率:

$$K_{堤} = \frac{L_{达标}}{L_{总}} \times 100\% \tag{1}$$

式中,$K_{堤}$为防洪堤防达标率;$L_{达标}$为防洪堤防达标长度,km;$L_{总}$为防洪堤防总长度,km。

防洪能力:

$$R_{洪} = \frac{W_{蓄1}}{W_{洪}} \times 100\% \tag{2}$$

式中，$R_{洪}$为防洪能力；$W_{蓄1}$为防洪工程(包括区域中的湖泊、水库等控制性工程在内的所有防洪工程)蓄水总量，m^3；$W_{洪}$为历史特大洪水来水总量，m^3。

水库除涝能力：

$$K_{涝} = \frac{M_{除涝}}{M_{涝总}} \times 100\% \tag{3}$$

式中，$K_{涝}$为水库除涝能力；$M_{除涝}$为水库除涝面积，m^2；$M_{涝总}$为明确排涝任务与目标的区域总面积，m^2。

根据《淮河流域防洪规划概要》《临沂市中心城区水系连通总体规划》和《临沂市水安全保障总体规划》绘制堤防达标状况趋势图(见图1)和江苏省历年水库除涝面积趋势图(见图2)，预计在2035年临沂市水系连通工程会相继开展或完成，预测2035年沂沭泗流域防洪安全评价如表2所示。

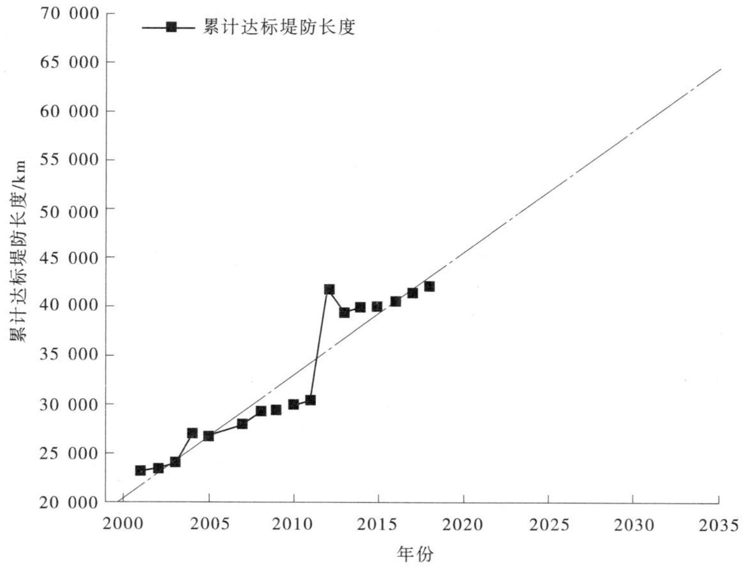

图1　堤防达标状况趋势

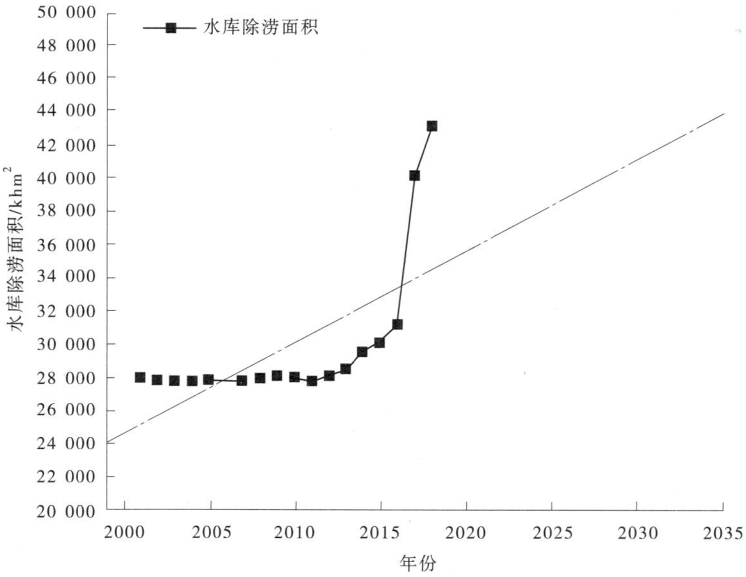

图2　江苏省历年水库除涝面积趋势

表 2　2035 年沂沭泗流域防洪安全预测

指标名称	指标值	推荐赋分	权重	综合得分
堤防达标率	80	90	0.350	
防洪能力	100	100	0.341	93.5
水库除涝能力	90	90	0.310	

依据表 1 和表 2 及历年沂沭泗流域防洪安全综合得分可知,随着水系连通工程的实施,该流域防洪排涝的安全性逐渐提升。

河湖水系连通不仅为洪水提供畅通出路,维护洪水蓄滞空间,而且能够为干旱地区调配水源,维持水资源供给,有效降低洪涝灾害风险,保障防洪供水安全。但是由于河湖水系连通涉及面广,影响范围大,不确定因素多,河湖水系连通对流域和区域旱涝灾害风险的影响比较复杂,在进行连通工程规划设计时要充分考虑水系连通涉及区域的水资源条件及其对原有水系格局的影响,综合权衡水系连通的投资与效益、正面效应与负面效应、社会经济效应与生态环境效应、短期效应与长期效应,广泛听取和认真分析研究有关部门、地方和专家的意见和建议,坚持民主论证,深入分析水系连通工程经济技术的合理性及生态环境的可承受性,对水系连通工程与流域(区域)防洪安全及水安全适配性进行综合评判。

3　河湖水系连通的防洪安全需求分析

我国水资源分布因时因地而异,长期以来,形成了东南多、西北少的水资源分布格局,同一地区还可能存在年内和年际上水量分配的巨大差异,导致洪涝灾害频发等问题。例如,我国北方地区年内和年际分配存在较大差异,全年有 70%左右的降水发生在汛期,且汛期洪水来势凶猛,排涝不及时往往造成巨大经济损失甚至人员伤亡。国家、流域、区域层面对通过河湖水系连通提高区域防洪排涝能力有着急切的需求。

我国是世界上洪水最频繁和洪水灾害最严重的国家之一,中华民族 5 000 年不断与洪水做斗争,从鲧的堵水到大禹的疏水,从西门豹治邺到李冰父子修建都江堰,从郑国渠到京杭大运河,再到历代修筑大堤等。中华人民共和国成立以来,党和政府始终把江河治理放在发展国民经济的重要地位,经过 70 多年的不懈努力,全国已建成各类水库 8.6 万多座,堤防长度 28.69 万 km,累计开挖、疏通河道数万千米,目前由水库、河道和蓄滞洪区组成的各流域防洪工程体系均已基本形成,特别是长江三峡、黄河小浪底、嫩江尼尔基、淮河临淮港等骨干防洪工程建设,以及黄河下游堤防 4 次加高加固和海河下游多条分流入海减河的开辟,以兴建入海水道和整治入江通道为代表的治淮 19 项骨干工程和以望虞河和太浦河为代表治太骨干工程的完成,大大提高了各流域防洪调度和防洪减灾能力,终结了黄河、淮河数百年来洪患频发的历史,取得了抗御 1998 年长江、嫩江、松花江特大洪水等各流域的历次抗洪斗争的伟大胜利,为确保国家的稳定和人民生命财产的安全、保障经济社会发展做出了重大贡献。

但目前在局部地区尚存在河床淤高,河道阻塞,湿地开发,湖泊围垦,湿地面积大幅度减少,洪水归槽水位抬高,洪水调蓄容量丧失,流域内河川径流的调节功能削弱等问题,使得防洪形势仍很严峻,防洪压力依旧很大,每年因洪水和泥石流灾害所造成的损失仍然很大。据《2009 中国水旱灾害公报》显示,当年全国有 29 个省 (自治区、直辖市)发生了洪涝灾害,农作物因洪涝受灾面积 874.8 万 km^2,其中成灾面积 379.6 万 km^2,受灾人口 1.11 亿,因灾死亡 538 人,倒塌房屋 55.59 万间,洪涝灾害直接经济总损失 845.96 亿元,其中水利设施损坏的直接经济损失 148.34 亿元。

除长江、黄河、淮河、海河、珠江、松花江、辽河等七大江河主要干支流外,全国范围内有众多中小河流。据有关资料,我国江河流域面积在 100 km^2 以上的河流有 2 万多条,其中流域面积在 1 000 km^2 以上的河流 2 300 多条。中小河流数量众多,分布很广,许多中小河流主要是 20 世纪 50~80 年代通过群众投劳进行治理,与大江大河的防洪建设相比,中小河流治理总体滞后,中小河流仍处于“大雨大灾、小雨小灾”的局面，特别是近些年来极端天气事件增多，中小流域常发生集中暴雨，形成较大洪水，造成比较严重的洪涝灾害。中小河流河道淤积堵塞和水面萎缩现象严重，尤其是中小河流和农村河道未进行过系统清淤整治，部分河道基本的调蓄作用和输水排水功能逐渐丧失，严重危及区域防洪安全，直接影响全面建设小康社会与和谐社会建设的进程，影响区域经济社会的可持续发展。

为了确保各流域防洪安全，保障国民经济安全运行，需要在进一步加强防洪工程体系建设和洪水预报调度、植树造林、退田还湖等非工程措施的同时，开展江河湖库水系连通，打通洪涝水通道、维护洪水蓄滞空间，合理安排洪涝水出路，降低洪水风险，提高河湖的洪水蓄泄能力。

4　结　语

经过多年防洪工程建设，我们国家各大流域已经形成了较为完整的防洪减灾工程体系，可以防范多级特大洪涝灾害，但是经济社会的快速发展侵占了越来越多的河湖水域，造成洪水宣泄通道和滞蓄空间的显著变化，并导致流域/区域洪涝水蓄泄关系的改变，使得一些地区行洪不畅，防洪排涝压力加大。还有很多中小河流治理滞后，河道淤积堵塞和水面萎缩现象严重，尤其是中小河流和农村河道未进行过系统清淤整治，部分河道基本的调蓄作用和输水排水功能逐渐丧失，严重危及区域防洪安全。急切需求通过河湖水系连通来提高区域防洪排涝能力。但是由于河湖连通也会产生一些负面影响和风险，在进行连通工程规划设计时，建议对区域河湖水系连通水安全保障能力进行综合评价。

参考文献

[1] 徐波，李森. 水安全指数编制方法研究[J]. 水利发展研究，2017，17(5)：21-23，69.

[2] 谷树忠，李维明，贾绍凤. 中国水安全现状的系统评价与问题清单[J]. 发展研究，2018(4)：9-14.

[3] 崔国韬，左其亭，李宗礼，等. 河湖水系连通功能及适应性分析[J]. 水电能源科学，2012，30(2)：1-5.

[4] 符传君，陈成豪，李龙兵，等. 河湖水系连通内涵及评价指标体系研究[J]. 水力发电，2016，42(7)：2-7.

[5] 冯顺新，李海英，李翀，等. 河湖水系连通影响评价指标体系研究Ⅰ——指标体系及评价方法[J]. 中国水利水电科学研究院学报，2014，12(4)：386-393.

[6] 徐宗学，庞博. 科学认识河湖水系连通问题[J]. 中国水利，2011(16)：13-16.

[7] 于文善，胡亚魁. 建国以来淮河流域水患灾害及其治理[J]. 党史研究与教学，2005(6)：58-63.

黄土高原海绵城市排水下塬下游冲沟防护措施初步分析

李广宁[1] 刘永德[2] 孙双科[1*] 刘伯承[1,3] 梁永占[2] 柳海涛[1] 郑铁刚[1]

(1. 中国水利水电科学研究院,北京 100038;
2. 庆阳陇沣海绵城市建设管理运营有限责任公司,甘肃庆阳 745000;
3. 济南大学,山东济南 250022)

【摘 要】 庆阳市属黄河中上游黄土高原沟壑区,城区坐落于世界上面积最大、土层最厚的董志塬上,下游冲沟属于黄土高原湿陷性地质地貌特征中的大型冲沟,是侵蚀沟发育的后期,沟头的溯源侵蚀和沟岸扩张作用仍较为活跃。针对庆阳市雨水下塬排放工程具体情况,结合泄水建筑物消能效果和过流需求,对庆阳雨水下塬排放工程下游冲沟现状,影响冲沟发育的主要因素和规律进行总结分析。庆阳市排水下塬的泄水建筑物充分考虑黄土高原的特殊性,采用竖井和明渠结合的联合消能方式。竖井内消能工将洪水的大部分能量在泄洪建筑物的内部进行消刹,明渠内采用连续消能墩的方式进行沿程消能,在保证消能效果的同时,产生的震动也较小,较适合黄土高原特殊地质情况。泄水建筑物下游出口流速得到有效控制(约 2 m/s),水面平稳,消能效果较好,但下游冲沟内流速沿程有所增加。建议采用贴坡式石笼结构,对泄水建筑物排水出口一定距离内的沟底和沟岸进行防护;对沟岸进行适当整治,遴选并种植恰当物种,以增加沟岸和沟底的稳定性;结合庆阳市小崆峒沟海绵化综合治理项目"固沟保塬工程"开展下游保护工作;可借鉴淤地坝的原理,进一步论证在下游冲沟适当位置建设拦沙坎的可能性,以减缓冲沟的发展速度。

【关键词】 黄土高原;海绵城市;排水下塬;下游冲沟;防护措施

1 引 言

黄土高原的湿陷性地质地貌在降雨径流作用下很容易导致水土流失。海绵城市是调节城市产流过程,对排水流量进行调节的有效方式[1]。海绵城市的建设,将有效增强防洪排涝能力,遏制水土流失问题,使生态环境质量显著提升,可实现城市周边沟道生态环境系统化修复治理,为当地民众提供良好的人居环境[2-3]。在黄土高原进行海绵城市建设将对黄土高原的水土保持和生态环境保护起到极大的促进作用。

黄土高原地区,城市一般分布于地势较高且平坦的"塬"上,黄土高原地区因冲刷形成的高地四边陡,顶上平的地形叫"塬"。海绵城市的排水系统,最终还是需要将雨水排放至地势较低的垄沟内。垄沟的深度可达数十米甚至上百米,垄沟处于发育阶段,且很难抵抗水流的冲击[4]。因此,在黄土高原地区,落差较大的排水下塬工程成为制约黄土高原地区海绵城市建设的最后的关键环节。

庆阳市位于陕甘宁三省区交汇处,属于黄河中上游黄土高原沟壑区,其城区坐落于世界上面积最大、土层最厚的董志塬上。庆阳市是典型的西部缺水型城市,降雨季节集中,区域分布不均,年均降雨量 560 mm,水土流失问题严重。据测算,每年有 42 hm^2 土地被雨水吞噬,有 1.2 亿 t 泥沙流入泾河。针对黄土高原湿陷性地质地貌特征和日益严重的水土流失问题,庆阳多方申报争取,于 2016 年 4 月成功入围全国第二批海绵城市建设试点市,试点区域 29.6 km^2,实施项目 256 项,总投资 47.35 亿元。庆阳市将通过3年试点建设，实现试点区域内90%的雨水不外排，径流污染削减率达到60%，雨水利用率达到30%以上。庆阳雨水下塬排放工程下游冲沟，属于黄土高原湿陷性地质地貌特征中的大型冲沟，深度达数十米至百米之间，宽度从几十米到一百多米，如图1所示。它是侵蚀沟发育的后期，但是尚未达到相对稳定阶段，这时沟底下切虽已缓和，但沟头的溯源侵蚀和沟岸扩张作用仍较为活跃。

本文结合庆阳市小崆峒沟海绵化综合治理项目雨水下塬排放工程，根据泄水建筑物出口水流流速和消能效果，对下游冲沟防护措施进行初步分析并给出防护建议。

(a)　　　　(b)

图1　下游冲沟现状

2　泄水建筑物消能效果

庆阳市排水下塬的泄水建筑物在进行设计时充分考虑了黄土高原的特殊性，采用竖井和明渠结合的联合消能方式，如图2所示。其中，竖井消能属于内消能工，具有结构简单、布置灵活、适用水头范围广、节约工程投资、消能率较高等特点[5-6]。竖井内消能工改变了将洪水所带有的巨大能量传递到建筑物下游进行消能的传统思想观念，而是将洪水的大部分能量在泄洪建筑物的内部进行消刹，仅使部分能量传递至下游，这是在水流消能理念上的转变。这种类型的消能工主要是靠泄洪洞泄洪建筑物内部消能工的特殊形式，急剧改变水流形态，在水流内部形成强烈的紊动掺混或涡漩，从而集中消耗大量机械能，减少压力，降低水流速度，达到保护洞身和下游的目的。明渠内采用连续消能墩的方式进行沿程消能，消能墩采用“三二三”的排布方式，充分利用水流沿程的摩擦阻力以及水流之间的横向对撞进行消能[7]。这种消能方式在保证消能效果的同时，产生的震动也较小，较适合黄土高原特殊地质情况。

在中国水利水电科学研究院大兴试验基地，开展了模型试验，对泄水建筑物的消能效果进行了验证。模型遵循重力相似准则进行模型设计，几何比尺采用1:30。模拟了竖井以上100 m至排洪渠末端以下100 m范围，主要包括100 m箱涵、溢流竖井排洪洞、明渠陡坡段、明渠缓坡段、排洪渠和下游100 m河道地形。试验研究表明，泄水建筑物下游出口与下游消能区衔接处（第二级消力池）流速得到有效控制（约2 m/s），水面平稳，效能效果较好，如图3所示。下游消能区受地形纵向坡度影响，存在流速逐渐加速过程。当流量为15 m^3/s时，平均流速从0.86 m/s逐渐加速到3.04 m/s；当流量为30 m^3/s时，平均流速从1.12 m/s逐渐加速到4.0 m/s，如图4所示，在下游冲沟防护时应当进行考虑。

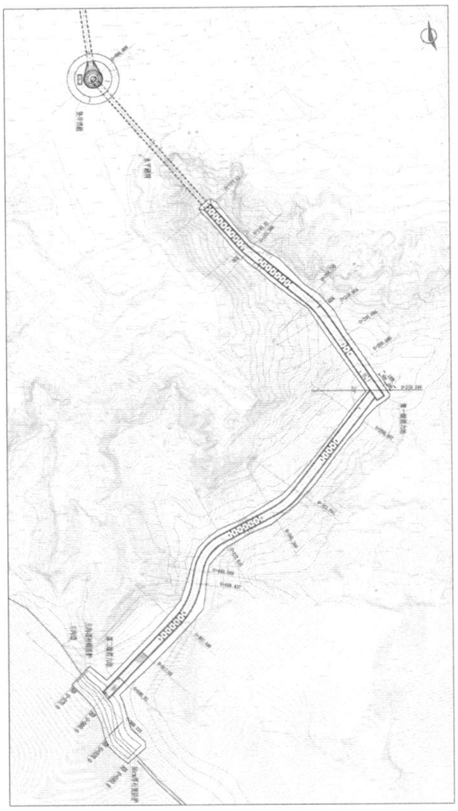

(a)

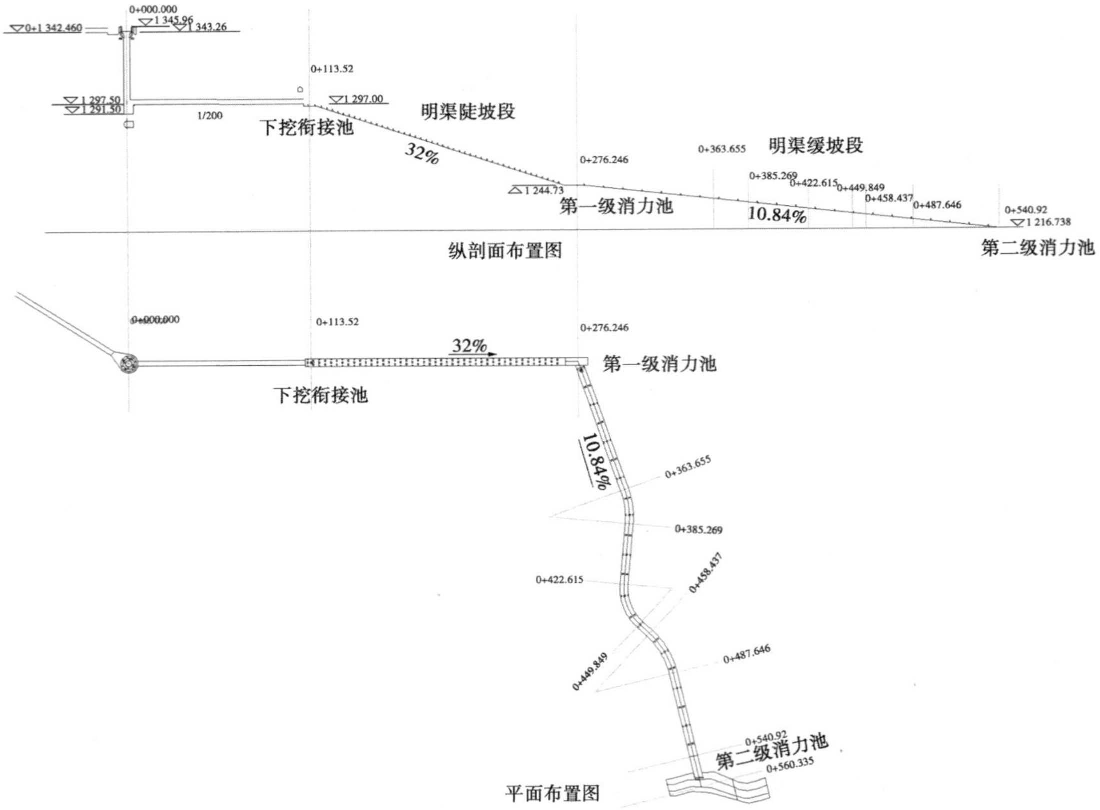

(b)

图 2　庆阳市小崆峒沟海绵化综合治理项目雨水下塬排放工程布置

图 3　泄水建筑物下游出口流态(流量 30 m³/s)

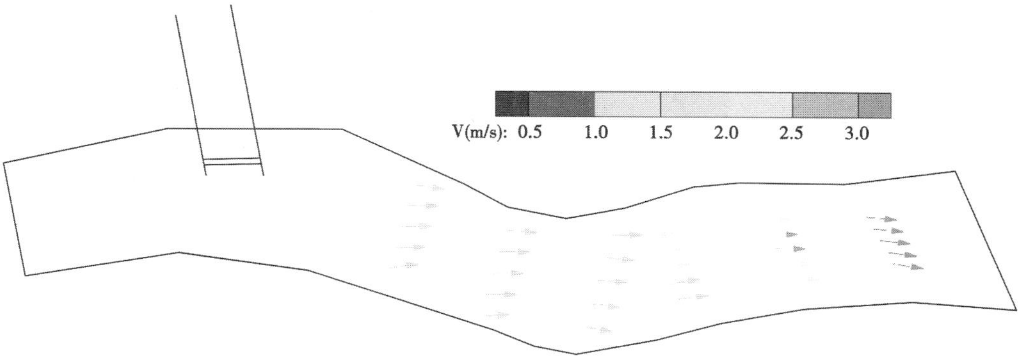

图 4　泄水建筑物下游河道流速(流量 30 m³/s)

3　影响冲沟发育的主要因素

3.1　沟道径流侵蚀过程及规律

沟道侵蚀是水力作用和重力作用共同造成的,加上坡面很陡,其侵蚀形式以崩塌、滑坡及径流冲刷下切为主[8]。泄放水流具有较大的动能,其作用是使沟道边壁受力,淘刷沟岸,下切沟底,使沟岸底部失去支撑,上部悬空,从而引起重力侵蚀,造成沟岸扩张、沟头前进及沟底下切的沟道侵蚀现象。沟道形态的发展具有三维性,即沟头的溯源前进、沟岸扩张和沟底下切。在陡坡地段,如沟岸,当其基部在水流下切淘刷作用,陡壁土体失去平衡时,成块土体倾倒,并伴随有土体的滚落、翻转,这种现象叫做崩塌。崩塌一般发生在 70°~90°的陡坡上,其发生部位多在冲沟的陡壁及冲沟沟头,崩塌运动的速度很快。崩塌的体积大者可至几十万立方米。崩塌所造成的地貌现象是上部为直立的陡壁,下部是 35°左右的自然堆积坡。崩塌的发生主要取决于沟道的下切深度和谷坡上部张裂隙的发育深度。在理论上,当张裂隙发育深度达到沟道下切深度的一半时,谷坡即会发生破裂崩塌[4-9]。

3.2　沟道侵蚀的影响因素

3.2.1　地质因素

黄土地区,沟岸组成物质主要是黄土,质地疏松,垂直节理发育,多孔隙,湿陷性很强,且土中易溶盐含量大,遇水很容易溶解,地表水易于入渗[9]。黄土中黏土矿物质含量较高,特别是蒙脱石、伊利石和高岭石等矿物晶形扁平,加上它们的亲水性特别强,内摩擦角小,很不稳定,常引起滑动[10]。同时,由于这些黏土矿物的亲水性强，吸水后体积膨胀，失水后体积收缩，这样常使土体破裂松散，易发生侵蚀。

3.2.2 地貌因素

地貌条件，主要是坡度、坡形、植被状况及沟道下切特征。一般来说，沟道下切越深，谷坡越陡，块体发生运动的概率越高。庆阳雨水下塬排放工程下游冲沟沟道下切很深，沟坡坡度大多数在60°以上，这为发生重力侵蚀提供了先决条件。植被在沟道侵蚀中的影响作用是不可忽视的[11]，即使在同一流域，因植被条件不同，其沟道侵蚀程度也具有明显的差别。

3.2.3 径流因素

沟道中的水流运动，是沟道侵蚀和泥沙输移的主要动力因素[12]。径流的流速、流量、含沙率等都对沟道侵蚀有一定影响。流量越大，动能越大，其冲击力必然越大，对沟道的冲刷和破坏作用也就越大。在沟底下切的过程中，水流冲刷沟底，使两侧沟坡迅速形成并扩大。沟岸的扩张速度，取决于组成沟岸的土的性质和沟底下切作用的进展情况。径流的侵蚀作用包括：①淘刷沟岸，引起沟岸坍塌，使沟道不断展宽；②冲刷沟床，引起沟床下切，使沟道不断加深；③沟头溯源冲刷，使沟头不断前进；④输送被侵蚀的物质。另外，泄水建筑物泄水过程使下游区域湿度进一步增加，也会促进沟道的侵蚀。

3.2.4 降雨因素

在黄土地区，由于降雨多以暴雨形式出现，降雨会影响黄土的含水率，从而影响黄土的物理性能。地表水沿垂直节理入渗不断溶蚀黄土中的钙、镁等离子，黄土的黏聚力随着含水量的增加而减小[13]；内摩擦角也随着含水量的增加而减小，土层中的软弱结构面被软化和润滑，从而造成土层塑性流动，大大促进了沟岸的变形破坏过程。

3.2.5 震动因素

震动会促进黄土的液化和软化变形，从而加剧沟岸的变形破坏。震动的特征，如频率、速度、加速度等都应该进行考虑。另外，黄土地区局部地形地貌条件对震动作用有明显的放大效应[13]，也应该予以关注。

4 下游冲沟防护建议

4.1 泄水建筑物出口进行抛石防护

冲沟岸坡稳定性主要受控于水流冲刷作用、岸坡土体抗冲性能等。因此，首先要考虑抗水流冲刷的性能。石笼网结构在抗水流冲刷方面有着很大的优势，其多孔隙结构防浪效果好，并且结构本身抗水流冲刷能力强。石笼结构主要分为直立式、台阶式和贴坡式。最初的石笼网护坡结构多采用单一的石笼网与填石料结合作用于岸坡，经过工程的实践应用，发现石笼网结构与植被相互结合能达到更好的防护效果。石笼网结构空隙中生长出的植被可减缓水流冲击，促进泥沙淤积，一定程度上减少水土流失，同时更能契合生态水工理念的要求。初步建议，可结合庆阳排水工程下游冲沟工程实际情况，采用贴坡式石笼结构，对泄水建筑物排水出口一定距离内的沟底和沟岸进行防护。

4.2 造林种草，改善地貌

植被可以减缓沟蚀发展的作用，主要表现在可以增加沟道床面的阻力，降低沟道水流流速，减小径流的拖曳力植被根系可以固结沟道边坡，减少沟坡重力侵蚀的发生概率[14]。例如，在黄土高原础砂岩地区种植沙棘的沟道中，通过繁衍，种植在沟床上的沙棘可以逐渐衍生到沟坡上，与类型相同的无植被的沟道相比，在同一时期内，前者均无明显的沟岸扩张现象，而后者则有新的沟岸重力侵蚀剖面，在沟床上种植乔灌林后，还可以起到滞流拦沙作用，形成“柔性坝”[15]，抬升床面，使侵蚀基准面相应抬高，从而减缓沟头的溯源前进速度。初步建议，可结合庆阳排水工程下游冲沟工程实际情况，对沟岸进行适当整治，遴选并种植恰当物种，以增加沟岸和沟底的稳定性。

4.3 下游冲沟适当建设拦沙坎

淤地坝是黄土高原地区一种行之有效的水土保持工程，在拦泥保土、淤地造田、减少入黄泥沙、防灾减灾、退耕还林(草)、保障生态安全等方面发挥了重要作用[16]，如图5所示。

淤地坝的作用和效益主要包括：

(1)拦泥保土，减少入黄泥沙。黄土高原是黄河泥沙的主要来源区，修建于各级沟道中的淤地坝，从源头上封堵了向下游输送泥沙的通道，不仅能减轻沟道侵蚀，而且能够拦蓄坡面汇入沟道内的泥沙，对黄河安澜起到了极其重要的作用。

(2)淤地造田，提高粮食产量。淤地坝将含有大量牲畜粪便、枯枝落叶等有机质的坡面泥沙就地拦蓄，使荒沟变成了肥沃的坝地。因此，在黄土高原区广泛地流传着"宁种一亩沟，不种十亩坡"的说法。

(3)防洪减灾，保护下游安全。淤地坝通常以小流域为单元，以梯级方式建设，层层拦蓄，具有较强的削峰、滞洪能力和上拦下保的作用，能有效地防止洪水泥沙对下游造成的危害。初步建议，结合庆阳市小崆峒沟海绵化综合治理项目"固沟保塬工程"开展下游保护工作。借鉴淤地坝的原理，进一步论证在下游冲沟适当位置建设拦沙坎的可能性，以减缓冲沟的发展速度。

图5 淤地坝

5 主要结论

针对庆阳市雨水下塬排放工程具体情况，结合泄水建筑物消能效果和过流需求，对庆阳雨水下塬排放工程下游冲沟现状，影响冲沟发育的主要因素和规律进行总结分析，结合庆阳排水工程下游冲沟工程实际情况给出了初步防护建议，得出以下主要结论：

(1)庆阳市排水下塬的泄水建筑物充分考虑黄土高原的特殊性，采用竖井和明渠结合的联合消能方式。竖井内消能工将洪水的大部分能量在泄洪建筑物的内部进行消刹，仅使部分能量传递至下游。明渠内采用连续消能墩的方式进行沿程消能，消能墩采用"三二三"的排布方式，在保证消能效果的同时，产生的震动也较小，较适合黄土高原特殊地质情况。泄水建筑物下游出口流速得到有效控制(约 2 m/s)，水面平稳，消能效果较好。

(2)下游冲沟属于黄土高原湿陷性地质地貌特征中的大型冲沟，是侵蚀沟发育的后期，沟头的溯源侵蚀和沟岸扩张作用仍较为活跃。沟道侵蚀的影响因素主要有地质、地貌、降雨、径流和震动。

(3)建议结合下游冲沟工程实际情况，采用贴坡式石笼结构，对泄水建筑物排水出口一定距离内的沟底和沟岸进行防护；对沟岸进行适当整治，遴选并种植恰当物种，以增加沟岸和沟底的稳定性；结合"固沟保塬工程"开展下游保护工作；可借鉴淤地坝的原理，进一步论证在下游冲沟适当位置建设拦沙坎的可能性，以减缓冲沟的发展速度。

参考文献

[1] 弓亚栋. 建设海绵城市的研究与实践探索[D]. 西安：长安大学，2015.

[2] 中华人民共和国住房和城乡建设部. 海绵城市建设技术指南——低影响开发雨水系统构建[M]. 北京:中国计划出版社,2014.

[3] 牛樱. 自重湿陷性黄土地区海绵城市建设特点[J]. 城市道桥与防洪,2020,7(7):160-164.

[4] 陈绍宇. 高塬沟壑区溯源侵蚀发生发育规律研究 [D]. 杨凌:中国科学院研究生院(教育部水土保持与生态环境研究中心),2009.

[5] 李广宁,孙双科,柳海涛,等. 旋流竖井突扩式内消能工试验研究[C]//第九届全国水力学与水利信息学大会,南京,2019.

[6] 河北易县抽水蓄能电站下水库竖井式溢洪道水工模型试验研究报告[R]. 中国水利水电科学研究院,北京,2021.

[7] 水工设计手册　第6卷　泄水与过坝建筑物[M]. 北京:水利电力出版社.

[8] 张新和. 黄土坡面片蚀-细沙侵蚀-切沟侵蚀演变与侵蚀产沙过程研究[D]. 杨凌:西北农林科技大学,2007.

[9] 郭睿. 关中地区黄土湿陷性及其防治对策的研究[D]. 西安:西安科技大学,2003.

[10] 吴兴辉. 黄土的水敏性与结构性研究[D]. 西安:西安理工大学,陕西西安,2006.

[11] 吕渡,张晓萍,刘宝元,等. 黄土高原不同土地利用下分层植被的盖度差异[J]. 水土保持通报,2022,42(5),1-9.

[12] 王延贵. 冲积河流岸滩崩塌机理的理论分析及试验研究[D]. 北京:中国水利水电科学研究院,2003.

[13] 刘琨. 降雨影响下黄土斜坡的地枕试问机制及其稳定性评价[D]. 兰州:兰州大学,2012.

[14] 刘锋. 植物"柔性坝"过流水动力学特性及其固沙机理研究[D]. 乌鲁木齐:新疆农业大学,2012.

[15] 毕慈芬,沈受百,王富贵. 植物柔性工程学浅思[J]. 中国水土保持,2021,12,47-49.

[16] 徐向舟. 黄土高原沟道坝系拦沙效应模型试验研究[D]. 北京:清华大学,2005.

泵站排涝对取水口影响的数学和物理模型对比研究

王永平[1]　禹化强[2]　于　剑[1]　谢　瑞[1]

（1. 南京水利科学研究院，江苏南京　210029；
2. 中交水运规划设计院有限公司，北京　100007）

【摘　要】为研究长江下游感潮河段支流泵站排涝对下游自来水厂取水口的影响，分别采用数学模型和物理模型进行了模拟。结果表明，受感潮河段潮汐水动力条件影响，排涝水体对取水口的影响呈现出明显的两涨两落规律。数学模型模拟结果显示长江流量 45 000 m^3/s 时，泵站流量 14 m^3/s 对取水口无影响。泵站流量 35 m^3/s 时，对取水口的影响随长江流量减小而增大。物理模型模拟结果显示长江流量 45 000 m^3/s 时，泵站流量 7 m^3/s 对取水口无影响。泵站流量 21 m^3/s 时，泵站排涝对取水口的影响呈长江流量 45 000 m^3/s>30 400 m^3/s>62 000 m^3/s。两类模型相辅相成，作为一种新的研究手段，将是今后发展的重要方向。

【关键词】数学模型；物理模型；排涝泵站；高锰酸钾；电导率

1　引　言

长江是沿线支流和内河的重要汇流或行洪通道，但沿线支流排涝时易造成排污效应[1]。同时，长江也是沿岸城市的重要饮用水源地。因此，支流泵站排涝和自来水厂取水容易形成矛盾，取水口上游能否建设排涝站、相互之间需要间隔多远等实际问题则需要进行科学的论证。

经过多年发展，数学模型和物理模型已是当前水运工程研究中常用的技术手段，在众多水利水运及航道等工程中发挥了巨大的支撑作用[2-4]。物理模型仿照原体实物，按照相似准则确定各因素比尺，缩制成模型，模拟水流和泥沙运动，按照研究性质和任务可分为水工建筑物、水库、河道及泥沙等模型[5]。数学模型按一定数学物理方程描述水体泥沙运动，在给定的边界条件和初始条件下，用数值计算方法求解[6]。水文计算、洪水演进及水质问题等一般可用数学模型进行研究。两者各有侧重，各有优劣，对于一些范围较大、建筑物较多或水流结构复杂的问题，已有研究同时选用两者进行模拟，相互验证、相互补充[7-10]。但是，利用物理模型进行模拟污水扩散的研究本就较少，且研究手段也在不断的探索和完善中[11-12]，采用两类模型对此进行对比研究的更是少见。因此，缺乏对相关工程建设的准确模拟和科学支撑。

本研究拟通过数学模型和物理模型共同模拟长江下游某支流泵站排涝对下游自来水厂取水口的影响，为排涝站的建设决策提供理论支撑，同时也探索两类模型在感潮河段复杂水流条件下污染物扩散模拟过程中的差异。

2　材料与方法

本研究地处长江下游泰州段，属半日潮型感潮河段，由于当地民生需求拟在长江边扩建排涝泵站，其下游存在自来水厂取水口，因此进行泵站排涝对水厂取水口影响的研究。

2.1　数学模型

数学模型范围位于口岸直水道北汊内，上边界位于嘶马弯道扬州江都市临江村附近，下边界达到泰州泰兴市北沙村附近。模型地形采用口岸直水道实测 1∶10 000 水深图，模型采用三角形非结构网格，

基金项目：国家重点研发项目（2021YFB2600200）；中央公益性科研院所基本业务费资助项目（Y220011）；江苏省水利厅科技项目（2021035）

边长为 3 m 左右,共计 20 452 个节点、39 789 个网格。控制方程如下:

水深平均的二维浅水方程可以简写为

$$\frac{\partial h}{\partial t}+\frac{\partial hu}{\partial x}+\frac{\partial h\nu}{\partial y}=0 \tag{1}$$

$$\frac{\partial hu}{\partial t}+\frac{\partial}{\partial x}\left(hu^2+\frac{1}{2}gh^2\right)+\frac{\partial huv}{\partial y}=s_x \tag{2}$$

$$\frac{\partial hu}{\partial t}+\frac{\partial hvu}{\partial x}+\frac{\partial}{\partial y}\left(hv^2+\frac{1}{2}gh^2\right)=s_y \tag{3}$$

式中,h 为水深;u 为 x 方向的流速;v 为 y 方向的流速;s_x,s_y 为源项,表达式为

$$\left.\begin{aligned} s_x &= -\frac{h}{\rho}\frac{\partial p_{\rm a}}{\partial x}-gh\frac{\partial z_{\rm b}}{\partial x}+\frac{\tau_{\rm ax}-\tau_{\rm bx}}{h}+c_x \\ s_y &= -\frac{h}{\rho}\frac{\partial p_{\rm a}}{\partial y}-gh\frac{\partial z_b}{\partial y}+\frac{\tau_{\rm ay}-\tau_{\rm by}}{h}+c_y \end{aligned}\right\} \tag{4}$$

式中,$p_{\rm a}$ 为水面大气压力;$z_{\rm b}$ 为床面底高程;$\tau_{\rm ax}$,$\tau_{\rm ay}$ 为风载的作用力;$\tau_{\rm bx}$,$\tau_{\rm by}$ 为床面作用力。

污染物浓度变化方程如下:

$$\frac{\partial(hC)}{\partial t}+\frac{\partial(huC)}{\partial x}+\frac{\partial(hvC)}{\partial y}=\frac{\partial}{\partial x}\left(h\varepsilon_{xx}\frac{\partial C}{\partial x}+h\varepsilon_{xy}\frac{\partial C}{\partial y}\right)+\frac{\partial}{\partial y}\left(h\varepsilon_{yy}\frac{\partial C}{\partial y}+h\varepsilon_{yx}\frac{\partial C}{\partial x}\right)+S_c \tag{5}$$

式中,C 为污染物浓度;$S_{\rm c}$ 为源汇以及生物降解、反应项;$\varepsilon_{\rm xx}$,$\varepsilon_{\rm xy}$,$\varepsilon_{\rm yx}$,$\varepsilon_{\rm yy}$ 为紊动扩散系数,采用下列公式计算:

$$\varepsilon_{xx}=\frac{(k_1u^2+k_tv^2)\,h\sqrt{g}}{C\sqrt{u^2+v^2}} \tag{6}$$

$$\varepsilon_{yx}=\varepsilon_{xy}=\frac{(k_1-k_t)\,uvh\sqrt{g}}{C\sqrt{u^2+v^2}} \tag{7}$$

$$\varepsilon_{yy}=\frac{(k_1v^2+k_tu^2)\,h\sqrt{g}}{C\sqrt{u^2+v^2}} \tag{8}$$

其中,$k_1=5.93$;$k_{\rm t}=0.23$;$C=\frac{1}{n}h^{1/6}$。

为尽量预计不利条件,减小污染物排放对目标水体的影响,本研究中不考虑生物降解、反应等作用。模型地形采用实测 1:10 000 水深图,模型采用三角形非结构网格组成,共计 20 452 个节点、39 789 个网格。

2.2 物理模型

物理模型范围包括五峰山以上大港水道一部分至江阴水道一部分(新沟),本研究为使物理模型与原型达到水流运动相似,满足重力相似、阻力相似等准则,采用的各项比尺见表 1。

表 1 模型采用的比尺

比尺	符号	表达式	数值
水平比尺	λ_L	—	650
垂直比尺	λ_H	—	150
流速比尺	λ_V	$\sqrt{\lambda_H}$	12.25
糙率比尺	λ_n	$\lambda_H^{2/3}/\lambda_L^{1/2}$	1.11
流量比尺	λ_Q	$\lambda_L\lambda_H^{3/2}$	1 194 126
时间比尺	λ_{t_1}	$\lambda_L/\lambda_H^{1/2}$	53.06

模型地形采用实测地形(1:10 000)制作,局部地形根据 1:2 000 的地形图和无人机拍照图片精确

模拟。模型高程误差控制在±1 mm 以内，平面误差控制在 1 cm 以内，模型断面采用白铁皮制作，模型床面以水泥砂浆抹面。河道主槽采用 $d=1.5$ cm，间距 $L=10$ cm 小卵石梅花形加糙。两岸及江中高滩生长有芦苇、杂草等，采用 8 瓣、高 3.5 cm 的塑料草以间距 8 cm 的方型进行加糙。

2.3　模拟方案

利用数学模型，分别模拟计算了一日内六组不同工况，当长江流量为 45 000 m^3/s 情况下，泵站排涝流量分别选择 14 m^3/s、21 m^3/s 和 35 m^3/s；当泵站排涝流量为 35 m^3/s 的情况下，长江流量分别选择 30 400 m^3/s、45 000 m^3/s 和 62 000 m^3/s。

根据数学模型模拟结果，从实际排涝影响出发，利用物理模型分别模拟了一日内当长江流量为 45 000 m^3/s 情况下，泵站排涝流量分别选择 7 m^3/s、14 m^3/s 和 21m^3/s；当泵站排涝流量为 21 m^3/s 的情况下，长江流量分别选择 30 400 m^3/s、45 000 m^3/s 和 62 000 m^3/s。

设置排涝浓度为基底浓度（数模）或模型水浓度（物模）的 5 倍浓度差进行模拟。

2.4　计算方法

物理模型用水本身含有电解质，实际测得的溶液电导率，是由于 NaCl 溶液的注入而增加的电导率和模型用水电导率的总和。因此，要反映取水口实际受污染状况，需要排除本底水体中电导率的干扰，采用稀释率计算法，求出污染物在水体中的稀释倍数和稀释率，相关计算公式如下：

稀释倍数　　$S=K_{示踪}/(K_{实测}-K_{本底})$

稀释率　　$V=1/S\times100\%$

式中，$K_{示踪}$为模拟排涝水流注入模型的 0.1%NaCl 溶液的电导率；$K_{实测}$为试验中实测得到的水样的电导率；$K_{本底}$为模型中水流的电导率本底值。

3　结果与分析

3.1　数学模型结果

在长江流量为 45 000 m^3/s 情况下，排涝流量分别为 14 m^3/s、21 m^3/s 和 35 m^3/s 时，模型水质模拟计算的结果如图 1 所示，直观可见随着排涝流量逐渐增大，排涝水体对取水口的影响也逐渐增大。自来水厂取水口污染物的稀释率随时间变化可见图 2。受项目地感潮河段潮汐水动力特点的影响，一日内取水口污染物的稀释率明显呈现出两涨两落的特点。数据表明，在长江流量为 45 000 m^3/s 的条件下，泵站流量为 14 m^3/s 时，对取水口无影响。泵站流量为 21 m^3/s 和 35 m^3/s 时，取水口污染物的稀释率最差情况分别为 0.69%和 3.46%。

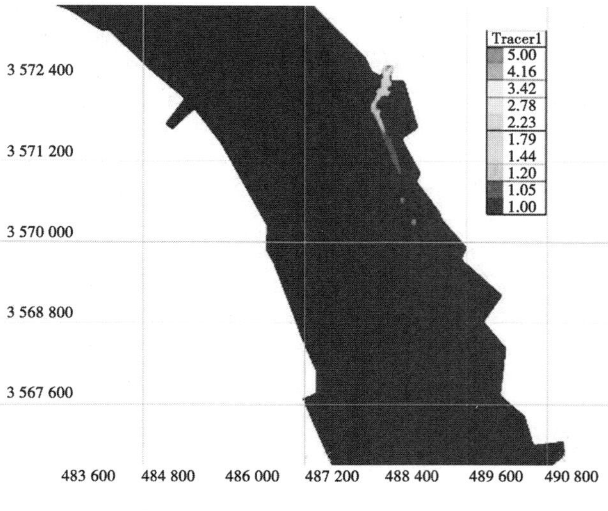

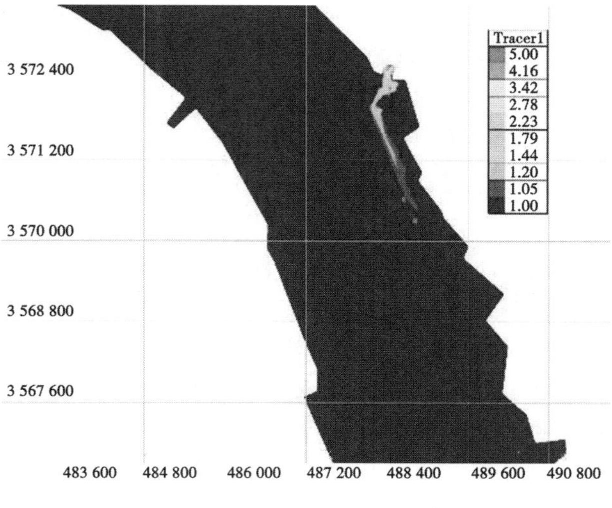

图 1　长江流量 45 000 m^3/s 和泵站流量 14 m^3/s、21 m^3/s 和 35 m^3/s 时水质模拟（红点处为取水口）

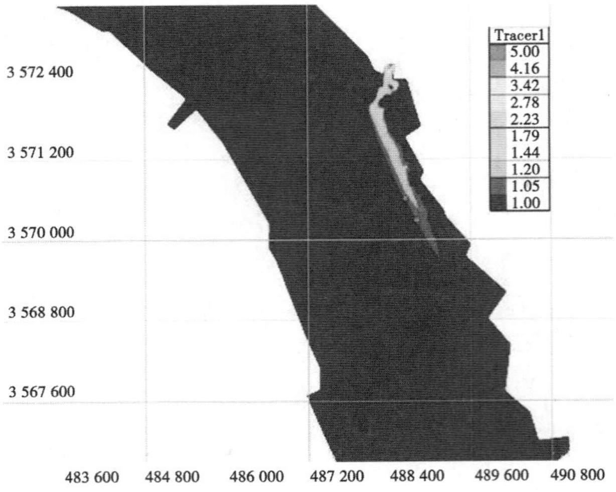

续图 1

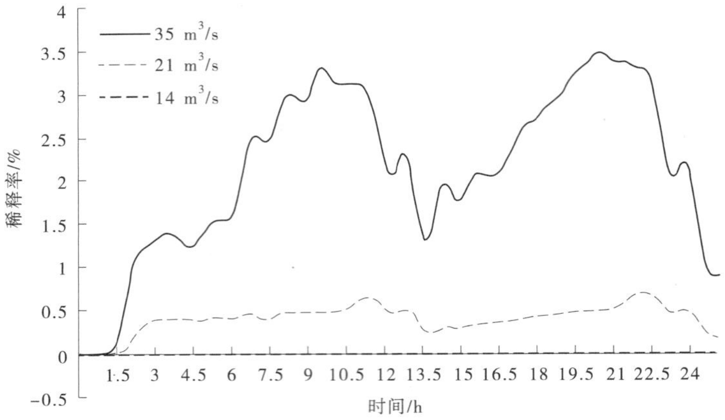

图 2　长江流量 45 000 m^3/s 时不同泵站流量取水口稀释率对比

泵站排涝流量为 35 m^3/s 的情况下，长江流量分别选择 30 400 m^3/s、45 000 m^3/s 和 62 000 m^3/s，数学模型模拟出影响最大时的结果如图 3 所示。由图 3 可见，泵站排涝 35 m^3/s 时，排涝水体都对取水口产生的影响。取水口污染物的稀释率随时间的变化过程可见图 4。数据表明，在泵站流量为 35 m^3/s 的条件下，长江流量 30 400 m^3/s、45 000 m^3/s 和 62 000 m^3/s 时，取水口污染物一日内的稀释率最差情况分别为 5.88%、3.46%和 2.12%。其中，长江流量为 30 400 m^3/s 时，取水口污染物的稀释率值最大。

3.2　物理模型结果

当长江流量为 45 000 m^3/s 情况下，泵站排涝流量分别选择 7 m^3/s、14 m^3/s 和 21 m^3/s，取水口稀释率一日内变化结果见图 5。泵站排涝流量 7 m^3/s 的条件下，取水口电导率稀释率在-0.20%和 0.22%之间波动。由于电导率仪的稀释率误差为±0.33%，因此可以认为在该工况条件下，排涝水流对取水口水质无影响。泵站排涝流量为 14 m^3/s 时，取水口的最大稀释率为 1.31%，可见此工况条件下排涝水流对取水口略有影响。泵站排涝流量为 21 m^3/s 时，取水口电导率稀释率最高值达到了 2.46%，可见在该工况条件下，排涝水流对取水口水质存在一定影响。

当泵站排涝流量为 21 m^3/s 的情况下，长江流量分别选择 30 400 m^3/s、45 000 m^3/s 和 62 000 m^3/s，取水口稀释率一日内变化结果见图 6。长江流量 30 400 m^3/s 的条件下，取水口电导率稀释率最高值达到了 2.12%，可见在该工况条件下，排涝水流对取水口水质存在一定影响。长江流量 45 000 m^3/s 的条件时如前所述，在该工况条件下排涝水流对取水口水质存在一定影响。长江流量为 62 000 m^3/s 时，取水口电导率稀释率最高值达 1.58%，可见在该工况条件下，排涝水流对取水口水质存在一定影响。

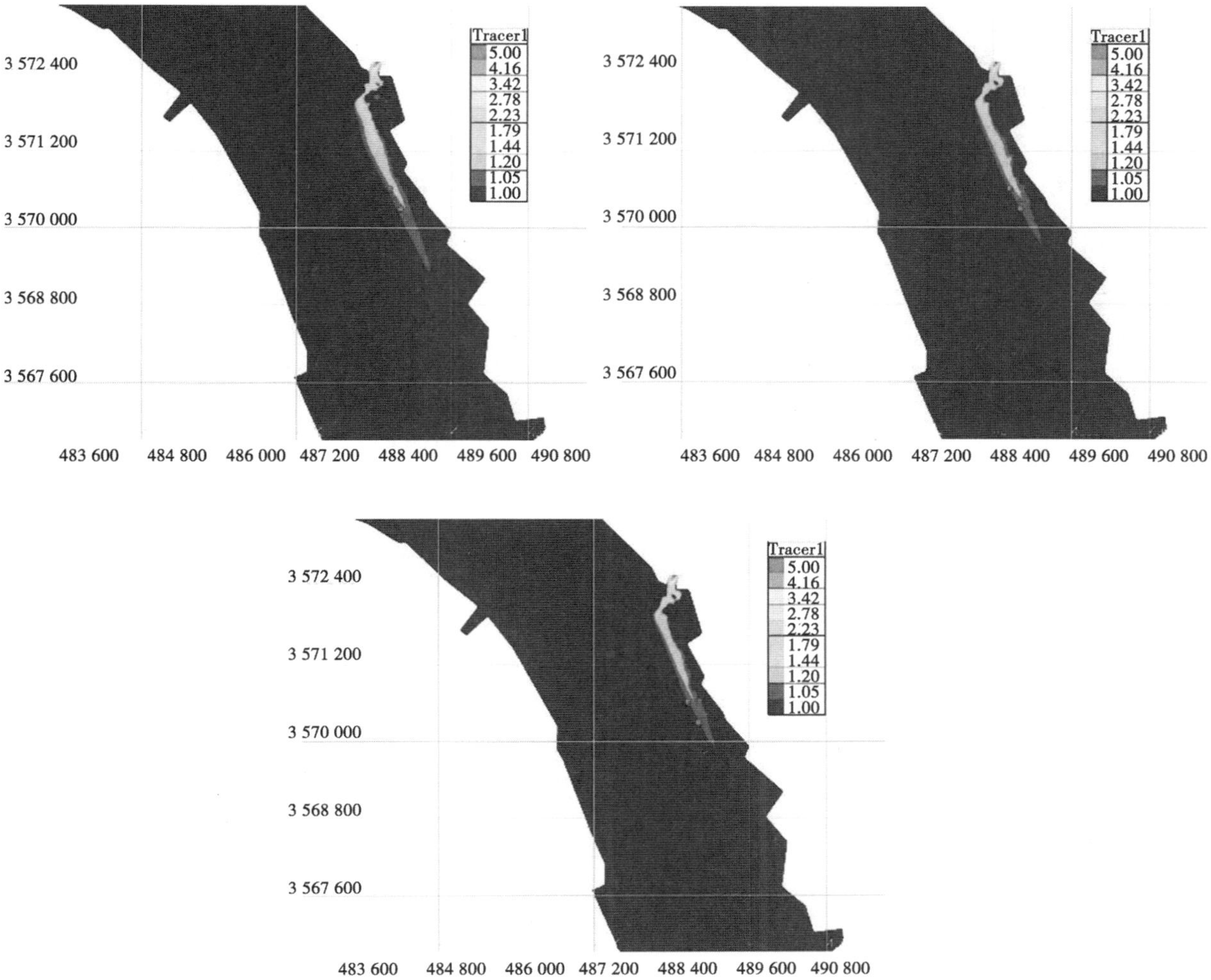

图 3 泵站流量 35 m³/s 长江流量 30 400 m³/s、45 000 m³/s 和 62 000 m³/s 时排涝水质模拟(红点处为取水口)

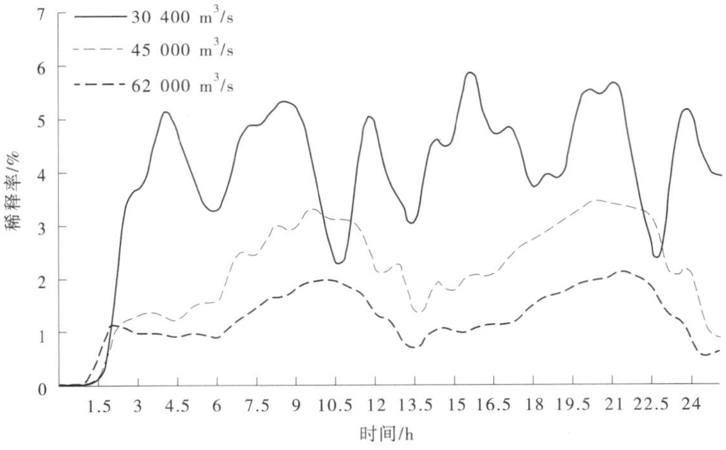

图 4 泵站流量 35 m³/s 时不同长江流量取水口稀释率对比

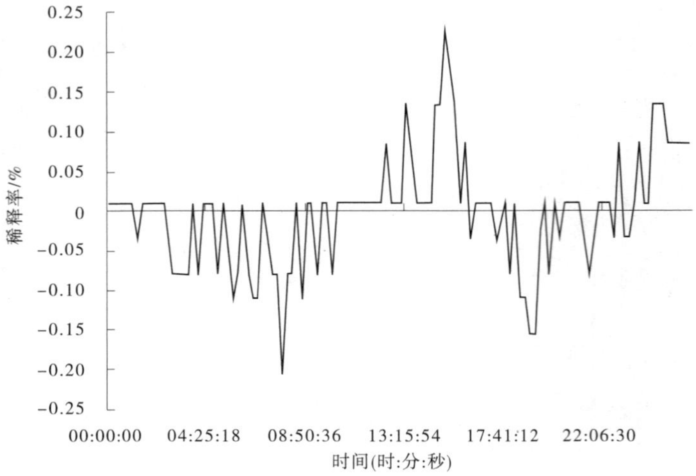

(a)泵站排涝流量 7 m^3/s

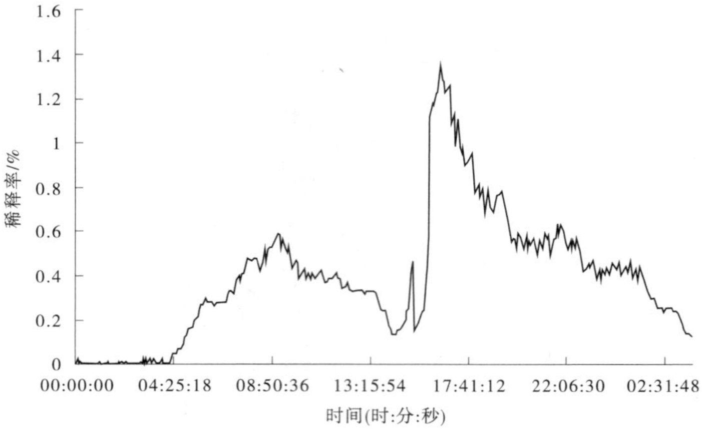

(b)泵站排涝流量 14 m^3/s

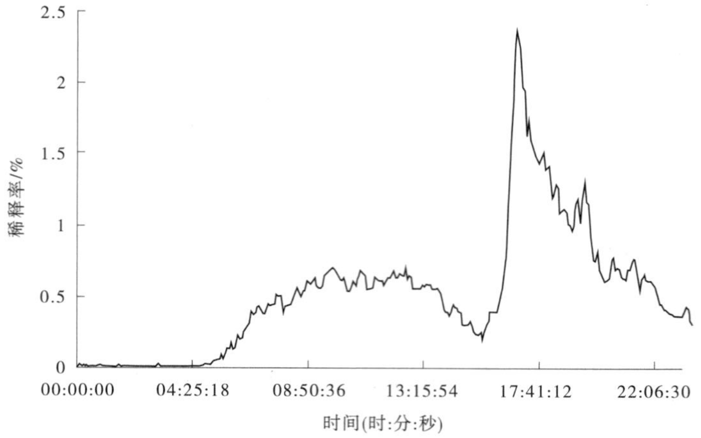

(c)泵站排涝流量 21 m^3/s

图 5　长江流量 45 000 m^3/s 和泵站排涝流量 7 m^3/s、14 m^3/s 和 21 m^3/s 取水口稀释率结果

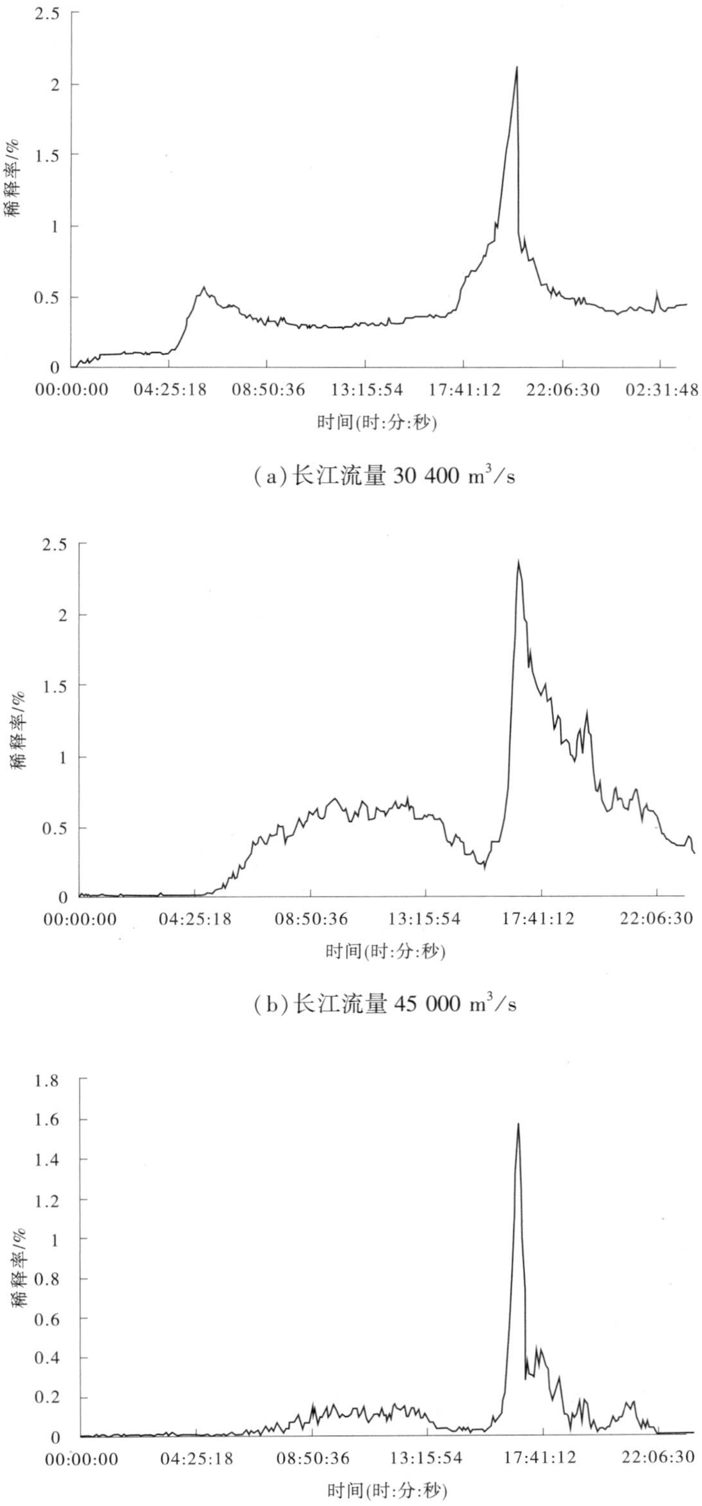

(a)长江流量 30 400 m^3/s

(b)长江流量 45 000 m^3/s

(c)长江流量 m^3/s

图 6　长江流量 30 400 m^3/s、45 000 m^3/s 和 62 000 m^3/s 和泵站排涝流量 21 m^3/s 时取水口稀释率结果

4　小结与讨论

数学模型和物理模型模拟结果都表明，受感潮河段潮汐水动力条件影响，排涝水体对取水口的影响呈现出明显的两涨两落规律,且呈现出后一个峰值高于前一个峰值的特征,表明受感潮河段的影响,排涝水流在往复运动时存在叠加效应,导致对下游的影响增大。因此,在实际工程决策中,需综合考虑感潮河段涨落潮规律可能带来的影响。

数学模型模拟结果表明在长江流量 45 000 m^3/s 条件下,泵站流量 14 m^3/s 时对取水口无影响,泵站流量为 21 m^3/s 和 35 m^3/s 时都存在一定影响,且可以看到随泵站流量增大其对取水口的影响也加大。在泵站流量为 35 m^3/s 的条件下,模拟的长江三级流量都对取水口产生了一定的影响,且影响随长江流量减小而增大。物理模型模拟结果显示,在长江流量 45 000 m^3/s 条件下,泵站流量 7 m^3/s 时对取水口无影响,泵站流量为 14 m^3/s 和 21 m^3/s 时,都存在一定影响。当泵站流量为 21 m^3/s 时,泵站排涝对取水口都存在一定影响,且分别是长江流量 45 000 m^3/s>30 400 m^3/s>62 000 m^3/s。

数学模型和物理模型模拟得出在同等长江流量(45 000 m^3/s)条件下,泵站排涝对取水口的影响随泵站流量增大而加大的趋势一致。但是,两者的模拟结果也存在一些差异(见表 2)。长江流量 45 000 m^3/s 时,数学模型模拟得到的稀释率结果普遍比物理模型低,差别最大的在于为使排涝对下游水厂无影响,泵站流量是否能达到 14 m^3/s,这对于排涝泵站的建设方案决策尤为重要。

表 2　数学模型和物理模型模拟取水口最大稀释率对比

模型	长江流量 45 000 m^3/s				泵站流量 35 m^3/s(数模)/21 m^3/s(物模)		
	泵站 7 m^3/s	泵站 14 m^3/s	泵站 21 m^3/s	泵站 35 m^3/s	长江 30 400 m^3/s	长江 45 000 m^3/s	长江 62 000 m^3/s
数学模型		0	0. 69	3. 46	5. 88	3. 46	2. 12
物理模型	0. 22	1. 31	2. 46		2. 12	2. 46	1. 58

另外,在相同排涝流量时,数学模型模拟结果显示排涝对取水口的影响随长江流量减小而增大,而物理模型模拟结果显示在长江流量 45 000 m^3/s 时影响最大。究其原因,可能是由于本研究采用二维数学模型,概化了水深因素,导致变量和结果间存在线性关系。而经过验证后,物理模型的模拟更接近现实,较小长江流量状况下,排涝水流先向主槽扩散后受水流顶托向下游运动;较大长江流量时,排涝水流受水流顶托沿岸运动。排涝对取水口影响最大的情况没有发生在长江最大或最小流量时,而是在长江水冲刷稀释和水迹线方向之间达到平衡时影响最大。

从 1870 年佛汝德船舶模型试验[13]开始至今物理模型发展已近一个半世纪,数模随着计算机技术和算法的发展而逐步发展,从最初的一维模型发展到现在复杂的三维模型,许多商业软件也应运而生,如 Mike 21、InfoWorks RS 和 Delft 3D 等,在广大科研单位及生产部门得到应用。物理模型具有很强的直观和真实性,可以确定各种参数和解决一些局部而又比较复杂的水流、泥沙问题。缺点是需要较大的试验场地,所需人力、物力较多,投资较大,试验周期也较长。与物理模型相比,数学模型具有成本低、研究周期短、方案修改方便快捷及适用性强等优点。在本研究中,由数学模型计算可知泵站流量 35 m^3/s 对下游水厂取水口具有明显的影响,所以物理模型模拟时直接设置低一级流量,即泵站流量 21 m^3/s 时,从而显著的节约人才、物力。另外,数学模型得到准确的计算结果,需要进行充分的率定和验证,随着计算技术的发展,物理模型的某些功能可被数学模型所代替,但是大量复杂的水流问题运用数学模型任然难以解决,三维模式尚未发展成熟。因此,现阶段物理模型在复杂水文水动力或地形状况时具有更为准确模拟的优势。采用两类模型相互结合、相互验证的方式进行研究,可使研究成果更为经济、适用性更强。两类模型相辅相成,作为一种新的研究手段,将是今后发展的重要方向。

参考文献

[1] 沈乐. 长江南京段六大饮用水水源地水质变化及原因[J]. 水资源保护,2012,28(1):71-75.
[2] 陈志昌, 罗小峰. 长江口深水航道治理工程物理模型试验研究成果综述[J]. 水运工程, 2006(z1): 134-140.

[3] 殷坤龙，刘艺梁，汪洋，等. 三峡水库库岸滑坡涌浪物理模型试验[J]. 地球科学:中国地质大学学报,2012，37(5)：1067-1074.
[4] 韩鸿胜，闫勇，韩西军，等. 港珠澳大桥工程方案人工岛局部动床冲刷物理模型试验研究[J]. 水道港口，2012，33(1)：25-29.
[5] Helmat Kobus. 水力模拟[M]. 清华大学水利系泥沙研究室,译，北京：清华大学出版社，1987.
[6] M S Yalin. Theory of Hydraulic Models[M]. London:The Macmillon Press,1971.
[7] 钟放平. 物理模型与数学模型试验的比较和选择[J]. 水运科技情报，1990，5：19-21.
[8] 刘欣明，刘海成，迟杰. 复杂水域波浪物理模型与数学模型对比研究[J]. 水道港口，2010，31(3)：170-174.
[9] 张明，彭伟，王斐，等. 沙溪口水电站坝下整治工程数学模型与物理模型比较研究[J]. 水道港口，2018,39(6)：683-689.
[10] 戴文鸿. 河流弯道取水防沙物理模型与数学模型的综合研究[D]. 南京:河海大学，1991.
[11] 董志慧，陈荣力，刘琼铁. 大铲湾污水排放方案试验研究[J]. 水利科技与经济，2008，14(11)：915-917.
[12] 徐高田，韦鹤平. 嘉兴市污水海洋处置工程近区稀释扩散物理模型和数学模型研究[J]. 海洋环境科学，2001，20(2)：42-46.
[13] 丁祖荣. 流体力学[M]. 北京:高等教育出版社,2003：177.

北方水稻田退水污染负荷研究

张鹏飞　孙书洪　赵永志　薛　铸

(天津农学院水利工程学院,天津　300380)

【摘　要】 水稻田退水污染是面源污染负荷的主要贡献者,研究田间退水污染负荷规律,可为制订水稻田退水污染消减方案提供依据。以天津市西青区王稳庄灌区为试验区,以排水农沟为监测单元,开展了排水量和污染物浓度监测,对稻田控制排水量与稻田降雨径流量及其污染物浓度进行了研究。结果表明:稻田降雨径流量是影响总排水量的主要因素,其中降雨径流排水量大于控制排水量,在水稻全生育期内占排水量的63%。退水中的COD、氨氮、总磷等主要污染物浓度,在控制排水时污染物浓度高于暴雨径流浓度,平均COD每亩高0.2 kg,氨氮每亩高0.01 kg,总磷每亩高0.01 kg。采用总量分析法得出了水稻田全生育期田间退水污染负荷变化。

【关键词】 水稻灌区;控制排水;降雨径流;农田退水;污染负荷

1　引　言

由于过度的化肥使用,稻田灌区退水污染程度俱增,农田面源污染负荷已成为水体富营养化的主要贡献者。施入稻田的氮肥和磷肥,经过降水或灌溉后,经农田地表径流、农田退水和地下渗透等途径,致使大量氮磷元素进入附近水体,从而造成了水体污染[1]。李蔚然等[2]对盘锦市大洼区新立镇的水稻灌区退水氮磷污染规律进行了研究,刘国强等[3]、张爱平等[4]对宁夏引黄灌区农田退水污染进行研究结果表明,排水沟渠在水稻泡田期和秧苗移栽期总氮(TN)浓度最高,在泡田期、分蘖期和抽穗开花期总磷(总磷)略高。但是农田面源污染治理需要明确退水量、退水时间、退水负荷浓度规律。本文以天津市王稳庄灌区为研究对象,通过实测水量、水质结合降雨量观测,得出了退水水量、水质在时间、空间上的变化规律。可为北方水稻田退水污染消减、净化工程设计提供数据支持。

2　研究区概况

研究区位于天津市西青区东南部王稳庄镇,属于暖温带大陆型季风气候,降水不均,春季干旱,夏季雨水集中。全年平均气温11~12 ℃,多年平均降水量574.9 mm,年内降水的时间分布明显不均,7~9月降水量占全年的70%。土壤类型为盐化潮土,地下水埋深一般为1.5~2.5 m,域内种植水稻21 998亩。水稻退水主要集中于5~9月,主要是生育期控制排水和暴雨径流排水。农田属于典型的闸控灌区,水体流动性差,自净能力不足。目前,区域内生产、生活排水已配套污水处理设施,农业面源污染已成为水体污染的主要问题,灌区排水期间,多个监测断面水质不达标,水质为V类或劣V类。受天津市西青区王稳庄镇人民政府委托,开展了田间退水污染负荷规律研究,为后续的水环境修复提升工程建设提供依据。

3　退水量检测数据

3.1　控制排水

本地区由于土壤盐碱化程度高,泡田水淋洗盐分需要外排,排水集中在5月下旬;分蘖期退水,根据

基金项目:国家水专项课题2017ZX07106003004

当地种植经验，分蘖期为使水稻根系发育采用无水层灌溉方式，排水集中在7月上旬；晒田期退水，排水集中在9月下旬。控制退水量为5月下旬220.09万m^3，平均退水深度15 cm，亩均退水100 m^3；7月上旬总退水量146.73万m^3，退水深度10 cm，平均每亩退水66.8 m^3；9月下旬总退水量146.73万m^3，退水深度10 cm，平均每亩退水66.8 m^3。控制排水量、降水量的排水时间见表1。

表1　控制排水量、降雨量的排水时间

	单位	5月下旬	6月	7月上旬	7月下旬	8月	9月下旬
控制排水量	亩/m^3	100	—	66.8	—	—	66.8
降雨量	亩/m^3	9.3	67.96	85.5	151.2	24.1	57
控制排水深度	cm	15	—	10	—	—	10
暴雨径流排水深度	cm	1.4	10.4	12.8	22.6	3.6	8.5

3.2　暴雨径流排水

根据西青区气象局提供镇域内降雨资料，2020年5月降雨量为14.3 mm；6月降雨量为101.9 mm；7月降雨量为226.7 mm，其中上旬降雨量为128.2 mm，中下旬降雨量98.5 mm；8月降雨量为36.2 mm，9月降雨量为85.6 mm。

4　退水水质检测数据

筛选可直接接纳域内稻田退水范围内灌溉排水的河流，包含独流减河截留沟、赤龙河、东排干、中兴河、三八河共五条河流分别设置采样点（见图1），根据天津市生态环境局提供的西青区2020年1~12月街镇地表水监测数据（见表2）。

图1　监测断面点位图

表 2　各监测断面检测指标

检测指标	监测断面	单位	4 月	5 月	6 月	7 月	8 月	9 月
COD	独流减河截留沟	mg/L	48	40	49	39	37	32
	赤龙河	mg/L	55	30	31	40	37	40
	东排干	mg/L	35	15	25	15	20	20
	中兴河	mg/L	40	55	25	18	25	24
	三八河	mg/L	33	38	20	40	37	32
氨氮	独流减河截留沟	mg/L	0.3	1.1	0.5	1.2	0.8	0.2
	赤龙河	mg/L	0.4	0.8	0.5	1.9	0.6	0.2
	东排干	mg/L	0.3	0.3	3.4	0.6	0.5	0.3
	中兴河	mg/L	0.4	0.3	2.2	0.3	0.7	0.4
	三八河	mg/L	0.3	0.6	1.4	0.7	1	0.2
总磷	独流减河截留沟	mg/L	0.3	0.3	0.4	0.2	0.3	0.3
	赤龙河	mg/L	0.4	0.3	0.2	0.2	0.1	0.2
	东排干	mg/L	0.4	0.1	0.2	0.4	0.2	0.2
	中兴河	mg/L	0.3	0.5	0.2	0.3	0.4	0.3
	三八河	mg/L	0.1	0.2	0.2	0.1	0.2	0.2

5　退水量规律分析

根据图 2 结果显示,泡田期、分蘖期、晒田期三个时间段的控制排水量,泡田期控制排水量最大,分蘖期、晒田期两个时段的控制排水量较小且差距不大,研究的地块控制排水量关系呈现出逐渐下降的趋势。泡田期控制排水量最大是因为本地区由于土壤存在盐碱问题,泡田定额较大,由于排咸的需要控制排水量很大;分蘖期、晒田期的控制排水依据节水灌溉要求,采用浅层灌溉,水层消耗到一定程度时开始控制排水,排水量较小。暴雨径流排水量泡田期最小,分蘖期最大,晒田期次之原因是本地区降雨主要集中在 7 月下旬和 8 月上旬。泡田期、分蘖期、晒田期三个时间段的总水量,分蘖期最大,晒田期次之,泡田期最小。王稳庄灌区水稻田排水量受降雨影响较为明显。

6　退水水质分析

控制性排水量、暴雨径流量污染负荷计算结果见表 3。

表 3　控制性排水量、暴雨径流量污染负荷计算结果

	单位	5 月下旬控制性排水	7 月上旬控制性排水	7 月上旬暴雨径流	9 月下旬控制性排水
排水量	亩/m^3	100	66.8	85.5	66.8
COD	亩/kg	3.56	2	2.3	1.94
氨氮	亩/kg	0.06	0.06	0.04	0.01
总磷	亩/kg	0.02	0.01	0.01	0.01

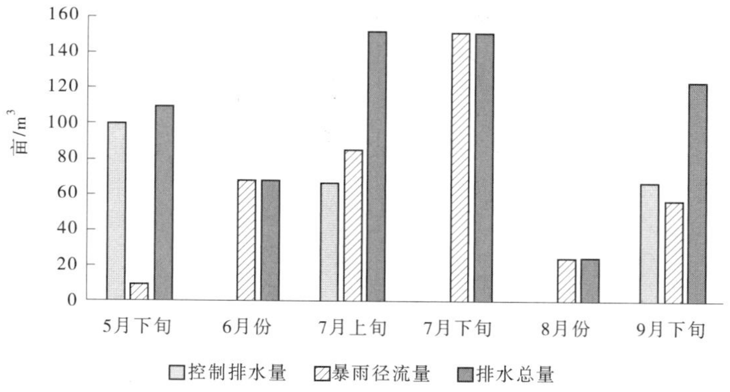

图2 控制排水量及暴雨径流量分析图

6.1 COD 浓度变化规律

根据排水沟水质检测结果，绘制水质变化图3。4月为非排水期，COD 浓度最高为 55 mg/L，主要原因为 1~3 月排水沟水体流动性差，污染物浓度呈上升趋势。进入 5 月后，区域内河流开始农业供水用于稻田灌溉，来水为津沽污水处理厂中水，执行标准《城镇污水处理厂污染物排放标准》（DB 12/599—2015），水质较好，对河道内存水稀释后污染物浓度出现降低。5 月最高为 55 mg/L，主要是泡田期退水浓度高，6~9 月为稻田灌溉控制排水降雨径流排水排水期，COD 基本维持在低位，主要系农作物对营养物的吸收和降雨稀释的共同作用，最小均值为 30 mg/L，但仍高于退水区考核断面Ⅳ类水标准。

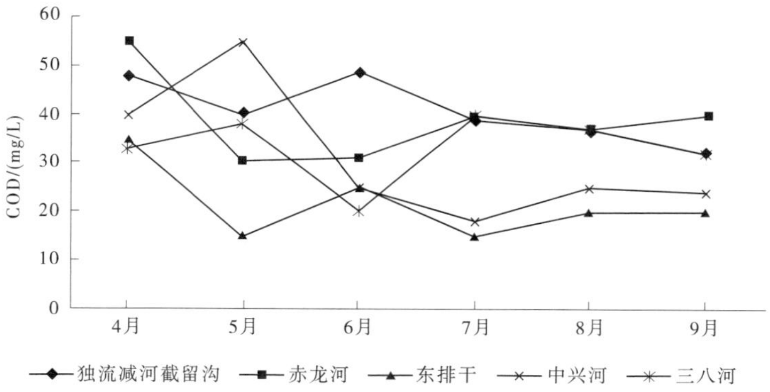

图3 控制排水范围内现状 COD 含量

COD 总量在三次控制性排水和一次暴雨径流排水中呈下降趋势，5 月下旬控制性排水 COD 输出量为 3.56 kg/亩，7 月上旬控制性排水 COD 输出量为 2 kg/亩，7 月上旬暴雨径流排水 COD 输出量为 2.3kg/亩，9 月下旬控制性排水 COD 输出量为 1.94 kg/亩，其中 7 月上旬暴雨径流因其雨量集中，其他面源污染冲刷汇入，致使总量上升。

6.2 氨氮输出规律

氨氮浓度在 4 月、5 月基本维持在低位地表水Ⅳ类水平，呈平稳发展趋势，自 6 月开始突然大幅攀升，最高为 3.4 mg/L，之后 7~9 月逐步下降至正常水平，主要原因系因 6 月份为水稻泡田期退水，氮素随稻田控制排水方式流入排水沟渠中，水稻泡田期水体氨氮含量会明显升高。在分蘖期氨氮浓度略低，这是因为分蘖期为水稻的需氮高峰期，水稻对氨氮的需求量变大，导致监测断面的氨氮浓度减小。

氨氮总量在三次控制性排水和一次暴雨径流排水中呈下降趋势，5 月下旬控制性排水氨氮含量为 0.06 kg/亩，7 月上旬控制性排水氨氮含量为 0.06 kg/亩，7 月上旬暴雨径流排水氨氮含量为 0.04 kg/亩，9 月下旬控制性排水氨氮含量为 0.01 kg/亩，主要原因为水稻在分蘖期和抽穗开花期对氨氮的吸收增加，减少了后续控制排水和暴雨径流的氨氮总含量。

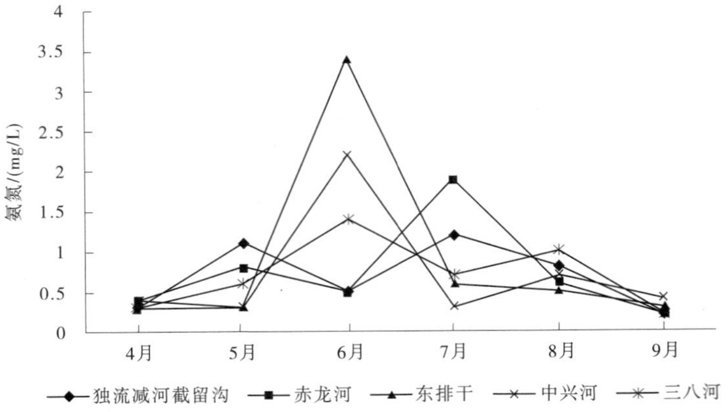

图4 控制排水范围内氨氮含量

6.3 总磷输出规律

总磷浓度在4~9月始终维持在低位地表水Ⅳ类水平上下浮动,最高为0.5 mg/L,呈平稳发展趋势,见图5。主要原因为水稻对磷的需求量小于对氮的需求量,施肥量同比减少,根据测定,水稻吸磷量为吸氮量的1/4~1/3[2]。

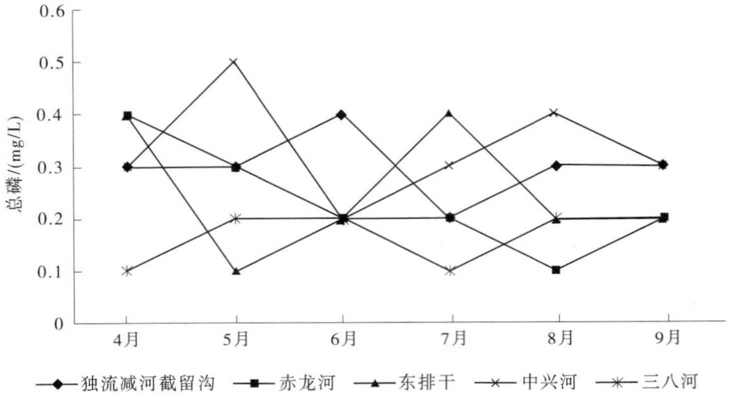

图5 控制排水范围内总磷含量

总磷在三次控制性排水和一次暴雨径流排水中呈下降趋势,5月下旬控制性排水总磷含量为0.02 kg/亩,7月上旬控制性排水总磷含量为0.01 kg/亩,7月上旬暴雨径流排水总磷含量为0.01 kg/亩,9月下旬控制性排水总磷含量为0.01 kg/亩,在泡田期、分蘖期总磷平均浓度略高,主要原因为泡田期是控制排水的高峰期 ,且分蘖期稻田追施磷肥所致。

7 结 论

稻田三次控制性排水总量呈下降趋势,整体污染物含量高于地表水Ⅳ类要求,在三次控制性排水和一次暴雨径流排水中污染物浓度呈下降趋势。

(1)泡田期控制排水量最大,为100 m^3/亩,分蘖期、晒田期两个时段的控制排水量较小且差距不大;暴雨径流排水量泡田期最小,分蘖期最大,晒田期次之。分蘖期控制排水量伴随暴雨径流量共同排水,所以排水总量最大,为152.3 m^3/亩。水稻田灌溉排水规律受种植要求和天气等影响,其中暴雨径流排水影响较为明显。

(2)通过对不同时段退水的水污染负荷量计算,可以看到COD、氨氮、总磷浓度变化规律呈下降趋势,其中泡田期第一次退水COD最高为55 mg/L,氨氮最高为3.4 mg/L,总磷在泡田期内最高为0.5 mg/L。

（3）COD、氨氮、总磷总量变化规律呈下降趋势，首次控制排水污染物总量处于高位点，分别为 COD 3.56 kg/亩，氨氮 0.06 kg/亩，总磷 0.06 kg/亩。

本文的研究数据可为后续制订水稻田退水污染消减方案提供依据，在不同的阶段采取相应的措施消减污染物，提升水质，在实际工程设计和建设中还需结合现场不同情况综合考虑确定，以期达到水环境修复目标。

参考文献

[1] 张维理，武淑霞，冀宏杰，等. 中国农业面源污染形势估计及控制对策 I. 21 世纪初期中国农业面源污染的形势估计[J]. 中国农业科学，2004(7)：1008-1017.

[2] 李蔚然，于小彭，郝鹏，等. 水稻灌区农田退水氮磷污染现状研究[J]. 现代农业科技，2020(8)：195-196.

[3] 刘国强，杨世琦. 宁夏引黄灌区农田退水污染现状分析[J]. 灌溉排水学报，2010，29(1)：104-108.

[4] 张爱平，刘汝亮，惠锦卓，等. 宁夏引黄灌区稻田退水规律及影响因素研究[C]//. 农业环境与生态安全——第五届全国农业环境科学学术研讨会论文集，2013：465-473.

[5] Study on rain-runoff process in the peripheral mountainous area of the Sichuan Basin[J]. Chinese Journal of Geochemistry, 2008(2)：183-188.

[6] 刘凤丽，熊玉江，范乐，等. 水稻灌区降雨径流特征及其影响因素研究[J]. 中国农村水利水电，2022(5)：95-100.

[7] 马丽，王东福. 云南耿马灌区水环境质量与退水污染负荷分析[J]. 环境影响评价，2020，42(1)：53-56.

[8] 杨岭，赵亚男，朱庆珍. 农田排水中氮磷监测规范化技术[J]. 现代农业科技，2015(9)：221，231.

[9] 董晓梅，杨玉辉，李朝阳，等. 阿拉尔灌区农田排水水质水量变化规律分析[J]. 水资源与水工程学报，2017，28(5)：250-254.

[10] 潘自林，王永平，鲍子云. 宁夏引黄灌区农田退水现状及治污技术模式研究[J]. 宁夏工程技术，2020，19(4)：314-318.

[11] 黄仲冬，樊向阳，杜臻杰，等. 宁夏引黄灌区典型区域农田退水水量与水质特征[J]. 中国农村水利水电，2013(11)：154-156.

沟道型泥石流的动力特征

乐茂华[1] 谢益芹[1] 杨 靖[2] 郭劲松[2]

(1. 中国水利水电科学研究院,北京 100048;
2. 华能西藏水电安全工程技术研究中心,西藏林芝 860000)

【摘 要】 沟道型泥石流的动力特征是泥石流理论研究的重要组成部分,对于科学指导泥石流灾害预警预报等具有重要意义。采用文献调研、野外调查、归纳总结及数据分析等方法,从能量过程、输沙过程和阻力特征等方面阐述沟道型泥石流的动力特征。结果表明:泥石流起动需要较大的临界切应力,固体颗粒间的碰撞和摩擦作用对其发展演进具有重要影响;在泥石流的演进过程中,泥沙颗粒耗能形式随着粒径变大,从摩擦向碰撞转变;泥石流的水沙条件和输沙能力均明显强于天然河流,且从河流过渡到泥石流时含沙量与水沙因子的正相关性将减弱;泥石流运动阻力的影响因素可划分为单效应和双效应两类,前者包括沟道边界条件、沟床含水率和粗颗粒含量等,后者包括细颗粒含量和固体浓度等,且沟道侵蚀也具有双效应特点。

【关键词】 泥石流;动力特征;能量过程;输沙特征;阻力特征

1 引 言

泥石流是一类常见的山地自然灾害现象,它由山区坡地上或沟道内的松散岩土体和水体在重力作用下发展而成,其中沟道型泥石流通常规模大且危险性高。近年来,随着全球极端气候频现和地震带活动加强,泥石流灾害不断发生,泥石流在发展演进过程中对其影响范围内的人类生命财产、基础设施和生态环境等造成了严重危害,主要形式包括淤埋、冲毁、撞击和堵塞河道等[1-2]。因此,开展沟道型泥石流动力特征研究,对于深入揭示泥石流的动力机制、科学指导泥石流灾害预警预报等具有重要意义。

泥石流的动力特征主要包括形成和演进两方面,根据泥石流形成能量来源或动力条件的差异,20世纪中叶,苏联学者 C. M. 弗莱斯曼通过大量野外调查资料分析,首先将泥石流形成的能量来源划分为动力、重力和动力-重力三类;另一位苏联学者维诺格拉多夫将泥石流形成类型划分为侵蚀型、滑移型和侵蚀—滑移型,并从河床水力学观点出发,分析了泥石流的河床自保护层遭受破坏的力学过程[3]。20 世纪 80 年代,日本学者 Takahashi[4] 根据泥石流形成原因的不同,将其起动类型划分为沟道侵蚀型、滑坡触发型和堵塞体溃决型。从动力学角度考虑,泥石流起动模式大致可分为水力类和土力类两种,20 世纪 80 年代,我国学者钱宁[5]和王兆印基于泥沙运动力学理论,通过分析泥沙运动状态随水流强度增加的变化特征,对水力类泥石流的起动模式已有阐述;近期,冯自立等[6]对国内外学者关于土力类泥石流起动模式的研究成果作了较为系统的评述。

泥石流的演进是一个物质和能量不断传递和转变的过程,其中物质主要包括岩土颗粒体和水体两部分,能量主要来自岩土体自重力和水流或泥浆的水动力。泥石流的演进过程具有显著的非均匀和非恒定等性质,并且伴随着强烈冲淤、阵性发展、颗粒分选等特征[7-8]。泥石流运动阻力机制是描述其演进过程的核心内容,运动阻力决定着泥石流的流速、流深等特征值分布,进而影响沟道内泥沙侵蚀、搬运和堆积特征。

为了较系统地揭示沟道型泥石流的动力特征,本文采用文献调研、野外调查、归纳总结以及数据分析等方法,从能量过程、输沙特征和阻力特征等方面阐述泥石流动力过程。

基金项目:华能集团总部科技项目(HNKJ20-H26 面向 ML-YS 河段生态保护的 Y 江控制性水库调度关键技术)

2　泥石流的能量过程

沟道型泥石流的形成和演进是一个非线性的能量聚集和耗散过程,其中,能量来源主要包括松散岩土体的自重力和水流或浆体的水动力;能量耗散形式包括流体紊动、颗粒碰撞和摩擦、沟道堵塞体溃决、泥石流与沟床和边壁之间的作用等。泥石流在 t 时刻的能量守恒方程可以表示为

$$\Delta E_{\mathrm{p}}^{t}=E_{\mathrm{k}}^{t}-E_{\mathrm{k}}^{0}+E_{\mathrm{f}}^{t} \tag{1}$$

式中,$\Delta E_{\mathrm{p}}^{t}$ 为 t 时刻内势能的变化量;E_{k}^{t} 和 E_{k}^{0} 分别为 t 时刻和初始时刻的动能;E_{f}^{t} 为泥石流演进过程中其他形式的能量耗散量。

在沟道型泥石流的动力过程中,初始势能主要包括形成区物源的势能、沟道沿程可侵蚀体的势能和水流势能。

在沟道型泥石流的形成过程中,前期因沟道中上游源地发生重力侵蚀等产生的松散堆积体,经过滑动、翻滚、掺混、搬运等动力过程聚集于沟道形成准泥石流体,处于一定的应力场中,具有初始势能;当准泥石流体受到的起动力增加或抵抗力减小,准泥石流体在应力场中发生破坏,最终促使泥石流形成。崔鹏[9]通过建立以含水量为状态变量、沟床坡度和细颗粒含量为控制变量的泥石流起动突变模型分析得知,随着细颗粒含量增加,泥石流起动过程由突跃式、常动式转向缓动式;并且泥石流起动是一个尖点突变过程,具有多路径特性和发散性,以及起动的时间延迟特性。

在沟道型泥石流的演进过程中,一直伴随着能量的提供、传递、转化和消散,并且泥石流体中不同粒径颗粒的能耗形式将有所不同。泥石流作为一类特殊的固液两相流,液相能量耗损主要通过浆体黏性摩阻转化为热能散失,掺入浆体中的黏性颗粒以此能耗形式为主;固相能量耗损主要由颗粒碰撞和摩擦产生,Federico 和 Cesali[10]基于能量方法分析了泥石流运动过程中不同粒径颗粒的能耗形式,根据其数值计算结果绘制特征曲线如图 1 所示。由图 1 可知,粉粒和沙粒以摩擦耗能为主,砾石耗能开始向碰撞形式过渡,卵石耗能兼具摩擦和碰撞形式,而更粗颗粒将以碰撞耗能为主。

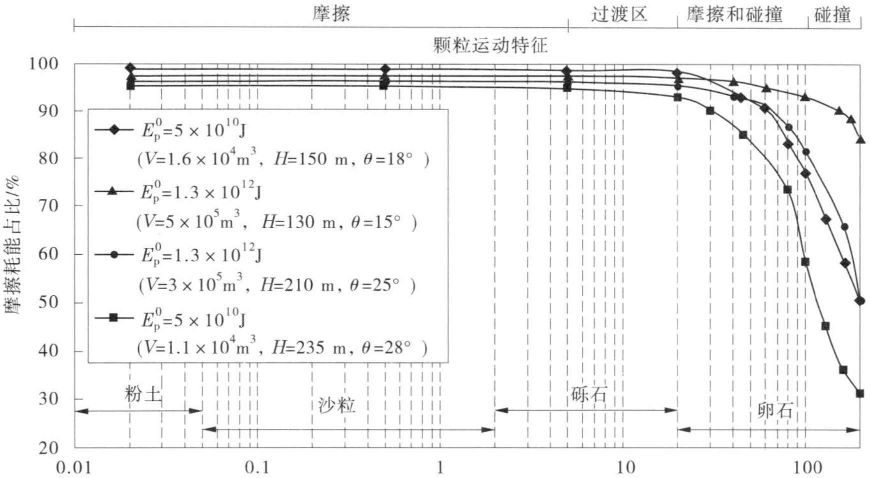

图 1　泥石流运动过程中不同粒径颗粒的耗能形式(数据来源:Federico 和 Cesali[10])

3　泥石流的输沙特征

泥石流的“触发—运动—堆积”过程通常伴随着输沙能力由弱到强,再由强到弱的变化。基于野外调查资料分析发现[11],天然泥石流的堆积物剖面结构主要呈现出“上细下粗”的正粒序、粗细掺和的混杂粒序与“上粗下细”的反粒序三种分布特征;并且容重较低的稀性泥石流堆积扇两侧及前缘的细颗粒含量较多,而容重较高的黏性泥石流堆积扇两侧及前缘的粗颗粒含量较多。这些堆积特征包含着泥石

流形成和演进过程的大量信息,也是泥石流输沙和动力特征的直观反映。

泥石流作为一类介于挟沙水流和滑坡之间的特殊固液两相流,其输沙方式也介于两者之间,泥石流的液相浆体可视为输送介质,剩余粗颗粒组成的固相可视为被输送物质。在泥石流的输沙过程中,不断掺入的固体颗粒使流体性质发生改变:一方面浆体上限粒径以内不断增加细颗粒而改变浆体的流变性质,增大泥石流的侵蚀和搬运能力;另一方面超过浆体上限粒径而掺入的粗颗粒,增加了泥石流的浓度,并且颗粒沉速也将减小。由于不同类型的泥石流演进过程具有不同的输沙特征,根据倪晋仁等[12]对泥石流的细化分类,将泥石流的输沙模式归纳为四种类型,如表1所示。

表1　泥石流的主要输沙模式

类型	泥流		水石流		一般泥石流	
	稀性	黏性	不饱和	饱和	稀性	黏性
流态	紊流	层流	紊流	层流	紊流	层流
判别指标	Re_*	Re_*	$C_s<0.35$	$C_s\geqslant 0.35$	$\rho<1.9\ g/cm^3$	$\rho\geqslant 1.9\ g/cm^3$
物质组成	较细	较细	较粗	较粗	粗细混合	粗细混合
液相应力	紊动力	屈服力 黏滞力	紊动力	—	紊动力	屈服力 黏滞力
固相应力	—	—	摩擦力 碰撞力	摩擦力 碰撞力	摩擦力 碰撞力	摩擦力 碰撞力
输沙模式	一相紊流输沙	一相层流输沙	两相紊流输沙	两相层流输沙	两相紊流输沙	两相层流输沙

根据云南蒋家沟泥石流的观测成果[13],泥石流的输沙形式主要包括单颗粒输移和群体或成层输移两种。前者又可分为悬移质和推移质,其输移能力随着流体容重、性质和输移条件的变化而变化,输移方式与一般挟沙水流相似;后者输移能力主要取决于表征流体结构强度的起始静切力、拖曳力和沟床抗剪强度等,当黏性足够大时,泥石流输移方式与滑坡相似。结合表1中的泥石流输沙模式分类,对于层流输沙,可采用力学平衡或能量耗散原理分析其输沙特征[14];对于一相紊流输沙,可近似采用高含沙水流挟沙力的研究成果分析其输沙特征。

目前,对于中、低含沙量水流的挟沙力已有较为广泛的研究,代表性的计算方法大致包括三类:一是以 Einstein 床沙质函数[15]为代表,利用流速分布和含沙量分布公式计算输沙率;二是以张瑞瑾公式[16]为代表,基于能量制紊假设提出的半经验公式,该类公式在我国生产、科研中的应用最为广泛,费祥俊等[17]专门分析了这类公式存在的优缺点,韩其为[18]、舒安平等[19]进一步考虑容重和沉速等因素的影响,建立了与之结构类似的高含沙水流挟沙力公式;三是韩其为基于泥沙运动统计理论建立的挟沙力公式[18],该类公式具有较深刻的理论背景,且计算结果也能基本符合实际。

泥石流的两相紊流输沙模式比较复杂,流体内部包含液相浆体、固相颗粒,以及固液两相之间的相互作用,因此分析其输沙特征时还需要考虑液相浆体黏度、容重、固相颗粒碰撞和摩擦等因素的影响,泥石流挟沙力的一般式可表述为

$$S_* = f\left(C_s, \mu_f, f_d, \frac{\gamma}{\gamma_s - \gamma}, \frac{u^3}{h\omega}\right) \tag{2}$$

式中,C_s 为固相颗粒浓度,μ_f 为液相黏滞系数;f_d 为流动阻力;γ、γ_s 分别为液相及固相颗粒容重;u 为流速;h 为流速;ω 为泥沙颗粒沉速。

为了对比泥石流与天然河流的输沙特征,采用蒋家沟泥石流观测数据[13]和天然河流的实测资料[20]绘制含沙量与水沙因子的关系,如图2所示。泥石流运动过程中的水沙条件和输沙能力均明显强于天然河流,且在相同的水沙条件下,泥石流的挟沙力也强于河流;从河流过渡到泥石流,挟沙能力不断

增强，含沙量与水沙因子的正相关性减弱，这与流体黏度增加、流变性质改变、颗粒沉速减小、颗粒摩擦和碰撞等因素密切相关。

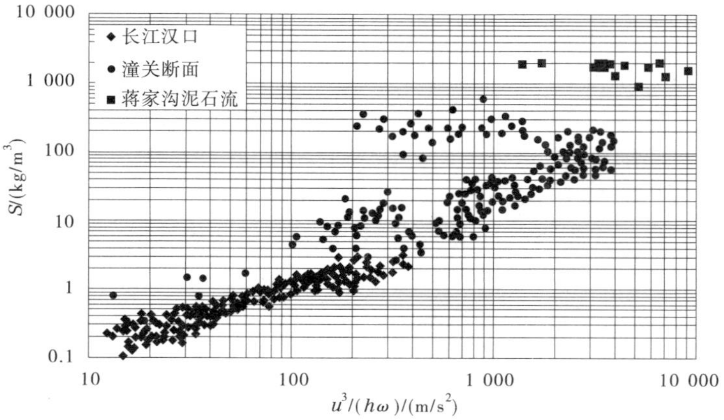

图 2　泥石流和天然河流的含沙量与水沙因子的关系

4　泥石流的阻力特征

泥石流的运动阻力决定着流场中流速、流深和固体浓度等参数三维分布的微观特性，影响着沟道内泥沙侵蚀和淤积的规模及分布，它反映了泥石流外在的宏观特性。泥石流的阻力特征受沟道边界条件和泥石流体自身物理力学性质等共同影响。目前，关于泥石流阻力特征的研究途径主要包括采用统计学分析泥石流的观测数据资料，以及通过建模分析泥石流的重要物理过程。前者较为笼统，无法清晰地揭示泥石流的内在阻力机制，后者受模型假定条件限制只能揭示泥石流运动阻力的部分特征。

在实际情况中，泥石流阻力的影响因素可能产生促进运动、抑制运动或两者兼备的效果。为了能够较系统地阐述泥石流的阻力特征，根据产生的运动效果把影响因素划分为单效应和双效应两类。以下结合泥石流阻力的主要影响因素，分析其阻力特征。

4.1　沟道边界条件

泥石流的沟道边界条件包括沟床和沟壁的几何形态及粗糙度，它们约束着泥石流的形成和演进过程，属于单效应因素。当床面或边壁具有可侵蚀物质供给时，沟道边界还将通过侵蚀作用影响泥石流的阻力特征。目前，沟道的粗糙度主要采用带有经验性的糙率描述，而沟道的侵蚀作用则已有一些重要的试验成果发现。

一方面根据 Mangeney 等[21]的试验观测，当沟床可侵蚀厚度足够大时，颗粒流首先以高速运动，紧随其后有一个慢速的薄层流，侵蚀作用主要发生在该慢速区和颗粒流的减速阶段，其原因可能在于颗粒流处于高速运动状态时，没有足够的延迟时间保证床面泥沙颗粒加速至颗粒流的速度。另一方面根据 Iverson 等[22]对泥石流床面侵蚀的试验研究，泥石流侵蚀过程伴随着动量和流速的增大而发展，其原因主要在于床面孔隙压力增大能够促使侵蚀作用发生。因此，沟道侵蚀作用对泥石流阻力的影响具有双效应特点。

4.2　沟床物质含水率

根据土力学中的有效应力原理，沟床物质含水率增加可以促使床面形成较大的正孔隙压力。当孔隙水压力增加且不能及时消散时，可以降低床面摩擦和泥石流的龙头阻力，出现泥浆飞溅的加速现象[23]。上述过程产生了泥石流速度、质量和动量增加的正反馈，而在干燥床面，侵蚀作用将引起泥石流动量减小的负反馈，这在 Iverson 等[22]的大型水槽试验中得到了较好解释。因此，沟床物质含水率属于单效应因素。

4.3　细颗粒含量

不同的颗粒级配情况可以导致阻力特征差异的泥石流形成。根据王兆印等[24]早期野外调查发现，当形成伪一相泥石流时,它的运动过程具有间歇性、铺床现象及明显减阻等特点;当形成两相泥石流时,两相之间有明显的相对运动,其运动过程将具有较大阻力及发生石街现象。学者们[25]在早期就对细颗粒在泥石流阻力特征中的影响有了较全面的认识,一方面细颗粒通过在水中形成絮凝结构可以提高浆液的黏性和屈服应力,从而增大黏性剪切阻力;另一方面细颗粒通过抑制紊动发展促使更多较粗颗粒悬浮,可以提高浆体容重、减小颗粒沉速和颗粒间离散力,使得含沙量和流速垂线分布趋于均匀,从而减小阻力损失,同时细颗粒黏附粗颗粒周围还可减小粗颗粒间的摩擦阻力。

对于较粗颗粒[26-27],一方面由于颗粒之间的相互碰撞需要消耗能量,同时由于粗颗粒占据了流动断面的部分面积,流体的黏度将有所提高;另一方面由于粗颗粒之间的相互接触而产生摩擦力,也需要消耗能量,故粗颗粒增加主要增大阻力。因此,细颗粒属于双效应因素,粗颗粒属于单效应因素。

4.4 固体浓度

固体浓度属于双效应因素,它对不同类型的泥石流阻力影响有所不同。对于黏性泥石流,一方面固体浓度增加使得内部阻力增大;另一方面颗粒沉速将随浓度增加而迅速减小,使得一部分较粗颗粒转向悬移运动。当固体浓度高、颗粒间处在长时间接触下表现出摩擦作用为主,当固体浓度较低、颗粒间距较大时,颗粒以碰撞传递动量为主。

随着泥石流浓度下降,固体颗粒开始有分选地被输运。Johnson 等[28]通过大型水槽实验研究了泥石流的颗粒物质分选机理及泥石流垂向速度分布规律。周公旦等[29]研究发现,泥石流运动过程中的颗粒物质分选对泥石流颗粒间孔隙水压力具有重要影响,这是进一步决定泥石流流态和流动性的关键性因素。

综上所述,沟道边界条件、沟床含水率和粗颗粒含量属于单效应因素,细颗粒含量和固体浓度属于双效应因素,并且沟道侵蚀也具有双效应特点。基于现有数据资料点绘两类因素与泥石流阻力的关系,如图 3 所示。结果表明,单效应因素与阻力有较明显的正负相关性,并且沟床含水率对阻力的影响更为敏感;双效应因素与阻力的关系比较复杂,它们对泥石流运动既能产生促进作用,又能表现出抑制效果,因此在建立泥石流的阻力模型时,需要特别注意双效应因素的影响特征。

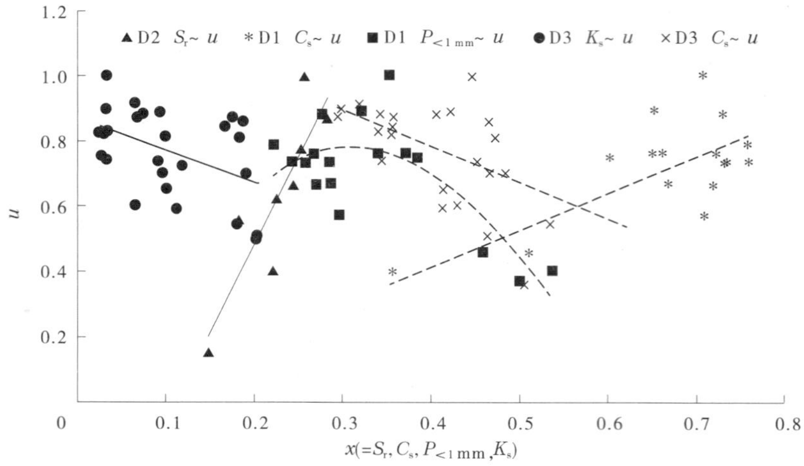

图 3 不同因素对泥石流流速的影响特征

(说明:编号 D1、D2 和 D3 的数据分别来源于文献[13]、[22]和[30];符号 S_r、C_s、P<1 mm、K_s、u 分别表示沟床物质含水率、固体浓度、粒径小于 1 mm 的细颗粒含量、沟床粗糙度和标准化速度)

5 结 论

沟道型泥石流的形成和演进阶段包含一系列复杂的物理过程。基于文献调研、野外调查、归纳总结和数据分析认为,泥石流起动是一个具有多路径和发散性的尖点突变过程,随着泥石流体的演进发展,由细到粗的固体颗粒耗能形式从摩擦向碰撞作用转变；泥石流具有四种输沙模式，其运动过程中的水沙条件和输沙能力均明显强于天然河流，且从河流过渡到泥石流时含沙量与水沙因子的正相关性将减弱；泥石流运动阻力的影响因素包括单效应和双效应两类，沟道边界条件、沟床含水率和粗颗粒含量属于前者，细颗粒含量和固体浓度属于后者，且沟道侵蚀也具有双效应特点。

参考文献

[1] 康志成，李焯芬，马蔼乃，等．中国泥石流研究[M]．北京：科学出版社，2004.

[2] Jakob M，Hungr O. Debris-flow hazards and related phenomena[M]. Berlin：Springer，2005.

[3] 弗莱施曼 C M. 泥石流[M]. 北京：科学出版社，1986.

[4] Takahashi T. Debris flow[J]. Annual Reviews of fluid mechanics，1981，13：57-77.

[5] 钱宁．高含沙水流运动[M]．北京：清华大学出版社，1989.

[6] 冯自立，崔鹏，何思明．滑坡转化为泥石流机理研究综述[J]．自然灾害学报，2005，14(3)：8-14.

[7] Iverson R M. The physics of debris flows[J]. Reviews of Geophysics，1997，35(3)：245-296.

[8] 朱鹏程．泥石流——固体颗粒运动流体化[J]．泥沙研究，1991，4：30-38.

[9] 崔鹏．泥石流起动机制的研究[M]．北京：北京林业大学，1990.

[10] Federico F，Cesali C. An energy-based approach to predict debris flow mobility and analyze empirical relationships[J]. Canadian Geotechnical Journal，2015，52(12)：2113-2133.

[11] 舒安平，杨凯，李芳华，等．非均质泥石流堆积过程粒度与粒序分布特征[J]．水利学报，2012，43(11)：1322-1327.

[12] 倪晋仁，王光谦．泥石流的结构两相流模型：I. 理论[J]．地理学报，1998，53(1)：66-76.

[13] 吴积善，康志成，田连权，等．云南蒋家沟泥石流观测研究[M]．北京：科学出版社，1990.

[14] Singh V P，Cui H. Modeling sediment concentration in debris flow by Tsallis entropy[J]. Physica A：Statistical Mechanics and its Applications，2015，420：49-58.

[15] Einstein H A. The Bed-Load Function for Sediment Transportation in Open Channel Flows[J]. U. S. Department of Agriculture，Technical Bulletin，1950，1026，71.

[16] 张瑞瑾．河流泥沙动力学[M]．北京：中国水利水电出版社，1998.

[17] 费祥俊，吴保生，傅旭东．两相非均质流输沙平衡关系及挟沙力研究[J]．水利学报，2015，46(7)：757-764.

[18] 韩其为．水库淤积[M]．北京：科学出版社，2003：1-643.

[19] 舒安平，费祥俊．高含沙水流挟沙能力[J]．中国科学 G 辑：物理学 力学 天文学，2008，38(6)：653-667.

[20] 郭庆超．天然河道水流挟沙能力研究[J]．泥沙研究，2006，5：45-51.

[21] Mangeney A，Roche O，Hungr O，et al. Erosion and mobility in granular collapse over sloping beds[J]. J. Geophys. Res.，2010，115，F03040.

[22] Iverson R M，Reid M E，Logan M，et al. Positive feedback and momentum growth during debris-flow entrainment of wet bed sediment[J]. Nat. Geosci.，2011，4：116-121.

[23] 徐永年，匡尚富，舒安平．阵性泥石流的平均流速与加速效应[J]．泥沙研究，2001(6)：8-13.

[24] 王兆印，崔鹏，余斌．泥石流的运动机理和减阻[J]．自然灾害学报，2001，10(3)：37-43.

[25] 费祥俊，康志成，王裕宜．细颗粒浆体、泥石流浆体对泥石流运动的作用[J]．山地研究，1991，9(3)：143-152.

[26] 万兆惠，华景生．粗细颗粒同时存在时的流动阻力[J]．山地研究，1991，9(3)：153-157.

[27] 杨美卿，王立新．泥石流运动的层移质模型及其试验研究[J]．泥沙研究，1992，3：21-29.

[28] Johnson C G，Kokelaar B P，Iverson R M，et al. Grain-size segregation and levee formation in geophysical mass flows[J]. Journal of Geophysical Research：Earth Surface，2012，117，F01032.

[29] 周公旦，孙其诚，崔鹏．泥石流颗粒物质分选机理和效应[J]．四川大学学报(工程科学版)，2013，45(1)：28-36.

[30] Tian M，Hu K H，Ma C，et al. Effect of bed sediment entrainment on debris-flow resistance[J]. J. Hydraulic Eng.，ASCE，2014，140(1)：115-120.

基于数学模型的多出口河网水动力及水质分析

陈 犇[1] 陈黎明[1] 郑程方[2] 王 欣[3] 吴 鑫[3] 王雪红[3] 杨啸宇[1] 王逸飞[1]

(1. 南京水利科学研究院,江苏南京 210029;
2. 华设设计集团股份有限公司,江苏南京 210014;
3. 南京市长江河道管理处,江苏省南京 320011)

【摘 要】 平原河网水系发达,水动力条件复杂。为探索河网水动力和水质变化规律,构建了一维概化水动力-水质耦合数学模型。多出口河网中的水动力-水质变化规律研究结果表明,为避免优质水资源浪费,进口位置应该远离出口。进出口位置越远,置换水效率越高,在各出口处的流量和水体置换效率也越高。研究成果可为平原河网的引调水方案优化提供思路。

【关键词】 平原河网;调度方案;水动力-水质;数学模型

1 研究背景

河网地区是人们赖以生存和发展的重要区域,其特点是人口密度大、经济发展迅猛,同时地势低洼、河流众多、湖泊密集、易于发生洪水和水污染问题。同时,平原河网地区存在水动力条件复杂且进出口河道选择众多的情况,通过建立反映平原河网复杂的水动力-水质特征和污染物转移规律的平原河网数学模型,可以对河网水动力-水质现状及趋势进行定量模拟并进行预测,为河流水动力情势预测、水质决策管理以及水污染控制提供科学依据。宁波、崇明、扬州、南京等地[1-4]在结合当地河网水动力、水文特性和水利设施的基础上,以改善水体水质为目标,制订了不同的水力调控方案,有效改善了当地河网水环境。

本文采用数学模型对不同调度方案下河网水质改善效果进行研究,模拟不同调度方案下河网水动力及水质改善情况,从而提出对不同区域河网的较优调度方案。

2 数学模型构建及水质评价标准

2.1 河网水动力-水质基本控制方程

2.1.1 一维水动力模型基本方程

一维天然河道水流模型计算可归结为求解一维非恒定流圣维南方程组[5]:

$$\frac{\partial S_{co}(A + A_O)}{\partial t} + \frac{\partial Q}{\partial X} - q = 0 \tag{1}$$

$$\frac{\partial(S_m Q)}{\partial t} + \frac{\partial}{\partial X}\left(\frac{\beta Q^2}{A}\right) + gA\left(\frac{\partial h}{\partial x} + S_f + S_e\right) + L + W_f B = 0 \tag{2}$$

式中,Q 为流量;h 为水位;A 为有效过水断面面积,m^2;S_{co},S_m 为河道蜿蜒系数,是水位 h 的函数;x 为沿

基金项目:南京市水务科研项目(202001),南京江北新区滨江生态岸线保护与环境提升工程综合技术研究
作者简介:陈犇,男,博士研究生,E-mail:1303549778@ qq. com。

主流向的纵向距离,m;t 为时间,s;q 为单位河长的侧向入流或出流流量,m^2/s;β 为动量校正系数,$\beta=\frac{A}{K^2}\sum_i\frac{K_i^2}{A_i}$,其中 A_i 为断面第 i 部分面积,A 为断面过水面积,$A=A_1+A_2+\cdots+A_n$,K_i 为第 i 部分的流量模数,$K_i=\frac{1}{n}A_iR_i^{2/3}$,$n$ 为曼宁系数,$K=K_1+K_2+\cdots+K_n$;g 为重力加速度,m/s^2;S_f 为河道的阻力坡降,S_e 为河道突扩或收缩引起的坡降;B 为有效过水断面的水面宽,m;W_f 为风对水面的阻力,m^2/s^2;$W_f=C_wV_{rw}|V_{rw}|$,C_w=风阻力系数($1\times10^{-6}\leqslant C_w\leqslant3\times10^{-6}$),$V_{rw}$=相对风速($V_{rw}=V\pm V_w\cos\omega$),$V=Q/A$,$V_w$ 为风速,ω 为风向与 x 正向的夹角;L 为侧向流的动量,有几种形式:①侧向入流,$L=qV_x$,V_x 是侧向入流沿河道流向 x 的速度分量;②侧向出流,$L=qQ/A$;③侧向渗流,$L=0.5qQ/A$。

方程的基本离散格式是四点加权隐式有限差分格式,利用 Newton-Raphson 迭代法求解。

2.1.2　一维水质模型基本方程

$$\frac{\partial}{\partial t}(V\varphi)=-\frac{\partial}{\partial x}(Q\varphi)\Delta x+\frac{\partial}{\partial x}\left(\Gamma h\frac{\delta\varphi}{\delta x}\right)\Delta x\ \pm S \tag{3}$$

式中,t 为时间步长;V 为计算水质单元的体积;Φ 为水温或者其他水质指标的浓度;Q 为流量,Γ 自定义的离散系数;h 为可组合的断面面积;S 为源强以及沉降项。

2.2　概化河网数学模型建立

本模型以平原地区河网特征为依据进行概化,构建一维河网水动力-水质耦合概化数学模型,模型东西长 30 km,南北长 30 km,概化模型为五条横向河道,五条纵向河道组成的河网。每条河道为规则矩形断面,沿程无变化,断面宽 8 m。概化河网数学模型及河道名称见图 1。

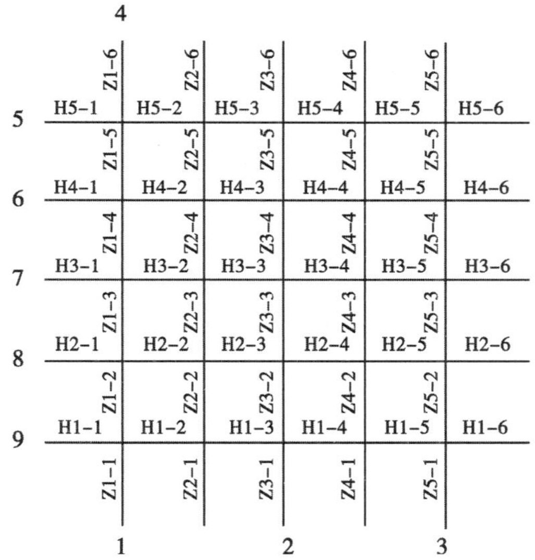

图 1　概化河网数学模型及河道名称

2.3　水质评价指标选取

概化河网数学模型中,选取氨氮浓度作为水质评价标准。根据我国《地表水环境质量标准》(GB 3838—2002),其中地表水的氨氮指标如表 1 所示。概化河网数学模型的初始场氨氮浓度为 8 mg/L,属于轻度黑臭水体。引入水体的氨氮浓度为 2 mg/L,属于 V 类水。

表 1　地表水氨氮指标　　单位:mg/L

Ⅰ类	Ⅱ类	Ⅲ类	Ⅳ类	Ⅴ类
≤0.15	≤0.5	≤1.0	≤1.5	≤2.0

3 结果与讨论

探究各方案不同点位之间换水率和氨氮浓度的变化曲线,可以更直观地反映河网中不同监测点的水动力特点。换水率指河道的过水量与存水量之比,表示河道的水流交换效率。换水率越大,说明水体流动情况越好。计算公式为

$$\varphi = QH/S \tag{1}$$

式中,φ 为换水率;Q 为断面流量,m^3/s;H 为引水时间,s;S 为槽蓄量,m^3。

断面流量,即为平均流量的累加,计算公式为

$$\left.\begin{aligned} Q &= \sum_{j=1}^{n+1} q_i \\ v &= Q/A \end{aligned}\right\} \tag{2}$$

式中,Q 为断面流量,m^3/s;A 为断面总面积,m^2;v 为断面平均流速,m/s;q_j 为第 j 个部分的流量,m^3/s。

各方案每条河道单独进水,流量为 2 m^3/s。4-9 边界为水位控制。本方案 Z2-1 和 Z4-1 段南侧,H1-6、H2-6、H3-6、H4-6 和 H5-6 段东侧、Z2-6、Z3-6、Z4-6 和 Z5-6 段北侧闸站均关闭。各方案边界条件见表 2。

表 2 方案设置

方案设置	南边界			北边界	西边界
	1	2	3	4	5~9
方案 1	开	关	关	开	开
方案 2	关	开	关	开	开
方案 3	关	关	开	开	开

3.1 监测点水动力及水质结果分析

河网模型中河道 H1-1、H2-1、H3-1、H4-1、H5-1 段分别布置水动力和水质监测点位 J5、J6、J7、J8、J9。具体点位如图 2 所示,对监测点进行水质数据的提取和分析。

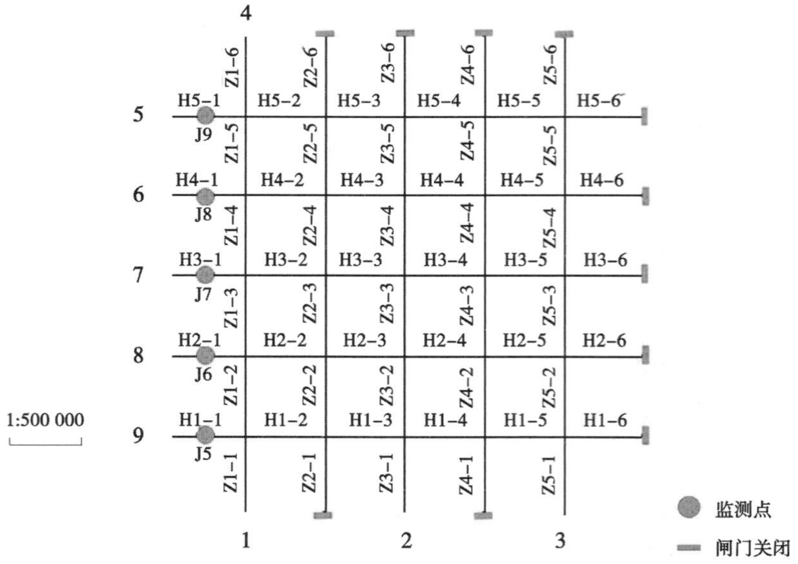

图 2 水质监测点

水动力场稳定后，将 J5～J9 点位的三个方案水动力结果进行统计，统计结果见表 3。方案 1 中 J5 点位的水动力数值较高，Z1-1 引水分别在 H1-1、Z1-2 和 H2-1 三段进行分流，由 Z1-1 流向 H1-1 的优质水研究发现，38.1%的优质水仅仅优化了 1.67%的河道长度，导致 J7～J9 的水动力远小于其他方案。方案 2 中从 8 和 9 自由出流量占比达到了 57.45%，剩下不到 50%的优质水要优化 95%的河段。进水总量不变的情况下，在 J5 和 J6 点位的水动力结果表明，方案 2 水动力要大于方案 3；在 J8 和 J9 点位的水动力结果表明，方案 3 水动力要大于方案 2。方案六中 J5～J9 的水动力结果方差最小，即在整个点位附近河段的水动力大小最平均。从监测点数据整体分析，进出口距离越近，在出口处的流量数值相差越大，且有大量的优质水提前自由出流；进出口距离越远，在各出口处的流量越平均。

表 3 J5～J9 水动力结果

单位：m^3/s

监测点	J5	J6	J7	J8	J9
方案 1	0.762	0.387	0.279	0.228	0.189
方案 2	0.391	0.380	0.360	0.334	0.274
方案 3	0.366	0.364	0.359	0.345	0.311

各方案 J5～J9 点位氨氮浓度随时间变化情况如图 3 所示。方案 1 中，J5～J9 分别在换水率为 0.02、0.15、0.25、0.5 和 0.78 时，氨氮浓度开始降低，J9 点位换水周期最长，J5 和 J6 点位的换水周期短，换水效率高。方案 2 相比于方案 1，在 J5～J9 整体的换水效率提升 1 倍，在换水率达到 3 时，氨氮浓度均已达到 2 mg/L。方案 3 中，J5～J9 氨氮浓度从 8 mg/L 降至 2 mg/L 用时均低于 800 h，换水率达到 1.7 时，J5～J9 均已达到 2 mg/L。方案 3 比方案 2 的效率提升 1 倍，且方案 3 各点位整体换水效率基本相同。

结果表明，多出口河网引调水方案中，引水口离出水边界越近，J8、J9 点位水动力越弱，且置换水效率越低；引水口离出水边界越远，J5～J9 点位水动力越平均，且置换水效率越高。

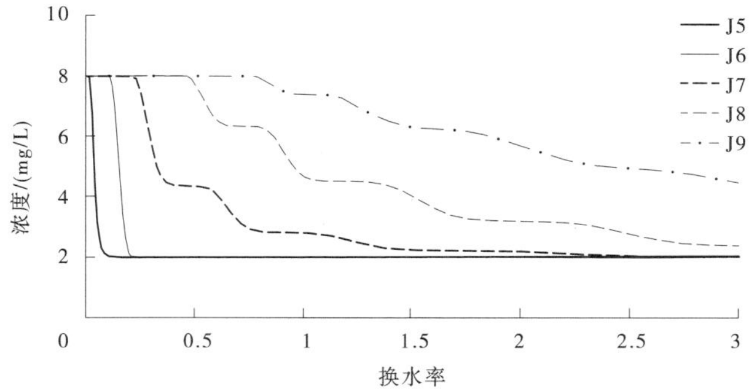

(a)方案 1

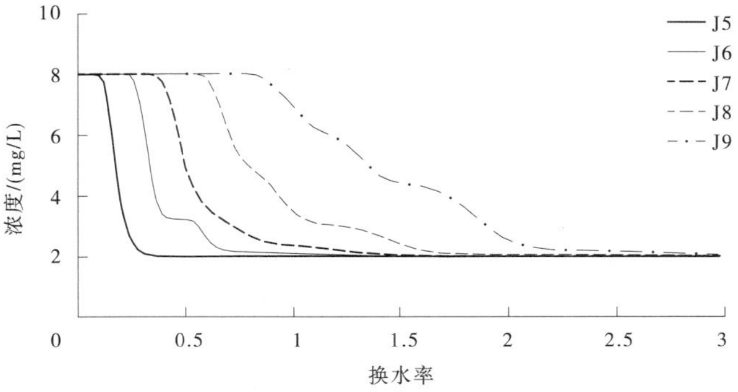

(b)方案 2

图 3 各方案中 J5～J9 点位氨氮浓度

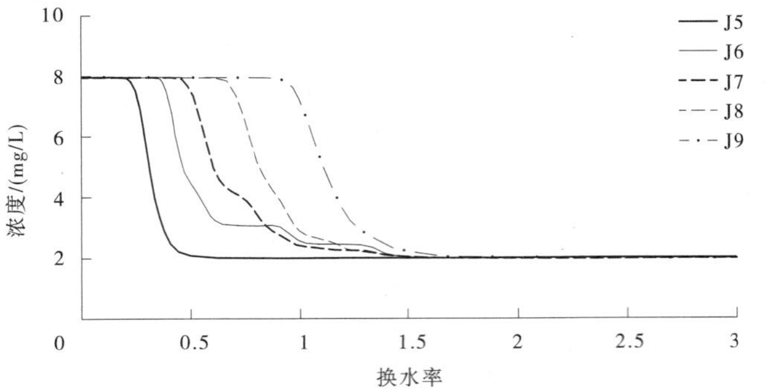

(c)方案 3

续图 3

3.2 整体水质结果分析

流量是体现河道水动力强弱的重要水文要素之一,其定义是单位时间内河流流过某断面水的体积。流场稳定后,各方案水动力如图 4 所示。方案 1~3 整体水动力大小在 0.01~0.5 m^3/s。方案 1 在河道 H1-1 段水动力较强,表明大量水动力流失,H2-2 段几乎没有水动力。方案 2 和方案 3 中河道水动力大小除去进出口附近的河道,整体水动力大小均在 0.01~0.5 m^3/s。

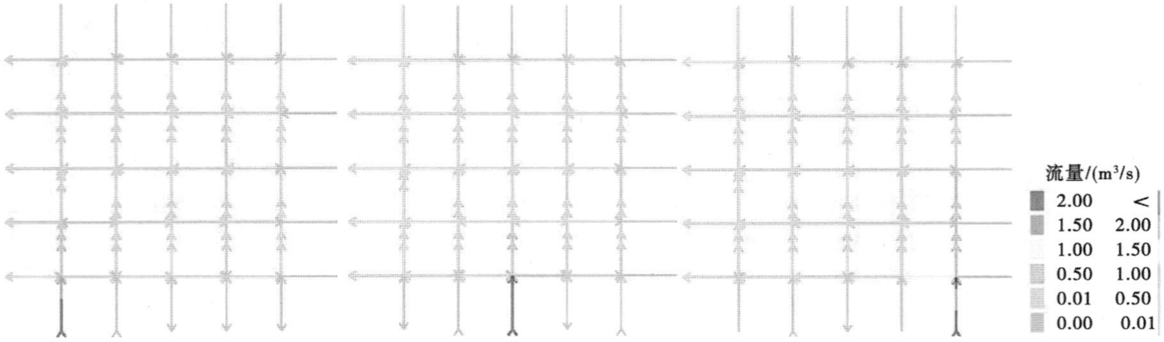

(a)方案 1　　(b)方案 2　　(c)方案 3

图 4　方案 1~3 水动力图

方案 1~3 在换水率为 0.75 时水质如图 5 所示。方案 3 整体换水效率高于方案 1、2,且优质水占比达到槽蓄量的 65%,分别为方案 1 和方案 2 的 2 倍和 1.5 倍。方案 1 有大量优质水从河段 H1-1 出流,33%的优质水浪费导致整体氨氮浓度下降速率较低。方案 2 在模型 H2-4 和 H2-5 段河道氨氮浓度下降速率较慢,说明该段水动力较弱。方案 3 优质水能够及时迅速置换掉模型东北的侧区域的轻度黑臭水体,能够优先置换河网内的水,最后置换边界河段的水,保证了优质水体不提前出流,从而提高了整体的置换效率。

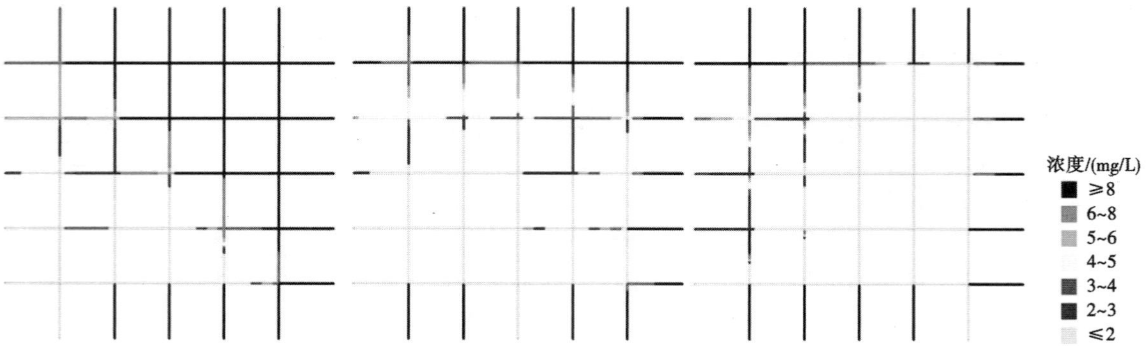

(a)方案 1　　(b)方案 2　　(c)方案 3

图 5　方案 1~3 水质分布图

对整个河网中氨氮浓度为 2 mg/L 的优质水进行统计，河网氨氮浓度变化的 60 d 内，方案 1 河网优质水占比继续上升，未完成整个河网的换水。方案 2、3 分别在第 52 d、38 d 优质水氨氮浓度河网优质水量不再增加，完成一个周期的换水。统计方案 1~3 河网置换水效率如图 6 所示。方案 1 换水效率最低，结合方案 1 水动力图可以明显看出，在 H2-1 段河道水动力为 0，导致不能达到除断头河道外整个区域换水的效果。方案 3 相对于方案 2 在第 8 d 体现出优势。

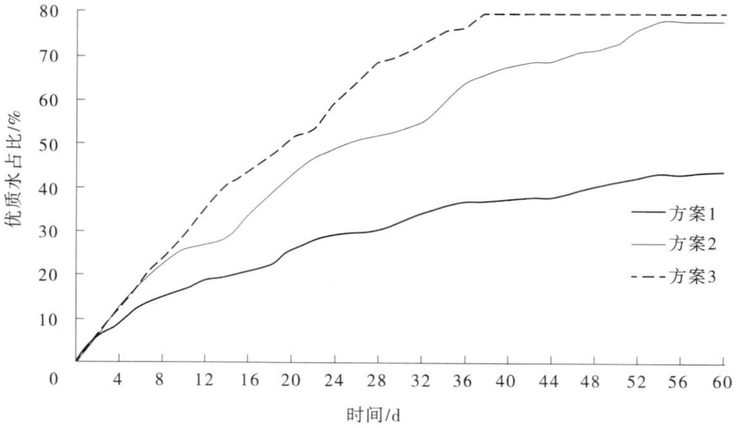

图 6 方案 1~3 河网置换水效率

4 结 论

（1）对于整个区域水动力及水质的研究表明，进出口距离越远，河网置换水效率越高。

（2）对于边界处水动力及水质研究表明，进出口距离越近，在出口处的流量数值相差越大，且有大量的优质水提前自由出流；进出口距离越远，在各出口处的流量越平均。为避免优质水资源浪费，进口位置应该远离出口。

参考文献

[1] 熊蓓蓓. 扬州中心城区河网基于水质改善的闸泵联合调度研究[D]. 扬州：扬州大学，2017.

[2] 孙娟，阮晓红. 引清调水改善南京城市内河水环境效应研究[C]//全国水力学与水利信息学大会，2007.

[3] 徐贵泉，唐迎洲. 崇明岛引清调水方式优化研究[J]. 中国农村水利水电，2011(2)：4-7.

[4] 杨成刚，田传冲，周芬. 基于水量水质联合调控系统的宁波市三江平原河网引配水研究[J]. 水电能源科学，2019，37(1)：32-35.

[5] Saint-Venant. Théorie du mouvement non-permanent des eaux avec application aux crues des rivières et à lintroduction des marées dans leur lit[J]. Comptesrendushebdomadaires des séances de l'Académie des sciences，73.

三峡库区消落区保护和岸线环境综合整治评价

宋思敏[1] 何林应[1] 王卓微[2] 黄 伟[2] 邵葆蓉[2]

(1. 长江水利水电开发集团(湖北)有限公司,湖北武汉 430014;
2. 中国水利水电科学研究院,北京 100038)

【摘 要】 本研究以三峡库区消落区为研究对象,开展2018~2020年度消落区综合整治项目实施情况的跟踪调查,总结消落区保护和库岸整治工作经验,分析存在的问题及原因。根据初步拟定的消落区治理项目评价指标体系和评价方法,选择了两个典型项目,对消落区保护和岸线环境综合整治进行了试评价,为保障水库安全运行和维护库区稳定提供科学决策依据。

【关键词】 三峡工程;库区消落带;消落区保护;岸线治理;整治评价

1 研究背景与意义

三峡库区消落区是介于水域和陆域生态系统之间的过渡地带,拥有水资源、土地资源、生物资源、岸线资源和景观资源等宝贵财富[1-2]。但由于消落区自然环境的特殊性和生态环境的脆弱性,导致一系列生态环境问题,直接影响到三峡水库水质、岸线环境、库岸稳定和人居安全,进而影响到库周区域经济社会的可持续发展[3-4]。尤其是城集镇所在消落区开发利用需求大,消落区岸线环境与库区水域和陆域环境不协调,且可能处于库岸崩塌、滑坡体的前缘,影响人居环境、库岸稳定及临水基础设施安全[5-7]。

三峡水库蓄水运行前,结合地灾防治、城市景观建设等,已在消落区范围内实施护坡护岸工程的有376.4 km。蓄水运行后,库区未防护的水位变动带岸坡常年处于干湿交替状态,长期经受水位涨落、暴雨冲刷和风浪侵蚀剥离,岩土体风化、软化作用加剧,岸坡易发生失稳破坏,对库周房屋、道路、桥梁等城镇基础设施及人居安全构成威胁[8-10]。过去十余年的监测结果表明,三峡水库175 m试验性运行对库区影响总体呈下降趋势,但是库区地形地质条件复杂,人口密集,人类活动与水库运行关联性强,三峡水库蓄水运行对库区的影响是长期的,需要不间断地进行跟踪监测和评价[11]。

本研究根据2018~2020年度三峡库区消落区保护及岸线环境整治项目进展情况,开展消落区环境综合整治项目实施情况的跟踪调查,总结消落区保护和库岸整治工作经验,分析存在的问题及原因,初步拟定了消落区治理项目的评价指标体系和评价方法,为保障水库安全运行和维护库区稳定提供科学决策依据。

2 三峡库区消落区特点及评价方法

2.1 三峡库区消落区特点

三峡水库消落区,是指坝前水位从175 m逐步消退至防洪限制水位145 m之间,水库两岸因水库调度运用出现的临时性淹没或出露的区域。消落区所处地段主要为长江干支流河谷岸坡以及冲积平坝、阶地和河滩等,局部地段为陡峭峡谷。消落区生态环境受水库水位的周期涨落、水库水体质量和库岸带人类活动的影响,并影响着水库水体质量、库岸带人类的生产、生活与健康以及库区区域经济社会的发展,是一个特殊的自然、经济、社会的复合生态系统。其岸线区域特点如下。

(1)依据三峡工程蓄水影响程度,长江干流三峡水库消落区可分为以下三个运行水文特征不同的

作者简介:宋思敏(1985—),女,硕士,高级工程师,主要从事水利规划设计、三峡库区岸线保护利用研究等。
通信作者:黄伟(1982—),男,博士,正高级工程师,主要从事生态流量、水环境承载能力及水环境管理等研究。

区域:①巫山县城(距坝里程约 125 km)下游区域。土地征收线高程为 175 m,消落区水位运行区间为 145~175 m。②巫山县城—大塘坝(距坝里程约 574 km)。消落区高水位由 175.10 m 逐渐抬高至 180.70 m,在涪陵区石沱镇(距坝里程约 514 km)以上水位抬升显著;消落区下边线水位由巫山县的 145.50 m 抬高至大塘坝处的 165.40 m。③大塘坝上游区域。消落区高水位为汛后土地征收线(176.50~184.70 m),消落区下边线水位从 165.40 m 逐渐抬高至江津区羊角滩(距坝里程 663 km)处的 180.90 m 截止。

(2)消落区的季节性出露水面,使库区生物多样性降低,生态系统退化。

水库蓄水运行后,水位周期性涨落,消落区由原来的陆生生态系统变为季节性水陆生态系统,一方面,可能会出现一些新的物种或发生物种变异;另一方面,更重要的是大多数原有陆地生态环境的生物种群难以适应新的生境。自然条件下,消落区生态系统的重建和再生将是一个漫长的过程。

(3)水库水位周期变化导致消落区土壤侵蚀和水土流失加重,影响库岸稳定及城镇安全。

三峡水库属于河道型水库,两岸沟壑纵横、地势陡峻,相对高差大,水土流失较严重,大部分地区为强度侵蚀和中度侵蚀。三峡水库正常蓄水运行后,在雨水和库水位周期性地大幅度涨落的水动力作用下,消落区坡面上的植被和土壤结构将受到进一步破坏,除局部平坝地型的消落区库段外,大部分消落区库段的土壤重力侵蚀和冲刷作用将进一步加剧,陡坡土层流失导致基岩裸露。

(4)消落区水流的滞流和缓流导致岸边污染带更易形成,同时水陆交叉使环境污染加重,甚至可能诱发流行性病情和疫情。

三峡水库运行后,消落区水流的滞流、缓流导致水体自净能力和稀释扩散能力减弱,在消落区极易形成岸边污染带。同时,消落区水位涨落在季节上不同于江河自然洪枯期水位变化规律,出露时期炎热潮湿,易形成腐败型沼泽地带,从而导致蚊蝇大量滋生、水源性流行性疾病发病率增高甚至爆发。另外,化肥农药残留物、岸边污染带等也易在消落区存留、淤积沉淀,影响消落区自然及城市景观。

(5)人类活动和经济建设影响消落区正常的生态功能和生态景观。

三峡水库正常蓄水运行后,人类活动(包括城镇发展、景区建设与保护、码头及沿江道路等基础设施的建设等)对消落区影响较大,容易造成生态环境问题。点源、面源污染加重,城集镇岸边污染带扩展,影响库区水资源环境的安全。同时,对库区风景名胜区生态景观也造成影响。

2.2　评价方法

三峡后续工作消落区岸线环境综合整治在取得巨大成效的同时,也存在一些不容忽视的问题,对建设工程项目进行有效评价,成为检验后续工作项目成效的重要手段。基于此,水利部三峡工程管理司委托长江水利委员会研究确定消落区岸线环境综合整治项目的成效评价方法,拟定岸线环境综合整治评价设置 8 个指标,如表 1 所示。

表 1　三峡库区消落区岸线综合治理评价指标权重分配

序号	指标名称	权数/%
1	岸线环境综合治理率	15
2	工程治理措施/生态治理措施	10
3	水土流失治理	15
4	对水质不良影响消除程度	15
5	库岸边坡稳定率	15
6	景观提升	10
7	库周人居环境改善	10
8	公众满意度评价	10
合计		100

同时,根据消落区岸线综合治理评价指标权重分配,拟定赋分内容。赋分内容详见表2。根据整治工程建设内容,对照赋分细则进行评分,赋分细则见表3,并根据评分结果最终确定评价等级,评价等级见表4。

表2 消落区库岸环境综合整治评价指标赋分内容

指标			赋分内容
序号	指标名称	分值	
1	岸线环境综合治理率	15	拟落实综合治理岸线长度和消落区面积占需治理长度和面积的比例。长度和面积根据绩效目标确定,赋分按照比例确定
2	工程治理措施/ 生态治理措施	10	是否采用工程治理措施对库岸进行综合整治,工程措施符合岸线保护与利用规划; 拟采用生态治理措施消落区面积占需保护面积的比例。面积根据绩效目标确定,赋分按照比例确定
3	水土流失治理	15	是否采取措施对水土流失进行治理和改善
4	对水质不良影响消除程度	15	消落区坡面及河道垃圾是否进行清理转移,污水是否达标排放
5	库岸边坡稳定率	15	库岸是否存在滑坡等地质问题,稳定边坡的长度占消落区岸线总长的比例
6	景观提升	10	是否采取景观工程措施和绿化提升
7	库周人居环境改善	10	沿岸是否设有亲水、休闲设施,为附近居民提供休憩场所
8	公众满意度	10	公众对整治效果的评价

表3 消落区库岸环境综合整治评价指标赋分细则

指标			评分要点
序号	指标名称	分值	
1	岸线环境综合治理率	15	拟落实综合治理岸线长度和消落区面积占需治理长度和面积的比例。 ①治理率与绩效目标设置相差3%以内得15分; ②治理率与绩效目标设置相差5%以内得10分; ③治理率与绩效目标设置相差8%以内得5分; ④治理率与绩效目标设置相差8%以上得0分
2	工程治理措施/ 生态治理措施	10	①治理方案获得水行政许可得5分; ②工程措施符合岸线保护与利用规划得3分; ③生态措施取得良好效果得2分
3	水土流失治理	15	①水土流失治理面积比在95%以上得15分; ②水土流失治理面积比在90%以上得10分; ③水土流失治理面积比在85%以上得5分; ④水土流失治理面积比在85%以下得0分
4	对水质不良影响消除程度	15	①坡面及河道垃圾清理转移得7分; ②没有排污口或污水经过处理达标后排放得8分

续表 3

指标			评分要点
序号	指标名称	分值	
5	库岸边坡稳定率	15	①库岸边坡稳定率 100%得 15 分; ②库岸边坡稳定率 95%得 10 分; ③库岸边坡稳定率 90%得 5 分; ④库岸边坡稳定率 90%以下得 0 分
6	景观提升	10	①采取景观工程措施 5 分; ②绿化提升 5 分
7	库周人居环境改善	10	①沿岸每千米设置了 1 处亲水、休闲设施得 5 分; ②沿岸每千米设置了 2 处亲水、休闲设施得 7 分; ③沿岸每千米设置了 2 处以上亲水、休闲设施得 10 分
8	公众满意度	10	①公众满意度在 95%以上得 10 分; ②公众满意度在 90%以上得 7 分; ③公众满意度在 80%以上得 5 分; ④公众满意度在 80%以下得 0 分

表 4　消落区库岸环境综合整治项目成效评价等级

评价总分	90 分及以上	75~90 分	60~75 分	60 分以下
评价等级	优	良	中	差

3　评价方法及指标应用

根据评价指标,本研究选取重庆库区和湖北库区内两个典型项目,分别为江北区江北城段消落区综合治理项目和兴山县兴神生态旅游公路白沙河段岸线环境综合整治工程开展试评价。

3.1　江北区江北城段消落区综合治理项目

本项目起于嘉陵江长安码头下河道,止于塔子山南麓观音寺附近,主要建设内容包括:①护岸工程,护岸轴线总长 5 912 m,其中新建段 1 996 m 采用斜坡式护岸,已建段 3 916 m 采用直斜复合式(直立式挡墙+二/三级斜坡的形式);沿线新建 7 个广场、8 处亲水平台,总面积 34 600 m^2;新建下河梯道、人行通道及无障碍坡道共 27 处;维护改造已建防洪护岸工程植被、步道铺装、护栏等。②基础设施配套工程,新建 2 条下河公路总长 981 m;新建、改建停车场 4 处,总面积 20 340 m^2;配套建设排水工程、环卫设施、电力设施、文化设施及其他设施。③生态景观工程,包括砂岩浮雕、景观置石、绿化植被,以及景观台、亭、小品,排水口美化改造等。概算总投资 56 148 万元,建设工期为 24 个月。

截至 2020 年 12 月,根据水利部三峡司监测数据统计和实地调查,该项目形象进度达到 70%。江北城段消落区综合治理工程是主城区“两江四岸”治理提升工程的一部分。该工程项目以“千年江北城,美丽滨水岸”为设计主题,将建成山清水秀生态带、便捷共享游憩带、人文荟萃风貌带、立体城市景观带,实施效果明显。根据消落区岸线环境综合整治项目的成效指标和评价方法进行评价,得到评价等级为优,结果见表 5。

表 5 江北区江北城段消落区综合治理项目评价结果

序号	指标名称	权数/%	评价结果
1	岸线环境综合治理率	15	15
2	工程治理措施/生态治理措施	10	10
3	水土流失治理	15	15
4	对水质不良影响消除程度	15	15
5	库岸边坡稳定率	15	15
6	景观提升	10	10
7	库周人居环境改善	10	10
8	公众满意度	10	5
合计		100	95
评价等级			优

3.2 兴山县兴神生态旅游公路白沙河段岸线环境综合整治工程

兴山县兴神生态旅游公路白沙河段岸线环境综合整治工程位于长江一级支流香溪河的支流南阳河(南阳河在本工程段又称为白沙河)上,南阳河是香溪河较大的一条支流,控制流域面积 672 km^2,拟建工程位于昭君镇昭君村白沙河左右两岸,工程段河道总长 3.5 km,河道河床综合底坡 5‰。白沙河河道两岸受人为农业和建设活动扰动,地貌形态处于动态变化过程中,岸线环境凌乱,消落区生态功能脆弱,亟待进行消落区岸线环境综合整治。该工程位于昭君镇昭君村香溪河支流南阳河,上起于白沙河化工一厂,自西北向东南依次经过白沙河桥、琵琶桥,止于南阳河与古夫河汇合口,河道全长约 3.5 km。新建护岸工程 4 151 m,以及生态修复工程。

截至 2020 年 12 月,根据水利部三峡司监测数据统计和实地调查,该项目形象进度达到 95%。通过工程治理,稳定了库岸,岸线整齐美观,景观得以大幅提升,治理效果明显,根据消落区岸线环境综合整治项目的成效指标和评价方法进行评价,得到评价结果如表 6 所示,评价等级为优。

表 6 兴山县兴神生态旅游公路白沙河段岸线环境综合整治工程评价结果

序号	指标名称	权数/%	评价结果
1	岸线环境综合治理率	15	10
2	工程治理措施/生态治理措施	10	10
3	水土流失治理	15	15
4	对水质不良影响消除程度	15	15
5	库岸边坡稳定率	15	15
6	景观提升	10	10
7	库周人居环境改善	10	10
8	公众满意度	10	10
合计		100	95
评价等级			优

4　结论与展望

4.1　结论

实施三峡库区消落区保护和岸线环境综合整治评价是十分必要的,可以分析存在的问题及原因,针对性提出改进措施,为保障水库安全运行和维护库区稳定提供科学决策依据。

根据本项目开展的跟踪调研与分析,以重庆江北区江北城段消落区、湖北兴山县兴神生态旅游公路白沙河段作为典型区进行环境综合整治评价,发现通过三峡库区消落区治理项目的实施,三峡库区消落区保护和岸线环境综合整治评价结果为优,库区生态环境得到明显的改善,库岸安全性提高,人居亲水环境得到进一步提升,消落区及岸线管理也逐步规范,治理效果明显。

4.2　展望

为持续做好三峡库区消落区保护和岸线环境综合整治,建议管理部门利用信息化等科技手段提高管理水平,进一步加强水库消落区及岸线的监管,完善消落区保护体制机制,落实消落区及岸线保护责任,引入智慧化管理系统,为保障水库安全运行和维护库区稳定提供智能决策方案。

参考文献

[1] 吕明权, 吴胜军, 陈春娣, 等. 三峡消落带生态系统研究文献计量分析[J]. 生态学报, 2015, 35 (11) : 3504-3518.
[2] 晁俊姣. 三峡消落带及库区特征参数时空分布研究[D]. 北京:清华大学. 2008.
[3] 陈昌齐, 叶元土, 刘方贵, 等. 三峡水库重庆库区消落带渔业利用初步研究[J]. 国土与自然资源研究, 2000, 21 (1) : 51-54.
[4] 周月敏, 张磊, 吴炳方, 等. 基于 HJ-A/B 星 CCD、SPOT5 三峡消落带生态环境监测与分析[C]//第十一届中国科协年会论文集. 2009 : 866-875.
[5] 贺秀斌, 鲍玉海. 三峡水库消落带土壤侵蚀与生态重建研究进展[J]. 中国水土保持科学, 2019, 17 (4) : 160-168.
[6] 谭淑端, 王勇, 张全发. 三峡水库消落带生态环境问题及综合防治[J]. 长江流域资源与环境, 2008, 17 (S1) : 101-105.
[7] 石孝洪. 三峡水库消落区土壤磷素释放与富营养化[J]. 土壤肥料, 2004, 1(1): 40-42, 44.
[8] 谢德体, 范小华, 魏朝富. 三峡水库消落区对库区水土环境的影响研究[J]. 西南大学学报(自然科学版),2007, 29 (1): 39-47.
[9] 邓华锋, 肖瑶, 方景成, 等. 干湿循环作用下岸坡消落带土体抗剪强度劣化规律及其对岸坡稳定性影响研究[J]. 岩土力学,2017,38 (9): 2629-2638.
[10] 焦朋朋, 陈洪凯, 张金浩, 等. 三峡库区消落带滑坡灾害引发生态环境问题的研究进展[J]. 重庆师范大学学报(自然科学版),2022, 39 (2): 46-55.
[11] 张天绪, 朱吾中, 宋思敏. 三峡水库消落区岸线环境综合整治思路初探[J]. 人民长江, 2018, 49 (20): 69-73.

第三篇

生态水力学

电站尾水附近布置引流式集鱼系统的水力学研究

许传勇[1]　郭港归[2]　周　琦[1]　苗宝广[1]　王大为[1]

(1. 中国电建集团中南勘测设计研究院有限公司,湖南长沙　410014;
2. 西安理工大学　西北旱区生态水利国家重点实验室,陕西西安　710048)

【摘　要】 某大型水利水电工程的过鱼设施拟采用升鱼机与集运鱼系统的组合方案。为确定布置方案,利用 Flow-3d 软件模拟下游河道与集鱼槽的各水力要素,再经 1:40 的物理模型论证方案的可行性,对体形进行优化。研究成果表明:在本岸尾水渠下游侧顺河岸布置顺直潜没式导墙集鱼槽,能缩小回流区宽度,形成良好的洄游通道,满足进鱼要求;发电机组的运行数量以及机组与集鱼槽进水口的距离对回流范围影响显著。推荐方案的槽内水深、进鱼口诱鱼流速等指标满足诱鱼要求,可为同类工程设计提供借鉴。

【关键词】 数值模型;物理模型;集鱼槽;诱鱼流速;紊动能

1　引　言

水利水电工程的拦河坝等建筑物会阻断鱼类的洄游路线,对库区上、下游的鱼类资源、种群数量和生物多样性造成重大影响。为减少不利影响,低坝通常修建鱼道作为过鱼通道[1-2],高坝则将鱼闸、升鱼机、集运鱼系统等作为过鱼的主要手段[3]。集鱼槽作为集运鱼系统的组成部分,一般设在电站尾水附近或坝后等鱼类聚集的地方,通过进水口的辅助设施(如丁坝)从发电尾水处引取诱鱼流量。进水口的位置和辅助引水设施的体形确定后,集鱼槽的结构体形、下游进鱼口的位置和导墙形式对形成有利的诱鱼流场也很重要。现有研究成果表明,诱鱼通道内的流态、进鱼口附近的流速与流场分布能够显著影响鱼类对鱼道入口的识别[4-5],故进水口位置的选定、辅助引水设施的体形和集鱼槽进鱼口的体形设计能否制造有利的诱鱼流场,并为目标鱼类所识别成为整个集运鱼系统设计的关键。另外,集鱼槽布置在尾水下游时可能改变河道的局部流场或束窄过流面积导致尾水壅高,对发电效益造成不利影响。

某大型水电站位于澜沧江上游,以发电为主,电站装机容量 1 400 MW,拟采用升鱼机和集运鱼系统的组合作为过鱼设施,集鱼槽长 65 m、宽为 4 m。本文以该工程为背景,采用数值模拟和物理模型试验对集鱼槽进水口的位置、辅助引水设施体形和进鱼口导墙形式进行验证比选,分析各因素对进鱼口诱鱼流速、下游河道流场分布与电厂尾水的影响程度。根据目标鱼类的生物特征,参考蔡露等的研究成果[6-7],将进鱼口的诱鱼流速区间确定为 0.7~1.5 m/s。冯永祥等[8]通过试验研究认为下游控制水位对集鱼槽内部的流速影响较为突出,而工程下游建有梯级电站,物理模型的控制水位应考虑下游梯级电站正常蓄水位回水顶托和死水位两种情况。

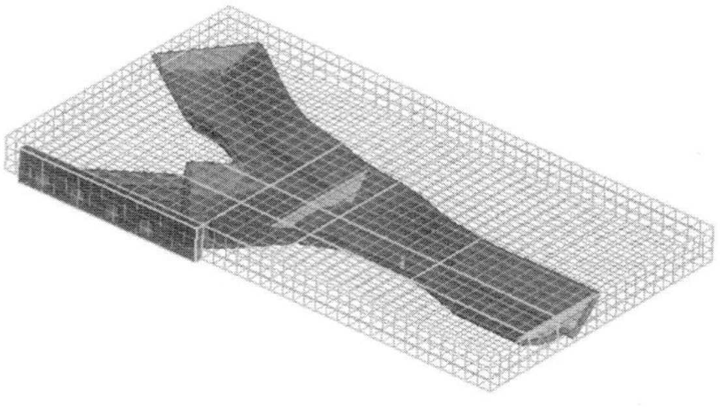

图 1　数值模型网格示意图

2　研究方法与模型构建

三维数值模型主要包括 320 m 长的下游河道、①~④机组的尾水隧洞、尾水渠和集鱼槽。建模坐标系以河道下游方向为 X 轴正向,左岸为 Y 轴正向,Z 轴正向竖直向上。图 1 所示计算域分 5 个模块,均采用六面体结构化网格,尺寸为 1 m;集鱼槽局部进行加密处理,网格尺寸为 0.5 m,总网格数量约 1 300 万。数值模型的自由液面计算采用 VOF 法(Volume of Fluid),紊流模型选用 RNG $k-\varepsilon$ 模型。自由表面为大气与水体的交界面,设置为压力边界;入口采用流量边界条件,给定发电流量 Q;出口为压力边界,设置下游水位高程 H;计算块之间采用无滑移壁面;通过流量监测面对出口流量进行观察。

物理模型采用重力相似准则设计,比尺为 1∶40,主要模拟坝下 1 km 河道、4 台发电机组及集鱼槽等建筑物,水位控制点位于 $X=640$ m 断面,见图 2。

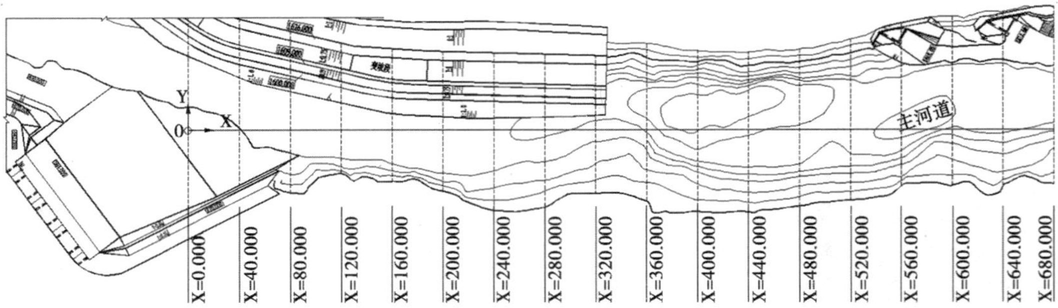

图 2 物理模型范围 (单位:m)

3 数值模拟计算成果

3.1 模型验证与集鱼槽布置分析

为验证数值模型的准确性,对河道 $X=120$ m、$X=200$ m 断面的计算流速与实测流速进行了对比,见图 3。高水位机组满发工况,对比断面的流速分布大致呈左侧大、右侧小的趋势,$Y=-15\sim45$ m 为主流核心区,流速曲线较为平缓;实测流速绕计算流速上下波动,二者的绝对误差为 0.02~0.08 m/s,相对误差为 1.33%~9.06%,均方根误差为 0.06 m/s。两种试验方法揭示的流速分布规律一致,相对误差在 ±15%以内,故数值模拟计算成果准确可信。

在不影响电厂发电的前提下,以④机组高水位发电和机组高水位满发工况为基础,分析集鱼槽的布置区域。图 4 中Ⓐ、Ⓑ位于尾水渠上游侧的低速环流区,流速在 0.2 m/s 以下,布置集鱼槽不能引取足够的诱鱼流量。Ⓒ位于下游河道左岸,机组满发工况的近岸流速为 1.5~1.7 m/s,过鱼对象需长时间处于爆发游泳状态,难以穿越主流进入集鱼槽。Ⓓ位于尾水渠下游本岸,岸边流速小于 1.1 m/s,在目标鱼类的持续游泳能力范围内,且对尾水的阻碍较小,布置集鱼槽较为合适。

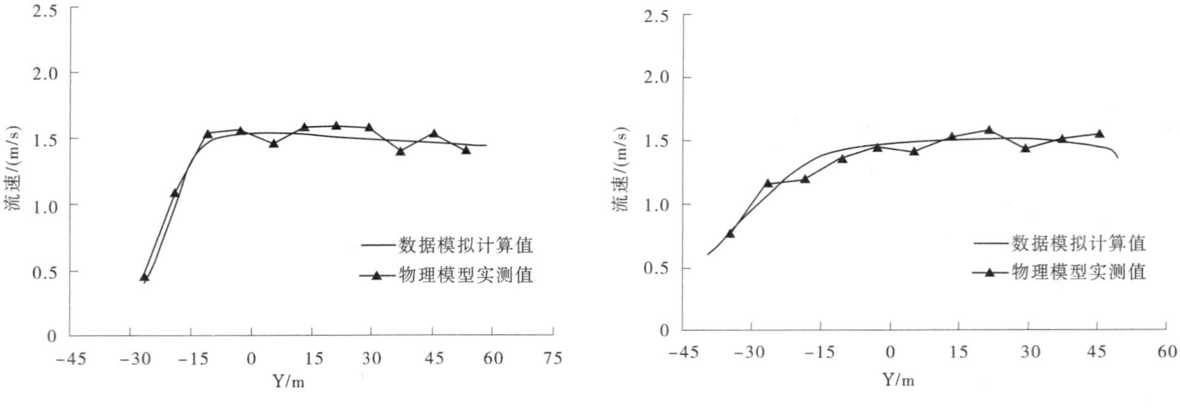

(a)$X=120$ m　　(b)$X=200$ m

图 3 流速对比

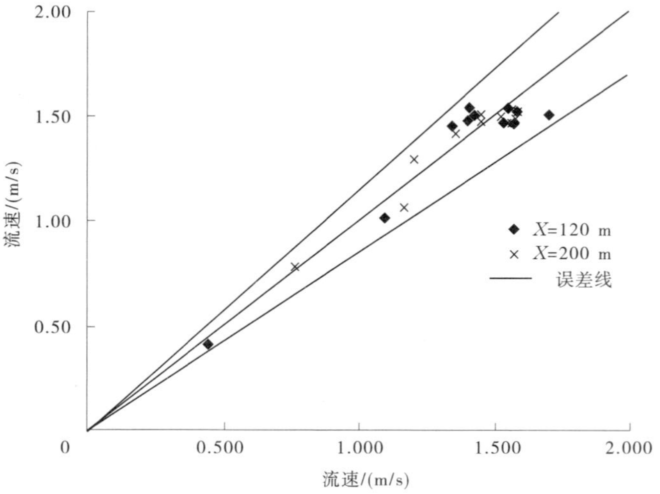

(c)流速误差

续图 3

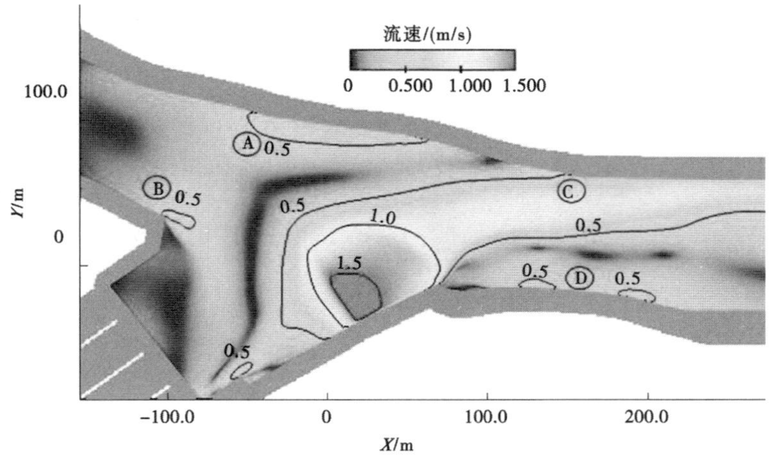

(a)④机高水位发电工况

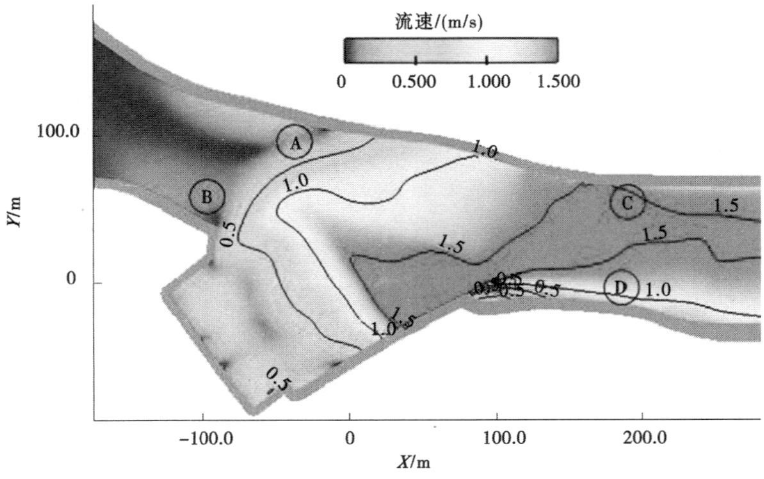

(b)机组高水位满发工况

图 4　集鱼槽布置分析图

3.2　计算方案

方案Ⅰ集鱼槽于Ⓓ点顺右侧河岸布置,进水口辅助引水设施为斜向丁坝,方案Ⅱ辅助引水设施为潜没式导墙,见图5。方案Ⅲ集鱼槽在方案Ⅰ基础上顺时针偏转7.3°,计算工况见表1。

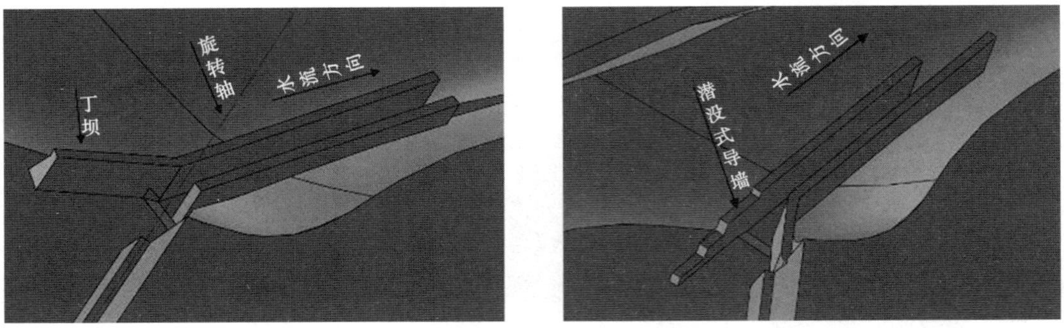

(a)方案Ⅰ　　(b)方案Ⅱ

图5　集鱼槽布置方案图

表1　计算工况

工况	方案与辅助引水设施	运行机组	发电流量/(m^3/s)	下游水位/m
1	方案Ⅰ/斜向丁坝	④机组高水位发电	365	1 619.57
2	方案Ⅰ/斜向丁坝	①~④机组低水位发电	1 460	1 620.98
3	方案Ⅱ/潜没式导墙	④机组高水位发电	365	1 619.57
4	方案Ⅱ/潜没式导墙	①~④机组低水位发电	1 460	1 620.98
5	方案Ⅲ/斜向丁坝	④机组高水位发电	365	1 619.57
6	方案Ⅲ/斜向丁坝	①~④机组低水位发电	1 460	1 620.98

3.3　数值模拟成果分析

如图6所示,④机组高水位发电时的主流流速为1.13~1.4 m/s,边缘至集鱼槽间呈回流流态。三个方案的流场基本相似,但回流范围与进鱼口流态存在显著差异。方案Ⅰ、方案Ⅲ受丁坝影响,回流横向宽度在58 m左右,进鱼口位于回流影响范围内,流态复杂,不利于诱鱼。图6(a)为方案Ⅱ④机组高水位发电的流场分布,回流宽度为45 m,尾部位于进鱼口上游侧,出槽水流基本不受其影响,引水流量、进鱼口流速分别为19.2 m/s和0.86 m/s,满足诱鱼要求。

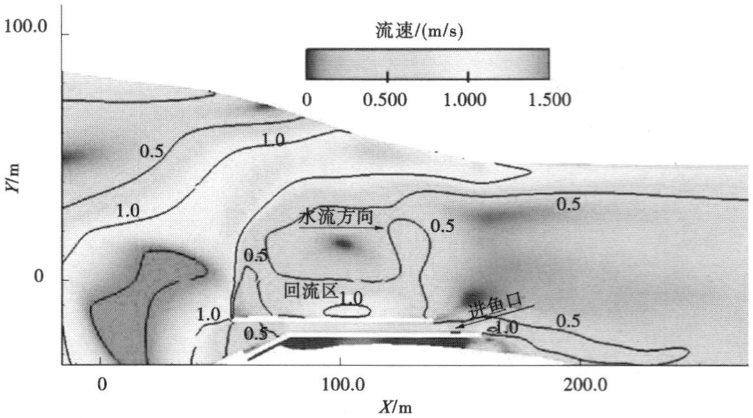

(a)工况3 ④机组高水位发电

图6　数值模拟下游河道流场分布图

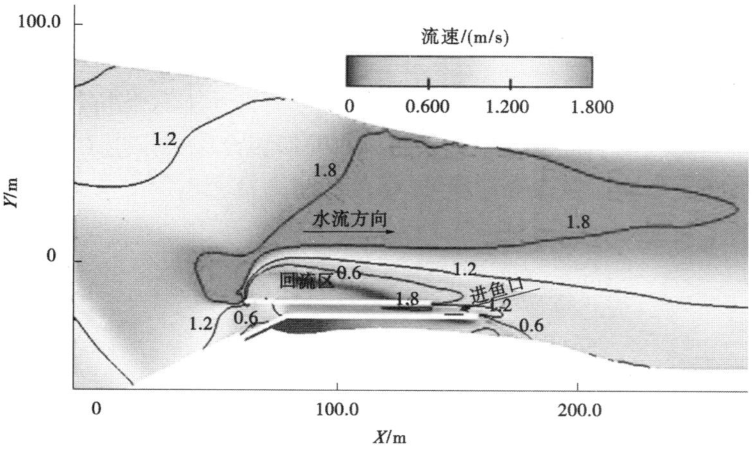

(b)工况 4 4 台机组低水位发电

续图 6

图 6(b)为机组低水位满发工况,左岸主流流速增至 1.6~2 m/s,超过目标鱼类的耐久游泳流速,鱼类难以穿越主流完成上溯。结合图 7(b)方案Ⅱ的紊动能分布可知,中间回流区宽度范围在 46 m,流场

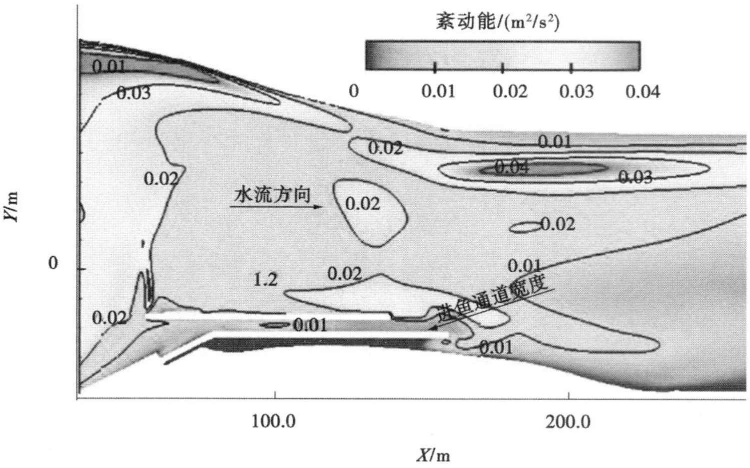

(a)工况 3 ④机组高水位发电

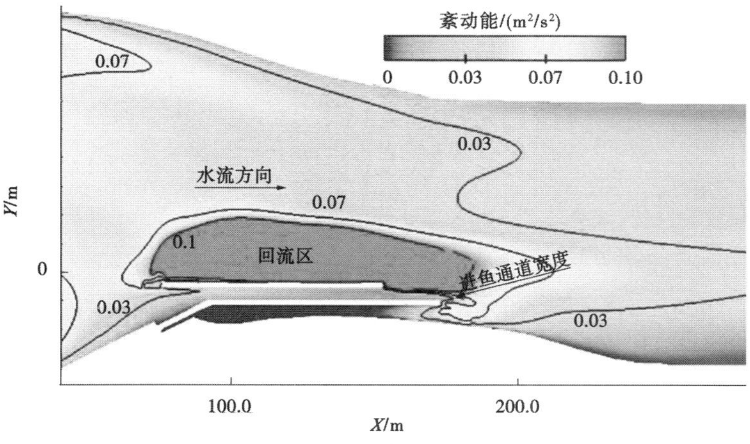

(b)工况 4 4 台机组低水位发电

图 7　方案Ⅱ数值模拟紊动能分布

紊乱,紊动能超过 0.1 m^2/s^2 易使鱼类迷失方向;而河道右侧岸边流速为 0.8~1.2 m/s,紊动能为 0.01~0.02 m^2/s^2,能够形成良好的进鱼通道,满足进鱼要求,鱼类沿右岸上溯至进鱼口的可能性相对较大。而方案Ⅰ、方案Ⅲ进鱼口处紊动能均大于 0.04 m^2/s^2,且较大紊动能区域挤压进鱼口,无法形成进鱼通道。表 2 为不同方案的水力学指标,发现尾水流向与辅助引流设施夹角越大,主流越偏向左岸,对尾水位的影响也越明显。综合引水流量、进鱼口流速、尾水位壅高及紊动能来看,方案Ⅱ的布置形式较为合理。

表 2 数值模拟水力学指标汇总

工况	方案/运行机组	引水流量/(m^3/s)	进鱼口流速/(m/s)	回流宽度/m	α/(°)	尾水壅高/m
1	方案Ⅰ/④机组高水位发电	24.27	1.09	59	53	0.01
2	方案Ⅰ/①~④机组低水位发电	57.89	2.12	32	54	0.03
3	方案Ⅱ/④机组高水位发电	19.20	0.86	45	41	未壅高
4	方案Ⅱ/①~④机组低水位发电	46.70	1.68	12	32	0.02
5	方案Ⅲ/④机组高水位发电	14.25	0.56	56	65	未壅高
6	方案Ⅲ/①~④机组低水位发电	55.39	1.98	21	59	0.05

注:α 为尾水流向与辅助引流设施的夹角。

4 物理模型试验成果

物理模型结合数值模拟计算成果,将集鱼槽布置在电厂尾水下游侧的Ⓓ位置,轴线顺河岸方向,见图 8。

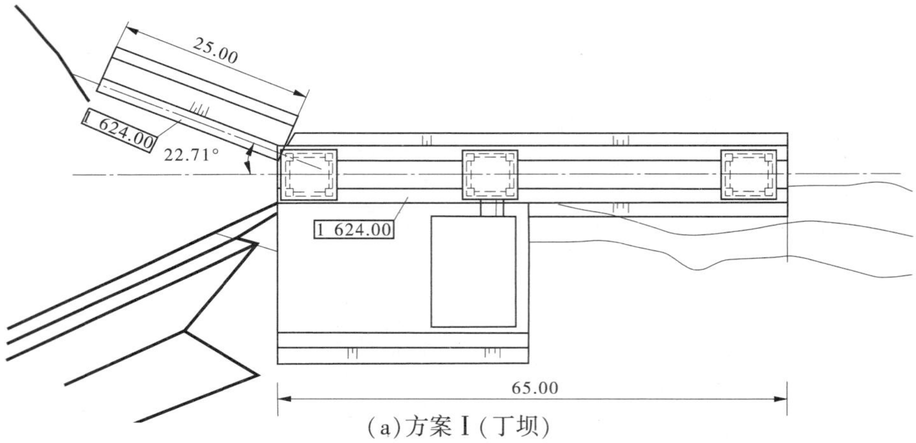

(a)方案Ⅰ(丁坝)

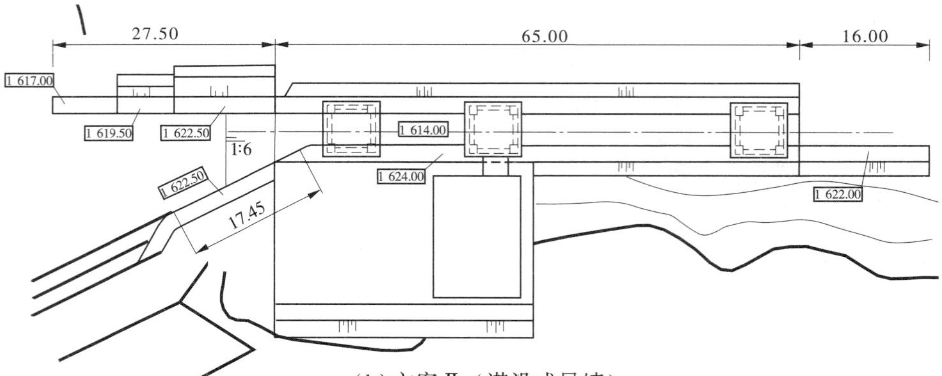

(b)方案Ⅱ(潜没式导墙)

图 8 集鱼槽布置方案示意图 (单位:m)

4.1　方案比选

仍以④机组高水位发电工况为例，研究集鱼槽的引水流量、进鱼口流速和流态。丁坝长度按 25 m、20 m、15 m、10 m 考虑，称为方案Ⅰ、方案Ⅰ-1～方案Ⅰ-3；方案Ⅱ潜没式导墙长 27.5 m，见表 3。

表 3　方案对比

方案	丁坝或导墙长度/m	运行机组	引水流量/(m^3/s)	进鱼口流速/(m/s)	尾水壅高/m	流态
Ⅰ	丁坝长 25 m	④机组高水位	25.54	1.1	未壅高	进鱼口流态不稳定
Ⅰ-1	丁坝长 20 m	④机组高水位	23.7	1.03	未壅高	流量、流态满足要求
Ⅰ-1	丁坝长 20 m	①～④机组低水位	42.95	1.61	0.16	流态不稳定
Ⅰ-2	丁坝长 15 m	④机组高水位	18.68	0.82	未壅高	引水流量偏小
Ⅰ-3	丁坝长 10 m	④机组高水位	16.78	0.74	未壅高	引水流量偏小
Ⅱ	导墙长 27.5 m	④机组高水位	21.58	0.97	0.02	流态、流速满足要求
Ⅱ	导墙长 27.5 m	①～④机组低水位	49.40	1.70	0.10	流态稳定、流速梯度明显

方案Ⅰ引水流量、进鱼口吸引流速虽满足要求，但进鱼口位于回流影响范围内，流态不稳定；方案Ⅰ-2、方案Ⅰ-3 引水流量偏小，进鱼口流速接近过鱼对象吸引流速下限，效果欠佳；方案Ⅰ-1 进鱼口引水流量、进鱼口流速满足要求，但水流扩散较快，难以与附近流场形成稳定的流速梯度，由此可见，如采用斜向丁坝引流，长度在 20 m 左右为宜。方案Ⅱ为避免进鱼口下泄水流快速扩散，在其右侧加设 16 m 直墙，该方案引水流量为 21.58 m^3/s，进鱼口流速为 0.97 m/s，出槽水流与进鱼口周边水域形成明显的流速梯度，更有利于过鱼对象发现进鱼口。一般情况下，在电厂尾水下游侧布置集鱼设施，对低水位机组满发工况的尾水影响最为显著，在诱鱼流量和进鱼口吸引流速均满足要求的前提下，方案Ⅱ电厂尾水位仅壅高 0.1 m。综合引水效果、进鱼口流速、流态和尾水壅高等指标，选择方案Ⅱ做深入研究。

4.2　方案Ⅱ成果分析

4.2.1　电厂尾水

试验模拟河段的最小过流断面位于 $X=340$ m 处，而集鱼槽布置段的局部最小断面在 $X=139$ m 处（进鱼口），两断面的过流面积对比如图 9 所示。在 1 608～1 624 m 水位区间内，即使不考虑集鱼槽过流，$X=139$ m 断面的过流面积始终大于 $X=340$ m 的，故集鱼槽未改变模拟河段的最小过流断面位置。考虑不同机组运行与下游水位的组合情况，电厂单台机组或 2 台机组发电时，尾水未壅高；3 台及以上机组发电时的尾水壅高值为 0.06～0.1 m，最大值出现在低水位机组满发工况。

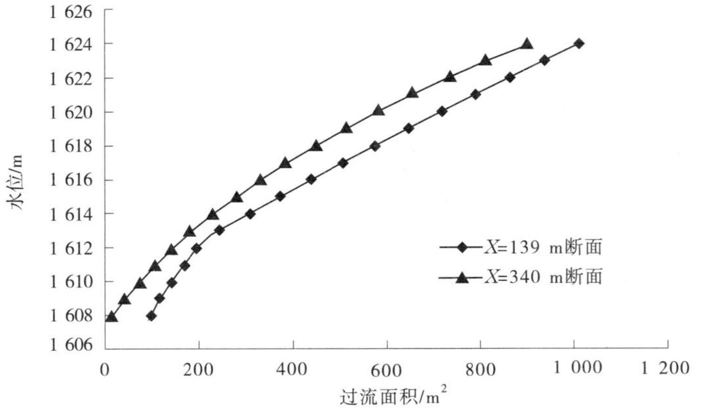

图 9　过流面积对比

4.2.2 集鱼槽水力特性及下游河道流场

不同发电工况集鱼槽进口水面平稳,无漩涡等不利流态发生。除①、②机组高水位单独发电时的引水效果不佳外,其他工况引流效果良好,引水流量为 11.91~39.31 m^3/s,占发电流量的 2.3%~5.9%。槽内水深 3.46~8.31 m,进鱼口流速为 0.86~1.28 m/s,满足诱鱼要求,见表 4。部分引流效果较好工况的槽内平均流速在 1.20 m/s 左右,稍大于过鱼对象的突进游泳速度 1.05 m/s,可减小闸门开度予以解决。

表 4 集鱼槽水力学指标汇总

运行机组	发电流量/(m^3/s)	e/m	进鱼口流速/(m/s)	h/m	引水流量/(m^3/s)	回流宽度/m	主流边缘流速/(m/s)
①机组低水位发电	365	全开	0.86	3.46	11.91	—	0.50~0.58
②机组低水位发电	365	全开	1.18	3.55	16.80	31.4	0.15~0.38
③机组低水位发电	365	全开	1.28	3.55	18.11	39.4	0.26~0.59
④机组低水位发电	365	全开	1.24	3.52	17.47	41.4	0.21~0.61
③机组高水位发电	365	全开	0.88	5.67	19.95	31.4	0.38~0.46
④机组高水位发电	365	全开	0.94	5.75	21.64	39.0	0.33~0.48
①、②机组高水位发电	730	全开	1.04	6.49	26.99	7.5	0.11~0.70
③、④机组高水位发电	730	全开	1.20	6.57	31.52	29.0	0.14~0.44
①~③机组高水位发电	1 095	5.80	1.12	7.31	32.70	13.5	0.84~1.06
①~④机组低水位发电	1 460	4.58	1.17	7.25	33.93	15.0	0.34~0.69
①~④机组高水位发电	1 460	5.80	1.20	8.16	39.31	14.0	0.35~0.53

注:e 为工作门开启高度,h 为集鱼槽水深。

分析不同机组在高、低水位条件下发电时的河道流场,尾水汇入河道后主流偏向左岸,集鱼槽左侧呈回流流态,回流的横向宽度、影响范围与运行机组的位置、数量密切相关。运行机组数量越少、越靠近集鱼槽进水口,回流影响范围越大,如图 10 所示。以单台机组低水位发电为例,④机组运行时的最大回流宽度可达 41.4 m,而距集鱼槽进水口最远的①机组发电时仅在导墙端部形成扰流。进鱼口右侧加设直墙后,下泄水流流态稳定且顺河向流动,与周边水域形成明显的流速梯度,有利于吸引过鱼对象发现并进入集鱼槽。

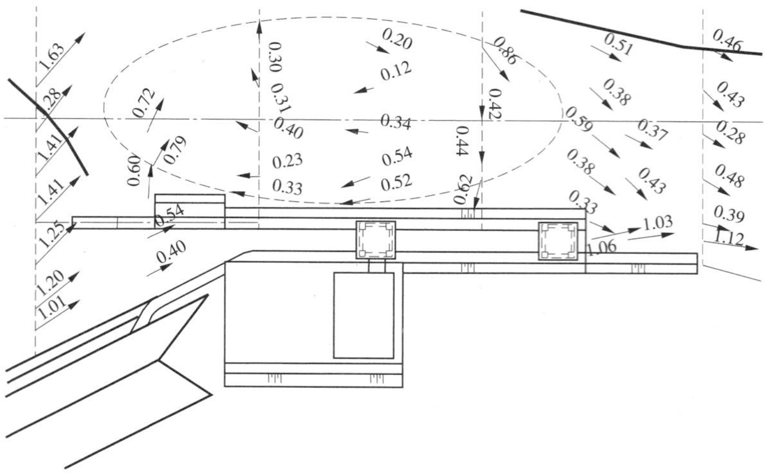

(a)④机组高水位发电

图 10 典型工况下游河道流场 (单位:m/s)

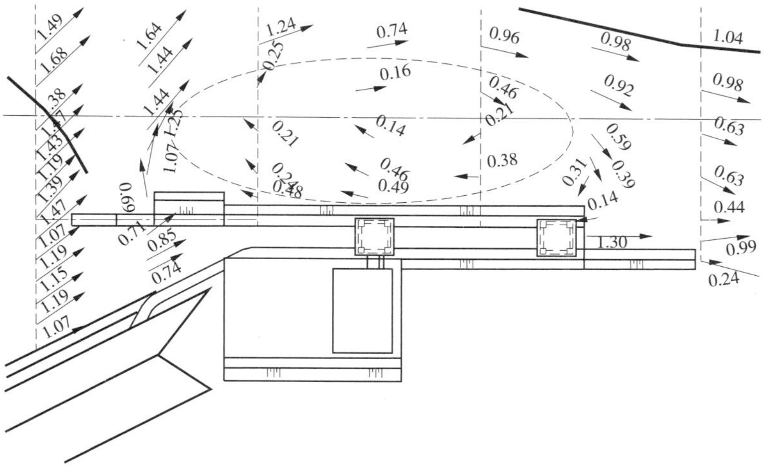

(b)③、④机组高水位发电

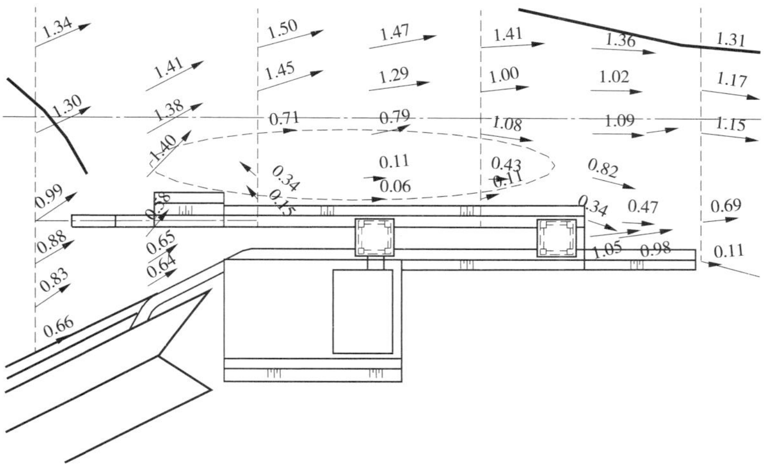

(c)①～③机组高水位发电

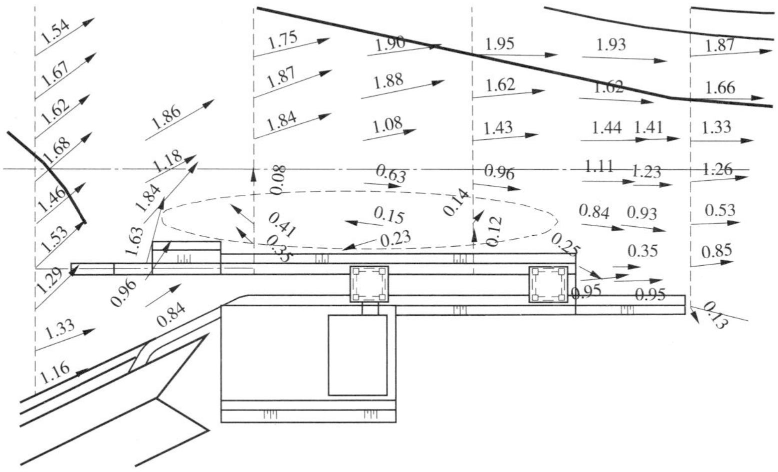

(d)①～④机组高水位发电

续图 10

5 结 论

根据数值模拟计算和物理模型试验研究成果,可以得到如下结论:

(1)数值模拟计算成果准确可信,可用于集鱼设施的早期布置和水力学条件研究。顺直潜没式导墙能够缩窄回流宽度,形成良好洄游通道;尾水流向与辅助引水设施的夹角越大,对下游河道的流场影响越显著。

(2)试验推荐在尾水渠下游侧的Ⓓ位置顺河岸布设集鱼槽,进水口辅以潜没式导墙引流且进鱼口右侧加设直墙,该方案可形成良好的诱鱼条件吸引目标鱼类发现并进入集鱼槽。

(3)通过发电机组的运行调度,可以改善下游河道流场,缩小回流影响范围。另外,布置集鱼设施不仅要满足相应的水力学条件,还应关注建筑物自身对河道过流的影响,避免改变河道的控制断面位置,壅高电厂尾水位。

集鱼槽的布置涉及生物行为学、水力学等学科,试验研究采用数值模拟与物理模型相结合的方式对进鱼口的诱鱼流速、水深等水力学条件进行模拟,推荐方案取得了良好的试验效果,对类似工程具有一定的借鉴意义。

参考文献

[1] 曹庆磊, 杨文俊, 周良景. 国内外过鱼设施研究综述[J]. 长江科学院院报, 2010,27(5): 39-43.
[2] 王琲, 杨文俊, 陈辉. 生态水工建筑物—鱼道的建设及研究进展[J]. 人民长江, 2013,44(9): 88-92.
[3] 郑金秀, 韩德举. 高坝过鱼设施在长江流域的应用探讨[J]. 环境科学与技术, 2013,36(12): 218-222.
[4] 廖伯文, 安瑞冬, 李嘉, 等. 高坝过鱼设施集诱鱼进口水力学条件数值模拟与模型试验研究[J]. 工程科学与技术, 2018,50(5): 87-93.
[5] 谢春航, 安瑞冬, 李嘉, 等. 鱼道进口布置方式对集诱鱼水流水力学特性的影响研究[J]. 工程科学与技术, 2017, 49(S2):25-32.
[6] 蔡露, 金瑶, 潘磊, 等. 过鱼设施设计中的鱼类行为研究与问题[J]. 生态学杂志, 2018,37(11): 3458-3466.
[7] 蔡露, 王伟营, 王海龙, 等. 鱼感应流速对体长的响应及在过鱼设施流速设计中的应用[J]. 农业工程学报, 2018, 34(2): 176-181.
[8] 冯冰洋, 张法星, 杨宜文, 等. 高坝升鱼机系统利用电站尾水集鱼的可行性研究[C]//第二十九届全国水动力学研讨会论文集. 北京:海洋出版社,2018.

凹口堰流式鱼道紊流特性试验研究

董志勇 陈欣宇 毛 斌 江录兵

(浙江工业大学港口与近海工程研究所,浙江杭州 310023)

【摘 要】 过去对鱼道的水力设计主要考虑断面平均流速,近年研究表明,鱼类可用内耳、侧线和神经丘来察觉水流的紊动。本文在浙江工业大学港口航道与海岸工程实验室的大比尺鱼道水槽中试验研究了凹口堰流式鱼道的紊流特性,考虑了两组典型流量($Q_1=10.52$ L/s、$Q_2=20.38$ L/s),每组流量取不同的水平面、纵剖面和横断面。利用声学多普勒测速仪(ADV)和超声地形自动测量系统实测了凹口堰流式鱼道水池内每一测点的三维瞬时流速,剖析了水池内三维时均流速分布、三维紊动强度分布和三维雷诺应力分布、试验结果表明,凹口堰流式鱼道具有三维流动特征,沿深度各层的纵向流速分布形态具有拓扑学特征;堰流冲击区的垂向时均流速较大,并存在紊动强度峰值区;表层水流的雷诺应力变幅较大,为喜爱在表层跳跃的鱼类创造了水力条件。

【关键词】 凹口堰流式鱼道;流动特征;时均流速;紊动强度;雷诺应力

1 引 言

鱼道是一种低水头水工建筑物,可使鱼类实现产卵洄游、索饵洄游和越冬洄游等。20 世纪六七十年代,我国在水闸枢纽中建造了许多鱼道[1-3],如江苏斗龙港闸鱼道、太平闸鱼道,安徽裕溪闸鱼道等。在水电站枢纽中建造鱼道较少,主要有浙江富春江水电站七里垅鱼道[4]、湖南衡东抽水蓄能电站洋塘鱼道[5]等。已有研究资料[6-8]表明,在全球已建成的鱼道中,鱼类能够顺利通过的鱼道尚不足一半,英国鱼类监测记录显示,在过去几十年间大西洋鲑鱼的回归率急剧下降,并对鱼道的有效性提出警告[9]。因此,进一步研究鱼道水力特性,具有重要的实际意义。

鱼道可分为水池型、丹尼尔(Denil)型、仿自然旁通型等,几乎所有形式鱼道的设计均基于消能原理,以降低水流速度使鱼类易于上溯。水池型鱼道的基本原理是由一定数量的隔板把鱼道水槽分隔成一系列相互连通的水池,将上下游总水头化整为零,分解为较小水头以降低过鱼孔的流速,造就一个鱼群能在其中溯游的水道,其中隔板用以控制鱼道水池流态,创造鱼类既能上溯又能歇息的栖息环境。通常,按照过鱼口的形状及在隔板上的位置,水池型鱼道可分为竖缝式、堰流式、孔口式及其组合式。竖缝式鱼道最早应用于加拿大 Fraser 河上 Hell′s Gate 鱼道[10]中,其优点是鱼类可以在任意水深穿游各池室。Rajaratnam 等[10]较早地对竖缝式鱼道的均匀流和非均匀流特性进行了试验研究,得出无量纲流量与相对水深的关系;Wu 等[11]则认为通过竖缝的水流可看作平面射流。由于上述学者采用小比尺模型进行试验(竖缝宽度仅几厘米),没能进行放鱼试验,从而难以验证其水力设计的优劣。此外, Guiny 等[12]对竖缝式鱼道的水力特性和生物特性进行过较为系统的试验研究和数值模拟;孙双科等[13]对北京市上庄新闸竖缝式鱼道的水力特性进行过模型试验研究;文献[14]在大比尺鱼道模型中对同侧竖缝式鱼道的水力特性进行了较为系统的试验研究,通过放鱼试验考察了鱼类对不同流量的响应情况,提出同侧竖缝式鱼道的不足及其改进措施。此外,文献[15,16]还试验研究了异侧竖缝式鱼道的水力特性,并做了放鱼试验。孔口式鱼道可分为中孔、底孔,其流动特性表现为三维自由射流或三维壁面射流[17]。鱼类在孔口式鱼道中溯游时,必须通过受限空间才能到达上游池室,适宜于喜欢在中、下层洄游的鱼

基金项目:国家自然科学基金项目(51779225)

类[18]。堰流式过鱼口在隔板顶部,水流呈堰流态下泄,堰顶可以是平顶或凹口。此类型过鱼口适宜于有跳跃习性的鱼类,需要以跳跃方式通过隔板[19]。组合式鱼道由溢流堰、孔口和竖缝组合而成,能较好地发挥各种形式的作用[20-22]。迄今为止,大多数鱼道的水力设计主要考虑平均流速,对鱼道内的紊流结构则研究较少。已有研究表明[23],鱼类可用内耳、侧线和神经丘来察觉水流的紊动。一些关于紊流对鱼类习性、能量和分布影响的研究表明,在一些紊流形态中,鱼类可从中受益。例如,Liao 等[24]阐述了成年彩虹鲑在障碍物形成的稳定脱落漩涡中游动时可从这些漩涡能量中受益的试验研究结果,鲑鱼在漩涡之间改变其游动姿态以障碍滑雪式游动,这样可减少其轴向肌肉的活动。这意味着如果鱼类游动恰当,则可减少其在紊流游动中的能量支出。类似的观测结果表明,成年红大马哈鱼在溯河产卵洄游途中利用回流区以使其能量支出减到最低[25-26];Herskin 等[27]的研究认为,鱼类成群溯游时,可从领头鱼产生的漩涡中受益,如黑鲈鱼成群溯游时,在鱼群后部游动的鱼的尾鳍拍打频率比在鱼群前部游动时降低 9%~14%,能量支出减少 9%~23%。若鱼道中水流能形成这种生态友好的流动结构,则大大有利于鱼类溯游。本文利用声学多普勒测速仪和超声地形测量系统实测了凹口堰流式鱼道水池内三维瞬时流速,并对其紊流特性进行了剖析。

2 材料与方法

试验研究在浙江工业大学港口航道与海岸工程实验室的鱼道水槽中进行。鱼道水槽试验装置如图 1 所示,主要由入流段、工作段和出流段组成。水槽长度为 20 m,宽度为 60 cm,深度为 100 cm,两侧由钢化玻璃制作。工作段分为 4 个工作水池,每个水池的隔板间距为 90 cm,各水池间为阶梯式,阶梯高度分别为 20 cm、15 cm、10 cm、5 cm,每个阶梯上隔板高度均为 65 cm。隔板为凹口堰,其尺寸如图 2 所示,材料为聚乙烯板。

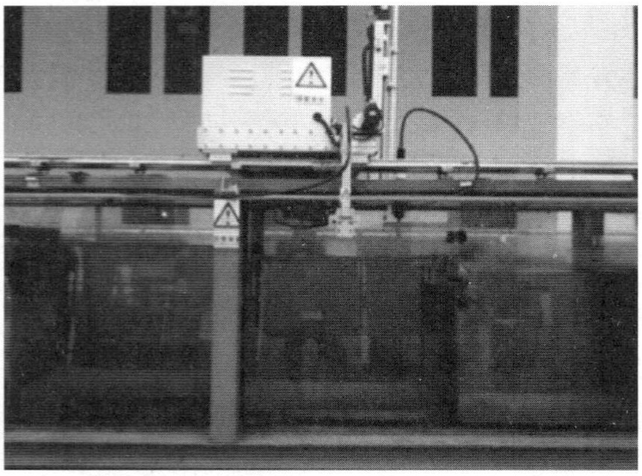

图 1 凹口堰流式鱼道试验装置

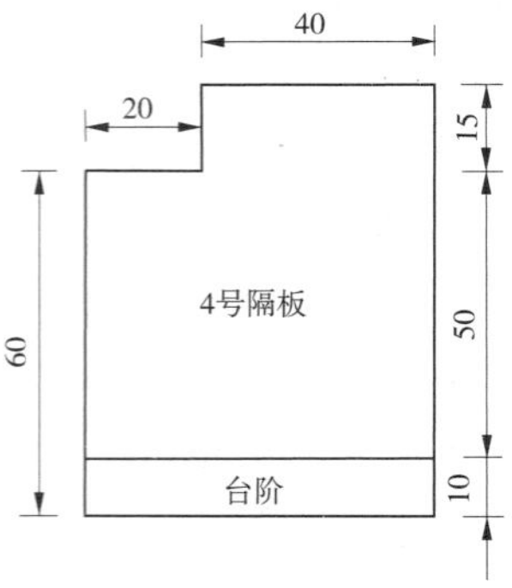

图 2 凹口堰隔板 (单位:cm)

水池内测点布置如图 3 所示,每一测点的三维瞬时流速由 SonTek 声学多普勒测速仪(ADV)和尚水(SinfoTek)超声地形测量系统自动量测。水池坐标系的定义为:沿水槽纵向设为 x 轴、横向为 y 轴、垂向为 z 轴,坐标原点位于隔板左下角。流量由水槽尾部矩形堰测读,试验取两组流量,分别为 $Q_1=10.52$ L/s,$Q_2=20.38$ L/s。每组流量沿纵向取 23 个横断面,沿垂向取 10 个水平面,沿横向取 11 个纵剖面,间距为 2 cm 或 5 cm。

3 试验结果与分析

3.1 流动特征

凹口堰流水舌跌入水池形成淹没射流,并在其上下游各形成一个旋转方向相反的垂向漩涡,如图 4 所示,此种流态适宜于喜爱跳跃性鱼类捕获堰流。由于受上游隔板的阻挡,上游漩涡明显比下游漩涡小。上下游隔板同侧布置时,由于上下游隔板凹口堰的位置沿程在同一条线上,堰流水舌跌入水池后,

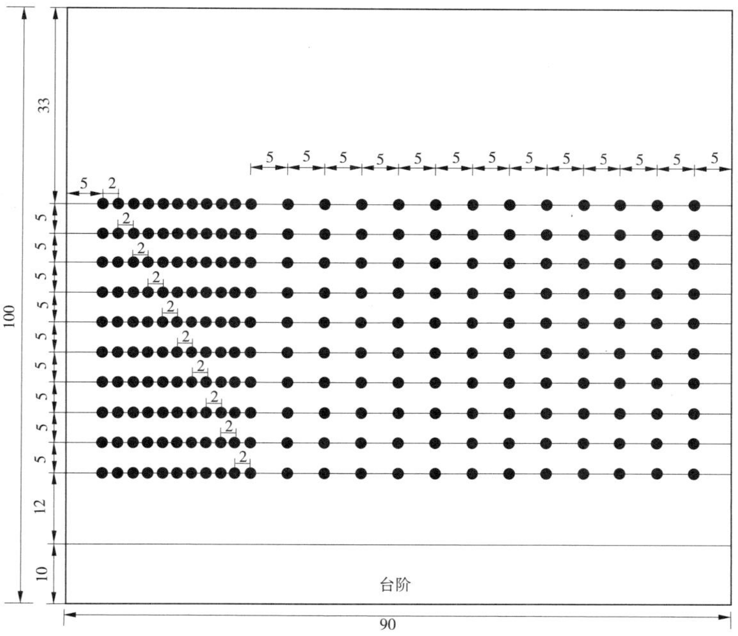

图 3　水池纵剖面上测点布置　（单位：cm）

经与底板相撞后反弹从而产生一个向上的流速，而后随堰流向下游流动。平顶堰流式鱼道在水池内垂向纵剖面上表现为二维流动特征[19]，而凹口堰流式鱼道则具有三维流动特征。

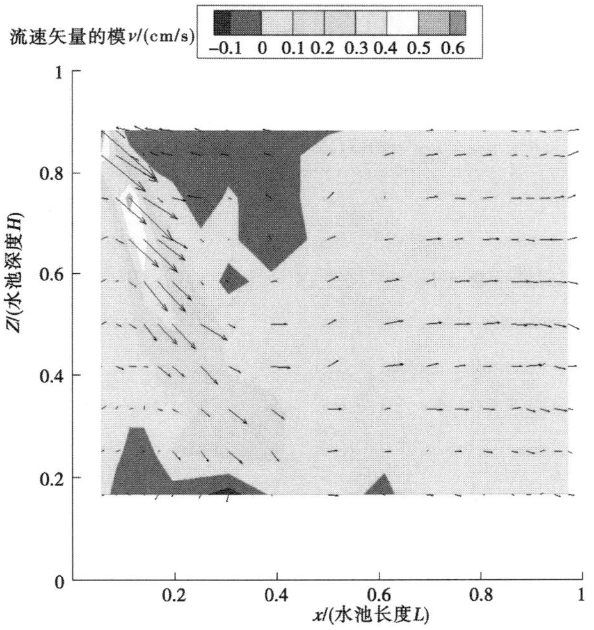

图 4　凹口堰流区纵剖面上流速矢量

3.2　时均流速

当流量 $Q_1=10.52$ L/s、$Q_2=20.38$ L/s 时，水池内堰流区不同水平面上纵向流速 u 沿程变化如图 5 所示。由图 5 可见，表层流速最大、底层流速最小，符合明渠水流的流速分布形态。不同水平面上流速分布形态具有拓扑学特征，构成明显的纵向环流，位于环流中心附近的流速几乎为零。堰流区跌落射流的流速比较大，随后沿程衰减，接近下游凹口堰隔板时又逐渐增大，呈马鞍形变化趋势。比较图 5(a)与

图 5(b)可以看出,两组流量的纵向流速沿程变化趋势基本相同。

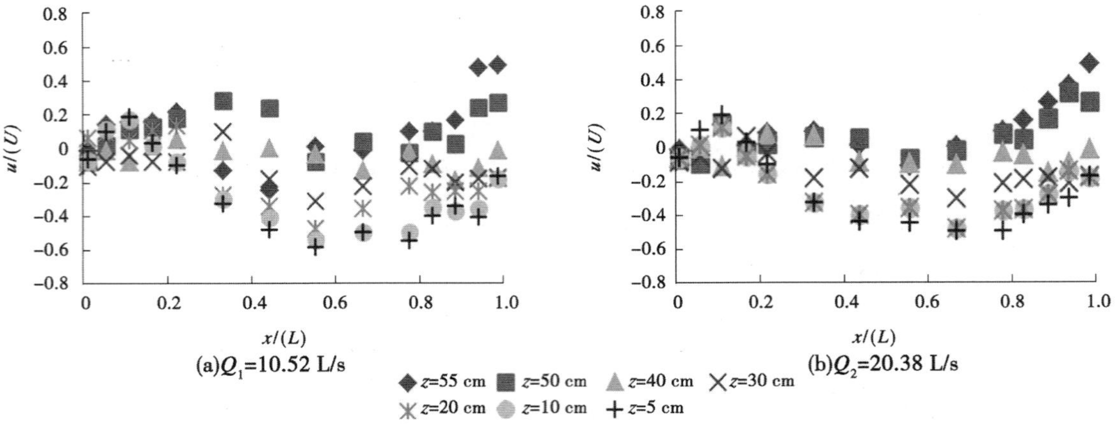

注:U 为水池断面平均流速。

图 5 凹口堰流区不同水平面上纵向流速 u 沿程变化

相同流量下非凹口堰流区不同水平面上纵向流速 u 沿程变化如图 6 所示,与凹口堰流区的纵向流速 u 沿程变化相比,非凹口堰流区的流速 u 沿程变化起伏不大,主要由于此区域水流运动没有受到跌落射流的影响,跌落射流主要位于凹口堰流区。从图 6 中不难看出,各层流速不同,表层流速明显比中、下层流速大。

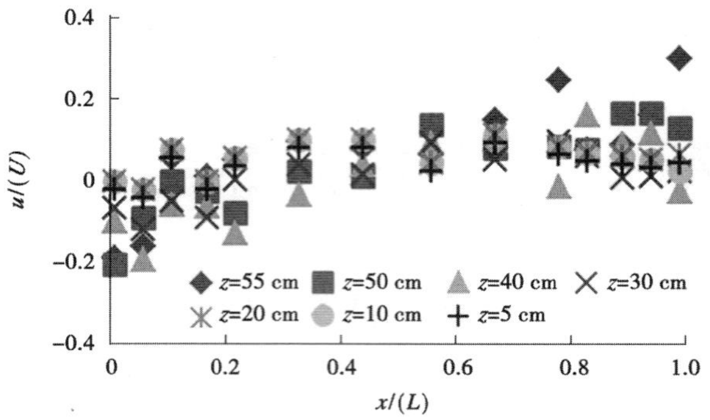

图 6 非凹口堰流区不同水平面上纵向流速 u 沿程变化(Q_2 = 20.38 L/s)

3.3 紊动强度

紊动强度是表征流速脉动强弱程度的一个特征量,纵向、横向和垂向紊动强度可分别表示成:

$$T_u = \frac{\sqrt{\overline{u'^2}}}{U}, T_v = \frac{\sqrt{\overline{v'^2}}}{U}, T_w = \frac{\sqrt{\overline{w'^2}}}{U} \tag{1}$$

凹口堰流区紊动强度分布如图 7 所示,由图 7(a)可见,表层水流纵向紊动强度明显比下层水流大,在堰流冲击区最大,即存在紊动强度峰值区,然后沿程减小,下层水流紊动强度变化幅度不大。因靠近上游隔板区域为堰流冲击区,紊动掺混剧烈,水面波动剧烈,且水流由竖向流动急剧转变为纵向流动,流量越大,表层水流波动越剧烈,紊动强度变化幅度也越大。图 7(b)所示为凹口堰流式鱼道水池内横向紊动强度分布,不难看出,凹口堰流区横向紊动强度较大,非凹口堰流区则较小。凹口堰流区水流在水面附近紊动剧烈,横向紊动强度较大。凹口区垂向紊动强度分布如图 7(c)所示,可以看出,垂向紊动强度分布比较集中,随深度变化幅度相对较小,除冲击射流区垂向紊动强度较大外,其余区域紊动强度均较小。

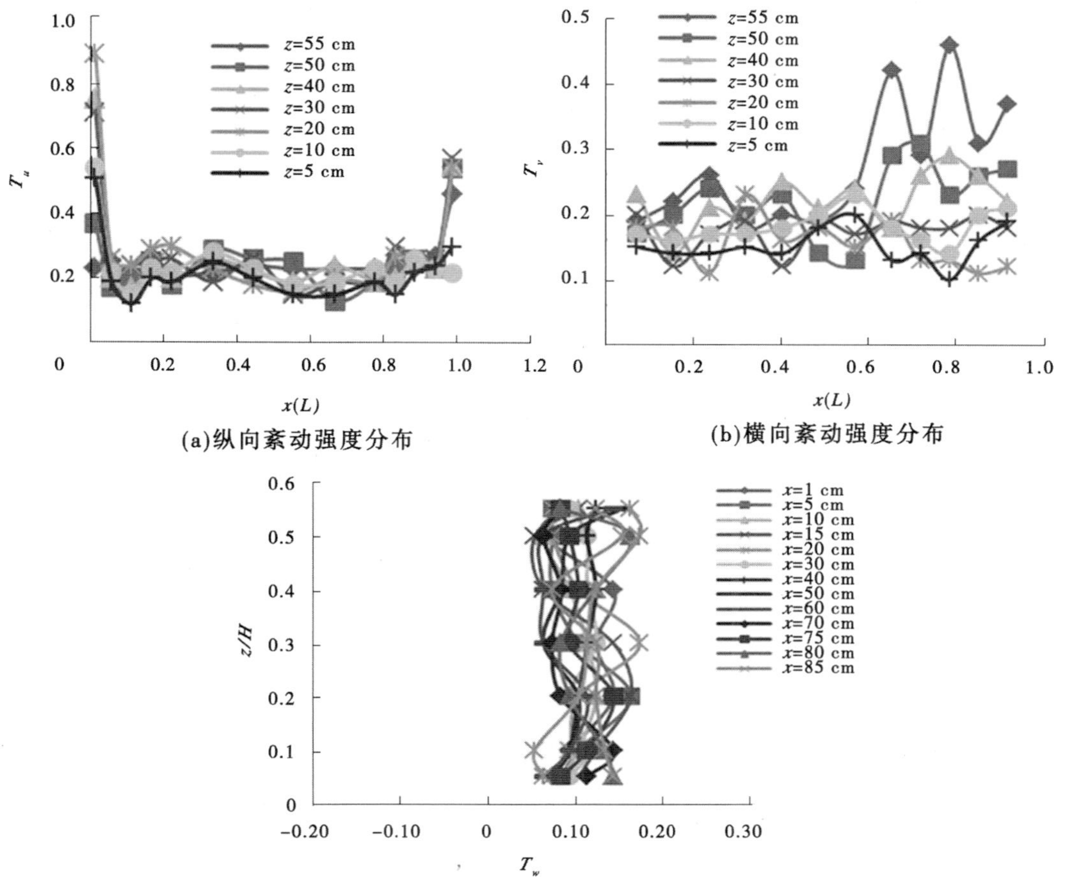

(a)纵向紊动强度分布　(b)横向紊动强度分布

(c)垂向紊动强度分布

图 7　凹口堰流区紊动强度分布($Q_1 = 10.52$ L/s)

3.4　雷诺应力

xoy 平面、*xoz* 平面及 *yoz* 平面上的雷诺应力可分别表示成：

$$\eta_{xy} = -\frac{\overline{u'v'}}{U^2},\eta_{xz} = -\frac{\overline{u'w'}}{U^2},\eta_{yz} = -\frac{\overline{v'w'}}{U^2} \tag{2}$$

由雷诺应力方程[28]知,

$$\underbrace{\frac{\partial}{\partial t}(\overline{V'_i V'_j})}_{变化率} + \underbrace{\bar{V}_l \frac{\partial \overline{V'_i V'_j}}{\partial x_l}}_{对流} = \underbrace{\frac{\partial}{\partial x_l}\left[-\overline{V'_i V'_j V'_l} - \overline{\frac{p'}{p}(\delta_{jl} V'_i + \delta_{il} V'_j)} + \nu \frac{\partial \overline{V'_i V'_j}}{\partial x_l} \right]}_{扩散} -$$

$$\underbrace{\left(\overline{V'_i V'_l} \frac{\partial \bar{V}_j}{\partial x_l} + \overline{V'_j V'_l} \frac{\partial \bar{V}_i}{\partial x_l} \right)}_{产生} \underbrace{- 2\nu \overline{\frac{\partial V'_i}{\partial x_l} \frac{\partial V'_j}{\partial x_l}}}_{耗散} + \underbrace{\overline{\frac{p'}{\rho}\left(\frac{\partial V'_i}{\partial x_j} + \frac{\partial V'_j}{\partial x_i} \right)}}_{应力-应变} \tag{3}$$

雷诺应力的变化取决于紊流的扩散、产生、耗散及应力应变的综合效应。在 *xoy* 平面上,雷诺应力沿程变化如图 8(a)所示。由图 8(a)可见,表层水流的雷诺应力变幅最大,为喜爱表层跳跃的鱼类创造了水力条件。表层以下雷诺应力变幅较小,但随流量的增大而变大。堰流冲击区的雷诺应力波动很大,结合图 7 垂向动流强度可知,紊流强度大的区域,雷诺应力也较大。*xoz* 平面上雷诺应力垂向分布如图 8(b)所示。从图 8(b)中不难看出,在上、下隔板附近的雷诺应力波动较大,这是因为堰流跌入水池后形成堰流冲击区和局部纵向环流所致。从图 8(c) *yoz* 平面上雷诺应力沿横向变化可以看出,雷诺应力在凹口堰流区表层存在峰值区,而在非凹口堰流区则相对平缓。

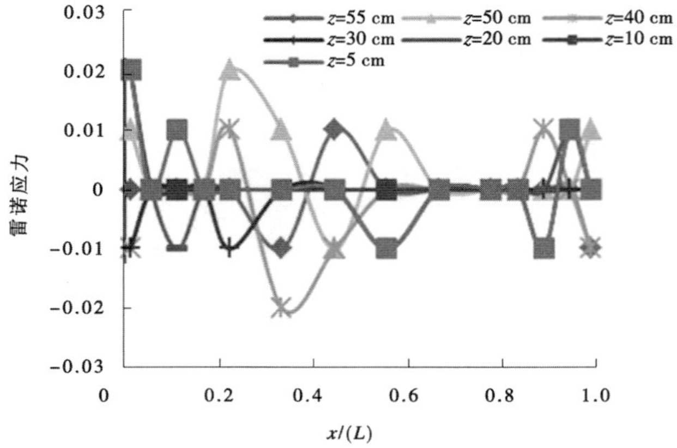

(a)*xoy*平面上

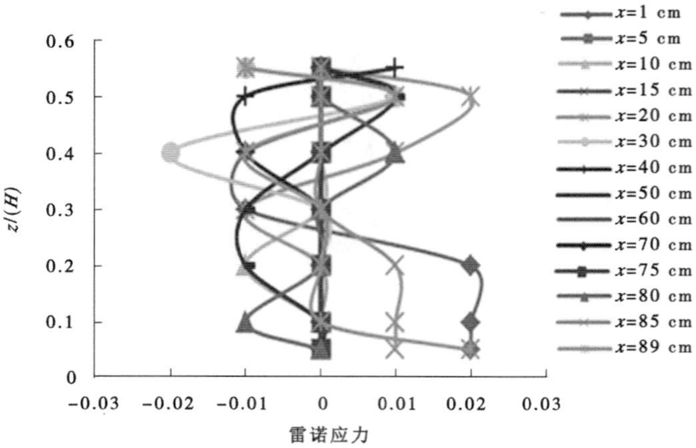

(b)*xoz*平面上

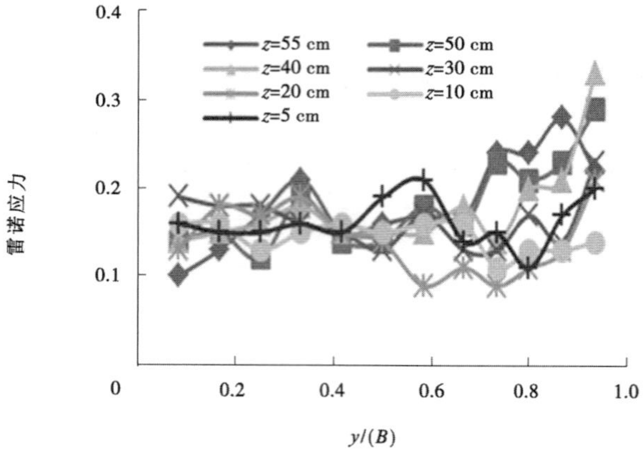

(c)*yoz*平面上

注:*B* 为水池宽度。

图 8　凹口堰流区雷诺应力分布($Q_2=20.38$ L/s)

4 结　论

通过对凹口堰流式鱼道水池内紊流特性的试验研究,可得出以下几点结论:

(1)纵向时均流速具有明渠水流的分布形态,沿深度各层的流速分布形态具有拓扑学特征。流量增大时堰流冲击区扩大,延迟了表层滑移流的形成。

(2)堰流冲击区的垂向时均流速较大。

(3)表层纵向紊动强度明显比下层大,在堰流冲击区最大,存在纵向紊动强度峰值区。

（4）表层雷诺应力变幅最大，且沿横向存在峰值区。表层以下雷诺应力变幅较小，但随流量的增大而变大。

参考文献

[1] 水利电力部交通部南京水利科学研究所. 江苏省大丰县斗龙港挡潮闸鱼道整体模型试验报告[R]. 南京：南京水利科学研究所, 1966.

[2] 水利电力部交通部南京水利科学研究所. 江苏省邗江县太平闸鱼道试验报告[R]. 南京：南京水利科学研究所, 1973.

[3] 水利电力部交通部南京水利科学研究所. 安徽省巢湖地区裕溪闸鱼道模型试验报告[R]. 南京：南京水利科学研究所, 1968.

[4] 水利电力部交通部南京水利科学研究所. 富春江七里垅鱼道模型试验报告[R]. 南京：南京水利科学研究所, 1967.

[5] 水利电力部交通部南京水利科学研究所. 洋塘鱼道模型试验报告[R]. 南京：南京水利科学研究所, 1978.

[6] Clay C H. Design of fishways and other fish facilities[M]. 2nd edition. Ottawa: Department of Fishery, Canada, 1995.

[7] Bates K. Fishway guidelines for Washington State[M]. Washington: Department of Fish and Wildlife, 2000.

[8] UN World Water Development Report: Water for people and water for life, Part Ⅲ, Chapter 6. 2003.

[9] Parrish D L, Behke R J, Gephard S R, et al. Why aren't there more Atlantic salmon? Canadian Journal of Fisheries and Aquatic Sciences, Suppl. 1998：281-287.

[10] Rajaratnam N, Van der Vinne G, Katopodis C. Hydraulics of vertical slot fishways. Journal of Hydraulic Engineering, 1986, 112(10): 909-927.

[11] Wu S, Rajaratnam N, Katopodis C. Structure of flow in vertical slot fishway. Journal of Hydraulic Engineering, 1999, 125(4): 351-359.

[12] Guiny E M, Ervine A, Armstrong J D. Hydraulic and biological aspects of fish passes for Atlantic salmon. Journal of Hydraulic Engineering, 2005, 131(7): 542-553.

[13] 孙双科, 邓明玉, 李英勇. 北京市上庄新闸竖缝式鱼道的水力设计研究. 第三届全国水力学与水利信息学大会论文集. 南京：河海大学出版社，2007：348-353.

[14] 董志勇, 冯玉平, Alan Ervine. 同侧竖缝式鱼道水力特性及放鱼试验研究[J]. 水力发电学报, 2008(6)：121-125.

[15] 董志勇, 冯玉平, Alan Ervine. 异侧竖缝式鱼道水力特性及放鱼试验研究[J]. 水力发电学报, 2008(6)：126-130.

[16] 董志勇，江录兵，毛斌，等. 异侧布置竖缝式鱼道紊流结构试验研究[J]. 水生态学杂志，2021, 42(1)：129-136.

[17] 董志勇. 射流力学[M]. 北京：科学出版社，2005.

[18] 董志勇，毛斌，江录兵，等. 挡潮闸矩形孔口式鱼道紊流结构及放鱼试验研究[J]. 海洋工程，2019, 37(6): 149-160.

[19] Zhiping Guo, Xihuan Sun，Zhiyong Dong. An experimental study of turbulent structures in a flat-crested weir-type fishway. Applied Sciences, 2019, 9(19): 1-9.

[20] 董志勇，黄洲，余俊鹏. 异侧布置缝-孔-堰组合式鱼道紊流结构试验研究[J]. 水力发电学报，2020, 39(9): 78-87.

[21] 董志勇，余俊鹏，黄洲. 溢流堰与竖缝组合式鱼道紊流结构试验研究[J]. 水科学进展，2021, 32(2)：279-285.

[22] 董志勇，严泽阳，黄洲，等. 异侧缝-孔组合式鱼道水力特性试验研究[J]. 浙江工业大学学报，2021, 49(2)：119-123.

[23] Northcutt R G. Evolution of gnathostome lateral line ontogenies. Brain Behavior and Evolution, 1997, 50：25-37.

[24] Liao J C, Beal D N, Lauder G V, et al. Fish exploiting vortices decrease muscle activity. Science, 2003, 32 (5650): 1566-1569.

[25] Hinch S G, Rand P S. Swim speeds and energy use of upriver-migrating sockeye salmon, role of local environment and fish characteristics. Canadian Journal of Fisheries and Aquatic Sciences，1998, 55: 1821-1831.

[26] Standen E M, Hinch S G, Healey M C, et al. Energetic costs of migration through the Fraser River Canyon, British Columbia, in adult pink and sockeye salmon as assessed by EMG telemetry. Canadian Journal of Fisheries and Aquatic Sciences, 2002, 59: 1809-1818.

[27] Herskin J, Steffensen J F. Energy savings in sea bass swimming in a school-measurement of tail beat frequency and oxygen consumption at different swimming speed. Journal of Fish Biology, 1998, 53: 366-376.

[28] Zhiping Guo, Xihuan Sun，Zhiyong Dong. PIV analysis and high speed photographic observation of cavitating flow field behind circular multi-orifice plates. Water Science and Engineering，2020, 13(2): 145-153.

天目湖流域水环境容量评估研究

金 秋[1] 陈黎明[1] 杨盛赟[2] 诸超超[2] 徐祎凡[1]

(1. 水利部交通运输部国家能源局南京水利科学研究院,南京 210029;
2. 河海大学农业科学与工程学院,南京 210024)

【摘 要】 为探究天目湖水环境状况,分析了流域水环境和污染负荷状况,并得出影响天目湖流域水环境质量的限制性水质因子为 TN。以 TN、TP 为代表性因子,构建了 SWAT 模型,将天目湖流域划分为 359 个子流域、4 165 个响应单元,通过丰平枯长系列的逐日动态计算,以负荷量、容许量、削减量作为测算指标,定量分析天目湖水环境容量。结果表明:①天目湖流域 TP 和 TN 年入库污染负荷量年际变化大,污染负荷量均主要分布在中田河流域、横塘-平桥-杨村杨庄河流域,天目湖流域江苏地区污染负荷量占比较大(TP 占 90. 14%、TN 占 85. 18%),TP、TN 丰水期月均污染负荷量明显高于平水期和枯水期。②为达到动态提升目标,沙河水库和大溪水库近期 TP 须削减 15. 82% 和 2. 26%,TN 须削减 33. 16% 和 19. 11%;中期 TP 须削减 55. 79% 和 49. 17%,TN 须削减 49. 87% 和 47. 48%;远期 TN 须削减 82. 00% 和 81. 50%。③制定动态提升天目湖水环境容量策略从空间均衡、源头减量、输排控制角度出发,以实现天目湖流域可持续发展。

【关键词】 天目湖;水环境容量;污染负荷;SWAT 模型

1 引 言

天目湖作为江苏溧阳绿色发展的代表性名片,近年大力开展生态环境治理,水质呈现稳中向好的趋势。天目湖流域包括沙河和大溪两座大型水库,是溧阳市不可替代的饮用水水源,对当地农业、旅游业发展至关重要[1]。广义的水环境容量包含 3 个方面的内容:一是水资源对各类用水的承载能力;二是水环境对水体量的容纳能力,包括行洪、排涝、蓄滞洪水的能力;三是水环境的纳污能力。狭义的水环境容量仅指水环境的纳污能力[2],即在不影响水的正常用途的情况下,水体所能容纳的污染物的量或自身调节净化并保持生态平衡的能力,是制定地方性、专业性水域排放标准的依据之一,环境管理部门还利用它确定在固定水域到底允许排入多少污染物,水环境容量的确定是水污染实施总量控制的依据,是水环境管理的基础[3]。为了保证天目湖流域的可持续发展,本研究开展天目湖流域水环境容量现状监测,采用 SWAT 模型,进行天目湖流域水环境容量解析评估,分析流域水环境容量和污染负荷本底状况,并对规划的治理工程以及开发建设活动进行水环境容量合理评价,探索环境容量、污染治理措施、开发建设模式三者之间的综合评价机制,可以为合理协调天目湖生态保护、污染治理和建设行为提供有益探索,指导相关优化提升策略的实施。

2 研究概况

2.1 研究范围

研究范围为全天目湖流域,总面积约 245 km^2,跨江苏和安徽 2 个省级行政区。其中,江苏溧阳部分覆盖天目湖保护条例规定的保护区范围,包括溧阳市沙河水库和大溪水库及其流域,总面积约 202 km^2;安徽省境内天目湖流域面积约 43 km^2,其中大溪水库流域主要为郎溪县凌笪乡,沙河水库流域主要为广德市邱村镇。

2.2 水质现状

天目湖大溪水库和沙河水库于 1952 年建立,自建立后一直作为溧阳市的主要饮用水源地。该流域交通比较便利,城市化发展迅速,年际土地利用变化比较大。同时天目湖于1992年开发为天目湖景区,流域内旅游配套设施建设得到发展,人流量也逐渐增多。由于天目湖流域的旅游观光与蓄农业开发强度的加大,从而造成水体污染和农业非点源污染剧增,致使天目湖流域水质日益恶化,库区水质明显下降,从近年来TN(总氮)的监测数据来看,大溪水库水质仅为Ⅳ类水质,而沙河水库在2017年和2019年均有超过Ⅳ类水质标准的情况出现。

根据监测数据,大溪水库和沙河水库水环境指标总体均值在Ⅳ类水范围内,大溪水库水质情况要优于沙河水库;影响天目湖流域水环境质量的限制性水质因子为TN,而高锰酸盐指数、TP(总磷)基本都在Ⅲ类水标准内;大溪水库的入库支流洙漕河,沙河水库的入库支流中田河、平桥河、徐家园河、杨村河,由于TN一项指标监测数据均值都达到了劣Ⅴ类(分别为2.39 mg/L、2.14 mg/L、2.71 mg/L、2.15 mg/L、2.54 mg/L),因此监测均值总体评价为劣Ⅴ类水质。

3 保护治理现状

3.1 现状调查

3.1.1 农村生活污水处理

农村生活污水分布散、治理难度大。流域溧阳境内共有约200个自然村。虽然农村人口相对较少,用水量相较城镇人口少,产生污水量少、排污量少,农村生活污染的可生化性也较高,但其有机物含量相对较高,同时农村人口分布分散,污水排放时污染物负荷量不稳定,导致农村生活污水治理难度高、成本大。根据计算,研究范围内行政村现状最大日生活污水排放量约3 518.45 t。至2020年12月,近170个自然村已完成污水处理设施的建设。根据目前农污措施进出水水质监测,TP的平均去除率为34.67%,TN的平均去除率为38.45%。

3.1.2 退耕还林

流域范围溧阳境内退耕还林工作进展过半。耕地总面积5.13万亩,截至2018年12月已完成退耕还林面积2.67万亩,占总耕地面积的52.0%。已完成退耕还林区域主要分布在大溪水库和沙河水库附近,其中大溪水库21个自然村完成退耕还林面积13 937亩,沙河水库82个自然村完成退耕还林面积12 717亩。根据多块样地的对比监测,退耕还林后TP平均浓度降低了26.6%,TN平均浓度降低了30.6%。

3.1.3 林茶收储

根据收集的林茶收储资料,天目湖流域2017~2018年共收储茶园面积3 874.793亩,其中白茶面积为2 087.016亩,绿茶面积为1 351.728亩,黄茶面积为436.049亩。林地收储面积为17 588.961亩。根据多块样地的对比监测,茶园收储后TP平均浓度降低了66.2%,TN平均浓度降低了75.8%。

3.1.4 湿地工程

沙河水库、大溪水库沿湖湿地基本处于自然状态,基本无人为干扰。天目湖国家湿地公园、红石岕湿地、金宝山湿地、杨村杨庄河湿地、洙漕河湿地已基本完成建设,倪家坝湿地、罗家湾湿地等已列入工程计划。根据湿地上下游水质监测结果,湿地TP平均去除率为28.79%,TN平均去除率23.50%。

3.2 存在问题

3.2.1 水质与"条例"要求尚有一定差距

2016年以来,天目湖两大水库水质总体呈现好转态势,主湖区TP为Ⅱ~Ⅲ类、TN为Ⅲ~Ⅳ类,总体处于中营养水平,整体水质状况与《常州市天目湖保护条例》中设定的校核洪水位线以下水域Ⅱ类水质目标尚存在差距,与《湖泊营养物基准—中东部湖区(总磷、总氮、叶绿素a)》(2020年版)也存在较大差距。此外,主要入库支流的TP为Ⅱ类、TN为劣Ⅴ类,导致各库湾及湖滨带水质与《常州市天目湖保护条例》中设定的全湖Ⅱ类水质目标存在较大差距。因此,需要进一步加大污染控制与水质保护力度,尤其要加强氮磷污染的控制。

3.2.2 农村生活污水处理效率有待提高

根据农村生活污水处理设施的进出水监测结果,TN 的平均去除率为 38.45%,TP 的平均去除率为 34.67%。总体表现为已建设施的脱氮除磷效率不佳(华东地区脱氮除磷效率在 60%以上),此外,70%以上农村生活污水处理设施未达到《城镇污水处理厂污染物排放标准》(GB 18918—2002)一级 A(B)标准。除装置设施自身的工艺设计问题有关外,还可能与实际进水浓度(如进水浓度较高、碳源缺乏等)、设施运转情况(是否运行维护)有关。

3.2.3 湿地覆盖率有待提升

天目湖国家湿地公园、红石岕湿地、金宝山湿地、洙漕湿地已基本完成建设;规划的倪家坝湿地、罗家湾湿地等亟待建设;沙河水库、大溪水库多条入库支流库湾湿地基本处于自然状态,湿地覆盖率有待提升。

3.2.4 农业面源污染治理有待加强

流域内茶园面积大,茶园普遍未配套生态治理设施,茶园收储占比较低,临湖区茶园未做到应收尽收。两大水库临湖面已完成退耕还林和林茶收储的区域林相较单一,氮磷拦截效果一般,且需考虑对雨水冲刷造成的面源污染,后续林茶收储工作中需加强临湖缓冲带建设,提升氮磷综合拦截能力。此外,临湖面旅游业的迅猛发展导致部分园地、林地转化为建设用地,水源涵养功能大幅削弱,对氮磷的拦截功能降低。

4 模型建立

4.1 水环境容量解析模型

针对天目湖生态环境的敏感性,本项目借鉴国际上流域生态环境管理先进的 TMDL 模式(Total Maximum Daily Load,最大日负荷总量),基于水陆耦合的物理过程模型,构建了天目湖流域水环境容量精细解析模型(见图 1)。陆域模型采用基于物理过程的非点源 SWAT 模型,开展连续时间序列的模拟[4]。SWAT 流域模拟可划分为两个主要阶段:①水文循环的陆地阶段,它控制每个子流域内水流、泥沙、营养物和杀虫剂负荷等向主河道的输入;②水文循环的汇流阶段或演算阶段,指流域河网中的水流、泥沙、污染物等向出水口的运移过程。水域水环境容量模型采用主湖区和湖滨混合区耦合的二维逐日水量水质动态平衡模型;所有影响沙河、大溪两大水库水环境容量的因素全部考虑,包括大气干湿沉降、库面蒸发、库容变化、水温波动、沉降自净等。

模型将天目湖流域划分为 2 库 10 区 359 个子流域 4 165 个响应单元。通过丰平枯长系列的逐日动态计算,对天目湖水环境容量的 3 个指标——负荷量、容许量、削减量开展测算。

模型主要创新如下:

(1)通过模型的水陆耦合,实现了受纳水体环境容量和流域污染排放量的联动,为水质目标管理与污染总量控制的协同提供了解决方案。

(2)通过长系列的逐日动态计算,可更科学合理地反映降雨丰枯变化对面源主导型流域水环境容量的影响,为提供更精准的水环境容量优化提升方案提供依据。

(3)基于水文物理过程动态模拟的陆域水环境容量解析,可更科学合理地反映地形、地貌、土地利用类型、植被影响下陆域水环境容量的空间异质性。

(4)基于湖库分区水量水质动态模拟的水域水环境容量解析,充分考虑了径流变化、不均匀混合、大气干湿沉降等多重因素的影响,为建立面源输入型湖库水质目标管理与流域污染总量控制之间更精准的响应关系。

4.2 设计条件

本项目评价期限为 2019~2035 年,现状基准年为 2019 年,近期至 2025 年,远期至 2035 年。因此,天目湖水环境容量本底核算的现状基准年为 2019 年,即流域土地利用及各类开发建设项目和生态环境治理工程的状况采用 2019 年年底的数据。

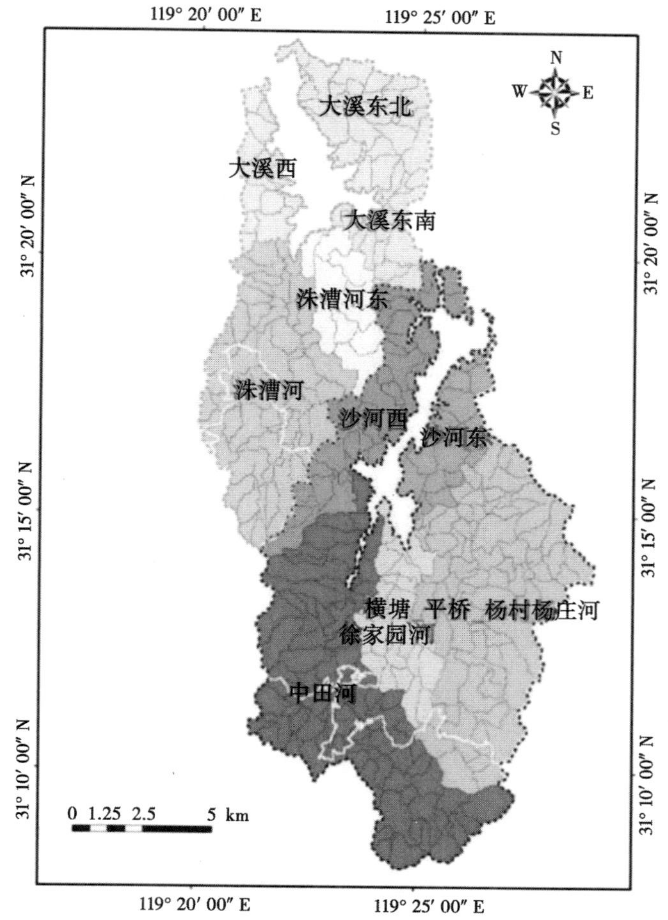

图 1 天目湖水环境容量解析模型的空间结构

在水环境容量的计算中,设计水文条件的确定和取值是否符合客观实际,直接关系到计算结果是否准确合理,是水环境容量计算中十分关键的一步。天目湖的水环境容量受流域入库径流量的大小影响最为明显,而径流量是由流域降雨量决定的。根据流域 4 个降雨站点(中田舍、平桥、沙河水库、大溪水库)1978~2017 年长系列的逐日监测数据,流域多年平均降雨量为 1 251 mm,其中沙河水库 1 248 mm,可作为全流域降雨的代表站点。分析发现,近 10 年中 2010~2015 年的降雨过程最能代表天目湖流域多年平均的降雨情况,2010~2015 年沙河水库站年平均降雨量为 1 278 mm。

5 水环境负荷量

5.1 TP 负荷量

5.1.1 年际变化

多年平均来水条件下,天目湖流域 TP 年入库污染负荷量为 5.916 t;丰水年的 TP 年入库负荷量达 6.693 t,特大水年更是上升至 25.971 t,而枯水年则降至 4.605 t(见表 1)。

表 1 天目湖流域不同水文年型 TP 负荷量

单位:t/a

水文年型	全流域 TP 负荷量	沙河水库流域 TP 负荷量	大溪水库流域 TP 负荷量
多年平均	5.916	4.038	1.810
丰水年	6.693	4.601	2.023
平水年	5.516	3.695	1.753

续表 1　　单位:t/a

水文年型	全流域 TP 负荷量	沙河水库流域 TP 负荷量	大溪水库流域 TP 负荷量
枯水年	4.605	3.109	1.428
特大水年	25.971	18.310	7.593

5.1.2　空间分布

天目湖流域 TP 污染负荷量主要集中于两个子流域,分别是中田河流域、横塘-平桥-杨村杨庄河流域。多年平均来水条件下,这两个子流域 TP 年入库污染负荷量占全流域的 43%,共计 2.52 t。此外,洙漕河流域和沙河西流域合计占流域负荷量的 26%,共计 1.52 t。其余 6 个子流域控制分区合计 TP 污染负荷量为 1.81 t,占全流域的 31%(见图 2)。行政分区上,全流域 TP 安徽入库污染负荷量占比为 9.86%,江苏占比为 90.14%。

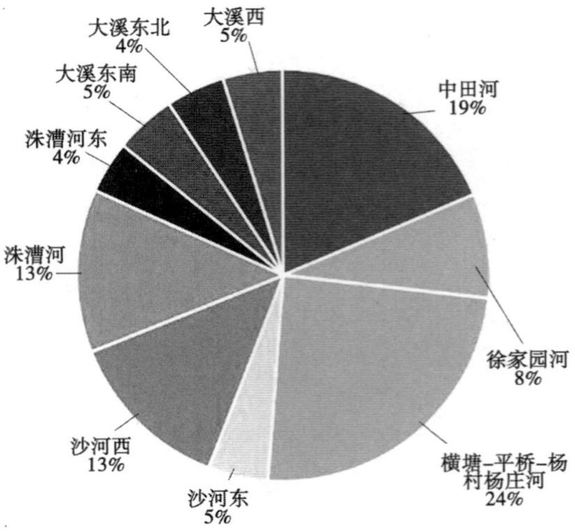

图 2　各分区 TP 多年平均负荷量占比

5.1.3　年内过程

丰水期(6~8 月)天目湖流域的 TP 月均污染负荷量明显高于平水期(3~5 月,9 月)和枯水期(10 月至翌年 2 月)(见表 2)。

表 2　天目湖 TP 负荷量的年内分配　　单位:t/月

时期	全流域 TP 负荷量	沙河水库 TP 负荷量	大溪水库 TP 负荷量
丰水期月均	1.062	0.735	0.327
平水期月均	0.353	0.249	0.103
枯水期月均	0.250	0.167	0.083

5.1.4　污染来源

天目湖流域 TP 污染负荷量中,面源污染占比为 58.36%,合计 3.453 t/a;点源污染占比为 41.64%,合计为 2.463 t/a。天目湖流域 TP 污染负荷中,农村居民点的生活污水贡献率最大,达到了 28.96%;茶园贡献率为 16.95%;耕地贡献率为 11.13%;其他园地贡献率为 12.73%;其余地物类型贡献率分别为建设用地贡献率为 9.89%、林地贡献率为 7.66%;青虾养殖、畜禽养殖以及旅游业贡献率分别为 5.73%、5.79%和 1.16%(见表 3)。

表 3　天目湖流域 TP 负荷的源结构

类型	来源	TP 负荷量(t/a)	占比/%
面源	茶园	1.003	16.95
	其他园地	0.753	12.73
	耕地	0.658	11.13
	建设用地	0.585	9.89
	林地	0.454	7.66

续表 3

类型	来源	TP 负荷量(t/a)	占比/%
点源	农村居民点	1.713	28.96
	畜禽养殖	0.343	5.79
	青虾养殖	0.339	5.73
	旅游业	0.068	1.16

5.2 TN 负荷量

5.2.1 年际变化

多年平均来水条件下，全流域 TN 入库污染负荷量为 303.93 t/a；丰水年的 TN 负荷量达 328.85 t/a，特大水年更是上升至 825.10 t/a，而枯水年则降至 210.69 t/a。

表 4　天目湖流域不同水文年型 TN 负荷量　　单位：t/a

水文年型	全流域 TN 负荷量	沙河水库流域 TN 负荷量	大溪水库流域 TN 负荷量
多年平均	303.93	198.34	104.12
丰水年	328.85	214.94	112.44
平水年	304.49	198.13	104.89
枯水年	210.69	135.99	73.23
特大水年	825.10	529.13	294.50

5.2.2 空间分布

天目湖流域 TN 污染负荷量主要集中于两个子流域，分别是中田河流域、横塘-平桥-杨村杨庄河流域。这两个子流域 TN 污染负荷量占全流域的 42%，共计 125.66 t/a。此外，洙漕河流域和沙河西流域合计占流域负荷量的 29%，共计 88.08 t/a。其余 6 个子流域控制分区合计 TN 污染负荷量约为 88.71 t/a，占全流域的 29%(见图 3)。行政分区上，全流域 TN 安徽入库污染负荷占比为 14.82%，江苏占比为 85.18%。

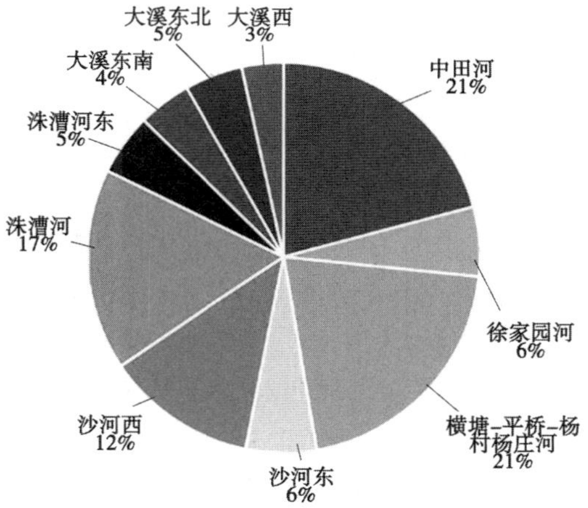

图 3　各分区 TN 多年平均负荷量占比

5.2.3 年内过程

丰水期(6~8 月)天目湖流域的 TN 月均污染负荷量明显高于平水期(3~5 月，9 月)和枯水期(10 月至翌年 2 月)(见表 5)。

表 5　天目湖 TN 负荷量的年内分配　　单位：t/月

时期	全流域 TN 负荷量	沙河水库 TN 负荷量	大溪水库 TN 负荷量
丰水期月均	49.73	31.28	18.45
平水期月均	25.78	17.85	7.94
枯水期月均	10.03	6.62	3.41

5.2.4 污染来源

天目湖流域 TN 污染负荷量中,面源污染占比为 86.02%,合计 261.47 t/a;点源污染占比为 13.98%,合计为 42.46 t/a。其中,茶园贡献率最大,达到了 27.71%;林地贡献率为 18.49%;其他园地贡献率为 17.07%;耕地贡献率为 16.16%,农村居民点的生活污水贡献率为 10.69%;其余地物类型贡献率为建设用地贡献率为 6.59%;青虾养殖、畜禽养殖以及旅游业贡献率分别为 1.47%、1.34% 和 0.48%。

表 6 天目湖流域 TN 负荷的源结构

类型	来源	TN 负荷量/(t/a)	占比/%
面源	茶园	84.21	27.71
	林地	56.19	18.49
	其他园地	51.90	17.07
	耕地	49.13	16.16
	建设用地	20.04	6.59
点源	农村居民点	32.48	10.69
	青虾养殖	4.45	1.47
	畜禽养殖	4.06	1.34
	旅游业	1.47	0.48

6 水环境容量优化提升

6.1 分阶段目标

对标美丽中国建设,为逐步达到《常州市天目湖保护条例》提出的水质目标-校核洪水位线以下的水域Ⅱ类水质,同时结合当前省考(国考)管理考核的要求,针对 TP 设定近、中、远三期 10~15 年的动态提升目标,将 TP 从现状的主湖区不能稳定达到Ⅱ类提升到 2025 年的主湖区稳定达到Ⅱ类,2030~2035 年稳定达到全湖Ⅱ类。针对 TN 设定近、中、远三期共 15 年的动态提升目标,将 TN 从现状的Ⅳ类逐步提升到 2025 年的主湖区Ⅲ类、2030 年的主湖区Ⅱ类,2035 年的全湖Ⅱ类(见表 7)。

表 7 湖泊水质提升目标

水质指标	现状	近期(2025 年)	中期(2030 年)	远期(2035 年)
TP	Ⅱ~Ⅲ类	主湖区Ⅱ类	全湖Ⅱ类	
TN	Ⅲ~Ⅳ类	主湖区Ⅲ类	主湖区Ⅱ类	全湖Ⅱ类

为达到天目湖近、中、远水质提升目标,近期沙河水库和大溪水库 TP 须分别在现状基础上削减 15.82% 和 2.26%,TN 须分别在现状基础上削减 33.16% 和 19.11%;中期沙河水库和大溪水库 TP 须分别在现状基础上削减 55.79% 和 49.17%,TN 须分别在现状基础上削减 49.87% 和 47.48%;远期沙河水库和大溪水库 TN 须分别在现状基础上削减 82.00% 和 81.50%(见表 8)。

表 8　入库污染负荷削减目标

水质指标	流域	近期污染削减		中期污染削减		远期污染削减	
		削减量/(t/a)	削减比例/%	削减量/(t/a)	削减比例/%	削减量/(t/a)	削减比例/%
TP	沙河水库	0.639	15.82	2.253	55.79	—	—
	大溪水库	0.041	2.26	0.890	49.17	—	—
	合计	0.680	11.49	3.143	53.13	—	—
TN	沙河水库	65.77	33.16	98.91	49.87	162.64	82.00
	大溪水库	19.90	19.11	49.43	47.48	84.86	81.50
	合计	85.67	28.19	148.34	48.81	247.50	81.43

为便于日常环境管理，实现污染总量和水质目标的协同控制，根据入库污染负荷的分期削减目标，核算出各入库河流相应的水质提升目标。对 TP 而言，近期入库河流水质须稳定达到Ⅱ类、中远期须接近Ⅰ类，两库 TP 才能分别达到主湖区Ⅱ类和全湖Ⅱ类；近期入库河流 TN 须提升至Ⅴ类、中期到Ⅳ类、远期到Ⅲ类，两库 TN 才能分别达到主湖区Ⅲ类、主湖区Ⅱ类和全湖Ⅱ类（见表 9）。

表 9　河流水质提升目标

水质指标	现状	近期（2025 年）	中期（2030 年）	远期（2035 年）
TP	Ⅱ~Ⅲ类	Ⅱ类	近Ⅰ类	
TN	劣Ⅴ类	Ⅴ类	Ⅳ类	Ⅲ类

6.2　优化提升策略

6.2.1　空间均衡策略

原则上必须按照 2 库 10 个分区进行区内平衡，特殊情况下慎用跨区调剂，避免出现聚集性的污染热点区域，实现空间均衡，将前述制定的总体目标进一步分解到 10 个控制分区上，明确每个控制分区在每一个阶段的存量削减目标[5]。

6.2.2　源头减量策略

针对农村生活污水，以“因地制宜、高技术、低成本、易管理、资源化利用”为原则，重点实现农村污水处理设施全覆盖和优化现有农村污水处理设施的工艺流程、提升脱氮除磷能力。

针对农业面源，以“绿色农业开发”为原则，采取退耕还林、林茶收储、氮磷拦截、坡地流转等措施，削减茶园、耕地、其他园地等产生的面源污染。

针对城镇开发建设项目，落实“低影响开发”理念，通过绿色源头 LID（低影响设计和低影响开发，Low impact design or development）设施与灰色传统市政基础设施相结合的方式，削减点源、面源等入湖污染。

6.2.3　输排控制策略

倡导多自然型河湖生态修复，充分尊重区域及周边原有的生态环境及景观，包括道路、绿地、湿地（水系）、农田及乡村自然风貌等本底资源，因地制宜地建设植被缓冲区、生态护岸、前置库、入湖湿地、滨湖植被缓冲带等，通过多植被季相调配、生物操控及生物群落营造（浮游动物、浮游植物、水生植物及水生动物配比）等一系列手段进行仿生态、近自然修复，对流域内的大量坑塘开展生态修复，提升其氮磷拦截效果。

7 结 论

(1)从年际变化来看,天目湖流域TP年入库污染负荷量在多年平均来水条件下分别为5.916 t、丰水年达到6.693 t,特大水年上升至25.971 t,枯水年下降至4.605 t。TN对应负荷量分别为303.93 t、328.85 t、825.10 t、210.69 t,年际变化大。

(2)地区分布上,TP和TN污染负荷量均主要分布在中田河流域、横塘-平桥-杨村杨庄河流域;行政分区上,大部分集中于江苏地区,TP占90.14%,TN占85.18%,安徽地区占9.86%、14.82%;地区分布较为集中。

(3)为达到主湖区Ⅱ类和全湖Ⅱ类的动态目标,TP近期沙河水库和大溪水库入库河流水质须稳定达到Ⅱ类、中远期须接近Ⅰ类,近期入库河流TN须提升至Ⅴ类、中期到Ⅳ类、远期到Ⅲ类,TP须削减15.82%和2.26%,TN须削减33.16%和19.11%;中期沙河水库和大溪水库TP须分别在现状基础上削减55.79%和49.17%,TN须分别在现状基础上削减49.87%和47.48%;远期沙河水库和大溪水库TN须削减82.00%和81.50%。

(4)从天目湖地区污染物负荷量、容许量、削减量角度综合考虑,为实现水环境容量的优化提升,在空间上避免聚集性污染,制定空间均衡策略;在农村污水、农业面源、城镇开发建设领域制定源头减量策略;因地制宜地进行生态修复等输排控制策略,最终实现天目湖地区的水环境容量优化提升。

参考文献

[1] 杨文斌,段文秀,崔扬,等.天目湖沙河水库水生态安全状况长期变化及影响因素[J]环境科学,2021,42(10):4739-4752.

[2] 赫荣富,田盛兰,张磊.水环境容量的研究[J].农业科技与装备,2012(3):81-82,84.

[3] 万肖利,于建利,刘菁.水环境容量调查[J].科技信息,2008(25):335.

[4] 戴劲,章浩.SWAT模型在我国水生态文明建设中的应用[J].安徽农业科学,2015,43(25):247-250+373.

[5] 邓素君,李青松,王洪川,等.基于水环境容量的河南省资源环境公平性研究[J].环境科学与技术,2015,38(3):200-204.

星海湖湿地景观需水量及水体置换周期研究

吴梦迪　徐国宾　牛晓瑜

（天津大学水利工程仿真与安全国家重点实验室，天津　300350）

【摘　要】 对城市湿地公园建设与开发利用过程中产生的生态环境保护、水资源可持续利用等问题进行湿地景观需水量研究。明确湿地景观需水量有利于实现水资源的合理利用，有利于改善城市生态环境。本文以星海湖湿地为例，根据国内已有的研究模型，计算了不同水位要求下的星海湖景观水体需水量。结果表明，景观水体的需水量既需要满足环境需水量也应满足水质需求；星海湖在仅引入中水作为补充水源的条件下，水质会逐步产生恶化而无法达到景观水体的标准；补充水源水质越好，换水周期越长。本文根据结果提出了针对性的建议。

【关键词】 星海湖湿地；需水量；水体置换周期

1　引　言

景观水体多位于城市中心区域，周边遍布居民区、商业区等，对城市生态环境及经济发展具有特殊意义。但城市景观水体多为静止或流动性差的封闭缓流水体，具有水域面积小、易污染、水环境容量小、水体自净差等特点[1]。随着城市化进程的发展、城市人口的激增，与环境治理相对落后的矛盾日益突出，目前我国很多城市的湖泊都已遭到不同程度的污染。

本文以星海湖湿地为研究背景，根据数值模型计算结果，对星海湖湿地进行景观水体补水周期研究，合理制订水质保障和净化方案。

星海湖（大武口拦洪库）地处东经 105°58′～106°59′，北纬 38°22′～39°23′，位于宁夏回族自治区石嘴山市大武口区境内，总面积 43 km^2，湖水面积大约 23.38 km^2，其中本文研究水域面积占 10.55 km^2。星海湖为自然形成的山洪泄洪区，又是银川平原“七十二连湖”重要的水系组成部分，主要承担拦洪泄洪，改善水环境，调节小气候，维护区域生态平衡等任务，是全区重要的保护湿地。星海湖年均降水量为 200～400 mm，降水量变差系数 C_v 为 0.35～0.40，由南向北递增。多年平均水面蒸发量为 800～1 600 mm，是降水量的 4 倍。

2　研究方法

星海湖湿地景观需水不仅要保障湿地生态功能和环境功能，也要保证市民观赏、休闲的娱乐功能和美观功能，因此景观需水量应当满足水量和水质的双重要求。根据用水定位应包括以下内容：

（1）星海湖湿地自身需水量：湿地植物需水量、湖滨带灌溉需水量、景观水位需水量。

（2）星海湖湿地日常补水量：蒸发水量、渗漏水量、降水量。

（3）星海湖湿地置换水量：维持景观水体水质要求，保证水体不发生富营养化；满足水环境容量要求，保证各功能不受损害的周期性置换水量。

2.1　星海湖景观水体需水量模型

景观水资源以地表水的方式存在，同时与地下水、土壤水等有密切的关系。在计算星海湖景观水体需水量时，应着重考虑以下三个方面[2]。

2.1.1　蒸发需水量 W_W

星海湖位于我国西北内陆干旱半干旱地区，区域蒸发强烈，是星海湖水量损失的重要途径之一。根据气象站蒸发皿的观测成果资料,核算多年平均蒸发量为 1 107.3 mm。

2.1.2　渗漏水量 W_S

当湿地水位高于地下水位时会产生渗漏现象,星海湖渗漏补给量可根据达西定律进行确定。渗漏量计算公式为

$$W_s = KAJ \tag{1}$$

式中,W_S 为渗漏量;K 为渗透系数,m/d;A 为渗透面积,m²;J 为水力坡度,无量纲。

2.1.3　降水量 W_R

根据长序列气象观测成果资料,石嘴山市降水量较少,多年平均降水量为 179.8 mm。

2.2　星海湖湿地水体置换周期研究模型

星海湖湿地水体置换周期应当同时考虑水量和水质双重要素。本次研究不考虑水体的横向流入和流出,仅考虑湿地一次性充水后水体的垂向蒸发和渗漏来测算星海湖湿地景观水体的置换周期。

依据在理想状态下污染物输移过程中的总量符合质量守恒定律,水质模型计算公式为[1]:

$$C_iV_i = C_{i-1}V_{i-1} + (Q_{\mathrm{ln}i}C_{\mathrm{ln}i} + R_iC_{ri} + S_iC_{si} + D_iC_{di} + \Delta V_iC_w) - (Q_{\mathrm{out}i}C_{\mathrm{out}i} + G_iC_{gi} + KC_iV_i) \tag{2}$$

式中,K 为星海湖水体污染物指标的降解系数;ΔV_i 为第 i 月星海湖湿地引水量,m³;C_W 为引水水源水质浓度;R_i 为第 i 时段湿地降雨径流入流量,m³;$Q_{\mathrm{out}i}$ 为第 i 时段湿地出流水量,m³;C_i 为 1 个月内水质指标平均浓度,取计算时间尺度为月。

根据计算结果,星海湖水体浓度 1 个月后趋于混合均匀,污染物浓度、出水水质浓度和渗漏水体中污染物浓度均相同,即 $C_i = C_{gi} = C_{\mathrm{out}i}$。

3　星海湖湿地需水量及置换周期研究

3.1　星海湖湿地水体水量平衡研究

在进行水量平衡研究时,仅考虑只有垂向降雨量进入水体,不考虑汇水范围内水体横向的流入量和流出量。

星海湖地处干旱半干旱地区,蒸发强烈成为水量损失的重要途径之一,根据气象站资料核算,星海湖年均蒸发水量为 1 051.38 万 m³。

该区域规划水体地基土层主要为素填土、粉质黏土、砂壤土、细砂等,本次研究渗透系数取 0.000 1 m/d,水力坡度为 1。由式(1)计算,星海湖年渗漏水量为 38.51 万 m³。

天然降雨是星海湖水体重要的补给来源之一。根据 1988~2019 年石嘴山市气象站的观测成果资料,星海湖区域多年平均降水量为 179.8 mm[4]。按照星海湖水域面积 10.55 km² 核算,天然降雨进入星海湖水体的水量为 189.69 万 m³。

本研究在确定湿地水位过程中,主要依据星海湖作为贺兰山前平原拦洪库的基本属性,并结合河底地面高程来确定,将星海湖分为五个域:南域、中域、北域、东域、新域(见图 1)。基于湿地公园的景观功能,现设定以下三种水位:

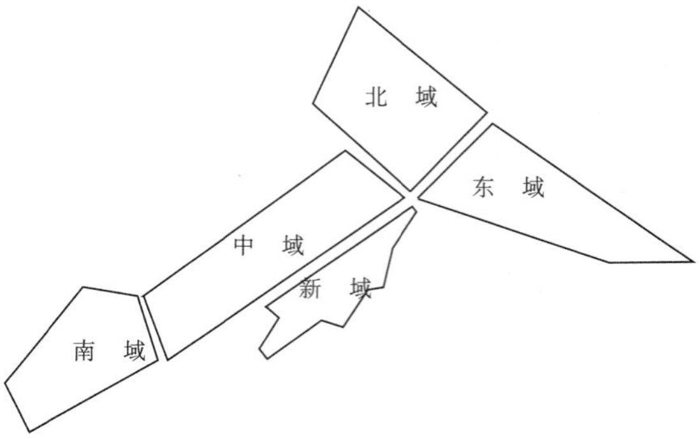

图 1　星海湖水域示意图[3]

(1)最低湿地水位。

根据规划(见表1),南域最低水位0.2 m,中域及北域最低水位1.3 m,东域最低水位0.1 m,一次性充库需求水量为989.29万m^3(水面面积×水位)。

表1　星海湖各水域面积及水位

区域	水面面积/km^2	最低水位/m	标准水位/m	最高水位/m
南域	1.54	0.2	0.3	0.4
中域	5.07	1.3	1.4	1.5
北域	1.94	1.3	1.4	1.5
东域	0.7	0.1	0.2	0.3
新域	1	—	—	—

(2)标准湿地水位。

根据表1,南域标准水位0.3 m,中域及北域标准水位1.4 m,东域标准水位0.2 m,一次性充库需求水量为1 081.79万m^3。

(3)最高湿地水位。

根据表1,南域最高水位0.4 m,中域及北域最高水位1.5 m,东域最高水位0.3 m,一次性充库需求水量为1 174.29万m^3。

通过计算,水体可直接利用水量增量=水面降水量-水体蒸发量-水体渗漏量=-820.042万m^3。分析得出,进入星海湖水体的天然降雨水量不能满足水体蒸发和渗漏损失后的最低需求水量要求。为了维持湿地的有效景观,在一次性充库时,考虑可供水量标准情况下一次性蓄水1 174.29万m^3。运行过程中,当水位下降至最低水位时,应允许汇入其水源的水体。由图2分析,最大缺水月出现在5月,需要补水135.1万m^3。

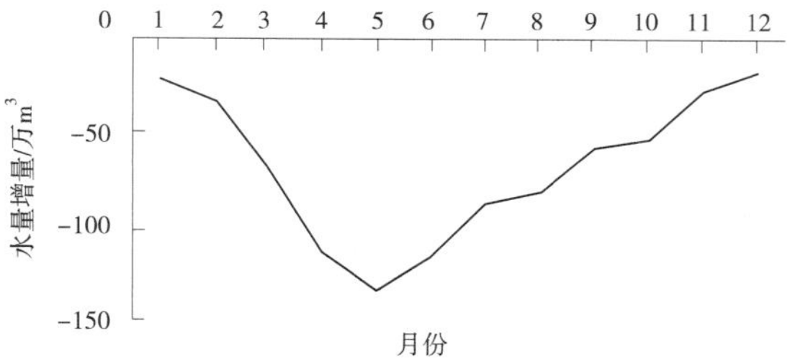

图2　星海湖1~12月水量增量变化情况

3.2　星海湖景观水体置换周期研究

星海湖周边可利用水源包括中水、雨洪水和城市雨水径流。地下水的利用目前还难以评估,暂不列入补充水源考虑范围。综合考虑社会效益、经济效益和生态效益,将中水水源作为星海湖第一充库水源,雨洪水为补充水源。

通过分析石嘴山市环境监测站提供的星海湖水质监测数据,近年来星海湖水质得到明显改善(见图3),2020年1~5月星海湖南域、中域、北域水质平均达到地表水Ⅳ类及以上。2020年6月11日停止向星海湖补水后,星海湖水质逐渐恶化,根据7月中旬水质监测数据显示,中域水质为Ⅴ至劣Ⅴ类,主要超标因子为化学需氧量和总磷。综合考虑,由于在污染物处理达标后才能使用中水补充星海湖景观水体,所以在景观水体置换周期研究时以补充水源为Ⅳ类水质标准为研究对象。

一次性充库无横向流入和流出状态时,水质会经历两个阶段的变化:阶段一是水质恶化阶段,此阶段因为水体蒸发、渗漏损失而产生污染物富集,导致水质不断恶化,直至达到景观水体标准的上限时应进行水体的逐步置换;阶段二是水质提升阶段,即通过补水水源稀释水体,使其冲淡劣质水体的污染物,在此过

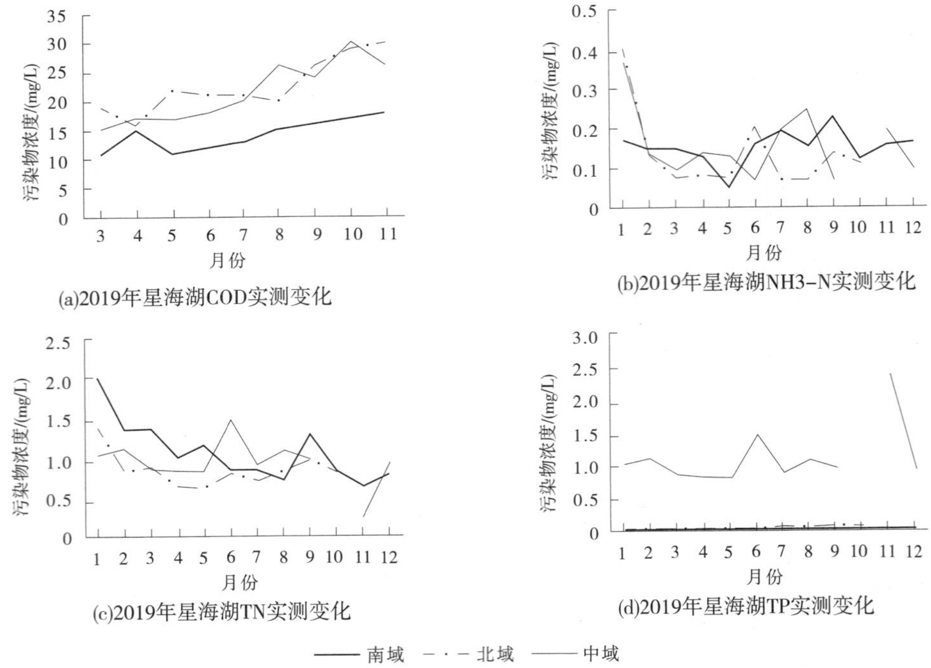

注:10 月因星海湖施工,无监测数据。

图 3　2019 年星海湖污染物变化情况

程中会提升原水体的水质,直到恢复为标准水质。这两个阶段构成了景观水体水质变化的完整周期。

一次性充库采用净化后的中水,蓄水量为 1 174.29 万 m^3。研究周期为一年,以Ⅳ类水质标准为计算指标,计算结果见图 4。

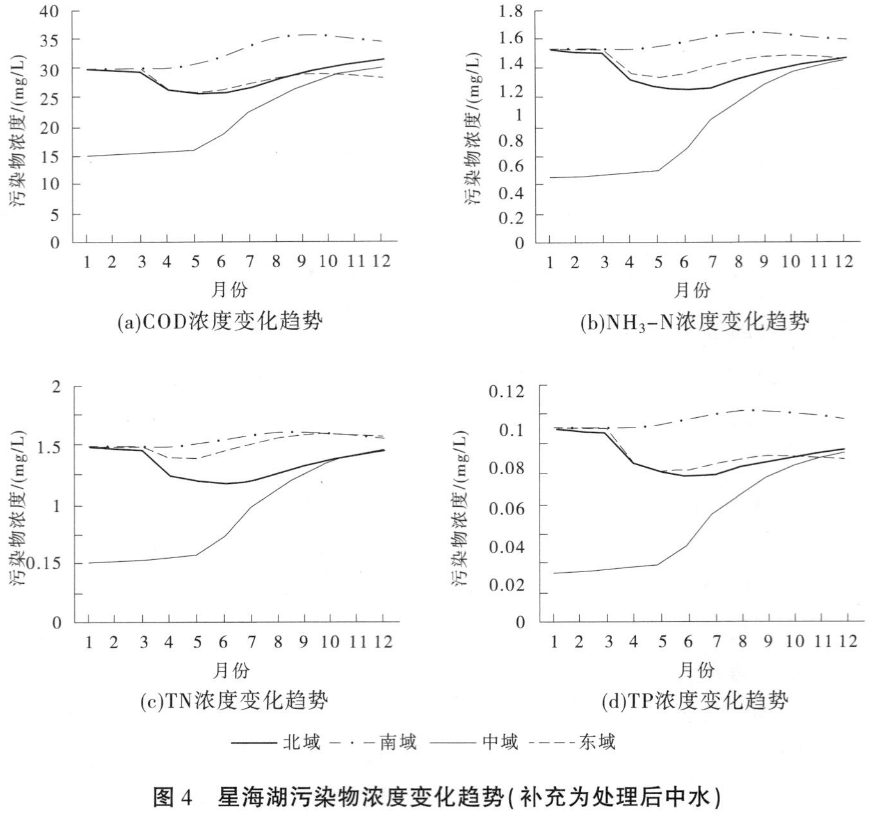

图 4　星海湖污染物浓度变化趋势(补充为处理后中水)

由图 4 分析，当充库水体和补充水源水体同为Ⅳ类水时，位于入流口的北域水质呈现先下降后上升的趋势，其他几个域的污染物浓度持续增加。造成这种差异的原因可能是北域受再生水厂出水的影响较强，抵消了北域蒸发所引起的浓度升高，进而造成星海湖北域部分地区水质较其他域的污染物富集情况较轻。如果水体水质目标为Ⅳ类水，必须在污染物浓度还未达到峰值前就对水体进行稀释或者置换，以满足景观水体的水质标准。

4　结　语

（1）景观需水量不仅要满足水量要求，还需要满足水质需求。水体置换周期的研究就是为了更好地服务于社会，满足人们日益提高的对城市生态环境、生活质量及文化建设的要求。

（2）星海湖湿地在不引入其他水源的情况下，湖泊水质会日趋恶化，达不到Ⅳ类水质标准。

（3）水质标准越高，水体置换周期越短。补充水源水质越好，换水周期越长，换水量也相对减少。

5　建　议

为保持星海湖景观水体稳定在Ⅳ类水质，建议每天对水体进行补水，以代替换水周期。如遭遇持续恶劣高温天气，可考虑及时补水以保持水体良好的水质环境。

建议增加多种补充水源，统筹星海湖周边区域可用水源，充分利用区域可再生水源。

通过以上研究结果，建议对补充水源的水质进行提升，以延长星海湖景观水体的换水周期，为星海湖提供稳定、优质的补水水源。

参考文献

[1] 刘光莲. 河口湿地公园景观需水量及置换周期研究[D]. 济南：山东建筑大学，2010.

[2] 杨薇，杨志峰，孙涛. 湿地生态需水量与配水研究进展[J]. 湿地科学，2008，6(4)：531-535.

[3] 王世强，石伟，欧阳虹，等. 基于水量-水质模型的星海湖生态补水量研究[J]. 甘肃农业大学学报，2020，55(5)：180-186.

[4] 许伟，侯梦琪，张福超，等. 星海湖生态环境问题整治可行性研究报告[R]. 天津：中水北方勘测设计研究有限责任公司，2021.

桂林长塘水利枢纽鱼道水力学模型试验研究

陈　良[1]　廖智颖[2]　王建平[2]

(1. 广西大藤峡水利枢纽开发有限责任公司,广西桂平　537226;
2. 珠江水利委员会珠江水利科学研究院,广东广州　510611)

【摘　要】 桂林长塘水利枢纽的开发建设在带来效益的同时,也阻碍了西河鱼类的洄游。对此,本工程采用竖缝式鱼道+升鱼机的生态补偿措施来解决坝上下游鱼类基因交流问题。由于鱼道内隔板阻水作用,水动力条件复杂,三维水动力特性明显,本研究在已有三维数值模拟成果的基础上建立水工模型,验证竖缝式鱼道隔板形式布置方案的合理性,采用不同的运行流量对内部水流条件进行对比分析研究。根据本研究分析,不同运行流量不仅对竖缝流速、过鱼池内主流流速产生影响,对过鱼池内流态也可能产生影响。最终推荐长塘鱼道运行流量采用 0.36~0.60 m^3/s,同时建议在运行过程中监测下游水位变化及实际竖缝流速以调整上游补水流量。

【关键词】 水力学;短鱼道;水工模型试验;隔板;长塘水利枢纽

1　引　言

长塘水库工程位于广西壮族自治区桂林市境内、洛清江一级支流西河干流上,是一座以供水、灌溉为主,结合防洪,兼顾发电等综合利用的大(2)型水库工程,是以广西壮族自治区政府提出的“保护漓江,发展临桂,再造一个新桂林”发展战略为目标,实现桂林市“两江服务两城”规划里面的重点水资源配置工程。水利水电工程的开发建设在带来了巨大的经济、社会效益的同时[1],也破坏了河流连通性[2],柳江、洛清江上拦河大坝的建设使得东河、西河、茅河等主要支流经济鱼类明显下降。由于洛清江中下游梯级开发基本完成,形成首尾相连的库区,洛清江上游的东河和西河成为了流域内仅存的流水河段,为一些喜流水种类提供栖息空间。为解决坝上下游的鱼类基因交流问题,必须采取针对鱼类的生态补偿措施[3]。

本工程采用短鱼道+固定门机方案,其中短鱼道采用同侧竖缝式鱼道。竖缝式鱼道作为协助鱼类上溯的生态补偿措施,近年来得到了广泛的应用[4-5]。目前,国内外对鱼道的水力特性研究大多采用数值模拟、物模模型试验或二者相结合的方式[6]。郭维东[7]等以辽宁省三湾水利枢纽鱼道工程为原型,建立 1∶5比尺的水工模型,对同侧竖缝式鱼道的水力特性进行了理论分析;王晓刚[8]等采用三维紊流数学模型,研究休息室直段和弯段的池室长度、竖缝位置及弯段角度等对池内水流特性的影响;蒲云娟[9]等结合国内某水电站鱼道工程的设计,采用物理模型试验与数值模拟相结合的手段进行了同侧竖缝式鱼道的直角转弯段的研究,提出了改善水流流态的措施。本研究在三维数值模拟计算的基础上,开展水力学物理模型试验,进一步验证隔板形式方案下流速流态的适宜性;增加不同运行流量下的鱼道水流条件差异对比,对数模成果进行验证的同时进行优化调整。

2　长塘鱼道工程概况

2.1　目标鱼类基本情况

长塘水利枢纽工程确定大刺鳅(*Mastacembelus armatus*)、圆吻鲴(*Distoechodon tumirostrisPeters*)、大眼华鳊(*Sinibrama wui*)、大鳍鳠(*Hemibagrus macropterus*)、波纹鳜(*Siniperca undulata*)、黄颡鱼(*Pelteobagrus fulvidraco*)、光倒刺鲃(*Spinibarbus hollandi*)等为主要的过鱼对象,个体大小为(18.7±5.4)

cm(平均值±标准差)。根据过鱼种类的洄游特征[10],过鱼设施运行时间暂定过鱼季节主要为 4~7 月。

鱼类突进游速及临界游速是竖缝式鱼道设计中的重要参数[11],是推测目标鱼类能否通过鱼道竖缝上溯的关键,鱼道内各区域设计流速应小于鱼类的突进游速,而竖缝流速通常采用目标鱼类的临界游速[12]。根据现场鱼类游泳能力测试试验结果,大刺鳅、圆吻鲴、大眼华鳊、大鳍鳠、波纹鳜的突进游速分别为 0.33~0.49 m/s、1.09~1.32 m/s、0.85~1.11 m/s、1.34~1.70 m/s、1.10~1.50 m/s,临界游速分别为 0.33~0.48 m/s、0.87~1.12 m/s、0.57~0.80 m/s、0.91~1.02 m/s、0.77~1.25 m/s。根据汪玲珑、田凯等[13-14]的研究,光倒刺鲃的临界游速为(1.13±0.25)m/s,瓦氏黄颡鱼(*Pelteobagrus vachelli*)临界游速约为 0.98 m/s,一般而言,突进游速大于临界游速。因此,7 种过鱼对象的临界游速、突进游速范围分别为 0.33~1.25 m/s、0.33~1.70 m/s,建议长塘水库的短鱼道流速设计值取 1 m/s。

2.2　鱼道设计方案及相关参数

综合考虑西河鱼类需求及各类过鱼措施的过鱼效果[15-17],本工程采用短鱼道+固定门架启闭机提升过坝方案来实现过鱼。

短鱼道由尾水渠引水,鱼类从诱鱼口进入鱼道,在鱼室内上溯,经赶鱼栅池后进入集鱼箱,通过上部抓取设备提升运至运鱼车,运输后通过门架启闭机吊运集鱼箱过坝至上游库区运输船,最后运至上游库尾放生。短鱼道总长 58.40 m,宽 2.0 m。其中,进口闸门控制段长 5.4 m(坡度 $i=0$),直线段长 21.6 m($i=2.5\%$),后接 132°的转弯段,随后上游集鱼槽均为平坡段($i=0$),消力池池长 7.4 m。鱼道池室结构采用同侧竖缝式,共设 7 个鱼室,长 2.7 m、宽 2.0 m,竖缝宽 0.4 m(见图 1)。

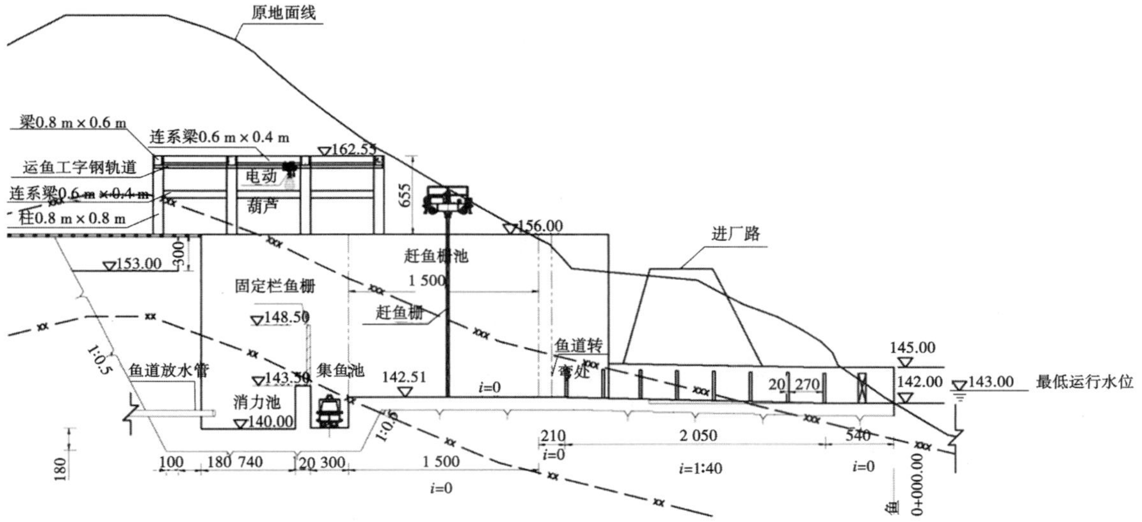

图 1　短鱼道立面图　(单位:高程,m;尺寸,cm)

2.3　设计运行水位

鱼道进口底板高程为 142.0 m。为保证过鱼效果,鱼道内需保持一定水深,143.0 m 为最低运行水位。泄洪期间鱼道不运行,故机组满发时水位即为设计最高运行水位,根据坝址流量-水位关系及机组满发流量,确定最高运行水位为 143.64 m。

3　模型构建

3.1　模型设计

采用正态模型,按重力相似准则设计,糙率比尺遵循阻力相似准则。根据枢纽各建筑物尺寸、模型场地、试验设备、供水量和仪器量测精度等要求,确定几何比尺为 3,其他各相似比尺关系为:

几何比尺:
$$\lambda_L=\frac{L_P}{L_M}=3 \tag{1}$$

流速比尺：
$$\lambda_v = \frac{v_P}{v_M} = \sqrt{\frac{L_P}{L_M}} = \lambda_L^{1/2} = 3^{1/2} = 1.73 \tag{2}$$

流量比尺：
$$\lambda_Q = \frac{Q_P}{Q_M} = \frac{A_P v_P}{A_M v_M} = \frac{L_P^2}{L_M^2}\lambda_L^{1/2} = \lambda_L^{5/2} = 3^{5/2} = 15.59 \tag{3}$$

糙率比尺：
$$\lambda_n = \lambda_L^{1/6} = 1.20 \tag{4}$$

式中，L_P 为原型的线性长度；L_M 为模型的线性长度；v_P 为原型的流速；v_M 为模型的流速；Q_P 为原型的流量；Q_M 为模型的流量；A_P 为原型的过水断面面积；A_M 为模型的过水断面面积。

3.2 模型制作

模型边墙、消力池、集鱼池、尾水池采用混凝土砌筑，鱼道隔板采用水泥刮制，边墙高度约 75 cm。鱼道底部碎石用卵石模拟，粒径 2~3 cm，随机布置。

模型制作完成后进行物理验证，下游地形平面误差控制在±2 cm 以内、高程误差控制在±2 mm 以内，各构筑物部位误差控制在±0. 1 mm 以内，以满足水工模型试验规程要求[18]。水工模型试验图见图 2、水工模型平面布置见图 3。

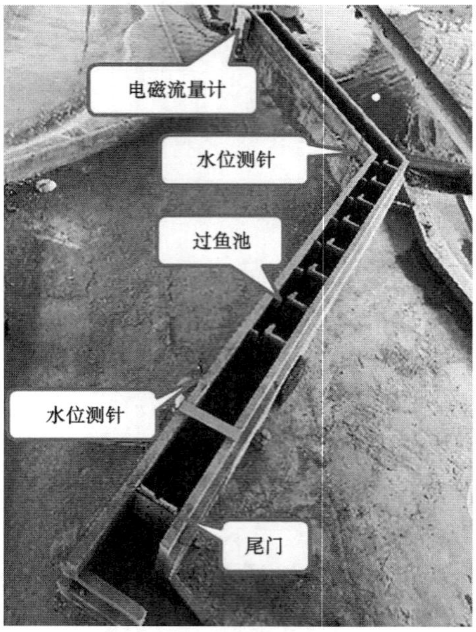

图 2　水工模型试验图

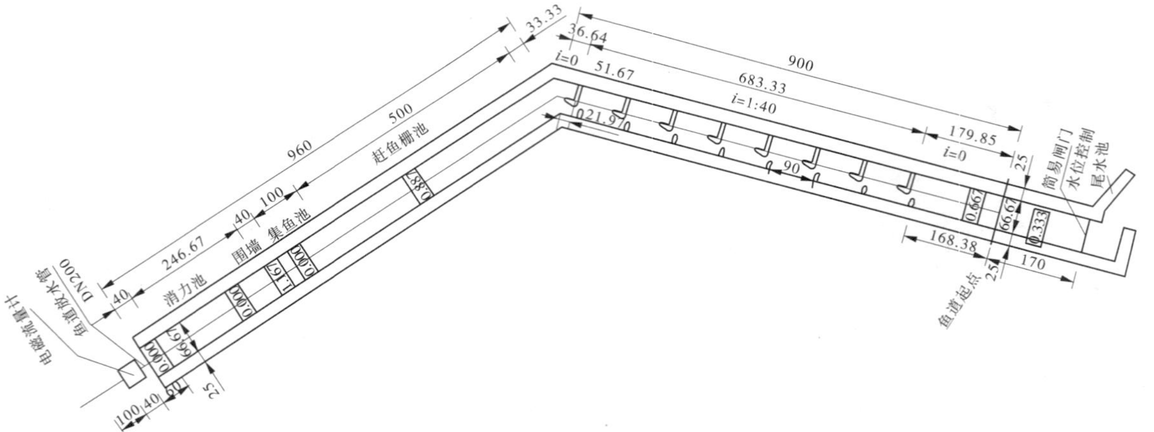

图 3　水工模型平面布置　(单位:高程,m;尺寸,cm)

3.3 控制设备

模型上游流量由电磁流量计控制，型号 MGG/KL，通径 200 mm，精度 0. 5 级；模型下游水位为鱼道尾水池水位,通过水位测针读取,由简易闸门控制,尾水池与回水池间为跌流;过鱼池流速由 LS-8C 八线红外旋桨流速仪量测,适用流速范围为 0.01~2 m/s,精度±3%;模型水流流态由佳能 6D 数码相机记录。

3.4　试验工况

下游水位根据电站机组的发电情况变化,设置最高运行水位工况(水位 143.64 m)和最低运行水位工况(水位 143.00 m)(见表 1)。2 个水位工况分别对应 2 个不同的鱼道运行流量,工况一、三分别为三维数值模拟中确定的运行流量。本次水力学模型试验对数值模拟成果进行验证并调整相应运行流量,观测对比不同运行流量下鱼道内水流条件的差异。

表 1　试验工况

工况	计算工况	鱼道运行流量/(m^3/s)	下游水位/m	设计水深/m	模型水深/cm
一	最高运行水位	0.65	143.64	1.64	54
二	最高运行水位	0.60	143.64	1.64	54
三	最低运行水位	0.30	143.00	1.00	33
四	最低运行水位	0.36	143.00	1.00	33

3.5　测点布设

为观察上下游过渡段、中部稳定段过鱼池的流速,沿上游至下游方向选择第 1、4、7 个过鱼池进行流速测量,过鱼池位置见图 4。每个过鱼池布设 8 个流速测量点,1#测点位于竖缝中部,2#、4#测点位于过鱼池中部的两侧,3#测点位于过鱼池中部、主流附近,5#测点位于勾状物前沿,6#测点位于勾状隔板内部,7#测点位于转向块前,8#测点位于隔板竖缝前(见图 5)。

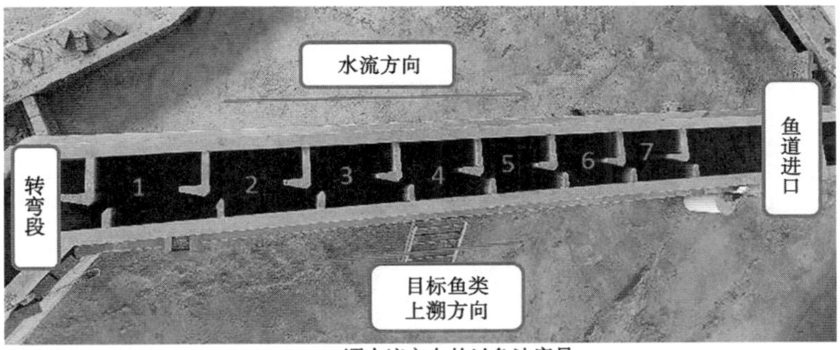

1~7—顺水流方向的过鱼池序号。

图 4　过鱼池位置

图 5　过鱼池流速测点布设

4 试验成果

4.1 过鱼池流速分布

最高运行水位工况中，工况一（运行流量 0.65 m^3/s）相比工况二（运行流量 0.60 m^3/s），竖缝流速与主流流速明显更高；最低运行水位工况中，工况三（运行流量 0.30 m^3/s）相比工况四（运行流量 0.36 m^3/s），竖缝流速与主流流速明显更低。同时，过鱼池 1 因靠近上游来水，竖缝流速、主流流速较大，过渡后在中部及下游几个过鱼池流速趋于稳定。

各组工况下各过鱼池流速分布规律相近。从过鱼池中流速分布来看，1#测点位于竖缝处，流速最大；2#测点位于转向块下游侧，为回流区，流速很小；3#测点靠近主流，流速较大；4#测点靠近边墙，为回流区，流速较小；5#测点位于勾状物前沿，流速略小；6#测点位于勾状物内侧，为回流区，且水位明显壅高，流速很小；7#、8#测点靠近下一个过鱼池竖缝前，过水断面开始缩窄，流速开始变大。过鱼池表、中层流速大小分布大致为 1#>3#>5#>8#>7#>2#、4#、6#。同时，由于底部布置有碎石，糙率较大，底层流速一般小于表、中层流速。图 6～图 9 为 4 组工况中第 1、4、7 个过鱼池流速分布。

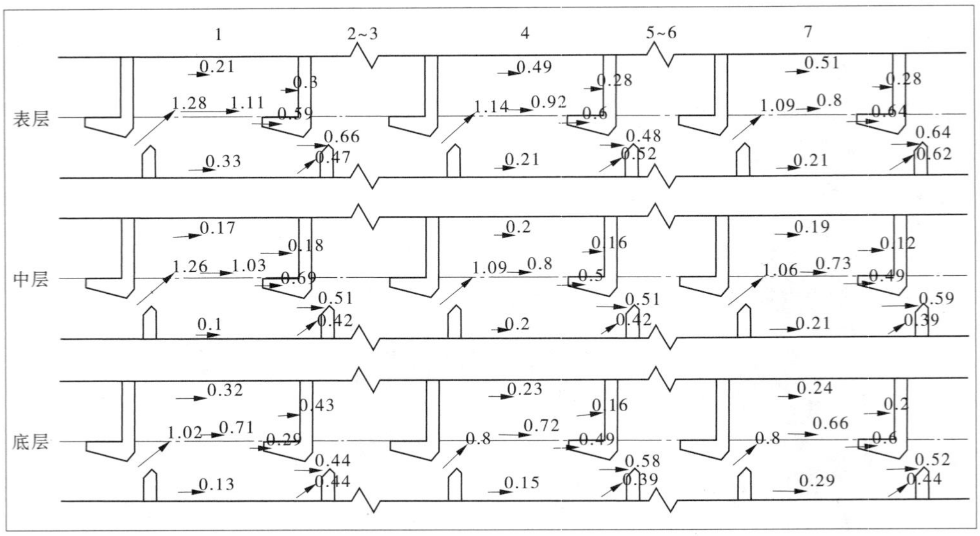

图 6　工况一 过鱼池流速分布　（单位：m/s）

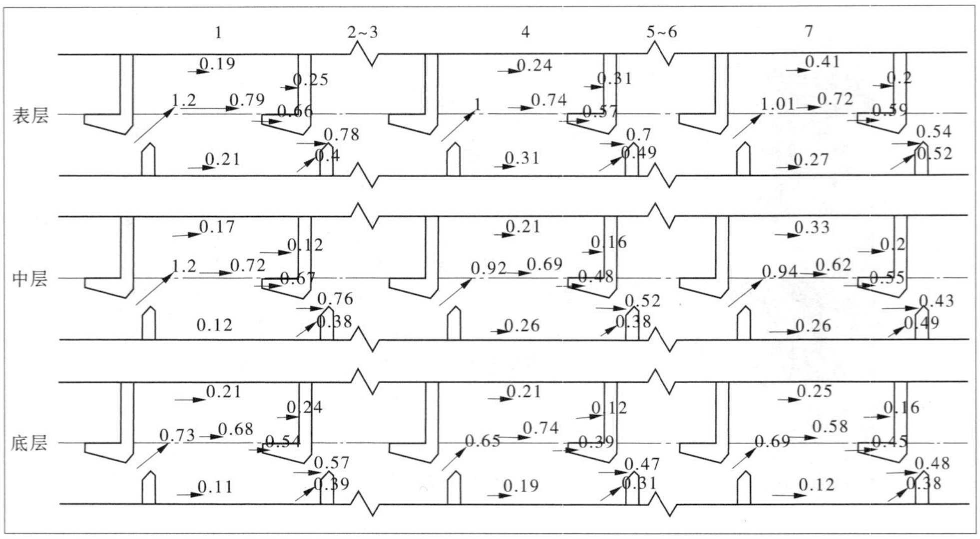

图 7　工况二 过鱼池流速分布　（单位：m/s）

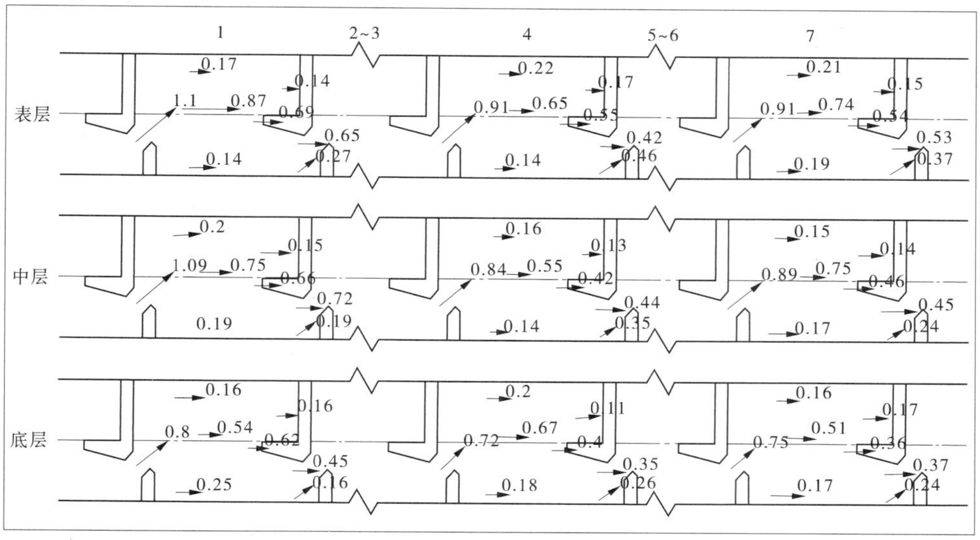

图 8　工况三 过鱼池流速分布　(单位:m/s)

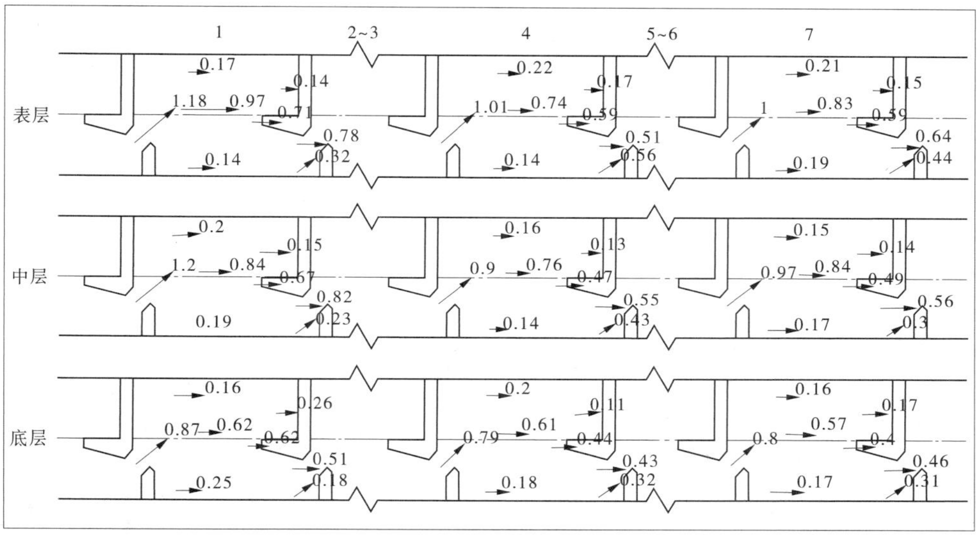

图 9　工况四 过鱼池流速分布　(单位:m/s)

4.2　沿程竖缝流速分布特点

工况一,过鱼池 1、过鱼池 2 竖缝表层流速均达到了 1.28 m/s,中层流速分别为 1.26 m/s、1.21 m/s,经上游两个过鱼池过渡后,中部及下游过鱼池竖缝流速达到稳定,表层流速均在 1.1 m/s 附近,均高于鱼道设计流速 1 m/s。

工况二,过鱼池 1 竖缝表、中层流速都达到 1.2 m/s,经过鱼池 1 过渡后,中部及下游过鱼池竖缝表、中层流速分别在 1.01 m/s、0.97 m/s 附近,均和鱼道设计流速 1 m/s 较符合。

工况三,过鱼池 1、过鱼池 2 竖缝流速分别为 1.1 m/s、1.04 m/s,经上游两个过鱼池过渡后,中部及下游过鱼池竖缝流速均在 0.9 m/s 附近,明显低于鱼道设计流速 1 m/s。

工况四,过鱼池 1、过鱼池 2 竖缝表层流速分别为 1.18 m/s、1.14 m/s,经上游两个过鱼池过渡后,中部及下游过鱼池竖缝表层流速在 1 m/s 附近,中层流速范围为 0.9~1 m/s,与鱼道设计流速 1 m/s 较为符合(见图 10)。

4.3　过鱼池流态特点

水流经竖缝后在转向块的作用下,主流将朝过鱼池左侧边墙流去,部分水流在左侧形成低速回流区,部分水流绕过勾状物流向右侧边墙,经下一个隔板的转向块调整,通过下一个隔板竖缝。各工况下

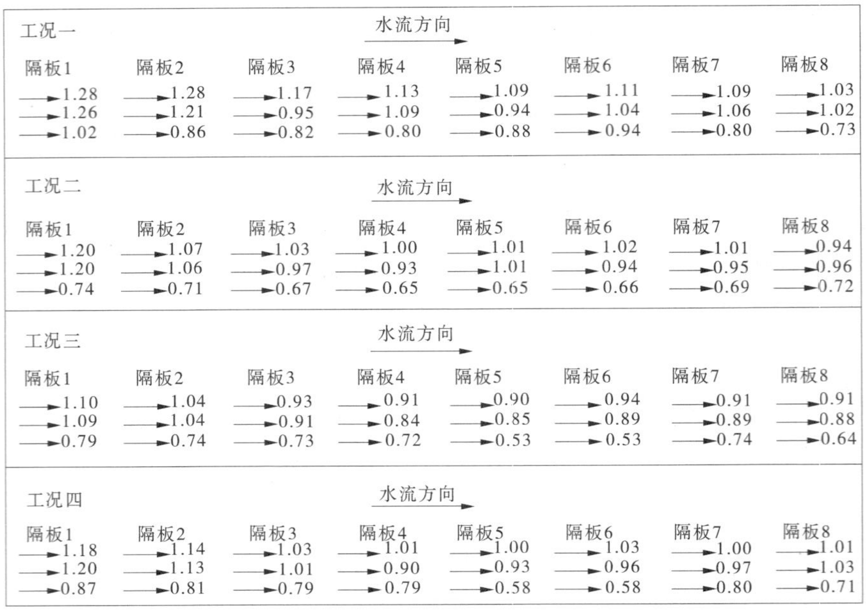

图 10 沿程竖缝流速分布 (单位:m/s)

水力路径相近,大致呈“S”形,略有不同,主流两侧形成 3 个回流区,为鱼类休息提供了栖息水域。

由工况一、工况二对比来看,前者因运行流量相对较高,上游的过鱼池水流经竖缝转向块后,主流更偏向左侧边墙方向,冲墙风险较大,呈现的“S”形相对较宽,左侧回流区范围相对较小;中部及下游的过鱼池水力路径与工况二几个过鱼池水力路径区别较小,主流偏向左侧边墙但未冲墙,左侧回流区范围相对较大(见图 11、图 12)。

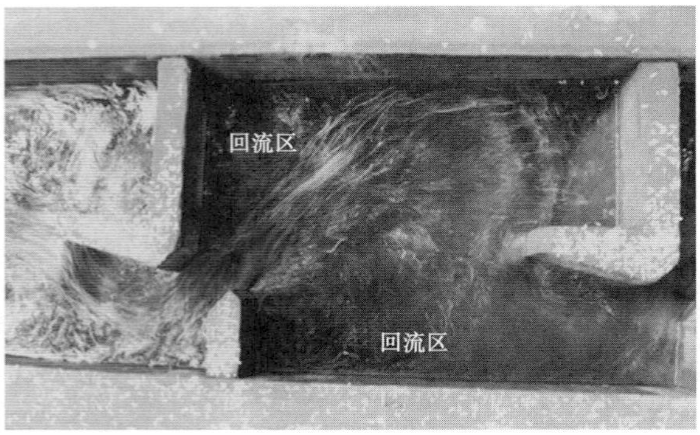

图 11 过鱼池流态(工况一,0.65 m^3/s)

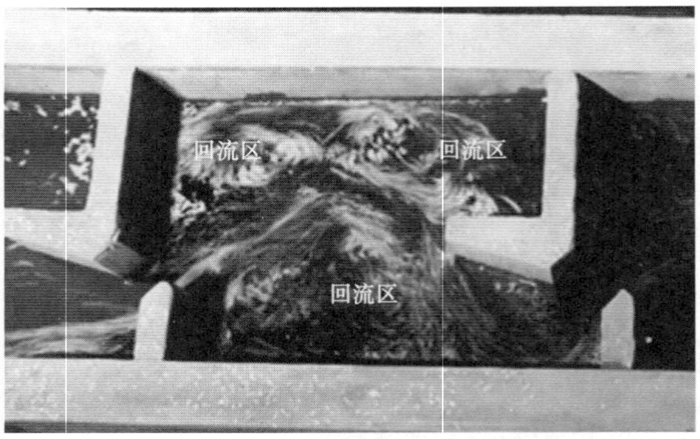

图 12 过鱼池流态(工况二,0.60 m^3/s)

由工况三、工况四对比来看,二者水力路径区别较小,因运行流量较小,水流经竖缝转向块调整后的主流左偏角度相对工况二较小,两侧回流区范围相对较大,鱼类有足够的栖息水域(见图 13、图 14)。

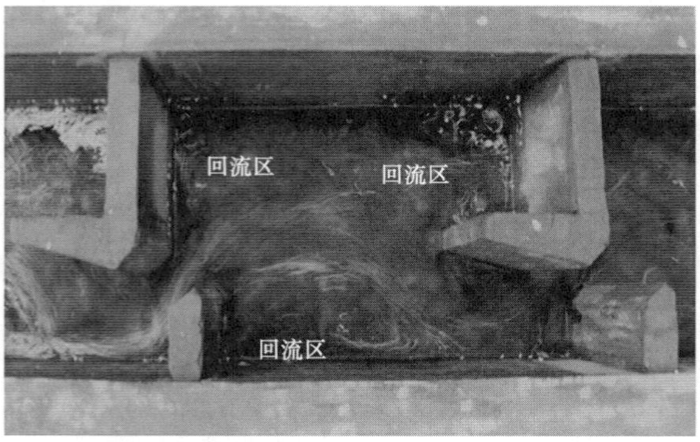

图 13 过鱼池流态(工况三,0.30 m^3/s)

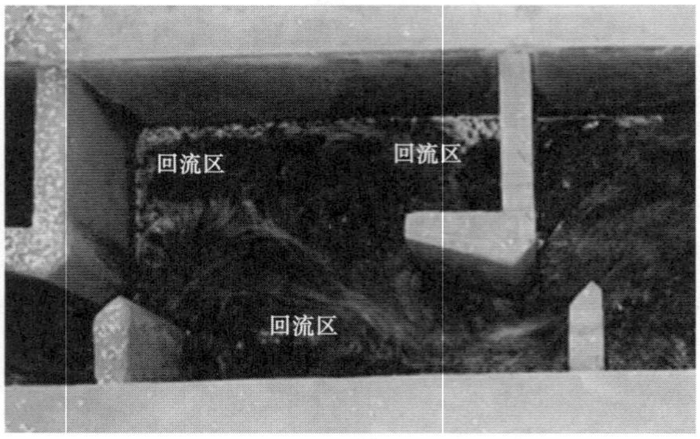

图 14 过鱼池流态(工况四,0.36 m^3/s)

4.4　成果分析

从试验成果来看，最高运行水位工况下，运行流量采用 0.65 m^3/s 时，整体竖缝流速较大，第 1 个过鱼池竖缝底层流速也达到了 1.0 m/s 以上，结合目标鱼类的临界游速，可能对目标鱼类的上溯造成阻碍；在流态方面，偏大运行流量导致上游过鱼池左侧回流区过小，对鱼类亦不利。

最低运行水位工况下，2 种运行流量下，流态较为接近，仅竖缝流速、过鱼池内主流流速有明显差异，结合目标鱼类的游泳能力指标，对目标鱼类的上溯影响不大。

5　结论与建议

（1）根据四组试验工况流速特点、过鱼池流态对比，最高运行水位工况下，鱼道运行流量采用 0.65 m^3/s、0.60 m^3/s 时，竖缝流速分别达到 1.1m/s、1.0m/s；最低运行水位工况下，鱼道运行流量采用 0.36 m^3/s、0.30 m^3/s 时，竖缝流速分别达到 1.0 m/s、0.9 m/s。结合长塘鱼道设计流速为 1.0 m/s，建议最高运行水位工况、最低运行水位工况的鱼道运行流量采用 0.60 m^3/s、0.36 m^3/s。

（2）根据试验组对比确定的运行流量，设计工况下过鱼池中主流明确，呈“S”形沿程下泄；主流两侧形成低流速回流区，回流区面积约占休息池的 2/3，休息条件优越。

（3）大刺鳅的游泳能力较弱，与其他过鱼对象的临界游速、突进游速差异太大。鱼道内设计流速对其上溯会形成阻碍，建议专门制定大刺鳅过坝技术研究。

（4）本工程鱼道下泄流量通过补水管供给，下游水位变化将影响对应的上游补水流量。建议进一步细化理想流场下下游水位与补水流量关系研究，并在实际运行过程中监测下游河道水位变化，科学制订补水方案及管理模式。

（5）建议在长塘鱼道过鱼池竖缝处布设流速测量仪器监测流速，实际运行过程中结合过鱼效果对补水流量进行校核，以保证过鱼效果。

参考文献

[1] Zarfl C ,Lumsdon A E ,Berlekamp J , et al. A global boom in hydropower dam construction[J]. Aquatic Sciences, 2015, 77(1):161-170.

[2] Gardner C J,Rees-Jones J , Morris G, et al. The influence of sluice gate operation on the migratory behaviour of Atlantic salmon Salmo salar (L.) smolts[J]. Journal of Ecohydraulics, 2016,1(1-2):90-101.

[3] 陈凯麒, 常仲农, 曹晓红,等. 我国鱼道的建设现状与展望[J]. 水利学报, 2012, 43(2):182-188.

[4] 刘志雄, 周赤, 黄明海. 鱼道应用现状和研究进展[J]. 长江科学院院报, 2010, 27(4):28-31,35.

[5] Guiny E,Ervine D A,Armstrong J D . Hydraulic and Biological Aspects of Fish Passes for Atlantic Salmon[J]. Journal of Hydraulic Engineering, 2005, 131(7):542-553.

[6] 胡健. 鱼道相关研究进展[J]. 中国高新技术企业, 2016(8):7-8.

[7] 郭维东, 孙磊, 高宇,等. 同侧竖缝式鱼道流速特性研究[J]. 水力发电学报, 2013:155-158.

[8] 王晓刚, 李云, 何飞飞,等. 竖缝式鱼道休息池水动力特性研究[J]. 水利水运工程学报, 2020(1):40-50.

[9] 蒲云娟, 何艳, 吕海艳,等. 同侧竖缝式鱼道直角转弯休息池段体型研究[J]. 四川水力发电, 2022, 41(2):114-118.

[10] 蔡露, 房敏, 涂志英,等. 与鱼类洄游相关的鱼类游泳特性研究进展[J]. 武汉大学学报:理学版, 2013(4):363-368.

[11] 中华人民共和国水利部. 水利水电工程鱼道设计导则:SL 609—2013[S]. 北京:中国水利水电出版社,2013.

[12] Blank M D,Cahoon J ,Mcmahon T . Using three dimensional hydrodynamic modeling and fish swimming energetics to assess culverts as potential physical barriers to upstream fish movement[C]//Proceedings of the transportation research board 88th annual meeting,Washington,DC,USA. 2009:11-15.

[13] 汪玲珑, 王从锋, 寇方露,等. 北盘江四种鱼类临界游泳速度研究[J]. 三峡大学学报(自然科学版),2016(38):15-19.

[14] 田凯, 曹振东, 付世建. 速度增量及持续时间对瓦氏黄颡鱼幼鱼临界游泳速度的影响[J]. 生态学杂志, 2010(3): 534-538.
[15] 郑姁姁, 张雨玫, 陶思佳,等. 浅析国内外过鱼设施的发展[J]. 南方农机, 2020, 51(11):71-72.
[16] 曹庆磊, 杨文俊, 周良景. 国内外过鱼设施研究综述[J]. 长江科学院院报, 2010, 27(5):39-43.
[17] 栾丽,彭艳,何涛,等. 不同类型过鱼设施特点及适应性研究[J].水力发电,2020,46(11):11-14,28.
[18] 中华人民共和国水利部.水工(常见)模型试验规程:SL 155—2012[S].北京:中国水利水电出版社,2012.

桂林长塘水利枢纽鱼道进口布置方案优化

刘　霞　黄春华

（珠江水利委员会珠江水利科学研究院，广东广州　510611）

【摘　要】 为论证长塘水利枢纽鱼道进口位置选址合理性，并提高进口诱鱼效果，本文基于 MIKE 水动力软件中的 MIKE21 水动力模块，构建长塘水利枢纽下游区域二维模型，对不同机组运行工况下的流场进行分析。结果表明，拟选址布置的短鱼道进口诱鱼效果较差。通过在进口处额外增设补水管，定量补水可提高进口流速，与主流流速形成差异流诱导鱼类进入鱼道。本研究针对不同的运行工况，分别给出推荐的额外补水流量，从措施方案后的区域流场条件分析论证提高鱼道进口诱鱼效率的可行性。

【关键词】 短鱼道；鱼道进口布置；长塘水利枢纽；电厂尾水；补水

1　引　言

长塘水库位于广西壮族自治区桂林市境内、洛清江一级支流西河干流上，拟建坝址在永福县永福镇长塘村西河峡谷出口附近，是一座以供水、灌溉为主，结合防洪，兼顾发电等综合利用的大（2）型水库工程（见图1）。水利水电工程的开发建设在带来巨大经济效益的同时[1]，也破坏了河流连通性[2]，必须采取如建设鱼道、升鱼机等针对鱼类的生态补偿措施[3]，而鱼类如何寻找并进入鱼道则是工程的关键。因此，选取合适的鱼道进口位置并保证诱鱼效率，对生态补偿措施的作用发挥具有重要意义。

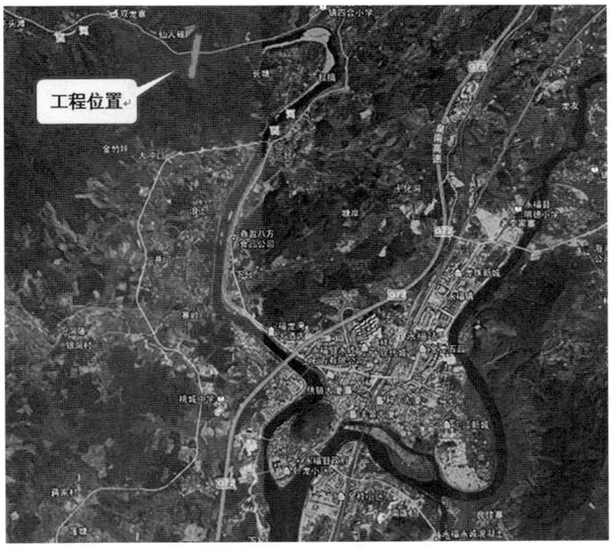

图1　长塘水库工程位置示意图

目前，国内外对于鱼道进口位置水流条件及其选址的分析研究大多采用枢纽整体水工模型试验、枢纽整体数学模型、现场观测数据分析等手段。胡永辉[4]等通过建立迈湾水利枢纽二维水动力模型，对比了厂房下游4个位置的水流条件，提出合理的鱼道进口位置方案；罗涛等[5]采用数学模型、水工模型试验相结合的手段，建立虎渡溪航电枢纽工程模型，综合分析提出了鱼道进口位置的推荐方案；文典等[6]通过现场数据采集、观测的手段，分析大渡河龚嘴水电站坝下河段鱼类的上溯通道分布，提出了鱼道进口位置方案；Andersson 等[7]采用数学模型及现场数据采集、观测相结合的手段，分析了 Stornorrfors

水电站下游流场对会有鱼类的影响,并对鱼道进口位置布置的合理性进行了论证。

本工程选用短鱼道+固定门机方案,根据鱼类坝下上溯规律,鱼道进口的选择常考虑经常有水流下泄的位置,并靠近目标鱼类能上溯到的最上游位置[8]。但因长塘枢纽平面布置位置及两岸地质条件、造价等因素限制,鱼道进口布置在电站下游约 160 m 左岸,而拟布置鱼道进口位置的流场条件并不能完全保证诱鱼效果。针对鱼道进口诱鱼效率不佳的问题,目前虽有增加额外的诱鱼水流来吸引目标鱼类的研究及工程方案[9],但多为提出达到理想诱鱼条件需达到的水流条件,对于额外增加诱鱼水流流量的对比分析较少。本文基于长塘水利枢纽建立枢纽整体二维数学模型,分析拟布置的鱼道进口位置附近水流条件及增加诱鱼水流后的水流条件,并给出不同水位运行工况下,推荐的鱼道额外补水流量。

2 长塘水利枢纽短鱼道工程

2.1 过鱼对象及鱼道相关设计参数

长塘水利枢纽工程实施过鱼措施解决坝上下游的鱼类基因交流问题[10],确定大刺鳅(*Mastacembelus armatus*)、圆吻鲴(*Distoechodon tumirostrisPeters*)、大眼华鳊(*Sinibrama wui*)、大鳍鳠(*Hemibagrus macropterus*)、波纹鳜(*Siniperca undulata*)、黄颡鱼(*Pelteobagrus fulvidraco*)、光倒刺鲃(*Spinibarbus hollandi*)等为主要的过鱼对象,个体大小为(18.7±5.4)cm(平均值±标准差)。根据过鱼种类的洄游特征[11],过鱼设施运行时间暂定过鱼季节主要为 4~7 月。

鱼类感应流速对目标鱼类进入过鱼设施进口非常关键[12]。根据现场鱼类游泳能力测试试验结果,大刺鳅、圆吻鲴、大眼华鳊、大鳍鳠、波纹鳜的感应流速分别为 0.06~0.13 m/s、0.09~0.17 m/s、0.05~0.13 m/s、0.09~0.13 m/s、0.13~0.20 m/s。根据苏仟根等[13]研究黄颡鱼的感应流速为 0.08~0.11 m/s,王博等[14]研究光倒刺鲃的感应流速为(0.077±0.002)m/s。可见长塘水库工程的所有过鱼目标感应流速均小于 0.20 m/s,因此短鱼道进口下泄水流流速宜大于 0.20 m/s,且能够与尾水渠主流形成差异流。

2.2 鱼道设计方案

综合考虑西河鱼类需求及各类过鱼措施的过鱼效果[15-17],本阶段推荐短鱼道+固定门架启闭机提升过坝方案来实现过鱼。

鱼类进入诱鱼口沿鱼道上溯游入赶鱼栅池;通过赶鱼栅将鱼类赶入集鱼箱;利用集鱼池上部排架的电动葫芦带动自动抓取设备,将集鱼箱提升并运至运鱼轨道始端的运鱼车上,运鱼车沿着运鱼轨道将鱼运至坝脚,再由坝顶的固定门架启闭机,吊运集鱼箱至坝前运鱼船,由运鱼船将鱼运送至上游库尾,将鱼类放生,完成鱼类洄游过坝的需求(见图 2)。

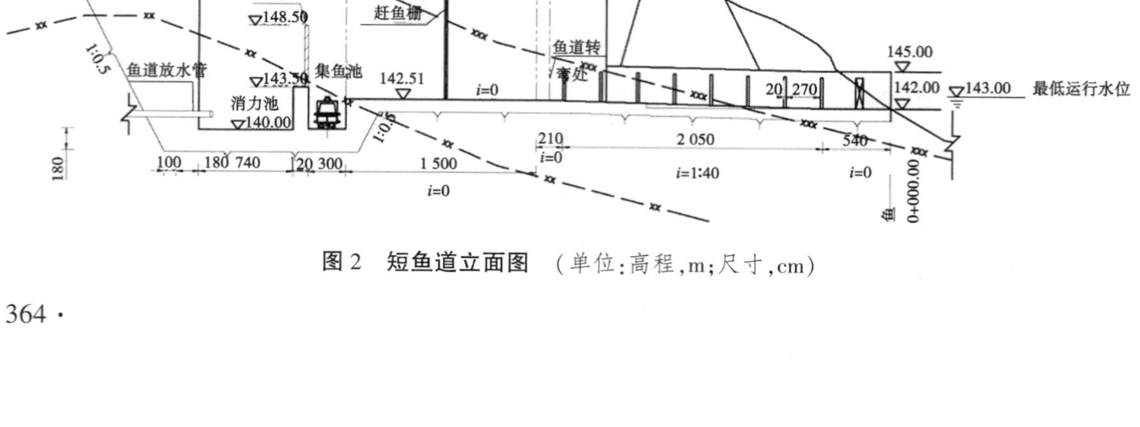

图 2 短鱼道立面图 (单位:高程,m;尺寸,cm)

2.3 设计运行水位

鱼道进口底板高程为 142.00 m。为保证过鱼效果,鱼道内需保持一定水深,143.00 m 为最低运行水位。泄洪期间鱼道不运行,故机组满发时水位即为设计最高运行水位,根据坝址流量-水位关系及机组满发流量,确定最高运行水位为 143.64 m。

2.4 电站尾水渠主要参数

电站采用坝后式电站,厂区建筑物由主厂房、副厂房、尾水渠和阀井等组成。主厂房内设 1 台单机容量 22 MW 及 2 台 3 MW 水轮发电机组,设计引用流量分别为 58.8 m^3/s 和 8.27 m^3/s。尾水建筑物由尾水闸墩及尾水反坡段组成,大机组、小机组尾水管高程分别为 132.0 m、136.0 m,大机组段尾水渠按 1:4反坡至 141.00 m 高程,小机组段尾水渠先设置 16 m 长的水平段,在与大机组段尾水渠高程相同后按 1:4反坡至 141.00 m 高程,尾水渠后面设置 20 m 水平混凝土护坦段、10 m 抛石防冲段,使水流平稳进入主河槽(见图 3)。

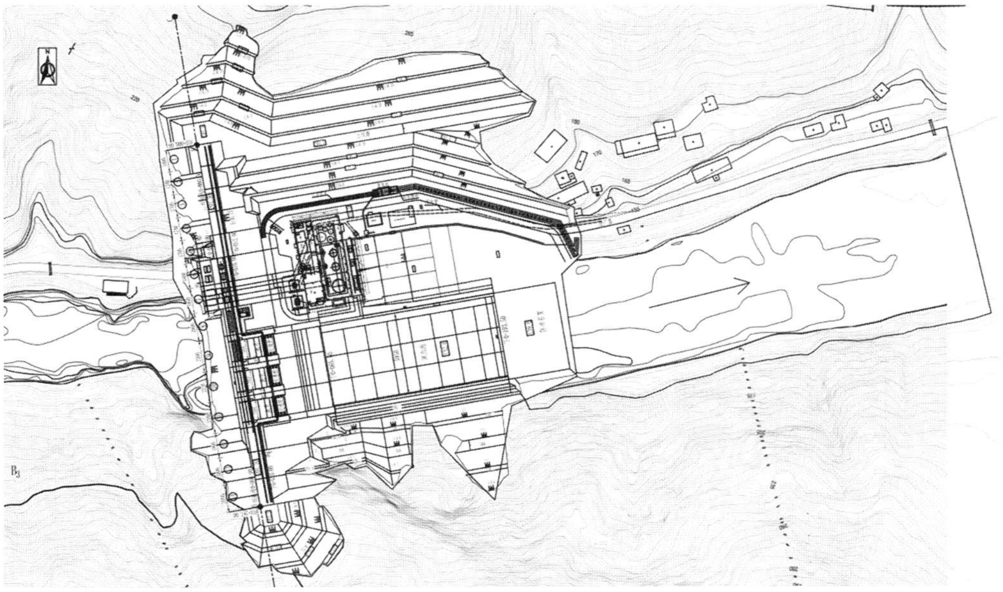

图 3 长塘水库枢纽总平面布置

3 模型构建

3.1 控制方程

鱼道出口流场主要取决于其与电站厂房的位置关系,涉及的范围相对较广,属于宏观流场分析范畴。因此,通过建立垂向平均的平面二维计算模型对短鱼道进口及附近流场特性进行分析。本研究基于 Mike21 构建长塘水利枢纽下游区域二维水动力模型。

连续方程:

$$\frac{\partial z}{\partial t}+\frac{\partial hu}{\partial x}+\frac{\partial hv}{\partial y}=0 \tag{1}$$

X 方向动量方程:

$$\frac{\partial hu}{\partial t}+\frac{\partial huu}{\partial x}+\frac{\partial hvu}{\partial y}+g\frac{\partial z}{\partial x}+\frac{gn^2(u^2+v^2)^{1/2}}{h^{4/3}}u=fv-\frac{\partial}{\partial x}\left(h\mu_H\frac{\partial u}{\partial x}\right)+\frac{\partial}{\partial y}\left(h\mu_H\frac{\partial u}{\partial y}\right) \tag{2}$$

Y 方向动量方程:

$$\frac{\partial hv}{\partial t}+\frac{\partial huv}{\partial x}+\frac{\partial hvv}{\partial y}+g\frac{\partial z}{\partial y}+\frac{gn^2(u^2+v^2)^{1/2}}{h^{4/3}}v=fu-\frac{\partial}{\partial x}\left(h\mu_H\frac{\partial v}{\partial x}\right)+\frac{\partial}{\partial y}\left(h\mu_H\frac{\partial v}{\partial y}\right) \tag{3}$$

式中,t 为时间;u、v 分别为 x、y 方向的垂向平均速度;z 为水位,即水面到某一基面距离;h 为总水深,即床面到水面的距离;f 为科氏系数($f=2\omega\sin\varphi$,ω 为地球自转的角速度,φ 为所在地区的纬度);g 为重力加速度;n 为糙率;μ_H 为紊动扩散系数。

3.2 模型范围与网格划分

鱼道进口模型上边界取至尾水渠起点处,下边界取至距离坝下 250 m 河段断面位置,左右岸边界取至 154 m 地形等高线处,计算范围见图 4。

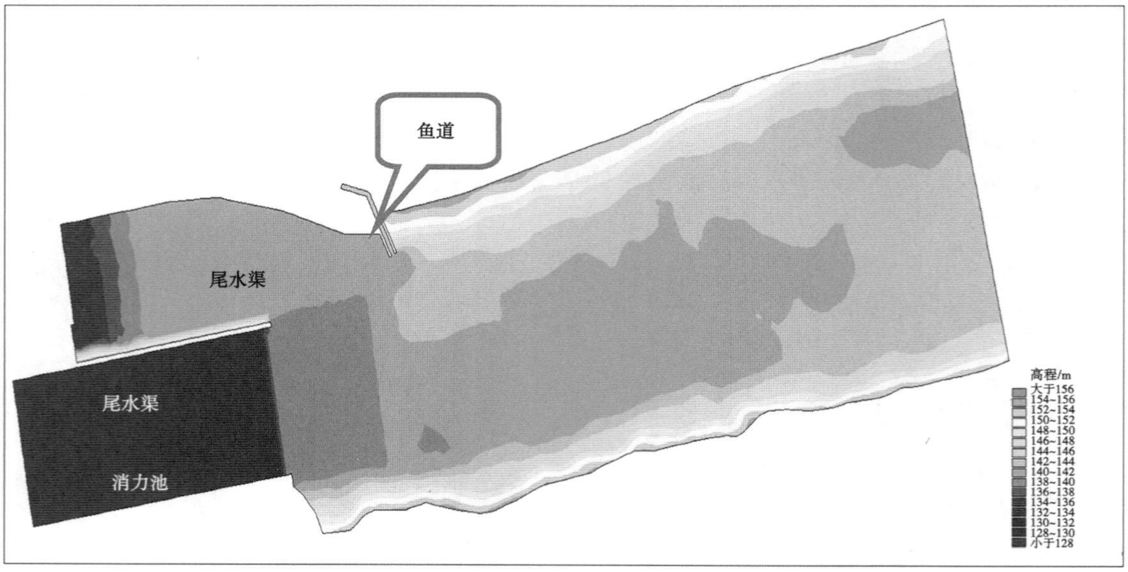

图 4 数学模型计算区域地形特征

采用三角形网格,划定尾水出口至尾水护坦变坡线,消力池出口与自然河道衔接线,整体模型最大网格单元 4 m^2,为详细分析短鱼道进口处水流情况,对该区域进行网格局部加密,最大网格单元 1 m^2,最终网格总数 11 358 个,节点数 5 934 个,网格剖分示意图见图 5。

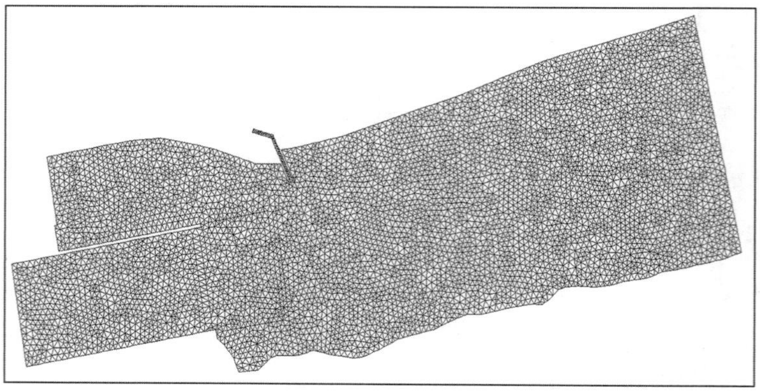

图 5 数学模型网格剖分示意图

3.3 边界条件与计算工况

本次模型计算中,根据电站布置,尾水出口处设置 3 个流量开边界,分别对应 3 台发电机组(1 大 2 小)不同的发电运行工况。河道下游设置为水位开边界,取至坝下 250 m 河段断面位置。两岸设置为陆域闭边界。根据不同的计算工况,当电站尾水出口处某电站不运行时,对应的流量边界设置成陆域闭边界,曼宁系数采用默认 32 $m^{1/3}/s$。计算工况及其参数见表 1,其中工况三即为最低运行水位工况。

表 1　各工况数学模型参数

工况	计算工况	尾水设计流量/(m^3/s)	鱼道设计宽度/m	鱼道设计流量/(m^3/s)	下游水位/m
一	3 台机组满发	75.34	2	0.60	143.64
二	1 台大机组满发	58.80	2	0.51	143.42
三	1 台大机组未满发	32.00	2	0.36	143.00

4　结果分析

4.1　原设计方案

工况一：短鱼道方案鱼道进鱼口处 5 m 范围内下泄水流流速为 0.19~0.33 m/s，尾水渠下泄水流在鱼道进口附近流速为 0.50~0.60 m/s（见图 6）。

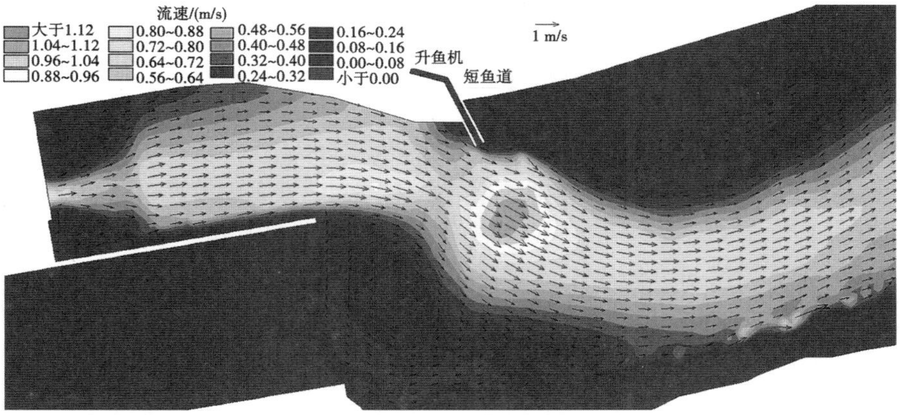

图 6　工况一鱼道进口模拟区段流场分布

工况二：短鱼道方案鱼道进口处 5 m 范围内下泄水流流速为 0.18~0.28 m/s，尾水渠下泄水流在鱼道进口附近流速为 0.40~0.50 m/s（见图 7）。

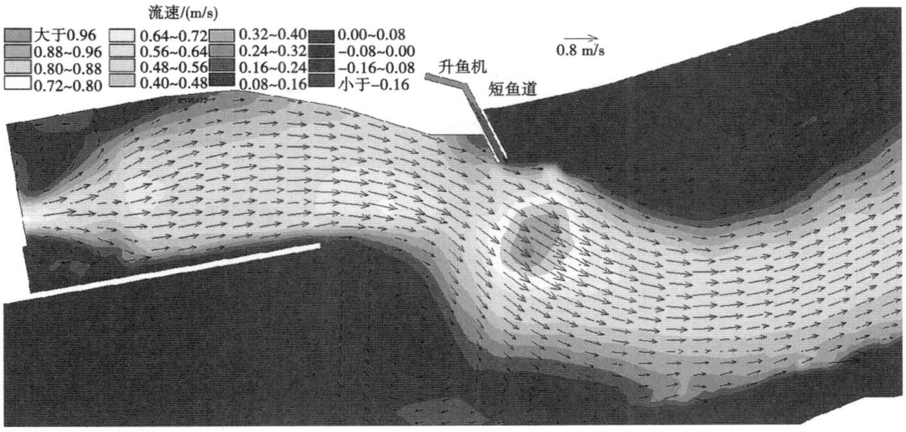

图 7　工况二鱼道进口模拟区段流场分布

工况三：短鱼道方案鱼道进口处 5 m 范围内下泄水流流速为 0.12~0.17 m/s，尾水渠下泄水流在鱼道进口附近流速为 0.20~0.53 m/s（见图 8）。

结合鱼道进口附近流场分析，设计工况下，鱼道进鱼口出流流速未能高于尾水渠测流下泄流速，不满足主流与鱼类进口下泄水流形成差异流条件；在机组未满发的条件下，鱼道进口出流流速小于 0.2 m/s，未能明显高出目标鱼类的感应流速；在三台机组满发工况下，尾水渠主流断面上最大流速在 1.1 m/s 左右，虽然对目标鱼类的克流上溯造成一定阻碍，但对于游泳能力较强的目标鱼类（如波纹鳜）而

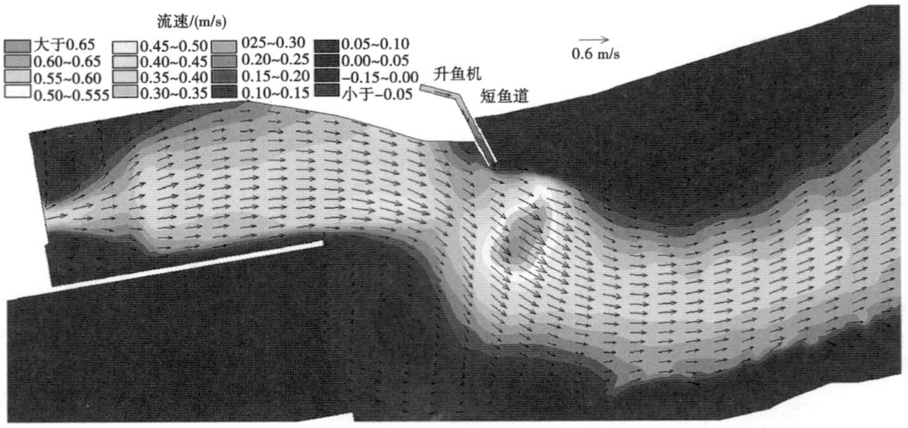

图 8　工况三鱼道进口模拟区段流场分布

言,仍有在尾水渠进一步上溯的可能。

综上,原设计方案鱼道进口诱鱼效果不佳。

4.2　优化方案

因原设计方案中,鱼道进口附近流速明显小于尾水渠下泄水流在鱼道进口附近流速,不利于吸引过鱼目标进入鱼道,现采用在鱼道进口内过鱼池前增设补水通道的方案来提高鱼道进口下泄水流流速,以达到良好的诱鱼效果。

补水通道与短鱼道方向呈 30°,宽度 1 m,末端设置消力池,以免补水水流对目标鱼类产生较大的冲击,平面布置见图 9。根据不同工况设置不同补水流量,工况一、工况二、工况三补水流量分别为 2.5 m^3/s、1.9 m^3/s、1.0 m^3/s。

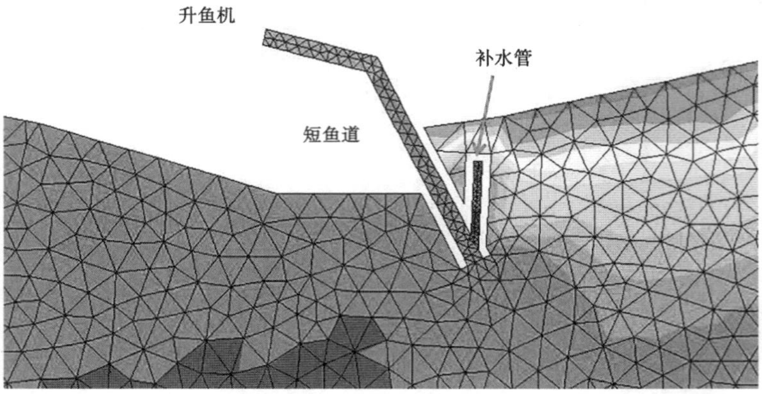

图 9　增设补水管平面示意图

工况一:尾水渠下泄水流在鱼道进口附近流速为 0.45~0.60 m/s,鱼道下泄水流至进鱼口附近流速为 0.65~0.80 m/s(见图 10)。

工况二:尾水渠下泄水流在鱼道进口附近流速为 0.40~0.45 m/s,鱼道下泄水流至进鱼口附近流速为 0.53~0.74 m/s(见图 11)。

工况三:尾水渠下泄水流在鱼道进口附近流速为 0.25~0.30 m/s,鱼道下泄水流至进鱼口附近流速为 0.35~0.57 m/s(见图 12)。

通过在鱼道进鱼口内增设补水管渠,结合电站厂房不同的运行条件,采用不同补水流量,增大鱼道进鱼口下泄水流流速。结合二维数值模拟计算结果分析可知,设计工况下,在鱼道进鱼口内增设补水管进行补水后,鱼道进鱼口出流流速均能够高于尾水渠测流下泄流速,形成差异流,且都高于目标鱼类的感应流速,可以达到良好的诱鱼效果。

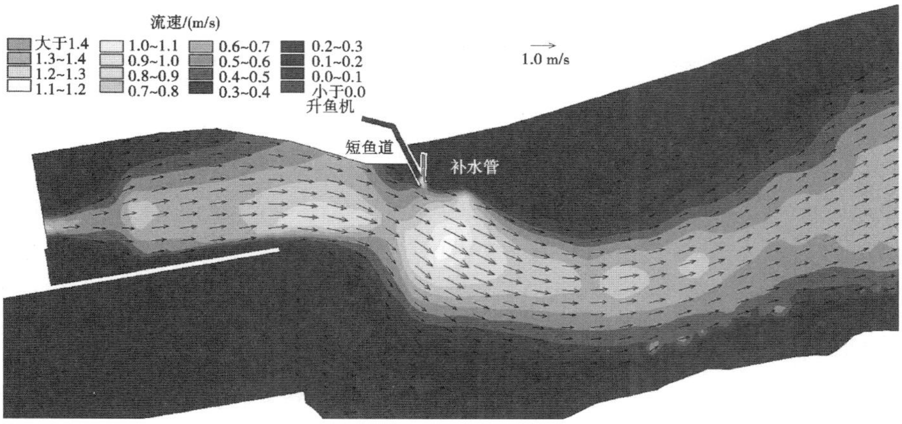

图 10　工况一鱼道进口模拟区段流场分布(补水流量 2.5 m^3/s)

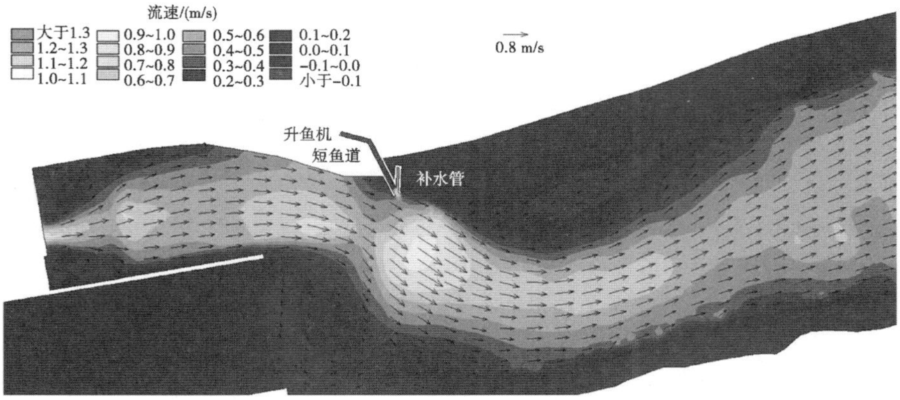

图 11　工况二鱼道进口模拟区段流场分布(补水流量 1.9 m^3/s)

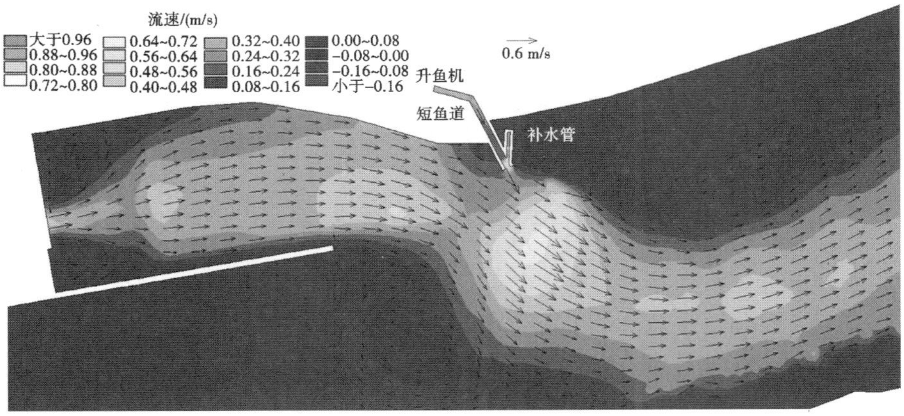

图 12　工况二鱼道进口模拟区段流场分布(补水流量 1.0 m^3/s)

5　结　论

(1)根据二维数值模拟计算,认为原设计方案中鱼道的进口位置不理想,鱼道进口流速与主流断面流速无法形成差异流,诱鱼效果不理想。

(2)通过在鱼道进鱼口内增设补水管渠,结合电站厂房不同的运行条件,采用不同补水流量,增大鱼道进鱼口下泄水流流速。结合模型计算结果分析可知,设计工况下,在鱼道进鱼口内增设补水管进行补水后,鱼道进鱼口出流流速能够高于尾水渠测流下泄流速,形成差异流,达到良好的诱鱼效果。另外,可通过在进口附近上游断面位置设置拦鱼栅,进一步保障目标鱼类能够进入短鱼道进口。

参考文献

[1] Zarfl C ,Lumsdon A E ,Berlekamp J , et al. A global boom in hydropower dam construction[J]. Aquatic Sciences, 2015, 77(1):161-170.

[2] Gardner C J,Rees-Jones J , Morris G , et al. The influence of sluice gate operation on the migratory behaviour of Atlantic salmon Salmo salar (L.) smolts[J]. Journal of Ecohydraulics, 2016,1(1-2):90-101.

[3] 陈凯麒, 常仲农, 曹晓红,等. 我国鱼道的建设现状与展望[J]. 水利学报, 2012, 43(2):182-188.

[4] 胡永辉, 何志亚, 冷月华,等. 迈湾水利枢纽升鱼机集鱼槽进口位置选择分析[J]. 珠江水运, 2021(19):32-36.

[5] 罗涛, 钟建. 虎渡溪航电枢纽工程诱鱼流态与鱼道进口位置优化研究[J]. 四川水利, 2021(4):116-121.

[6] 文典, 李洪泽, 王晓刚,等. 基于鱼类集群及上溯通道分析的鱼道进口位置论证[J]. 水利水运工程学报, 2021(6): 89-96.

[7] Andersson A G , Lindberg D E , Lindmark E M , et al. A Study of the Location of the Entrance of a Fishway in a Regulated River with CFD and ADCP[J]. Modelling and Simulation in Engineering, 2012(PT. 1):1-11.

[8] 郑铁刚, 孙双科, 柳海涛,等. 基于生态学与水力学的水电站鱼道进口位置优化研究[J]. 水利水电技术, 2018, 49(2):105-111.

[9] 龚丽, 吴一红, 白音包力皋,等. 鱼道进口水流对草鱼幼鱼上溯行为的影响研究[J]. 水利水电技术, 2016, 47(11) 89-93,106.

[10] Chen K Q,Tao J,Chang Z N, et al. Difficulties and prospects of fishways in China: An overview of the construction status and operation practice since 2000[J]. Ecological Engineering, 2014,70:82-91.

[11] 蔡露, 房敏, 涂志英,等. 与鱼类洄游相关的鱼类游泳特性研究进展[J]. 武汉大学学报:理学版, 2013(4):363-368.

[12] 蔡露,王伟营,王海龙,等. 鱼感应流速对体长的响应及在过鱼设施流速设计中的应用[J]. 农业工程学报, 2018, 34(2):176-181.

[13] 苏仟根, 宋波澜, 刘良国,等. 沉水光泽黄颡鱼和大眼鳜的感应流速和喜好流速比较[J]. 水产学杂志, 2021, 34(6):53-58.

[14] 王博, 石小涛, 周琛琳,等. 北盘江两种鱼感应流速[J]. 北华大学学报(自然科学版), 2013(2):223-226.

[15] 郑姁姁, 张雨玫, 陶思佳,等. 浅析国内外过鱼设施的发展[J]. 南方农机, 2020, 51(11):71-72.

[16] 曹庆磊, 杨文俊, 周良景. 国内外过鱼设施研究综述[J]. 长江科学院院报, 2010, 27(5):39-43.

[17] 栾丽,彭艳,何涛,等. 不同类型过鱼设施特点及适应性研究[J]. 水力发电,2020,46(11):11-14,28.

丰满水电站鱼道水力特性研究

高一菲

（南京水利科学研究院，江苏南京 210029）

【摘 要】 水力特性是影响鱼道过鱼效果的关键因素。由于鱼道主要过鱼时间为5~8月，本文基于8月6~30日丰满水电站上下游河道水文情势及鱼道运行工况，采用走航式ADCP对鱼道典型池室段内的水深、流速、流向等水力要素进行观测，分析典型池室段流场特性，结合丰满水电站鱼道主要过鱼对象的克流能力等洄游习性，对丰满水电站鱼道的过鱼效果进行评估。本次研究共选取了鱼道不同位置的5个池室段进行现场观测，分别为集鱼机附近弯段、消能池及转弯段、中间段含休息室、2#进鱼口后顺直段和出口段。以上5个池室段包括了丰满水电站鱼道典型的弯段、休息池段与进鱼口附近池室段，能够较全面地反映丰满水电站鱼道流场变化较大区域的流场特性，支撑丰满水电站鱼道不同运行工况下过鱼效果评价分析。同时补充了五种工况，通过现场试验探究鱼道过鱼效果。

【关键词】 丰满水电站鱼道；水力特性；现场观测

1 研究背景

水库大坝是江河防洪工程体系的重要组成部分，同时也是开发和利用水资源、发展国民经济的重要手段。水库大坝建设也给江河水生态系统带来负面效应，造成江河生境显著破碎化和鱼类栖息环境不断演化[1]。随着人们对生态问题的认识加深，兴建过鱼设施，恢复鱼类洄游通道已成为当前研究的热点之一[2]。鱼道的研究在国外已有很长的历史，鱼道被视为恢复鱼类种群的重要措施。水利工程中的过鱼设施主要有鱼道、鱼闸和升鱼机。目前，各国鱼道的运行尚未达到预期过鱼效果，主要与鱼道水力特性有关。鱼道进口附近的复杂水流使鱼类无法找到进口；过鱼设施内部流速超过鱼类的游泳能力阻碍鱼类上溯；不利流态使鱼类迷失方向等。

鱼道水力特性研究是鱼道设计的基础，许多学者在这方面开展了研究，主要采用模型试验、数值模拟和原形观测等[3]技术手段对过鱼设施进行研究。闫滨等[4]对比分析水流流态、流速场特征、流量与水深的关系、紊流特性及消能率等几方面对不同鱼道的水力特性的影响，指出鱼道中紊流的紊动能、紊流强度及紊流结构均会对鱼道水力特性、鱼类对栖息地的选择以及鱼类通行造成较大影响，指出不同结构形式鱼道内水力条件对鱼类通行的影响及改善措施亦将成为未来研究热点之一。高东红等[5]对鱼体上溯能量消耗进行数学分析。汤荆燕等[6]通过物理模型试验探究不同流态下鱼道的诱鱼效果，发现水流流速会影响鱼类洄游路线。采露等鱼道水力特性研究是鱼道设计的基础，许多学者在这方面开展了研究，主要采用模型试验、数值模拟和原形观测等的研究表明，鱼类对特定的水流速度和形态具有明显的趋向性和喜好水流[7]。金弈等[8]在研究竖缝式鱼道水流特性时发现鱼道进出口段的流场影响着鱼道的过鱼效率。黎贤访等[9]采用数值模拟方法研究鱼道内流场特性。Larinier等[10]开展物理模型试验，提出了鱼道水池单位体积消能率的概念，并用于表征鱼道水流的紊动能强度。Fujihara等[11]采用三维紊流模型及VOF自由水面处理方法分析组合式鱼道水力特性。鱼道水力特性研究对鱼道的优化改进、鱼道的顺利运行都具有较好的借鉴价值。Cea等[12]和Bermudez等[13]基于二维水深平均浅水方程结合适当的湍流模型，对竖缝式鱼道进行了二维数值模拟。Rajaratnam等[14]、Wu等[15]和Puertas等[16]提出，竖缝式鱼道内的水流流态主要取决于特定的水池设计。贺新娟等[17]发现过鱼设施相对于河流而言流量很小，鱼道进口附近是否存在适当的集诱鱼水流便成为成功的关键。

1.1 工程概况

丰满水电站位于松花江畔,于1937年兴建,是我国最早建设的大型水电站。中华人民共和国成立初期,丰满水电站的装机容量和发电量占东北电力系统的一半以上,但是由于大坝设计施工存在缺陷,需要进行重建。丰满水电站自蓄水以来,切断了鱼类洄游通道。为了恢复河流生态系统连通性,在建设丰满新坝时,增加了丰满大坝过鱼系统。

1.2 丰满水电站集运鱼系统概况

1.2.1 总体布置

丰满水电站过鱼设施采用"集鱼系统+升鱼机+放流系统",整体布置于枢纽右岸,主要组成部分有集鱼系统、升鱼机系统、放流系统、鱼道观察室和辅助设施。

过鱼设施运行流程为:集鱼系统(根据尾水位变化开启不同进口)→位于鱼道起点的集鱼池(内置集鱼斗)→集鱼斗吊运→运鱼车→鱼车吊坝段竖井→坝顶门机→新老坝间智能轨道车→老坝坝顶门机→老坝前运鱼船。

集鱼系统环绕厂房尾水渠布置鱼道,鱼道起始点在尾水左侧导墙(消力池右导墙)端部,沿尾水左侧导墙向上游延伸至尾1#机组左边墩,横跨厂房尾水至6#机组右边墩,沿尾水右边墙向下游延伸94.25 m后向上游转折,再延伸32.72 m至鱼道末端结束。鱼道全长400.97 m,内部净宽2.5 m。鱼道全程共设置6个进口,进口之间相互补充运用,结合工程实际运行调整开启方式。丰满水电站集鱼系统布置如图1所示。

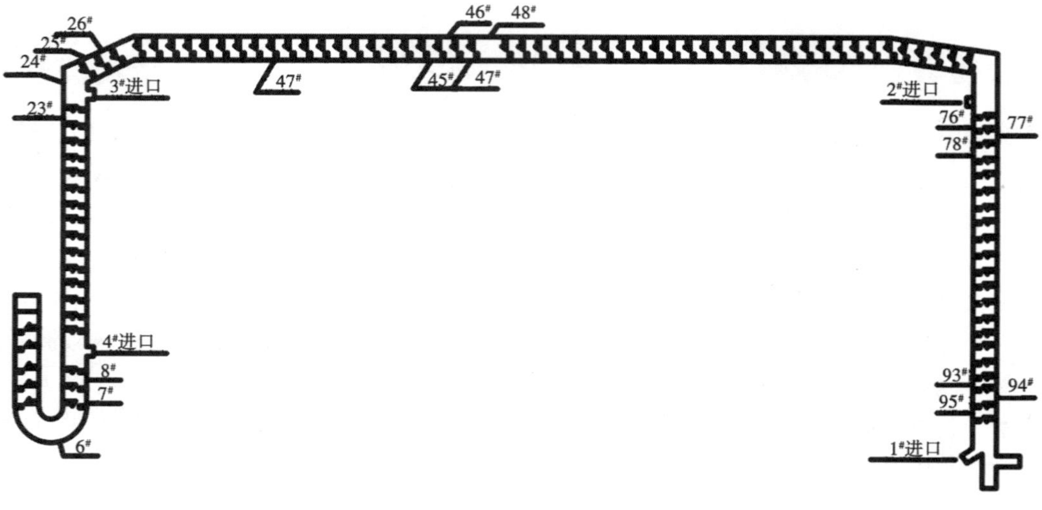

图1 丰满水电站集鱼系统布置

集鱼系统完成集鱼后,通过吊运设备将集鱼斗提升,将鱼泄入由运鱼车运载的运鱼箱内。升鱼机系统[18]由运鱼箱、新坝下游及新老坝间智能轨道式运鱼车、新老坝坝顶固定门机等组成。鱼类由运鱼船运至放流地点,打开运鱼箱的侧部放鱼阀,鱼通过船上安装的鱼类计数器连接的管道直接滑向水中,完成鱼的放流,整个过程通过船上安装的摄像头和水下摄像头实施全程监控。

1.2.2 过鱼目标、种类、季节及规模

丰满水电站过鱼设施建设以保护松花江流域水生生态环境、恢复工程江段连通性,实现丰满水电站坝址上下游鱼类种质资源基因交流,保证鱼类洄游通道、缓解水电工程对鱼类的阻隔影响为总体目标,重点解决鱼类上行问题,下行通道主要通过机组放流和泄洪实现。丰满水电站近期过鱼设施主要是解决短距离生殖洄游经济鱼类(如草鱼、青鱼、鲢、鳙、鳊、银鲴、细鳞鲴、翘嘴鲌、蒙古鲌等)为主。远期过鱼对象视永庆鱼道过鱼与增殖放流效果,根据实际鱼类资源监测情况进行调整。过鱼季节为主要过鱼对象繁殖季节5~8月。过鱼数量为每种每年500尾,共计16种,设计年过鱼量为8 000尾。

1.2.3 集鱼槽进口及补水系统运行方式

在机组发电时,尾水渠及下游流场满足鱼类上溯要求,鱼类可顺利进入尾水渠,根据尾水位的变化开启不同进口。

为满足诱鱼流速的要求,需在集鱼槽末端进行常流水补水以及需在进口局部进行补水,因此在1#~4#进口部位设置局部补水钢管,并设置消能池,消能池长7.0 m、宽2.5 m、深2.0 m。4#进口消能池上游侧预埋1根补水钢管,钢管最大补水流量为1 m^3/s;1#、2#、3#进口消能池上游侧分别预埋2根补水钢管,局部最大补水流量为2 m^3/s。补水方式为启闭某一闸门则对该闸门进行补水。

1.3 监测设备及监测点设置

1.3.1 监测设备

为满足丰满水电站过鱼设施过鱼效果监测和评估项目需求,需要在鱼道内及进出口段安装监测设备。监测设备主要包括3大类,分别为鱼道内环境因子监测设备、鱼道水力学条件监测设备和过鱼设施过鱼效果监测设备。其中,鱼道内环境因子监测设备为在线水质分析仪;鱼道水力学条件监测设备为多普勒声学流速仪;过鱼设施过鱼效果监测设备为PIT射频识别设备、红外计数器、水下视频、观察室视频记录设备。

1.3.2 监测点设置

根据丰满水电站鱼道现场勘察及池室内过流考察结果,试验选取了典型顺直段、转弯带休息室段、顺直带休息室段、进口段等典型区间的池室结构进行池室内流场特性监测和复核。

鱼道池室内水流特性监测采用小型剖面流速仪StreamPro ADCP配合旋浆流速仪及计算机采集分析系统进行全面监测。在池室内按左右走航式进行逐点测量,每个测点自水面起按不同深度分层测量,每隔0.07~0.11 m分一测量层,试验全面测取了典型池室内三维水流的流速流向特征,以验证鱼类上溯回流的可能性及其环境特性。根据工程调度实际情况丰满鱼道池室水流特性共进行了7个运行工况的试验。

丰满水电站设置红外监测设备1套,水下视频4套。红外计数器布置于集鱼槽鱼0+376.31竖缝处,1#水下视频位于集鱼槽鱼0+356.33竖缝处,2#水下视频位于集鱼槽鱼0+294.92竖缝处,3#水下视频位于集鱼槽鱼0+106.78竖缝处,4#水下视频位于集鱼槽鱼0+294.92竖缝处。

流速监测系统由6处闸门流速监测设备和1处鱼道内流速监测设备构成。其中6处闸门流速监测设备分别布置于6处进口闸门内,用于监测集鱼槽进口流速。于3#进口下游设置了流速仪,用于监测集鱼槽内竖缝流速。

丰满水电站在集鱼池前端、集鱼槽末端设置了观察窗,本次监测工作在观察室设置了视频监测设备,24 h记录集运鱼系统运行过程中此处的视频数据。

2 鱼道水力特性分析

2.1 现场观测数据处理

2.1.1 集鱼机附近弯段

集鱼机附近弯段由编号6~8的3个池室组成,6#池室为一个180°的圆弧形转弯段,7#~8#池室段为顺直段,该池室段为集鱼机下游的第一个弯段,是鱼类上溯的必经通道。根据第一次观测,该池室段水深为0.3 ~ 0.5 m。集鱼机附近弯段自上游(6#池室)至下游(8#池室)水深逐渐增大,6#池室平均水深约0.3 m,7#、8#池室平均水深约0.45 m。集鱼机附近弯段最大流速为1.15 m/s,平均流速为0.28 m/s。垂向平均流速为0~1.2 m/s,设计流速为1.3 m/s,最大流速区域主要集中在隔板竖缝收窄处,垂向平均流速分布没有超过鱼道竖缝设计流速的区域。池室段流场总体比较平顺(除在长隔板处有旋涡、回流),紊动性较强,整体水流呈"S"形较平顺地从隔板竖缝处流出(见图2)。

分别选取水深0.2 m、0.23 m、0.26 m、0.29 m、0.32 m水层作流速云图(见图3),由图3可知,水深0.2 m水层弯道左岸附近及第一个隔板竖缝处最大流速为1.15 m/s,设计流速为1.2 m/s未超过设计

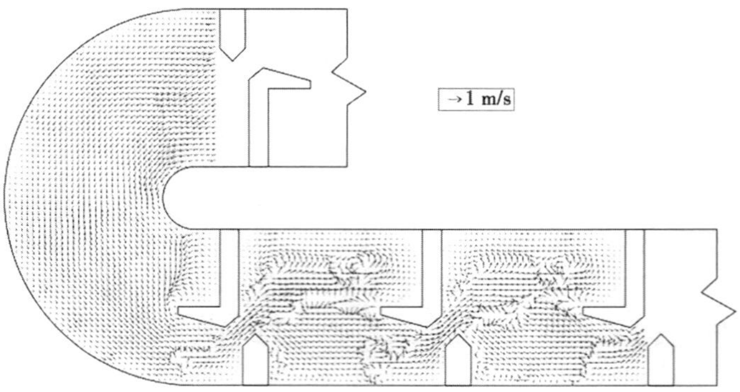

图 2　集鱼机附近弯段垂向平均流速矢量图

流速，随着水深增加，水层最大流速逐渐减小。因此，该池室段流速均未超过设计流速，不会对鱼类洄游形成“流速屏障”，能够满足鱼类上溯需求。

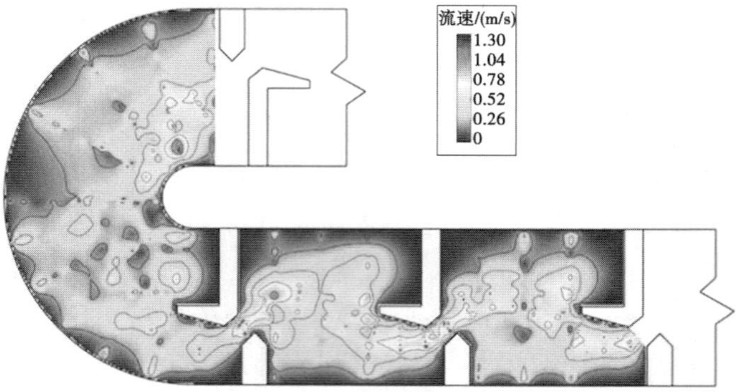

图 3　集鱼机附近弯段 0.2 m 水深流速云图

根据第二次观测结果，水深从上游至下游逐渐减小，6[#]池室水深约 0.9 m，7[#]、8[#]池室水深约 1.05 m，该池室段水深为 0.8~1.2 m。集鱼机附近弯段最大流速为 1.36 m/s，平均流速为 0.28 m/s。垂向平均流速为 0~0.9 m/s。该池室段流场总体比较平顺（除在长隔板墩头处有旋涡、回流），紊动性较强，整体水流呈“S”形较平顺地流过池室。

分别选取水深 0.2 m、0.32 m、0.44 m、0.59 m、0.71 m 水层作流速云图。水深 0.2 m 水层弯道左岸附近及第一个隔板竖缝处最大流速为 1.36 m/s，超过设计流速，该区域主要位于鱼道竖缝中心，但由于区域范围小，且竖缝处随着水深增加，最大流速逐渐减小，不会阻碍鱼类洄游。

2.1.2　消能池及转弯段

消能池及转弯段由编号 23[#]~26[#]的 4 个池室组成，其中 24[#]为消能池，长度为 22.58 m、宽度为 2.5 m，消能池下游末端为一弧形转弯段，弧形角度约为 72°，消能池池室右侧中部位置为 3[#]进鱼口。根据第一次观测，该池室段水深变化不大，平均水深约 1.7 m，水深为 1.1~3.7 m，最大水深处为消能池栅格段，栅格下水深约 2.0 m。该池室段流速较缓，最大流速为 0.65 m/s，平均流速为 0.12 m/s。垂向平均流速为 0~0.4 m/s，普通池室的最大流速约 0.4 m/s，水流流入消能池后流速逐渐减小，消能池消能效果较明显。

消能池及转弯段除靠近隔板区域存在乱流外，该池室段大部分区域流向平顺；普通池室水流呈“S”形通过池室，消能池内水流流向基本平行于边壁。

分别选取水深 0.3 m、0.56 m、0.82 m、0.95 m、1.21 m 水层作流速云图。随着水深增加，水层最大流速逐渐减小；水深 0.3 m 水层最大流速，约 0.6 m/s，设计流速为 0.8 m/s，低于设计流速；消能池内流速明显小于普通池室。因此，该池室段流速均未超过设计流速，消能池消能效果较好。

根据第二次观测结果，消能池及转弯段水深变化不大，平均水深约 1.2 m，水深变化为 1~1.6 m。

该池室段总体流速较缓，最大流速为 1.08 m/s，平均流速为 0.14 m/s。垂向平均流速为 0~0.4 m/s；消能池上游竖缝处流速约 0.5 m/s，而消能池内最大流速约 0.15 m/s，消能效果较好。消能池及转弯段除靠近隔板区域存在乱流，该池室段大部分区域流向平顺；普通池室水流呈"S"形通过池室，消能池内水流流向基本平行于边壁。

随着水深增加，水层最大流速逐渐减小；消能池内流速明显小于普通池室；该池室段内最大流速为 1.08 m/s，未超过设计流速。

2.1.3　中间段(含休息室)

中间段(含休息室)由编号 45#~48#的 4 个池室组成，其中 48#为休息室，长度为 8.5 m、宽度为 2.5 m。根据第一次观测，该池室段水深从上游到下游逐渐减小，45#~47#池室水深约 3 m，48#池室水深约 2.6 m。该池室段流速较缓，垂向平均流速为 0~0.3 m/s，最大流速为 0.54 m/s，平均流速为 0.1 m/s，设计流速为 0.6 m/s；隔板竖缝处流速最大，约 0.5 m/s，但仍小于设计流速；休息池内(除靠近竖缝区域)流速均较小(约 0.12 m/s)，满足上溯鱼类休息需要。

该池室段流向总体呈"S"形，在靠近池室边壁区域有旋涡等乱流，休息池内上游段靠近边壁区域有乱流，大部分区域流向平行于边壁。

分别选取水深 0.3 m、0.82 m、1.34 m、1.86 m、2.38 m 水层作流速云图，随着水深增加，水层最大流速逐渐减小；水深 0.3 m 水层最大流速约 0.4 m/s，低于设计流速；休息池内大部分区域流速较缓，靠近边壁的少数区域由于旋涡等，流速偏大，但由于区域较小，且靠近边壁，对鱼类上溯影响较小。

根据第二次观测结果，该池室段平均水深约 1.5 m，水深为 1.3~2 m。该池室段流速较缓，最大流速为 0.83 m/s，平均流速为 0.16 m/s。垂向平均流速为 0~0.5 m/s，休息池靠近上游区域流速较小，下游区域流速大于上游。该池室段流向总体呈"S"形，在靠近池室边壁区域有旋涡等乱流，休息池内上游段靠近边壁区域有乱流，大部分区域流向平行于边壁；休息池下游池室流速较大，流向变化比较剧烈，紊动程度较大。该池室段最大流速为 0.83 m/s，低于设计流速。

2.1.4　2#进鱼口后顺直段

2#进鱼口后顺直段由编号 76#~78#的 3 个池室组成，3 个池室均为普通池室，该池室段位于 2#进鱼口下游，当 2#进鱼口开启时，受进鱼口水流影响，该池室段水深从上游到下游逐渐增大。根据第一次观测 76#池室水深约 3.8 m，77#池室水深约 4.1 m，78#池室水深约 4.3 m。该池室段流速较缓，最大流速为 0.4 m/s，垂向平均流速为 0~0.2 m/s，平均流速为 0.07 m/s。该池室段流向总体呈"S"形，由于流速较小，流向变化比较平滑，紊动程度比流速大的池室更低。

分别选取水深 0.3 m、1.08 m、1.73 m、2.51 m、3.16 m 水层作流速云图，随着水深增加，水层最大流速逐渐减小；设计流速为 0.6 m/s，水深 0.3 m 水层最大流速约 0.5 m/s，低于设计流速。

根据第二次观测结果，该池室段平均水深约 2.4 m，水深为 1.7~3.1 m。该池室段流速较缓，最大流速为 0.82 m/s，平均流速为 0.13 m/s。垂向平均流速为 0~0.3 m/s。该池室段流向总体呈"S"形，流速比第一次观测时大，紊动程度有所增大。最大流速约 0.7 m/s，低于设计流速。

2.1.5　出口段

出口段由编号 93#~95#的 3 个池室组成，该池室段位于 1#进鱼口上游，受 1#进鱼口运行影响较大。根据第一次观测，该池室段水深变化不大，平均水深约 3.7 m，水深为 2.2~4.7 m。该池室段流速较缓，最大流速为 0.36 m/s，平均流速为 0.07 m/s。垂向平均流速为 0~0.2 m/s。该池室段流向总体呈"S"形，由于流速较小，流向变化比较平滑，紊动程度较低。

分别选取水深 0.3 m、0.95 m、1.6 m、2.25 m、2.9 m 水层作流速云图，由于水深较大，各水层流速范围差异较小；池室段内所有区域流速均低于设计流速，但其流速过小会影响进鱼口诱鱼效果，可通过补水等措施增大该池室段流速，以达到诱鱼效果。

根据第二次观测结果，该池室段水深变化不大，平均水深约 2.8 m，水深为 2~3.5 m。该池室段流速较缓，最大流速为 0.62 m/s，平均流速为 0.12 m/s。垂向平均流速变化为 0~0.3 m/s。该池室段流向总体呈"S"形，由于流速较小，流向变化比较平滑，紊动程度较低。由于水深较大，各水层流速范围差异较小；设计流速为 0.8 m/s，池室段内所有区域流速均低于设计流速。

2.2 设计工况下典型池室流场分析

由于两次观测的工况较少，难以全面评价集鱼系统的安全性和可靠性，因此根据现阶段丰满电站上下游河流的水文情势及电站运行调度方案，选取 5 个设计工况，对丰满水电站鱼道集鱼机转弯段、中间段、运行补水阀的休息室池室以及 $1^{\#}$鱼道进口、$2^{\#}$鱼道进口附近典型池室的流场进行观测，每个工况持续时长约 30 min。本次补充的试验工况如表 1 所示。

表 1 丰满水电站鱼道设计运行工况

工况	进口编号	下游水位/m	鱼道水深/m	集鱼池补水电动阀	集鱼池流量/(m^3/s)	补水电动阀	进口流速/(m/s)	进口补水流量/(m^3/s)
F1	$1^{\#}$	192.2	2.9	3DTJF、DDF(GY1)或 4DTJF、DDF(GY2)	0.89	1DJTF、DDF($1-2^{\#}$) 2DJTF、DDF($1-1^{\#}$)	0.7	1.18
F2		192.2	2.9		0.89	1DJTF、DDF($1-2^{\#}$) 2DJTF、DDF($1-1^{\#}$) 2DJTF、DDF($2-1^{\#}$)	0.96	2
F3		192.2	2.9		0.89	1DJTF、DDF($1-2^{\#}$) 2DJTF、DDF($1-1^{\#}$)	0.96	2
F4	$2^{\#}$	192.25	2	3DTJF、DDF(GY1)或 4DTJF、DDF(GY2)	0.61	2DJTF、DDF($2-1^{\#}$)	0.7	0.79
F5		192.25	2		0.61	2DJTF、DDF($2-1^{\#}$) 1DJTF、DDF($2-2^{\#}$)	1.3	2

根据现场试验结果，五种工况下集鱼机转弯段典型池室和中间段典型池室流速最大的区域均位于上下游竖缝附近；水流呈现较明显的"S"形，池室内流场比较平滑，旋涡、乱流区域较小。由于池室内有补水阀进行补水，$1^{\#}$鱼道进口补水池室上游段中间流场比较紊乱，水流掺气较严重。上游区域前半段由于流速相互抵消，导致该区域流速较小，而池室下游部分流速明显增大。流速最大的区域位于补水阀下游；补水阀上游水流流向比较混乱，补水阀下游流向多平行于边壁。

前三种工况下，$1^{\#}$鱼道进口附近水流从鱼道进口到下游河道逐渐扩散，流速逐渐减小；流向呈向两边发散状，流场较平顺，F1 工况下 $1^{\#}$鱼道进口处平均流速为 0.10 m/s，最大流速约 0.34 m/s，进口流速较小，可能会影响诱鱼效果。F2 工况下 $1^{\#}$鱼道进口处平均流速为 0.19 m/s，最大流速约 1.14 m/s，鱼道进口处流速较大，可能会对某些鱼类上溯造成一定的阻隔。F3 工况下 $1^{\#}$鱼道进口处平均流速为 0.16 m/s，最大流速约 0.84 m/s，流速适中，不会对鱼类洄游造成阻隔，诱鱼效果较好。

F4 工况下 $2^{\#}$鱼道进口处平均流速为 0.1 m/s，最大流速约 0.25 m/s，水流从鱼道进口到下游河道逐渐扩散，并向下游流动，流速逐渐减小；流向呈向两边发散状，流场较平顺，鱼道进口处流速较小，没有明显大于河道内流速，可能导致诱鱼效果较差。F5 工况下 $2^{\#}$鱼道进口处平均流速为 0.14 m/s，最大流速约 0.51 m/s，水流从鱼道进口到下游河道逐渐扩散，并向下游流动，流速逐渐减小；流向呈向两边发散状，流场较平顺；鱼道进口处流速偏小，虽然大于河道内流速，但大流速区域范围较小，可能导致诱鱼效果较差。

3 结 论

由于观测期间受电站发电的影响，尽管两次鱼道运行工况有所变化，但各典型池室段观测流速均满足设计要求,不会对鱼类上溯产生障碍。本次研究共选取了鱼道不同位置的5个池室段进行观测,能够较全面地反映丰满水电站鱼道流场变化较大区域的流场特性,支撑丰满水电站鱼道不同运行工况下过鱼效果评价分析。通过设计工况可以发现,鱼道存在的主要问题是进口流速,进口流速过低,难以产生预期诱鱼效果;进口流速过高,会阻碍鱼类上溯。如何确定合适的进口流速还需要更多的试验与研究。

参考文献

[1] 陈凯麒,葛怀凤,郭军,等.我国过鱼设施现状分析及鱼道适宜性管理的关键问题[J].水生态学杂志,2013,34(4):1-6.
[2] 边永欢. 竖缝式鱼道若干水力学问题研究[D].北京:中国水利水电科学研究院,2015.
[3] 贺新娟,李润伟,孙万光,等.水电站坝下尾水渠集鱼流场模拟研究[J]. 水利水电技术,2020,51(12):133-140.
[4] 闫滨,王铁良,刘桐渤.鱼道水力特性研究进展[J].长江科学院院报, 2013,30(6):35-42.
[5] 高东红,刘亚坤,高梦露,等. 三维鱼道水力特性及鱼体行进能力数值模拟研究[J].水利与建筑工程学报, 2015,13(2):103-108.
[6] 汤荆燕,高策,陈昊,等.不同流态对鱼道进口诱鱼效果影响的实验研究[J].红水河, 2013,32(1):34-39.
[7] 蔡露,金瑶,潘磊,等.过鱼设施设计中的鱼类行为研究与问题[J]. 生态学杂志,2018,37(11):3458-3466.
[8] 金弈,康建民,喻卫奇,等.旬阳水电站的鱼道设计[J].水力发电,2011,37(12):13-15.
[9] 黎贤访,朱世洪,邓润兴,等.鱼道进口水力特性数值模拟研究[J].人民长江,2015,46(8):7-9.
[10] Larinier M,Travade F, Porcher J P. Fishway:biological basis, design criteria and monitoring[M]. Boves:Food and Agriculture Organization of the United Nations,2002.
[11] Fujihara M,fukushima T,Tachibana K. Numerical Modeling of Flows in Vertical Single-Slot Fishways[C]//Proceedings of the 13rd IAHR-APD Congress. Advances in Hydraulics and Water Engineering. Singapore,August 6-8,2002: 1019-1024.
[12] Cea L, Pena L, Puertas J. Application of several depth- averaged turbulence models to simulate flow in vertical slot fishways[J]. Journal of Hydraulic Engineering ASCE,2007,133(2):160-172.
[13] Bermudez M,Puertas J,Cea L,et al. Influence of pool geometry on the biological efficiency of vertical slot fish- ways[J]. Ecological Engineering,2010(10):1355-1364.
[14] Rajaratnam N, Katopodis C, Solanki S. New designs for vertical slot fishways[J]. Canadian Journal of Civil Engineering, 1992,19(3):402-414.
[15] Wu S,Rajaratnam N,Katopodis C. Structure of flow in vertical slot fishway[J]. Journal of Hydraulic Engineering,1999, 125(4):351-360.
[16] Puertas J,Pena L,Teijeiro T. Experimental approach to the hydraulics of vertical-slot fishways[J]. Journal of Hydraulic Engineering,2004,130(1):10-23.
[17] 贺新娟,李润伟,孙万光,等.水电站坝下尾水渠集鱼流场模拟研究[J].水利水电技术,2020,51(12):133-140.
[18] 冯杨,王保军,金德泽,等.丰满大坝过鱼设施放流形式探讨[J].水利水电技术,2020,51(S2):134-137.

基于水动力水质模型的玄武湖水体达标分析

陈黎明　金　秋

(水利部交通运输部国家能源局南京水利科学研究院水文水资源研究所,江苏南京　210029)

【摘　要】 玄武湖承担着南京市主城区重要清水调蓄功能,同时在城市景观与城市生态中也起着非常重要的作用。本文采用单因子法对玄武湖2015~2018年的水质状况进行了评价,评价结果表明主要超标污染物为总磷和总氮。在此基础上构建了二维水动力水质数学模型,计算结果表明:在现状补水量的条件下,以湖区总磷浓度达湖泊Ⅳ类水为目标,其水体达标主要路径有2条:①补水水质达湖泊Ⅳ类水标准,入湖河道总磷浓度达到河道Ⅲ类水标准;②补水水质总磷不高于0.095 mg/L(略低于湖泊Ⅳ类标准),入湖河道总磷浓度达到河道Ⅴ类水标准;全湖全年平均总磷浓度约为0.100 mg/L。因此,为实现玄武湖湖区水质长效稳定达标,打造更高质量的水环境的目标,建议开展相应的综合整治和管理措施,主要包括:①提升丰水期生态补水水质;②加强玄武湖流域入湖河道及周边区域排水管控;③加强内源污染控制;④开展环湖植物群落生态修复等,以满足全市人民对日益提高城市水环境水生态的需求。

【关键词】 玄武湖公园;生态补水;水动力水质模型;水体达标

1　引　言

湖泊是全球水文、营养和碳循环中至关重要的组成部分,其中,城市湖泊是城市水文生态系统的重要组成部分[1]。在城市化进程中,不少城市湖泊受到了破坏或污染[2]。城市湖泊普遍面临富营养化问题,许多湖泊甚至处于超富营养状态[3]。

玄武湖是南京市主城区中的重要湖泊,在20世纪80年代末,玄武湖水质就已达富营养化程度[4]。城市湖泊的富营养化治理措施包括了生态补水[5]、藻华治理[6]、底泥清淤[7]和生态修复[8]等。研究表明,通过生态补水措施,可以提高水体的流动性,有利于改善水环境[9]。玄武湖从1997年开始实施生态补水[10],但是近年来玄武湖湖泊水质问题仍不容忽视,特别是丰水期的水环境问题仍相对突出。

水动力水质数学模型是定量化研究水环境问题的有效工具[11],目前国内外广泛使用的城市湖泊水环境问题研究的数学模型主要有EFDC[12]、MIKE[13]等。本文基于水动力水质数学模型,对玄武湖湖区不同的生态补水及管控措施方案进行模拟,建立水体达标与污染管控措施的定量响应关系,有助于确定使湖区水体稳定达标的适宜补水水质和污染负荷削减方案,为制订相应的污染管控措施提供科学依据。

2　玄武湖水质状况评价分析

2.1　玄武湖水质现状分析

根据2003年江苏省人民政府批复的《江苏省地表水(环境)功能区划》,玄武区仅涉及1个水功能区:玄武湖景观娱乐用水区,考核指标为高锰酸盐指数、氨氮、总磷达到地表水湖泊Ⅳ类水标准。本文收集了2015~2018年玄武湖(东北湖、西北湖、西南湖、东南湖)4个监测点位逐月水质监测资料(见图1)。根据2015~2018年玄武湖东北湖、西北湖、西南湖、东南湖各湖区以及全湖各水质指标浓度年均值结果分析(见图2):高锰酸盐指数年均值分别为3.31 mg/L、3.11 mg/L、3.55 mg/L、3.39 mg/L;氨氮浓度年均值分别为0.169 mg/L、0.181 mg/L、0.127 mg/L、0.153 mg/L;均达到了Ⅱ类水标准。总磷浓度年均

基金项目: 国家重点研发计划(2021YFC3200304)

值分别为0.095 mg/L、0.105 mg/L、0.115 mg/L、0.090 mg/L；自2015年以后，玄武湖湖区总磷浓度年均值超过Ⅳ类水标准，其中东南湖超标最为严重，西南湖最轻，其超标主要在汛期。总氮年均值分别为1.92 mg/L、1.85 mg/L、1.73 mg/L、1.87 mg/L；2015~2018年玄武湖各湖区总氮浓度年均值全部超过Ⅳ类水标准；东南湖和东北湖与另外两个湖区相比，水质相对略差。

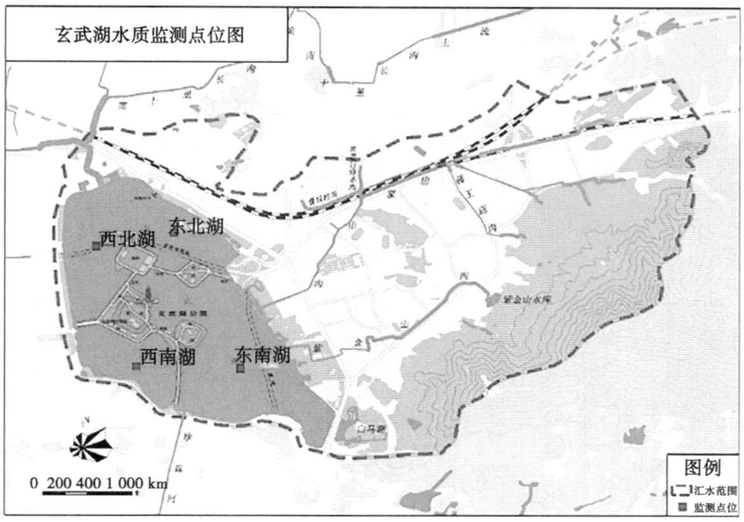

图1　玄武湖水质监测点位分布

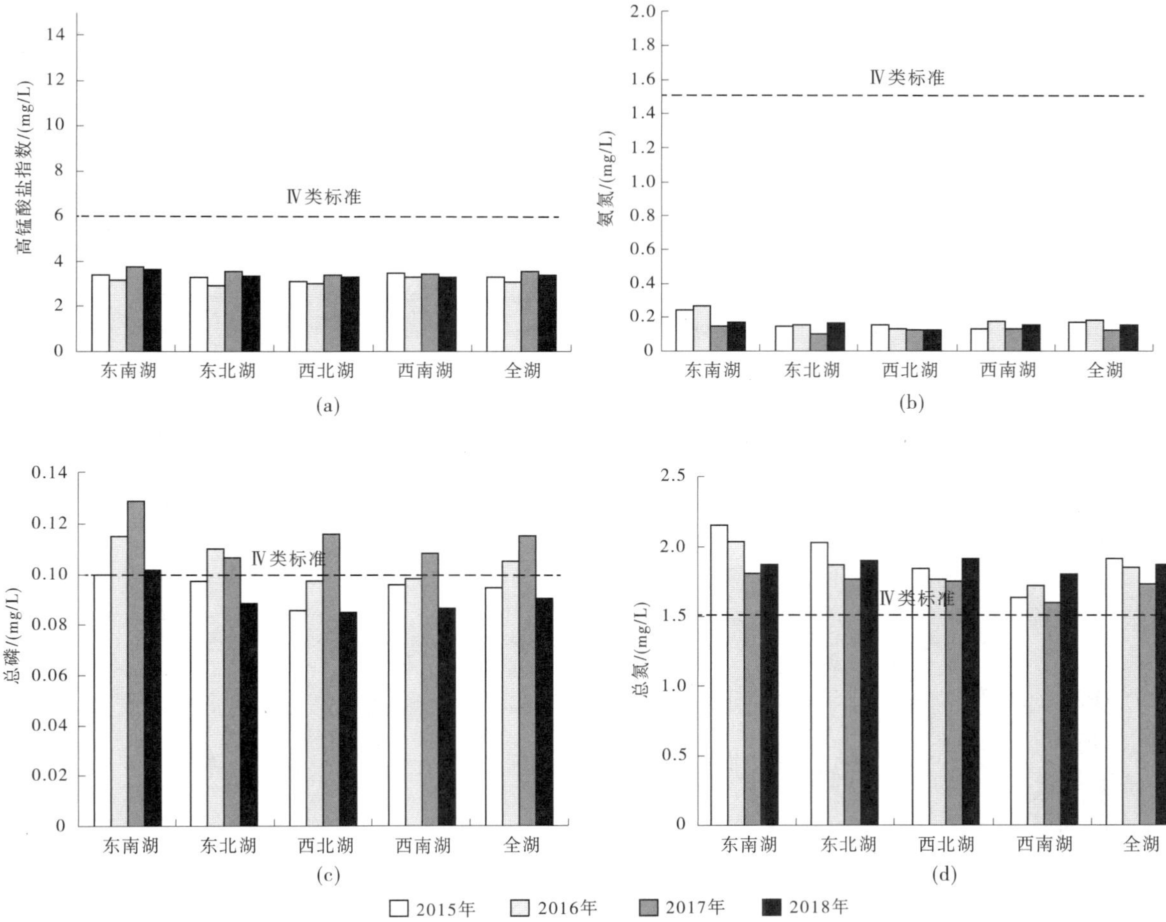

图2　2015~2018年玄武湖各湖区水质

2.2 水质评价结果

采用单因子法对玄武湖2015~2018年水质类别进行了评价,具体见表1。评价结果表明,高锰酸盐指数和氨氮浓度值总体较低,单因子指数(I_i)均小于1,均能达到湖泊Ⅳ类水标准;2016年、2017年总磷单因子指数大于1,未能达到湖泊Ⅳ类水标准,其中。2017年,总磷最大超标值为0.23 mg/L,最大超标倍数(M_i)为1.23倍,2018年,总磷最大超标值为0.20 mg/L,最大超标倍数(M_i)为1.00倍;总氮单因子指数基本都大于1,其中,总氮2016年最大超标值为3.77 mg/L,最大超标倍数为1.51倍。总体上,玄武湖湖区主要的超标污染物为总磷和总氮,其超标主要出现在汛期。

表1 玄武湖2015~2018年水质单因子指数和最大超标倍数

年份	高锰酸盐指数/(mg/L)			氨氮/(mg/L)			总磷/(mg/L)				总氮/(mg/L)			
	均值	水质类别	I_i	均值	水质类别	I_i	均值	水质类别	I_i	M_i	均值	水质类别	I_i	M_i
2015	3.31	Ⅱ	0.331	0.169	Ⅱ	0.113	0.095	Ⅳ	0.95	0.80	1.95	Ⅴ	1.28	1.06
2016	3.11	Ⅱ	0.311	0.181	Ⅱ	0.121	0.105	Ⅴ	1.05	0.90	1.85	Ⅴ	1.23	1.51
2017	3.55	Ⅱ	0.355	0.127	Ⅰ	0.085	0.115	Ⅴ	1.15	1.23	1.73	Ⅴ	1.16	0.82
2018	3.39	Ⅱ	0.339	0.153	Ⅱ	0.102	0.090	Ⅳ	0.90	1.00	1.87	Ⅴ	1.25	0.37

3 玄武湖二维水动力水质数学模型构建

3.1 模型原理

3.1.1 水动力学模型原理

二维浅水方程和对流-扩散方程的守恒形式可表达为:

$$\frac{\partial h}{\partial t}+\frac{\partial(hu)}{\partial x}+\frac{\partial(hv)}{\partial y}=0$$

$$\frac{\partial(hu)}{\partial t}+\frac{\partial(hu^2+gh^2/2)}{\partial x}+\frac{\partial(huv)}{\partial y}=gh(s_{0x}-s_{fx})$$

$$\frac{\partial(hv)}{\partial t}+\frac{\partial(huv)}{\partial x}+\frac{\partial(hv^2+gh^2/2)}{\partial y}=gh(s_{0y}-s_{fy}) \tag{1}$$

式中,h为水深;u、v分别为x、y方向垂线平均水平流速分量;g为重力加速度;s_{0x}、s_{fx}分别为x向的水底底坡、摩阻坡度;s_{0y}、s_{fy}分别为y向的水底底坡、摩阻坡度。

3.1.2 水质模型原理

玄武湖湖区污染物扩散应用二维对流-扩散方程描述,可表达为

$$\frac{\partial(hC_i)}{\partial t}+\frac{\partial(huC_i)}{\partial x}+\frac{\partial(hvC_i)}{\partial y}=\frac{\partial}{\partial x}(D_x hu\frac{\partial C_i}{\partial x})+\frac{\partial}{\partial y}(D_y hv\frac{\partial C_i}{\partial y})+S_i \tag{2}$$

式中,C_i为污染物(如高锰酸盐指数、生化需氧量、氨氮、溶解氧、总磷、总氮)的垂线平均浓度;S_i为各污染物的源汇项。

3.2 模型概化

采用三角形网格对湖区进行划分:网格尺寸为10~30 m,共计4 597个网格单元(见图3);地形采用实测水下地形资料对模型进行概化(见图4)。

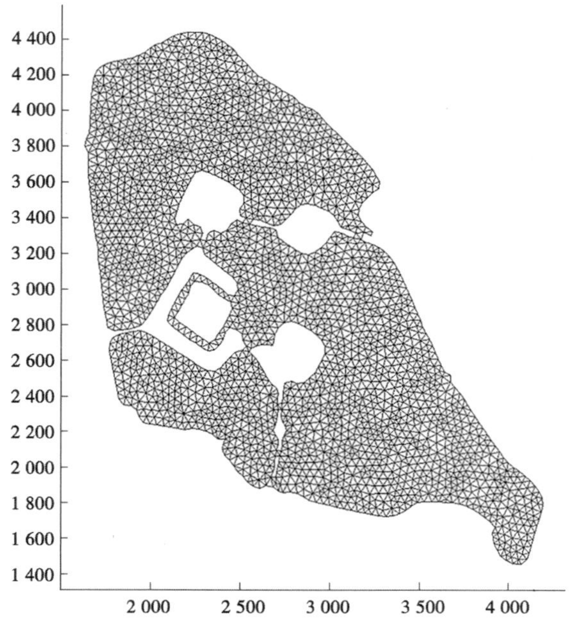

注:网格尺寸以米计。

图 3 模型网格图

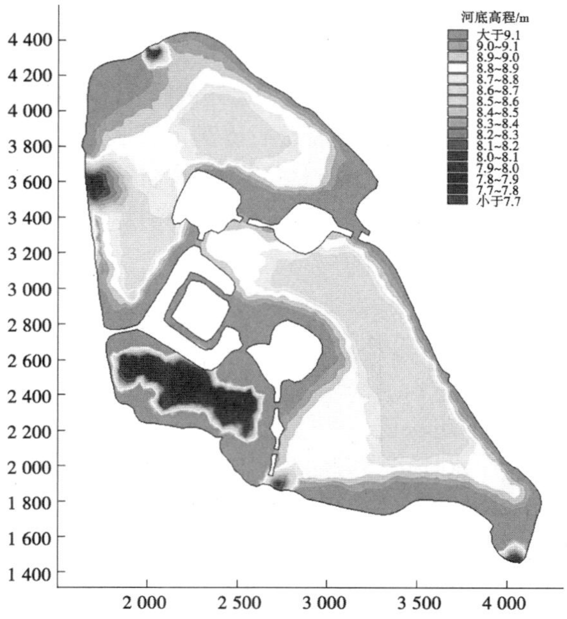

注:网格尺寸以米计。

图 4 模型地形概化图

3.3 边界条件

玄武湖入湖主要包括入湖沟渠以及长江生态补水,主要入湖沟渠有唐家山沟、紫金山沟、岗子村沟、老季亭沟和香料厂沟 5 条;玄武湖周边补水主要分为两条线路上元门水厂西厂、上元门水厂东厂,补水点为:①和平闸附近补水点;②火车站附近补水点;③滨湖泵站附近补水点;④情侣园附近补水点;⑤太阳宫附近补水点;⑥白马公园附近补水点。玄武湖出湖,主要通过闸门控制,包括和平闸、大树根闸、武庙闸、太平门闸,见图 5。

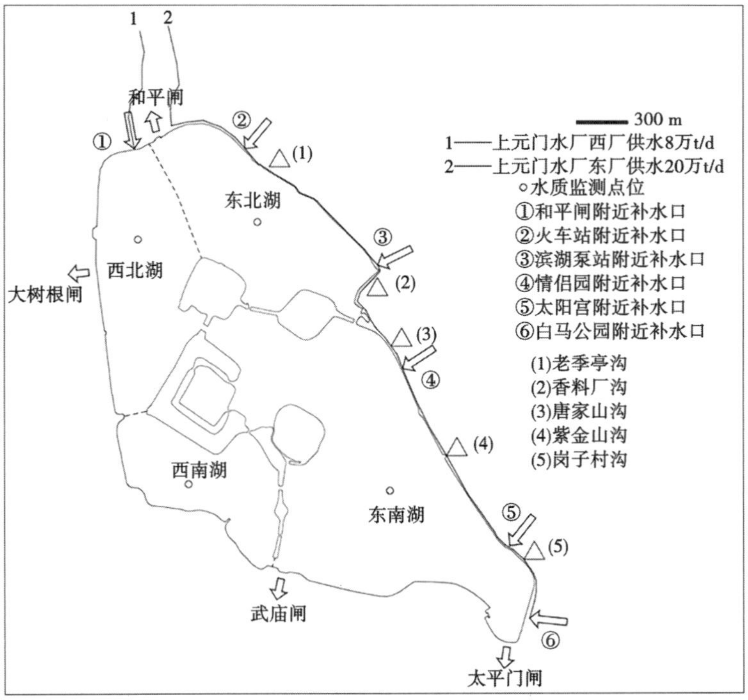

图 5 模型边界概化图

3.3.1 水动力边界条件

水动力模型选取上游流量控制,下游水位和流量控制的边界条件。其中,上游边界条件为5条主要入湖沟渠(通过降雨径流核算)、玄武湖补水的流量过程(全年除降雨期间不补水,其余时间均常态化生态补水,每日补水量约28万t,除满足玄武湖的生态补水需求外,还承担向下游河道生态补水的需求);下游边界条件为和平闸、大树根闸、武庙闸、太平门闸的水位过程,以10.2 m常水位控制,库容约400万m^3。风速选取南京站实测风速、风向条件。

3.3.2 水质边界条件

水质边界条件包括:根据玄武湖周边污染源调查,可将入湖污染负荷概化为5条主要入湖沟渠入湖河流,即老季亭沟、香料厂沟、唐家山沟、紫金山沟和岗子村沟的实测水质过程;其次为玄武湖补水的实测水质过程资料。

3.4 模型率定验证

模型中水动力参数糙率的取值为0.023~0.028,主槽和滩地略有不同;紊动黏滞系数通过Smagorinsky方程进行求解获得;污染物降解系数参考相关研究以及模型率定检验结果,总磷/总氮降解系数取值为0.006/d;考虑不同水温条件对降解系数的影响,其总磷降解系数的温度系数取值为1.073,总氮降解系数的温度系数取值为1.043;根据玄武湖2018年8月底泥监测,结合实验室内源释放试验,总磷底泥释放系数取值为0.000 5 g/(m^2·d),总氮底泥释放系数取值为0.010 g/(m^2·d)。由于玄武湖自身库容较小,目前现状条件下每日补水量导致玄武湖的水体交换周期较短,其藻类含量相对较低,且为满足断面水质达标分析的需求,模型计算以年为尺度计算水质的变化状况,故此次模型中暂未考虑藻类对营养盐的影响。

受补水影响,玄武湖各湖区水流流向主要为自东向西,平均流速为0.03~0.05 m/s。其中,东南湖、北湖湖区流速较大,为0.05 m/s左右;西南湖流速最慢,基本在0.05 m/s以下。模型采用2017年全年玄武湖东北湖、西北湖、东南湖、西南湖四个湖区总磷、总氮浓度的实测资料对参数进行率定验证。从结果(见图6)可以看出,各湖区总磷、总氮浓度计算结果变化趋势与实测值变化趋势基本一致;其中仅西南湖验证略差,主要因为根据现场调查2017年西南湖仍有部分污水通过雨水管网进入西南湖中,但后期经整治后已无污水入湖,加之西南湖与其他湖区交换较小,因此模型中的计算值水质波动较实测值较小;总体上湖区年均值相对误差基本在15%以内,模型基本上能反映湖区水质的变化过程。

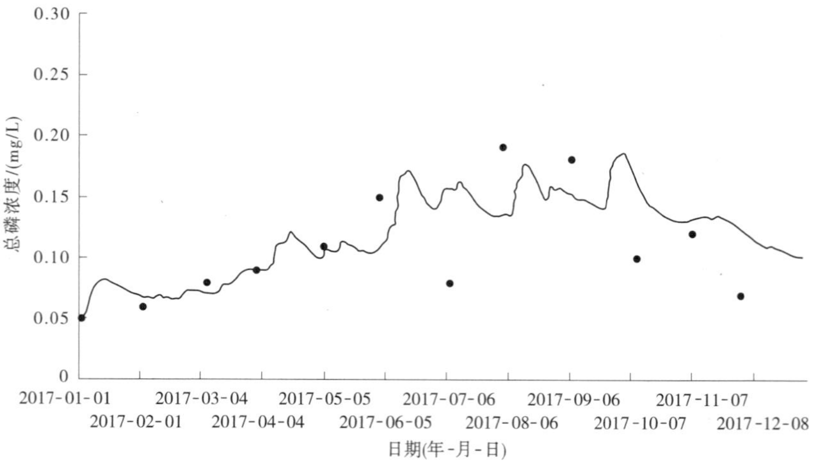

(a)东北湖

图6 2017年玄武湖各站点总磷和总氮浓度实测值与计算值对比

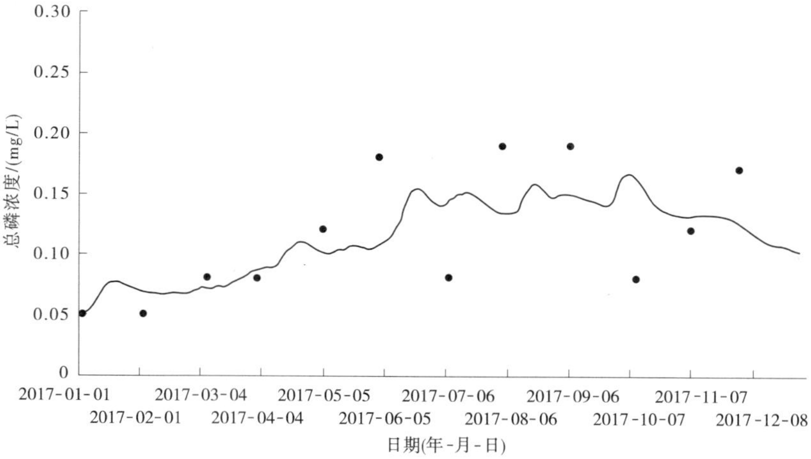

(b)西北湖

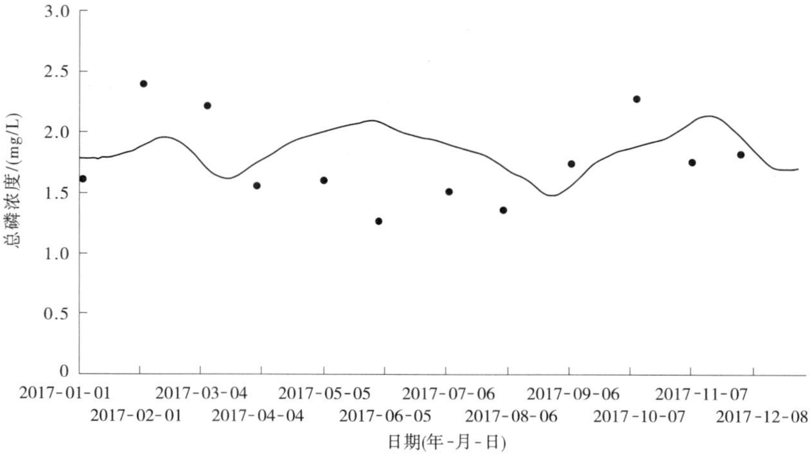

(c)东北湖

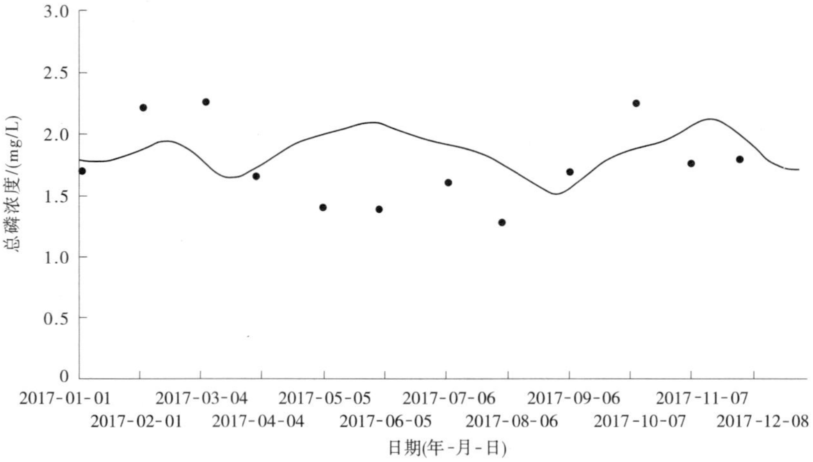

(d)西北湖

续图 6

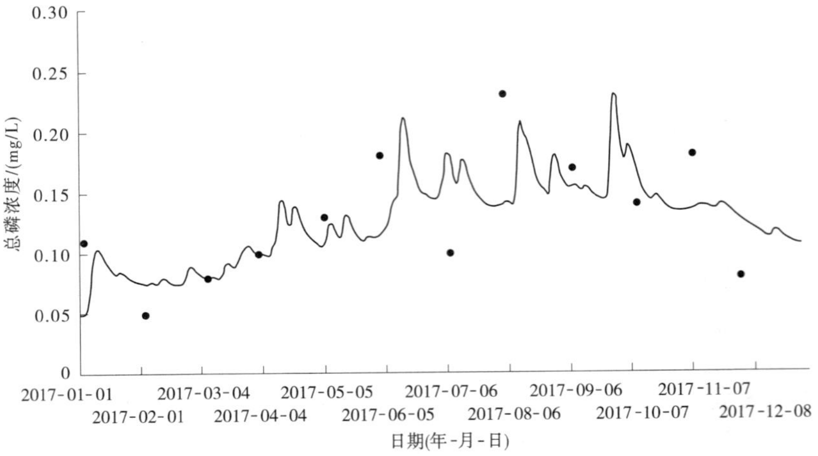

(e)东南湖

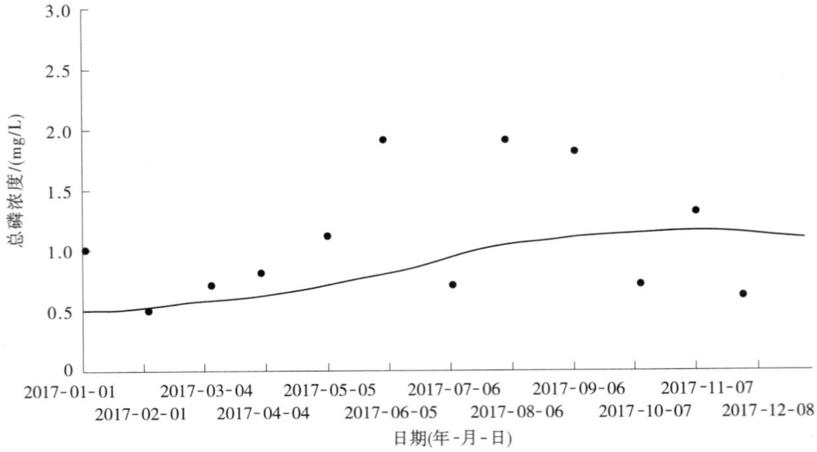

(f)西南湖

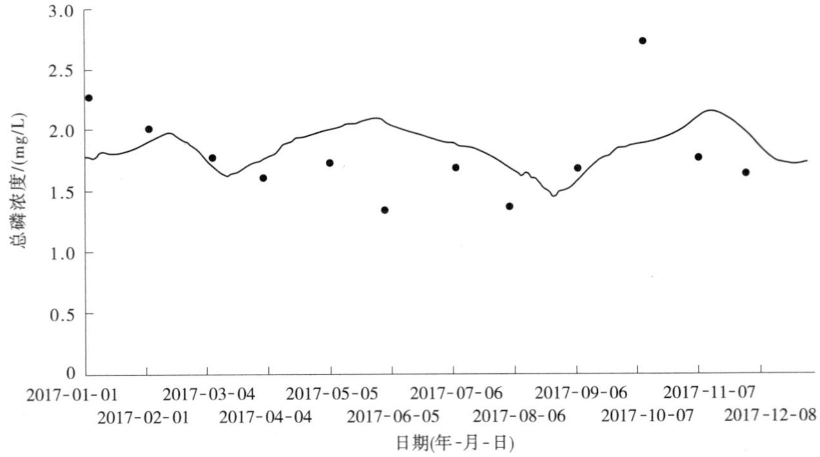

(g)东南湖

续图 6

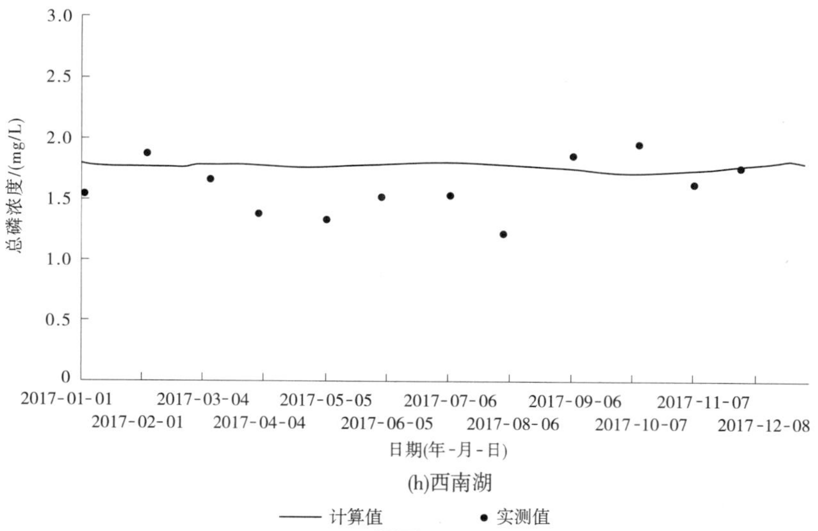

(h)西南湖

续图 6

4　湖区水体达标分析

4.1　计算方案

根据玄武湖水质现状分析可知,目前影响其水质的主要因素有补水水质状况以及 5 条入湖河道沟渠雨天溢流的污染负荷状况。因此,本文考虑不同的补水水质及入湖河流水质状况,共设计 5 种方案(见表 2),预测分析当补水水质达湖泊Ⅳ类水标准,入湖河流水质分别稳定达到河道地表水Ⅴ类、Ⅳ类水标准时,玄武湖各湖区水质的变化趋势。

表 2　玄武湖水体达标计算方案

计算方案	补水量	控制水位	补水水质(湖泊标准)	入湖河流水质(河道标准)
现状方案	28 万 t/d	90%来水保证率条件控制水位 10.2 m	2017 年补水水质	现状入湖
方案一			2017 年补水水质	(TP:0.2 mg/L,Ⅲ类)(TN:1.5 mg/L,Ⅳ类)
方案二			Ⅳ类	现状入湖
方案三			Ⅳ类	(TP:0.3 mg/L,Ⅲ类)(TN:1.5 mg/L,Ⅳ类)
方案四			Ⅳ类	(TP:0.2 mg/L,Ⅲ类)(TN:1.5 mg/L,Ⅳ类)
方案五			0.095 mg/L	(TP:0.4 mg/L,Ⅴ类)(TN:1.5 mg/L,Ⅳ类)

注:补水总氮均按Ⅳ类标准控制。TP—总磷;TN—总氮。

4.2　不同方案计算结果对比分析

采用上述构建的水动力水质数学模型,在 90%保证率设计水文条件下,对不同的入湖污染负荷方案进行了计算,具体结果见表 3。从结果可以看出,在玄武湖补水 28 万 t/d 的条件下,平均换水周期为 16 d,总体上玄武湖湖区水质与补水水质及入湖河流水质直接相关:

表 3　各方案下不同湖区 TP 和 TN 浓度计算结果　　单位:mg/L

计算方案	TP 浓度					TN 浓度				
	东北湖	东南湖	西北湖	西南湖	全湖平均	东北湖	东南湖	西北湖	西南湖	全湖平均
现状方案	0.115	0.121	0.112	0.097	0.111	1.85	1.84	1.85	1.69	1.81
方案一	0.107	0.109	0.107	0.094	0.104	1.85	1.84	1.85	1.69	1.81
方案二	0.110	0.115	0.107	0.097	0.107	1.55	1.55	1.56	1.60	1.56
方案三	0.104	0.109	0.103	0.095	0.103	1.55	1.54	1.55	1.59	1.56
方案四	0.102	0.104	0.101	0.093	0.100	1.55	1.54	1.55	1.59	1.56
方案五	0.101	0.105	0.100	0.096	0.100	1.55	1.54	1.55	1.59	1.56

(1)现状方案下,补水水质和入湖河道水质均为2017年现状条件,全湖平均总磷浓度为0.111 mg/L,总氮浓度为1.81 mg/L,图7给出了现状方案丰水期典型降雨时刻受入湖河道水质影响下的总磷、总氮浓度分布,可以看出超标区域主要位于东南湖、东北湖、西北湖。

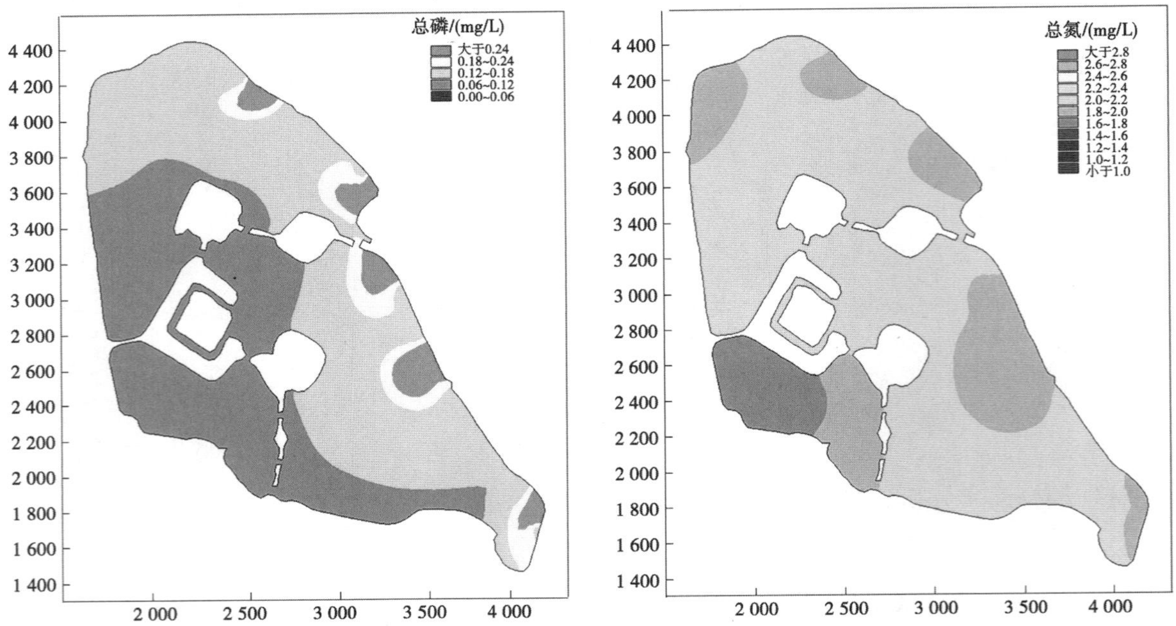

注:网格尺寸以米计。

图7 现状方案丰水期典型降雨时刻受入湖河道水质影响下的总磷、总氮浓度分布

(2)方案一条件下,补水水质为2017年现状条件,入湖河道总磷浓度达到河道Ⅲ类水质标准;受丰水期补水总磷超标的影响,全湖全年平均总磷浓度为0.104 mg/L,总氮浓度为1.81 mg/L。

(3)方案二条件下,补水水质达湖泊Ⅳ类水标准,入湖河道水质为2017年现状条件,受丰水期雨水溢流的影响,入湖污染负荷增加,全湖全年平均总磷浓度为0.107 mg/L,总氮浓度为1.56 mg/L。

(4)方案三条件下,补水水质达湖泊Ⅳ类水标准,入湖河道总磷浓度达到河道Ⅳ类水标准,由于河道标准要高于湖泊标准,因此丰水期受入湖水质浓度较高的影响,全湖全年平均总磷浓度为0.103 mg/L,总氮浓度为1.56 mg/L。

(5)方案四条件下,补水水质达湖泊Ⅳ类水标准,入湖河道总磷浓度达到河道Ⅲ类水标准,全湖全年平均总磷浓度约为0.100 mg/L,全湖基本能达到Ⅳ类水的标准;总氮浓度为1.56 mg/L,略高于Ⅳ类水的标准。

(6)方案五条件下,由于短期内控制入湖河道总磷浓度达到河道Ⅲ类水标准比较困难,而当前补水量相对较大,基本补水水质的变化基本决定了湖区水质的变化过程。因此,如在入湖河道达河道Ⅴ类水标准条件下,适当提高玄武湖补水水质状况,总磷浓度达0.095 mg/L时,图8给出了方案五条件下丰水期典型降雨时刻受入湖河道水质影响下的总磷、总氮浓度分布,可以看出丰水期仅在沿岸总磷浓度有所超标,全年平均总磷浓度可达0.100 mg/L,全湖基本能达到Ⅳ类水的标准;总氮浓度为1.56 mg/L,略高于Ⅳ类水的标准。

综合几个方案结果对比,以总磷浓度达湖泊Ⅳ类水为目标,方案四和方案五全湖全年平均总磷浓度约为0.100 mg/L,能够满足水体达标的要求。

4.3 水体达标保障措施

根据现场调查及模型计算结果分析,结合玄武湖流域实际情况,拟从以下几个方面提出相应的综合整治和管理措施。

4.3.1 提升丰水期生态补水水质

由于玄武湖自身库容较小(约400万 m^3),按照目前每日补水量(28万t),理论上16 d左右即可全

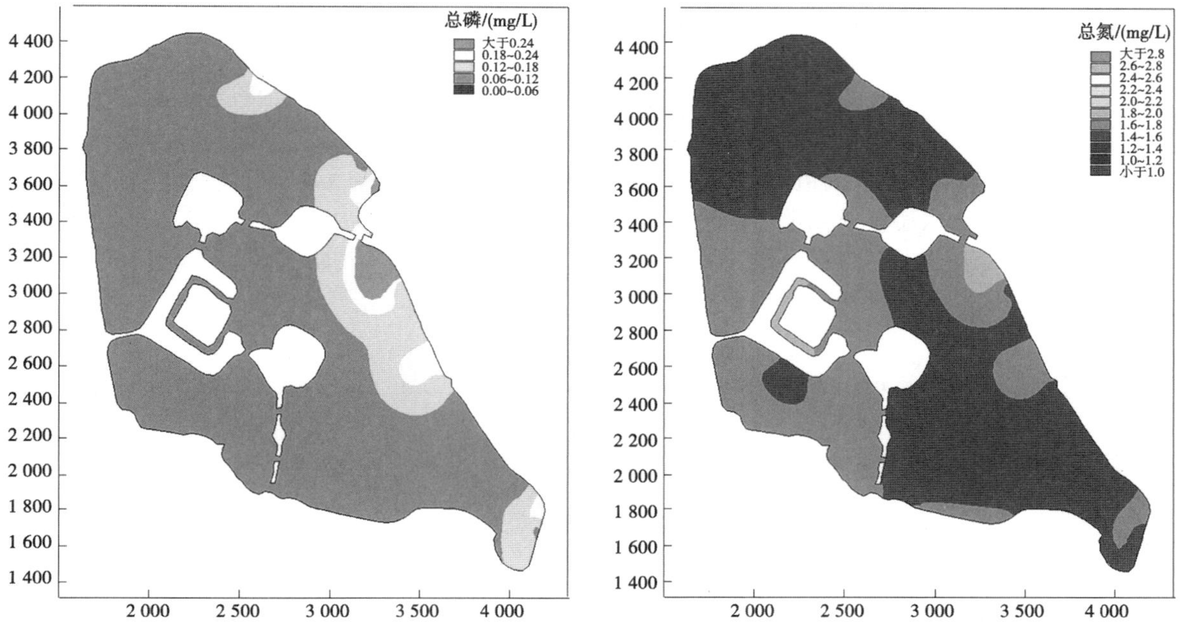

注:网格尺寸以米算。

图 8 方案五条件下丰水期典型降雨时刻受入湖河道水质影响下的总磷、总氮浓度分布

湖换水一次,使得玄武湖变成一个过水性湖泊,其水质与补水水质呈高度正相关。由于补水总磷本底值常超过湖泊Ⅳ类标准,导致玄武湖总磷难以稳定达到考核要求。建议实施补水水质提升措施,特别是提升丰水期补水的总磷浓度,在此基础上适当降低补水水量,充分利用湖泊的自净功能,保障玄武湖水体稳定达标。

4.3.2 加强入湖河道及周边区域排水管控

根据现场调查,玄武湖外来污染源主要是地表径流通过唐家山沟、紫金山沟、老季亭沟、香料厂沟、岗子村沟共 5 条沟渠入湖带来的面源污染;同时,湖区内目前还存在的 10 个排水通道也是潜在的地表径流途径。2017 年以来,5 条入湖沟渠陆续开展了综合整治,玄武湖流域的雨污分流及排口整治也已基本完成,总体上做到晴天污水不入湖。但是,由于综合整治中主要采用的仍然是截流方式,加之雨季不可避免地随着泄洪排涝带来大量污染物入湖,对湖体水质会造成较大冲击。建议进一步开展 5 条入湖沟渠及周边区域的排水管控措施来保障玄武湖水体稳定达标。

4.3.3 加强内源污染控制

玄武湖总氮除受补水水质及入湖水质影响外,还受内源污染的影响,这可能是导致不同方案下总氮浓度均未达到湖泊Ⅳ类水标准的原因。因此,在玄武湖定期开展生态清淤的同时,应科学确定清淤周期及措施,减轻对水质的扰动和湖区生态系统的干扰。

4.3.4 开展环湖植物群落生态修复

目前,玄武湖的自然湖滨带比例约为 10%,人工湖滨带约占 90%,玄武湖水体大部分由人工堤岸包围,建议开展环湖植物群落生态修复,特别是针对 5 条主要入湖河流入湖口处布设对水体净化能力较强的挺水植物和沉水植物,增强对河流入湖污染负荷的拦截作用。

5 结 论

(1)本文采用单因子法对玄武湖 2015~2018 年水质类别进行了评价,结果表明,玄武湖湖区主要的超标污染物为总磷和总氮;东南湖和东北湖受补水水质及入湖河流水质的影响,超标情况略比其他两个湖区严重,其超标主要出现在汛期。

(2)基于玄武湖湖区水动力水质模型计算分析,以总磷浓度达湖泊Ⅳ类水为目标,其湖区水体达标主要路径有 2 条:①补水水质达湖泊Ⅳ类水标准,入湖河道总磷浓度达到河道Ⅲ类水标准;②补水水质总磷不高于 0.095 mg/L(略低于湖泊Ⅳ类水标准),入湖河道总磷浓度达到河道Ⅴ类水标准,全湖全年平均总磷浓度约为 0.100 mg/L。

(3)玄武湖水质不达标(波动)主要受长江补水水质变化、雨季地表径流入湖带来的污染物及内源污染释放等几个因素影响,建议开展相应的综合整治和管理措施,主要包括:①提升丰水期补水水质;②加强玄武湖流域入湖河道及周边区域排水管控;③加强内源污染控制;④开展环湖植物群落生态修复,从而实现湖区水体水质长效稳定达标的目标。

参考文献

[1] 王健, 徐望朋, 马方凯,等. 城市湖泊治理思考与建议[J]. 人民长江, 2022, 53(2): 41-47,71.

[2] 淡永利, 王宏志, 张欢,等. 2000—2010 年武汉市中心城区湖泊景观变化[J]. 生态学报, 2014,34(5):1311-1317.

[3] 张苗, 李明梦, 刘律,等. 超富营养城市湖泊原位生态修复效果分析——以武汉南湖为例. 海洋与湖沼, 2021,52(6):1399-1407.

[4] 肖琼, 王锦旗. 人工调控措施对玄武湖水质的影响. 南京信息工程大学学报(自然科学版), 2018,10(2):232-237.

[5] 张树军, 赵峰, 罗陶露,等. 生态补水综合效益评价指标体系建立[J]. 吉林大学学报(地球科学版), 2008(5):813-819.

[6] 王国青, 焦怀金, 高鹏杰. MBR 技术在城市湖泊水华治理工程中的应用. 水利规划与设计, 2013(3):41-43.

[7] 郑杰. 城市湖泊清淤工程的探讨[J]. 中国农村水利水电, 2010(9):43-47.

[8] 薛庆举, 汤祥明, 龚志军,等. 典型城市湖泊五里湖底栖动物群落演变特征及其生态修复应用建议[J]. 湖泊科学, 2020, 32(3):762-771.

[9] 邢梦雅, 陈星, 周锷,等. 基于生态补水的水环境改善效果评价体系[J]. 水资源保护, 2016, 32(1):64-66,85.

[10] 逄敏, 宋为威, 钱程. 引调水改善玄武湖水质的水量优化方法[J]. 水资源保护, 2021,37(4):133-139.

[11] Feng T, Wang C, Hou J, et al. Effect of inter-basin water transfer on water quality in an urban lake: A combined water quality index algorithm and biophysical modelling approach[J]. Ecological indicators, 2018,92:61-71.

[12] Luo X, Li X. Using the EFDC model to evaluate the risks of eutrophication in an urban constructed pond from different water supply strategies[J]. Ecological Modelling, 2018,372:1-11.

[13] Li X J, Huang M T, Wang R H. Numerical Simulation of Donghu Lake Hydrodynamics and Water Quality Based on Remote Sensing and MIKE 21[J]. ISPRS International Journal of Geo-Information, 2020,9(2):94.

大纵深环抱式港池水体交换能力及改善措施研究

曾成杰[1] 陈可锋[1] 曹 薇[2]

(1. 水利部 交通运输部 国家能源局南京水利科学研究院,江苏南京 210024;
2. 江苏省通州湾江海联动开发示范区港口管理局,江苏南通 210024)

【摘 要】 大纵深环抱式港口水体交换能力是绿色生态港口建设重点关注的问题。南通港通州湾港区位于南通岸外腰沙-冷家沙海域,港区规划方案通过匡围腰沙和冷家沙近岸浅滩形成陆域,利用网仓洪-三沙洪水道作为进港航道和港池,港池自口门至根部的纵深约 20 km。本文在计算了大纵深环抱式港池水流动力及水质点运动基础上,采用对流-扩散型水交换数学模型,分析港内不同区域的水体交换能力,得出港池底部水体交换能力较弱、水体半交换周期较长的研究认识;并基于通州湾环抱式港口规划方案的周边海域形势,进行提升水体交换能力的改善措施研究。

【关键词】 大进深;环抱式港池;水体交换;数学模型

1 引 言

大纵深、单口门环抱式港池布置是增加码头岸线资源,减少波浪、潮流和泥沙影响,实现港口功能的常见规划形式。大纵深环抱式港池水体均通过口门进出,在两侧滩面匡围、归槽潮量锐减、港内水流流速显著降低的动力环境下,港池内外水体交换变缓,港池根部水体交换周期延长,对港池水环境存在一定影响[1]。随着对海洋环境保护的日益重视和绿色生态港口建设的逐步推进,大纵深环抱式港口布置中水体交换能力逐渐成为研究的重点。国际航运协会(PIANC)和美国环境保护署曾分别提出了不同港内水体交换率所需周期的水体交换能力评价体系[2]。国内外众多学者和研究人员针对不同的环抱式港口和水体交换能力提升技术开展了相关研究。何杰等[3]、张玮等[4]、李蕊等[5]、施逸辰等[6]分别对台州温岭港区、连云港徐圩港区的环抱式港池水体交换特点与能力开展了相关研究和探讨,而罗锋等[7]、刘浩等[8]则分别针对半封闭海湾的纳潮量及水体交换能力进行了分析。诸多研究认为,设置水体交换通道来促进港池内外流动,提高水体交换能力是较为有效的改善措施之一。

辐射沙脊海域滩槽相间地形格局下,依托潮汐通道作为进出港航道及港池、匡围两侧浅滩形成陆域可实现深水岸线资源和浅滩土地资源的集约利用,而环抱式港池是实现这一目标的重要方式。南通港通州湾港区位于辐射沙脊南部腰沙-冷家沙海域(见图 1),深水岸线和后备土地资源丰富;外海深水经网仓洪-三沙洪水道楔入研究海域,滩槽相间的地形格局为港口建设提供了有利条件。

2 项目概况

2.1 研究海域滩槽形势与水动力特征

研究海域地处辐射沙脊南翼,受东海前进潮波与山东半岛反射的旋转潮波共同影响。根据研究海域长期潮位资料统计,潮汐调和常数比值小于 0.5,潮汐性质属正规半日潮。外海潮波进入浅水区后,在地形影响下形成驻波,表现出中潮位时流速最大。

研究海域内水道中水体涨、落潮流向分别为以 WNW 和 ESE 为主,呈明显的往复流特征,潮流主流向与潮汐水道走向基本一致;冷家沙北侧开敞水域以及相对开阔的网仓洪水道内的潮流运动则表现出

基金项目:江苏省自然资源发展专项资金(海洋科技创新)项目 (JSZRHYKJ202103)

图 1　三沙洪网仓洪海域水下地形格局

一定的旋转流特征。随着外海沙洲对水流约束作用减弱,旋转流特征逐渐显现的同时,开敞海域涨、落潮最大流速和垂线平均最大流速均明显小于水道深槽。大潮期间各测点的垂线平均最大流速均在 1.2 m/s 以上;中、小潮期间,各测点的垂线平均最大流速大多小于 0.7 m/s。涨、落潮平均流速也只及大潮的一半左右。

自然状况下腰沙北侧三沙洪水道涨、落潮主流向与水道深槽走向一致;腰沙沙脊线两侧浅滩区的潮流分别来自三沙洪、小庙洪水道,呈涨潮漫滩和落潮归槽的运动形式。涨急时,深槽流速逐渐增大,三沙洪深槽内涨潮流仍沿深槽走向运动,少部分冷家沙北侧水流越过冷家沙进入三沙洪深槽,三沙洪尾部浅滩水流主要来自冷家沙北侧东安闸下潮沟。随潮位进一步上升,腰沙南北两侧的漫滩水流在腰沙沙脊线附近汇合。落急时,深槽区落潮流向不变,腰沙浅滩区滩面坡度成为控制水流流向的主要因素,腰沙北侧滩面的落潮流全部汇入三沙洪深槽,而腰沙根部的归槽流主要汇入东安闸下的潮沟,流入冷家沙以北深水区(见图 2)。

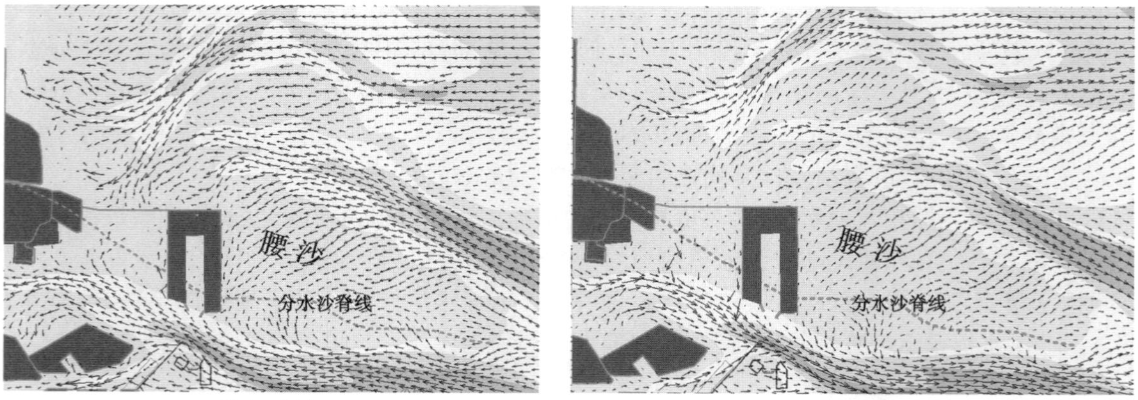

(a)涨急时刻　　(b)落急时刻

图 2　现状情况下涨、落急流矢图

2.2　通州湾作业区规划

为实现滩槽相间地形格局下滩涂土地资源与深水岸线资源的集约利用,通州湾作业区通过围填腰沙和冷家沙根部高滩形成规划方案(见图 3),其中作业区北部进港航道利用网仓洪-三沙洪水道作为进港航道,港内形成东西走向的二港池和外侧西北至东南走向的三港池。根据进出港航道资源条件,二、三港池内主要用于建设 10 万~20 万吨级大型泊位,码头建设中可考虑 20 万吨级以上船舶减载接卸,并可相应配套建设 10 万吨级以下泊位。北港池口门至三港池底部距离为 10 km,至二港池底部的总纵深约为 19.7 km。

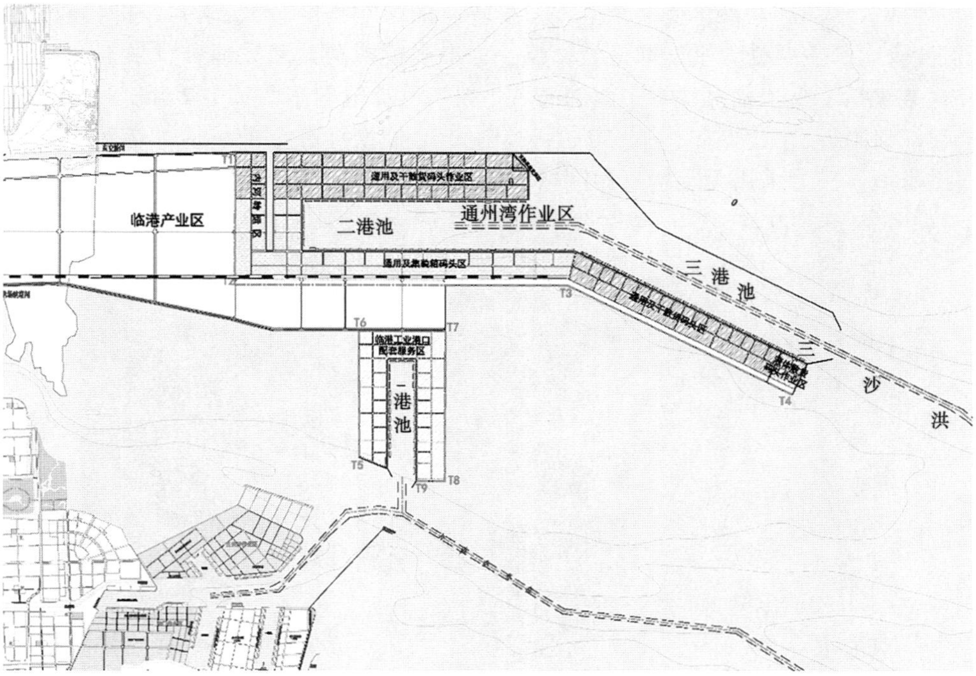

图 3 通州湾作业区规划方案示意图

3 研究方法

3.1 平面二维水动力模型

本项研究采用二维潮流数学模型进行，该模型基于平面二维浅水方程组。在笛卡儿坐标系中，通过对水平动量方程和连续方程进行积分得到二维浅水方程组。

$$\frac{\partial \zeta}{\partial t} + \frac{\partial[(h+\zeta)u]}{\partial x} + \frac{\partial[(h+\zeta)v]}{\partial y} = 0 \tag{1}$$

$$\frac{\partial u}{\partial t} + u\frac{\partial u}{\partial x} + v\frac{\partial u}{\partial y} = fv - g\frac{\partial \zeta}{\partial x} - \frac{\tau_{bx}}{\rho(h+\zeta)} + E_x\left(\frac{\partial^2 u}{\partial x^2} + \frac{\partial^2 u}{\partial y^2}\right) \tag{2}$$

$$\frac{\partial v}{\partial t} + u\frac{\partial v}{\partial x} + v\frac{\partial v}{\partial y} + fu = -g\frac{\partial \zeta}{\partial y} - \frac{\tau_{by}}{\rho(h+\zeta)} + E_y\left(\frac{\partial^2 v}{\partial x^2} + \frac{\partial^2 v}{\partial y^2}\right) \tag{3}$$

式中，t 为时间；u、v 分别为沿 x、y 方向的流速分量；h 为海底到静止海面的距离（静水深）；ζ 为自静止海面向上起算的海面起伏（水位）；f 为柯氏参数；ρ 为水体密度；g 为重力加速度；τ_{bx}、τ_{by} 分别为床面剪切力在 x、y 方向的分量；E_x、E_y 分别为 x、y 风向水平紊动黏性系数。

为保证水流方程的质量守恒和动量守恒，采用控制体积法计算。控制方程中包括对流项的数值通量求解、紊动项求解和源项中底坡项。其中，对流项数值通量的求解采用近似 Riemann 解，紊动黏性项采用单元交界面的平均值进行估算，而底坡源项则采用特征分解法处理。

3.2 水体交换数学模型

水体交换数学模型计算以水动力模型为基础，采用对流-扩散型的水交换模式以溶解态的保守性物质作为湾内水的示踪剂，建立以对流-扩散方程的港内水交换数值模型。通过潮流动力作用下示踪剂浓度的时空分布来反映不同区位的水体交换情况。示踪剂基于欧拉运动的对流-扩散方程为

$$\frac{\partial(h+\zeta)c}{\partial t} + \frac{\partial[(h+\zeta)uc]}{\partial x} + \frac{\partial[(h+\zeta)vc]}{\partial y} = (h+\zeta)\left[\frac{\partial}{\partial x}\left(D_H\frac{\partial c}{\partial x}\right) + \frac{\partial}{\partial y}\left(D_H\frac{\partial c}{\partial y}\right)\right] - \lambda(h+\zeta)c + S \tag{4}$$

式中，c 为指示剂浓度；λ 为指示剂线性衰减率；S 为源的指示物浓度；D_H 为水平扩散系数。

3.3 模型建立与验证

辐射沙脊中部黄沙洋和烂沙洋受两个潮波系统辐合的影响程度较大,动力条件比较复杂。研究区域所处的辐射沙脊南部主要受太平洋前进波影响。为准确模拟两大潮波辐合背景下的辐聚、辐散的流场形势,研究模型包括了整个辐射沙脊中南部海域。模型计算范围东西长 192 km、南北宽 152 km;其北至东台,南至长江口附近,东边界在外海-30 m 水深附近。模型计算范围包括了全部烂沙洋(见图 4)、三沙洪、小庙洪水道。模型采用无结构三角网格,最大网格 500 m、最小网格 5 m。

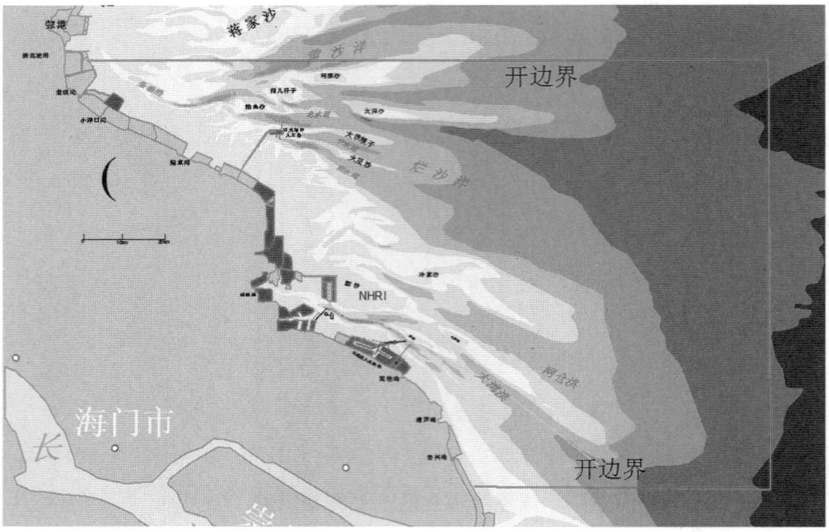

图 4 局部模型范围

模型依据 2019 年 4 月海域 5 个潮位站的潮位和同期 14 条垂线实测水文泥沙资料对水体交换数学模型进行验证,验证表明计算的水位过程与实测资料吻合较好、高低潮相位偏差在 0.5 h 以内,潮位值的误差在 10 cm 以内。最大流速和平均流速计算值与实测值偏差在 5%以内,流向偏差在 10°以内[9]。

4 港池水体交换能力及改善措施效果分析

4.1 港池建设流场影响及港内水动力分析

规划方案实施后,三港池南部匡围对腰沙南、北两侧水流有明显影响,原本从三沙洪漫滩至腰沙的水流受港池匡围阻挡需绕过口门进入腰沙中部,腰沙北侧漫滩流减弱,腰沙南侧来自小庙洪的漫滩流相对增强,并越过腰沙沙脊线后继续向北。落潮期三沙洪的落潮流也有部分向北绕过北堤堤头和越过冷家沙沙脊北流;腰沙滩面归槽水流受三港池南部匡围阻挡而沿堤运动,至口门附近再汇入三沙洪(见图 5)。

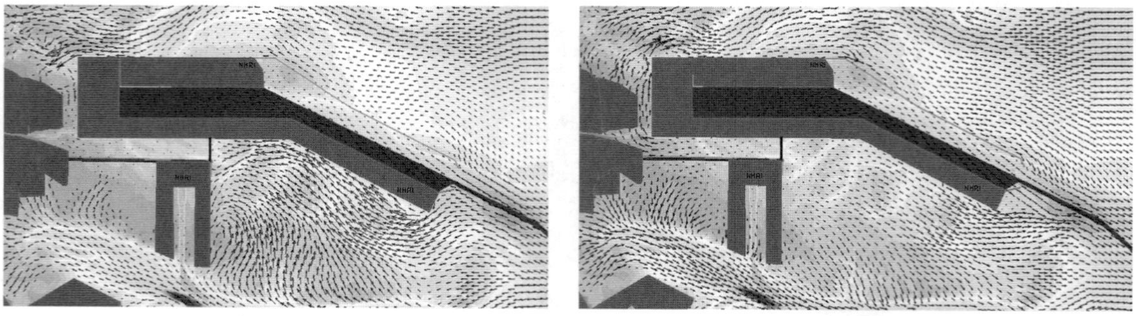

(a)涨急时刻 (b)落急时刻

图 5 规划方案建设后涨、落急流矢图

外海的水流通过三沙洪深槽进入规划的北港池口门,并向港池底部运动,但进入港池的水体越往港池内部流速越小,港池口门段平均流速 0.5 m/s 左右,港池中部二、三港池交界处平均流速为 0.15 m/s,

至二港池底部平均流速不足 0.05 m/s。外海三沙洪水流通过口门进入港池的水体只影响三港池区域；二港池区域水体流速较小，只是随涨、落潮水位上下波动。

4.2 港内水体交换能力模拟分析

4.2.1 港内水质点运动轨迹

为研究港内不同位置水质点扩散运移的路径，分别在港池口门、中部、尾部进行了 Lagrange 质点示踪模拟，通过质点示踪轨迹线，分析港内不同区域水质点的运移路径，质点释放的时间选择涨潮初期时刻。

不同部位质点示踪模拟显示：口门段水质点向港池内部运动的最远距离为 6 km，流出口门外 4.5 km；体现口门以内 6 km 区域与外海水体交换能力较强；港池中部水质点在港内运移的距离向西不超过 2 km，向东运动最远距离为 6 km；反映中部水体涨潮时向港池底部运动较弱，落潮时也难以流出口门；港池尾部水质点仅在释放点 200 m 范围内做往复运动，与外海水体没有交换（见图 6）。

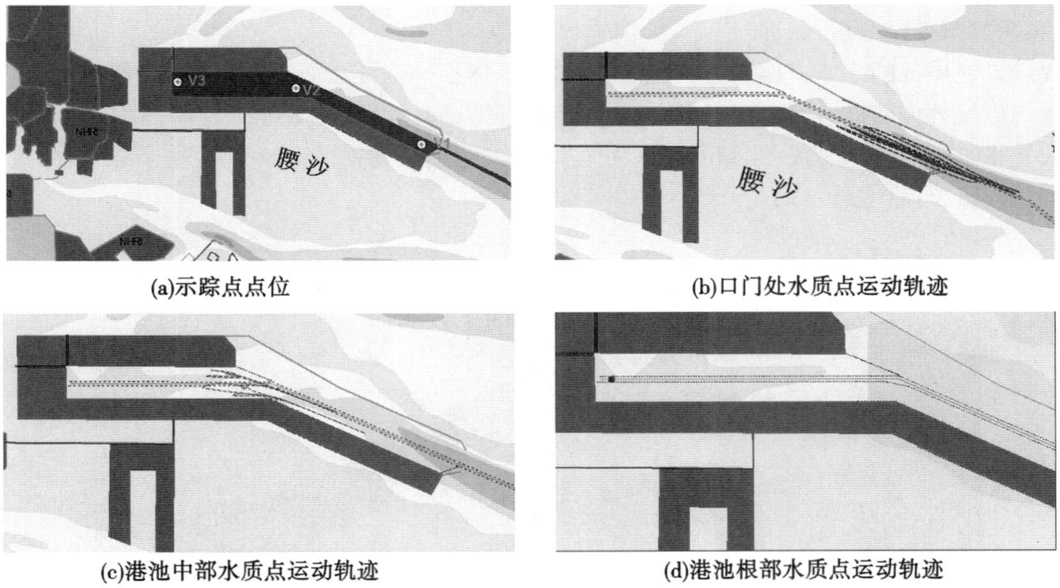

◦释放质点 ……质点运动轨迹线

图 6 港池不同部位水质点运动轨迹示意图

4.2.2 港内水体交换能力计算

对流扩散模型采用溶解性保守物质进行模拟，整个港内采用面源示踪剂一次性投放，初始浓度为 1.0 g/L，模拟中其他区域不考虑其他污染源。通过水体交换数学模型，计算不同时间港池内、外的示踪剂浓度分布，分析港池不同部位特征点的水体半交换周期，为改善措施实施部位提供依据。计算结果（见图 7 和表 1）显示：港池口门段水体半交换周期为 2~3 d，三港池尾部区域水体半交换周期为 18 d；二港池头部区域水体半交换周期为 47 d，中部和尾部区域水体交换周期分别为 76 d、79 d。

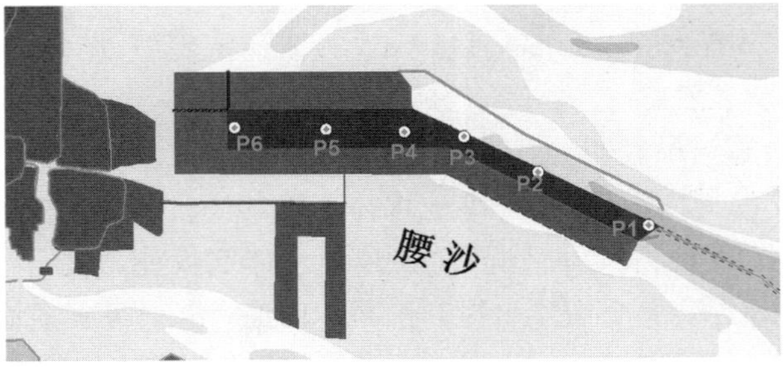

图 7 水体半交换周期统计的位置

表 1 港内不同部位水体半交换周期

项目	三港池			二港池		
特征点位	P1	P2	P3	P4	P5	P6
半交换期/d	2	3	18	47	76	79

结果表明,涨潮时外海水体通过口门进入环抱式港口内部,可与港池口门附近水体充分交换。落潮时,港内高溶度水体流出口门后与外海水体交换。港池尾部区域水体不能与涨潮流进行对流,只能通过向邻近水体扩散的方式进行水体交换。反映通州湾环抱式港口口门附近水体交换能力较强,纵深超过10 km 的区域交换能力急剧下降,尤其港池底部几乎不存在水体的对流交换,只能以扩散方式进行水体交换,交换能力极弱,半交换周期达两个半月以上。

4.3 改善措施与效果分析

为提升港池尾部的水体交换能力,考虑在港池底部向西和向北设置宽 50 m 过水通道的改善设施,通道高程与港域外侧滩面自然水深齐平,其中西侧港外滩面高程+3 m,过水通道底高程+3 m,港内外水体交换仅在平均潮位以上时段,北侧港外面临大型潮沟,通道底高程增大至 0 m,整个涨、落潮过程港内外水体均可对流交换(见图 8)。

图 8 通州湾环抱式港口水体交换能力改善方案布置

数学模型计算显示,起涨至中潮位港内水位比港外高,港内外存在 30~50 cm 潮位差,港内水体经通道向外海流出。至高潮位及落潮时段,港外潮位均高于港内,这时外海水体可经通道进入港池内。通道断面流量统计结果显示,方案一涨潮过程通过通道进出港池的水体体积约占整个港内水体体积的0.76%;方案二由于通过通道进入港内的水体要小于方案一,约占整个港内水体体积的 0.12%。潮周期内方案一交换的水量是方案二的 2.7 倍。方案一实施后,港池根部水体半交换周期由 79 d 缩小至 5 d,减小了 74 d;港池中部由 47 d 缩短至 28 d,减小 19 d。方案二实施后,尾部和中部水体半交换周期仅分别缩短了 11 d 和 6 d(见图 9 和表 2)。

不同方案的水体改善措施结果表明,由于港内与港外存在潮位差,港池根部增加过水通道可明显缩短港池根部邻近水域的半交换周期,显著提升港池水体交换能力。不同方案工况下水体交换能力提升有所差异,与北部潮沟对接的平面方案一情况下,二港池水体交换能力提升 40%~94%;而港池根部西侧开辟通道的平面方案二,对二港池交换能力提升 13%~16%。由于两方案均处于港池根部,潮差大小和与港池内外的相位差相似,不同之处主要为通道底高程,反映出通道工程所处位置与港外滩面滩槽地形的衔接对港内水体交换能力提升作用较为直接。

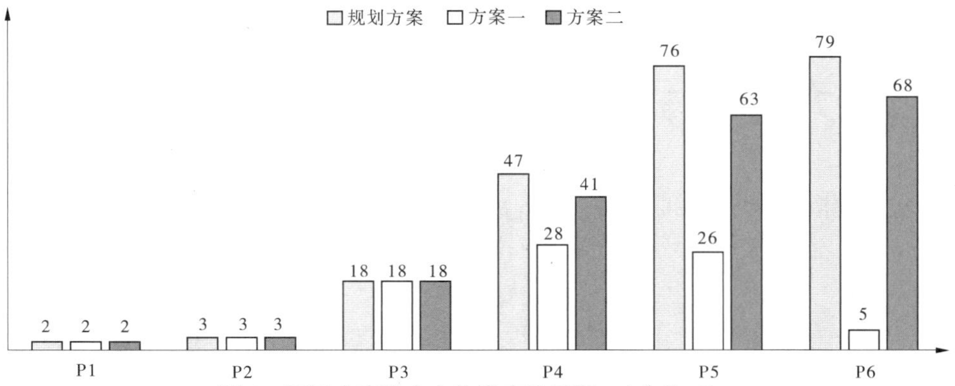

图 9 不同方案港内水体半交换周期 (单位:d)

表 2 港内不同部位水体半交换周期

项目	三港池			二港池		
特征点位	P1	P2	P3	P4	P5	P6
规划方案半交换周期/d	2	3	18	47	76	79
方案一半交换周期/d	2	3	18	28	26	5
方案二半交换周期/d	2	3	18	41	63	68

5 结 语

(1)大纵深环抱式港池内部水流流速显著降低,港池内外水体交换变缓,港池根部水体半交换周期延长,对港池水环境存在一定影响,增加过水通道对改善港内水环境效果较明显。

(2)通州湾作业区规划的大纵深环抱式港池口门附近水体交换能力较弱,口门段与外海水体之间存在较强的对流交换,港池中部及尾部与外海水体交换极弱,水环境改善主要依靠扩散作用。

(3)通州湾港池根部过水通道对提升二港池水体交换能力作用显著,与港外潮沟自然衔接的北部通道方案可提升 40%~94%。

(4)环抱式港池通道方案的确定,应兼顾动力影响、水体交换、港内泥沙淤积、港域功能发挥等多方面因素。

参考文献

[1] 左天立, 查雅平, 聂向军,等. 生态型港口规划理念研究[J]. 水运工程, 2017(5):56-61.
[2] PIANC RecCom Working Group. Protecting water quality in marinas[R]. Brussels PIANC RecCom Working Group, 2008.
[3] 何杰, 叶小强, 辛文杰. 环抱式单口门港池水体交换能力研究[J]. 水运工程, 2009(2):87-91.
[4] 张玮, 王国超, 刘燃,等. 环抱式港池水体交换与改善措施研究[J]. 水运工程, 2011(4):37-41.
[5] 李蕊, 姚珊珊, 丁文涛,等. 基于改善水体交换能力的环抱式长港池布置优化[J]. 水运工程, 2021(2):38-43.
[6] 施逸辰, 高飞, 张长宽. 提升环抱式港池谁交换能力研究进展[J]. 水道港口, 2018(5):556-562.
[7] 罗锋, 廖光洪, 杨成浩,等. 乐清湾水体交换特征研究[J]. 海洋学研究, 2011(2):79-88.
[8] 刘浩, 潘伟然, 骆智斌. 深沪湾水交换特性的研究[J]. 海洋环境科学, 2008(2):157-160.
[9] 陆培东, 王艳红, 陈可锋,等. 南通港通州湾港区网仓洪 20 万吨级航道规划方案专题研究[R]. 南京:南京水利科学研究院,2019.

水力浮动式分层取水方法及应用分析

郑铁刚[1] 孙双科[1] 李宝亭[2] 刘 良[3] 余德龙[2]

(1. 中国水利水电科学研究院,北京 100038;
2. 河南省出山店水库建设管理局,河南郑州 450003;
3. 中水淮河规划设计研究有限公司,安徽合肥 230000)

【摘 要】 分层取水措施是提高电站下泄水温,减免下泄低温水影响的有效手段之一。浮动式分层取水装置具有结构简单、运维方便等特点,已在较多工程中得到应用。本研究提出一种水力浮动式分层取水装置,并结合 CSD 水库开展了参数设计及效果分析预测,研究结果表明,浮动分层取水装置对电站水头损失影响甚微,电站下游尾水水温增幅可达 1.15 ℃,提取表层高温水效果明显。该装置尤其适用于库区水位变幅较小的水利水电工程。

【关键词】 分层取水;水力浮动式;浮箱;水头损失;取水效果

1 引 言

大中型水电站,由于水深较大,容易形成稳定的温度分层型水库,在这种情况下,采用分层取水技术可以有效提高下泄水温温度,减免下泄低温水对下游水环境及水生物的不利影响,是确保水电开发与自然环境和谐发展的有效工程措施之一[1]。

近 10 余年来,我国开始重视大型水电站的分层取水问题,并结合一些具体工程开展了相应的科研与设计工作,其中以叠梁门分层取水居多,如北盘江的光照水电站、澜沧江的糯扎渡水电站以及雅砻江的锦屏一级水电站等[2]。目前,已建叠梁门分层取水工程运行效果良好,均可达到预期目标[3]。然而,对于日调节水库而言,叠梁门操作频繁,在抓取和放置过程时费时费力,效率相对较低;另外,就工程造价而言,叠梁门分层取水需要在传统电站进水口前增设塔式进水平台,工程投资及工程规模均较大。鉴于此,国内部分电站采用了前置挡墙、浮式取水口或水力自动翻板闸等分层取水措施,其中浮动式分层取水装置具有结构简单、施工和维护方便、造价低且不受场地规模限制等特点,目前已在多个水库中得到应用[4-5]。

考虑到浮动式分层取水措施的优越性,本研究提出一种新型水力浮动式分层取水装置,该装置外挂于电站进水口,通过浮箱的浮力作用,使分层取水装置浮于水面并随库水位的变化而上下浮动,同时保持进水口取水水深不变,从而在不同库水位下均达到提取表层水的效果。在此基础上对水力浮动式分层取水装置进行水力特性及工程应用分析。

2 水力浮动式分层取水装置

如前所述,浮动式分层取水装置已在国内取得较多应用,例如:本溪小水库灌溉中采用了浮式取水口,可提取表层高温水[6];江西省港河水库和大同源水库分别采用了外浮式和内浮式取水装置用于更有效地提取表层水,运行效果良好[7-8]。考虑到结构简单、取水效果良好、造价低及管理影响方便等特点,浮动式分层取水装置具有一定的推广前景[4]。鉴于此,本研究提出了一种新型水力浮动式分层取水装置。

水力浮动式分层取水装置由拦污栅、进水口、进水室、两侧浮箱及配重等组成,如图 1 示意,浮箱及

基金项目:重点工程科研项目——河南省出山店水库工程关于环境保护有关项目专题研究工作分层取水设施专题研究(CSDSK-HJBHYJ-FCQSYJ)

进水室采用钢板焊制，其下部密封以提供足够的上浮力，钢制水箱通过若干“铆钉+活动轴系统”与坝面连接并随水位变动自行上下浮动；分层取水装置迎水面设一定宽度的进流堰口，堰口上下游分别连接水库与电站进水口，两侧突出水面，形成进水室，两侧浮箱内设置配重块，通过增减配重块数量对堰口高程进行精确调控。电站发电时，水流由进流堰口流入进水室之后再流入电站进水口，从而达到提取表层水的分层取水效果；汛期通过增加进水室配重使水力浮动装置沉入水下以确保安全。这种布置方式具有体型简单、节省投资、施工方便、易于运行维护等技术特点，尤其适合于未建分层取水设施的已建工程补建之用。

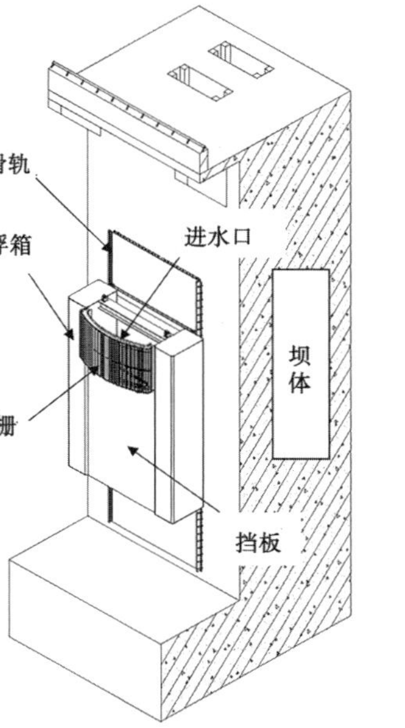

图 1　水力浮动式分层取水装置示意图

3　工程应用实例与计算

3.1　工程背景

CSD 水库位于河南省信阳市境内，是一座以防洪为主、结合供水、灌溉、兼顾发电等综合利用的大型水利枢纽工程，已于 2019 年 5 月下闸蓄水。然而，2021 年度库区水温实测资料显示（见图 2），CSD 水库水温分层较为明显，采用分层取水措施具有一定的必要性，因此现阶段要求补建分层取水措施。CSD 水库正常蓄水位 88.0 m，死水位 84.0 m，发电最小流量 3.5 m^3/s，最大流量 30.1 m^3/s。经现场调研及专家评审，考虑到 CSD 水库的工程及运行特点，拟采用水力浮动式分层取水装置。

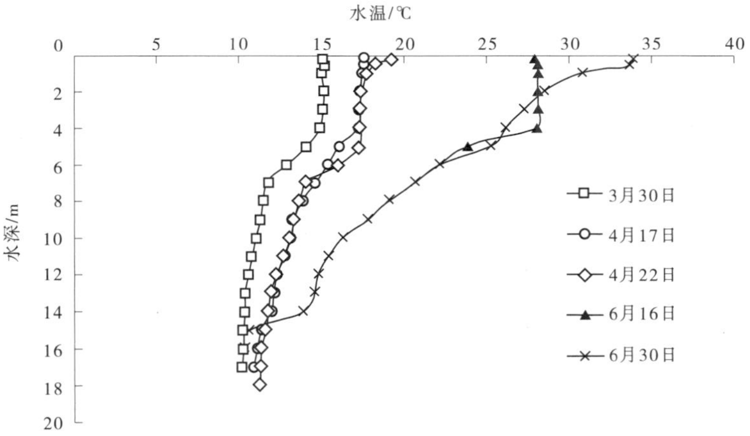

图 2　库区实测水温分布

3.2　设计计算

3.2.1　浮动式分层取水装置设计

浮动式分层取水装置初步采用 Q355B 钢结构材料，具体尺寸为长 3 m、宽 7 m、高 9.4 m，两侧浮箱各宽 1 m，板厚度为 20 mm，进水口水深为 1.5 m。浮动装置浮出水面 1 m 设计，止水布置为单向止水，侧止水、底止水兼支撑，均采用高强度复合材料，运行时空腔内可以渗水平压。考虑风荷载作用和机组甩负荷作用，埋件采用 300 根 EM20×250 化学锚筋预埋，材料不锈钢，埋件采用焊接结构，主要结构材料 Q235B。

在水力浮动式分层取水装置运行之前，首先在两侧配重箱内均匀增加一定数量的配重，并通过配重微调，将进水口水深调整至 1.5 m，例如图 3（a）所示，当水位为正常蓄水位 88.0 m 时，进水口顶高程为 86.5 m，水流由进水口流入浮动式分层取水装置内部腔体，后经坝体取水口进入发电机组流出；当水位下降时，浮动式分层取水装置随水位下降，但由于装置自重与上浮力平衡，进水口处水深将始终维持

1.5 m 的进流水深,反之亦然;当水位为死水位 84.0 m 时,进水口顶高程为 82.5 m[见图 3(b)],即浮动式分层取水装置始终随水位同步下降或上升。

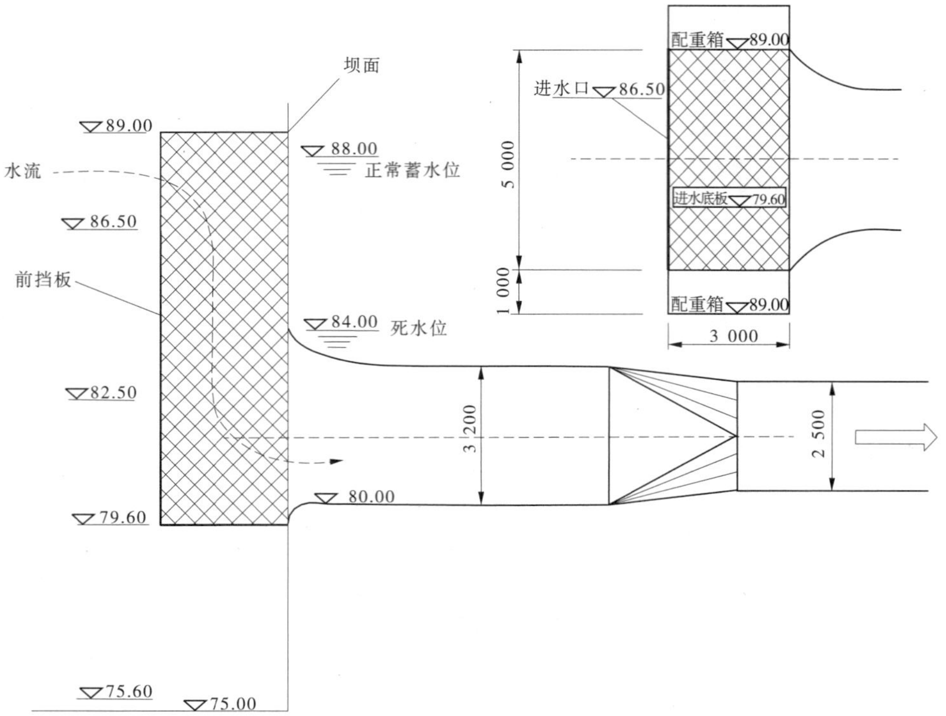

(a)高水位运行状态

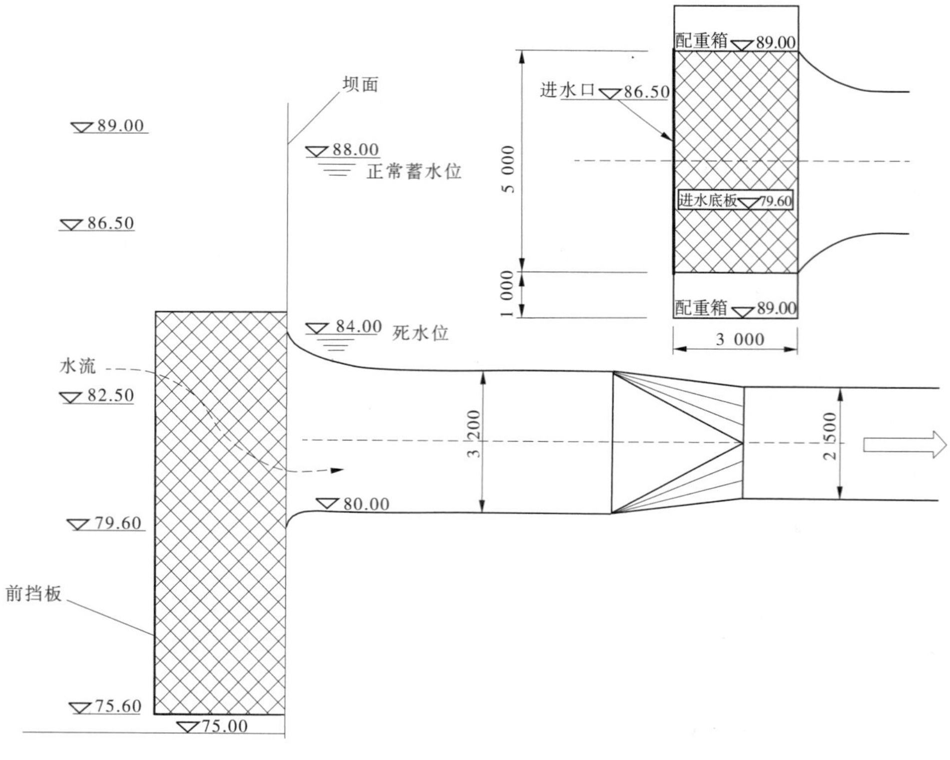

(b)低水位运行状态

图 3 水力浮动式分层取水装置运行状态示意 (单位:高程,m;尺寸,mm)

3.2.2 水力浮动式分层取水装置受力测算

3.2.2.1 装置重量计算

迎水面面积 = 5 m×(9.4−2.5)m+2×1 m×9.4 m = 53.3 m^2；

背水面面积 = 2×1 m×9.4 m = 18.8 m^2；

侧面面积 = 4×3 m×9.4 m = 112.8 m^2；

底板面积 = 3 m×7 m = 21 m^2；

顶板面积 = 2×1 m×3 m = 6 m^2；

钢板总面积 = 53.3+18.8+112.8+21+6 = 211.9 m^2；

钢板质量 = 7.85×10^3 kg/m^3×211.9 m^2×0.02 m = 33.056 t；

加固梁质量 = 钢板质量 50% = 33.056×50% = 16.528 t；

装置总重 = 33.056+16.528 = 49.584 t。

3.2.2.2 上浮力计算

浮体体积 = 2×(9.4−1) m×1 m×3 m = 50.4 m^3；

上浮力 = 1.0×10^3 kg/m^3×9.81 N/kg×50.4 m^3 = 494 424 N。

3.2.2.3 理论配重块重量计算

配重块质量 = 上浮力−装置自重 = 494 424 N−49.584×10^3 kg×9.81 N/kg = 8 004.96 N，即 0.816 t。

上述计算中忽略了滑轨摩阻等受力影响，为了保证竖向浮心与重心重合，浮箱两侧均匀增加配重块，配重块总重约为 0.816 t。考虑到装配限制及其他约束，在汛期运行阶段，经过比选，确保工程安全，拟采用浮动式分层取水装置增加配重块沉入水底方案，配重块总重大于 0.816 t。

4 水力特性分析及取水效果评估

本研究基于 ANSYS-Fluent 计算平台，结合 CSD 水库运行资料及浮动式分层取水装置设计参数，以单台机组运行为例（Q = 3.5 m^3/s），选取正常蓄水位工况，分别建立了三维水动力及水温−水动力数学模型，对浮动式分层取水装置内水力特性及提取表层水的效果进行预测。具体数学模型及参数取值分别参考文献[9]和[10]。

4.1 水力特性分析

对于分层取水进水口而言，必须保证能有良好的进水口流态并避免有害漩涡的出现。因此，在本项研究中，针对浮动式分层取水装置设计方案，主要进行漩涡流态特性的观察研究，为确定进水口运行最小门顶水深提供参考。进水口漩涡的影响因素主要包括进水口淹没深度、入流流速、环流强度和进水口边界条件等，这其中主要涉及水流黏滞力和表面张力等因素影响。根据美国麻省 Worcester 综合研究所 Alden 实验室的分类方法[11]，电站取水口前自由表面诱发的漩涡建议在 1~4 类变化。

为分析进水口流态及漩涡情况，本研究将水面以下 1 m 及 Z = 83 m（取水口上缘）平面作为代表平面分析流态及漩涡发展情况。流态及漩涡计算结果如图 4 所示。流态计算结果表明：取水装置进水口水面附近无明显漩涡发生，尽管取水口前端有弱环流出现，但表层无漩涡表明取水口前端环流并未贯穿，即并文献所述有害漩涡，由此可见，在 3.5 m^3/s 取水流量条件下，1.5 m 的取水水头满足最小淹没深度要求。

水头损失是关系到水电站运行效率的重要参数，通常包括进水口上游段、进水口闸室段及下游引水隧洞段水头损失等，其中进水口闸室段与引水隧洞段水头损失占主导地位[9]。

水头损失计算结果如表 1 所示，进水口上游段总水头为 5.37 m，而采用常规进水口水头损失仅为 0.02 m，采用分层取水措施后，水头损失也仅为 0.06 m，增加 0.04 m。可见，对于本工程而言，增设分层取水措施对水头损失影响甚微，这是由于本工程小机组发电流量仅为 3.5 m^3/s，远小于其他以发电为主的大型水电站，这也为本工程采用浮动式分层取水装置增加了便利条件。

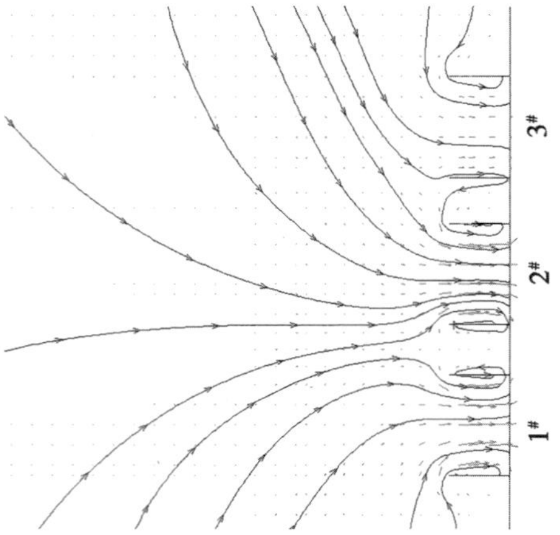

(a)水面以下1 m

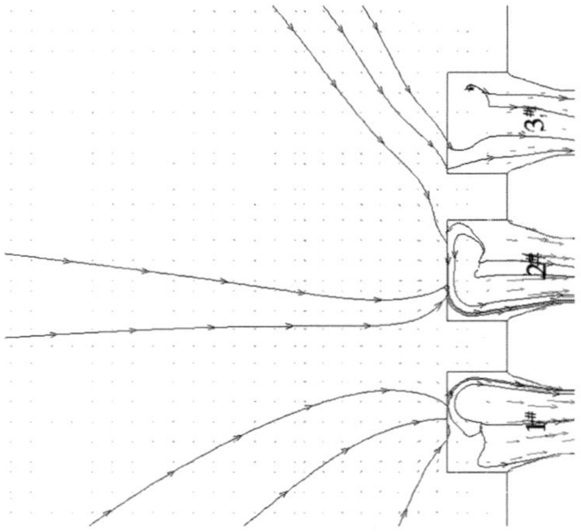

(b)进水口Z=83 m高程

图 4　分层取水装置进水口附近流态特征

表 1　水头损失计算结果

单位:m

方案	进水口上游段总水头	进水口下游段总水头	水头差
常规进水口方案	5.37	5.35	0.02
浮动式分层取水进水口方案	5.37	5.31	0.06

4.2　取水效果评估

基于 2021 年 6 月 16 日库区水温监测结果,分别针对有无浮动式分层取水装置条件下,小机组运行取水效果进行了预测,预测结果如表 2 所示。对于常规进水口方案而言,小机组取水水温为 24.30 ℃,而当采用浮动式分层取水装置后,小机组取水水温上升至 25.45 ℃,升幅达 1.15 ℃。由此表明,浮动式分层取水装置能显著改善小机组取水效果。

表 2　取水效果预测结果

单位:℃

常规进水口方案	浮动式分层取水进水口方案	温升值
24.30	25.45	1.15

5　主要结论与建议

结合当前分层取水现状,本研究提出了一种水力浮动式分层取水装置,通过平衡上浮力与取水装置自重,装置随水位自动上浮与下沉使取水进水口水深始终为 1.5 m,可有效提取库区表层高温水,从而改善下泄低温水产生的生态影响。

结合 CSD 水库工程特点,预测了浮动式分层取水装置在工程应用过程中的水力特性及取水效果。预测结果表明,在 3.5 m^3/s 取水流量条件下,1.5 m 的取水水头满足电站最小淹没深度要求;增设分层取水措施对水头损失影响甚微,仅增加 0.04 m;机组下游水温增幅达 1.15 ℃,增温效果明显。

考虑到取水装置运动的平衡性,建议该分层取水装置用于库区运行水位变幅较小的电站。当库区水位变幅较大时,可设置多个浮动式分层取水装置组合使用。

参考文献

[1] 郑铁刚, 刘之平, 孙双科, 等. 分层型水库取水水温量纲分析及其影响因素研究[J]. 水利学报, 2017, 48(9): 1030-1038.

[2] 段文刚，王才欢，杜兰，等. 大型分层取水电站进口水力学研究进展[J]. 长江科学院院报，2013，30(8):5-9.
[3] 傅菁菁，李嘉，芮建良，等. 叠梁门分层取水对下泄水温的改善效果[J]. 天津大学学报(自然科学与工程技术版)，2014,47(7),589-595.
[4] 黄永坚. 水库分层取水[M]. 北京：水利电力出版社，1986.
[5] 刘俊. 温度分层型水库浮式取水口前流场研究[D]. 天津：天津大学，2016.
[6] 吴有坤. 浮式取水口在小水库灌溉上的应用[J]. 水利技术监督，2002(6):29-30.
[7] 黄永坚. 适用于取水库表层水的外浮式取水装置[J]. 中国水利，1985(5):22.
[8] 黄永坚. 新型浮子式表层取水建筑物——大同源式平板型取水口简介[J]. 农田水利与小水电，1983(1):34-38.
[9] 郑铁刚，孙双科，柳海涛，等. 大型水电站通仓型进水口水力特性研究[J]. 水力发电学报，2017,36(1):59-68.
[10] 郑铁刚，孙双科，柳海涛，等. 大型分层型水库下泄水温对取水高程敏感性分析研究[J]. 水利学报，2015,46(6):714-722,731.
[11] Hecker G E. Model-Prototype comparison of free surface vortices[J]. Journal of the Hydraulics Division, ASCE, 1981, 107(10):1243-1259.

丰满坝下河段鱼类分布与流场特性分析

黄涌增[1] 蔡跃平[2] 陈发展[1] 谢意军[2]

(1. 南京水利科学研究院,江苏南京 210029;
2. 乐山中电建生态环保科技有限公司,四川乐山 614000)

【摘 要】 水电站的建设会对河流鱼类生存繁衍产生极大的胁迫效应。为揭示丰满水电站坝下河段鱼类分布与流场特性,本研究基于对研究河段鱼类分布和流场特性的水声学观测结果,分析河段流场及鱼类分布特征。结果表明,研究河段地形较复杂;近坝河段受发电尾水影响,流速变化剧烈,流场结构复杂;河段旋涡等乱流现象较普遍,且主要集中在近坝段和河段中游区域;研究河段鱼类主要集中在坝下区域,鱼类偏好的流速为 0.5~0.8 m/s。本研究对丰满水电站坝下河段鱼类分布与流场的关系进行分析,可以为其他水电工程影响河段鱼类分布及流场调查研究提供方法上的参考。

【关键词】 丰满水电站;坝下河段;鱼类分布;流场特性

1 引 言

随着我国河流水电开发程度的不断提升,水电工程对河流水生态的负面效应也逐渐显现。水电工程的运行调度极大程度改变了河流原有的水动力、水温[1-2]、水质[3]、泥沙[4]等水环境因子,从而对鱼类原有栖息地格局造成严重的胁迫效应,许多水电开发程度较高的大江大河均出现渔业资源衰退的问题。

丰满水电站位于吉林省吉林市境内的松花江干流的丰满峡谷出口处,为Ⅰ等大(1)型工程,是一座以发电为主,兼顾防洪、灌溉、工农业及城市供水、航运、养殖和旅游等综合效益的水电站[5]。水库总库容 109.9 亿 m^3,控制流域面积占第二松花江流域的 58%,控制水量占第二松花江的 85%,对流域水资源配置具有重要的作用[6]。由于丰满水电站建设较早,没有采取鱼类生境保护措施,严重影响库区和下游产漂流性卵鱼类的自然繁殖,造成鱼类资源持续衰退[7]。重建后的丰满水电站虽增加了升鱼机和鱼道等过鱼设施,但由于长期的环境累积效应,坝下鱼类资源仍面临严重的胁迫效应。

为揭示丰满水电站坝下鱼类分布与流场特性的关系,本研究对丰满水电站坝下的鱼类分布进行水声学观测,并同时对坝下水深、流速等流场特性进行观测,分析丰满水电站坝下河段鱼类密度与水深、流速的关系,分析河段鱼类关于水深、流速的偏好。

2 材料与方法

本研究采用声学多普勒流速仪(ADCP)对丰满水电站坝下河段流场进行观测。ADCP 能够直接测出流量断面的剖面流速和流量,存在测量时不扰动流场分布,测验过程耗时少,测速适应范围大、精度高,安装使用方便等特点,可在走航测量中采集航迹、流速、水深等数据[7]。ADCP 测量的原理是发射固定频率的声波脉冲,脉冲信号遇到水中的悬浮物质之后出现散射现象,同时 ADCP 接收水中散射体的回波强度信号。根据多普勒效应,ADCP 可同时测得沿水深各水层单元的三维流速分量[8]。

采用鱼探仪对丰满水电站坝下河段鱼类分布进行水声学观测,采用前视声呐显控软件对声呐探测视频数据回放,根据单位时间鱼探仪扫描水面宽度与单位时间航程之积确定探测水面面积,并基于单位时间内探测到的鱼类数量与探测水面面积之比计算鱼类密度。

本研究将 ADCP 与鱼探仪固定在船上,驾驶船进行"Z"字形走航式观测,平均行船速度约为 1 m/s,本次观测河段范围及航迹如图 1 所示。本次观测河段为丰满水电站坝下约 1.3 km 长河段,该河段流向为自东南向西北。

3 结果与分析

3.1 水深分布

丰满水电站坝下河段水深观测结果如图2所示。由图2可知，靠近丰满水电站的区域水深较大，为3~5 m，且该区域水深变化较大，地形较复杂；下游区域水深较小，为0~2 m；该河段水深分布总体从上游至下游逐渐减小，且河道地形比较复杂，不规则的变化较多。

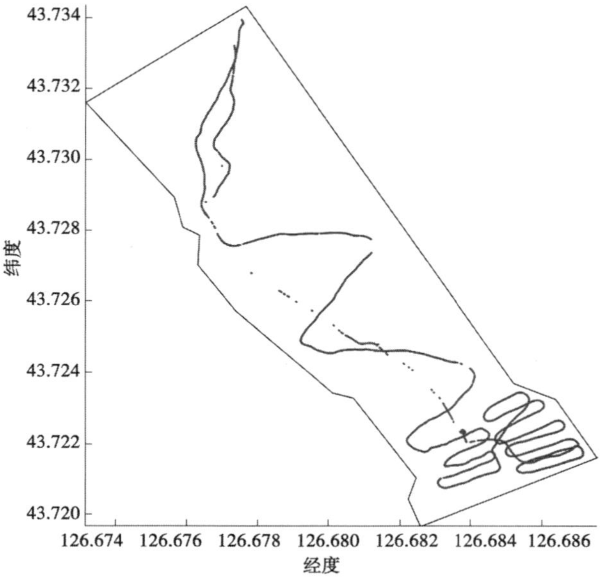

图1 丰满水电站坝下河段走航范围和航迹

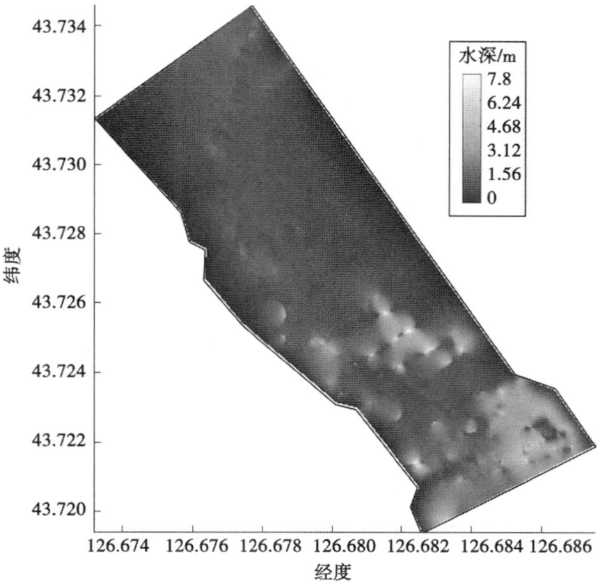

图2 丰满水电站坝下河段水深分布

3.2 流速分布

丰满水电站坝下河段垂向平均流速观测结果如图3所示。由图3可知，该河段大流速均集中在靠近左岸的区域，许多区域流速大于1.3 m/s，大流速会对鱼类洄游形成“流速阻隔”；靠近右岸区域流速相对较小，为0.4~0.6 m/s；靠近电站区域流速变化剧烈，流场较复杂；下游区域流速变化较缓和，流场较平顺。

丰满水电站坝下河段不同深度流速观测结果如图4所示。由图4可知，随着水深增加，河段最大流速有所减小，但1.05~1.55 m深度仍存在较多区域流速大于1.3 m/s；同一位置不同深度流速差异较小，水深较小区域往往流速也较小，水深较大区域流速也较大。

3.3 流场特性

丰满水电站坝下河段流速矢量图如图5所示。由图5可知，靠近丰满水电站区域流向比较混乱，流场较复杂，其原因是电站尾水管出口底板高程小于河道水位高程，因此发电尾水对近坝区域流场产生极大扰动，导致区域流向混乱，流场结构复杂；下游部分区域也存在旋涡、乱流等不良流场结构，但乱流区域面积较小；靠近左岸区域的流速明显大于右岸。由于丰满水电站坝下河道地形比较复杂，下游流场结构也复杂多变，旋涡等乱流现象较多。

3.4 鱼类分布特性

丰满水电站坝下河段鱼类密度分布如图6所示。由图6可知，丰满水电站坝下河段鱼类分布极不均匀，大部分鱼类分布在近坝河流中心区域，该区域鱼类密度为21.2~56 Ind./m^2内，鱼类密度较大，聚集效应显著；下游区域左岸附近区域鱼类密度略大于右岸，左岸鱼类密度为2.51~8.96 Ind./m^2，右岸鱼类密度为2.51~3.11 Ind./m^2，说明该河段鱼类更多地聚集于流速较大区域，由于坝下位置靠近鱼道进口，因此也从侧面证明丰满水电站鱼道的诱鱼效果较好，河段存在鱼类上溯路径。

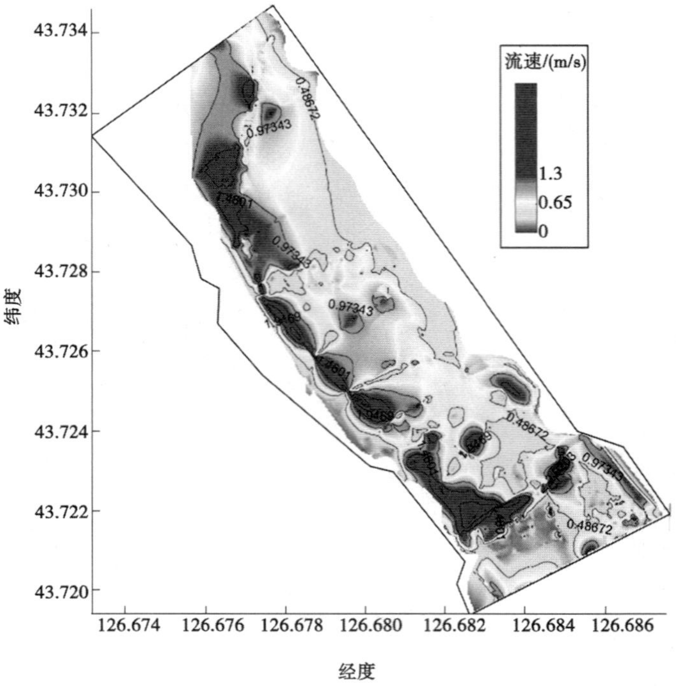

图 3　丰满水电站坝下河段垂向平均流速分布

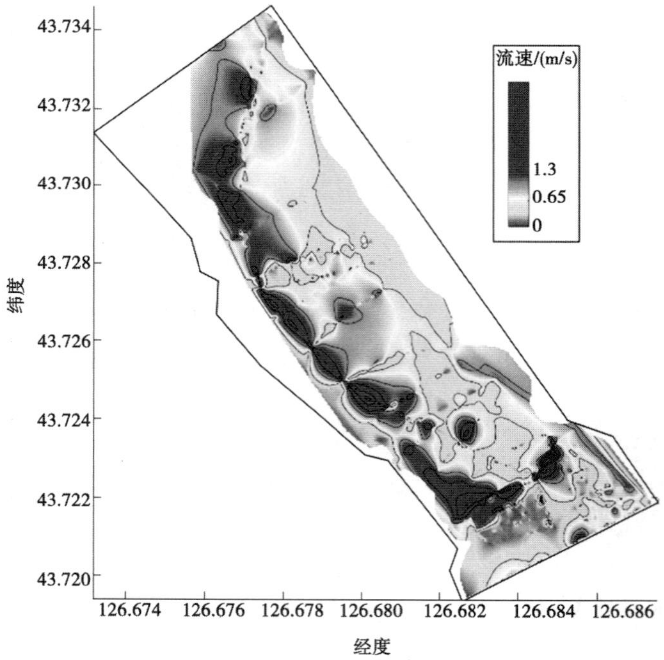

(a)0.55 m水深流速分布

图 4　丰满水电站坝下河段不同深度流速分布

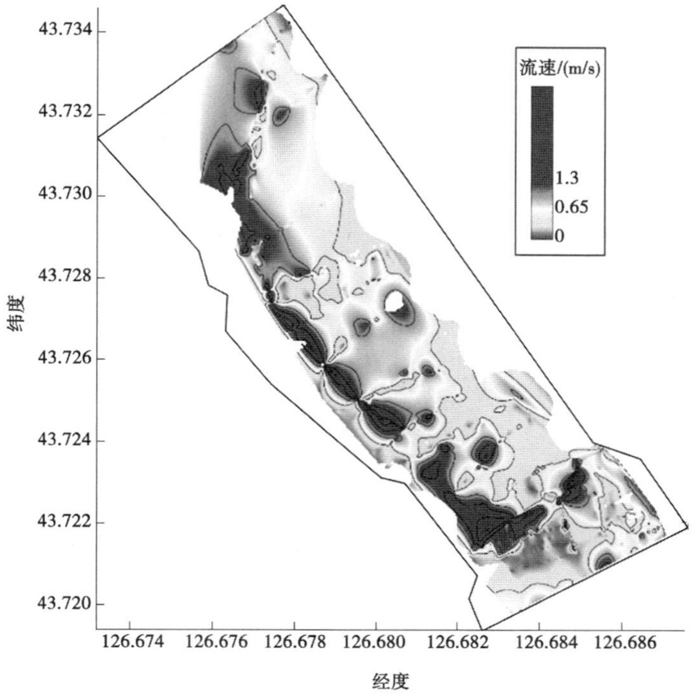

(b)0.80 m水深流速分布

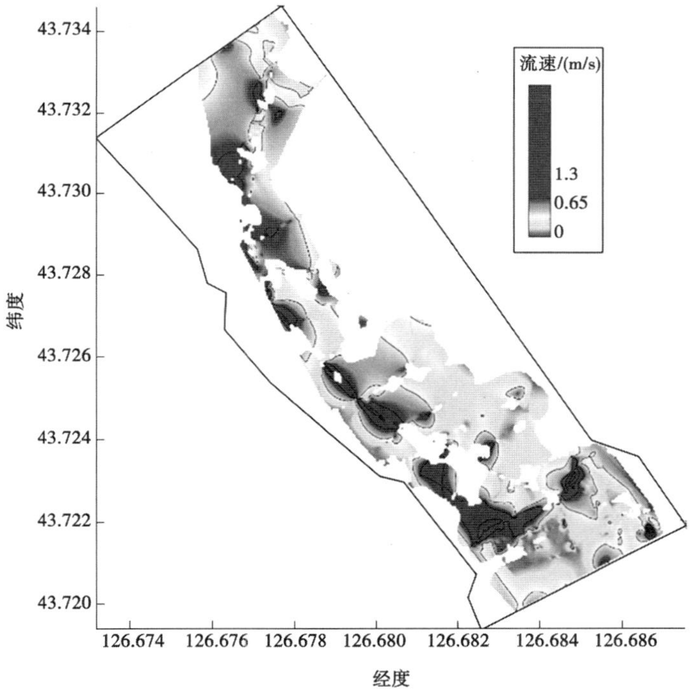

(c)1.05 m水深流速分布

续图 4

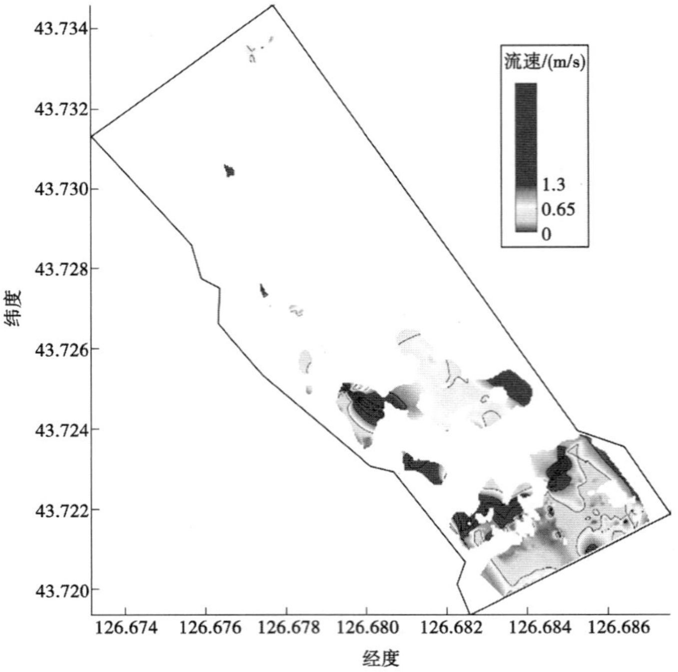

(d)1.55 m水深流速分布

续图 4

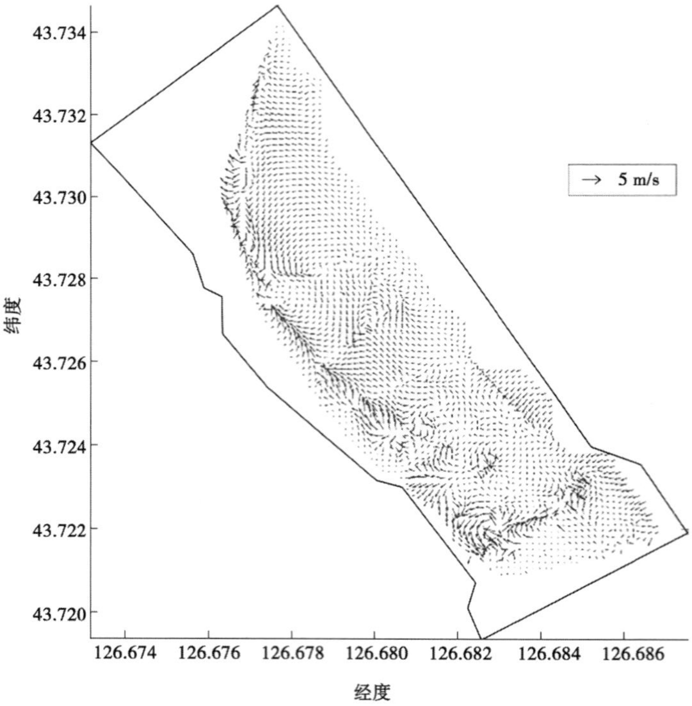

图 5　丰满水电站坝下河段流速矢量图

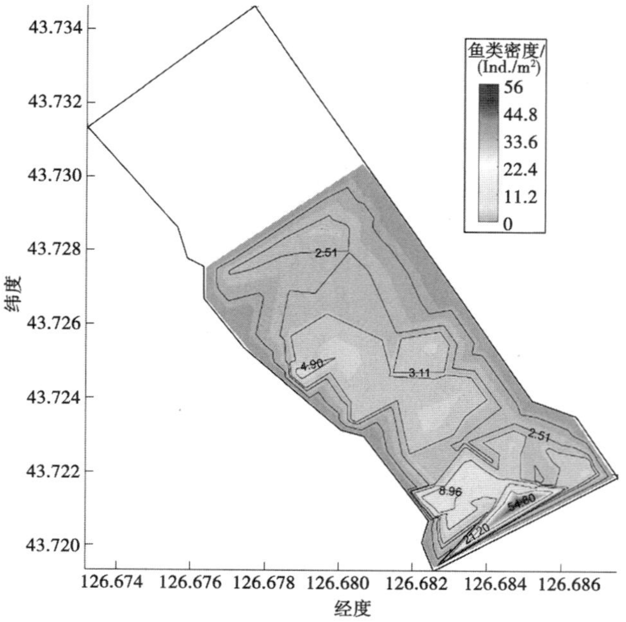

图 6　丰满水电站坝下河段鱼类密度分布

丰满水电站坝下河段鱼类密度与流场结构关系如图 7 所示。由图 7 可知，坝前鱼类密度最大区域流速较小，流场结构较平顺，而流速较大且乱流较多的区域鱼类密度较小；左岸流速较大且流场较平顺的区域鱼类密度大于右岸，下游区域鱼类密度较大的区域流速为 0.5~0.8 m/s，说明该河段鱼类偏好的流速为 0.5~0.8 m/s。

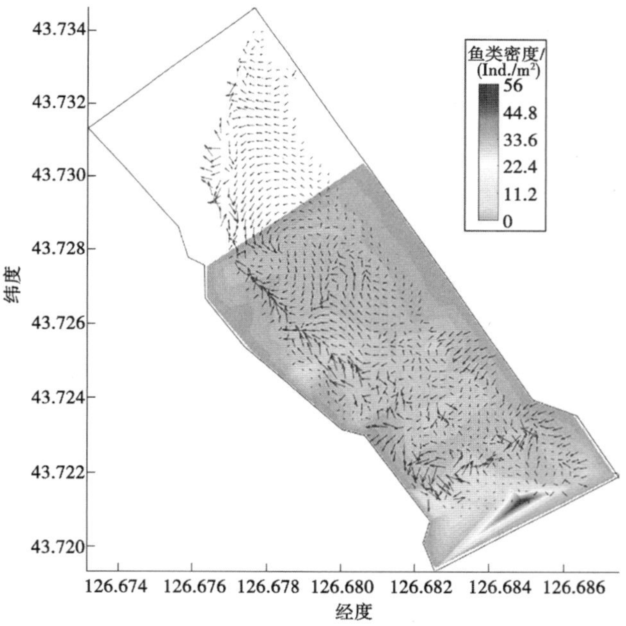

图 7　丰满水电站坝下河段鱼类密度与流场结构关系

4　结　语

本研究基于丰满水电站坝下河段鱼类分布及流场特性的水声学观测结果，对河段鱼类分布及流场特征进行分析，得出主要结论如下：

(1) 丰满水电站坝下河段水深总体呈从上游至下游逐渐减小的趋势，河道地形较复杂。

(2) 该河段流速分布总体呈左岸区域大于右岸区域，近坝区域由于受电站发电尾水的影响，流速变化剧烈,且变化过程较复杂。

(3)该河段由于地形复杂,其流场结构也比较复杂,旋涡等乱流现象较多,主要集中在近坝区域及河段中游区域。

(4)该河段鱼类主要集中在坝下区域,鱼道诱鱼效果较好,且河段存在鱼类上溯通道;该河段鱼类较多聚集在流场平顺、乱流较少的区域,且鱼类偏好的流速为0.5~0.8 m/s。

参考文献

[1] 邓云, 李嘉, 李克锋, 等. 梯级电站水温累积影响研究[J]. 水科学进展, 2008(2):273-279.

[2] 黄峰, 魏浪, 李磊, 等. 乌江干流中上游水电梯级开发水温累积效应[J]. 长江流域资源与环境,2009,18(4):337-342.

[3] 张恩仁, 张经. 三峡水库对长江N、P营养盐截留效应的模型分析[J]. 湖泊科学, 2003(1):41-48.

[4] 潘鸿雷, 王倩. 水库修建对黄河水沙问题的负面影响[J]. 水土保持通报, 2003(2):73-76.

[5] 路振刚, 张正平, 范永思, 等. 丰满大坝全面治理方案选择研究[J]. 水力发电, 2010, 36(1):60-62.

[6] 陈冬红, 彭期冬, 张迪, 等. 丰满水电站坝下河段生态水文特性分析[J]. 水利水电技术, 2017, 48(7):90-94,108.

[7] 赵新智. 宽带ADCP在河流流量测验中的实用性研究[J]. 中国农村水利水电, 2007(6):27-28.

[8] 杨惠丽, 罗惠先, 于奭. 利用ADCP回波强度估算河流悬移质含沙量的应用研究[J]. 水利水电技术,2017,48(1):106-110.

第四篇

水利信息学

基于湍流模型的渠道输水响应过程研究

尚露露[1]　王富建[2]　侯慧敏[1]　樊新建[1]　马海华[1]

（1. 兰州理工大学能源与动力工程学院，甘肃兰州　730050；
2. 甘肃省景泰川电力提灌管理局，甘肃白银　730400）

【摘　要】 梯级泵站输水系统跨度大，其安全稳定运行关系到沿途居民生命财产安全。为研究输水系统渠道响应过程，基于湍流模型建立景电灌区渠道输水模型，利用 PISO 算法求解方程组，进行渠道水流三维数值模拟。结果表明：①充水流量下，对于景电灌区渠道形式，过流能力由小到大依次是：梯形土渠<梯形石渠<渡槽<矩形石渠；②壅水现象抬升渠道内水深，在水深较大时，梯形断面过水能力更优，水流进入梯形渠道，水位有下降趋势；③在事故状态下，前池水位线随时间增大而升高，但上升的速度随时间增大而减小；④在壅水波尚未到达渠道首部时，该处断面水位基本保持不变，当壅水波到达时，水位迅速抬升；⑤事故发生溢流的时长主要受渠道断面面积的影响，在渠深一定的情况下，梯形渠道溢流时长远大于矩形渠道。渠道响应过程的研究，为灌区输水安全提供理论依据。

【关键词】 湍流模型；响应过程；数值模拟

1　引　言

我国水资源分布不均，水资源的供需矛盾越来越突出，梯级泵站输水系统是对有限的资源进行优化配置的重要举措，而梯级泵站输水系统跨度大，供水范围广，影响渠道稳定输水的水力学因素众多，为了保证输水系统安全稳定、适时适量供水，对渠道输水响应过程研究十分必要。目前，已有众多学者对渠道输水响应过程展开研究，并取得丰富成果。李抗彬等采用非恒定水流理论模拟分析灌区明渠在不同水流作用下断面的水力响应特征；李梦轩等利用 MIKE11 模型建立一维水力学模型，对引江济淮梯级泵站事故停泵工况下应急响应时间进行分析；李鸣采用有限元软件，对输水渠道冬季产生的冰盖体开展热-力耦合下的响应分析；卢龙彬等采用数值模拟的方法，计算了输水渠道在单级泵站事故停机和全线泵站事故停机两类工况下的水力响应过程；范杰等对渠道中的非恒定流进行数值模拟，分析不同流量变化下渠道水力学响应过程；张成等基于南水北调中线工程输水系统计算分析平台，模拟分析了非正常工况下典型渠段的水力响应特征。

本文以景电灌区二期工程一泵站至六泵站输水区间为研究对象，采用数值模拟的方法对梯级泵站输水系统流场进行数值模拟，并分析渠道水流响应过程，为输水工程安全运行提供参考。

2　数值模型与计算方法

2.1　湍流模型

本文采用 RNG k-ε 湍流模型，其控制方程如下：

$$\frac{\partial(\rho k)}{\partial t}+\frac{\partial(\rho k u_i)}{\partial x_i}=\frac{\partial}{\partial x_j}\left[(\alpha_k\mu_{\mathrm{eff}})\frac{\partial k}{\partial x_j}\right]+G_k+G_b-\rho\varepsilon-Y_M \tag{1}$$

基金项目：甘肃省自然科学基金（21JR7RA238）；甘肃省水利科学试验研究及技术推广项目（甘水建管发〔2021〕71 号第 37）

$$\frac{\partial(\rho\varepsilon)}{\partial t}+\frac{\partial(\rho\varepsilon u_i)}{\partial x_i}=\frac{\partial}{\partial x_j}\left[(\alpha_\varepsilon\mu_{\rm eff})\frac{\partial\varepsilon}{\partial x_j}\right]+C_{1\varepsilon}\frac{\varepsilon}{k}(G_k+C_{3\varepsilon}G_b)-C_{2\varepsilon}\rho\frac{\varepsilon^2}{k}-R \tag{2}$$

其中

$$u_{\rm eff}=\mu+\mu_t$$

式中,k 为湍流脉动动能;ε 为湍流脉动动量的耗散率;u_i 为速度分量;G_k 为由平均速度梯度引起的湍流动能;G_b 为由浮力产生的湍流动能;Y_M 为可压缩湍流中波动膨胀对总耗散率的贡献;α_k 为湍动能 k 有效普朗特数的倒数;α_ε 为耗散率 ε 有效普朗特数的倒数;$\mu_{\rm eff}$ 为液相黏度;μ_t 为湍流黏性系数;常数 $C_{1\varepsilon}=1.42$;$C_{2\varepsilon}=1.68$;$\alpha_k=\alpha_\varepsilon=1.39$;对于高雷诺数问题,$C_\mu=0.0845$。

2.2 自由表面处理

自由表面处理采用 VOF 法,其控制方程如下:

$$F\frac{\partial\alpha_W}{\partial_t}+u_i\frac{\partial\alpha_w}{\partial x_i}=0 \tag{3}$$

式中,x_i 为坐标分量;u_i 为速度分量;t 为时间;F 为相的体积分数。

VOF 模型的体积分数率连续方程如下:

$$\frac{\partial\alpha_1}{\partial t}+\nabla*(\alpha_1 u)=-\frac{M}{\rho_1} \tag{4}$$

$$\frac{\partial\alpha_{\rm v}}{\partial t}+\nabla*(\alpha_{\rm v} u)=-\frac{M}{\rho_{\rm v}} \tag{5}$$

式中,α 为体积分数,下标 v、l 分别表示气相和液相;u 为速度矢量;M 为气泡冷凝或液体沸腾产生的质量源项;ρ 为密度;t 为时间。

2.3 边界条件

(1)渠道运行流量及断面尺寸已知,故采用速度进口,根据需模拟的状态调整速度值。

(2)渠顶为空气,故采用压力出口,压力设为 1 个标准大气压。

(3)文中讨论的渠道充水情况和事故情况都属于渠尾泵站停机状态,故渠道壁面和渠道出口采用固定无滑移标准壁面函数。

2.4 求解算法

压力-速度耦合选用计算收敛速度较快的 PISO 算法,梯度离散方式选择提高非结构化计算精度的基于中心网格方式,其他项采用一节阶迎风格式,计算残差设置为 1.0×10^{-4}。充水情况以计算域水流项体积分数为 0 开始计算。

3 工程概况与模型构建

3.1 灌区工程概况

景电二期工程总干渠一至六泵站输水段涵盖 5 条输水渠道、6 座泵站及其压力管道,全长共 18 136.1 m,渠道主要断面形式分别为梯形土渠断面、梯形石渠断面、矩形石渠断面、渡槽断面,详细参数见表 1。

表 1 输水渠道主要特征参数

渠段	区间(起止桩号)	渠道形式	底宽/m	边坡系数	渠高/m	长度/m
一干渠	0+397~0+490.4	梯形土渠	1.2	1.5	4	93.4
	0+490.4~0+570.45	1#渡槽			4	80.05
	0+570.45~0+710.2	1#暗渠			4	139.75
	0+734.2~2+321	梯形土渠	1.2	1.5	4	1 577.8
	2+328.2~2+448.2	2#渡槽			4	120
	2+470.2~2+950	梯形土渠	1.2	1.5	4	479.8
	2+950~3+138.2	梯形石渠	2.9	0.75	4	188.2
	3+147.2~3+197.2	2#暗渠			4	50

续表 1

渠段	区间(起止桩号)	渠道形式	底宽/m	边坡系数	渠高/m	长度/m
一干渠	3+209. 2~3+328	梯形土渠	1. 2	1. 5	4	118. 8
	3+345~3+495. 6	3#暗渠			4	150. 6
	3+519. 6~3+627. 3	梯形土渠	1. 2	1. 5	4	107. 7
二干渠	4+346. 4~5+291. 8	1#隧洞			4	945. 4
	5+291. 8~5+433. 3	3#渡槽			4	141. 5
三干渠	5+800. 91~6+045	矩形石渠	4. 6	0	4	244. 9
	6+049. 4~6+361. 8	2#隧洞			4	312. 4
	6+361. 8~6+372. 8	矩形石渠	4. 6	0	4	11
	6+372. 8~6+583. 2	3#隧洞			4	210. 4
	6+583. 2~6+593. 8	矩形石渠	4. 6	0	4	10. 6
	6+593. 8~7+830	4#隧洞			4	1 236. 2
	7+830~7+860	1#拱渡渠			4	30
	7+874~8+311	5#隧洞			4	437
	8+311~8+886. 87	梯形土渠	1. 2	1. 5	4	575. 87
	8+903~8+983	现浇矩形渠	4. 6	0	4	80
	8+983~9+015	4#暗渠-1			4	32
	9+015~9+093	现浇矩形渠	4. 6	0	4	78
	9+093~9+281	4#暗渠-2			4	188
四干渠	9+281~9+553	梯形石渠	2. 9	0. 75	4	263. 3
	9+825. 3~9+952	改造后混凝土矩形渠	4. 6	0	4	126. 7
	9+952~10+092. 2	6#隧洞			4	140. 2
	10+104. 2~10+821	梯形石渠	2. 9	0. 75	4	716. 8
	10+833. 3~10+945	改造后混凝土矩形渠	4. 6	0	4	111. 7
	10+957~11+205. 9	梯形石渠	2. 9	0. 75	4	248. 9
	11+213. 9~11+290	4#渡槽			4	84. 1
	11+309~11+451	梯形石渠	2. 9	0. 75	4	142
	11+460~11+513	改造后混凝土矩形渠	4. 6	0	4	53
	11+525~11+698. 7	梯形石渠	2. 9	0. 75	4	173. 7
	11+706. 7~11+887	5#渡槽			4	180. 3
	11+902~11+937	U 形石渠			4	35
	11+937~12+009. 1	6#渡槽			4	72. 1
	12+020. 1~12+969. 5	梯形石渠	2. 9	0. 75	4	949. 4
	12+977. 5~13+542	7#渡槽			4	564. 5
	13+553~13+964	梯形石渠	2. 9	0. 75	4	411
	13+964~14+033	梯形土渠	2	1. 5	4	69
五干渠	14+611~15+247	矩形石渠	4. 6	0	4	636
	15+247~16+680. 2	梯形石渠	2. 9	0. 75	4	1 433. 2
	16+688. 2~16+795. 9	8#渡槽			4	107. 7
	16+806. 9~17+090	梯形石渠	2. 9	0. 72	4	283. 1
	17+090~17+250	梯形土渠	1. 2	1. 5	4	160
	17+250~17+714	梯形石渠	2. 9	0. 75	4	464
	17+714~18+032	梯形土渠	1. 2	1. 5	4	318
	18+041~18+136. 3	5#暗渠			4	95. 3

3. 2　网格划分

构造景电二期工程一干渠至五干渠共五条输水渠道，并采用四面体非结构化网格进行划分，最大网格尺寸设置为 1. 0 m × 1. 0 m，为确保求解的准确性，各计算域内网格质量均达到 0. 3 以上。

4　模拟验证

结合景电二期工程实际布置情况，选取一干渠和五干渠在输水流量 $Q = 15\ m^3/s$ 时的模拟水位与实测水位进行对比验证。自干渠渠首每间隔 200 m 选取一个特征断面，共选取 33 个特征断面；其中，一干渠特征断面 16 个、五干渠特征断面 17 个。定义渠道中空气和水的体积分数为 0.5 的界面为水面线，选取特征断面中心垂线处的水位作为模拟值，与对应位置实测值的对比结果见图 1。

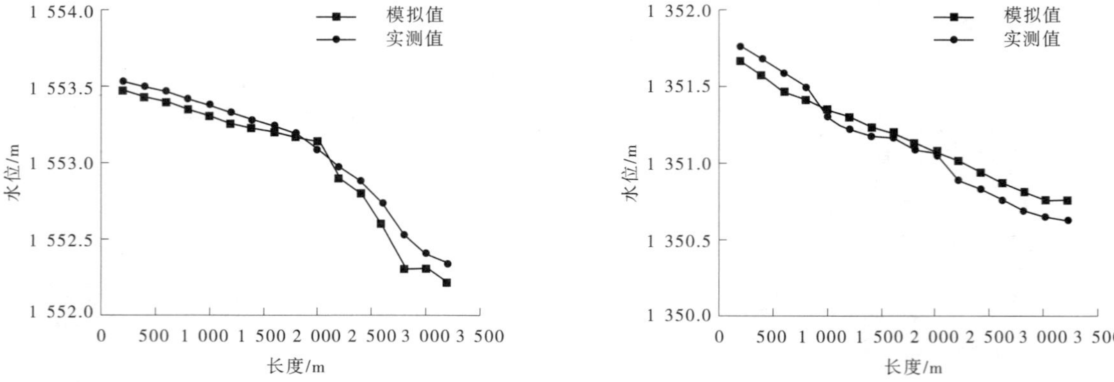

(a)一干渠　　(b)五干渠

图 1　特征断面模拟水位与实测水位对比

由图 1 可知，渠道内水位线均随长度的增加呈下降状态，符合客观规律。误差最大的两个值出现在一干渠 16 号断面、五干渠 14 号断面，误差值分别为+13 cm、+23 cm，且均出现在渠尾，原因是在建立渠道模型时，为缩短计算时间，对泵站前池进行了概化处理，导致处理后的前池对渠道末端输水过程产生影响，但整体误差不大，整体看来，模拟水位与实测水位比较吻合。

5　灌区渠道响应过程分析

5.1　充水情况下渠道水力响应过程分析

为还原景电工程实际运行状态，本次模拟采用分段模拟，即充水水位满足后级泵站启泵条件时启动后级泵站，各渠道入口流量均为 15 m^3/s。通过特征断面水面线监测，将各干渠水面线变化绘于图 2。可见，在渠道充水过程中，渠道各时段水面线均呈沿程下降趋势。

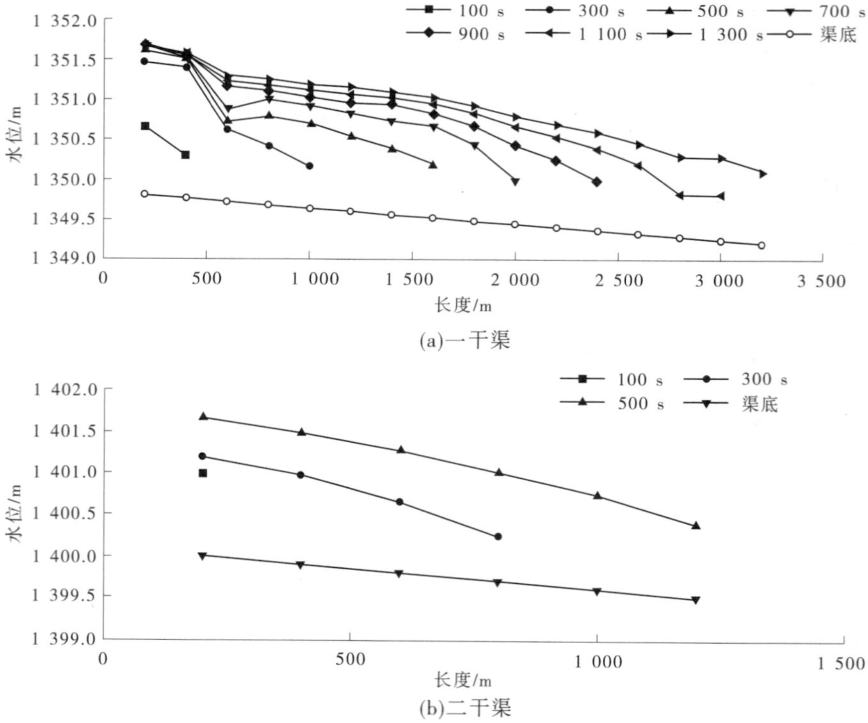

图 2　充水过程各渠道水面线分布

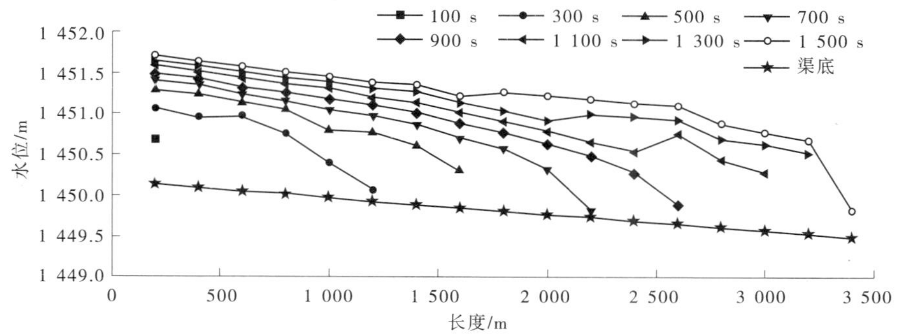

(c)三干渠

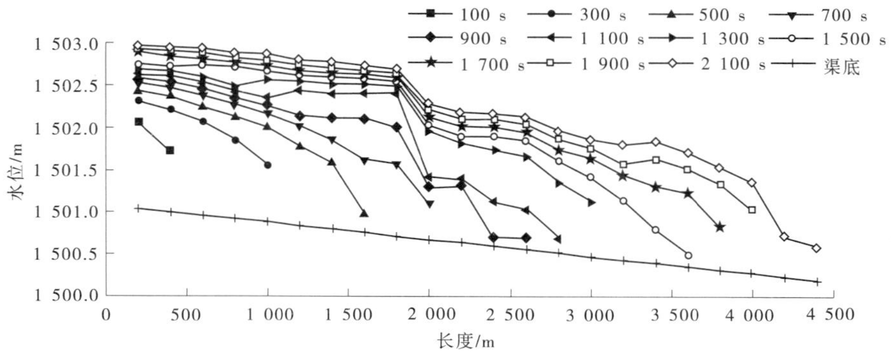

(d)四干渠

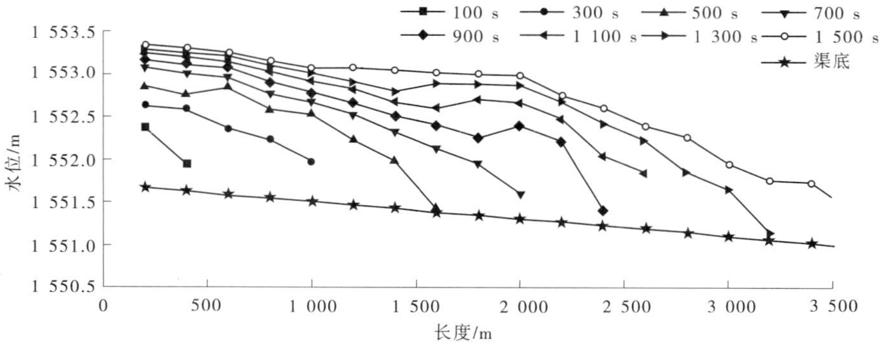

(e)五干渠

续图 2

5.1.1 壅水与落水现象分析

由图 2 可知,三干渠 13 号断面、四干渠 9 号断面、五干渠 10 号断面壅水现象明显。分析发现:三干渠 13 号断面至 14 号断面,渠道形式由矩形石渠过渡至梯形土渠;四干渠 9 号断面至 10 号断面,渠道形式由梯形石渠过渡至矩形石渠;五干渠 10 号断面至 11 号断面,渠道形式由梯形石渠变为渡槽。可见,在充水时段,水深整体较低,过水能力主要受到渠道底宽的影响,对于景电灌区渠道断面形式,过流能力由小到大分别是:梯形土渠<梯形石渠<渡槽<矩形石渠。

一干渠 3 号断面、四干渠 10 号断面落水现象明显。分析发现:落水现象出现在壅水现象后,可见,随着渠道内水深,梯形断面过水能力更优,水流进入梯形渠道,水位有下降趋势。

5.1.2 充水时长分析

结合梯级泵站分级充水的特点,启动一泵站后,在水流到达二泵站前池 5 min 后启动二泵站机组,依此规律,模拟计算出输水系统充水时长并汇于表 2。

表 2　泵站操作统计表

编号	泵站名称	启动时间/(h:min)	累计提水量/m^3
1	一泵站	00:00	0
2	二泵站	00:25	15 000
3	三泵站	00:36	19 800
4	四泵站	01:01	34 800
5	五泵站	01:41	58 800
6	六泵站	02:11	78 000

如表 2 所示,在一泵站至六泵站输水段充水过程中,各级渠道充水时长不同,充水时长与渠道长度呈正相关。其中,二干渠充水时长最短,为 11 min;四干渠充水时长最长,为 40 min,水流最快需要 2 小时 11 分钟进入到六干渠。本次模拟仅能预测出渠道最快的充水时间,但在工程实际运行中,由于水泵运行效率的变化、水中泥沙含量等原因,会导致充水流量略有下降,充水时间有所延长。

5.2　事故情况下渠道水力响应过程分析

假设整个梯级泵站输水系统中各级泵站输水流量相同,且系统处于一个初始平衡的状态,若泵站运行在某一时刻发生事故停机,如不采取任何控制措施,其上下级泵站保持现有运行状态,将会对泵站上下游造成严重影响,因此对事故工况下渠道水力响应过程研究是非常有必要的。

5.2.1　前池水位

以泵站前池水位线为出发点,定义 t_0 为泵站停止运行时刻,每隔 50 s 保存一次泵站前池水深数据,事故泵站前池水位变化绘于图 3。

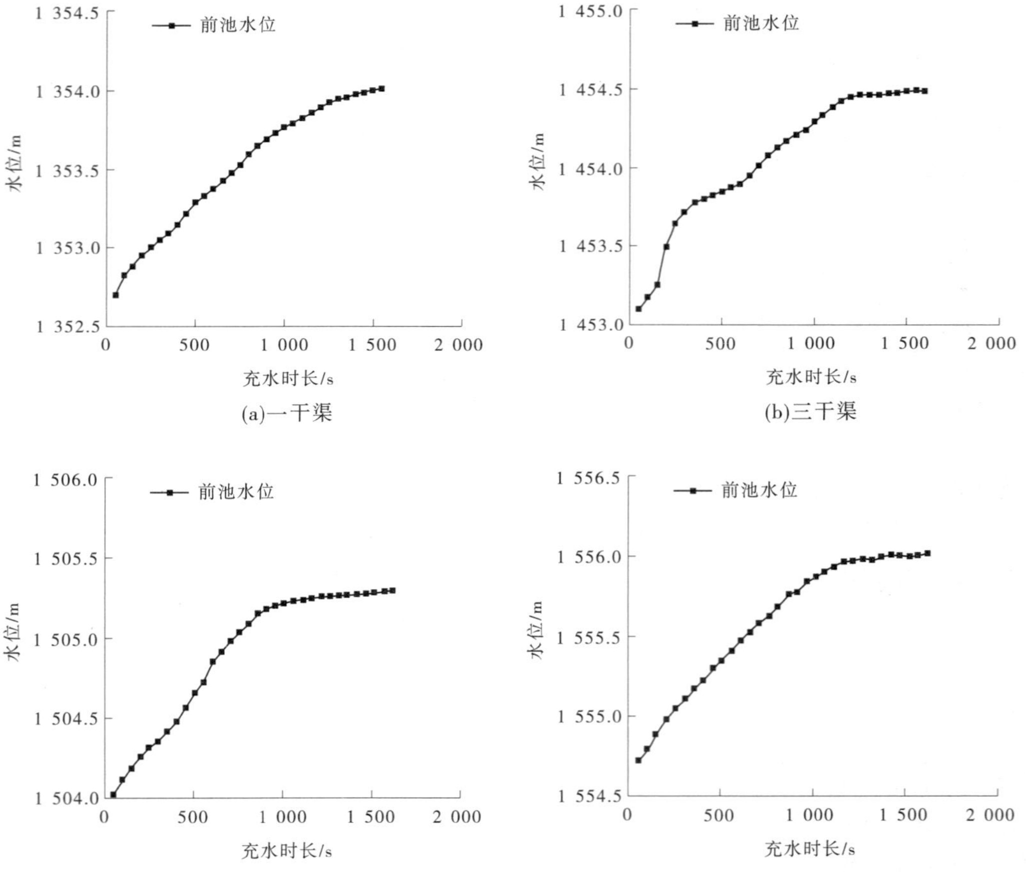

(a)一干渠　(b)三干渠　(c)四干渠　(d)五干渠

图 3　事故泵站前池水位线变化

由图 3 可知，当渠尾泵站事故停泵后，若上游泵站保持原有运行状态，不采取任何措施，每个泵站干渠内水位都会持续上升，直至发生溢流。事故初期各前池内水位上升速度较大，然后速度逐渐降低，在溢流发生前上升速度最小。

经计算，距溢流前 1 m 水深的水位线上升速度分别为 0.048 cm/min、0.062 cm/min、0.057 cm/min、0.067 cm/min、0.06 cm/min。其中，一干渠上升速度明显小于其他干渠，结合表 1 输水渠道主要特征参数分析，一干渠中，$m=1.5$ 的梯形土渠占比达到 76.2%，且前池与之相连。由此可见，在此运行状态下，较大边坡系数渠道占比越大，且这类梯形渠道布置在前池前段，有助于增加渠内自身蓄量，进而降低事故状态下前池水位的上升速度。

5.2.2　出水口水位

若某一泵站发生事故停泵，流入该泵站进水前池的水无法进入后续渠道，就会在该泵站前池产生壅水，壅水波持续向渠道上游传播，将对整段渠道产生影响。

由图 4 所示，在壅水波尚未到达上级泵站出水口(渠道首部)时，渠道首部水位基本保持不变，当壅水波到达渠道首部时，水位迅速抬升。壅水波在各干渠内传播至渠首的时间分别为：一干渠内 1 400 s、三干渠内 1 050 s、四干渠内 1 550 s、五干渠内 1 150 s。在此期间，上级泵站工作人员能通过泵站出水口水位异常发现事故现象，进而做出反应。

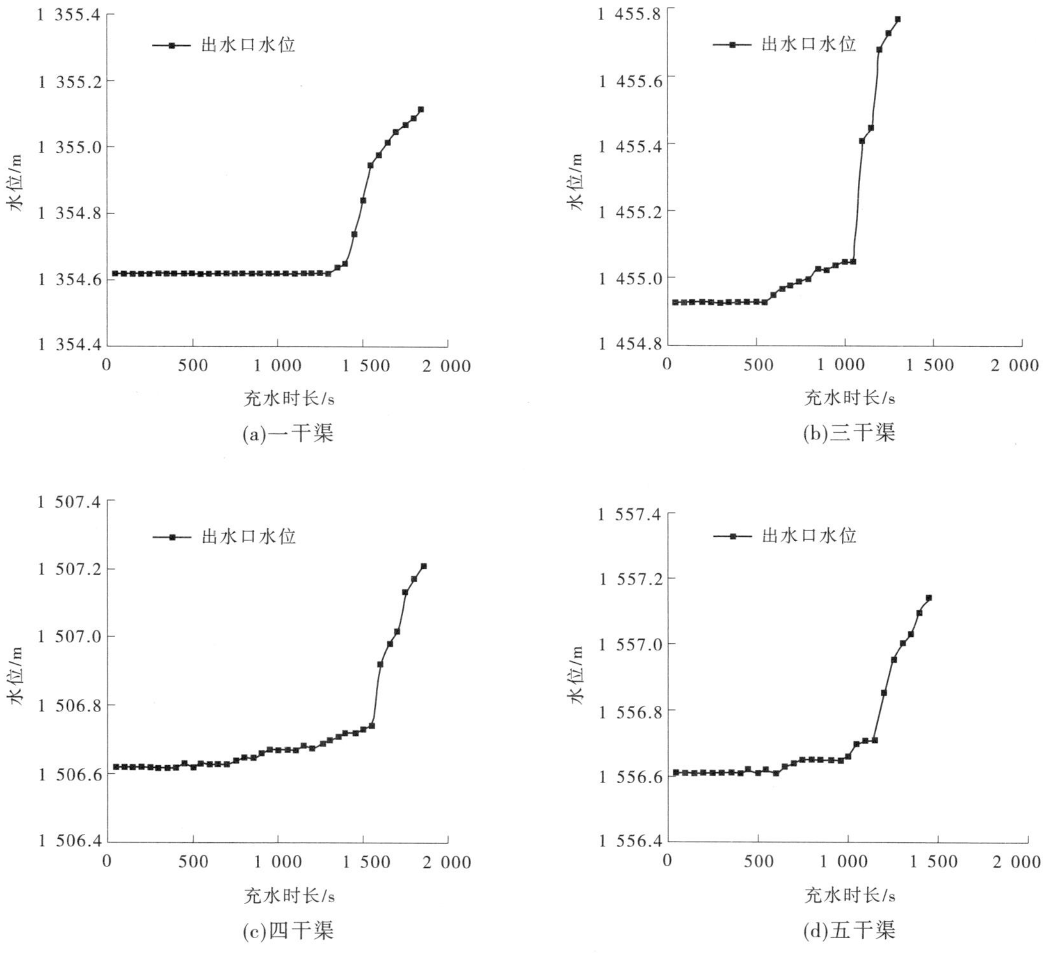

图 4　事故渠道出水口水位线变化

5.2.3　事故情况下溢流时长分析

以渠尾水深达到 2.5 m 开始模拟计算，在渠道纵坡的影响下，前池地势最低，最易发生溢流。一至六泵站前池发生溢流的时间分别为 1 500 s、300 s、1 250 s、1 050 s、1 150 s。

分析影响渠道内溢流时长的主要因素是渠道断面形式。假设各泵站前池大小、形状都相同,渠道都有一定的蓄水能力,那么渠道蓄水能力的高低主要取决于渠道断面形式,即渠道断面面积,断面面积越大,渠道蓄水量越高。根据渠道断面形式,在渠深一定的情况下,梯形渠道蓄水量远大于矩形渠道,结合表1输水渠道主要特征参数计算,一、三、四、五干渠中,$m=1.5$ 的梯形断面占比分别为76.2%、19.9%、1.5%、13.8%,可见一干渠中 $m=1.5$ 的梯形断面占比最大,在事故发生后渠道的蓄水能力最强,所以事故溢流时长最久。

6 结 论

(1)基于RNG k-ε 湍流模型对梯级泵站输水系统的数值模拟能够较好反映流场特征,其结果与现场实测数据吻合较好。

(2)针对景电灌区梯级输水系统在充水情况和事故停泵工况下渠道水流响应过程进行了分析,得到了各干渠充水时长、事故溢流时长以及渠道内水位变化规律,总结了渠道断面形式对输水系统的影响关系。

参考文献

[1] 李梦轩,田雨,雷晓辉.引江济淮梯级泵站事故停泵应急响应时间分析[J].人民长江,2021,52(5):212-217.
[2] 卢龙彬,雷晓辉,田雨,等.串联梯级泵站输水系统紧急工况水力响应特征研究[J].应用基础与工程科学学报,2018,26(2):263-275.
[3] 李鸣.吐鲁番市典型灌区输水渠道冬季冰盖多场耦合下力学响应特性分析研究[J].水利科技与经济,2020,26(7):1-6.
[4] 李抗彬,沈冰,李智录,等.基于非恒定水流模拟的灌区明渠水力响应特征分析[J].农业工程学报,2015,31(10):107-114.
[5] 张成,傅旭东,王光谦.南水北调中线工程总干渠非正常工况下的水力响应分析[J].南水北调与水利科技,2007(6):8-12,20.
[6] 范杰,王长德,管光华,等.渠道非恒定流水力学响应研究[J].水科学进展,2006(1):55-60.
[7] 王远成,吴文权.基于RNG k-ε 湍流模型钝体绕流的数值模拟[J].上海理工大学学报,2004(6):519-523.
[8] 陈为博,杨敏.用VOF方法数值模拟溢流堰流场[J].水利水运工程学报,2004(4):42-45.

一般流体流速测量技术综述

杨红义　任炜辰　张宏伟　章晋雄　张家升

（中国水利水电科学研究院，北京　100038）

【摘　要】 流体流速是重要的流体动力学要素，主要用来描述流体运动特性和各运动要素随时间变化的规律。两相流流动具有随机性、时变性、多样性等复杂流动特点，流速测量更为困难，因流体形式的多样性，测速方法也各不相同，需根据实际情况确定测速方法。本文将流速测量方法在测量过程中是否直接接触待测点分为接触式测量和非接触式测量，并从测量原理、适用范围、限制因素等方面进行对比，分析对两相流测量的适用性。针对现有测速方法存在问题，分析了两相流测速测量难点和未来发展方向，旨在为两相流的科学研究与生产实践提供参考。

【关键词】 两相流；测速方法；接触式测量；非接触式测量；流速仪

1　引　言

自然界中存在固相、液相和气相三种相态，当存在两（多）种相态的物质流动时称为两（多）相流[1-2]。两相流广泛存在于石油、冶金、动力、化工和制药等工业生产中，精确且快速地测量流速参数，对认识试验流体动力学特性、优化控制生产试验设备有重大意义。基于两相流受诸多因素相互作用的影响，流动过程较单相流更为复杂，如在气液两相流中存在泡状流、塞状流、弹状流、环状流、波状流及中间转变流态，固液两相流中存在沉降、碰撞、聚集、（冰粒）粘连等多种复杂情况，使紊动的流动随机性和流速跨度加大，流型、流态转变加快[3]，给研究带来了巨大挑战。常见的两相流测速方法有分流分相测量法和直接测量法，分流分相测量法是将两相流不同相态物质分离，并分别进行测量；直接测量法是直接测量混合相的流速（流量），本文将常见的可用于两相流的直接流速测量方法进行了综述。

2　测速方法

若干学者在试验与生产中研发了多种适用于不同流动特性的流速测量方法，可根据对测量点有无接触分为接触式测量和非接触式测量。其中，接触式测量包括毕托管、转子式流速仪、示踪法测量等传统方法。非接触式测量包括多普勒激光测速仪、超声测速仪等基于波传播研制的单点测速仪；粒子图像测速（Particle Image Velocimetry，PIV）技术、电阻层析成像（Electrical Resistant Tomography，ERT）技术等可同时监测多点流速及流场分布的图像测速技术，部分学者提出了将流速仪与神经网络结合的自动化测速系统。这些测量技术在不同程度上满足了生产和试验的测量需求，目前尚无一种广泛应用的测量技术可满足多种测速要求。本文将常见的测速方法与雷达测速仪、探针式流量计等应用较少的测速方法进行分析对比，旨在为两相流的测速提供一定参考。

2.1　接触式测量

传统接触式测量方法以操作简单、原理可靠、价格低廉等优点广泛应用于非高精度测量，随着测速技术的不断发展，众多非接触式自动化测速方法逐渐成熟，但因经济及可操作性受到一定制约，接触式测量仍具有重要应用价值。常见的接触式测量方法见表 1。

基金项目：中国水科院基本科研业务费专项项目（HY110145B0022021）；国家自然科学基金项目（51909278）

表 1 常见的接触式测量方法

测量方法	应用	所得流速	限制因素	理论测量精度
毕托管、孔板式流量计等测量法	气液	触点流速	低气/固含率、测量范围有限	厘米级(一维) 2%
转子式流速仪测量法	气液、固液	触点流速	易因水草缠绕、流冰碰撞损坏	厘米级(一维) 1%~1.5%
电磁流速仪测量法	气液、固液	触点流速	远离磁场干扰、保证流体特性一定	毫米级(一维) 1%
热线/热膜流速仪测量法	气液、固液	触点流速	短时间低气/固含率测量	毫米级(一维)1.5%
探针测量法	气液	探针间平均流速	含沙测量时误差较大、易损坏	毫米级(一维) 2%
浮标法	固液	浮标流速	误差较大	分米级(一维)2%~7%
涡街流量计测量法	气液	触点流速	安装要求较高、低气含率	厘米级(一维)1%~2.5%

2.1.1 毕托管测量法

毕托管是将水流流速转换为静态液压的一种测速装置,根据能量守恒定律可定量求出水流流速关系式[4],常用于管流和明渠流速测量。其测量原理可靠、操作简单、经久耐用,在测量过程中使用广泛,历史悠久。因在测量过程中受湍流脉动、流速梯度、流偏角等影响,存在一定的误差。在两相流的测量中需严格控制毕托管入口条件,气液两相流需保证无气泡进入毕托管水平管段;而水沙两相流在测量过程中,由于沙粒进入后有淤积,结果需做一定修正。当流体流速低于 0.1 m/s 时测量误差较大,在高速水流的测量中效果较好。Dominik[5]对毕托管进行了优化改进,研制出智能压力传感器毕托管,将原有传统读数毕托管进行优化处理,实现了采集、计算、存储的自动化方案,并提高了其测量精度,最大测量精度为 0.3%。

基于压差原理发展了一系列单点接触式流量计,如 V(双)锥型流量计、文丘里流量计、孔板式流量计等。这些流量计一般可用于水力学试验,其测量精度相对较低,在两相流的测量中应用较少。所有上述测量方法均为单点接触式测量,均会对待测流场产生一定干扰,但价格相对较低。

2.1.2 转子式流速仪测量法

转子式流速仪依据转子机械原理研制,转子式流速仪由水流冲击驱动转子转动,转子的转动速度与水流流速呈线性关系[6],计算公式如下:

$$v = Kn + c \tag{1}$$

式中,v 为待测水流流速;K 为流速仪转子水力螺距;n 为流速仪转子转速;c 为待定常数。

转子式流速仪有旋桨式和旋杯式两种,旋桨式流速仪可用于高速、高含沙量等恶劣条件下测速,所测的水流动能需可驱动叶片转动,因此在较低流速时误差较大,当流速低于 2 cm/s 时无法测量流速。旋杯式流速仪主要用于测量低速($\leqslant$0.5 m/s)水流,旋杯沿圆周排列,水流驱动流速仪旋杯部件转动。两种转子式流速仪都应保证转子与流速方向垂直,当工况或测量条件不能满足该垂直关系时应做偏转角修正。它的测速核心为旋转轴和旋转叶片,在测量过程中其转子容易被水草缠绕和流冰等漂浮物碰撞造成损害,随着时间的增加,各部分元件会出现磨损,因此要每隔一段时间进行一次流速关系标定及误差分析[7]。当流速较低、水流条件较好时可用旋杯式流速仪,其操作简单、维护方便、价格低廉。

2.1.3 电磁流速仪测量法

电磁流速仪是根据法拉第电磁感应定律研发,当导体在磁场中做切割磁感线运动时,会产生感应电势,将原电磁试验中的导体替换为运动水流[8]。20 世纪 70 年代,我国研制出电磁海流计,用于测量海洋水文数据[9],它是当时大洋走航测表层的唯一测流仪器;在此之后研制了一系列可供水工模型试验和野外测量使用的电磁流量计,并将其改装为便携式流量计[10-11]。这几种流速仪的开发使我国在测流测速中有了新的提高,电磁流速仪在含沙量高、纤维物质多、存在流冰等漂浮物的水流中体现出测量优越性,具有方便快捷、测量精度高等优点,在黄河的一些水文站用于流速测量,在河道测量及水文站中应用较多。电磁流速仪因造价较高,在测量过程中[9]应远离磁场干扰,保证流体特性无巨变,有充足的电源保障等因素,导致普遍应用率相对较低,尤其是在大江大河中仍以转子式流速仪为主。

2.1.4 热线/热膜流速仪测量法

热线/热膜流速仪[12],简称 HWFA,是基于热交换的物理基础开发研究的流速仪。用电阻系数较高的铂、钨、镍等制成细而短的金属丝,并将其附上防氧化层(一般为石英),作为传感器的敏感部分,当流体流经电阻丝时会进行热交换,流体流速越大交换热量越多,计算公式如下:

$$E^2 = A + Bu^n \tag{2}$$

式中,E 为输出电压;A 为比例系数;u 为待测流速;n 为根指数(与流体流速有关)。

该设备主要应用于风洞试验测量,可进行三维流场,信噪比好,测量时间、空间分辨率高,也可用于部分水流测量[13]。HWFA 在进行水流流速测量时对水质要求较高,高含沙量及高掺气浓度容易造成热敏元件损伤,每次测量前需进行热敏元件的传热系数标定,在测量一段时间后传热系数会发生变化需多次标定,两相流测量过程中标定更为困难,为减少标定次数,可将原测量流体加热升温。因 HWFA 操作复杂、测量条件较高,现水流流速测量仍集中在实验室中。

2.1.5 探针测量法

针式流速仪由掺气探针和信号输出系统构成,水通过探针位置时电信号为 1,当气体通过探针位置时电信号为 0,将气相液相的不同电信号经信号处理放大可得到其掺气浓度规律。当设置前后两个掺气探针时,可根据前后电信号的相关关系计算液流流速。该技术由 Serizawa 及 Herringe 等[14-15]分别独立完成;之后我国的学者先后研发了针式掺气浓度流速仪和五孔球型探针,2021 年陈先朴等[16]研制的针式掺气流速仪在测量气液两相流的过程中效果较好。此类装置测量精度高,测量误差小于或等于 2%,一般用于实验室气液两相流或水文站部分资料测量,当存在一定含沙量时对测量结果影响较大。

2.1.6 浮标法

浮标法测量指测量液流中的天然或人工添加的漂浮物速度[17],间接测量水流流速的方法。此方法主要用来测量超出流速仪量程的流速和溪涧性水流(流冰较多、含沙量较多、水位变化剧烈、漂浮物较多等)。浮标法测量在洪水监测、失水人员救援等紧急情况具有关键作用,具有选材容易、造价低、测流速度快、安全性高等优点;但其测量精度较低(误差 10%~20%)、可控性较差,仍制约着其应用。针对以上误差因素,对计算公式、浮标稳定性和耐波性进行了优化:对计算公式进行优化[18],将实测值相关系数替换为传统经验系数,使计算误差降低至 10%以下;对浮标结构进行优化[19],提高了浮标的稳定性和耐波性。经改进开发研制,浮标法在海洋水文信息监测和抗洪救灾中成为主要测量方法。

2.1.7 涡街流量计测量法

当流体流过阻挡物时两侧会产生规则不对称的漩涡,这种现象称为卡门涡街,涡街流量计基于卡门涡街原理[20]研制,流体流速与漩涡频率呈线性关系,可通过监测漩涡频率测量流速。自 20 世纪 60 年代涡街流量计研制以来,它在单相流测速研究中逐渐成熟;李永光等[21]对气液两相流的涡街产生机制进行了研究,为涡街流量计在气液两相流测速方面指引了方向;贾云飞等[22]对涡街流量计做了进一步探究,结果表明涡街流量计可测量掺气率 15%以下的气液两相流,当掺气率在 6%以下时可用谱方法与脉冲计数法进行数据处理,当掺气率在 6%~15%时更宜使用谱方法。因气团会随涡街运动从而削弱涡街的能量,需进行脉冲信号放大和误差补偿。涡街流量计在测量过程中需远离热源和辐射源,并保证安装段管道无明显振动,若不满足安装要求可致流量计损坏或读数不准。涡街流量计在两相流测速中误差较大,限制了其应用范围。

2.2 非接触式测量

非接触式测量大多基于光和波传播原理制作,相较于接触式测量具有精度高、测速时间短、可测区域广、自动化程度高、无流场干扰等优点，弥补了接触式测量二维、三维测量的空缺，常见的非接触式测量方法如表 2 所示。

表 2 常见的非接触式测量方法

测量技术	应用	所得流速	限制因素	理论测量精度
激光多普勒流速仪测量法	气液、固液	示踪粒子流速	透明低气/固含率液体	毫米级(三维) 1%~2%
雷达测速仪测量法	气液、固液	示踪漂浮物流速	误差较大、低速或有风时无法测量	厘米级(二维) 0.15%~3%
声学多普勒流速仪测量法	气液、固液	示踪粒子流速	低气/固含率测量	毫米级(三维) 1%
声学时差法流速仪测量法	气液、固液	两侧探头间流速	低气/固含率测量	毫米级(一维) 1.5%
科里奥利流量计测量法	气液	通过流量计的质量流量	外界震动易干扰测速结果	毫米级(一维) 0.1%~0.3%
粒子图像测速仪测量法	气液、固液	示踪粒子(群)流速(流场)	低气/固含率测量	毫米级(三维) 2%
电阻层析成像技术(ERT)	气液、液液、固液	模拟检测面流速(流场)	测量精度和测量实时性相互制约	毫米级(三维) 3%

2.2.1 激光多普勒测速仪

激光多普勒测速仪(Laser Doppler Velocimetry, LDV)，是以多普勒效应为基础的新型流速仪，当物体与光源之间存在相对运动时，会发生多普勒频移，可以根据这个频移[23]计算出相对运动速度。自发现激光的多普勒效应至今 LDV 得到了飞速发展，现以双光束型为主，其计算公式如下：

$$u = \frac{f_d \lambda}{2\sin^2\alpha} \tag{3}$$

式中，u 为待测粒子流速；f_d 为光强变化频率；λ 为激光波长；α 为激光与法线间夹角。

按式(3)计算所得流速并非流体流速，而是流体中跟随粒子的流速，在测量时需考虑示踪粒子的跟随性，当粒子跟随性较差时需做系数修正或更换示踪粒子，进行海流速度测量时一般可以用水中的沙粒作为示踪粒子[24]。LDV 因其测量精度高、空间分辨率高、测速范围广、可进行三维测量等优点可满足大部分试验及水文资料统计需求，测量结果受激光的折射率及穿透性的影响，要求被测液体应为透明状，且分散相浓度较低(固态含量小于或等于 1.5%，气态含量小于或等于 5%)。

2.2.2 雷达测速仪测量法

雷达测速仪采用无线电多普勒效应研制，根据运动物体(与激光多普勒测速仪不同，该物体一般为水面漂浮物)反射的电磁波频移[25]大小计算其运动速度，计算公式如下：

$$v = \frac{c\,|c\lambda - f_0|}{2f_0\cos\theta} \tag{4}$$

式中，v 为待测流速；c 为雷达波波速；λ 为雷达波波长；f_0 为反射波频率；θ 为流体与雷达波方向夹角。

自 1980 年我国首次试用 TZ-103 型雷达测速仪测量水流速度以来，我国学者从测速系统、测速仪机身、测速仪探头等方面进行了研制与改进，在雷达测速仪的基础上研制电波流速仪和手持电波枪等[26]测速设备。雷达测速仪测速不受泥沙、漂浮物、含沙量、水质和水流状态等影响，且当漂浮物越多时反射波越强烈，有利于仪器设备工作；水流流速较小且水面相对平静时测量相对困难，水面风速较大时，测量精度受一定影响，可与浮标法结合使用提高精度。雷达测速仪在抗洪抢险救灾的过程中发挥了重要作用，其测量范围为 0.5~18 m/s，测量精度可达 0.03 m/s。

2.2.3　声学多普勒流速仪测量法

声学多普勒流速仪包括声学多普勒电流剖面仪(Acoustic Doppler Current Profiler, ADCP)和超声多普勒仪(Acoustic Doppler Velocimetry, ADV)。声波在水中和空气中传播速度有较大变化,两种声波流速仪均应将探头浸入水中一定距离,因其测量读取的速度值为较远处运动粒子速度,超声探头对待测点的干扰较小,两种测速仪仍可认为是非接触式测量。

ADCP 是 20 世纪 80 年代发展起来的测流技术[27],在大水深、宽水域的内流河流及河口测量体现了它的优越性,此类仪器主要运用水体中运动粒子反射波进行的多普勒频移计算单点流速,经数学方法统计多点流速算得断面流量。近年来在自容式 ADCP、直读式 ADCP、河流型 ADCP 和相控型 ADCP 产品研发和应用方面取得了较大进展[28]。ADCP 测量存在一定局限性,装置的探头位置只能测量适当距离的流速,在高流速、泥沙含量较大和掺气较多的情况下无法进行测量。ADV 是应用多普勒原理进行的单点二维/三维流速仪,将超声探头浸入水中 5~10 cm 处(此区域为测量盲区),可对探头一定距离的待测点进行测量,常用于记录紊流的脉动分量。经国内外学者探究,ADV 现可远程存储记录脉动数据,其理论测量范围为 0.02~5.00 m/s,测量精度为 1%。因所测信号[29]为多普勒噪声,装置碰撞振动、信号叠加、速度波动和其他扰动影响其测量精度,ADV 不能达到理论测量值。ADV 和 ADCP 相较于 LDV 测量精度较低,但价格便宜,技术成熟,可满足常规测量需求。

2.2.4　声学时差法流速仪测量法

超声波流速仪根据时差法测量原理制作,声波在流体中传播速度与流体运动速度呈线性关系,当声波与待测水流方向一致时,声波传播速度加快,反之则会减慢[30]。可用此装置分别测出正逆两个方向的传播时间。静水中声波速度 c 随温度、压强和水中杂质[31](沙粒、气泡和漂浮物等)影响而发生变化,可按式(5)计算以消除声速变化干扰:

$$v = \frac{T_1 - T_2}{T_1 T_2} \cdot \frac{L}{2\cos\theta} \tag{5}$$

式中,v 为待测流速;T_1 为逆流传播时长;T_2 为顺流传播时长;L 为声波传播长度;θ 为流体与声波方向夹角。

因其测速大多所测为一段时间内平均流速,可用于测量紊动较大的流速测量。消除声波在静水中的传播速度后,可用于一般气液两相流和固液两相流的测量。该装置具有精度高、操作简单、适用性强、自动化程度高等优点[32],价格也相对较高。

2.2.5　科里奥利流量计测量法

当质点在旋转系内做径向运动时,会产生切向和垂向的两个加速度,其中切向的加速度为科里奥利加速度。此加速度由流体提供时可带动流体管道发生旋转,科里奥利流量计[33]据此原理研制,因管道旋转不满足实际工况,通常科里奥利流量计将振动代替旋转。可根据振动频率、扭曲量测定流体流量,与常规测速仪不同,科里奥利流量计测得流量为质量流量,受温度、压力、流体状态等因素影响较小,其理论测量精度为 0.1%~0.3%。在气液两相流与油水两相流的测量中应用较多,可测量液相连续气相分散的气液两相流(含气率 0~50%)流量。在测量气液两相流中存在一定因气泡产生的误差,Hemp 等[34]提出了科里奥利流量计气液两相流动的气泡效应模型,模型引入了气泡效应,增大了测量精度,但该模型仍不能处理质量流量测量中的误差,随后 Liu 等[35]使用神经网络修正了科里奥利流量计质量流量误差,将误差降低至 2%。现阶段国内对于科里奥利流量计的使用仍集中在实验室中,可进一步推广至工业生产使用。

2.2.6　粒子图像测速仪测量法

粒子图像测速仪(Particle Image Velocimetry, PIV)测量法的测量原理是将示踪粒子的速度来表示该点的流速大小。将体积质量相近、跟随性好的示踪粒子投放至待测流体中,经 CCD 等图像获取设备在曝光(为获取高清图像一般选用激光作为光源)的条件下获取两帧图像或多帧图像,记录两帧图像的时间间隔,并分析连续获取的图像,识别对应示踪粒子位移并计算速度大小,多张图像结合可将待测流场绘出。二维 PIV 技术相对成熟,可用于多种数据监测中,并逐步应用于两相流和多相流的测量。Grunefeld 等[36]将 PIV 技术应用于薄片装置内紊态的气液两相流中各分散相速度场的测量;万甜等[37]利用 PIV 技术研究了曝气池试验装置中气液两相流流动特性;高晖等[38]应用 PIV 技术对组合弯管内气水沙三相流底部水平段和上升段中液膜区的流场进行了测量,测量结果均满足误差要求,但 PIV 技术只能测量稀相两相流的流速及流场分布,当掺气率及含沙量达到一定程度或存在较大气泡时仍无法进行测量。

2.2.7　电阻层析成像技术

电阻层析成像技术(Electrical Resistance Tomography, ERT)是 20 世纪 80 年代发展起来的新兴测量技术[39],其原理与医学领域的核子层析成像(Computed Tomography, CT)技术类似。ERT 是根据导电物场内介质分布变化导致边界电压随之变化,通过边界电压值来重建物场内的介质分布,实现对两相流的测量,边界电压的测量需通过电流激励电极测量完成[40],常见的有 8 电极、16 电极、32 电极三种系统,其电极数越高,计算时间越长,成像速度越慢,得到的层析图像越清晰。

此测速系统可与 BP 神经网络相结合,实现自动化监测计算,得出流速、相分布等流态信息。现阶段 ERT 在冰水(固液)、油水(液液)、水汽(气液)两相流的测量技术均相对成熟,同时具备无放射性、结构简单、准确性高、响应速度快等优点。测量误差在 3%左右,若进一步降低其误差,仍需增加电极数并改进计算方法,增加测量精度的同时仍需满足实时性标准。

3　结论与展望

由于两相流流动特性的复杂多样性,目前尚无一种能完全满足工业和试验要求的适用于各类两相流的测量设备,现有流速测量设备的可靠性和准确度仍有待提高。为满足当前学科发展和工业应用需求,应从以下几方面对两相流测速技术或设备进一步完善:

(1)两相流的流动状态复杂多变,现有测速仪器只能测量单一流态流速,如气液两相流存在泡状流、弹状流和塞状流之间的相互转变,冰水两相流存在淤积、粘连、碰撞等多种复杂流态,测量不同的流态往往需要更换仪器或重新进行参数标定,且无法准确测量出转变过程的流速。探究两相流的流动特性及不同流态间的转变规律有助于从根本上推动流速仪的发展。

(2)单一测速方法的测量范围有一定局限性,每种测量方法特点各不相同,可将多种测速方法原理相结合,提高测量精度,增大测速范围,如将浮标法与雷达技术相结合可实现流场可视化高精度测量。

(3)随着电子信息和自动化的发展,为满足工业生产对实时数据的强烈需求,可研制实时、自动化的测速仪器并开发实时信息化计算平台,将测速系统与神经网络、人工智能进行融合,搭建机制分析、数据处理、自动化处理的智能信息化平台,来提高实时两相流测速设备的性能,促进两相流/多相流测速技术的发展。

参考文献

[1] 郭烈锦. 两相与多相流动力学[M]. 西安:西安交通大学,2002.
[2] 陈学俊. 多相流热物理研究的进展[J]. 西安交通大学学报, 1994(5):1-8.
[3] Zhang M H, Pan L M, Ju P. The mechanism of bubbly to slug flow regime transition in air-water two phase flow: A new transition criterion[J]. International Journal of Heat and Mass Transfer, 2017, 108(Pt B). 1579-1590.
[4] Leo L. The pitot tube applied to the measurement of air[J]. Journal of the American Society for Naval Engineers, 1912, 24(4). 1115-1145.
[5] Dominik D, Sebastian S, Heidrun H. Using a smartphone pressure sensor as pitot tube speedometer[J]. The Physics Teacher, 2022, 60(4):273-275.
[6] Shercliff J A. The theory of electromagnetic flow-measurement[M]. Cam-bridge: Cambridge University Press,1962.
[7] Palle H. Note on the omnidirectionality of the savonius rotor current meter[J]. Journal of Geophysical Research, 1964, 69

(20):4419.
[8] Thorpe S A, Collins E P, Gaunt D I. An electromagnetic current meter to measure turbulent fluctuations near the ocean floor [J]. Deep Sea Research and Oceanographic Abstracts,1973,20(10):933-938.
[9] 惠绍棠, 霍树梅. 中国海洋仪器设备研究发展的历史回顾[J]. 海洋技术, 1998(4): 3-8.
[10] 赵涛, 陆坤, 杨军. 一种新型模型测速仪器——EMV-Ⅰ型电磁流速仪[J]. 水道港口, 1984(2):1-10,57.
[11] 宁丽娟, 吴桂才, 宋启明,等. 便携式电磁流速仪设计初探[J]. 自动化技术与应用, 2012, 31(5):68-71.
[12] Malcolm D G. Investigation of a steady magnetohydrodynamic shear layer using hot-film anemometry[J]. Nature, 1969, 224(5222):909-910.
[13] Bruun H H. Hot-film anemometry in liquid flows[J]. Measurement Science and Technology, 1996, 7(10):1300-1312.
[14] Herringe R A, Davis M R. Detection of instantaneous phase changes in gas-liquid mixtures[J]. Journal of Physics E: Scientific Instruments, 1974, 7: 807-812.
[15] Serizawa A, Kataoka I, Michiyoshi I. Turbulence structure of air water bubbly flow-1 measuring techniques[J]. International Journal Multiphase Flow, 1975, 2: 221-233 .
[16] 陈先朴, 邓军, 卫望汝. 针式掺气流速仪的研制与应用[C]//吴有生,王本龙,何春荣. 第十六届全国水动力学学术会议暨第三十二届全国水动力学研讨会论文集(上册). 北京:海洋出版社有限公司,2021:629-635.
[17] Ling Z, Xu S, Li J. Calibration of midstream buoy coefficient based on flow measurement[J]. IOP Conference Series: Earth and Environmental Science, 2019, 237(3):032048.
[18] 梁艳琴, 赵银岐, 董丽娟. 对浮标法测洪技术的改进与应用[C]//陈五一,夏军,朱鉴远. 水文泥沙研究新进展——中国水力发电工程学会水文泥沙专业委员会第八届学术讨论会论文集. 北京:中国水利水电出版社,2010:121-123.
[19] 张继明, 赵强, 刘世萱,等. 一种多参数表层漂流浮标的结构优化与性能分析[J]. 海洋技术学报, 2018, 37(3): 13-18.
[20] Fenyvesi B, Horváth C. Investigation on the nonconstant nehavior of a vortex flow meter with narrow gauge pipe via conducting measurements and numerical simulations[J]. Periodica Polytechnica Mechanical Engineering, 1970, 61(3):247.
[21] 李永光, 林宗虎, 王树众. 气液两相流体涡街中旋涡结构的特性研究[J]. 西安交通大学学报, 1996(2):37-43.
[22] 贾云飞, 张涛, 孔德仁. 涡街流量计在含气液体测量中的试验研究[J]. 南京理工大学学报(自然科学版), 2010, 34(1):103-107.
[23] Foreman J W, Lewis R D, Thornton J R. Laser Doppler velocimeter for measurement of localized flow velocities in liquids [J]. Proceedings of the IEEE, 1966, 54(3):424-425.
[24] 孙静静, 张磊, 甄胜来,等. 深海原位激光多普勒测速系统[J]. 物理学报, 2021, 70(21): 150-156.
[25] Bhalerao J B. Radar speed meter [J]. IETE Journal of Research, 2015, 17(7):251-254.
[26] 吴汉, 宋丽琼. 雷达测速仪水文测验的应用研究[J]. 中国水利, 2014(7):58-59.
[27] Herbschleb-Voogt E, Grzeschik K H, Pearson P L. Assignment of adenosine deaminase complexing protein (ADCP) gene (s) to human chromosome 2 in rodent-human somatic cell hybrids. [J]. Human genetics, 1981, 59(4):317-323.
[28] 邓锴, 张兆伟, 俞建林,等. 声学多普勒流速剖面仪(ADCP)国内外进展[J]. 海洋信息, 2019, 34(4):8-11.
[29] Chanson H, Trevethan M, Aoki S. Acoustic Doppler velocimetry (ADV) in small estuary: Field experience and signal post-processing[J]. Flow Measurement and Instrumentation, 2008,19(5):307-313.
[30] Swengel R C, Hess W B, Waldorf S K. Demonstration of the principles of the ultrasonic flowmeter[J]. Electrical Engineering, 1954, 73(12):1082-1084.
[31] 张宏伟, 刘之平, 张东,等. 掺气水流声速的研究[J]. 水利学报, 2013, 44(9):1015-1022.
[32] 李效贤. 大型渠道超声波法与流速仪法测流比对试验[J]. 中国农村水利水电, 2006(8):107-108,112.
[33] 朱福茂. 科里奥利——陀螺流量计[J]. 自动化仪表, 1982(3): 47-50,61.
[34] Hemp J, Sultan G. On the theory and performance of coriolis mass flowmeters[M]. Proc. Int. Conf. Mass Flow Meas, 1989.
[35] Liu R P, Fuent M J, Henry M P. A neural network to correct mass flow errors caused by two-phase flow in a digital coriolis mass flowmeter[J]. Flow Measurement and Instrumentation, 2001, 12(1):53-63.
[36] Grunefeld G, Probing F H. The velocity fields of gas and liquid phase simultaneously in a two-phase flow[J]. Experiments in Fluids, 2000, 29(11): 322-330.

[37] 万甜, 程文, 刘晓辉. 曝气池中气液两相流粒子图像测速技术[J]. 水利水电科技进展, 2007, 27(6):99-102.

[38] 高晖, 郭烈锦, 赵丙强,等. 弯管内气液固三相流中液膜区流场的 PIV 测量[J]. 工程热物理学报, 2004, 25(2): 255-258.

[39] Barber C C, Browen B H, Freeston I L. Imagin spatial distributions of resistivity using applied tomography[J]. Electronics Letters, 1983, 19(22):933-935.

[40] Gao J J, Yue S H, Rong X L. Hydromechanics-based flow velocity estimation using single ERT sensor[J]. Engineering Research Express, 2022, 4(1):015016.

有压出口布置楔形体后的水流流态及空腔特性数值模拟

宋锬焘　邓　军　卫望汝

（四川大学，四川成都　610065）

【摘　要】 传统跌坎掺气设施应用于小底坡明渠时，由于弗劳德数低、坡度小，导致空腔长度较短，回水现象严重。本文介绍了一种布置在有压出口处的楔形体掺气设施，其可以将水流分为上、下两股，垂直方向上出现流速分层现象，上层水流呈射流流速分布，下层保持明渠水流流速分布，在楔形体后形成稳定的空腔。采用数值模拟的方法，对上、下层水流的水力特性进行分析研究，数值模拟的结果表明，布置楔形体后，上层水流与原水流相比具有更高的弗劳德数。楔形体空腔的长度和稳定性受到下层水流厚度的影响，随着下层水流厚度的增加，空腔长度增加，空腔回水减弱。当楔形体布置高度较高时，下层水流具备一定的携水能力，可以将部分回水带往下游，优化空腔的形态和稳定性。

【关键词】 楔形体；小底坡明渠；空腔长度；流速分布

1　引　言

早在20世纪30年代，人们就意识到往水体里掺气，以避免水流在管道突变处产生负压，继而引发后续的空化空蚀，这样就可以减轻空蚀对水工建筑物的破坏。1953年，Peterka通过试验研究了水流掺气对空蚀破坏的影响，结果表明掺气可以有效地减免空蚀破坏[1]。在近年来的大坝工程设计中，当空气浓度为2% ~ 3%时，就达到了掺气保护效果[2]。1960年，美国Grand Coulee坝[3]在其泄水孔锥形管出口下游运用掺气槽以解决泄水孔出口发生空蚀破坏，成为了泄水建筑物最早应用掺气减蚀技术的实例。目前工程上使用的掺气减蚀设施一般分为坎式、槽式、组合式等类别。

伴随坝工技术的发展，人们提出了许多新体形的掺气设施，如双涡室掺气型旋流竖井[4]、壁面全程掺气旋流竖井[5]、设置有掺气坎的旋流竖井[6]等以应对特定的工程条件。但是对于坡度较小的泄水建筑物，其弗劳德数较低、水深大等原因导致在掺气设施的空腔内容易产生回水。1993年，庞昌俊对于明流泄洪洞小底坡的掺气设施的选取进行了详细的探讨[7]。2000年，杨永森通过研究提出，低Fr数流动情况下，由于重力作用显著，空腔内存在积水，对掺气设施的水力及掺气特性产生明显影响，需合理计入空腔积水的影响[8]。2005年，王海云试验了将V形掺气坎应用于龙抬头式泄洪洞中[9]。2008年，吴建华认为空腔长度是衡量掺气设施的重要因素，它对空气的挟带会对空化空蚀破坏有显著的影响[10]。2012年，吴小菊利用FLUENT进行流动状态分析，并对比分析了SIMPLE方法和PISO方法的应用范围和精度差异[11]。2012年，徐一民研究了不同空腔内的空气压力和回水情况，揭示了掺气设施的尺寸和形式、斜槽的圆弧半径和流量等因素对空腔内气压和回水的影响[12]。2017年，王芳芳从优化抛射水舌与底板冲击角度出发，提出了一种小底坡泄洪洞突扩突跌多级变坡掺气坎组合体型[13]。

本文介绍了一种应用于弧形闸门有压出口处，旨在解决低弗劳德数条件下的空腔回水问题的楔形体掺气设施（以下简称“楔形体”）。夏鹏飞[14]通过模型试验的方法对楔形体布置后的空腔特性和掺气保护效果进行了初步的研究，结果表明这种新的掺气设施在一定条件下可以产生稳定的空腔，明渠水体

基金项目：国家自然科学基金面上项目（51979182）；国家自然科学基金重点项目（51939007）

掺气效果明显,并能较快发展至底板。但是对于楔形体布置后水流的流动特征,以及在动水垫作用下空腔的特性和形成稳定空腔的条件,目前还缺乏研究。本文基于夏鹏飞等的试验内容,通过三维数值模拟的方法,研究楔形体布置后的水流特点和流速分布情况,以及在不同水流条件下,楔形体布置高度对空腔长度和沿程流速分布规律的影响,在此基础上,分析楔形体布置高度对缓解空腔回水效果的影响。

2 计算模型

楔形体模型示意图如图 1 所示,模型为一个宽度 $d=0.15$ m 的矩形水槽,包括一个带有弧形闸门的有压出口,压坡末端距离底板高度 $h_0=0.23$ m,其后连接高 0.3 m、长度 8 m 的明渠段,明渠段与有压段等宽,且具有 $i=0.05$ 的坡度。楔形体悬空布置于弧形闸门前的有压段末端,以楔端正对来流方向,上、下弧面均为光滑圆弧面,末端水平,尾部为一平面。根据实际工程中的挑坎坡比,对楔形体进行初步测试,根据初始试验的效果选定楔形体上下反弧壁面,本次数值模拟设置楔形体的长度 L 为 31.5 cm,高度 t 为 4.5 cm。楔形体布置的初始角度是沿其轴线方向水平布置以保证过流的平顺,楔形体内部为中空设计,两侧各布置一通气管,将外部空气通入楔形体内部,尾部有机玻璃板镂空,将楔形体腔体与水流内部相连。

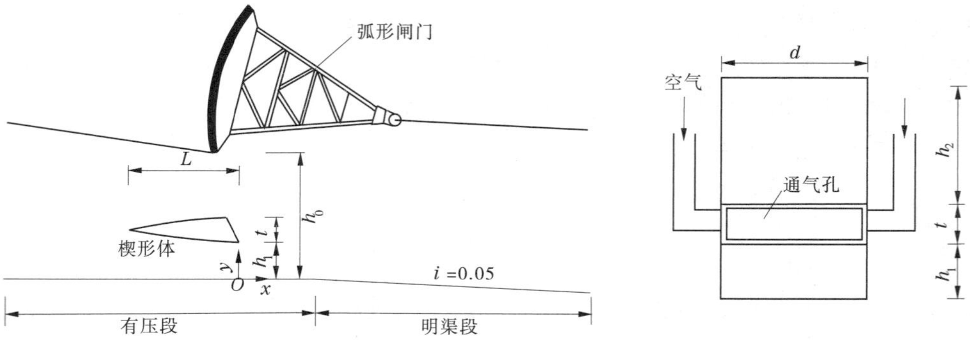

图 1 计算模型示意图

楔形体布置高度为 h_1,上层水流厚度 $h_2= h_0-h_1-t$,水流 $Fr_0=v_0/[g(h_0-t)]$,其中 $v_0= q/[d(h_0-t)]$,为有压段出口断面平均流速。定义 O 为楔形体下侧圆弧末端在底板的投影位置,x 为底板中心线处距离 O 点的水平距离,y 为垂直方向上距离底板的高度。

2.1 计算工况

本次数值模拟计算工况共计 28 组。为了研究楔形体布置高度和水流条件对空腔特性和水流流态的影响,为了便于对计算结果进行验证,我们参照夏鹏飞等关于楔形体模型试验的工况设置计算工况,设置了 $h_1/h_0=0.04$、0.09、0.13、0.22、0.30 和 0.43 六种楔形体布置高度,每个布置高度计算 $Q=0.100$ m^3/s,0.112 m^3/s,0.130 m^3/s,0.157 m^3/s 四种流量,对应 Fr_0 分别为 2.7,3.0,3.5 和 4.2。同时在模型试验中,要求楔形体具备一定的布置高度,因此 h_1/h_0 最小为 0.04,为了研究楔形体在较低布置高度时的空腔形态和水流流态,我们设置了 $Q=0.100$ m^3/s,h_1/h_0 分别为 0.008,0.017,0.026,0.034 的四种计算工况。

2.2 数值模型及计算方法

计算区域包括压坡段、楔形体以及部分长度的明渠段。使用 ICEM 软件进行建模以及网格划分,采用结构化网格,正六面体形状,网格全局最大尺寸为 1.5 cm,网格数量 30 万左右,如图 2 所示。由于边壁以及楔形体附近位置处的水流流态比较复杂,同时楔形体附近的流态也是我们研究的重要对象,因此对这些位置的网格做加密处理。而远离楔形体的下游部分,水流较为平缓,采用较为疏松的网格。

使用商业软件 FLUENT 进行计算,计算时需设置边界条件,本次计算共四种边界条件。水流进口设置为流速进口,楔形体通气孔、明渠顶部与大气相连,设置为压力进口,出口处由于水深未知,设置为压力出口,有压管道、楔形体以及明渠段边壁设置为固体边界。使用有限体积法建立方程,隐式迭代求解。

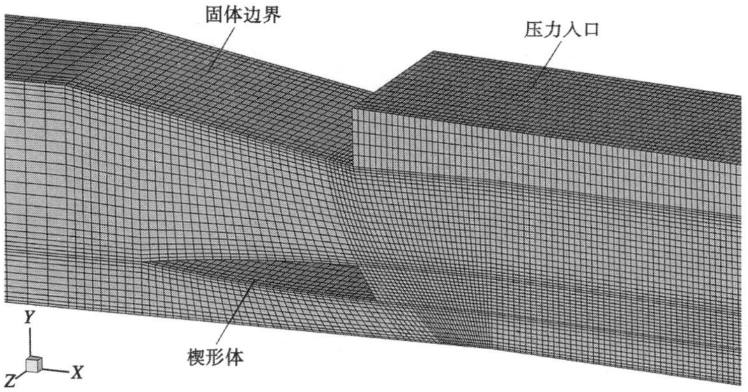

图 2　局部网格划分

计算采用 VOF 模型,紊流模型采用标准 k-ε 模型。求解器选用 SIMPLE 算法,动量方程的离散采用 QUICK 格式,其余采用二阶迎风格式,计算时间步长为 0.000 1~0.001 s。

2.3　可靠性分析

数模计算结果以水相体积分数 0.6 的等值面作为水气交界面,通过楔形体的上、下两股射流的水气交界面所围成的部分就是形成的楔形体空腔。结合物理模型试验结果[14]进行验证,可以看出,数值模拟计算得到的空腔长度值与试验测量值比较接近,同时在整体上呈现出流速增大时空腔长度增加,楔形体布置高度增加时空腔长度增加的规律,与实测值的变化规律相同(见图 3),两者吻合较好,证明了本次数值模拟计算结果的可靠性。

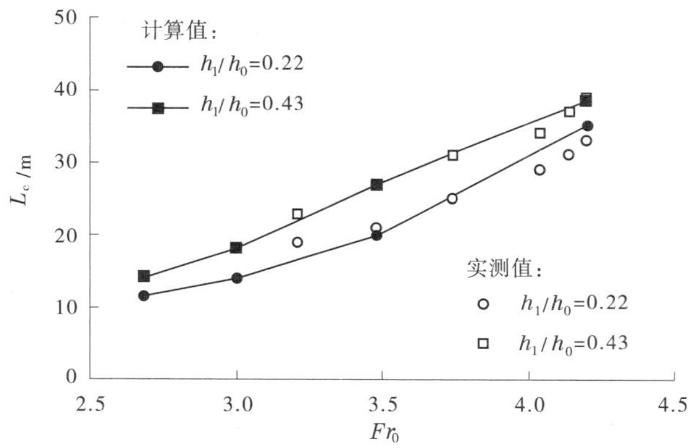

图 3　空腔计算值与实测值比较

3　结果及分析

3.1　水流流态

图 4 为不同计算工况下得到的空腔形态图和中心断面水流流态图,可以看出当有压段内的水流流至楔形体时,会被楔形体的前端尖锐部分切割为上、下两股水流,当楔形体上、下圆弧面的曲率较大时,两股水流在上、下圆弧面的作用下逐渐改变流动方向,从流态图中可以看出,楔形体处过流平顺,水流流态稳定,因此楔形体发生空化空蚀的可能性较小。上股水流流过楔形体末端后做平抛运动飞出,下股水流为有压出流,两股水流在楔形体后方形成一段空腔分离区,并在经过一段距离的运动后发生交汇,交汇后的水流继续向下游运动。

在同一水流条件下,h_1/h_0 的改变会对空腔形态和水流流态产生影响。在 $Fr_0=2.7$ 的水流条件下,当 h_1/h_0 较高时流线整体比较平顺,没有明显的旋流,而当 $h_1/h_0=0.04$ 时,此时空腔的下方已经有旋流产生。当 h_1/h_0 降低到 0.04 以下时,形成的楔形体空腔形态较差,空腔长度较短,同时空腔底部的水流发生旋转、翻滚,有明显的回水现象。同时随着 h_1/h_0 的降低,回水也更加剧烈,空腔形态更差。分析原因我们认为布置楔形体后,下层水流具备动水垫层的效果,其携水能力受到 h_1/h_0 的影响,h_1/h_0 越小,下层水流携水能力越弱,当 h_1/h_0 较低时,在小流速下,下层水流的携水能力无法满足将回水带往下游,难以形成稳定的空腔。

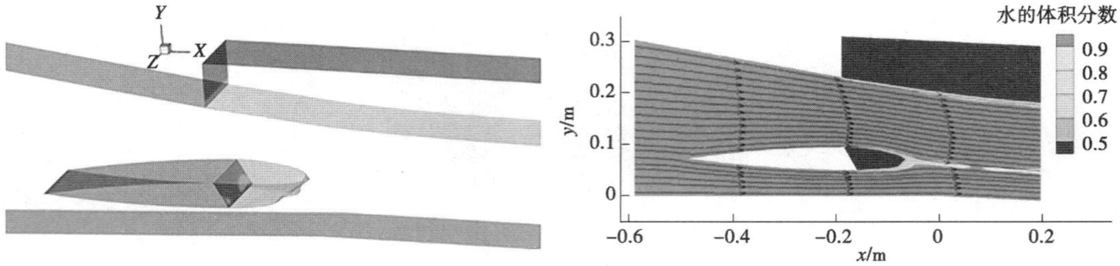

(a)h_1/h_0=0.22,Fr_0=2.7

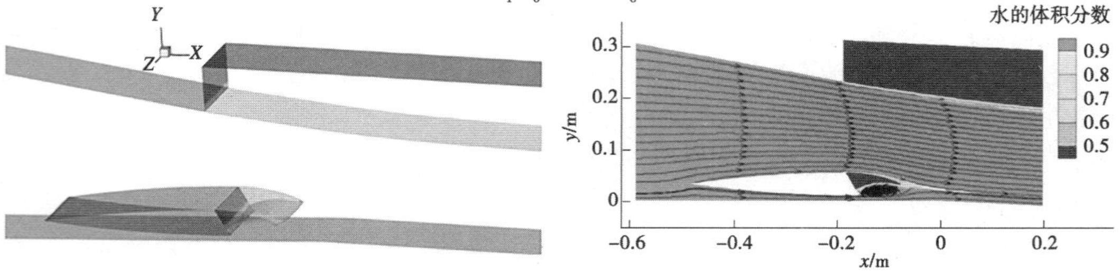

(b)h_1/h_0=0.04,Fr_0=2.7

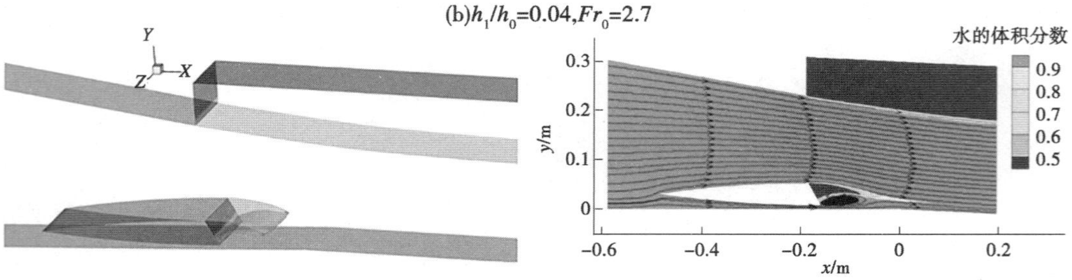

(c)h_1/h_0=0.035,Fr_0=2.7

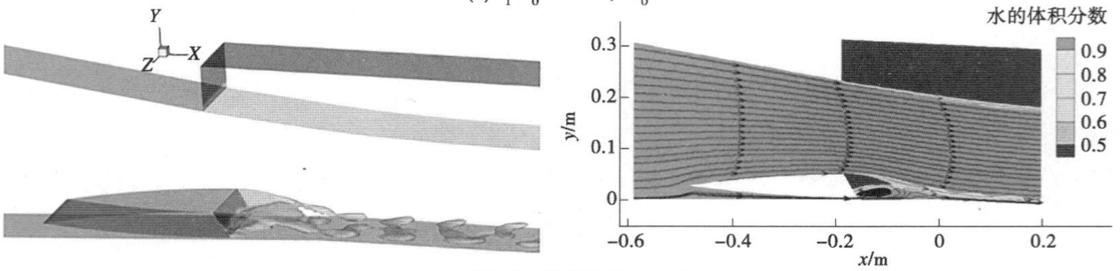

(d)h_1/h_0=0.017,Fr_0=2.7

图4　不同计算工况时的水流流态

3.2　楔形体掺气设施空腔特性

图5是不同水流条件下,L_c 随 h_1/h_0 的变化情况。在不同水流条件下,空腔长度与楔形体布置高度之间具有相似的变化规律,当楔形体的布置高度 h_1/h_0 从0.04增大到0.43的过程中,楔形体的空腔长度具有明显的增加,空腔长度与楔形体布置高度之间呈正相关。

分析原因,我们认为楔形体空腔长度 L_c 与上股水流弗劳德数有关。图6为各工况下楔形体末端断面上股水流弗劳德数 $Fr_u = \frac{v_u}{gh_2}$,其中 v_u 为楔形体末端断面上股水流的平均流速。可以看出,各计算工况下 Fr_u 均高于原水流 Fr_0,因此设置楔形体后上股水流与原水流相比具有更高的弗劳德数,有利于提高空腔长度和稳定性。不同水流条件下 Fr_u 随着 h_1/h_0 的变化具有相同的变化规律,h_1/h_0 越高,Fr_u 越大。当 Fr_0 = 2.7时,h_1/h_0 从0.04增加到0.43,Fr_u 从2.9增加到4.2。因此,楔形体布置高度的增加,有利于楔形体空腔的长度和稳定性。

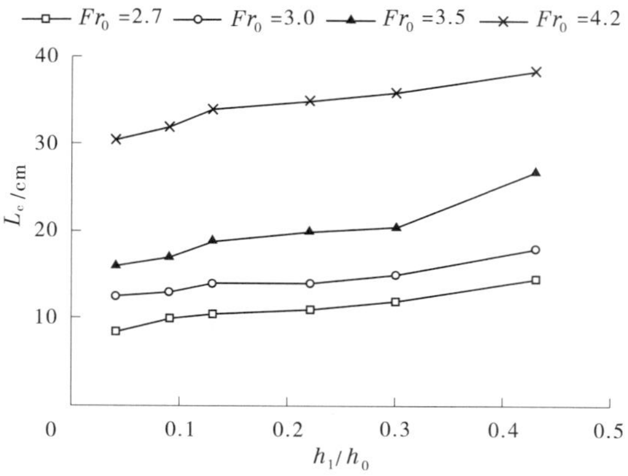

图5　h_1/h_0 对 L_c 的影响

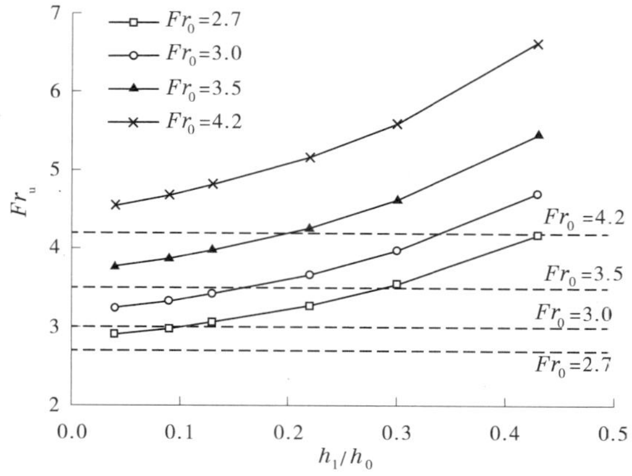

图6　h_1/h_0 对 Fr_u 的影响

3.3　楔形体掺气水流流速分布特性

图7为 Fr_0= 2.7，h_1/h_0=0.43、0.22、0.04时不同位置处的中心断面流速分布情况。可以看出，x/h_0=0时，水流 x/h_0=0断面分为上、下两股，中间是由于楔形体而产生的空腔区，下层水流的流速分布特性接近于有压出流。两股水流交汇后，在 x/h_0=0.7断面，水流其断面流速最小值点均位于楔形体布置位置附近，为上、下股水流的交汇位置，分别为 y/h_0=0.47、0.26、0.06。当 h_1/h_0=0.04时，下层水流平均流速为1.75 m/s，下层水流流速较小，当 h_1/h_0=0.43、0.22时，断面流速在垂直方向具有明显的分层现象，其中上、下两层的水流流速较大，中层的水流流速较小，且 h_1/h_0 越大，水流分层现象越明显，下层水流的平均流速越大，其下层水流的平均流速分别为3.63 m/s、3.43 m/s。在 x/h_0=2.3断面，当 h_1/h_0=0.04时，断面流速分布已经接近于普通明渠的流速分布。而 h_1/h_0=0.22、0.43时，断面流速依然具有分层现象，且在水流运动过程中，在上、下层水流的作用下，中层水流流速逐渐增大，流速分布趋于均匀，同时 h_1/h_0 越高，水流分层现象持续的距离越远。综上所述，在弧形闸门前布置楔形体后，下层水流流速较高，具有一定的携水能力，可以将水流碰撞时产生的回水带往下游。这种携水能力与楔形体布置高度 h_1/h_0 有关，h_1/h_0 越大，下层水流的携水能力越高，当 h_1/h_0 较低时，下层水流能量较小，携水能力消失。

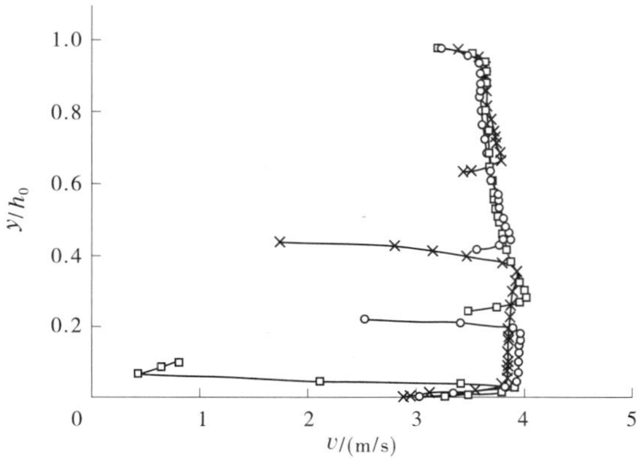

(a) x/h_0=0

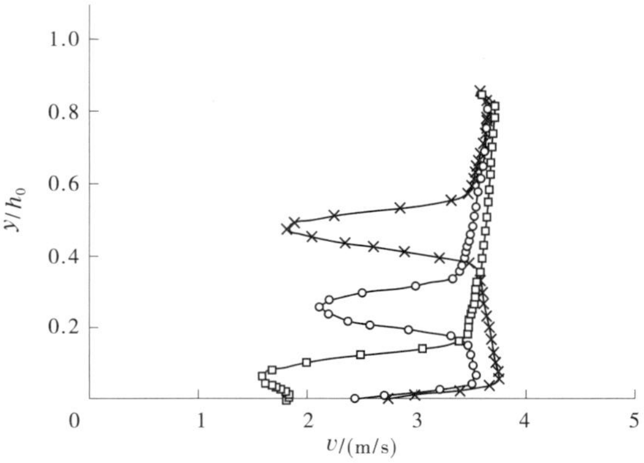

(b) x/h_0=0.7

图7　Fr_0=2.7时，中心断面流速分布图

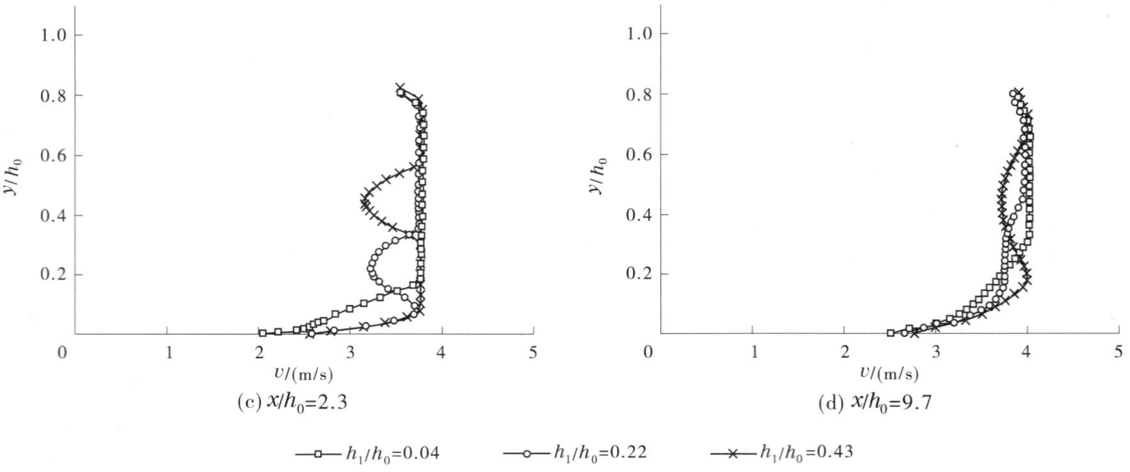

续图 7

表 1 反映了不同计算工况下,在 $x/h_0=0$ 断面下层水流的平均流速 v_d 和对应工况下的空腔回水情况。可以看出,当 $Fr_0 \geqslant 3.5$ 时,各工况下空腔内部均无回水。当 $Fr_0 \leqslant 3.0$ 时,空腔回水情况与 h_1/h_0 有关, 在 $Fr_0=2.7$ 的水流条件下,当 $h_1/h_0<0.1$ 时,空腔有明显的回水,当 h_1/h_0 增加到 0.1 以上时,空腔回水现象可以得到缓解。在 $Fr_0=3.0$ 的水流条件下,当 $h_1/h_0<0.1$ 时,空腔有轻微的回水,当 h_1/h_0 增加到 0.1 以上时,空腔回水已基本消除。结合之前的分析,我们认为,相同水流条件下,楔形体布置高度的增加可以提高下层水流的携水能力,进而改善空腔回水现象,当来流弗劳德数较小时,使楔形体布置高度 h_1/h_0 增加到 0.1 以上可以使下层水流具有动水垫层的效果,并有效缓解空腔回水问题。

表 1　不同工况下空腔回水情况

h_1/h_0	Fr_0			
	2.7	3.0	3.5	4.2
0.04	回水	轻微回水	无回水	无回水
0.09	回水	轻微回水	无回水	无回水
0.13	轻微回水	无回水	无回水	无回水
0.22	轻微回水	无回水	无回水	无回水
0.30	轻微回水	无回水	无回水	无回水
0.43	轻微回水	无回水	无回水	无回水

4　结　论

本文介绍了一种应用于有压出口后接小底坡明渠的楔形体掺气设施,在弧形闸门前布置的楔形体后,可以将水流分为上、下两股,两股水流在通过楔形体后会形成高度差,进而在楔形体后形成一段空腔分离区,两股水流在楔形体后方交汇后,继续向下游运动。通过三维数值模拟的方法,得到了楔形体布置后的水流流动特性以及在动水垫作用下形成稳定空腔的条件。数值模拟的结果表明:

(1)楔形体空腔的长度和稳定性与楔形体布置高度有关,楔形体布置高度越高,上层水流弗劳德数越大,空腔长度更长,当楔形体布置高度较低时,空腔形态较差。

(2)通过楔形体后的下层水流具有一定的携水能力,楔形体空腔末端两股水流交汇后,会出现流速分层现象,上、下层水流流速较大,中层水流流速较小,在水流运动的过程中,中层水流流速不断增大,断面整体流速分布趋于均匀。

(3)楔形体布置高度越高,携水能力越强,对空腔回水的优化效果更好,楔形体布置高度与有压出口高度的比值控制在 0.1 以上时,低 *Fr* 数水流条件下楔形体空腔的回水问题可以得到明显优化。

但是对于这种新型的掺气设施,我们还需要做进一步研究,下层动水垫的存在可以起到缓解空腔回水的效果,但是一定程度上也会提高掺入气体扩散至底板的难度,因此要综合考虑空腔、压强、流速和掺气等水力特性,给出楔形体布置后可以提供较好掺气保护效果的判别标准。

参考文献

[1] Peterka A J . The Effect of Entrained Air on Cavitation Pitting[C]// Sminnesota International Hydraulic Convention. ASCE, 1953.

[2] Xu Weilin, Wang Qingfeng, Wei Wangru, et al. Effects of air bubble quantity on the reduction of cavitation erosion[J]. Wear, 2021(9-10):203937.

[3] Wagner W E, Jabara M A. Cavitation Damage Downstream from Outlet Works Gates[J]. Proc. IAHR 14th Congress, Paris, 1971, 5.

[4] 雷刚,张建民,谢金元,等.一种新型掺气型旋流竖井的试验研究[J].水力发电学报,2011,30(5):86-92,100.

[5] 吕利,邓军,王晶,等.竖井旋流泄洪洞竖井壁面新型掺气方式试验研究[J].水力发电,2016,42(7):115-119.

[6] 邓军,刘善均,许唯临,等. 一种设置有掺气坎的旋流竖井[P]. 四川:CN101294377,2008-10-29.

[7] 庞昌俊,苑亚珍.大型"龙抬头"明流泄洪洞小底坡掺气减蚀设施的选型研究[J].水利学报,1993(6):61-66.

[8] 杨永森,杨永全,帅青红.低 Fr 数流动跌坎掺气槽的水力及掺气特性[J].水利学报,2000(2):27-31.

[9] 王海云,戴光清,杨庆,等.V 型掺气坎在龙抬头式泄洪洞中的应用[J].水利学报,2005(11):102-105,109.

[10] Jianhua Wu, Shiping R. Cavity length below chute aerators[J]. Science in China, 2008, 51(002):170-178.

[11] Wu X, Zhang H, Bing B, et al. The Analysis of Flow Regime in the Aerated Flow[J]. Procedia Engineering, 2012, 31:256-260.

[12] Xu Y M, Yang H X, Zhao W, et al. Study on the Air Pressure and the Backwater in the Cavity of Aerator on the Chute with an Anti-Arc Section[J]. Advanced Materials Research, 2012, 446-449:2740-2744.

[13] 王芳芳,吴时强,王威.小底坡泄洪洞突扩突跌掺气坎水力特性[J].水力发电学报,2017,36(7):65-73.

[14] 夏鹏飞.有压出口接小底坡明渠新型掺气减蚀设施研究[D].成都:四川大学,2015.

挑坎宽度与来流条件对挑流出射角分布规律的数值模拟研究

冉雨博 刘 超 邓 军 卫望汝 隆 强

(四川大学水利水电学院,四川成都 610065)

【摘 要】 本文采用水气两相流的VOF法和标准k-ε双方程紊流模型对连续型挑坎进行了三维数值模拟,对不同来流条件、挑坎体形下中间水舌不同水深处出射角的分布规律进行了研究,分析了挑坎宽度、来流水深、来流流速对出射角沿水深方向的分布规律的影响,获得了出射角与水深间分布规律发生改变的临界点。研究结果表明,中间水舌出射角在水深方向上的分布规律会受到三维方向上的影响,在来流条件与体形条件发生变化时,其分布规律同样会发生变化,宽度增大、来流流速增大、来流水深减小都会减小三维方向影响的扰动。结合分布规律的变化,通过来流弗劳德数和挑坎宽度能明显表示出二维工况与三维工况的分布情况,并且可将各工况受三维影响的程度通过三个区域表示,分别为二维工况区、过渡区和三维工况区,通过这些区域对二维工况或三维工况进行判断,为挑选二维工况进行分析提供了依据,降低分析难度。

【关键词】 连续性挑坎;挑流水舌;水气两相流 VOF 法;数值模拟

1 研究背景

水利水电工程中为避免泄洪时对下游河道产生冲刷破坏,需对下泄水流进行消能处理,目前修建的大坝中百米级以上高坝挑流消能占比80%以上,具有广泛的应用。挑流消能具有结构简单、投资较少、消能效果好等优点,但其对下游河床的抗冲能力有着较高的要求,因此了解挑流水舌的下落位置对工程安全和河道保护有着重要的作用,想要找到重点保护位置,需要对水舌挑距等技术参数进行精确估算。国内外关于挑距的计算公式有很多[1-3],但计算结果都差异较大[4],挑距仍难以计算。在实际工程中常采用工程规范中的挑距公式进行计算,该公式与水舌出射角的大小关系密切,规范中出射角大小的选取常直接选用挑坎挑角为计算参数。辛玉传认为连续坎挑流水面线的拐点位于挑坎顶的反弧半径上,并根据几何原理推出了水舌出射角的计算公式,Dey[5]和Anirban[6]的研究表明挑流水舌实际出射角与挑流鼻坎挑角并不相等,Heller[1]和张晓艳等[7]通过模型试验研究表明水舌上缘出射角与下缘出射角均小于鼻坎挑角,且水舌下缘出射角小于上缘出射角,所以选用挑坎挑角作为出射角并不能准确表示挑距,具体如何估计出射角,得出精确的挑距计算公式,需对这一问题进行详细研究。在此研究的过程中发现,若以水舌中心断面为研究对象,会发现中心水舌出射角的分布规律与两侧断面的水舌有着明显的差别,出口断面各个水深处的出射角在垂直于水流的方向上存在着很明显的扰动现象,可以看出对挑流出射角的研究是一个三维问题,为对此问题进行简化,需找到消除横向影响的方法,将该问题转化为一个二维问题。

研究挑流消能常用的方法为理论分析、数值模拟、模型试验以及原型观测。目前,关于挑流消能已有不少相关研究成果,刘宣烈等[8-9]研究了空中水舌的运动激励、掺气水舌的运动轨迹方程等,刘士和等[10]研究了水舌断面形态的变化特征,采用的是模型试验的方法,由于水舌运动时的强烈紊动,在试验时具有一定难度,且在大比尺模型试验中使用常规仪器,难以精准测量,数据精度受测量仪器影响较大。刁明军等[11]对二维情况下射流在空中的轨迹线和水垫塘的自由水面及底板冲击动压进行了模拟,薛宏程等[12]对斜切型挑坎挑射水舌进行三维数值模拟,都表明数值模拟方法对类似工程可替代模型试验。

基金项目:国家自然科学基金面上项目(52079084);国家自然科学基金重点项目(51939007)

本文使用数值模拟的方法进行研究，通过选用不同挑坎体形和不同来流条件的连续坎进行数值模拟，选用标准 k-ε 紊流模型[13]与跟踪自由水面的 VOF（Volume Of Fluid）方法[14]进行三维数值模拟，模拟挑坎出口的水舌出流情况，得到水舌出射角等水力参数，为研究得到数据依据。

2　数学模型

2.1　控制方程

k-ε 双方程紊流模型如下。

连续方程：

$$\frac{\partial \rho}{\partial t}+\frac{\partial \rho u_i}{\partial x_i}=0 \tag{1}$$

动量方程：

$$\frac{\partial \rho u_i}{\partial t}+\frac{\partial}{\partial x_i}(\rho u_i u_j)=-\frac{\partial p}{\partial x_i}+\frac{\partial}{\partial x_j}\left[(\mu+\mu_t)\left(\frac{\partial u_i}{\partial x_j}+\frac{\partial u_j}{\partial x_i}\right)\right]+\rho g_i \tag{2}$$

k 方程：

$$\frac{\partial(\rho k)}{\partial t}+\frac{\partial(\rho u_i u_j)}{\partial x_i}=\frac{\partial}{\partial x_i}\left[\left(\mu+\frac{\mu_t}{\sigma_k}\right)\frac{\partial k}{\partial x_i}\right]+G-\rho\varepsilon \tag{3}$$

ε 方程：

$$\frac{\partial(\rho \varepsilon)}{\partial t}+\frac{\partial(\rho u_{i\varepsilon})}{\partial x_i}=\frac{\partial}{\partial x_i}\left[\left(\mu+\frac{\mu_t}{\sigma_\varepsilon}\right)\frac{\partial \varepsilon}{\partial x_i}\right]+C_{1\varepsilon}\frac{\varepsilon}{k}G-C_{2\varepsilon}\rho\frac{\varepsilon^2}{k} \tag{4}$$

式中，u_i 为 x_i 方向的速度分量，$i,j=1,2,3$；ρ 为修正压力；μ 为体积分数加权平均的分子黏性系数；μ 为体积分数加权平均的分子黏性系数；μ_t 为紊流黏性系数，可由紊动能 k 和紊动耗散率 ε 求出，$\mu_t=\rho C_\mu\dfrac{k^2}{\varepsilon}$；$G$ 为平均速度梯度引起的紊动能产生项，由 $G=\mu_t\left(\dfrac{\partial u_i}{\partial x_j}+\dfrac{\partial u_j}{\partial x_i}\right)\dfrac{\partial u_i}{\partial x_j}$定义；$C_\mu$ 为经验系数；σ_k 和 σ_ε 分别为 k 和 ε 的紊流普朗特系数；$C_{1\varepsilon}$ 和 $C_{2\varepsilon}$ 为 ε 方程中的常数，其在标准 k-ε 紊流模型中的取值如表 1 所示。

表 1　标准 k-ε 紊流模型中的常见数值

C_μ	$C_{1\varepsilon}$	$C_{2\varepsilon}$	σ_k	σ_ε
0.09	1.44	1.92	1.0	1.3

自由水面追踪采用的是 VOF 方法，该方法是假设流体之间互不相容，通过引入体积分数 α_q 来表示不同相在一个计算单元内的占比，所有流体相的体积分数之和为 1，当 $\alpha_q=1$ 时，表示计算单元内全为该相流体；反之 $\alpha_q=0$ 时，表示该相流体在计算单元中不存在；当 $0<\alpha_q<1$ 时表示计算单元内包含了该相流体与其他相流体的界面。VOF 方法控制方程如下：

连续性方程

$$\nabla\cdot \boldsymbol{u}=0 \tag{5}$$

动量方程

$$\rho\frac{\partial \boldsymbol{u}}{\partial t}+\rho\boldsymbol{u}\cdot\nabla\boldsymbol{u}=-\nabla\boldsymbol{p}+\rho g+\nabla\cdot\mu(\nabla\boldsymbol{u}+\nabla^{\mathrm{T}}\boldsymbol{u})+\boldsymbol{f} \tag{6}$$

VOF 模型的相方程

$$\frac{\partial \alpha}{\partial t}+\boldsymbol{u}\cdot\nabla\alpha=0 \tag{7}$$

式中，$\boldsymbol{u}$ 为流速；ρ 为密度，本文数值计算中流体相为两相，分别为水和空气，用 w 和 a 表示，则 $\rho=\alpha_w\rho_w+(1-\alpha_w)\rho_a$；$\boldsymbol{p}$ 为压力；g 为重力加速度；μ 为黏度，$\mu=\alpha_w\mu_w+(1-\alpha_w)\mu_w$；$\boldsymbol{f}$ 为界面力源项，$\boldsymbol{f}=-\sigma$

$\left[\nabla\cdot\left(\frac{\nabla\alpha}{|\nabla\alpha|}\right)\right]\nabla\alpha$，其中曲率 $\kappa=-\nabla\cdot\left(\frac{\nabla\alpha}{\nabla\alpha}\right)$；$\alpha$ 为相体积分数；σ 为表面张力。

2.2 数值方法

速度压力耦合采用的是 SIMPLE 算法进行计算。数值方法采用有限体积法进行离散，控制方程采用下式通用形式：

$$\frac{\partial(\rho\Phi)}{\partial t}+\mathrm{div}(\rho u\Phi)=\mathrm{div}(\Gamma\mathrm{grad}\Phi)+S \tag{8}$$

式中，Φ 为广义变量，为各个待求物理量；Γ 为相对 Φ 的广义扩散系数；S 为广义源项。

3 数值模拟计算条件设置

3.1 挑坎模型与网格划分

如图 1 所示，挑坎模型采用连续坎来进行网格划分，流量大小通过有压段进行控制，同时控制来流水深，以渠道入口中点为原点，重力方向为 Z 轴，水流方向为 Y 轴，垂直于水流的方向为 X 轴绘制体形。图 2 为本文所使用的参数在模型中的表示意义：v 为来流流速，大小由具体工况定义，作为来流条件的一项参数；H 为来流水深，由有压段处的挡板高度进行控制，大小由具体工况决定；B 为挑坎宽度，为两侧边墙间的横向距离；R 为挑坎半径；θ 为挑角；h 为水深，具体指的是垂直于挑坎出口离底板的距离；α 为水流出射角，本文规定自由水面出射角为 α_1，在水深 h 的方向上的最小出射角为 $\alpha_{\min}$，底板处出射角为 α_0。在整个体形中，渠道部分总长为 5 m，底部坡度为 0°，为水平底板，其中有压段长度为 1 m，有压段中设有挡板，控制来流流量以及来流水深 H；挑坎部分固定挑坎挑角与半径，挑角 θ 与半径 R 的大小分别为 20°与 2 m。其余参数挑坎宽度 B、来流水深 H、来流流速 v 选取不同数值设置不同工况，用于研究挑坎体形与来流条件对出射角变化特征的影响。挑坎宽度 B 选用六个宽度进行计算，分别为 0.25 m、0.35 m、0.5 m、0.75 m、1 m、2 m；来流水深 H 选用四个水深进行计算，分别为 0.05 m、0.1 m、0.15 m、0.2 m；来流流速 v 选用 3 个流速，分别为 4 m/s、5 m/s、6 m/s，共 72 组工况。

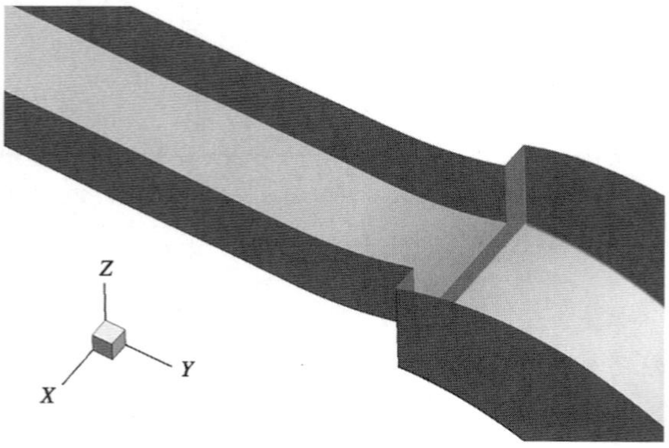

图 1 连续型挑坎体形设计

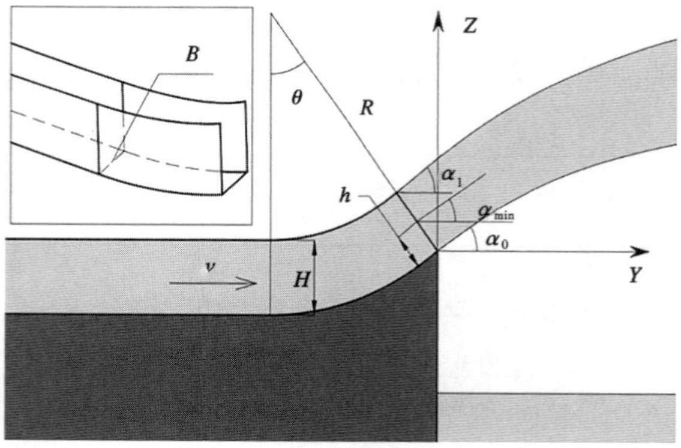

图 2 各参数指代位置

具体数值选取的原因如下：在对挑坎出射角研究过程中发现，不同宽度 B 时，出射角大小 α 在 Z 方向上的分布规律有所改变，且宽度越大，变化程度越小，原计算宽度为 0.25 m，因此选择从 $B=0.25$ m 开始逐渐增大合适大小；来流流速 v 考虑到模型试验最大水头高度与可挑出的最低速度限制，选择了三组参数观察其规律；来流水深 H 是考虑到试验场最大可用流量的限制，选择了四组参数进行观察。各参数之间，R/H 的大小均在 10 以上，说明这些工况都有着足够的起挑能力，参数设计合理，B/H 的大小范围为 1.25~40，因此水舌中心断面出射角的分布规律在参数选择上是适合于原型的，且适当扩大了参数设计范围，Fr 的大小范围为 2.86~8.57，通过 Fr 结合来流条件中的两项参数，总结来流水深 H 与来流流速 v 对中心断面出射角 α 分布规律的影响。

网格划分采用结构化网格，挑坎出口为重点研究区域，在划分网格时对此处进行了加密处理，Y 方向上渠道部分网格大小采用的是 4 cm 宽度的网格,挑坎位置网格大小为 1 cm 宽,挑坎入口前 1 m 的渠道部分采用 2 cm 宽度的网格作为过渡区段,避免出现网格变化过大而产生计算不准确的情况。Z 方向和 X 方向上的网格宽度均采用 1 cm,以加密挑坎段的网格。水舌部分网格大小从挑坎出口到底部逐渐增大,初始网格宽度为 1 cm,以 1.2 的倍率增大至 4 cm。各个工况下总网格数量为 50 万～310 万个。以 $B=0.75$ m、$v=5$ m/s、$H=0.2$ m 的工况为例,具体网格划分情况如图 3 所示。

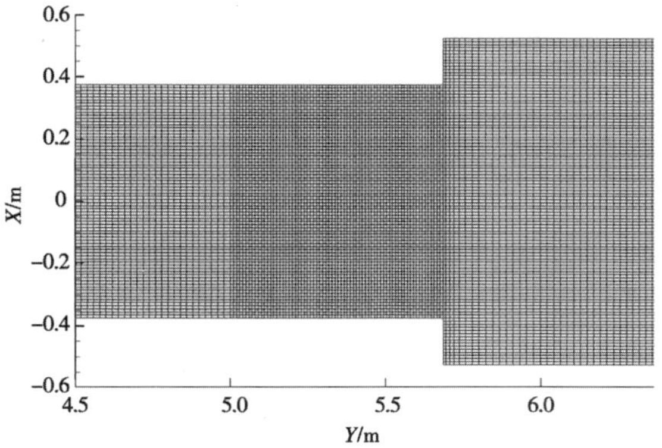

(a)网格俯视面

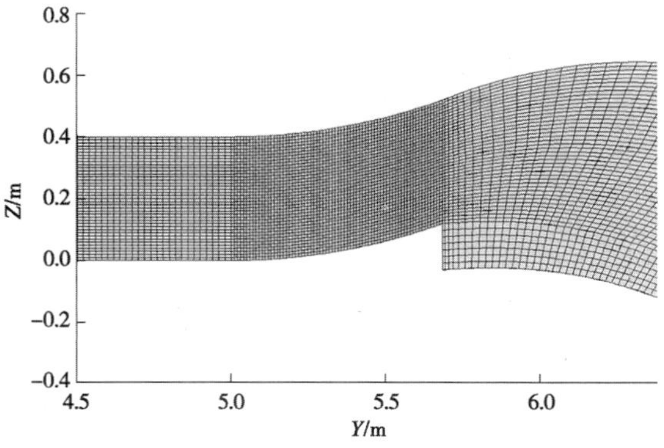

(b)网格侧视面

图 3　计算区域俯视面和侧视面的网格划分

3.2　边界设置

有压段入口挡板以下设置为速度进口,根据不同工况设置不同流速大小,并将水的流入比例设为 1,保证来流流体中没有空气掺入;挑坎出口水舌部分边界设置为压力出口,压力为大气压力条件,保证出射水流为自然的空中水舌状态;渠道与挑坎壁面采用无滑移边界条件,模型上部与空气接触的边界设置为压力进口,同样设置为大气压力条件。

3.3　数据处理

计算结果选取垂直于挑坎出口的平面进行切片,选择该平面上挑坎中心位置的数据进行分析,所用参数选取的是位置坐标 X、Y、Z,水流方向与水深方向流速 v_Y、v_Z,以及体积分数 VOF。水舌出射角 α 取为 v_Y 与 v_Z 的夹角,水点所在水深 h 由水点位置坐标计算得到。

4　结果分析

4.1　挑坎体形对中心水舌出射角分布特征的影响

如图 4(a)所示,来流流速 $v=6$ m/s、来流水深 $H=0.2$ m,在不同宽度 B 时出射角 α 与水深 h 的分布关系,当 $B=0.25$ m 时,自由面出射角 $\alpha_1=16.42°$,最小出射角 $\alpha_{min}=16.02°$,底板出射角 $\alpha_0=18.48°$,从底板到自由面的出射角 α 呈先增大后减小的趋势;当 $B=2$ m 时,自由面出射角 $\alpha_1=14.61°$,最小出射角 $\alpha_{min}=14.61°$,底板出射角 $\alpha_0=17.32°$,此时 $\alpha_1=\alpha_{min}$,出射角 α 从底板到自由面呈完全单调趋势。如图 4(b)所示,从 $B=0.25$ m 到 $B=2$ m,在宽度 B 增大的过程中,α_0 依次为 17.02°、17.16°、17.25°、17.31°、17.31°、17.32°,说明在宽度 B 逐渐变宽的过程中,出射角 α 大小随宽度 B 的增大而增大,当宽度 B 增大到一定程度后基本保持不变,α_1 与 α_{min} 呈相同规律,并且位置不同,各个出射角增大的程度也不一样,可以看出底板出射角 α_0 的变化程度最小,几乎不会随着宽度 B 的增大而变化,而且 α_0 总大于 α_{min} 与 α_1,结合图 4(a),在 α_0 均为最大出射角,并且所有出射角 α 均小于挑角 θ。α_{min} 与 α_1 间的间距随宽度 B 的增大依次为 0.71°、0.20°、0.03°、0.02°、0.02°,说明 α_1 随着宽度的增大逐渐向最小出射角靠近,直至 $\alpha_1=\alpha_{min}$。

结合图 4 中两幅图可看出,出射角 α 在水深 h 上先减后增的分布特征会随着挑坎宽度 B 的增大朝着单调递减的分布特征改变。这一现象可说明,挑坎宽度 B 的变化会影响出射角 α 与水深 h 之间的分布特征,并且随着挑坎宽度 B 的增大,影响程度逐渐减小。从这一规律可以看出,对中心水舌出射角分布规律的影响因素还存在着垂直于水流的方向上,因此中心水舌的分布规律必然存在着三维方向上的影响,并随

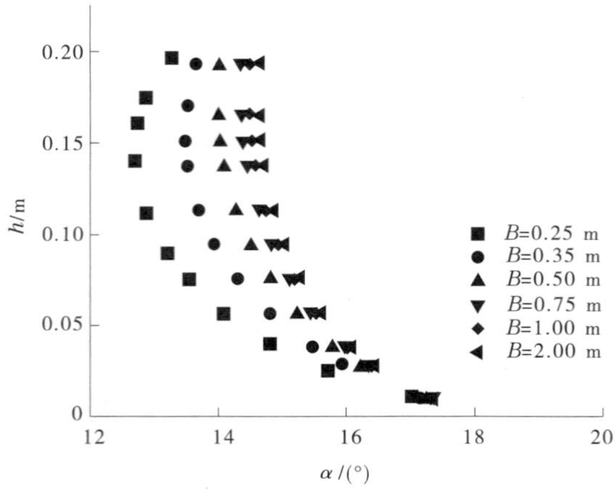

(a)挑坎宽度B对出射角α分布规律的影响

(H=0.2 m, v=6 m/s)

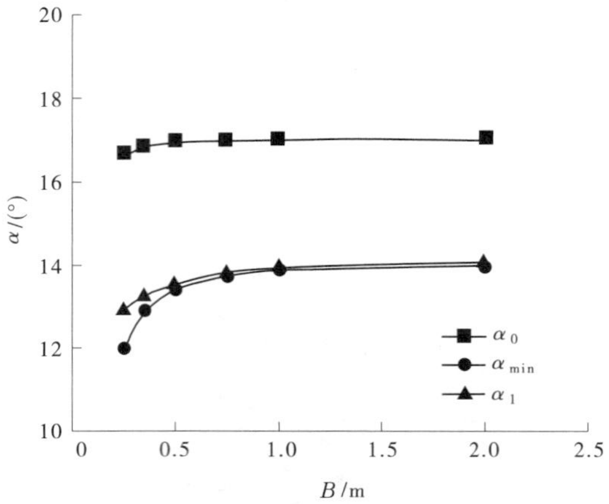

(b)挑坎宽度B对不同水深出射角α大小的影响

(H=0.2 m, v=6 m/s)

图4　挑坎宽度 B 的影响情况

挑坎宽度 B 的增加,这种三维方向上影响的效果逐渐减弱,直至影响消失,出射角 α 随水深 h 的升高完全呈现单调降低的分布,这时则可将这种出射角与水深间的单调降低的分布特征认定为二维分布。

4.2　来流条件对中心水舌出射角分布特征的影响

4.2.1　来流流速 v 对中心水舌出射角 α 分布特征的影响

图5(a)展示了在不同流速 v 情况下,挑坎宽度 B=0.5 m,来流水深 H=0.2 m 时出射角 α 与水深 h 关系的分布情况。当 v=4 m/s 时,自由面出射角 α_1=12.66°,最小出射角 α_{min}=12.37°,底板出射角 α_0=16.07°,从底板到自由面的出射角 α 呈先增大后减小的趋势;当 v=6 m/s 时,自由面出射角 α_1=14.00°,最小出射角 α_{min}=14.00°,底板出射角 α_0=17.25°,此时 $\alpha_1=\alpha_{min}$,出射角 α 从底板到自由面呈完全单调趋势。如图5(b)所示,随着流速的增大,以图5(a)工况下的 α_0 为例,α_0 在 v=4 m/s、5 m/s、6 m/s 时分别为16.07°、16.95°、17.25°,随着流速的增大而增大,其他出射角 α 也都呈现出了增大的趋势,并且 α_0 总大于其他水深处的 α。两种工况下 α_{min} 与 α_1 的间距分别为0.11°、0.01°、0.00°和0.29°、0.09°、0.03°,均随着来流流速 v 的增大 α_1 逐渐接近于 α_{min},而且宽度 B 越大,α_1 与 α_{min} 越接近,进一步证明了宽度越大,α_1 越接近于 α_{min}。结合两图可以得到 α 会随着来流流速 v 的增大而增大,并且 v 越大,α_1 越靠近 α_{min},直至 $\alpha_1=\alpha_{min}$,最终先减小后增大的分布特征会逐渐改变为单调递减的分布特征。这种影响情况与宽度变化时基本相似,因此可以认定流速的增大也会将出射角的分布特征从三维分布转变为二维分布。

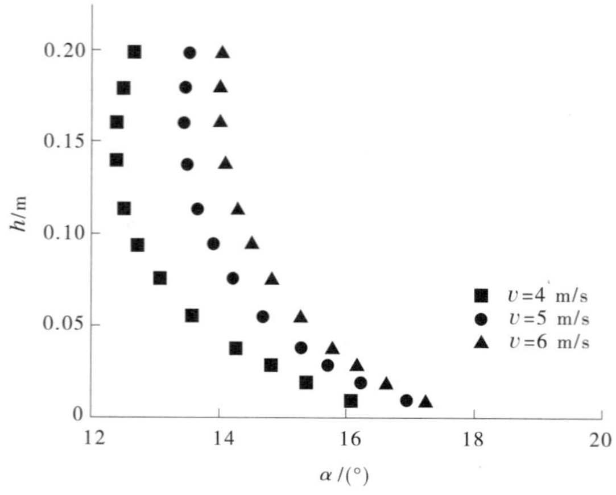

(a)来流流速v对出射角α分布规律的影响

(H=0.2 m,B=0.5 m)

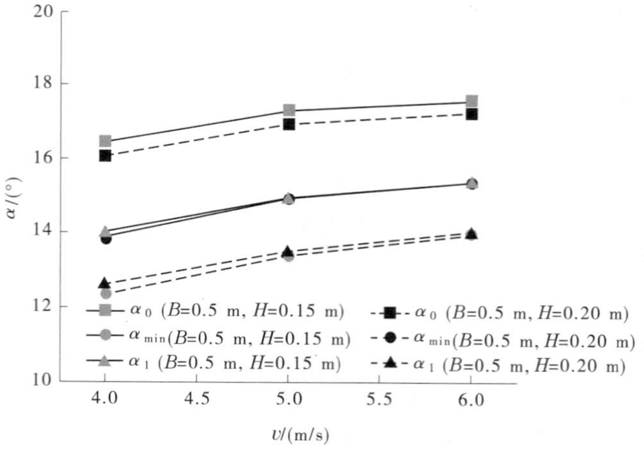

(b)来流流速v对不同水深出射角α大小的影响

图5　来流流速 v 的影响情况

4.2.2　来流水深 H 对中心水舌出射角 α 分布特征的影响

图6(a)展示了在不同来流水深 H 的情况下，宽度 $B=0.35$ m，来流流速 $v=5$ m/s 时出射角 α 与水深 h 关系的分布情况。当 $H=0.2$ m 时，自由面出射角 $\alpha_1=13.27°$，最小出射角 $\alpha_{min}=12.88°$，底板出射角 $\alpha_0=16.84°$，从底板到自由面的出射角 α 呈先增大后减小的趋势；当 $H=0.05$ m 时，自由面出射角 $\alpha_1=17.72°$，最小出射角 $\alpha_{min}=17.72°$，底板出射角 $\alpha_0=18.18°$，此时 $\alpha_1=\alpha_{min}$，出射角 α 从底板到自由面呈完全单调趋势。当来流水深 H 较大时，出射角 α 在水深 h 上的分布呈先增大后减小的趋势，说明在来流水深 H 较大时三维影响效果明显。由于水舌厚度受来流水深影响较大，自由面的位置也出现了变化，因此将不同来流条件时水点所在水深 h 与水舌厚度比例相同的两点定义为相同水深，例如将所有出口水舌的中间位置定义为相同水深。如图6(b)所示，在来流水深 H 增大的过程中，以图6(a)中工况为例，α_0 分别为18.18°、17.69°、17.23°、16.84°，随着 H 增大而减小，各水深的出射角均呈相同规律，在不同水深位置处出射角增大幅度不同，底部出射角 α_0 变化率为9.7°/m，自由面出射角 α_1 变化率为29.1°/m，α_0 变化幅度远小于 α_1 变化幅度，从图6(a)中同样可以看出 α_0 的变化幅度最小，但底板处出射角 α_0 的大小均大于其他位置出射角，在来流水深降低时所有出射角大小接近相等，α_0 与 α_{min} 与 α_1 之间的间距分别为0.46°、1.42°、2.54°、3.57°和0°、0.01°、0.15°、0.39°，可以看出来流水深 H 越小，α_0 与 α_1 之间间距越小，α_1 逐渐趋近取 α_{min}。结合两图，可以发现来流水深 H 减小会使 α 与 h 间的分布规律由先减后增变化到单调递减的规律，因此来流水深 H 同样能够影响中心水舌的二三维分布特征。从以上分析中可以得到，当来流流速 v 增大或来流水深 H 降低时，出射角 α 与水深 h 关系上的三维影响减小，说明流速与来流水深在三维影响的效果上呈反比关系，所以可以得到弗劳德数 Fr 越大，中心水舌更偏向于二维分布。

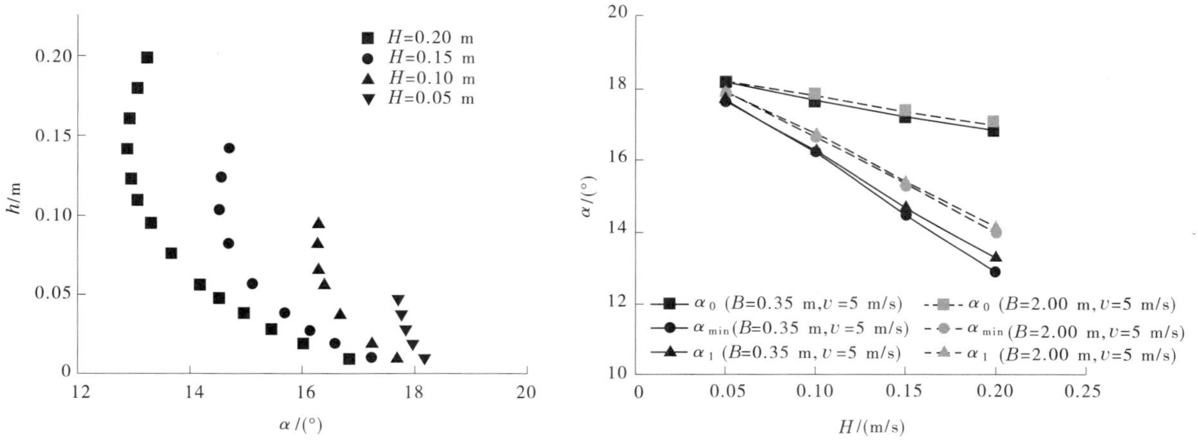

(a)来流流速 H 对出射角 α 分布规律的影响 (B=0.35 m,v=5 m/s)

(b)来流流速 H 对不同水深出射角 α 大小的影响

图6　来流水深H的影响情况

4.3　临界情况的判别条件

将出射角 α 在水深 h 上的分布特征改变情况看作一个三维影响减小的过程，当分布特征完全呈现单调趋势时，则可视为三维影响消失，将中心水舌认定为一个二维变化。在三维影响减小的过程中，总会存在位于三维与二维的临界处的情况，在这一临界点前的工况可认定为三维分布，临界点后的工况可以认定为二维分布。要找到中心水舌二三维之间的临界点，首先需要清楚如何来判别中心水舌处的存在着三维的影响。如图7所示，当曲线分布特征呈曲线1规律时，将这种工况认定为受三维影响的工况，当曲线分布特征呈曲线2规律时，则认定这种工况为二维情况，数值计算结果和早期研究成果可知，底部出射角 α_0 的大小是比上部出射角都要大的，所以从 α_0 到 α_{min} 总是呈减小趋势，不会因为挑坎体形和来流条件的变化而改变这一规律，因此当自由面出射角 α_1 最小时，整个曲线才会呈单调递减趋势，即当 $\alpha_1=\alpha_{min}$ 时，则认为三维影响消失，中心水舌呈二维分布。考虑到网格尺寸的影响，自由面可能存在着与现实不符的波动情况,导致原本的自由面与计算所得自由面不重合,存在着一定的误差,因此本文将满足下式时的工况视为二维工况。

$$\frac{\alpha_{\min}}{\alpha_1} \geqslant 0.99 \tag{9}$$

式中,$\alpha_{\min}$ 为最小出射角;α_1 为自由面出射角。

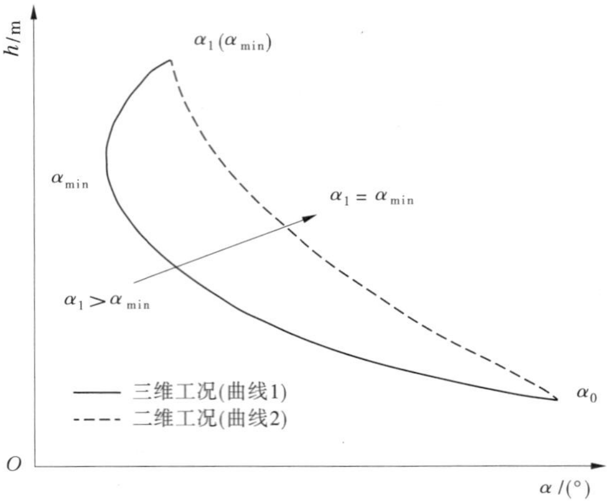

图 7　二维工况与三维工况分布示意图

在知道二维工况与三维工况的判断条件后,将所有工况按宽度进行分组,以相同宽度的工况为一组,用于展示挑坎体形的影响,每组分别画出与弗劳德数 *Fr* 有关的分布图,用于展示来流条件的影响,并画出 $\alpha_{\min}/\alpha_1=0.99$ 时直线作为判断二维工况的临界值,当 $\alpha_{\min}/\alpha_1 \geqslant 0.99$ 时,则认为该区域内的工况为二维工况,位于临界值以下的工况则为三维工况。当 $0.95<\alpha_{\min}/\alpha_1<0.99$ 时,在这个区域中,部分工况 α 与 h 虽有先减小后增大的分布特征,可能受到计算误差、水面波动、VOF 法的局限性等因素的影响,存在一定的误差,这部分工况 α_1 与 $\alpha_{\min}$ 间的间距极小,误差在 5%以内,例如当 $H=0.05$ m,$v=5$ m/s,$B=0.25$ m 时,$\alpha_0=17.66°$,$\alpha_1=17.54°$,$\alpha_{\min}=17.32$,$\alpha_{\min}$ 与 α_0 之间差距仅有 0.3°,产生极小的扰动,都有可能使分布规律发生变化,在一定程度上也可以将其认定为二维工况,并画出 $\alpha_{\min}/\alpha_1=0.95$ 时直线作为判断依据,得到的分布图如图 8 所示。

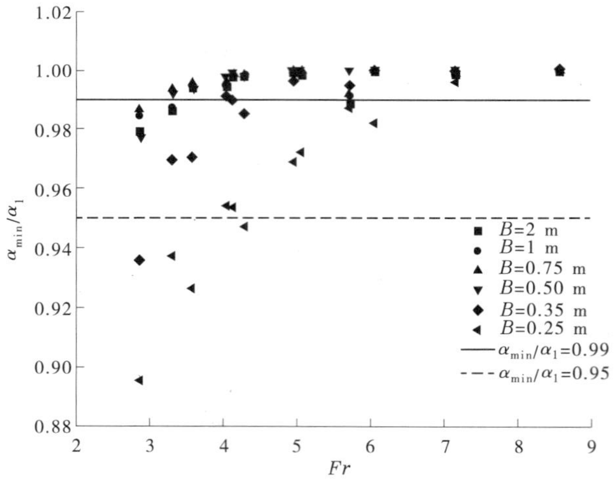

图 8　不同宽度下 $\frac{\alpha_{\min}}{\alpha_1}$ 与 *Fr* 的分布图

从图 8 上来看，α_{min}/α_1随着弗劳德数 Fr 的增大，在任意宽度 B 下均呈先增大后相等的趋势变化，说明随着弗劳德数 Fr 的增大，三维影响效果逐渐减弱，与之前分析的情况完全相同，随着宽度增大，α_{min}/α_1 离临界值越近，三维影响越小，当 $B>0.50$ m 后，宽度 B 影响消失。在达到 $\alpha_{min}/\alpha_1 \geq 0.99$ 后，α_{min}/α_1趋近于 1，此时的工况则认定为二维分布；当 $0.95<\alpha_{min}/\alpha_1<0.99$，为二维分布到三维分布的过渡区，可能受到误差影响导致 $\alpha_1 \neq \alpha_{min}$，存在着二维工况被认定为三维工况的可能，当最大出射角与最小出射角间距很小时，受到误差扰动影响较大，因此在该区域内，若最小出射角与最大出射角间差距小于研究的精度要求，则可将其认定为二维工况；当 $\alpha_{min}/\alpha_1 \leq 0.95$ 时则完全将其认定为三维工况。

5　结　论

研究结果表明，来流条件与挑坎体形的变化都会对水舌出射角的分布特征产生影响，并且改变来流条件与挑坎体形能有效减小边墙束缚所带来的横向影响，本文对三个参数在不同情况时进行了对比，发现挑坎宽度越大，影响越小；来流流速越快，影响越小；来流水深越小，影响越小。当体形条件相同时，弗劳德数的增大能减小三维方向的影响，直到影响消失；当来流条件相同时，宽度的增加能显著减小边墙对中心水舌的影响，增大到一定程度后则不再受到宽度影响。

本研究得到了二维工况与三维工况的判定方法，当 $\alpha_{min}/\alpha_1 \geq 0.99$ 时，认定该工况为二维工况；当 $0.99>\alpha_{min}/\alpha_1>0.95$ 时为过渡区，当最小出射角与最大出射角间差距小于研究的精度要求，将其认定为二维工况，反之则为三维工况；当 $\alpha_{min}/\alpha_1 \leq 0.95$ 时，认定该工况为三维工况。由于挑坎体形仅选择了不同的宽度进行工况的划分，没有改变其他体形参数，具有一定的局限性，具体如何得到 α_{min}/α_1的值还需进行进一步的研究。

该研究主要是对出射角精确计算研究过程中发现的问题进行探讨，挑坎体形参数仅选择了挑坎宽度作为变量，并且未对挑坎宽度进行无量纲化处理，还可对其进行进一步的研究，最终得到判别条件 α_{min}/α_1 与挑坎体形、来流条件相关参数之间的具体计算公式，从而能够自行判断工况是否存在三维影响。主要是针对简化研究难度进行研究，找到忽略边墙影响的工况，了解如何自主选取二维工况进行研究，能大大降低有关水舌出射角规律研究的难度，为得到更精准的水流出射角提供了一定的参考依据。

参考文献

[1] Heller V，Hager W H，Minor H E. Ski Jump Hydraulics[J]. Journal of Hydraulic Engineering, 2005, 131(5): 347-355.

[2] 刘沛清. 现代坝工消能防冲原理[M]. 北京：科学出版社, 2010.

[3] Jill, Lucas, Willi, et al. Closure to "Deflector Effect on Chute Flow" by Jill Lucas, Willi H. Hager, and Robert M. Boes [J]. Journal of Hydraulic Engineering, 2014: 444-449.

[4] 姚莉. 挑流消能几个问题之管见[J]. 南昌工程学院学报, 2019, 38(1): 24-31.

[5] Dey S. Free overall in open channels: state-of-the-art review[J]. Flow Measurement & Instrumentation, 2002, 13(5): 247-264.

[6] Guha A，Barron R M，Balachandar R. Numerical simulation of high-speed turbulent water jets in air[J]. Journal of Hydraulic Research, 2010, 48(1): 119-124.

[7] 张晓艳, 赵丹铭, 文丽, 等. 三角形鼻坎挑流水舌出射角的试验研究[J]. 水电能源科学, 2017, 35(4): 4.

[8] 刘宣烈, 张文周. 空中水舌运动特性研究[J]. 水力发电学报, 1988(2): 48-56.

[9] 刘宣烈, 刘钧, 姚仲达, 等. 空中掺气水舌运动轨迹及射距[J]. 天津大学学报, 1989(2): 8.

[10] 刘士和, 曲波. 挑流水舌断面形态的演化[J]. 武汉大学学报：工学版, 2004, 37(5): 4.

[11] 刁明军, 杨永全, 王玉蓉, 等. 挑流消能水气二相流数值模拟[J]. 水利学报, 2003(9): 77-82.

[12] 薛宏程, 刁明军, 岳书波, 等. 溢洪道出口斜切型挑坎挑射水舌三维数值模拟[J]. 水利学报, 2013, 44(6): 7.

[13] Spalding B . The numerical computation of turbulent flows[J]. Computer Methods in Applied Mechanics and Engineering, 1974.
[14] Hirt C W ,Nichols B D . Volume of fluid (VOF) method for the dynamics of free boundaries[J]. Journal of Computational Physics, 1981, 39(1):201-225.

基于小波包分析的水利工程安全监测数据预处理研究

傅志浩　姚　力　吕　彬

（中水珠江规划勘测设计有限公司，广东广州　510610）

【摘　要】 水利工程安全监测数据作为关键性基础信息要素在实现智慧水利“四预”功能中的重要性不言而喻。对数据异常识别处理、消除数据噪声以提高数据质量，有效提取数据规律等有关数据预处理问题的研究，一直是工程界关注的热点。基于小波包分解与重构理论，在 3σ 准则基础上，引入箱型图数据统计方法，提升数据异常值检测的有效性；引入机械领域针对分解信号的能量特征分析方法，对监测数据进行快速有效的降噪处理；系统梳理基于小波包分析进行监测数据预处理的工作流程，并采用 Python 语言及其相关开源包编程实现。经实际工程监测数据分析验证，方法正确合理，经预处理后的数据质量得到有效提升，较好地体现了数据变化规律，为后续提高预警预报的准确性提供了基础保障。文中提出的工作流程以及数据处理的相关方法和思路可为相关研究与应用工作提供经验借鉴与参考。

【关键词】 水利工程；安全监测；小波包；数据处理；异常检测；小波去噪

1　引　言

工程安全监测数据作为实现水利工程“四预”（预报、预警、预演、预案）功能的基础性和关键性信息要素，对其开展相关研究与应用一直是设计、研究和运管人员关注的热点。工程安全监测信息可描述为随时间或空间变化的信号，监测所获取的信号包含了有用信号和误差（噪声）两部分[1]。在信号分析领域，应用较为成熟的方法是傅立叶变换，小波分析在傅立叶分析基础上发展而来，其具有多分辨率分析的特点，在时域和频域都有表征信号局部信息的能力，时间窗和频率窗都可以根据信号的具体形态动态调整，因为这些特点，小波分析可以探测正常信号中的瞬态成分，并展示其频率成分，被称为“数学显微镜”，广泛地应用于各个时频分析领域[2-3]。

受观测条件影响，工程实测的各类监测数据不可避免地存在噪声（误差），只是大小和性质不同，噪声的存在对数据的应用研究分析有着显著影响，更可能影响参数估计，引起较大残差，进而影响安全监控模型的拟合效果及外推预报性能，因此在采用监测数据进行分析之前，必须对监测数据进行一定的预处理，对其中的噪声进行判断和处理，去伪存真，以使分析工作建立在可靠数据的基础上。因小波分析可通过伸缩平移运算对信号（函数）逐步进行多尺度细化，最终达到高频处时间细分，低频处频率细分，自动适应时频信号分析的要求，从而可聚焦到信号的任意细节等特性，受到许多专家、工程设计人员的关注，在地下工程、边坡开挖、大坝变形、位移监测、沉降预警等工程诸多方面得到应用[4-9]。

就目前小波分析方法在监测数据预处理方面的应用来看，主要聚焦在监测资料中奇异值的检测与插补、监测信号的消噪与规律性识别等方面。其中，对信号异常值的识别多采用基于数理统计的 3σ 准则进行判断处理；消噪则采用全局阈值或针对小波分层阈值函数进行处理。为提升数据异常值检测的有效性，在 3σ 准则的基础上，提出可结合对数据耐抗性更好的箱型图数据统计方法，对异常数据做更为客观的评价；在数据消噪与规律性识别方面，提出采用机械领域针对分解信号的能量特征分析方法，

作者简介：傅志浩，男，高级工程师，博士，主要从事水利水电工程设计与研究、工程数字技术研究与应用。

较传统的阈值函数处理方式,具有更强的物理意义;另外由于工程安全监测数据有着设备类型多、数据量大且杂、持续时间长等特点,为快速批量地进行监测数据的处理,系统梳理了应用工作流程,并基于Python语言的小波包加以实现,经实际工程数据验证,处理效果良好。本文针对监测数据预处理的思路与实现方法可为相关研究与应用工作提供经验借鉴与参考。

2 小波包变换及信息处理原理

2.1 小波变换基本原理

任意函数或者信号$f(t)$的小波变换可表述为[10]

$$W_f(a,b)=\int_{-\infty}^{+\infty}f(t)\psi^{a,b}(t)d_t \tag{1}$$

$$\psi^{a,b}(t)=\frac{1}{\sqrt{|a|}}\psi\left(\frac{t-b}{a}\right) \tag{2}$$

式中,$\psi^{a,b}(t)$为小波基函数,是在母小波的基础上通过伸缩变换(a)、平移变换(b)得到的,因此又称为子小波。

经小波分解后的信号,其逆变换为

$$f(t)=\frac{1}{C_\psi}\int_0^{+\infty}\int_{-\infty}^{+\infty}\frac{1}{a^2}W_f(a,b)\psi^{a,b}(t)d_a d_b \tag{3}$$

为使应用更方便,通常将连续小波及其变换离散化,采用Mallat算法实现小波分析的快速变换。算法中一个信号可以表示为

$$f_j(t)=\sum_{n\in Z}c_n^j\phi_{j,n}(t)\quad\in V_j \tag{4}$$

$$g_j(t)=\sum_{n\in Z}d_n^j\psi_{j,n}(t)\quad\in W_j \tag{5}$$

式中,V_j为尺度空间(又称逼近子空间);$\phi(t)$为尺度函数;W_j为小波空间(又称细节子空间);$\psi(t)$为小波函数。

尺度空间与小波空间正交,如离散小波函数族构成$L^2(R)$中的标准正交基,则对于时变信号$f(t)\in L^2(R)$有如下的正交小波分解:

$$f(t)=\sum_{n\in Z}c_n^j\phi_{j,n}(t)+\sum_{j=1}^{N}\sum_{n\in Z}d_n^j\psi_{j,n}(t) \tag{6}$$

式中,N为分解层数;c_n^j,d_n^j分别为在给定分辨率的条件下,经过第n层小波变换后的低频部分(尺度分解系数)和高频部分(小波分解系数),c_0^j代表原始待分解数据。

通常情况下做多分辨率小波变换时是分解低频,也就是尺度空间,每一次都保留高频分解低频;而小波包变换则是每次变换时均同时分解低频与高频,因此得到的频带更为精确,两者变换过程如图1所示。

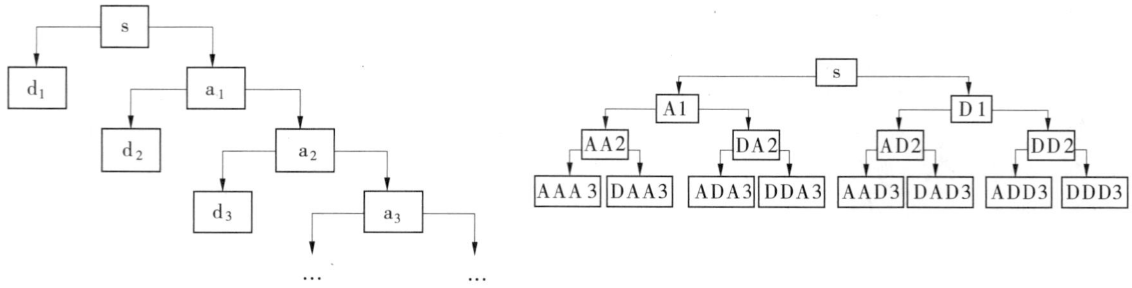

图1 小波分解与小波包分解示意

2.2 监测数据的异常检测

在工程安全监测数据系列中,由于各种因素的综合影响或作用,常常会出现异常。信号中的奇异点及不规则的突变部分经常带有比较重要的信息,它是信号重要的特征之一。比如,在故障诊断(特别是机械故障诊断)中,故障通常表现为输出信号发生突变,因而对突变点的检测在故障诊断中有着非常重要的意义。由于小波变换具有空间局部化性质,因此利用小波变换来分析信号的奇异性及奇异性的位置和奇异度的大小是比较有效的。

工程安全监测数据序列可看成由不同频率成分组成的数字信号序列[11],其异常一般表现为正常信号下的信号突变(奇异点),主要特征是信号在时间和空间上存在着局部的变化。通过研究分析发现,经小波分解后的信息中,变化趋势的信息分布于低频系数中,信息突变多体现为高频系数的模量极大值。由于小波分析不仅可以识别信息的频率变化,还可定位其发生异常的位置,因而可以通过对模量极大值点的检测来诊断出异常信息出现的时间、类型以及变幅。

对于异常数据的处理的方式,一般假定高频的噪声服从高斯正态分布,故可采用 3σ 准则进行剔除;也可采用箱型线先统计得到数据的分布规律,再结合前述 3σ 准则进行。对于工程安全监测数据而言,异常数据的出现,往往包含了一些重要信息,如地下洞室的锚杆应力计以及洞周的多点位移计,在分层爆破开挖作业时,会受到爆破振动影响,也会因为围岩变形及洞周应力重分布而导致测值上存在一定的突变。因此,在进行数据奇异性检测和处理时,还需要针对数据变化进行客观的分析,以免丢失重要的信息;在确定上述信息后,则可采用数据删除或数据插补的方式进行异常数据的修复。

2.3 监测数据的降噪处理

利用小波分解降噪通常的做法首先选择常用的小波基对测值的时间序列进行小波分解或小波包分解;然后通过设定阈值,选择合适的阈值函数对低频系数或高频系数进行降噪处理;最后将处理后的系数重构为原信号,进行误差判断和后续的分析工作。对于监测数据的降噪处理,小波基通常选择 dbN 或 symN 族小波。对于阈值的确定,规则有多种,其意义在于从高频信息中提取弱小的有用信号,而不至于在消噪过程中将有用的高频特征信号当作噪声信号消除。一般可设置阈值为

$$\lambda = \sigma\sqrt{2\log(n)} \tag{7}$$

式中,n 为对应分解层次的高频系数个数。

由于实际噪声系数的标准偏差 σ 一般是未知的,因此可用小波分解的第 1 层(最细尺度)上高频系数的绝对标准偏差作为 σ 的估计值。对各层小波分解高频系数选择阈值函数进行阈值量化处理,一般采用软阈值函数:将小于阈值 λ 的系数置为 0,大于或等于阈值 λ 的系数均减少 λ,这样可将集中于高频系数的噪声成分舍去;而硬阈值函数则是将大于阈值的高频系数完全保留;也可根据需求选择其他类型阈值函数,限于篇幅,此处不再赘述。

在实际应用中,另一种降噪处理方式是对小波包分解后的能量特征进行分析[12-13],直接剔除能量特征占比较小的小波包系数后进行重构。因小波包分解对原始信息进行了完整的保留,采用此种方式处理只保留数据信息中最主要的部分,这对于工程监测数据变化规律的识别与分析而言更为直接、简便,且物理意义更强。

各小波包能量特征按下式计算:

$$E = \int_T |f(t)|^2 d_t = \sum_{i=1}^{n} |s_i|^2 \tag{8}$$

式中,n 为某一层级小波包分解后特定的小波包系数个数;s_i 为系数值。

为验证方法的可行性,假设模拟信息由频率 1 Hz、9 Hz、19 Hz、29 Hz 的正弦信号叠加而成,解析表达式为 $S(t)=\sin(2\pi t)+\sin(18\pi t)+\sin(38\pi t)+\sin(58\pi t)$, $t\in[0,3]$,信号采样频率取 64 Hz,由奈奎斯特-香农采样定理可知,采样可识别的有效频率为 32 Hz。采用 db4 小波基分解 4 层,则第 4 层每个小波包系数覆盖范围为 $32/2^4=2$ (Hz)。采用基于 Python 语言的 PyWavelets 小波分析包编程实现,提取的能量特征见图 2。

由于小波分解的特性,其分解频带互不重叠,由图 2 可以看出,经 4 层小波包分解可得到 16 个小波

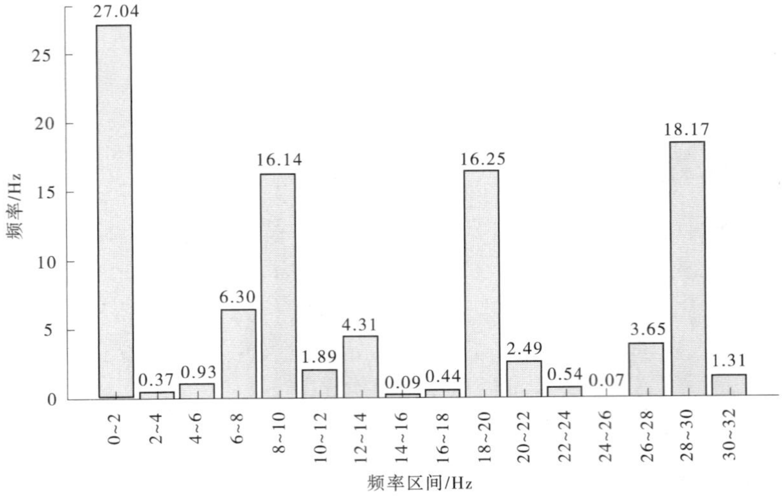

图 2　实例数据小波包第 4 层分解能量频带分布

包系数组,能量频带的分布特征明显地体现了 1 Hz、9 Hz、9 Hz、29 Hz 这 4 个主要频率特征,说明小波包分解方法可有效提取有效信息,同时也验证了程序的正确性。在实际应用时,可通过分析能量特征占比,剔除占比小的信息,将保留的信息再次进行重构即可实现数据的降噪。对比阈值化的处理方式,此方法物理意义更强。但同时也应注意,由于直接剔除数据信息会带来一定的信息损失,故对于识别特征和变化规律等需求选用能量分析的方法处理是合理可行的;对于数值预测分析要求较高的需求仍可选择阈值和阈值函数的方式进行精细化处理。

2.4　监测数据小波包变换工作流程

结合工程实际应用,梳理采用小波包分解进行监测数据处理的工作流程见图 3,并采用基于 Python 语言的 PyWavelets 小波分析包编程实现,经后续应用验证,分析工作流程合理可行。

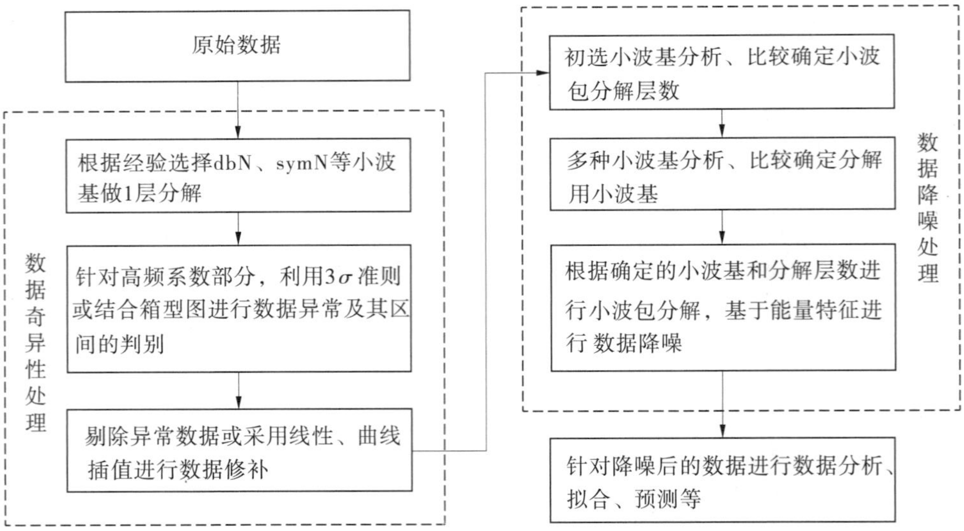

图 3　监测数据小波包分解工作流程

3　案例分析

3.1　监测数据异常检测与处理

选取某地下厂房工程顶拱部位多点位移计监测数据,根据经验选择 sym4 小波基对数据进行 1 层数据小波分解,其原数据及分解后的高频、低频以及噪声分布见图 4、图 5。

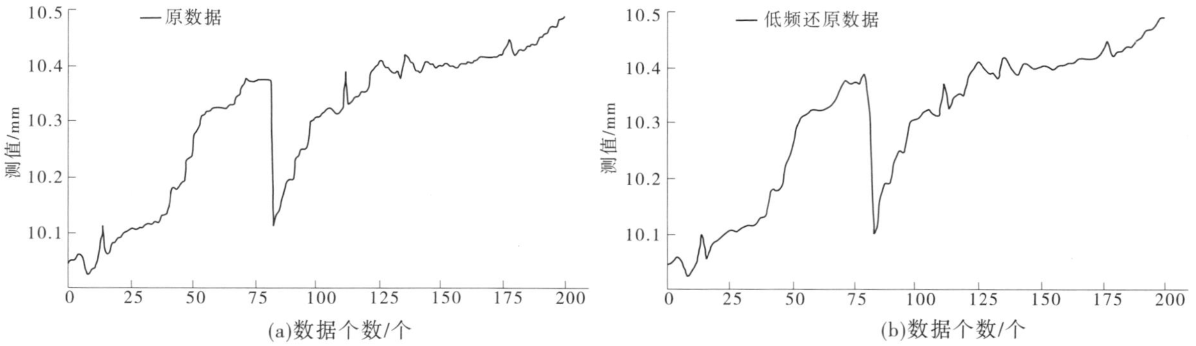

图 4　多点位移计小波包单层分解后原数据与低频(趋势)还原数据

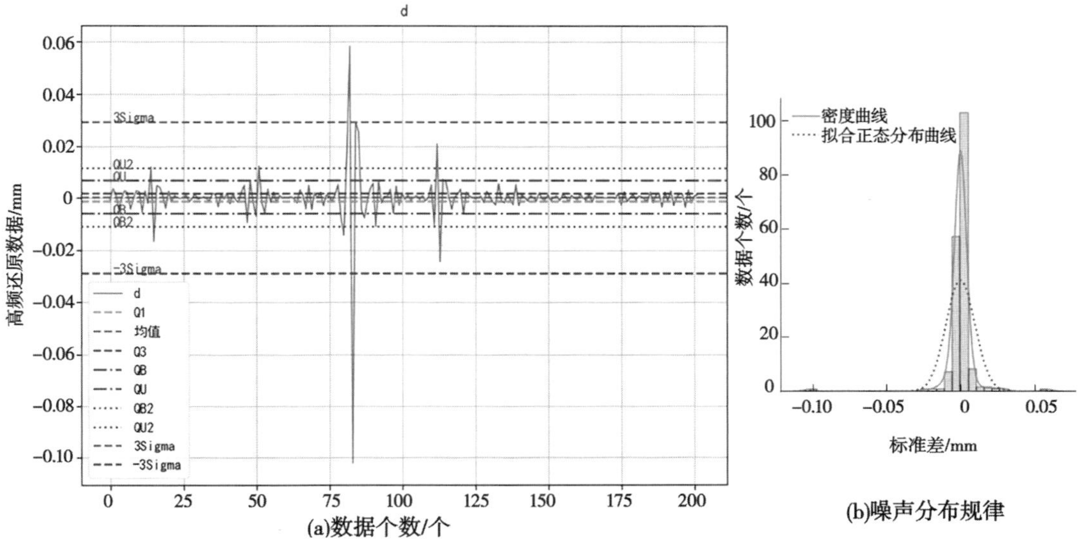

图 5　多点位移计小波包单层分解后高频还原数据及噪声分布规律

对比原监测数据序列与分解后的低频还原数据,可看出小波包分解后较好地保留了原数据的变化趋势。高频还原数据进行箱型线和统计分析得到关键参数绘制于图 5 中,其高频部分主要体现为数据噪声,通过查看其核密度图,可直观地看出噪声呈现高斯正态分布特性。

数据异常识别通常采用基于正态分布的 3σ 准则,是以假定数据服从正态分布为前提,以计算数据的均值和标准差为基础,而往往均值和标准差的耐抗性较小,异常值本身也会对均值和标准差产生较大影响,因此单纯采用此类方式处理有效性存在一定限制。在实际处理过程中可引入箱型图[14]的异常数据处理方式,箱型图主要有 7 个数据节点,对一组数据分别计算出上四分位数 Q3,中位数 Q2,下四分位数 Q1,上边缘(内限)$QU=Q3+1.5(Q3-Q1)$、下边缘(内限)$QB=Q1-1.5(Q3-Q1)$,外限 $QU2=Q3+3(Q3-Q1)$、外限 $QB2=Q1-3(Q3-Q1)$,处于[QB,QU]范围内的数据视为温和异常,位于 QU2、QB2 外侧的数据视为极端异常。对比箱型图的数据区间划分和 3σ 准则,箱型图更直观地表现了数据分布形状,且其对异常值的判断标准以四分位数和四分位距为基础,具有一定的耐抗性,对数据异常的识别较为客观,在实际应用中可将其与 3σ 的判定配合使用。

对照图 4、图 5,可直观识别出数据序列 75~120 区间数据存在异常,3σ 准则结合箱型图的方式识别区域更为准确。在识别到异常后可采用按内在物理联系进行插补、按数学方法进行插补(线性内插、拉格朗日内插、多项式曲线拟合)等方法对数据序列进行修补。此处采用 Scipy 包对异常区间数据进行 2 阶样条曲线插值,插值结果与原数据对比见图 6。

3.2　能量特征分析降噪

选取贵州某水库工程拱坝温度监测数据为例,温度观测点及观测数据见图 7,观测点共 4 个,编号

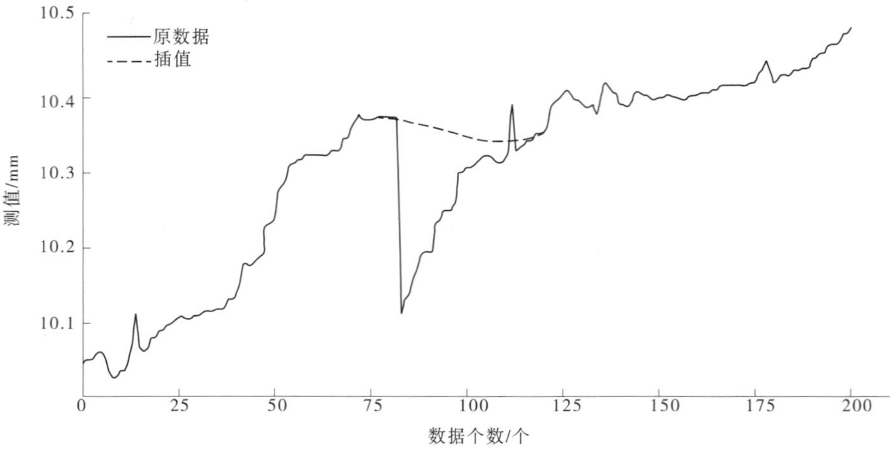

图 6　确定数据异常区间后插值修补数据

T70～T73，位于坝体中间部位，由监测数据来看，监测断面中部 T71、T72 数据变化规律较好，坝体上游侧、下游侧两个温度测点由于受坝体内部和外部环境影响，数据变化较为散乱。

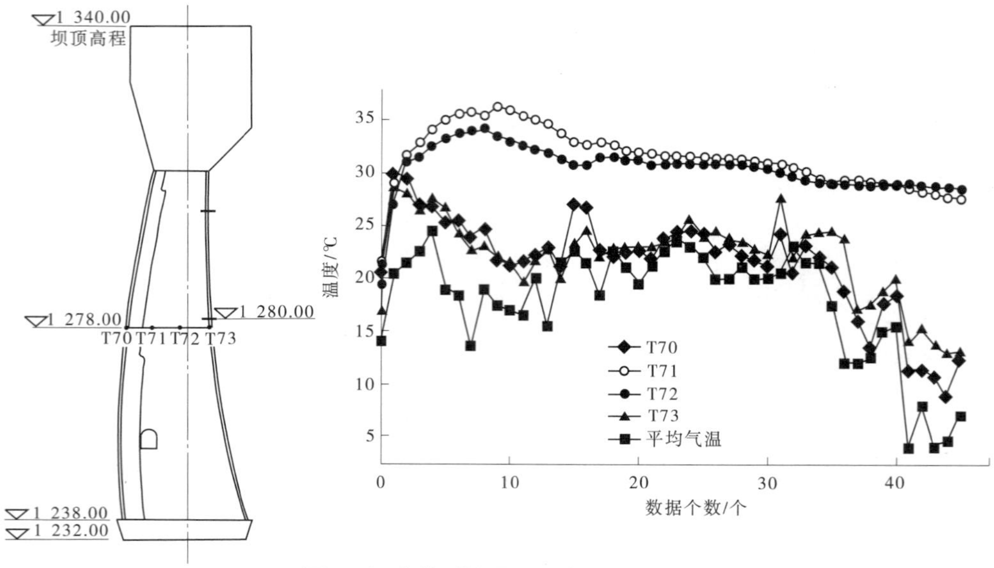

图 7　温度监测位置及温度原始测值

3.2.1　小波分解层数的确定

分解层数对于消噪效果的影响很大，通常分解层数过多，会造成信号的信息丢失严重，使得消噪后的信噪比下降；而分解层数过少，则消噪效果不明显。虽然目前很多学者在确定小波分解层数方面做了诸多研究[15-16]，但在工程实践应用中，仍多根据应用经验进行分解层数的选取，通常为 2～5 层。当噪声强度较小时，分解层数越小，降噪效果越好，反之亦然。对于数据重构效果好坏的评价一般通过信噪比 SNR 与处理信号同原始信号之间的均方根误差 RMSE 来判断，一般 SNR 越大，RMSE 越小，说明处理信号越接近原信号，其吻合程度也越好。此处选择工程常用的 db4 小波基进行分解，分解层数 1～7，小波包分解重构后数据及信噪比与均方根误差的比较见表 1 和图 8。

表 1　不同分解层数 SNR 与 RMSE 值

分解层数	信噪比 SNR	均方根误差 RMSE
1	27.13	0.98
2	22.11	1.75
3	20.41	2.13

续表 1

分解层数	信噪比 SNR	均方根误差 RMSE
4	18.49	2.66
5	16.90	3.19
6	16.73	3.26
7	16.73	3.26

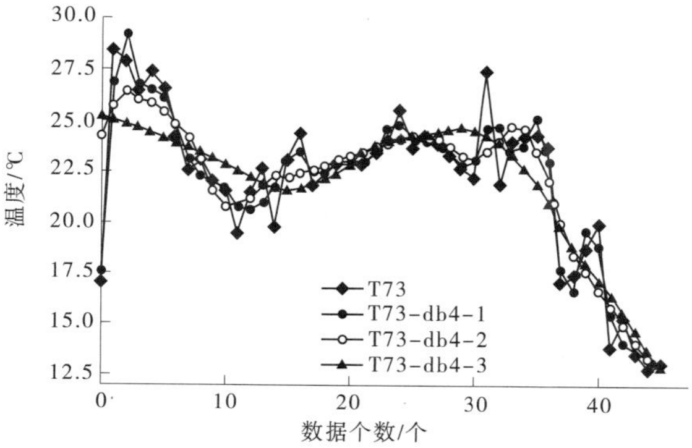

(a)分解层数1~3

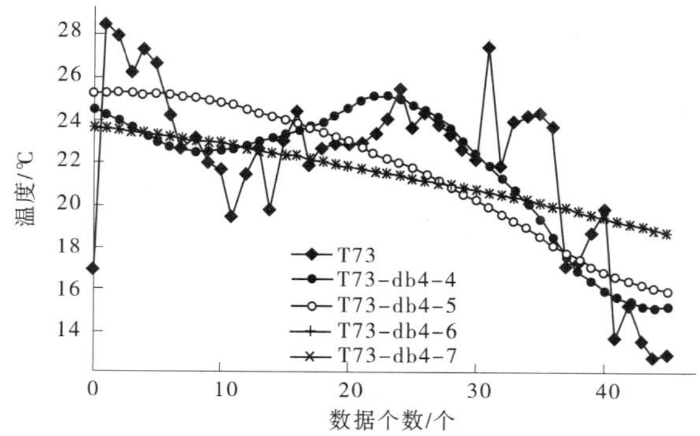

(b)分解层数4~7

图 8 小波包不同分解层数重构信息对比

选择数据变化较不规律的 T73 监测数据序列为例,当分解层数越少时,与原始数据吻合程度越高;随着分解层次的增加,处理后的数据曲线越来越平滑,同时与原数据的偏离也越来越远,反映在 SNR 上,数值随分解层数逐渐降低、RMSE 则逐渐增大。结合表 1 和图 8 分析可知,分解层数为 1~2 时,与原始数据吻合较好,但规律性较弱;分解层数大于 4 以后,数据信息丢失较多,虽反映数据变化规律,但与原始数据偏离已较大;分解层数为 3 时,重构后的数据有效消除了弱噪声干扰,较好地反映了原始数据变化规律,处理效果较好。

3.2.2 最优小波基选择

在小波分析中,有诸多小波基可供选择[17-18],不同的小波基在正交性、对称性、紧支性、有效支撑长度及小波函数的消失矩等方面均有所不同,如 Harr 小波一般作为原理或说明用,在实际中应用有限;morl 小波和 mexh 小波不支持离散变化;工程应用较多的 db 小波,大部分不对称;coif 小波比 db 小波具有更好的对称性;sym 小波则是对 db 小波的改进,近似对称。因小波函数选择的灵活性,对于小波函数的选择会一定程度上影响变换的结果。对于小波函数的研究涉及复杂的数学分析,对工程应用而言,可在多组小波基相同分解层数和降噪处理方式的前提下,通过对比信噪比 SNR 及均方根误差 RMSE 来进行选择。

作为实例选择前述 T73 监测数据序列,选取 db2~db6、sym2~sym6、coif2~coif6、bior2.2~bior2.8 等小波基,做 3 层小波包分解,分别比较其 SNR 与 RMSE 值,以选择最优的小波基。分析数据见图 9。由对比分析可知,采用 sym4 小波基对原数据分解 3 层时,其信噪比 SNR 最大,均方根误差 RMSE 最小,故可作为后续分析的最优小波基。

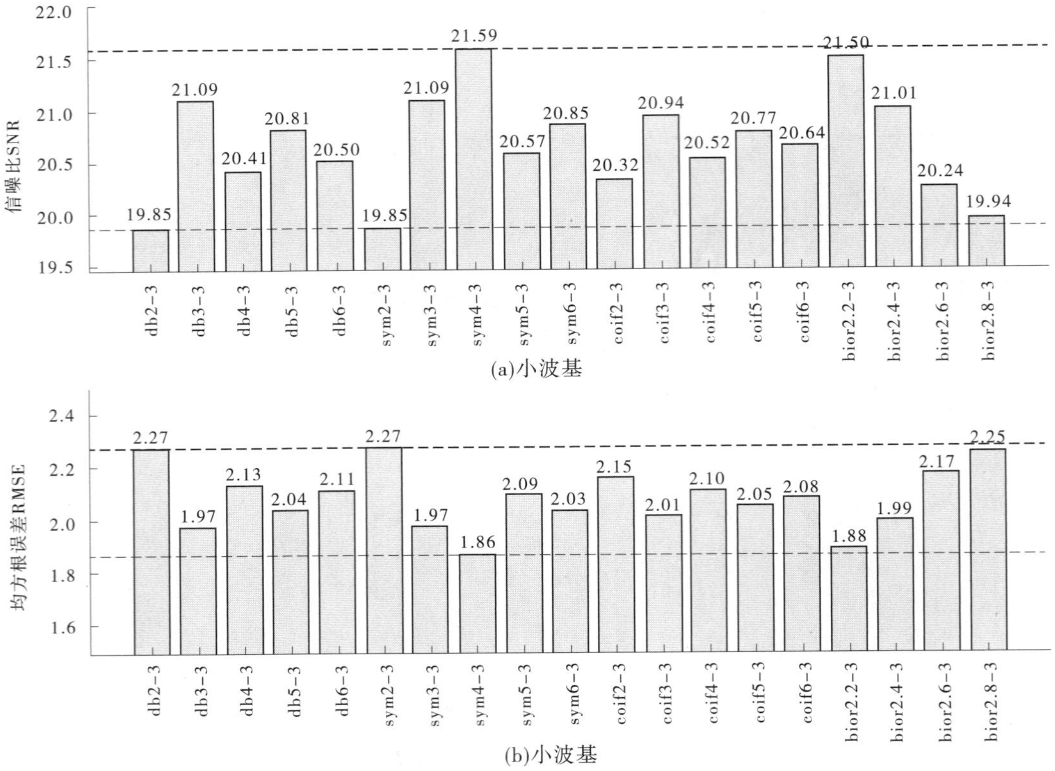

图 9　不同小波基函数分解重构信息的 SNR 与 RMSE 对比

3.2.3　数据降噪

根据前述选定的小波基和分解层数,按能量特征分析的方式降噪,得到能量频带分布及处理重构后的数据见图 10。由数据分解后能量频带分布,低频部分信息占比 99.85%。对比降噪重构后的数据与图 7 的原始数据,其数据变化趋势一致,数据更平滑,规律性也更明显。对照监测点所处位置来看,T71、T72 测点位于坝体内部,距离上、下游面其埋设深度基本一致,因此其数据变化规律也基本一致;T70、T71 测点临近坝上、下游面,其温度变化与平均气温的变化趋势相关性较强;同时经过处理后的数据,对于判断诸如内外温差值等变化规律,也因为数据规律性增强后变得更直观。由此可以看出,数据质量提升对于分析、决策的便利性得到明显改进;后续可在此基础上进行数据拟合、预测等工作,基于 Python 的 Scipy、statsmodels 等工具包则可胜任此项工作,限于篇幅本文不展开讨论。

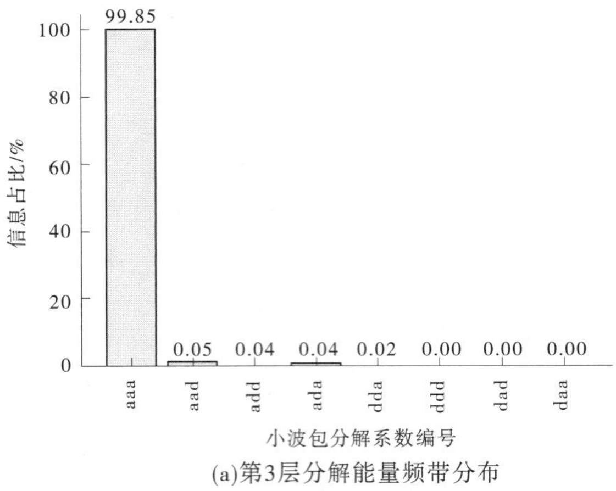

(a)第3层分解能量频带分布

图 10　经数据降噪处理后的信息

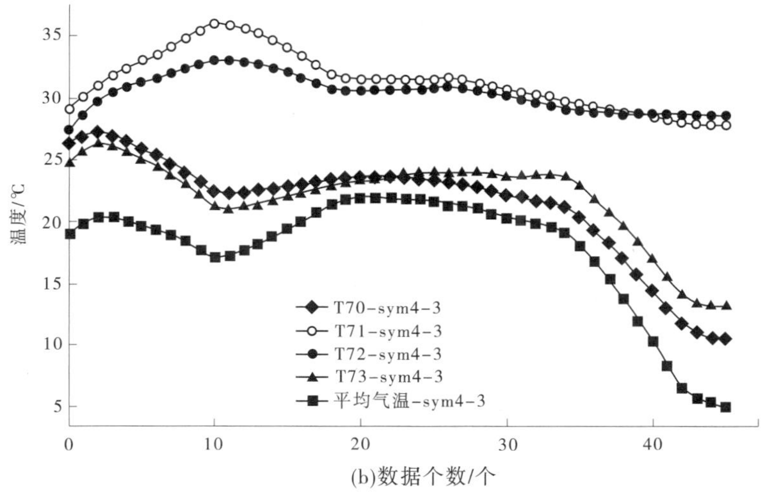

续图 10

4 结 语

(1)从小波包分解原理出发,提出结合箱型图和 3σ 准则对监测数据进行异常检测的思路,对于识别异常区域更加有效;在确定异常位置后进行数据修补,处理效果良好。采用基于小波包分解的能量特征分析方法,实现对监测数据的降噪,经工程实测数据验证,该方法物理意义强,降噪后重构的数据信息损失小,较好地反映了原始数据的变化规律,可为后续数据分析、拟合、预测工作打下良好的工作基础。

(2)当前基于小波包分解的很多文献基于 Matlab 实现,文中数据处理过程均采用基于 Python 的开源工具包如 PyWavelets、Scipy 等实现,经工程数据验证正确、有效,当前更具现实意义。

(3)文章主要研究探讨了小波包分解在监测数据预处理方面的应用,系统梳理了数据处理工程流程,经实际应用有效,同时也应注意到在降噪处理的自动化、数据拟合与预测的准确性与有效性方面还存在诸多不足,还需要做进一步的研究。文中提出的数据处理思路与做法可为相关研究与应用工作提供经验借鉴与参考。

参考文献

[1] 唐晓初. 小波分析及其应用[M]. 重庆:重庆大学出版社,2006.

[2] 董长虹. MATLAB 小波分析工具箱原理与工具[M]. 北京:国防工业出版社,2005.

[3] 胡昌华,张军波,夏军,等. 基于 MATLAB 的系统分析与设计——小波分析[M]. 西安:西安电子科技大学出版社,2000.

[4] 杨其新,王明年. 地下工程施工与管理[M]. 成都:西南交通大学出版社,2005.

[5] 黄铭,刘俊,葛修润. 边坡开挖期实测位移的分解与合成预测[J]. 岩石力学与工程学报,2003,22(8):1320-1323.

[6] 高幼龙,王洪德,薛星桥,等. 破裂岩体相对位移监测值的温度影响及校正——以链子崖危岩体相对位移监测为例[J]. 中国地质灾害与防治学报,2001,12(3):57-60.

[7] 胡建军,赵文光,文银平,等. 用图像处理技术进行结构动态位移监测的研究[J]. 华中科技大学学报(城市科学版),2002,19(4):34-37.

[8] 廖重贵. 小波分析在变形监测中的应用研究[D]. 赣州:江西理工大学,2010.

[9] 张建伟,张翌娜,刘尚蔚. 基于小波理论的大坝安全监测数据分析与应用[J]. 振动与冲击,2010,29(S):170-172.

[10] 于凤芹. 实用小波分析十讲[M]. 西安:西安电子科技大学出版社,2019.

[11] 聂学军,候玉成,卢兆辉. 小波分析在大坝安全监测数据处理中的应用研究[J]. 红水河,2004,23(2):106-109.

[12] 曾宪伟,赵卫明,盛菊琴. 小波包分解树节点与节点子空间频带的对应关系及其应用[J]. 地震学报,2008,30(1):90-96.

[13] 张雅晖,杨凯,杨帆.基于小波包能量分析和信号融合的异步电机转子故障诊断[J/OL].电测与仪表,2021,11:1-9.
[14] 张良均,谭立云,刘名军,等.Python 数据分析与挖掘实战[M].2 版.北京:机械工业出版社,2020.
[15] 杜文辽,朱茹敏,李彦明.小波滤波分解层数的自适应确定方法[J].光电子·激光,2010,21(9):1408-1411.
[16] 张周,胡科,张鹏,等.基于小波变换的多路基坑尺寸检测降噪评估[J].电力大数据,2020,23(8):9-17.
[17] 李媛.小波变换及其工程应用[M].北京:北京邮电大学出版社,2010.
[18] 陈基明.小波分析基础[M].上海:上海大学出版社,2002.

基于 BP 神经网络的推移质输沙率计算模型

何　昆　陈　刚　陈甫源　林一楠

（浙江省水利河口研究院（浙江省海洋规划设计研究院），浙江杭州　310020）

【摘　要】 推移质输沙率的计算是研究泥沙运动中最为普遍的问题之一。为提高推移质输沙率的计算精度，在收集大量实测资料的情况下，基于 BP 神经网络方法建立了推移质输沙率计算模型，并在 BP 神经网络结构基础上进行了算法优化。结果表明，基于 BP 神经网络模型在推移质输沙率计算中可行，优化的 GA-BP 神经网络算法计算精度相比高于 BP 和 PSO-BP 神经网络算法。

【关键词】 推移质输沙率；BP 神经网络；GA 算法；PSO 算法

在水流中沿床面滚动、滑动、跳跃或以层移方式运动的推移质，其输沙率一直是泥沙运动力学研究中最为重要和最为基本的研究方向之一[1]。同时，推移质输沙率也是作为河床演变研究、水利工程局部冲淤分析课题中不可或缺的重要分析指标，准确的计算对于水利工程人员在设计、施工、维护管理等方面具有重大的意义。

推移质输沙率作为表征输沙强度的定量参数，目前对于推移质输沙率的计算多采用公式计算的方法。自法国的 Du Boys[2] 在 1879 年首次提出推移质输沙率公式以来，不同的专家学者基于理论推导以及实测数据也提出了各种不同的推移质输沙率公式。尽管众多的计算公式结构和形式不尽相同，但在理论上均认为存在泥沙起动的临界水流条件，而表征水流强度指标大致可以分为以下四类[3-6]：①以 Meyer-Peter（1948）为代表的基于拖曳力的公式；②以沙莫夫（1959）为代表的基于流速的公式；③以 Bagnold（1973）为代表的基于水流功率的公式；④以 Einstein（1950）为代表的基于概率的公式。目前，国内外对于推移质输沙率的修正改进有：李林林等[1]在考虑水流条件随机性和床沙位置分布特性的基础上，得到了新的推移质输沙率公式；刘余等[7]考虑了床面泥沙暴露度和泥沙临界起动条件、推移质单宽输沙率的关系；许晓阳等[8]采用无后效的 Markov 过程来反映床沙、推移质和悬移质运动的随机性从而对 Einstein 推移质输沙率的基本模型进行修正。这些公式由于理论不完善及问题的复杂性目前还未有一个公认、能精确地预报输沙率的计算公式，而且根据不同的公式计算出的结果相互之间或者与实测资料相比往往有较大的出入。可以说，对推移质输沙率的计算还远未达到令人满意的地步。

本文拟基于 BP 神经网络方法建立推移质输沙率计算模型，并在 BP 神经网络结构基础上进行了算法优化，旨在建立推移质输沙率计算模型并提高其计算精度。在建立合适的 BP 神经网络结构基础上，对比分析两种优化模型后，确立了 BP 神经网络计算推移质输沙率的精度和适应性。

1　计算方法

1.1　BP 神经网络

多层前馈网络的反向传播算法（BP 算法）是于 1986 年由 Rumelhart 和 MeClelland 为首的科学家小组提出的，是目前应用最为广泛的神经网络模型。BP 神经网络模型结构一般包括输入层、输出层、隐含层[9]，相邻两层节点之间由权值相连，以及存在控制节点响应临界值大小的阈值。BP 算法的原理即模拟人脑的神经网络结构，使用最速下降法并通过误差反向传播来不断调整网络中的权值与阈值，最终达到输出结果误差最小的目标。

但是由于在 BP 算法中连接 BP 神经网络节点单元之间的初始权值和阈值为区间（0，1）的随机数，存在着很大的不确定性，会导致预测结果不够稳定、预测精度时高时低等情况，因此本文采用与寻优算法耦合的方法来优化网络的权值和阈值,将寻找到的最优初始权值和阈值赋给 BP 神经网络进行预测,从根本上解决了神经网络初始权值随机性确定及网络结构判定阶段出现的网络振荡问题,同时避免局部最优的缺陷[10]。

1.2 GA-BP 神经网络

遗传算法(GA 算法)是由美国的 John holland 于 20 世纪 60~70 年代提出的一种解决最优化问题的搜索算法。算法的整体思路建立在达尔文生物进化论"优胜劣汰"规律的基础上。它将生物学中的基因编码、染色体交叉、基因变异以及自然选择等概念引入最优化问题的求解过程中,其基本步骤包括编码,生成初始种群、根据适应度函数计算适应度,选择再生个体,交叉与变异生成新一代种群。在通过不断的"种群进化"后,最终得到问题的最优解。

GA-BP 算法流程见图 1。

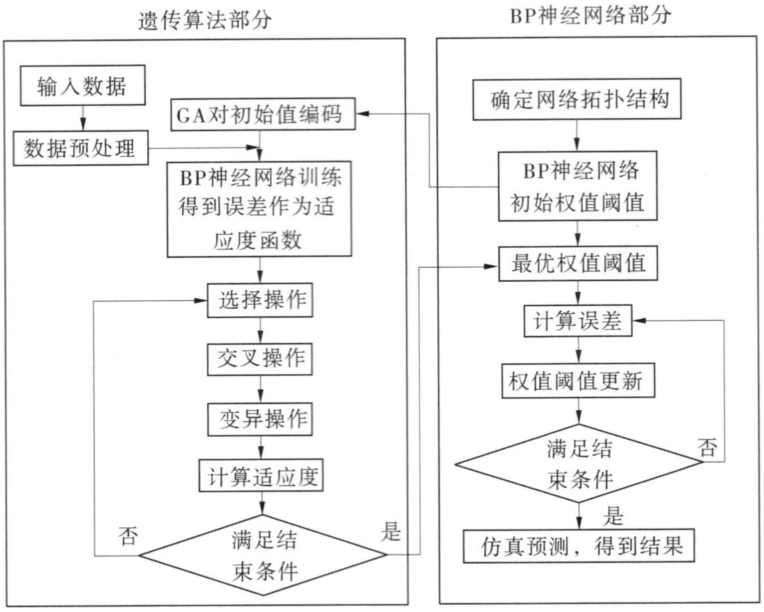

图 1 GA-BP 算法流程

1.3 PSO-BP 神经网络

粒子群优化算法(PSO 算法)是由 Kennedy 和 Eberhart 在 1995 年提出的一种群体智能优化算法,该算法是基于鸟群捕食行为机制提出的。其基本思想是模拟鸟集群飞行觅食的行为,鸟被抽象为没有质量和体积的微粒,每个粒子所在位置有一个适应函数来计算决定所在位置的优劣。粒子在知道个体历史最佳以及群体最佳位置后即可通过位置更新与速度更新使整个群体的运动在问题求解空间中实现从无序到有序的演化,从而获得最优解。粒子群优化算法适合在动态、多目标优化环境中寻优,与传统优化算法相比具有更快的计算速度和更好的全局搜索能力。

POS-BP 算法流程见图 2。

2 模型搭建

2.1 影响因素确定

影响推移质输沙率强弱的因素众多,其主要取决于泥沙颗粒情况、床面形态及水流的强度。温度对于推移质输沙率同样会产生一定的影响,但其影响程度相对有限且在神经网络模型中能获取的训练验证数据相对较少。考虑到推移质输沙率的主要因素是流速,流速大于泥沙起动流速时泥沙开始运动。流速越大,推移质输沙强度越高。流量、床面宽度和水深是控制水流流速的关键性指标。泥沙粒径及床面坡度则是泥沙起动流速重要因素。因此,计算模型中设置泥沙粒径 D_{50}、床面坡度 J、流量 Q、床面宽

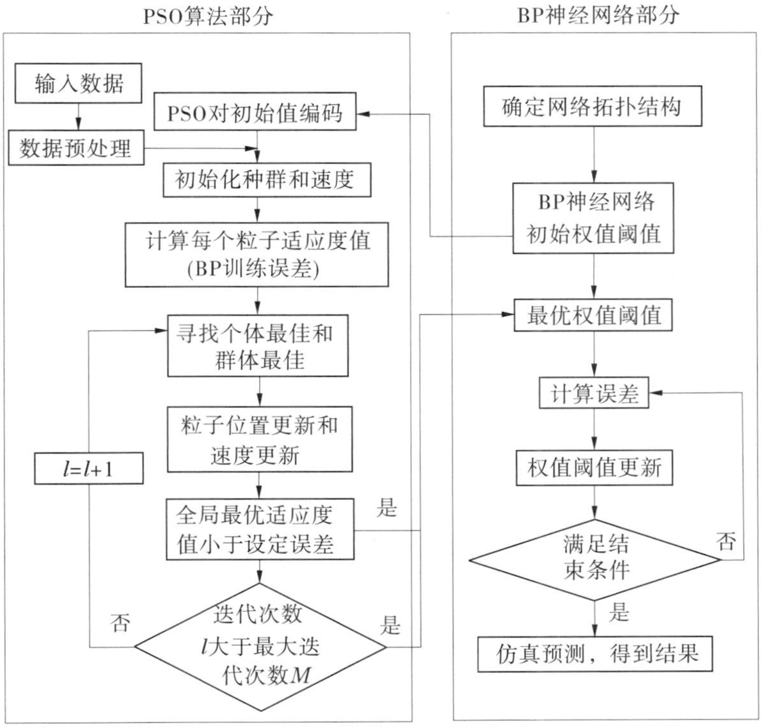

图 2　PSO-BP 算法流程

度 B 和水深 h 五个参数作为计算模型中输入量。

2.2　数据来源

为了确保模型的适用性与准确性,模型中的训练数据与测试数据分别采用两个不同水槽试验数据。训练数据采用参考文献[11]中进行的共 382 组水槽试验资料作为训练数据。这些数据的试验条件为:泥沙中值粒径 $D_{50}=1.24\sim3.74$ mm,床面坡度 $J=0.006\sim0.01$,流量 $Q=3.7\sim25.2\ m^3/s$,水深 $h=0.1\sim0.4$ m,宽深比 $B/h=5.8\sim21.7$。

2.3　BP 网络结构设计

对于输入、输出层而言,其节点数等于输入、输出向量的维数,故输入层的节点数设置为 5、输出层的节点数为 1。研究推移质输沙率问题,本文中即完成从 5 维到 1 维的映射,设置 1 个隐含层即可。

隐含层神经元个数是影响网络性能的重要因素之一,因此合理地选择其数目是网络结构设计的一个重要内容。如果节点过少,会造成网络模型的容错性不佳,预测能力差;而如果隐含层节点数过多,那么网络需要修正的权值矩阵增大,增加网络的训练时间,而且样本数据中噪声也会被赋予一定的权重,使网络的推广能力降低。隐含层节点数一般可以由下式确定:

$$i=\sqrt{n+m}+a \tag{1}$$

式中,i 为隐含层节点数;n 为输入层的节点数;m 为输出节点数;a 为区间[1,10]的调节常数,即隐含节点的选择范围均为[4,12]。

为了得到具有最佳性能的网络结构,拟采用试错法,使用不同的隐含层节点数目建立不同的网络模型,根据式(2)计算输出结果与实测数据的均方误差 MSE,评估不同模型的优劣。

$$\mathrm{MSE}=\frac{1}{n}\sum_{i=1}^{n}[A(i)-P(i)]^2 \tag{2}$$

式中,n 为测试样本的个数;$A(i)$ 为样本的观测值;$P(i)$ 为样本的计算结果。

当隐含层节点数为最佳节点数时,所有训练样本计算结果的均方误差最小。根据表 1 的计算结果及图 3 所示,设置推移质输沙率 BP 神经网络计算模型的隐含层节点数为 10。

表 1 训练均方误差 ($\times 10^{-3}$)

次数	隐含层节点数								
	4	5	6	7	8	9	10	11	12
1	2.23	2.24	2.44	1.98	2.99	1.17	1.63	0.93	1.00
2	2.93	2.12	2.30	3.26	2.14	2.16	1.21	1.61	2.52
3	2.09	2.69	1.23	1.49	1.96	1.78	1.19	1.91	0.79
4	2.88	1.95	1.46	0.85	1.23	1.95	2.03	2.88	2.14
5	1.15	2.54	1.45	1.74	2.14	2.12	1.04	1.27	2.14
6	1.99	2.36	2.33	1.70	3.07	1.74	1.87	1.74	2.17
7	1.91	2.43	2.68	1.28	2.90	2.03	1.99	2.00	2.15
8	2.29	2.90	3.39	1.79	1.41	1.43	1.80	2.26	2.75
9	2.63	1.94	2.19	2.60	1.66	1.05	1.58	1.48	1.09
10	2.90	1.77	2.47	3.02	0.92	2.11	0.96	2.60	2.36
平均 MSE	2.30	2.29	2.19	1.97	2.04	1.75	1.53	1.87	1.91

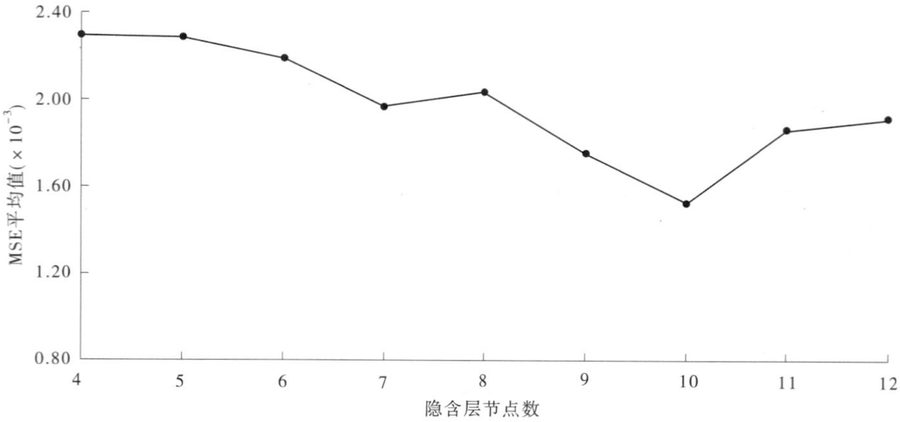

图 3 不同节点 MSE 平均值变化

2.4 GA-BP 模型的构建

遗传算法的基本要素包括染色体编码方法、适应度函数、遗传操作和运行参数。在确定了 BP 神经网络结构的基础上，对于遗传算法部分，设置初始种群数量为 40 个，个体编码方式为二进制编码，交叉方式选择单点交叉，变异概率为 0.01，最大遗传代数设置为 50 代。

2.5 PSO-BP 模型的构建

在确定了 BP 神经网络结构的基础上，对粒子群算法部分，选取初始种群数量为 50 个，最大遗传代数设置为 30 代，惯性权重设为 0.8，学习因子设为 2。

3 模型结果对比分析

选取参考文献[12]中 Meyer-Peter-Muller 推移质水槽试验中试验条件相似的 54 组资料作为验证样本数据。将模型计算值与实际值进行比较，如图 4 ~图 6 所示，其误差结果对比见表 2。由图 4~图 6 可见，BP 神经网络模型部分测试样本对比值落在±20%误差线外，而 GA-BP 神经网络以及 PSO-BP 神经网络模型测试样本对比值基本在±20%误差线内，说明算法优化后的模型计算效果更优。其中，BP 神经网络测试样本预测值与实测值的相关系数 R 为 0.937 4，平均相对误差为 26.5%，均方误差为 5.03×

10^{-3}；GA-BP 神经网络的相关系数 R 为 0. 973 8，平均相对误差为 14. 4%，均方误差为 2.37×10^{-3}；PSO-BP 神经网络的相关系数 R 为 0. 964 8，平均相对误差为 20. 5%，均方误差为 3.38×10^{-3}。

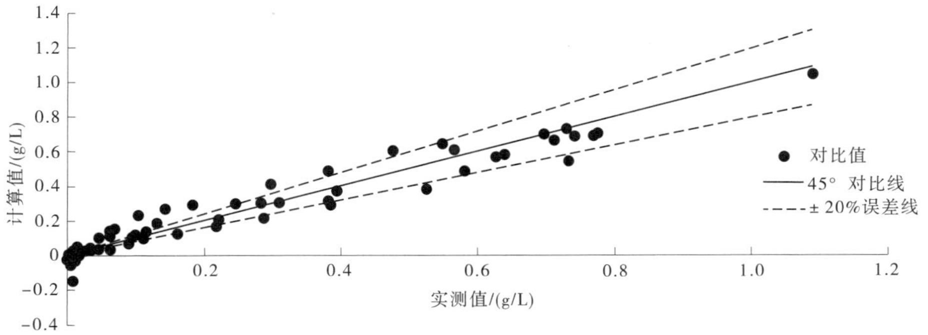

图 4　BP 神经网络计算值与实际值比较

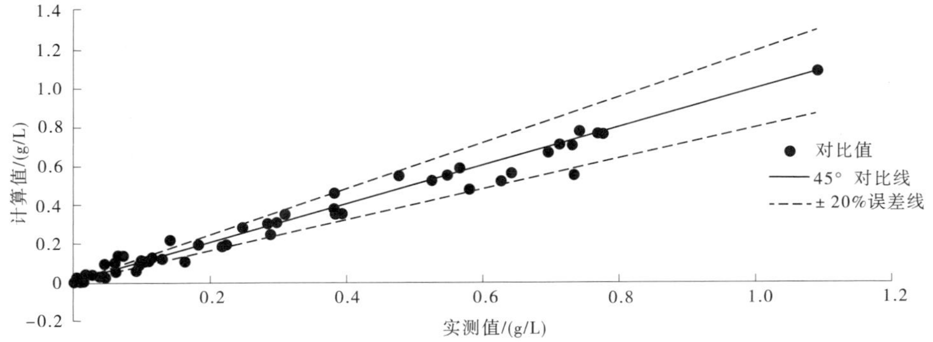

图 5　GA-BP 神经网络计算值与实际值比较

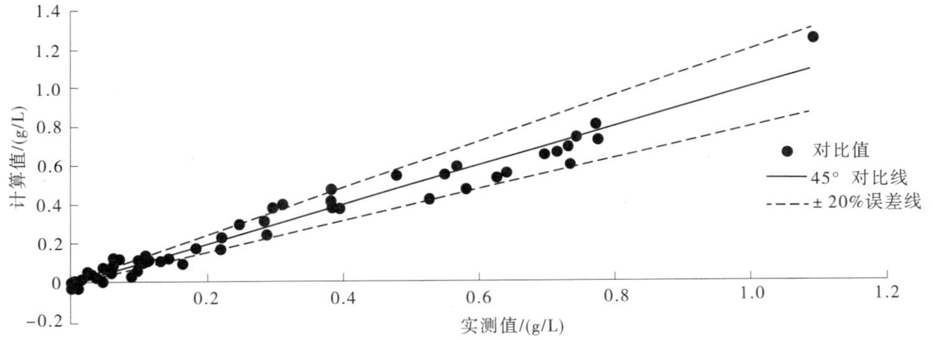

图 6　PSO-BP 神经网络计算值与实际值比较

表 2　误差结果对比

评价指标	BP 模型	GA-BP 模型	PSO-BP 模型
相关系数	0. 937 4	0. 973 8	0. 964 8
平均相对误差/%	26. 5	14. 4	20. 5
均方误差($\times10^{-3}$)	5. 03	2. 37	3. 38

由表 2 可知，GA-BP 模型平均相对误差比 PSO-BP 模型和 BP 模型分别减少 6. 1%、12. 1%，均方误差比 PSO-BP 模型和 BP 模型分别减少 29. 9%、52. 9%；GA-BP 模型相关系数最大，BP 模型相关系数最小。

3种神经网络预测误差如图7所示,BP神经网络预测误差存在预测误差波动较大的情况,而PSO-BP模型预测误差波动较小,GA-BP模型预测误差波动最小。综上所述,遗传算法优化的BP神经网络预测优于粒子群算法优化的BP神经网络,而粒子群算法优化的BP神经网络预测优于传统的BP神经网络。

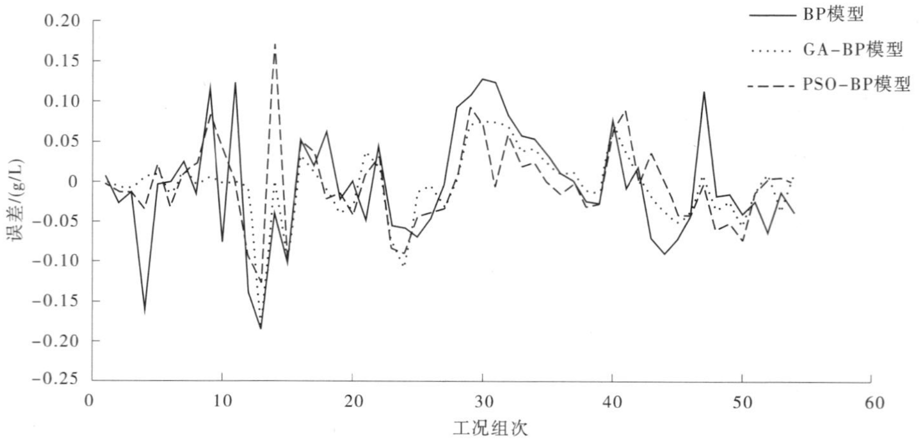

图7　3种神经网络模型计算误差

4　结论及展望

基于BP神经网络方法建立了推移质输沙率计算模型,并在BP神经网络结构基础上进行了算法优化。结果表明,基于BP神经网络模型在推移质输沙率计算中可行,优化的GA-BP神经网络算法模型相比下平均相对误差及均方误差低于BP神经网络算法和PSO-BP神经网络算法,相关系数更高,对于推移质输沙率的计算效果更好。

本文训练及验证数据均是基于水槽试验收集得到的数据,若要在工程实践中得到进一步的应用,可在收集现场实测数据补充训练样本的基础上对模型相关参数进一步优化。

参考文献

[1] 李林林,张根广. 基于全概率的推移质输沙率公式[J]. 泥沙研究,2018,43(6):15-22.
[2] 黄才安,奚斌. 推移质输沙率公式的统一形式[J]. 水利水运科学研究,2000(2):72-78.
[3] Meyer -Peter E,Muller R. Formulas for bed -load Transport[C]//Proc. ,2nd Meeting,IAHR,1948,6:39-64.
[4] 王承, 杨克君. 推移质输沙率公式比较与分析[J]. 吉林水利, 2013, 000(006):14-18.
[5] Bagnold R A. An approach to the sediment transport problem from general physics [R] . U. S. Geological Survey Profession Paper 422-J,1966.
[6] Einstein H A, Bed load transportation in Mountain Creek [R]. Tech. Paper No. 55,Soil Conservation Service,U. S. Dept. Agri. 1944,55.
[7] 刘余,张根广,王愉乐,等. 泥沙起动条件分析及推移质输沙率公式[J]. 泥沙研究,2021,46(1):10-17.
[8] 许晓阳,张根广,周双. Einstein 均匀沙推移质输沙率公式的修正[J]. 泥沙研究,2022,47(1):23-29.
[9] 杨芳, 原松. 基于BP神经网络的水环境质量评价模型的研建[J]. 人民长江, 2008, 39(23):46-48.
[10] 王小川. MATLAB 神经网络43个案例分析[M]. 北京: 北京航空航天大学出版社,2013:304-311.
[11] 孟震. 推移质运动基本规律研究[D]. 北京:清华大学,2015.
[12] Brownlie W R. Compilation of alluvial channel data: laboratory and field [R]. California: California Institute of Technology,1981.

融合注意力机制的监控场景中漂浮物目标检测算法

任英杰[1] 李传奇[1] 王倩雯[1] 纪 超[1] 葛召华[2]

（1. 山东大学土建与水利学院，山东济南 250061；
2. 山东省水利厅，山东济南 250013）

【摘 要】 为实现水域监控复杂背景下水面漂浮物的高精度实时检测，本文对 YOLOv4-tiny 算法进行改进，提出了一种融合注意力机制的漂浮物目标检测算法（CBAM-YOLOv4-tiny）。该算法以 CSPDarknet53-tiny 作为特征提取网络，嵌入卷积注意力模块（Convolutional Block Attention Module，CBAM），提高网络对通道域和空间域的关注，增强待检目标特征抑制背景特征；基于改进的 K-means 算法聚类分析漂浮物尺寸信息，重新生成更为精准的先验框对目标进行定位。为了验证改进算法的有效性，建立了 PASCAL VOC 格式的漂浮物数据集，经过数据处理后进行实际测试。结果表明，改进后的算法平均精度均值（Mean Average Precision，MAP）为 87.8%，比原始 YOLOv4-tiny 算法提高了 4.6%；在 NVIDIA Quadro P2200 显卡下处理帧速（Frames Per Second，fps）为 92 fps/s，高于 YOLOv4-tiny 算法的 83 fps/s，实现了复杂背景下水面漂浮物目标检测精度和效率的整体优化。

【关键词】 漂浮物；目标检测；YOLOv4-tiny 算法；注意力机制；聚类分析

1 引 言

河流、湖泊、水库等水域中经常会出现各种漂浮物，漂浮物的聚集不仅会妨碍水利工程的正常运营，漂浮物的腐烂还会造成覆盖水体氮磷水平和污染物浓度明显提高，严重影响水体生态环境[1]。为了改善水域水质，清理水面漂浮物至关重要。目前，普遍应用的清漂手段主要依赖人工巡检识别，这种识别方式不仅耗费大量的人力物力，而且存在识别范围小、识别滞后等诸多局限。近年来，河湖视频监控系统已被应用于水面漂浮物识别，但还主要依靠人工判读视频图像，这种方法存在监控工作量大、效率低的问题，远远不能满足我国快速发展的河湖治理保护需求。因此，从海量的视频监控图像中准确且高效地识别、定位出漂浮物对河湖管理保护具有重要意义。

随着深度学习在目标检测领域的深入应用，以 YOLO、SSD 为代表的单阶段目标检测算法[2-4]在实时目标检测任务中应用广泛，然而单阶段目标检测算法将目标检测问题转化为回归问题，略去候选区域生成，不能很好地将目标区域和背景区域分开，容易造成漏检和误检问题。以 Faster-RCNN、Mask-RCNN 为代表的双阶段目标检测算法[5-6]虽然准确率得到大幅度提升，但检测速度很难满足实时检测任务。

目前，国内外有关水面漂浮物检测的研究相对较少，一个重要原因是没有公开的大型水面漂浮物数据集，自然环境下水面漂浮物的样本采集工作开展困难，需要进行长时间的野外作业，耗费大量的人力物力。李国进等[7-8]以人工湖水面漂浮物为素材，在 Faster-RCNN 和 YOLOv3 算法中添加类别激活映射，将基于边界框的定位替换为基于像素点的定位，提高算法的识别和定位精度。刘伟等[9]提出一种基于 Mask-RCNN 的水面漂浮物识别方法，与基于 HOG 特征的漂浮物识别方法相比，准确率和召回率分别提高了 16%和 13.8%。Zhang 等[10]基于改进的 Faster-RCNN 算法实现对水面漂浮物的实时检测，融合不同层次的特征信息提高检测精度。然而，上述改进研究中所涉及的卷积神经网络（CNN）模型都

基金项目：山东省自然科学基金（ZR2021ME030）；深圳市可持续发展科技专项（专 2021N050）；济南市水务科技项目（JNSWKJ202105）

具有较高的复杂度,在带来明显的精度提升的同时也带来了极大的参数和计算开销。因此,如何在保证实时性的前提下实现检测性能的提升便成为漂浮物目标检测领域中亟需解决的问题。

近几年来,大量研究尝试结合注意力机制以提升 CNN 在各种任务中的性能表现[11-14]。注意力机制的核心思想是让神经网络关注它需要关注的地方,同时增强感兴趣区域的特征信息抑制不必要特征信息。其中,文献[15]中提出的卷积注意力模块(CBAM)将通道注意力和空间注意力结合起来,可以更好地筛选出所需要的特征。在额外的计算量可忽略的情况下,嵌入 CBAM 的 CNNs 在 ImageNet-1K 数据集上 Top-1 及 Top-5 分类错误率最多降低了 2.38%和 1.52%,在 MS COCO 和 VOC 2007 数据集上 MAP@.5 分别最多提升了 2.10%和 2.40%。

针对监控视频中漂浮物目标检测的多尺度、待检目标局部遮挡、场景适应性以及检测精度和实时性等难点问题,本文改进并优化主流的目标检测算法,使其满足实际应用的需求。本文在单阶段目标检测算法 YOLOv4-tiny 基础上做出如下改进:首先,在特征金字塔(Feature Pyramid Networks,FPN)结构[16]中嵌入卷积注意力模块(CBAM),通过改变通道和空间维度权重,实现特征重组,加强感兴趣区域特征并抑制无关特征;其次,采用 K-means 算法对漂浮物样本先验框进行聚类分析,重新生成一系列更为精准的锚框(anchor)对目标进行定位,从而提高算法检测精度。最后,通过水面漂浮物数据集验证了本文所提算法在复杂背景下的可行性和准确性。

2 YOLOv4-tiny 算法

2020 年 6 月,Bochkovskiy 等[17]在 YOLOv4 的基础上进行简化,省略了空间金字塔池化(Spatial Pyramid Pooling,SPP)和路径增强网络(Path Aggregation Network,PAN),推出了只有 38 层结构的 YOLOv4-tiny。与 YOLOv4 相比,YOLOv4-tiny 在主干提取网络、颈部结构、预测端均做了改动,参数量不到初始算法的 1/10,大大提升了算法的推理速度。YOLOv4-tiny 网络结构如图 1 所示,YOLOv4-tiny 构建 CSPDarknet53-tiny 进行特征提取,CSPDarknet53-tiny 仅由 CBL(Conv2d_BN_Leaky)卷积模块和 CSP(Cross Stage Partial)跨阶段部分模块构成。YOLOv4-tiny 采用特征金字塔(Feature Pyramid Network,FPN)对两种不同尺度的特征图进行特征融合,融合加强后的特征图分别输入到相应尺度的 YOLO Head 进行预测。

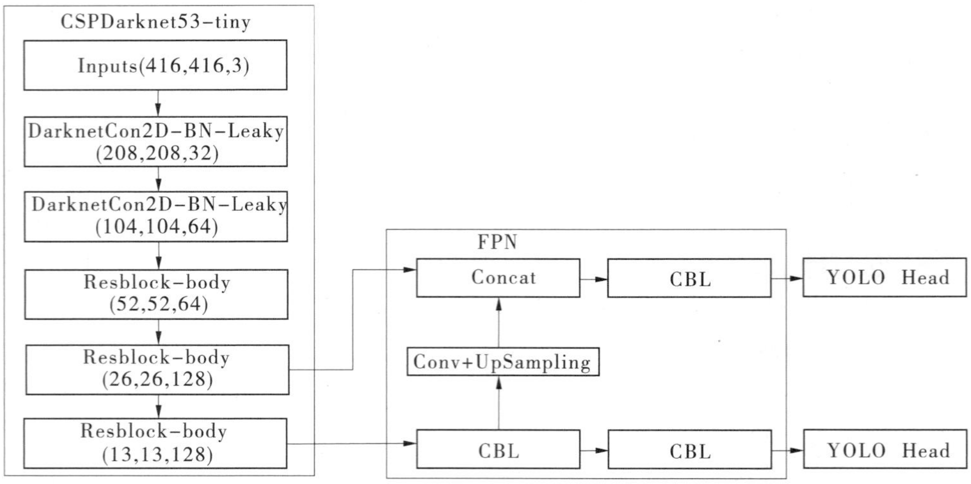

图 1　YOLOv4-tiny 网络结构

由于 YOLOv4-tiny 主干提取网络 CSPDarknet53-tiny 结构简单,带来了极佳的实时检测性能,但特征提取能力有限;再者 YOLOv4-tiny 采用 FPN 对相邻尺度的特征图进行简单融合,并没有充分学习输入特征在通道域和空间域之间的区别与联系。在漂浮物目标检测试验中发现,YOLOv4-tiny 对复杂背景下小目标和局部遮挡目标的检测效果不佳,存在漏检和误检的情况,检测精度有待提高。

3 CBAM-YOLOv4-tiny 算法

为了弥补 YOLOv4-tiny 算法的不足,实现复杂背景下水面漂浮物的准确快速检测,本文对该算法做出若干改进和优化,提出了融合注意力机制的漂浮物目标检测算法 CBAM-YOLOv4-tiny。首先,在特征金字塔(FPN)结构中嵌入卷积注意力模块(CBAM),通过调整通道域和空间域的权重对不同特征的重要程度加以区分;其次,采用改进的 K-means 算法对漂浮物样本尺寸进行聚类分析,重新生成一系列更为精准的先验框对目标进行定位。

3.1 卷积注意力模块

由于本文中所使用的数据为复杂背景下水面漂浮物样本图像,在检测过程中受水面倒影、局部遮挡等诸多噪声干扰,这些噪声会随着网络层数的增加不断堆叠传递,最终对检测结果造成影响。为了有效解决这种噪声影响,在 YOLOv4-tiny 算法中融合了注意力机制。受到人类在视觉感知过程中专注于自己感兴趣的区域而忽略无关背景信息的启发,注意力机制可以自适应地突出待检目标特征信息,抑制背景特征信息的干扰。2018 年,Woo 等[15]提出了一种即插即用的轻量级卷积注意力模块(CBAM)。

CBAM 是一种结合通道注意力模块(Channel Attention Module,CAM)和空间注意力模块(Spatial Attention Module,SAM)的混合注意力模块。如图 2 所示,给定一个特征图,CBAM 会沿着通道和空间两个独立的维度依次推断注意力图,将注意力图和输入特征图相乘实现自适应的特征优化。

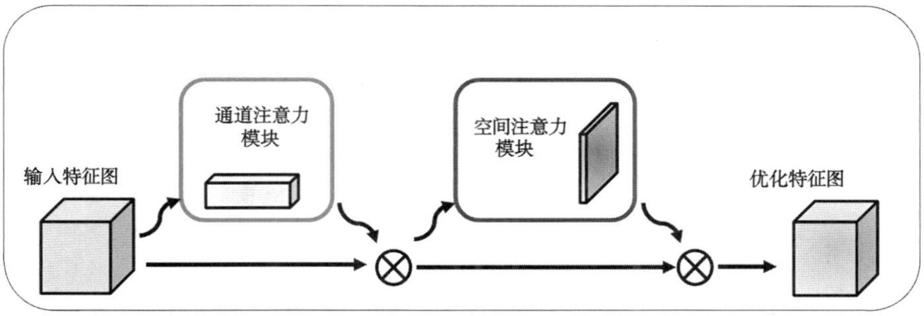

图 2 卷积注意力模块 CBAM 示意图

深度学习网络结构 CBAM-YOLOv4-tiny(见图 3)设计,以 CSPDarknet53-tiny 为特征提取网络,结合多尺度结构和注意力模块构成。为提升特征提取能力和降低训练开销,保留主干网络的预训练特征权重,嵌入的卷积注意力模块应用于多尺度特征融合结构,其中在 CSPDarknet53-tiny 主干网络提取出的两个有效特征层(26×26、13×13)添加卷积注意模块,同时在特征融合部分对上采样结果(upsampling)添加注意力机制。

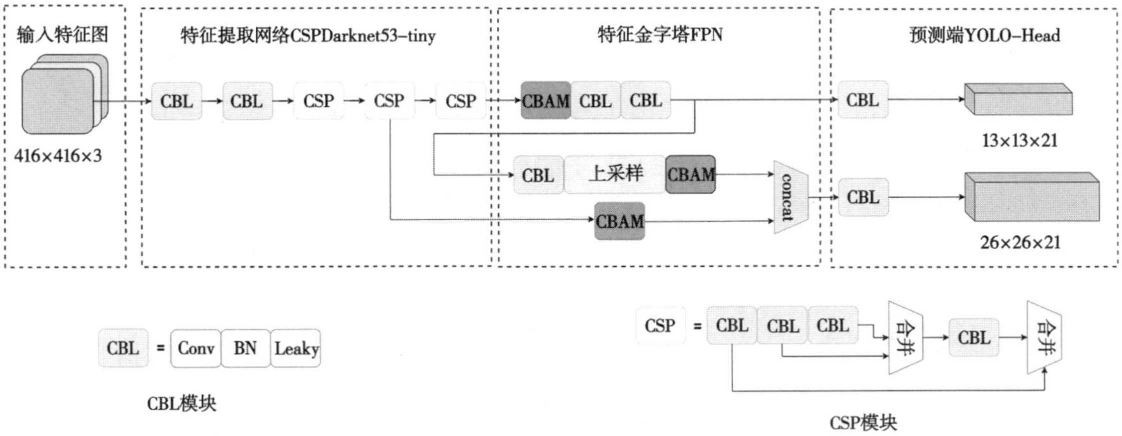

图 3 CBAM-YOLOv4-tiny 网络结构

3.2 基于聚类分析的锚框(anchor)生成

YOLOv4-tiny 算法针对大型通用数据集 MS COCO 聚类获得先验锚框尺寸,先验锚框大小难以适应本文所建立的水面漂浮物数据集的尺度。所建立的漂浮物数据集主要包含以塑制品为主和以水生植物为主两种类型的漂浮物,且由于河道边界形状导致漂浮物锚框应多为长方形,即锚框的长度大于锚框的宽度。为了使 CBAM-YOLOv4-tiny 目标检测算法能够准确地预测漂浮物目标位置,利用改进的 K-means 聚类算法对漂浮物目标尺寸信息重新聚类分析,并将聚类结果作为本文中改进目标检测算法的初始锚框。经典的 K-means 聚类算法以欧氏距离作为准则函数,但是在目标检测任务中更适合采用聚类中心的边界框与周围目标边界框面积的交并比(Intersection over Union,IoU)作为准则函数,获取更为适应待检目标的先验框。改进后的 K-means 聚类算法定义如下:

$$d(\text{box},\text{center}) = 1 - \text{IoU}(\text{box},\text{center}) \tag{1}$$

式中,box 为数据集中每个周围目标边界框;center 为初始聚类中心;IoU(box,center)为两者之间的面积交并比。

CBAM-YOLOv4-tiny 目标检测算法包含两个不同尺度(13×13、26×26)的检测头,每个检测头中输入 3 种初始锚框,初始锚框的聚类结果如图 4 所示,选择锚框尺寸分别为 17×18、36×31、44×48、76×51、99×90、239×165。

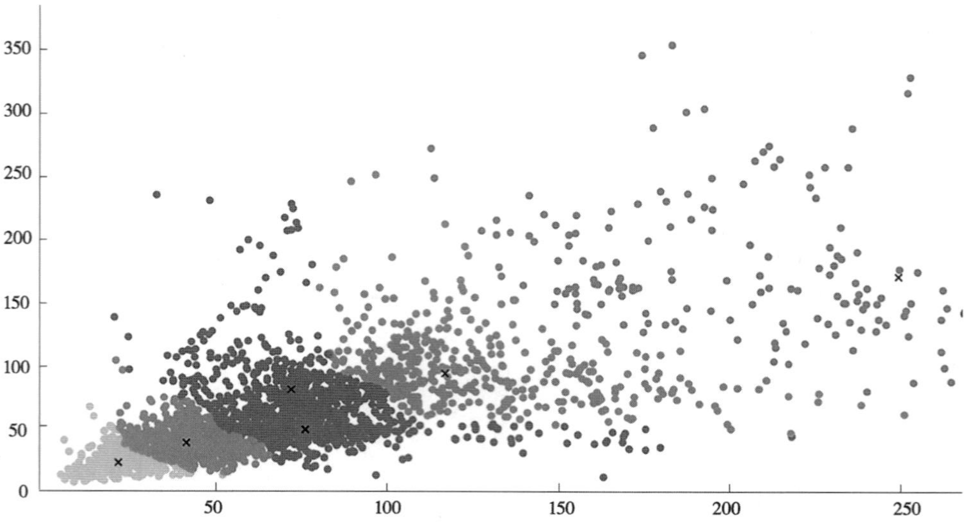

图 4 聚类结果

4 实验与分析

4.1 数据采集与标注

数据集是将目标检测网络推向实用的强大动力,数据集的质量和规模在很大程度上决定了目标检测模型的泛化能力和鲁棒性。为了建立真实场景下的水面漂浮物数据集,本文通过山东省水利视频监控平台开展监控视频中漂浮物样本采集工作,采集了 7 300 张漂浮物样本图像,样本采集兼顾光线条件、成像背景等因素,采取标注软件 labelimg 进行数据标注,样本划分为"FLOTAGE-PLANT"和"FLOTAGE-PLASTIC"两类,样本示例如图 5 所示。

4.2 试验环境与参数设置

本文提出的检测模型训练和测试全部在一台 Intel(R) Xeon(R) W-2145 CPU @ 3.70 GHz 配置、NVIDIA Quadro P2200 型号 GPU 的计算机上进行,同时配置了 CUDA 深度学习加速库获得 GPU 加速的便利,引入 PyTorch 深度学习框架,采用 python3.8 作为编程语言。

为了提升时间与资源的有效利用,采用冻结训练的方式。参数优化过程基于随机梯度下降法进行,

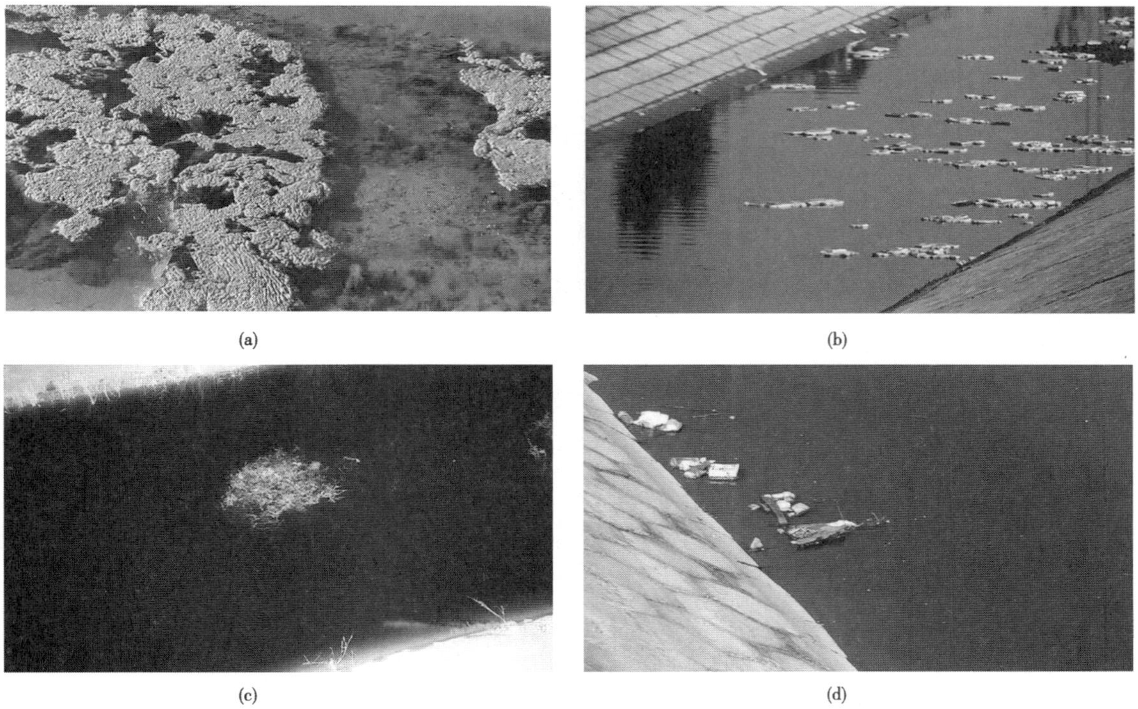

图 5　漂浮物样本图像

初始学习率设置为 0.01，最终学习率设置为 0.000 5，动量参数为 0.937。基于 StepLR 优化器等间隔有序调整学习率，其中调整间隔 step_size 为 1，调整倍数 gamma 为 0.94。基于单 NVIDIA Quadro P2200 显卡的 Batch size 在冻结阶段调整为 8，解冻阶段调整为 4。

4.3　评价指标

对于自然环境下漂浮物目标检测，通常需要考虑检测精度和实时性。本文引入平均精度均值、每秒传输帧数对改进算法性能进行评价，其中漂浮物的平均精度均值（MAP）与准确率（P）、召回率（R）、每种漂浮物的精度均值（AP）有关，通常情况下 MAP 数值越高，目标识别越好，其计算公式如下：

$$P = \frac{\mathrm{TP}}{\mathrm{TP} + \mathrm{FP}} \tag{2}$$

$$R = \frac{\mathrm{TP}}{\mathrm{TP} + \mathrm{FN}} \tag{3}$$

$$\mathrm{AP} = \int_0^1 P(R)\,\mathrm{d}R \tag{4}$$

$$\mathrm{MAP} = \frac{\sum_{i=1}^{N} \mathrm{AP}_i}{N} \tag{5}$$

式中，N 表示漂浮物目标种类数量，此处为 2；TP 为被正确划分到正样本的数量；FP 为被错误划分到正样本的数量；FN 为被错误划分到负样本的数量。

4.4　CBAM-YOLOv4-tiny 的检测结果

为验证改进目标检测算法的有效性，需要对改进前后算法的检测性能进行对比分析。利用漂浮物数据集对改进前后 YOLOv4-tiny 目标检测算法进行训练和测试，检测结果如图 6 所示。漂浮物目标不同光线条件下视觉特征差异悬殊，相似背景干扰与水面倒影给检测任务带来了极大的挑战。YOLOv4-tiny 对于 Flotage-Plant 漂浮物和 Flotage-Plastic 漂浮物都存在误检、漏检的情况，而本文提出的 CBAM-YOLOv4-tiny 目标检测算法则能准确检测出复杂场景下的漂浮物目标，检测准确率、召回率、平均检测精度以及检测速度如表 1 所示。

(a)YOLOv4-tiny　　　　(b)CBAM-YOLOv4-tiny

图 6　改进前后目标检测网络检测结果对比

表 1　改进前后目标检测网络检测结果对比

目标检测网络	准确率 P/%	召回率 R/%	平均检测精度均值 MAP/%	检测速度 FPS/(fps/s)	内存大小/ Mega
YOLOv4-tiny(未聚类)	79.2	77.3	74.9	70	24.3
YOLOv4-tiny(聚类)	86.8	84.3	83.2	83	24.3
CBAM-YOLOv4-tiny	95.1	93.6	87.8	92	23.2

由表 1 可知,待检目标是否进行聚类分析对检测结果产生很大的影响,聚类后的检测帧速提升 139 fps/s,平均检测精度均值提升 8.3 个百分点。改进前后的目标检测算法在检测帧速相差 9 fps/s 的情况下,平均检测精度均值高于初始算法 4.6 个百分点,表明了卷积注意力模块(CBAM)对于漂浮目标检测性能提升的有效性。

4.5　不同目标检测网络的综合对比

使用本研究所建立的漂浮物数据集对 CBAM-YOLOv4-tiny、YOLOv4-tiny、RetinaNet 以及 Faster-RCNN 4 种目标检测网络进行训练,对强光、弱光、逆光、相似背景干扰、倒影干扰情况下的水面漂浮物进行识别。

不同目标检测网络的检测结果对比如表 2 所示,在复杂背景下,4 种目标检测网络的平均精度均值(MAP)都达到了 80%以上,其中 CBAM-YOLOv4-tiny 的准确率(P)、召回率(R)、平均精度(AP)、平均精度均值(MAP)均高于其他 3 种目标检测网络,与 YOLOv4-tiny 目标检测网络相比,CBAM-YOLOv4-tiny 的平均精度均值(MAP)提高了 4.6 个百分点。网络所占内存很大程度上影响着算法的应用空间。可以看出,嵌入注意力模块的 CBAM-YOLOv4-tiny 目标检测网络的参数量仅增加了 0.9 M,在相似精度下,该目标检测网络参数量不足 Faster-RCNN 目标检测网络参数量的 1/4。对于漂浮物目标检测这一实际任务而言,检测速度是我们特别关注的性能指标。可以看出,相对于检测精度相当的 Faster-RCNN 目标检测网络以及 RetinaNet 目标检测网络,本文提出的 CBAM-YOLOv4-tiny 目标检测网络的检测速度分别提升了 7 倍和 5 倍以上,达到了 92 fps/s。

表 2　不同目标检测算法的检测结果

目标检测网络	平均精度 AP/%		平均精度均值 MAP/%	准确率 P/%	召回率 R/%	检测速度 FPS/(fps/s)	所占内存/Mega
	Flotage-Plastic	Flotage-Plant					
Faster-RCNN	93.3	79.5	86.4	82.3	82.6	12	116.3
RetinaNet	93.6	80.2	86.9	92.6	92.3	18	80.5
YOLOv4-tiny	91.1	75.3	83.2	81.8	84.3	83	23.2
CBAM-YOLOv4-tiny	94.5	81.1	87.8	95.1	93.6	92	24.3

5　结　论

本文提出了一种融合注意力机制的轻量级目标检测算法 CBAM-YOLOv4-tiny,用于监控场景复杂背景下水面漂浮物的目标检测。在 YOLOv4-tiny 目标检测算法基础上,嵌入卷积注意模块(CBAM);基于改进的 K-means 算法聚类分析漂浮物尺寸信息,重新生成更为精准的先验框对目标进行定位,提升检测精度。

CBAM-YOLOv4-tiny 目标检测网络所占内存仅为 24.3 MB,准确率 P、召回率 R、平均精度均值较之 YOLOv4-tiny 分别提升了 13.3%、9.3%、4.6%,且在 NVIDIA Quadro P2200 显卡下检测帧速达到了 92 fps/s。对比目前主流的目标检测算法,本文提出的 CBAM-YOLOv4-tiny 算法在精确度与识别效率上有着更好的性能表现,能够满足视频监控场景中漂浮物实时检测任务的需求。

参考文献

[1] 张馨月, 高千红, 闫金波, 等. 三峡水库近坝段水面漂浮物对水质的影响[J]. 湖泊科学,2020,32(3):609-618.

[2] Redmon J, Divvala S, Girshick R, et al. You only look once: Unified, real-time object detection[C]//IEEE conference on Computer Vision and Pattern Recognition. Las Vegas: IEEE, 2016:779-788.

[3] Liu W,Anguelov D, Erhan D, et al. SSD: Single shot multibox detector[C]//European conference on computer vision. 2016:21-37.

[4] Redmon J, Farhadi A. YOLO9000: Better, faster, stronger[C]//IEEE Conference on Computer Visionand Pattern Recognition. Honolulu: IEEE. 2017:7263-7271.

[5] Ren S, He K, Girshick R, et al. Faster r-cnn: Towards real-time object detection with region proposal networks[C]// Advances in neural information processing systems. 2015:91-99.

[6] He Kaiming, Gkioxari Georgia, Dollar Piotr, et al. Mask R-CNN[C]// IEEE International Conference on Computer Vision, Venice, Italy, 2017:2980-2988.

[7] 李国进, 姚冬宜, 艾矫燕, 等. 基于改进 Faster R-CNN 的水面漂浮物识别与定位[J]. 信阳师范学院学报(自然科学版),2021,34(2):292-299.

[8] 李国进, 姚冬宜, 艾矫燕, 等. 基于改进 YOLOv3 算法的水面漂浮物检测方法[J]. 广西大学学报(自然科学版),2021,46(6):1569-1578.

[9] 刘伟, 王源楠, 江山, 等. 基于 Mask R-CNN 的水面漂浮物识别方法研究[J]. 人民长江,2021,52(11):226-233.

[10] Zhang L, Zhang Y, Zhang Z, et al. Real-Time Water Surface Object Detection Based on Improved Faster R-CNN[J]. Sensors(Basel),2019,19(16):3523.

[11] 莫仁鹏, 李天梅, 司小胜, 等. 采用残差网络与卷积注意力机制的设备剩余使用寿命预测方法[J]. 西安交通大学学报,2022,56(4):194-202.

[12] 王美华, 吴振鑫, 周祖光. 基于注意力改进 CBAM 的农作物病虫害细粒度识别研究[J]. 农业机械学报,2021,52(4):239-247.

[13] 赵宏伟, 刘晓涵, 张媛, 等. 基于关键点注意力和通道注意力的服装分类算法[J]. 吉林大学学报(工学版),2020,

50(5):1765-1770.

[14] 储岳中,黄勇,张学锋,等.基于自注意力的SSD图像目标检测算法[J]. 华中科技大学学报(自然科学版),2020,48(9):70-75.

[15] Woo S , Park J , Lee J Y , et al. CBAM: Convolutional Block Attention Module[J]. Springer, Cham, 2018:3-19.

[16] Lin T, Dollar P, Girshick R, et al. Feature pyramid networks for object detection[C]// IEEE Conference on Computer Vision and Pattern Recognition, 2017: 936-944.

[17] Bochkovskiy A, Wang C Y, Liao H Y M. YOLOv4: Optimal speed and accuracy of object detection[J]. arXiv preprint arXiv:2004. 10934,2020.

某竖井式溢洪道溢流堰通气量研究

王丽娟[1,2] 李广宁[1] 孙双科[1] 梁永占[3] 刘伯承[1,2] 柳海涛[1]

(1. 中国水利水电科学研究院,北京 100038;
2. 济南大学水利与环境学院,山东济南 250022;
3. 庆阳陇沣海绵城市建设管理运营有限责任公司,甘肃庆阳 745000)

【摘 要】 为了解竖井式溢洪道在下泄消能过程中通气管的通气量问题,本文结合某竖井式溢洪道工程开展物理模型试验,对其通气管风速、通风量、气水比(β)、溢流堰流态、井身脱壁流形态等进行研究。试验结果表明,该竖井式溢洪道环形溢流堰进流流态良好,竖井内形成稳定脱壁流,水流与井壁之间存在稳定空腔,水流不会对井壁形成冲刷,通气管风速满足规范要求。整体而言,通气管内的平均风速随下泄流量的增大呈现出先增大后减小的趋势,气水比β随下泄流量的增加而减小。分析认为,通气管的风速(通气量)不但与过流流量有关,还与溢流堰和竖井内的流态有关。竖井内将形成脱壁水流结构,可以有效避免高速水流对竖井壁面造成冲刷破坏,通风效果的稳定,有助于维持脱壁流的稳定形态。研究成果可供类似工程设计参考。

【关键词】 竖井;溢洪道;通气管;通气量;气水比

1 引 言

竖井内消能工是一种设置于水利工程中隧洞式泄水建筑物。它具有结构简单、布置灵活、适用水头范围广、节约工程投资、消能率较高等特点。这种消能工改变了将洪水所带有的巨大能量传递到大坝下游进行消能的传统思想观念,而是将洪水的部分或大部分能量在永久性泄洪建筑物的内部进行消能,仅使部分能量传递至下游,这是在水流消能理念上的转变[1]。这种类型的消能工主要是靠泄洪洞泄洪建筑物内部消能工的特殊形式,急剧改变水流形态,在水流内部形成强烈的紊动掺混或涡漩,从而集中消耗大量机械能,减少压力,降低水流速度,达到保护洞身和下游的目的[2-5]。通气管是设置在竖井起始端溢流堰的通气装置,设置通气管的主要目的,是保证竖井内流态的稳定和减小环流空腔内的压力,增大壁面压力,以减小泄洪洞壁面发生空蚀的可能性[6]。

竖井式溢洪道的通气量,一部分由环形溢流堰中心处的通气空腔掺入;另一部分由专门设置的通气管进行补充。通气量,一方面用于满足竖井内环状托比水流自身挟气的需要;另一方面用于满足竖井底部消力井环状水跃消能的掺混需要。随着库区水位的升高,溢洪道过流量的增加,在环形溢流堰下端的收缩断面处,环状水流接近于交汇,通气空腔的面积十分有限,通气管成为补气的主要方式[7]。通气管布置的意义在于保持一定的通风量,以利于洞内水流流态的稳定和减小环流空腔内的压力及减小泄洪洞空化空蚀的可能性[8]。

迄今为止,在将导流洞改建为永久泄洪洞的诸多工程中均布置有通气管,如沙牌、公伯峡水电站导流洞改建为永久泄洪洞工程,以及治勒、溪洛渡等水电站工程。牛争鸣等[9]结合公伯峡水平旋流泄洪洞,分析了水平旋流泄洪洞的通风机制,研究中发现通风量随泄流量的增大而增大。曹双利[6]对旋流条件下通气管的通风量的变化规律进行了系统的研究,发现自由堰流与淹没堰流流态通气孔风速的变化规律是不同的,前者为排气状态,后者为通气状态。蒋雁森[7]基于水平旋流内消能泄洪洞对不同水流状态下通气管通气量的变化规律进行研究,发现不同流态下通气管通气量的影响因素及变化规律不同。本文进一步针对竖井式溢洪道通气管通风量的相关规律,以及环形溢流堰的泄流能力,结合该工程进行相关物理模型试验研究,试验成果可供类似工程参考。

2 溢流堰体型

某海绵城市末端雨水排水工程采用竖井式溢洪道的消能方式,如图 1 所示。进口溢流堰采用无闸门控制环形实用堰,堰顶半径 7.0 m,堰顶高程同正常蓄水位 1 343.26 m,堰面上游曲线方程为

$$\frac{x}{0.68}=-0.625\left(\frac{y}{0.68}\right)^{0.430} \tag{1}$$

堰面下游曲线方程为

$$\frac{y}{0.68}=0.600\left(\frac{x}{0.68}\right)^{1.73}+0.00735\left(\frac{x}{0.68}\right)^{4.77} \tag{2}$$

在竖井底部设消能井,井深 6 m。在上游方涵出口和环形堰之间,以“二三”的布置方式设置两排消能墩,以均化和降低上游来流的流速。溢流堰上对称设置 4 个隔墩。溢流堰与竖井衔接处采用突扩布置方式与竖井井身段连接。突扩断面处对称设置 4 个直径 $D=0.4$ m 的通气管,通气管上部从溢流堰隔墩顶部穿出,以进行供气,如图 2 所示[10]。

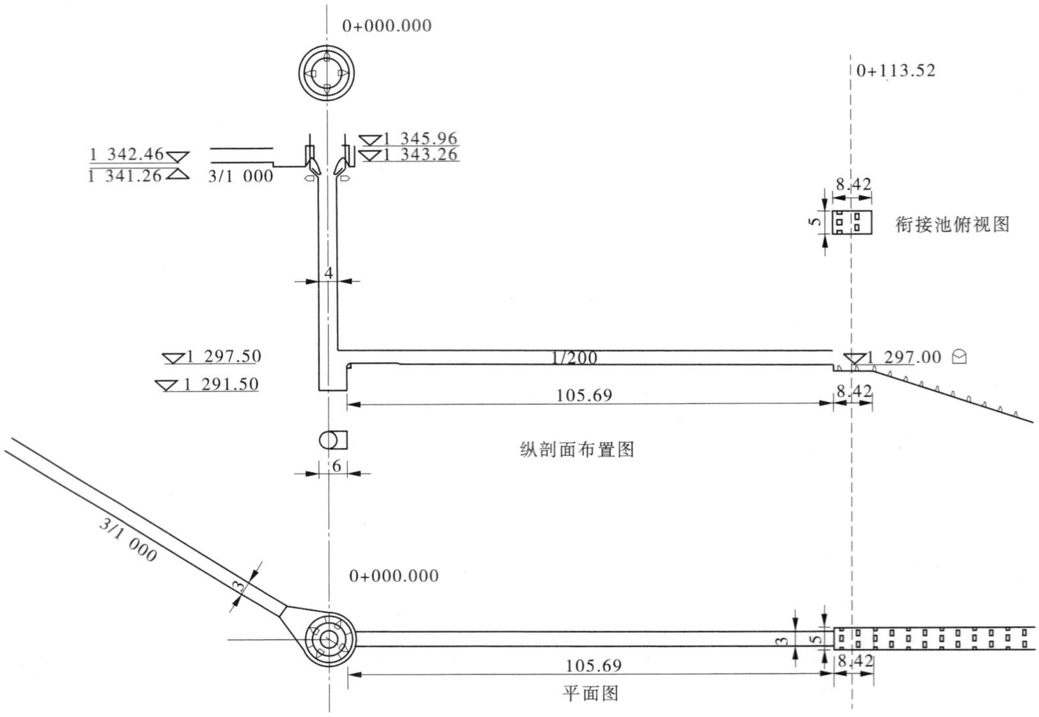

图 1 竖井排洪洞整体布置图 (单位:m)

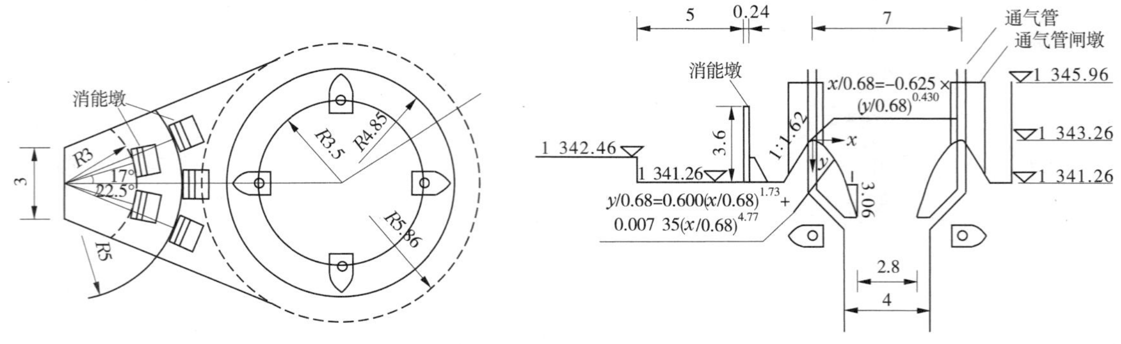

图 2 溢流堰体型及通气管布置

3 试验结果

3.1 模型设计

按照《水工(常规)模型试验规程》(SL 155—2012)的要求,依据实际工程规模、来流条件及试验研究的主要任务和目的等,构建该竖井式溢洪道物理模型。本研究遵循重力相似准则进行模型设计,几何比尺采用1:30。泄水建筑物全部采用透明有机玻璃制作,模型糙率约为0.008~0.009,按1:30模型比尺换算为原型后,与混凝土糙率0.014大体相当,模型设计能够满足水流运动相似与阻力相似。

3.2 泄流能力

对泄流能力进行试验,结果表明该竖井溢洪道的泄流能力能够满足设计流量30 m^3/s的要求,流量系数为0.35~0.44,如图3所示。各流量工况下,环形溢流堰均为自由堰流,入流均匀,进流流态良好,未出现淹没流态等不利现象。表明方涵出口和环形溢流堰之间消能墩的布置方式和环形溢流堰堰面曲线的设计均是合理的。

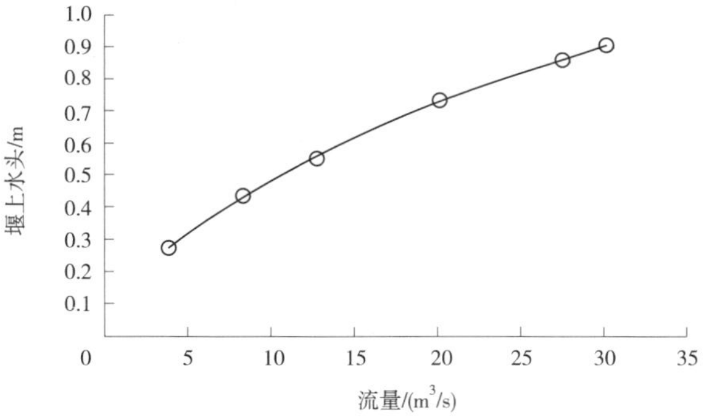

(a)堰上水头-流量曲线

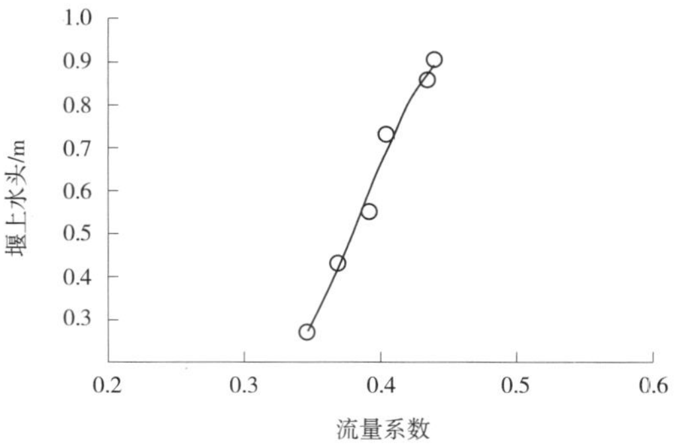

(b)堰上水头-流量系数曲线

图3 竖井式溢洪道泄流能力

3.3 溢流堰流态

环形溢流堰进流流态良好,在各流量条件下均为自由堰流,井身段水流均呈脱壁流形式。当流量较小时,环形溢流堰下泄水流在竖井内形成一个封闭、稳定的环状水流。在竖井上部水流形态稳定,形成水流内部空腔和外部空腔同时存在的稳定脱壁流。在竖井下部随着水流流速的加大,水流逐渐破碎。当流量较大时,环形溢流堰下泄水流在喇叭口收缩处碰撞、掺混。在竖井内形成中间是掺混水流,四周是空腔的稳定脱壁流,如图4所示。竖井式溢流道通风管风速和通气量见表1。

3.4 通气量

在各工况下,较大过流流量下,在环形实用堰下端的收缩断面处,环形水流接近于交汇,通气空腔的面积已十分有限,通过4个通气管实测得到的通气量大体上即为竖井溢洪道总的通气量[10]。

试验结果表明,在试验范围内,随着过流量的逐渐增大,水流相互碰撞,破坏了圆锥形水流的密闭性,环形溢流堰内部的空气可以通过,并进入竖井内部,与通气管的通气量共同组成总的通气量;通气管内的平均风速随下泄流量的增加呈现出减小的趋势,掺气量也随下泄流量的增加而减小(见图5)。在8.43 m^3/s流量下,通气管平均风速最大,瞬时风速如图6所示。

根据我国溢洪道设计规范规定,通气管的通气风速不易超过60 m/s[11],美国土木工程协会的相关规范规定,泄水建筑物的补气风速不得超过45~90 m/s。该竖井式溢洪道通气管风速均小于16 m/s,满足规范要求。

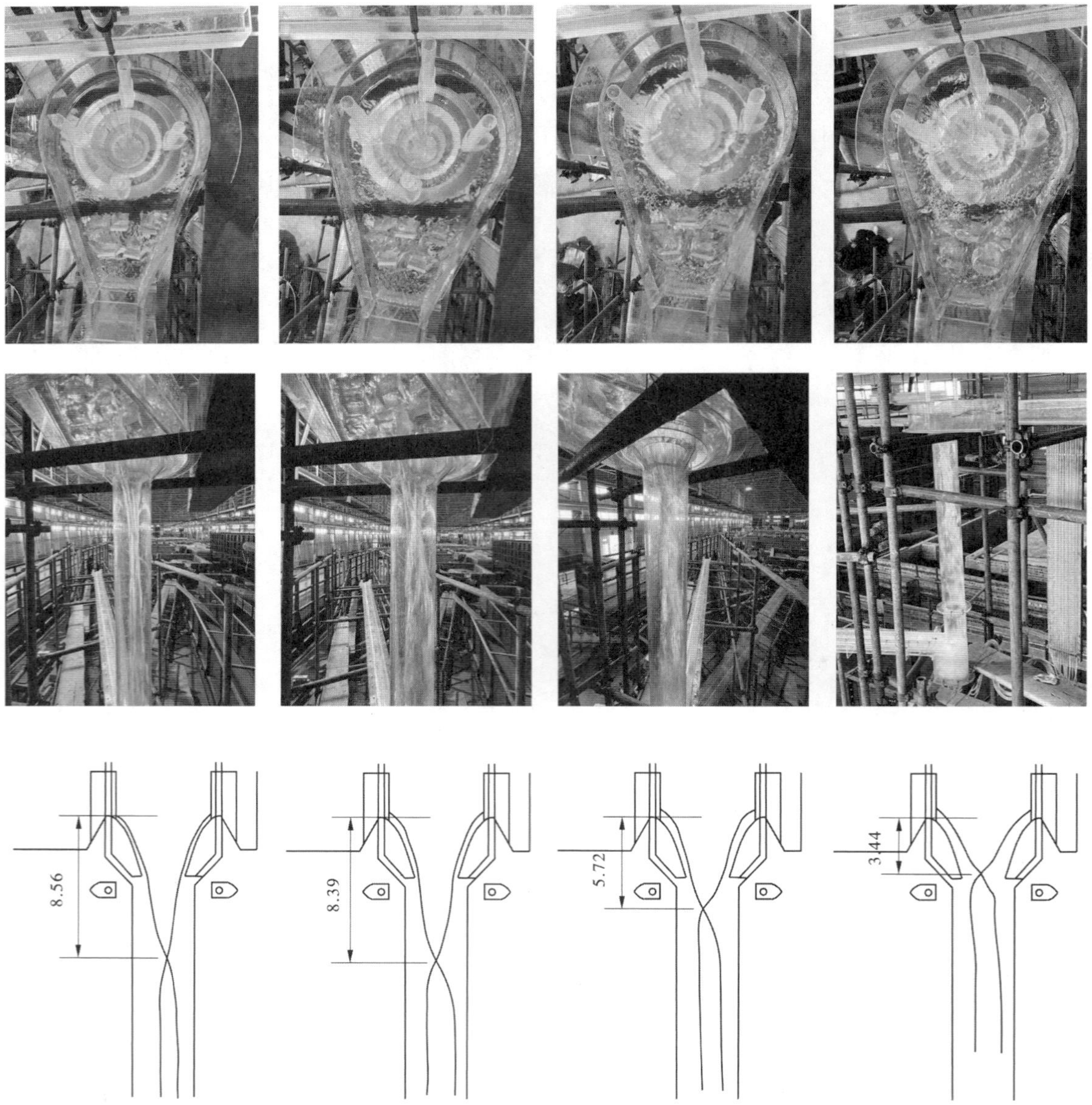

(a)流量8.34 m^3/s (b)流量12.80 m^3/s (c)流量20.16 m^3/s (d)流量27.52 m^3/s

图 4 溢流堰流态对比 (单位:m)

表 1 竖井式溢洪道通气管风速和通气量

流量/(m^3/s)	堰上水头/m	流量系数	通气管平均风速/(m/s)	通气量/(m^3/s)	气水比 β
8.34	0.43	0.37	11.30	5.68	0.68
12.80	0.55	0.39	8.28	4.16	0.33
20.16	0.73	0.40	5.83	2.93	0.15
27.52	0.86	0.43	6.10	3.07	0.11

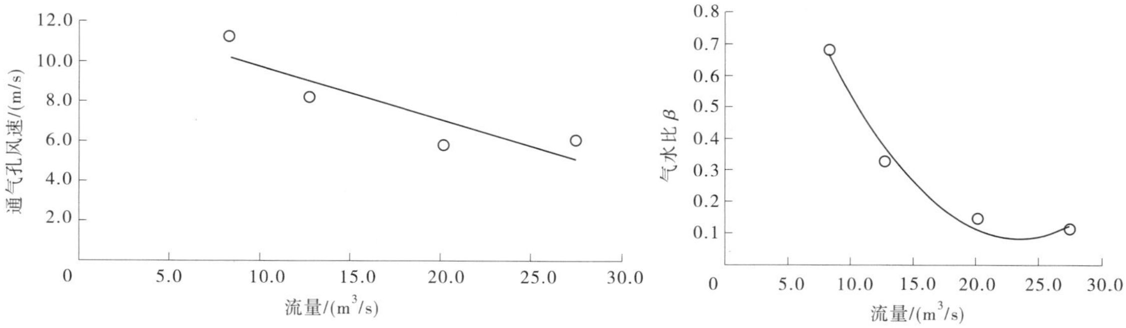

(a)流量与通气管风速关系　　(b)流量与气水比 β 关系

图 5　竖井式溢洪道流量与通气管通气特性

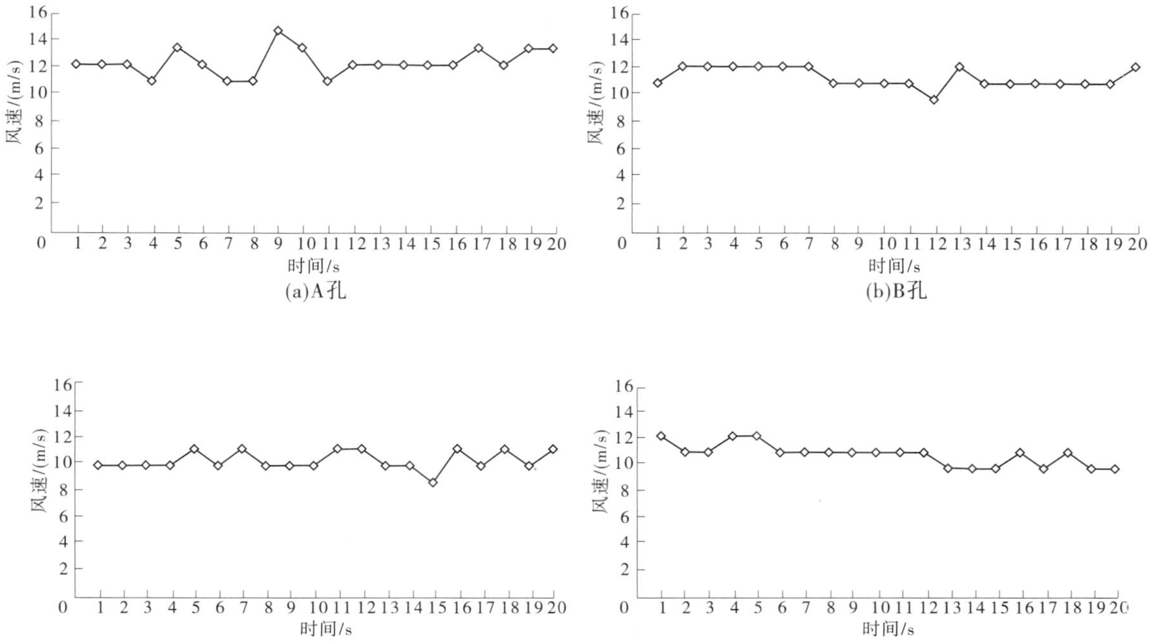

(a)A孔　(b)B孔　(c)C孔　(d)D孔

图 6　流量 8.43 m^3/s 工况下通气管瞬时风速

4　讨　论

(1)环形堰的入流形态决定了竖井内脱壁流的形态。入流均匀稳定,则形成的脱壁流呈环状,四周具有稳定空腔,流态稳定。入流不均匀,则会形成竖井内水流冲击单侧井壁的想象,达不到预期效果[2]。在水流进入环形溢流堰之前进行均化和降速是十分有必要的,本工程采用设置两排消能墩的方式起到了较好的效果。

(2)竖井式溢洪道环形溢流堰的通气量,一方面用于满足竖井内环装脱壁水流自身挟气的需要;另一方面用于满足竖井底部消力井环状水跃消能的掺混需要。在试验过程中,仅对通气管处的通气情况进行了测量,但是环形溢流堰中心的通气情况难以测量。本次试验流量范围内,环形溢流堰中心被对撞水流封堵,不存在空腔,通气量有限,通气管为竖井通气的主要方式。牛争鸣等发现通风管通风量(通气管风速)应随着过流流量的增加而逐渐增大,但本次试验进一步加大过流流量时,出现了不同的变化规律。分析认为,本次试验初始流量下,即在竖井内形成一个封闭、稳定的环状水流,在竖井内相交于一点,从而形成封闭的圆锥形密闭水流。这就导致,环形溢流堰中心空腔的空气难以穿透,并不能进入竖井内部,空气主要由通气管进入,通气管风速较大。但当流量进一步增大时,水流相互碰撞,反而破坏了圆锥形水流的密闭性,环形溢流堰内部的空气可以通过,并进入竖井内部,与通气管的通气量共同组成总的通气量;环形溢流堰内部对撞水流携气量越大,通气管的通风量则越小(风速越小)。由此可见,通气管的通气量与溢流堰和竖井内的流态也有关系,与曹双利、蒋雁森的结论相符。

(3)竖井式内消能工,具有结构简单、布置灵活、适用水头范围广、节约工程投资、消能率较高等特点。主要是靠泄洪建筑物内部消能工的特殊形式,急剧改变水流形态,形成强烈的紊动掺混或涡漩,从而达到水流消能的效果。在环形溢流堰处由逐渐收缩的喇叭口段与竖井相接,形成突扩,使下泄水流在竖井内形成脱壁流,可以起到保护竖井壁面的效果[4]。

5 结论

本文针对某工程竖井式溢洪道开展试验研究,得出以下主要结论:

(1)该竖井式溢洪道环形溢流堰进流流态良好,竖井内形成稳定脱壁流,水流与井壁之间存在稳定空腔,水流不会对井壁形成冲刷,通气管风速满足规范要求。

(2)在本次试验流量,通气管内的平均风速随下泄流量的增大呈现出减小的趋势,掺气量也随下泄流量的增加而减小。通气量不但与过流流量有关,还与溢流堰和竖井内的流态有关。

(3)竖井内将形成脱壁水流结构,可以有效避免高速水流对竖井壁面造成冲刷破坏,通风效果的稳定,有助于维持脱壁流的稳定形态。

参考文献

[1] 王永生,李建中,牛争鸣.旋流式内消能工研究综述[J].陕西水力发电,1995(4):21-26.
[2] 李广宁,秦楠,李宗华,等.某水库跌流式竖井式溢洪道水工模型试验研究[C]//水库大坝和水电站建设与运行管理新进展,2022:533-541.
[3] 徐军. 导流隧洞改为泄洪隧洞时消能方式的选择[J].甘肃科技纵横,2004(5):118-158.
[4] 孙双科,徐体兵,孙高升,等.导流洞改建为跌流式竖井溢洪道的试验研究[J].水利水电科技进展,2009,29(6):5-8.
[5] 解卫东, 李晓丽, 孙双科.大石门水电站竖井式溢洪道水力特性试验研究[J].内蒙古农业大学学报(自然科学版),2009(4):5.
[6] 曹双利.旋流条件下通气孔通风量和环流空腔内气体压强的变化规律[D].西安:西安理工大学, 2005.
[7] 蒋雁森.水平旋流内消能泄洪洞通气孔通气量与气水比规律研究[D].西安:西安理工大学,2018.
[8] 牛争鸣,张宗孝,孙静,等.通气对水平旋流内消能泄洪洞水力特性的影响[J].长江科学院院报,2006,(5):1-5.
[9] 牛争鸣,南军虎,洪镝,等.水平旋流泄洪洞通风量相似性研究[J].水力发电学报,2013,32(4):77-81,142.
[10] 李广宁,孙双科.河北易县抽水蓄能电站跌水竖井式溢洪道研究与应用项目研究报告[R].北京:中国水利水电科学研究院,2021:93-108.
[11] 国家能源局.溢洪道设计规范:NB/T 10867—2021[S].北京:中国水利水电出版社,2022.

水质高光谱监测系统应用研究

房灵常[1]　顾雪冬[2]

（1. 水利部南京水利水文自动化研究所，江苏南京　210012；
2. 江苏南水科技有限公司，江苏南京　210012）

【摘　要】 水是生命之源，随着水处理及环境治理的推进，“十三五”期间我国主要水体中Ⅳ类至劣Ⅴ类水体占比持续下降，总体水质已达到政策规划要求，“十四五”规划提出要进一步改善水环境质量的目标。高光谱数据因其所含信息丰富，具有纳米级光谱分辨率和成百上千的连续波段，既可以满足大范围水质监测的需要，又可以动态跟踪污染情况的变化，利用高光谱水质监测仪，结合仪器内部智能大数据算法和平台的有效集成，可实现水质参数的快速实时检测，具有原位性、自动化、无二次污染、全天时、全天候的特点，为“十四五”规划目标的完成提供了一项新的高新技术手段。

【关键词】 高光谱技术；水质监测

1　引　言

经济社会快速发展和人类生存环境的变化，诱发出一系列如河流、湖泊、水库、海湾等地表水污染问题，水环境问题日益严峻。水作为地球上最重要的资源之一，被誉为生命之源，但其溶解性、流动性以及强大的自净能力等优势，也使其成为了廉价的工业消耗品。工业废水的排放，加上大量生活垃圾以及废物等，给自然水体带来严重的破坏，水危机不容忽视。

水质监测传统的方法主要是现场采集水样，由实验室专业人员通过专业仪器分析，或者建设固定监测站，但普遍存在成本高、二次污染、监测局限等问题，因此有必要利用高新技术手段展开水质监测。近年来，光谱技术[1]的出现为水体质量监控提供了一种新手段，其快速、实时、准确、无损的特点，为有效估计水质现状及其动态变化提供了一种新的研究方法。光谱技术从获取的波段数量来看，可以分为多光谱技术和高光谱技术。多光谱数据分辨率低，难以辨别部分水质参数的光谱特征，高光谱数据具有较高的光谱分辨率和丰富的光谱信息，能够更好地捕捉测量目标的细节特征，在水质指标的定量研究中具有很大的潜力。

目前，对于水质指标的定量研究中，主要有经验法、半经验法、分析法三大类，利用高光谱技术反演水质参数主要采用半经验法和分析法[2]。分析法以水体辐射传输机制作为水色遥感的理论基础，有严谨的物理推导过程，模型参数具有明显的物理意义，适合对叶绿素 a、悬浮物、黄色物质等水色水质参数进行反演。由于化学需氧量、氨氮（NH_3N）、总磷（TP）、总氮（TN）等非水色水质参数对生物光学模型的不适用性，非水色物质监测中半经验法得到了较广泛的应用，利用已知的水质光谱指数或敏感特征波段进行分析，选择最佳波段或波段组合作为自变量，以水质参数为因变量估算水质，采用统计回归或神经网络的方法构建水质反演模型。国内外学者对水质参数反演进行了多种研究。1992 年，Mittenzwey 等[3]利用地面非成像光谱仪进行水体光谱反射率曲线的采集获取；2006 年，巩彩兰等[4]将采集的光谱数据与水体 TN 含量进行了相关性分析；崔爱红[5]首先通过地面实测嘉兴南湖地区 TP 和 TN 含量，结合 2012 年 11 月高光谱卫星遥感数据，建立了 TP 和 TN 的回归预测模型；2017 年，张海威等[6]利用实测光

作者简介：房灵常，（1964—），男，汉，山东菏泽，水利部南京水利水文自动化研究所，高级工程师，硕士研究生，主要从事水利信息化设计工作。

谱数据对艾比湖流域水体的 TP 和 TN 进行了模型估计;2017 年,洪姗等[7]利用 ASD 地物高光谱仪采集水体光谱数据,结合实测化验值进行水体 TN 的高光谱特征波段提取,建立了 TN 的反演模型。2003 年,Shafique 等[8]通过手持式光谱仪采集河流水体光谱,计算光谱指数来预测水体叶绿素、浊度和总磷含量;2015 年,Kutser 等[9]采用光谱反演法对湖泊中的 COD 浓度进行了预测;2017 年,Rostom 等[10]在实验室内采用便携式 ASD 光谱仪,对湖泊水中的特定重金属元素进行了测定与建模预测。多位学者的研究证明,基于高光谱技术可以实现水质参数的有效定量化反演。但其研究主要停留在实验室阶段,仪器自动化要求推动了高光谱水质监测仪器的发展,将高光谱探测仪、人工智能算法和在线水质参数反演进行集成,实现水质实时、快速和有效监测。

2 高光谱水质监测原理

水质,用来描绘水的化学、物理和生物等特性,以及其组成成分的状况。水质优劣由物理、化学及生物等指标进行衡量[11]。生态环境部公布的关于 2021 年全国地表水质量情况[12]中写道,2021 年 1~12 月,3 641 个国家地表水考核断面中,水质优良(Ⅰ~Ⅲ类)断面比例为 89.1%,与 2020 年相比上升 1.5 个百分点;劣Ⅴ类断面比例为 1.0%(见图 1),均达到 2021 年水质目标要求。主要污染指标为化学需氧量、高锰酸盐指数和总磷。

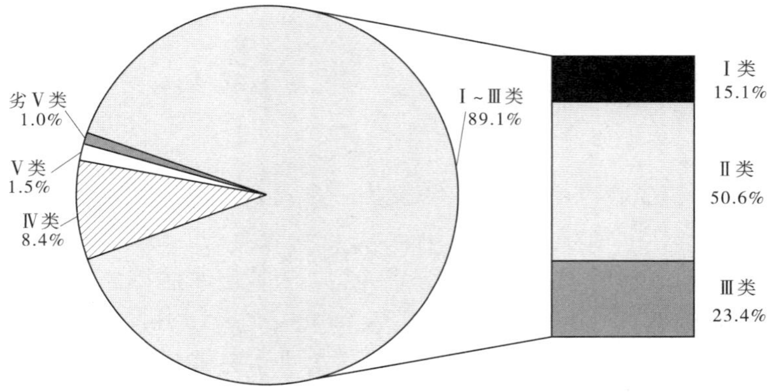

图 1　2021 年 1~12 月水质情况统计

高光谱具有多通道、高分辨率的特点[13],可以获取被测目标的连续光谱信息[14],有效捕捉到复杂多变的水体在光谱维度上的微小变化,克服定量研究中光谱分辨率不足的障碍,为水质定量反演提供丰富且有效的数据源,提高水质监测的精准度。

2.1 高光谱技术简介

高光谱技术的“高”第一描述的是光谱分辨率的特征,指由多个窄电磁波带组成的连续光谱曲线,每个窄带的电磁波波段都在 1~10 nm。

在经典物理学中,光波穿过狭缝、小孔或者圆盘之类的障碍物时,不同波长的光会发生不同程度的弯散传播,再通过光栅进行衍射分光,形成一条条谱带,也就是说,空间中的一维信息通过镜头和狭缝后,不同波长的光按照不同程度的弯散传播,这一维图像上的每个点,再通过光栅进行衍射分光,形成一个谱带,照射到探测器上,探测器上的每个像素位置和强度表征光谱和强度。一个点对应一个谱段,一条线就对应一个谱面,因此探测器每次成像是空间一条线上的光谱信息,为了获得空间二维图像再通过机械推扫,完成整个平面的图像和光谱数据采集。

光经过物体后会产生反射,而反射的光进入分光装置之后成为入射光。入射光通过棱镜后被分成不同的方向,然后照射到不同方向的探测器上进行成像。棱镜分光后,在棱镜的出射面镀了不同波段的滤光膜,使得不同方向的探测器可以采集到不同光谱信息,实现同时采集空间及光谱信息。

高光谱数据的分辨率更高,波段范围广,能更加有效地反映水体的光谱信息,对水质的光谱反射率进行精确的分析。

2.2　高光谱水质监测原理

高光谱探测技术是一种无接触式远距离目标探测技术，实际数据采集过程中，探测器无须直接与被测目标进行接触，而是通过接收、分析、转换和记录等方式进行光信号收集，从而明确被测目标的变化和特征。伴随着波段数量的逐渐增加，数据量的增长会逐渐呈现指数变化，且相邻波段间有较高的相关性，获取的被测目标的光谱曲线连续且完整，相比于多光谱技术在探测时有着十分显著的优势。

稳态下的分子受到某特定连续波长的光照射后，会从稳定基态转为激发态。当光线照射到被测目标时，结构的差异会造成构成物质的分子选择性地吸收和反射不同波长产生的能量，产生分子的各异振动和转动，形成包含被测目标自身特性的条带状光谱，是光谱用于水质检测的理论基础。

水体的光谱特性取决于入射光在水中的辐射传输过程，这一过程与入射角度、水色、风浪引起的水面粗糙度、水底物质的反射等密切相关。水体的重要光学组成成分影响其光学反应，主要表现为水体的吸收和散射特性，进而影响水体的光谱曲线反射率大小和形态走势。

图 2 是高光谱水质监测原理示意图。

根据高光谱技术原理，利用可见光−近红外主动光源照射水体，接收 400~1 000 nm 内的水反射信号，利用分光技术将光信号分解成数百个波段，与平台连接，并在平台上通过算法功能实现水质参数的反演。

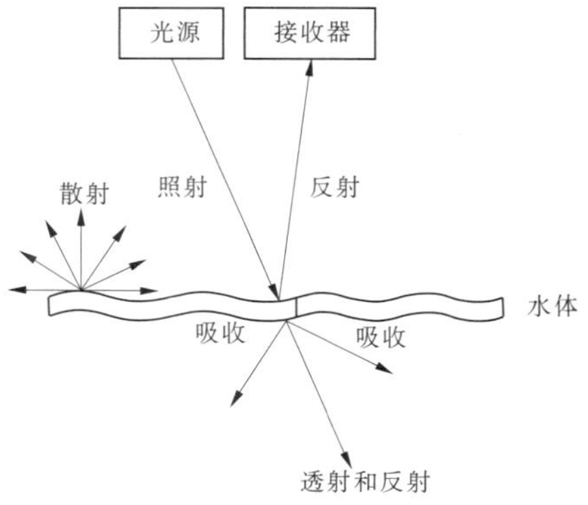

图 2　高光谱水质监测原理示意图

2.3　高光谱水质在线监测系统

基于上述高光谱水质原理，设计一套高光谱水质在线监测系统，由传感控制层、分析计算层和应用层构成（见图 3）。

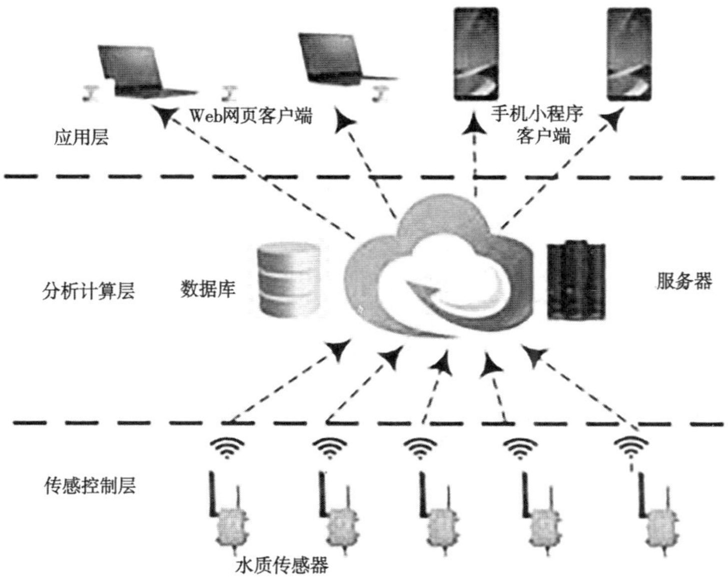

图 3　水质在线监测系统

其中，传感控制层[15]用来实现对水质光谱信息的提取；分析计算层负责对提取到的信息进行分析计算；应用层有 PC 端与移动端之分，可在 Web 端及 APP 进行数据查看。

通过高光谱探测仪接收水体反射信号，从中提取出反映水体组分含量的有用信息，利用经验模型、人工智能算法以及水质参数的反演，探寻光谱与水体组分间的相关规律，最终可计算获得水体中的一种或多种重要组分含量。

3 设备应用和水质参数反演

3.1 设备应用

基于不同需求场景的差别,水质高光谱监测设备主要分为固定监测和应急监测两大类。固定监测主要采用浮标式、岸基式和管道式,应急监测设备主要采用手持式、无人船等,可以满足不同需求方对水质参数的监测需求[16]。

3.1.1 手持式水质检测仪

手持式水质检测仪主要由主动光源、光谱采集模块、数据传输模块、蓝牙模块、供电模块、限位组成(见图4)。其中,主动光源用于提供稳定的光源;光谱采集模块用于数据的采集和接收;数据传输模块负责对采集数据的传输;蓝牙模块用于与移动设备的连接;供电模块采用可替换电池进行供电以及用于固定位置的限位。

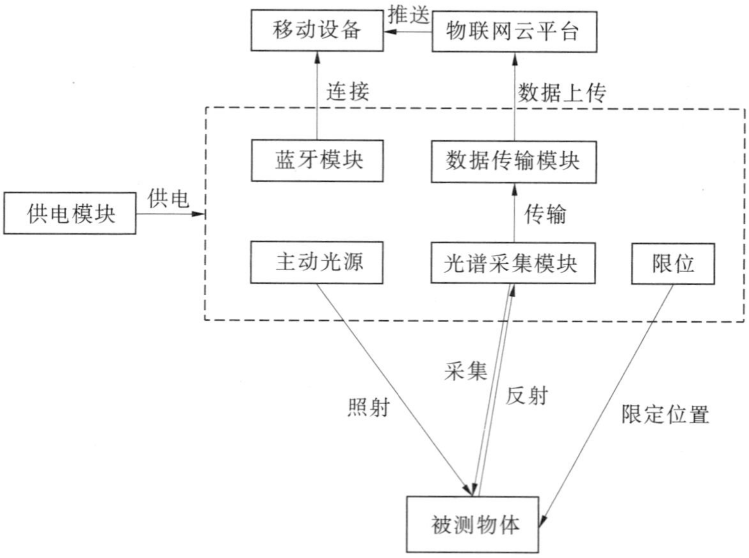

图4 手持式水质检测仪结构与原理

手持式水质检测仪属性和具体参数见表1。

表1 手持式水质检测仪属性和具体参数

属性	具体参数	属性	具体参数
质量	<1 kg	传输接口	蓝牙
波长范围	400~1 000 nm	检测周期	实时
波段数量	303 个		

手持式水质检测仪适用于水流面积小、获取水源方式困难或临时使用场景。它具有体积小、全天时、灵敏度高、分辨率高、功耗低和性价比高的特点,可以满足快速、实时检测水质参数的需要,并且具有一定的扩展性,可以检测总氮、总磷、溶解氧、氨氮等十几种水质参数。如图5为某河流水体的总氮、总磷、溶解氧、氨氮反演结果,预测值与实际值整体趋势保持一致,具有较高的反演精度。

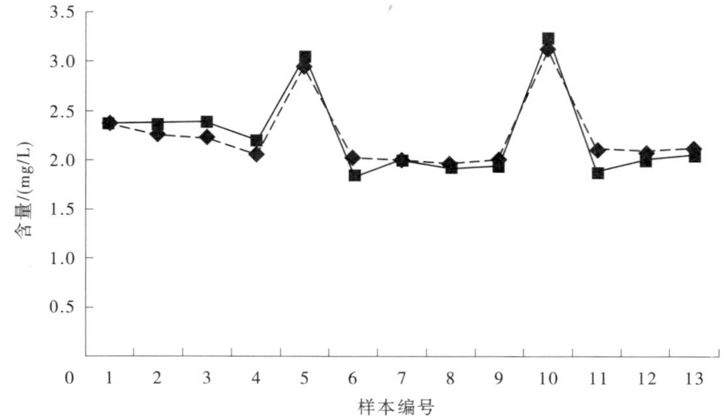

(a)总氮

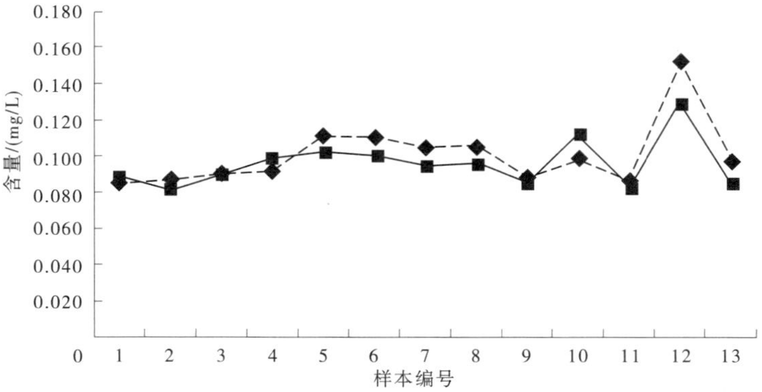

(b)总磷

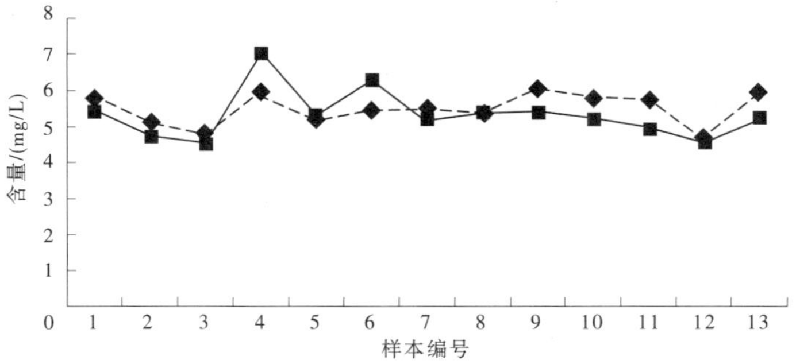

(c)溶解氧

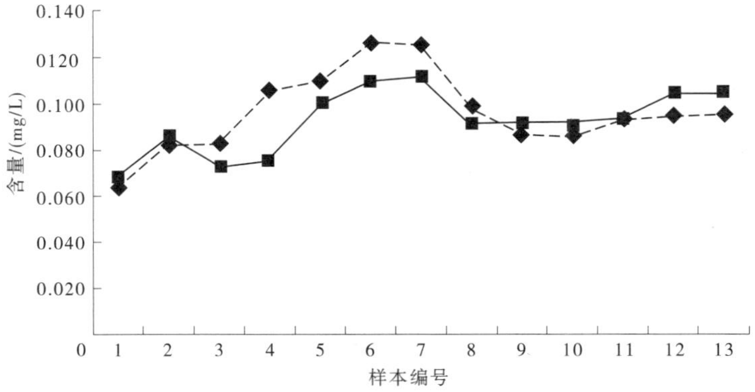

(d)氨氮

光谱检测 化学检测

图 5 手持式光谱仪四种指标的化学法与光谱反演值

3.1.2 浮标式水质监测仪

浮标式水质监测仪主要由浮筒、太阳能板、供电模块、主动光源、光谱采集模块、数据传输模块、定位模块和铅锤组成(见图6)。其中,浮筒用于将设备整体浮于水面,并保持固定吃水量;太阳能板用于将太阳能转换为电能,对供电系统进行充电;供电模块负责给整个设备进行供电;主动光源负责提供稳定的光源;光谱采集模块负责数据的采集和接收;数据传输模块负责对接收到的数据进行传输;定位模块负责对设备位置进行精确定位,保证设备在同一点位,防止设备随水流产生过大位移;铅锤悬挂于设备之上,深入水中,用来保持设备位置不会产生过大偏移。

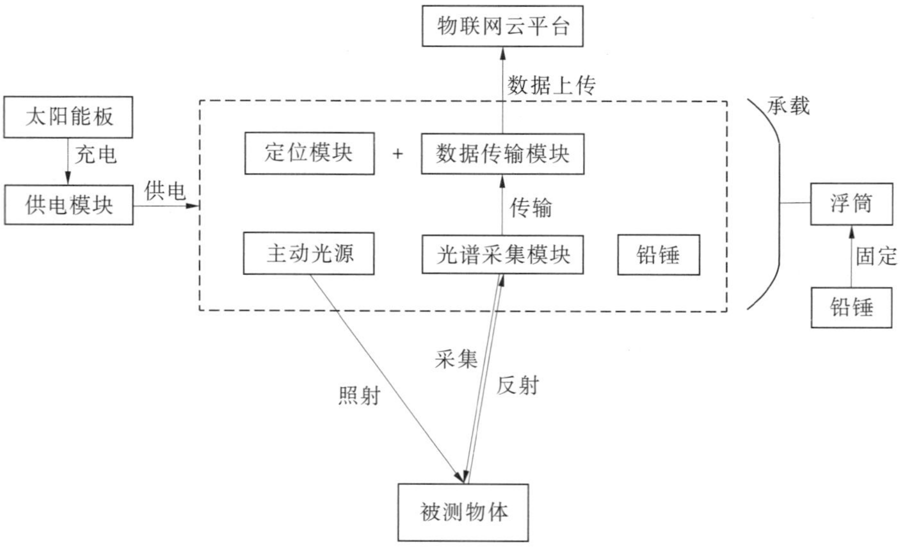

图6 浮标式水质监测仪结构与原理

浮标式水质监测仪是将光谱采集设备集成在浮筒上,利用浮筒的浮力和水下锚的固定实现在河流、水库等地表水体中任意地点的部署。浮标式具有部署过程简单、可多次回收使用和可移动等优点。

浮标式水质监测仪属性和具体参数见表2。

表2 浮标式水质监测仪属性和具体参数

属性	具体参数
质量	<20 kg
波长范围	400~1 000 nm
供电	锂电池、太阳能,连续阴雨天气,可工作20 d(30 min采样间隔)
波段数量	303个
通信接口	4 G/5 G
采集频次	可调节,最优5 s/次

3.1.3 其他形式的水质监测仪

岸基式水质监测仪主要是控制水泵及电磁阀进行抽水,将被测点水样通过长距离管道抽至岸边水箱,接着使用光谱采集设备进行数据采集。岸基式水质监测仪的优势在于可以排除水面波动、异物进入等对数据采集的影响,还可以根据需求对河流内不同位置水体进行抽样监测。

管道式水质监测仪主要针对水面波动较大的应用场景。固定在堤岸上的管道用于创建半封闭环境。管道内部与水体相连,水位随外部水位的变化而变化。将光谱采集设备集成在浮筒中,并将浮筒放置在管道中,由于减少了外部风浪的影响,保证了数据采集的稳定性和准确性,提高了采集精度,且设备布设于岸边位置,便于维护。

无人船水质监测设备主要针对于水域面积宽、水面与水底距离差极大、水面波动较小的应用场景，使用远程控制的无人船设备，搭载可以浸入水面的光谱采集设备，由于无人船设备的信号传播距离远，且本身带有定位功能，可以连续监测整个大面积水域范围内的任意点位水质参数。

3.2　算法与水质参数反演

3.2.1　人工智能算法

随着大数据和硬件产品的更新和迭代，计算机的计算能力显著提高。利用计算机自行寻找特征的人工智能算法[17]如雨后春笋般涌现，其中使用最广泛的人工智能算法包括：卷积神经网络[18]、生成式对抗神经网络[19]等深度学习算法。

3.2.1.1　卷积神经网络

卷积神经网络是一种包含卷积计算和深度结构的深度前馈神经网络，是深度学习的代表性算法之一。其核心模块是其卷积层和池化层之间的交替连接。卷积层用于提取输入的特征信息，它由多个卷积单元组成，利用反向传播算法优化各个卷积单元的参数。池化层的作用为压缩特征，提取主要特征，从而简化网络计算的复杂度。图7是一种典型的卷积神经网络结构。

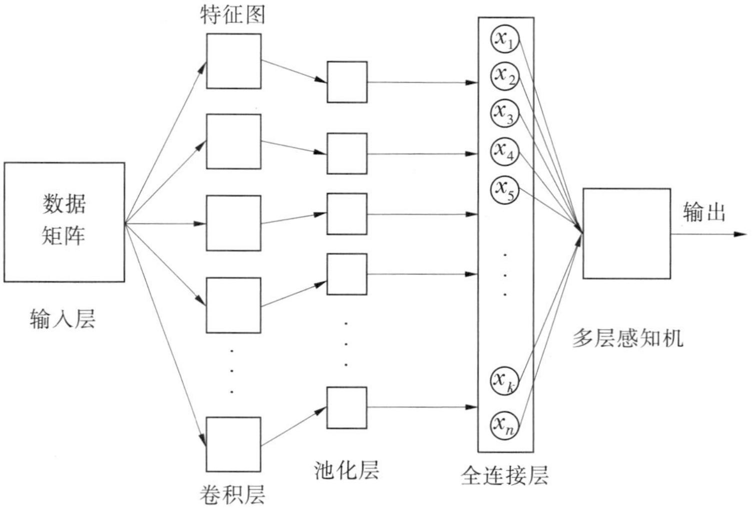

图7　卷积神经网络结构

3.2.1.2　生成式对抗神经网络

生成式对抗神经网络的基本思想源自博弈论的二人零和博弈，由两部分构成：一个生成器和一个判别器，通过对抗学习的方式来训练。生成器用来捕捉真实数据样本的潜在分布，并生成新的数据样本；判别器是一个二分类器，用来判别输入是真实数据还是生成的样本。生成式对抗神经网络的优化过程在本质上是一个有关极小极大的博弈问题，优化的目标是达到两者的均衡，使生成器能够估测到数据样本的分布。图8所示为生成式对抗神经网络的基本思想。

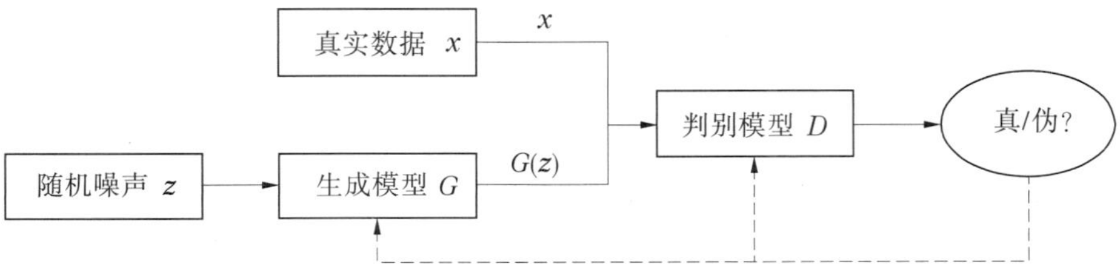

图8　生成式对抗神经网络基本思想

3.2.2　水质参数反演

水质参数反演基本流程是：通过光谱采集设备测量水体光谱，水体光谱传输至智能分析平台，水体光谱预处理之后,按照上述人工智能算法反演水质参数,并将反演结果传输回终端,同时在平台存储备份。具体使用流程如图9所示。

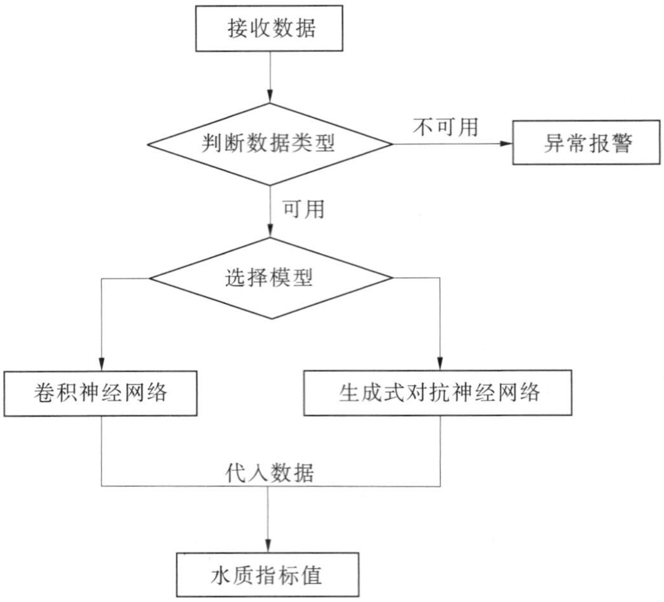

图9 水质参数反演流程

平台首先接收设备发送的光谱数据,通过判断接收的数据的类型,确定是否可用,如果可用则继续进行下一步骤;如果不可用,则说明设备出现故障,发出异常报警。可用的数据经过模型选择(通常模型会进行预设)的计算后得出水质的指标值。

3.3 应用实例

以在广东的固定监测试点为例,使用浮标式水质监测仪,其参数如表3所示。

表3 广东试点浮标式水质检测仪参数

属性	性能参数
波长范围	400~1 000 nm
供电	锂电池+太阳能
波段数量	303
通信接口	4G
采集频次	每20 min采集10条
水质指标	氨氮、化学需氧量、总磷、总氮

对氨氮、化学需氧量、总磷和总氮四个指标进行实际数据的分析与采样。其中,水质指标的化学检测值采用原位水样送往第三方检验机构检验。通过对试点样机的数据回传与分析,使用物联网平台内的卷积神经网络算法进行反演计算,得到上述四个指标的光谱检测值,将两者做散点图,如图10所示。

对四种指标的反演精度见表4,由图10和表4可以看出,使用物联网平台中卷积神经网络运算后得到的数据与实际化学检测数据差距不大,四种指标的相关系数都在0.8以上,其中总磷的相关系数达到0.97;四种指标的平均相对误差都在15%以内,其中化学需氧量的平均相对误差为0.73%。通过对氨氮、化学需氧量、总磷和总氮的反演结果分析,可以证明,使用光谱法对水质指标进行反演是可行的、有效的,给未来水环境变化监测提供了一种新思路。

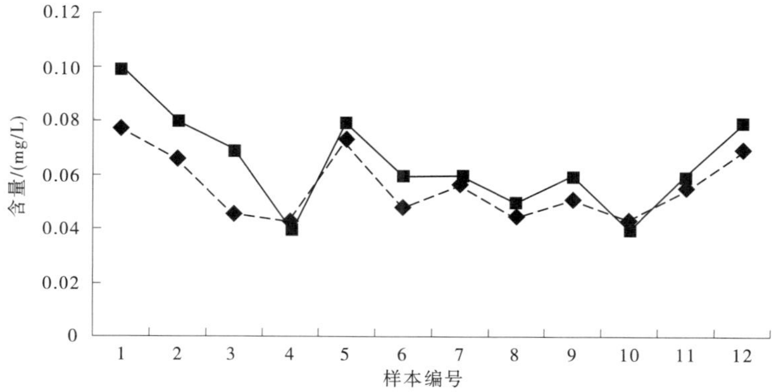

(a)氨氮

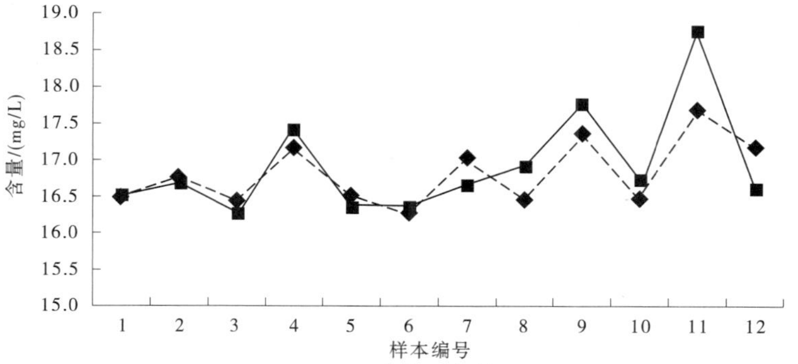

(b)化学需氧量

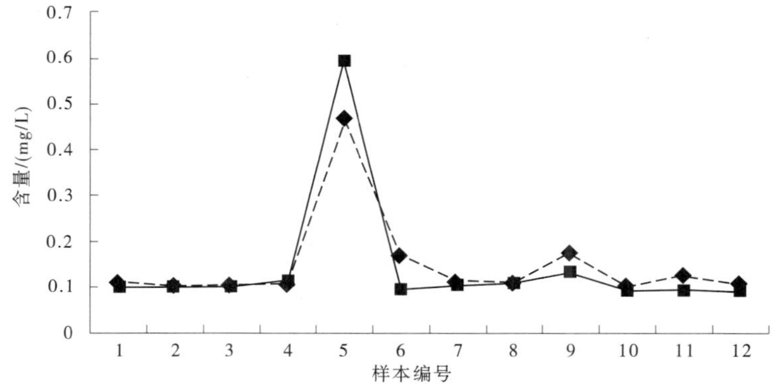

(c)总磷

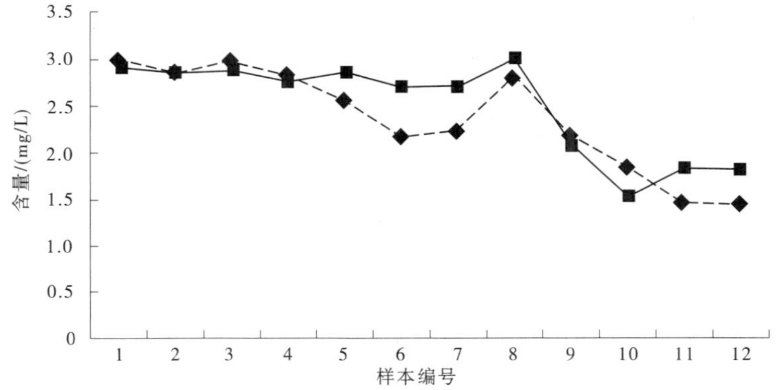

(d)总氮

光谱检测　　化学检测

图 10　四种指标的化学法与光谱反演值

表4 四种指标反演精度

评价指标	氨氮	化学需氧量	总磷	总氮
相关系数	0.895 4	0.826 6	0.973 5	0.872 1
平均相对误差	13.32%	0.73%	1.66%	5.71%

4 总结与展望

水质光谱在线监测系统的出现,克服了化学法、生物传感器法等传统水质在线监测技术周期长、方法复杂、预处理环节多的缺点,由表5可见,也具有操作简单、分析过程少、效率高、无接触、无预处理、无污染、多参数测量等优点,是未来水环境动态变化监测和水污染预警的重要技术手段。

表5 三种水质参数获取系统对比

特性	传统水质在线监测系统	高光谱水质在线监测系统
监测参数	单设备单指标,根据需求配置固定的仪器,如需扩展需增加仪器	单设备多指标,可监测总氮、氨氮、浊度、悬浮物浓度、COD(化学需氧量)、pH值、溶解氧、高锰酸盐指数、叶绿素、总有机碳、亚硝酸盐、色度、生化需氧量、综合营养化指数共计14项参数,测量参数和测量范围可在不增加任何硬件设备的情况下扩展
空间布点	占地面积大,不利于迁移	占地面积小,便于随时更换监测位置
时间频次	不固定	可固定
供电需求	配置大功率的电池和大容量的蓄电池,甚至可能需要市电	电池\太阳能,以浮标式站点为例,采用30 W太阳能板和内置锂电池,可保证连续阴雨天气,持续工作20 d(按30 min采集间隔)
经济性	建设成本高、维护成本高	建设成本低、试剂使用几乎为零,维护成本低
准确性	高	优于85%
环保性	应用化学试剂、存在二次污染	非接触、无添加、无污染

随着时代的进步,硬件系统层面的小型化是未来水质监测的基本发展方向。便携式的设备与更完备的用户交互界面使得使用人群不再是专业人员,普通大众也可以进行操作使用。水质参数的反演模型依然可以继续深入研究,不再仅局限于样本数据的多少来进行建模工作,对机制性的研究仍有待进一步加强。

随着现代通信技术、互联网无线技术、大数据挖掘技术、人工智能、分布式测量等技术的深入研究,在研究不同水质参数谱响应机制的基础上,挖掘其更佳的反演模型,并引入神经网络、深度学习、专家知识等多种算法,将水体进行逐级分类,从而真正意义上地实现高光谱水质在线监测,而不是使用现有的简单集成和手段叠加,以此不断推动着水质监测朝着更加智能化、微型化与网络化的方向发展。与此同时,使用现代无线传感网络技术,分布式构建全天候、广流域覆盖、实时、在线的水质检测监测系统,掌握区域内水质安全与否的信息状态,从而实现污染早期检测预警,最终建立既能够满足地表水体广域覆盖,又能满足水体零星分布情况的水环境监测系统。

参考文献

[1] 褚小立,李敬岩,陈瀑,等. 分子光谱自动检索算法、策略与应用进展[J]. 分析化学,2014(9):1379-1386.
[2] 童庆禧,张兵,郑兰芬. 高光谱遥感——原理技术与应用[M]. 北京:高等教育出版社,2006.

[3] Mittenzwey K H, Ullrich S , Gitelson A A , et al. Determination of chlorophyll a of inland waters on the basis of spectral reflectance[J]. Limnology & Oceanography, 1992, 37(1):147-149.

[4] 巩彩兰, 尹球, 匡定波, 等. 黄浦江不同水质指标的光谱响应模型比较研究[J]. 红外与毫米波学报, 2006, 25(4): 282-286.

[5] 崔爱红. 基于 AISA 高光谱数据的总磷总氮反演[J]. 测绘与空间地理信息, 2016, 39(9):124-126,129.

[6] 张海威, 张飞, 李哲, 等. 艾比湖流域地表水水体悬浮物、总氮与总磷光谱诊断及空间分布特征[J]. 生态环境学报, 2017, 26(6):1042-1050.

[7] 洪姗, 唐静. 关于水体总氮的高光谱实验研究[J]. 科技展望, 2017, 27(22):100.

[8] Shafique N A , Fulk F , Autrey B C , et al. Hyperspectral remote sensing of water quality parameters for large rivers in the Ohio River basin[J]. Renard, 2003.

[9] Kutser T , Verpoorter C , Paavel B , et al. Estimating lake carbon fractions from remote sensing data[J]. Remote Sensing of Environment, 2015.

[10] Rostom N G , Shalaby, Issa Y M , et al. Evaluation of Mariut Lake water quality using Hyperspectral Remote Sensing and laboratory works[J]. Egyptian Journal of Remote Sensing & Space Science, 2017, 20: S39-S48.

[11] 李怡庭. 全国水质监测规划概述[J]. 中国水利, 2003.

[12] 中华人民共和国生态环境部. 生态环境部通报 2021 年 12 月和 1-12 月全国地表水、环境空气质量状况 [R]. 2022.

[13] 张兵. 高光谱图像处理与信息提取前沿[J]. 遥感学报, 2016, 20(5):1062-1090.

[14] 张莹彤, 肖青, 闻建光, 等. 地物波谱数据库建设进展及应用现状[J]. 遥感学报, 2017, 21(1):12-26.

[15] 马士玲. 物联网技术在智慧城市建设中的应用[J]. 物联网技术, 2012, 2(2):70-72.

[16] 吴季友, 陈传忠, 赵岑, 等. 国家生态环境监测"十四五"展望[J]. 中国环境管理, 2020, 12(4):62-67.

[17] 贾环. 人工神经网络在水文水资源中的应用[J]. 工程技术, 2017, 34:133.

[18] 孙志军, 薛磊, 许阳明, 等. 深度学习研究综述[J]. 计算机应用研究, 2012, 29(8):2806-2810.

[19] Ledig C, Theis L , F Huszar, et al. Photo-Realistic Single Image Super-Resolution Using a Generative Adversarial Network[J]. IEEE Computer Society, 2016.

基于 MIKE 11 的淀山湖流域氮磷负荷模型构建研究

黄 静[1,2] 卢士强[1,2] 王 彪[1,2] 杨漪帆[1,2]

(1. 上海市环境科学研究院,上海 200233;
2. 上海水环境模拟与水生态修复工程技术研究中心,上海 200233)

【摘 要】 为有效解决淀山湖富营养化问题,从流域水污染智能溯源角度出发,将 MIKE 11 软件建立的水动力子模型、降雨径流子模型、水质子模型进行耦合计算,构建起淀山湖流域氮磷负荷数学模型。采用实测水位、水质资料对模型进行率定与验证,并结合纳什效率系数(E)对模拟结果进行评估,结果表明,模型计算得到的水位、总氮与实测数据拟合极好,E 值分别大于 0.77、0.67;总磷的计算值与实测值拟合良好,E 值大于 0.51。由此表明建立的数学模型可应用于淀山湖流域氮磷负荷研究。

【关键词】 淀山湖流域;水环境;数值模拟

1 引 言

受人类活动影响,氮磷等营养物质通过工业直排、生活直排、污水处理厂、畜禽养殖、种植业、水产养殖、大气沉降等多种方式过量进入河流、湖泊及水库中,致使水中藻类大量繁殖,引起水体富营养化,导致水生动物大量死亡。

水体富营养化作为全球性水污染问题,已经引起全社会关注,尤其是饮用水水源的湖泊富营养化问题。淀山湖是上海最大的淡水湖泊,兼具了饮用水水源地、径流调节、农田排灌、水上航运、水上运动以及风景旅游等多重功能[1]。近些年来,大量污水排入淀山湖致使水体严重富营养化。对此,许多专家通过现场监测手段调查了淀山湖的水质[2]、表层沉积物[3-4]、水生态[5]、浮游动植物[6-8]、大型底栖动物[9],收集了大量历史数据并结合综合营养状态指数法、潜在性富营养化评价法、主成分分析法等不同统计分析方法研究了淀山湖水质变化特征[10-12],开展了室内试验测定淀山湖沉积物-水界面处氮磷的释放速率[13]、表层沉积物的反硝化速率[14]。少数学者运用遥感技术将卫星数据与地面实测数据协同反演了淀山湖水体中叶绿素 a 的浓度分布[15],采用完全混合系统水质模型——Vollenwelder 模型和 Dillion 模型分别估算了淀山湖水体中化学需氧量、总氮、总磷的环境容量[16],利用 GIS 分析工具对淀山湖流域治理片区进行了划分[17]。与这些研究成果相比,数值模拟技术虽然具有研究周期短、能模拟较复杂过程的优势,但是模型的构建需要集齐水文、地形、气候、水工构筑物等大量基础数据,涉及的资料种类多、收集难度大,因此通过构建流域水文水质模型研究特征污染物在淀山湖水体中的运动变化就少之又少。Chen 等[18]利用 Delft3D 软件建立了淀山湖三维水动力和水生生态学数学模型,研究了湖泊水体水华时藻类的空间分布特征。王子轩等[19]运用建立的淀山湖流域一维平原河网水量水质模型,计算比较了 7 个水质达标方案对千灯浦口断面氨氮、总磷的降低程度。

湖泊及其流域是一个整体,其中湖泊是其所在流域的主要收纳水体,因此为有效改善淀山湖水质,亟需从流域角度实现水污染智能溯源,对此本研究通过资料收集分析得到模型所需的地理空间、降雨及污染源排放量等基础数据,并利用 MIKE 11 软件建立起淀山湖流域氮磷负荷数学模型,以期为淀山湖

基金项目:上海市中央引导地方科技发展专项基金项目——长三角一体化示范区水体污染联防联控关键技术研究与示范(No. YDZX20193100004649);上海市 2021 年度“科技创新行动计划”社会发展科技攻关项目——太湖流域水体智能监测与精准治理关键技术研究与示范(21DZ1202500)

流域管理的数字化、智慧化和精细化提供技术支撑。

2 基本方程

2.1 水动力模块(HD)

水动力模块(HD)控制方程为一维非恒定流圣维南(Saint-Venant)方程组,其数学表达式如下:

$$\left.\begin{aligned}&B_s\frac{\partial h}{\partial t}+\frac{\partial Q}{\partial x}=q\\&\frac{\partial Q}{\partial t}+\frac{\partial}{\partial x}\left(\frac{\alpha Q^2}{A}\right)+gA\frac{\partial h}{\partial x}+\frac{gQ|Q|}{C^2AR}=0\end{aligned}\right\}\tag{1}$$

式中,x 为空间坐标;t 为时间坐标;Q 为断面流量;h 为水位;A 为断面过流面积;R 为水力半径;B_s 为河道宽度;q 为单位河长的旁侧入河流量;C 为谢才系数;g 为重力加速度;α 为垂向速度分布系数,$\alpha=\frac{A}{Q^2}\int_A u^2\mathrm{d}A$,其中 u 为断面平均流速。

2.2 降雨径流模块(RR)

降雨径流模块(RR)采用 NAM 模型计算流域产汇流,包括地表径流计算、进入地下水储水层的水量计算、下渗量计算、壤中流计算、基流计算、毛细管水流计算等。

2.1.1 地表径流

计算公式为

$$\mathrm{QOF}=\begin{cases}C_{\mathrm{QOF}}\dfrac{\dfrac{L}{L_{\max}}-\mathrm{TOF}}{1-\mathrm{TOF}}P_{\mathrm{N}} & (\dfrac{L}{L_{\max}}>\mathrm{TOF})\\0 \quad (\dfrac{L}{L_{\max}}\leqslant \mathrm{TOF})\end{cases}\tag{2}$$

式中,QOF 为地表径流;C_{QOF} 为地表径流系数;L 为根区储水层储水深度;$L_{\max}$ 为根区储水层储水容量;TOF 为地表径流阈值;P_{N} 为剩余水量。

2.1.2 进入地下水储水层的水量

计算公式为

$$G=\begin{cases}(P_{\mathrm{N}}-\mathrm{QOF})\dfrac{\dfrac{L}{L_{\max}}-\mathrm{TG}}{1-\mathrm{TG}}P_{\mathrm{N}} & (\dfrac{L}{L_{\max}}>\mathrm{TG})\\0 \quad (\dfrac{L}{L_{\max}}\leqslant \mathrm{TG})\end{cases}\tag{3}$$

式中,G 为进入地下水储水层的水量;TG 为地下水补给阈值。

2.1.3 进入根区储水层的下渗量

计算公式为

$$\mathrm{DL}=(P_{\mathrm{N}}-\mathrm{QOF})-G\tag{4}$$

式中,DL 为进入根区储水层的下渗量。

2.1.4 壤中流

计算公式为

$$\mathrm{QIF}=\begin{cases}(C_{\mathrm{KIF}})^{-1}\dfrac{\dfrac{L}{L_{\max}}-\mathrm{TIF}}{1-\mathrm{TIF}}P_{\mathrm{N}} & (\dfrac{L}{L_{\max}}>\mathrm{TIF})\\0 \quad (\dfrac{L}{L_{\max}}\leqslant \mathrm{TIF})\end{cases}\tag{5}$$

式中,QIF 为壤中流;C_{KIF} 为壤中流时间常数;TIF 为根系带壤中流产流阈值。

2.1.5 基流

计算公式为

$$BF = \begin{cases} (GWLBF_0 - GWL)S_y(C_{KBF})^{-1} & (GWL \leqslant GWLBF_0) \\ 0 & (GWL > GWLBF_0) \end{cases} \tag{6}$$

式中,BF 为基流;$GWLBF_0$ 为地下水储水层产流最大水深;S_y 为土壤出水系数;C_{KBF} 为基流汇流时间常数;GWL 为地下水水深。

2.1.6 毛细管水流

计算公式为

$$CAFLUX = \left(1 - \frac{L}{L_{max}}\right)^{-1}\left[\frac{GWL}{GWLFL_1}\right]^{-\alpha} \tag{7}$$

式中,CAFLUX 为毛细管水流量;$\alpha = 1.5+0.45GWLFL_1$;$GWLFL_1$ 为根系带完全干枯时毛细管水流达到 1 mm/d 的地下水水深。

2.3 对流扩散模块(AD)

对流扩散模块(AD)采用一维非恒定流对流扩散方程计算,即

$$\frac{\partial C}{\partial t} + u\frac{\partial C}{\partial x} = \frac{\partial}{\partial x}\left(E_x\frac{\partial C}{\partial x}\right) - KC \tag{8}$$

式中,C 为模拟物质的浓度;E_x 为扩散系数;K 为模拟物质的一级衰减系数。

3 淀山湖流域氮磷负荷数学模型构建

3.1 研究区域概况

淀山湖地处上海与江苏的交界,总面积约 62 km^2[20],上游承接太湖来水,下游经拦路港、淀浦河等下泄入黄浦江。淀山湖所在流域河网密布,湖荡聚集,属长江三角洲滨海平原,地势平坦,地面平均高程为 3.8~4.0 m(吴淞高程)[8]。该流域受亚热带季风气候影响,四季分明,雨量充沛,年均降水量为 1 037.7 mm 且空间分布较均匀,但是降雨量随季节变化显著,即汛期(5~9 月)年均降雨量为 616.3 mm,占全年雨量的 58.6%[8]。

3.2 模拟范围及河网概化

本研究建立的淀山湖流域数学模型的模拟范围西起京杭运河,东至油墩港,南至太浦河,北至吴淞江。根据研究区域所在的地形条件及水流情况,综合考虑对淀山湖水质有较大影响以及流域内有污染源的河流进行河网概化。概化后的河网示意见图 1。

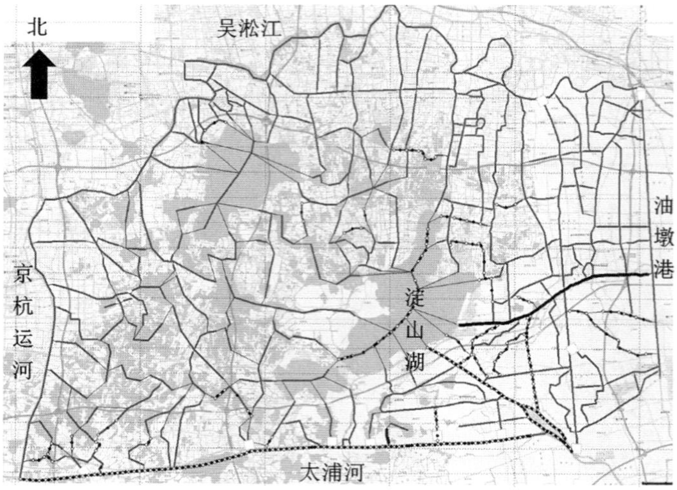

图 1 概化后的淀山湖流域河网示意图

3.3　集水区划分

结合实际情况,综合长三角一体化地区管控单元与水利片,运用 GIS 将模拟区域划分为 7 个集水区,最大面积为 447.07 km^2、最小面积为 44.88 km^2(见表 1)。

表 1　淀山湖流域模型集水区划分结果

序号	集水区名称	面积/km^2	涉及街镇名称	隶属国控单元名称
1	catchment1	241.62	角直镇、张浦镇	吴淞江(江苏省)控制单元
2	catchment2	447.07	同里镇、周庄镇、锦溪镇、千灯镇、淀山湖镇、商榻、淀山湖(北)	淀山湖(江苏省、上海市)控制单元
3	catchment3	44.88	江陵街道(部分)	吴淞江(江苏省)控制单元
4	catchment4	54.66	八坼街道(部分)	太湖及下游湖滨区(江苏省)控制单元
5	catchment5	286.35	平望镇部分、黎里镇	太浦河(江苏省、浙江省、上海市)控制单元
6	catchment6	135.07	金泽镇、练塘镇(部分)、淀山湖(南)	淀山湖(江苏省、上海市)控制单元
7	catchment7	386.45	朱家角镇、模拟范围内其他街镇	淀山湖(江苏省、上海市)控制单元

3.4　边界条件设置

河网水动力模型上、下开边界采用水位控制。

模型内部边界包括降雨、蒸发、污染点源和面源。降雨量采用苏州市吴中区 2017~2018 年逐时降雨数据。蒸发量采用青浦区 2017~2018 年逐月数据。通过资料收集得到模拟范围内相关街镇点源污染(工业直排、生活直排、污水处理厂)和面源污染(畜禽养殖、种植业、水产养殖、地表径流)中总氮排放量分别为 3 107.8 t/a、2 571.6 t/a,总磷排放量分别为 126.3 t/a、388.7 t/a,淀山湖流域污染负荷据此进行设定。

3.5　初始条件设置

NAM 模型输出到 HD 模型中的径流在模拟过程中作为边界条件处理,NAM 模型的初始条件设置具体见表 2。

表 2　NAM 模型主要参数

参数	描述	取值范围	初始值
U_{max}	地表储水层最大含水量/mm	10~25	8
L_{max}	土壤层/根区最大含水量/mm	50~250	40
C_{QOF}	坡面流系数	0~1	0.38
C_{KIF}	壤中流排水常数/h	500~1 000	500
TOF	坡面流临界值	0~1	0
TIF	壤中流临界值	0~1	0
TG	地下水补给临界值	0~1	0
CK_{12}	坡面流和壤中流时间常数/h	3~48	3
C_{KBF}	基流时间常数/h	500~5 000	2 500

3.6　模型校验

利用纳什效率系数验证模拟结果的好坏,其计算公式为[21]

$$E = 1 - \frac{\sum_{i=1}^{N}(X_{obs} - X_{mod})^2}{\sum_{i=1}^{N}(X_{obs} - \overline{X_{obs}})^2} \tag{9}$$

式中,E 为纳什效率系数;X_{obs} 为实测值;X_{mod} 为模型计算值;$\overline{X_{obs}}$ 为实测平均值。

当 $E>0.65$ 时,模拟极好;当 $0.5<E\leqslant 0.65$ 时,模拟良好;当 $0.2\leqslant E\leqslant 0.5$ 时,模拟一般;当 $E<0.2$ 时,模拟差[21]。

3.6.1 水位

采用 2017 年 7 月泖甸、金泽实测水位数据对模型计算得到的水位值进行率定,得到泖甸、金泽的 E 值分别为 0.89、0.86,满足误差要求(见图 2)。在此基础上,采用 2021 年 7 月实测水位数据对模型进行验证,得到泖甸、金泽的 E 值分别为 0.77、0.85,表明模型的计算结果与实测数据拟合较好(见图 3)。通过率定与验证得到河道糙率为 0.03。

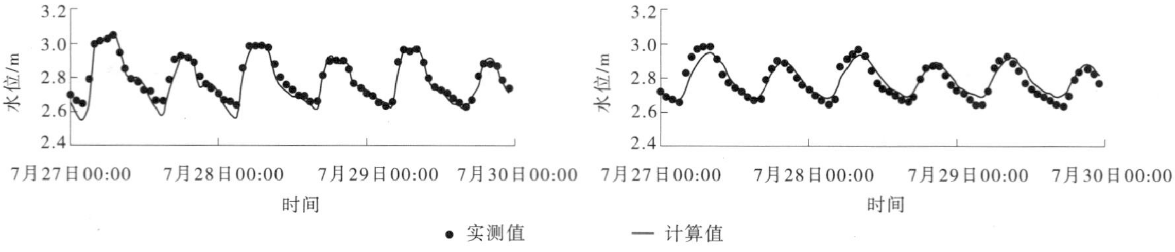

(a)泖甸　(b)金泽

图 2　淀山湖流域水位率定结果(2017 年)

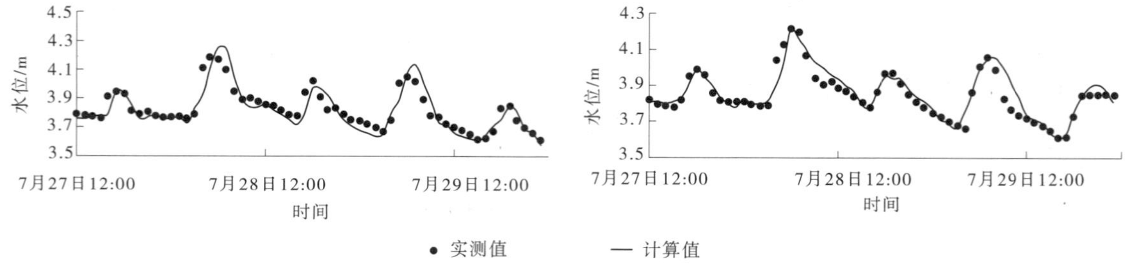

(a)泖甸　(b)金泽

图 3　淀山湖流域水位验证结果(2021 年)

3.6.2 总氮

采用 2018 年总氮逐月实测数据对模型进行验证,得到黄浦江(淀峰)、太浦河(太浦河桥)、油墩港(纪鹤公路桥)断面总氮的 E 值分别为 0.81、0.67、0.90,表明模型计算得到的总氮值与实测数据拟合极好(见图 4)。通过率定与验证得到总氮降解系数为 0.002 4/d。

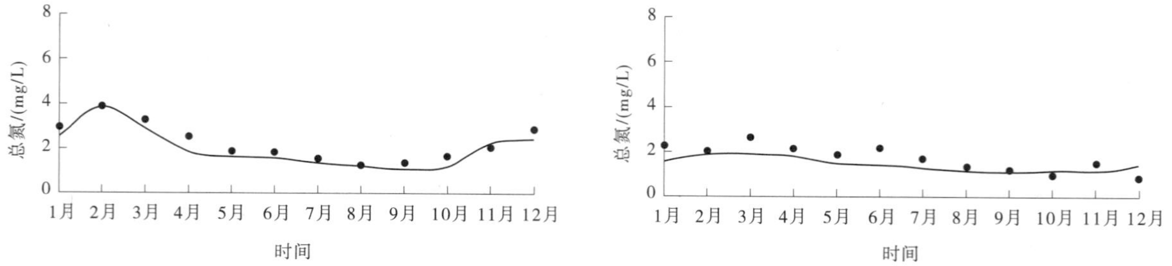

(a)黄浦江(淀峰)　(b)太浦河(太浦河桥)

图 4　淀山湖流域总氮验证结果(2018 年)

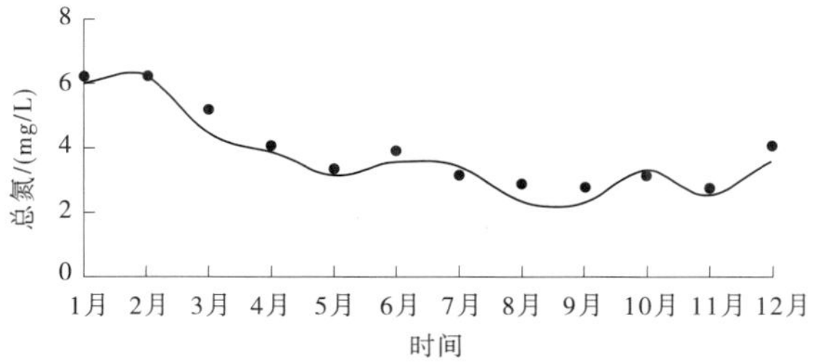

(c)油墩港(纪鹤公路桥)

• 实测值　　—— 计算值

续图 4

3.6.3　总磷

采用 2018 年总磷逐月实测数据对模型进行验证,得到黄浦江(淀峰)、太浦河(太浦河桥)、油墩港(纪鹤公路桥)断面总磷的 E 值分别为 0.59、0.51、0.58,表明模型计算得到的总磷值与实测数据拟合良好(见图 5)。通过率定与验证得到总磷降解系数为 0.012/d。

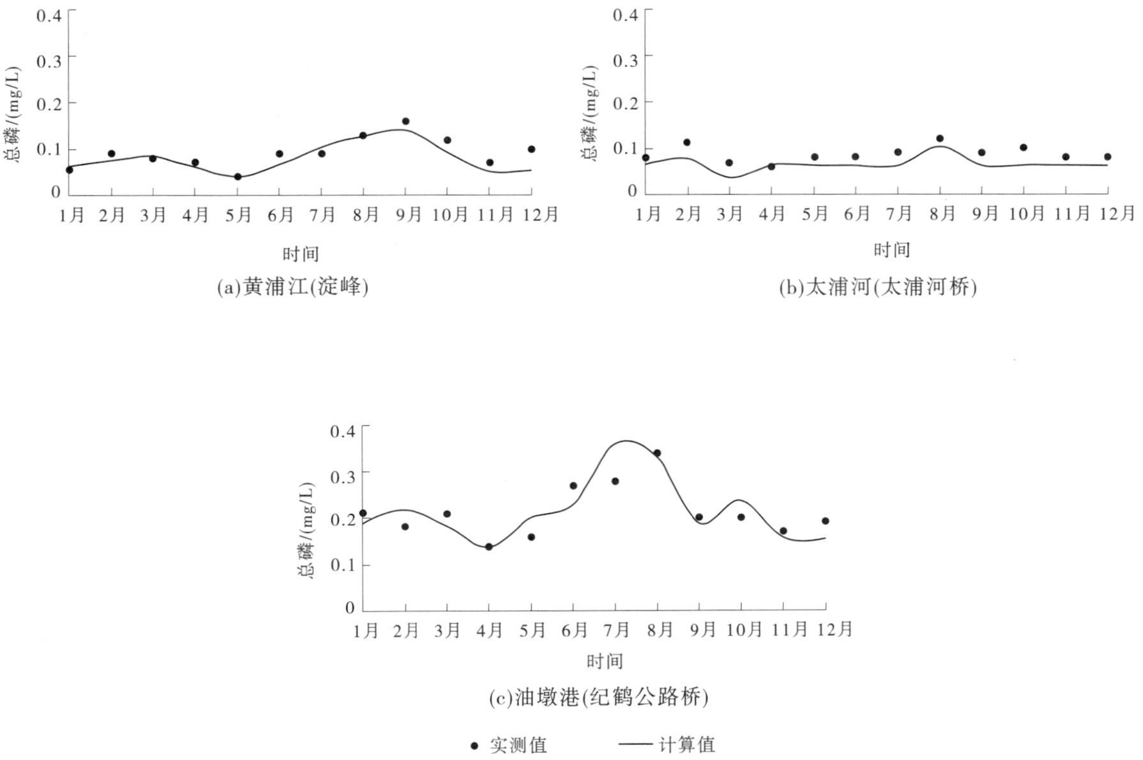

图 5　淀山湖流域总磷验证结果(2018 年)

4　结　论

淀山湖集饮用水水源地、径流调节、农田排灌、水上航运、水上运动以及风景旅游等功能于一体。近些年来,受污水大量排入影响,水质欠佳,富营养化严重。为实现水污染智能溯源,本研究将 MIKE 11 软件建立的水动力子模型、降雨径流子模型、水质子模型进行耦合计算,建立了淀山湖流域氮磷负荷数学模型。采用实测数据对模型进行率定与验证,并结合纳什效率系数(E)对模拟结果进行评估,结果表明,模型计算得到的水位、总氮与实测数据拟合极好,E 值分别大于 0.77、0.67;总磷的计算值与实测值拟合良好,E 值大于 0.51。由此表明,本研究建立的数学模型可应用于淀山湖流域氮磷负荷研究。

参考文献

[1] 卢嘉, 李小平, 陈小华,等. 淀山湖水环境污染探析[J]. 环境科学与管理, 2011, 36(2): 116-120.

[2] 郑亚利, 胡雪峰, 陆思文,等. 淀山湖水质及环湖稻田农业面源污染的关系[J]. 上海大学学报(自然科学版), 2021, 27(6):1056-1064.

[3] 杜威宁, 刘敏, 朱俊敏,等. 淀山湖沉积物 PAHs 季节分布与风险度指数评价[J]. 中国环境科学, 2019, 39(9): 3999-4006.

[4] 韩秀梅, 马超, 郑容,等. 淀山湖沉积物的污染特征及其风险评价[J]. 中国环境监测, 2014, 30(2):31-34.

[5] 王霞, 郭凯娟, 李晓旭,等. 淀山湖浮游植物生物完整性指数的构建及水生态健康评价[J]. 上海师范大学学报(自然科学版), 2021, 50(1):39-49.

[6] 杜彩丽,杨丽,赵诣,等. 淀山湖浮游动物群落时空分布特征及其与环境因子的关系[J]. 环境科学, 2019, 40(10): 4513-4522.

[7] 张琪, 蒋跃, 靳士科,等. 上海市淀山湖春夏季浮游植物功能群组研究[J]. 华东师范大学学报(自然科学版), 2016,(6):54-64.

[8] 程曦. 淀山湖氮磷营养物与浮游藻类增长相互关系的研究[D]. 上海:华东师范大学,2010.

[9] 朱利明, 肖文胜, 周东,等. 淀山湖大型底栖动物群落结构及其与环境因子的关系[J]. 水生态学杂志, 2019, 40(2):55-65.

[10] 张玉平, 张丹, 刘金金. 淀山湖富营养化驱动力初探[J]. 环境监测管理与技术, 2021, 33(5):26-30.

[11] 康丽娟. 淀山湖富营养化进程及水生态效应研究[J]. 环境科学与管理, 2020, 45(6):171-174.

[12] 张德林, 陆佳麟, 张佳婷,等. 气象条件对淀山湖水质的影响[J]. 湖泊科学, 2016, 28(6):1235-1243.

[13] 于听雷, 高歌, 王席,等. 淀山湖沉积物-水界面氮磷通量及其生态环境效应研究[J]. 环境科学与管理, 2017, 42(10):145-150.

[14] 吴佳栩, 范儒, 王敏琛,等. 淀山湖沉积物的反硝化脱氮能力及其环境意义[J].环境科学学报, 2018,38(3):867-874.

[15] 陈命男. 基于 Landsat 8 数据的淀山湖叶绿素 a 浓度遥感反演研究[J]. 中国资源综合利用, 2021, 39(2):44-50.

[16] 张玉平, 张丹, 孙振中. 上海市淀山湖水域春夏季水质特征及环境容量分析[J]. 水资源与水工程学报, 2017, 28(6):90-96.

[17] 高爽, 祝栋林, 车前进. 基于流域视角的水环境综合治理规划研究——以江苏省淀山湖为例[J]. 中国环境管理, 2015(5):54-60.

[18] Chen Y Z, Lin W Q, Zhu J R,et al. Numerical simulation of an algal bloom in Dianshan Lake[J]. Chinese Journal of Oceanology and Limnology, 2016, 34(1): 231-244.

[19] 王子轩, 逄勇, 罗缙,等. 淀山湖流域平原河网水环境容量及控制断面水质达标方案研究[J]. 水资源与水工程学报, 2015,26(6):61-65.

[20]《上海水利志》编纂委员会. 上海水利志[M]. 上海: 上海社会科学院出版社, 1997.

[21] Allen J J, Somerfield P J, Gilbert F J. Quantifying uncertainty in high-resolution coupled hydrodynamic-ecosystem models [J]. Journal of Marine Systems,2007,64: 3-14.

长江水沙变化对目平湖泥沙冲淤演变的影响

徐祎凡[1,2]　陈黎明[1,2]　陈炼钢[1,2]　施　勇[1,2]　胡腾飞[1,2]

（1. 南京水利科学研究院，江苏南京　210029；
2. 水文水资源与水利工程科学国家重点实验室，江苏南京　210029）

【摘　要】本研究以宜昌水沙变化过程为驱动力，结合水文实测资料、水下地形数据以及遥感影像等数据，分析了近30年来目平湖的冲淤演变情况，以期揭示长江水沙变化与目平湖湖区的响应关系。研究结果表明，宜昌站以下长江干流来沙量在三峡水库建成后大幅下降，进而导致通过三口河系（松滋河、虎渡河、藕池河）进入目平湖的输沙量下降，从而对湖区的冲淤态势造成影响。自20世纪80年代至2008年，目平湖总体处于淤积状态，水域面积显著减少，以南嘴站30 m左右水位为基准，目平湖水域面积由1982年的203.66 km^2下降至2008年的110.13 km^2；而当三峡水库建成蓄水后，其总体冲淤态势发生逆转。湖区目前主要呈现为深槽和大部分滩地冲刷，而湖底区以及部分滩地淤积的状态，2003~2011年湖区平均冲刷厚度约为0.047 m，冲刷体积为$1.54\times10^7 m^3$。同时2011年水域面积也略微增加，达到110.81 km^2。

【关键词】目平湖；冲淤变化；三峡水库；水域面积；遥感

1　引　言

洞庭湖是长江中游重要的通江型湖泊，是长江经济带建设的重要腹地[1]。它位于长江荆江段南侧，地跨湘、鄂两省，是湘、资、沅、澧以及荆江河段调蓄分洪的重要场所，其对调蓄长江上游洪峰来水，减轻荆江河段以及城陵矶以下干流江段的洪水压力起到了至关重要的作用。而随着长江上游一系列水利工程的建设，特别是在三峡水库的建成和蓄水发电后，长江中游洞庭湖湖区的水文泥沙情势发生了显著变化。

目平湖是洞庭湖重要的组成部分，荆江的来水来沙首先通过三口（松滋、太平、藕池）汇入目平湖，它们是湖区泥沙的主要来源[2]。此外，澧水和沅江也在目平湖交汇，所以目平湖是距离三口河系最近，受到水沙关系影响最为直接的湖区。随着长江上游来水来沙的变化，目平湖原本的泥沙冲淤规律也势必发生改变。

目前，针对洞庭湖的泥沙冲淤演变已有学者开展了大量相关研究[3-7]，但研究时期主要集中于三峡水库运行前，而针对新水沙条件下的洞庭湖泥沙冲淤研究还相对较少，部分学者通过实测地形和水沙数据探讨了三峡水库蓄水对洞庭湖泥沙冲淤的影响[8-9]。针对目平湖，这一位于洞庭湖西部的局部湖区开展深入研究则更为鲜见。因此，本研究在收集到的目平湖近年来实测地形数据以及相关水文数据的基础上，结合长时间序列的遥感影像数据，综合分析了目平湖的泥沙冲淤量、空间分布以及水域面积变化等方面，研究了三峡建坝后目平湖泥沙冲淤演变的趋势，为进一步揭示新水沙条件下，长江中游通江湖泊的演变规律提供参考。

2　研究区概况

目平湖是西洞庭湖目前现存面积最大的湖泊，是洞庭湖重要的组成部分。其位于湖南省常德市境内，东经112°03′45″~112°18′45″，北纬28°47′30″~29°07′30″。荆江从北部经松虎河系进入湖区，澧水由西北部经澧水洪道进入湖区，沅水从西部汇入，目平湖东部通过南嘴和小河嘴分别连通南洞庭湖[10]。

资助项目：国家重点研发计划（2021YFC3200304）；重庆市交通局科技项目（2020-07）

目平湖的湖区边界由自然岸线、河湖堤防以及水体分界线组成,本研究中,将堤坝阻拦的湖汊不计入湖泊面积,最终确定统计分析的湖区面积为 323 km^2。

3 研究方法

3.1 研究数据

3.1.1 实测数据

本研究中采用的实测数据主要包括实测地形数据和水文数据,其中,地形数据主要为 2003 年和 2011 年目平湖实测水下地形资料,水文数据为宜昌水文站 1981~2016 年的年径流量、含沙量和输沙量等数据。

3.1.2 遥感影像数据

研究中采用的遥感卫星数据主要为美国的 Landsat-3 卫星的多光谱扫描仪 MSS(Multispectral Scanner)数据和 Landsat-5 卫星的专题制图仪 TM (Thematic Mapper)数据。Landsat-3 卫星于 1978 年 3 月 5 日升空,退役时间为 1983 年 3 月 31 日,其上搭载的 MSS 传感器初步具备了全球连续覆盖、空间分辨率适中等优势,并能够提取多种地表地物信息。Landsat-5 卫星于 1984 年 3 月 1 日升空,退役时间为 2011 年 11 月 18 日,它搭载的 TM 传感器在 MSS 的基础上进行了大量技术改进,辐射分辨率、几何精度等方面的性能也显著增强,已具备提供精细地表信息的能力[11-12]。表 1 为 MSS 和 TM 的波段参数设置。

表 1　MSS 和 TM 的波段参数设置

Landsat 2	波长范围/μm	空间分辨率/m	Landsat 2	波长范围/μm	空间分辨率/m
MSS 4	0.5~0.6	79	TM 1	0.45~0.52	30
MSS 5	0.6~0.7	79	TM 2	0.52~0.60	30
MSS 6	0.7~0.8	79	TM 3	0.63~0.69	30
MSS 7	0.8~1.1	79	TM 4	0.76~0.90	30
—	—	—	TM 5	1.55~1.75	30
—	—	—	TM 6	10.40~12.50	120
—	—	—	TM 7	2.08~2.35	30

研究中,以南嘴水文站 30 m 左右水位为基准,选取了该水位下对应的 Landsat-3 卫星 MSS 数据 1 景和 Landsat-5 卫星 TM 数据 3 景,影像日期及对应南嘴水文站水位信息如表 2 所示,用来获取在近似相同的高水位下的目平湖湖区水域面积近 30 年的变化趋势。

表 2　研究中使用影像数据的时间及对应水位

传感器	影像获取时间(年-月-日)	同期水位高程/m
MSS	1982-11-10	30.40
TM	1995-09-23	30.22
	2008-06-06	30.15
	2011-08-18	30.40

3.2 研究方法

3.2.1 实测数据处理方法

通过收集的 2003 年和 2011 年水下地形测量数据,采用 ArcGIS 进行数据处理,将由高程点和等高线生成的不规则三角网 TIN(Triangulation Irregular Net),转换成数字高程模型 DEM(Digital elevation model),生成的 DEM 栅格大小为 10 m×10 m,并对其进行投影,以此为基础对目平湖 2003~2011 年的冲淤分布进行计算分析。

水文数据的统计分析采用的是 SPSS17 软件进行的，包括对水文数据的均值、最大值、最小值、线性回归、非线性回归等进行统计分析。采用皮尔森相关性分析的方法研究各个变量之间的相关关系。

3.2.2　影像数据处理方法

对 Landsat 数据的预处理主要包括辐射定标和大气校正等步骤。辐射定标的目的是建立遥感传感器的数字量化输出值[DN 值(digital number)]与其所对应视场中辐亮度(L)之间的定量关系，从而采用式(1)将灰度值转换为辐亮度，

$$L = DN/a + L_0 \tag{1}$$

式中，L 为辐亮度；a 为绝对定标系数增益；L_0 为偏移量。

转换后辐亮度单位为 $W \cdot m^{-2} \cdot sr^{-1} \cdot \mu m^{-1}$。

大气校正的目的是消除大气和光照等因素对地物反射的影像。研究中，采用的是 6S(Second Simulation of Satellite Signal in the Solar Spectrum)大气校正模型。它是目前可以较好校正 Landsat 数据的方法。经过大气校正后，影像的辐亮度值就转化为了遥感反射率值。

此外，采用目前应用较为广泛的归一化差异水体指数(NDWI)对目平湖进行了水域面积的识别和提取。该方法为 Mcfeeter 利用 Landsat 的绿光波段和近红外波段通过波段组合运算来增强水体光谱强度并抑制其他地物信息来识别水体的一种指数方法[13]。它的运算公式如下所示：

$$NDWI = (B_{Green} - B_{NIR})/(B_{Green} + B_{NIR}) \tag{2}$$

式中，B_{Green} 为绿光波段；B_{NIR} 为近红外光波段。

B_{Green}、B_{NIR} 分别对应表 1 中 MSS 数据的 MSS 4 和 MSS 6 以及 TM 数据的 TM 2 和 TM 4。

水域面积变化分析主要采用水域面积和面积变化率进行，其中面积变化率的获取采用的公式如下：

$$CR_{area} = |A_{year1} - A_{year2}| / A_{year1} \tag{3}$$

式中，CR_{area} 为面积变化率；A_{year1} 为起始年份面积；A_{year2} 为对比年份面积。

4　结果与讨论

4.1　目平湖泥沙冲淤空间分布特征

4.1.1　基于实测地形数据的冲淤分布特征分析

研究中通过对比分析了 2003 年和 2011 年目平湖的水下地形，对三峡蓄水后目平湖全湖冲淤状态进行研究。研究中发现，目平湖整体呈现轻微冲刷的状态，整个湖区冲刷厚度为 4.7 cm，冲刷体积为 1.54×10^7 m^3。

为进一步比较不同湖区的冲淤变化，研究中将目平湖划分为 4 个区域对冲淤变化进行分析，分别为 a 区澧水、三口洪道入湖区(由澧水洪道和松滋河入湖口至八风窖河)，b 区湖心区(目平湖湖心区)，c 区沅水洪道区(沅江入湖口至雷家嘴)以及 d 区目平湖入南洞庭湖河道区(雷家嘴至朱家嘴)(见图 1)。经过统计分析后发现，四个湖区的冲刷厚度分别为 16.2 cm、1.6 cm、0.3 cm 以及 3.7 cm，冲刷体积分别为 1.31×10^7 m^3、1.4×10^6 m^3、2.6×10^5 m^3 以及 6.7×10^5 m^3。由此可见，目平湖北部的洪道冲刷最为严重，冲刷量占了全湖冲刷量的 84.90%，而冲刷量最少的是湖心区，冲刷量占 9.07%。

以 2003 年水下地形中高程 28 m 为分界，将湖区划分为深槽-湖底区和滩地区，从而进一步分析湖区冲淤特征。从图 2(a)可以看出，目平湖河道深槽区主要处于冲刷状态，包括澧水洪道、三口河系入湖洪道以及沅水洪道；而湖区中部的湖底由于地形、人类活动因素的影响，冲淤分布较为复杂；而目平湖进入南洞庭湖通道也处于冲淤胶着的状态。深槽和湖底区处于冲刷状态的面积约为 60.46 km^2，该区域淤积的面积为 58.84 km^2。然而，深槽-湖底区整体处于淤积状态，平均淤积厚度为 7.85 cm，这说明湖底区以及往南洞庭湖通道区的淤积量较大。通过图 2(b)可以看出，湖区滩地部分冲刷面积占滩地面积的 53.75%，而淤积面积占 46.25%，其总体处于冲刷状态，平均冲刷厚度为 11.78 cm。

研究中选取了 4 个断面，分别代表澧水洪道，三口河系入湖通道、湖心区以及沅水洪道，通过图 3

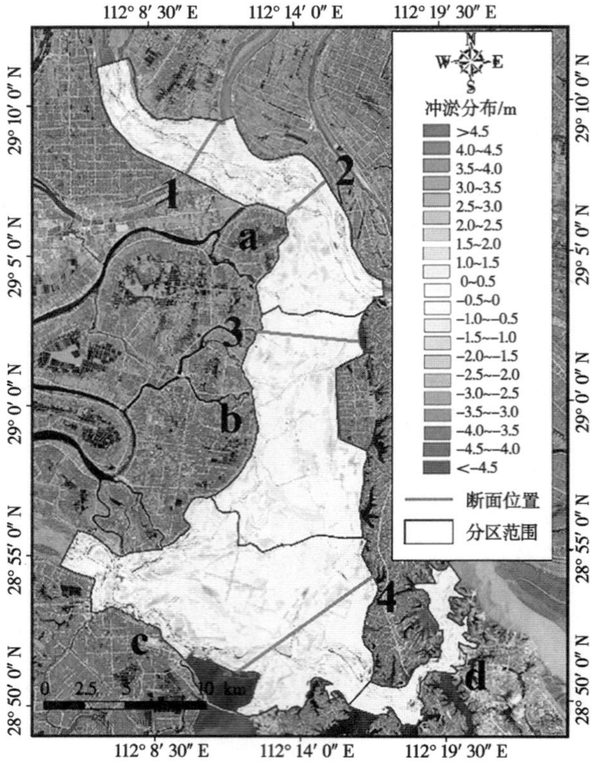

图 1　2003～2011 年目平湖冲淤分布状态

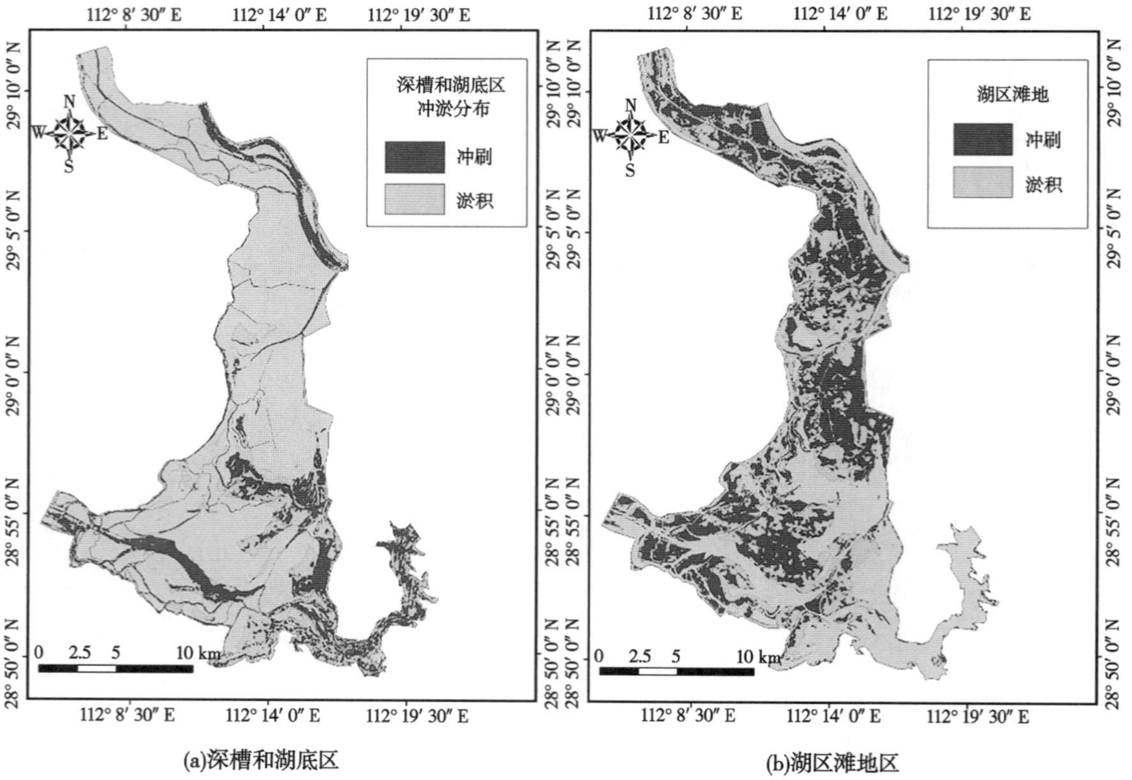

图 2　目平湖冲淤分布

(a)可以看出,澧水洪道滩地部分发生了明显冲刷,冲刷深度约为 0.47 m,滩地高程下降,同时部分深槽也发生了冲刷;三口河系入湖通道靠近目平湖西岸的部分滩地发生淤积,此处的澧水洪道的深槽发生了冲刷，通道中部的滩地冲淤变化不显著，三口河系的深槽中部分发生明显的冲刷，冲刷深度约为 1.9 m［见图 3(b)］；图 3(c)为湖心区断面，断面中部的滩地基本保持了稳定，在湖心东侧部分滩地发生淤积，淤积厚度约为 0.55 m，靠近目平湖东岸的深槽则有明显的冲刷发生，冲刷深度约为 1 m；沉水洪道大部分区域湖势比较稳定，冲刷现象主要发生在断面中部的洪道深槽区，最大冲刷深度约为 4.7 m［见图 3(d)］。

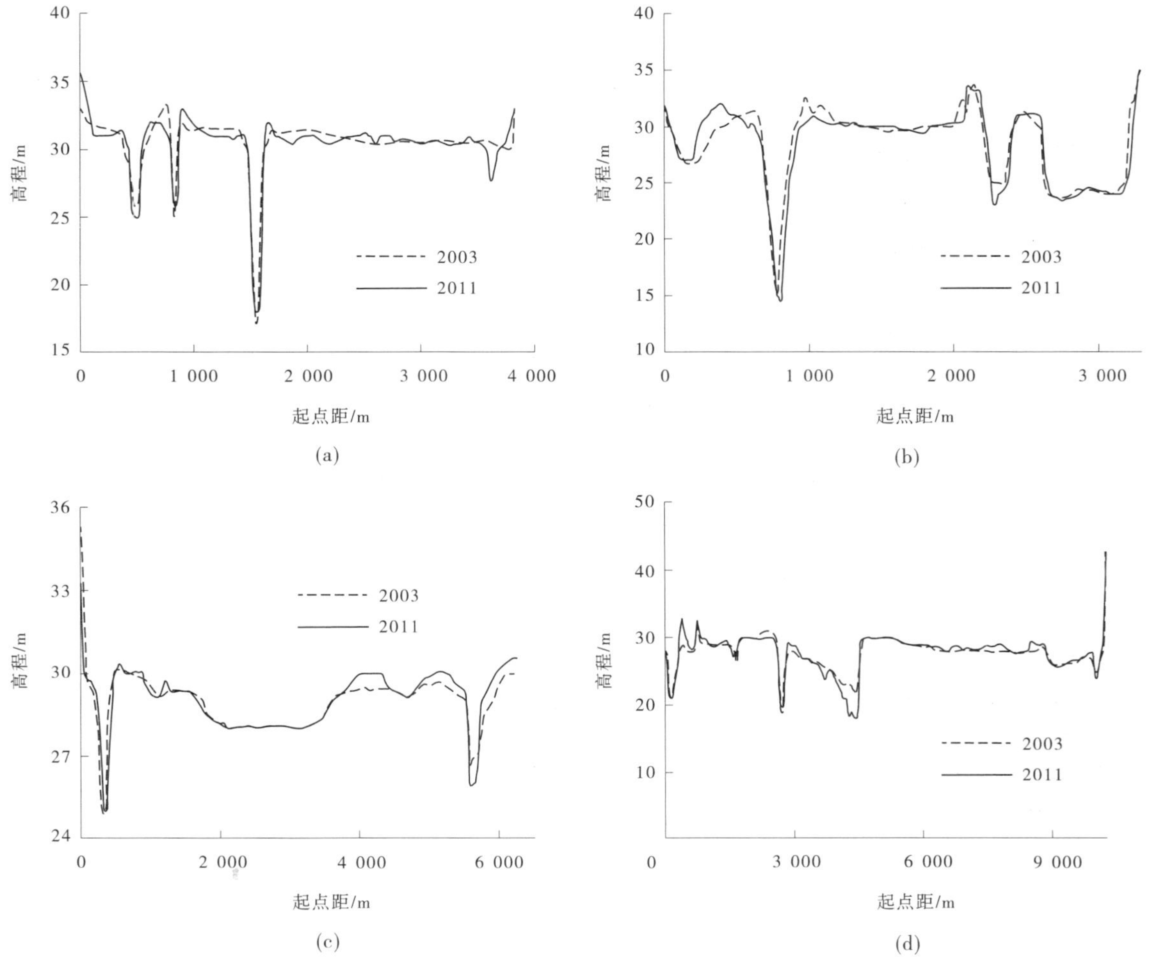

图 3 湖区断面冲淤分布

通过以上分析研究后认为，目平湖在三峡水库蓄水后的 2003~2011 年，湖区总体处于轻微冲刷状态，冲刷主要发生在澧水、三口河系入河洪道以及沉水洪道，湖区大部分滩地也处于冲刷状态，而淤积主要发生于湖底区和部分滩地。

4.1.2 *基于遥感水域提取的冲淤分布特征分析*

通过基于 1982 年、1995 年、2008 年以及 2011 年的遥感影像提取的南嘴水文站 30 m 左右水位下目平湖的水域面积来间接对从葛洲坝截留以来的湖区冲淤情况做进一步分析(见图 4)。目平湖水域面积在葛洲坝建坝后至三峡建坝前一直持续减少，由 1982 年的 203.66 km^2 下降至 1995 年和 2008 年的 140.75 km^2 和 110.13 km^2。在对比了 2008~2011 年的目平湖的水域面积后发现，其变化趋势发生了逆转，2011 年水域面积略微增加，达到了 110.81 km^2，相较于 1982 年，其水域面积变化率为 45.59%。

研究中，同样采用分区的方式对高水位下目平湖水域面积的变化率进行统计，1982~1995 年，a 区水域面积变化率为 22.61%、b 区为 46.03%、c 区为 29.60%、d 区为 2.12%；1995~2008 年，湖区各分区的变化率较之前有明显的下降，其中 a 区变化率为 16.52%、b 区为 41.69%、c 区为 19.56%、d 区为 17.02%。这表明，相较于 1982~1995 年、1995~2008 年间，目平湖淤积速率明显放缓。

因此研究认为,目平湖在 1982~2008 年,湖区处于淤积状态,湖区中部水域面积变化最大,其次为沅水洪道,而随着三峡建坝后,在新的水沙条件下,湖区的冲淤情势发生变化,进而造成水域面积变化趋势由此前的减少转为增加。

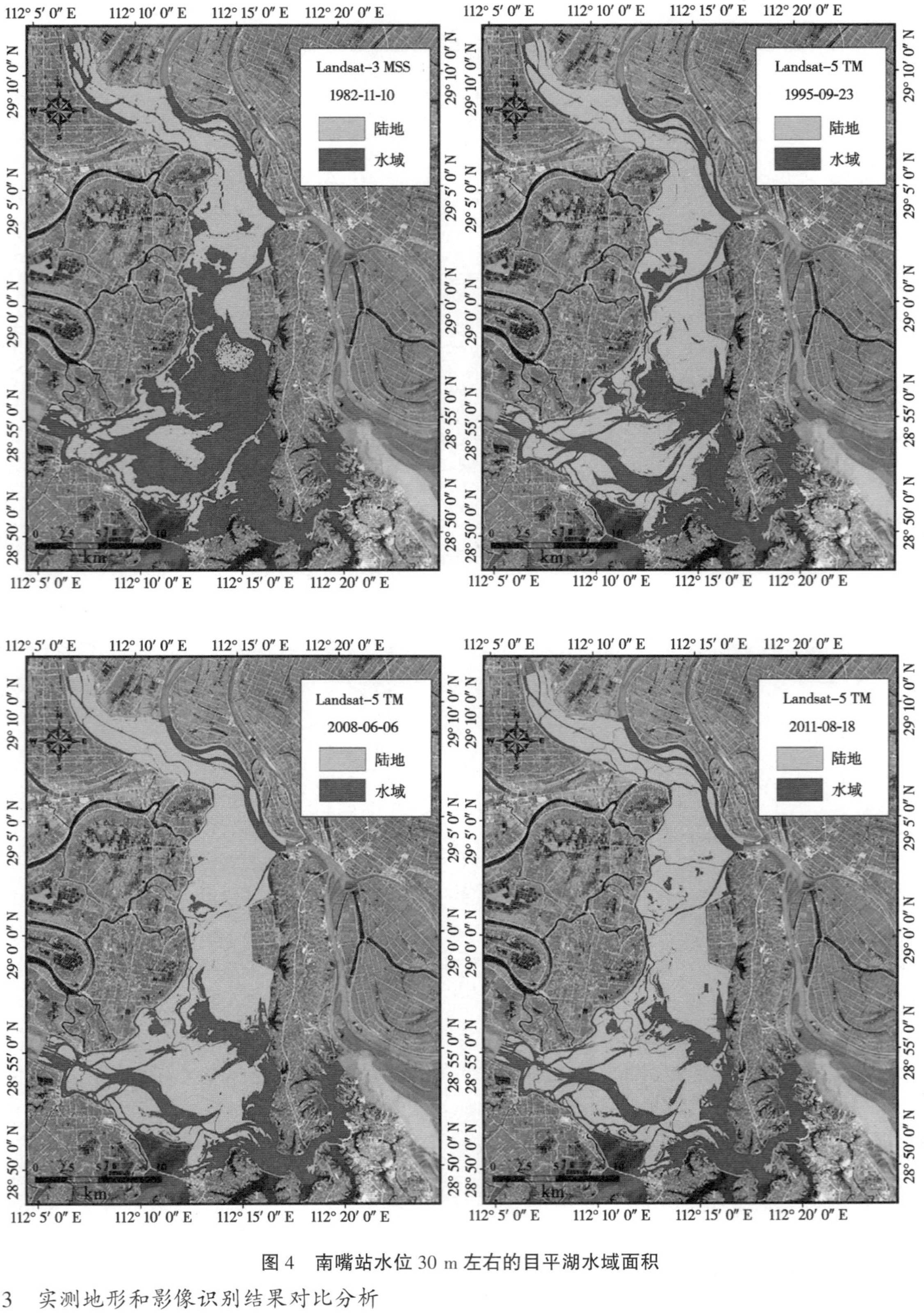

图 4　南嘴站水位 30 m 左右的目平湖水域面积

4.1.3　实测地形和影像识别结果对比分析

研究中通过采用长时间序列的遥感影像数据(1982~2008 年)对水域面积进行识别和提取后发现,

20 世纪 80 年代至 21 世纪初，目平湖主要处于显著淤积状态，2008 年相较于 1982 年在相近水位下的水域面积的变化率为 45.59%，水域面积大幅减少，但其淤积量随着时间推移发生了显著下降；在结合 2003 年和 2011 年的实测水下地形分析后发现，2011 年较 2003 年目平湖整体处于轻微冲刷状态，冲刷体积为约 $1.54\times10^7 m^3$；根据 2008 年和 2011 年的影像数据识别的水域面积比较也进一步证明，该时间段内目平湖处于轻微冲刷状态，水域面积略有增加。在长江上游各个水利枢纽工程建设之前，目平湖主要处于淤积状态，而随着葛洲坝、三峡大坝等一系列水利枢纽的建设，目平湖上游的来水来沙发生变化，其冲淤状态也发生转换。

4.2　目平湖泥沙冲淤影响因素分析

径流作为直接挟带泥沙的载体，在搬运河道泥沙的运动中起到了关键作用，因此径流量与输沙量之间的关系较为密切[14]。目平湖主要承载了澧水、三口河系和沅水的来水来沙，根据宜昌站 1981～2016 年水沙数据分析（见图 5），从 1981 年葛洲坝截留至 1998 年三峡大坝截留，宜昌站多年平均径流量为 4 341 亿 m^3，多年平均输沙量为 48 620.7 万 t，而三峡大坝截留后 1999～2016 年，宜昌站的多年平均径流量为 4 108 亿 m^3，多年平均输沙量下降至 10 462.2 万 t。相关研究表明[15]，荆江三口分沙是洞庭湖泥沙的主要来源，通过 1981～2016 年宜昌站的来水来沙数据分析，三峡建坝前（1981～2002 年）宜昌站在洪季（6～9 月）径流量占总径流量的 61.31%，在三峡建坝以后（2003～2016 年），洪季径流量占总径流量的 57.82%。对于输沙量，三峡建坝前宜昌站在洪季输沙量占总输沙量的 88.86%；三峡建坝后，洪季输沙量占总输沙量的 95.93%。这表明，三峡大坝建坝后，长江上游年内洪枯季径流量差距缩小，而输沙量在总量减少的同时，洪季占总输沙量比例上升。

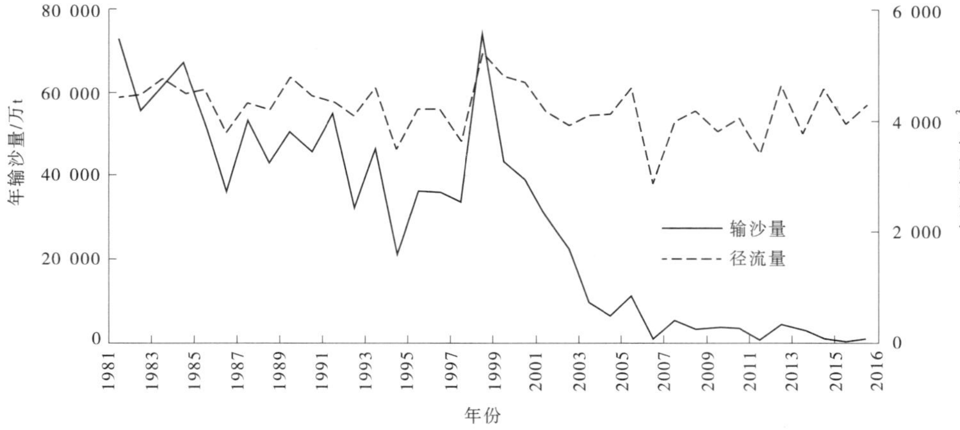

图 5　1981～2016 年宜昌站年输沙量和径流量

1981～1998 年期间，宜昌站径流量和输沙量间相关性较为显著，相关系数为 0.836，决定系数为 0.645 8，三峡建坝后，两者之间的相关性显著下降，相关系数为 0.491 5，决定系数为 0.241 5。这说明，三峡建坝后清水下泄，造成宜昌以下水沙关系发生较大变化，特别是在 2016 年之后，多年平均输沙量下降至 2 382.5 万 t，径流量和输沙量之间原有的较好相关性消失，这也就直接造成通过三口河系分沙后，进入目平湖的泥沙量大幅减少（见图 6）。

根据上文的研究结果并结合前人的结论[5]，三峡水库等水利枢纽建设前，目平湖整体都处于淤积状态，1974～1988 年平均淤积厚度为 0.35 m，1988～1998 年平均淤积厚度为 0.41 m，主要淤积区都为目平湖东南部。

由于目平湖的来水来沙主要来自澧水洪道和三口河系，而随着宜昌站水沙条件的阶段性变化，进入目平湖的冲淤状态也同步地发生着改变。1981～2016 年，宜昌来沙量大幅下降，直接导致进入目平湖泥沙总量的减少，造成了湖区淤积量的下降，而在径流总量变化的大情况下，上游来水对湖区深槽、滩地的冲刷作用加剧，进而导致湖区冲淤态势发生变化。

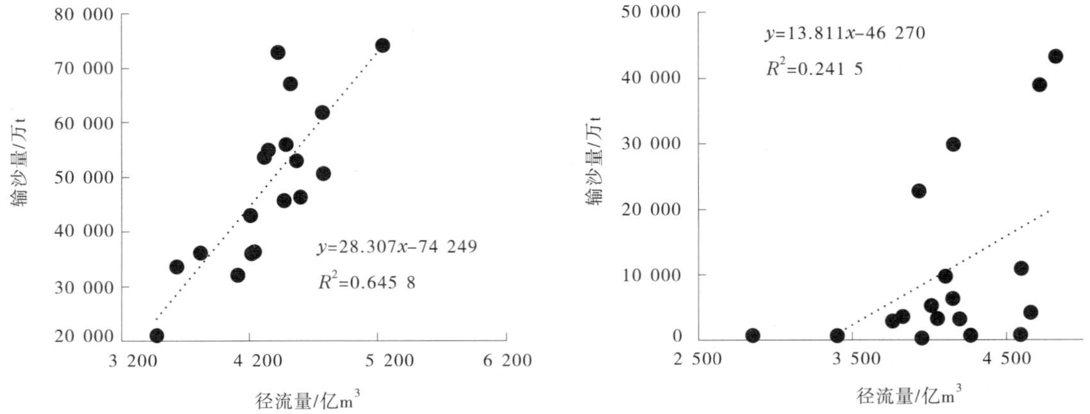

(a)1981~1998年　(b)1999~2016年

图 6　宜昌站径流量和输沙量间相关性

5　结　论

本研究以宜昌水沙变化过程为驱动力,结合水文实测资料、水下地形数据以及遥感影像等数据,分析了近 30 年来目平湖的冲淤演变情况,研究了长江水沙变化与目平湖湖区的响应关系。研究结果表明:

(1)目平湖在三峡大坝建坝后,由于来水来沙条件的变化,其处于轻微冲刷状态,2003~2011 年,湖区平均冲刷厚度为 4.7 cm,冲刷体积为 1.54×10^7 m^3,冲刷主要集中于深槽和部分滩地,淤积则发生在湖底区和部分滩地。

(2)以南嘴站 30 m 左右水位下的水域面积演变趋势可以发现,三峡大坝建坝前,目平湖一直处于淤积状态,其水域面积由 1982 年的 203.66 km^2 下降至 2008 年的 110.13 km^2,2011 年略有回升。

(3)随着长江上游一系列水利枢纽工程的建成,宜昌站以下荆江段输沙量大幅减少,原有的水沙关系发生改变,进而造成输入目平湖泥沙总量的显著下降,湖区淤积减弱,冲刷加强,冲淤形势发生逆转。

参考文献

[1] 赖锡军, 姜加虎, 黄群. 洞庭湖洪水空间分布和运动特征分析[J]. 长江科学院院报, 2006, 23(6):22-26.

[2] 宋平, 方春明, 黎昔春,等. 洞庭湖泥沙输移和淤积分布特性研究[J]. 长江科学院院报, 2014, 31(6):130-134.

[3] 施修端, 夏薇, 杨彬. 洞庭湖冲淤变化分析(1956—1995 年)[J]. 湖泊科学, 1999, 11(3):199-205.

[4] 刘晓辉,黎昔春. 洞庭湖泥沙淤积特性和减淤措施[J]. 水利水电技术,1999,30(增 1):1-3.

[5] 高俊峰, 张琛, 姜加虎, 等. 洞庭湖的冲淤变化和空间分布[J]. 地理学报, 2001, 68(3):269-277.

[6] 来红州, 莫多闻, 苏成. 洞庭湖演变趋势探讨[J]. 地理研究, 2004, 23(1):78-86.

[7] 邓吉秋. 基于 GIS 的目平湖泥沙冲淤变化空间定量分析[J]. 中南大学学报(自然科学版), 2007, 38(5):1000-1006.

[8] 朱玲玲, 陈剑池, 袁晶, 等. 洞庭湖和鄱阳湖泥沙冲淤特征及三峡水库对其影响[J]. 水科学进展, 2014, 25(3):348-357.

[9] 周永强, 李景保, 张运林,等. 三峡水库运行下洞庭湖盆冲淤过程响应与水沙调控阈值[J]. 地理学报, 2014, 69(3):409-421.

[10] 刘昭伟, 王智勇, 陈永灿, 等. 目平湖水质与松虎河系基流响应关系研究[J]. 水力发电学报, 2011(5):20-26.

[11] 姜高珍, 韩冰, 高应波, 等. Landsat 系列卫星对地观测 40 年回顾及 LDCM 前瞻[J]. 遥感学报, 2013(5):1033-1048.

[12] 文雄飞, 蔡斌, 陈蓓青, 等. 基于 Landsat 卫星数据的洪湖水体遥感监测研究[J]. 人民长江, 2012, 43(8):43-47.

[13] Mcfeeter S K. The use of the Normalized Difference Water Index (NDWI) in the delineation of open water features [J]. International Journal of Remote Sensing, 1996, 17(7):1425-1432.
[14] 李景保, 王克林, 秦建新, 等. 洞庭湖年径流泥沙的演变特征及其动因[J]. 地理学报, 2005,60(3):503-510.
[15] 李景保, 代勇, 欧朝敏, 等. 长江三峡水库蓄水运用对洞庭湖水沙特性的影响[J]. 水土保持学报, 2011, 25(3): 215-219.

基于浊度仪的高含沙水体浓度测量与误差分析

孙振兴　王芳芳　樊顾飞　孙晨光

(南京水利科学研究院,江苏南京　210029)

【摘　要】 为简化高含沙水体浓度的测量方式,便捷工程实地的含沙量测算,以黄河某工程作为研究对象,将高含沙水体稀释后借助浊度仪进行浓度测量,提出了一种简易测量高浓度泥沙溶液浓度的方法。结果表明,在 1~5 kg/m³ 内,含沙浓度存在与浊度仪读数的线性关系;泥沙溶液密度与其浓度存在线性关系,利用该线性关系可快速地将高浓度泥沙溶液稀释至浊度仪可测的区间内;以低浓度泥沙溶液与浊度仪测量读数的关系曲线为基准,将高浓度泥沙溶液稀释在浊度仪可测的区间浓度内,根据关系曲线得出稀释后的浓度后,依据稀释公式反算出高浓度泥沙溶液的浓度,经过对测量误差范围与试验数据的整理与分析,该方法测量的相对误差为 6.97%。研究成果能够提高现场取样浓度测量的效率,对泥沙浓度分析具有一定的借鉴作用。

【关键词】 浊度仪法;高含沙水体;线性关系;误差分析

1　引　言

泥沙是影响河流特性的重要因素之一。在天然的河道中,由于河道落差大、河道两岸植被覆盖率低或者河道土质松散等,往往会造成河流含大量泥沙。河流挟沙量大,会造成河道淤塞,降低河流通航能力,也会阻碍水工建筑物的建设和防洪等综合效益的开发。因此,含沙水流对水工建筑物的影响需要在设计建设阶段充分研究,其中泥沙浓度是含沙水流最重要的基本参数之一,是研究含沙水流的基础。目前,泥沙浓度的测量方法有多种[1],如孙建军[2]用水位落差法推算天然河道中悬移质含沙量,在冲淤变化较小的山区河流中得到较好应用,当断面冲淤变化较大或在洪水高水期时有较大的误差,还得结合人工测验方法进行测量。唐明亮等[3]用浊度仪对映秀湾水电站的泥沙浓度进行实时监测,结果表明浊度仪测量重复性好,可以准确得出泥沙浓度与浊度测值的线性关系,但浊度仪只适用于较低浓度的泥沙含量,随着泥沙含量的增高,其线性关系会出现一定程度的偏离。李小昱等[4]基于统计理论数据,测得水流泥沙含量,结果表明泥沙含量和混合液的质量呈较好的线性关系,其重复性好,精准度高,可快速测量泥沙含量,但该方法对仪器精度要求高,需多次测量。付立彬等[5]用光电法和电容差法对不同浓度的泥沙溶液进行监测,低浓度时(0~60 kg/m³)采用光电法,精度虽高,但量程低,高浓度时(60~700 kg/m³)采用电容差法,量程大,但精度不高;胡婕等[6]在 0~9 kg/m³ 的浓度内,通过连续多点式 OBS 仪器和多频 ABS 仪器对 SSC 进行小范围高精度的观测研究发现,声学仪器量测的相关性系数为 0.716~0.974,光学仪器量测的相关系数高达 0.996。然而,泥沙浓度的准确测量仍然存在较大困难,尤其是高含沙浓度的获取难度较大。自然河道或实验室中的泥沙溶液通常达到几十或几百千克每立方米,这大大超出了仪器的量程。泥沙浓度测量方法的主要问题在于精度不够、可重复性不高以及高浓度沙适应性低等不足,因此本文提出一种新的泥沙浓度测量方法,基于便携式浊度仪,采用稀释的方法,测量高浓度泥沙溶液。

2　研究对象与方法

2.1　研究对象

此水利枢纽位于黄河,坝址断面实测年均悬移质输沙量 2.52 亿 t,平均含沙量约为 130 kg/m³,汛期平均含沙量为 212 kg/m³,瞬时最大含沙量为 1 428 kg/m³,含沙量巨大,泥沙问题严重。本文以此为研究对象，旨在提出一种高含沙水体浓度的测量方法。

2.2 研究方法

本试验基于浊度仪法，利用型号为 2100Q 的浊度仪的双检测器光学系统对样品的色度、光线波动以及杂散光进行补偿，进而对快速沉降的样本实现有效且准确的测量。2100Q 浊度仪的量程为 0~1 000 NTU，误差为±2%。配置泥沙溶液所用电子秤的最大量程为 1 500 g，测量误差为±0.2 g。

2.3 试验思路

鉴于浊度仪的量程有限，仅能够测量低浓度泥沙溶液的含沙浓度，为准确测量高浓度泥沙溶液的含沙浓度，本研究首先在浊度仪的计算量程内，得出浊度仪读数与低浓度泥沙溶液浓度的线性关系；而后根据泥沙溶液密度与浓度的线性关系，得出高含沙水体稀释至浊度仪可测浓度区间内需加的水量；最后对稀释后溶液的含沙量进行测量，并计算试验与理论值的误差。

由于在不同的温度下，水的密度不同[7]，在水温为 4 ℃的条件下，水的密度为 1 000 kg/m^3，随着温度的升高，水的密度呈现递减的趋势。本试验假定水温恒为 4 ℃，即水的密度为 1 000 kg/m^3。

在配取溶液时，由于泥沙沉降速度过快[8]，需进行多次试验，取平均值作为试验结果。同时在对溶液取样测量前，需充分搅拌容器底部，以使溶液混合均匀。

3 试验结果与分析

3.1 低浓度泥沙溶液试验测量

低浓度泥沙溶液的含沙浓度测量分为 10 组试验，每组试验进行 5 次取平均值，各组试验加沙量、加水量及读数见表 1，部分低浓度泥沙溶液试验照片见图 1。

表 1 低浓度溶液浊度仪测量结果

试验组次	加沙量/g	加水量/mL	浓度/(kg/m^3)	浊度仪读数平均值/NTU
1	0	1 000	0	5.8
2	1	1 000	1.0	70.6
3	2	1 000	2.0	144
4	3	1 000	3.0	243
5	4	1 000	4.0	319.6
6	5	1 000	5.0	430
7	6	1 000	6.0	488.4
8	7	1 000	7.0	656.4
9	8	1 000	8.0	851
10	9	1 000	9.0	—

(a)清水 (b)4 kg/m^3 (c)5 kg/m^3 (d)9 kg/m^3

图 1 部分低浓度泥沙溶液试验照片

试验结果表明，当泥沙浓度大于 9 kg/m^3 时，超出浊度仪量程，因此定义低泥沙浓度为 0~8 kg/m^3。

1~8 kg/m³ 泥沙浓度与浊度仪读数关系及其拟合直线见图 2。由图 2 可见,当泥沙浓度为 1~5 kg/m³ 时,浊度仪读数与泥沙浓度关系与拟合线性直线能够较好的贴合;在 5~8 kg/m³ 时,关系曲线与拟合直线出现较大误差。因此,选取 1~5 kg/m³ 为本研究中浊度仪的可测量范围,该范围内的拟合直线为

$$y = 84.741x - 9.6786 \tag{1}$$

式中,y 为浊度仪读数,NTU;x 为泥沙浓度,kg/m³。

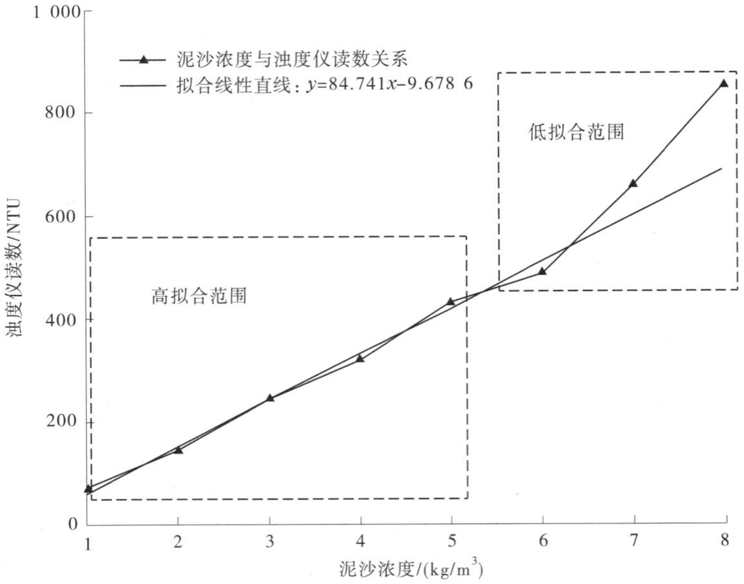

图 2　浊度仪读数与泥沙浓度关系

3.2　泥沙溶液密度与含沙浓度关系推算

鉴于不同河道自然条件有所差异,河道中泥沙的物理性质也会各有不同,固定的溶液浓度与密度关系曲线并不适用于其他泥沙溶液。因此,本试验基于理论分析,在水温为 4 ℃的条件下,推算出泥沙溶液浓度 c 与密度 ρ 的关系方程为

$$c = \frac{\frac{\gamma}{g}}{\frac{\gamma}{g} - 1000}\rho - \frac{1000\frac{\gamma}{g}}{\frac{\gamma}{g} - 1000} \tag{2}$$

式中,c 为泥沙浓度,kg/m³;ρ 为溶液密度,kg/m³;γ 为水刚好填满沙孔隙时的重度,kN/m³;g 为重力加速度,9.81 N/kg。

该方程中溶液浓度与密度的关系曲线只与 γ 有关,所以在未知泥沙浓度的情况下,可根据此方程推算出泥沙溶液浓度与密度的关系,进而估算泥沙溶液的浓度。这样可以方便快捷地将高浓度泥沙溶液稀释至浊度仪可测区间内。

此试验用砂为粉砂,γ 为 20 kN/m³,根据式(2)计算得到溶液浓度与密度的线性关系方程为

$$c = 1.9627\rho - 1962.7 \tag{3}$$

3.3　高浓度泥沙溶液浓度测量与误差分析

此工程原型沙浓度非常高,远超浊度仪的测量范围,因此根据下式对其进行稀释处理:

$$m_{cs} \cdot n_{cs} = m_{ds} \cdot n_{ds} \tag{4}$$

式中,m_{cs} 为较高浓度时泥沙溶液的质量;n_{cs} 为高浓度时泥沙溶液的浓度;m_{ds} 为低浓度时泥沙溶液的质量;n_{ds} 为低浓度时泥沙溶液的浓度。

稀释至浊度仪测量范围内,根据式(1)浊度仪读数与泥沙浓度的关系计算得出稀释后溶液的浓度,然后根据式(4)得出原溶液的浓度。

根据此工程原型沙的泥沙浓度，确定本次试验测量的最大加沙质量为 140 g，并在 9～140 g 内设置 13 组不同的浓度梯度，加水量均为 1 000 mL。在每个浓度下，取样 50 mL 溶液进行稀释。根据式(3)可测得泥沙溶液的大致浓度，然后将各待测浓度的溶液样本稀释在 1～5 kg/m^3，即浊度仪可测得的线性关系区间。经计算，1、2 组溶液可加 100 mL 清水；3 组溶液可加 500 mL 清水；4～10 组溶液可加 1 000 mL 清水；11、12 组溶液可加 1 500 mL 清水；13 组溶液可加 2 000 mL 清水。测得的浊度仪读数与稀释后溶液浓度见表 2。

表 2　高浓度泥沙溶液浊度仪测量结果

试验组次	沙重/g	浓度/(kg/m^3)	稀释后理论浓度/(kg/m^3)	稀释后实测浓度/(kg/m^3)	浊度仪拟合/NTU	浊度仪实读/NTU
1	9	9.0	3.0	3.0	245	240.8
2	10	10.0	3.3	3.4	273	276.4
3	20	19.8	1.8	1.9	144	149.6
4	30	29.6	1.4	1.4	112	111.2
5	40	39.2	1.9	1.8	153	145
6	50	48.8	2.4	2.5	195	206.4
7	60	58.3	2.9	3.0	237	247.8
8	70	67.7	3.4	3.5	279	289
9	80	77.0	3.9	4.1	322	341
10	90	86.2	4.4	4.6	365	382
11	100	95.3	3.3	3.5	274	287
12	120	113.3	4.0	4.2	330	347.4
13	140	131.0	3.6	3.9	298	319.4

为进一步分析所测结果的精度，在同一浓度条件下，重复 5 次测量，取用平均值。通过所称取的沙的质量，算出溶液实际浓度。根据式(1)求出该浓度下浊度仪的拟合值。由试验所测数据可知，浊度仪测得的平均值与拟合值的相对误差为 7.20%，用浊度仪平均值所求得的溶液浓度值与溶液实际浓度值的相对误差为 6.97%。

4　结　论

(1)基于浊度仪法测量泥沙溶液含沙浓度存在试验可读范围和试验可取范围，可读范围为 0～8 kg/m^3，在该范围内含沙浓度可以通过浊度仪读数；可取范围为 1～5 kg/m^3，在该范围内含沙浓度存在与浊度仪读数的线性关系。

(2)泥沙溶液密度与其浓度存在线性关系，可用线性直线 $c=\dfrac{\dfrac{\gamma}{g}}{\dfrac{\gamma}{g}-1\ 000}\rho-\dfrac{1\ 000\dfrac{\gamma}{g}}{\dfrac{\gamma}{g}-1\ 000}$表示，利用该线性关系可大致估算泥沙溶液的浓度，快速地将高浓度泥沙溶液稀释至浊度仪可测的区间内。

(3)此模型原型沙量大，坝址区域水体含沙量很大，根据本研究的研究成果，通过对其进行稀释处理及含沙浓度还原可测量其水体的含沙浓度，测量的相对误差在 6.97%以内。

(4)采用浊度仪，结合浓度稀释反推的方法，可以实现高含沙浓度的测量；增大浊度仪量程可以有效提升测量范围和效率。

参考文献

[1] 方彦军,张红梅,程瑛.含沙量测量的新进展[J].武汉水利电力大学学报,1999,32(3):55-57.
[2] 孙建军.水位落差方法在辽东山区水文站悬移质含沙量推算中的应用[J].水利技术监督,2022(2):71-74.
[3] 唐明亮,倪亮,张文渊,等.浊度仪在映秀湾水电站泥沙浓度监测中的应用[J].水力发电,2017,43(12):71-75.
[4] 李小昱,雷廷武,王为,等.基于统计理论数据融合的水流泥沙含量测量仪[J].农业工程学报,2004,20(5):110-113.
[5] 付立彬,刘明堂,刘雪梅.基于 PLC 的含沙量多量程在线监测系统[J].人民黄河,2011,33(9):28-30.
[6] 胡捷,徐继尚,牛建伟,等.声学光学泥沙浓度观测的对比研究[J].海岸工程,2016,35(1):47-57.
[7] 魏丰君,温志梅,王雅静,等.基于回归分析的水密度与温度函数研究[J].盐城工学院学报(自然科学版),2021,34(3):75-78.
[8] 许春阳,罗雯,陈永平,等.细颗粒泥沙制约沉降速度计算方法综述[J].泥沙研究,2022,47(1):73-80.

黏性泥沙对浊度法测量含沙量影响的试验研究

肖千璐[1]　丰　青[1]　张晓华[1]　李佳豪[2]

（1. 黄河水利委员会黄河水利科学研究院，河南郑州　450003；
2. 河海大学水文水资源学院，江苏南京　210098）

【摘　要】 采用浊度计测量水流含沙量过程中，黏性矿物颗粒将使水流特性、悬沙级配等发生显著改变，直接影响到水流浊度特征及其与含沙量的响应关系。采用黄河内蒙古河段原型沙开展了不同粒径和含沙量条件下黏性泥沙级配特征对含沙量和OBS输出浊度关系影响的试验研究，结合理论推导提出了黏性泥沙浑水水体体积比含沙量与OBS输出浊度之间的函数关系，并对相关参数的确定方式进行了分析和讨论。结果表明，在黏性泥沙为主的含沙水流中，随着泥沙粒径的不断减小，水体浊度与含沙量关系曲线中线性区域的范围有所减小；随着泥沙粒径减小和含沙量的增加，OBS输出浊度对黏性泥沙比表面积的敏感性由于黏性泥沙束缚水厚度逐渐增加而不断降低。建立了考虑黏性沙级配影响的含沙量与浊度关系模型，能够较为准确地反映黏性沙粒径差异及泥沙浓度变化对水体浊度的影响，可为浊度与含沙量关系的准确率定及测量结果的校准提供可靠依据。

【关键词】 黏性泥沙；OBS输出浊度；比表面积；体积含沙量；泥沙级配

1　引　言

悬移质含沙量的监测和获取是开展河流动力学研究的重要基础工作之一。与传统烘干称重法或比重瓶法相比，采用浊度计（Optical Backscatter Sensor，简称OBS）测量含沙量的浊度法可获得实时连续的含沙量数据，监测效率高，并可实现自动化泥沙监测。目前，浊度法在长江、珠江下游和河口及室内水槽试验中已得到广泛应用[1-4]，特别是当水体含沙量较低时（一般小于10 kg/m^3），水体浊度与含沙量相关关系较强，经过准确率定分析后可获得较为可靠的含沙量监测结果。研究表明[5-6]，水体中不同泥沙级配和矿物成分会导致含沙量和浊度响应关系产生明显差异。曹薇等[7]针对不同粒径泥沙在含沙量小于0.2 kg/m^{3}的浑水水体中浊度的变化规律开展了试验研究，发现相同含沙量条件下，水体浊度随泥沙粒径的减小而明显增大；刘红等[8]利用OBS开展悬沙浓度现场观测，分析得出反射强度与泥沙粒径成反比；顾靖超等[9]采用黄河宁夏段原型沙对含沙量与OBS输出浊度的关系进行了定量研究，结果显示当水流浊度大于200 NTU时浊度与含沙量呈线性关系，当含沙量大于13 kg/m^{3}时浊度不再随含沙量的增加而增大。现有研究大多集中于非黏性沙、低含沙量水体中泥沙粒径变化对浊度测量结果的影响，对于多沙河流（如黄河）而言，汛期上中游支流水沙入汇挟带大量泥沙进入河道，使得水流含沙量增大，尤其是部分支流泥沙中大量黏性矿物颗粒入黄使水流特性、悬沙级配等发生显著改变[10]，直接影响水流浊度特征及其与含沙量的响应关系。本文以黄河内蒙古河段原型沙为试验用沙，突出黏性细颗粒泥沙的界面效应对OBS反射强度的影响，开展黏性泥沙粒径与级配对含沙量和OBS输出浊度响应关系的影响研究，为确定浊度法在黄河流域含沙量测量中适用范围及提高含沙量推求的准确性和精度提供可靠支撑。

2　试验方法和试验条件

在采用浊度计获取悬沙浓度时，需先建立浊度与待测水体悬沙浓度的标定关系式，并考虑不同含沙

基金项目：国家自然科学基金（51909100，52009047）；中央级公益性科研院所基本科研业务费专项（HKY- JBYW-2020-03，HKY-JBYW-2020-14，HKY- JBYW-2019-07）

量范围对标定曲线的影响。研究表明[11-12],悬移质含沙量与 OBS 输出浊度一般存在 3 个转换区:线性区域、浊度饱和区域和粒子屏蔽区域(见图 1),不同特性泥沙水体的浊度值与悬沙浓度响应曲线存在较大差异,线性区域在浊度法测量含沙量的过程中应用较为广泛。考虑到黏性沙对水流特性和泥沙级配的影响,需确定线性区域响应曲线的适用范围及对应的转换条件。

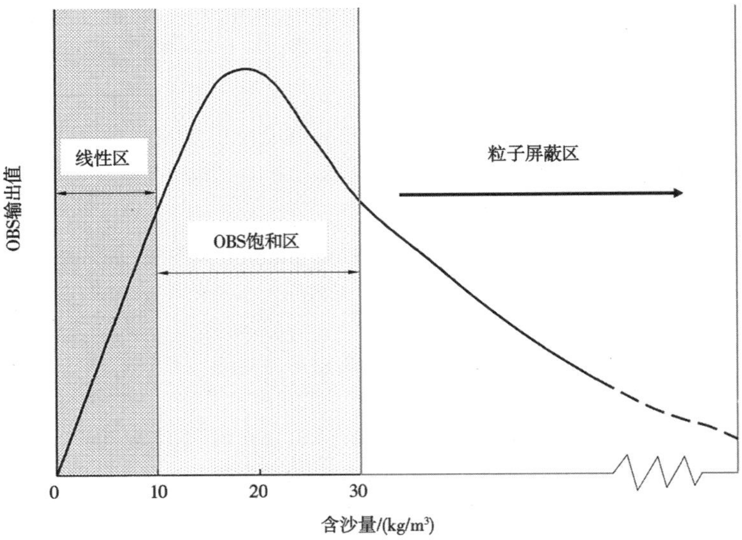

图 1　悬沙浓度与 OBS 输出值关系

采用黄河上游内蒙古河段孔兑支流采集的红色础砂岩作为试验用沙,测定泥沙为密度 2 335 kg/m^3,泥沙颗粒级配如图 2 所示。采用 X 射线荧光光谱仪测定泥沙矿物成分(见图 3),得到试验沙样中黏性矿物质量比例为 50%,主要以蒙脱石为主,石英占比 30%。蒙脱石是常见三种黏土矿物之一[13],其颗粒具有较大的比表面积,遇水易膨胀,且泥沙颗粒表现出明显的电化学性质,颗粒内部光学反射特性与非黏性沙相比有所不同,导致含有黏性矿物的水体浊度及其与含沙量的关系与非黏性沙浑水水体相比具有明显差异。利用 Brookfield 旋转黏度计分析了含沙量对该沙样悬浮液黏度的影响,结果表明该类型泥沙组成的含沙水流在含沙量 0~300 kg/m^3(体积比含沙量约为 0. 13)范围内属于牛顿流体。采用电动筛分机和烘干机对沙样进行多级筛分,采用岛津高精度电子分析天平(精度 0. 01 mg)进行准确称重和配沙,得到不同粒径和粗细沙比例的试验用沙。

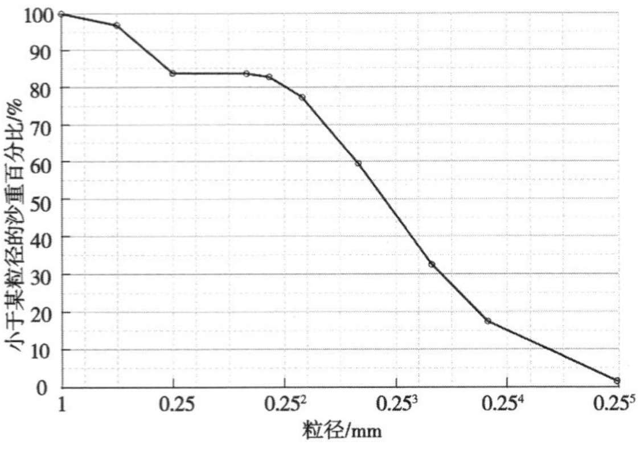

图 2　试验沙样级配曲线

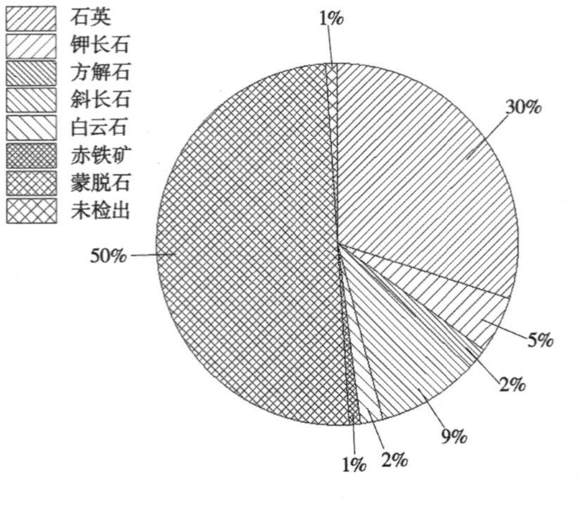

图 3　红色础砂岩矿物成分组成

含沙水体浊度测定试验装置由 CR800 数采控制器和 OBS 3+浊度计组成(见图 4),通过仪器固定架将 OBS 3+进行悬空固定,探头放置于含沙水体中部。采用 IKA-KMO3 磁力搅拌器通过提升转速的方式使水体内泥沙充分掺混和悬浮，同时避免因转速过高、液面失稳引起气泡效应；通过侧向点光源和磁力搅拌器下置面光源观测搅拌器内泥沙悬浮情况，确保试验过程中所有泥沙颗粒处于悬浮状态。待浊度计输出数据稳定后进行数据记录，每组取连续 20 次测量结果平均值作为该组浊度实测值。

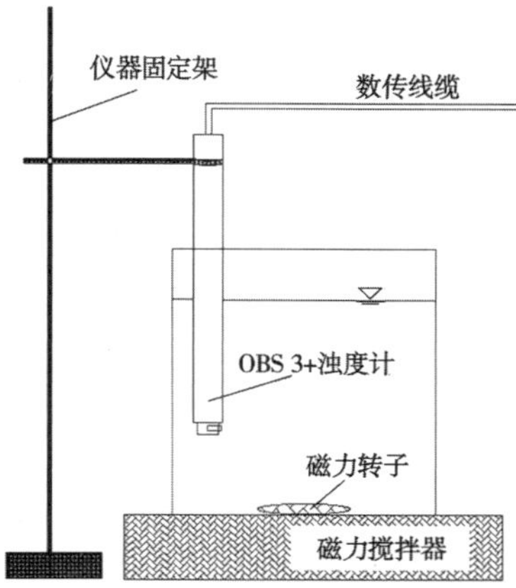

图 4 试验装置示意图

各组次试验条件设置如表 1 所示。A ~ D 组分别为粒径 0. 100 ~ 0. 150 mm、0. 075 ~ 0. 100 mm, 0. 050 ~ 0. 075 mm 和 0. 025 ~ 0. 050 mm 的分组沙，悬浮液含沙量为 0. 01 ~ 100 kg/m^3，以对比不同粒径泥沙水体 OBS 输出浊度的差异；H1 ~ H4 组为四种分组沙按比例配制(见图 5)，H1 组和 H2 组分别为细颗粒泥沙含量占优和粗颗粒泥沙含量占优，含沙量设为 1 kg/m^3；H3 组和 H4 组为各级粒径均匀分布，含沙量分别为 1 kg/m^3 和 2 kg/m^3，用以分析混合沙级配和含沙量变化对输出浊度的影响规律。

表 1 不同粒径和含沙量水体 OBS 输出浊度试验条件

试验组次	沙样特性	粒径级配/mm	含沙量/(kg/m^3)	说明
A 组系列	分组沙(可视作粒径组均匀沙 D_{75}/D_{15} 约 1)	0. 100 ~ 0. 150	0. 01 ~ 100	测量分组沙不同含沙量条件下水体浊度
B 组系列		0. 075 ~ 0. 100	0. 01 ~ 50	
C 组系列		0. 050 ~ 0. 075	0. 01 ~ 100	
D 组系列		0. 025 ~ 0. 050	0. 01 ~ 50	
H1 组	四种粒径的泥沙充分混合	0. 025 ~ 0. 150	1	测量混合沙不同含沙量条件下水体浊度
H2 组			1	
H3 组			1	
H4 组			2	

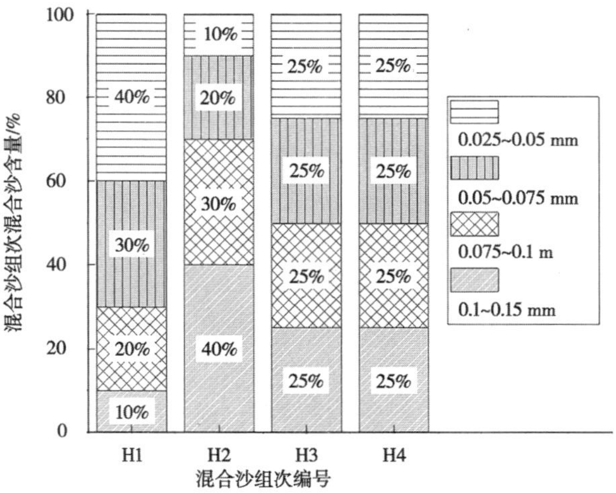

图 5 混合组次各分组沙含量比例

3 结果分析与讨论

3.1 分组沙组次试验结果

黏性泥沙分组沙(A~D组)OBS输出浊度与含沙量变化关系如图6所示。其中,含沙量0.01~0.2 kg/m³部分采用子图进行描述。可以看出,随着含沙量的增加,OBS输出浊度整体呈先增大后减小的趋势,不同粒径组泥沙水体浊度变化程度有所不同。当含沙量小于5 kg/m³时,各粒径组水体浊度与含沙量之间基本符合线性分布特征;当含沙量为5~10 kg/m³时,随着含沙量增加,水体浊度的增速开始变缓;当含沙量大于10 kg/m³时,OBS输出浊度与含沙量的函数关系向指数函数方向偏离,粒径较粗的组次偏离程度最大。随着含沙量继续增大,颗粒屏蔽效应占主导,当含沙量大于50 kg/m³时,各粒径组OBS输出浊度降低至与清水背景浊度接近,并在该值保持基本稳定。

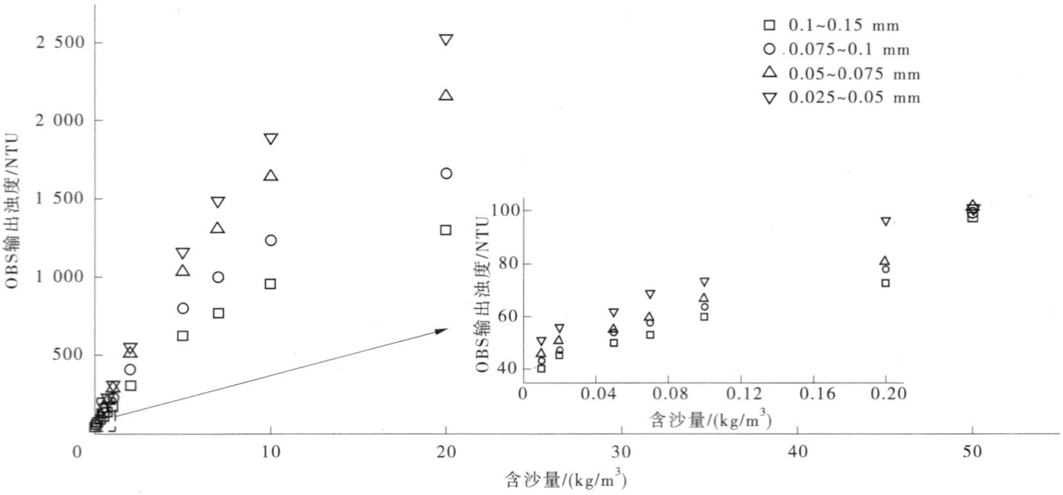

图6 分组沙试验组次OBS输出浊度与含沙量关系

对于非黏性沙而言,当含沙量小于10 kg/m³时,水体浊度与含沙量曲线一般均位于线性区域,而黏性泥沙线性区域的含沙量范围较非黏性泥沙大为缩窄。当含沙量大于50 kg/m³时,含有黏性沙的浑水水体均进入粒子屏蔽区域。同时,在线性区域与粒子屏蔽区域中,分组沙OBS输出浊度与含沙量变化规律有所不同:线性区域中,随着泥沙粒径的增加,相同含沙量条件下细颗粒泥沙的OBS输出浊度更大;粒子屏蔽区域则表现出相同含沙量条件下颗粒较粗泥沙的OBS输出浊度更大。出现这一现象的原因可能与黏性沙在不同含沙量条件下泥沙颗粒团结构变化,以及影响光的散射效应的主要因素发生变化有关。当水体含沙量较低时,细颗粒泥沙更大的比表面积使得颗粒周围束缚水厚度增大,颗粒团的体积在光的散射过程中起主要作用;随着含沙量增加,以束缚水为主要影响途径的颗粒团不再是光的散射过程中能量耗散的主要因素,含沙量的增加同时伴随着相对粗颗粒的增多,泥沙不均匀性增大,此时浑水水体中泥沙颗粒的非均匀度成为光散射过程中的主导因素,从而导致两区域OBS输出浊度与含沙量随粒径的变化规律有所不同。

3.2 混合沙组次试验结果

混合沙H1~H3组试验结果如图7所示。可以看出,在含沙量基本固定的条件下,随着细颗粒泥沙含量不断增加、粗颗粒泥沙含量不断减小,含沙水体实测浊度逐渐增加。可采用悬沙比表面积反映浑水中泥沙颗粒的粗细程度[14]。图7为混合沙各组次泥沙颗粒比表面积与OBS输出浊度变化关系。对于非黏性沙而言,悬沙比表面积与水体浊度一般呈线性相关,而在本文试验条件下,以黏性泥沙为主的浑水水体中,悬沙比表面积与OBS输出浊度关系呈非一致性特征,当粗颗粒泥沙占比较高时,浑水水体实测浊度值与比表面积之间具有与非黏性泥沙浑水水体相似的线性特征;当细颗粒占比较高时,黏性泥沙浑水水体的实测浊度值与悬沙比表面积之间相关性逐渐降低。

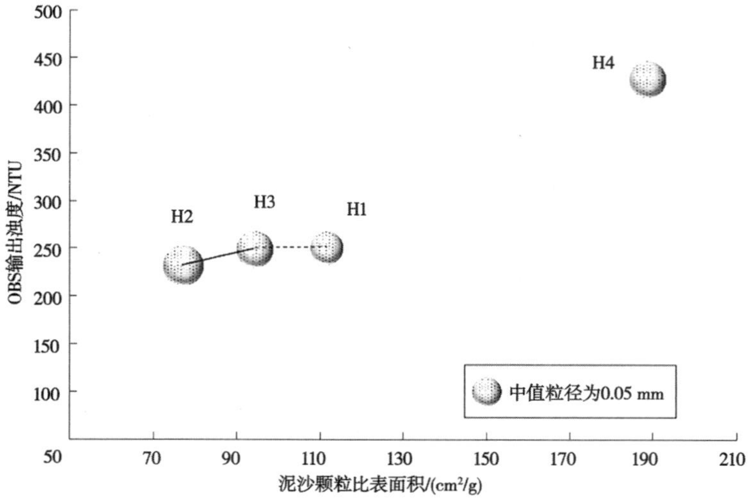

图 7 混合组试验组次 OBS 输出浊度与泥沙比表面积关系

3.3 水体浊度与含沙量关系分析

为了进一步分析浑水浊度值与含沙量的相关特征，基于 OBS 的测量原理，参考了光吸收的基本定律即 Lambert-Beer 定律，该定律描述了入射光为垂直照射平行单色光条件下，物质对某一波长吸收的强弱与吸光物质的浓度及其液层厚度间的关系[15]，其表达式为

$$A = \lg\left(\frac{1}{T}\right) = \lg\left(\frac{I_0}{I}\right) = KL_x c \tag{1}$$

式中，A 为吸光度；T 为透光度，指出射光强度 I 与入射光强度 I_0 之比；K 为摩尔吸光系数，与吸收物质的属性及入射光的波长有关；c 为吸光物质的浓度；L_x 为吸收层厚度。

OBS 通过接收红外散射光的辐射量观测悬浮颗粒，将浊度转化为水体含沙量。光线在浑水水体中的传播和散射过程受到泥沙颗粒粒径、颗粒密度及散射面积等多种因素的影响，本文主要考虑细颗粒泥沙级配及其组成的浑水颗粒团对 OBS 光强散射的影响，据此建立概化模式描述浑水水体中光的散射特征。若认为 OBS 散射过程中所发射的光强进入水体后通过泥沙颗粒非均匀散射、固液反射以及传播衰减的物理过程与 Lambert-Beer 定律情景相似，则根据式(1)可知，颗粒团耗散光强与水体含沙量呈正比关系，即单个浑水颗粒团对光源强度的影响为 bS_v。OBS 测量过程中光线在水体中受到浑水颗粒团的影响发生散射，遇到第一个浑水颗粒团对光源强度的影响为 bS_v，在经历过第 1 个浑水颗粒团后，遇到第 2 个浑水颗粒团，此时浑水颗粒团的影响为经历两个浑水团后剩余的光强 $(bS_v)^2$，同时考虑反射过程对散射的影响，则在遇到第 3 个浑水团前每个浑水团耗散的光强为 $(bS_v)^2/2$……以此类推，当遇到第 $i-1$ 个浑水颗粒团时，浑水颗粒团耗散光强为 $\frac{(bS_v)^{i-1}}{(i-1)!}\times\frac{bS_v}{i}$，遇到第 i 个浑水颗粒团后光强不再耗散，其概化模式如图 8 所示。

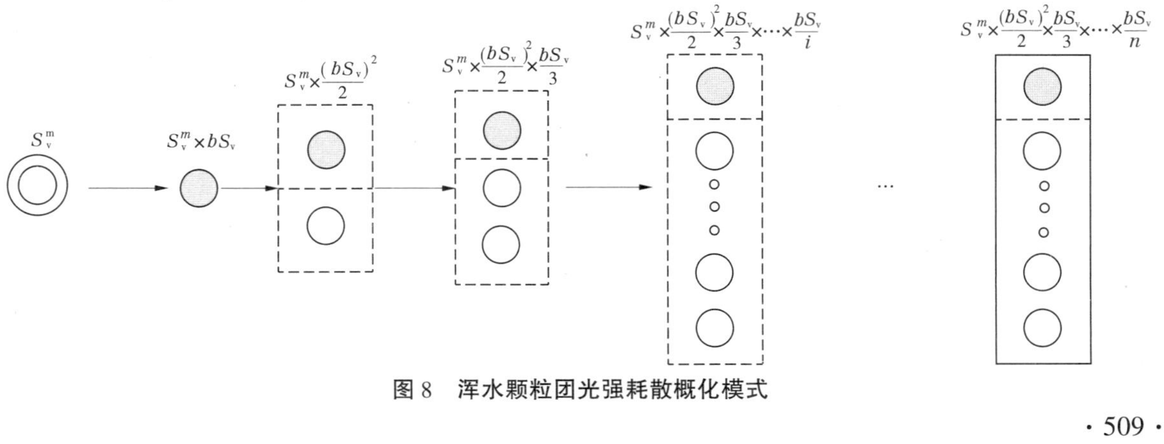

图 8 浑水颗粒团光强耗散概化模式

当假定的浑水颗粒团不断细分,尺度不断向黏性颗粒尺度靠近,则浑水颗粒团的数量将趋于无穷大;同时,考虑到浑水其他属性对光线传输的影响,以浑水含沙量为特征参数进行修正,则耗散光强即OBS 接收到的光散射量可写为

$$N_{\mathrm{B}} = pS_{\mathrm{v}}^{m}\left[1 + bS_{\mathrm{v}} + \frac{(bS_{\mathrm{v}})^{2}}{2} + \cdots + \frac{(bS_{\mathrm{v}})^{i}}{i!} + \cdots\right] \tag{2}$$

式中,N_{B} 为 OBS 输出浊度;S_{v} 为体积比含沙量;p 为综合系数;m 为光散射修正系数;b 为能量耗散系数。

式(2)可写为

$$N_{\mathrm{B}} = pS_{\mathrm{v}}^{m}\exp(bS_{\mathrm{v}}) \tag{3}$$

通过确定式(3)中的相关系数,即可得到水体浊度值与体积比含沙量响应关系曲线。采用式(3)的函数形式对上述试验数据进行率定分析,发现分组沙各组次浊度计算对应的 p、m 和 b 值基本不变,不同组次对应 p、m 和 b 值与悬沙中值粒径密切相关。构建各系数与悬沙中值粒径表达式,并采用上述黏性沙浊度变化规律试验结果进行率定,各参数率定结果如图 9 所示。进一步得到式(3)中各系数表达式为

$$p = 3\ 392\ 700\exp(-29.13D_{50}) \tag{4}$$

$$m = 1.223\ 9\exp(-3.346D_{50}) \tag{5}$$

$$b = 175.59\exp(-9.477D_{50}) \tag{6}$$

式中,D_{50} 为悬沙中值粒径。

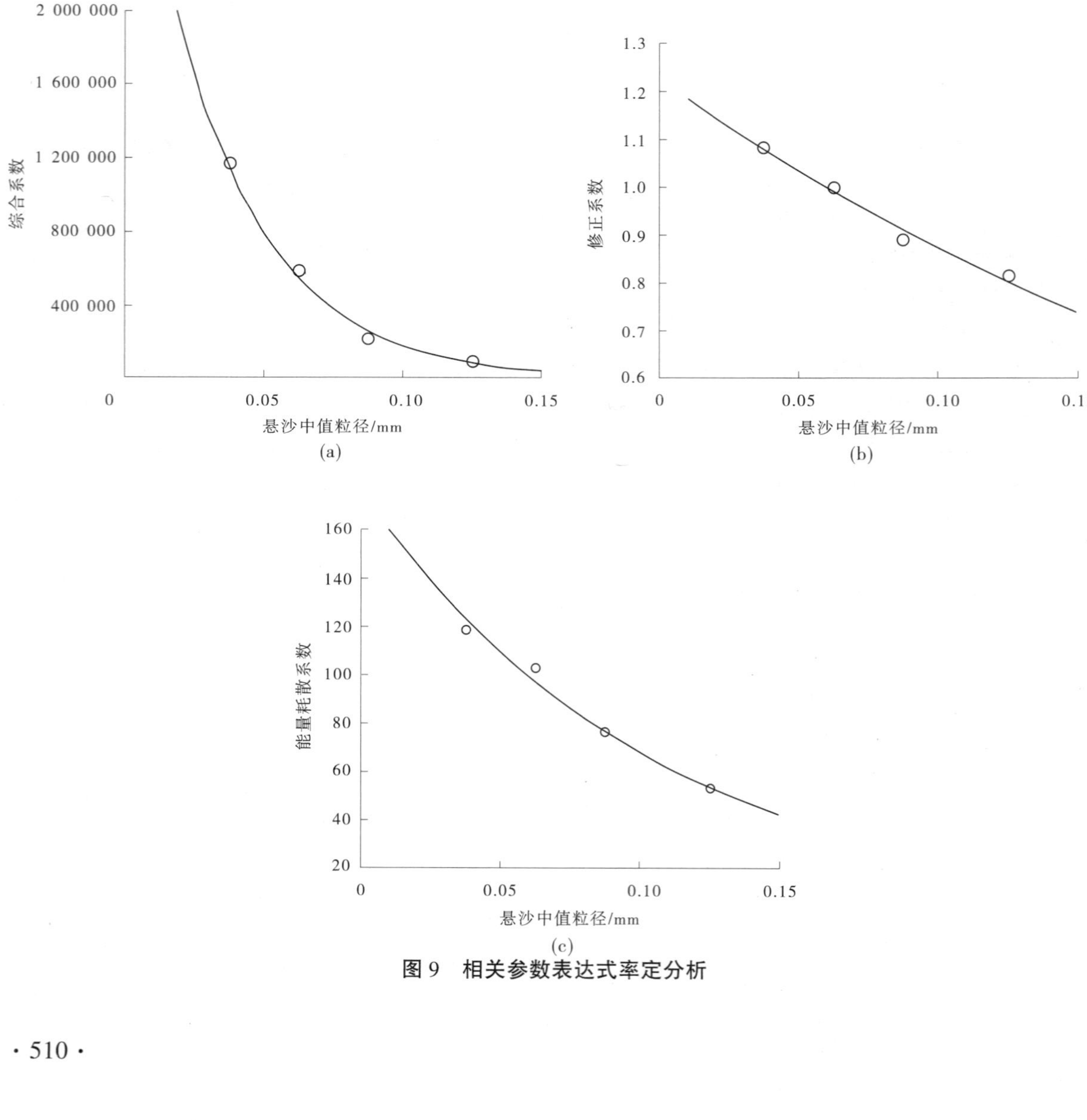

图 9 相关参数表达式率定分析

由图 9 可以看出,式(3)中综合系数 p 和能量耗散系数 b 随泥沙粒径变化的取值差异较大,光散射修正系数 m 在不同粒径的浑水水体中取值范围为 0.8~1.1。为便于实际应用,可将 m 值取为 0.9,则式(3)可写为

$$N_B = 3\ 392\ 700S_v^{0.9}\exp\{-29.13[D_{50} + 6S_v\exp(-9.48D_{50})]\} \tag{7}$$

式(7)即为含黏性沙浑水水体浊度与体积比含沙量变化关系表达式,式中考虑了泥沙粒径和含沙量对水体浊度的共同影响。采用黏性沙试验数据对所构建的公式进行验证,实测值与计算值结果如图 10 所示。可以看出,式(7)可以较好地体现含黏性沙浑水水体浊度值与体积比含沙量的变化关系。如上文所述,OBS 输出浊度与含沙量关系在不同转换区内有所不同,当含有黏性沙浑水含沙量较高时,粒子屏蔽效应占主导,且不同颗粒级配对应的转换区临界条件不同。因此,在实际测量时,应采用数控仪器对浊度进行连续采样,当测量值出现拐点或方差变化较小时,需注意标定曲线可能进入 OBS 饱和区,应配合其他设备或测量方法对泥沙浓度进行综合判定。需要指出的是,由于试验组次有限,采用式(7)计算时泥沙颗粒最大粒径不大于 0.15 mm。

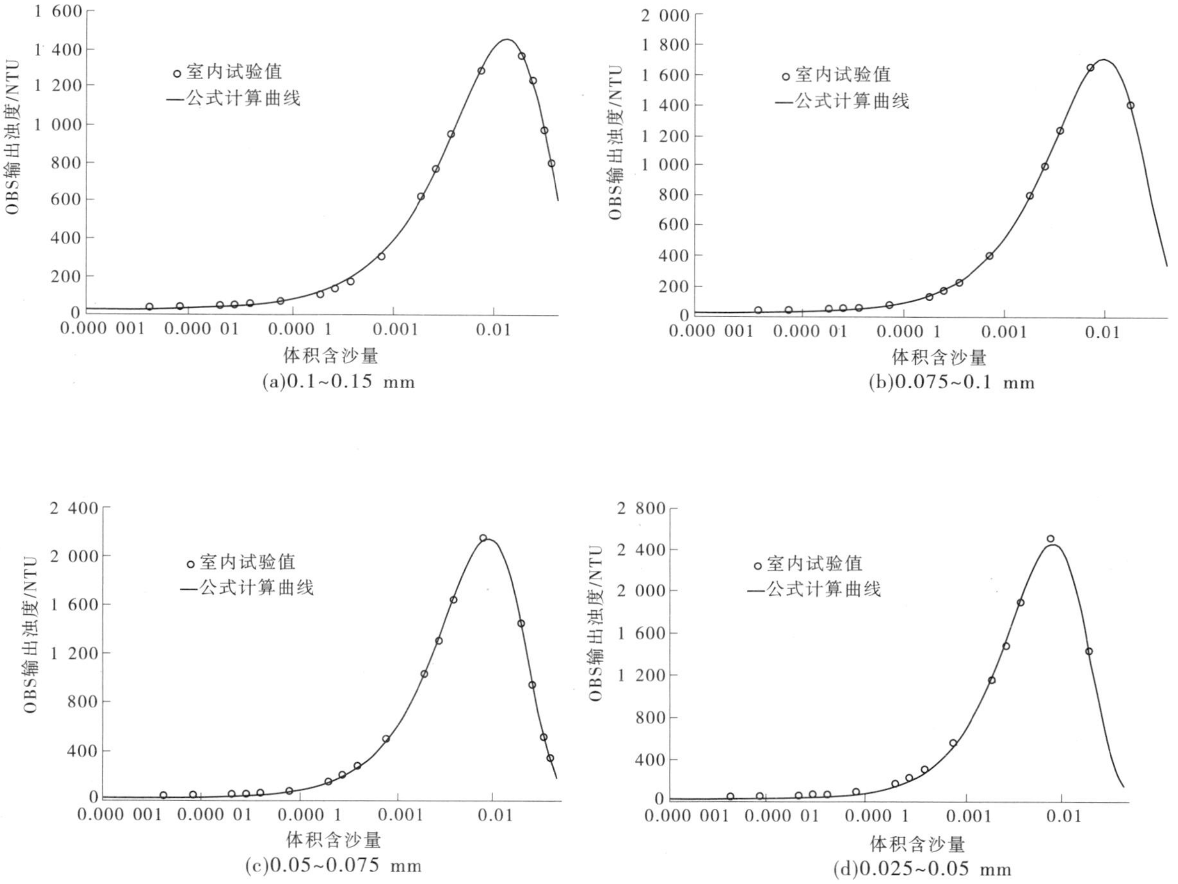

图 10 OBS 输出浊度公式计算值与实测值对比

4 结 论

本文采用黄河内蒙古河段原型沙配制不同粒径不同含沙量的浑水水体,开展了黏性泥沙粒径和级配对 OBS 输出浊度和含沙量关系影响的试验研究。结果表明,在黏性泥沙为主的含沙水流中,随着泥沙粒径不断减小,以线性区域响应曲线为主的 OBS 浊度法的适用范围有所缩减;随着泥沙粒径减小和含沙量的增加,OBS 输出浊度对黏性泥沙比表面积的敏感性由于黏性泥沙束缚水厚度逐渐增加而不断降低。采用室内多组次定量试验与理论推导相结合的方法,构建了考虑黏性沙级配影响的 OBS 输出浊

度与体积比含沙量表达式,该式能够较为准确地反映黏性沙粒径差异及泥沙浓度变化对水体浊度的影响。在含有黏性泥沙的浑水水流中,悬沙级配特征直接决定了浑水水体 OBS 输出浊度可能达到的最大值,对浊度与含沙量曲线各分区的临界含沙量数值和线性区域的含沙量适用范围具有重要影响。

参考文献

[1] 刘杰,纪为刚,王元叶,等. 长江口北槽表层悬沙粒径变化及其对 OBS 标定的影响[J]. 水利水运工程学报,2010,(3):84-88.

[2] 邓伟铸,吴加学,刘欢,等.基于 ADV 声学泥沙反演与扩散机制分析[J].海洋学报(中文版),2014,36(7):57-69.

[3] 孔令双,徐斌,陆佳,等. 波浪作用下细颗粒泥沙起动试验研究[J].海洋工程,2020,38(4):73-80.

[4] 栾润润, 张瑞波. 基于 OBS 3+传感器的实验室含沙量测量系统开发和应用[J]. 水道港口, 2017,38(1):94-98.

[5] Hatcher A, Hill P, Grant J, et al. Spectral optical backscatter of sand in suspension: effects of particle size, composition and colour[J]. Marine Geology, 2000, 168(1-4):115-128.

[6] Thomas S, Ridd P V, Renagi O. Laboratory investigation on the effect of particle size, water flow and bottom surface roughness upon the response of an upward-pointing optical backscatter sensor to sediment accumulation[J]. Continental shelf research, 2003, 23(16):1545-1557.

[7] 曹薇,李嘉,李克锋,等. 利用浊度法测量含沙量及其应用[C]//第八届全国环境与生态水力学学术研讨会论文集. 北京:中国水利水电出版社,2008:103-108.

[8] 刘红,何青,王元叶,等. 长江口浑浊带海域 OBS 标定的实验研究[J]. 泥沙研究,2006,(5):52-58.

[9] 顾靖超,刘学军,陆立国,等. 宁夏黄河水浊度与含沙量关系分析[J]. 中国农村水利水电,2016,(11):35-37.

[10] 王兆印,王文龙,田世民. 黄河流域泥沙矿物成分与分布规律[J]. 泥沙研究,2007,(5):1-8.

[11] Kineke G C, Sternberg R W. Measurements of high concentration suspended sediments using the optical backscatterance sensor[J]. Marine Geology, 1992, 108(3-4): 253-258.

[12] Conner C S, De Visser A M. A laboratory investigation of particle size effects on an optical backscatterance sensor[J]. Marine Geology, 1992, 108(2):151-159.

[13] 李长明,王立久,杨大令,等. 黄河砒砂岩中蒙脱石的基本特征[J]. 人民黄河,2016,38(6):11-14.

[14] 王光谦. 河流泥沙研究进展[J]. 泥沙研究,2007,(2):64-81.

[15] Hatcher A, Hill P, Grant J, et al. Spectral optical backscatter of sand in suspension: effects of particle size, composition and colour[J]. Marine Geology, 2000, 168(1-4): 115-128.

基于溃堤洪水演进数值模拟的避险转移模型研究

蔡木良[1] 支欢乐[2] 蒋水华[2] 雷 声[3]

(1. 国网江西省电力有限公司电力科学研究院,江西南昌 310058;
2. 南昌大学工程建设学院,江西南昌 330031;
3. 江西省水利科学院,江西南昌 330029)

【摘 要】 针对既定的洪灾避险转移预案无法有效处置圩堤的瞬溃问题,本文依托鄱阳湖区三角联圩为典型案例,建立溃堤洪水演进过程的水动力学模型。通过对比分析实测和模型计算的水位过程线验证水动力学模型的有效性。据此获得三角联圩的洪水淹没水深、流速、峰现时间等时空分布数据,建立溃堤洪水动态避险转移模型,实时输出洪灾避险转移路线,规划三角联圩溃决中最优避险转移路线,从而实现溃堤洪水演进数值模拟与避险转移的有机结合。研究成果为防洪预警抢险以及预案修订提供了重要的指导。

【关键词】 三角联圩;溃堤;洪水演进模拟;避险转移;水动力学

1 引 言

堤防工程是防洪体系中关键的一环,是圩区内居民生命安全的保障,圩内生命和财产安全受洪涝灾害的威胁日益严峻,一旦堤防被动式溃决,将会带来无法预料的洪水灾难[1-2]。若遭遇堤防溃决,如何有效快速地组织防洪保护区内的居民及其财产物资快速、安全地转移到安置地点,成为了居民生命财产安全的最后一道防线。洪涝灾害避险转移主要包括建立合理完善的洪灾避险转移分析决策系统,规划合理高效的避险转移路线等内容。

目前,国内外学者关于洪涝灾害避险转移研究取得一定的成果,如 Cova 等[3]提出了一种网络流模型,用于规划复杂的道路网络中识别最佳的疏散路线。王婷婷[4]综合考虑道路因素、避险人员、转移单元以及安置容量等因素,建立洪灾避险转移模型并求解最佳避险转移路线。Wen 等[5]构建双目标应急疏散模型,实现对最合适的救助艇停靠点和人员安置点的选择,快速帮助疏散安置灾民。Li 等[6]提出一种元胞自动机与多智能系统相结合的洪涝灾害人群疏散模型,并以孤岛为例模拟了洪水淹没人群的疏散过程。黄艳等[7]研发了基于空天地水多源信息、实时信息驱动的防洪应急避险决策支持平台,对转移路径进行了动态优化。上述研究主要是针对如何选择最佳避险转移路径问题,分析确定危险区与安置区之间的最佳撤离路径,帮助灾民迅速地撤离到安全区域,进而提高避险转移效率和洪灾应急能力。虽然也能找到最佳避险转移路线,但是忽略了堤防溃决后一定时间内洪水会淹没撤退路线,不能按照既定转移路线安全撤离的这一客观实际。此外,传统避险转移预案假定保护区为主动分洪方式,可以按照预案中设定路线进行转移,然而在实际工程中,大多堤防是被动式溃决,导致群众紧急转移,导致原本预案已无法满足工程实际紧急情况需要。最后,目前大多集中于研究如何求解洪灾避险转移路线,而关于考虑洪水影响的避险转移模型研究还远远不够,特别是在溃堤洪水避险转移中融合洪水时空分布特征方面的研究几乎空白。

本文依托鄱阳湖区三角联圩为典型案例,建立溃堤洪水演进模型,获得三角联圩的洪水淹没水深、

基金项目:江西省自然科学基金项目(20212BAB204054);国家自然科学基金项目(41867036,52179103,41972280)
第一作者简介:蔡木良(1989—),男,硕士、工程师,主要从事电力系统山洪灾害风险分析方面的研究。
通信作者简介:蒋水华(1987—),男,博士、副教授、博士生导师,主要从事水工岩土工程可靠度与风险分析方面的研究。

流速、峰现时间等时空分布数据,在此基础上,结合洪水淹没时空分布特征建立溃堤洪水动态避险转移模型,从而为溃堤紧急情况下避洪转移方案制订提供技术参考。

2 工程背景

三角联圩[8]位于江西省九江市永修县以东的修河尾闾地区,西北临修河下游干流,东北滨鄱阳湖,南隔蚂蚁河与新建县相邻,圩区四面环水、地势低洼,为一封闭圩区。圩堤起于永修县城郊的观音岩,沿修河干流下游向东北下行,至圩角村,折向东南内,到蚕桑坊一大队,复折向西南,沿蚂蚁河而上,在破穴头村跨蚂蚁河南支,止于杨公脑,原堤线总长 33. 858 km,经局部改线取直,现堤线总长 33. 57 km,圩堤保护面积 56. 28 km^2,保护耕地 5. 03 万亩,保护人口 6. 38 万。圩区内地形平坦,土地肥沃,为三角乡政府所在地,是当地粮、棉、油和水产品生产的重要基地之一,在永修县的经济发展中占有举足轻重的地位[8]。三角联圩保护区域地理数据和行政区划数据分别在 1∶10 000 和 1∶50 000 的比例尺上采集,其中 1∶10 000 的三角联圩保护区域数字高程模型如图 1 所示,采用中国大地坐标系(CGCS2000_3_degree_Gauss_Kruger_CM_117E)。为了方便对三角联圩区域进行研究,将该保护区域分为四个片区:南部片区、北部片区、东部片区和西部片区,同时在每个片区内设置 4 个监测点(即自然村),如图 2 所示。

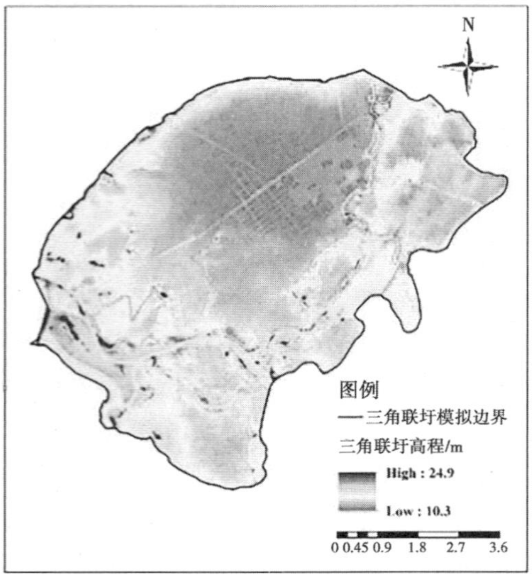

图 1 三角联圩保护区域数字高程模型图(1∶10 000)

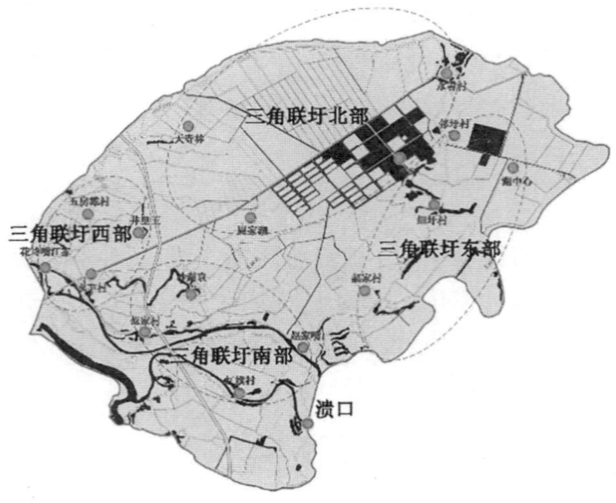

图 2 三角联圩区域监测点和溃口位置图

3 洪水淹没信息统计分析

为了准确模拟三角联圩保护区域实际地形条件,采用水动力学 MIKE 21 FM 模型模拟溃堤洪水演进过程。模型网格剖分采用三角形网格单元,在地形较为复杂的区域进行了局部加密处理,保证模型计算的稳定性。同时,将图 2 中东南部三角联圩溃口作为进洪边界,北部三角联圩和西部陆地作为物理边界,由于 MIKE 21 软件无法在模型计算过程中自动调整溃口大小,故本文将溃口设定为固定值,通过流量的变化来反映整个溃口变化以及溃决进洪过程。为说明所建水动力学模型的有效性,图 3 比较了所建模型计算的溃口远端水位过程线的和实测的溃口远端水位过程线。由图 3 可知,淹没历时 25~35 h 内,水位实测值比计算值略大,淹没历时 90 h,水位基本保持不变后,水位实测值为 22.58 m,水位计算值为 22.65 m,两者相差较小,表明基于 MIKE 21 构建的水动力模型能够合理模拟三角联圩保护区域内溃堤洪水的演进过程。

图 4 给出了不同时段的淹没水深分布。由图 4 可知,洪水在决堤后 10 h 内到达南部片区,虽然红旗村处于溃堤口附近,但是红旗村地势较高,在溃堤 40 h 内受灾情况较轻。由于三角联圩北部片区地势较低,洪水在 20 h 内向周家湖、三角圩等村庄挺进,溃堤 40 h 后,三角联圩内北部片区基本被淹没,洪

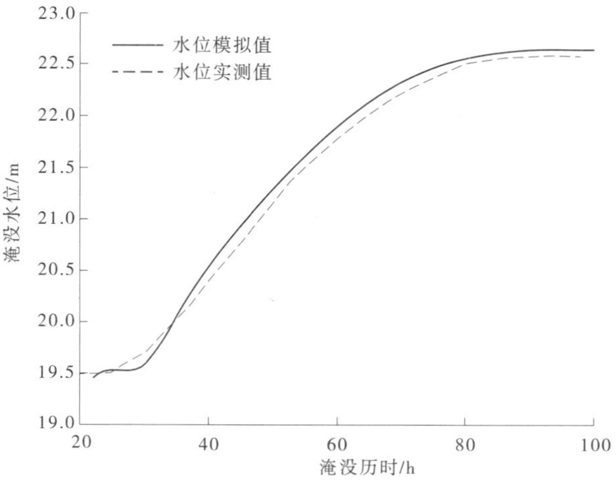

图 3　溃口远端模型计算水位与实测水位的比较

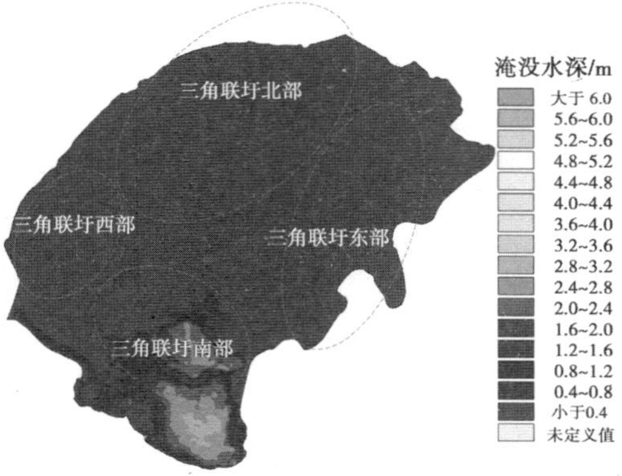

(a)10 h

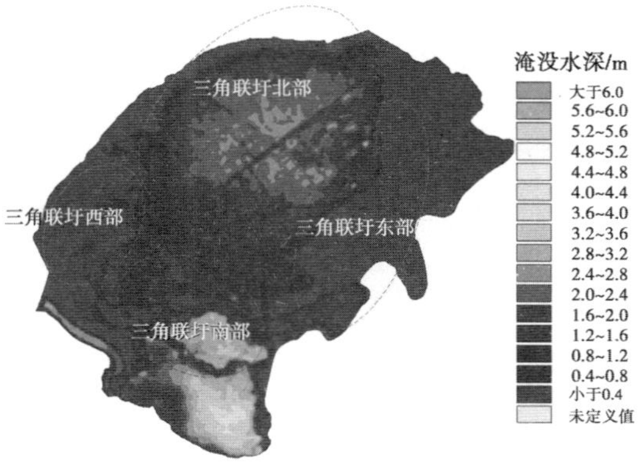

(b)20 h

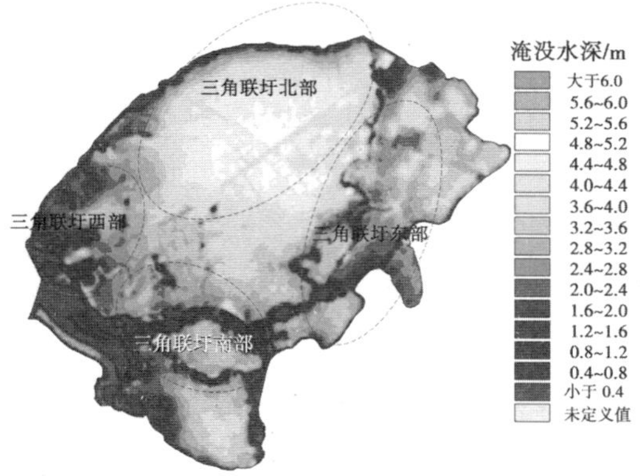

(c)40 h

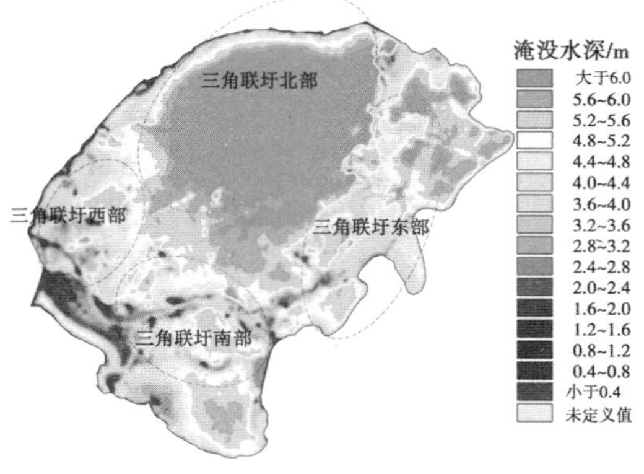

(d)100 h

图 4　不同时段的淹没水深分布

水向东西部逐渐蔓延。由图 4(c)可知溃堤 40 h 后,三角联圩区域内的水深高达 5.2 m。由图 4(d)可知进洪 100 h 后,绝大部分区域被淹没,遭受洪水影响严重,需要尽快疏散并转移该地区的人员和居民物资。此外,表 1 统计了三角联圩中 16 个特征点的相关洪水淹没信息。根据水深和流速分布,可以得出洪水到达指定点的时间、最大水深和洪水流速以及流速峰现时间。其中,最大水深和洪水流速很大程度上代表了该地区的洪水灾害损失程度以及灾后修复的难易程度。地形起伏越大,表示该区域的洪水流速越大。通常溃口附近的洪水流速最大,因此对人员生命财产造成的影响最大,但是绝大部分区域的洪水流速一般较小,同时在地势高的地区流速也较小。

表1 自然村洪水淹没情况统计

特征点序号	行政村(自然村)	所属行政区域	洪水到达时间/h	最大淹没水深/m	流速峰值/(m/s)	峰现时间/h
1	沙湖袁	南部片区	14.5	3.97	0.123	27.9
2	范家村		16.6	1.69	0.033	61.9
3	红旗村		12.6	1.38	0.067	63.8
4	赵家嘴		11.4	2.26	0.061	22.1
5	天寺林	北部片区	19.1	5.02	0.036	25.3
6	永善村		17.4	4.94	0.025	27.5
7	周家湖		14.7	3.65	0.067	31.6
8	三角圩		15.0	6.15	0.221	27.3
9	湖中心	东部片区	23.0	5.50	0.431	24.9
10	郝家村		24.1	2.92	0.034	44.3
11	邻圩村		21.9	4.80	0.494	26.7
12	细圩村		25.4	3.77	0.033	31.4
13	五房戴村	西部片区	24.0	1.80	0.005	63.6
14	花垴嘴江家		35.2	1.92	0.012	54.2
15	井里王		20.4	2.47	0.014	51.9
16	永丰村		16.4	3.34	0.092	32.7

4 溃堤洪水避险转移分析

溃堤洪水避险转移分析流程如下:

(1)确定道路网络分布数据,因为道路等级属性直接决定了道路通行时间,避险转移模型的关键步骤即为求解目标最小道路通行总时间。

(2)融合洪水演进过程及淹没信息构建动态避险转移模型。

(3)计算研究区的道路通行时间并通过动态避险转移模型计算输出三角联圩避险转移方案,包括最优避险转移路线、转移距离、时间及安全转移时间等。

4.1 道路通行时间计算

在实际洪水避险转移的研究工作中,交通情况十分复杂,不同的道路等级、车道宽及路网密度等对实际避险转移存在很大的影响,不能仅通过转移路线的距离来制订避险方案。路阻函数可确定不同的交通负荷道路通行时间[9],可根据时间路权来制订最优转移路线,如何在最短的时间内,将圩堤内风险人群转移至安置区成为制订洪水避险转移方案的决定性因素。目前,路阻函数的计算方法主要有两种:①美国联邦公路局提出的路阻函数;②王炜等[9]提出的路阻函数。虽然美国联邦公路局提出的路阻函数[10]在国外使用方便且通用性较好,但是郑远等[11]指出美国联邦公路局提出的路阻函数存在缺陷,并且在我国实际工程应用表现不理想,不适用于我国的混合交通情况。为此,本文采用王炜等[9]提出的更适用于我国交通情况的路阻函数计算路权,该路阻函数计算公式为

$$\sum_{i=1}^{r} T_i = \sum_{i=1}^{r} (L_i/v_i) \tag{1}$$

$$v_i = u_i/2 \pm \sqrt{(u_i/2)^2 - Q_i u_i/K_i} \tag{2}$$

式中，T_i 为第 i 条路段的通行时间，其中 r 为研究区域的道路总数；L_i 为第 i 条路段对应的长度；v_i 为第 i 条路段对应的行驶速度，受多种因素影响；u_i 为该段道路上交通量为 0 时的行驶速度；Q_i 为该段道路上交通量，辆/h；K_i 为该段道路上阻塞密度。

交通量为 0 时行驶速度 u_i 可通过下式计算：

$$u_i = \gamma\eta v_0 \tag{3}$$

式中，η 为该路段车道宽影响系数，与不同道路的车道宽度相关，参考取值见表 2；v_0 为该路段的设计车速；γ 为该路段的影响折减系数，主要受到非机动车对机动车行驶的影响。

表 2 车道宽影响系数 η 参考取值表[12]

车道宽度 w/m	2.5	3	3.5	4	4.5	5	5.5	6
η	0.5	0.75	1	1.11	1.2	1.26	1.29	1.3

假定省级道路存在隔离带，省级以下道路不存在隔离带，当有隔离带将非机动车与机动车隔离时，不需要对机动车的行驶速度进行折减，省级道路 γ 取值为 1.0；没有隔离带表示非机动车会对机动车存在影响，省级以下道路 γ 取值为 0.8。

设计车速 v_0 主要和道路等级相关，参考《城市道路工程设计规范（2016 年版）》（CJJ 37—2012）[13] 和《城市综合交通体系规划标准》（GB/T 51328—2018）[14]，结合研究区域实际道路，本文采用的道路等级关系见表 3。

表 3 道路等级关系

道路等级	省道	县道	乡道
设计车速/(km/h)	60	40	20
单向机动车道 n/条	2	2	1
车道宽 w/m	3.5	3	3
车道流通量/(辆/d)	10 000	5 000	400

式(2)中的阻塞密度 K_i 可由下式计算：

$$K_i = 1\,000\gamma\lambda n/(L + L_0) \tag{4}$$

式中，λ 为交叉口影响修正系数，本文对省道、县道和乡道交叉口影响修正系数分别取 0.95、0.8、0.65；L 为平均车身长度，小客车为 6 m、大型车为 12 m、铰链车为 18 m；L_0 为平均阻塞车间净距，参考取值为 1.5 m。

4.2 动态避险转移模型构建

根据文献[4]，洪灾避险转移基本思路如下：

(1) 分析被转移单元，在避险转移模型中设定为“点”，其单位为 1，本文将其设定为“源”，即从“源”开始分析建模。

(2) 分析研究区域安置点，将其设定为“汇”，“汇”为“源”的安置地。

(3) 分析研究区域的道路网络，将其设定为“网络”，根据道路等级与长度的不同，对“网络”所赋值的通行时间也不同，为求解最优转移路线，使得出发点到安置点的总转移时间 $\sum_{i=1}^{r} T_i$ 最短，即保证在最短的时间内使得居民全部安全撤离至安置点，在模型求解过程中会优先选择通行时间更少的道路。一般情况下，省道及以上的通行时间更低，县道及以下的通行时间更高。

洪灾避险转移模型可概述为“源”至“网络”至“汇”。

以上的洪灾避险转移模型仅是一个静态的避险分析模型。为实现动态实时更新避险转移路线，避险转移模型需要融合实时的洪水淹没数据,本文通过 Python 语言对 ArcGIS 进行二次开发,建立洪灾动态避险转移模型,见图 5。具体实现过程如下:

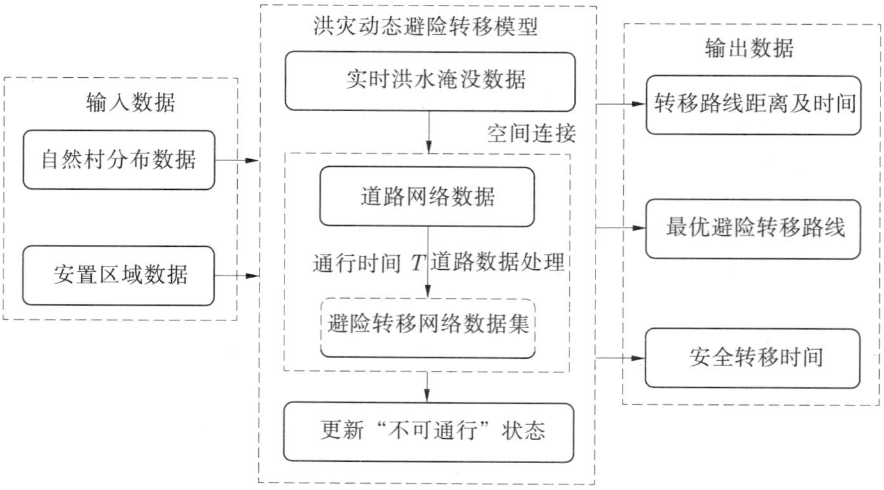

图 5　洪灾动态避险转移模型技术路线

(1)对初始的道路数据进行打断连接处理,注意在道路数据文件被打断再连接之后,需要检查所有道路节点是否被连通,否则在求解最优转移路线时,未被连通的道路将会被忽略。

(2)对道路网络数据进行属性赋值,根据表 3 对不同的道路等级赋予不同的属性,然后通过式(1)计算所有道路的通行时间 T,通过 ArcGIS 将通行时间 T 作为最优路线的求解属性,从而构建避险转移网络数据集,目前避险转移网络数据集仍是一个静态的避险转移分析模型,无法考虑洪水的影响。

(3)设定时间(起始时间、末尾时间、间隔时间),起始时间表示洪水开始的时间,末尾时间表示进洪结束的时间,间隔时间表示每隔一定时间调取一次洪水淹没数据。

(4)根据逐渐调取的洪水淹没数据更新避险转移网络数据集,具体更新规则为:将洪水淹没数据与道路网络数据进行空间连接,淹没水深大于 0.5 m 以上的道路通行时间 T 被重新设定为一个无限大的值,表明被淹没的道路为“不可通行”状态,则避险转移网络数据集是一个随着洪水淹没的空间变化情况而不断变化的。

(5)输入需要被转移的图层数据和安置区图层数据,求解 $\min \sum_{i=1}^{r} T_i$,实时动态输出最优避险转移路线、转移距离、时间以及安全转移时间。

4.3　动态避险转移路线

随着圩内洪水涌入,避险转移道路逐渐被淹没。为了考虑洪水对于避险转移的影响,输入洪水淹没空间分布数据,洪水水深大于 0.5 m 的道路重新设定为“不可通行”状态。模型网格剖分采用三角形网格单元,在地形较为复杂的区域进行了局部加密处理,保证模型计算的稳定性。同时,将图 2 中东南部三角联圩溃口作为进洪边界,北部三角联圩和西部陆地作为物理边界,由于 MIKE 21 软件无法在模型计算过程中自动调整溃口大小,故本文将溃口设定为固定值,通过流量的变化来反映整个溃口变化以及溃决进洪过程。为了判断村庄该如何具体按照动态避险转移模型进行转移,图 6 详细展示了 4 个村庄(爱群村、范家村、大湖潭徐村及孙家村)的动态避险转移分布。图 6(a)中爱群村 0~6 h 的避险转移道路为沿勒家头村方向昌九大道,表示在进洪的 0~6 h 内避险转移道路不用变更,可安全转移。在溃口进洪至 6 h 后,洪水淹没了初始的 0~6 h 的避险转移道路,被淹没的道路设定为“不可通行”状态,需要进一步制订新的避险转移道路方案。在动态避险转移模型融合 6 h 的洪水淹没数据后,求解出溃决后 6 h 的避险转移道路,见图 6(a)中的 6~12 h 的避险路线,避险转移路径长度为 5 583 m,通行时间为 513.63 s,但是在输入 12 h 后洪水淹没数据至避险转移模型中,动态避险转移模型无法求解,表示在溃决 12 h 后，爱群村所有可用的避险转移道路全部被淹没或者被洪水截断，无法向外安全转移群众，只能通过冲锋艇等载人工具转移圩内居民。

范家村在进洪的 0~6 h 内避险转移道路为沿沙洲头村方向昌九大道，见图 6(b)。避险转移路径长度为 3 597 m，通行时间为 299.71 s，在 6 h 后，洪水淹没了 0~6 h 的避险转移路线，模型更换了范家村的规划避险转移道路，由原来的沿沙洲头村方向昌九大道的路线变为沿淦坊村方向昌九大道的 6~14 h 的避险路线，避险转移路径长度为 4 319 m，通行时间为 328.46 s，转移的路线长度和通行时间更长。在动态避险转移模型进一步融合 14 h 的洪水淹没数据后，见图 6(b)中的 14 h 的洪水淹没区域，洪水淹没了 6~14 h 的避险转移路线，重新求解出 14~16 h 的避险转移路线，路径长度为 2 595 m，通行时间为 433.55 s，与原有的 6~14 h 的避险转移路线相比较，路线长度变短，但是转移的途中耗时更长，这是由于洪水淹没了昌九大道，范家村只能选择耗时更长的县道和乡道进行居民安全转移，在溃决 16 h 后，洪水淹没了范家村的全部出村道路，洪水在 16.6 h 后到达范家村。

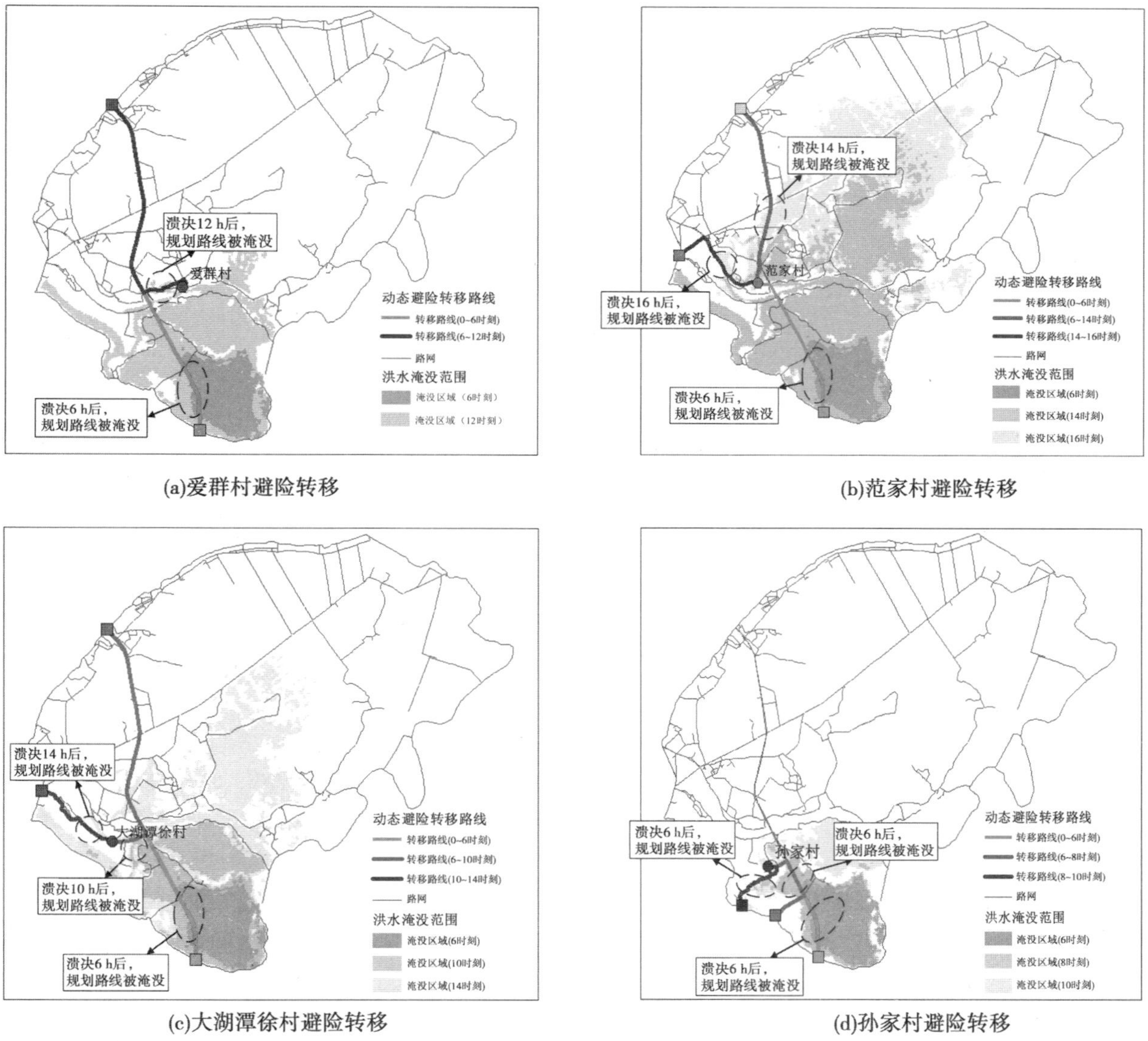

图 6　动态避险转移路线分布

大湖潭徐村在 0~6 h 内的避险转移路线为沿勒家头村方向昌九大道的路线，见图 6(c)。路径长度为 3 724 m，通行时间为 422.07 s，在 6 h 洪水淹没昌九大道后，动态避险转移模型将昌九大道被淹没的道路设定更改状态为“不可通行”，所以更换至未被洪水淹没的 6~10 h 的避险转移路线，路径长度为

5 457 m,通行时间为 531.80 s,导致转移的路线长度和通行时间更长,图 6(c)中 10 h 后被洪水淹没的道路全部为不可通行,大湖潭徐村只能通过 10~14 h 的路线进行转移,路径长度为 2 080 m,通行时间为 648.26 s,10~14 h 的路径长度虽然更少,但是路线基本为乡道和县道,导致通行时间远超初始 0~6 h 的避险转移路线。

孙家村 0~6 h 规划的避险转移路线在 6 h 洪水淹没后,变化为 6~8 h 的避险转移路线,见图 6(d)。路径长度为 2 164 m,通行时间为 461.68 s,在 8 h 后,最终的避险转移路线为 8~10 h 避险转移路线,路径长度为 1 624 m,通行时间为 506.28 s,在溃口进洪 10 h 后,孙家村所有可用出村的路线全部被淹没。

5 结 语

本文以江西省鄱阳湖区重点堤防——三角联圩,建立了基于 MIEK 21 软件的三角联圩溃堤洪水演进数值模型,分析了区内 16 个自然村特征点的洪水淹没过程情况,获得了三角联圩的淹没水深、流速等洪水空间分布数据,在此基础上基于 Python 语言开发了溃堤洪水动态避险转移模型,实时输出了洪灾避险转移路线,规划了三角联圩溃决中最优避险转移路线,实现了溃堤洪水演进数值模型与居民和物资避险转移的有机结合,解决了传统的洪灾避险转移预案与圩堤突然溃决的工程实际情况不相符所存在的矛盾,对于防洪预警抢险以及预案修订具有重要的指导意义。

本文开发的溃堤洪水动态避险转移模型虽然解决了实时动态洪水与避险转移路线规划问题,但是安置区人口容量是洪灾避险转移中重要的影响因素,以及避险转移时道路拥堵对于避险转移时间的影响也不容忽视,下一步需要缩小避险转移研究对象,实时模拟灾民撤退的动态过程,进而为风险人群提供更细致的避险转移参考。

参考文献

[1] 丁志雄,李娜,许小华,等. 江西抚河 2010 年唱凯堤溃堤洪水模拟反演分析[J]. 中国水利水电科学研究院学报,2019,17(4):285-292.

[2] 徐卫红,李娜,郑敬伟,等. 基于阻-导水通道的辽浑防洪保护区溃堤洪水淹没分析[J]. 中国水利水电科学研究院学报,2021,19(6):541-549.

[3] Cova T J, Johnson J P. A network flow model for lane-based evacuation routing[J]. Transportation Research Part A,2015,37(7):579-604.

[4] 王婷婷. 洪灾避险转移模型及应用[D]. 武汉:华中科技大学,2016.

[5] Wen Y, Zhang N. Evacuation and settlement model of personnel in major flood disasters and itsapplication[J]. IOP Conference Series Earth and Environmental Science,2019,30(4):042016.

[6] Li Y,Hu B,Zhang D,et al. Flood evacuation simulations using cellular automata and multiagent systems-a human-environment relationship perspective[J]. International Journal of Geographical Information Science,2019,33(11):2241-2258.

[7] 黄艳,李昌文,李安强,等. 超标准洪水应急避险决策支持技术研究[J]. 水利学报,2020,51(7):805-815.

[8] 纪伟涛. 鄱阳湖—地形·水文·植被[M]. 北京:科学出版社,2017.

[9] 王炜,徐吉谦. 城市交通规划理论与方法[M]. 北京:人民交通出版社,1992.

[10] US Department of Commerce. Bureau of public roads. Traffic assignment manual[M]. Washington DC: Urban Planning Division,1964.

[11] 郑远, 杜豫川, 孙立军. 美国联邦公路局路阻函数探讨[J]. 交通与运输,2007,(1):24-26.

[12] 宋文涛. 防洪保护区洪水风险评价与避险转移方案研究[D]. 大连:大连理工大学,2016.

[13] 中华人民共和国住房和城乡建设部. 城市道路工程设计规范(2016 年版)[S]. 北京:中国建筑工业出版社, 2012.

[14] 中华人民共和国住房和城乡建设部. 城市综合交通体系规划标准[S]. 北京:中国建筑工业出版社,2018.

基于百度热力图的溃坝生命损失计算方法研究

张豫思 田 忠 杨 昊

（四川大学 水力学与山区河流开发保护国家重点实验室，四川成都 610065）

【摘 要】 溃坝生命损失计算是大坝风险管理中极为重要的一环，而现有计算方法不能反映人口的时空动态分布特性。针对该问题，本文基于用户脱敏位置信息、可反映人口时空动态分布的互联网开源数据——百度热力图，叠加溃坝洪水演进模拟的水情数据，提出了一种改进的风险人口计算分析方法。同时结合 Graham 经验方法，对溃坝生命损失进行计算。将该方法运用于紫坪铺水利工程溃坝生命损失分析中，得到了下游不同区域在特定溃坝时间下的死亡人口。百度热力图数据在动态性和时效性的优势弥补了传统风险人口计算方法的缺陷，为溃坝生命损失计算提供了一个新的视角。

【关键词】 溃坝；风险人口；生命损失；百度热力图；Graham 法；洪水演进

1 引 言

我国是世界上水库大坝数量最多的国家，在带来巨大收益、取得举世瞩目成就的同时，一些高坝大库也给下游人民群众带来了巨大的威胁，尤其在社会经济飞速发展的今天，一旦发生溃坝，将对下游地区人民生命财产及社会稳定带来难以承受的灾难。秉承着以人为本、生命至上的理念，溃坝生命损失估算作为大坝风险管理中极为重要的一环，长期以来在国内外均开展了广泛深入的研究。

现有的溃坝生命损失评估方法中，经验模型法是最传统的评估方法，国内外学者根据溃坝历史资料建立了适用于各自国家的生命损失与不同影响因子间的经验关系式，代表性的有国外的 B&G 法[1]、D&M 法[2]、Graham 法[3]、国内的李雷-周克发法[4-5]等。在此基础上，一些学者开始加入对溃坝生命损失过程和机制的考虑。王志军等[6]将 GIS 技术引入溃坝损失评估中，在溃坝洪水数值模拟的基础上借助 GIS 强大的空间分析功能确定淹没范围和洪水严重程度，进而确定风险人口并与生命损失率相乘计算生命损失。王志军等[7]考虑溃坝时警报与撤离过程，并按照洪水特征对淹没区分区建立死亡率函数，提出了由风险人口→暴露人口→生命损失的评估模型。宋明瑞[8]重点研究了风险人口的撤离和避难行为，建立了包含溃坝洪水灾害性评估、风险人口暴露性评估及暴露人口易损性评估的溃坝生命损失评估体系。但上述研究中，风险人口计算大都基于行政区划的人口统计数据，在淹没区内做均一化处理（假设人口在淹没区内分布均匀），并未考虑风险人口在空间上的差异分布，且人口统计数据时效性差异往往数年才更新一次，存在着明显的缺陷。郭磊等[9]、曹冲[10]虽考虑到人口统计数据的空间差异，利用夜间灯光数据和土地利用数据建立了风险人口空间分布化模型，但仍没有体现人口分布时间上的动态性。因此，作为溃坝生命损失过程和机制研究中的基础环节与决定性影响因子之一，找到一个可反映风险人口时空分布特性的合理计算方法，对溃坝生命损失评估具有重大意义。

百度热力图以智能手机用户使用手机百度软件时直接或间接产生的地理位置信息为基础，经数据分析及可视化处理后可将人口的聚集程度以不同的颜色和亮度呈现给用户，目前已在城市交通规划、职住平衡研究等领域广泛应用[11-12]。本文创新性地将百度热力图引入到溃坝生命损失研究中，在紫坪铺水库溃坝洪水模拟结果的基础上进行数据挖掘提取风险人口，并运用 Graham 法计算生命损失，弥补了传统数据时效性和动态性不足的缺陷，为溃坝生命损失评估提供了一个新的视角。

基金项目：国家重点研发计划资助-大坝失事早期预警标准与应急响应机制及处置效果评估方法（2016YFC0401603）

2 研究方法

2.1 基于百度热力图的溃坝风险人口计算方法

2.1.1 基本原理

百度热力图以亿级规模的LBS平台手机用户地理位置信息为基础,经过一定分析处理后将反映人口实时聚集程度的可视化结果提供给用户。热力图以不同的颜色和亮度来表示相应的人流量,颜色越深、亮度越高的区域人口密度越大,其对应关系如图1所示,且热力数据15 min更新一次,具有很强的时效性。因此,可用不同颜色热力区域面积与其对应人口密度相乘汇总计算某区域实时活动人口数量,将该结果与溃坝洪水演进模拟的水情数据叠加分析,即可得溃坝风险人口数目。

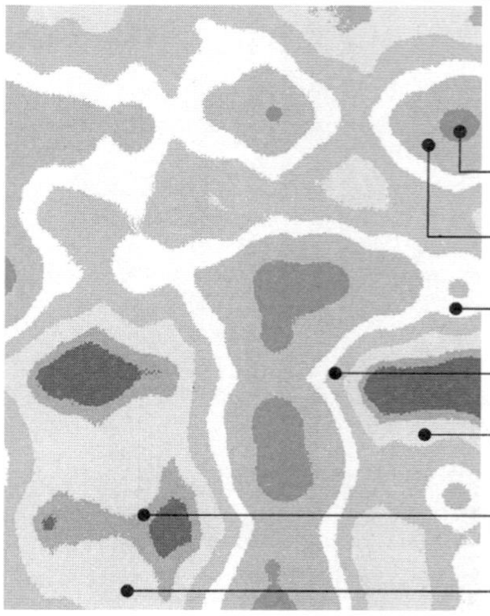

颜色	人口密度/(人/hm²)
红色	>60
橙色	>40~60
黄色	>20~40
绿色	>10~20
青色	≤10
浅蓝色	缺省
蓝色	缺省

图1 百度热力图不同颜色的人口密度关系[14]

基于百度热力图的人口数量挖掘虽不是精确人口数量,但由于其数据基数庞大(目前百度地图日均位置服务请求次数达到1 300亿),是大量人群位置的真实反映,且在一些学者的研究中部分地区的百度大数据与人口普查数据的相关性检验结果十分可观[13],因此本文利用百度热力图进行溃坝风险人口计算具有可行性。

2.1.2 计算方法

2.1.2.1 热力图获取

利用网络爬虫技术可获取研究区的百度热力图,获取的热力图为tif格式的栅格数据,每一个像元内都储存着代表不同颜色和亮度的属性值,本文以紫坪铺水库下游区域2022年3月13日20:00时的百度热力图为例进行数据挖掘,提取溃坝风险人口,见图2。

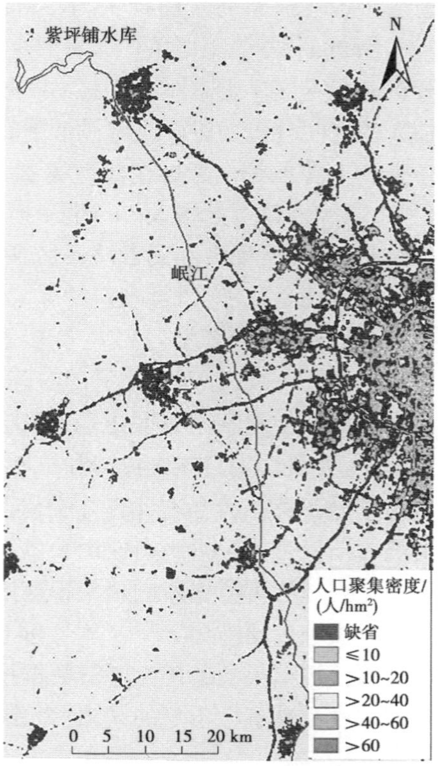

图2 紫坪铺水库下游区域百度热力图

2.1.2.2 数据预处理

将获取的百度热力图进行坐标系转换、投影与地理配准,以便于后续和溃坝洪水模拟结果进行叠置分析,叠置分析过程可在ArcGIS软件中实现,得到溃坝洪水淹没范围内的人口热力图。

2.1.2.3 人口密度重分类

目前百度地图给出的人口聚集程度根据颜色可划分为 7 个级别，不同颜色对应的人口密度是一个区间范围，且蓝色和浅蓝色的数据缺失。当研究尺度较小时这样的精度无法满足要求，为更好地刻画同一热力级别下的人流分布，现提出一种改进人口密度划分的方法。

研究发现，百度热力图数据中代表每个像素透明度的 Alpha 波段值范围为 60~194[11]，且每个热力级别中的像素 Alpha 值区间连续，其对应关系如表 1 所示。本文取红色区域人口密度为 65 人/hm^2，蓝色人口密度区间为 0~5 人/hm^2，浅蓝色与青色人口密度区间为 5~10 人/hm^2，在此基础上假定人口密度与 Alpha 波段值之间为一次函数关系，将不同颜色人口密度在各区间内根据 Alpha 值进行线性插值，即得到如下人口密度重分类函数：

表 1 人口密度与热力图 Alpha 波段值对应关系

颜色	蓝色	浅蓝色	青色	绿色	黄色	橙色	红色
既有人口密度值/(人/hm^2)			≤10	>10~20	>20~40	>40~60	>60
Alpha 波段值	60~132	>98~110	>110~117	>117~129	>129~136	>136~179	>179~194

$$q_i=\begin{cases}\dfrac{5-0}{132-60}\times(r_i-60),60\leqslant r_i\leqslant 132(\text{蓝色})\\ 5+\dfrac{10-5}{117-98}\times(r_i-98),98<r_i\leqslant 117(\text{浅蓝色、青色})\\ 10+\dfrac{20-10}{129-117}\times(r_i-117),117<r_i\leqslant 129(\text{绿色})\\ 20+\dfrac{40-20}{136-129}\times(r_i-129),129<r_i\leqslant 136(\text{黄色})\\ 40+\dfrac{60-40}{179-136}\times(r_i-136),136<r_i\leqslant 179(\text{橙色})\\ 65,179<r_i\leqslant 194(\text{红色})\end{cases}\tag{1}$$

式中，q_i 为第 i 个栅格的人口密度，人/hm^2；r_i 为第 i 个栅格的 Alpha 波段值，据此即可对百度热力图人口密度做更为精细的划分，重分类后每一个栅格像元的像素值即为该栅格的人口密度。改进前后的热力图对比如图 3 所示。

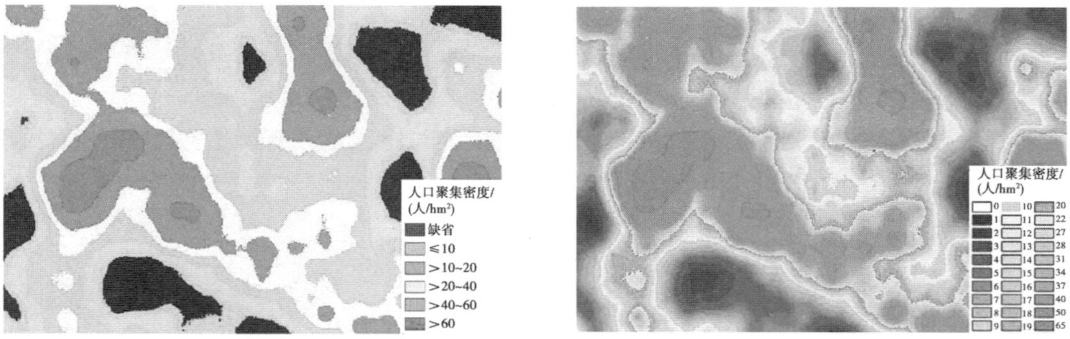

(a)人口密度重分类前的百度热力图

(b)人口密度重分类后的百度热力图

图 3 人口密度重分类前后的百度热力图对比

2.1.2.4 网格划分

根据研究尺度与数据颗粒度需求将百度热力图划分为规则的正交网格,以便后续进行各人口密度下热力面积的统计与风险人口数量的提取。本文爬取的百度热力图数据缩放级别为16,其精度为200 m,综合考虑研究区域面积与热力图颗粒度,将网格大小设置为200 m×200 m。

2.1.2.5 风险人口数量计算

在ArcGIS软件中使用栅格转面工具完成矢量化,计算每个网格内不同人口密度的区域面积,将各区域面积与相应人口密度相乘,即可得到该200 m×200 m网格内的风险人口数量。利用Excel数据透视表可快速完成各网格风险人口的统计,计算结果也可以返回到ArcGIS软件中,作为一个属性字段直接标注在网格图层上,每个网格内的数字即代表该网格内的风险人口数量。

2.2 Graham 生命损失计算方法

溃坝生命损失是指溃坝发生后下游淹没区域内因溃坝洪水灾害而死亡的人数。国内外对溃坝生命损失的评估方法有很多,其中Graham法因其简单方便、切实可行的特点,目前仍作为一种常用的经验方法在部分国家中应用。本文在上述运用百度热力图提取溃坝风险人口的基础上,采用Graham方法进行溃坝生命损失计算。

Graham法将溃坝生命损失(L_{OL})表示为风险人口(P_{AR})与风险人口死亡率(f)的乘积,其中风险人口死亡率是综合考虑溃坝洪水严重性(S_D)、警报时间(W_T)与风险人口对洪水灾害严重性理解程度(U_D)而确定的经验值,其表达式如下:

$$L_{OL}=P_{AR}\times f(S_D, W_T, U_D) \tag{2}$$

溃坝洪水严重性S_D是反映溃坝洪水破坏程度的指标,也是影响风险人口死亡率的重要因素,通常用溃坝洪水的深度(D)与流速(v)的乘积来表示[4],即$S_D=Dv$,单位m²/s。根据S_D值,可将溃坝洪水划分为低严重性($S_D\leqslant 4.6\ \mathrm{m^2/s}$)、中严重性($4.6\ \mathrm{m^2/s}<S_D\leqslant 12\ \mathrm{m^2/s}$)和高严重性($S_D>12\ \mathrm{m^2/s}$)。

警报时间是溃坝警报从发出到被下游群众接收并做出反应的时间。通常可分为以下三类:

(1)$W_T<0.25$ h,无警报,即相关部门或媒体在溃坝洪水到来之前未发布警报或警报时间不足以使下游群众预先做出反应。

(2)$0.25\ \mathrm{h}\leqslant W_T<1$ h,部分警报,相关部门或媒体在溃坝洪水来临前0.25~1 h内发出警报,留给群众一定反应时间。

(3)$W_T\geqslant 1$ h,充分警报,相关部门或媒体至少在溃坝洪水来临前1 h就发出警报,下游群众有充足的时间对洪水灾害做出反应。

风险人口对洪水灾害严重性的理解程度关乎下游群众面临洪灾时的行为与反应,也是影响风险人口生存率的重要因素。其主要与政府部门的宣传组织以及群众的受教育水平有关,通常可以分为以下两类:

(1)理解模糊:风险人口对即将面临的溃坝洪水可能淹没范围及灾害严重性没有明确的理解和反应,对洪水灾害的避难方式、逃生路线等并不明了。

(2)理解明确:风险人口对即将面临的溃坝洪水可能淹没范围及灾害严重性理解明确、反应及时,能采取切实可行的手段进行紧急避险或逃生。

3 计算案例

3.1 工程概况

本文以紫坪铺水利工程为计算案例,该工程位于四川成都西北岷江上游,水库正常蓄水位877.0 m,设计洪水位871.2 m,校核洪水位883.1 m,总库容11.12亿m³,坝为钢筋混凝土面板堆石坝,坝顶高程884.0 m,最大坝高156 m。假定该工程大坝于2022年3月13日20:00发生溃决。

3.2　溃坝洪水演进模拟

3.2.1　基本控制方程

为更好地模拟溃坝洪水在下游平原地区的演进，采用 HEC-RAS 二维水动力学模型进行溃坝洪水数值模拟[15]，其基本原理为简化的二维 Navier-Stokes 公式——浅水方程，主要控制方程如下：

连续方程：

$$\frac{\partial h}{\partial t} + \nabla \cdot (hv) = q \tag{3}$$

动量方程：

$$\frac{\partial v}{\partial t} + (v \cdot \nabla)v + f_c k \times v = -g\nabla H + \frac{1}{h}\nabla \cdot (v_t h \nabla v) - \frac{\tau_b}{\rho R} + \frac{\tau_s}{\rho h} \tag{4}$$

扩散波格式的动量方程：

$$v = -\frac{R^{2/3}}{n}\frac{\nabla H}{|\nabla H|^{1/2}} \tag{5}$$

式中，H 为水面高程，m；h 为水深，m；v 为流速，m/s；R 为水力半径，m；q 为源汇项；g 为重力加速度，m/s^2；v_t 为水平方向运动黏度，m^2/s；f_c 为科里奥利系数；k 为垂直方向单位矢量；τ_b 为底部剪应力矢量；τ_s 为风应力向量；n 为糙率。

3.2.2　模型构建

3.2.2.1　地理建模

根据地理空间数据云平台获取的研究区 ASTER GDEM V3 30 m 精度数字高程数据建模。上游水库采用 HEC-RAS 线性水库假设，输入紫坪铺水库库容曲线建模；下游影响区域以 200 m×200 m 密度进行二维网格划分，并对坝址处与岷江河道沿岸地形做精细化处理，共生成 171 221 个计算单元网格；糙率确定利用 2020 年 Esri 全球 10 m 土地覆盖数据，将研究区按土地类型分别赋值：水域 0.035、林地 0.2、草地 0.035、水淹植被 0.03、耕地 0.04、灌木 0.11、建筑用地 0.03、裸地 0.02。

3.2.2.2　边界条件

上游水库来流取紫坪铺水库校核洪水过程线，下游边界条件取岷江该段天然河床比降 0.59‰。模拟大坝在超标洪水来临时坝前水位上涨发生溃决，溃时水位为校核洪水位 883.1 m，大坝渐溃，溃决时间 3 h，溃口底高程 796 m，溃口底宽 100 m，溃口边坡为 0.5。

3.2.3　溃坝洪水演进结果及风险人口区域

图 4 分别给出了溃坝 1 h、3 h、6 h、10 h 后的溃坝洪水演进结果。图 5、图 6 分别为溃坝 24 h 内最大淹没水深与最大流速分布（各淹没处最大水深或流速的叠加）。

以溃坝后 24 h 内最大水深分布图为淹没范围进行风险人口确定，假设洪水演进时间内下游人口分布未发生改变，根据国内外相关经验[5]、[10]，将淹没水深大于或等于 0.3 m 的范围认定为风险人口区域。然后将溃坝洪水根据 S_D 值进行洪水严重性分区，经 GIS 软件处理后即可得不同溃坝洪水严重性下的风险人口区域，见图 7。

3.3　紫坪铺水利工程溃坝生命损失分析

基于本文建立方法进行溃坝风险人口计算。将紫坪铺溃坝洪水演进结果与该区域百度热力图进行叠置分析，得到不同严重性下溃坝洪水风险人口区域的人口热力图，见图 8。在 ArcGIS 软件中对图 8 进行人口密度重分类、格网划分及数据挖掘，部分网格内风险人口数量提取结果如图 9 所示，表 2 为紫坪铺水利工程不同溃坝洪水严重性区域风险人口计算汇总结果。

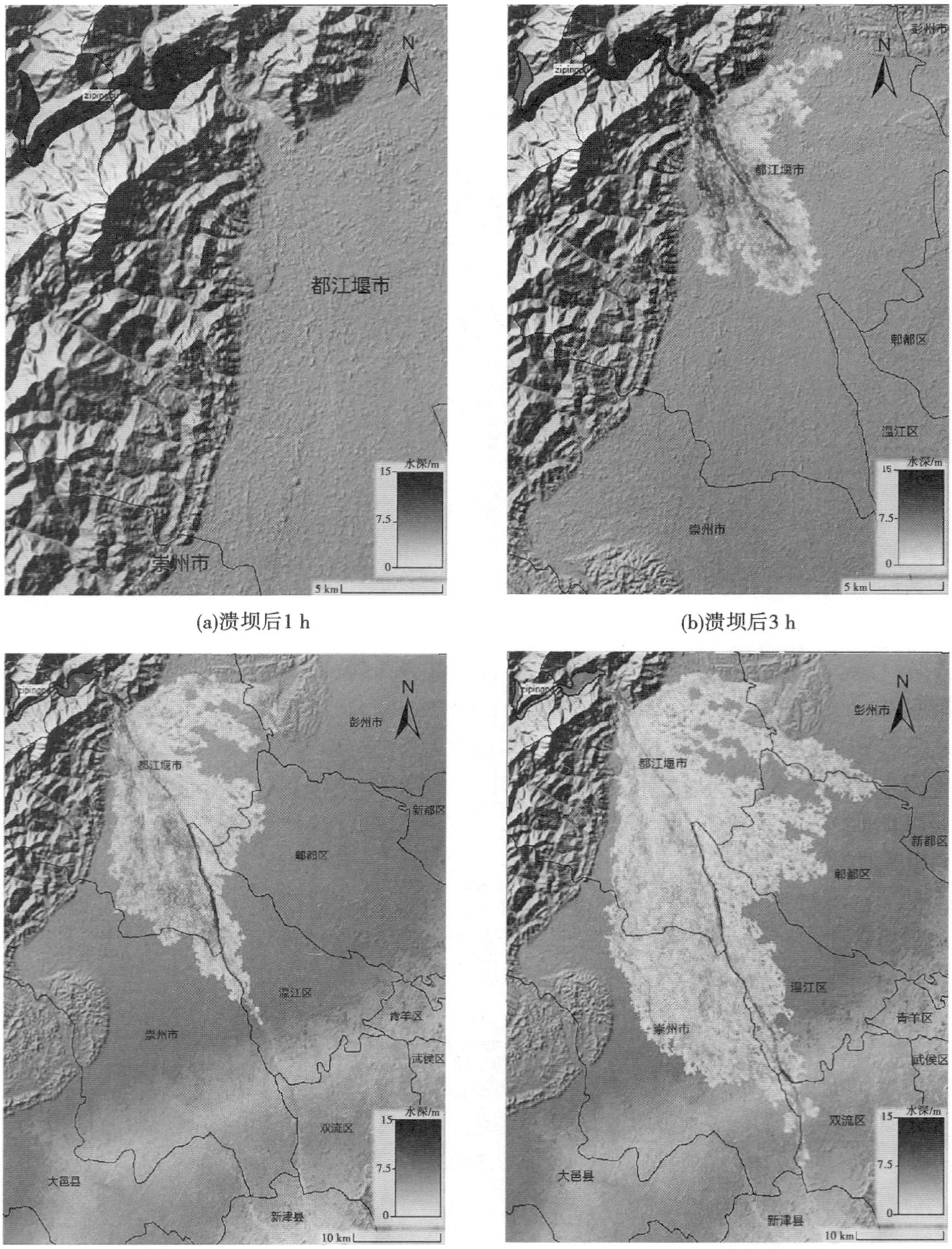

(a)溃坝后1 h (b)溃坝后3 h

(c)溃坝后6 h (d)溃坝后10 h

图4 溃坝后不同时间的洪水淹没结果

在此基础上,采用 Graham 溃坝风险人口死亡率建议值对不同警报时间及不同溃坝洪水理解程度下的生命损失进行计算,计算结果如表 3 所示。

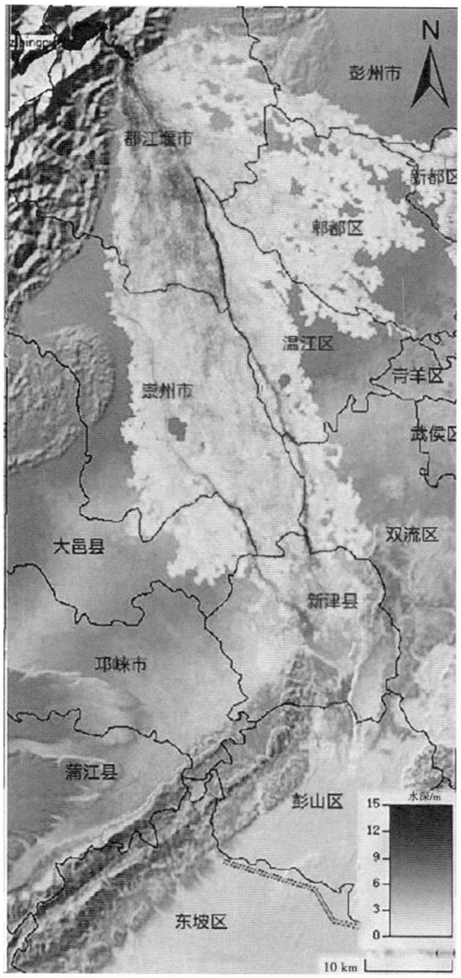

图 5 溃坝后最大淹没水深分布

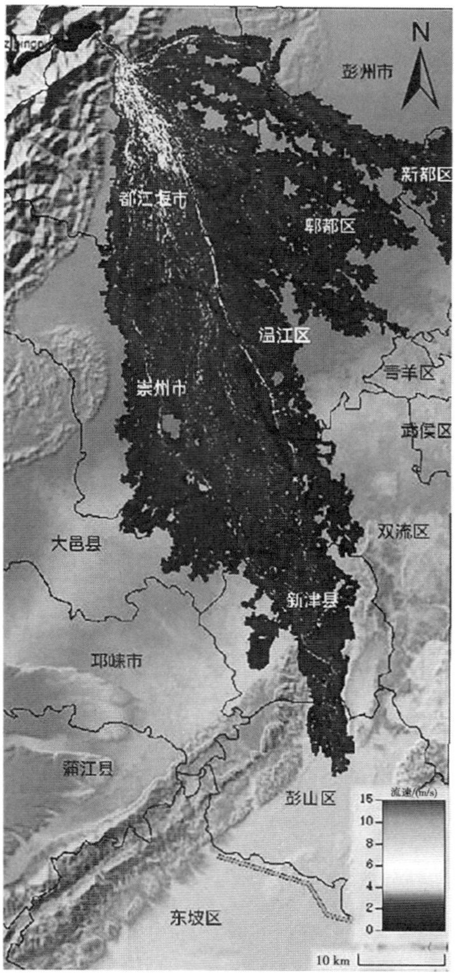

图 6 溃坝后最大流速分布

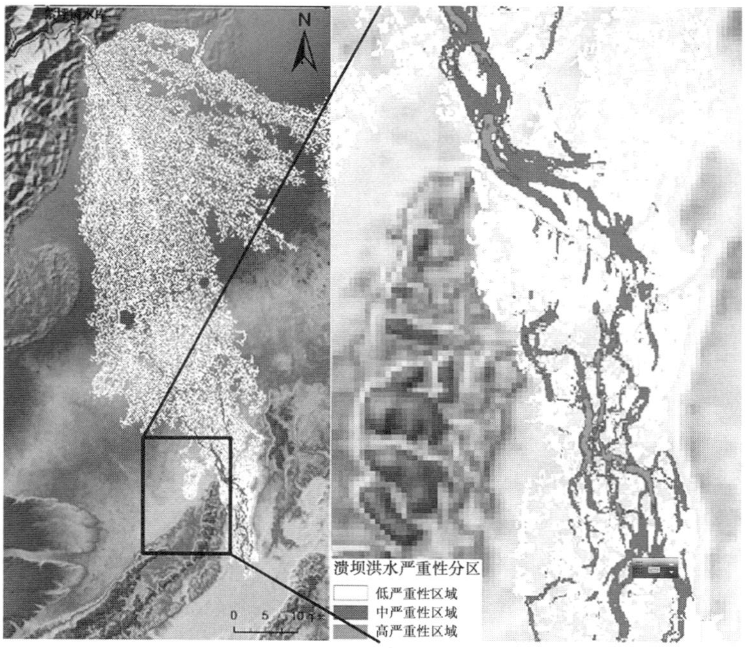

图 7 不同溃坝洪水严重性下的风险人口区域

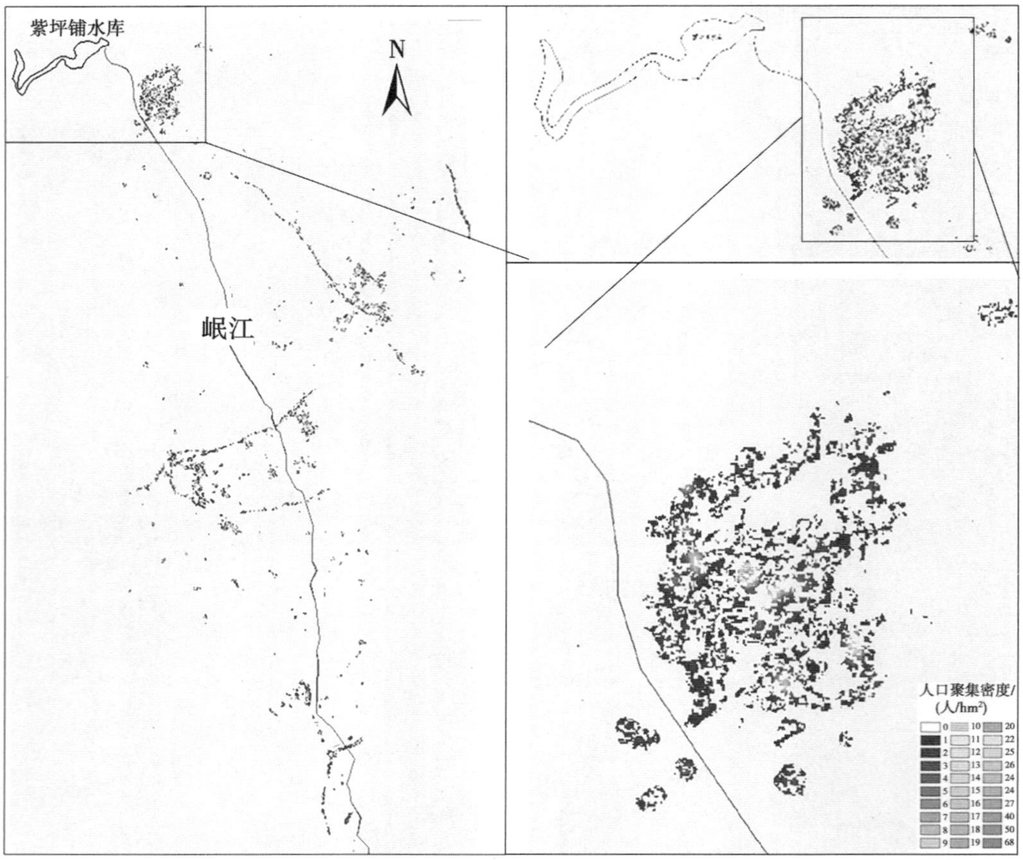

图 8　不同严重性下溃坝洪水风险人口区域的人口热力图

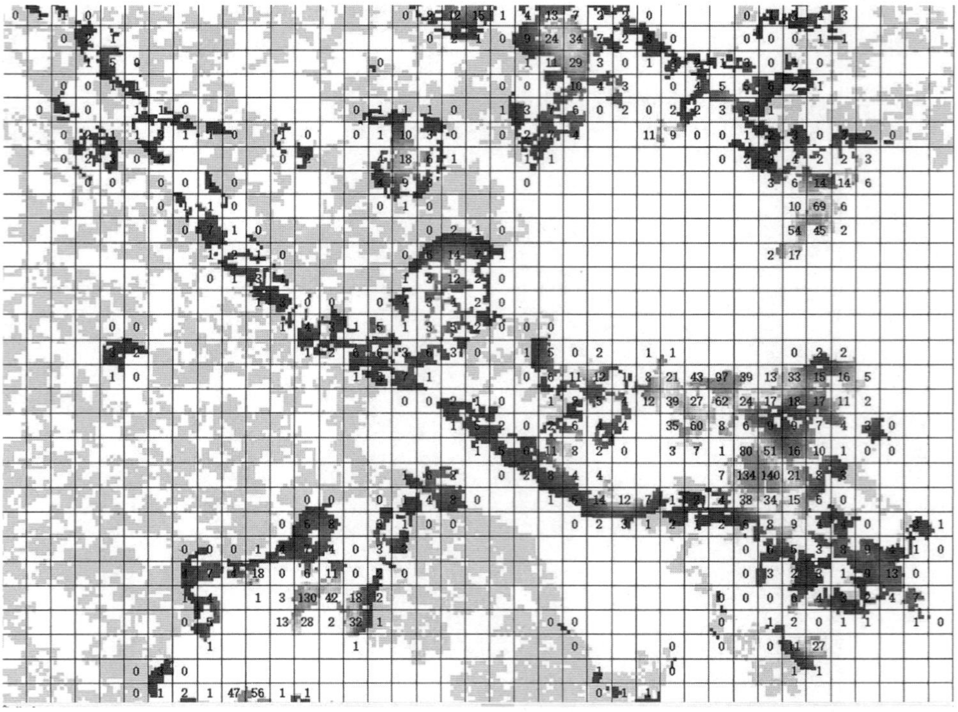

图 9　部分网格风险人口数量提取结果

表 2 研究区溃坝风险人口汇总结果

洪水严重性	区域面积/hm^2	风险人口数量
低严重性	17 839.90	12 218
中严重性	1 501.18	341
高严重性	264.12	29

表 3 紫坪铺溃坝生命损失计算结果

溃坝洪水严重性 S_D	风险人口数量	警报时间 W_T/h	风险人口对溃坝洪水严重性的理解程度 U_D	风险人口死亡率 f	生命损失/人
高	29	<0.25		0.75	22
		0.25~1.0	模糊		
		0.25~1.0	明确		
		>1.0	模糊		
		>1.0	明确		
中	341	<0.25		0.25	85
		0.25~1.0	模糊	0.04	14
		0.25~1.0	明确	0.02	7
		>1.0	模糊	0.03	10
		>1.0	明确	0.01	3
低	12 218	<0.25		0.01	122
		0.25~1.0	模糊	0.007	86
		0.25~1.0	明确	0.002	24
		>1.0	模糊	0.000 3	4
		>1.0	明确	0.000 2	2

4 结 论

本文针对以往溃坝生命损失研究中风险人口时空特性刻画不足的问题，引入百度热力图并与经典的 Graham 经验方法相结合，提出了一种改进的溃坝生命损失计算方法，主要结论如下：

(1)百度热力图开源易获取，且可以动态化呈现人口的时空分布情况，是进行风险人口计算时一种较为理想的数据源，弥补了传统数据动态不足、时效差的缺陷，为溃坝生命损失计算提供了一个新的思路。

(2)将该方法运用于紫坪铺水利工程，分别得到了下游不同区域在特定溃坝时间下的死亡人口，可为紫坪铺水库风险管理提供参考。

百度热力图本质上仍是抽样数据，无法代表准确人口，随着数据量的发展，如何提高风险人口计算精度并与溃坝生命损失的过程机制更好结合有待于进一步研究。

参考文献

[1] Curtis A. Brown and Wayne J. Graham. Assessing the threat to life from dam failure[J]. JAWRA Journal of the American Water Resources Association, 1988, 24(6) : 1303-1309.
[2] Michael L DeKay, Gary H McClelland. Predicting loss of life in cases of dam failure and flash flood [J] . Risk Analysis, 1993, 13(2):193-205.
[3] Graham W J . A Procedure for Estimating Loss of Life Caused by Dam Failure[J]. Sedimentation River Hydraulics, 1999, 6(5):1-43.
[4] 周克发,李雷,盛金保.我国溃坝生命损失评价模型初步研究[J].安全与环境学报,2007(3):145-149.
[5] 周克发. 溃坝生命损失分析方法研究[D].南京:南京水利科学研究院,2006.
[6] 王志军,张治军,李子阳.GIS支持下的溃坝损失评估方法研究[J].水力发电,2008(8):75-77,87.
[7] 王志军,宋文婷.溃坝生命损失评估模型研究[J].河海大学学报(自然科学版),2014,42(3):205-210.
[8] 宋明瑞. 基于数值模拟的溃坝生命损失研究[D].天津:天津大学,2016.
[9] 郭磊,舒全英,李军.基于NPP-VIIRS夜间灯光的洪水灾害损失评估[J].水利发展研究,2020,20(2):62-68.
[10] 曹冲. 基于HEC-RAS及ArcGIS的水库大坝溃坝生命损失分析[D].郑州:郑州大学,2020.
[11] 张海林.基于百度热力图的人口活动数量提取与规划应用[J].城市交通,2021,19(3):103-111.
[12] 曹政,任绍斌. 多源数据融合下的大城市中心城区职住平衡测度研究——以武汉市中心城区为例[C]//中国城市规划学会.面向高质量发展的空间治理——2021中国城市规划年会论文集(05城市规划新技术应用).北京:中国建筑工业出版社,2021:665-672.
[13] 刘颖奇.基于百度大数据与官方统计的人口城市空间分布差异对比研究——以宁波市为例[C]//中国城市规划学会.持续发展 理性规划——2017中国城市规划年会论文集(05城市规划新技术应用).北京:中国建筑工业出版社,2017:172-183.
[14] 谭欣,黄大全,赵星烁,等.基于百度热力图的职住平衡度量研究[J].北京师范大学学报(自然科学版),2016,52(5):622-627,534.
[15] 宁聪, 傅志敏, 王志刚. HEC-RAS模型在二维溃坝洪水研究中的应用[J]. 水利水运工程学报, 2019(2):86-92.

水土资源与经济社会信息耦合的黄河流域空间均衡解析

郝春沣 杜军凯 刘海滢 仇亚琴

(中国水利水电科学研究院,北京 100038)

【摘 要】 科学评价黄河流域水土资源与经济社会相关要素的空间均衡特征,是流域水资源空间优化配置和经济社会发展科学布局的重要基础。本文以黄河流域水资源二级分区和省级行政分区为研究对象,选取水资源、土地资源、人口、经济4类8项指标,开展要素间匹配特点和空间均衡状况综合解析。研究结果表明,黄河流域水土资源与经济社会空间均衡程度最低的区域是兰州至河口镇区间,主要受到内蒙古、宁夏等地区用水总量和耕地面积较大而当地水资源总量相对较小的影响。针对水资源与经济社会发展矛盾突出的地区,应优化水资源配置、提高区域水资源承载能力,同时强化水资源刚性约束、降低水资源承载负荷,支撑黄河流域生态保护和高质量发展。

【关键词】 黄河流域;水土资源;空间均衡;适水发展

1 引 言

2014年3月14日,习近平总书记提出“节水优先、空间均衡、系统治理、两手发力”治水思路,是新时期水利改革发展的根本遵循。空间均衡成为近年来水资源研究和管理实践的热点议题。

近年来,黄河流域生态保护和高质量发展上升为国家战略。2021年印发的《黄河流域生态保护和高质量发展规划纲要》中指出:黄河一直“体弱多病”,生态本底差,水资源十分短缺,水土流失严重,资源环境承载能力弱,沿黄各省区发展不平衡不充分问题尤为突出。为了使黄河流域水资源承载状况恢复或保持较好水平,促进区域生态环境保护和可持续发展,必须考虑区域水资源与土地资源以及人口、国内生产总值等经济社会要素之间的空间均衡性和匹配性,识别各要素空间均衡特征及关键短板,为区域水资源保护及适水发展相关决策提供支撑。

相关学者阐释了水资源空间均衡的基本内涵和理论框架[1-2],部分研究给出了较为复杂的空间均衡量化评估方法[3-4],在部分流域[5-6]、区域[7]、省份[8]、城市[9-11]、灌区[12]等不同尺度上开展了应用。其中,部分研究主要考虑水资源相关要素(包括水资源量、开发利用程度、缺水状况等)开展分析[13],也有研究结合了水资源与土地资源、经济社会相关的单个要素进行集对比较[14-15],但是系统考虑水资源与土地、经济等多要素耦合的综合分析较少。随着水资源最大刚性约束的提出,水-生态-经济多系统相互作用和反馈受到更多重视,空间均衡相关研究越来越关注水资源、经济社会、生态环境之间的密切联系[16],主要体现在空间均衡评价要素的选取更加多元化。除水资源相关基础要素外,气候、土地利用、经济社会、生态环境等相关因子也被纳入分析评价体系。

基金项目:国家自然科学基金项目(52009140);国家重点研发计划课题(2021YFC3201105)

2 研究方法

2.1 水土资源与经济社会耦合的空间均衡量化解析方法

本文在以往研究的基础上,采用匹配距离和不平衡指数等指标,解析水资源与生态系统、经济社会系统等相关要素之间的匹配特征,识别黄河流域不同分区关键短板和主要问题,从提高水资源承载力、降低水资源载荷等方面支撑水、土、经济、生态系统之间协调平衡,促进区域适水发展。

采用匹配距离 d 分析区域各要素的两两匹配性及优劣势特点,公式如下:

$$d_i = \sqrt{2}(a_i - b_i)/2 \tag{1}$$

式中,a_i 为区域 i 的要素 a 在全区的占比;b_i 为区域 i 的要素 b 在全区的占比。

当 d_i 为正值时,表示要素 a 的禀赋相对优于要素 b;当 d_i 为负值时,则相反。匹配距离绝对值越小,认为要素之间越均衡。

在此基础上,分别按照要素类别和分区对匹配距离的绝对值进行统计求和,得到要素综合匹配距离和区域综合匹配距离,反映黄河流域不同要素及不同分区的空间均衡状况。综合匹配距离越小,说明该要素或该分区的水土资源和经济社会空间均衡状况越好。

2.2 要素选取和基础数据

本文选取水资源、土地资源、人口、经济四类相关指标开展分析,可以表征区域水土资源匹配状况以及经济社会对其的压力水平。对于水资源要素受到其他要素压力较大的区域,相应的生态保护形势一般也较为严峻,经济社会发展可持续性差,因而空间均衡分析结果反映了黄河流域生态保护和高质量发展的前景及需求。

综合考虑指标的可获取性和代表性,选定空间均衡解析的基础要素。在水资源指标中,选取水资源总量、用水总量 2 个要素,其中水资源总量采用 1956~2015 年共 60 年系列的多年平均值,用水总量采用 2016 年各省级行政区和水资源二级区统计数据。在土地资源指标中,选取总灌溉面积和耕地灌溉面积 2 个要素。在人口指标中,选取总人口和城镇人口 2 个要素。在经济指标中,选取国内生产总值(GDP)和工业增加值 2 个要素。土地资源、人口、经济相关要素均采用 2016 年统计数据。

3 要素空间格局分析

按照黄河流域水资源二级区和流域内省级行政分区单元,分别开展单指标的空间分布格局解析,展现黄河流域各分区的水资源、土地资源、人口、经济等状况,如图 1 所示。

3.1 水资源相关要素空间分布格局

从水资源二级区来看,多年平均水资源总量较高的是龙羊峡以上、龙门至三门峡区间、龙羊峡至兰州区间等,分别占黄河流域水资源总量的 29.1%、22.6%、18.3%;内流区水资源总量最少,占比仅 1.8%。用水总量最大的是兰州至河口镇区间,用水总量达当地水资源总量的 4 倍以上,对过境水依赖程度较高。

从省级行政分区来看,水资源总量最大的是位于源头地区的青海省,约占全流域水资源总量的 30%。用水量较大的是内蒙古、宁夏、陕西,用水总量均超过了 60 亿 m^3,三省区合计用水量占全流域用水总量的 56.7%。

3.2 土地资源相关要素空间分布格局

从水资源二级区来看,兰州至河口镇区间、龙门至三门峡区间的总灌溉面积和耕地灌溉面积显著高于其他分区,合计占全流域的比例接近 70%。从省级行政分区来看,内蒙古、陕西、山西、河南等省区灌溉面积较大。不同分区之间耕地亩均水资源占有量差异极大,特别是兰州至河口镇区间耕地亩均水资

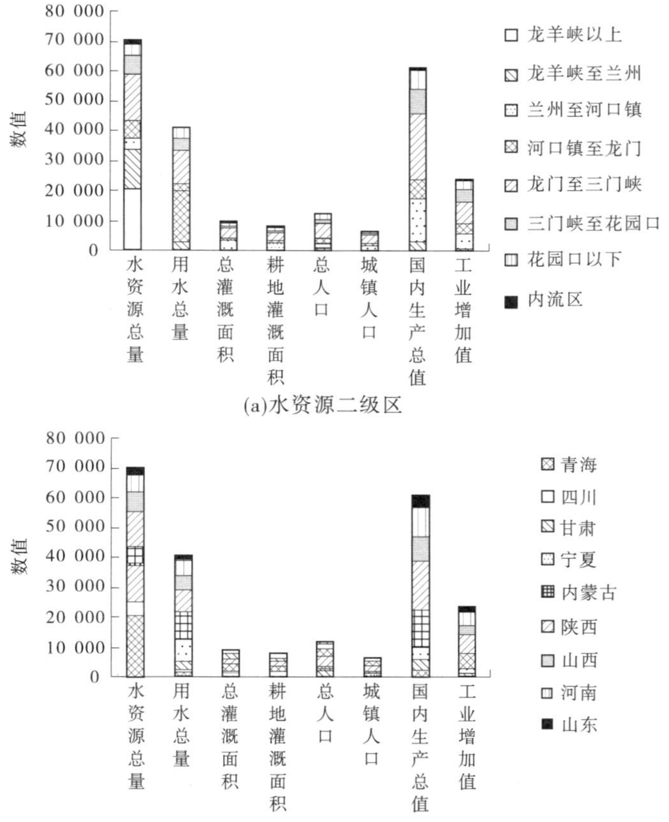

(b)省级行政分区

注:水资源总量和用水总量的单位是百万 m^3,总灌溉面积和耕地灌溉面积的单位是万亩,人口和城镇人口的单位是万人,国内生产总值和工业增加值的单位是亿元。

图1　黄河流域水资源、土地资源、人口、经济相关要素

源占有量远低于黄河流域平均水平。

3.3　人口相关要素空间分布格局

从水资源二级区来看,龙门至三门峡区间的人口远高于其他分区,达到5 000万人以上;龙羊峡以上和内流区人口较少,均不足100万人。从省级行政分区来看,陕西、山西等省在黄河流域范围内人口数量较高,总人口分别超过了2 400万人,其中城镇人口均在1 300万人以上。在城镇化率方面,黄河流域内四川、甘肃的城镇人口占总人口比例较低,不足50%。

3.4　经济相关要素空间分布格局

从水资源二级区来看,龙门至三门峡区间的国内生产总值最高,超过20 000亿元,兰州至河口镇区间次之;龙羊峡以上的国内生产总值和工业增加值均显著低于其他分区。从省级行政分区来看,山西、内蒙古的国内生产总值较高,青海、四川较低。在人均国内生产总值方面,各分区差异较大,黄河流域内蒙古的人均国内生产总值显著高于其他地区,超过了12万元,而上游部分地区仅约2万元。

4　空间均衡状况解析

基于黄河流域水资源二级区和流域内省级行政分区的水资源、土地资源、人口、经济相关基础数据,计算各分区相关要素的匹配距离,并统计得到区域综合匹配距离和要素综合匹配距离,以此分析不同区域、不同要素的空间均衡特征。

4.1 水资源分区空间均衡状况

黄河流域水资源二级区水资源、土地资源、人口、经济综合匹配距离计算结果如表1所示。

表1 黄河流域水资源二级区水资源、土地资源、人口、经济综合匹配距离

分区	水资源总量	用水总量	总灌溉面积	耕地灌溉面积	总人口	城镇人口	国内生产总值	工业增加值	区域综合匹配距离
龙羊峡以上	1.423	0.213	0.210	0.212	0.214	0.210	0.211	0.217	2.910
龙羊峡至兰州	0.638	0.154	0.150	0.155	0.172	0.150	0.150	0.181	1.750
兰州至河口镇	1.090	0.971	0.679	0.664	0.620	0.510	0.510	0.512	5.556
河口镇至龙门	0.159	0.172	0.176	0.200	0.147	0.147	0.227	0.403	1.631
龙门至三门峡	0.660	0.465	0.310	0.310	0.583	0.551	0.325	0.353	3.557
三门峡至花园口	0.171	0.160	0.245	0.221	0.160	0.160	0.198	0.349	1.664
花园口以下	0.264	0.153	0.130	0.184	0.099	0.112	0.099	0.103	1.143
内流区	0.038	0.027	0.059	0.027	0.041	0.042	0.027	0.028	0.287
要素综合匹配距离	4.443	2.314	1.959	1.973	2.035	1.882	1.747	2.145	18.498

从要素综合匹配距离来看,各要素的排序为:水资源总量>用水总量>工业增加值>总人口>耕地灌溉面积>总灌溉面积>城镇人口>国内生产总值, 相应表示要素空间均衡程度由低到高。由此可知水资源量和用水总量这两个涉水要素与其他要素之间的匹配程度较差,主要受上游水源区水量相对丰沛而下游经济社会发展水平相对较高的影响,与黄河流域资源环境禀赋、经济社会发展水平的现实状况较为一致。

从区域综合匹配距离来看,各分区的排序为:兰州至河口镇>龙门至三门峡>龙羊峡以上>龙羊峡至兰州>三门峡至花园口>河口镇至龙门>花园口以下>内流区,相应分区的各要素均衡程度由低到高。兰州至河口镇区间灌溉面积占全区的比例较大,而水资源量较为紧缺,水与其他要素之间的匹配均衡程度较差。

4.2 省级行政分区空间均衡状况

黄河流域省级行政分区水资源、土地资源、人口、经济综合匹配距离计算结果如表2所示。

表2 黄河流域省级行政分区水资源、土地资源、人口、经济综合匹配距离

分区	水资源总量	用水总量	总灌溉面积	耕地灌溉面积	总人口	城镇人口	国内生产总值	工业增加值	区域综合匹配距离
青海	1.286	0.215	0.221	0.242	0.219	0.214	0.214	0.221	2.831
四川	0.308	0.045	0.045	0.045	0.046	0.045	0.045	0.046	0.625
甘肃	0.382	0.184	0.186	0.184	0.298	0.226	0.192	0.324	1.975
宁夏	0.327	0.529	0.225	0.224	0.171	0.171	0.178	0.182	2.008
内蒙古	0.590	0.376	0.461	0.390	0.536	0.458	0.331	0.331	3.474
陕西	0.306	0.324	0.240	0.251	0.240	0.250	0.274	0.290	2.175
山西	0.311	0.191	0.177	0.192	0.270	0.285	0.177	0.190	1.793
河南	0.325	0.162	0.123	0.123	0.125	0.123	0.142	0.270	1.392
山东	0.122	0.073	0.078	0.072	0.072	0.080	0.103	0.146	0.746
要素综合匹配距离	3.958	2.098	1.756	1.723	1.977	1.852	1.656	2.001	17.020

从要素不平衡指数和要素综合匹配距离来看，水资源的不均衡程度最高，结果与按照水资源二级区评价的结果基本一致。但是，按省区评价的水资源量不平衡指数低于按水资源二级区评价结果，分析其原因，主要是受到省区根据自身资源环境条件进行水、土、经济综合调控的影响。

从区域综合匹配距离来看，各分区的排序为：内蒙古>青海>陕西>宁夏>甘肃>山西>河南>山东>四川，相应分区内部各要素空间均衡程度由低到高。黄河流域部分省区要素匹配距离如图 2 所示。以内蒙古为例，水资源总量相对于其他所有要素来说均处于劣势地位，但是用水总量和灌溉面积等相对较大，对区域水资源与其他要素之间的均衡产生了显著影响。而对于青海来说，水资源总量较为丰富，但是用水总量、灌溉面积以及人口、经济等相关要素均处于较低水平，水资源支撑经济社会发展相对不足，也导致了要素之间的不均衡状况。

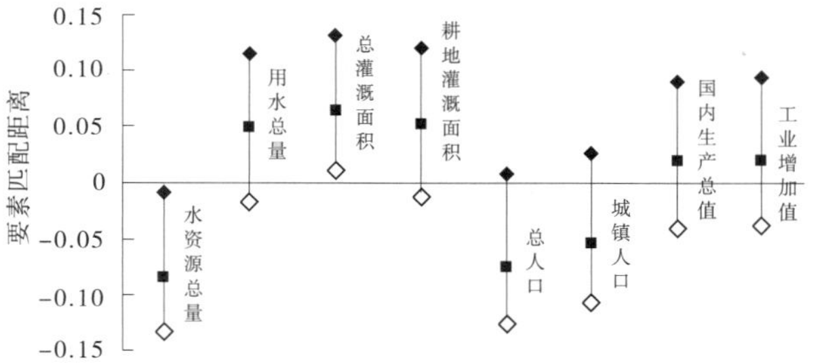

(a)内蒙古

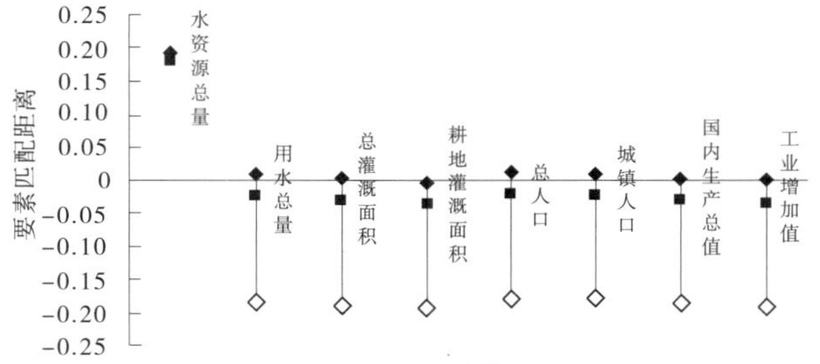

(b)青海

◆ 最大值　◇ 最小值　■ 平均值

图 2　黄河流域部分省区要素匹配距离

需要说明的是，匹配距离指标主要表征的是要素之间的相对优劣关系，空间均衡程度与区域发展优劣势并无直接关系，空间均衡程度较高地区不一定是资源环境和经济社会发展程度较高地区。例如，黄河流域内流区，整体资源禀赋和经济社会发展均相对落后，各要素的空间均衡程度较为一致，但相对来看，各要素均处于较低水平，因此并不利于发展。因此，空间均衡是一个相对概念，其评判准则是各类指标之间的协调程度。

5　结　论

水土资源匹配和人地关系协调是区域资源环境与经济社会协同发展的重要基础，也是生态保护和高质量发展的评判标准之一。本文针对黄河流域空间均衡科学评价问题，以水资源二级分区和省级行政分区为研究对象，基于水土资源与经济社会信息耦合研究，系统解析了黄河流域水资源、土地资源、人口、经济四类要素间的匹配特点和空间均衡状况。

研究结果表明，黄河流域各要素间匹配程度由低到高依次为：水资源总量>用水总量>工业增加值>总人口>耕地灌溉面积>总灌溉面积>城镇人口>国内生产总值，水资源总量和用水总量这两个涉水要素与其他要素之间的匹配程度最低，不同区域经济社会发展对水资源的压力以及水资源对经济社会的支撑程度差异较大。从水资源分区来看，水资源、土地资源、人口、经济空间均衡状况由低到高依次为兰州至河口镇>龙门至三门峡>龙羊峡以上>龙羊峡至兰州>三门峡至花园口>河口镇至龙门>花园口以下>内流区，按省级行政分区依次为内蒙古>青海>陕西>宁夏>甘肃>山西>河南>山东>四川，主要原因是黄河上游部分地区水资源丰富而经济社会发展水平相对较低，中游布局的粮食基地、能源基地与当地较为匮乏的水资源状况不相匹配，因而上中游地区空间均衡程度总体较差。

针对部分地区经济社会发展与水资源禀赋匹配性较差、空间均衡问题突出等，一方面应通过水网建设、外调水利用等提高区域水资源承载力，另一方面应切实推进适水发展，坚持节水优先、强化水资源刚性约束，降低局部矛盾突出地区的水资源承载负荷，支撑黄河流域水资源与经济社会协调可持续发展。

参考文献

[1] 唐克旺. 对中国治水新方略的认识和体会[J]. 中国水利, 2018, (9): 11-13.
[2] 左其亭, 韩春辉, 马军霞. 水资源空间均衡理论应用规则和量化方法[J]. 水利水运工程学报, 2019, (6): 50-58.
[3] 杨亚锋, 巩书鑫, 王红瑞, 等. 水资源空间均衡评估模型构建及应用[J]. 水科学进展, 2021, 32(1):33-44.
[4] 金菊良,徐新光,崔毅,等. 基于联系数和洛伦兹曲线的水资源空间均衡评价方法[J]. 水科学进展,2021,32(3):387-395.
[5] 马睿,李云玲,贾冬冬,等. 基于多指标的黄河流域空间均衡状态评价[J]. 南水北调与水利科技(中英文),2021,19(2):217-225,236.
[6] 陈晨,赵杨,张刘东,等. 滇池流域水资源空间均衡研究[J]. 水利与建筑工程学报, 2020, 18(5):41-44.
[7] 朱彩琳, 董增川. 引汉济渭受水区用水结构及水资源空间匹配分析[J]. 人民长江, 2018, 49(16):47-52.
[8] 夏帆, 陈莹, 窦明, 等. 水资源空间均衡系数计算方法及其应用[J]. 水资源保护, 2020, 36(1):52-27.
[9] 黄锋华, 黄本胜, 邱静. 基于均衡系数的广东省水资源空间均衡研究[J]. 中山大学学报:自然科学版(中英文), 2021,60(5):86-93.
[10] 姜秋香, 吴云星, 王子龙, 等. 黑龙江省水足迹时空分布规律及空间均衡分析[J/OL]. 水资源保护,2021. https://kns.cnki.net/kcms/detail/32.1356.TV.20210831.1506.002.html.
[11] 亢晓龙, 尹鹏博. 基于不平衡指数的郑州、洛阳水资源空间均衡分析[J]. 河南水利与南水北调, 2019(4):33-35, 56.
[12] 张礼兵, 喻海閔, 金菊良, 等. 基于联系数的大型灌区水资源空间均衡评价与优化调控[J]. 水利学报, 2021,52(9):1011-1023.
[13] 郭旭宁,郦建强,李云玲,等. 京津冀地区水资源空间均衡评价及调控措施[J]. 水资源保护,2022,38(1):62-66,81.
[14] 王薇,吕宁江,王昕,等. 黄河三角洲水土资源空间匹配格局探析[J]. 水资源与水工程学报,2014,25(2):66-70.
[15] 洪思扬,宋志松,程涛,等. 基于基尼系数的南水北调受水区水资源空间匹配分析[J]. 北京师范大学学报:自然科学版,2017,53(2):175-179.
[16] 金菊良, 郦建强, 吴成国, 等. 水资源空间均衡研究进展[J]. 华北水利水电大学学报:自然科学版,2019,40(6):48-60.

基于遥感技术的沿海环境变化研究发展

张 栋[1] 蔡 钟[2] 徐雪峰[1] 刘欣昕[3]

(1. 南京水利科学研究院,江苏南京 210029;
2. 海门港新区管理委员会,江苏南通 226151;
3. 南京瑞迪建设科技有限公司,江苏南京 210029)

【摘 要】 沿海地区由于其特殊的地理位置在经济发展中具有重要的地位,在社会、经济和生态方面的重要性都显而易见。本文分析了综合利用多源遥感卫星数据及遥感技术下,沿海环境中海岸线、人类活动及植被等几个要素的研究现状和研究方法。相关学者研究方法和成果可以为保护沿海地区生态脆弱性、生态环境保护的决策制定及区域经济社会的可持续发展政策制定提供技术支持和数据基础,并对大数据背景下,遥感技术发展趋势进行了初步讨论。

【关键词】 时空研究;海陆变化;人类活动;云平台

1 引 言

沿海地区由于其先天的地理条件优势,属于连接陆地及海域的中间地带,沿海环境问题具有重要的经济、社会及生态重要性[1]。据统计,沿海地区为世界上至少20%以上的人口提供了重要的生态服务和生存需要的自然资源,因此沿海地区密集的人类活动几乎影响到了整个海洋生态系统的方方面面,基于开采开发沿海自然资源的人类活动也成为引起沿海地区各种环境生态变化的主要驱动力之一[2]。沿海以及河流入海口,由于承受了更加密集的人口发展所带来的压力,其生态环境方面尤其脆弱,包括植被和湿地随着人口扩张的缩小和消失,海岸线被不断的重塑改变,甚至沿海地区温度由于人类的围填海等活动造成地表不透水面积增加导致的一系列变化等。因此,沿海地区的人类活动与沿海环境问题是一个全球都关注的问题,对沿海地区的生态环境保护措施、区域经济社会的可持续发展政策制定都具有重要的影响作用。

沿海环境的监测和管理需要长时间段的动态观测,然而海岸带区域往往范围大、覆盖面积广,传统的人工调查方法较难获取其用海地物的时空分布等基础数据(包含数量、面积、时间及空间分布等)[3]。遥感由于其本身的技术优势,一直在监测环境问题和人类活动的影响等方面发挥着重要的作用。在利用遥感数据进行研究时,传统下载遥感数据进行处理的方法目前仍然占据主导地位。然而,传统下载数据的方法存在一系列的劣势,尤其面对大区域、长时序时空分析、海量的数据等,无法高效驾驭多种数据库。随着遥感数据云处理平台及网络技术的发展,为用户提供了相对便捷的使用遥感数据库的机会,用户无须下载数据,处理数据的速度也得到提高,为解决人类对沿海环境作用影响这样领域相对较广且需要综合利用多数据库的研究提供了新的研究机遇和研究视角。

在大数据及其技术发展的背景下,借助云平台等的技术优势,综合利用多源遥感卫星数据,研究沿海地区人类活动对沿海环境中海岸线、植被等几个要素的影响和关联问题。可以为保护沿海环境生态

基金项目:中央级公益性科研院所基本科研业务费项目(Y421005)

作者简介:张栋(1990—),男,山东鱼台人,硕士,工程师,主要从事水工结构安全评估等工作。

脆弱性、生态环境保护的决策制定及区域经济社会的可持续发展政策制定提供技术支持和数据基础。

2 海岸线遥感监测

海岸线是海陆接触的分界线[4],它是一种特殊的自然资源。海岸线作为人类生存与发展的重要基础和载体,具有不固定性、功能多样性、地域差异性等重要特征[5]。自20世纪以来,沿海国家一直将其经济发展重心转向沿海地区,近50%的全球人口定居在海岸线100 km以内的地区。但是经济中心的转移造成了海岸线资源的快速变化,这对沿海地区的经济、社会、生态和环境产生了巨大的影响。例如,大规模的填海工程大大降低了自然海岸线的比例。过度使用海岸线,人为地矫正自然弯曲的海岸线,以及无序的水产养殖,使海岸带地区的生态环境不断恶化。随着对海洋资源的不断深入开发,海岸带逐渐发展成沿海经济的重点区域,因此海岸线时空变化监测已成为海岸带可持续发展与环境保护的首要任务。

首先,要进行海岸线变化分析的前提是提取出准确的海岸线边界[6],对海岸线不同岸段功能类型进行属性分类。然后,统计不同类型海岸线的长度变化、海陆变迁、分形维数等特征。最后,根据这些变化特征来分析海岸线变化背后的人为因素和自然因素。因此,如何快速、准确地提取不同类型岸段海岸线并监测其动态变化,已成为海岸带研究迫切需要解决的首要问题[7]。

目前,众多学者研究对海岸线的变化关注点在以下两方面:一方面,海岸线变化率及其引起的陆地和海洋面积的变化;另一方面,记录海岸线变化的特点并分析其变化的趋势,以及探讨海岸线变化的自然因素和人类活动影响。然而现有的海岸线研究主要集中在较小区域的海岸线上,如海湾和河口地区,它们的区域局限性妨碍了进行大尺度长时间序列的对比分析[8]。目前,大陆海岸线已有众多学者进行研究分析,其中研究最多集中在中国、越南、南海区域海岸线的时空变迁分析,鲜有针对地缘破碎性较大的岛屿国家进行海岸线的研究,且在21世纪有关岛屿海岸线的研究才刚刚开始[9]。丁小松等[10]利用MNDWI指数结合阈值分割的方法完成了大连市獐子岛海岸线的自动提取,并与三位专家目视解译的结果进行了对比,证明该方法满足精度需求。余祥伟等[11]基于贝叶斯理论利用多阈值在不同方向上对影像进行图像滤波,用来解决提取边缘模糊的问题。目前,越来越多的高分辨率遥感卫星发射成功,获取的影像质量也在不断改善,这将大大提高海岸线提取的精度[12]。陈艳艳等[13]形成完整可靠的海岸线遥感推算、岸线岸滩动态变化遥感监测技术体系并开展业务化应用。杨继文等[14]运用多时相遥感影像提取了2013~2016年辽宁省海岸线信息,分析了辽宁省大陆海岸线时空变化及开发利用潜力。

3 人类活动遥感监测

遥感手段可以通过检测人类居住地,监测城市建筑区、不透水面,或者使用夜光遥感监测人口、经济活动来检测人类活动,使用的数据从Landsat、IKONO、Quickbird到Nighttime夜光遥感数据等。通过监测城市建筑区和不透水面的检测方法,主要通过基于Landsat、IKONO、Quickbird等数据基础上的指数法,比如Xu[15]监测建筑区的NDBI指数法,在中国东南部的福州提取了建筑区,方法显示能够增强建筑区提取的同时抑制噪声。He等[16]使用半自动分类的方法结合改进的NDBI方法,在中国北京奥林匹克公园的研究区中,取得了比原有NDBI的方法提高了20%精度的结果。

传统的检测居民点是属于常用的遥感监测人类活动的手段,居民地是人与自然交互作用的产物,也是人类从事生产和生活需要而集聚定居的居住场所。从理论上讲,它包括房屋建筑的结合体,以及与居住直接有关的其他生活设施和生产设施。城市一般会出现纯净像元更多一些。在居民地的背景光谱分析上,平原地区的居民地四周一般为农田及水塘等[17]。

人类活动的研究分析,可以采用多种包括可见光及夜光遥感等数据库,来界定城市的动态扩张情况,以及进行经济发展、人口变化、能源消耗、保护区内的非法活动监测等。由于夜光遥感在分析全球、国家级别及地区级别的人类活动研究中,具有一系列的优势,被广泛应用于监测城市灯光、火、沙尘暴、火山、人口、经济地理分布、能量消耗等方面的研究中。针对中国的研究区来说,在应用灯光遥感研究城市化进程研究中,有相当部分研究应用 DMSP-OLS 数据进行中国的城市化的动态变化、城市化进程制图评估,也有应用在全球尺度及地区级别尺度的城市化分析的研究[18],2013 年以后的城市化研究主要采用 SNPP-VIIRS 数据,提供夜光遥感的 DMSP-OLS 卫星,其数据以 Digitai Number (DN)值从 0 到 63 的形式提供不同的亮度[19],可以应用在城市扩张、人口、经济活动、温室气体散射、光污染和灾害管理方面的研究;另一种卫星是 SNPP-VIIRS,分辨率相对较高,同样可以应用在城市建筑的提取、人口、经济等方面的研究。

沿海环境变化中,人类活动主要表现为围填海活动[20],造成了植被的锐减,与温度增加也呈弱相关性,由于经济发展和城市化等造成的围填海的陆地面积增加和围填海强度增大,对植被、温度、海岸线都会造成直接或间接的破坏或影响[21]。滨海湿地、物种的多样性、生物栖息地等生态系统势必面临威胁,势必引发资源、生态和环境问题。评估人为因素为主导的变化对沿海环境的影响,需要结合多种变量的分析,人类活动在沿海地区的影响包括前所未有的土地利用类型的变化、湿地的消失、植被的减少、人工建设导致的不透水面的增加等,因此评估人类活动的影响需要结合多种数据库,进行多变量之间的长时序分析[22]。

4 海岸带典型用海地物

海岸线受当地海岸带地形地貌和人类发展程度的影响,使得海岸线的类型也多种多样。张蕾等[23]综合渤海各岸段海岸线的开发利用程度,将海岸线分为自然岸线和人工岸线,其中自然岸线分为基岩岸线、砂质岸线、河口岸线、淤泥质岸线,人工岸线分为养殖围堤、盐田围堤、建设围堤和港口码头围堤。

海岸带的一些典型用海地物,其中包括围垦、池塘养殖、港池、港口码头、盐场、跨海大桥、浮筏养殖等类型[24]。上述典型用海地物涉及潮上、潮间和潮下三个独特的地貌单元,在海岸带区域主要表现形式为陆地、滩涂和浅海三个部分,这些遥感监测中的典型用海地物适用于港口运输业、围海造田业和海水养殖业的发展[25]。其中,港口码头和围海造田等建造物的开发利用造成的最直接的变化就是潮上和潮间相接处海岸线功能类型的转变,海岸线位置、形态和利用方式的变化间接反映了海岸带开发利用的过程[26]。

针对中国海岸线的研究,有学者进行了基于多时相的地形图、遥感卫星图和野外调查基础上关于中国大陆海岸线近 70 年来的提取研究,研究中分析了海岸线的特征信息、变化率、海陆模式和海湾地区研究。研究探明了海岸线发生巨大变化的主要原因是围填海和沿海工程建设基础上的大量沿海人工建设,并发现海陆交换的模式和过程也具有相当复杂的时空交换过程等[27]。有的学者研究了围填海活动导致了中国沿海湿地面积的锐减,从 20 世纪 50 年代以来,湿地已累计减少 22 000 km^2,大约占全国湿地面积的 51.2%已经消失,珊瑚礁已经减少了 80%左右,69%的红树林已经灭绝[28]。海域政策的制定影响着海岸带地物发展变化,在海岸带地区往往存在管理空缺或管理重叠现象[29],致使普遍存在海岸线人工化趋势明显、滨海湿地萎缩加快、围填海大面积增加、近岸海水污染严重等生态问题[30]。海岸带用海地物的无序发展限制了海洋空间和资源的日益增长,同时带来的是工业、娱乐和渔业对海洋空间的竞争。相关研究表明,在一个地区引入海水养殖之后,通行航道、海洋生态保护区以及工业建设的空间竞争都出现了下降[31]。

当前国内外研究者针对海岸带区域用海地物开展了大量的提取以及监测工作,但是仍面临一系列问题。对于海岸线类型属性的自动识别研究相对较少,如何充分利用遥感影像数据,实现海岸线信息的自动提取和分类;对复杂海水背景下中分辨率遥感影像海水养殖区提取精度较低等,均是需要解决的问题。

5 沿海植被变化

遥感手段在监测植被变化的研究,可以说非常成熟,也是研究非常集中的领域,使用的数据包括低分辨率、中分辨率、高分辨率数据,高光谱数据,LiDAR 数据,无人机数据等。遥感技术的宏观、动态、快速准确的探测特点,使遥感在植被生态系统的定量观测研究中具有独特优势[32]。

随着一系列遥感数据云处理平台的出现,使得大范围、多时相的时空分析克服了硬件上的限制。在使用云平台进行相关研究中,也有一些集中于中国沿海潮汐平地变化及中国沿海脆弱植被生态变化的研究。比如,Wang 等[33]用 GEE 绘制中国潮汐平地的研究中,在 Landsat 数据 30 m 分辨率的基础上用决策树的算法,计算了 1986~2016 年间水体和植被年覆盖图,2016 年中国的潮汐平地面积约 731 170 hm^2,大部分分布在黄河三角洲和珠江三角洲地区。Chen 等[34]利用 Google Earth Engine API 基于 Landsat7 和 Landsat8,对 2015 年的中国红树林现状进行了绘制,评估了目前红树林的分布范围、面积及空间位置。赵晓伟等[35]利用多端元光谱混合分析法(MSESA)对陆地卫星影像进行了典型植被类型识别。

6 基于大数据的遥感技术发展趋势

综合上述,遥感在检测人类活动、海岸线变化、植被及温度等各方面都积累了重要的研究方法及经验,在环境监测及人类对环境的影响方面都发挥着重要的作用。但是随着海量遥感数据的形成,如何高效的处理、分析和综合利用这些多尺度、多源遥感信息的表达、多源遥感数据的融合等,成为选择任何一个想要利用海量遥感数据进行科学研究时都无法回避的一个重要问题。

比如,想要分析在沿海地区人类活动对沿海环境生态的动态影响时,上述的动态变化分析需要遥感不同类型的数据库进行支持,尤其是做全国、地区级的长时序的时空分析,更需要大量的遥感数据进行支持。传统的下载数据,然后处理数据的方法不是不可以实现,但是存在一系列的问题。此时,对遥感大数据的研究及其对应出现的云平台及云服务的重要性就随之渐渐凸显出来。事实上,随着近年来对海量数据的应用需求,大数据的概念早已深入到遥感研究和地球科学研究的方方面面,并且随着数据及数字存储技术的飞速发展,对有效的维护、获取及处理数据的方法也提出了新的要求,因此出现了对应的云处理平台及相应的云服务。

在大数据面前,几乎所有学科的研究都面临着机遇和挑战,其中地球科学是受到较大推动性的学科,随着研究的深入,研究者们提出了遥感大数据、大遥感地面观测数据,数字地球及关键领域的全球合作等概念[36]。遥感大数据及一系列云平台的出现,无疑为各学科的研究都提供了新的机遇,也带来了挑战。这些机遇与挑战使得研究者们在意识到高性能计算能力、云平台及云服务的重要性后,也为研究者提供了思考解决综合问题的新视角,以及如何利用云平台等技术去解决科学问题的新机遇。

参考文献

[1] 马万栋,张渊智,施平,等. 海岸带土地利用/土地覆被变化研究进展[J]. 地理科学进展, 2008, 27(5):87-94.

[2] Lorenzo M , Vousdoukas M I , Jean-Francois P , et al. Global long-term observations of coastal erosion and accretion[J]. Scientific Reports,2018,8(1):12876.

[3] Senechal N . Editorial for the Special Issue "Remote Sensing in Coastal Zone Monitoring and Management—How Can Remote Sensing Challenge the Broad Spectrum of Temporal and Spatial Scales in Coastal Zone Dynamic?"[J]. Remote Sensing,2019,11.

[4] Mujabar P S,Chandrasekar N . Shoreline change analysis along the coast between Kanyakumari and Tuticorin of India using

remote sensing and GIS[J]. Arabian Journal of Geosciences,2013,6(3):647-664.

[5] Ranasinghe R,Duong T M,Uhlenbrook S,et al. Climate-change impact assessment for inlet-interrupted coastlines[J]. Nature Climate Change,2013,3(1):83-87.

[6] Wu X L,Liu C X,Wu G F. Spatial-Temporal Analysis and Stability Investigation of Coastline Changes: A Case Study in Shenzhen,China[J]. IEEE Journal of Selected Topics in Applied Earth Observations and Remote Sensing,2017.

[7] 严海兵，李秉柏，陈敏东，等. 遥感技术提取海岸线的研究进展[J]. 地域研究与开发,2009,28(1):101-105.

[8] 武芳,苏奋振,平博,等. 基于多源信息的辽东湾顶东部海岸时空变化研究[J]. 资源科学,2013(4):875-884.

[9] 何裕. 基于高分二号遥感影像面向对象的秀山岛海岸线提取研究[D]. 舟山:浙江海洋大学,2020.

[10] 丁小松,单秀娟,陈云龙,等. 岛屿海岸线自动化提取及其时空变迁研究——以大连市獐子岛为例[J]. 海洋科学,2018,42(2):46-55.

[11] 余祥伟，薛东剑,陈凤娇. 融合多尺度边缘检测的小波贝叶斯 SAR 图像滤波[J]. 遥感信息,2019,165(5):124-129.

[12] 于彩霞,王家耀,许军,等. 海岸线提取技术研究进展[J]. 测绘科学技术学报,2014,000(3):305-309.

[13] 陈艳艳，崔丹丹，吕林,等. 江苏省海岸线时空动态变化遥感监测关键技术研究概述[J]. 海洋开发与管理,2021,38(5):59-63.

[14] 杨继文,刘欣岳,邓蜀江. 基于多时相遥感影像的海岸线变化监测研究[J]. 测绘与空间地理信息,2020,43(3):107-108.

[15] Xu H . Modification of normalised difference water index (NDWI) to enhance open water features in remotely sensed imagery[J]. International Journal of Remote Sensing,2006,27(14):3025-3033.

[16] He C,Shi P,Xie D,et al. Improving the normalized difference built-up index to map urban built-up areas using a semiautomatic segmentation approach[J]. Remote Sensing Letters,2009,1(4):213-221.

[17] 明冬萍,骆剑承,周成虎,等. 高分辨率遥感影像信息提取及块状基元特征提取[J]. 数据采集与处理,2005(1):34-39.

[18] Small C,F Pozzi,Elvidge C D. Spatial analysis of global urban extent from DMSP-OLS night lights[J]. Remote Sensing of Environment,2005,96(3-4):277-291.

[19] Shi K,Huang C,Yu B,et al. Evaluation of NPP-VIIRS night-time light composite data for extracting built-up urban areas[J]. Remote Sensing Letters,2014,5(4-6):358-366.

[20] Tiantian M A, Liang C, Xiaowen L I, et al. Quantitative Assessment of Impacts of Reclamation Activities on Coastal Wetlands in China[J]. Wetland Science,2015.

[21] Lin, Chen, Jinsong, et al. Impacts of human activities on coastal ecological environment during the rapid urbanization process in Shenzhen,China[J]. Ocean & coastal management,2018.

[22] 楚丽霞. 利用遥感卫星数据云平台研究人类活动对沿海环境的影响[D]. 北京:中国地质大学,2019.

[23] 张蕾,李广雪,刘雪,等. 渤海海岸线的时空变化[J]. 海洋地质前沿,2020,36(2):3-13.

[24] 刘百桥,赵建华. 海域使用遥感分类体系设计研究[J]. 海洋开发与管理,2014(6):24-28.

[25] 刘俊霞,马毅,李晓敏,等. 基于国产高分影像的海岸带盐田和水产养殖区图谱特征分析[J]. 海洋科学,2015,39(2):63-66.

[26] 高义,王辉,苏奋振,等. 中国大陆海岸线近 30 a 的时空变化分析[J]. 海洋学报,2013(6):31-42.

[27] 张晓龙,李培英,李萍,等. 中国滨海湿地研究现状与展望[J]. 海洋科学进展,2005,023(1):87-95.

[28] Zhang X L,Li P Y,Li P Y,et al. Present conditions and prospects of study on coastal wetlands in China[J]. Advances in Marine Science,2005,23(1):87-95.

[29] 李晓飞. 钦州湾海岸带生态安全评价研究[D]. 桂林:广西师范学院, 2015.

[30] Oliveira Bruno M,et al. Coastal ecosystem services and climate change:Case study for integrated modeling and valuation[J]. Global Ecology and Conservation,2022:38.

[31] Clavelle T,Lester S E,Gentry R,et al. Interactions and management for the future of marine aquaculture and capture fisheries[J]. Fish and Fisheries,2019.

[32] 郭华东. 地球系统空间观测:从科学卫星到月基平台[J]. 遥感学报,2016,20(5):716-723.

[33] Wang X,Xiao X,Zou Z,et al. Tracking annual changes of coastal tidal flats in China during 1986—2016 through analyses of Landsat images with Google Earth Engine[J]. Remote Sensing of Environment,2018:238.

[34] Chen B,Xiao X,Li X,et al. A mangrove forest map of China in 2015: Analysis of time series Landsat 7/8 and Sentinel-1A imagery in Google Earth Engine cloud computing platform[J]. ISPRS Journal of Photogrammetry and Remote Sensing, 2017:104-120.

[35] 赵晓伟,储鼎,吕剑峰,等. 基于遥感手段监测矿区植被覆盖度变化[J]. 测绘与空间地理信息,2022,45(S1):133-136.

[36] Peter Baumann,PaoLo Mazzetti,Joachim Ungar,et al. Big Data Analytics for Earth Sciences:the Earth Server approach[J]. International Journal of Digital Earth,2015:1-27.

辽东湾海域电厂温排水数值模拟研究

张海文　纪　平　赵懿珺　段亚飞　秦　晓　刘　彦

（中国水利水电科学研究院，北京　100038）

【摘　要】 应用非结构化网格形式的 MIKE 21 建立辽东湾海域二维潮流及温度场数学模型，根据现场实测的潮位、潮流和水温资料对模型进行充分验证。采用验证后的模型对位于辽东湾海域北岸的电厂不同取排水方案进行温排水输移扩散的数值模拟。计算结果表明，计算工况中推荐方案的 1 ℃和 4 ℃最大温升包络面积分别为 21.3 km^2 和 0.54 km^2，全潮最大和平均取水温升分别为 1.2 ℃和 0.90 ℃，满足工程改造控制条件，为电厂取排水工程改造方案的可行性论证提供科学依据。

【关键词】 潮流；温排水；数值模拟；辽东湾

1　引　言

在电厂运行过程中，需要从湖泊、水库、河流、海洋等天然水域取水以冷却各种机组。冷却水在循环冷却机组过程中吸收大量热量成为超温热水，即温排水，随后被排放至环境水体。温排水排入受纳水体后经过掺混和扩散，使得一定范围内的受纳水体水温升高，对环境水体造成一定影响。从工程角度出发，温排水对取水温升的影响是温排水问题研究的重点之一[1-2]。从天然水域中获取的冷却水温度直接关系到电厂机组的运行效率。当水温超过一定限度时，将强迫降低负荷，严重时甚至会形成水循环短路，威胁电厂运行的安全。因此，对电厂温排水在受纳水域中的扩散研究具有重要的实际意义[1-3]。目前，用数学模型模拟温排水输移扩散规律的方法在工程中得到了广泛应用[2-6]。

位于辽东湾海域北岸的某电厂为海水直流冷却系统，采用渤海湾海水作为冷却水源，电厂已运行投产多年。近年来，随着电厂取排水工程周边区域岸线开发利用，电厂取排水口附近海域环境流条件发生很大变化，电厂排水由原设计方案的直面开敞海域转变为小的"凹湾"内排水，温排水出流的掺混稀释效应及其运移轨迹均出现显著改变。受其影响，现状条件下电厂取水温升大幅度升高，对电厂机组运行效率产生较大影响。基于降低取水温升的目的，本研究应用非结构化网格形式的 MIKE 21 建立了辽东湾海域二维潮流及温度场的数学模型，在模型充分验证的基础上对该电厂不同取排水方案进行温排水输移扩散的数值模拟，以期为电厂取排水工程改造方案的可行性论证提供科学依据。

2　模型建立

2.1　控制方程

水动力模型描述的现象主要包括潮汐演进、紊动扩散、风场、底部糙率等，为其他模块的应用提供了数据基础，在平面直角坐标系下计算模型控制方程如下：

连续方程为

$$\frac{\partial h}{\partial t}+\frac{\partial h\bar{u}}{\partial x}+\frac{\partial h\bar{v}}{\partial y}=hS \tag{1}$$

x 方向运动方程为

$$\frac{\partial h\bar{u}}{\partial t}+\frac{\partial h\bar{u}^2}{\partial x}+\frac{\partial h\bar{v}\bar{u}}{\partial y}=f\bar{v}h-gh\frac{\partial \eta}{\partial x}-\frac{h}{\rho_0}\frac{\partial p_a}{\partial x}-\frac{gh^2}{2\rho_0}\frac{\partial \rho}{\partial x}+$$

$$\frac{\tau_{sx}}{\rho_0} - \frac{\tau_{bx}}{\rho_0} + \frac{\partial}{\partial x}(hT_{xx}) + \frac{\partial}{\partial y}(hT_{xy}) + hu_s S \tag{2}$$

y 方向运动方程为

$$\frac{\partial h\bar{v}}{\partial t} + \frac{\partial h\bar{u}\bar{v}}{\partial x} + \frac{\partial h\bar{v}^2}{\partial y} = -f\bar{u}h - gh\frac{\partial \eta}{\partial y} - \frac{h}{\rho_0}\frac{\partial p_a}{\partial y} - \frac{gh^2}{2\rho_0}\frac{\partial \rho}{\partial y} +$$

$$\frac{\tau_{sy}}{\rho_0} - \frac{\tau_{by}}{\rho_0} + \frac{\partial}{\partial x}(hT_{xy}) + \frac{\partial}{\partial y}(hT_{yy}) + hv_s S \tag{3}$$

式中,t 为时间,x、y 为笛卡儿坐标;η 为水位;h 为总水深,$h=d+\eta$,d 为静水深;$\bar{u}$ 和 $\bar{v}$ 为 x 和 y 方向的水深平均速度;f 为柯氏力参数,$f=2\Omega\sin\phi$,Ω 为地球自转角速率,ϕ 为地理纬度;g 为重力加速度;ρ 为水的密度,ρ_0 为参考水密度;p_a 为大气压力;T_{ij} 为横向有效剪应力,$T_{xx}=2A\frac{\partial \bar{u}}{\partial x}$,$T_{xy}=A\left(\frac{\partial \bar{u}}{\partial y}+\frac{\partial \bar{v}}{\partial x}\right)$,$T_{yy}=2A\frac{\partial \bar{v}}{\partial y}$,$A$ 为涡黏性系数;τ_b 为底部应力,$\tau_b=(\tau_{bx},\tau_{by})$;$\tau_s$ 为水面风应力,$\tau_s=(\tau_{sx},\tau_{sy})$;$S$ 为源的单位体积排放量;u_s 和 v_s 为源在 x 和 y 方向的排水速度。

热传导方程为

$$\frac{\partial}{\partial t}(h\bar{T}) + \frac{\partial h\bar{u}\bar{T}}{\partial x} + \frac{\partial h\bar{v}\bar{T}}{\partial y} = \frac{\partial}{\partial x}\left(hD\frac{\partial \bar{T}}{\partial x}\right) + \frac{\partial}{\partial y}\left(hD\frac{\partial \bar{T}}{\partial y}\right) + h\hat{H} \tag{4}$$

式中,$\bar{T}$ 为水深平均的温度;D 为广义热(物质)扩散系数;$\hat{H}$ 为与空气换热引起的源项,包括蒸发散热,对流散热,短波辐射和长波辐射,本研究中换热源项用经验公式来计算,即 $h\hat{H}=\frac{K_s\Delta T}{\rho_0 c_p}$,其中 K_s 为水面综合散热系数,ΔT 为温升,c_p 为水的比热。

模型可以模拟水工结构物对流场的影响,针对桥墩引起的拖曳力 F 采用 Morrison 公式计算:

$$F = \frac{1}{2}\rho\alpha C_D A_e u^2 \tag{5}$$

式中,α 为流线系数;C_D 为拖曳系数;A_e 为迎水面积;u 为流速。

2.2 模拟范围及参数选取

本项研究的模拟范围为渤海海域,如图 1(a)所示。计算采用非结构形式的三角形网格,外海疏,近岸及工程区密,工程区最小网格尺度约 30 m。电厂近区排水口周边工程结构物较多,如图 1(b)所示,结构物包括煤码头引堤、透空式的栈桥和 5 万吨级煤码头及其他沿岸结构物,其中栈桥长度为 1.67 km,由 31 座直径为 7 m 的桥墩构成,桥墩中间间距为 52.6 m。

模型可以通过干湿点判别法对动态边界水域进行处理,即在潮位下降出现露滩时,计算过程中去除相应网格;当潮位上升出现淹没时,计算过程中添加相应网格。综合考虑模型的计算量及计算稳定性,相关参数取值如下:干深度为 0.05 m、淹没深度为 0.1 m、湿深度为 0.15 m。

潮流模型中主要的模型参数包括底部糙率和涡黏系数。经过模型率定,底部糙率选取 Manning 系数为 0.022。涡黏系数采用 Smagorinsky 扩散率公式,经过模型率定,选取系数为 0.28。温度场模型中主要的模型参数包括热扩散系数和表面综合散热系数。其中,热扩散系数通过温度场模型验证确定,取值范围 0~20 m^2/s;表面综合散热系数由通用公式依据当地的水文和气象条件计算得出 $K_s=35.3$ W/(m^2 · ℃)。

3 模型验证

3.1 潮流模型验证

利用工程海域小潮期间实测潮位、潮流流速和流向、风况等资料对潮流数学模型计算的潮位、潮流流速和流向进行比较,进行潮流模型验证。模型开边界为随时间和空间变化的潮位过程,由全球潮汐预报模型计算结果提取获得。

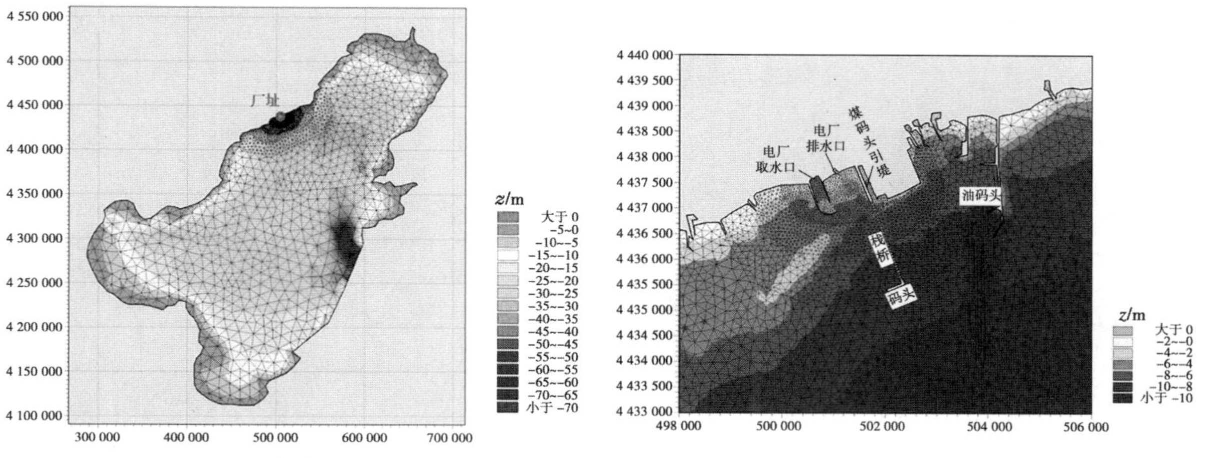

(a)全域　　　　(b)局域

图 1　模型计算域地形及网格布置　(单位:网格尺寸,m)

观测站位置见图 2。工程海域流场为与岸线基本平行的往复流。潮位、潮流流速和流向的实测值与计算结果的比较如图 3 和图 4 所示,由图 3 和图 4 可见,计算结果与实测资料吻合良好,表明建立的潮流数学模型能够较好地反映工程海域的潮流运动过程。

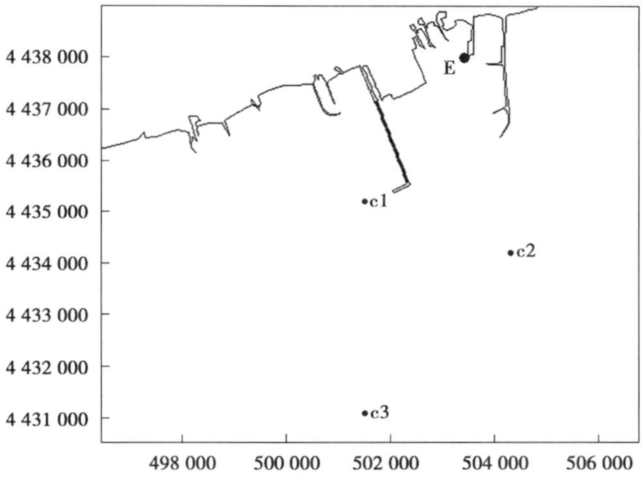

图 2　潮位站(E)及海流观测站(c1~c3)位置　(单位:网格尺寸,m)

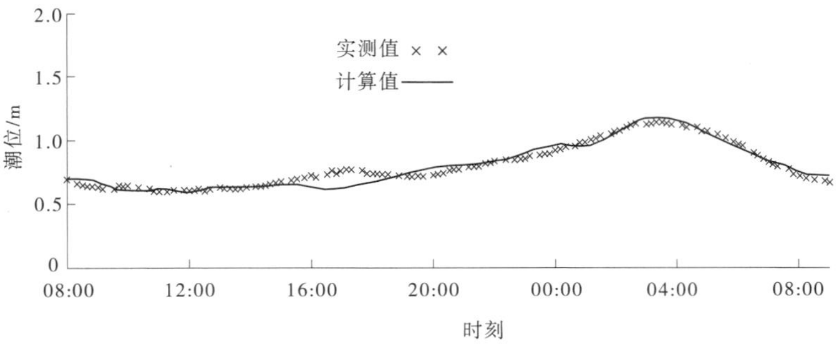

图 3　潮位站小潮期间计算值与实测值比较

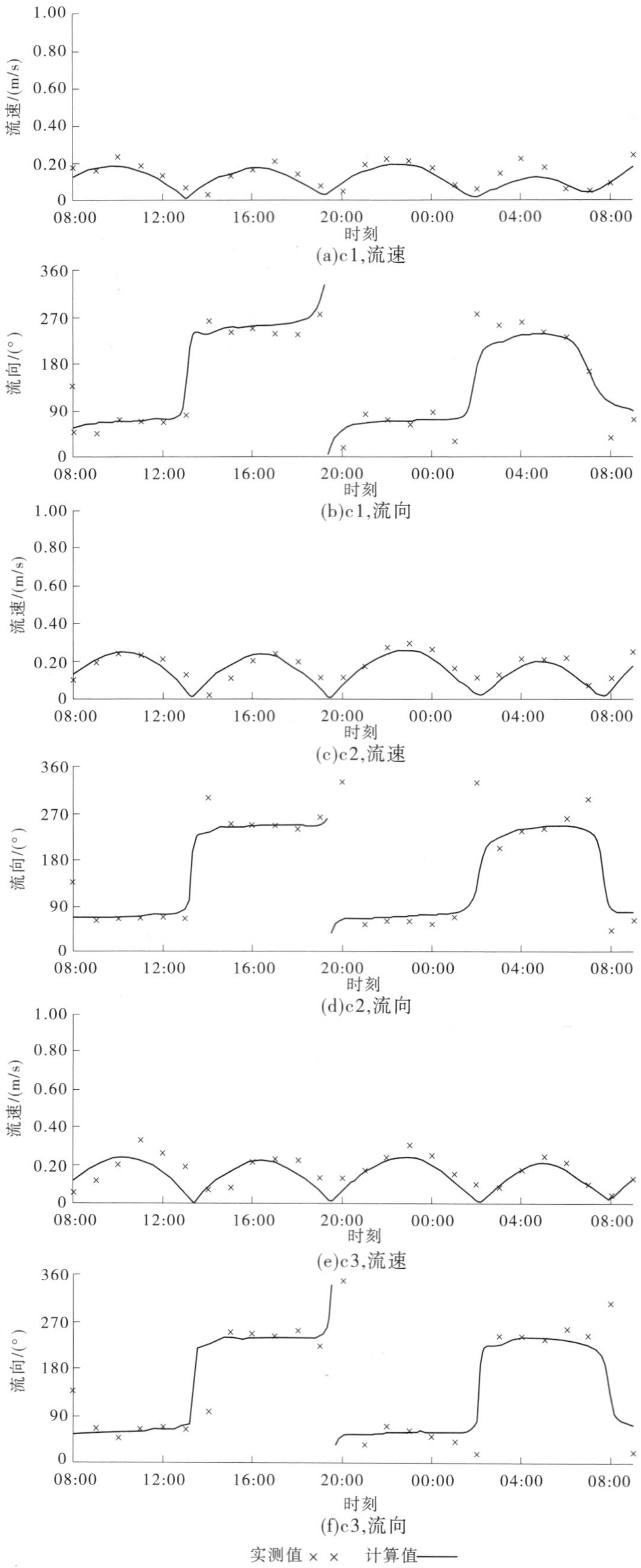

图 4　海流观测站(c1、c2、c3)小潮期间计算值与实测值比较

3.2　温度场模型验证

利用工程海域电厂取、排水口附近的现场水温测量结果对温度场数学模型进行验证。依据电厂提供的数据，观测期间两台机组运行，排水流量为 39.4 m^3/s。实地水温测量包括对取水温度变化过程的观测，以及涨潮和落潮两个时段特征点的水温垂向分布观测，观测站位置见图 5。图 6 所示为取水温度的计算值与实测值的比较，结果显示电厂取水温升随潮变化过程计算值与现场观测值基本相符。图 7 为涨潮和落潮时刻温升等值线分布模拟计算结果与特征点实测的温升垂向平均值比较，结果显示涨潮和落潮时段实测值与模拟计算温升场分布基本契合，进一步说明模拟计算结果可近似反映工程实际情况，模型可据此开展本项温排水模拟计算研究工作。

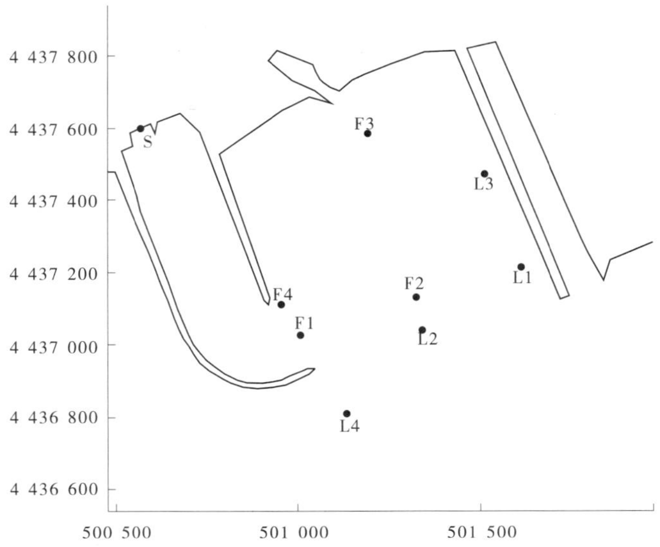

图 5　取水温度观测站(S)及涨潮(F1~F4)、落潮(L1~L4)时段水温垂向分布观测特征点位置　(单位:网格尺寸,m)

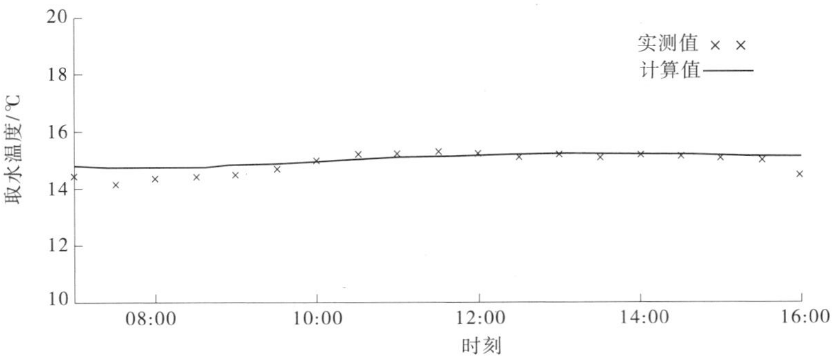

图 6　取水温度计算值与实测值比较

4　温排水数值模拟

4.1　计算控制条件

采用验证后模型对本项研究的不同取排水方案进行温排水数值模拟计算。取排水量为 95.84 m^3/s、取排水温差为 10.35 ℃。经试算，确定实测小潮为不利潮型，由此选用该实测小潮为计算控制潮型。根据计算结果对不同取排水方案进行比选，最终推荐方案要求平均取水温升不超过 1 ℃，最大取水温升不超过 2 ℃。现状取排水方案如图 1 所示。受篇幅所限在此给出推荐取排水方案的示意图，见

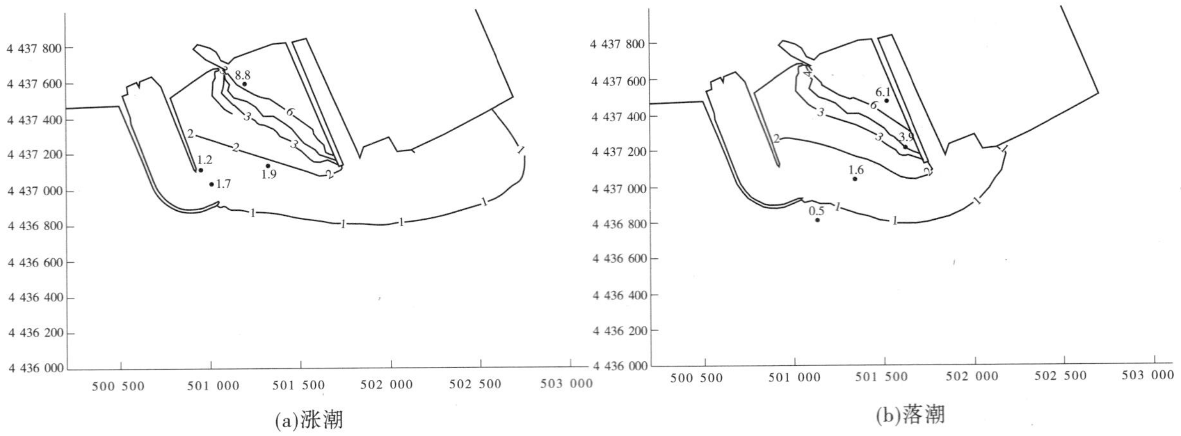

图 7　温升等值线分布计算结果与特征点观测的温升垂向平均值比较　(单位:网格尺寸,m)

图 8,取水口与现状方案一致,排水采用单边堤明渠排水,将排水口向东南方向迁移,排水明渠总长度约为 2 140 m。

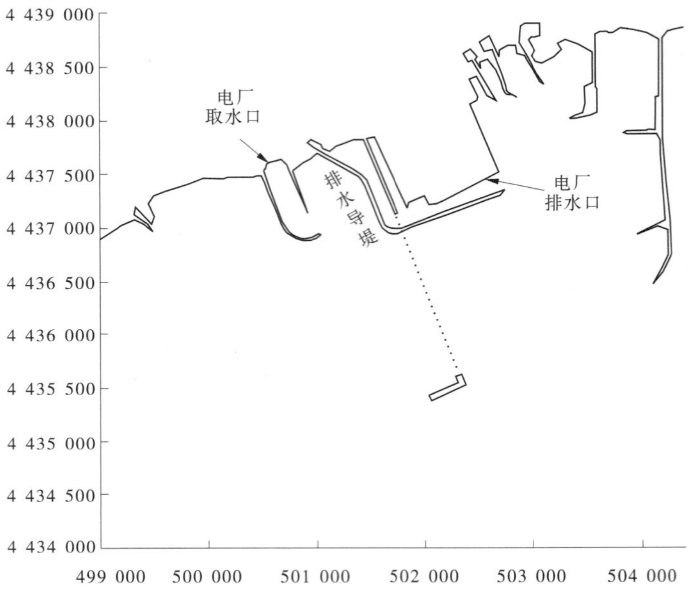

图 8　推荐取排水方案布置　(单位:网格尺寸,m)

4.2　计算结果及分析

图 9 所示为现状取排水方案和推荐方案的全潮最大温升分布,全潮最大温升包络面积见表 1。根据图 9 和表 1 可知,推荐方案的 1 ℃温升包络面积为 21.3 km^2,较现状方案有所减小;4 ℃温升包络面积为 0.54 km^2,较现状方案略有增加。两种方案的全潮最大及全潮平均取水温升特征值结果见表 2。根据计算结果可知,现状方案的全潮平均取水温升为 2.8 ℃;受排水口位置的影响,推荐方案的取水温升特征值大幅下降,全潮最大和全潮平均取水温升分别为 1.2 ℃和 0.90 ℃,能够满足“平均取水温升不超过 1 ℃,最大取水温升不超过 2 ℃”的取水温升控制条件。

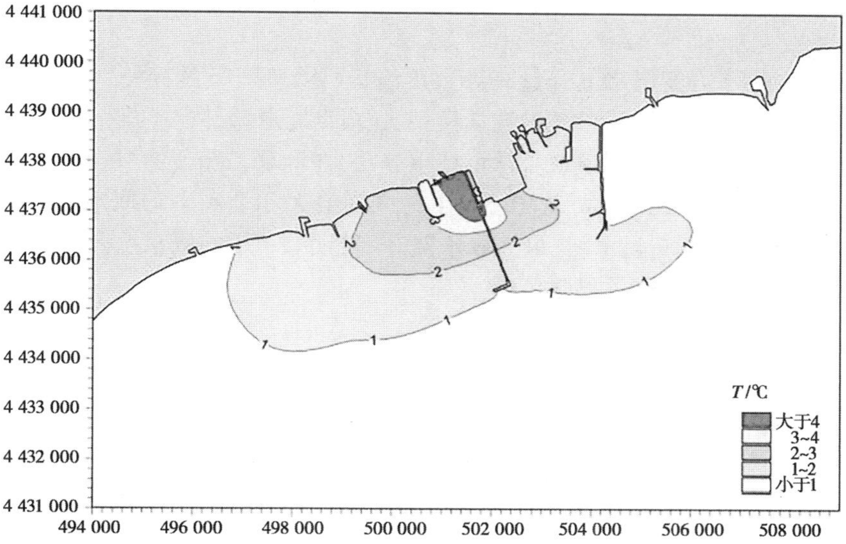

(a)现状方案

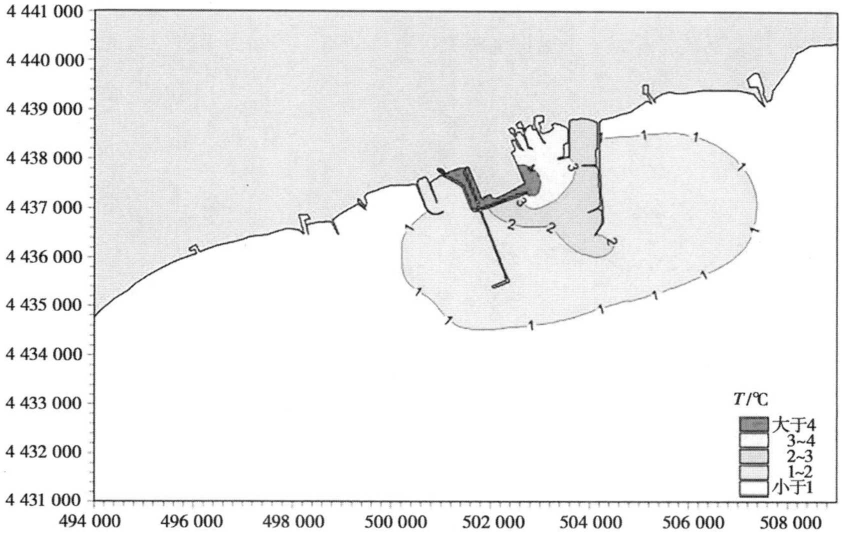

(b)推荐方案

图9　现状取排水方案和推荐方案的全潮最大温升分布　(单位:网格尺寸,m)

表1　不同方案全潮最大温升包络面积

方案	最大温升/℃ 包络面积/km^2			
	1	2	3	4
现状方案	22.2	5.5	1.4	0.51
推荐方案	21.3	4.4	1.9	0.54

表2　不同方案的全潮最大及全潮平均取水温升特征值　　单位:℃

方案	全潮最大	全潮平均
现状方案	3.4	2.8
推荐方案	1.2	0.90

5 结 论

为解决电厂现有取排水方案取水温升过高导致机组运行效率较低的问题,本文采用 MIKE21 建立了辽东湾海域二维潮流及温排水输移扩散的数学模型,在模型充分验证的基础上,从温排放的角度对电厂不同取排水方案进行了温排水数值模拟。计算结果表明,在计算工况条件下,推荐方案的 1 ℃和 4 ℃全潮最大温升包络面积分别为 21.3 km^2 和 0.54 km^2,全潮最大和全潮平均取水温升分别为 1.2 ℃和 0.90 ℃,满足“平均取水温升不超过 1 ℃,最大取水温升不超过 2 ℃”的取水温升控制条件,为电厂取排水工程改造方案的可行性论证提供了科学依据。

参考文献

[1] 张长宽,姚静,陶建峰.滨海火、核电厂温排放数值模拟研究进展[J].水利水电科技进展,2010,30(3):84-94.
[2] 梁洪华,赵懿珺,张强.海域围填对某核电厂温排水输运影响研究[J].水利水电技术,2016,47(12):56-60.
[3] 秦晓,袁珏.某电厂温排水和余流排放的数值模拟研究[J].水利科技与经济,2020,26(10):1-9.
[4] 汪求顺,刘成刚,李志永,等.杭州湾温排水热扩散的数值模拟[J].水动力学研究与进展,2019,34(5):630-636.
[5] 崔丹,姜治兵.近岸海域电厂温排水数值模拟[J].长江科学院院报,2008,25(2):13-15.
[6] 冯佳玮,顾杰,匡翠萍,等.秦皇岛海域夏季温排水对流扩散特征[J].水动力学研究与进展,2018,33(4):490-499.

盐沼湿地地貌模型研究进展

王馨晨[1]　辛　沛[2]

（1. 河海大学水利水电学院，江苏南京　210024；
2. 河海大学水文水资源与水利工程科学国家重点实验室，江苏南京　210024）

【摘　要】 盐沼是滨海湿地的重要组成部分，具有调节气候、维护生物多样性和固存蓝碳等生态服务功能。受人为围垦、海洋污染、气候变化、生物入侵等因素影响，滨海盐沼湿地面临着侵蚀退化的风险。近年来，滨海湿地地貌模型不断发展。本文通过系统文献综述法，对近 20 年国内外滨海湿地地貌模型进行查阅，明确盐沼地貌特征及相关参量，了解盐沼地貌观测方法及模型种类。通过系统的文献查阅，发现近 20 年基于过程模型大规模发展，盐沼湿地地貌的研究集中在欧洲沿海、中国沿海、北美沿海和澳新沿海地区，并预测地貌模型将向大范围和高精度的方向发展。

【关键词】 盐沼；地貌；水动力；模型；预测

1　研究背景

滨海盐沼湿地是位于陆地和开放海水或半咸水之间，伴随有周期性潮汐淹没的潮间带上部生态系统，具有抵御沿海风暴、调节气候、维护生物多样性、固存蓝碳等生态服务功能。受人为围垦、海洋污染、气候变化、生物入侵等因素的影响，盐沼湿地面临严重的侵蚀和退化问题。全球原生盐沼湿地面积在 20 世纪锐减一半左右[1]。S. Crooks 等[2]在 Nature 提出了对未来盐沼湿地退化的担忧，盐沼湿地严重退化会减少碳储存，影响盐沼生物栖息地，危及海岸带生态系统的稳定。2020 年 6 月 3 日，国家发展和改革委员会、自然资源部发布的《全国重要生态系统保护和修复重大工程总体规划》将盐沼湿地退化问题列入重要生态问题。在“国家海洋生态文明建设”和“蓝色海湾整治”背景下，保育盐沼湿地成为各级政府和学术界的关注焦点。此文旨在系统地查阅滨海湿地盐沼地貌模拟及预测模型相关文献，探明盐沼地貌特征及相关参量，深入了解盐沼地貌模型种类，并提出未来盐沼地貌模型的发展方向，为保育滨海湿地提供技术支撑。

2　研究方法

本文采用系统文献综述法（Systematic literature review：SLR）对近 20 年全球滨海盐沼湿地地貌模型进行系统的评估。通过定义检索标准，是要 SLR 对近年的文献进行评估。首先，确定文献库及检索标准（见表 1），文献库是在 Scopus、Web of Science 和 ProQuest，搜索截至日期为 2022 年 4 月；然后，对检索到的文献进行评估，将不相关的文献排除在外，相关的文献必须包括模拟滨海湿地地貌的动态变化或相关的模拟水-沙-植被条件；最后对相关的信息进行汇总，主要包括盐沼湿地研究地区、研究方法、模型种类及预测应用（见图 1）。

3　结果与讨论

3.1　滨海盐沼湿地地貌特征及相关参量

盐沼湿地普遍发育不同形态的潮沟网络。潮沟系统作为滩涂湿地地貌的重要组成单元，是滩涂湿

基金项目：国家自然科学基金资助项目——长江口湿地地貌演变机理及生态修复方法研究（U2040204）；江苏省杰出青年基金资助项目——滨海水动力及生态地貌（BK2020020）

地和相邻河口、海岸区域物质(水、泥沙等)和能量交换的重要通道,其断面形状、平面形态和网系特征的形成与变化一直是国际上研究湿地地貌的焦点。

表1 应用于 ProQuest、Web of Science 和 Scopus 数据库的检索标准

检索标准1	"地貌"或"动力地貌"或"地貌形态动力"
检索标准2	"建模"或"预测"或"影响因素"或"环境因素"或"因素"或"因子"或"算法"或"模拟" 或"数值模拟"
检索标准3	"盐沼"或"滨海湿地"或"海洋"或"滩涂"或"潮间带"或"入海口"或"海岸"或"浅滩"
检索标准4	"潮沟"或"植被"或"植物"或"先锋植物"或"泥沙"或"潮汐"或"侵蚀"或"沉积"
文章类型	期刊论文或书籍

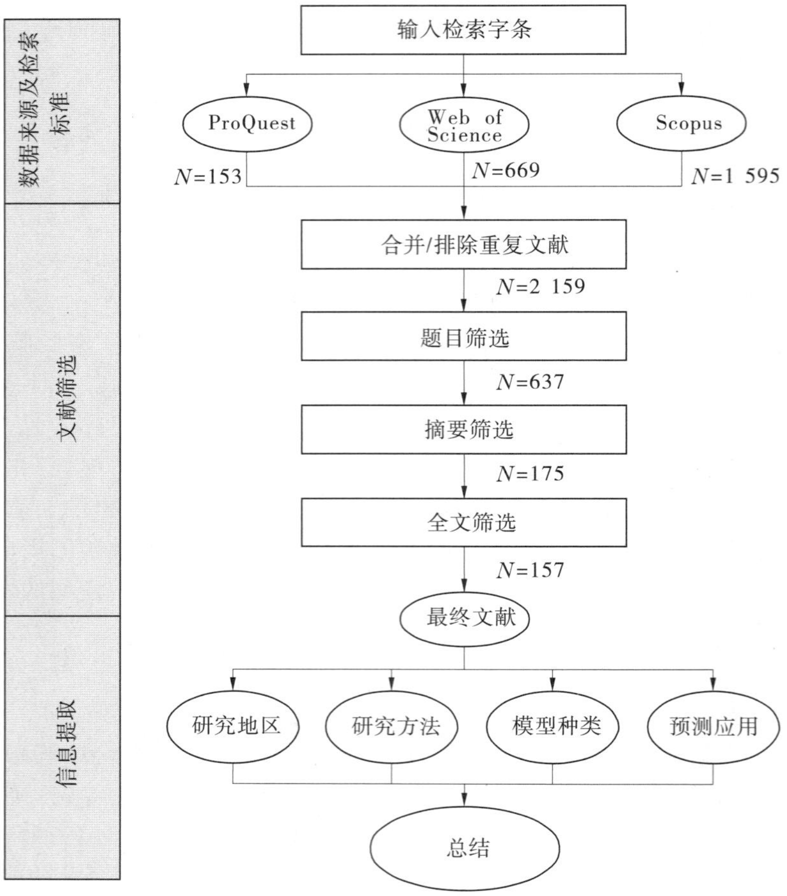

注:N 代表文献数量。

图1 文献查验流程

在盐沼湿地发育的早期,潮沟网络演化和快速增长基于正反馈驱动。潮沟底部剪应力超过泥沙临界起动切应力时,向陆地或向潮沟两侧的侵蚀出现,水流在侵蚀切开处汇聚,促进侵蚀[3-4]。G. M. E. Perillo 等[5]提出退潮时汇聚的潮水造成侵蚀,使得洼地发展为小型潮沟,潮水持续地汇流,潮沟中水流流速不断地增大,由此引起的冲刷切应力促进了潮沟网络的形成[6]。在盐沼湿地的成熟期,潮沟网络演变缓慢,主要归因于植被根系和藻类细菌膜固结海岸沉积物稳定潮沟两侧,这一阶段由生物-地貌负反馈驱动[7-8]。植被是影响潮沟形态特征差异的重要因素。W. S. Kearney 等[9]发现不同盐沼湿地的潮沟平面形态和潮沟曲率存在差异,这些特征与盐沼植被密度相关。L. A. Leonard 等[10]经过现场观测指出,悬沙浓度从盐沼边缘向内部呈对数式降低。J. Shi 等[11]在长江口分别实测了盐沼内和光滩上的悬沙浓度,结果也显示盐沼内的悬沙浓度较光滩上低,表明悬沙在盐沼内部发生了快速沉降。盐沼植物除有利于悬沙的沉降外,其自身也会捕获和黏附悬浮颗粒,这会进一步加大盐沼内泥沙的垂向沉降[12]。

地貌特征参量主要包括五部分:第一是潮沟等级,按照 Horton-Strahler 原则[13],将无分支的潮沟定义为一级潮沟,二级潮沟由两个一级潮沟汇聚而成,其余等级以此类推;第二是潮沟长度,主要计算潮沟中心线的长度;第三是弯度比,弯度比是指潮沟长度与潮沟起点到终点的线性距离之比;第四是潮沟密度,是指潮沟流域单位面积内的潮沟长度;第五是分叉率,是指 n 级潮沟数量与 $n+1$ 级潮沟数量之比。

3.2 滨海盐沼湿地地貌观测及模型

地貌变化过程十分复杂,目前成熟的观测手段有遥感反演、无人机航拍和野外同步监测。实地观测包括遥感反演,无人机航拍构建三维地形和野外同步监测系统。模型主要分为两大类:数据驱动模型和基于过程模型。

3.2.1 实地观测、遥感反演与无人机构建三维地形

湿地地形观测通常使用经纬仪测量,并使用 DGPS-RTK 校准。遥感反演可以通过卫星数据计算提取对大尺度的植被覆盖率和潮沟数据。目前,常用的卫星数据有美国地质调查局 Landsat 系列多光谱数据集、中国卫星资源应用中心环境一号卫星 A 多光谱数据集等[14]。潮沟数据提取是利用归一化水体指数结合形态学等图像处理方法,再通过大津法阈值分割得以实现[15]。根据处理数据,计算各个潮沟特征参量。此外,可通过提取植被和裸地信息,采用像元二分模型计算出植被覆盖率[16]。此外,无人机的发展促进了无人机航拍技术在滨海湿地地貌方向上的研究。通过无人机快速移动拍摄,获取不同角度照片,重建三维地形。Structure from Motion 算法是从不同的二维图像中寻找同名点,并计算照片拍摄位置的空间参数,推算出同名点的三维空间信息(经度、纬度、高程)。一旦同名点的三维信息计算出来,便将其放至三维空间坐标系逐点计算,每多一个点,目标物便完整一分,当点数达到一定数量后,目标物体则以点云的形态在空间坐标系中完整展现,该过程称为三维场景结构恢复[17]。

3.2.2 数据驱动模型

数据驱动模型主要包括决策树模型和贝叶斯网络模型。决策树模型是一种线性或非线性推理模型,用于识别数据中阈值的共性,这种模型对数据集进行分类并从具体示例中提取通用规则。决策树模型主要是结合遥感卫星数据,将光谱数据进行整合和分类[18]。决策树模型可将研究区域分为泥沙区和植被区,泥沙区细分为粗颗粒泥沙区、细颗粒泥沙区和粗颗粒与细颗粒泥沙混合区,植被区细分为盐沼区(与陆地存在 25 m 缓冲区)和海草区(与陆地不相连)。贝叶斯网络是一种概率建模方法,建立多变量间线性、非线性、线性非线性组合和随机预测的关系,该模型可用来评估现象发生概率,揭示现象发生的潜在不确定性。利用基于过程模型和贝叶斯网络,D. L. Passeri 等[19]模拟 2050 年到 2100 年海平面上升对墨西哥湾的水动力过程及沿岸湿地地貌的变化趋势。

3.2.3 基于过程模型

近年来,基于过程模型从水-沙-地貌模型发展到水-沙-地貌-植被模型。盐沼潮滩演变数值模拟模型主要包括水动力、泥沙运动、地貌改变和盐沼植被这 4 个模块,不同模块相互作用和耦合,共同影响系统的演变。

植被的演化过程一般由种群的拓植和竞争决定,本项目拟采用元胞自动机模拟植被有性繁殖,植被的无性繁殖通过模拟植被克隆过程实现。根据现场观测,研究区域以互花米草为主,模型通过计算及分配植物的种子数模拟互花米草的有性繁殖。同时,模型通过实测的光照辐射和气温数据模拟植物的光合生长和凋零,其方程如下:

$$NPP = \varepsilon_n \times FAPAR \times PAR \tag{1}$$

$$GB(t)=\sum_{i=1}^{t}[a_1\times NPP(t)-Litter(t)] \tag{2}$$

式中,NPP 为净初级生产量;FAPAR 为冠层吸收的光合有效辐射比例;PAR 为光合有效辐射;GB 为总生物量;Litter 为凋落量;t 为时间。模型根据 S. Fagherazzi 等[20]的经验公式,利用生物量来量化互花米草植株密度、高度及茎基直径。

水沙模型求解二维非线性浅水方程组,考虑海岸线的潮流,获得流场(流速和水深),方程式如下:

$$\frac{\partial\eta}{\partial t}+\frac{\partial hu}{\partial x}+\frac{\partial hv}{\partial y}=0 \tag{3}$$

$$\frac{\partial u}{\partial\tau}+u\frac{\partial u}{\partial x}+v\frac{\partial u}{\partial y}+g\frac{\partial\eta}{\partial y}-fv+g\frac{u\sqrt{u^2+v^2}}{C^2h}-\frac{F_x}{\rho_w h}-\nu\left(\frac{\partial^2u}{\partial x^2}+\frac{\partial^2u}{\partial y^2}\right)=0 \tag{4}$$

$$\frac{\partial v}{\partial\tau}+u\frac{\partial v}{\partial x}+v\frac{\partial v}{\partial y}+g\frac{\partial\eta}{\partial y}-fv+g\frac{v\sqrt{u^2+v^2}}{C^2h}-\frac{F_y}{\rho_w h}-\nu\left(\frac{\partial^2v}{\partial x^2}+\frac{\partial^2v}{\partial y^2}\right)=0 \tag{5}$$

式中,η 为水位;t 为时间;u 和 v 为在 x,y 方向上的深度平均流速分量;g 为重力加速度;f 为 Coriolis 参数;C 为谢才系数;ν 为水流紊动黏性系数;ρ_w 为水密度;F_x 和 F_y 为外力作用分量。

盐沼内的泥沙以悬移质为主,悬沙输移方程中包括泥沙冲刷量和沉积量,方程如下:

$$\frac{\partial(ch)}{\partial\tau}+\frac{\partial(uch)}{\partial x}+\frac{\partial(vch)}{\partial y}-\frac{\partial}{\partial x}\left(\varepsilon_x\frac{\partial c}{\partial x}\right)-\frac{\partial}{\partial y}\left(\varepsilon_y\frac{\partial c}{\partial y}\right)=Q_e-Q_d \tag{6}$$

式中,c 为深度平均含沙量;ε_x 和 ε_y 为泥沙扩散系数分量;Q_e 和 Q_d 分别为泥沙冲刷量和泥沙沉积量。

泥沙冲刷量运用 Partheniades-Krone 方程计算,泥沙沉积量由三部分组成,分别是自然沉积量(Q_{ds},Partheniades-Krone 方程计算可得)、被植被黏附所引起的泥沙沉积量(Q_{dt})和有机物沉积量(Q_{do})。

植被弱流、消浪、固沙和截沙影响的数学公式基于植被的生物量。植物的存在能增加额外的水流拖曳力,减缓水流流速。模型考虑到植被斑块对水流的影响,将植被视为吸收平均动量的"汇",在上述动量方程中增加阻力项,方程如下:

$$F_D=\frac{1}{2}[C_{DV}n_sd_s(u^2+v^2)] \tag{7}$$

式中,C_{DV} 为植被对水流的拖曳系数;n_s 为互花米草植株密度;d_s 为互花米草茎基直径。

盐沼植被的存在提高了滩面的抗冲刷能力,模型利用了 G. Mariotti 等[21]提出的泥沙起动临界切应力与生物量之间关系式。

盐沼植被的存在促进了盐沼内泥沙和有机物的沉降,通过式(8)和式(9)将其量化。

$$Q_{dt}=c\sqrt{u^2+v^2}\in n_sd_s\min[h_s,\eta] \tag{8}$$

$$Q_{db}=Q_{db0}\frac{GB}{GB_{max}} \tag{9}$$

式中,$\in$ 为植被捕获黏附泥沙颗粒的效率系数;Q_{db0} 为典型沉积速率;GB_{max} 为最大生物量;h_s 为互花米草植株高度。

地形变化是泥沙沉积和侵蚀的结果,模块方程如下:

$$(1-\varepsilon_p)\frac{\partial z_b}{\partial t}=\frac{1}{\rho_s}(Q_{ds}+Q_{dt}+Q_{do}-Q_e) \tag{10}$$

式中,ε_p 为底床泥沙的孔隙率;z_b 为底床高程;ρ_s 为泥沙的密度。

S. Temmerman 等[22]通过耦合简化的水动力-泥沙-地貌演变方程,模拟荷兰 Scheldt 河口 Paulina 盐沼中植被对潮汐及悬沙沉积的影响,指出了沉积物被植被截留在植物边缘。该模型只考虑无性繁殖,没有考虑植被的有性繁殖。Z. Zhou 等[23]在开源代码 Delft3D 中加入风浪模型和植物模型,分析了海平面上升对有植物分布的潮沟的影响。S. Fagherazzi 等[20]加入了波浪和潮流等动力过程,对水动力过程进行了更详细的刻画,植物缓流作用也通过已有的方程合理地进行反映,模拟结果揭示了植物对泥沙在潮间带的重新分配起关键作用。以上的模拟研究关注盐沼对泥沙的宏观分配,模拟盐沼区域整体冲刷和淤积,较少考虑植被的生长(尤其是植被有性繁殖和无性繁殖)过程对盐沼局部区域潮滩冲淤的影响。

近年来,对于滨海湿地地貌的研究逐年增加(见图2),基于过程模型的运用数量在2012年之后大于或等于5。这些研究集中于北美沿海、欧洲沿海、中国沿海及澳新沿海地区。

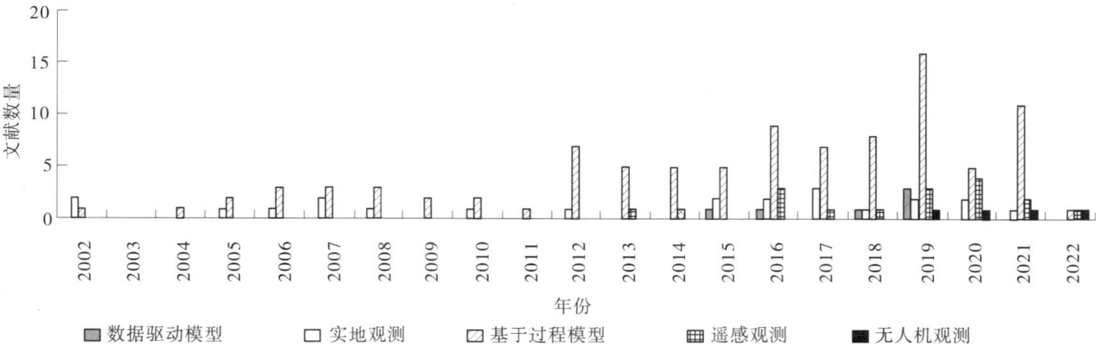

图2 滨海盐沼湿地地貌模型数量的年际变化

3.3 滨海盐沼湿地地貌模型展望

近年来,水-沙-地貌-植被耦合的基于过程模型的研发方面取得了较大进展,在一定程度上模拟滨海盐沼湿地地貌。但较少结合基于过程和数据驱动模型,数据驱动模型效率高,并可以分析不同变量间的线性或非线性关系,未来耦合数据驱动模型与基于过程模型是模拟潮沟发育的不确定性的发展方向。从滨海盐沼湿地地貌模型数量年际变化和研究面积分布来看,作者预测,地貌模型将向大范围和高精度的方向发展。

4 结 论

(1)潮沟网系是盐沼湿地重要的地貌特征,其特征参量包括潮沟等级、潮沟长度、弯度比、潮沟密度、分叉率等。

(2)滨海盐沼湿地地貌观测包括实地观测、遥感反演与无人机构建三维地形,相关模型有数据驱动模型和基于过程模型。

(3)近20年盐沼湿地地貌模型使用数量逐年升高,研究地区主要集中在北美沿海、欧洲沿海、中国沿海和澳新沿海地区。

(4)未来耦合数据驱动模型与基于过程模型是模拟潮沟发育的不确定性的发展方向,地貌模型将向大范围和高精度的方向发展。

参考文献

[1] Kennish M J. Coastal Salt Marsh Systems in the U. S.: A Review of Anthropogenic Impacts[J]. J Coast Res, 2001, 17(3): 731-748.

[2] Crooks S, Sutton-Grier A E, Troxler T G, et al. Coastal wetland management as a contribution to the US National Greenhouse Gas Inventory[J]. Nature Climate Change, 2018, 8(12): 1109-1112.

[3] Balke T, Bouma T J, Herman P M J, et al. Cross-shore gradients of physical disturbance in mangroves: implications for seedling establishment[J]. Biogeosciences, 2013, 10: 5411.

[4] Hu Z, Wang Z, Zitman T J, et al. Predicting long-term and short-term tidal flat morphodynamics using a dynamic equilibrium theory[J]. Journal of Geophysical Research: Earth Surface, 2015, 120(9): 1803-1823.

[5] Perillo G M E, Iribarne O O. New mechanisms studied for creek formation in tidal flats:From crabs to tidal channels[J]. Eos,Transactions American Geophysical Union, 2003,84(1): 1-5.

[6] 任美锷. 中国淤泥质潮滩沉积研究的若干问题[J]. 热带海洋, 1985(2):6-14.

[7] Bendoni M, Mel R, Solari L, et al. Insights into lateral marsh retreat mechanism through localized field measurements[J]. Water Resources Research,2016,52(2):1446-1464.

[8] Kirwan M L, Temmerman S, Skeehan E E,et al. Overestimation of marsh vulnerability to sea level rise[J]. Nature Climate Change,2016,6(3):253-260.

[9] Kearney W S, Fagherazzi S. Salt marsh vegetation promotes efficient tidal channel networks[J]. Nature Communications, 2016,7(1):12287.

[10] Leonard L A, Croft A L. The effect of standing biomass on flow velocity and turbulence in Spartina alterniflora canopies [J]. Estuar Coast Shelf Sci, 2006, 69(3): 325-336.

[11] Shi J, Hamilton L,Wolanski E. Near-bed currents and suspended sediment transport in saltmarsh canopies[J]. J Coast Res,2000,16:909-914.

[12] 李华, 杨世伦. 潮间带盐沼植物对海岸沉积动力过程影响的研究进展[J]. 地球科学进展, 2007(6):583-591.

[13] Horton R E. Erosional Development of Streams and Their Drainage Basins; Hydrophysical Approach to Quantitative Morphology[J]. GSA Bulletin,1945,56(3):275-370.

[14] Sun C, Li J, Liu Y, et al. Plant species classification in salt marshes using phenological parameters derived from Sentinel-2 pixel-differential time-series[J]. Remote Sens Environ,2021,256:112320.

[15] 劳聪聪, 辛沛,左寅,等. 1996—2020 年长江口九段沙湿地植被覆盖对潮沟演变规律的影响[J]. 水科学进展, 2020: 1-12.

[16] Gong Z, Mou K, Wang Q, et al. Parameterizing the Yellow River Delta tidal creek morphology using automated extraction from remote sensing images[J]. Sci Total Environ, 2021, 769: 144572.

[17] 戴玮琦, 李欢, 龚政,等. 无人机技术在潮滩地貌演变研究中的应用. 水科学进展, 2019, 30(3):359-372.

[18] Jung R, Adolph W, Ehlers M, et al. A multi-sensor approach for detecting the different land covers of tidal flats in the German Wadden Sea-A case study at Norderney[J]. Remote Sens Environ, 2015, 170: 188-202.

[19] Passeri D L, Hagen S C, Plant N G, et al. Tidal hydrodynamics under future sea level rise and coastal morphology in the Northern Gulf of Mexico[J]. Earths Future, 2016, 4(5): 159-176.

[20] Fagherazzi S, Kirwan M, Mudd S, et al. Numerical models of salt marsh evolution: Ecological, geomorphic, and climatic factors[J]. Rev Geophys,2012,50.

[21] Mariotti G, Fagherazzi S. A numerical model for the coupled long-term evolution of salt marshes and tidal flats[J]. Journal of Geophysical Research:Earth Surface,2010,115(F1).

[22] Temmerman S, Bouma T J, Govers G, et al. Impact of vegetation on flow routing and sedimentation patterns: Three-dimensional modeling for a tidal marsh[J]. Journal of Geophysical Research: Earth Surface,2005,110(F4).

[23] Zhou Z, Ye Q, Coco G. A one-dimensional biomorphodynamic model of tidal flats: Sediment sorting, marsh distribution, and carbon accumulation under sea level rise[J]. Advances in Water Resources, 2016, 93: 288-302.

紊流模型对溃坝水流模拟对比研究

苑成龙[1,2] 张少雄[1,2] 贾玉平[1,3]

(1. 石家庄铁道大学 土木工程学院,河北石家庄 050043;
2. 石家庄铁道大学 道路与铁道工程安全保障省部共建教育部重点实验室,河北石家庄 050043;
3. 石家庄丰水工程咨询有限公司,河北石家庄 050000)

【摘 要】 溃坝水流紊动剧烈,水流流态比较复杂,人们采用了多种紊流模型进行了模拟,取得了与实际吻合较好的效果。但紊流模型较多,不同的模型之间存在差异,尚无专门针对溃坝模拟的紊流模型对比研究。本文依据溃坝模型试验建立数值模型,采用标准 $k\text{-}\varepsilon$、RNG $k\text{-}\varepsilon$ 和 LES 紊流模型对溃坝水流进行模拟,利用试验数据对溃坝模型进行验证。结果表明,RNG $k\text{-}\varepsilon$ 和 LES 模型在反射波变化比较剧烈的时刻与试验数据偏差较大,标准 $k\text{-}\varepsilon$ 模型对溃坝水流的模拟与试验数据吻合最好。

【关键词】 溃坝水流;紊流模型;数值模拟;误差分析

1 引 言

当溃坝发生时,水流紊动剧烈,水流流态比较复杂,一般采用模型试验和数值模拟方法对溃坝水流进行研究。由于模型试验方法研究周期较长、效率较低,所以数值模拟方法越来越多地应用于溃坝水流的研究,尤其随着计算流体动力学的迅猛发展,人们提出了多种紊流模型来描述溃坝水流的流动。

一些学者已经开展了溃坝水流的数值模拟研究。G. Z. Jian 等[1]采用高分辨率 Godunov 型划分单元法对复杂河床地形下的溃坝流进行了数值模拟,计算结果与试验数据吻合较好,证明了该方法能够处理复杂河床的溃坝流,并预测干湿河床上涉及多波相互作用的复杂流。D. M. Hargreaves 等[2]讨论了 CFD 对常见水工建筑物上自由表面流动模拟的准确性,通过一系列的 CFD 模拟与一组现有的试验数据进行比较,说明并证明了商业 CFD 软件在水工结构自由表面流动建模中的有效性。R. Marsooli 等[3]建立了一个三维数值模型来模拟不规则区域中不均匀河床上的溃坝水流。该模型使用基于六面体单元与实体边界匹配的并置网格的显式有限体积法求解 RANS 方程,同时该模型成功应用于典型的小型和大型溃坝水流模拟。H. Ozmen-Cagatay 等[4]对具有底部障碍物的初始干河床上的溃坝流动进行试验,并利用 Flow-3D 软件中标准 $k\text{-}\varepsilon$ 模型和浅水方程对溃坝水流进行模拟,结果表明标准 $k\text{-}\varepsilon$ 模型模拟精度较高,浅水方程计算结果存在一些差异。目前已有一些对比不同紊流模型模拟效果的研究,包括溢流坝泄流、弯道水流、底坎绕流、圆柱绕流、叶轮机水流等方面,通过对比不同的紊流模型结果,得到了最适用的紊流模型[5-10]。

溃坝水流运动复杂,紊动剧烈,尚无专门针对溃坝模拟的紊流模型对比研究。本文基于溃坝水流试验,对溃坝水流开展数值模拟研究,采用标准 $k\text{-}\varepsilon$、RNG $k\text{-}\varepsilon$ 和 LES 不同紊流模型对溃坝水流进行模拟,通过对比分析得到最适用于溃坝水流模拟的紊流模型。

2 紊流模型与理论

2.1 标准 $k\text{-}\varepsilon$ 模型

标准 $k\text{-}\varepsilon$ 模型是两方程模型中的一种,在零方程模型的基础上,考虑了对流和扩散的影响,人们在紊流的时均连续方程和 Reynolds 方程的基础上,引入一个关于湍动能 k 的运输方程和一个关于紊流耗散率 ε 的方程,便形成了 $k\text{-}\varepsilon$ 两方程模型。该模型是目前使用最广泛的紊流模型。

在标准 k-ε 模型中,k 和 ε 是两个方程的未知量,当流动为不可压缩时,与之相应的运输方程为

$$\frac{\partial(\rho k)}{\partial t}+\frac{\partial(\rho k u_i)}{\partial x_i}=\frac{\partial}{\partial x_j}\left[\left(\mu+\frac{\mu_t}{\sigma_k}\right)\frac{\partial k}{\partial x_j}\right]+G_k-\rho\varepsilon \tag{1}$$

$$\frac{\partial(\rho\varepsilon)}{\partial t}+\frac{\partial(\rho\varepsilon u_i)}{\partial x_i}=\frac{\partial}{\partial x_j}\left[\left(\mu+\frac{\mu_t}{\sigma_\varepsilon}\right)\frac{\partial\varepsilon}{\partial x_j}\right]+\frac{C_{1\varepsilon}\varepsilon}{k}G_k-C_{2\varepsilon}\rho\frac{\varepsilon^2}{k} \tag{2}$$

从左到右,依次为瞬态项、对流项、扩散项、产生项和耗散项,一般情况下 $C_{1\varepsilon}=1.44$,$C_{2\varepsilon}=1.92$。

在方程中,表示湍动耗散率的 ε 被定义为

$$\varepsilon=\frac{\mu}{\rho}\left(\frac{\partial u'_i}{\partial x_k}\right)\left(\frac{\partial u'_i}{\partial x_k}\right) \tag{3}$$

湍流黏度可表示成 k 和 ε 的函数:

$$\mu_t=\rho C_\mu\frac{k^2}{\varepsilon} \tag{4}$$

式中,C_μ 为经验常数,一般取 0.09。

G_k 为由于平均速度梯度引起的湍动能 k 的产生项:

$$G_k=\mu_t\left(\frac{\partial u_i}{\partial x_j}+\frac{\partial u_j}{\partial x_i}\right)\frac{\partial u_i}{\partial x_j} \tag{5}$$

2.2 RNG k-ε 模型

在 RNG k-ε 模型中,通过在大尺度运动和修正后的黏度项体现小尺度的影响,而使这些小尺度运动有系统地从控制方程中去除。与标准 k-ε 模型相比,RNG k-ε 模型通过修正湍流黏度,考虑了平均流动中的旋转及旋流流动情况,同时,在 ε 方程中增加了一项,从而反映了主流的时均应变率 E_{ij}。

RNG k-ε 的输运方程为

$$\frac{\partial(\rho k)}{\partial t}+\frac{\partial(\rho k u_i)}{\partial x_i}=\frac{\partial}{\partial x_j}\left[\alpha_k\mu_{\text{eff}}\frac{\partial k}{\partial x_j}\right]+G_k+\rho\varepsilon \tag{6}$$

$$\frac{\partial(\rho\varepsilon)}{\partial t}+\frac{\partial(\rho\varepsilon u_i)}{\partial x_i}=\frac{\partial}{\partial x_j}\left[\alpha_\varepsilon\mu_{\text{eff}}\frac{\partial\varepsilon}{\partial x_j}\right]+\frac{C^*_{1\varepsilon}\varepsilon}{k}G_k-C_{2\varepsilon}\rho\frac{\varepsilon^2}{k} \tag{7}$$

其中

$$\mu_{\text{eff}}=\mu+\mu_t$$

$$\mu_t=\rho C_\mu\frac{k^2}{\varepsilon}$$

$$C^*_{1\varepsilon}=C_{1\varepsilon}-\frac{\eta(1-\eta/\eta_0)}{1+\beta\eta^3}$$

$$\eta=(2E_{ij}\cdot E_{ij})^{1/2}\frac{k}{\varepsilon}$$

$$E_{ij}=\frac{1}{2}\left(\frac{\partial u_i}{\partial x_j}+\frac{\partial u_j}{\partial x_i}\right)$$

一般情况下,$C_\mu=0.0845$,$\alpha_k=\alpha_\varepsilon=1.39$,$C_{1\varepsilon}=1.42$,$C_{2\varepsilon}=1.68$,$\eta_0=4.377$,$\beta=0.012$。

2.3 LES 模型

LES 模拟方法的基本思想可以概括为:用瞬时的 Navier-Stokes 方程直接模拟湍流中的大尺度涡,不直接模拟小尺度涡,而小尺度涡对大尺度涡的影响通过近似的模型来考虑。

控制方程:

$$\frac{\partial}{\partial t}(\rho\bar{u}_i)+\frac{\partial}{\partial x_j}(\rho\bar{u}_i\bar{u}_j)=-\frac{\partial\bar{p}}{\partial x_i}+\frac{\partial}{\partial x_j}\left(\mu\frac{\partial\bar{u}_i}{\partial x_j}\right)-\frac{\partial\tau_{ij}}{\partial x_j} \tag{8}$$

$$\frac{\partial \rho}{\partial t} + \frac{\partial}{\partial x_i}(\rho \bar{u}_i) = 0 \tag{9}$$

式(8)、式(9)就构成了 LES 模型中的控制方程组,但需要注意的是,这是瞬时状态下的方程,式中带有上划线的量为滤波后的场变量,τ_{ij} 为

$$\tau_{ij} = \rho\overline{u_i u_i} - \rho\bar{u}_i\bar{u}_j \tag{10}$$

2.4 模型建立

本文所模拟的例子为 H. Ozmen-Cagatay 等所建立的矩形水槽溃坝模型[4],试验采用三台 CCD 摄像机对溃坝整体水面线变化进行记录。试验模型长 8.90 m、宽 0.30 m、高 0.34 m(见图 1)。模型上游 4.65 m 范围为水体,水深 0.25 m,末端设有闸门控制水体。模型下游距闸门 1.53 m 处有一梯形障碍物,底宽 1.0 m、顶宽 0.3 m、高度为 0.075 m。试验时,将闸门瞬间提起,通过数字成像系统记录溃坝水流越过障碍物时的水流现象和水面线。

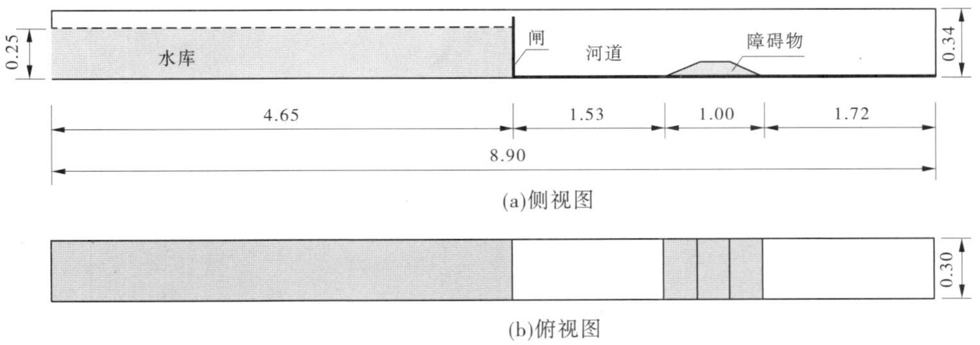

图 1 梯形障碍物试验布置 (单位:m)

数值模型计算范围长 8.90 m、宽 0.30 m、高 0.34 m,采用矩形网格对计算区域进行划分,网格尺寸为 0.005 m×0.005 m×0.01 m(*xzy* 方向),网格总数 320 万。初设条件设定上游水体水深为 0.25 m,初始时刻处于静止状态,下游无水。由于模型河道采用玻璃,障碍物采用有机玻璃制作,粗糙系数较小,因此模拟时取粗糙系数为 0。上游水体无水源补充,并且水体长度不变,所以上游边界条件设置为墙体;模型末端没有挡板阻挡,下游出口设置边界条件为自由出流;底边界设置为墙体。考虑大气压可以有效地作用在水体自由表面,将上边界设置为默认边界。模型侧壁设置为墙。溃坝水流采用单相流模型进行模拟。

3 结果与讨论

3.1 水面线对比

三种不同的紊流模型在不同时刻的计算结果与试验数据的对比如图 2 所示,为了使试验结果具有通用性和可比性,对 *y* 方向水深和 *x* 方向距离同时除以 h_0(初始水深),进行无量纲化处理。当水体经过障碍物时,在障碍物上游产生壅起现象。在 t=1.90 s 与 t=2.80 s 时,三种不同的紊流模型都准确地模拟了水流自由表面的变化情况。随着时间的推移,t=3.30 s 时,RNG k-ε 模型和 LES 模型计算的最高处水面线高于试验实测值,而标准 k-ε 的计算结果仍与水面线较贴合。t=3.68 s 时,与试验数据相比,RNG k-ε 模型和 LES 模型的水面线有较大的偏差,而标准 k-ε 模型偏差较小。在最后两个时间点 t=4.74 s 和 t=6.68 s,三种不同的紊流模型的计算结果与实测的自由表面轮廓都具有较好的一致性。在模拟计算过程中,三种不同的紊流模型都模拟了 10 s,标准 k-ε 模型的计算时间为 1.18 h,RNG k-ε 模型的计算时间为 1.20 h,而 LES 模型的模拟时间为 0.61 h。

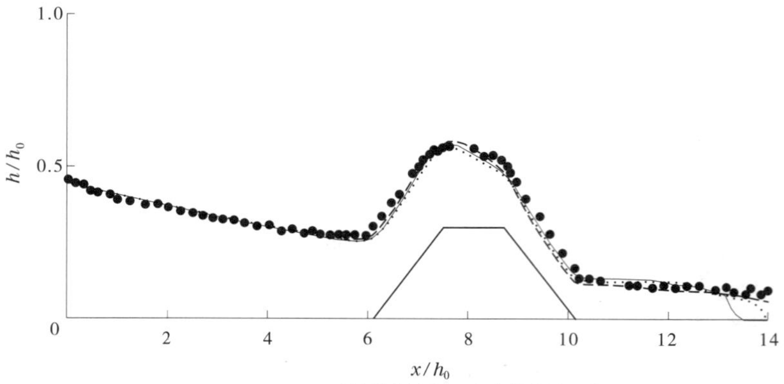

(a) t =1.90 s时计算结果与试验数据的对比

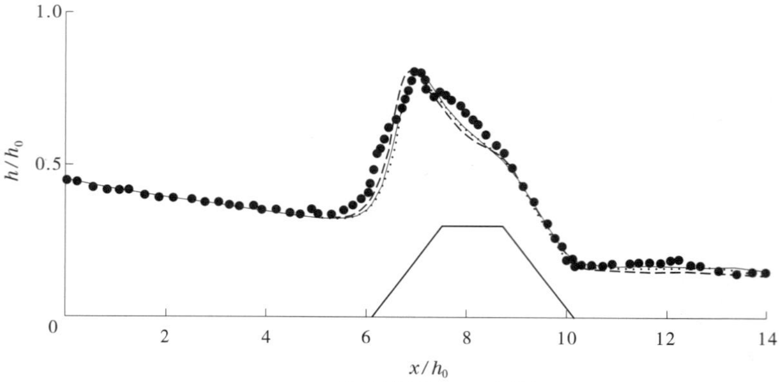

(b) t =2.80 s时计算结果与试验数据的对比

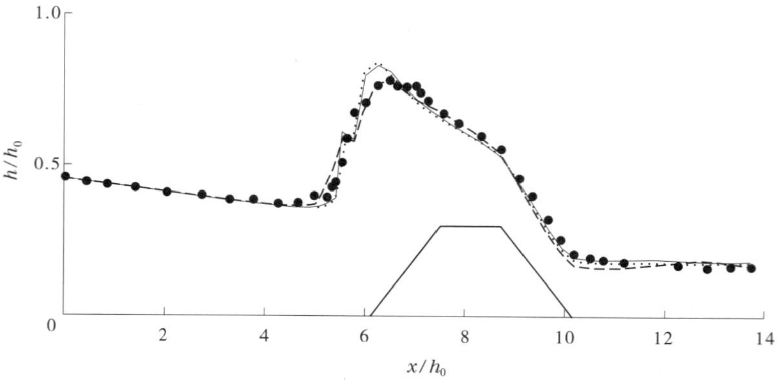

(c) t =3.30 s时计算结果与试验数据的对比

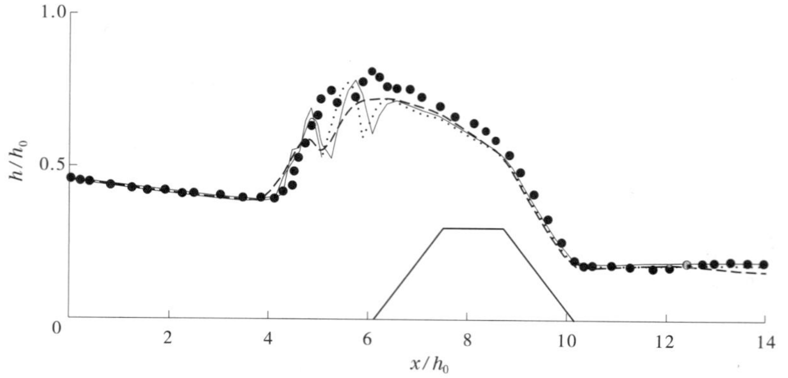

(d) t =3.68 s时计算结果与试验数据的对比

图 2 三种不同的紊流模型在不同时刻的计算结果与试验数据的对比

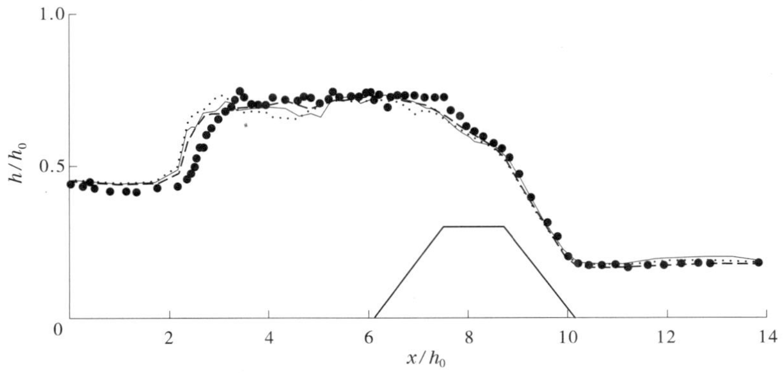

(e) t =4.74 s时计算结果与试验数据的对比

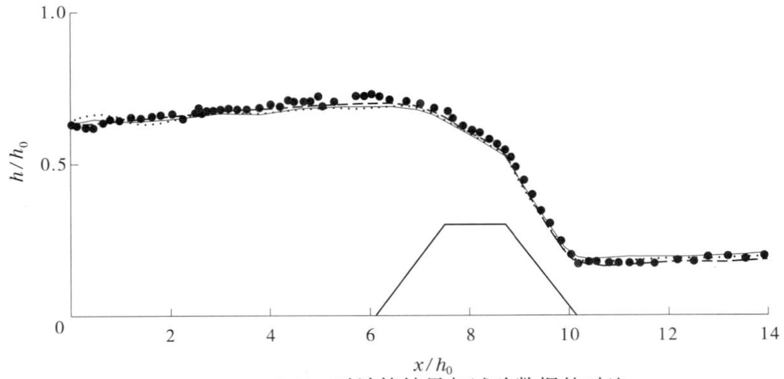

(f) t =6.68 s时计算结果与试验数据的对比

● 试验数据　- - - - 标准 k-ε 模型　······ RNG k-ε 模型
—— LES模型　—— 障碍物

续图 2

3.2 误差分析

本文采用了均方根误差和相关系数对试验数据和三种不同紊流模型做误差分析和相关性分析。

均方根误差：

$$\mathrm{RMSE}=\sqrt{\frac{\sum_{i=1}^{N}(X_{\mathrm{obs}}-X_{\mathrm{mod}})^2}{N}}$$

相关系数：

$$r=\frac{\sum_{i=1}^{N}(X_{\mathrm{mod}}-\overline{X_{\mathrm{mod}}})(X_{\mathrm{obs}}-\overline{X_{\mathrm{obs}}})}{\left[\sum_{i=1}^{N}(X_{\mathrm{mod}}-\overline{X_{\mathrm{mod}}})^2\sum_{i=1}^{N}(X_{\mathrm{obs}}-\overline{X_{\mathrm{obs}}})^2\right]^{1/2}}$$

式中，X_{mod} 为模拟水位；X_{obs} 为实测水位；N 为实测点的个数。

均方根误差 RMSE 越接近 0，说明模拟效果越好；相关系数 r 越接近 1，说明模拟值与实测值越接近，即模拟效果越好。虽然本文三种模型的均方根误差都比较小，但是在六个不同时刻，标准 k-ε 模型模拟的数据均方根误差最小，在反射波变化比较剧烈的两个时刻（t=3. 30 s 和 t=3. 68 s），RNG 模型与 LES 模型模拟的水面线图与试验数据差异较大，RNG 模型与 LES 模型模拟的数据的均方根误差偏大，并且 LES 模型的均方根误差最大，见表 1。

表 1　各紊流模型均方根误差

时间/s	不同模型均方根误差		
	标准 k-ε 模型	RNG k-ε 模型	LES 模型
1.90	0.019 5	0.021 5	0.020 1
2.80	0.034 5	0.038 9	0.037 9
3.30	0.031 6	0.032 1	0.033 3
3.68	0.049 4	0.052 4	0.056 6
4.74	0.037 6	0.055 0	0.045 1
6.68	0.015 6	0.021 6	0.019 6

对于不同时刻的相关系数,标准 k-ε 模型模拟的数据是最贴合试验数据的,除 3.30 s 外,相关系数都是最大的。在 3.30 s 时,标准 k-ε 模型与 RNG k-ε 模型的相关系数只相差 0.000 3 左右,可以视为基本一致。然而,在反射波变化比较剧烈的两个时刻(t=3.30 s 和 t=3.68 s),RNG k-ε 模型与 LES 模型模拟的数据的相关系数偏小,并且 LES 模型的相关系数最小,见表 2,这与均方根误差有些相似。

表 2　各紊流模型相关系数

时间/s	不同模型相关系数		
	标准 k-ε 模型	RNG k-ε 模型	LES 模型
1.90	0.994 6	0.992 5	0.988 1
2.80	0.988 1	0.986 2	0.985 8
3.30	0.987 4	0.987 7	0.986 1
3.68	0.980 8	0.972 5	0.969 0
4.74	0.983 1	0.963 9	0.976 1
6.68	0.998 6	0.995 7	0.997 6

4　结　论

本文基于溃坝水流试验,对溃坝水流开展数值模拟研究,采用标准 k-ε、RNG k-ε 和 LES 不同紊流模型对溃坝水流进行模拟,得出以下结论:

(1)采用标准 k-ε、RNG k-ε 和 LES 三种不同的紊流模型对所研究的溃坝流动进行数值模拟,在反射波变化比较剧烈的时刻,RNG k-ε 模型和 LES 模型模拟的水面线与试验数据相比偏差较大,而标准 k-ε 模型模拟的水面线与试验数据相比最为吻合。

(2)在不同时刻,标准 k-ε 紊流模型均方根误差最小。虽然在 t=3.30 s 时标准 k-ε 紊流模型比 RNG k-ε 紊流模型的相关系数略小,但在其他时刻标准 k-ε 紊流模型的相关系数最小,所以标准 k-ε 紊流模型模拟的水流自由表面轮廓效果最好,最能反映溃坝发生时水流向下游流动遇到障碍物时的变化情况。

(3)标准 k-ε 紊流模型计算所用时间为 1.18 h,RNG k-ε 紊流模型计算所用时间为 1.20 h,而 LES 紊流模型计算所用时间为 0.61 h,计算效率明显高于其他两个紊流模型。在对模拟准确度要求不高的情况下,可以选用 LES 紊流模型来提高计算效率。

参考文献

[1] Jian G Z, Derek M C, Clive G M, et al. Numerical Prediction of Dam-Break Flows in General Geometries with Complex Bed Topography[J]. Journal of Hydraulic Engineering, 2004, 130: 332-340.

[2] Hargreaves D M, Morvan H P, Wright N G. Validation of The Volume of Fluid Method for Free Surface Calculation: The Broad-Crested Weir[J]. Engineering Applications of Computation Fluid Mechanics 2007: 136-146.

[3] Marsooli R, Wu W M. 3-D Finite-Volume Model of Dam-Break Flow over Uneven Beds Based on VOF Method[J]. Advances in Water Resources. 2014: 104-117.

[4] Ozmen-Cagatay H, Kocaman S. Dam-Break Flow in the Presence of Obstacle: Experimentand CFD Simulation[J]. Engineering Applications of Computational Fluid Mechanics, 2011, 5(4): 541-552.

[5] 李军,陈辉,戚蓝,等. 三种紊流模型模拟溢流坝泄流精度的对比分析[J]. 水电能源科学, 2018, 36(11): 73-75, 45.

[6] 吴华莉, 张小峰, 金中武, 等. 四种紊流模型模拟弯道水流精度的对比分析[J]. 深圳大学学报(理工版), 2015, 32(5): 506-514.

[7] 谢海英. 紊流模型对底坎绕流模拟效果的比较[J]. 水资源与水工程学报, 2012, 23(3): 163-165.

[8] 武玉涛,任华堂,夏建新. 典型紊流模型对于圆柱绕流模拟的适用性研究[J]. 水力发电学报, 2017, 36(2): 50-58.

[9] 鲁俊,王玲玲. 几种紊流模型在底坎紊流分离流计算中的对比[J]. 水科学进展, 2009, 20(2): 255-260.

[10] 祝赖盛,张硕,葛宁. 两种紊流模型在通流计算中的应用研究[J]. 推进技术, 2021, 42(6): 1223-1234.

一体化明渠水位计在第二师十八团渠灌区流量测量管理中的应用

周亚平[1,2,3]　刘　恋[1,2,3]　郝　斌[1,2,3]　谈晓珊[1,2,3]　赵金辉[1,2,3]

(1. 水利部南京水利水文自动化研究所,江苏南京　210012;
2. 水利部水文水资源监控工程技术研究中心,江苏南京　210012;
3. 江苏南水科技有限公司,江苏南京　210012)

【摘　要】 灌区对确保我国粮食安全与水资源安全具有重要意义。灌区流量测量是实现"智慧灌区"和水利信息化的根本保障,为了提高流量测量数据的规范性和准确性,使灌区管理工作更加高效便捷,2019 年新疆生产建设兵团第二师十八团(简称第二师十八团)渠灌区引入了 YDH-1S. LL 型一体化明渠水位计,目前设备已正常运行 3 年,现将运行情况进行分析,为该类设备的应用提供借鉴。

【关键词】 灌区;一体化明渠水位计;流量测量

水资源是一切生命赖以生存的重要资源,我国是一个干旱缺水的国家,作为一个人口大国,人均淡水资源占有量远低于世界平均水平,淡水资源非常稀缺,其中农业灌溉用水占据了相当大的比例,但我国农业用水效率较低,水资源浪费严重,因此合理分配水资源以及提高农业灌溉用水的利用效率十分关键,实现灌区流量的精准高效测量是保证灌区流量测量管理的根本基础,具有重要的意义[1]。

第二师十八团渠灌区是西北干旱地区较为典型的灌溉农业区[2],是享誉国内外的粮棉生产基地,灌溉总面积达 3.4 万 hm^2。灌区以兵地共建的模式经过多年改造日渐成熟,基本能够满足农业生产发展的需要,但在水利信息化建设方面仍存在许多问题,如灌区内水量监测依然以人工测流方式为主,但由于人工测流所产生的人为误差以及测量器具的管理及维护力度不足,对监测数据的精度和时效性产生一定的影响,从而导致监测数据汇总统计不够完整;资料不连续且容易丢失,不能满足系统性分析[3]。为更好地解决这一问题,第二师十八团渠灌区自 2019 年起安装应用了 93 台 YDH-1S. LL 型一体化明渠水位计(见图 1)进行灌区流量监测,该项目自开工建设以来,设备运行稳定,监测数据能够按时采集并及时传输到信息服务平台,测流精度和操作水平均得到了全面提高,减少了人工工作量,目前运行情况良好。

图 1　YDH-1S. LL 型一体化明渠水位计

1　研究区概况

第二师十八团渠灌区地处新疆维吾尔族自治区巴音郭楞蒙古自治州库尔勒市,位于内陆干旱区,气

基金项目:新疆水利科技项目水文新仪器应用与示范(XSHJ-2022-08);南京水利科学研究院中央级公益性科研院所基本科研业务费专项资金(Y921012)

候变化多端，灌区灌溉范围大，年引配水量2.5亿~3亿m^3，水资源十分匮乏。第二师十八团渠灌区为国家大型灌区，包含二十八团、二十九团、三十团三个国营农场，灌区人口5万，灌溉面积44.6万亩，是水稻、小麦、棉花、库尔勒香梨等农作物的主要产区。

第二师十八团渠灌区农业水价综合改革量测水设施配套建设项目的建设目标是实现灌区供水情况的精准测量和实时监控，提高灌区用水的利用效率。因此，实现明渠水位自动化监测具有十分重要的意义。

2 YDH-1S.LL型一体化明渠水位计

2.1 测量原理

随着水利科学研究的不断发展，水位测量的方法被逐渐分化出直接法和间接法两种不同的方法[4]。直接法是通过安装水尺，以人工观测的方式测量水位数据；间接法是通过传感器采集其他指标，然后利用转换器转换成水位数据。本文所述的一体化明渠水位计是利用磁致伸缩式水位传感器来进行水位数据测量的。

YDH-1S.LL型一体化明渠水位计将磁致伸缩式水位传感器、数据遥测终端和通信模块集成一体，功耗低，充电一次使用时间可长达半年以上，解决了太阳能供电系统安装成本高和部分场景不适用的问题。性能稳定基本不受外界环境干扰，能够在测井中长期使用。

考虑到野外安装方便及运输，除外壳下方设置一个接口(作为充电及本地USB设置参数、下载固态数据用)外，其他都集中在仪器内，包括GPRS天线也采用内置方式。水位计上端的数据通信单元外径为75.5 mm，即使是管径为80 mm的测井，也能够安装与使用。在测量过程中用户可以根据断面情况从设备端导入水位-流量关系曲线，或者根据现场实际灌溉情况进行测流，在中心站调整水位-流量关系曲线进行资料整编，以确保数据的准确性。通过GPRS将水位、流量等测量数据或者电池电压等实时信息发送给服务器，能够实现在远程位置监测现场的观测状况。数据通信中有一个内置的SIM卡具有移动电话的无线功能，只要是能够接收移动电话信号的地方，无论设置在哪里，都能够收录测量数据。

YDH-1S.LL型一体化明渠水位计不但可以应用于灌区水位、流量在线自动监测，还可以应用于城市防洪应急、巡测等多种场景。此外它还可以与标准堰槽组成明渠流量监测仪。

2.2 技术特点

一体化明渠水位计具有以下特点：

(1)YDH-1S.LL型一体化明渠水位计是将水位传感器与数据记录仪单元集成于一体，结构简洁，密封性好，能够广泛应用于明渠水位、流量监测，不易受到温度或其他外界因素的干扰。

(2)采用低功耗的控制模块，待机电流小于0.01 mA。

(3)具有GPRS通信功能，支持与多中心进行数据通信。

(4)数据通信满足《水资源监测数据传输规约》(SL/T 427—2021)、《水文监测数据通信规约》(SL 651—2014)等的要求。

(5)为了满足不同的使用需求，YDH-1S.LL型一体化明渠水位计具有自报式、应答式、调试状态等多种运行方式，可以随时接收中心站的命令进行数据采集、发送和远程下载。

(6)具有超大数据存储的功能，能够支持本地和远程数据下载。

(7)能够实现支持远程参数设置、程序升级等远程管理。

(8)能够按照需求进行采集间隔、发送间隔、水位阈值等功能的设置。

(9)中心站可以实时监测电池电压状态，如发现异常后能够自动报警。

2.3 组成

本仪器是集磁致伸缩式水位传感器、RTU、GPRS、锂电池为一体的一体化明渠水位计。

2.3.1 磁致伸缩式水位传感器

磁致伸缩式水位计由传感器探棒、信号处理单元、液面浮子、限位卡环四部分组成。传感器探棒外有一层保护管,用来保护内部的测量元件,保护管内设有波导丝,用来传递变送器电子仓产生的脉冲信号。传感器探棒内部设有磁致伸缩波导丝,能够准确识别磁场变化同时传递测量信号。限位卡环可以固定液面浮子,防止浮子脱落,浮子内的环形磁铁能够将浮子的位置通过波导丝传递至信号处理单元,信号处理单元将该信号计算转换为数字信号。

磁致伸缩式水位传感器是运用磁致伸缩原理,通过测量起始脉冲与返回脉冲的时间差,结合先进的数字电路,研制的新一代水位传感器(见图2)。该产品测量精度高、工作稳定可靠、可适应多种液面及温度的变化,结构精细巧妙,安装简便易操作,测量数据可实现远距离传输,具有较好的灵活性和适应性。

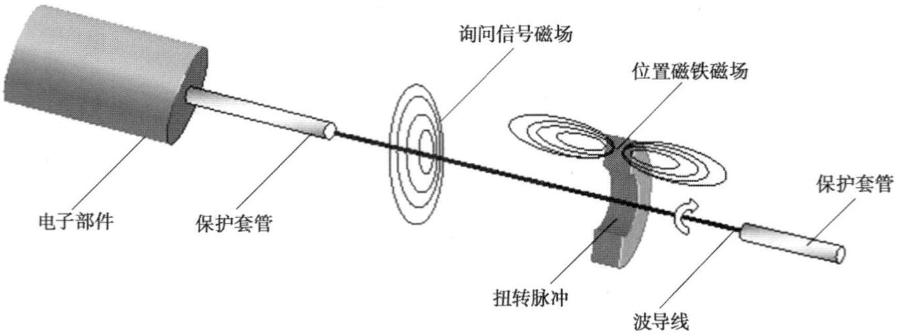

图2　磁致伸缩式水位传感器

2.3.2　RTU设计

本系统所有功能都通过主程序和中断来实现,数据通过GPRS通信模块传输至中心站,实现了明渠水位数据的自动监测[5]。遥测终端包含压力传感器接口单元、可编程扩展接口单元、中央处理单元、设置接口单元、GPRS通信单元、程序与数据存储单元几个主要部分,总体结构如图3所示。

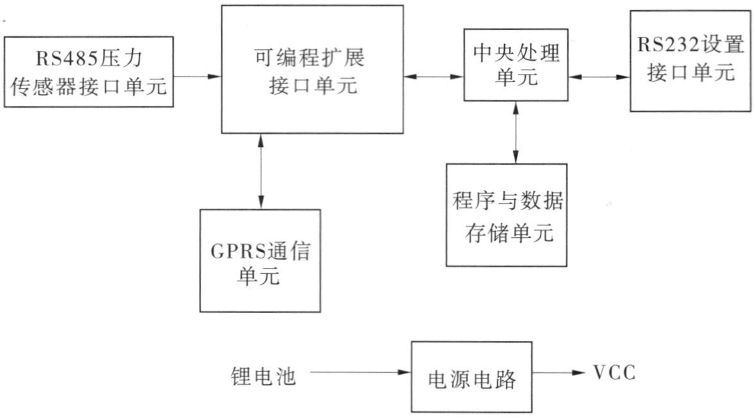

图3　YDH-1S. LL型一体化明渠水位计结构框图

2.3.3　软件流程

本系统通电后首先进行初始化外设,读取当前时间,当时间达到测量时间时开始读取当前水位,达到自报时间时拨号连接中心站信息平台进行水位上报,之后进入休眠模式等待下一次循环工作(见图4)。此外还可以将采集到的水位数据与用户设定的上下限水位值进行比较处理,若超出设定的范围可进行加报。

2.4　安装

YDH-1S. LL型一体化明渠水位计安装(见图5)使用大致可分为以下几方面:

(1)使用之前的准备:在设置本装置之前,请事先确认现场的网络信号状况。办理SIM卡需具有

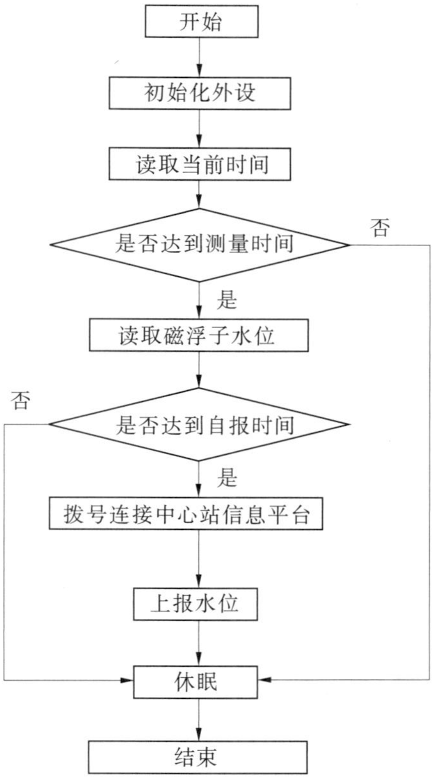

图 4　YDH-1S. LL 型一体化明渠水位计软件流程图

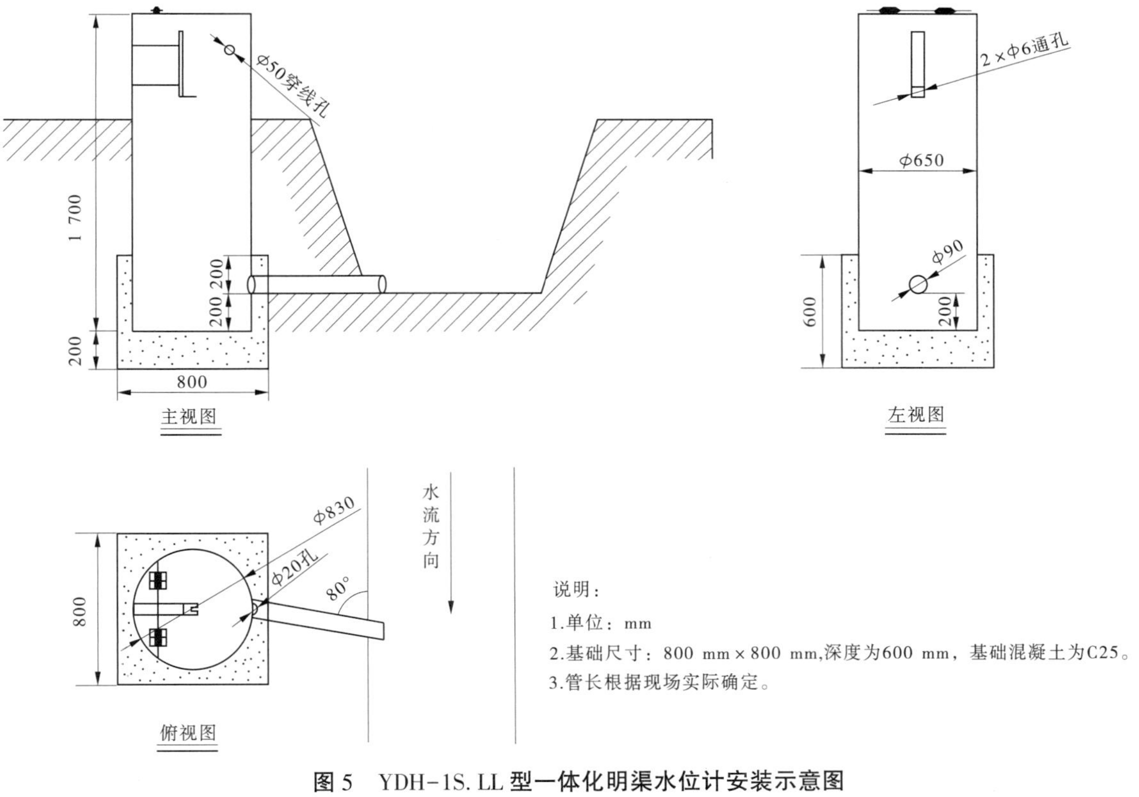

图 5　YDH-1S. LL 型一体化明渠水位计安装示意图

GPRS 功能。电池为已封装的专用锂电池组，与数据终端为接插件连接，按插件方向接入即可。

(2)设置与安装：使用 USB 配置线连接一体化超声波明渠水位计和 PC 端，进行参数设置或实时数据查询。

(3)设定与配置:在 PC 端安装配置软件,可对一体化超声波明渠水位计进行全参数设定。配置软件涵盖系统设定、传感器参数设定、实时数据查询、下载历史数据、通信调试信息显示等功能。

3 第二师十八团渠灌区 YDH-1S. LL 型一体化明渠水位计配置实施

3.1 使用情况

2019 年 8 月第二师十八团渠灌区 2019 年农业水价综合改革量测水设施配套建设项目开始实施,YDH-1S. LL 型一体化明渠水位计作为该项目的主要设备,共安装应用了 93 台,该项目自开工建设三年来,目前运行情况良好。由于灌区水管理信息系统的应用,可以及时掌握水情、过水流量信息、泵站运行工况信息,避免洪灾导致灌区工程受损,为灌区工程的安全运行奠定了坚实的基础。项目的实施提升了灌区信息化管理的综合能力,科学计量公平测流减少了人为因素的影响,对减少水事纠纷起到了积极作用。综上所述,YDH-1S. LL 型一体化明渠水位计在第二师十八团渠灌区流量测量管理中的应用带来了良好的经济效益和社会效益。

3.2 存在的问题及建议

在使用过程中需要定期对监测系统软、硬件进行维护、巡查。确认浮子表面是否光滑,有无一些结晶物质附属在表面,可使用砂纸等将其清除掉。要确认安装是否牢靠,测量杆处于垂直状态。使用内置专用可充锂电池可以在不充电的情况下工作一年左右,使用寿命约 5 年,超过使用期限需要进行更换。

4 结 语

YDH-1S. LL 型一体化明渠水位计是将高精度零漂移水位传感器与数据遥测终端及通信模块一体化,属紧凑型模块化系统,采用低功耗设计,内置充电锂电池在无充电的情况下可以维持运行一年左右,特别适用于不方便太阳能供电的监测现场,可大大减少安装太阳能供电成本并降低施工难度;不容易受到温度的变化或者外部干扰的影响,能够长期安置在水中的结构。经应用表明,设备稳定可靠,水位监测精度高,实时性好,减少了设备的运行维护成本,降低了劳动强度,改善了工作环境,有利推动了灌区信息化的发展。

YDH-1S. LL 型一体化明渠水位计在第二师十八团渠灌区的广泛使用,提升了明渠流量观测技术,完善了现有的监测手段,为该类型的监测设备提供了丰富的实践经验,实现了对灌区明渠水位流量的实时监控,大大提高了监测数据的精度、时效性。后期在使用过程中需要定期对监测系统软、硬件进行维护、巡查,以确保监测数据精确。

参考文献

[1] 俞双恩,左晓霞,赵伟. 我国灌区量水现状及发展趋势[J]. 节水灌溉,2004(4):35-37.
[2] 刘国燕. 十八团渠灌区水利管理信息化建设探索[J]. 今日科苑,2007(16):176.
[3] 寇国伟. 水利管理信息化水情自动化建设的探索[J]. 水利建设与管理,2008,28(2):67-68,72.
[4] 任庆海,高军,王瑞. 一体化地下水水位计的设计与实现[J]. 无线互联科技,2020,17(24):40-41.
[5] 聂会冲,刘克浩,欧祖贤. 水位测量方法及设备研究综述[J]. 南方农机,2020, 51(23):48-49.

水工模型试验中基岩冲刷的模拟方法

张林波[1]　潘　丽[2]

（1. 黄河水利委员会河湖保护与建设运行安全中心，河南郑州　450003；
2. 黄河水利委员会黄河水利科学研究院，河南郑州　450003）

【摘　要】 甘肃巴家嘴水库的溢洪道消能区出口位于小南河沟出口附近，为减轻溢洪道出口消能对南小河沟左岸山体的影响，需进行水工模型试验研究溢洪道下游基岩冲刷问题。而基岩的模拟方法有很多种，为了使模型试验的结果能与原型吻合，且冲刷坑形状一致，本文比较了单一散粒料模拟方法和散粒料、胶结材料相结合的模拟方法，为今后挑流消能下游基岩冲刷预报提供了参考。

【关键词】 水工模型试验；挑流消能；基岩冲刷；模拟方法

1　引　言

我国正在建设的或者已经建成的大型、巨型水电工程大部分位于高山峡谷区，水头高、泄量大是这些工程的共同特点，并且这些工程的泄洪建筑物几乎全部采用挑流消能方式[1]。在挑流消能方式下，下游基岩冲刷是一个比较复杂的问题，它涉及水力学和岩石力学两方面的诸多因素，水力学模型试验是解决这类问题经常采用的方法。

在水力学模型试验中，河床基岩冲刷模拟方法是一个关键性问题[1]。由于试验中难以模拟基岩的抗冲性能，为了在模型中近似模拟反映岩石的抗冲特性，一般对基岩做出两类简化：第一类设想岩基由松散的岩块构成，采用岩块几何尺寸缩制法进行模拟。第二类设想岩基的抗冲能力可用允许流速表征，采用抗冲流速相似法进行模拟。其中，模拟冲刷材料有散粒料、节理块和胶结材料等，文献[2]对河床基岩模拟方法进行了详细的研究。在众多模拟方法中，散粒料模拟岩基是使用最早、最广泛的一种方法。由于现场地质条件复杂且千差万别，单一的模拟方法并不能完全满足需要。以甘肃巴家嘴水库水工整体模型试验中下游基岩模拟方法为例，比较了单一散粒料模拟方法、散粒料和胶结材料相结合的方法，结果表明，由于模拟方法不同，水垫塘下游流态和流速分布存在较大差异。

由于基岩模拟技术还不完善，考虑到巴家嘴溢洪道下游地形基岩的复杂性，在进行该方案冲刷试验时，采用两种模拟方法进行对比试验：一种按照原设计方案下游河床铺设办法，河床部分采用散粒体，对两岸山体模拟进行了特殊处理，在散粒料中加少量的水泥，水泥只起黏结作用，使山体不至于遇水很快滑落下来，该冲刷结果偏深。另一种下游河床及两岸山体全部采用散粒体铺制，由于天然石子的塌落度与原型不相似，冲刷坑范围偏大，下游堆积物偏多，抬高冲刷坑的水位，冲刷深度相对较浅。试验结果表明，由于模拟方法不同，水垫塘下游流态和流速分布存在较大差异。

2　试验概况

巴家嘴水库于 1962 年建成，在建设和运用过程中其工程开发任务几经变化，当前现状为具有防洪、供水、灌溉及发电综合利用的大(2)型水利枢纽工程。巴家嘴水库现状的防洪能力达不到 1 000 年一遇，拟加固改建，经多方案比较，采用增设 2 孔开敞式溢洪道并适当加高坝体方案。

基金项目：河南省自然科学基金项目（212300410200）；中央级公益性科研院所基本科研业务费专项项目（HKY-JBYW-2020-05）

本试验模型按重力相似准则设计,为正态整体模型,几何比尺为100,根据巴家嘴水库工程实际情况缩制而成。模型布设有2孔溢洪道以及消能防冲设施,由于溢洪道消能区出口位于小南河沟出口附近,为减轻溢洪道出口消能对南小河沟左岸山体的影响,进行溢洪道整体水工模型试验,验证巴家嘴溢洪道下游冲刷情况,提出溢洪道的改进建议,为优化设计提供可靠依据。

巴家嘴模型以天然石子散粒料作为模拟岩基冲刷材料,用基岩的抗冲流速确定散粒料的粒径,组成消能池基础的岩体主要为白垩系上部黄绿色钙泥质胶结的细砂岩,颗粒密度为2.65 g/cm^3,最终选定模型沙粒径D取值为3.4~6.7 mm。

由于基岩模拟技术还不完善,迄今为止的研究还缺乏一种比较有效且合理的模拟方法来模拟基岩冲刷,以实现实际工程中广泛存在的以基岩为主的溢洪道河床岩石的冲刷预测,并且考虑到巴家嘴溢洪道下游地形基岩的复杂性、特殊性,所以在进行下游冲刷试验时,采用两种模拟方法进行对比试验。通过两种模拟方法试验的对比,模拟了溢洪道对下游河道的冲刷。

2.1 山体采用胶结材料模拟试验

溢洪道下泄小流量时,挑流水舌入下游河道,在高速射流冲击的作用下,河床被破坏而形成冲坑,主流顺着南小河沟流入蒲河,由于南小河沟河槽较窄,河道流速相对较大,在10年一遇洪水时,南小河沟流速达到5~6.6 m/s,河槽很快冲刷展宽,有可能危及右岸路基安全。随着溢洪道泄流的增大、冲坑的加深,下游堆积物向下推移,下游河道流态及流速分布也随之发生变化,在各级流量时,下游河道内水流流速较大。不同工况下,下游冲坑最深点高程统计于表1,10年一遇、50年一遇及设计洪水时,冲坑最深点高程分别为1 041.2 m、1 035.9 m和1 030.2 m。

表1 下游冲刷最深点高程

试验工况		1	2	3	4	5	6
		10年一遇	20年一遇	30年一遇	50年一遇	设计洪水	校核洪水
库水位/m		1 115.28	1 117.28	1 118.36	1 119.53	1 120.95	1 125.63
流量/(m^3/s)		1 494.9	2 030	2 345	2 700	3 130	4 775
下游水位/m(坝下690 m断面)		1 055.25	1 056.25	1 056.6	1 057.1	1 057.7	1 060.08
冲坑最深点高程/m	山体采用胶结材料模拟	1 041.2	1 039.7	1 038	1 035.9	1 030.2	1 026.2
	山体采用散粒体模拟	1 044.5	1 040.1	1 039.8	1 038	1 035.9	1 027.3

2.2 山体采用散粒体模拟试验

两岸山体采用散粒体铺制后,在溢洪道下泄各级流量时,挑流水舌均挑落在河槽两岸山坡上,即使溢洪道下泄小流量,两岸山体受水流冲刷很快滑落,冲坑两侧也很快达到模型定床边界,冲坑范围大,深度较浅。试验量测溢洪道下泄各级流量时,不同工况下冲坑最深点也列于表1。下游地形全部采用散粒体模拟时,试验量测到的下游冲坑较浅,主要有两方面的原因:一是采用散粒体模拟山体,各级流量,特别是小流量时,冲坑宽度偏大,如10年一遇洪水时,两岸山体采用散粒体模拟时冲坑宽100 m,而两岸山体采用胶结材料时冲坑宽62 m,水垫塘水体增大,消能效果较好。二是两岸山体采用散粒体模拟时,由于下游堆积物较多,向下推移速度慢,抬高下游河道水位,图1为50年一遇洪水下游河道水面线,图1中距离为以溢洪道轴线与南小河沟交点为零,沿水流主流线距离,可以看出,溢洪道下泄50年一遇洪水,下游山体采用两种不同材料模拟,水垫塘末端水位相差0.6 m,因而该试验条件下冲坑较浅。但在校核水位时,即溢洪道下泄2 000年一遇洪水时,由于下泄水流单宽较大,无论采用哪种模拟材料,冲坑两侧均达到模型定床边界,河道内堆积物向下推移速度快,下游河道水面线相差不大,如图2所示。

因此，冲坑最深点高程较接近。

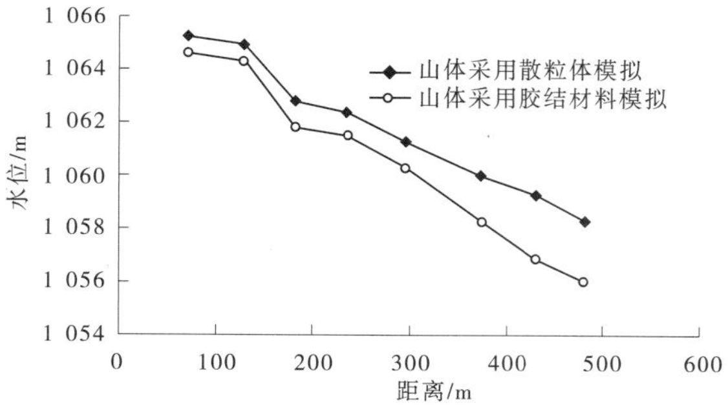

图 1　50 年一遇洪水下游河道水面线

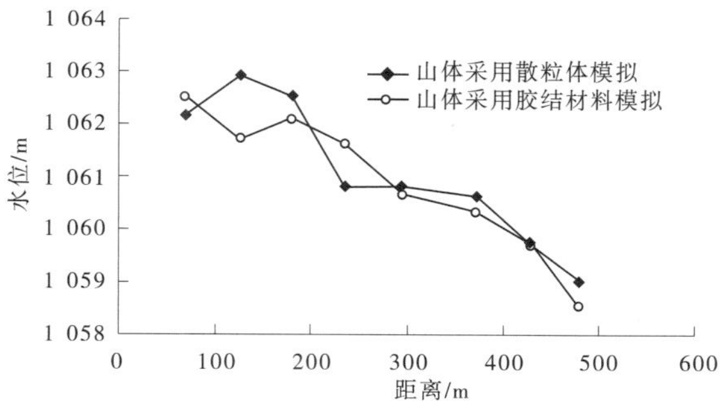

图 2　2000 年一遇校核洪水下游河道水面线

3　研究展望

通过巴家嘴水库溢洪道水工整体模型试验，验证巴家嘴溢洪道下游冲刷情况，综合分析如下：

（1）当山体采用胶结材料模拟基岩冲刷时，对两岸山体模拟进行了特殊处理，在散粒料中加少量的水泥，水泥只起黏结作用，使山体不至于遇水很快滑落下来，该冲刷结果偏深。

（2）当山体采用散粒体模拟基岩冲刷时，忽略了岩石块体之间的黏结状态，即使溢洪道下泄小流量时，两岸山体受水流冲刷很快滑落，所以冲坑范围大、深度较浅。

（3）关于岩石冲刷的模拟问题目前尚未解决。模型试验中要综合考虑不同的模拟方法和模拟冲刷材料，冲坑的大小和范围才能与原型较为接近。

参考文献

[1] 孙五继，焦爱萍，张耀先，等. 高坝挑射水流对岩石河床冲刷的研究综述[J]. 水利水电技术，2005，7(36)：38-42.
[2] 刘曼聆，苏有为. 石门拱坝下游岩石河床冲刷模拟研究[J]. 水利水运科学研究，1988，1：1-12.

泄流底孔进口不同布置方案掺气减蚀效果对比试验研究

宋莉萱　武彩萍　张　源

(黄河水利委员会黄河水利科学研究院,河南郑州　450003)

【摘　要】 本文配合 Souapiti 水利工程设计,通过物理模型试验,对弧形工作闸门在坝后的长有压管进口方案和弧形工作闸门在坝内的短有压管进口方案泄洪底孔采用跌坎式掺气,从流态,底空腔、侧空腔长度,掺气浓度等方面,比较了突扩突跌等因素对掺气效果的影响。试验结果表明,采用突扩突跌式掺气减蚀与突跌情况下相比,掺气效果更加明显,从而减少发生空化、空蚀破坏的可能性。

【关键词】 Souapiti 水利工程;突扩突跌;底空腔;侧空腔;掺气浓度

1　引　言

随着国内外水利水电事业的快速发展,高水头、高流速泄水建筑物也在迅速增加。高速水流和空化空蚀问题已经成为高坝设计最为棘手的问题,因此高速水流和空化空蚀问题已经备受水利界专家们的关注。突扩突跌体形与偏心角弧形闸门相结合,不但可以起到止水的作用,还可以形成较长的侧空腔减免高速水流对侧墙的空蚀破坏[1-3]。因此,突扩突跌体形出口水力特性研究已显得尤为重要。

Souapiti 水利枢纽是几内亚孔库雷河梯级水电开发的第二级水电站,最大坝高 120 m,正常蓄水位库容 63 亿 m^3,总装机容量 45 万 kW,不仅可以为几内亚提供用电保障,还可发挥蓄丰补枯作用,调节孔库雷河天然径流流量,显著提升下游凯乐塔水电站的发电效益。该项目是几内亚最重要的民生工程之一,水电作为清洁能源对西非人民非常重要,对西非电网的互联互通有着重要的意义。本文通过 1∶30 的水工模型试验,比较工作弧门在坝后的长有压进口方案泄水孔和弧形工作闸门在坝内的短压进口明流洞形式下,突跌与突扩突跌掺气减蚀设施的水力特性和掺气减蚀效果。试验研究结果对高水头有压深孔的掺气减蚀以及设计施工有一定的参考意义。

2　对比试验设计

方案一,泄流底孔为长有压进口方案,分为 2 孔,进口体形为椭圆曲线,进口段后设置 2 孔 5.0 m×7.0 m(宽×高)事故检修门,出口端采用 2 孔 5.0 m×6.0 m(宽×高)弧形闸门控制,压坡段位于弧形闸门上游,坡度为 1∶6,事故检修门与弧形闸门之间为有压平坡段,长 44.55 m。出口设置 0.8 m 跌坎,跌坎下游设置底坡 1∶10 泄槽,泄槽长 63.53 m,后接反弧段及挑流鼻坎,反弧半径 28 m,挑流鼻坎高程为 126.46 m,见图 1。

方案二,泄流底孔改为短压进口明流洞形式,孔口尺寸与原设计方案相同,仍为 5.0 m×6.0 m(宽×高);工作门前压坡段坡度由原设计方案的 1∶6变为 1∶4.5;工作门后跌坎高度由 0.8 m 增加到 1.2 m;跌坎下游底坡仍为 1∶10 泄槽,泄槽段总长度 65.19 m,泄槽后接反弧段及挑流鼻坎,反弧半径 28 m,挑

基金项目:水利部“科技助力经济 2020”重点专项——湖库生态环保疏浚与泥沙资源综合利用(SQ2020YFF0426578);河南省重大科技专项——河南省中小型水库清淤与泥沙资源利用(201300311600);黄河水利科学研究院中央级公益性科研院所基本科研业务费专项项目——东平湖提升黄河下游水资源效能工程措施研究(HKY-JBYW-2020-18)

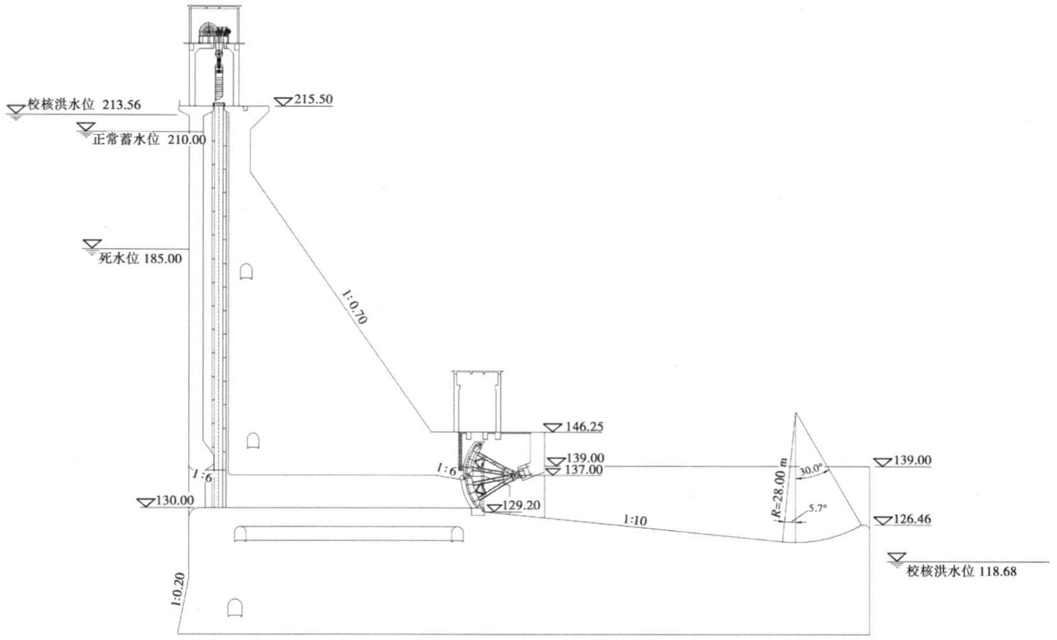

图 1 泄流底孔典型剖面图(长有压进口方案)

流鼻坎高程为 125.925 m,较原方案低 0.535 m,扩散段由原来的 69.2 m 缩短至 18.5 m,边墙由直线改为椭圆曲线,出口宽度保持 9 m 不变。通气孔直径由原方案的 0.6 m 增大为 0.8 m,见图 2。

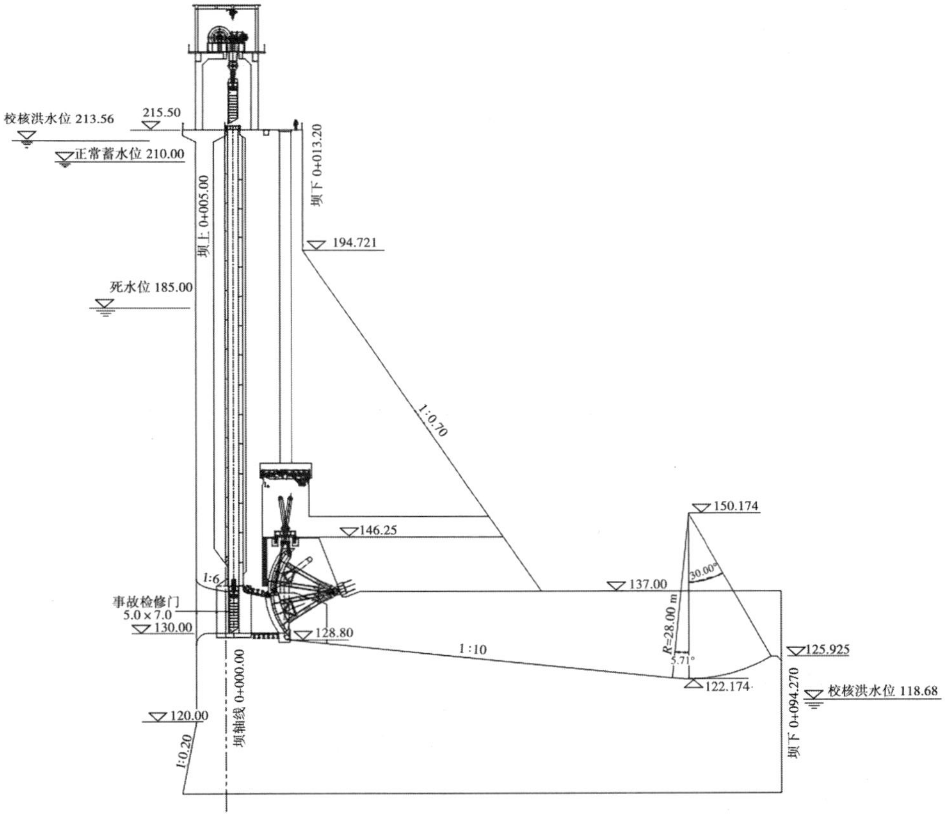

图 2 泄流底孔典型剖面图(短有压进口方案)

方案三,泄流底孔仍为短压进口明流洞形式,孔口尺寸及压力段出口与原设计方案相同;工作门后分别向两侧突扩 1.0 m,明流段泄槽宽度增大至 7 m,跌坎下游底坡仍为 1∶10 泄槽,泄槽段总长度、反弧段及挑流鼻坎也与原方案相同,明流洞出口左孔左边墙改为直边墙,右边墙扩散段长度为 35 m,边墙由椭圆曲线改为抛物线,出口宽度调整至 8 m。通气孔直径增大为 0.9 m。

3 试验结果与分析

3.1 流态

试验观测了三种方案正常蓄水位和校核水位两种工况下底孔流态,结果表明,高速水流出闸孔在跌坎下均形成稳定而完整的空腔,射流冲击区下游靠近底部水流掺气明显。水流出闸孔进入明流泄流洞段后受跌坎及两侧边墙扩散影响,在明流泄流段内产生棱形冲击波,由于冲击波和射流影响,导致明流泄流段水面波动。由于冲击波影响,在明流泄流段各断面水深不均匀,在挑流鼻坎出口断面水深两侧大于中部。

另外,测得方案一在校核洪水工况时,洞内水流不稳,靠边壁处水面有瞬间触及工作门门铰牛腿现象,建议设计抬高工作门门铰位置。

试验测得方案三(突扩突跌)各工况下水流出闸孔后均能在左右两侧形成空腔,空腔范围随水位升高增大。由于侧向突扩,水流从有压段出口流出后向四周扩散,由二维流动变为较复杂的三维流动扩散水流撞击侧墙后,向上扩散的水流形成水翅,水翅回到正常水面后在其下游又会激起冲击波,流态较复杂,试验观测上游库水位 170~200 m 时,水翅上下波动范围最大,有水花溅出超过边墙高度,库水位逐渐增高至正常蓄水位和校核水位时,水翅最大波动高度减小,未冲击工作门门铰。

3.2 空腔长度

底空腔长度研究表明,底空腔的掺气量与有效空腔长度有关,绝大部分掺气是在有效空腔内实现的[4]。掺气坎下空腔的长短是衡量各种方案优劣的重要指标,空腔长度越长,掺气越充分,减蚀效果越好。本文采用精度为 1 mm 的钢板尺直接测量有效底空腔的长度。有效底空腔的试验结果见表 1。

表 1 空腔长度及通气孔运用情况统计

项目	方案一		方案二		方案三	
坎型	跌坎		跌坎		突扩突跌	
工况	正常蓄水位	校核洪水位	正常蓄水位	校核洪水位	正常蓄水位	校核洪水位
底空腔长度/m	11.7	13.8	18	19.5	25.5	26
侧空腔长度/m	—	—	—	—	14.5	15
通气孔运用状况	通畅	通畅	通畅	通畅	通畅	通畅

方案一,掺气坎采取跌坎形式,两组工况下均形成稳定而完整的底空腔,空腔长度随着流量的增大而增大,最大值为校核水位下的 13.8 m。

方案二,短压力进口方案掺气坎也采取跌坎形式,试验观测两组工况下均形成稳定而完整的空腔。由于方案二跌坎高度由原设计方案的 0.8 m 增加至 1.2 m,空腔长度较方案一增大不少,校核水位下空腔长度由原来的 13.8 m 增加至 19.5 m。

方案三,短压力进口方案掺气坎采取突扩突跌形式,试验观测两组工况下均形成稳定而完整的底空腔及侧面空腔。由于跌坎后增加突扩体形,两侧突扩尺寸为 1.0 m,底空腔长度较方案一和方案二明显增大,正常蓄水位底空腔长度由原来的 18 m 增加至 25.5 m,校核水位由原来的 19.5 m 增加至 26 m。

侧空腔长度是反映孔口出流自孔口侧壁起至出流与下游侧墙冲击处的水平距离,侧空腔长度受重力作用影响很小,影响侧空腔长度的主要因素[5]已有学者进行了研究。试验测得正常蓄水位侧空腔长度为 14.5 m,校核洪水位侧空腔长度为 15 m。

3.3 掺气浓度和通气量分析

(1)为了对掺气设施掺气效果进行进一步的评估,采用中国水利水电科学研究院 CQ6-2005 型掺气仪对沿程掺气浓度进行量测。试验开始时,将掺气传感器置于模型未掺气水体中进行调零,每次测量前后进行调零复核[6]。

结果表明,高速水流出闸孔后形成射流,在射流界面上,由于流体的紊动而发生水气交换,形成掺气。由于射流水舌与底板夹角较大,水流冲击底板产生反向上溯水流,导致跌坎下的底空腔内存有一部分水体。

射流冲击区下游靠近底部水流受跌坎空腔掺气明显,明流段底部掺气浓度明显,掺气浓度随水深增加而减小,表面掺气浓度增大是由于水流表层自然掺气形成。射流冲击区下游底部水流掺气浓度沿程衰减,距离跌坎下游 70 m 以内掺气浓度超过 3%,表明掺气设施对泄槽斜坡段具有较好的掺气保护能力。方案三各断面下由于水流出闸孔后受体形突扩影响,水舌在侧向增加掺气,水舌冲击侧墙后也形成充分掺气,表面掺气浓度明显大于底部,比方案一、方案二试验结果只在底部水舌冲击区掺气效果明显。试验表明,在三种方案下,突扩突跌形式下的有效底空腔长度明显大于突跌形式回水淹没长度和坎下回水深度明显小于突跌形式,突扩突跌形式的掺气效果明显好于突跌形式,方案三 0+092.555 断面位置掺气浓度沿水深分布如图 3 所示。

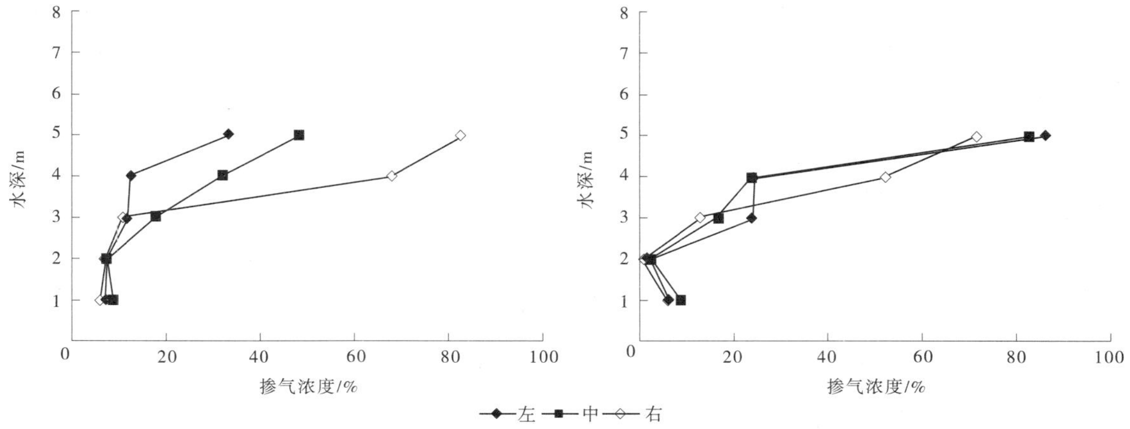

(a)正常蓄水位 (b)校核洪水位

图 3 突扩突跌掺气浓度沿水深分布(0+092.555 断面位置)

(2)衡量通气孔尺寸大小是否合适的主要指标是孔内风速,文献[7]要求风速限制在 60 m/s 以下。所以,在布置条件允许时,通气孔优先选择比较大的尺寸以降低孔内风速,取得理想的掺气效果。试验采用加野 KA2014 型风速仪对通气孔风速进行量测,风速仪在与模型相同气温下调零,每次测量前后进行调零复核。

方案一,通气孔直径 0.6 m,试验量测正常蓄水位左右侧通气孔风速为 20.28 m/s 和 21.37 m/s,校核水位时对应原型风速为 24.82 m/s 和 28.17 m/s。

方案二,通气孔直径 0.8 m,试验量测正常蓄水位左右侧通气孔风速为 26.84 m/s 和 32.31 m/s,校核水位时对应原型风速为 30.12 m/s 和 31.77 m/s。

试验同样量测方案三的风速,由于模型上闸门后突扩侧向空腔与大气相通,由侧空腔补进部分气体,因而底部通气孔实测相应风速减小,正常蓄水位工况左右侧通气孔风速为 15.84 m/s 和 16.40 m/s,校核水位时对应原型风速为 16.73 m/s 和 16.42 m/s。满足“通气孔风速最大值不大于 60 m/s”的规定,通气孔面积满足要求。

根据水工水力学原型观测与模型试验的相关研究成果[8],计算通气量时当坎顶模型平均流速大于 6 m/s 时,模型中获得的掺气量可以直接按照重力相似定律引申,无须乘以修正系数。结果表明,通气孔通气量随流量增大而增大,校核水位下总通气量为 14.99 m^3/s,掺气减蚀设施可形成稳定而完整的空腔,对底孔明流斜坡段具有较好的减蚀保护效果,体形设计较合理。

计算不同工况下原型通气量,可知,通气孔通气量随流量增大而增大,校核水位下总通气量为

21.09 m^3/s,掺气减蚀设施可形成稳定而完整的空腔,对底孔明流斜坡段具有较好的减蚀保护效果。

3.4 空化空蚀分析

空化空蚀是泄水道重要的水力学问题之一,高水头泄水建筑物,水流流速高,过流边壁易发生水流空化空蚀。当进行泄水建筑物水力设计时,防空蚀水力设计是其中一项十分重要的内容。

水力空化现象就是水流在常温下,由于压强降低到某一临界数值(一般为水的汽化压强)以下,水流内部形成空穴、空洞或空腔的现象。影响水力空化的水力要素压强是直接原因,流速是间接原因但是最具影响性的原因,紊动是促进原因。目前,对于泄水道的空化特性,常采用水流空化数 σ 反映,其值越大,空化特性越好,越不容易产生空蚀破坏;其值越小,空化特性越差,越容易产生空蚀破坏[9]。

方案一,各级工况下在明流斜坡段水流空化数 σ 值虽然略小于相关规范要求的0.3,但由于该段水流掺气浓度大于设计规范的3%,可以不再设置掺气槽。在出口挑流鼻坎反弧段断面平均流速小于35 m/s,虽然水流掺气浓度略小于设计规范的3%,但水流空化数大于0.3,也可不设置掺气槽。但为安全起见,在陡槽末端反弧段应采用高强度、耐磨抗蚀的混凝土,并在施工时严格控制平整度。

方案二,在量测位置0+009.10和0+063.66处水流空化数 σ 值接近规范要求的0.3,掺气浓度小于设计规范的3%,但由于该段水流断面平均流速小于35 m/s,可以不设置掺气槽。在出口挑流鼻坎反弧段水流掺气浓度小于设计规范的3%,但水流空化数大于0.3,不需设置掺气槽。为安全起见,也应在明流段应采用高强度、耐磨抗蚀的混凝土,并在施工时严格控制平整度。

方案三,鼻坎处水流空化数 σ 值小于规范要求的0.3,掺气浓度也小于设计规范的3%,该段水流断面平均流速为35.18 m/s,接近规范上限值,可考虑设置掺气槽;如不设置,应采用高强度、耐磨抗蚀的混凝土,并在施工时严格控制平整度。其余测点位置空化数均大于0.3且掺气浓度也大于3%不需设置掺气槽。

4 结　语

(1)由于水流出闸孔后受体形突扩影响,水舌在侧向增加掺气,水舌冲击侧墙后也形成充分掺气,表面掺气浓度明显大于底部,突扩突跌形式与仅突跌形式相比,底部水舌冲击区掺气效果有改善。综合各项试验结果,在本文试验条件下,Souapiti 水利枢纽泄洪底孔采用突扩突跌掺气,能够达到掺气减蚀效果,避免了空蚀破坏。

(2)底孔出口流速较高,为安全考虑,建议在陡槽末端及反弧段采用高强度、耐磨抗蚀的混凝土,并在施工时严格控制平整度。

参考文献

[1] 田振华,杨具瑞,李立年,等. 冲沙底孔突跌与突扩+突跌体形掺气效果对比试验研究[J]. 中国农村水利水电,2009(12):127-131.
[2] 廖仁强,郭均立,陈俊. 水布垭水利枢纽放空洞突扩跌坎水力学问题研究[J]. 人民长江,2007(7):93-94.
[3] 贺翠玲,刘少斌,韩冲. 弧形闸门突扩突跌出口掺气设施体型研究[J]. 西北水电,2015(4):35-37.
[4] 聂孟喜,吴广镐,王晓明. 掺气折流器对侧空腔和底空腔产度的影响[J]. 水利学报,2002(5):91-95.
[5] 刘超,张光科,张光碧,等. 侧墙掺气坎空腔长度初探[J]. 水力发电学报,2007(5):112-115.
[6] 国家能源局. 水电水利工程掺气减蚀模型试验规程:DL/T 5245—2010[S]. 北京:中国电力出版社,2010.
[7] 夏毓常. 通气减蚀设施原型、模型通气量空腔长度对比分析[C]//水工模型缩尺效应学术会讨论文集. 长江科学院,1991.
[8] 夏毓常,张黎明. 水工水力学原型观测与模型试验[M]. 北京:中国电力出版社,1998.
[9] 黄继汤. 空化与空蚀的原理及应用[M]. 北京:清华大学出版社,1991.

海口市芙蓉河水系规划方案雨洪影响分析

李广宁[1]　柳海涛[1]　刘伯承[2]　孙双科[1]　郑铁刚[1]　柳松涛[3]

(1. 中国水利水电科学研究院，北京　100038；
2. 济南大学，山东济南　250022；
3. 三峡大学，湖北宜昌　443002)

【摘　要】 本文针对海口市芙蓉河水系规划方案，采用 MIKE21 水动力学模型，分析了典型暴雨与河口潮位组合条件下河道雨洪发展过程。研究表明，河道沿程规划开阔水域，使得洪峰流量明显滞后，对降低下游河道水位有利；河道沿程桥涵上游出现壅水，部分涵洞低于河道水位，表明其断面行洪能力不足；河道上游段两岸地势较高，水流不出槽，但中下游河段多处水位高出两岸，淹没范围较大；河道中游开阔水域，疏浚深度大，流速较小，未来将会发生淤积问题；流域上游低地积水主要来自降雨，当低地与规划河道水面相通时，多余水量从低地向河道汇流；流域下游低地积水还与河口潮位相关，当河口潮位较高时，潮水沿河道上溯，并从河道向两侧低地溢流。上述研究可为规划方案设计优化提供参考，也为今后复杂地形及水文条件下流域雨洪过程精细模拟提供了借鉴。

【关键词】 水系规划；典型暴雨；潮位；雨洪过程；数学模型

1　工程概况

海口江东新区位于海口市东海岸区域，是建设中国（海南）自由贸易试验区的重点先行区域。规划区域东起东寨港（海口行政边界），西至南渡江，北临东海岸线，南至绕城高速二期和 212 省道，总面积约 298 km^2。规划区内河网密布，河道为季节性来水（5~9 月雨季），雨量丰沛但蓄水能力差，水资源难以充分利用。现状河道狭窄、水草滋生、淤积严重，防洪防潮排涝标准不足 5 年一遇，按照国务院对中国（海南）自贸贸易试验区建设的发展规划要求，江东新区现状水系需重新规划建设，全面提高洪涝潮防治标准，具体水系规划方案见图 1。流域内主要包含有潭览河、东营溪、迈雅河、道孟河、芙蓉河、塔市支渠等水系，自南向北汇入琼州海峡，各水系内规划河道设计需要综合考虑防洪排涝、维持城区水面率、构建城市休闲绿地与滨水景观等要求，河道底坡基本遵循天然纵坡，对排涝压力较大河道进行了一定程度的扩挖。针对上述水系规划方案，需要按照新的洪涝潮防治标准进行复核，优化设计方案。

对于流域暴雨洪水问题的分析，目前国内外常用的模型有 SWMM[1-2]、SWAT[3-4]、MIKE 系列[5-6]等。暴雨雨水管理模型（SWMM）由松散型分布式物理模型思想构建而成，下垫面的数字化过程包含子流域划分、子流域信息提取、排水系统信息提取等步骤，优点在于兼顾地表特性、土地利用及雨水管网的分布情况，适用于城市低影响开发模式的雨洪效果分析[7-10]；缺点在于采用子流域概化方法无法精确反映暴雨径流地表流动[11]，尤其是复杂陆地–河槽间沿程水量交换。SWAT 模型是美国农业部开发的一个长时段分布式流域水文模型，适用于具有不同土壤类型、不同土地利用方式和管理条件复杂的大流域，用于模拟不同土地利用、土壤类型、环境变化及经营管理方式等对流域水文水质的影响，该模型亦采用概化模式对水文连续变化的物理过程进行描述，且模型输入参数较多，需要大量观测才能获得精准的模型参数[12-13]。MIKE 系列模型利用水动力方法来描述流域内降雨径流过程，相比于分布式水文模型，对参数依赖性小，对地表漫流过程更为详尽[14-16]。本文研究主要目的是复核典型暴雨过程下规划水系防洪排涝能力，判断流域低地淹没对河道水位的影响、沿程桥涵断面是否满足行洪要求，故需要精确考虑流域内陆地与河道水量交换过程，河槽、天然绿地与规划城区糙率分布，以及河道沿程桥涵的水力特性。

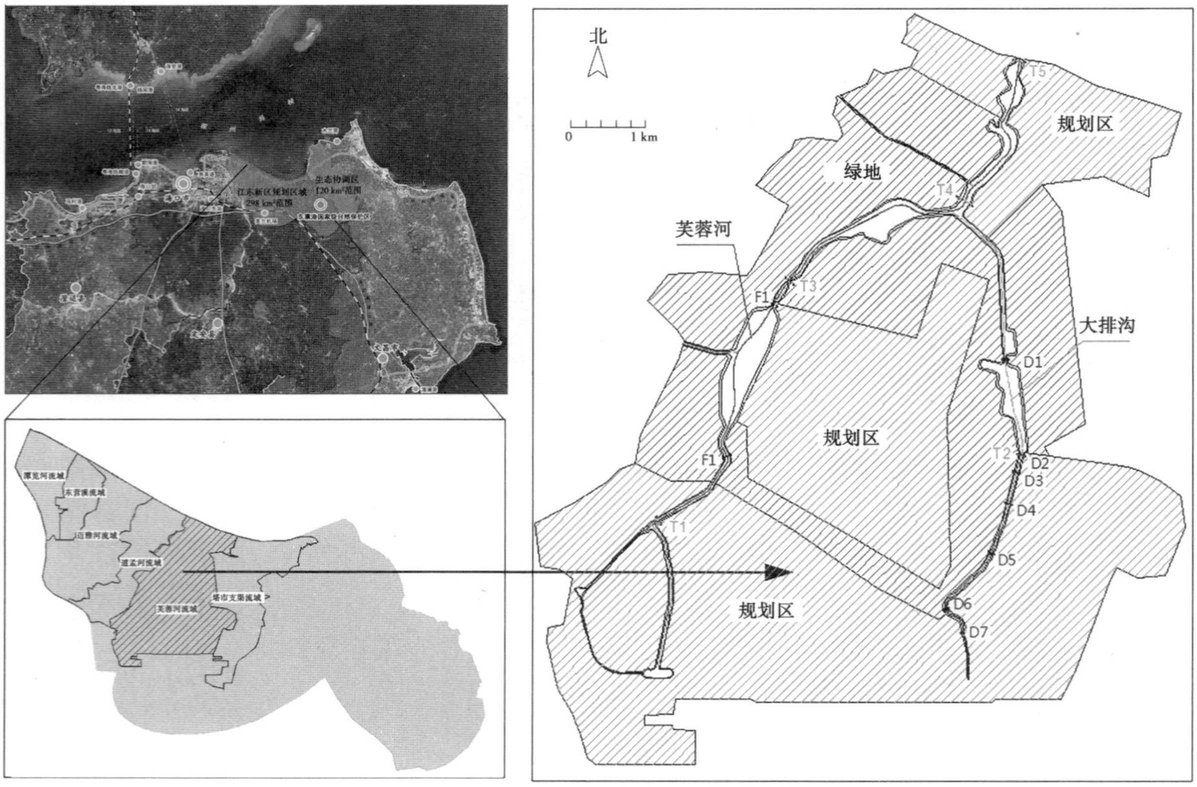

图 1 海口市江东新区水系规划方案

由于规划河道平面形态复杂,横向宽度变化较大,不宜采用一维河网模型进行概化,同时该流域土壤蓄水能力差、地下管网尚需完善,其影响暂不考虑。鉴于此,本文以芙蓉河水系为例,综合考虑天然地形、规划城区、规划河道地形组合,以及其河道桥涵、不同坡面糙率的影响,采用 MIKE21 计算模型,分析典型暴雨下河道水位、流量的变化过程,为规划河道纵坡设置、河道防护标准、沿程桥涵断面、淹没区及水深等设计问题,提供技术支撑。

2 数学模型分析方法

2.1 数学模型基本方程

MIKE21 FM 模型基本控制方程如下:

连续方程:

$$\frac{\partial h}{\partial t}+\frac{\partial hu}{\partial x}+\frac{\partial hv}{\partial y}=hS+P-E \tag{1}$$

X 方向动量方程:

$$\frac{\partial hu}{\partial t}+\frac{\partial hu^2}{\partial x}+\frac{\partial hvu}{\partial y}=fvh-gh\frac{\partial \eta}{\partial x}-\frac{gh^2}{2\rho_0}\frac{\partial \rho}{\partial x}+\frac{\tau_{sx}}{\rho_0}-\frac{\tau_{bx}}{\rho_0}+\frac{\partial hT_{xx}}{\partial x}+\frac{\partial hT_{xy}}{\partial y}+u(P-E)+u_s hS \tag{2}$$

Y 方向动量方程:

$$\frac{\partial hv}{\partial t}+\frac{\partial huv}{\partial x}+\frac{\partial hv^2}{\partial y}=-fuh-gh\frac{\partial \eta}{\partial y}-\frac{gh^2}{2\rho_0}\frac{\partial \rho}{\partial y}+\frac{\tau_{sy}}{\rho_0}-\frac{\tau_{by}}{\rho_0}+\frac{\partial hT_{xy}}{\partial x}+\frac{\partial hT_{yy}}{\partial y}+v(P-E)+v_s hS \tag{3}$$

式中,u、v 为沿水深 h 平均的流速,m/s;u_s、v_s 为点源流速,m/s;S 为点源流量,1/s; f 为科氏力系数,$f=2\Omega\sin\phi$,Ω 为地球自转角速率,rad/s,ϕ 为地理纬度;η 为水位,$\eta=h+z_0$,z_0 为床面高程;ρ_0 为水的密度;P 为降雨强度;E 为蒸发强度。

动量方程中,水平应力分量可采用如下紊动黏滞公式:

$$\left.\begin{aligned} T_{xx} &= 2E\frac{\partial u}{\partial x} \\ T_{xy} &= E\left(\frac{\partial u}{\partial y}+\frac{\partial v}{\partial x}\right) \\ T_{yy} &= 2E\frac{\partial v}{\partial y} \end{aligned}\right\} \tag{4}$$

式中,E 为紊动黏滞系数,m^2/s。

采用 Smagorinsky 公式,即紊动黏滞系数与网格尺度、流速梯度成正比。

$$E = c^2\Delta x\Delta y\sqrt{\left(\frac{\partial u}{\partial x}\right)^2+\left(\frac{\partial v}{\partial y}\right)^2+\frac{1}{2}\left(\frac{\partial u}{\partial y}+\frac{\partial v}{\partial x}\right)^2} \tag{5}$$

式中,Δx 与 Δy 为网格水平尺度;c 为常数,根据需要取 0.25~0.1,本项研究取 0.28。

动量方程中,τ_b 为河床底部切应力,$\tau_b=[\tau_{bx},\tau_{by}]$,其通式可表示为 $\tau_b=\rho_0 c_f u|u|$,拖曳系数 c_f 可表示为

$$c_f = \frac{g}{m^2 h^{1/3}} \tag{6}$$

式中,m 为曼宁系数,$m=1/n$,n 为糙率。

动量方程中,τ_s 为风应力,$\tau_s=[\tau_{sx},\tau_{sy}]$,其通式可表示为 $\tau_s=\rho_a c_d u_w|u_w|$,拖曳系数 c_d 可以表示为

$$c_d = \begin{cases} c_a & w_{10} < w_a \\ c_a+\dfrac{c_b-c_a}{w_b-w_a}(w_{10}-w_a) & w_a \leqslant w_{10} < w_b \\ c_b & w_{10} \geqslant w_b \end{cases} \tag{7}$$

式中,c_a、c_b、w_a、w_b 为经验常数;w_{10} 为水面以上 10 m 处的风速。

通常有 $c_a=1.255\times10^{-3}$,$c_b=2.425\times10^{-3}$,$w_a=7$ m/s,$w_b=25$ m/s。本项研究中,暂不考虑风应力的影响。

2.2　数值求解方法

采用有限体积法求解基本方程。计算域采用非结构化网格,在每个网格单元内建立上述方程组的高斯积分表达式,采用单元中心法求解积分,形成离散化的迭代方程组。其中,对于单元界面上的对流通量,可归结为黎曼问题的近似解,为避免数值振荡,求解格式中包含了二阶 TVD 限制函数;对于单元界面上的扩散通量,采用基于辅助点法的二阶中心差分格式求解,以减少因网格畸变对计算精度的影响;对于非恒定源项,采用线性化处理方法;对于时间导数则采用隐式迭代格式。然后,对所有单元求解上述迭代方程组,可得到流速、水位、水深等变量的时空变化规律。计算初始时刻,河道内给定一个低水位,全场流速为 0,随着持续降雨汇流过程,河道流量逐渐增加,水面升高,随着降雨强度逐渐减小,河道流量下降,沿程水位降低。

2.3　模型计算条件

(1)本文研究目的是判断当流域内降雨洪峰与外海最高潮位相叠加的最不利情况下,规划河道最高水位与淹没区最大范围能否满足设计安全要求,故外海取最高潮位一定值。

(2)根据涝潮遭遇频率分析结果,考虑 50 年一遇降雨+5 年一遇最高潮位、5 年一遇降雨+50 年一遇最高潮位 2 种不利组合工况,具体参数见表 1,2 种典型降雨过程见图 2。

(3)针对表 1 典型暴雨过程,设计单位采用综合单位线法给出流域出口暴雨洪峰设计值,本文在验证流域暴雨洪峰计算值与设计值是否一致的基础上,进一步分析河道侧向汇流与淹没对沿程水位、流量的影响。

表 1　芙蓉河流域雨洪过程研究工况

工况 1		工况 2		暴雨洪峰设计值/(m^3/s)	
暴雨过程	河口潮位	暴雨过程	河口潮位	50 年一遇	5 年一遇
50 年一遇	5 年一遇峰值潮位 2.39 m	5 年一遇	50 年一遇峰值潮位 3.26 m	319.43	194.11

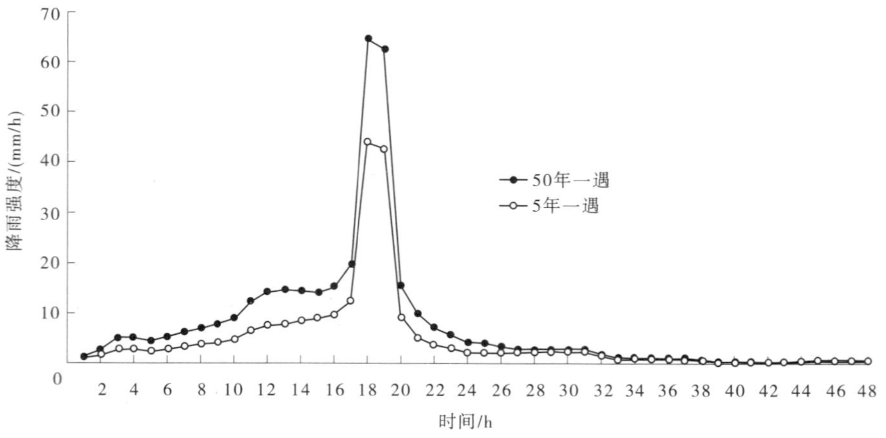

图 2　芙蓉河流域典型暴雨过程线

(4)流域内规划建设区与天然绿地采用最新地形高程，规划河道底高程、宽度与岸坡采用设计规划数据，依据河道两岸坡度与当地地形高程，得到河道两岸地形交线。

(5)以河道底边线与上部地形交线为界，分别建立陆地与河槽的非结构化网格地形，然后将两者组合在一起，保证河道侧向汇流条件与实际情况相符，具体技术细节见图 3。

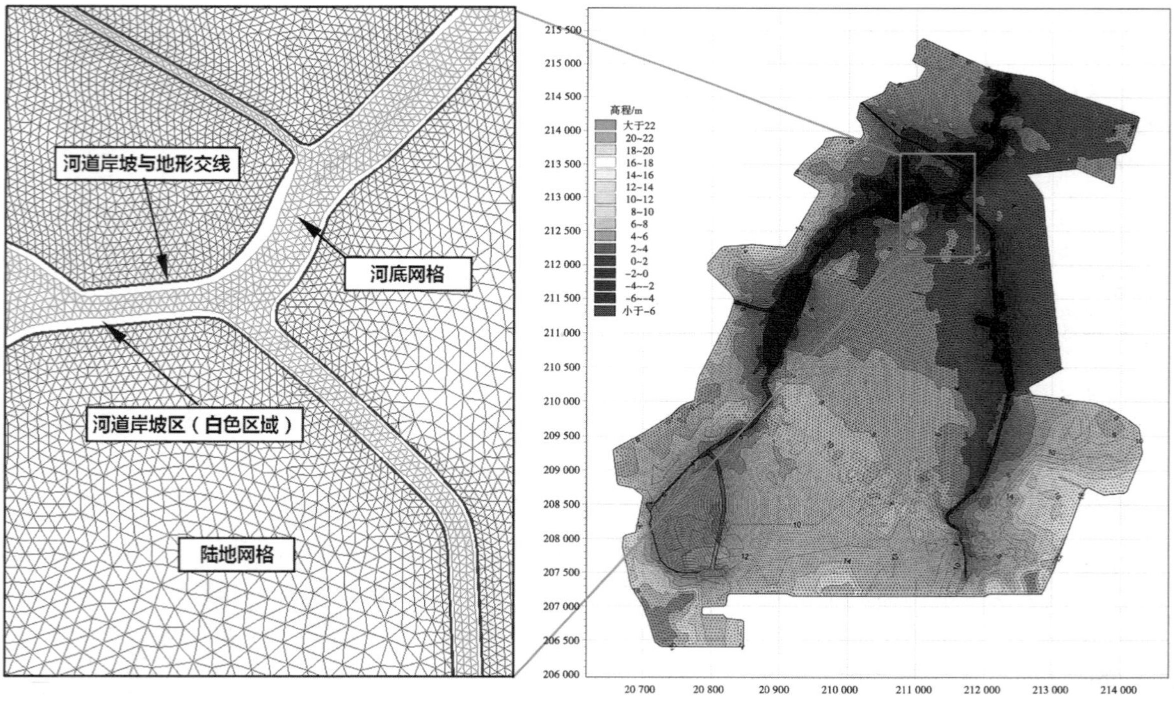

图 3　芙蓉河流域总体地形与计算网格　(单位:网格尺寸,m)

(6)流域总体地形与计算网格见图3,流域内分布有天然绿地、规划建设区、规划河道,不同区域具有不同的糙率系数,根据设计规划资料,计算域糙率分布及取值见图4。

3　规划水系雨洪过程计算结果

3.1　规划水系流量监测断面

为便于监测降雨过程中,河道雨洪流量变化过程,在河道主干及支流会合点设置流量监控断面T1~T5,流量方向以流向下游为正。当流域低地积水汇入河道某段时,该段水位上升,水流会向上游反向流动,此时上游监测断面的流量为负。另外,由于河流上建有大量桥涵F1~F2、D1~D7,须在二维模型中进行设置,其断面尺寸、底部高程、糙率、损失系数与规划设计方案相同,通过水位变化成果可以判断,典型洪水条件下河道水位是否超过桥涵顶高程。上述监测断面具体分布见图5。

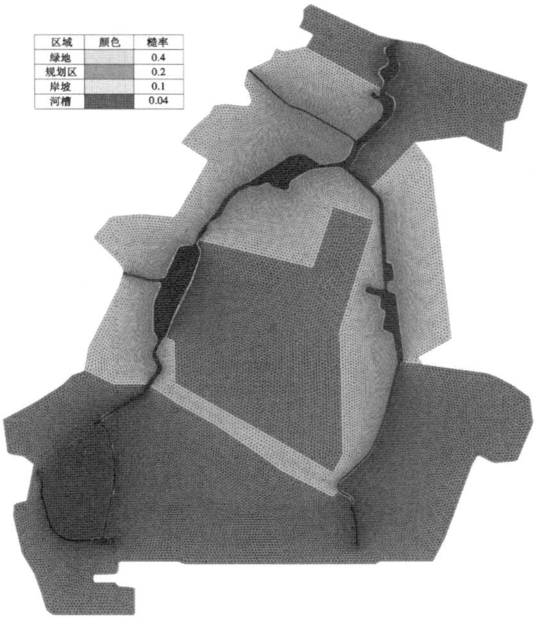

图4　芙蓉河流域糙率分区

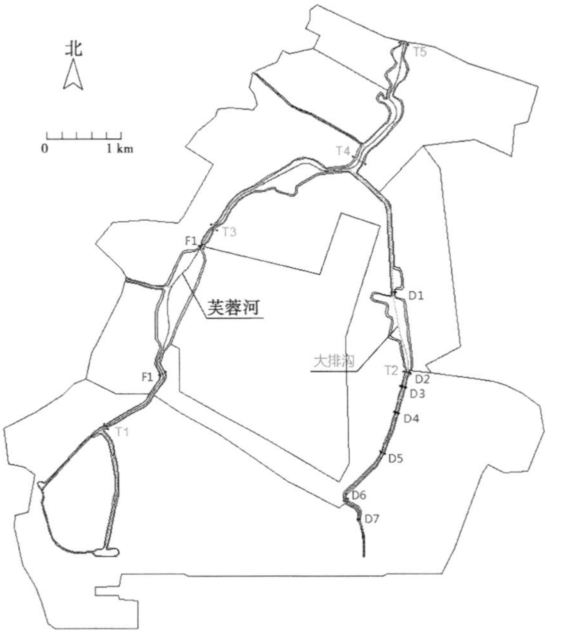

图5　水系监测断面与桥涵位置分布

3.2　不同暴雨与潮位组合情况下沿程流量变化

图6为50年一遇暴雨+5年一遇高潮位、5年一遇暴雨+50年一遇高潮位2种工况下河道沿程流量变化过程,表2为沿程监测断面洪峰流量值。计算表明,通过水动力模型得到的河道雨洪流量从上游向下游逐渐增加,河道出口雨洪流量与设计值基本一致,但河道沿程汇流情况与分布式模型有所差异,在芙蓉河T1~T3断面、大排沟T2~T4断面,沿程分布有开阔水域与桥涵,其上下游洪峰时刻相差约1.0 h,洪峰传播速度0.8~0.9 m/s。

3.3　典型暴雨过程流域淹没水深分布

从降雨强度与河道雨洪流量过程可知,河道雨洪流量在19~20 h时段达到最大,此时流域内淹没水深与范围达到最大。图7与图8为不同降雨过程与外海高潮位组合情况下,流域内初始时刻与第19小时末洪峰时刻淹没水深分布。计算表明:①流域内除规划河道外,分布有大量的低洼地区,初始时刻河口潮水沿着下游河道上溯,并淹没邻近部分洼地。②当流域内发生5~50年一遇降雨过程时,地表径流总体呈现上游汇入下游、高地汇入低地、低地沿程汇入河道的趋势。分析表明:①流域上游低地积水主要来自降雨,当低地与河道水面相通时,多余水量向河道汇流,下游潮位变化影响较小。②流域下游低地积水与降雨过程、河口潮位均相关,当河口潮位较低时,河道相邻低地积水较少,降雨产生的多余水量

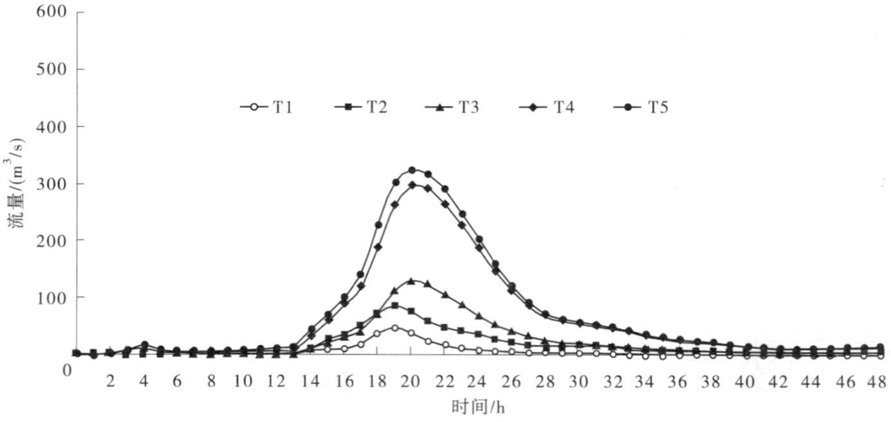

(a)工况1:50年一遇暴雨过程，出口潮位2.39 m，监测断面流量过程

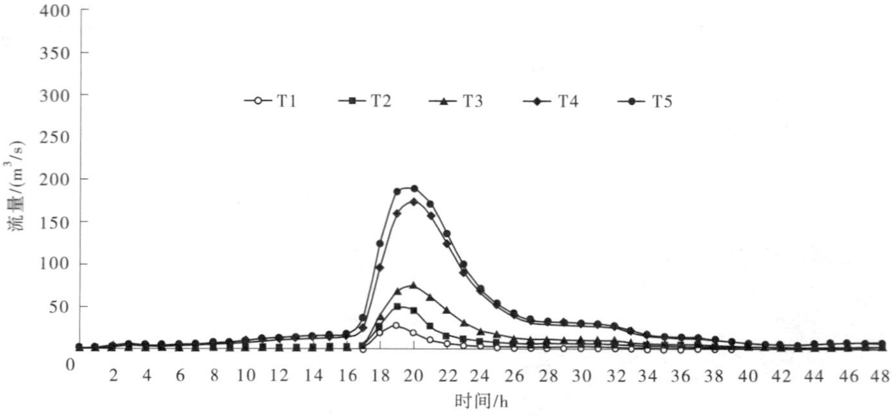

(b)工况2:5年一遇暴雨过程，出口潮位3.26 m，监测断面流量过程

图 6　2 种工况下河道沿程流量变化过程

向河道汇集,当河口潮位较高时,潮水沿河道上溯,并从河道向两侧低地溢流,低地积水面积、积水深度受降雨影响较小。实际上,外海潮位呈周期性变化,使得陆地与河道水量交换是一个动态过程,在同一汇流通道在不同时刻的水流流向可能相反,引起河道沿程流量与水位随时间发生变化。

表 2　工况 2 监测断面位置与最大流量数据

断面	X_1	Y_1	X_2	Y_2	50 年一遇暴雨沿程流量/(m^3/s)	5 年一遇暴雨沿程流量/(m^3/s)
T1	208 001	209 368	208 056	209 290	47. 2	28. 0
T2	212 309	210 122	212 408	210 095	86. 1	49. 2
T3	209 547	212 237	209 641	212 152	130. 0	73. 6
T4	211 594	213 210	211 775	213 099	295. 6	174. 4
T5	212 269	214 844	212 400	214 816	324. 0	188. 8

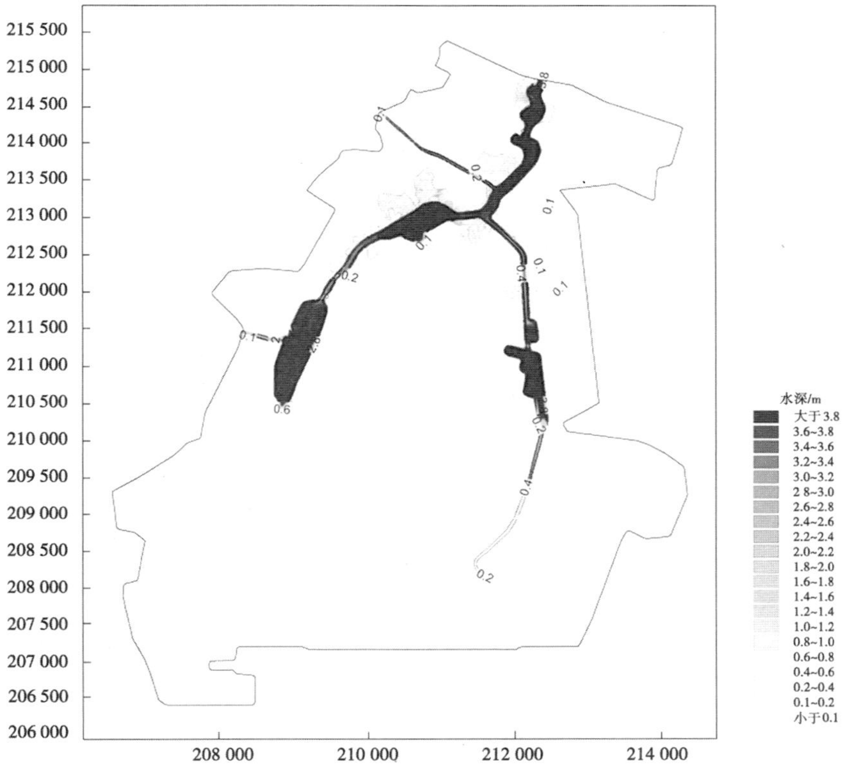

(a)工况1:50年一遇暴雨过程，出口潮位2.39 m，流域初始时刻淹没水深分布

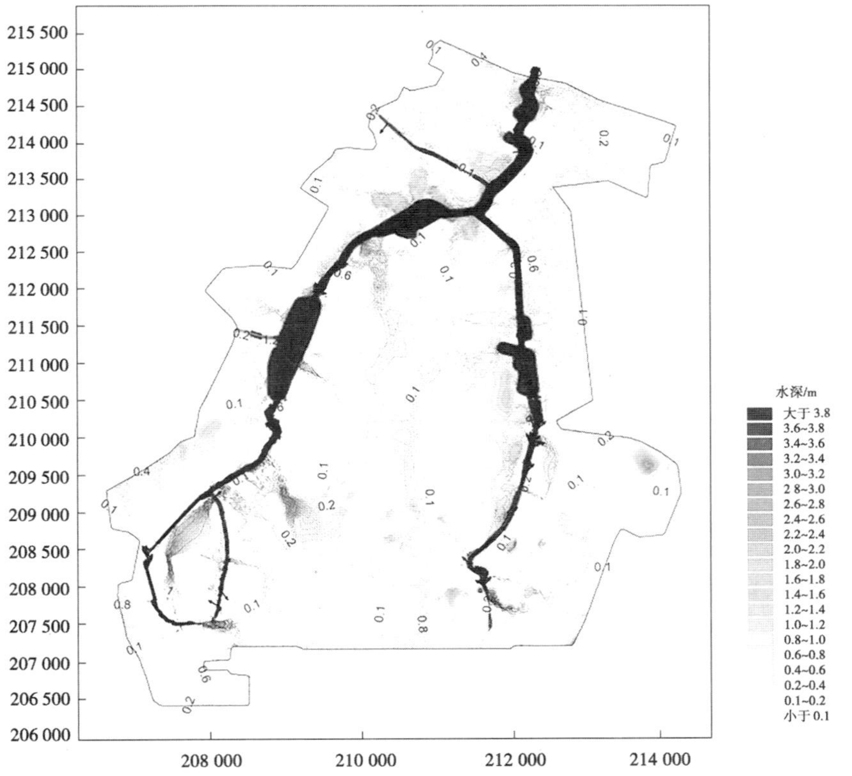

(b)工况1:50年一遇暴雨过程，出口潮位2.39 m，流域19 h末洪峰时刻末淹没水深分布

图7　50年一遇暴雨过程与外海高潮位组合情况下，流域内初始时刻与第19小时末洪峰时刻淹没水深分布（单位：网格尺寸，m）

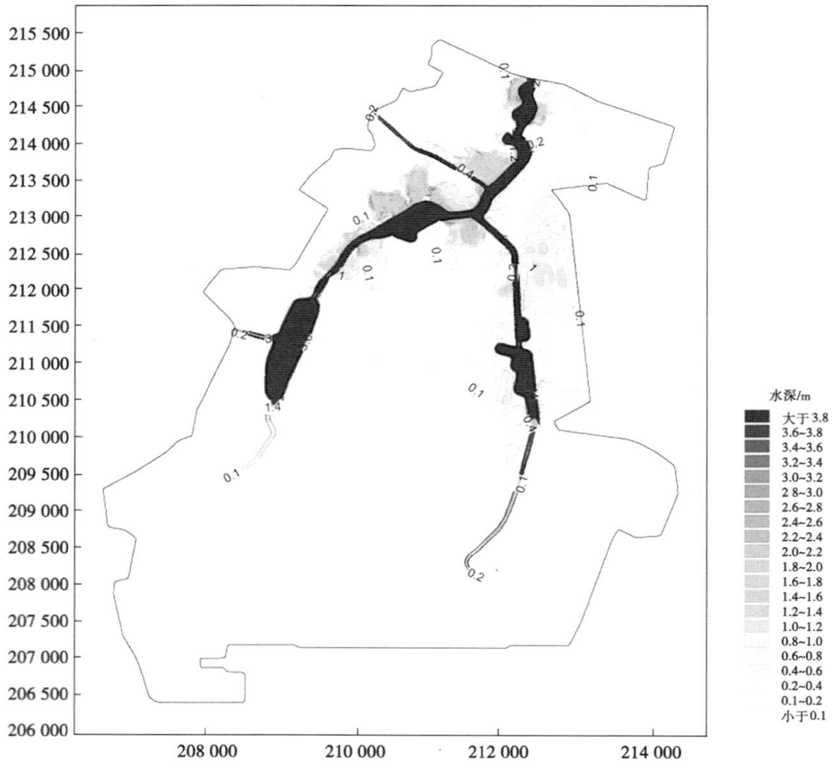

(a)工况2:5年一遇暴雨过程，出口潮位3.26 m，流域初始时刻淹没水深分布

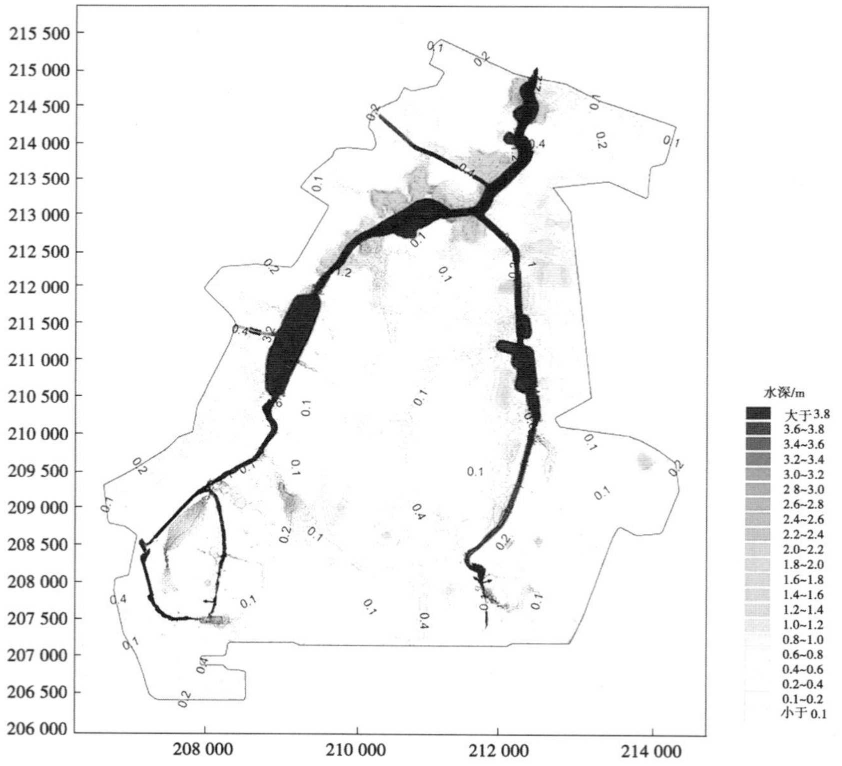

(b)工况2:5年一遇暴雨过程，出口潮位3.26 m，流域19 h末洪峰时刻末淹没水深分布

图8　5年一遇暴雨过程与外海高潮位组合情况下,流域内初始时刻与第19小时末洪峰时刻淹没水深分布　(单位:网格尺寸,m)

3.4　不同暴雨与潮位组合情况下河道沿程水位变化

流域中包含芙蓉河与大排沟 2 条规划河道，计算中通过在河道沿程设置水位监测断面，分析每个断面水位时间变化过程，形成河道沿程最高水位包络线，如图 9 所示。其中，芙蓉河长度分别为 9.2 km，河道起点桩号为下游河口；大排沟全长 6.3 km，河道起点桩号为汇入口。同时，还给出了河道两岸陆地高程、沿程桥涵底高程、河道底高程。分析表明：

（1）流域内河道上游水位与降雨过程密切相关。当发生 50 年一遇降雨时，河道上游水面线高出 5 年一遇降雨情况 0.5~1.0 m，外海潮位变化对其无影响。

（2）流域内河道下游水位则主要受到外海潮位的影响，当河口潮位 5 年一遇水位时，河道下游水位低于 50 年一遇潮位情况 0.4~0.8 m，沿程水面比降较 50 年一遇潮位情况明显增大，降雨过程影响甚小。

（3）河道沿程桥涵阻水作用明显，上下游存在较大水面降落，对于河道沿程水面线与两岸淹没范围产生影响，相对而言，芙蓉河上 F1 桥涵、大排沟上 D1 和 D7 桥涵，顶高程低于河道水面，行洪安全不足，需重新设计。

（4）在河道上游，两岸地形较高，水流基本不出槽，但在河道中下游，局部河段水位高出两岸地形，淹没深度 1 m 左右。

（5）芙蓉河 0+2 500~0+6500、大排沟 0+1 800~0+3 200 等河段水域开阔，且疏浚深度相对较大，未来行洪将会产生淤积问题。

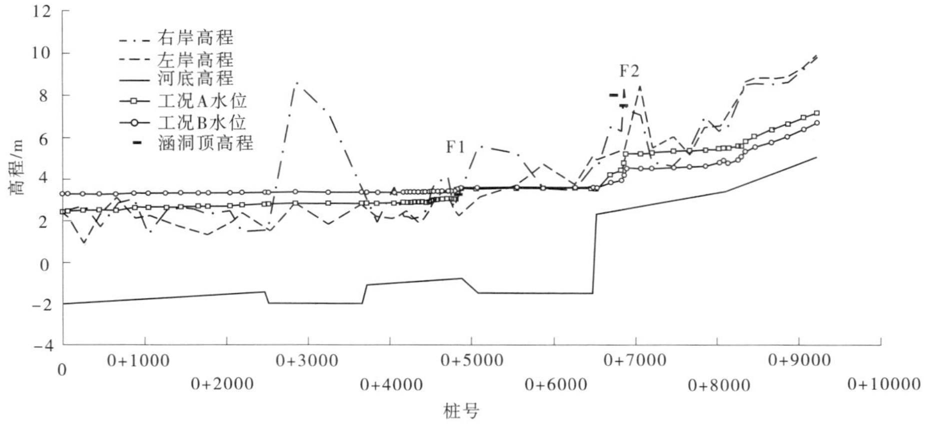

(a)不同暴雨潮位组合情况下，芙蓉河沿程水位变化

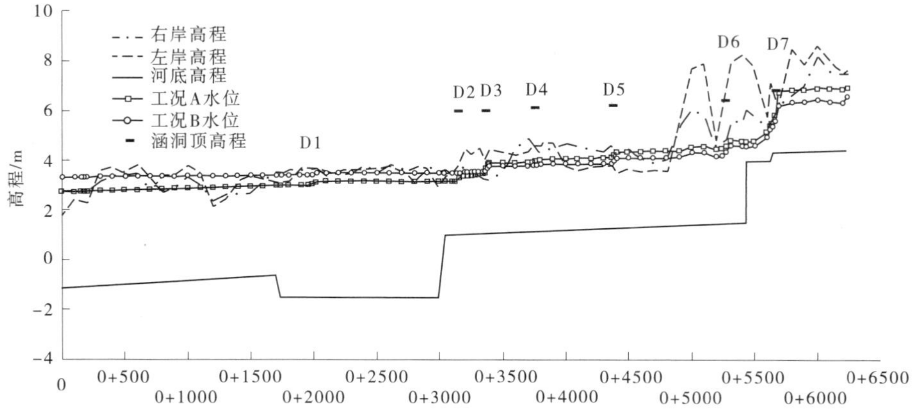

(b)不同暴雨潮位组合情况下，大排沟沿程水位变化

图 9　河道沿程最高水位包络线

4 结 论

本文针对海口市江东新区芙蓉河流域水系规划方案,采用 MIKE21 水动力学模型,分析了典型暴雨与河口潮位组合条件下河道雨洪发展过程。研究表明,河道沿程规划开阔水域,使得洪峰流量明显滞后,对于河道行洪安全有利;河道沿程跨河桥涵上游出现壅水,部分涵洞淹没过流,对行洪安全不利;河道上游段两岸地势较高,水流不出槽,但中下游河段水位高出两岸,出现淹没现象;河道中游开阔水域,疏浚深度大,流速较小,未来将会发生淤积问题;流域上游低地积水主要来自降雨,当低地与规划河道水面相通时,多余水量从低地向河道汇流;流域下游低地积水还与河口潮位相关,当河口潮位较高时,潮水沿河道上溯,并从河道向两侧低地溢流。上述研究为规划方案设计优化提供参考,也为今后复杂地形与水文条件下流域雨洪分析提供了借鉴。

参考文献

[1] 徐慧珺. 基于 SWMM 模型的城市雨洪模拟建模方法研究[J]. 水利规划与设计,2021(9):44-49,97.
[2] 杨钢,徐宗学,赵刚,等. 基于 SWMM 模型的北京大红门排水区雨洪模拟及 LID 效果评价[J]. 北京师范大学学报(自然科学版),2018,54(5):628-634.
[3] 朱烨,方秀琴,王凯,等. 基于 SWAT 模型的延河流域月径流量模拟分析[J]. 长江科学院院报, 2016,33(10):41-45.
[4] 赖格英, 吴敦银, 钟业喜,等. SWAT 模型的开发与应用进展[J]. 河海大学学报(自然科学版), 2012,40(3):243-251.
[5] 刘德东,公绪英,谭乐彦,等. 泗河流域雨洪调控利用模拟研究[J]. 水利水电技术,2020,51(10):10-19.
[6] 穆聪,李家科,邓朝显,等. MIKE 模型在城市及流域水文——环境模拟中的应用进展[J]. 水资源与水工程学报,2019,30(2):71-80.
[7] 朱梅,何君涛,黎江少,等. 基于 SWMM 模型的不同 LID 设施对雨洪控制效果模拟分析[J]. 水力发电,2020,46(3):24-27,79.
[8] 胡彩虹,李东,李析男,等. 低影响开发模式下城市雨洪控制效果模拟研究[J]. 水利水电技术,2019,50(6):55-61.
[9] 王琳,王浩程,卫宝立. 小城镇低影响开发雨洪控制效果模拟[J]. 南水北调与水利科技(中英文),2020,18(2):99-106.
[10] 蔡庆拟,陈志和,陈星,等. 低影响开发措施的城市雨洪控制效果模拟[J]. 水资源保护,2017,33(2):31-36.
[11] 殷杰. 基于高精度地形表面模型的城市雨洪情景模拟与应急响应能力评价[J]. 地理研究,2017,36(6):1138-1146.
[12] 陈仁升, 康尔泗, 杨建平,等. 水文模型研究综述[J]. 中国沙漠, 2003, 23(3): 221-229.
[13] 董艳萍,袁晶瑄. 流域水文模型的回顾与展望[J]. 水力发电, 2008, 34(3): 20-23.
[14] 刘菲菲,侯精明,郭凯华,等. 基于全水动力模型的流域雨洪过程数值模拟[J]. 水动力学研究与进展(A 辑),2018,33(6):778-785.
[15] 李舜,辜俊波,邓金运. 基于 MIKE-FLOOD 模型的甘露电厂区域防洪情势分析[J]. 水科学与工程技术,2020(6):48-52.
[16] 徐驰,董庆华,张宏雅,等. 南京市高淳区城市水网防洪及雨洪资源利用模拟研究[J]. 中国农村水利水电,2020(5):53-57,62.

金沟河红山水库泄洪冲沙洞消能措施试验研究

刘双喜

（新疆金沟河流域管理局，新疆沙湾 832100）

【摘 要】 针对新疆金沟河红山水库泄洪冲沙洞下游河道的消能冲刷问题，为确保水利枢纽工程安全，对原设计方案消力池以下的水流流速和下游河道冲刷开展试验研究，通过在泄洪冲沙洞下游消力池和护坦上设置多种形式的消力墩、消力坎进行对比分析，试验结果表明，泄洪冲沙洞下泄水流在海曼末端流速较大，对下游河道和右岸边坡冲刷剧烈，对工程安全不利。试验推荐方案在护坦上增设高度不同的四排消力坎后进入下游河道的水流流速明显减小，满足工程安全需要。研究成果可为泄洪冲沙洞下游消能防冲的设计提供技术支撑，也可作为其他类似工程问题的借鉴和参考。

【关键词】 泄洪冲沙洞；模型试验；底流消能；消力坎；消力墩；水流流速

1 引 言

为满足水利枢纽各项任务的需要，建设导流兼泄洪冲沙洞配合溢洪道下泄洪水，是水利工程中最常见的泄洪建筑物。泄洪洞的出口消能段的布置是设计的重点，出口水流流速应尽量小且能与下游河道平顺衔接，并与坝坡坡脚及其他建筑物保持一定距离，以防下游河道冲刷和影响枢纽的正常运行。

水利枢纽泄洪冲沙洞下游的高速水流挟带大量能量冲击下游河床会带来一系列安全问题，如发生下游河床冲刷严重，处理不当有可能危及水工建筑物的安全[1]；冲刷坑下游泥沙堆积，可能引起下游河床变形；泄洪时下游流速较大，有时产生回流或波浪，造成岸坡淘刷等。鉴于此，泄洪建筑物下游消能防冲措施是否合理直接关系到水利枢纽的工程安全问题，一旦遇险将造成很大的损失，因此通过水工模型试验验证泄洪冲沙洞消能工程布置和体形的合理性和安全性是最主要的研究方式。彭睿[2]通过水工模型试验，对某河床式水电站消力池进行了优化试验研究，结果表明优化后的消力池内流态明显改善、水跃长度减小、跃后水深降低、下游冲刷深度减小、消能率提高；王均星等[3]结合龙口水利枢纽工程，通过对消力池体形的修改，使消力池内水流流态、流速分布及消能效果得到改善。

2 工程概况

红山水库工程位于新疆维吾尔自治区塔城地区沙湾县境内的金沟河出山口处，是一座具有灌溉、防洪、工业供水兼顾发电等综合利用的水利工程，是新疆金沟河上的控制性工程，起着龙头水库的重要作用。水库为中型Ⅲ等工程，总库容为 5 344 万 m^3，水库枢纽工程由挡水坝、溢洪道、导流兼泄洪冲沙洞、发电引水系统及电站厂房等组成。该工程挡水和泄水建筑物按 100 年一遇洪水设计（Q=705.1 m^3/s），2 000 年一遇洪水校核（Q=1 050.1 m^3/s），泄水建筑物下游消能及防护工程按 30 年一遇洪水（Q=211.0 m^3/s）设计。导流兼泄洪冲沙洞主要由进口明涵段、盲洞段、进口闸井段、洞身段、出口闸室段及出口消能段组成。导流兼泄洪冲沙洞全长 666.879 m，其中明涵段长 85.506 m、盲洞段长 62.916 m、闸井段长 11.7 m、洞身段长 317.257 m、出口闸室段长 15 m、出口消能段长 174.5 m，消力池长 45.0 m、宽 16.0 m，底板高程 819.20 m，高度 10.7 m，消力池后接护坦段，底宽由 16 m 扩散至 40 m，护坦末端紧接长 20 m 的钢筋石笼护底，如图 1 所示。设计洪水最大下泄流量为 263.75 m^3/s，校核洪水最大下泄流量为 269.50 m^3/s。

导流兼泄洪冲沙洞为前有压后无压隧洞，施工期承担工程导流任务，运行期承担工程泄洪排沙任务,水流流态复杂;下游河道冲刷消能问题突出,故泄洪冲沙洞下游消能工体形选择是该工程的一个重要课题。通过模型试验研究,对设计体形进一步优化,进行不同方案比选,推荐消能效果较好的消能工体形,保证水利工程建成后能安全可靠运行。

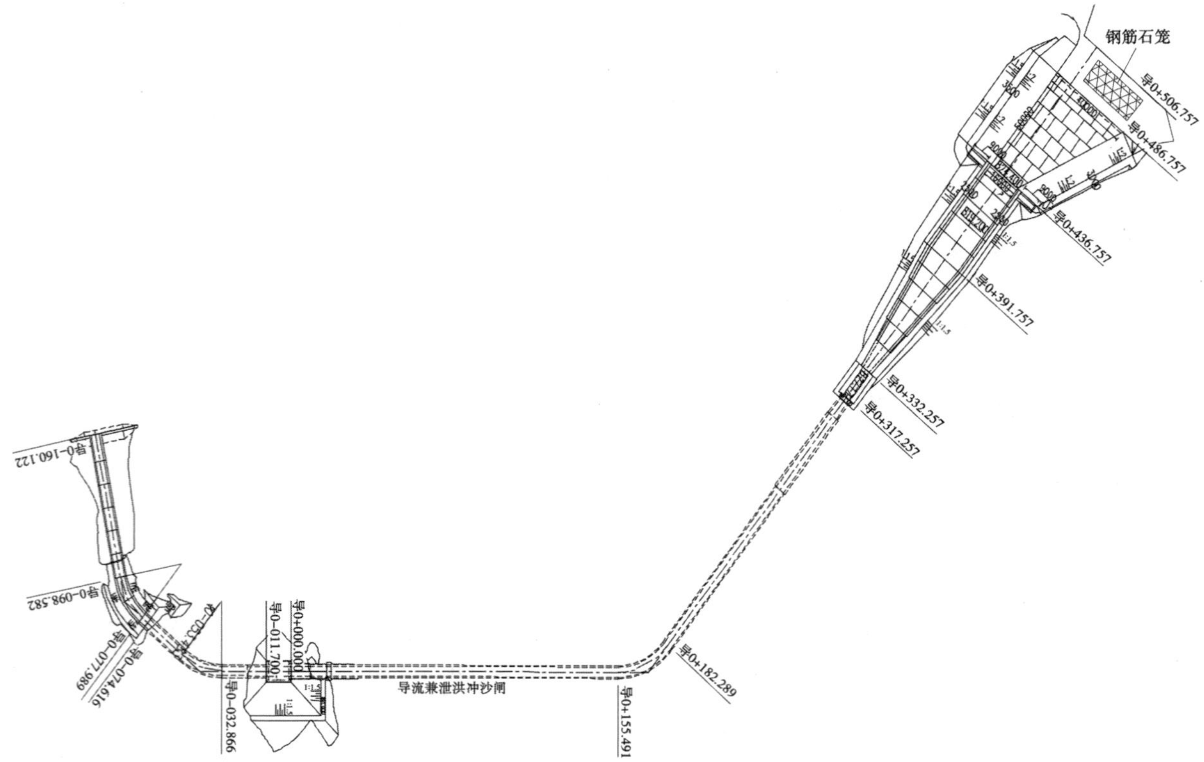

图 1　泄洪冲沙洞平面布置

3　模型设计

依据《水工(常见)模型试验规程》(SL 155—2012),模型按重力相似准则设计[1-5],根据试验要求、原型水流特性结合试验场地等条件,确定模型几何比尺 $\lambda_L=50$,各物理量的比尺与几何比尺的关系见表 1。

表 1　模型试验各物理量比尺关系

比尺名称	比尺	依据
几何比尺 λ_L	50	试验任务要求及(SL 155—2012)[1]
流速比尺 λ_1	7.07	$\lambda_V=\lambda_L^{1/2}$
流量比尺 λ_Q	17 677.67	$\lambda_Q=\lambda_L^{5/2}$
水流运动时间比尺 λ_{t_1}	7.07	$\lambda_{t_1}=\lambda_L^{1/2}$
糙率比尺 λ_n	1.92	$\lambda_n=\lambda_L^{1/6}$
起动流速比尺 λ_{v_0}	7.07	$\lambda_{v_0}=\lambda_v$

模型流量由变频器控制水泵输出,由电磁流量计读取流量值。流速均采用 LS-401 型螺旋流速仪测读;泄洪冲沙洞全部用透明的有机玻璃制作,大坝上游库区地形用水泥砂浆粉面,模拟成定床,下游河道可冲刷部分河段按照河道地形图模拟成动床,覆盖层允许抗冲流速 0.75~1.3 m/s;强风化层允许抗冲流速 2.0 m/s;弱风化层、新鲜基岩允许抗冲流速 2.2~2.5 m/s。根据《水工(常见)模型试验规程》

(SL 155—2012)，当模型动床采用散粒体模拟时，可采用依兹巴什公式计算散粒体粒径。

$$v = (5 \sim 7)\sqrt{D} \tag{1}$$

式中，v 为岩石抗冲流速，m/s；D 为散粒体粒径，m。

通过模型比尺换算可得地表覆盖层模拟散粒料粒径 $D = 0.3 \sim 0.94$ mm，基岩模拟散粒料粒径 $D = 2.7 \sim 3.5$ mm。

4　原方案消能工存在的问题

试验结合给定的特征水位，选取具有代表性的典型工况，试验研究结果表明，校核洪水位下模型试验量测的流量较设计值大 4.08%，泄流能力满足设计要求。六种工况均可以在消力池内形成淹没水跃，消力池内跃首位置均位于消力池进口上游，消力池长度利用充分。但由于下游河道水位较低，不论哪种工况，水流出消力池后在下游护坦和海曼段均为急流，各断面水深浅、流速大，且分布不均匀，水流极易淘刷海曼末端和右岸边坡，因此下游河道的消能防冲问题较为突出，建议在护坦上增加消力坎或在消力池内增加消力墩，以进一步改善消能效果，减小进入下游河道水流流速。

5　优化方案试验结果

5.1　修改方案(一)——护坦上增设消力坎

针对原设计方案下游护坦末端和海曼表面水深较浅，护坦上形成急流和菱形冲击波，造成断面水深分布不均匀，下游护坦上的流速较大且不均匀的问题，首先需要增大护坦的消能效果，通过水力计算和模型多次调试，决定在护坦上均匀增设 4 排消力坎，共计 10 个，消力坎高 1 m，长度 6 m 的 7 个、8 m 的 2 个、10 m 的 1 个。消力坎布置如图 2 所示。试验工况与原方案的试验工况一致。

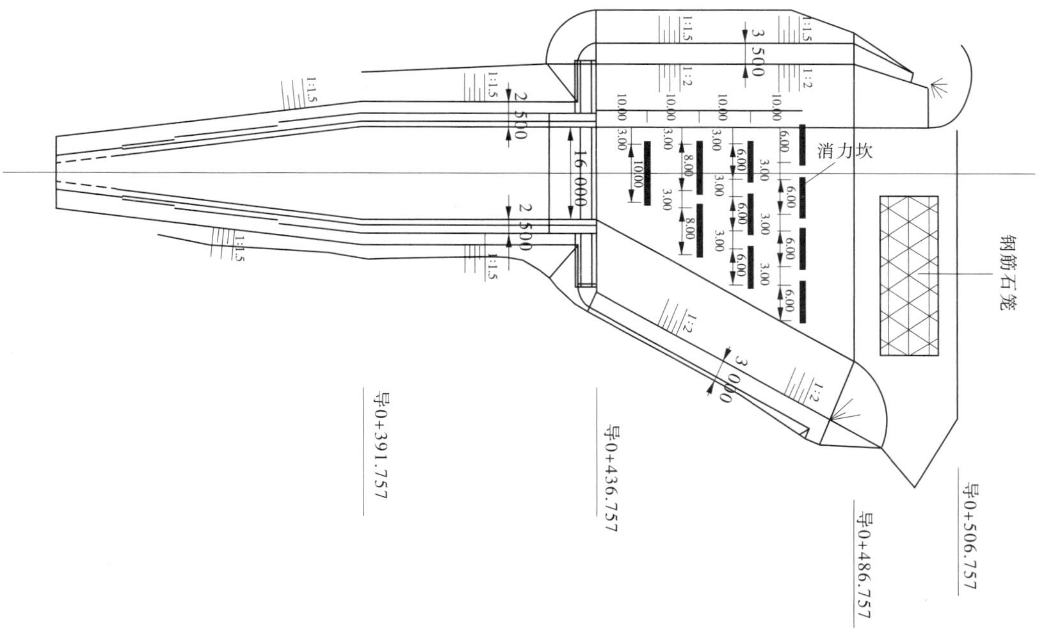

图 2　护坦上增设 4 排 10 个消力坎　(单位:m)

试验结果表明，各工况护坦上的水流流态基本相似，水流出消力池后由于护坦逐渐变宽，且下游水位较低，在第一道消力坎前形成急流，水流直冲消力坎，消力坎后水面壅起再次跌落，大部分水流被消力坎阻挡后分流到右侧，使得护坦下游右侧的水流流速偏大。护坦上水面波动较大，在第四道消力坎后形成急流后流向下游河道。设计洪水位工况护坦末端最大流速由不加消力坎时的 6.68 m/s 减小为 5.35 m/s，海曼末端最大流速由不加消力坎时的 6.40 m/s 减小为 3.96 m/s。其他工况护坦上增加消力坎后均使护坦和海曼末端最大流速减小。试验结果表明护坦上增加消力坎消能效果明显。

5.2 修改方案(二)——在方案一基础上,消力池底板增设消力墩

为了进一步减小消力池出池水流流速,通过试验比较,在方案一基础上,在消力池前半部分底板上分两排均匀布设6个消力墩来消杀进入消力池的水流动能。墩高2.5 m,迎水面宽3 m,迎水面是直立面,顶长0.5 m,下游面是坡降为1:1斜坡。消力坎布置如图3所示。试验工况与原方案的试验工况一致。

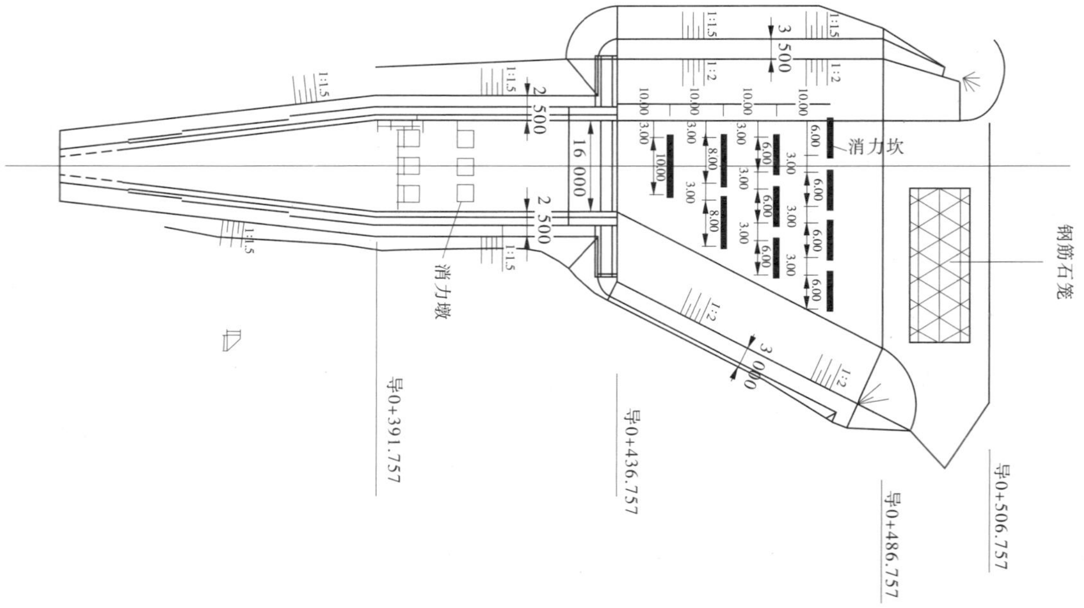

图3 消力池内增设2排6个消力墩 (单位:m)

方案二水流进入消力池后直冲消力墩,很好消杀了水流的动能,水流翻过消力墩后,壅高了消力池水位,消力墩下游水流紊动剧烈,掺气充分,使得消力池末端水流流速进一步减小,但由于消力池中部壅水过高,校核洪水位和设计洪水位工况水流均漫出了消力池两侧边墙,故不推荐设计采用该方案。

5.3 修改方案(三)——消力池底板取消消力墩且护坦下游两排消力坎右延

针对方案二试验中校核和设计洪水位工况由于消力池内水位雍高,造成消力池上中部水流漫出两侧边墙外,且水流出消力池直冲消力坎,受阻挡后折向两边,特别是右侧消力坎和边坡之间有缺口,水流在缺口不受阻挡涌向下游河道,造成右侧流入河道的水流流速较大的问题,方案三取消了消力池内的消力墩,同时把护坦下游右侧的两排消力坎右延至坡脚,布置如图4所示。试验结果表明,护坦末端右侧位置的流速在校核洪水位时由不右延时的4.74 m/s降低为2.97 m/s,设计洪水位时由不右延时的5.12 m/s降低为4.10 m/s,30年一遇洪水位时由不右延时的5.22 m/s降低为3.89 m/s,故护坦下游两排消力坎右延起到一定的降低该部位护坦末端流速作用。

5.4 修改方案(四)——方案三基础上,调整护坦上4排消力坎高度

为了进一步减小护坦末端水流流速,对护坦上四排消力坎高度进行了调整,即四排消力坎位置与长度不变,分别将第一排消力坎高度由1 m调整为1.5 m、第二排高度由1 m调整为1.3 m、第三排高度不变仍为1.0 m、第四排高度由1 m调整为0.8 m。

试验结果表明,方案四护坦上消力坎高度调整后,与四排等高消力坎相比,各种工况下,护坦上水流流态相似,但海曼末端最大流速均有不同程度减小,如校核洪水位工况海曼末端最大流速由3.39 m/s降低为3.15 m/s。设计洪水位工况海曼末端最大流速由3.58 m/s降低为3.43 m/s,30年一遇洪水位工况时海曼末端最大流速由3.95 m/s降低为3.77 m/s。护坦上消力坎高度调整后,下游消能效果进一步改善。建议设计采用该消能方案。

由于联合运用时校核洪水位和30年一遇工况溢洪道流量相差较大,且溢洪道轴线与泄洪冲沙洞轴

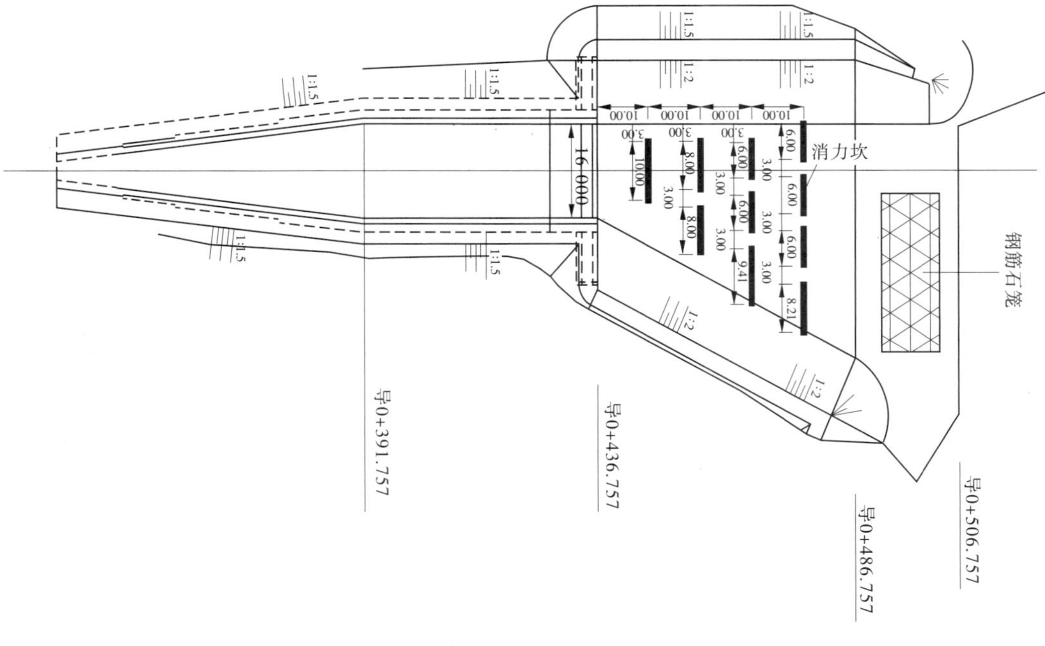

图4　取消消力墩、护坦下游两排消力坎右延　（单位：m）

线斜交，溢洪道流量越大，泄洪冲沙洞水流受溢洪道出流顶托影响越大，造成护坦上水深校核洪水位工况比30年一遇工况要大，而三种工况泄洪冲沙洞出流量相差很小，故出现泄洪洞护坦下游30年一遇工况最大流速要大于校核水位工况最大流速的现象。

6　结　论

通过模型试验模拟了泄洪冲沙洞的水流运动情况，验证了原设计方案的泄流能力满足设计要求，各工况均可以在消力池内形成淹没水跃。但水流出消力池后在下游护坦段均为急流，水深浅，流速大，且分布不均匀，水流极易淘刷海曼末端和右岸边坡，因此下游河道的消能防冲问题较为突出，建议在护坦上增加消力坎或在消力池内增加消力墩，以进一步改善消能效果，减小进入下游河道水流流速的目的。

泄洪冲沙洞消力池底板增设消力墩后，试验结果表明有助于增加消力池消能效果，但由于消力池中部壅水过高，校核洪水位和设计洪水位工况水流均漫出了消力池两侧边墙，同时考虑到泄洪洞兼顾冲沙，消力墩将经常受泥沙磨损破坏，故不建议工程采用。经过不同消能工方案的消能效果比较，推荐护坦上增设四排高度不同的消力坎的方案作为较优消能方案。试验研究表明，推荐消能方案满足泄洪冲沙洞不同工况下安全过流的设计要求，研究成果可供同类工程参考。

参考文献

[1] 中华人民共和国水利部. 水工(常见)模型试验规程:SL 155—2012[S]. 北京:中国水利水电出版社,2012.

[2] 彭睿. 某河床式水电站消力池优化试验研究[J]. 吉林水利,2013(2):11-18.

[3] 王均星,朱祖国,陈利强. 消力池内辅助消能工对水跃消能效率的影响[J]. 武汉大学学报(工学版),2011,44(1):40-43.

[4] 中国水利水电科学研究院. 水工模型试验[M]. 北京:水利电力出版社,1985.

[5] 吴持恭. 水力学[M]. 4版. 北京:高等教育出版社,2008.

面向智慧水利的感知集成与数据融合技术研究

吴和强[1]　宋冠男[2]　刘　超[2]　房卫东[3]

(1. 江西省水利投资集团有限公司,江西南昌　330029;
2. 中科水研(江西)科技股份有限公司,江西南昌　330096;
3. 中国科学院上海微系统与信息技术研究所,上海　200050)

【摘　要】 随着智慧水利的不断应用与发展,作为前端的信息感知变得越来越重要。为了提高信息感知的精度与效率,本文详细研究并提出了面向水质、水文、气象、视频、防入侵探测等各种传感器的多类型传感器设备集成技术,以及异构传感器数据的融合处理关键技术,实现通过对传感器信息的检测,及时发现有可能出现的问题。进一步通过预警机制和应急方案解决出现的异常,为智慧水利的广泛应用奠定有效的技术基础。

【关键词】 智慧水利;信息感知;数据融合;物联网;无线传感器网络

1　引　言

智慧水利是智慧社会的重要组成部分,是水利行业发展的更高阶段、更新形态和必然方向,也是新时代水利现代化的重要标志。因此,全面促进智慧水利健康发展,是当前和今后一个时期水利改革发展的重中之重。

目前,我国治水的主要矛盾已从人民除水害兴水利的需求与水利工程不足之间的矛盾,转化为人民对水资源、水生态、水环境的需求与水利行业监管能力之间的矛盾[1]。新时期水利行业的治水方向需要从改变自然、征服自然,转向调整人的行为、纠正人的错误行为,水行政管理工作要由处理人与自然的矛盾向处理人与人之间的矛盾转变。“水利工程补短板、水利行业强监管”已成为今后一个时期水利改革发展的总基调。信息化是当前水利行业短板之一,要以丰富完善的信息采集、分析、处理和评价能力,支撑水利行业强监管的需要。但是,当前我国智慧水利还处于起步发展阶段,信息基础设施、技术管理水平、共享机制和标准化建设的问题使得在水利信息资源开发程度、利用效率、共享水平、标准化建设方面均存在不足。

随着技术不断进步,我国水利信息化、智能化水平有了大幅提升。同时,众多学者积极研究各种技术在智慧水利中的应用。蒋云钟等[2]从目标、对象、时空、技术、价值、成效六个维度,系统地分析了智慧水利内涵。王志东等[3]归纳、探讨并分析了智慧水利的特征与内涵,研究并提出了智慧水利的总体框架体系及其技术组件。Zhang 等[4]探讨了大数据技术在智慧水利中的应用。Dong 等[5]提出了一种智慧水利中基于数据驱动的引排水泵方案。信息安全也是智慧水利的重要组成部分。刘起超[6]参照互联网+水利的技术特点,设计了一种水利网联网中信息安全的体系架构。范海健等[7]针对水务工控网络的安全需求,提出了基于云平台的智慧水务系统工控网络信息安全架构体系。此外,围绕智慧水利的案例与示范也在全国各地广泛出现[8-11]。

智慧水利正在不断地发展,物联网、区块链[12]等技术也大大地促进了相关应用。作为前端的信息

作者简介: 吴和强(1965—),男,江西进贤人,1987 年毕业于清华大学工程物理系反应堆专业,获工学学士学位,水利信息化工程师,主要从事水利信息化研究。

通信作者: 宋冠男(1988—),男,山东费县人,工学博士学位,现主要从事水利水务行业智能传感器应用研究。

感知变得越来越重要。为了提高信息感知的精度与效率,本文研究并提出了多类型传感器设备集成技术,以及异构传感器数据的融合处理关键技术,以期为智慧水利的示范推广保驾护航。

2 面向智慧水利的多类型传感器设备集成技术

水利行业大量应用了水质、水文、气象、视频、防入侵探测等各种传感器,但目前的应用形式单一,集成度不高。通过采用集成度更高的传感器芯片,将不同测试参数类型的传感器进行集成研制,在保证各自测量结果不受干扰的前提下实现单个传感器测量参数多样化。

然而,多类型传感器在数据采集、融合的过程中,由于各传感器的各类系统偏差及其所导致测量误差的普遍存在,若将各传感器的数据直接进行融合运算,则会对异常事件的检测、入侵目标的有效检测、入侵目标的识别及分类、入侵目标跟踪系统中的跟踪门计算、轨迹状态和轨迹协方差矩阵的估计,以及测量和轨迹的关联准则等产生不利影响。因此,在进行多传感器信息融合之前,首先要对各传感器测量的数据进行多传感器数据配准。所谓配准,就是为了获得目标的"一致性描述"而将各传感器测量数据转换到"公共参考坐标系"的过程,其"转换过程"就是对各传感器各类系统差异抑制或消除的过程。多传感器配准是多传感器信息融合的先决条件。

目标检测中的多传感器配准误差可总结为如下几类:

(1)各传感器本身的量测参数偏差,即传感器出厂误差。

(2)各传感器在布设过程中引入的地理位置偏差,如参考坐标系中测量的方位角、高低角及等效距离偏差。

(3)各传感器的本地时钟偏差及采样异步,从而对同一目标观测值存在时间误差。

(4)各传感器因监测目标所处物理环境的差异而直接导致的观测值误差。

研究并采用时间和空间配准算法解决多传感器的不一致性问题。

时间配准算法是将关于同一目标的各传感器不同步的测量信息同步到相同基准的时间坐标下,通常是将各传感器数据统一到扫描周期较长的一个传感器数据上。

由于空间配准问题总是与被观测目标的位置相伴而生,因此可以采用以下三种空间配准算法完成数据校准。

(1)离线估计法:这类方法适用于目标位置已知,并且此类偏差时空不变的情况。

(2)在线估计法:这类方法适用于目标位置未知,但传感器的偏差相对于时空仍是恒定的情况。

(3)同时对传感器探测的目标状态和传感器的系统偏差进行估计。

3 智慧水利应用异构传感器数据的融合处理关键技术

智能传感器的设计目标是通过对传感器信息的检测,及时发现有可能出现的问题,通过预警机制和应急方案解决出现的异常。通常一个异常的发生需要对多个传感器的信息进行分析。一个比较典型的例子就是防入侵监测和入侵处理,当有物体入侵监控区域时,多个传感器会有检测反应:震动传感器检测到震动;光学传感器检测到阴影;摄像头拍摄到影像;脉冲传感器发出脉冲。通过对多个传感器的综合分析,可以知道这次的入侵是否合法、造成多大的损坏、是否能有效阻止等。另一个比较典型的例子是水文数据与气象数据的异构融合,该项技术已经在水情预警和山洪灾害预警系统中得到应用。

3.1 多传感器数据融合技术

多传感器数据融合技术是一种将来自多传感器的数据进行关联与组合,实现较为准确的位置推断和身份估计的技术,是对基于多个传感器测量结果基础上的更高层次的综合决策过程,目前已经成为研究热点技术。图 1 给出了多源数据融合过程。

3.1.1 数据信号的获取

在多传感器融合系统中,各个应用所检测的目标特征与数据格式不尽相同,得到这些信息后需要按照一定规则进行 A/D 转换,把模拟信号统一转换成数字信号,再继续接下来的操作。

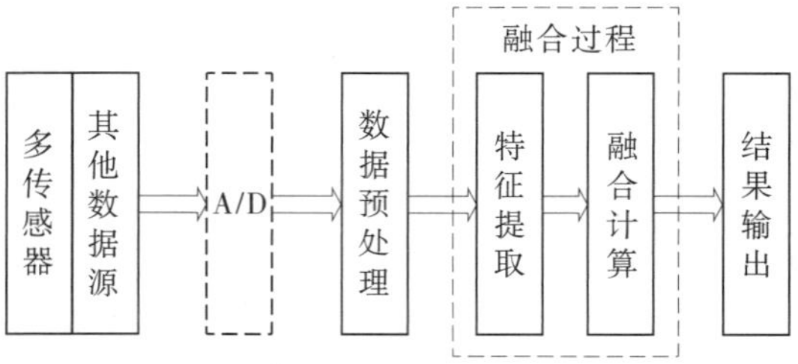

图1 多传感器数据融合过程

3.1.2 数据信号的预处理

不论是数据融合的信息源是哪一种,数据噪声、冗余和缺失都是不可避免的情况,所以要在数据融合之前对数据进行一定的预处理操作,减少数据冗余与噪声,得到更精简的原始数据。

3.1.3 数据特征提取

数据预处理后的信息有更高效的特征信息,再按照一定的规则进行特征提取,得到的就是最终需要进行融合操作的信息。

3.1.4 数据融合计算

在数据融合计算阶段,将提取到的特征信息进行融合以得到优化的决策。常用的经典数据融合算法有粗糙集、神经网络、D-S 证据理论等。具体算法的选取要根据实际应用中的具体需求来决定。

3.2 数据融合结构分类

数据融合结构分类的方法有多种。常见分为以下 3 类:数据级融合、特征级融合和决策级融合。

3.2.1 数据级融合

数据级融合也被称像素级融合。数据级融合直接对未经进一步处理的数据进行关联和融合,融合之后才做特征提取工作,所以能够最大程度地保留原始数据的特征,也能够提供较多的细节信息,融合过程如图 2 所示。但正因如此,这一层次的融合受原始数据的不确定性、不完整性和不稳定性的影响较大,因此这一层的融合要求传感器是同质且具有较高的纠错处理能力,同时数据级融合也具有融合代价高、时效性差、抗干扰能力差等缺点。

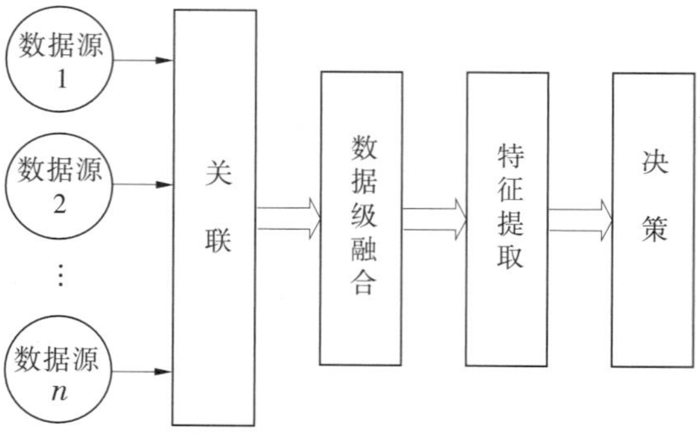

图2 数据级融合过程

数据级融合主要应用于图像分析和理解、多源图像复合、多传感器信息融合等应用领域。

3.2.2 特征级融合

特征级融合是中间的一个层次。首先从原始数据提取特征信息,再对被提取出来的特征信息进行融合,融合过程如图 3 所示。特征信息可以是数量、方向、距离等信息。特征级融合的融合顺序使得它可以做到较好的信息压缩,较数据级融合而言有更好的实时性。同时由于特征提取部分直接与决策分析相关,因而在保证实时性的同时也能最大程度地给出决策所需的特质信息,但是在特征提取时有可能会损失部分数据,导致融合结果不够精确。

特征级融合常用的方法有人工神经网络、特征压缩聚类法、卡尔曼滤波、多假设法等。

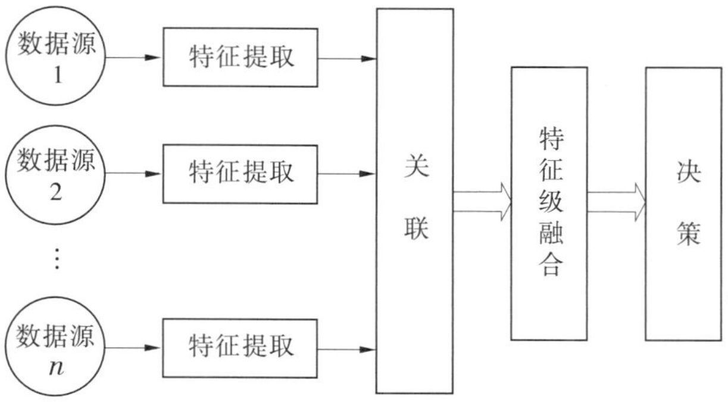

图 3 特征级融合过程

3.2.3 决策级融合

决策级融合是一种更高层次的融合，它的融合对象是各传感器的个体决策，融合过程如图 4 所示。通过各传感器的数据，在融合之前先完成各自的决策或识别工作，随后将这些决策进行融合，最终获得具有整体一致性的决策结果。在决策层，数据传输量小，鲁棒性好，对传感器依赖小，且具有较好的容错性，但缺点是初始决策的操作代价较高。

决策级融合方法有专家系统、D-S 证据理论、Bayes 推理以及模糊推理理论等。

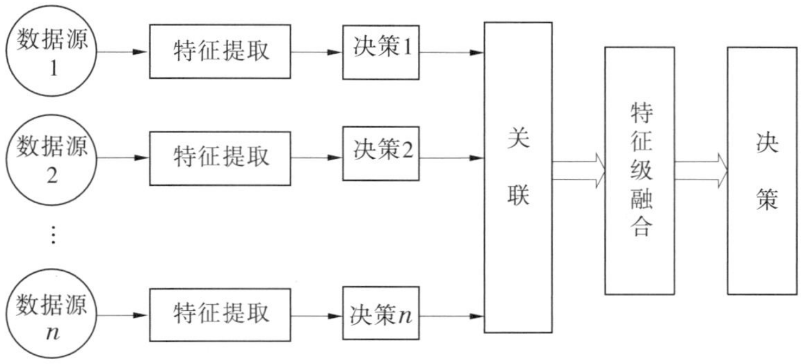

图 4 决策级融合过程

综上所述，由于数据级融合是最基础层次的融合，能够在保全尽量多信息的条件下进行数据融合，但是对传感器、通信能力、处理代价等要求较高；相反地，决策层融合多源异构数据的同时，仅需要较小的数据线路通信，也有较好的通信量，但融合精度低。特征级数据融合各项性能居中，综合了其他两个层次的优缺点。

4 结 论

本文研究并提出的技术，将有利于以下几方面：

（1）为解决物联网感知与传输手段落后现状提供技术支撑，在提升网络感知能力、减少维护工作量的同时，提升对水利工程整体安全性的预警能力，降低水害对人民群众生命财产的安全威胁。

（2）丰富水利物联网应用、推动水利物联网创新创业浪潮。推进人工智能、大数据分析工具与手段，在水利行业形成大规模高层次应用。通过感知能力、信息处理的提升，加强对洪涝、干旱及水污染灾害的防范、水资源调配、水土保持和水环境的监测；通过对现有数据资源进行数据挖掘，服务于业务应用，从而支持全社会对水利行业创新的广泛关注。

（3）完善水利物联网应用技术体系。围绕水利物联网应用的急迫需求，开展支撑性技术的研究开发和系统集成化，以及行业应用工程化，形成适用于我国水利行业管理特点的应用技术体系，有助于进一步促进水利物联网应用技术的集成创新。

参考文献

[1] 2019 年全国水利工作会议在京召开[EB/OL].(2019-01-17)[2022-08-18]. http://www.gov.cn/xinwen/2019-01/17/content_5358546.htm.

[2] 蒋云钟,冶运涛,赵红莉,等. 智慧水利解析[J]. 水利学报,2021,52(11):1355-1368.

[3] 王志东,魏至胜,孙赟恽,等. 新时期智慧水利内涵及框架体系研究[J]. 智能城市,2022,8(3):75-77.

[4] Zhang P, Liu S. Application of Big Data Technology in Water Conservancy Project Construction [C]//In Proc. of 7th International Conference on Hydraulic and Civil Engineering & Smart Water Conservancy and Intelligent Disaster Reduction Forum(ICHCE & SWIDR), 2021,1-4.

[5] Dong W, Yang Q. Data-Driven Solution for Optimal Pumping Units Scheduling of Smart Water Conservancy [J]. IEEE Internet of Things Journal,USA,2020,7(3):1919-1926.

[6] 刘起超.智慧水利物联网信息网络安全体系的应用[J].山东水利,2016(9):34-35.

[7] 范海健,陈夏裕,孙杨,等.智慧水务工控网络信息安全方案的设计与研究[J].水利信息化,2020(3):20-24.

[8] 廖晓玉,高远,金思凡,等. 松辽流域智慧水利建设方案初探[J]. 中国防汛抗旱,2021,32 (2):40-43,53.

[9] 孙秀竹,郝岷,邹海洋. 青岛即墨区智慧水利建设实践与探索[J]. 中国水利,2021(22):78,80.

[10] 林雨萌,陈炳才,马致明,等. 新疆智慧水利综合管理平台[J]. 计算机系统应用,2021,30(10):86-94.

[11] 向飞,陈友香.西藏智慧水利建设初探[J].西藏科技,2020(11):71-73.

[12] 房卫东, 张武雄, 潘涛,等. 区块链的网络安全: 威胁与对策[J]. 信息安全学报,2018,3(2): 87-104.

一种改进的 k-ε 紊流模型及应用于三维弯道交汇水流的数值计算

张　诣　黄社华

（武汉大学水利水电学院，湖北武汉　430072）

【摘　要】 在基于 Boussinesq 假设的雷诺平均紊流模型中，标准 k-ε 模型主要考虑了紊流小尺度结构的输运和耗散，而未考虑紊流平均场的影响；Prandtl 混合长度模型和以 RNG k-ε 模型和 Realizable k-ε 模型为代表的改进 k-ε 模型均考虑了紊流大尺度运动，这说明紊流大尺度结构对紊流的影响不可忽视。采用量纲分析法，在标准 k-ε 模型紊流涡黏性系数 ν_t 表达式中引入平均场速度梯度 $\mathrm{d}\overline{u_i}/\mathrm{d}x_j$ 这一反映紊流大尺度结构的因素，提出了一种改进的 k-ε 紊流模型。应用此改进的紊流模型对弯道交汇水流进行数值模拟，将计算结果同实验数据相比较，结果表明，改进的 k-ε 模型对流速分布模拟的精度在大部分情况下都与现有的 k-ε 模型较为接近，并且在部分断面下得到了比其他紊流模型更接近实验数据的模拟结果，据此探究了不同入汇角和雷诺数下弯道交汇水流的纵向流速分布特征，结果显示，入汇角增大会使交汇口下游凹岸处产生一个尺寸逐渐增大的回流区，同时导致交汇口下游纵向流速的重新分布，而雷诺数对交汇水流的流速结构并无本质影响。

【关键词】 数值模拟；弯道交汇水流；流速分布；紊流模型改进

1 引　言

弯道水流是自然界与工程中常见的水流运动现象，自然界中弯道水流一般都为紊流，研究弯道水流关键是准确模拟紊流运动。目前，基于 Boussinesq 涡黏性假设求解雷诺平均方程（RANS）的紊流模型被广泛运用于工程中。其中，Prandtl 混合长度模型[1]是最简单的零方程模型，该模型类比气体分子运动规律提出了流体微团运动的混合长度概念，将紊流涡黏性系数和平均场速度梯度联系起来，即包含了紊流的大尺度结构，但其未考虑紊动量的对流和扩散输运，只能计算较为简单的流动。标准 k-ε 模型[2]是双方程模型，该模型采用紊动能 k 及其耗散率 ε 这两个紊流脉动场特征参数封闭 RANS，考虑了紊流的小尺度结构，因而在平板边界层流动、槽道内流动、喷嘴内流动等流动中取得了更好的模拟效果。

在此基础上，20 世纪 80 年代中期，Yakhot 等[3]采用重整化群理论，推导出了 RNG k-ε 模型，此模型考虑了流动中的旋转效应，很多实验证明，RNG k-ε 模型在流线弯曲程度较大的流动计算方面较标准 k-ε 模型提升了精度，窦勇等[4]分别采用 RNG k-ε 模型和标准 k-ε 模型对 4 种离心通风机非设计工况下的气动性能进行数值预估，结果表明，RNG k-ε 模型能更好地预估非设计工况“高效性能区”的性能。

虽然 RNG k-ε 模型在强旋流动中较标准 k-ε 模型提升了精度，但不少情况下该模型对实验值的预测仍有较大误差，所以如何改进 k-ε 模型是工程计算上的一个重要课题，其中对 k-ε 模式中紊流黏度表达式中 C_μ 的修正是一个主要方向。

在标准 k-ε 模型中，C_μ 的取值为一常数，但大量计算结果表明，C_μ 并不是一个能够通用的常数。Rodi[5]通过实验资料分析发现，对于平板边界层、圆管内流和圆柱尾流，C_μ 值的差别是很大的，这就导致 k-ε 模型对雷诺应力预测的困难，Rodi 分析认为，导致 C_μ 不等于常数的原因是多方面的，但 $\overline{v'^2}/k$（其中 v' 为垂直于主流方向的横向脉动速度）在计算区域内不是常数是其中的主要原因之一。倪汉根等[6]从模化的雷诺应力控制方程出发，引进必要的假设，推导了能够反映 $\overline{v'^2}/k$ 影响的 C_μ 表达式。Shih 等[7]则改进了紊动黏性系数 ν_t 的计算方法，将原有的经验常数 C_μ 改进为与旋转应变率张量有关的解析函数。张德胜等[8]采用一种滤波函数修正紊流黏度,结果表明,修正后的 k-ε 模型揭示了空化与温度变化的规律,反映出较好的修正效果。

然而,现有的对 C_μ 的各种改进都没有考虑紊流平均场和脉动场的联系,因此本文考虑采用量纲分析法,结合 Prandtl 混合长度模型的思想,在标准 k-ε 模型紊动黏性系数表达式中加入平均场速度梯度这一表征紊流平均场特性的参数,应用改进后的模型对弯道交汇水流进行数值计算,并与实测资料和现有紊流模型分析比较。

2 紊流模型改进

2.1 雷诺平均紊流基本方程

不可压缩平均场紊流可用雷诺平均方程组(RANS)描述:

$$\frac{\partial \overline{u_i}}{\partial x_i} = 0 \tag{1}$$

$$\frac{\partial \overline{u_i}}{\partial t} + \overline{u_j}\frac{\partial \overline{u_i}}{\partial x_j} = \overline{f_i} - \frac{1}{\rho}\frac{\partial \overline{p}}{\partial x_i} + \frac{\partial}{\partial x_j}\left(\nu \frac{\partial \overline{u_i}}{\partial x_j} - \overline{u_i u_j}\right) \tag{2}$$

相较于瞬时流动的 N-S 方程组,RANS 多了 6 项独立的雷诺应力($-\rho\overline{u_i'u_t'}$)分量,这使得方程组不再封闭,为了使方程组封闭,需要补充新的关系式或方程,即紊流模型。

根据 Boussinesq 涡黏性假设[9],Prandtl 混合长度模型的涡黏性系数表达式有如下形式:

$$\nu_t = l^2 \left|\frac{du}{dy}\right| \tag{3}$$

式中,l 为混合长度,Von Karman[10]通过实验给出了混合长度的计算式:$l=\kappa y$,其中 κ 为卡门常数,$\kappa=0.4$;y 为离开壁面的法向距离。

根据这一理论,便可以把紊流脉动流场与时均流场联系起来。但 l 的不确定性使该模型在复杂流动中的适用性不高。

2.2 标准 k-ε 模型及其改进

在标准 k-ε 模型中,紊流黏性系数是紊动能 k 及其耗散率 ε 的函数:

$$\nu_t = C_\mu \frac{k^2}{\varepsilon} \tag{4}$$

其中紊动能 k 和 ε 由如下输运方程进行封闭:

$$\frac{\partial k}{\partial t} + \frac{\partial (k u_i)}{\partial x_i} = \frac{\partial}{\partial x_j}\left[\left(\nu + \frac{\nu_t}{\sigma_k}\right)\frac{\partial k}{\partial x_j}\right] + \frac{G_k}{\rho} - \varepsilon + S_k \tag{5}$$

$$\frac{\partial \varepsilon}{\partial t} + \frac{\partial (\varepsilon u_i)}{\partial x_i} = \frac{\partial}{\partial x_j}\left[\left(\nu + \frac{\nu_t}{\sigma_\varepsilon}\right)\frac{\partial \varepsilon}{\partial x_j}\right] + C_{\varepsilon 1}\frac{\varepsilon G_k}{\rho k} - C_{\varepsilon 2}\frac{\varepsilon^2}{k} + S_\varepsilon \tag{6}$$

其中G_k 表示紊动能产生项,可定义为

$$G_k = -\rho \overline{u_i' u_j'}\frac{\partial u_j}{\partial x_i} \tag{7}$$

式中,$C_{\varepsilon 1}$,$C_{\varepsilon 2}$ 为常量;σ_k、σ_ε 分别为 k 方程和 ε 方程的紊流 Prandtl 数;C_μ 为经验系数,取值如表 1 所示。S_k,S_ε 为对应方程的源项。

表 1 标准 k-ε 模型经验参数

C_μ	$C_{\varepsilon 1}$	$C_{\varepsilon 2}$	σ_k	σ_ε
0.09	1.44	1.92	1.0	1.3

标准 k-ε 模型主要考虑的是紊流小尺度结构的输运和耗散对雷诺应力的作用,但未包含紊流平均

场参数的影响，这与 Prandtl 混合长度模型正好相反。因此，本文采用量纲分析法，假设紊流黏性系数是紊动能及其耗散率以及平均速度场中速度梯度的函数，即

$$\nu_t = f(k, \varepsilon, |S_{ij}|) \tag{8}$$

对此式进行量纲分析，得到如下无量纲数：

$$\Pi = [\nu_t]\ [k]^{\alpha}[\varepsilon]^{\beta}\left[\frac{\mathrm{d}\overline{u}}{\mathrm{d}y}\right]^{\gamma} \tag{9}$$

根据量纲和谐原理，可以求出式(9)中各项指数为 $\alpha=-3, \beta=2, \gamma=-1$，代入式(9)并考虑三维流动特性，得到改进的紊流涡黏性系数表达式如下：

$$\nu_t = C'_{\mu}\frac{k^3}{\varepsilon^2}\left|\frac{\mathrm{d}\overline{u_i}}{\mathrm{d}x_j} + \frac{\mathrm{d}\overline{u_j}}{\mathrm{d}x_i}\right|, \quad i \neq j \tag{10}$$

式(10)结合紊动能方程(5)和耗散率方程(6)便得到了改进的 k-ε 模型。其中，C'_{μ}是无量纲系数，C'_{μ} 的值通过对比式(10)与式(4)计算，如式(11)所示。通过计算标准 k-ε 双方程模型对平行平板间充分发展的二维不可压缩流体紊流流动的结果，将同一断面各节点上的 k、ε 以及速度梯度的计算值代入式(11)计算得到各节点的 C'_{μ} 值，在该断面上取断面平均作为 C'_{μ} 的经验值，如图 1 所示，约为 $C'_{\mu}=0.08$。

$$C'_{\mu} = C_{\mu}\Big/\left(\frac{k}{\varepsilon}\left|\frac{\mathrm{d}\overline{u_i}}{\mathrm{d}x_j} + \frac{\mathrm{d}\overline{u_j}}{\mathrm{d}x_i}\right|\right) \tag{11}$$

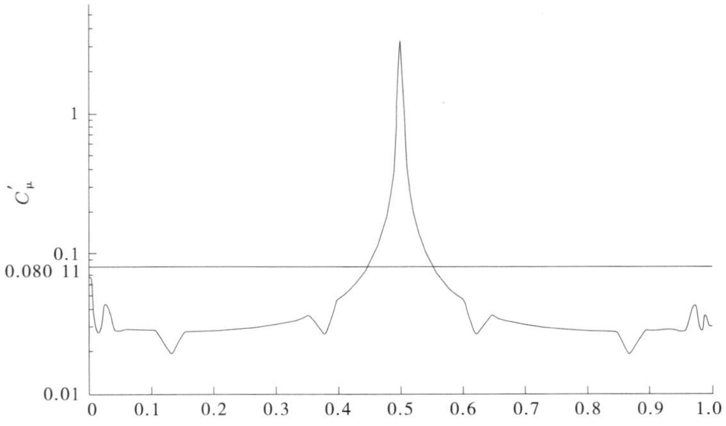

图 1　C'_{μ} 值在平行板间断面分布及均值

3　网格划分和边界条件设置

3.1　计算区域及边界条件

本文的计算对象为弯道干流与支流交汇的紊流，以 90°入汇角为例，模型尺寸如图 2 所示。

水体密度取 998.2 kg/m³，动力黏性系数取为 1.003×10^{-6}，水面高程设为 0.12 m，自由水面采用刚盖假定，该边界剪切力为零，沿该边界法向，速度为零，所有物理量梯度为零。进口采用速度进口，出口采用自由出流，壁面为无滑移边界。

3.2　网格设置

水流结构在弯道交汇处的变化较大，因此本文计算使用的网格在弯道处进行了加密处理，如图 3 所示。为探究不同雷诺数下交汇水流特性，本文设置的工况如表 2 所示。

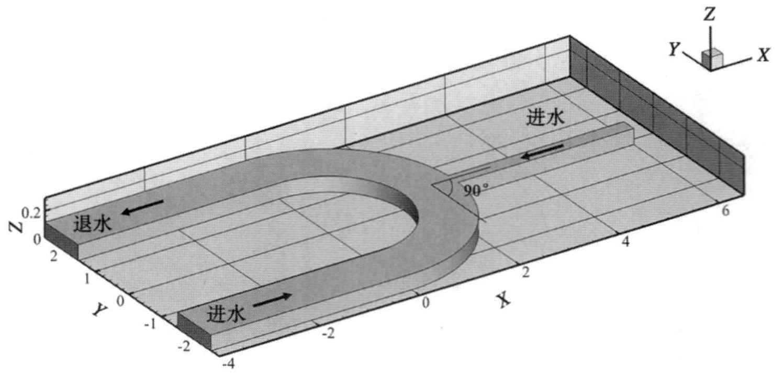

图 2　弯道交汇水流几何尺寸示意图　(单位:m)

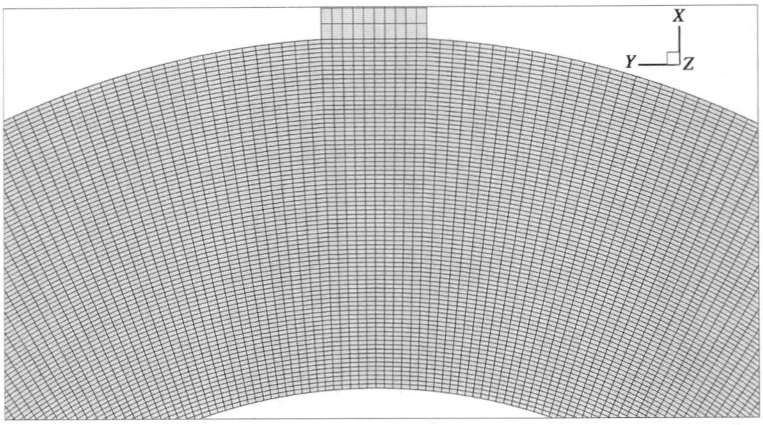

图 3　计算区域网格示意图

表 2　数值模拟工况

雷诺数 Re	20 000	50 000	100 000
汇流比 $\lambda = Q_{支}/Q_{干}$	0.6	0.6	0.6
入汇角 α	30°,60°,90°	30°,60°,90°	30°,60°,90°

采用不同密度的网格进行计算模拟,结果显示当雷诺数 Re = 20 000 时,计算结果在网格节点数达到 400 000 之后便基本不变,当 Re = 50 000 和 100 000 时,网格节点数在 460 000 之后对计算结果基本没有影响,故本文最终采用 460 000 节点数的网格进行计算。

4　计算结果分析

RNG k-ε 模型在标准 k-ε 模型的基础上,考虑了流动中的旋转效应,可以更好地处理高应变率的流动。因此,本文分别采用标准 k-ε 模型,RNG k-ε 模型和改进后的 k-ε 模型对弯道交汇水流进行数值模拟,绘制不同圆心角断面上纵向流速沿径向和垂向的分布,断面选取如图 4 所示,并与实验资料[11]对比分析。

4.1　入汇角和雷诺数对交汇水流区纵向流速沿径向分布的影响

图 5、图 6 显示了在相对水深 z/h = 0.5 平面上不同圆心角断面纵向流速沿半径方向的分布情况,横轴为断面的相对宽度,0 为凸岸边壁,1 为凹岸边壁;纵轴取为纵向流速的无量纲值,即纵向流速 u 除以进口水流的平均流速 u_0。

由图 5(a)可以看出,支槽水流 90°入汇时,在交汇口上游 60°圆心角断面处及 90°圆心角断面处,三种模型的模拟结果差别不大,均与实验结果较为吻合,而在交汇口下游 135°断面处,改进 k-ε 模型模拟结果与实验数据吻合程度比其余两种模型更好。图 5(b)表明,三种紊流模型在交汇口及上游的流速预

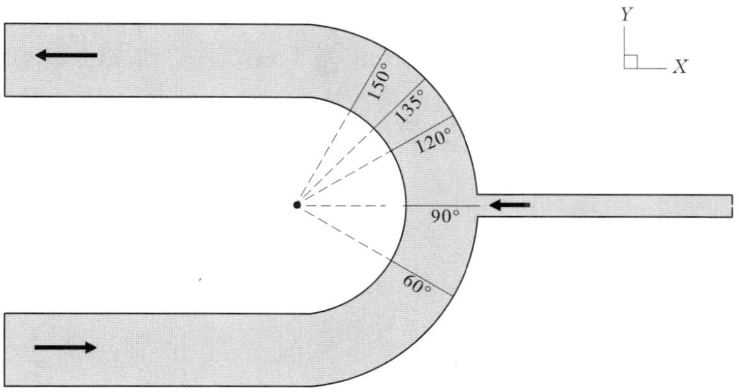

图 4　各断面位置示意图

测值均与实验结果比较接近，但在 135°圆心角断面处，标准 $k\text{-}\varepsilon$ 模型和 RNG$k\text{-}\varepsilon$ 模型对凸岸侧的流速预测值偏大，凹岸处偏小。图 5(c)显示出，入汇角为 30°时，三种模型计算结果与实验值都较为吻合，差别不大。

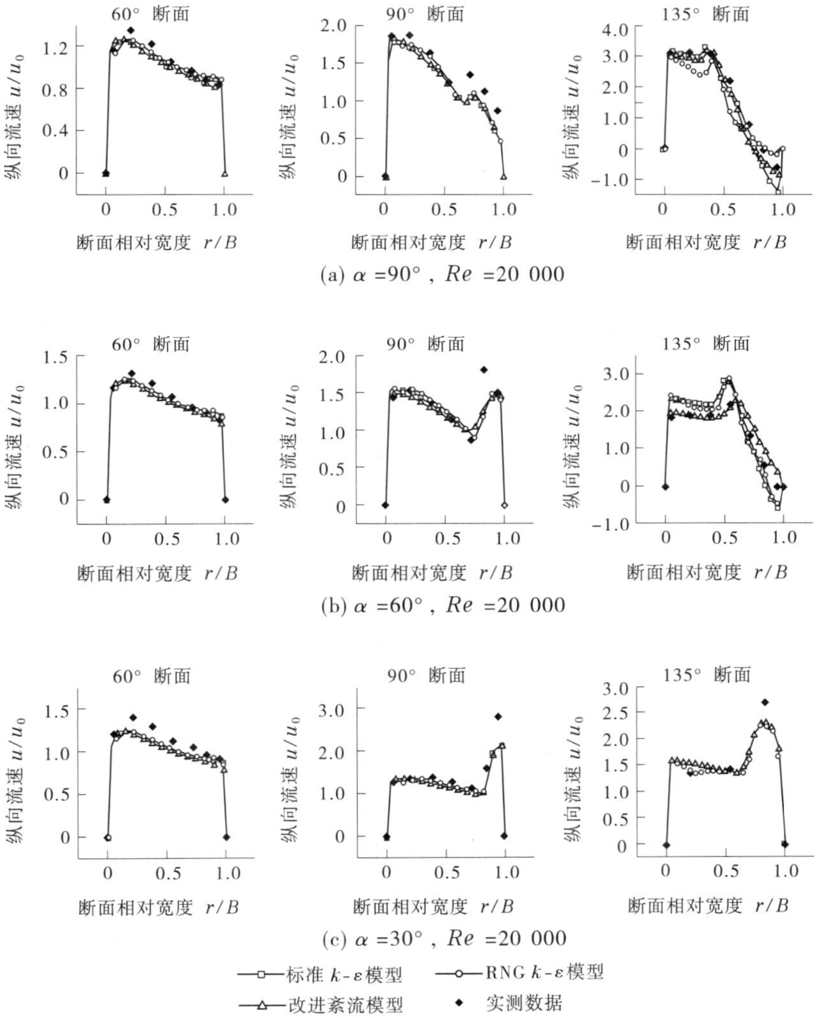

图 5　不同入汇角下各断面纵向流速沿径向分布

由于改进的 k-ε 模型与实验数据更接近,故采用改进的 k-ε 模型对不同雷诺数条件下的弯道水流进行模拟,结果如图 6 所示。从图 6 可以看出,在入汇角为 90°和 30°时,随着雷诺数的增大,弯道水流的纵向流速在径向的分布几乎不发生变化。而在入汇角为 60°时,下游 135°圆心角断面纵向流速的峰值随雷诺数的增大而增大,并向凸岸侧转移,且纵向流速在凹岸处出现了负值,即发生了回流现象。

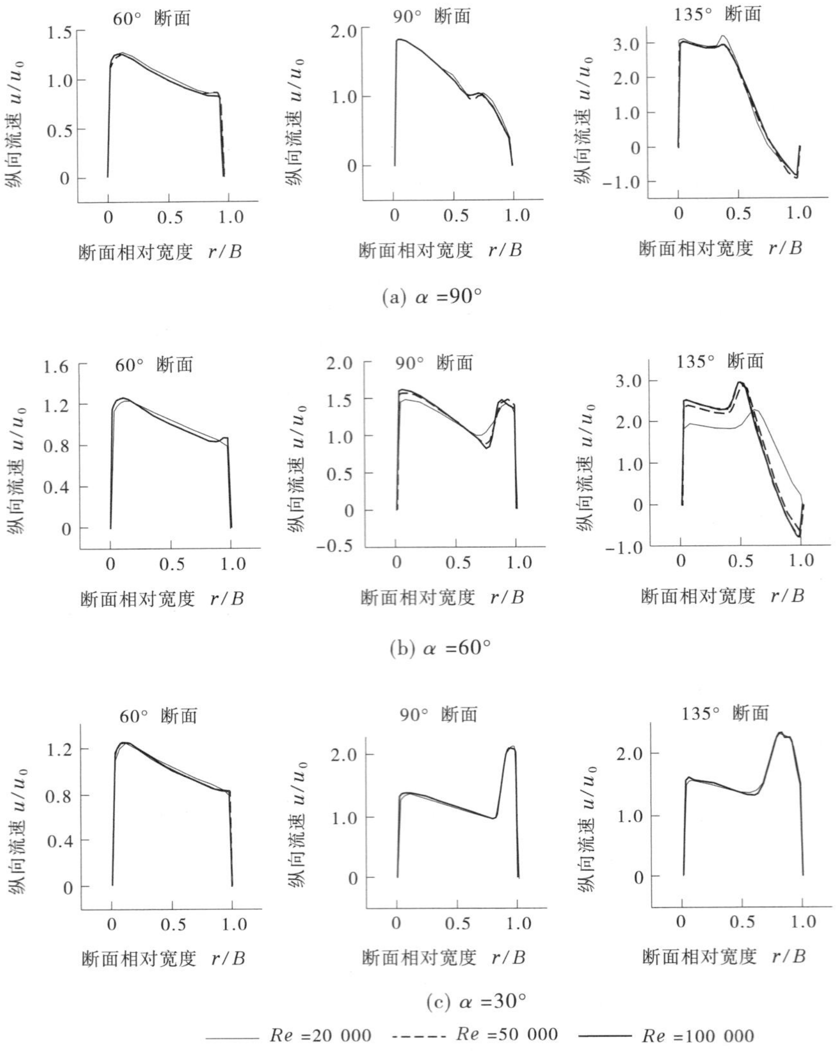

图 6 不同入汇角下各断面纵向流速沿半径方向分布

以上数值模拟结果和实验数据表明,交汇区水流纵向流速分布特征与支流入汇角联系甚密,而雷诺数的影响较小。当入汇角增大时,交汇口下游各断面纵向流速最大值逐渐增大,且其位置从靠近凹岸处过渡到凸岸侧,同时凹岸处纵向流速在入汇角为 90°时出现了负值,即发生回流现象,且雷诺数的增大也能诱导回流现象的产生。

4.2 入汇角和雷诺数对交汇水流区纵向流速沿垂向分布的影响

弯道水流在支流入汇后,其垂线纵向流速分布会重新调整,为探究雷诺数及入汇角对垂线流速分布的影响规律,取各断面弯道中心线处纵向流速沿垂线分布在不同工况下的模拟结果进行分析。

从图 7 可以看出,当入汇角为 90°时,在 90°圆心角处,模拟结果均与实验数据在靠近水面处有一定差异,此外三种模型在交汇口上游的模拟结果与实验数据基本吻合,而在交汇口下游,采用改进的紊流模型计算的结果明显与实验数据更为接近,此时纵向流速最大值出现在下层水流处,表层流速明显较小。当入汇角为 60°时,交汇口处及其上游的模拟结果都与实验数据相差不大,但紊流模型在下游的流速预测值要略好于其他两个模型,纵向流速沿垂向分布均匀。入汇角为 30°时,三种模型模拟结果差别不大,但在下游 150°中心线处均与实验数据存在一定误差,且 RNG k-ε 模型的流速分布形状略好于另外两个模型。

图 7 也表明,弯道前半段纵向流速沿垂向分布基本不受入汇角的影响,只有靠近表层的水流流速因入汇角增大的影响而有所减小,这说明支流入汇对交汇口上游产生了壅水作用,且这种作用越靠近上游越小。对于交汇口以下的断面,弯道中心线处纵向流速沿垂线分布受弯道环流结构、水流动力轴线位置等因素影响,随入汇角变化较大。

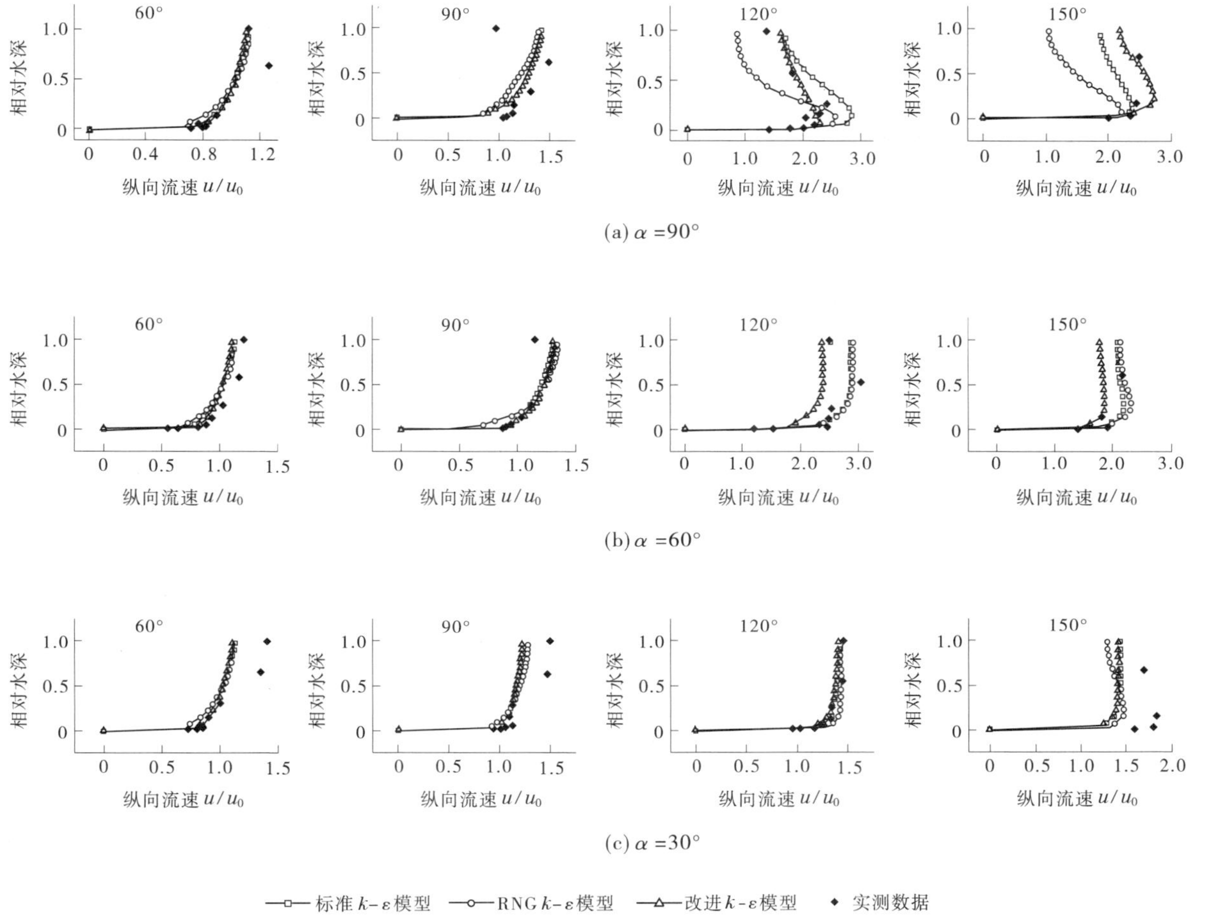

图 7 $Re=20\ 000$ 时不同圆心角弯道中心线纵向流速沿垂线分布

采用改进的紊流模型模拟雷诺数对流速分布的影响,由图 8 可以看出,交汇口及其上游纵向流速沿垂线分布基本不随雷诺数改变而变化,只在雷诺数增大时平均流速略有减小,当入汇角为 90°时,在下游 150°圆心角中心线处,纵向流速均值随雷诺数增大明显减小;当入汇角为 60°时,随雷诺数增大,交汇口下游两个弯道中心线处纵向流速均值都明显增大。而入汇角减小到 30°后,弯道交汇口上下游的纵向流速分布都基本不随雷诺数变化。值得注意的是,所有因雷诺数改变而引起的流速分布变化在 Re 大于 50 000 后便不再明显。

4.3 回流区沿水深方向分布特征

以改进的 k-ε 模型计算结果为例,当入汇角为 90°,雷诺数为 20 000 时,回流区沿水深变化情况如图 9 所示,从图中可以看出,从河底至水面,回流区最宽处有向下游移动的趋势,在河底处,回流区宽度

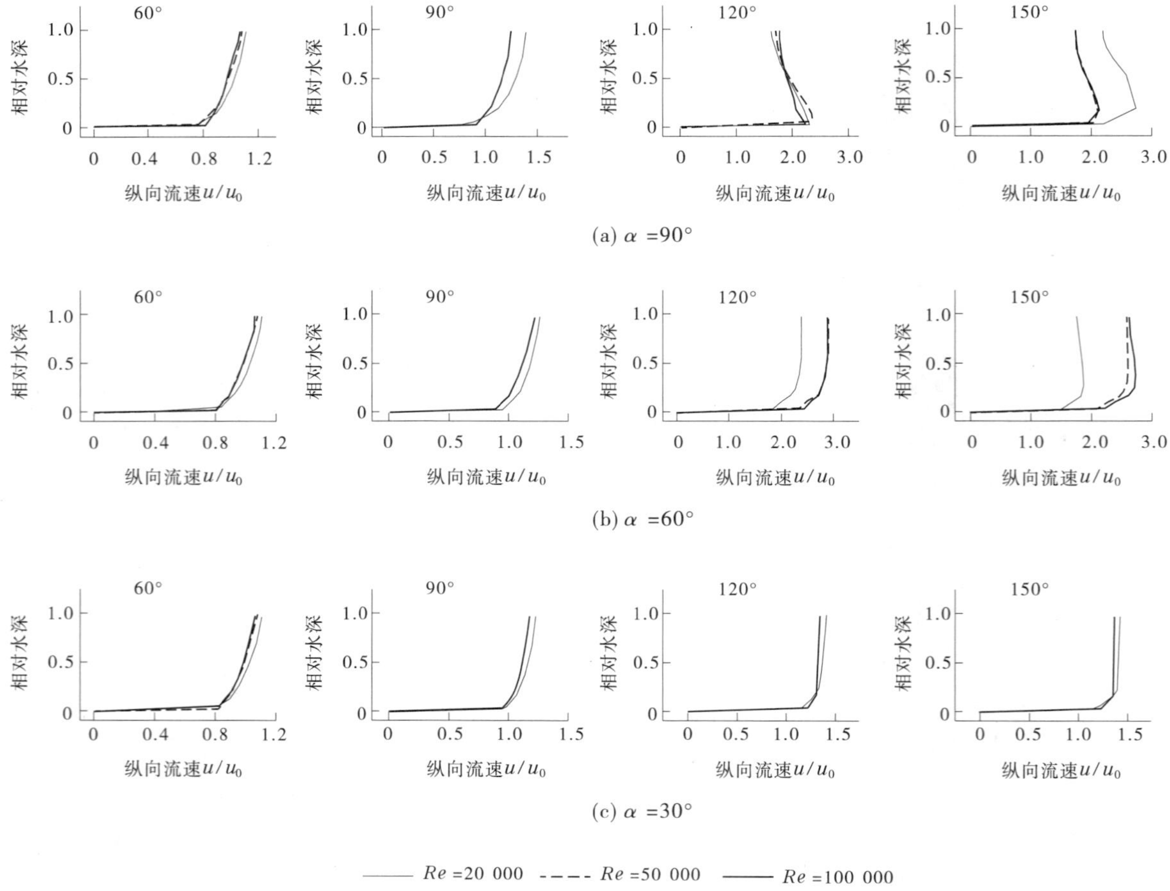

图 8　不同雷诺数时弯道中心线纵向流速沿垂线分布

在靠近支流入汇处达到最大,在水面时,回流区最宽处出现在凹岸弯道末端,但回流区长度整体沿水深变化不大,因此取 $z/h=0.5$ 相对水深平面上模拟结果为例,探究入汇角和雷诺数对回流区形态的影响。由图 10 看出,随着入汇角的增大,支流在交汇口下游对主流侧向挤压的作用增强,在凹岸处出现了尺寸逐渐增大的流动分离区。90°入汇角时分离区尺寸较为明显,此时当雷诺数增大时,如图 11 所示,回流区尺寸形态并无明显变化,只是其长度在弯道末端处略有增大。

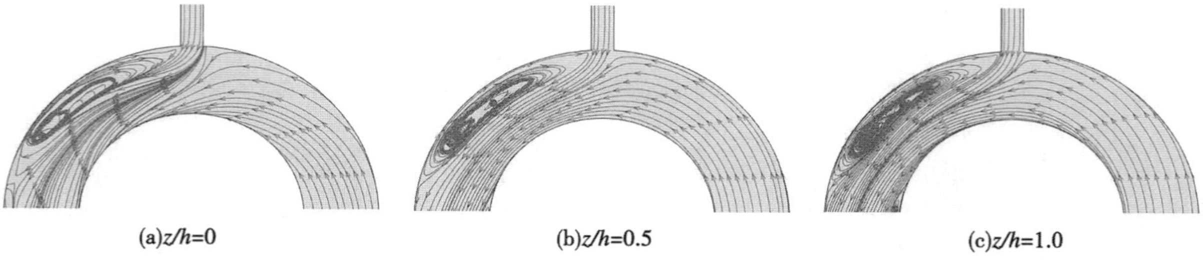

图 9　回流区形状沿水深变化

5　结　论

本文应用一种改进 k-ε 紊流模型对三维弯道交汇水流进行了数值计算研究,并与标准 k-ε 模型和 RNG k-ε 模型的计算结果进行了比较分析,主要结论如下:

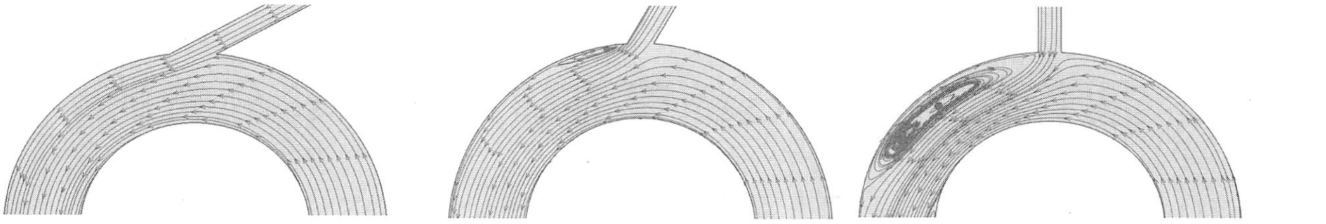

(a)α=30°　(b)α=60°　(c)α=90°

图 10　回流区形状随入汇角变化

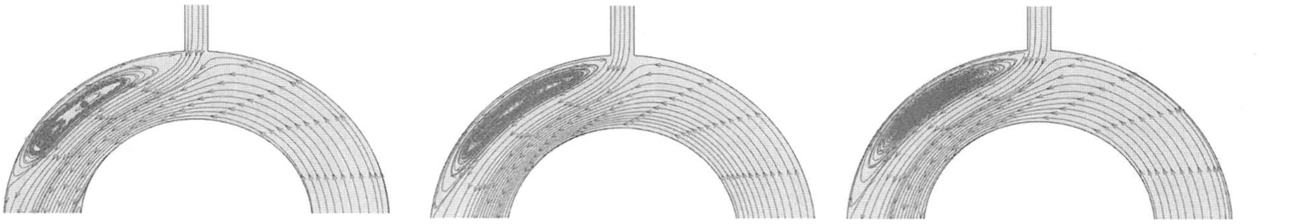

(a)Re=20 000　(b)Re=50 000　(c)Re=100 000

图 11　回流区形状随雷诺数变化

(1)三种紊流模型的计算结果均与实验结果有一定吻合,其中,考虑速度梯度对紊流黏性的作用后,改进的 k-ε 模型在交汇口下游断面的计算结果明显比另外两个紊流模型更符合实际,说明平均场速度梯度对紊流黏性的作用不可忽视,改进的 k-ε 模型对弯道水流的模拟计算具有较好的适用性。

(2)弯道上半段纵向流速分布受入汇角和雷诺数影响均较小,雷诺数对弯道交汇水流的流速分布形态几乎没有影响,当入汇角较大时才会略微影响交汇口下游的流速分布。

(3)入汇角增大会导致弯道交汇口下游凹岸处回流区尺寸增大,其长度沿水深整体变化不大,最宽处随水深增加而有向上游移动的趋势,回流区尺寸随雷诺数增大变化不大。

参考文献

[1] Prandtl L. Uber die ausgebildete turbulenz[J]. Z Angew Math Mech, 1925,5:136-139.

[2] Launder B, Spalding D. Lectures in Mathematical Models of Turbulence[M]. London, England: Academic Press, 1972.

[3] Yakhot V,Orszag S A . Renormalization group analysis of turbulence. I. Basic theory[J]. Journal of Scientific Computing, 1986,1(1):3-51.

[4] 窦勇,李嵩,黄东涛.非设计工况下离心通风机性能数值预估[J].风机技术,2007(4):3-7,11.

[5] Rodi W. A Note on the Empirical Constant in the Kolmogorov-Prandtl Eddy-Viscosity Expression[J]. Journal of Fluids Engineering,1975,97(3):386-389.

[6] 倪汉根,程亮,刘树军. k-ε 紊流模型中涡粘滞系数表达式的改进[J].大连理工大学学报,1993(2):225-231.

[7] Shih T H, Liou W W, Aamir S, et al. A new k-ε eddy viscosity model for high reynolds number turbulent flows[J]. Computers & Fluids, 1995,24(3):227-238.

[8] 张德胜,冯健,万福来,等.模拟翼型热敏介质空化流的湍流模型修正与应用[J].农业机械学报,2020,51(5):134-141.

[9] Boussinesq J. Theorie de l'Ecoulement tourbillant[M]. Paris: Mem Presentes par Diver Savants Acad. Sci. inst,1877.

[10] Von Karman. Mechanische Ahnlichkeit und turbulenz:Congr[C]. Appl. Mech. 3rd Part 1,Stockholm,Sweden,1930.

[11] 高艳,黄社华,李琼.弯道干流与支流交汇口垂线流速分布的试验研究[J].水电能源科学,2012,30(7):90-93,220.

圆管均匀不可压缩紊流缓冲区流速分布的大涡及分离涡模拟研究

余泽江　黄社华

(武汉大学水利水电学院,湖北武汉　430072)

【摘　要】 根据均匀紊流理论,$y^+<5$ 的近壁区域为黏性底层,其无量纲流速 u^+ 为线性分布;$y^+>60$ 的区域为紊流充分发展区域,u^+ 符合对数律分布;两者均有较为成熟的理论或半经验公式。然而,在两者之间的过渡区域即缓冲层区中,流速分布没有独立的理论或经验公式,且在该区流速的试验值与标准壁面函数公式差别较大,这一定程度上影响了紊流数值模拟中壁面边界条件的给定。

本文首先采用大涡模拟方法和分离涡模拟方法分别对不同雷诺数工况下的圆管均匀不可压缩紊流进行数值模拟。通过对两种方法的计算结果进行分析比较,发现分离涡方法对网格密度的要求比大涡模拟方法低得多,且能够应用于高雷诺数紊流计算。因此,本文采用分离涡模拟方法分别对雷诺数为 5 000、10 000、20 000、30 000、40 000 的圆管均匀不可压缩紊流进行了模拟计算,然后根据分离涡方法的计算结果,对圆管均匀紊流缓冲区的流速进行无量纲化处理并与实验数据进行对比验证。最后运用曲线拟合的方法,得到圆管均匀不可压缩紊流缓冲区的流速分布公式。该拟合公式是对紊流计算中壁面函数的补充,将有助于提高紊流数值模拟的精度。

【关键词】 圆管紊流;缓冲区流速分布;大涡模拟;分离涡模拟

1　引　言

圆管均匀紊流是流体力学中一个经典的简单流动,常常作为研究基础理论的实验对象,如雷诺实验就是以圆管紊流作为实验对象。而紊流流速分布是研究紊流流动特性的基础,因此对于圆管均匀紊流流速分布的研究一直受到广大流体力学研究者的关注。在紊流理论中,紊流根据流速分布可以被分为三个区域,即黏性子层区、紊流缓冲区和紊流充分发展区。其中,对于黏性子层和紊流充分发展区流速分布的研究已经有了较为成熟的理论公式或半经验公式,而对于紊流缓冲区流速分布的研究却较为少见。Tieghi 等[1]指出在旋转通道或旋转流中,壁面函数的数学表达式没有考虑到离心力和科氏力的共同作用在旋转通道或旋转流中对边界层产生的畸变会导致不正确预测,并通过机器学习的方法推导出了旋转通道的壁面函数,实现了在不损害 k-ε 模型精度的同时有效地修正了固体壁面附近的湍流动能场。Brian 等[2]将经典混合长度理论与一种新的湍流剪应力混合长度模型相结合,求解了流动的动量方程,并用该解近似了 PSP 的速度分布,发现在无限大雷诺数范围内,速度分布渐近于以稀薄的黏性壁层和随处可见的连续导数流动。在管道中心线处评价的形函数用于产生新的摩擦定律,其附加常数依赖于卡门常数和壁面阻尼长度。Hajipour 等[3]将一种相对新的壁面函数——“增强型壁面函数”从 Ansys Fluent 中实现到 OpenFoam 中进行改进,用于综合仿真。阐述了壁面函数变化对流动关键参数(如速度、压力分布和气动重要部件以及升力、阻力和侧系数)的影响。这些研究都在一定程度上影响了紊流数值模拟的精确度。

本文首先将采用大涡模拟方法对圆管均匀不可压缩紊流进行模拟计算。在紊流中,大尺度涡受流场的影响,平均场中各种变量的变换与产生都是由大尺度涡实现的,而小尺度涡主要起耗散作用,近似各向同性，较容易建立模型。因此，大涡模拟方法通过过滤函数将流动分为可直接求解的大尺度涡和需要模化的小尺度涡。这使得大涡模拟方法在理论上具有一定的准确性，且相较于直接数值模拟方法对网格的要求更小，常常用以计算较为简单的流动。但由于小尺度涡的生长被壁面所抑制，而雷诺数越高，紊流的近壁区域就越窄小，对于小尺度涡的模拟将需要更细的网格，这就使得大部分网格将集中在一小片区域。这将极其耗费计算资源。因此，对于雷诺数较高而大涡模拟方法较难实现的流动，本文尝试采用分离涡模拟的方法进行计算。

2　数值计算模型

2.1　大涡模拟方法

在紊流理论中，不可压缩流体的控制方程经过滤波运算后可得到大涡模拟的控制方程，如下式所示：

$$\frac{\partial \overline{u_i}}{\partial t}+\overline{u_j}\frac{\partial \overline{u_i}}{\partial x_j}=-\frac{1}{p}\frac{\partial \overline{p}}{\partial \overline{x_i}}+\frac{\partial}{\partial x_j}\left(v\frac{\partial \overline{u_i}}{\partial x_j}\right)+\frac{\partial \overline{\tau_{ij}}}{\partial x_j} \tag{1}$$

$$\frac{\partial \overline{u_i}}{\partial x_i}=0 \tag{2}$$

式中，$\overline{u_j}$ 为经过滤波函数过滤后的大尺度速度；$\overline{p}$ 为滤波后的大尺度压强；τ_{ij} 为亚格子应力，表示滤波后的可解尺度脉动与不可解小尺度脉动之间的动量交换。

$$\tau_{ij}=\overline{u_i u_j}-\overline{u_i}\ \overline{u_j}$$

大涡模拟方法假设过滤的小涡为各项同性，且和 RANS 模型一样采用 Boussinesq 假设，故其计算式为

$$\tau_{ij}-\frac{1}{3}\tau_{kk}\sigma_{ij}=-2\mu_t\overline{S}_{ij} \tag{3}$$

式中，μ_t 为亚格子网格紊流涡黏度；$\overline{S}_{ij}$ 为解析尺度的应变率。

对大尺度涡的求解即对空间平均场的求解，求解较为容易；小尺度涡与大尺度涡之间的动量交换需要采用亚格子模型进行模化。目前，在 Fluent 中可用到的亚格子模型有 Smagorinsky-Lilly 模型、WALE 模型、WMLES 模型和 KET 模型。其中，WALE 模型与 KET 模型的仿真结果比较准确，Smagorinsky-Lilly 模型耗散偏大且模型系数不具普适性，仿真准确性较差，WMLES 模型存在严重的过度耗散，各流动参数的仿真结果误差很大，在模拟复杂流动时难以准确捕捉流动转捩的发生[4]。因此，本次计算采用 WALE 模型作为亚格子模型对小尺度涡进行模化。

WALE 模型又称局部涡黏度的壁面自适应模型，其定义紊流涡黏度为

$$\mu_t=\rho\Delta_s^2\frac{(S_{ij}^d S_{ij}^d)^{3/2}}{(\overline{S}_{ij}\overline{S}_{ij})^{5/2}+(S_{ij}^d S_{ij}^d)^{5/4}} \tag{4}$$

式中，Δ_s 为滤波尺寸，由式 $\Delta_s=C_w V^{1/3}$ 求得，C_w 为模型参数，一般是定值，取 $C_w=0.325$；S_{ij}^d 为应变率张量。

$$S_{ij}^d=\frac{1}{2}(\overline{g}_{ij}^2+\overline{g}_{ji}^2)-\frac{1}{3}\delta_{ij}\overline{g}_{kk}^2 \tag{5}$$

其中

$$\overline{g}_{ij}=\frac{\partial \overline{u_i}}{\partial x_j}$$

2.2　分离涡模拟方法

为解决 RANS 模型处理湍流动能耗散过大和 LES 方法对近壁网格要求太高的问题，SPALART 等巧

妙地将两种方法结合起来[5],并于 1997 年提出了 DES(detached eddy simulation)模型。对于不可压缩流体,经过空间滤波后控制方程如下:

$$\nabla \cdot \bar{u} = 0 \tag{6}$$

$$\rho \frac{D\bar{u}}{Dt} = -\nabla p + (\mu + \mu_t)\nabla^2 \bar{u} \tag{7}$$

可以发现,空间滤波后的 N-S 方程与时间平均后的 N-S 方程有着相同的数学表达式,这也为 RANS 模型和 LES 模型的结合提供了数学基础。另外,Chaouat 等[6]在 2017 年提出了一个在光谱空间中发展起来的理论形式主义,允许统一这两种明显不同的方法。DES 方法在远场采用大涡模拟方法直接求解,而在近壁区域采用 RANS 模型求解。两者之间的切换则通过一个长度尺度来实现。该长度尺度定义如下:

$$l = \min(d, C_{\mathrm{DES}}\Delta) \tag{8}$$

式中,d 为离壁面最近的距离;Δ 为最大的局部网格尺度;C_{DES} 为常数,通常取 0.65。

然而,在某些情况下,RANS 模型会提前切换到 LES 模型,这就会造成模化应力的耗散,从而导致网格诱导分离。针对这一问题,Spalart 在 2006 年对长度尺度进行了修正:

$$l = d - f_{\mathrm{d}}\min(0, d - C_{\mathrm{DES}}\Delta) \tag{9}$$

式中,f_{d} 为延迟过渡函数,能避免 LES 模型在边界层求解。

3 计算模型及网格和边界条件

本文对圆管均匀紊流进行数值模拟。管径为 80 mm,管长设为 3 m(管长与管径之比,即 L/D = 37.5)以保证出口水流到达充分发展状态。为便于低雷诺数工况下采用大涡模拟,保证第一层网格的 $y^+<1$,可由其定义式 $y^+=u_* y/v$ 计算得 y=0.12 mm;又为了方便增大雷诺数,获取更多的点值,将第一层网格设为 0.016 mm。设置比例为 1.05 的膨胀,流向 3 001 个节点,法向 121 个节点。最终,网格节点数为 36 万,如图 1 所示。

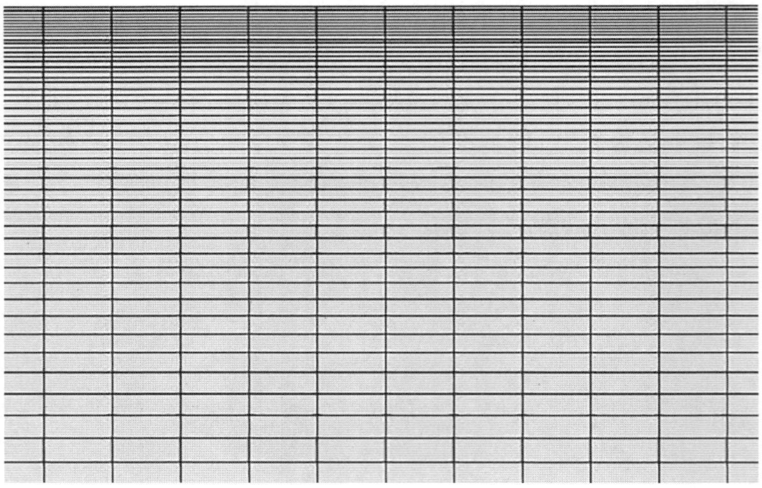

图 1 近壁区域计算网格示意图

为节省计算时长,进口条件设置为速度进口,速度分布为通过 k-ε 模型模拟得到的充分发展紊流的出口流速分布。出口设置为自由出流,边壁条件设置为无滑移边壁。同时,为保证计算稳定,计算时间步长需满足 CFL 准则,即满足 $u \cdot \Delta t/\Delta x<1$,因此时间步长设为 0.005。计算示意图如图 2 所示。

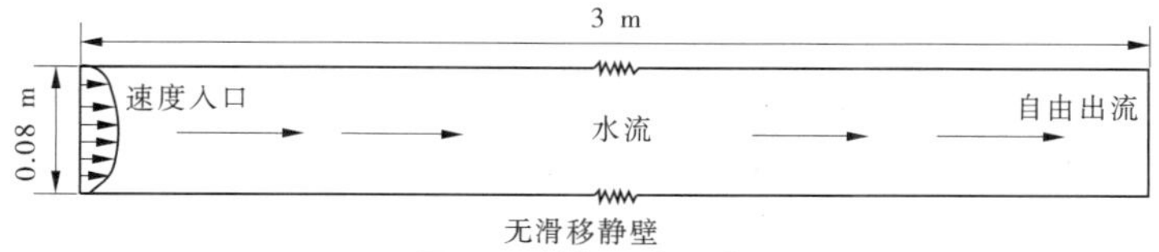

图 2 计算区域示意图

4 结果分析及曲线拟合

4.1 出口断面速度分布

在紊流理论发展过程中,学者们通过实验加推导的方式得到了紊流充分发展区的速度分布公式。其中,运用最广且收到广泛认可的是对数分布公式:$u=\frac{u_*}{k}\ln y+C$。为判断出口断面的流动是否已达到充分发展的状态,将出口的流速计算结果与 Eggels 等[7]的实验结果进行比较,若未充分发展,则将出口断面流速数据导入进口再次计算,直至确定其为充分发展紊流再进行下一步分析比较。

在圆管中,雷诺数定义式为 $Re=ud/v$,其中 u 为平均流速,d 为管径;v 为流体的运动黏性系数,本文取 $v=1.005\times10^{-6}$ m²/s。在雷诺数 $Re=5\ 000$、管径 $d=0.08$ m 时,平均流速为 0.062 8 m/s。最后计算并绘制出口断面流速曲线,如图 3 所示。

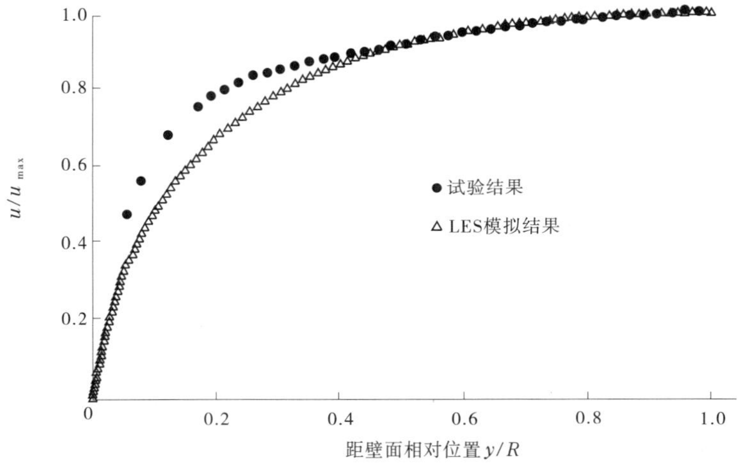

图 3 出口断面流速曲线

从图 3 中可以看出,大涡模拟计算结果与实验值在紊流充分发展区较为靠近,而靠近壁面附近两者相差较大。大涡模拟中其子网格涡黏性系数与网格尺度有关,这导致了近壁面区域对网格的要求十分严格,否则其中的小紊动可能会被渐渐减弱直至消失。当雷诺数较小时,壁面对流动影响范围大,网格划分较为容易。

4.2 无量纲流速分布

为了获得紊流缓冲区流速分布的普适性研究结果,重复上文的计算步骤,对不同雷诺数工况的圆管均匀不可压缩紊流进行了模拟计算。雷诺数分别为 10 000、20 000、30 000、40 000。物理模型及边界条件均不改变。由雷诺数定义式可知,三种计算工况的进口流速分别为 0.125 6 m/s、0.251 3 m/s、0.376 8 m/s、0.502 5 m/s。计算误差均设置为 0.000 0 1。然而随着雷诺数的增加,边界层厚度减小。当雷诺数大于 5 000 时,由于近壁网格不够精密,对小涡的耗散模拟存在较大偏差,从而导致所得速度分布的梯度严重偏小。同时,根据 Kolmogorov 涡理论,大涡尺度与小涡尺度的比值与雷诺数的 3/4 次方呈比例,即在二维空间中,随着雷诺数的增加,大涡模拟对网格节点数将呈幂指数增加。本文将网格加密到

150 万,结果收效甚微。为解决这一问题,本文将采用分离涡模拟方法对高雷诺数圆管紊流进行模拟,并将得到计算结果进行无量纲化处理,再将结果整合绘制成四种雷诺数情况下的无量纲流速分布散点图(见图 4),并与实验结果进行比较。

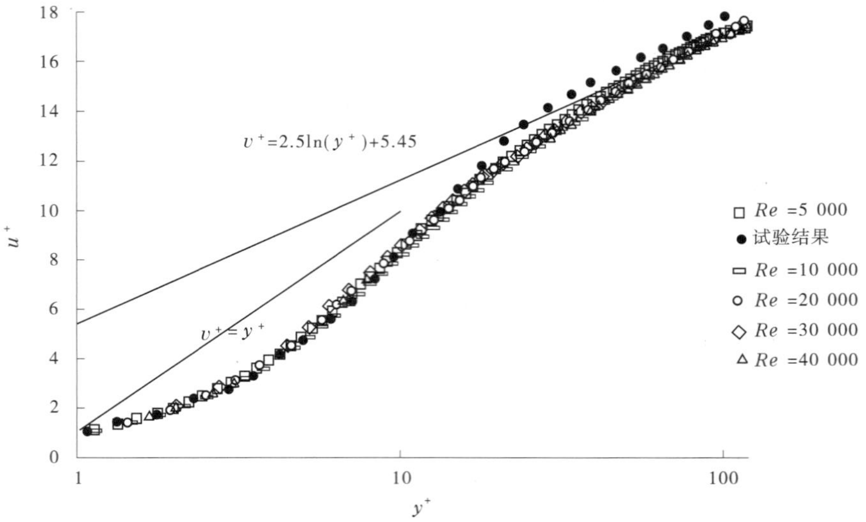

图 4　无量纲流速分布散点图

在 $y^+<5$ 的黏性底层区域,不同工况的计算结果均呈线性分布,这与理论一致;在 $y^+>60$ 的紊流充分发展区域,不同工况的计算结果均呈对数分布,但稍高于经典的由平板间紊流实验得到的对数率,这一现象与实验值[7]相同,但相较于实验值偏小。在圆管流动中,侧壁面阻碍流动周向发展,会使得圆管中间的流速相较于平板流动的更大,这与模拟结果相吻合。故可认为分离涡模拟方法的计算结果能较准确地反映圆管均匀不可压缩紊流近壁区域的流速分布。同时,可以看出在 $5<y^+<60$ 的紊流缓冲区内,计算数据与实验结果虽然有些偏差,但也有部分区域吻合得较好,这说明本文通过数值计算的结果具有较高的可信度。

4.3　紊动能分布

本文通过紊动能分析了模拟流动的紊动特性,将紊动能无量纲化,即将紊动能除以平均速度的二次方,其反映了流动的紊动强度。不同雷诺数下的紊动能分布如图 5 所示。圆管紊流中紊动强度在壁面附近最大,后随着距壁面距离的增大越来越小,且其斜率在壁面附近最大,在圆管中心处最小接近于 0。其说明了在圆管紊流的紊动能在管轴处几乎不发生耗散,全部向外传递,而由于壁面的存在使得传递到壁面附近的紊动能达到最大并开始急剧耗散。这与传统紊流中的能量级串理论相吻合。

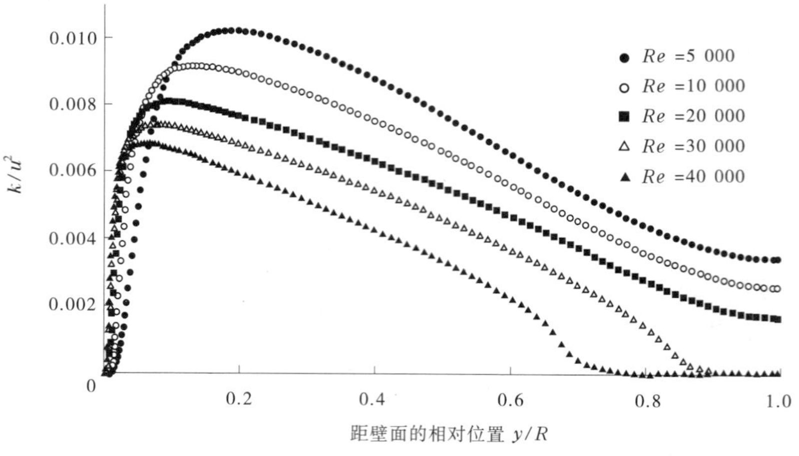

图 5　紊动能分布

4.4　紊流缓冲区流速分布曲线拟合

本文主要是为了得到圆管均匀不可压缩紊流缓冲区的流速分布，故将四种雷诺数工况在紊流缓冲区（即 $5<y^+<60$ 的区域）的无量纲流速 u^+ 以及无量纲数 y^+ 汇总并进行曲线拟合。

本文采用的曲线拟合方法为运用软件 MATLAB 中的 cftool 工具对整合的散点集进行曲线拟合。一般认为，所有的曲线都可以由一个多项式表示，但本文在进行多项式曲线拟合后得到的结果较为冗长复杂，故将其舍弃，选择了较为简洁且拟合效果相当的幂指数型曲线（见图 6）。

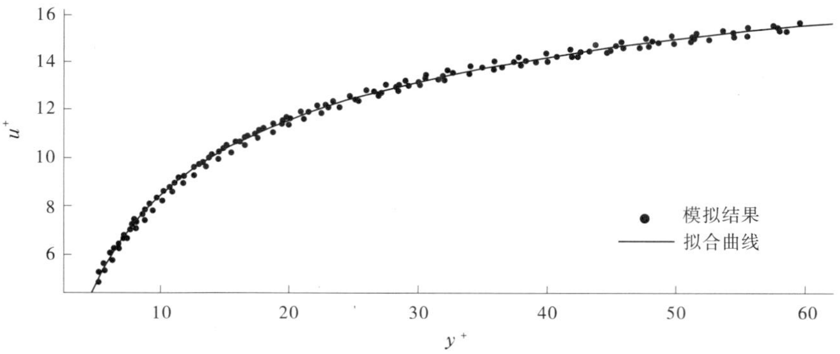

图 6　紊流缓冲区流速分布曲线拟合

本次拟合的曲线方程为

$$u^+ = -35.33(y^+)^{-0.2445} + 28.57 \tag{10}$$

该曲线拟合的决定性系数 $R^2=0.9976$，证明所选曲线的拟合度较高。综合前文所述，黏性底层的线性分布，紊流缓冲区的流速分布以及紊流充分发展区的对数律布，可以得到一个近壁区紊流流速分布的统一函数式：

$$u^+ = \begin{cases} y^+ & y^+ \leqslant 5 \\ -35.33(y^+)^{-0.2445} + 28.57 & 5 < y^+ < 60 \\ 2.5\ln y^+ + 5.5 & y^+ \geqslant 60 \end{cases} \tag{11}$$

5　结　论

本文采用大涡模拟方法和分离涡模拟方法分别对不同雷诺数以及不同网格密度工况下的圆管均匀不可压缩紊流进行数值模拟。通过对模型计算结果进行分析比较，选择分离涡数值模拟，并对其紊流缓冲区计算结果进行无量纲化处理。最后用曲线拟合的方法，得到圆管均匀不可压缩紊流缓冲区的流速分布公式。结果表明：

（1）在二维网格密度为 36 万的情况下，运用大涡模拟方法能够对雷诺数低于 5 000 的圆管均匀不可压缩紊流进行较好的模拟；而随着雷诺数的增加，大涡模拟方法网格的要求将呈指数倍增加，即使二维网格密度达到 150 万，采用大涡模拟方法的模拟效果仍然微乎其微。而采用分离涡模拟方法可以在 36 万网格密度下将可模拟的雷诺数提高到 40 000 甚至更高。

（2）采用分离涡模拟方法分别对雷诺数为 5 000、10 000、20 000、30 000、40 000 的圆管均匀不可压缩紊流进行了模拟计算。整理计算结果并进行曲线拟合得到了圆管不可压缩紊流缓冲区的流速分布公式及近壁区紊流流速分布的统一函数式。

参考文献

[1] Tieghi L, Corsini A, Delibra G, et al. A machine-learntwall function for rotating diffusers[J]. Turbomach, 2021.

[2] Brian J, Cantwell. A universal velocity profile for smooth wall pipe flow[J]. Journal of Fluid Mechanics, 2019, 878: 834-874.

[3] Hajipour A. Lavasani A M, Yazdi M E, et al. Investigation of Wall Function Effects on Aerodynamic Characteristics of Turbulent Flow Around a Simplified High-Speed Train[J]. International Journal of Heat and Technology, 2021, 39(1).

[4] 俞建阳,王若玉,陈浮,等.不同亚格子模型的对比分析及其运用[J].工程热物理学报,2016,37(11):2311-2318.

[5] 王志勇,范余明,孙群,等.基于分离涡模拟的对转舵桨水动力性能数值分析[J].船舶,2019,30(3):11-20.

[6] Chaouat, Bruno. The State of the Art of Hybrid RANS/LES Modeling for the Simulation of Turbulent Flows[J]. Flow turbulence and combustion, 2017, 99(2): 279-327.

[7] Eggels J G M, Unger F, Weiss M H, et al. Fully developed turbulent pipe flow: a comparison between direct numerical simulation and experiment[J]. Fluid Mech, 1994, 268: 175-209.

水上光伏对水面热平衡及水温的影响定量研究

陈小莉　段亚飞　纪　平　赵懿珺

（中国水利水电科学研究院，北京　100038）

【摘　要】 光伏正处于快速发展期，对环境的潜在影响亟待深入研究。本文从水体热量平衡角度出发，通过鱼塘水面实测获得了水面各热通量项的变化，并通过建立光伏区水体能量平衡方程，对水面热收支及水温变化进行了定量分析。结果表明，光伏遮挡造成的水面太阳总辐射能降低约50%，这部分能量减少值约有一半转化为水体蓄热量的减少，其余会通过其他热量调整散失到空气中，光伏造成下覆水体水温平均降幅在1 ℃量级。

【关键词】 光伏；水温；热平衡；太阳辐射

1　引　言

在双碳背景下，光伏发电正处于快速增长期。光伏发电需要占用大量的地表资源，利用废旧矿区水面、小型渔塘以及滩涂等涉水表面修建光伏电站在国内已有先例，滨海利用率不高的滩涂资源正成为新的光伏建设热点。光伏电站修建后，水面的太阳辐射、气温、湿度、风场等气象因素以及水体温度会发生改变，进而对水体生态环境产生影响。

目前，关于光伏对地表温度和局部气候的影响研究通常是一体化开展[1]，对于辐射影响的观测通常位于光伏板以上数米高度，将光伏板与地面作为统一的下垫面，通过观测分析光伏遮挡导致的地表综合反射率升高，以及太阳能电池板发热，造成局部气温上升，即“热岛”效应[2-5]。部分研究考虑了地表温度的影响，光伏电站吸收了部分太阳光能，且其遮蔽作用减少了光伏电站内地表接受的辐射能，造成站内地表土壤温度低于站外[6]。水上光伏对水温的影响与陆上地温的差别在于蒸发对水温的影响较大，G. Exley 等[7]采用模型方法，模拟了减小不同风速和辐射变化幅度下的水温结构变化，结果表明风速减小100%的增温效果（主要是蒸发散热减少）与辐射减小30%的降温影响可以互补。光伏对风的遮挡是造成蒸发减少的主要原因。赵鹏宇[8]依托乌兰布和沙漠东北边缘的光伏电站，研究了沙漠地区光伏电站的气流影响，结果表明，由于光伏电站的存在及其对地区温度影响，相关地域内风速较旷野处有明显变化，光伏阵列行道间、光伏组件前檐与后檐风速明显降低，下降幅度为19%~60%。光伏对水生态影响方面，Shiva Gorjian 等[9]指出光伏导致离岸植物中的盐沉积和藻类水华生长等重要问题，长期可能会导致功能退化，并对水生生态系统产生不利影响。A. Kumar 等[10]研究认为水库漂浮光伏遮光会影响负责氮转化的细菌活动，导致水中硝酸盐的积累。

水温是生物活动的重要物理指标，已有关于光伏影响水温方面的研究还是沿用以往局部气候影响的观测分析方法[11]，将水面与光伏板视为综合的下垫面，基于光伏板以上的辐射观测结果，通过大气热量平衡分析，以及不确定的光伏发电和发热能耗，间接定性分析对水体的影响，光伏对水体表面热收支和水温的定量影响评价计算方法还十分匮乏。本文研究从水面热收支及水体热量平衡视角开展，关注点从地面到光伏板以上整体空间缩小至光伏板下方的空间，直接开展光伏区水面接收的辐射以及风等的变化观测，并定量分析了水面热收支变化对水体温度变化的影响程度。

2 观测试验

2.1 观测布置

观测试验在连云港市赣榆区渔光互补鱼塘,附近的无光伏鱼塘作为对照组。对照组鱼塘设置气象站 A,测量水面以上 1.1 m 高处四分量辐射、散射辐射,以及水面以上 0.5 m、1.1 m 高处的气温、湿度和风速等参数,同时测量鱼塘水温,对照组鱼塘观测过程中实际水深为 1.6 m。光伏区设置气象站 B、C,分别位于光伏板正下方和光伏缝隙中部(见图 1),测量水面上 1.1 m 高处四分量辐射,0.5 m 和 1.1 m 高度处气温、湿度、风速,同时测量鱼塘水温,光伏区鱼塘观测期间水深为 1 m。观测时间为 2021 年 9 月 13 日至 10 月 7 日。

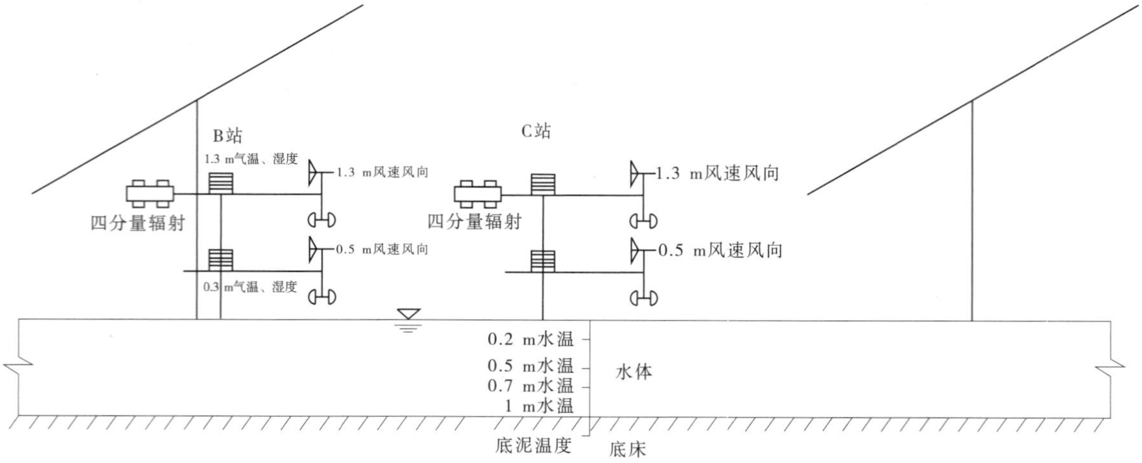

图 1 光伏区气象站 B、C 布置

2.2 主要观测结果

图 2 所示为三个气象站总辐射过程,可以看出板间组 C 比对照组 A 总辐射略小,A、C 两站日总辐射峰值范围大部分在 800~1 000 W/m²,板下组 B 总辐射值较 A、C 两组明显偏小,平均峰值约 70 W/m²。C 组位于板间受遮挡影响较小,B 组位于板下无法接收到太阳直射光,B、C 组平均值与 A 组相比,短波辐射减少约 50%。

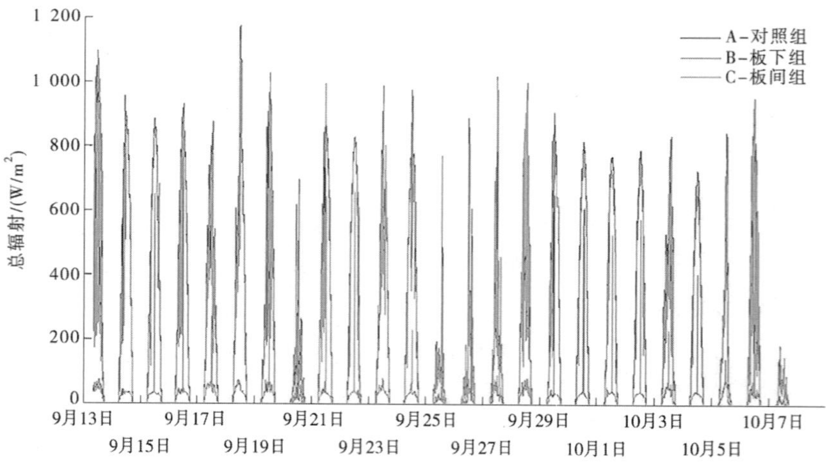

图 2 对照组和板间组气象站实测总辐射

图 3 所示为长波辐射过程。可以看出,大部分时段板下 B 组向下长波辐射远大于 A 组,平均高出

约 100 W/m²,板间 C 组向下长波辐射值高于 A 组,平均高出约 30 W/m²。由于光伏板在发电过程中板被加热至较高温度,B 组向下长波辐射观测位置距离光伏板较近,因而观测到的向下长波辐射中应包含了光伏板的辐射影响,即光伏板加热了局部的空气。

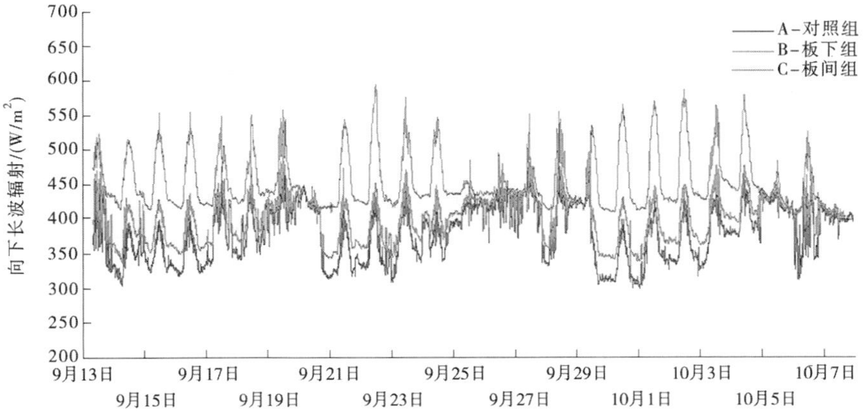

图 3　三组气象站向下长波辐射

图 4 和图 5 所示为光伏区风速与对照组对应高度处风速比值时间过程,表 1 中统计了光伏区 B、C 站风速与对照组 A 站风速比值统计结果。测量结果表明光伏区风速相比对照组有较大幅度的减小,光伏板前檐离水面高度约 1.3 m,110 cm 高度处离光伏板较近,板下 B 组受遮挡影响,风速明显小于板间 C 组,50 cm 高度处离光伏板较远,板下 B 组风速略大于板间 C 组,总体上看,光伏区风速与对照组相比,减小约 50%。

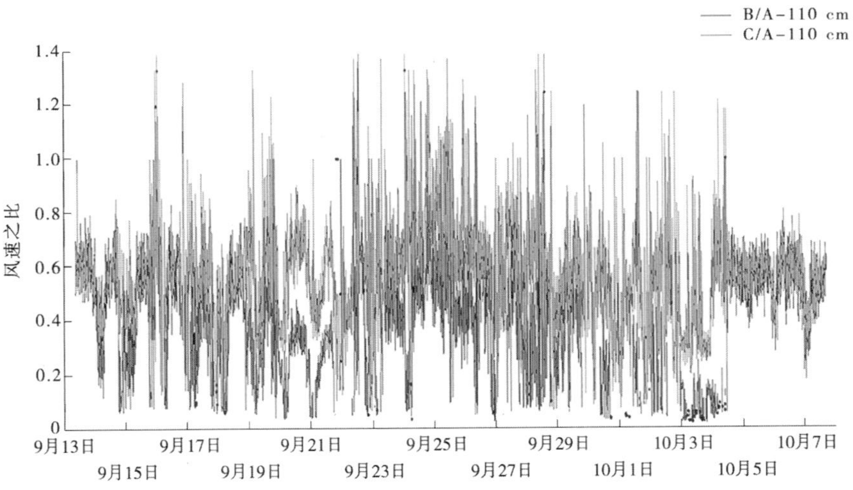

图 4　水面上 110 cm 光伏区与对照组风速之比

图 6 所示为光伏区和对照组鱼塘水下 0.5 m 深处水温对比,可以看出 A 组水温高于 B、C 组,B、C 组水温接近。统计结果表明,A、C 两组的水温差值多日平均约 1 ℃。A、C 两组水温日振幅差异不明显,多日平均 A 组约为 1.5 ℃,C 组约为 1.4 ℃。值得注意的是,对照组鱼塘水深为 1.6 m,光伏区鱼塘为 1.0 m,若不考虑光伏遮挡影响,此二者之间受太阳辐射影响的平均水温以及水温日波动幅度应存在差异,光伏区的鱼塘更浅,不受光伏影响的平均水温以及水温日波动幅度理论上均会大于对照组,因此增加光伏后鱼塘的水温日波动幅度应是减小的。

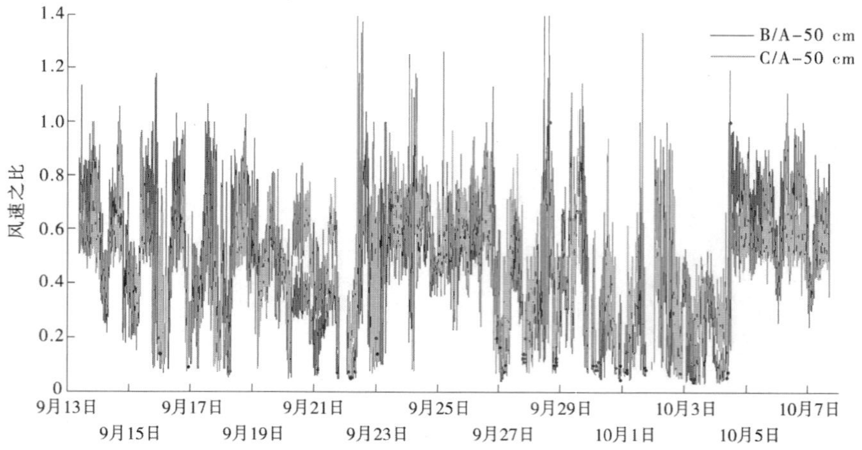

图5　水面上 50 cm 光伏区与对照组风速之比

表1　光伏区与对照组风速对比

测量高度	u_B/u_A		u_C/u_A	
	均值	标准差	均值	标准差
50 cm	0.49	0.24	0.47	0.16
110 cm	0.41	0.18	0.57	0.17

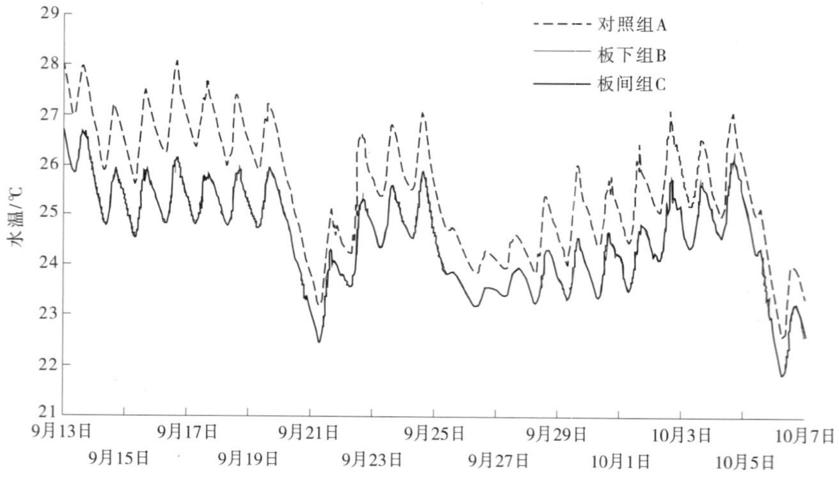

图6　三组水面下 0.5 m 水温对比

3　光伏区水体能量平衡分析

光伏区水体受遮挡后，水面太阳短波辐射发生变化，相应水面各项热收支相比无遮挡自然水体均会发生变化。对封闭的鱼塘，忽略水体自身的流动以及底部传热的影响，水体的温度变化主要来源于水面热收支，水体热量平衡采用下式进行计算：

$$E^* = Q_G + Q_H + Q_E \tag{1}$$

式中，E^* 为水面净辐射；Q_H 为感热通量，即为地表与低层大气之间的对流热交换；Q_E 为潜热通量，即水面蒸发热交换；Q_G 为水体蓄热变化量。

地表吸收的净辐射(辐射差额)E^* 表示为

$$E^* = E_g\downarrow + E_l\downarrow - E_r\uparrow - E_l\uparrow \tag{2}$$

式中，$E_g\downarrow$ 为向下短波辐射；$E_r\uparrow$ 为地面短波反射辐射，是总辐射到达地面后，经下垫面向上反射的那部分短波辐射；$E_l\downarrow$ 为向下长波辐射；$E_l\uparrow$ 为向上长波辐射。

$E_g\downarrow$、$E_r\uparrow$、$E_l\downarrow$、$E_l\uparrow$ 上述四个分量可以通过四分量辐射表测量获得，也可以通过公式计算得到。

Q_G 采用实测分层水温计算得到：

$$Q_G = [(\sum \rho c \cdot H \cdot T)_{t2} - (\sum \rho c \cdot H \cdot T)_{t1}]/(t_2 - t_1) \tag{3}$$

式中，ρ 为水的密度；c 为水的比热；H 为水深；T 为水温；t_2-t_1，t_2 与 t_1 时刻的水体内能差即为水体蓄热量变化值。

潜热通量 Q_E 和感热通量 Q_H 准确测量较为困难，采用波文比能量平衡法进行计算。Q_E 通过单位时间蒸发量得到：

$$Q_E = L_v \rho f(u) \cdot (e_s - e_a) \tag{4}$$

式中，ρ 为水的密度；L_v 为蒸发潜热；$f(u)$ 为风速函数，采用国内较为常用的闵骞[12]修正风速函数公式；e_s 为水面饱和水汽压力；e_a 为空气中水汽压力。

显热（对流）通量 Q_H 采用波文比得到：

$$Q_H = 0.62 \frac{P_a}{1\,000} \frac{T_s - T_a}{e_s - e_a} Q_E \tag{5}$$

式中，P_a 为大气压力；T_s 为水温；T_a 为气温。

采用光伏区鱼塘观测的净辐射通量、气温、湿度、风速和气压等，分别得到式（2）、式（4）、式（5）中的 E^*、Q_E 和 Q_H，再根据式（1）和式（3）求解水温过程。图 7 所示计算水温（忽略垂向变化）与水下 0.5 m 水深处实测水温的对比，计算水温与实测水温平均偏差在 0.5 ℃以内，计算水温与实测水温的偏差始终保持在特定区间，未随时间出现大的累积性偏移，说明采用能量平衡计算公式和光伏板下实测气象参数可用于分析光伏遮挡区水体能量平衡。计算水温与实测水温有系统偏差，原因可能是由于忽略了水体与鱼塘底部之间的热交换，以及光伏板下长波辐射观测值可能受到发热光伏板辐射影响，略有偏大。

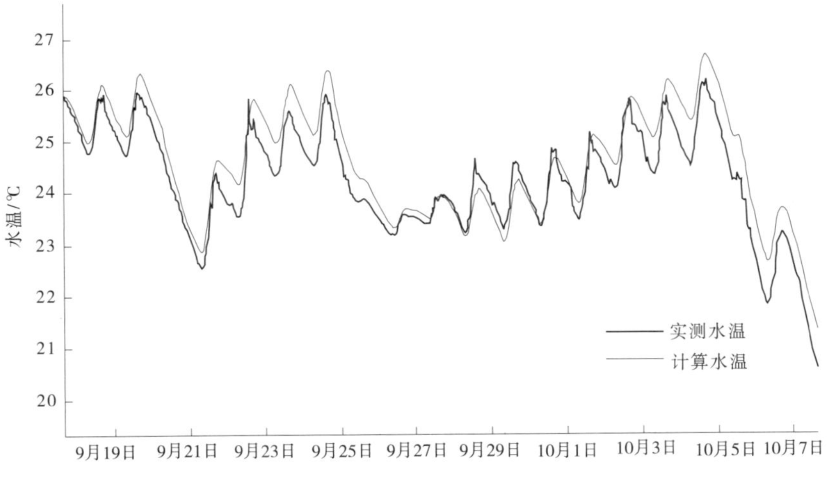

图 7　光伏区计算水温与实测水温对比

水面热通量中，太阳短波入射辐射是最主要的分量，是所有其他项的能量来源。太阳辐射发生在白天，水体温度从低谷至高峰的变化出现在早上 7:30 至下午 17:00 之间，与太阳辐射时间基本重合，光伏板对短波辐射的阻挡是造成水体温度变化的主要原因，采用早上 7:30 至下午 17:00 间热通量值进行求和可得到每日日间累积值。图 8 所示为光伏区相比对照组各热通量分项及水体蓄热量减小值与短波辐射入射减小值的比例关系，可以看出水体蓄热量损失值约占短波辐射能损失的 50%，短波辐射能损失的其余部分通过表面各热通量减小散失到大气中，其中蒸发散热减小占比仅次于水体蓄热量减小占比。

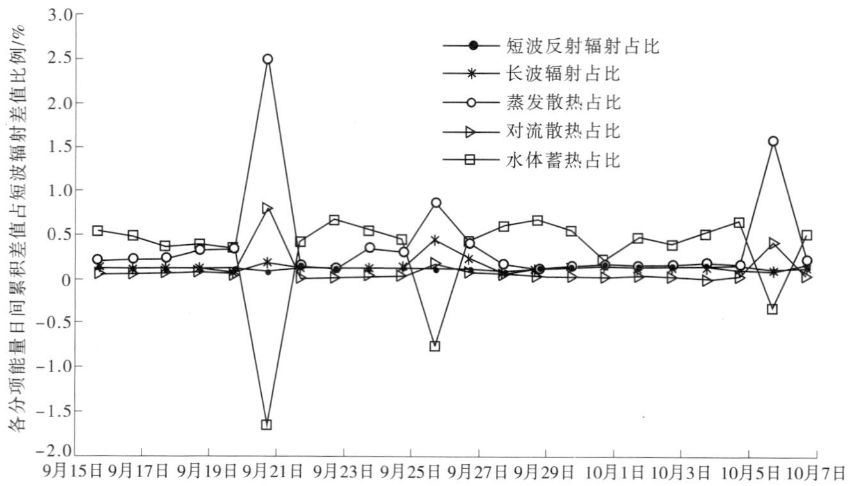

图8　短波入射辐射减小部分在日间各分项累积能量中的分配

4　结　论

本文通过现场实测,得到了水上光伏对太阳辐射和水面风速等关键因素的影响,试验观测表明,相比对照组,光伏区太阳辐射整体降低,比例达50%,风速降低比例达50%~60%,光伏遮挡会造成水温下降。对光伏区水体采用波文比能量平衡法计算了蒸发和对流热通量,并通过试验数据验证该方法具有合理性。通过能量平衡分析,得出光伏区水面接收太阳辐射能的减小量,有约50%转化为水体蓄热的减少,其余通过其他热通量项的调整散失至空气中,其中蒸发散热减小所占比例仅次于水体蓄热减小占比。在后续进一步对太阳短波辐射减小和风速减小折减系数量化分析的基础上,利用本文提出的能量平衡分析方法,可预测水上光伏修建对水体热平衡和水温的影响。

参考文献

[1] 李芬,杨勇,赵晋斌,等.光伏电站建设运行对气候环境的能量影响[J].气象科技进展,2019,9(2):71-77.

[2] Broadbent A M, Krayenhoff E S, Georgescu M,et al. The Observed Effects of Utility-Scale Photovoltaics on Near-Surface Air Temperature and Energy Balance[J]. Journal of Applied Meteorology and Climatology,2019,58(5):989-1006.

[3] Junxia Jiang, Xiaoqing Gao, Qingquan Lv, et al. Observed impacts of utility-scale photovoltaic plant on local air temperature and energy partitioning in the barren areas[J]. Renewable Energy,2021,174:157-169.

[4] 杨丽薇, 高晓清, 吕芳, 等. 光伏电站对格尔木荒漠地区太阳辐射场的影响研究[J]. 太阳能学报, 2015,36(9): 2160-2166.

[5] 高晓清, 杨丽薇, 吕芳, 等. 光伏电站对格尔木荒漠地区土壤温度的影响研究[J]. 太阳能学报, 2016,37(6): 1439-1445.

[6] 高晓清, 杨丽薇, 吕芳, 等. 光伏电站对格尔木荒漠地区空气温湿度影响的观测研究[J]. 太阳能学报, 2016, 37(11): 2909-2915.

[7] Exley G , Armstrong A , Page T , et al. Floating photovoltaics could mitigate climate change impacts on water body temperature and stratification[J]. Solar Energy, 2021, 219(3).

[8] 赵鹏宇. 光伏电板对地表土壤颗粒及小气候的影响内蒙古农业大学[D].呼和浩特:内蒙古农业大学,2016.

[9] Shiva Gorjian, H. Sharon, Hossein Ebadi,et al. Recent technical advancements, economics and environmental impacts of floating photovoltaic solar energy conversion systems[J]. Journal of Cleaner Production,2021,278:124285.

[10] Kumar A, Ng DHP, Bairoliya S, et al. The Dark Side of Microbial Processes: Accumulation of Nitrate During Storage of Surface Water in the Dark and the Underlying Mechanism[J]. Microbiol Spectr. 2022 Feb 23;10(1):e0223221.
[11] Li P, Gao X, Li Z, et al. Physical analysis of the environmental impacts of fishery complementary photovoltaic power plant [J]. Environ Sci Pollut Res 2022, 29, 46108-46117.
[12] 闵骞. 道尔顿公式风速函数的改进[J]. 水文, 2005, 025(1):37-41, 61.

大型灌区信息化管理平台建设架构思考

李亦凡[1]　王璞如[2]　陈　萌[3]　史　源[1]

(1. 中国水利水电科学研究院,北京　100038;
2. 水利部水土保持监测中心,北京　100055;
3. 中国水利报社,北京　100038)

【摘　要】 大中型灌区作为国家水网"最后一公里",发挥着重要的水利基础设施作用,2021 年国家启动了大型灌区续建配套与现代化改造项目,信息化管理平台建设是其重点内容之一。大型灌区信息化管理平台建设应结合灌区业务需求实际,因地制宜、实用先行、适度超前、有序推进。本文结合我国大型灌区运行管理对信息化建设的需求,提出信息化管理平台的建设思路及原则,并重点从立体感知体系、智能应用体系、信息服务平台和支撑保障体系四部分阐述了信息化平台建设架构,以期为大型灌区续建配套与现代化改造工作的实施提供参考与借鉴。

【关键词】 大型灌区;信息化;管理平台;架构

1　引　言

灌区现代化是国家现代化和农业现代化的重要组成部分,2021 年国家启动了大型灌区续建配套与现代化改造项目,信息化管理平台建设是其重点内容之一,要提高灌区管理和用水调度的自动化、智能化、智慧化水平,需要通过创新驱动实现管理服务升级。通过灌区信息化管理平台建设及应用,实现灌区工情和水情实时全面数据响应,加强骨干渠系的水量科学调度和合理配水,努力提升灌区工作的预报性、预警性、预演性、预案性,不断提高灌区工程运行效率和安全监控水平[1-2]。

我国于 2002 年启动大型灌区信息化建设试点工作,在全国部分灌区开展了试点建设,相关灌区在水雨情测报、工情监控、作物需耗水监测及数据传输方面进行了灌区信息化管理技术开发应用试点,为灌区管理人员及时掌握灌区水资源情况、工程运行管理情况、用水户水资源供需分析等情况提供了较为有效的管理手段和工具[3]。"十三五"期间,基于大型灌区续建配套与节水改造、农业水价综合改革、灌区自动化信息化提升改造等项目,我国部分大型灌区围绕渠道/管道量测水系统改造、泵站/闸门自动化监控升级、信息化管理平台建设等方面开展了相关工作,进一步积累了灌区信息化运行管理经验。目前,在国际上,美国、日本、丹麦等国家已经构建了成熟的灌区规划及信息化管理体系,在灌区水量控制、水质监控、灌溉水资源高效利用、内部循环等方面形成了较为成熟的信息化管理模式[4-5]。目前,我国灌区的信息化程度还比较低,量测控设施覆盖率不足、缺乏统一的标准,与发达国家有较大的差距,距离现代化灌区信息化管理乃至智慧化管理的业务需求还存在一定差距[6]。大型灌区信息化管理平台的建设,应充分应用物联网、大数据、云计算、人工智能等新兴信息技术[7],紧密结合灌区业务需求实际,因地制宜、实用先行、适度超前、有序推进,不断提高灌区工程运行效率和安全监控水平,逐步实现灌区管理和用水调度的数字化、智能化和智慧化[8]。

基金项目:中国水科院基本科研业务费专项项目——团队建设及人才培养类项目(AU0145B012021)

2　灌区信息化管理平台建设思路

党中央“十四五”规划建议提出，要加强数字社会、数字政府建设，提升公共服务、社会治理等数字化智能化水平。水利部提出，实施国家水网重大工程，提升水资源优化配置能力；加强大中型灌区续建配套和现代化改造，打造一批现代化数字灌区。大中型灌区作为国家水网“最后一公里”，发挥着重要的水利基础设施作用[9]。因此，在大中型灌区续建配套和现代化改造工程实施中，信息化管理平台建设应以实现“数据信息共享，配置调度合理，管理智能优化，工作效率提升”为目标，依托现代化物联网技术、3S 技术、云计算存储、大数据技术和软件应用技术，建立较为完善的信息化管理体系，实现灌区水资源管理、工程管理、取用水管理、运行管理、防灾减灾管理的智能化处理和人工辅助决策，提供特定用户特定信息，实现被动浏览变主动推送信息，方便多层级多行业数据交互，同时，在这个基础之上的信息化系统具备连续发展、持续扩张的能力，也充分考虑了迁移至更上层云平台的可行性，符合信息化技术发展及水利行业管理的方向[10-11]。

3　灌区信息化管理平台建设原则

大型灌区信息化管理平台建设应遵循“四统一”原则[11]：

(1)统一规划，分步实施。大型灌区运行调度管理涉及工情监控管理、灌溉运行管理、水费计收管理、生产及运维管理等相关业务，各业务平台的建设应统筹推进、协调一致，尽可能考虑近期与远期，现状与未来，急用先行、分布实施。

(2)统一整合，优化资源。按照业务实际整合灌区管理局、管理科室、灌溉管理站等数据信息，充分利用现有信息化建设成果，在此基础上进一步强化云计算及存储、物联网及数据通信等网信基础设施建设，构建协调统一的智慧水管理体系，实现基础设施及资源的共享。

(3)统一标准，充分共享。数据及通信标准应遵循国家、行业等有关规范及标准，并且兼顾相关软硬件平台的集成及二次开发需求，应具备较强的兼容性及跨系统、跨平台能力。数据库的建设应按照架构一致、接口统一、保证交换的原则，兼顾分布式与集中有效结合的系统平台，充分实现信息共享。

(4)统一部署，便于维护。数据体系及系统平台应统一部署，开发及应用过程应充分考虑平台的管理便捷性、开放兼容性、升级扩展性及故障的可排除性。可以迅速定位软件数据错误和硬件故障，满足软硬件平台根据业务扩展而不断升级的需求，具备符合业务需求的系统及数据开放性，实现整个系统平台的可管理性。

4　灌区信息化管理平台建设架构

大型灌区信息化管理平台建设架构内容主要包括立体感知体系、智能应用体系、信息服务平台和支撑保障体系四部分。立体感知体系应采用多样化的监测手段，自动采集与人工采集相结合，直接监测与相关行业来源间接监测相结合，常规监测与应急监测相结合，针对不同管理对象，监测、采集不同的灌区运行管理数据内容；智能应用体系在立体感知体系采集数据的基础上，应根据取、供、用水管理的业务需要，实施智能仿真、智能诊断、智能预警、智能调度；建立基于物联网、云计算的水综合管理平台，为灌区的各关键业务提供统一业务信息管理平台，充分利用信息化手段有针对性地收集各类信息，对灌区实时运行数据、视频监控数据、日常管理等相关数据进行集中管理、统计分析、数据挖掘，为不同层面的供、用、排水运行管理者提供即时、丰富的运行信息；支撑保障体系采用统一数据标准，构建一体化的智慧网络、无线专用网络和视频监控系统为基准的应急传输网络，建立数据中心和云服务平台[11]。

大型灌区信息化管理平台建设总体架构见图 1。

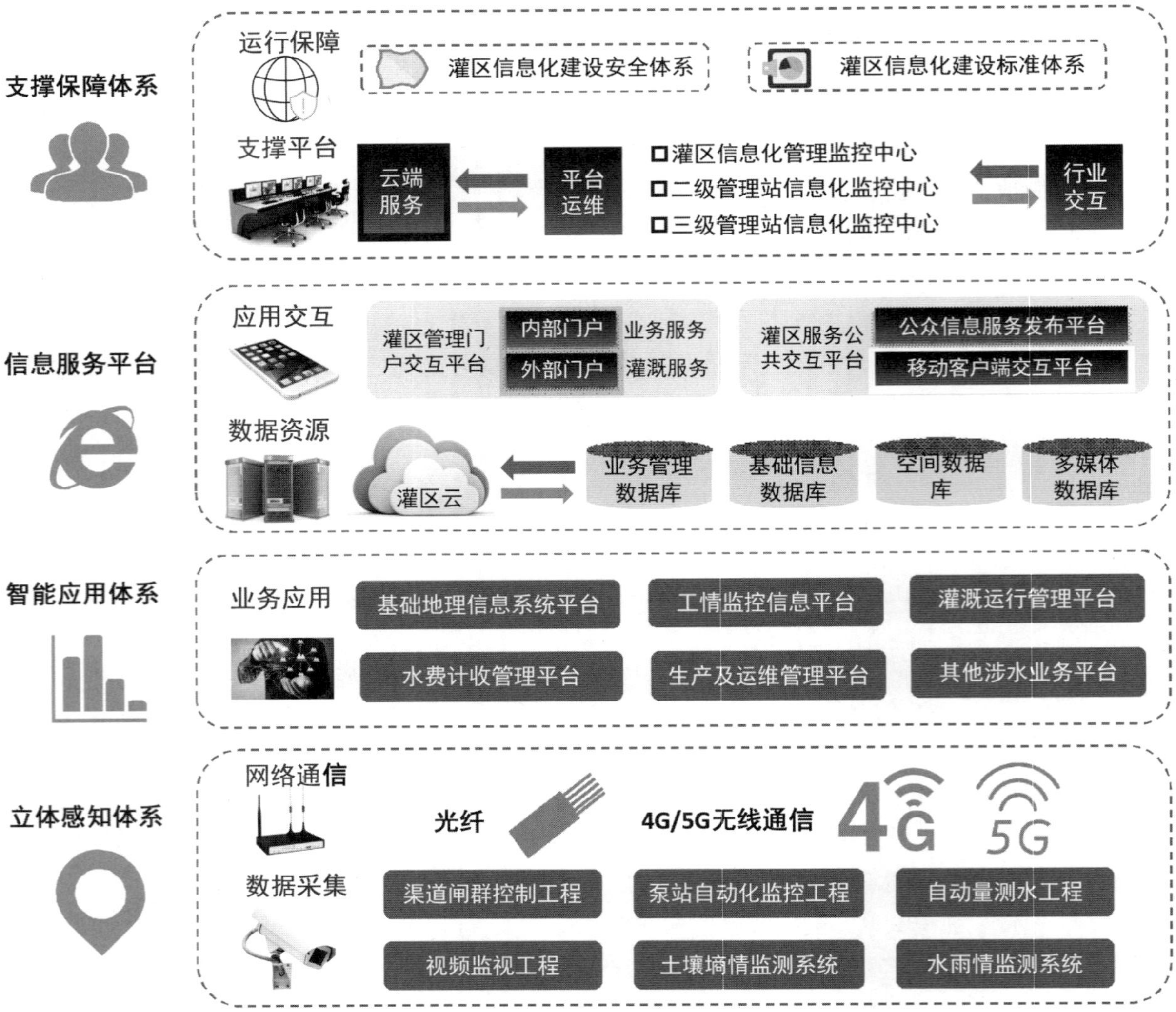

图 1　大型灌区信息化管理平台建设总体架构

4.1　立体感知体系

立体感知体系的主要建设内容是将灌区范围内涉及的相关量测控节点采集与感知的数据信息进行整合与反馈,包括灌区用水量信息、水文信息、输配水调度信息、水利工程信息、基础地理信息、遥感监测信息、渠道建筑物等工程矢量信息、用水与社会经济统计信息等相关信息的采集与立体感知。具体建设内容包括渠道闸群控制工程、泵站自动化监控工程、自动量测水工程、视频监控工程、土壤墒情监测系统及灌区水雨情监测系统,以及配套的数据传输网络系统,将灌区范围内涉及的上述相关量测控节点采集与感知的数据信息进行整合与反馈,从而构建集信息采集-信息传输-用水决策-信息反馈-智能控制为一体的灌区智能化管理系统。

立体感知体系采集的数据主要包括灌区基础 GIS 数据(卫星影像、DEM、地形图等)、灌区静态基础数据(水工建筑物及渠/沟/管网节点及拓扑关系)、灌区动态监测数据(量测控监测控制数据)等,形成数据流,通过分级数据传输及共享,作为灌区管理局及泵站/渠道管理站供水决策及配水调度的数据支撑,并实现上级部门数据共享,以及与农业、住建、生态环境等业务部门的数据交互,灌区数据流程见图 2。

4.2　智能应用体系

智能应用体系是灌区智慧水管理体系的核心组成部分。通过立体感知体系提供的信息及数据,使用模块化结构,以软件平台方式提供业务智能应用功能,并集成整合至统一的应用服务平台,根据授权级别,实现分级业务管理和灌区工程运行监控管理。具体建设内容包括基础地理信息系统平台、业务应

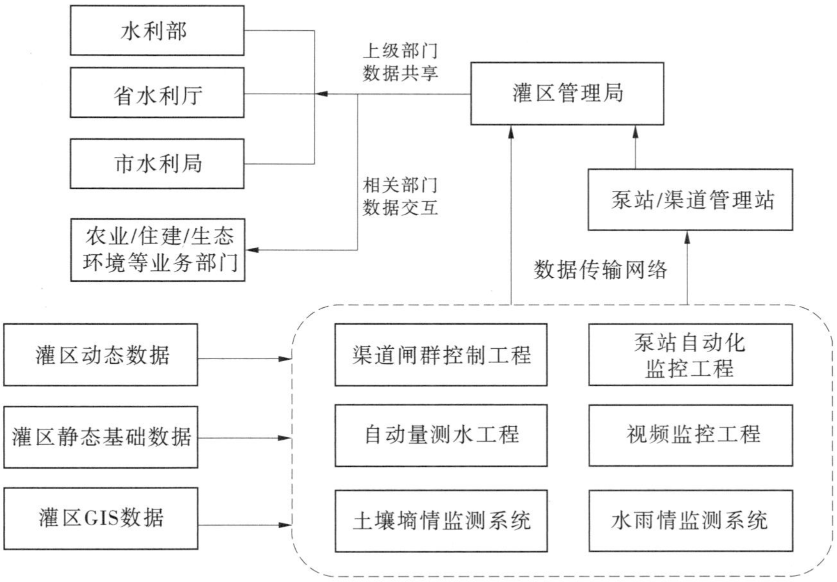

图 2 灌区数据流程

用交互平台和其他涉水业务平台 3 类平台系统，其中业务应用交互平台又包括工情监控管理平台、灌溉运行管理平台、水费计收管理平台、生产及运维管理平台 4 个子类的信息化平台，智能应用体系建设拓扑结构见图 3。

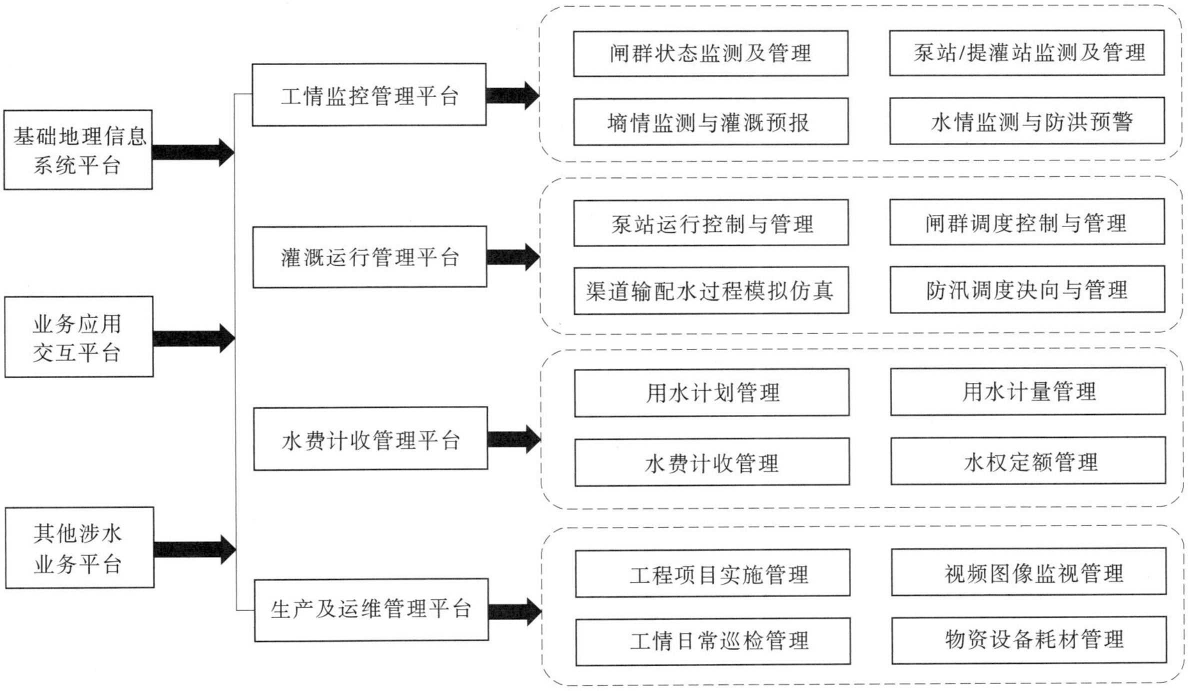

图 3 智能应用体系建设拓扑结构

4.3 信息服务平台

信息服务平台依托立体感知体系和智能应用体系的建设，通过数据资源融合平台和决策服务支持平台进行建设，是智慧水管理体系的数据管理及决策支持服务终端，主要通过“灌区云”数据中心的建设及应用实现功能。“灌区云”数据中心主要承担着数据的接入、存储、管理、交换和数据支撑等任务。根据建设需求,将数据资源信息分为四大类,主要包括业务管理数据库、基础信息数据库、空间数据库、多媒体数据库,数据通过通信网络层统一上传至“灌区云”数据中心,各级应用平台根据功能及权限进行数据的查询及编辑[9]。“灌区云”数据库设计结构见图4。

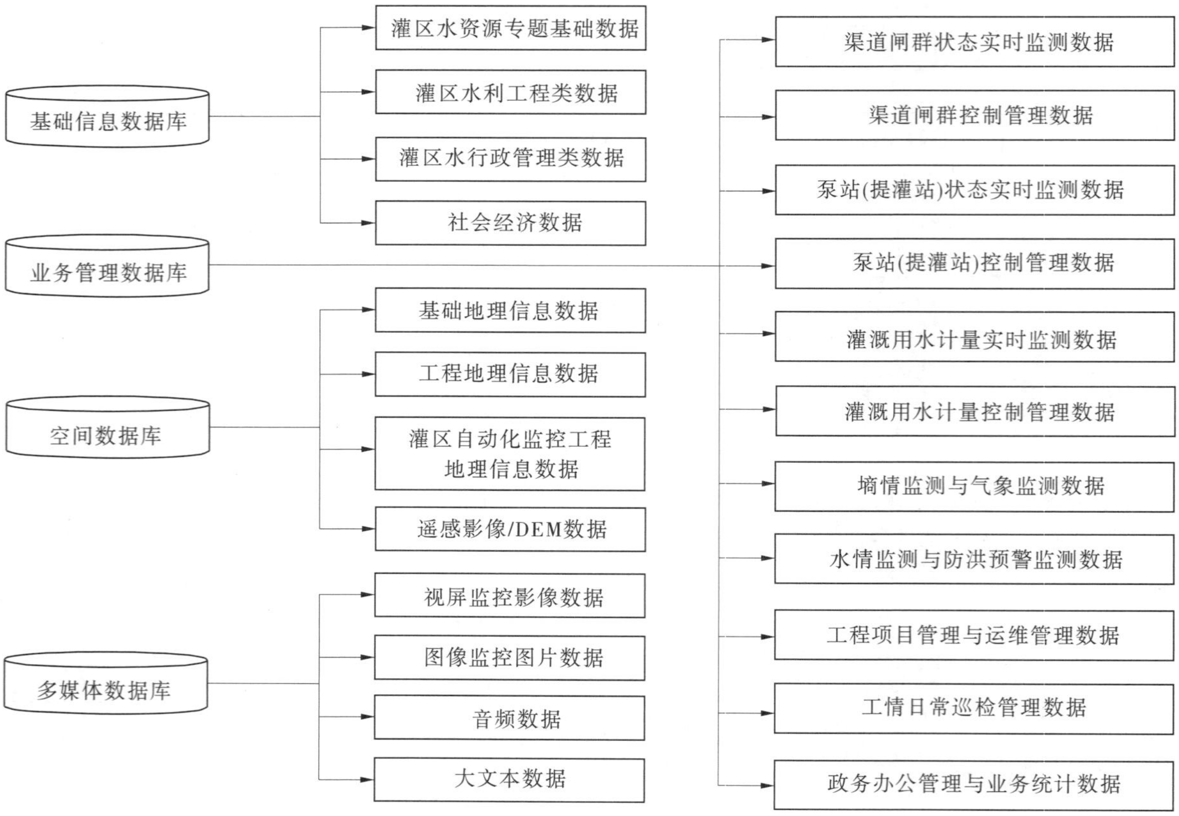

图4 “灌区云”数据库设计结构

4.4 支撑保障体系

支撑保障体系的建设内容依托灌区调度指挥中心及下属管理站监控中心建设来实现。支撑保障体系为灌区智慧水管理系统的部署、安装和使用提供基本的运行保障环境,主要包括网络系统设计、应用支撑环境、监控会商环境、系统安全设计[13]。调度指挥平台提供灌区立体感知体系数据展示、信息预警、会商协调、指挥决策等功能。网络系统平台通过安装、部署系统,传输监控数据,联接内部和外部用户,与其他系统进行数据交换。应用支撑环境通过购置商业软件,为系统提供软件安装环境、数据存储环境、数据交换机制、消息传递服务、工作流引擎、报表服务、空间数据引擎等。运行保障体系进行标准规范体系、安全体系建设设计,形成系统规范及全保障体系,确保系统安全运行。

5 结 语

依靠传统的人工经验管理方式难以对灌区工程系统进行安全、及时、高效、精准和经济的运行管理,也难以实现水资源的优化配置和高效利用[10]。结合大型灌区续建配套与现代化改造的实施,按照“需求牵引、应用至上”的要求,加快配套建设灌区信息化管理平台,实现灌区管理由依靠人工经验向数字化智慧化管理的转变,将更好地实现灌区智慧化科学决策和优化运行调度,充分发挥大型灌区综合效益。

参考文献

[1] 党平."十四五"大中型灌区现代化改造要抓好重点工作[J].中国水利,2021(11):66.
[2] 陈明忠.加快推进灌区现代化改造促进灌区高质量发展[J]. 中国水利, 2021(17):1-3.
[3] 高占义.我国灌区建设及管理技术发展成就与展望[J]. 水利学报, 2019, 50(1):88-96.
[4] 许迪,龚时宏.大型灌区节水改造技术支撑体系及研究重点[J].水利学报,2007(7):806-811.
[5] Li Mo, Guo Ping, Hang Liudong, et al. Multi-dimensional critical regulation control modes and water optimal allocation for irrigation system in the middle reaches of Heihe River Basin, China [J]. Ecological Engineering, 2015, 76:166-177.
[6] 王超,王沛芳,侯俊,等.生态节水型灌区建设的主要内容与关键技术[J].水资源保护,2015,31(6):1-7.
[7] 张彦宏,付银环,贾兆宾,等.河北省智慧灌区建设研究[J].河北水利,2020(8):28-29.
[8] 倪文进.大中型灌区现代化建设需处理好几个问题[J]. 中国水利, 2020(9):6-7.
[9] 纪平.粮安天下 水溉沃壤[J].中国水利,2021(17):1.
[10] 高占义,王云辉. 大型灌区现代化改造的策略与技术选择[J]. 中国水利, 2021(17):8-11.
[11] 中国灌溉排水发展中心,水利部水规总院.大型灌区续建配套与现代化改造实施方案编制技术指南[R/OL].(2020-03-24)[2022-09-01].http://www.jsgg.com.cn/Index/Display.asp? NewsID=24770.
[12] 贺茜. 基于大数据分析的智慧灌溉系统研究与实现[D].成都:电子科技大学,2020.
[13] 卫伟,史源,张雪萍.北赵引黄灌区续建配套与现代化改造建设思路与布局[J]. 山西水利,2021,37(5):14-15,18.

高含沙水流冲击射流消能概化模型试验研究

樊顾飞　王芳芳　孙振兴　孙晨光　张维乐

(南京水利科学研究院,江苏南京　210029)

【摘　要】 本文通过自主设计模型试验,模拟不同含沙量水体在不同水位、不同水垫深度下对底板的冲击情况,对冲击力按时序进行采集。对数据进行多角度、多维度的分析。结果表明,在 100 kg/m^3 和 200 kg/m^3 的高含沙水体冲击射流消能过程中,在水垫深度充分时,含沙量浓度越高,冲击压力与脉动压力越小;水垫深度不充分时,含沙水体密度变化对冲击压力的影响更显著。将所得出的结论成果应用于实际工程,以期在应用中对高含沙水流泄洪消能问题起参考作用。

【关键词】 高含沙水流;冲击射流;水垫塘;冲击力

1 引　言

我国是水资源储备大国,总储备量达 2.8 万亿 m^3,占世界水资源总量的 6%,居世界第六位。我国水力资源十分丰富,理论蕴藏量达 6.94 亿 kW,占世界水力资源总量的 14%,居世界首位[1]。截至 2017 年,我国已开发的水力资源为 34 119 万 kW,年发电量为 11 945 亿 kW · h[2]。为开发水力资源,改革开放后,我国已建、在建以及拟建一系列高坝大型水利枢纽工程,如二滩(240 m)、小湾(292 m)、溪洛渡(278 m)、构皮滩(225 m)、拉西瓦(250 m)、锦屏一级(305 m)等。这些工程坝址多选在高山狭窄河谷,水文地质条件复杂、洪水峰高量大的河流中,因此对设计与施工,尤其是对泄水建筑物位置的选择和泄洪消能设施的安全设计提出更高的要求。

黄河流域大部分河流汛期的含沙量都非常高,黄河干支流上,汛期常出现含沙量在数百千克每立方米甚至 1 000 kg/m^3 以上的高含沙水流[3],一些支流的年平均含沙量接近 500 kg/m^3,实测最大值达到 1 500~1 600 kg/m^3[4]。高含沙洪水因含沙量高,其物理特性、运动特性上往往有别于一般挟沙洪水,常引发某些水利工程泄洪异常现象。其频繁发生及其独特运动现象,使得高含沙水流运动特性和输沙机制在 20 世纪 50 年代引起了国内外学者的关注。在欧美国家,Engelund、Bagnold、Einstein 等奠定了高含沙水流学科的基石,我国老一代的科学家(如张瑞瑾、沙玉清、钱宁等),逐步发展与完善了这一学科的理论体系。近几十年来,国内外学者也在对高含沙水流问题进行研究,但其水力特性的研究难度较大,在实际工程中,高含沙水流存在流量增加、洪峰滞后、水利工程建筑物破坏等问题,严重时可能会危及大坝自身的安全,造成不可挽回的悲剧。因此,对高含沙水流泄洪消能水力特性进行研究,在理论和工程应用方面具有重大意义。

近些年,高含沙水流领域仍不断有新的研究成果出现。Raza Fatahi-Alkouhi 等[5]建立了多元非线性回归模型、人工神经网络和自适应神经模糊推理系统两种智能模型,用于预测油池和冲刷潭底的动水压力均值和动水压力函数,并与冲击射流模型试验结果进行对照,计算结果对 70%~90% 的数据仅存在 20% 误差。Zhu C 等[6-8]研究了 2004~2005 年黄河下游洪水以及对明渠水槽内的高浓度细泥沙流体的试验,得出细颗粒高含沙水体在流动过程中因为水体黏度增大,与边界层间的阻力系数相对减小,且与含沙粒径、流量、水深等密切相关。J. S Scheingross 等[9]研究了天然瀑布挟沙运动过程,并进行模型试验,得出在下游水垫中,当水舌产生的动水压力过小时,泥沙颗粒会在池底沉降,对水垫底部结构产生保护作用。Manoochehr Fathi-Moghadam 等[10]建立冲击射流模型,研究粗糙壁面与光滑壁面对射流核心区域冲击强度的影响,并给出不同粗糙程度的壁面对核心冲击力、紊流强度的关系公式。Lian Jijian 等[11-12]通过模型试验,研究了高含沙水流在表孔与深孔出射时分别对水垫塘底板冲击压力、脉动压力等水力特性的影响,结果表明,水舌冲击区域的冲击压力、脉动压力与水体含沙量呈正相关。

2　研究内容

在文献[12]中,深孔射流对水垫塘的影响试验仅在下游水垫深度为 0.1 m(原试验应为 0.38 m)时进行,在此水垫深度下,水垫塘水体在水舌的冲击扩散作用下(见图 1 区域Ⅱ)向下游流动,导致冲击区域的水垫无法进行有效的消能掺混,试验结论在实际工程应用中缺乏指导性作用。针对此问题,本文通过建立冲击射流概化模型,对不同浓度的含沙水流进行试验,并通过分析得出具有广泛应用价值的指导性建议。

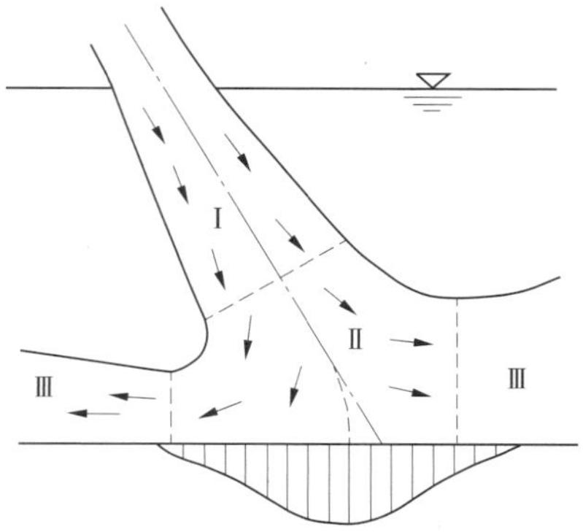

图 1　流型示意图

2.1　模型安装

本模型的试验装置如图 2 所示,分为上游和下游两部分,上游为直径 38 cm、高 120 cm 的圆桶,底部为圆锥漏斗形,出口为内径 3.2 cm 的圆管,长 25 cm,整体放置在水平钢架上。下游为冲击力采集系统,由 S 形拉压传感器组成,量程-49～49 N,输出频率最高为 2 kHz,承压面为 20 cm×20 cm,为防止底板扬压力的影响,上下板之间组成咬合状,但不碰撞;水垫塘的模拟采用可替换圆筒,直径 40 cm,替换不同大小的圆筒可以模拟出不同的水垫塘深度。采集系统为 DHDAS,采集频率设置为 100 Hz。

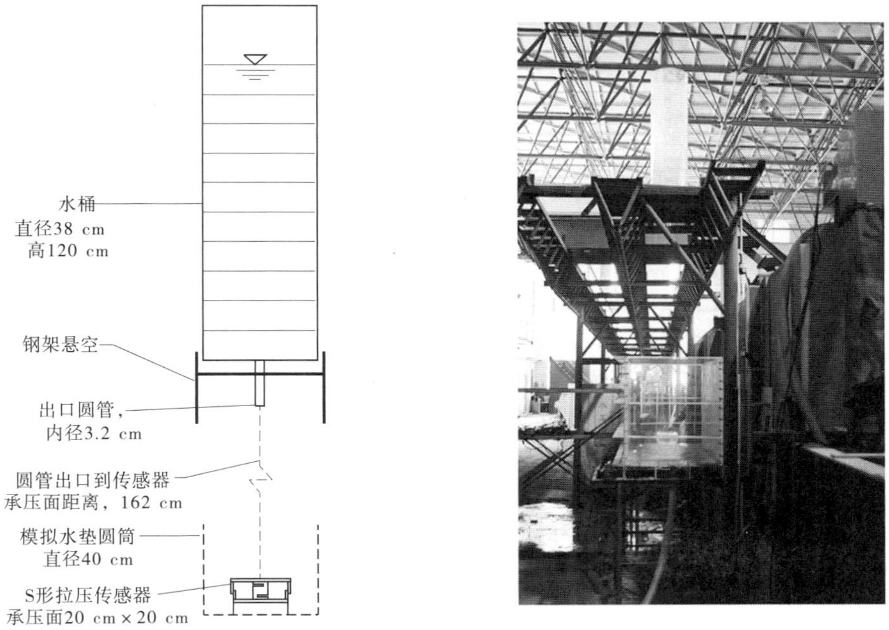

图 2　概化模型示意图

2.2　模型验证

在本模型试验中,需要验证直径 40 cm 圆桶概化的水垫塘是否会对承压面受力产生影响,因此对直径 40 cm 圆桶和 1 m×1 m 方形水面进行不同水垫深度的对照试验,试验过程如图 3 所示。试验结果表明(见图 4),本模型试验所采用 40 cm 圆桶对水舌冲击试验结果不产生显著不利的边界影响。

图 3　验证试验过程

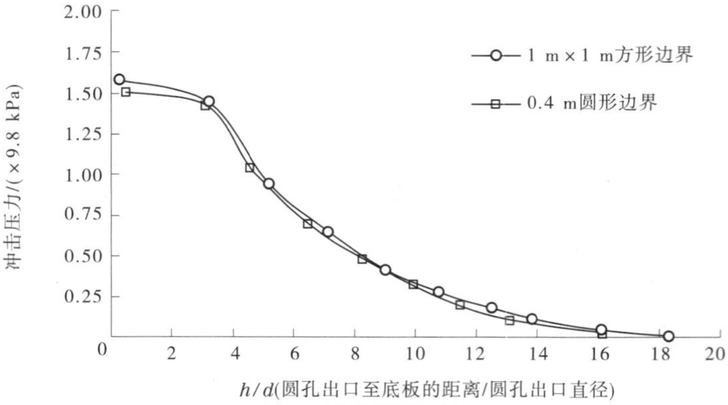

图 4　验证试验结果

2.3　试验安排

试验用沙采用黄河小浪底处采集的原型沙，粒径分布数据见表 1 和图 5。

表 1　试验用沙颗粒组成粒径分析

相对体积质量	颗粒组成粒径分析/mm						界限粒径	界限系数	
	>0.25	0.25~0.075	0.075~0.05	0.05~0.01	0.01~0.005	<0.005	中值粒径	不均匀系数	曲率系数
G_s							d_{50}	C_u	C_c
2.70	0	27.9%	21.3%	44.2%	2.5%	4.1%	0.049 mm	2.7	1.1

试验过程中，为保证水体含沙量均匀，在上游水桶内掺混均匀后立刻开始试验，减少泥沙沉积对试验结果的影响。

试验中根据时序采集，对不同含沙量(0、100 kg/m³ 和 200 kg/m³)的水体、不同水垫深度(0、12 cm 和 32 cm)的冲击工况进行试验，取同一上游水深时的冲击力与脉动进行对照分析，得出一般性结论。试验过程照片见图 6。

2.4　试验结果

2.4.1　冲击力结果

冲击力的试验结果如图 7、图 8 和表 2 所示，可得出以下结论：

(1)当水垫深度为 0 时，含沙量与冲击力的大小呈正比，以清水试验结果为基准，则 100 kg/m³ 和 200 kg/m³ 含沙量的水体分别平均增大 2.5%和 8.9%。

(2)当水垫深度为 12 cm 时，冲击力与含沙量无明显关系，以清水试验结果为基准，则 100 kg/m³ 和 200 kg/m³ 含沙量的水体产生的冲击力偏差为±3%。

(3)当水垫深度为 32 cm 时，以清水试验结果为基准，100 kg/m³ 的含沙水体冲击力平均增大

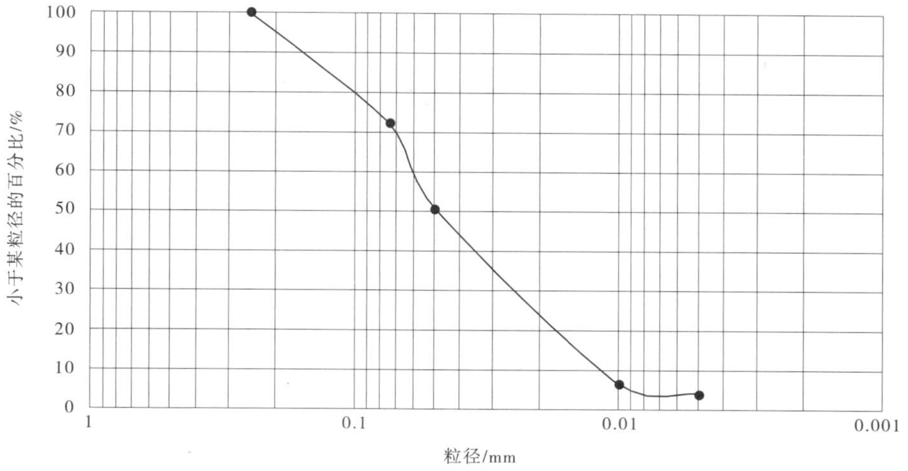

图 5　试验用沙粒径分布

图 6　不同水深冲击试验照片

7.7%，200 kg/m³ 含沙水体冲击力平均减小 24.2%。

（4）当进行不同水垫深度对冲击力影响分析时，清水与 100 kg/m³ 含沙水体的消能大致相当，偏差小于 3%，而对 200 kg/m³ 的含沙水体，在 32 cm 水垫深度时，对冲击力的减弱作用相当于清水的 132.7%。

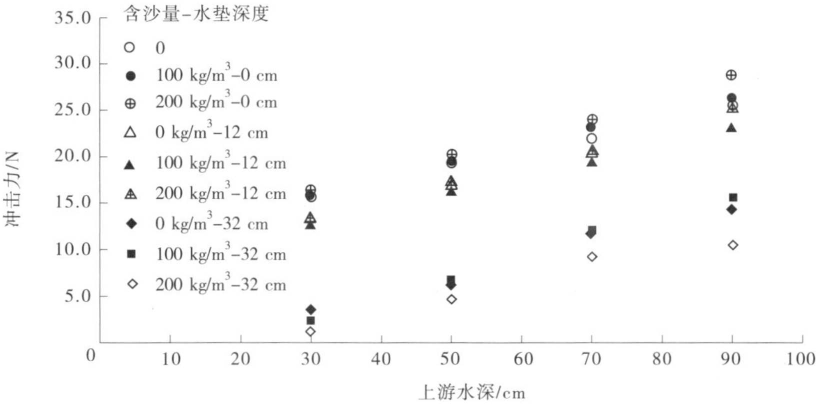

图 7　冲击力汇总

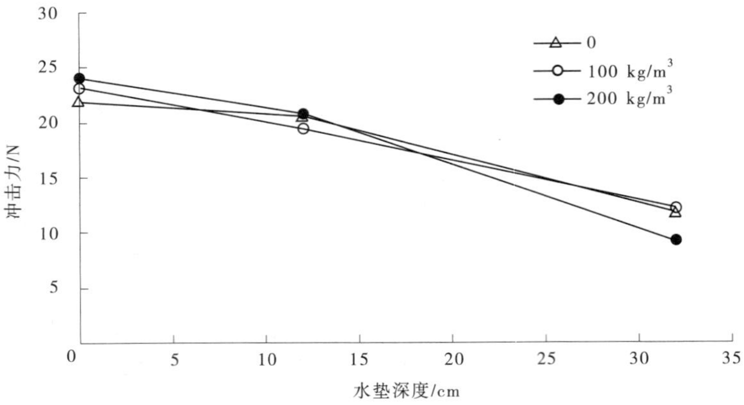

图 8 水垫深度对冲击力影响

表 2 冲击力汇总表 单位:N

上游水深/cm	水垫深度/cm								
	0			12			32		
	含沙量/(kg/m³)								
	0	100	200	0	100	200	0	100	200
90	25.57	26.36	28.78	23.10	23.12	25.37	14.26	15.79	10.55
70	21.97	23.19	24.06	20.50	19.44	20.80	11.72	12.14	9.15
50	19.41	19.66	20.30	17.09	16.54	17.51	6.24	6.79	4.70
30	15.74	15.80	16.36	13.47	12.84	13.64	3.69	2.34	1.28

2.4.2 脉动结果

脉动的试验结果如图 9、图 10 和表 3 所示,可得出以下结论:

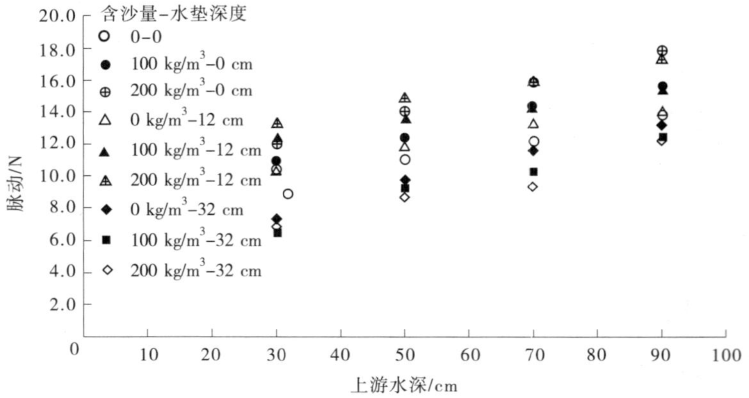

图 9 脉动汇总

(1)当水垫深度为 0 时,含沙量与脉动的大小呈正比,以清水试验结果为基准,则 100 kg/m³ 和 200 kg/m³ 含沙量的水体分别平均增大 12.0%和 28.7%。

(2)在水垫深度为 12 cm 时,含沙量与脉动的大小呈正比,以清水试验结果为基准,则 100 kg/m³ 和 200 kg/m³ 含沙量的水体分别平均增大 10.2%和 23.7%。

(3)在水垫深度为 32 cm 时,以清水试验结果为基准,则 100 kg/m³ 和 200 kg/m³ 含沙量的水体分别平均减小 8.2%和 13.0%。

(4)当进行不同水垫深度对脉动影响分析时,以清水时 32 cm 水垫深度与 12 cm 水垫深度对脉动削弱程度为基准,100 kg/m³ 和 200 kg/m³ 含沙量水体的削弱程度分别为清水的 2.5 倍和 4.0 倍。

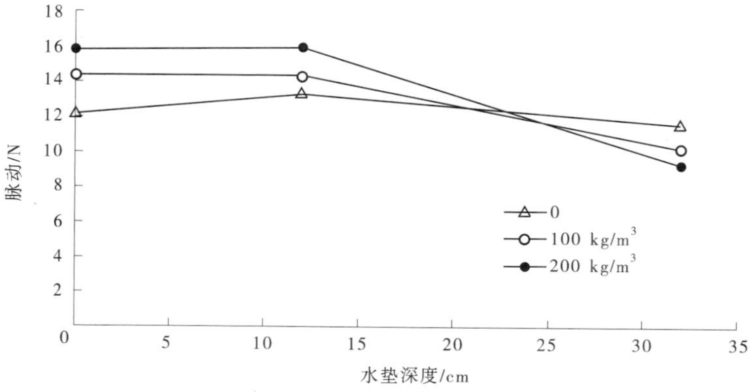

图 10　水垫深度对脉动影响

表 3　脉动汇总表

单位:N

上游水深/cm	水垫深度/cm								
	0			12			32		
	含沙量/(kg/m³)								
	0	100	200	0	100	200	0	100	200
90	13.80	15.62	17.79	14.10	15.45	17.32	13.16	12.31	12.17
70	12.16	14.34	15.83	13.28	14.34	15.96	11.63	10.26	9.32
50	11.03	12.37	14.02	11.98	13.56	14.88	9.76	9.14	8.64
30	10.41	10.89	12.03	10.43	12.40	13.33	7.30	6.48	6.87

3　结　论

(1)当水垫深度为 0 和 12 cm 时,含沙量与冲击力的大小成正比,含沙量越大则冲击力越大,与文献[12]的试验结果相一致,且冲击力的变化量与含沙量导致的水体密度变化量密切相关。但在水垫深度为 32 cm 时,冲击力的大小由于高含沙水体的减阻效应,使得 200 kg/m³ 含沙水体的冲击力较清水更小,与文献[6-8]中的试验结论相一致。

(2)当水垫深度为 0 和 12 cm 时,含沙量与脉动的大小成正比,含沙量越大则冲击力越大,与文献[12]的试验结果相一致。但在水垫深度为 32 cm 时,脉动的大小同样由于高含沙水体的减阻效应,使得 200 kg/m³ 含沙水体的冲击力较清水更小,与文献[6-8]中的试验结论相一致。

(3)当对不同水垫深度进行研究时,充分的水垫深度可以使得高含沙水流的阻力表现更加明显。

4　展　望

截至目前,本文的试验仅在探寻本研究方向的可行性,当前试验结果已经表明,本试验仍有深挖的潜力。在今后的研究中继续探索,完善数据分析方法,寻找适用于高含沙水流模拟并且可切实测量的方式方法。

参考文献

[1] 林继镛. 水工建筑物[M]. 北京:中国水利水电出版社,2008.

[2] 周兴波,杜效鹄. 2018 年全球水电发展现状与开发潜力分析[J]. 水利水电科技进展,2019,39(3):18-23,94.

[3] 裴新富. 陕北多沙粗沙区乡村聚落窑洞民居土壤侵蚀效应及防治对策研究[D]. 西安:陕西师范大学,2005.

[4] 钱宁. 高含沙水流运动[M]. 北京:清华大学出版社,1989.

[5] Reza Fatahi-Alkouhi, Ahmad Shanehsazzadeh, Mahmoud Hashemi. Empirical Models for Hydrodynamic Pressure at Plunge Pool Bottoms Due to High-Velocity Jet Impact[J]. Iranian Journal of Science and Technology, Transactions of Civil Engineering, 2021(prepublish).

[6] Zhu C, Hao Z. A Study on the Resistance Reduction of Flows with Hyper-Concentration in Open Channel[J]. IEEE, 2008.

[7] Chang Jun Zhu. Study on Drag Reduction of Suspended Flow with Extra Fine Sediment[J]. Key Engineering Materials, 2010, 930(439-440).

[8] Zhenchun Hao, Changjun Zhu. State Key Laboratory of Hydrology-Water Resources and Hydraulic Engineering, Hohai University Nanjing, 210098. Analysis of the Resistance Reduction of flows with Fine Sediment and Experiment Study[C]// Environmental Science and Information Application Technology Volume 1., 2009:74-77.

[9] Scheingross J S, Lamb M P. Sediment transport through self-adjusting, bedrock-walled waterfall plunge pools[J]. Journal of Geophysical Research Earth Surface, 2016, 121(5).

[10] Fathi Moghadam Manoochehr, Salemnia Amin, Kiani Sajad. Core impact force of vertical water jets on smooth and rough surfaces[J]. Scientia Iranica, 2017, 0(0).

[11] Jijian Lian, Hongxia Yin, Fang Liu, et al. Effects of Outlet Shrinkage on Hydraulics in Hyper-Concentrated Sediment-Laden Flow[J]. Applied Sciences, 2020, 10(4).

[12] Wenjuan Gou, Huiping Li, Yunyi Du, et al. Effect of Sediment Concentration on Hydraulic Characteristics of Energy Dissipation in a Falling Turbulent Jet[J]. Applied Sciences, 2018, 8(9).

窄河谷、大交角、集中布置条件下导流洞出口体形优化研究

曾少岳　周　琦　顾　莉　苗宝广

（中国电建集团中南勘测设计研究院有限公司，湖南长沙　410014）

【摘　要】 某水电工程导流洞出口处的河谷狭窄、地质条件复杂，其下游的消能防冲问题突出，为确保导流工程安全运行，在导流洞的设计过程中采用物理模型试验的方法对其出口明渠段的体形进行研究。研究发现，由于导流洞出口轴线方向与河道的交角大、泄流集中，导流洞上游侧河道存在强回流，回流对导流洞的出流形成较强挤压，使两条导流洞出流汇集，消能效果差，导致岸边流速高、冲坑深。通过导流洞出口河道的流场分析，提出了在上游侧的导流洞出口明渠增设导流墙或折流坎的优化措施，成果表明：两种措施均可分散各导流洞的出流，改善河道流态，使各洞出流与河道水体充分掺混、消能，较好地解决了导流洞出口下游的消能防冲问题，其中导流墙方案更优。

【关键词】 导流洞；出口明渠；体形优化；导流墙；折流坎

1　引　言

施工导流是水利水电工程建设中重要的组成部分[1]，是需要妥善解决的关键技术问题之一[2-4]，是影响施工总进度的重要因素[5-8]。在河谷狭窄的山区河流中，采用围堰一次性拦断河床、隧洞过流的施工导流方式尤为普遍[1,9]。通常情况下，隧洞导流泄洪流量大、流速高；导流洞出口河谷狭窄、出口轴线与河道交角大，水流直接顶冲对岸；当采用双导流洞泄洪时，因受施工场地和地质条件的限制，导流洞往往布置在河道的同一侧，出口临近，水流集中并行。因此，导致导流洞出口的消能、防冲问题突出。为解决导流洞出口下游的消能防冲问题，不少学者进行了相关研究[10-14]，对导流洞出口集中布置的水力学问题，文献[10]中提出了出流方向适中、扩散封堵回流、股间异步交汇、扩缩结合调整的优化原则；文献[11]中则通过取消导流洞之间的导墙、降低导流洞出口底板高度、改变导流洞出口轴线方向等措施，减少了下游的冲刷；文献[12]在导流洞出口研究了消力墩、加糙墩和消力池体形，对导流洞出口能量进行消能；文献[13]通过调整导洞出口边墙扩散角、边墙长度、底板高程和围堰位置等来改善下游流速和冲刷；文献[14]在导流洞出口下游采取消、导、防的综合措施，减小了下游河床的冲刷范围和深度。

本文针对上述窄河谷、大交角、集中布置条件下隧洞导流的消能及防冲特点，在某水电工程导流工程的设计中，开展了导流洞出口明渠体形的优化研究。

2　依托工程概况

某水电工程位于我国西南，主要由混凝土重力坝、坝身泄水建筑物和右岸地下厂房引水系统等建筑物组成，总体布置如图1所示。坝顶高程1 740 m，最大坝高158 m，总装机容量1 400 MW，水库正常蓄水位1 735 m，相应库容12.148亿m^3，属一等大(1)型工程。工程初期导流采用围堰一次性拦断河床的隧洞导流方式，导流标准为20年一遇洪水重现期，相应洪峰流量为6 320 m^3/s；后期导流利用导流洞和永久泄洪设施泄流，导流度汛标准为100年一遇洪水，相应洪峰流量为8 480 m^3/s。两条导流洞平行布置于左岸，轴线间距50 m；导流洞出口河道宽约130 m，出口轴线与河道交角在41.4°左右，泄20年一遇洪水时，导流洞出口流速即大于16 m/s，导流洞下游的消能防冲问题突出。

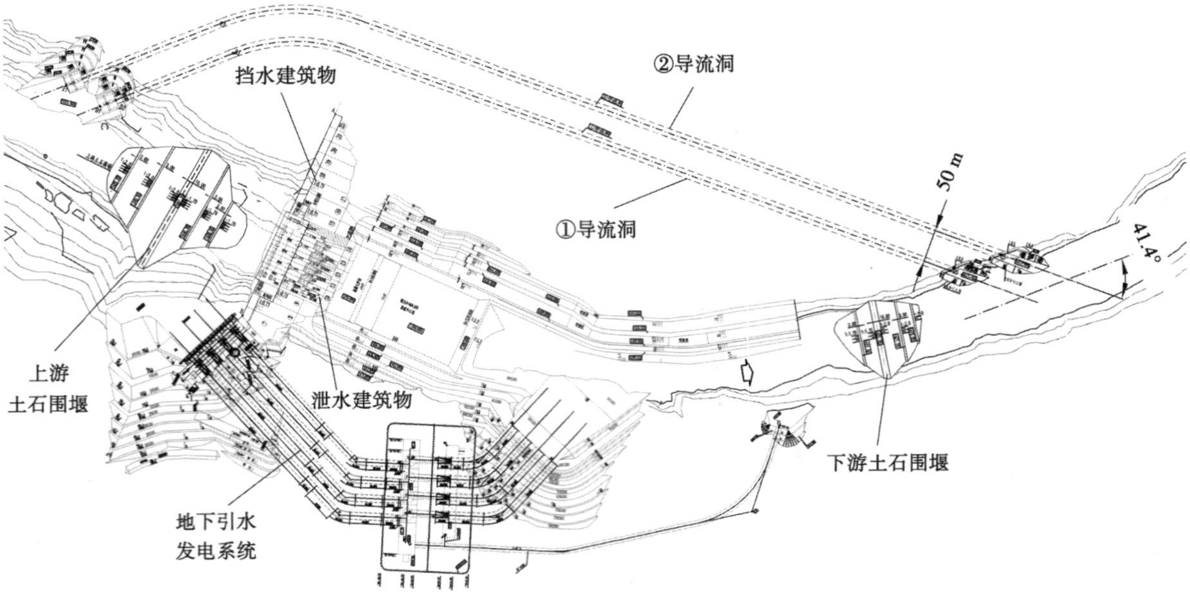

图1 工程整体布置示意图

3 模型设计

本工程的导流模型依据重力相似准则进行设计,正态模型,几何比尺为1∶100。模型总长约35 m,其中模拟大坝上游河道地形长度900 m、大坝下游河道地形长度2 100 m。为观测导流洞出口对下游河道的冲刷,①导流洞出口上游100 m至①导流洞出口下游350 m范围内的河床地形采用动床,基岩抗冲流速6 m/s,根据伊氏公式 $v=(5\sim7)\sqrt{d}$[15],选取平均粒径 d 为12.85 mm的散粒体砂石。试验对百年一遇及以下各特征工况进行了详细研究,试验工况见表1。

表1 试验工况

工况	洪水频率/%	总下泄流量/(m^3/s)	导流洞流量/(m^3/s)	上游水位/m	下游水位/m	运行方式
1	常遇	2 370	2 370	1 630.62	1 623.00	导流洞
2	20	4 420	4 420	1 640.85	1 627.08	导流洞
3	10	5 370	5 370	1 647.65	1 628.49	导流洞
4	5	6 320	6 320	1 656.48	1 630.10	导流洞
5	2	7 550	7 543	1 668.13	1 631.71	导流洞+生态孔
6	1	8 480	8 302	1 675.92	1 635.88	导流洞+生态孔

4 试验成果

4.1 原方案成果

导流洞出口明渠的原方案体形如图2所示。试验成果表明,①导流洞、②导流洞的出流在②导流洞出口后30 m左右开始汇合(见图3),河道内主流集中。导流洞宣泄10年一遇洪水5 370 m^3/s时,出口附近两岸边的最大流速均大于基岩抗冲流速6 m/s,各工况下,左、右岸边的实测最大流速分别为13.36 m/s和−11.60 m/s(回流回速)。宣泄5年一遇以上流量时,导流洞出口明渠后的河道开始出现明显冲刷,冲刷最严重处位于①导流洞、②导流洞出水渠之间的左岸边,20年一遇洪水时左岸的最大冲坑深度约为 16.71 m、右岸无冲刷，100 年一遇洪水时的左、右岸边的最大冲坑深度分别为 22.70 m 和 19.71 m。上述成果说明原方案导流洞出口明渠体形下，消能效果差，特别是左岸边的流速大、冲刷最深，将危及导流洞出口边坡的稳定，影响导流洞的安全运行，故需对导流洞出口明渠体形进行优化。

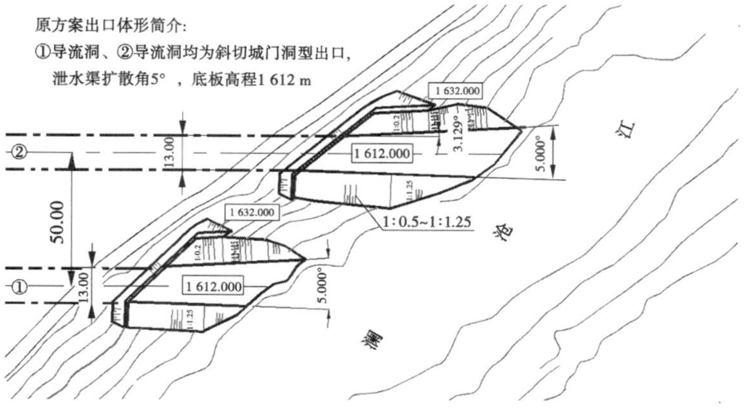

图 2　原方案出口明渠体形　（单位：m）

图 3　原方案泄 20 年一遇洪水时导流洞下游流态

4.2　优化研究成果

4.2.1　河道流场分析及优化思路

本工程的双导流洞出口集中并行布置的水力学问题，根据其水流运动特性，可以近似地简化为二维平面淹没射流问题，如图 4 所示。

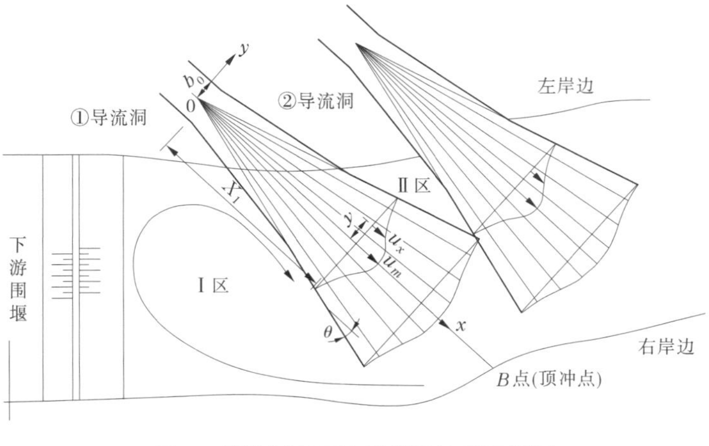

图 4　导流洞出口淹没射流流场示意图

阿尔伯逊(Albertson)等通过试验[16-17]认为,狭长的孔口或缝隙喷出的自由淹没射流主体段断面上的流速分布可用高斯分布形式表示:

$$\frac{u_x}{u_m}=f\left(\frac{y}{x}\right)=f(\xi)=\exp\left(-\frac{y^2}{2\sigma^2}\right) \tag{1}$$

式中:u_x 为孔口后 x 断面距中心线为 y 处的流速,m/s;u_m 为孔口后 x 断面中心线处的流速,m/s;y 为距中心线的距离,m;$\sigma=c_1x_1$,c_1 为常数。

由试验得到 $c_1=0.109$,推导出射流主体段断面流量 Q 与射流出口断面流量 Q_0 的计算关系:

$$\frac{Q}{Q_0}=0.62\sqrt{\frac{x_1}{2b_0}} \tag{2}$$

式中:b_0 为孔口的半宽,m。

由式(2)可以看出,由于 x_1 远大于 b_0,射流边界卷吸四周水体,射流主体断面流量沿程逐渐增大。

由于导流洞出口水流流速高,河道狭窄,出口轴线与河道交角大,①导流洞(上游侧导流洞)出口射流直接顶冲至对侧河岸 B 点,射流主体段水体将河面截断。因此,射流主体段、两侧河岸及下游围堰构成一个相对封闭的水体空间(简称Ⅰ区);②导流洞(下游侧导流洞)出口射流与①导流洞出口射流并行出流,两个射流主体段之间构成一个相对封闭的水体空间(简称Ⅱ区)。

对于Ⅰ区而言,①导流洞出口射流上游边界不断地卷吸Ⅰ区内的水体进入射流主体段,并带入下游河道。随之,Ⅰ区内的水体逐渐减少,水面逐渐降低,射流主体段及下游水面逐渐高于Ⅰ区水面;当水面差达到某一临界值时,在重力作用下,下游水体在岸边 B 点处突破形成补水通道进入Ⅰ区,并充满Ⅰ区空间直至达到水动力平衡。射流边界卷吸和下游水体向上游补水在Ⅰ区内形成回流流态,并周期性地循环往复。Ⅰ区回流对①导流洞出口射流形成强烈的向下游挤压作用。

对于Ⅱ区而言,①导流洞出口射流下游边界和②导流洞出口射流上游边界不断地卷吸Ⅱ区内的水体进入射流主体段,并带入下游河道。Ⅱ区内的水体逐渐减少,水面逐渐降低,射流主体段逐渐高于Ⅱ区水面。同样,当水面差达到某一临界值时,在重力作用下,①导流洞出口射流上游水体和②导流洞出口射流下游水体在出口区域形成突破口进入Ⅱ区,并充满Ⅱ区空间直至达到水动力平衡。由于水面差较大,补水过程中形成高流速水体。

基于上述流场分析,为了削弱Ⅰ区回流对①导流洞出口射流的挤压,降低Ⅱ区补水过程中的水体流速,可以在①导流洞出口射流的上游边界设置隔水构筑物,切断射流边界的卷吸作用,并根据射流侧向扩散角度调整隔水构筑物的长度与方向,阻断回流挤压,为优化方案1;在Ⅱ区内设置导水构筑物,将高流速水体脱离岸边,为优化方案2。

优化过程中,以工程的初期导流标准流量 $Q=6\ 320\ m^3/s$($P=5\%$)为基准开展比较研究,因导流洞出口下游岸坡防护是保障工程顺利实施的关键[18],而下游边坡的稳定主要受流速与冲坑深度的影响,故在方案比选时将流速和冲坑深度作为方案优化的比较指标。

4.2.2 优化方案1

为了避免①导流洞上游侧强回流对主流水体的挤压,使得①导流洞主流出泄水渠后能够顺洞轴线方向行进,达到两洞主流出泄水渠后各自行进、分散消能的目的,采用的工程措施是:在①导流洞出口的上游侧增设导流墙;同时,为使②导流洞出流提前向下游扩散,减轻主流对右岸的冲击及对①导流洞出流的顶托,将原方案②导流洞出口明渠的左边坡3.129°的直线扩散段修改为导流洞出口后接10.70 m的顺直段+20.00 m的5.00°左扩段+半径为145.50 m的圆弧扩散段。试验中比较了不同长度、角度和高度的导流墙。成果表明,导流墙长度和角度是关键,需达到封堵回流、调整回流流向与①导流洞出流方向基本一致的要求,方能确保回流不挤压导流洞出流,而导流墙高度只需高于水面即可,试验最终确定的最优导流墙尺寸为长40 m、高18 m,与导流洞中线夹角14.544°,如图5所示。试验成果显示,①导流洞、②导流洞出口后的高流速区不汇聚,河道内流态稳定、消能充分,如图6所示;下泄6 320 m^3/s时,左、右岸边最大流速分别为5.53 m/s和−7.23 m/s,左岸边及河床的冲刷范围明显减小,最大冲坑深度分别为 9.51 m 和 12.11 m，右岸边未见冲刷，指标较原方案有较大改善。由此证明，在上游侧导流洞的出口明渠上游增设导流墙阻断回流的优化思路正确、可行。

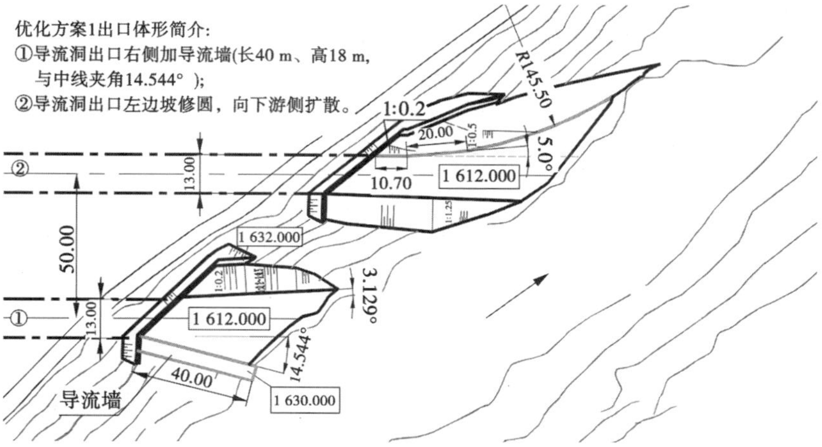

图 5　优化方案 1 出口明渠体形　(单位:m)

图 6　优化方案 1 泄 20 年一遇洪水时导流洞下游流态

4.2.3　优化方案 2

在①导流洞出口明渠的左边坡处增设折流坎，②导流洞出口体形与优化方案 1 相同。试验中比较了短贴角(起点位于洞口后 22.40 m 的左边墙，长 10.09 m，坎末厚 4.00 m，与原边坡平行)、长直立贴角(起点位于①导流洞出口处，长 30.00 m 的直立墙，与①导流洞左边墙的夹角为 4.157°)和长扭面贴角(起点位于①导流洞出口处，长 28.64 m，导流洞出口处为直立面，末端坡度为 1∶0.39)等 3 种不同形式的折流坎，其中长扭面折流坎体形如图 7 所示。成果表明，各种形式折流坎的坎末与洞口的距离均需大于 1.50 倍导流洞出口高，折流坎均能起到调整①导流洞出口主流流向、高流速水体脱离左岸的目的。同时试验表明，长扭面折流坎更有利于导流洞出流的平顺过渡，且流态更稳定、消能效果更优，如图 7 所示。长扭面折流坎在宣泄 6 320 m^3/s 时，左、右岸边最大流速分别为 4.95 m/s 和-7.57 m/s；左岸边的只在导流洞明渠末存在冲刷，左岸边、河床和右岸边的最大冲坑深度分别为 11.41 m、14.51 m、10.01 m，左岸边的冲刷范围和深度均较原方案明显改善，如图 8 所示。由于①导流洞射流主体段上游侧侧向卷吸充分，扩散角度小，受回流挤压水流集中，单宽流量显著增大，水流直接顶冲造成右岸冲刷明显，效果逊于导流墙方案。

4.3　体形选择

各试验方案的主要流速和冲坑指标成果见表 2。研究成果表明，在上游侧导流洞出口设置导流墙和折流坎均可达到分散导流洞出流、避免主流汇聚、减轻冲刷的目的。比较而言，导流墙出流不受回流

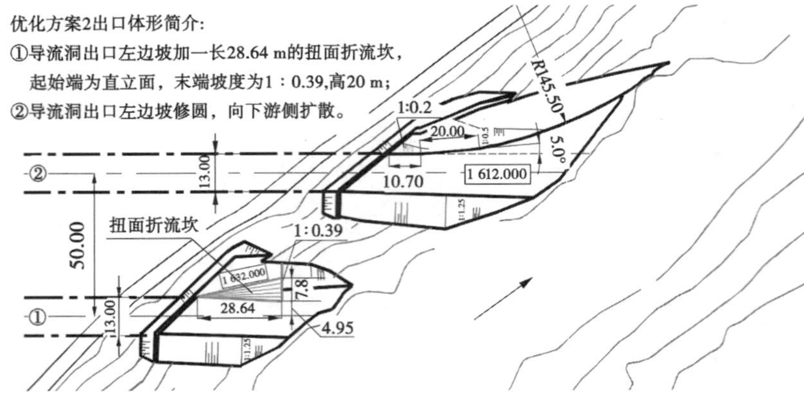

图 7　优化方案 2 导流洞出口明渠体形　(单位:m)

图 8　优化方案 2 泄 20 年一遇洪水时导流洞下游流态

干扰,出流平顺,扩散充分,两岸冲刷均较小,方案更优。但是,由于①导流洞出口右侧存在较深的覆盖层,施工场地狭小,导流墙方案实施难度大、成本高。经过经济技术比较,最终选用折流坎方案,对右岸的局部高流速区进行防护。

表 2　各试验方案在 6 320 m^3/s 时的下游流速及冲坑成果

试验方案		原方案	优化方案 1	优化方案 2
流速/(m/s)	左岸	13. 36	5. 53	4. 95
	右岸	6. 92	-7. 23	-7. 57
最大冲坑深度/m	左岸	16. 71	9. 51	11. 41
	河床	16. 71	12. 11	14. 51
	右岸	无冲刷	无冲刷	10. 01

折流坎方案各工况试验成果见表 3。各工况下,左岸边坡的最大流速均小于 5. 5 m/s,泄 20 年、100 年一遇洪水时,右岸实测最大流速分别为-7. 57 m/s 和 9. 56 m/s;宣泄大流量时,左岸只在两洞泄水渠末端存在明显冲刷,泄 20 年一遇洪水时,左岸、河床、右岸边的最大冲坑深度分别为 11. 41 m、14. 51 m 和 10. 01 m,泄 100 年一遇洪水时,左岸、河床、右岸边的最大冲坑深度分别为 18. 01 m、19. 41 m 和 12. 21 m。成果表明,各工况下,推荐方案的扭面折流坎有效减轻了导流洞出口本岸的流速和最大冲刷深度,有利于工程的安全运行。

表 3　折流坎方案试验成果

工况	洪水频率/%	导流洞流量/(m^3/s)	岸边最大流速/(m/s)		最大冲坑深度/m		
			左岸	右岸	左岸	河床	右岸
1	常遇	2 370	3.86	3.41	0	0	0
2	20	4 420	4.93	−6.45	7.96	0	5.01
3	10	5 370	5.43	−6.62	7.41	12.01	9.01
4	5	6 320	4.95	−7.57	11.41	14.51	10.01
5	2	7 543	4.55	−8.67	14.21	16.51	11.21
6	1	8 302	3.08	−9.56	18.01	19.41	12.21

5　结　论

研究成果表明,当多导流洞同侧集中布置于窄河谷中,且导流洞泄流量大、与河道交角大时,消能防冲问题的解决重点在于避免多导流洞出流汇集,防止河道局部区域能量过于集中,做到分散消能。避免多导流洞出流汇集的根本是控制最上游导流洞的高速出流不受其上游侧回流的挤压而过早改变流向,具体措施有二:一是在上游侧导流洞出口的上游侧增设导流墙;二是在上游侧导流洞出口的下游侧边坡增设折流坎。上述两种措施中,导流墙的效果更优,其可保证各导流洞出流沿程扩散,消能防冲效果好;折流坎强制改变导流洞出口处的主流流向,强制高流速水体脱离岸坡,致其沿程扩散小,消能效果逊于第一种措施,故在地质、施工条件允许时,应优选导流墙措施。

参考文献

[1] 国家能源局. 水电工程施工导流设计规范:NB/T 35041—2014[S]. 北京:中国电力出版社, 2014.
[2] 尹洪昌, 苑润保. 泄水工程水力学[M]. 长春:吉林科学技术出版社, 2002.
[3] 刘大明, 陈忠儒. 施工导流工程的发展[J]. 人民长江, 1991(11):24-33.
[4] 朱张华. 水电站施工导流及洪水控制研究[D]. 西安:西安理工大学, 2006.
[5] 中华人民共和国国家发展和改革委员会. 水电水利工程施工组织设计规范:DL/T 5397—2007[S]. 北京:中国电力出版社, 2007.
[6] 李红英. 天生桥一级水电站导流洞出口优化研究[J]. 云南水力发电, 2003(3):43-44.
[7] 廖和武. 水利水电枢纽工程施工中导流方案的选择[J]. 科技风, 2010(9):136-137.
[8] 水利水电工程施工手册编委会. 水利水电工程施工手册[M]. 北京:中国电力出版社,2005.
[9] 刘亚凤, 张本秋, 王力军. 施工导流方式的选择[J]. 黑龙江水利科技, 2005,33(2):61.
[10] 刘善均, 许唯临, 王韦, 等. 导流洞出口集中布置的优化研究[J]. 四川大学学报(工程科学版), 2003(2):18-21.
[11] 雷刚, 张建民, 向丽. 导流洞出口体形对下游河道影响的试验研究[J]. 水力发电, 2010, 36(12):91-94.
[12] 金宝芬, 张声鸣, 黄国兵, 等. 水布垭水利枢纽导流隧洞水力学试验研究[J]. 长江科学院院报,2002(4):7-10.
[13] 涂小飞, 邬旺. 某水电站导流洞出口体型优化设计[J]. 水电与抽水蓄能,2019(6):78-82,74.
[14] 尹杨松, 戴光清, 杨庆, 等. 狭窄河床大单宽流量深覆盖层施工导流消能防冲研究[J]. 东北水利水电, 2006(2):56-58,72.
[15] 南京水利科学研究院, 水利水电科学研究院. 水工工模型试验[M]. 北京:水利水电出版社,1985.
[16] 清华大学水力学教研组. 水力学[M]. 北京:人民教育出版社, 1981.
[17] 李炜, 徐孝平. 水力学[M]. 武汉:武汉大学出版社, 2000.
[18] 黄国兵, 吴双. 乌东德水电站主要水力学问题研究[J]. 长江科学院院报, 2021(6):1-8,17.

第五篇

摘　　要

一种新型异形椭圆无压隧洞断面的水力学分析①

武周虎[1] 王 瑜[1] 祝帅举[1,2]

(1. 青岛理工大学环境与市政工程学院,山东青岛 266033;
2. 河南省城乡规划设计研究总院有限公司,河南郑州 450044)

【摘 要】 基于河流中心稳定点源条件下保守物质等浓度线方程,定义了一种新型 Wu's 二参数曲线(异形椭圆)作为隧洞断面内轮廓线,该曲线是由隧洞断面最大高度 H 和最大宽度 W 表征的一条完整连续与导数光滑曲线。以压缩系数 $\theta=W/H$ 为判据,给出了 H 形、标准型和 W 形异形椭圆的形状分类;推导了异形椭圆无压隧洞断面的水面宽度、过水断面面积、湿周、水力半径等水力要素的理论计算公式;给出的异形椭圆断面流速比和流量比的理论计算公式及曲线,适用于不同规格的断面尺寸、压缩系数、糙率和比降。实例分析表明,等效异形椭圆与马蹄形Ⅱ型(带倒角)无压隧洞断面的水力要素特征值吻合程度高。因此,异形椭圆断面可作为一种新型的输水隧洞断面形式,极具学术研究价值。

【关键词】 水工隧洞;异形椭圆;断面标准方程;几何特征;水力要素;无压均匀流计算

基金项目:国家自然科学基金(51379097; 50979036)

作者简介:武周虎(1959—),男,陕西省岐山县人,硕士,二级教授,博士研究生导师,主要从事水力学与环境水力学。

注:①此文引用武周虎,王瑜,祝帅举. 一种新型异形椭圆无压隧洞断面的水力学分析[J]. 水利水电科技进展, 2020,40(5):1-8.

具有平面弯段的侧式进/出水口水力学特性研究

魏 杰[1] 郭港归[2] 苗宝广[1] 顾 莉[1] 王立杰[1] 任炜辰[3]

(1. 中国电建集团中南勘测设计研究院有限公司,湖南长沙 410014;
2. 西安理工大学西北旱区生态水利国家重点实验室,陕西西安 710048;
3. 中国水利水电科学研究院水力学研究所,北京 100038)

【摘 要】 针对某抽水蓄能电站侧式进/出水口由于平面转弯引起的偏流问题进行了模型试验和数值模拟研究。通过对侧式进/出水口建立三维数值模型,采用 CFD 方法对其三维流场进行了仿真计算,数值模拟结果和物理模型试验吻合较好,验证了数值模拟的合理性。据此模拟了不同直线段长度下各流道流量分配情况,模拟结果表明仅通过长距离的水流剪切作用难以解决进/出水口的流量分配不均问题。据此提出了偏转直线段从而改善来流条件的新方法,模拟结果表明偏转直线段可显著改变拦污栅断面流速分布,当直线段偏转率为 0.5 时,偏流现场基本消失。在此基础上分析了中隔墩位置对进/出水口水流流态的影响,研究表明,合理的偏转角度和中隔墩位置可以很好地解决平面弯段引起进/出水口的分流不均问题,并使水流流态达到最佳,研究成果可为类似工程提供参考。

【关键词】 侧式进/出水口;平面弯段;流量分配;体形优化;数值模拟

三峡水库水流振荡特性及其对水温分层的影响

龙良红[1,2] 徐 慧[1] 纪道斌[1,2] 杨忠勇[1,2] 杨正健[1,2] 刘德富[2,3]

(1. 三峡大学水利与环境学院,湖北宜昌 443002;
2. 三峡大学三峡水库生态系统湖北省野外科学观测研究站,湖北宜昌 443002;
3. 湖北工业大学河湖生态修复与藻类利用湖北省重点实验室,湖北武汉 430068)

【摘 要】 深入认识水库的水动力过程一直是研究和解决其水环境问题的基础。通过对三峡水库香溪河库湾 2019~2020 年高频、连续的水位、水温和流速剖面监测数据进行分析,获得了该支流库湾振荡的物理特性。研究发现:①高频的库湾振荡在垂向上表现为正压波,在水平模态上表现为最基本的 Helmholtz 模式($n=0$),该振荡是香溪河库湾显著存在的重要水动力过程之一;②库湾振荡的周期约 2 h,在库湾上游的振荡流速可达到 0.1 m/s,水位波动振幅可达到 0.2 m;③支流库湾振荡由库区干流重力波所驱动,而该重力波产生于大坝下泄流量的日调节过程;④水流振荡引起了底边界层的间歇式混合(湍动能 TKE:0.2~1.5 cm^2/s^2),造成了水温的高频波动。本研究不仅加深了对水库及其支流水动力过程的认识,同时也进一步揭示了香溪河库湾水动力过程对三峡水库日调度的响应机制,为后续水库生态调度研究及其应用提供了新的视角。

【关键词】 水流振荡;水位波动;水动力;湍流混合;三峡水库

人工浮岛阻水效应试验研究

王佳铭[1] 陈月君[2,3] 傅宗甫[1] 李露蓉[4] 吕家才[1]

(1. 河海大学水利水电学院,江苏南京 210098;
2. 黄河水利委员会黄河水利科学研究院 水利部黄河下游河道与河口治理重点实验室,河南郑州 450003;
3. 武汉大学,水资源与水电工程科学国家重点实验室,湖北武汉 430072;
4. 苏交科集团股份有限公司,江苏南京 210019)

【摘 要】 本文依据浮岛在河道中的运用特点,建立概化物理模型,依据浮岛前壅水值对人工浮岛阻水效应进行了系统的分析,定义阻水系数为表征阻水效应的特征值,探究了浮岛阻水效应影响因素及其影响规律。采用正交试验和控制变量法,设计浮岛阻水效应的试验参数组合,对产生阻水效应的各因素进行了敏感性分析,并基于最小二乘原理,依托单因素分析的结果,对各变量因素与阻水系数之间的关系进行多元拟合,得到数学表达式。研究结果可为浮岛设计及深入研究提供参考。

【关键词】 人工浮岛;概化物理模型;阻水系数;阻水效应

基金项目:黄河水利科学研究院科技发展基金(黄科发 202103)

中等跌落高度排水竖井中射流冲击机理研究

刘甲春 黄 标 朱志伟

（宁波大学土木与环境工程学院，浙江宁波 315211）

【摘 要】 本文对不同跌落高度（3.38 m和1.88 m）排水竖井中射流冲击现象进行了试验研究。试验观测表明，当水平管道中的射流撞击到对面的竖井边壁时，可以形成向上的飞溅、贴着井壁的环形流和向下自由跌落的弹射流。竖井井壁上的冲击压力主要由入射水流的流速主导。在考虑井壁上的弹跳流后，本文建立了可以预测竖井井壁上平均冲击压力的公式，试验结果证明公式具有良好的精度。竖井井壁上的冲击压力的脉动非常剧烈，最大压力为平均压力的1.4~3.8倍。竖井底部的冲击压力主要由下降的射流到达水池时的速度决定。假设水平射流冲击竖井井壁产生了环形流和弹射流，本文建立的理论公式可以很好地估计竖井底部受到的平均冲击压力。冲击压力脉动强度随着射流跌落高度或流速的增加而增大，而竖井底部的消能池可以有效缓解冲击压力脉动。然而，对于所研究的竖井中的流动，冲击压力和静水压力在同一数量级内，因而水深的增加导致能量耗散率的降低。

【关键词】 竖井；能量耗散；水流流态；射流冲击；跌落水池；脉动压力

泄流导墙的耦联振动机理研究

郑　研[1]　练继建[1,2]　梁　超[1]

(1. 天津大学建筑工程学院,天津　300354;
2. 天津理工大学,天津　300384)

【摘　要】 高坝泄洪时,泄流导墙的振动机理十分复杂。根据原型观测数据,本文提出了一种泄流导墙的耦联振动机理。不同于传统的流激振动理论,本文将泄流导墙考虑为连接在大型主体结构(溢流坝体)和地基上的附属结构。随后,建立了相应的理论模型并对导墙结构的动力响应进行了理论推导。通过采用交叉小波变换方法处理振动信号,分析了导墙和坝体结构的振动相关性。最后,结合理论推导、原型观测以及数值模拟进行综合分析认为,本文提出的耦联振动理论是合理且准确的。此外,通过工程措施改变该理论模型中的部分参数,可期实现一定程度的减振效果。

【关键词】 耦联振动;导墙;原型观测;理论模型;交叉小波变换

挑流水舌运动轨迹计算与修正

孙晨光[1]　王芳芳[1]　何涛林[2]　颜　韬[3]　罗　洁[1]

（1. 南京水利科学研究院水文水资源与水利工程科学国家重点实验室，江苏南京　210098；
2. 中国电建集团华东勘测设计研究院有限公司，浙江杭州　350003；
3. 河海大学大禹学院，江苏南京　210098）

【摘　要】　为简化水舌上下缘的轨迹计算，提高计算结果的准确性。选取 20°、35°挑角的挑流鼻坎作为研究对象，对比模型试验和理论计算的轨迹曲线，采用速度系数和角度系数进行轨迹修正。结果表明，当挑角角度为 0°~35°时，无须考虑沿程的水力损失，通过能量守恒定律即可计算得到水舌的出坎流速；在水舌上升过程中，空气阻力对水舌运动轨迹的影响较小，计算水舌轨迹与试验轨迹基本一致；水舌下落过程中，上缘受空气阻力的影响较大，下缘受微元水体表面张力的影响较大，引入速度系数 v_p 和角度系数 θ_p 对其进行修正；修正系数存在阈值，本研究中阈值速度系数 $v_p=0.88$，阈值角度系数 $\theta_p=1.2$。研究成果能够帮助设计人员快速获取水舌的空中轨迹以避免水舌碰撞带来的雾化影响，同时能够定位水舌的落点区域，做好该区域的防护工作。

【关键词】　水舌运动；斜抛方程；轨迹修正；模型试验

考虑地貌演变的钱塘江河口季节性潮汐动力特性研究

谢东风[1]　王正兵[2]

(1. 浙江省水利河口研究院(浙江省海洋规划设计研究院),浙江杭州　310020;
2. 荷兰代尔夫特理工大学,荷兰代尔夫特　2600 MHDelft)

【摘　要】 本文基于2015年河口沿程三个潮位站高低水位、径流量数据,研究钱塘江河口潮汐径流相互作用,尤其聚焦季节性地貌演变的影响。结果表明,水位除有大小潮变化外,还具有显著的季节性变化,这些变化与潮汐径流相互作用密切相关,但只有考虑地貌演变才能对其变化规律做出充分解释。径流对潮动力的影响可分为两类:一类是高流量引起的即时潮汐变化;另一类是地貌演变在更长时间尺度对潮汐的影响。上游的潮差在洪水后由于河床冲刷,潮差增大一倍以上,之后潮差因河床淤积而逐渐减弱。在大小潮周期内,上游潮差和潮汐放大系数与下游潮差关系良好,但是在全年中由于地貌变化而使得这种关系不明显。

【关键词】 潮动力;洪水;地貌演变;钱塘江

火核电厂板框和鼓形旋转滤网堵塞规律试验

潘佳佳[1] 毛雨佳[2] 郭新蕾[1] 张荣勇[2] 郭永鑫[1] 李 娜[2]

(1. 流域水循环模拟与调控国家重点实验室,北京 100038;
2. 中国核电工程有限公司,北京 100840)

【摘 要】 滨海火核电厂取水流道经常发生板框和鼓形旋转滤网堵塞事故,严重威胁取水流道的安全取水和冷源中心的冷却用水。本文针对火核电厂取水流道中板框和鼓形旋转滤网两种典型拦污过滤方式,采用人工静态封堵和致灾物动态堵塞的试验,对比研究了不同类型滤网的堵塞规律。恒定流下的静态堵塞试验揭示了滤网前后水位差随滤网堵塞率的变化规律,明晰了不同滤网流道阻力系数的差异。以紫菜为代表的动态堵塞试验表明,板框和鼓形旋转滤网前后水位差随着滤网堵塞率的增加而增大,大堵塞率条件下滤网前后水位差对堵塞率的变化极其敏感;相同循泵流量和滤网堵塞率条件下,板框旋转滤网引起的前后水位差大于鼓形旋转滤网;旋转滤网相同初始淹没度和堵塞率条件下,流量越大水位差也越大;相同堵塞率和流量条件下,淹没度越小相应的前后水位差越大。试验结果有利于支撑火核电厂取水流道的防堵塞设计与运行。

【关键词】 火核电;板框旋转滤网;鼓形旋转滤网;堵塞;致灾物

多支 T 型分流管水力特性三维数值模拟研究

高 昂 吴修锋 李宏鹏 周 杰 王芳芳 戴江玉

(南京水利科学研究院,江苏南京 210029)

【摘 要】 T 型分流管是输水工程常用的水流过渡结构,其水力特性对输水效率和输水安全影响显著。以某核电站排水管水流扩散器为研究对象,采用三维数值模拟方法研究了多支 T 型分流管的分流比、流场特性和水头损失系数等关键水力特性和指标。结果表明,多支分流管存在分流不均的现象,下游支管过流量大于上游;母管总来流量对各支管的分流比影响不显著;支管直径越大各支管的分流比差异越明显。T 型管附近存在的主流偏转与回流是导致各支管分流不均的原因。建立了考虑主、支管流速和管径的 T 型管水头损失系数经验式。

【关键词】 多支 T 型分流管;分流比;流场特性;水头损失系数;三维数值模拟

珠江河口典型海堤断面防浪特性物模研究

张之琳[1,2,3] 黄本胜[1,2,3] 刘 达[1,2,3] 谭 超[1,2,3] 程 涛[1,2,3]

(1.广东省水利水电科学研究院,广东广州 510630;
2.广东省水动力学应用研究重点实验室,广东广州 510630;
3.广东省水安全科技协同创新中心,广东广州 510630)

【摘 要】 海堤生态化是新时代的新要求,不同海堤断面与波浪的相互作用不同,概化的模型研究已不能适应对实际防灾减灾效果研究的需求。珠江河口现有海堤工程有斜坡式、复合式等断面形式,为探究四种典型海堤断面的防浪特性,本文通过小比尺物理模型试验,开展了堤身所受最大波压力及越浪情况研究。结果表明,与传统抛石海堤相比,生态海堤上的植物对海堤防浪有明显的增效作用并能有效减小堤身所受波压力;堤顶防浪墙对减少越浪有重要作用。在大部分地区,典型斜坡式海堤可达到理想防浪效果;对于空间充足的地区,堤身坡度变化相对较小的复合式海堤断面所受压力更小,有利于堤防稳定。试验结果可为生态海堤设计提供依据,具有重要的科学及应用价值。

【关键词】 珠江河口;生态海堤;越浪量;物理模型试验

旋流排沙洞水沙特性的数值模拟研究

南军虎[1,2]　马康宁[1]　汪超群[1]

(1. 兰州理工大学 能源与动力工程学院,甘肃兰州　730050;
2. 西北旱区生态水利国家重点实验室,陕西西安　710048)

【摘　要】 旋流排沙洞是基于旋转水流强挟带能力的特点提出的一种渠道水沙分离新技术,为了明晰其排沙特性和排沙效果,采用 Realizable k-ε 模型、VOF 法及离散相模型,对旋流排沙洞内的水沙两相流特性进行了数值模拟,通过与模型试验成果的对比确定了不同粒径泥沙的形状系数,并评估了其在连续来沙条件下的排沙效果。结果表明,在渠道顶部局部来沙情况下,旋流排沙洞对粒径为 0.075~3 mm 泥沙的计算截沙率与试验值吻合良好,二者的相对误差仅为 3.5%,误差主要来源于 0.075~0.16 mm 的极细颗粒泥沙粒径。当上游渠道水流进口以 60 g/s 的质量流量持续注入泥沙时,旋流排沙洞内的旋转水流对泥沙的挟带作用明显,在强离心作用下泥沙主要分布在排沙洞近壁面,最大泥沙含量约 200 kg/m^3;旋流排沙洞对粒径为 0.075~3 mm 的截沙率为 95.98%,仅少量极细泥沙以悬移质形式进入下游渠道,且渠道和排沙洞内无大量的泥沙淤积,表明旋流排沙洞是一种可实现高效和连续排沙的水沙分离技术。成果可为旋流排沙洞在工程中的应用和水沙特性的研究提供有益参考。

【关键词】 旋流排沙洞;水沙特性;数值模拟;离散相模型

跌流竖井中循环气流系统中水平管道临界位置及影响因素研究

魏佳芳　芦三强　张　源

（兰州理工大学，甘肃兰州　730050）

【摘　要】 跌流竖井、气流井和水平管道组成的气流循环系统能够有效地降低下游排污管道中的气压，防止下游管道中气体聚集以及硫化氢等难闻性气体逸散。水平管道作为搭接跌流竖井与气流井的桥梁，它的摆放位置直接决定着循环系统中气流是否能够发生循环，因为并不是任意位置处的水平管道中都能够形成循环气流，这取决于水平管道两侧的压力大小。跌流竖井中卷吸的气体由于井内存在的气压梯度能够流入气流井中，然后从气流井中通过跌流竖井与气流井之间某一位置处的水平管道再回到竖井中，这就是气流循环系统中气流发生循环流通的工作原理。这样做的目的一方面是减少气体转移到下游，防止下游管道上方气体聚集以及被加压；另一方面是气流再一次循环到竖井后，能够降低竖井的气压，减少竖井的卷吸气量。为了确定系统中循环气流的形成与水平管道位置的关系，采用理论计算的方法研究了系统内形成循环气流时水平管道的临界位置，并研究了气流井直径对水平管道临界位置的影响。结果表明，对于水流跌落高度为7.72 m的跌流竖井，系统中形成循环气流时水平管道的临界位置 $Z=5.83$ m，也就是说当水平管道设置在临界位置以上的任一位置时系统内都能够形成循环气流，因为在临界位置以上时气流井一侧的气压均大于竖井一侧的气压，这与模型试验所测得的结果一致。此外，水平管道的临界位置随着气流井直径的增大，高度会有所下降，直至气流井直径为0.2 m时趋于稳定，而后随着气流井直径的增大，水平管道的临界位置不再发生变化，此时气流井的直径约为竖井的一半。

【关键词】 跌流竖井；理论模型；水平管道；临界位置

基金项目：国家自然科学基金资助项目（51509123）；兰州理工大学2020年红柳优秀青年人才计划资助项目（062004）

三峡水库运行对长江水热过程的影响

萧子钧[1] 孙 健[1] 袁 冰[1,2]

(1. 清华大学水利水电工程系,北京 100084;
2. 中山大学土木工程学院,广东珠海 528478)

【摘 要】 河流系统是全球水循环的一个重要组成部分,它将淡水河生物/非生物物质从陆地输送到海洋。近几十年来,河流的流动节律和水温过程因为水库建设发生显著改变。然而,关于大型水坝对世界主要河流系统长距离纵向输移过程影响的定量研究仍然不足,阻碍了人们对河流流动节律改变及其对水温影响的基本理解。本文以长江为例,建立了水动力-水龄耦合模型,量化了河流的水体输移过程,以及其对水库的响应。结果表明,三峡大坝修建后,库区水体的停留时间在洪季增加约 10 d,枯季增加约 60 d。在大坝的下游,水库调蓄引起的枯季下游流量增加使得水体输运加快。库区水体滞留导致水温发生严重改变,年最低水温在坝址附近滞后了约 40 d。在洪季,由于低水位和大流量,水体滞留时间增加有限,因此热滞后也不明显。相位非对称变化导致秋末和冬季的水温明显增加,而春季和初夏的水温明显下降。

【关键词】 长江;三峡大坝;水龄;停留时间;河流水温

雅砻江梯级水库下的水质时空差异特征研究

汤新武 周小飞 魏 杰 杨 晟 章建辉

（中国电建集团中南勘测设计研究院有限公司，湖南长沙 410014）

【摘 要】 在雅砻江干流下游河段布设了16个监测点，分别于2019年7月（夏季）、2019年10月（秋季）、2020年7月（夏季）、2020年10月（秋季）、2021年1月（冬季）进行了水质监测。采用多元统计方法分类雅砻江干流水质的空间差异和年季变化，并进行了水环境质量评价。结果表明，雅砻江下游河段自上而下，除官地库区到二滩库区之间水质质量较差，其余监测点位水质类别变化不大；整体河段枯水期水质质量劣于丰水期和平水期，平水期的水质质量最好；从年度变化趋势来分析，2020年度水质质量相较于2019年略有下降。单因素方差分析显示影响雅砻江水质质量的主要因子为总氮、总磷及叶绿素a。

【关键词】 雅砻江；多元统计分析；水质评价

大型水库影响下长江中下游干流悬沙浓度演变特征与趋势

孙 健[1] 张帆一[1,2] 萧子钧[1]

(1. 清华大学水利水电工程系,北京 100084;
2. 南京水利科学研究院,江苏南京 210019)

【摘 要】 大型水库的调蓄作用和拦沙效应改变了河流径流变化与泥沙输运过程,已成为河流-水库系统研究的关键问题之一。本文以大型水库影响下的长江中下游为研究区域,探讨了干流悬沙浓度的时空变化特征及其对水库运行的响应机制。基于实测资料重构了从三峡水库入库到潮区界的悬沙浓度沿程分布,发现近 30 年来干流悬沙浓度量级从 1.0 kg/m^3 下降至 0.1 kg/m^3;在水库下游河道具有一定的恢复能力,但恢复能力正在逐渐降低;沿程分布由“逐级递减”向“V 形分布”转变。建立了坝下悬沙浓度恢复的半经验半理论模型,对干流悬沙浓度进行预测表明,洞庭湖对干流悬沙浓度的贡献度将在 2020 s 至 2030 s 出现由负到正的反转,即由稀释悬沙浓度转为增加悬沙浓度,并长期维持在 15%以上,鄱阳湖的稀释作用将有所降低,但贡献度不会出现反转。

【关键词】 长江;大型水库;悬沙浓度;鄱阳湖;洞庭湖

BP 神经网络在大湾区城市黑臭水体等级评价中的应用

许莉萍　黄发明　吴付华　范瑞琪

（中国电建集团成都勘测设计研究院有限公司，四川成都　611130）

【摘　要】 城市的快速发展使得城市水环境治理问题持续受到关注，对水质的及时了解与黑臭水体等级的合理评价十分必要。本文首先采用单因子法评价水质并获得初步的黑臭水体等级，随后以溶解氧（DO）、氨氮（NH_3-N）、化学需氧量（COD）、总磷（TP）共 4 项水质指标为评价因子，构建了 4×9×1 拓扑结构的 BP 神经网络，对大湾区城市黑臭水体等级进行了综合评价。结果表明，2021 年区域外围的 2 条公涌总体水质较好，为Ⅳ～Ⅴ类水，基本没有黑臭水体情况发生。与佛山水道直接相连的南北走向主干河涌水体黑臭程度较低，但东西走向主干河涌Ⅴ类黑臭水体在年内占比时段大于 90%。有 3 条支干河涌的水体黑臭程度突出，Ⅳ类及以上黑臭水体全年占比时段达 50%～100%。与广州交界的 2 条支毛涌Ⅳ类及以上黑臭水体全年占比时段均超过 90%。黑臭水体等级评价结果与单因子评价法得到的水质评价结果基本匹配，存在部分差异说明需要对现有黑臭水体等级的评价指标和等级数量进行扩充和延展。BP 神经网络为大湾区城市黑臭水体等级评价提供了科学、合理的新方法，对于类似项目具备参考和指导意义，也能更好地为现有大湾区城市水环境治理项目提供经验和做出贡献。

【关键词】 大湾区；水环境；水质评价；黑臭水体；等级评价；BP 神经网络

基金项目：中国电建科技项目 DJ-ZDXM-2018-34

变化环境下沿海城市暴雨-潮位复合致涝风险研究

许红师

(郑州大学,河南郑州 450001)

【摘　要】 暴雨-潮位联合致涝是影响沿海城市水安全的重要问题,在气候变化和海平面上升影响下沿海城市洪涝问题更加突出。针对变化环境下沿海城市暴雨-潮位复合致涝问题,提出了耦合水文水动力模型、时变参数模型和暴雨-潮位组合设计的洪涝风险评估框架。采用时变 Copula 模型和最大可能权函数法推求了变化环境下暴雨-潮位组合设计值,运用 PCSWMM 构建了城市洪涝一二维耦合模型,在此基础上,分析了气候变化、暴雨-潮位复合作用、雨潮峰值时滞对沿海城市洪涝风险的影响。以海口市海甸岛为例,研究发现,在非平稳情景下,暴雨-潮位组合重现期平均减少了 34%。与平稳情景相比,不同重现期下最大淹没面积和体积平均分别增加了 31.1%和 45.9%。当组合重现期超过 50 年时,降雨和潮位的复合作用影响更为显著,雨潮峰值时滞对复合洪涝风险也有较大影响。该方法可推广应用于其他沿海城市洪涝风险评估,研究成果对城市防洪减灾具有一定的指导意义。

【关键词】 洪涝风险;城市洪涝模型;Copula 函数;非平稳情景

基金项目:国家自然科学基金青年项目——基于粒子示踪的滨海城市暴雨-潮位联合致涝机制及调控阈值研究(52109040)

三峡-葛洲坝两坝间通航能力及其主要影响因素研究

闫金波[1]　纪道斌[2,3]　龙良红[2,3]

（1. 长江水利委员会水文局长江三峡水文水资源勘测局，湖北宜昌　443002；
2. 三峡大学三峡水库生态系统湖北省野外科学观测研究站，湖北宜昌　443002；
3. 三峡大学水利与环境学院，湖北宜昌　443002）

【摘　要】随着三峡水库逐渐进入正式蓄水期，其承担的防洪、发电、航运、生态等各方面的作用也越来越显著，同时出现了一些与航运相矛盾的新问题。为有效地提高两坝间通航能力，最大限度地发挥其积极作用，本研究结合两坝间现有研究成果，简述了目前两坝间河段特性及通航能力现状，分析了通航能力的各种影响因素，并针对影响通航能力的关键问题提出了建议，以期为缓解三峡通航压力、推动长江经济带发展提供参考。

【关键词】通航能力；电站调峰；流量；水位；三峡-葛洲坝

中国东部汛期降水模态及其环流机理分析

陈诗凌[1] 刘 达[1] 刘丙军[2] 邱 静[1] 洪昌红[1]

(1. 广东省水利水电科学研究院,广东广州 510635;
2. 中山大学土木工程学院,广东珠海 519082)

【摘 要】 中国东部地区受季风影响显著,降水丰富,在全球变暖背景下,降水及极端降水事件更为多发。研究采用气候模式输出数据,运用自组织映射神经网络方法对中国东部 1960~2005 年汛期的日降水进行分型,并基于该结果对 RCP8.5 排放模式下中国东部 2006~2010 年汛期日降水模态进行归类,从而分析不同降水模态两时期的变化情况,并进一步对降水量变化进行热力学和动力学分解,同时分析各模态变化与环流因子的响应关系,以探究各降水模态变化背后的机理。

【关键词】 中国东部;降水模态;环流机理;热力学分解;动力学分解

微生物胶结砂土的力学特性及抗水力侵蚀试验研究

杨德锋 徐国宾 董 帅

（天津大学水利工程仿真与安全国家重点实验室，天津 300350）

【摘 要】 水力侵蚀造成河道崩岸的频发，将严重威胁江河堤防安全，并导致河道两岸土地大量丧失。微生物诱导碳酸盐沉淀是一种利用微生物脲酶水解尿素的创新型砂土改良技术。本文选用 3 种不同粒径范围的砂土进行微生物拌和渗滤固化，并基于无侧限抗压强度试验、碳酸钙含量、崩解率测试，分析了颗粒粒径、渗滤次数以及拌和配比对微生物胶结效果的影响。利用侵蚀功能装置评价了微生物处理砂土的抗侵蚀能力。结果表明，拌和法在砂土试样中生成的碳酸钙含量有限，胶结程度较低，而后续渗滤固化能够显著改善土体特性。拌和配比为 2∶8、粒径为 0.3~0.6 mm 的试样固化效果较好，抗压强度最高可达 1.86 MPa，崩解率最低为 2%。与未经处理的砂相比，微生物处理砂土的临界剪应力增加了 106 倍，可蚀性系数降低了 5 个数量级。这种经济的、反应可控的、环境友好的土体改良技术在河岸工程中具有良好的应用前景。

【关键词】 微生物矿化技术；无侧限抗压强度；碳酸钙含量；崩解率；临界剪切应力

一种结合水动力和元胞自动机的模型以评估湿地水资源项目对水鸟生境的影响

姚斯洋[1,2] 陈 诚[1] 陈求稳[1] 张建云[1] 李玥康[3] 曾玉红[2]

(1. 水文水资源与水利工程科学国家重点实验室,江苏南京 210029;
2. 武汉大学水资源与水电工程科学国家重点实验室,湖北武汉 430072;
3. 南昌大学建筑工程学院,江西南昌 330031)

【摘 要】 水利工程可能显著改变水文情势,从而改变湿地生物群的生境条件。目前,学者们开发了许多生境模型并将其应用于评估水利工程对鱼类、植被和无脊椎动物的影响,然而,缺乏有效的生境模型来评估水资源项目对湿地水鸟生境的影响。本研究通过整合二维流体动力学、多标准评价元胞自动机–马尔可夫和生境适宜性模块(HMH)构建了湿地水鸟生境模型。本文将开发的HMH模型应用在了鄱阳湖国家自然保护区(DPNR),该湿地也是拉姆萨尔公约中的重要保护湿地,使用HMH模型分析了该地区稀有物种白鹤(*Grus leucogeranus*)在两种不同的水闸调节规则(规则1和规则2)下的生境适宜性,并将其与没有水闸下的白鹤生境适宜性进行了比较。结果表明,水闸运行在旱季会增加水体,从而增加浅水面积,它也是白鹤的优质生境。水闸在规则1下运行将改变白鹤适宜生境位置,或者显著减少DPNR北部白鹤适宜生境的面积。水闸在规则2中运行将少量增加白鹤适宜生境位置,或改变DPNR北部白鹤适宜生境位置。研究表明,所开发的生境适宜性评估方法可以为湿地的生态水文管理提供可行的方法。

【关键词】 水鸟生境模型;水闸;湿地;元胞自动机模型

风场对岗南水库滞留时间的影响研究

何晗笑[1,2]　张少雄[1,2]

（1. 石家庄铁道大学 土木工程学院，河北石家庄　050043；
2. 道路与铁道工程安全保障省部共建教育部重点实验室（石家庄铁道大学），河北石家庄　050043）

【摘　要】 由于岗南水库的形状奇特、不规则，库湾水体容易滞留形成死水区，出现水体交换能力较差的现象，进而引发水质问题。为了探究风场对岗南水库滞留时间的影响，基于对流扩散理论建立岗南水库水动力和水体交换模型，设置了 5 种工况对岗南水库的水体交换情况进行了数值模拟。结果表明，风场作用使得整个库区水体流速增大，在不同风场作用下，库区内形成的环流大小和位置都不相同；在风场作用下，整体滞留时间缩短，水体交换能力提高。风场对主库区和库湾区滞留时间影响不同，各方向风场对主库区Ⅰ～Ⅳ及库湾区Ⅴ、Ⅵ滞留时间影响不大，但对库湾区Ⅶ～Ⅹ滞留时间影响较大，库湾区Ⅶ～Ⅹ滞留时间明显缩短。研究表明，在有风的条件下引水不仅可以增大流速，还可以提高库湾区水体交换能力，有助于改善水质。

【关键词】 岗南水库；水体交换；风场；滞留时间；数值模拟

竖缝式鱼道增设桩柱池室结构过鱼试验研究

柳松涛[1,2]　李广宁[1]　石　凯[1,3]　孙双科[1]　石小涛[2]

(1. 中国水利水电科学研究院,北京　100038;
2. 三峡大学水利与环境学院,湖北宜昌　443000;
3. 天津大学建筑工程学院,天津　300350)

【摘　要】 为进一步提高竖缝式鱼道池室结构的过鱼效率,本文针对4种增设桩柱结构的鱼道池室体形,开展数值模拟计算和过鱼试验,从而优选流态较好、过鱼效率较高的体形。研究结果表明,鱼道池室体形Ⅱ(桩柱在主流中间)齐口裂腹鱼幼鱼通过时间较短,相对较优。池室内增设桩柱结构,对水流结构产生了较大改变,从而影响了大多数试验鱼的上溯轨迹。鱼类进入池室以后,试验鱼上溯通道避开了主流的高流速区,其上溯通道更多的是从低紊动能、低流速区域通过,进入竖缝前及通过竖缝后鱼类多偏向高水力应变侧行进,高水力应变对鱼类行进方向的选择具有一定的引导作用。本文是对进一步提升鱼道池室过鱼效率的有益探索。

【关键词】 竖缝式鱼道;池室结构;桩柱;过鱼试验;水力特性

梯级水库对澜沧江上游沉积物中氮形态的影响：与无坝自然河道的比较研究

王章朋[1]　杨正健[2]　马　骏[1]　徐雅倩[1]
王鸿洋[1]　余君妍[1]　唐金云[1]　陶泽意[1]

（1. 湖北工业大学河湖生态修复与藻类利用湖北省重点实验室，湖北武汉　430068；
2. 三峡大学三峡水库生态系统湖北省野外科学观测研究站，湖北宜昌　443002）

【摘　要】 澜沧江梯级水库群的建立影响了流域沉积物氮形态赋存形式与分布特征。为了探究梯级水库建设对沉积物氮形态赋存的影响，并分析其差异的原因，通过将已建设梯级水库的澜沧江和干流无水电站建设的怒江分为梯级水库段与自然河道段进行比较，采用分级浸取方法得到沉积物中游离态氮（F-N）、可交换态氮（Ex-N）、碳酸盐结合态氮（CO_3-N）、铁锰氧化物态氮（IM-N）、有机态氮（Org-N）。结果表明，两条流域沉积物赋存环境差异导致沉积物理化性质不同，从而导致各氮形态含量与分布不同，梯级水库段可转化态氮（TranN）和总无机态氮（TIN）的含量高于自然河道段，自然河道段各氮形态含量均表现为 Org-N>CO_3-N>IM-N>Ex-N>F-N，而梯级水库段部分点位表现为 Org-N>IM-N>CO_3-N>Ex-N>F-N，说明梯级水库的建立增加了沉积物中氮素释放的概率，同时也增加了能被水生生物利用氮素含量。产生这种差异的原因主要为：①水库抬升水位、减缓流速和拦截泥沙导致了沉积物理化性质的改变；②沉积物粒径分布、矿物组成以及各环境因子影响了 TranN 的分布；③梯级水库段氮素输入增加，从而沉积物中各氮形态的含量有明显增加。

【关键词】 梯级水库；沉积物；氮形态；澜沧江

葛洲坝多流量及泄洪方式下的过饱和气体浓度模拟及预测

张　斌　付小莉

(同济大学土木工程学院水利工程系,上海　200092)

【摘　要】 葛洲坝在泄洪过程中,下游会出现饱和气体浓度过高的现象。为了研究葛洲坝在泄洪过程中过饱和气体的影响因素,以及为降低饱和气体浓度提供指导,本文先以观测资料丰富的哥伦比亚河上的大古力坝水利枢纽为模型率定对象,运用两相流模型来模拟大古力坝不同水位、泄流量、泄洪方式及前池浓度等条件下的饱和气体浓度,并与现场观测数据进行对比,相对误差在4%以内,对比结果表明文中采用模型可靠性较高。在此基础上,收集葛洲坝典型年份的泄洪资料,通过对观测数据的拟合,并引入泄流量加权公式以及经过率定的三维数学模型来模拟葛洲坝下游四种常用泄洪方式对应的过饱和气体浓度,并通过对模拟结果的拟合,得出了这四种泄洪方式下的过饱和气体压强经验公式,可以为以后的工程调度优化提供参考。

【关键词】 过饱和气体;泄洪方式;两相流;三维水动力学模型;优化调度

某电站大江截流水工模型实验及数值模拟研究

杨 晟 曾少岳 苗宝广 王立杰 顾 莉

（中国电建集团中南勘测设计研究院有限公司，湖南长沙 410014）

【摘 要】 通过物理模型试验和CFD数值模拟技术相结合的方法对某水电站截流过程中龙口水力学特性进行研究。分析了不同进占方式、截流流量、龙口宽度对截流流态及水力学参数的影响。同时对减轻截流难度的丁坝方案及护底措施开展了相关试验研究。最终确定了最佳施工进占抛投方式，为截流施工方案的决策和实施提供了参考依据。

【关键词】 大江截流；模型实验；数值模拟技术；水力特性

基于 GPU 的含弯管段竖井式进/出水口工程尺度 SPH 方法模拟研究

李天国　张　晨　高学平

(天津大学水利工程仿真与安全国家重点实验室,天津　300350)

【摘　要】 抽水蓄能电站是清洁能源体系的重要调节设施,进/出水口的水力特性直接影响抽水蓄能电站运维和收益。抽水蓄能电站竖井式进/出水口水力特性的数值模拟多采用基于网格的欧拉法,但由于弯管段体形突变,导致孔口区域流场计算精度下降。为了克服欧拉法网格畸变的不足,本文尝试无网格的拉格朗日光滑粒子流体动力学 SPH 方法对含弯管段的竖井式进/出水口水力特性进行工程尺度精细模拟。结果表明,通过 GPU 硬件加速,实现了工程尺度的千万级粒子数 SPH 模拟计算,结果精度较高;对比模型试验结果,发电/抽水工况下上水库至直管段水头损失系数模拟相对误差为 15.79%和 19.51%,孔口断面流速不均匀系数模拟相对误差为 6.30%和 3.20%;对比 PIV 测量结果,弯管段模拟结果一致性较高,但扩散段流动分离现象较明显;对比不包含弯管段的 Fluent 计算结果,导流锥附近无漩涡且孔口回流区域面积更小。研究发现,相较于欧拉法,SPH 方法更清晰地模拟流动分离、二次流等复杂紊流现象,且在局部体形突变处模拟更贴近实际流动特征,具有较大模拟应用潜力。

【关键词】 水力学;SPH 方法;工程尺度;竖井式进/出水口;三维数值模拟

基金项目:国家自然科学基金项目(52179077)

粒子图像测速系统(PIV)在水工水力学实验中的应用

王 勇[1,2,3] 王 华[4] 徐世凯[1,2,3] 赵金箫[1,2,3] 丁文浩[1,2,3] 王文康[1,2,3]

(1. 南京水利科学研究院,江苏南京 210029;
2. 水文水资源与水利工程科学国家重点实验室,江苏南京 210098;
3. 水利部太湖流域水治理重点实验室,江苏南京 210029;
4. 长沙理工大学,湖南长沙 410004)

【摘 要】 水工水力学研究中常常会遇到比较复杂的水流流动现象,许多关键技术难题的突破取决于流场测试技术的进展。粒子图像测速系统(PIV)集激光技术、数字信号处理技术、图像图形处理技术、计算机技术、现代光学元件技术、微电子技术为一体,为当代光机电一体化的先进设备,可实现对复杂、非定常流动的无接触瞬态流场进行全场测速,在水工水力学的研究中可以起到巨大的作用。本文介绍了粒子图像测速系统(PIV)的原理和组成。在火(核)电厂取水口设计中,了解和掌握取水口水力特性,对工程设计与取水口布置具有重要指导意义。本文在总结有关取水口研究现状及研究方法的基础上,采用物理模型试验的方法研究了火(核)电厂取水口近区水力特性。采用粒子图像测速系统(PIV)对火(核)电厂取水口复杂三维流场进行了测量,详细分析了不同工况下的取水口水力特性。由 PIV 测量的流速分布场可见取水口在流动环境下进水流速呈现不均匀分布,取水口内部及其近区流场具有明显的三维紊流特征。取水的影响区域有限,进入取水口的水流仅是迎水面环境来流及紧贴取水口以下“取水边界层”水流,此层外大片水域来水平顺流往下游。PIV 的测量结果揭示了取水口及其近区的水力特性,为火(核)电厂取水口布置及设计提供了科学依据。结论建议对其他类似的水利水电取水工程也具有普遍意义。

【关键词】 PIV;取水口;物理模型;水力特性

基金项目: 国家自然科学基金青年项目“基于物理模型的太湖环流和蓝藻聚散过程模拟研究”(42001028);江苏省水利科技项目“太湖调水引流抑藻控藻的方案及效果研究”(2018001)

作者简介: 王勇(1979—),男,博士,高级工程师,主要从事水工水力学、环境水力学等工作。

基于光滑粒子流体动力学方法的表中孔泄流模拟

张建伟[1] 主 攀[1] 陈海舟[2] 曹克磊[1] 杜 宇[1]

(1. 华北水利水电大学水利学院,河南郑州 450046;
2. 上海道盾科技股份有限公司,上海 200131)

【摘 要】 针对表中孔泄流问题,基于光滑粒子流体动力学方法,建立了表中孔泄流冲击水垫塘模型。采用人工黏度、密度近似、镜像虚粒子控制等技术,模拟了双孔同时泄流在空中交汇碰撞、冲击下游水垫塘后产生水舌漩涡再入水的过程,同时建立了溃坝模型验证方法的合理性。结果显示,开始泄流时中孔压强为 13.60 kPa,中孔水流冲击下游水垫塘时最大速度为 4.57 m/s,数值模型准确模拟出表中孔泄流过程,说明基于光滑粒子流体动力学方法的数值模拟可以准确处理流体大变形问题,可为表中孔泄流分析和坝身优化设计提供参考。

【关键词】 光滑粒子流体动力学方法;表中孔泄流;水垫塘;消能

基于传递熵的泵站管道振动传递路径特性分析

张建伟[1] 杨 灿[1] 黄锦林[2] 曹克磊[1] 叶合欣[3] 李紫瑜[1]

(1. 华北水利水电大学水利学院,河南郑州 450046;
2. 广东省水利水电科学研究院,广东广州 510635;
3. 广东省水利水电技术中心,广东广州 510635)

【摘 要】 泵站管道因结构复杂,产生多种振源,且振动的传递路径难以确定,对输水管道的安全运行具有较大威胁。针对此问题,以某泵站管道为研究对象,结合原型观测数据与传递熵方法识别主振源的振动传递路径,并以信息传递率为定量标准,验证管道振动传递路径的有效性。结果表明,稳定运行及开机时,叶频引起的振动为主振源,并由弯管或三通管处向其他部位传递,其信息传递率均值分别为 27.2%与 42%;关机时,水流脉动及管-水耦合引起的振动为主振源,且振动主要在阀门与弯管或三通管之间呈周期性传递,信息传递率均值为 51.4%;稳定运行时信息传递率较低,表明在镇墩控制下,管道稳定运行时传递能量较少,但开关机时,管道阀门、弯管及三通管处仍有较大振动能量传递。本研究方法受管道结构影响较小,能准确识别管道主振源,且从能量角度识别振动传递路径,相较于传统方法更加高效、直观。研究结果有助于准确识别泵站管道主振源的振动传递路径,展现管道各工况下的危险部位,并提出减振措施,为泵站管道运行管理提供理论依据。

【关键词】 泵;振动;传递路径;传递熵;信息传递率;振源分析

一种改进的用于排水管道流动模拟的平衡 MUSCL 算法

刘　鑫[1,2]　陈上志[3]

(1. University of Ottawa, Ottawa, ON, K1N6N5
2. Environment and Climate Change Canada, Dorval, QC, H9P1J3;
3. 安徽理工大学地球与环境学院,安徽淮南　232001)

【摘　要】 本文的研究旨在开发一种新的精确的平衡计算算法,来提高干湿交界处的计算性能、精度和效率。因此,本文提出一种新的圆形排水管道的混合流数值模型,主要贡献包括:①基于 MUSCL 算法,实现了模型的二阶精度。②基于特殊的重构技术和新的源项离散方法,达到在 MUSCL 框架下,数值算法的平衡,从而避免了在静水状态下产生的数值震荡。③新提出的算法能够在低水量亚网格尺度下,得到符合动力流动的解。④在不减小时间步长的前提下,对任意水量的单元,新算法能够保证湿润面积的正性。通过与以前报道的平衡算法在一些数值实验上的对比,新算法在排水管道模拟上的性能和优越性得到了验证。

【关键词】 排水管道流动;MUSCL;二阶算法;干湿交界;浅水方程

基于历史数据挖掘的洪水预报实时校正方法

陈 鑫[1,2] 刘艳丽[2,3,4] 曹 孟[2,3,4]

(1. 天津大学建筑工程学院,天津 300072;
2. 南京水利科学研究院水文水资源与水利工程科学国家重点实验室,江苏南京 210098;
3. 水利部应对气候变化研究中心,江苏南京 210029;
4. 长江保护与绿色发展研究院,江苏南京 210098)

【摘 要】 实时校正作为提升洪水预报精度的最后一道屏障,是洪水预报的重要组成部分。针对洪水过程与洪水要素校正效果较差的问题,以横江屯溪以上流域为例,在对流域历史洪水数据的降雨径流序列与洪水特征值遴选的基础上,构建了暴雨洪水特征库,提出了一种结合卡尔曼滤波和K最邻近结点算法的联合实时校正方法。结果表明,相较于模型未校正及单一校正方法,联合实时校正方法在减少洪水预报过程中的洪峰预报误差、洪量预报误差及峰现时间误差上更为有效,预见期在6 h及以下时仍可以保持较好的稳定性与准确性。此方法对于提高中小河流洪水预报精度、有效预警和防灾减灾等方面都具有重要作用,同时对研究区域洪水特征具有一定的参考价值。

【关键词】 洪水预报;实时校正;K最邻近算法;集合卡尔曼滤波;暴雨洪水数据库;屯溪流域

桐子林水电站明渠泄洪闸底流辅助消能工水工模型试验研究

王 川[1] 潘 露[2] 叶 茂[1] 吕海艳[1] 蒲云娟[1]

(1. 中国电建集团成都勘测设计研究院有限公司,四川成都 610072;
2. 四川水利职业技术学院,四川成都 611830)

【摘 要】 结合1:70水工模型试验,对桐子林水电站明渠泄洪闸底流辅助消能工进行研究。试验对比分析了消力墩、连续坎、T型墩+差动坎等辅助消能工的消能效果和适用性,并对选定的连续坎方案进一步对比了连续坎位置、坎高及迎水面坡比对护坦内水流流态、流速和坎后水面跌落高度的影响。研究成果表明,消力墩、T型墩+差动坎比连续坎更能显著提高水流消能率,而连续坎体型简单,结构受力小,当护坦流速超过16 m/s且有排砂需求时,其适用性更好;连续坎位置、坎高和迎水面坡比与护坦内水流消能率呈正比关系,体形参数选择应关注护坦内水流流态和坎后水面跌落,并应考虑工程量和是否有排砂需求;模型试验具有一定缩尺效应,原型中的水流紊动作用更强。

【关键词】 模型试验;原型观测;辅助消能工;水流消能率

水利工程建设安全检查数字平台设计与建设

孔德坤[1,2]　黄建红[1,2]　纪献柯[1,2]　彭　超[1,2]

（1. 南京水利科学研究院，江苏南京　210003；
2. 江苏科兴项目管理有限公司，江苏南京　210003）

【摘　要】 为深入开展安全隐患排查治理，进一步规范施工、监理及建设单位相关人员的安全隐患排查、报送、整改以及监督管理等工作，实现拍照巡查、在线提交、线下整改、线上审批，迫切需要建立起有效的水利工程领域安全隐患排查治理体系和信息化系统。本文基于水利工程建设行业安全管理现状，对隐患排查、安全教育、风险管控进行需求分析，建立安全隐患数据库，搭建了隐患排查治理系统，基于安全教育现状开发了教育培训平台，有效提升了施工项目综合安全管理水平。

【关键词】 水利工程；安全检查；教育培训；数字平台

基金项目：中央级公益性科研院所基本科研业务费专项资金项目（Y420013）